国家规划重点图书

水工设计手册

（第2版）

主　编　索丽生　刘　宁
副主编　高安泽　王柏乐　刘志明　周建平

第8卷　水电站建筑物

主编单位　水电水利规划设计总院
主　　编　王仁坤　张春生
主　　审　曹楚生　李佛炎

内容提要

《水工设计手册》（第 2 版）共 11 卷。本卷为第 8 卷——《水电站建筑物》，分为 7 章，其内容分别为：深式进水口、水工隧洞、调压设施、压力管道、水电站厂房、抽水蓄能电站、潮汐电站。

本手册可作为水利水电工程规划、勘测、设计、施工、管理等专业的工程技术人员和科研人员的常备工具书，同时也可作为大专院校相关专业师生的重要参考书。

图书在版编目（CIP）数据

水工设计手册. 第8卷，水电站建筑物 / 王仁坤，张春生主编. -- 2版. -- 北京 ：中国水利水电出版社，2013.1
ISBN 978-7-5170-0611-4

Ⅰ. ①水… Ⅱ. ①王… ②张… Ⅲ. ①水利水电工程－工程设计－技术手册②水力发电站－水工建筑物－建筑设计－技术手册 Ⅳ. ①TV222-62

中国版本图书馆CIP数据核字(2013)第014436号

书　　名	**水工设计手册（第 2 版）** **第 8 卷　水电站建筑物**
主编单位	水电水利规划设计总院
主　　编	王仁坤　张春生
出版发行	中国水利水电出版社 （北京市海淀区玉渊潭南路 1 号 D 座　100038） 网址：www. waterpub. com. cn E - mail：sales@waterpub. com. cn 电话：（010）68367658（发行部）
经　　售	北京科水图书销售中心（零售） 电话：（010）88383994、63202643、68545874 全国各地新华书店和相关出版物销售网点
排　　版	中国水利水电出版社微机排版中心
印　　刷	涿州市星河印刷有限公司
规　　格	184mm×260mm　16 开本　32.5 印张　1100 千字
版　　次	1989 年 5 月第 1 版第 1 次印刷 2013 年 1 月第 2 版　2013 年 1 月第 1 次印刷
印　　数	0001—3000 册
定　　价	**360.00** 元

《水工设计手册》（第2版）

《水工设计手册》(第2版)

各卷卷目、主编单位、主编、主审人员

卷　　目		主编单位	主　编	主　审
第1卷	基础理论	水利部水利水电规划设计总院 河海大学	刘志明 王德信 汪德爟	张楚汉　陈祖煜 陈德基
第2卷	规划、水文、地质	水利部水利水电规划设计总院	梅锦山 侯传河 司富安	陈德基　富曾慈 曾肇京　韩其为 雷志栋
第3卷	征地移民、环境保护与水土保持	水利部水利水电规划设计总院	陈　伟 朱党生	朱尔明　董哲仁
第4卷	材料、结构	水电水利规划设计总院	白俊光 张宗亮	张楚汉　石瑞芳 王亦锥
第5卷	混凝土坝	水电水利规划设计总院	周建平 党林才	石瑞芳　朱伯芳 蒋效忠
第6卷	土石坝	水利部水利水电规划设计总院	关志诚	林　昭　曹克明 蒋国澄
第7卷	泄水与过坝建筑物	水利部水利水电规划设计总院	刘志明 温续余	郑守仁　徐麟祥 林可冀
第8卷	水电站建筑物	水电水利规划设计总院	王仁坤 张春生	曹楚生　李佛炎
第9卷	灌排、供水	水利部水利水电规划设计总院	董安建 李现社	茆　智　汪易森
第10卷	边坡工程与地质灾害防治	水电水利规划设计总院	冯树荣 彭土标	朱建业　万宗礼
第11卷	水工安全监测	水电水利规划设计总院	张秀丽 杨泽艳	吴中如　徐麟祥

《水工设计手册》
第1版组织和主编单位及有关人员

组织单位　水利电力部水利水电规划设计院

主 持 人　张昌龄　奚景岳　潘家铮

（工作人员有李浩钧、郑顺炜、沈义生）

主编单位　华东水利学院

主 编 人　左东启　顾兆勋　王文修

（工作人员有商学政、高渭文、刘曙光）

《水工设计手册》

第1版各卷（章）目、编写、审订人员

卷　目	章　　目		编写人	审订人
第1卷 基础理论	第1章	数学	张敦穆	潘家铮
	第2章	工程力学	李咏偕　张宗尧 王润富	徐芝纶　谭天锡
	第3章	水力学	陈肇和	张昌龄
	第4章	土力学	王正宏	钱家欢
	第5章	岩石力学	陶振宇	葛修润
第2卷 地质　水文 建筑材料	第6章	工程地质	冯崇安　王惊谷	朱建业
	第7章	水文计算	陈家琦　朱元甡	叶永毅　刘一辛
	第8章	泥沙	严镜海　李昌华	范家骅
	第9章	水利计算	方子云　蒋光明	叶秉如　周之豪
	第10章	建筑材料	吴仲瑾	吕宏基
第3卷 结构计算	第11章	钢筋混凝土结构	徐积善　吴宗盛	周　氐
	第12章	砖石结构	周　氐	顾兆勋
	第13章	钢木结构	孙良伟　周定荪	俞良正　王国周 许政谐
	第14章	沉降计算	王正宏	蒋彭年
	第15章	渗流计算	毛昶熙　周保中	张蔚榛
	第16章	抗震设计	陈厚群　汪闻韶	刘恢先
第4卷 土石坝	第17章	主要设计标准和荷载计算	郑顺炜　沈义生	李浩钧
	第18章	土坝	顾淦臣	蒋彭年
	第19章	堆石坝	陈明致	柳长祚
	第20章	砌石坝	黎展眉	李津身　上官能

卷目	章目		编写人	审订人
第5卷 混凝土坝	第21章	重力坝	苗琴生	邹思远
	第22章	拱坝	吴凤池　周允明	潘家铮　裘允执
	第23章	支墩坝	朱允中	戴耀本
	第24章	温度应力与温度控制	朱伯芳	赵佩钰
第6卷 泄水与过坝建筑物	第25章	水闸	张世儒　潘贤德　沈潜民　孙尔超　屠　本	方福均　孔庆义　胡文昆
	第26章	门、阀与启闭设备	夏念凌	傅南山　俞良正
	第27章	泄水建筑物	陈肇和　韩　立	陈椿庭
	第28章	消能与防冲	陈椿庭	顾兆勋
	第29章	过坝建筑物	宋维邦　刘党一　王俊生　陈文洪　张尚信　王亚平	王文修　呼延如琳　王麟璠　涂德威
	第30章	观测设备与观测设计	储海宁　朱思哲	经萱禄
第7卷 水电站建筑物	第31章	深式进水口	林可冀　潘玉华　袁培义	陈道周
	第32章	隧洞	姚慰城	翁义孟
	第33章	调压设施	刘启钊　刘蕴琪　陆文祺	王世泽
	第34章	压力管道	刘启钊　赵震英　陈霞龄	潘家铮
	第35章	水电站厂房	顾鹏飞	赵人龙
	第36章	挡土墙	甘维义　干　城	李士功　杨松柏
第8卷 灌区建筑物	第37章	灌溉	郑遵民　岳修恒	许志方　许永嘉
	第38章	引水枢纽	张景深　种秀贤　赵伸义	左东启
	第39章	渠道	龙九范	何家濂
	第40章	渠系建筑物	陈济群	何家濂
	第41章	排水	韩锦文　张法思	瞿兴业　胡家博
	第42章	排灌站	申怀珍　田家山	沈日迈　余春和

水利水电建设的宝典

——《水工设计手册》（第2版）序

《水工设计手册》（第2版）在广大水利工作者的热切期盼中问世了，这是我国水利水电建设领域中的一件大事，也是我国水利发展史上的一件喜事。3年多来，参与手册编审工作的专家、学者、工程技术人员和出版工作者，花费了大量心血，付出了艰辛努力。在此，我向他们表示衷心的感谢，致以崇高的敬意！

为政之要，其枢在水。兴水利、除水害，历来是治国安邦的大事。在我国悠久的治水历史中，积累了水利工程建设的丰富经验。特别是新中国成立后，揭开了我国水利水电事业发展的新篇章，建设了大量关系国计民生的水利水电工程，极大地促进了水工技术的发展。1983年，第1版《水工设计手册》应运而生，成为我国第一部大型综合性水工设计工具书，在指导水利水电工程设计、培养水工技术和管理人才、提高水利水电工程建设水平等方面发挥了十分重要的作用。

第1版《水工设计手册》面世28年来，我国水利水电事业发展迈上了一个新的台阶，取得了举世瞩目的伟大成就。一大批技术复杂、规模宏大的水利水电工程建成运行，新技术、新材料、新方法和新工艺广泛应用，水利水电建设信息化和现代化水平显著提升，我国水工设计技术、设计水平已跻身世界先进行列。特别是近年来，随着科学发展观的深入贯彻落实，我国治水思路正在发生着深刻变化，推动着水工设计需求、设计理念、设计理论、设计方法、设计手段和设计标准规范不断发展与完善。因此，迫切需要对《水工设计手册》进行修订完善。2008年2月水利部成立了《水工设计手册》（第2版）编委会，正式启动了修编工作。在编委会的组织领导下，水利水电规划设计总院、水电水利规划设计总院和中国水利水电出版社3家单位，联合邀请全国4家水利水电科学研究院、3所重点高等学校、15个资质优秀的水利水电勘测设计研究院（公司）等单位的数百位专家、学者和技术骨干参与，经过3年多的艰苦努力，《水工设计手册》（第2版）现已付梓。

《水工设计手册》（第2版）以科学发展观为统领，按照可持续发展治水思路要求，在继承前版成果中开拓创新，全面总结了现代水工设计的理论和实践经验，系统介绍了现代水工设计的新理念、新材料、新方法，有效协调了水利工程和水电工程设计标准，充分反映了当前国内外水工设计领域的重要科研成果。特别是增加了计算机技术在现代水工设计方法中应用等卷章，充实了在现代水工设计中必须关注的生态、环保、移民、安全监测等内容，使手册结构更趋合理，内容更加完整，更切合实际需要，充分体现了科学性、时代性、针对性和实用性。《水工设计手册》（第2版）的出版必将对进一步提升我国水利水电工程建设软实力，推动水工设计理念更新，全面提高水工设计质量和水平产生重大而深远的影响。

当前和今后一个时期，是加强水利重点薄弱环节建设、加快发展民生水利的关键时期，是深化水利改革、加强水利管理的攻坚时期，也是推进传统水利向现代水利、可持续发展水利转变的重要时期。2011年中央1号文件《关于加快水利改革发展的决定》和不久前召开的中央水利工作会议，进一步明确了新形势下水利的战略地位，以及水利改革发展的指导思想、目标任务、基本原则、工作重点和政策举措。《国家可再生能源中长期发展规划》、《中国应对气候变化国家方案》对水电开发建设也提出了具体要求。水利水电事业发展面临着重要的战略机遇，迎来了新的春天。

《水工设计手册》（第2版）集中体现了近30年来我国水利水电工程设计与建设的优秀成果，必将成为广大水利水电工作者的良师益友，成为水利水电建设的盛世宝典。广大水利水电工作者，要紧紧抓住战略机遇，深入贯彻落实科学发展观，坚持走中国特色水利现代化道路，积极践行可持续发展治水思路，充分利用好这本工具书，不断汲取学识和真知，不断提高设计能力和水平，以高度负责的精神、科学严谨的态度、扎实细致的作风，奋力拼搏，开拓进取，为推动我国水利水电事业发展新跨越、加快社会主义现代化建设作出新的更大贡献。

是为序。

水利部部长 陈雷

2011年8月8日

序

经过500多位专家学者历时3年多的艰苦努力，《水工设计手册》（第2版）即将问世。这是一件期待已久和值得庆贺的事。借此机会，我谨向参与《水工设计手册》修编的专家学者，向支持修编工作的领导同志们表示敬意。

30年前，为了提高设计水平，促进水利水电事业的发展，在许多专家、教授和工程技术人员的共同努力下，一部反映当时我国水利水电建设经验和科研成果的《水工设计手册》应运而生。《水工设计手册》深受广大水利水电工程技术工作者的欢迎，成为他们不可或缺的工具书和一位无言的导师，在指导设计、提高建设水平和保证安全等方面发挥了重要作用。

30年来，我国水利水电工程设计和建设成绩卓著，工程规模之大、建设速度之快、技术创新之多居世界前列。当然，在建设中我们面临一系列问题，其难度之大世界罕见。通过长期的艰苦努力，我们成功地建成了一大批世界规模的水利水电工程，如长江三峡水利枢纽、黄河小浪底水利枢纽、二滩、水布垭、龙滩等大型水电站，以及正在建设的锦屏一级、小湾和溪洛渡等具有300米级高拱坝的巨型水电站和南水北调东中线大型调水工程，解决了无数关键技术难题，积累了大量成功的设计经验。这些关系国计民生和具有世界影响力的大型水利水电工程在国民经济和社会发展中发挥了巨大的防洪、发电、灌溉、除涝、供水、航运、渔业、改善生态环境等综合作用。《水工设计手册》（第2版）正是对我国改革开放30多年来水利水电工程建设经验和创新成果的总结与提炼。特别是在当前全国贯彻落实中央水利工作会议精神、掀起新一轮水利水电工程建设高潮之际，出版发行《水工设计手册》（第2版）意义尤其重大。

在陈雷部长的高度重视和索丽生、刘宁同志的具体领导下，各主编单位和编写的同志以第1版《水工设计手册》为基础，全面搜集资料，做了大量归纳总结和精选提炼工作，剔除陈旧内容，补充新的知识。《水工设计手册》（第2版）体现了科学性、实用性、一致性和延续性，强调落实科学发展观和人与自然和谐的设计理念，浓墨重彩地突出了生态环境保护和征地移民的要求，彰显了与时俱进精神和可持续发展的理念。手册质量总体良好，技术水平高，是一部权威的、综合性和实用性强的一流设计手册，一部里程碑式的出版物。相信它将为21世纪的中国书写治水强国、兴水富民的不朽篇章，为描绘辉煌灿烂的画卷作出贡献。

我认为《水工设计手册》（第2版）另一明显的特色在于：它除了提供各种先进适用的理论、方法、公式、图表和经验之外，还突出了工程技术人员的设计任务、关键和难点，指出设计因素中哪些是确定性的，哪些是不确定的，从而使工程技术人员能够更好地掌握全局，有所抉择，不致于陷入公式和数据中去不能自拔；它还指出了设计技术发展的趋势与方向，有利于启发工程技术人员的思考和创新精神，这对工程技术创新是很有益处的。

工程是技术的体现和延续，它推动着人类文明的发展。从古至今，不同时期留下的不朽经典工程，就是那段璀璨文明的历史见证。2000多年前的都江堰和现代的三峡水利枢纽就是代表。在人类文明的发展过程中，从工程建设中积累的经验、技术和智慧被一代一代地传承下来。但是，我们必须在继承中发展，在发展中创新，在创新中跨越，才能大大地提高现代水利水电工程建设的技术水平。现在的年轻工程师们一如他们的先辈，正在不断克服各种困难，探索新的技术高度，创造前人无法想象的奇迹，为水利水电工程的经济效益、社会效益和环境效益的协调统一，为造福人类、推动人类文明的发展锲而不舍地奉献着自己的聪明才智。《水工设计手册》（第2版）的出版正值我国水利水电建设事业新高潮到来之际，我衷心希望广大水利水电工程技术人员精心规划，精心设计，精心管理，以一流设计促一流工程，为我国的经济社会可持续发展作出划时代的贡献。

中国科学院院士
中国工程院院士 潘家铮

2011年8月18日

第 2 版 前 言

《水工设计手册》是一部大型水利工具书。自20世纪80年代初问世以来，在我国水利水电建设中起到了不可估量的作用，深受广大水利水电工程技术人员的欢迎，已成为勘测设计人员必备的案头工具书。近30年来，我国水利水电工程建设有了突飞猛进的发展，取得了巨大的成就，技术水平总体处于世界领先地位。为适应我国水利水电事业的发展，迫切需要对《水工设计手册》进行修订。现在，《水工设计手册》（第2版）经10年孕育，即将问世。

一

《水工设计手册》修订的必要性，主要体现在以下五个方面：

第一是满足工程建设的需要。为满足西部大开发、中部崛起、振兴东北老工业基地和东部地区率先发展的国家发展战略的要求，尤其是2011年中共中央国务院作出了《关于加快水利改革发展的决定》，我国水利水电事业又迎来了新的发展机遇，即将掀起大规模水利水电工程建设的新高潮，迫切需要对已往水利水电工程建设的经验加以总结，更好地将水工设计中的新观念、新理论、新方法、新技术、新工艺在水利水电工程建设中广泛推广和应用，以提高设计水平，保障工程质量，确保工程安全。

第二是创新设计理念的需要。30年前，我国水利水电工程设计的理念是以开发利用为主，强调“多快好省”，而现在的要求是开发与保护并重，做到“又好又快”。当前，随着我国经济社会的发展和生产生活水平的不断提高，不仅要注重水利水电工程的安全性和经济性，也更要注重生态环境保护和移民安置，做到统筹兼顾，处理好开发与保护的关系，以实现人与自然和谐相处，保障水资源可持续利用。

第三是更新设计手段的需要。计算机技术、网络技术和信息技术已在水利水电工程建设和管理中取得了突飞猛进的发展。计算机辅助工程

(CAE) 技术已经广泛应用于工程设计和运行管理的各个方面，为广大工程技术人员在工程计算分析、模拟仿真、优化设计、施工建设等方面提供了先进的手段和工具，使许多原来难以处理的复杂的技术问题迎刃而解。现代遥感（RS）技术、地理信息系统（GIS）及全球定位系统（GPS）技术（即“3S”技术）的应用，突破了许多传统的地球物理方法及技术，使工程勘探深度不断加大、勘探分辨率（精度）不断提高，使人们对自然现象和规律的认识得以提高。这些先进技术的应用提高了工程勘测水平、设计质量和工作效率。

第四是总结建设经验的需要。自 20 世纪 90 年代以来，我国建设了一大批具有防洪、发电、航运、灌溉、调水等综合利用效益的水利水电工程。在大量科学研究和工程实践的基础上，成功破解了工程建设过程中遇到的许多关键性技术难题，建成了举世瞩目的三峡水利枢纽工程，建成了世界上最高的面板堆石坝（水布垭）、碾压混凝土坝（龙滩）和拱坝（小湾）等。这些规模宏大、技术复杂的工程的建设，在设计理论、技术、材料和方法等方面都有了很大的提高和改进，所积累的成功设计和建设经验需要总结。

第五是满足读者渴求的需要。我国水利水电工程技术人员对《水工设计手册》十分偏爱，第 1 版《水工设计手册》中有些内容已经过时，需要删减，亟待补充新的技术和基础资料，以进一步提高《水工设计手册》的质量和应用价值，满足水利水电工程设计人员的渴求。

二

修订《水工设计手册》遵循的原则：一是科学性原则，即系统、科学地总结国内外水工设计的新观念、新理论、新方法、新技术、新工艺，体现我国当前水利水电工程科学研究和工程技术的水平；二是实用性原则，即全面分析总结水利水电工程设计经验，发挥各编写单位技术优势，适应水利水电工程设计新的需要；三是一致性原则，即协调水利、水电行业的设计标准，对水利与水电技术标准体系存在的差异，必要时作并行介绍；四是延续性原则，即以第 1 版《水工设计手册》框架为基础，修订、补充有关章节内容，保持《水工设计手册》的延续性和先进性。

三

为切实做好修订工作，水利部成立了《水工设计手册》（第2版）编委会和技术委员会，水利部部长陈雷担任编委会主任，中国科学院院士、中国工程院院士潘家铮担任技术委员会主任，索丽生、刘宁任主编，高安泽、王柏乐、刘志明、周建平任副主编，对各卷、章的修编工作实行各卷、章主编负责制。在修编过程中，为了充分发挥水利水电工程设计、科研和教学等单位的技术优势，在各单位申报承担修编任务的基础上，由水利部水利水电规划设计总院和水电水利规划设计总院讨论确定各卷、章的主编和参编单位以及各卷、章的主要编写人员。主要参与修编的单位有25家，参加人员约500人。全书及各卷的审稿人员由技术委员会的专家担任。

第1版《水工设计手册》共8卷42章，656万字。修编后的《水工设计手册》（第2版）共分为11卷65章，字数约1400万字。增加了第3卷征地移民、环境保护与水土保持，第10卷边坡工程与地质灾害防治和第11卷水工安全监测等3卷，主要增加的内容包括流域综合规划、征地移民、环境保护、水土保持、水工结构可靠度、碾压混凝土坝、沥青混凝土防渗体土石坝、河道整治与堤防工程、抽水蓄能电站、潮汐电站、鱼道工程、边坡工程、地质灾害防治、水工安全监测和计算机应用等。

第1、2、3、6、7、9卷和第4、5、8、10、11卷分别由水利部水利水电规划设计总院和水电水利规划设计总院负责组织协调修编、咨询和审查工作。全书经编委会与技术委员会逐卷审查定稿后，由中国水利水电出版社负责编辑、出版和发行。

四

修订和编辑出版《水工设计手册》（第2版）是一项组织策划复杂、技术含量高、作者众多、历时较长的工作。

1999年3月，中国水利水电出版社致函原主编单位华东水利学院（现河海大学），表达了修订《水工设计手册》的愿望，河海大学及原主编左东启表示赞同。有关单位随即开展了一些前期工作。

2002年7月，中国水利水电出版社向时任水利部副部长的索丽生提出了"关于组织编纂《水工设计手册》（第2版）的请示"。水利部给予了高度重视，但因工作机制及资金不落实等原因而搁置。

2004年8月，水利部水利水电规划设计总院、水电水利规划设计总院和中国水利水电出版社三家单位，在北京召开了三方有关人员会议，讨论修订《水工设计手册》事宜，就修编经费、组织形式和工作机制等达成一致意见：即三方共同投资、共担风险、共同拥有著作权，共同组织修编工作。

2006年6月，水利部水利水电规划设计总院、水电水利规划设计总院和中国水利水电出版社的有关人员再次召开会议，研究推动《水工设计手册》的修编工作，并成立了筹备工作组。在此之后，工作组积极开展工作，经反复讨论和修改，草拟了《水工设计手册》修编工作大纲，分送有关领导和专家审阅。水利部水利水电规划设计总院和水电水利规划设计总院分别于2006年8月、2006年12月和2007年9月联合向有关单位下发文件，就修编《水工设计手册》有关事宜进行部署，并广泛征求意见，得到了有关设计单位、科研机构和大学院校的大力支持。经过充分酝酿和讨论，并经全书主编索丽生两次主持审查，提出了《水工设计手册》修编工作大纲。

2008年2月，《水工设计手册》（第2版）编委会扩大会议在北京召开，标志着修编工作全面启动。水利部部长陈雷亲自到会并作重要讲话，要求各有关方面通力合作，共同努力，把《水工设计手册》修编工作抓紧、抓实、抓好，使《水工设计手册》（第2版）"真正成为广大水利工作者的良师益友，水利水电工程建设的盛世宝典，传承水文明的时代精品"。

修订和编纂《水工设计手册》（第2版）工作得到了有关设计、科研、教学等单位的热情支持和大力帮助。全国包括13位中国科学院、中国工程院院士在内的500多位专家、学者和专业编辑直接参与组织、策划、撰稿、审稿和编辑工作，他们殚精竭虑，字斟句酌，付出了极大的心血，克服了许多困难，他们将修编工作视为时代赋予的神圣责任，3年多来，一直是苦并快乐地工作着。

鉴于各卷修编工作内容和进度不一，按成熟一卷出版一卷的原则，逐步完成全手册的修编出版工作。随着2011年中共中央1号文件的出台和新中国成立以来的首次中央水利工作会议的召开，全国即将掀起水利水电工程建设的新高潮，修编出版后的《水工设计手册》，必将在水利水电工程建设中发挥作用，为我国经济社会可持续发展作出新的贡献。

本套手册可供从事水利水电工程规划、设计、施工、管理的工程技术人员和相关专业的大专院校师生使用和参考。

在《水工设计手册》（第2版）即将陆续出版之际，谨向所有关怀、支持和参与修订和编纂出版工作的领导、专家和同志们，表示诚挚的感谢，并祈望广大读者批评指正。

《水工设计手册》（第2版）编委会

2011年8月

第 1 版 前 言

我国幅员辽阔，河流众多，流域面积在 $1000km^2$ 以上的河流就有 1500 多条。全国多年平均径流量达 27000 多亿 m^3，水能蕴藏量约 6.8 亿 kW，水利水电资源十分丰富。

众多的江河，使中华民族得以生息繁衍。至少在 2000 多年前，我们的祖先就在江河上修建水利工程。著名的四川灌县都江堰水利工程，建于公元前 256 年，至今仍在沿用。由此可见，我国人民建设水利工程有悠久的历史和丰富的知识。

中华人民共和国成立，揭开了我国水利水电建设的新篇章。30 余年来，在党和人民政府的领导下，兴修水利，发展水电，取得了伟大成就。根据 1981 年统计（台湾省暂未包括在内），我国已有各类水库 86000 余座（其中库容大于 1 亿 m^3 的大型水库有 329 座），总库容 4000 余亿 m^3，30 万亩以上的大灌区 137 处，水电站总装机容量已超过 2000 万 kW（其中 25 万 kW 以上的大型水电站有 17 座）。此外，还修建了许多堤防、闸坝等。这些工程不仅使大江大河的洪涝灾害受到控制，而且提供的水源、电力，在工农业生产和人民生活中发挥了十分重要的作用。

随着我国水利水电资源的开发利用，工程建设实践大大促进了水工技术的发展。为了提高设计水平和加快设计速度，促进水利水电事业的发展，编写一部反映我国建设经验和科研成果的水工设计手册，作为水利水电工程技术人员的工具书，是大家长期以来的迫切愿望。

早在 60 年代初期，汪胡桢同志就倡导并着手编写我国自己的水工设计手册，后因十年动乱，被迫中断。粉碎“四人帮”以后不久，为适应我国四化建设的需要，由水利电力部规划设计管理局和水利电力出版社共同发起，重新组织编写水工设计手册。1977 年 11 月在青岛召开了手册的编写工作会议，到会的有水利水电系统设计、施工、科研和高等学校共 26 个单位、53 名代表，手册编写工作得到与会单位和代表的热情支持。这次会议讨论了手册编写的指导思想和原则，全书的内容体系，任务分工，计划进度和要求，以及编写体例等方面的问题，并作出了相应的决定。会后，又委托华东水利学院为主编单位，具体担负手册的编审任务。随着编写单位和编写人员的逐步落实，各章的初稿也陆续写出。1980年4月，由组织、主编和出版三个单位在南京召开了第1卷审稿会。同年8月，三个单位又在北京召开了与坝工有关各章内容协调会。根据议定的程序，手册各章写出以后，一般均打印分发有关单位，采用多种形式广泛征求意见，有的编写单位还召开了范围较广的审稿会。初稿经编写单位自审修改后，又经专门聘请的审订人详细审阅修订，最后由主编单位定稿。在各协作单位大力支持下，经过编写、审订和主编同志们的辛勤劳动，现在，《水工设计手册》终于与读者见面了，这是一件值得庆贺的事。

本手册共有42章，拟分8卷陆续出版，预计到1985年全书出齐，还将出版合订本。

本手册主要供从事大中型水利水电工程设计的技术人员使用，同时也可供地县农田水利工程技术人员和从事水利水电工程施工、管理、科研的人员，以及有关高校、中专师生参考使用。本手册立足于我国的水工设计经验和科研成果，内容以水工设计中经常使用的具体设计计算方法、公式、图表、数据为主，对于不常遇的某些专门问题，比较笼统的设计原则，尽量从简，力求与我国颁布的现行规范相一致，同时还收入了可供参考的有关规程、规范。

这是我国第一部大型综合性水工设计工具书，它具有如下特色：

（1）内容比较完整。本手册不仅包括了水利水电工程中所有常见的水工建筑物，而且还包括了基础理论知识和与水工专业有关的各专业知识。

（2）内容比较实用。各章中除给出常用的基本计算方法、公式和设计步骤外，还有较多的工程实例。

（3）选编的资料较新。对一些较成熟的科研成果和技术革新成果尽量吸收，对国外先进的技术经验和有关规定，凡认为可资参考或应用的，也多作了扼要介绍。

（4）叙述简明扼要。在表达方式上多采用公式、图表，文字叙述也力求精练，查阅方便。

我们相信，这部手册的问世将对我国从事水利水电工作的同志有一定的帮助。

本手册编成之后，我们感到仍有许多不足之处，例如：个别章的设置和顺序安排不尽恰当；有的章字数偏多，内容上难免存在某些重复；对现代化的设计方法如系统工程、优化设计等，介绍得不够；在文字、体例、繁简程度等方面也不尽一致。所有这些，都有待于再版时加以改进。

本手册自筹备编写至今，历时已近5年，前后参加编写、审订工作的有30多个单位100多位同志。接受编写任务的单位和执笔同志都肩负繁重的设计、科研、教学等工作，他们克服种种困难，完成了手册编写任务，为手册的顺利出版作出了贡献。在此，我们向所有参加手册工作的单位、编写人、审订人表示衷心的感谢，并致以诚挚的慰问。已故水力发电建设总局副总工程师奚景岳同志和水利出版社社长林晓同志，他们生前参加手册发起并做了大量工作，谨在此表示深切的怀念。

最后，我们诚恳地欢迎读者对手册中的疏漏和错误给予批评指正。

水利电力部水利水电规划设计院

华东水利学院

1982年5月

目　　录

第2章 水工隧洞

第3章 调 压 设 施

第4章 压力管道

第5章 水电站厂房

第6章 抽水蓄能电站

第7章 潮汐电站

第 1 章

深 式 进 水 口

本章以第 1 版《水工设计手册》框架为基础，内容调整和修订主要包括五个方面：①增加了一些新建工程的进水口实例，如三峡、小浪底、大朝山、西龙池等工程的进水口；②介绍了一些新的进水口型式，如抽水蓄能电站进/出水口、虹吸式进水口、分层取水口等；③增加了浮式拦漂排设计的内容；④介绍了最新的小进水口设计理论；⑤增加了局部水头损失系数计算参考值。

章主编　吕明治　邓毅国

章主审　邱彬如　韩　立

本章各节编写及审稿人员

节次	编　写　人	审稿人
1.1	吕明治　高永辉	邓毅国　韩　立
1.2	高永辉　韩　立	吕明治　王建华
1.3	高永辉	吕明治　韩　立
1.4	韩　立　高永辉	吕明治　王志国
1.5	邓毅国　高永辉	吕明治　韩　立

第1章 深式进水口

1.1 概　　述

1.1.1 深式进水口的作用

在水利水电工程中，为发电、供水等综合利用的目的，往往需要在水位变幅很大的天然河道、湖泊或人工水库和调节池中取水。深式进水口就是为了适应这一需要而设置的一种取水建筑物。

深式进水口又称有压式进水口，是水电站引水系统的首部工程。它可以单独设置，也可以与挡水建筑物结合在一起。其特征是进水口处于水位变幅区以下一定深度，通常在一定压力水头下工作。

深式进水口的主要作用是在规定的水位变化范围内引进发电或其他用途所需用的水量，并尽可能阻止泥沙和污物的进入，以提高水质。在引水系统或发电厂房发生事故或需要检修的情况下，可借闸门及启闭设备关闭进口，截断水流，阻止事故的进一步发展，并为检修提供条件。

深式进水口的闸门一般不用于调节流量，闸门的主要作用是事故或检修时阻断水流。在某些情况下与非自动调节的无压引水系统相结合的深式进水口，需利用布置在引水渠道首部的闸门局部开启来调节流量时，应考虑闸下水流的消能和弃水，以维持渠道的水深不致漫溢或防止无压洞水深过大造成封顶现象，这种布置只在引用流量较小的工程中才考虑采用。本章主要介绍与压力引水道相结合的水电站深式进水口。

1.1.2 深式进水口的组成

深式进水口应满足水工建筑物的一般要求，即结构安全、布置简单、施工方便、经济实用、运行可靠并注意美观，深式进水口组成示意图如图 1.1－1 所示。

1.1.2.1 行近段

位于岸边的进水口常需在进口上游设置行近段，即开挖一段引水渠道，使进水口处于地质条件较好的地段，并适应上游水库来流方向，改善进水条件，使水流顺畅地流入进水口。河床坝段上的进水口，一般不需设置专门的行近段。但若布置在岸边坝段上，则应进行适当开挖，整治岸坡以改善进水流态。

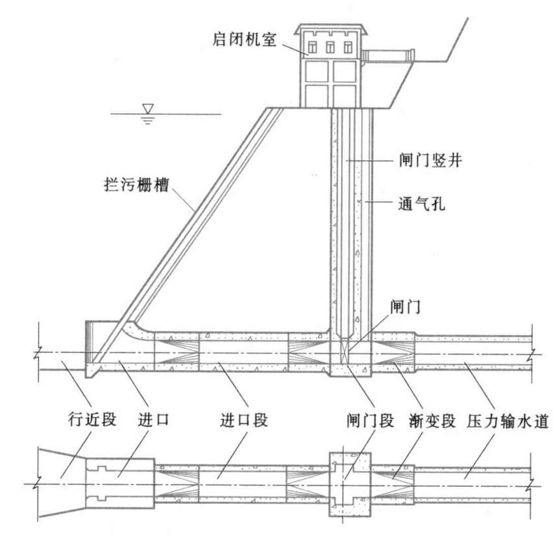

图 1.1－1　深式进水口组成示意图

1.1.2.2 进口段

进口段位于行近段和闸门段之间，其长度视不同的布置而定。坝式进水口一般为一很短的喇叭形进口段，而岸边式进水口则往往有较长的进口段。进口段首端一般布置有拦污栅，用以阻拦污物，有时还设置叠梁门槽供检修之用。为简化结构并提供良好水力条件，进口段轴线在平面上通常为直线，对称布置，断面常为渐变形，以便与闸门段平顺连接。当进口段很长时，往往采用圆形断面，首尾分别以渐变段与进口段及闸门段连接。

1.1.2.3 闸门段

闸门段为深式进水口的中心部分，结构上比较复杂。在这一段常设置闸门井、工作闸门、检修闸门及旁通充水的管路系统等。闸门井顶部设置闸门操作平台（或操作室）。

1.1.2.4 闸门后渐变段

闸门后渐变段为连接闸门段与压力输水道的过渡段。在这一段中常设通气孔和进人孔。

1.1.2.5 操作平台和交通桥

闸门井顶部的操作平台设在最高水位以上，作为放置闸门启闭机和启闭闸门的工作场所，它可以是露天的，也可以设操作室，一般设有专用起重设备（坝式进水口可利用坝顶门式起重机）。塔式进水口启闭室还需设置交通桥。

1.2 深式进水口的主要型式和运用条件

1.2.1 深式进水口的主要型式

深式进水口的型式主要取决于水电站的开发以及运行方式、引用流量、枢纽建筑物布置总体要求、挡水及引水建筑物的结构型式、地形地质条件等因素，按其在枢纽中的布置状况，可以分为集中式和独立式两大类。集中式进水口是指布置在主河道上与挡水建筑物结合在一起的深式进水口，结构型式有坝式进水口和河床式进水口。独立式进水口是指独立于挡水建筑物布置于库内或岸边的深式进水口，结构型式有塔式和岸式（又分为岸坡式、岸塔式和闸门竖井式）两种。对于抽水蓄能电站的进/出水口，因要求双向过流，在适用条件和结构型式上有其自身特点，一般单独分为一类。此外，还有一些具有特殊要求或特殊布置型式的进水口，如分层取水口、虹吸式进水口等，也属于深式进水口。

1.2.2 深式进水口的适用条件及布置方式

深式进水口的型式较多，目前大中型水电站主要采用坝式进水口、河床式进水口和岸塔式进水口。

1.2.2.1 坝式进水口

坝式进水口适用于挡水建筑物为混凝土坝的情况。进水口与坝体结合形成一整体，厂房可设置成坝后式、坝体式或地下式。这种型式进水口，引水线路短，水力条件较好，其典型布置如图 1.2-1 所示。

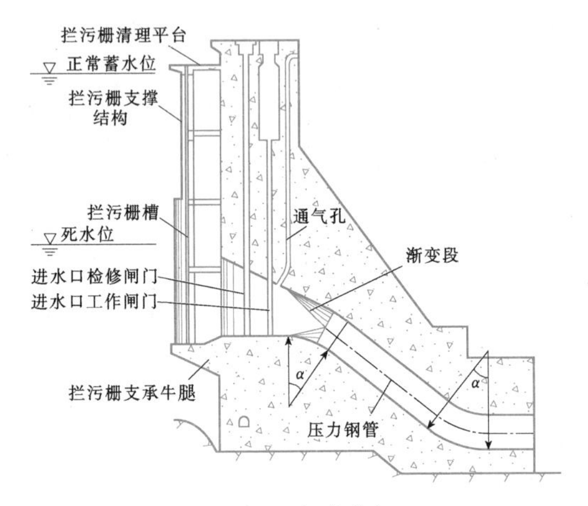

图 1.2-1 坝式进水口

目前已建的采用坝式进水口的电站，一般为一台机组设一个进水口，多为坝后式或坝内式厂房；但也有少数地下式厂房，在具有适宜的地形、地质条件，或因排沙、导污的需要，于岸边布置坝式进水口。国内部分已建大型水电站坝式进水口的特征参数见表 1.2-1。

表 1.2-1 国内部分已建大型水电站坝式进水口的特征参数

电站名称	装机台数	最大单机容量（MW）	单机流量（m^3/s）	门孔尺寸（高×宽，m×m）	底板处最大水深（m）
新安江	9	75	118	8.2×5.2	37.6
龚嘴	7	100	266	8×7	34
丹江口	6	150	275	10×7.5	55
乌江渡	3	210	203	9×7.5	62.8
刘家峡	4	225	258	8×7	55
潘家口	1	150	277	9×7.5	63.5
安康	4	200	304	9.38×7	57.5
龙羊峡	4	320	298	8.5×7.5	89
李家峡	5	400	377	8×9	50
五强溪	5	240	615	9×13	38.8
水口	7	200	476	9.2×11.5	42
岩滩	4	350，302.5	695，580	14×8.2	39
漫湾	6	250	321	7×9	49
万家寨	6	180	305	7.5×8.5	48
大朝山	6	225	347.5	9.88×8	39
东江	4	125	123	4.5×6.85	71.2
三峡	26	700	966.4	13.9×9.2	70

已建坝式进水口多数在坝面伸出的悬臂平台上布置拦污栅框架等结构，有单独式的，也有通仓式的。通仓式拦污栅框架悬臂平台长度一般应满足拦污栅至上游坝面的距离不小于进水口宽度的一半。单独式一般根据不同坝型的坝面情况、进水口体形等因素，在保证进水流态平顺的前提下适当调整。如柘溪水电站为大头坝[1]，悬臂长度只有1.8m（见图1.2-2），而陈村水电站为拱坝（见图1.2-3），悬臂长度超过14m。也有利用上游坡面切平作为进水口拦污栅平台的，如丹江口水电站、新安江水电站的重力坝坝式进水口（分别见图1.2-4和图1.2-5）。

进口拦污栅平台根据拦污栅的平面布置可分为半

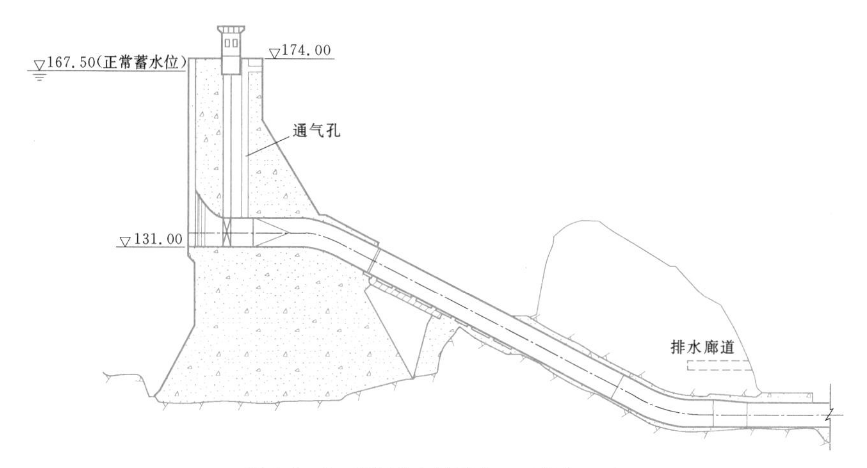

图1.2-2　柘溪水电站进水口（单位：m）

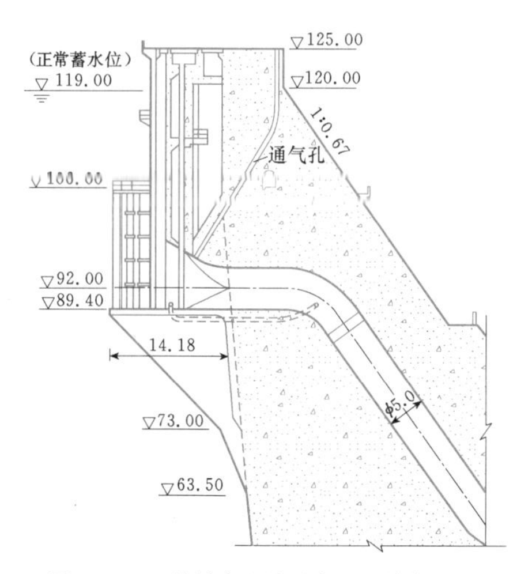

图1.2-3　陈村水电站进水口（单位：m）

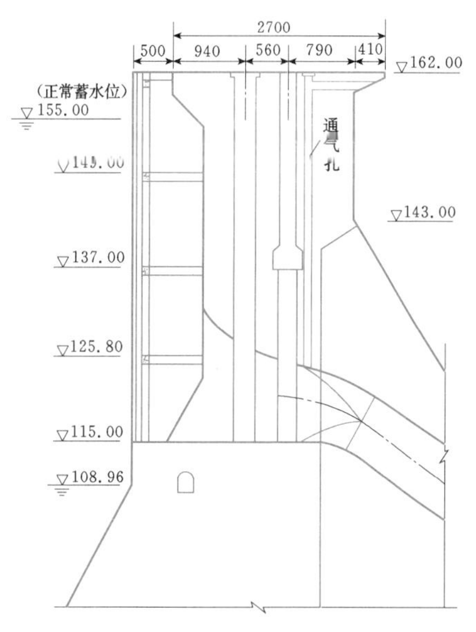

图1.2-4　丹江口水电站进水口
（尺寸单位：cm；高程单位：m）

圆形（如陈村水电站）、多边形（如新安江水电站）或矩形（如丹江口水电站）。在溢流式坝内厂房（厂顶溢流）布置中常利用闸墩作为进水口。在污物较多的河流上，可采用双道拦污栅，方便清污，如刘家峡水电站、龚嘴水电站、水口水电站等。

一般重力坝进水口闸门井多设在坝内，并采用竖直式，支墩坝或双曲拱坝等多采用倾斜式，设在上游坝面斜坡上。

已建大型水电站坝式进水口的过水流量多在$100m^3/s$以上[1]。三峡水电站进水口的单机流量为$966.4m^3/s$，相应门孔面积为$128m^2$，底板处最大水深为70m。进水口门孔面积超过$100m^2$的还有岩滩水电站（见图1.2-6）和水口水电站。龙羊峡水电站进水口底板最大水深为89m，是我国已建的水深最大的坝式进水口。新丰江单支墩大头坝的水电站进水口（见图1.2-7），拦污栅设在坝上游斜面上。风滩拱坝

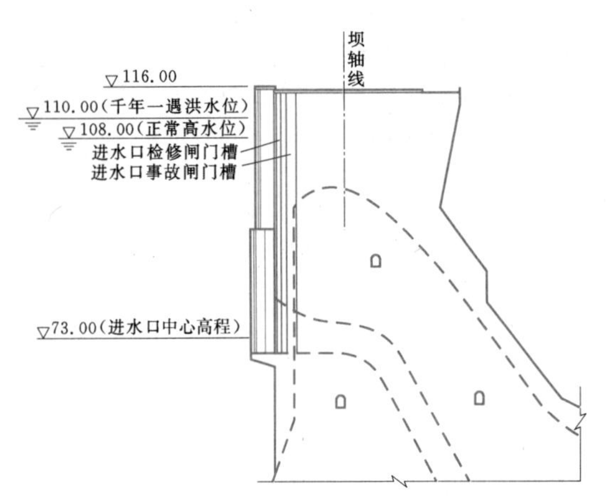

图 1.2－5　新安江水电站进水口（单位：m）

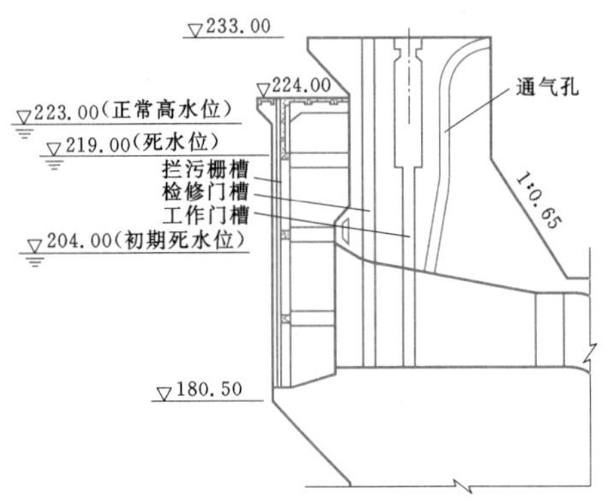

图 1.2－6　岩滩水电站进水口
（单位：m）

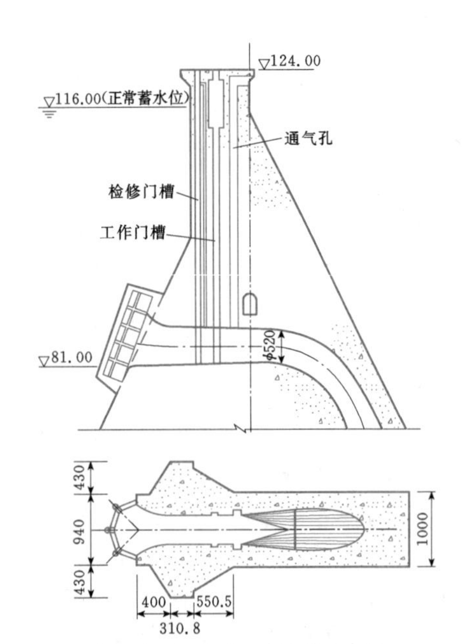

图 1.2－7　新丰江水电站进水口
（尺寸单位：cm；高程单位：m）

坝内式厂房水电站进水口（见图 1.2－8），闸门设在下水平段钢管进口处，自拦污栅至钢管前用位于库内的钢筋混凝土管连接，进口型式别具一格。

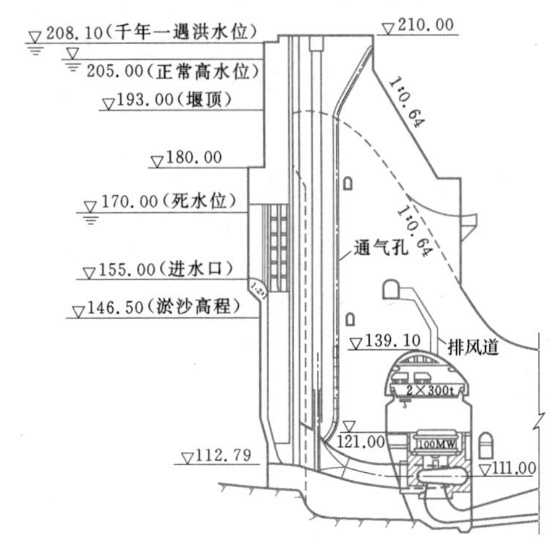

图 1.2－8　凤滩水电站进水口（单位：m）

大朝山水电站为地下厂房，根据地形、地质条件，布置成坝式进水口（见图 1.2－9）。其进水口坝段与溢流挡水坝段轴线夹角为 130°。进水口布置孔口尺寸为 7m×9.3m、设计水头为 40.42m 的平面事故检修闸门。龙滩水电站进水口坝段与大朝山水电站类似（见图 1.2－10），也是靠岸边布置坝式进水口。

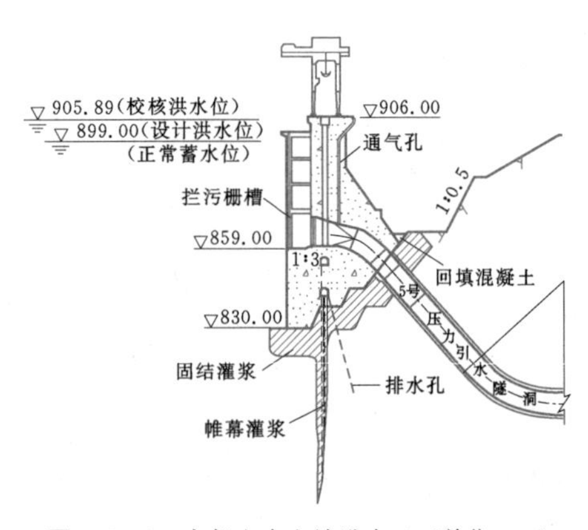

图 1.2－9　大朝山水电站进水口（单位：m）

1.2.2.2　河床式进水口

河床式进水口适用于河床式水电站，为厂房坝段的组成部分，其典型布置如图 1.2－11 所示。

河床式进水口有两个显著特点[1]：一是进水口与厂房结合在一起，兼有拦洪挡水的作用；二是一般多为中低水头大流量的水电站，排沙和防污的问题较为突出。单机引用流量最大的是长江葛洲坝水电站的 170MW

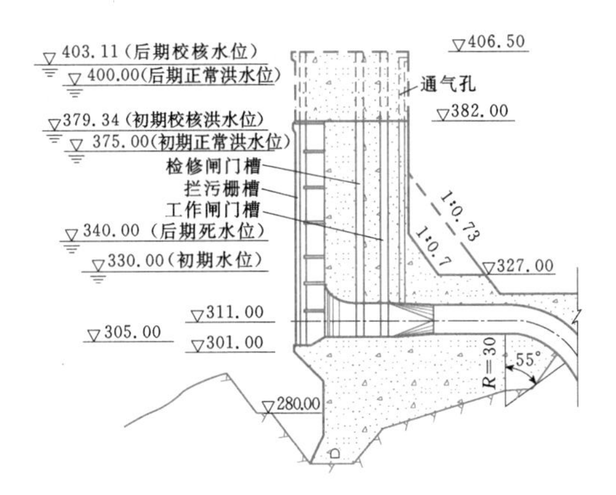

图 1.2-10 龙滩水电站进水口(单位:m)

机组,达 1130m³/s。国内已建大型河床式进水口的单机引用流量见表 1.2-2。

葛洲坝水利枢纽工程(见图 1.2-11)总装机容量 2715MW,共装有 21 台轴流转桨式机组,分设于大江和二江电站厂房内,大江厂房装 14 台 125MW 机组,二江厂房装 2 台 170MW 和 5 台 125MW 机组。

大江及二江电站厂房布置在泄水闸的两侧,泄水闸除承担泄洪任务外,也是枢纽排沙、排漂主要通道。此外,在大江及二江电站厂房每一个机组段的进水口下方,都设有各自的排沙底孔(二江大机组各设两孔,二江小机组各设一孔,每孔设计流量为 200~250m³/s),并在安装间下增设两个流量各为 335m³/s 的专门排沙廊道。实际运行表明,排沙设施达到了保证机组"门前清"、减少过机粗沙的预期效果。大量漂浮污物主要利用汛期二江泄水闸的左、右两区过流排漂,其次是利用设在二江闸导墙及大江电站右安装间下两个排漂孔,排走厂前一部分漂浮污物,并结合栅前机械和人工清污。

表 1.2-2 国内已建大型河床式进水口单机引用流量

序号	电站名称	电站总装机容量(MW)	单机容量及台数(MW×台数)	单机引用流量(m^3/s)
1	富春江	297.2	60×4+57.2×1	516(大机)
2	大峡	300	75×4	370
3	青铜峡	272	36×7+20×1	232.5(大机)
4	大化	400	100×4	556
5	万安	500	100×5	556
6	沙溪口	300	75×4	525
7	铜街子	600	150×4	575
8	葛洲坝	2715	170×2+125×19	1130,825
9	长洲	630	15×42	495.8

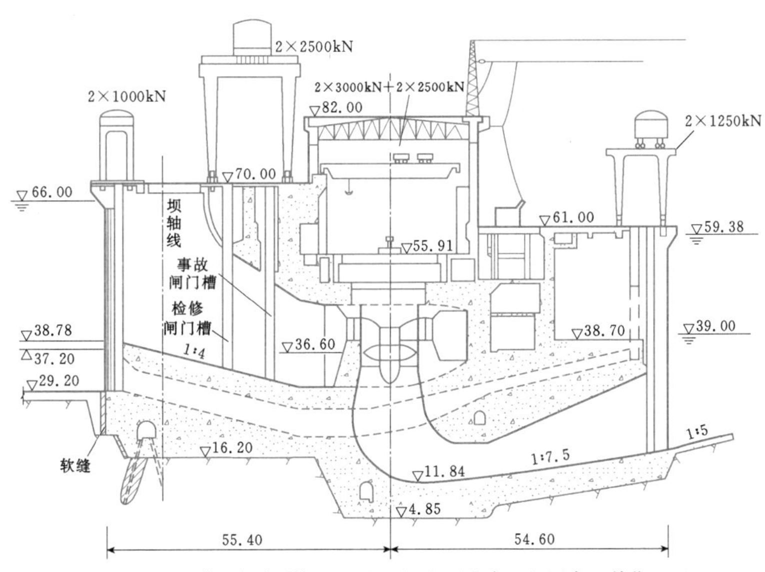

图 1.2-11 葛洲坝水利枢纽工程二江电厂进水口和厂房(单位:m)

大化水电站厂房（见图1.2-12）位于右岸河滩上，其左侧主河道布置溢流坝，安装间设在厂房的右端，与右岸通航过坝建筑物毗连，洪水期厂房四周临水。厂内装有4台单机容量为100MW轴流转桨式机组。

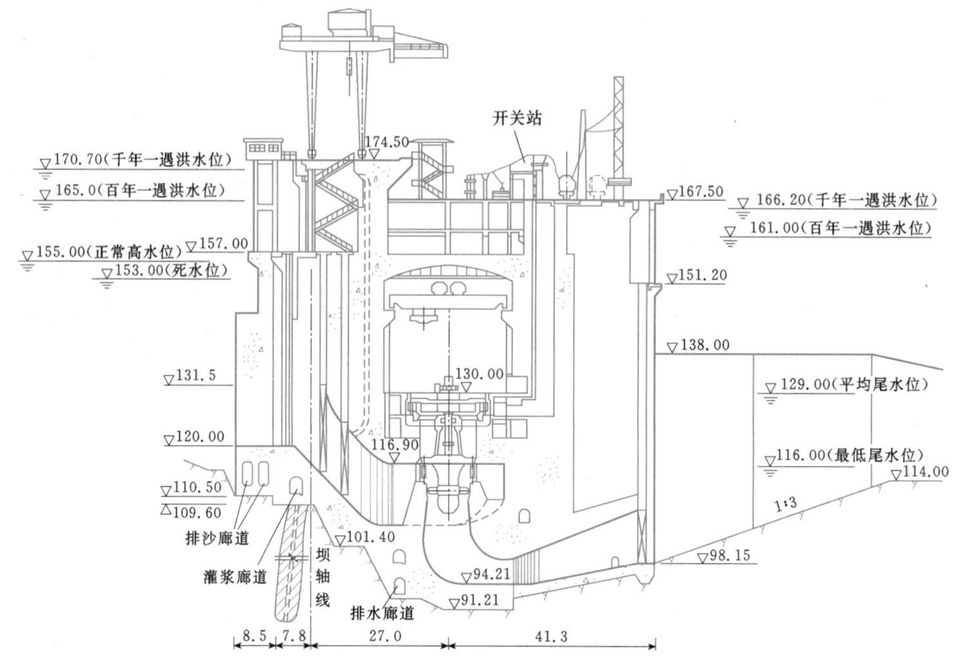

图1.2-12 大化水电站进水口和厂房（单位：m）

红水河泥沙含量较大，为防止泥沙淤堵进水口闸门，大化水电站进水口前缘坎下设有排沙廊道。1、2号机组排沙廊道经右侧安装间段排向下游，3、4号机组排沙廊道经4号机组左边墩排向下游。每一条排沙廊道都设有检修闸门和工作闸门。除4号排沙廊道的闸门可利用坝顶机启闭外，其余闸门均另设固定式启闭机启闭。检修闸门、工作闸门及固定式启闭机，均设在进水口边墩的构架上。

据《中国水力发电工程》统计[1]，在大中型河床式电站中，有18座电站采用轴流式机组，28座采用灯泡贯流式机组。在灯泡式机组电站的进水口前，一般设有一定高度的拦沙坎以阻挡泥沙。灯泡式机组中装机数量最多的是西江下游长洲水利枢纽工程（见图1.2-13），该工程以发电为主，总装机容量630MW，装有15台单机42MW的灯泡贯流式发电机组，其中外江电厂9台，内江电厂6台。机组最大水头（毛水头）16m，最小水头3m，额定水头9.5m，单机流量为495.8m^3/s。

王甫州水电站位于湖北省境内汉江干流上，电站安装4台大型灯泡贯流式水轮发电机组，水轮机直径7.2m，机组过流量420m^3/s，单机容量27.25MW，总装机容量109MW，电站最大水头10.3m，最小水头3.7m，额定水头7.52m。

电站进水口布置曾考虑两种型式（见图1.2-14）。拦污栅布置在检修闸门前的最大优点是缩短厂房顺水流向长度，从而节省工程量，其次是可改善进水口条件，拦污栅胸墙可起到对进水口边墙增加支撑的作用。拦污栅布置在检修闸门后的优点是栅体检修方便，基础应力分布较前者均匀。综合机电布置等因素比较，最终选用拦污栅布置在检修闸门后的方案。

1.2.2.3 塔式进水口

独立布置于大坝或库岸以外的进水口统称为塔式进水口，根据流道方向分为侧向进水和竖向进水，其典型布置如图1.2-15所示。塔式进水口的结构比较复杂，但对岸坡的地质条件要求不高，只要求塔基坐落在比较良好的基岩上，以防止产生不均匀沉陷。塔式进水口承受冰压力、风浪压力的作用，在地震区还要承受地震惯性力和地震动水压力的作用，因此在强地震区不宜采用。为了加强进水塔的稳定性，可以将塔基嵌入岩石中，利用四周岩石的支撑作用来增加塔体稳定。塔式进水口明挖量较少，但与岸边连接需要较长的桥梁或水上交通措施。竖向进水的塔式进水口可布置多层取水口，用于分层取水，一般采用筒形闸门控制。

由于塔式进水口的结构复杂，抗震性能较差，目前已较少采用。

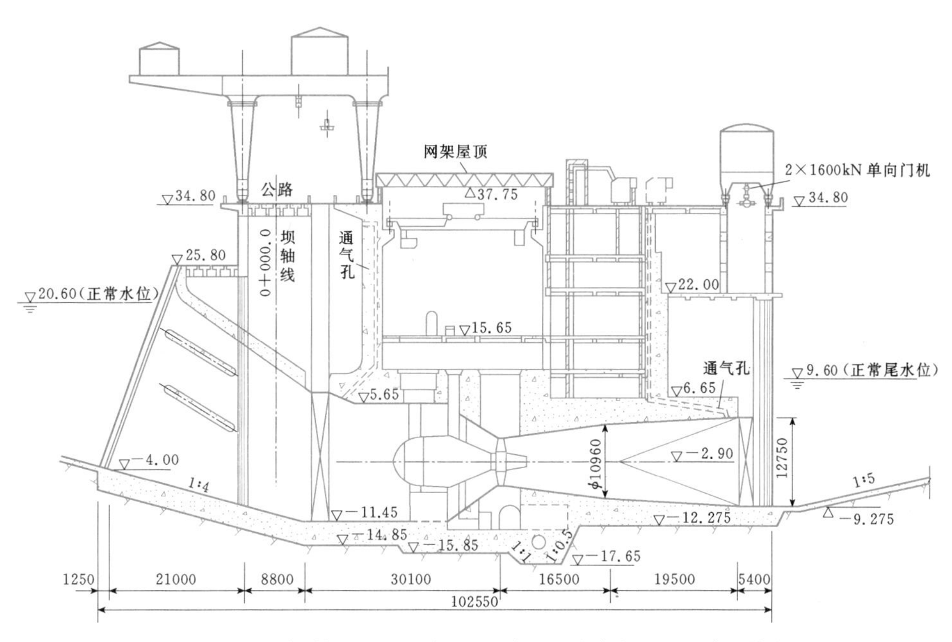

图 1.2-13　长洲水利枢纽工程进水口和厂房（尺寸单位：mm；高程单位：m）

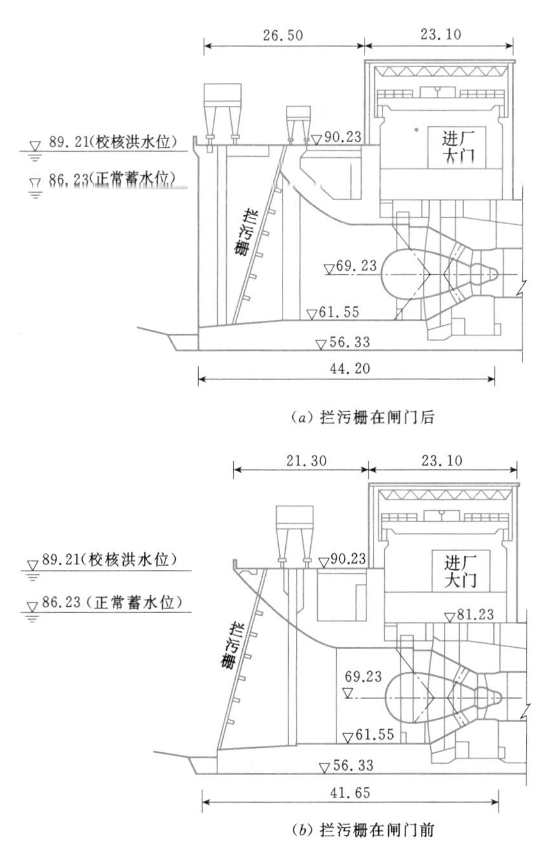

(*a*) 拦污栅在闸门后

(*b*) 拦污栅在闸门前

图 1.2-14　王甫州水电站进水口和厂房（单位：m）

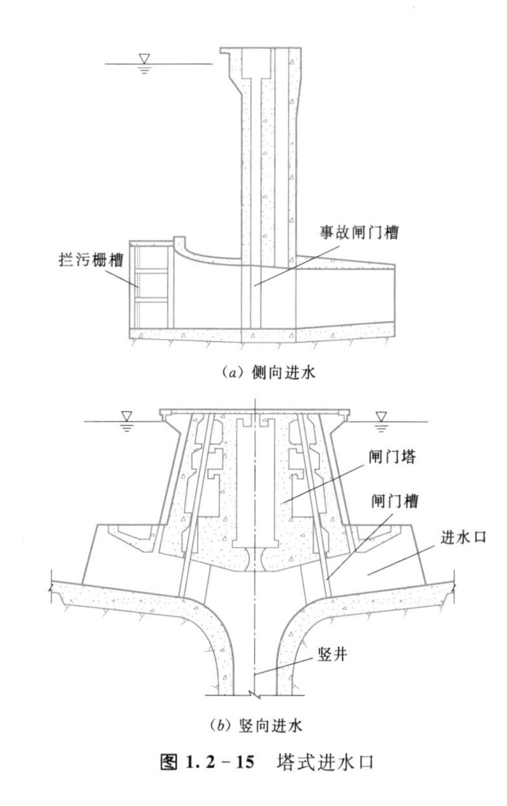

(*a*) 侧向进水

(*b*) 竖向进水

图 1.2-15　塔式进水口

1.2.2.4　岸式进水口

岸式进水口分为岸塔式、岸坡式和闸门竖井式三种型式。岸塔式进水口为背靠岸坡的塔形结构进水口，闸门设在塔形结构中，其典型布置如图1.2-16所示。岸坡式进水口为贴靠岸坡的倾斜结构进水口，闸门槽和拦污栅槽贴靠岸坡倾斜布置，其典型布置如图1.2-17所示。闸门竖井式进水口是闸门布置于山体竖井中，进水口与闸门井之间以隧洞连接，根据流道方向分为侧向进水和竖向进水，其典型布置如图1.2-18所示。

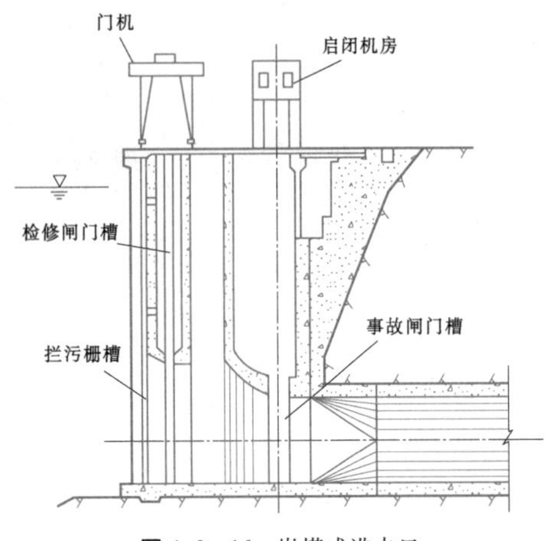

图1.2-16 岸塔式进水口

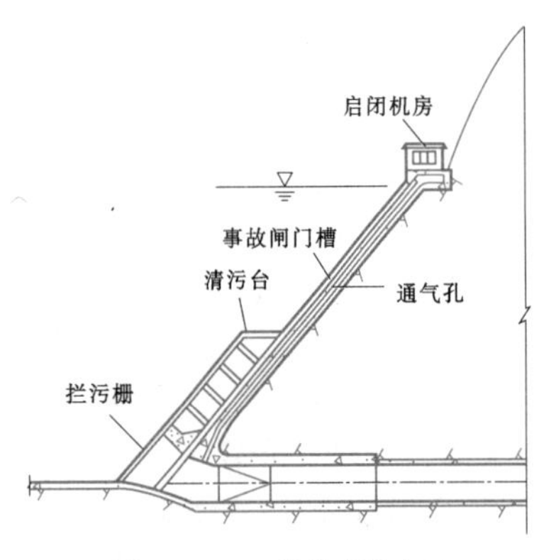

图1.2-17 岸坡式进水口

我国已建的岸式进水口以岸塔式居多，也有部分为闸门竖井式。而岸坡式进水口，因拦污栅、闸门均根据岸坡地形呈倾斜布置，闸门布置受到限制，通常只设一道检修闸门，在运行上存在缺陷，仅在少数水电站上采用过，其中有两座水电站因运行不便又改建成岸塔式。国内部分岸塔式进水口的特征参数见表1.2-3。

岸塔式进水口的布置可参照以下原则。

(1) 拦污栅、进水口、检修及工作闸门宜紧凑布置，并尽可能使用同一套启闭设备。

(2) 要为拦污栅清污创造良好运行条件，当污物较多时应考虑设置导污设施，必要时可设置两道拦污

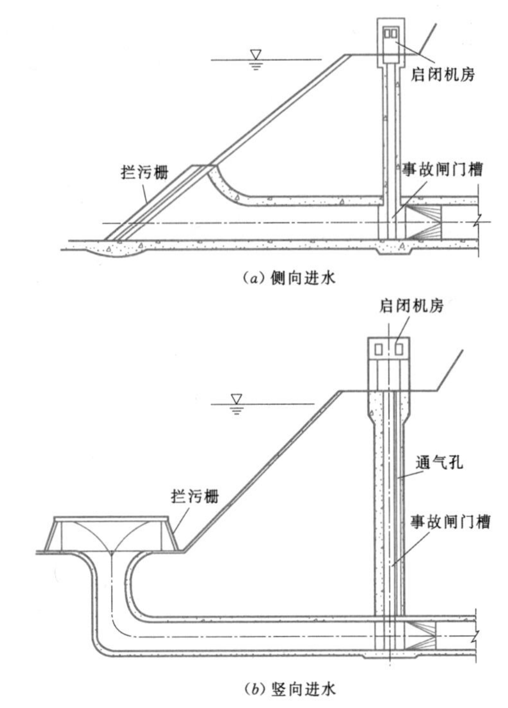

图1.2-18 闸门竖井式进水口

栅，以利清污和检修。

表1.2-3 国内部分岸塔式进水口的特征参数

工程名称	单机引用流量 (m^3/s)	进水口底板以上的水头 (m)
溪洛渡	423.80	82.00
糯扎渡	393.00	76.00
三板溪	225.00	95.00
拉西瓦	378.00	102.00
小湾	365.00	100.00
洪家渡	165.50	81.50
锦屏一级	337.40	101.00
瀑布沟	417.00	85.00
吉林台	118.60	70.00
构皮滩	385.50	65.75
水布垭	260.00	70.00
公伯峡	337.91	30.00
光照	216.50	75.00

(3) 大型水电站多个进水口可一字形排列布置，共用检修闸门和启闭设备，应注意避免边孔的回流影响。

(4) 多个进水口并列布置时，不同进水口塔体间

拦污栅侧墩适当部位可设贯通式过水通道，以使拦污栅发生堵塞时，可从相邻塔体间补水。

(5) 当进水塔群具有排沙、泄洪、充水平压、交通、观测和排水等多种要求时，应根据需要调整各孔口和廊道的高程和位置关系。

二滩水电站大坝为混凝土双曲拱坝，左岸布置地下厂房，拱坝坝高 240m，电站装机 6 台，单机容量 550MW，总装机容量 3300MW。6 个岸塔式进水口在平面上布置成直线形，设在坝上游左岸，塔高 85m，单宽 27m，后接 6 条直径 9.0m 的压力管道，如图 1.2－19 所示。

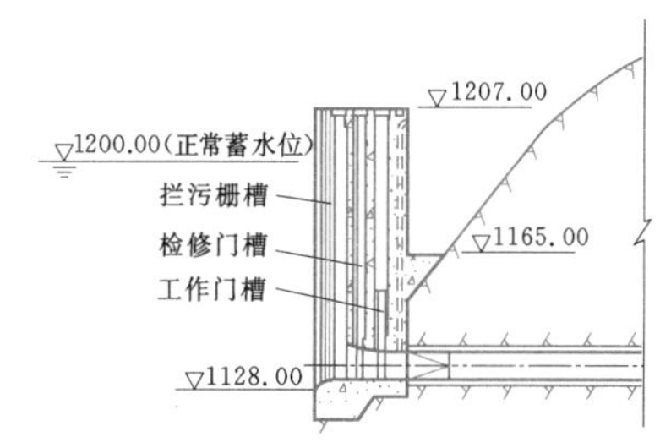

图 1.2－19　二滩水电站岸塔式进水口
(单位：m)

溪洛渡水电站坝高 285.5m，总装机容量 13860MW，共安装 18 台单机 770MW 机组、左右两岸各 9 台。两岸进水口均一字形排列布置，左岸为竖井式进水口，右岸为岸塔式进水口，塔高 94m，如图 1.2－20 所示。

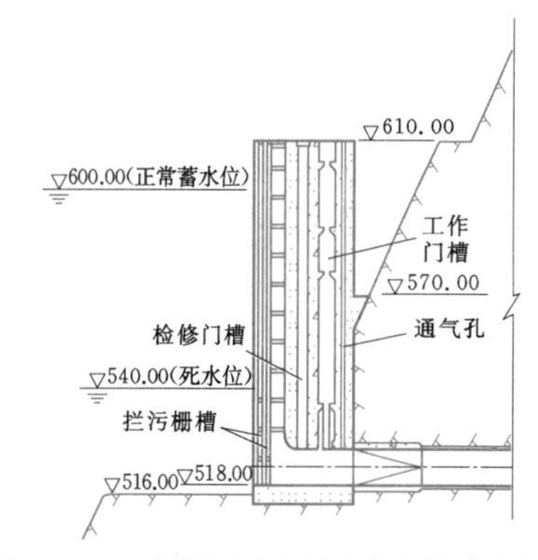

图 1.2－20　溪洛渡水电站右岸岸塔式进水口
(单位：m)

小浪底水利枢纽工程位于多泥沙的黄河上，安装 6 台单机容量为 300MW 的水轮发电机组。6 个进水口与泄洪、排沙、灌溉进水口布置在一起，组成一道长 267.9m、宽 52.8～70.0m、最高 113m 的综合进水塔群，集中布置在左岸的风雨沟内东侧。剖面上成台阶状，一字形排列明流泄洪洞进水塔 3 座，有压泄洪洞（孔板消能）进水塔 3 座，发电、排沙、排污进水塔各 1 座和灌溉进水塔 1 座，共 10 座进水塔。其中，自南向北第 3、5、8 号塔为发电进水塔，与排沙洞进水塔共用，即 2 条发电引水洞与 1 条排沙洞共用 1 座进水塔。进水口呈上、下对应布置，发电引水洞进口高于排沙洞进口 20m。发电引水洞进水口采用一字形通仓式布置，相邻两进水口有贯通式过水通道，可互补水量。进水口前缘设有两道拦污栅和一道清污机导槽，进水口闸墩后设置事故工作闸门，既可在事故时保护机组，又可在机组长时间停机时关闭闸门挡沙，防止引水隧洞和压力钢管被泥沙淤堵。小浪底枢纽各进水塔孔口参数见表 1.2－4。10 座塔内共布置 16 个进水口，分别与不同隧洞连接，形成上下重叠、纵横交错蜂窝状立体洞群，结构复杂、工程巨大，是目前世界上最大和最复杂的进水建筑物。图 1.2－21～图 1.2－23 分别为其进水塔上游立视图、发电引水系统纵剖面图和发电引水洞进水塔剖面图。

小浪底水利枢纽工程进水塔群的布置特点如下。

(1) 10 座进水塔呈一字形排列，进水口流态较好，并有利于进水塔的横向抗震稳定。

(2) 各进水口在立面上形成低位洞排沙、高位洞排漂、中间引水发电的布局，可以减少过机沙量，为汛期发电创造有利条件。

(3) 6 条发电洞的进口两两相连，呈通仓式布置，提高了进水可靠性。

表 1.2－4　　小浪底枢纽各进水塔孔口参数

序号	隧洞名称	条数(条)	进口底板高程(m)	断面尺寸(m)	最大流量(m^3/s)
1	发电引水隧洞	6	195，190	ϕ7.8	6×306
2	低位排沙洞	3	170	ϕ6.5	2025
3	高位明流泄洪洞	3	195，209，225	宽 10 高 13，12，11.5	4650
4	低位有压泄洪洞（由导流洞改建成）	3	175	ϕ14.5	4725
5	灌溉洞	1	223	ϕ3.0	30

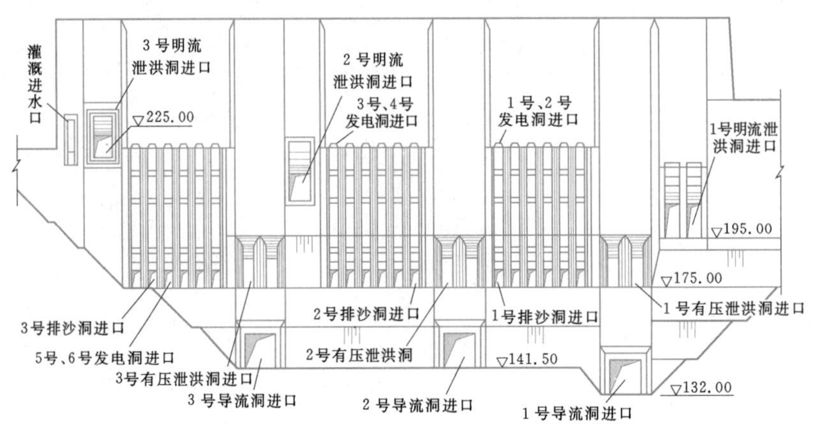

图1.2-21　小浪底水利枢纽工程进水塔上游立视图（单位：m）

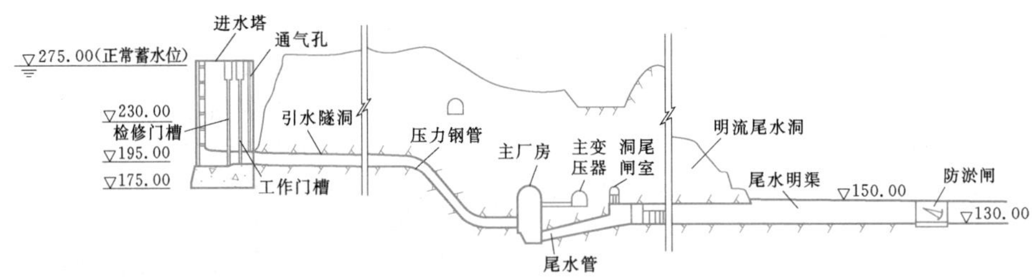

图1.2-22　小浪底水利枢纽工程发电引水系统纵剖面图（单位：m）

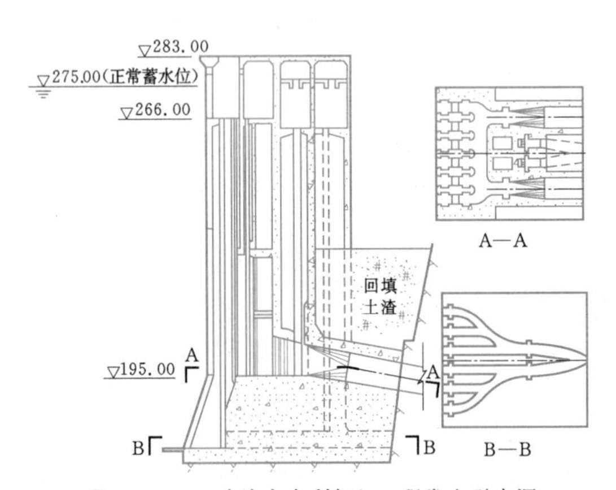

图1.2-23　小浪底水利枢纽工程发电引水洞进水塔剖面图（单位：m）

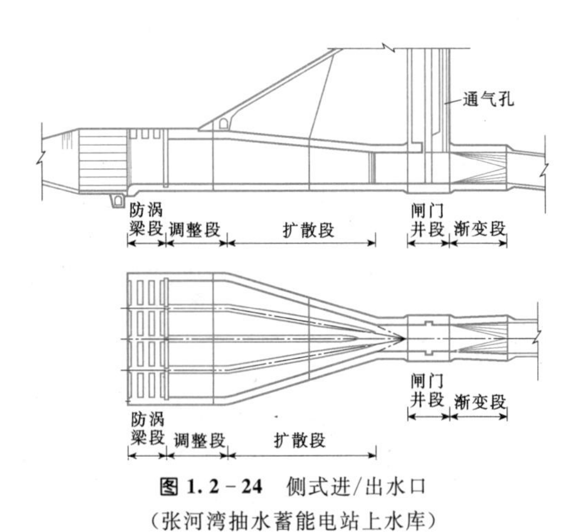

图1.2-24　侧式进/出水口（张河湾抽水蓄能电站上水库）

1.2.2.5　抽水蓄能电站进/出水口

抽水蓄能电站具有发电、抽水两种运行工况，进/出水口具有双向过流的特点。对于下库进/出水口而言，发电时为出流，抽水时为进流，而对上库进/出水口则相反。

抽水蓄能电站的进/出水口通常有侧式（见图1.2-24）和竖井式（见图1.2-25）两种，以侧式进/出水口应用较多。侧式进/出水口通常设置在水库岸边，竖井式进/出水口设于水库内。

1.2.2.6　其他型式进水口

1. 出水口

出水口功能要求较进水口少，一般不需考虑与挡水建筑物结合，没有防沙、清污要求，在水流控制方面，仅需设置检修用的闸门及其启闭设备。由于功能要求少，因而出水口的结构型式较简单，一般采用以下两种。

（1）与发电厂房结合布置的尾水平台式出水口，其设计详见本卷第5章。

（2）岸塔式出水口，其结构型式与无拦污栅且仅设置检修闸门的岸塔式进水口类似。

2. 虹吸式进水口

虹吸式进水口是利用虹吸原理设置的一种适用于引用流量不大的引水式水电站的进水口，其典型布置如图 1.2－26 所示。

3. 分层取水口

对于大消落深度的水电站，为满足在最低发电水位时的运用，进水口设置的位置较低。在高水位运行时，进水口取出的为水库深部水体，水温较低，使下游河道内水体温度和含氧量变化较大，对下游水生生物有不利影响。为此，提出了适应库水位变动分层取水的要求。一般采用以下两种型式。

（1）设置多层进水口分层取水。

（2）进水口设置在较低位置，用闸门控制分层取水，所采用的闸门主要有叠梁闸门和多段闸门。

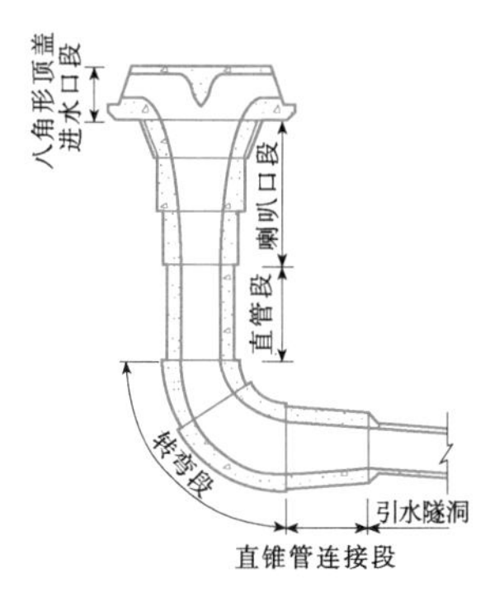

图 1.2－25　竖井式进/出水口（西龙池抽水蓄能电站上水库）

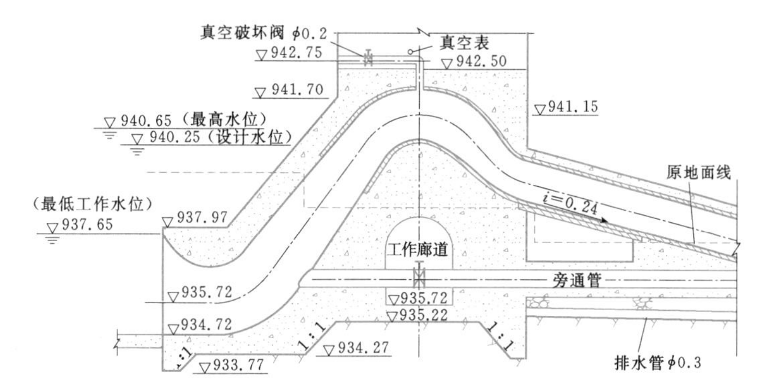

图 1.2－26　虹吸式进水口（四川新林水电站）（单位：m）

多层进水口分层取水型式对于电站运行的限制较多，结构较复杂（见图 1.2－27），实际工程中很少采用。

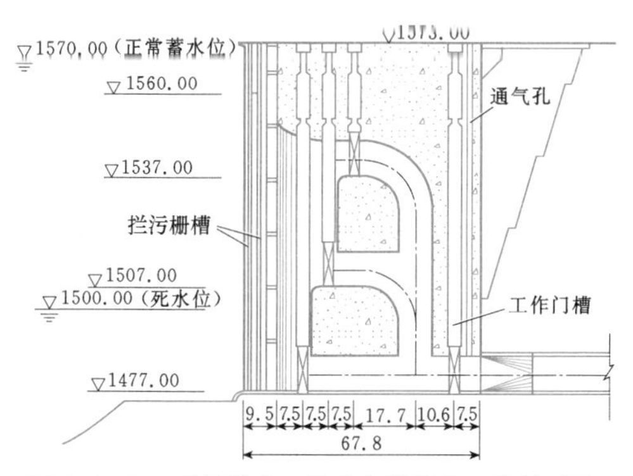

图 1.2－27　多层进水口取水方案进水口纵剖面图（单位：m）

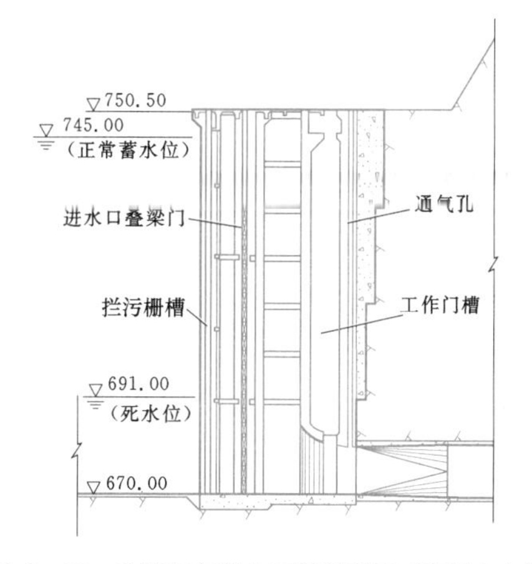

图 1.2－28　叠梁闸门进水口纵剖面图（光照水电站）（单位：m）

目前采用较多的分层取水型式是用叠梁闸门控制分层取水，其典型布置如图 1.2－28 和图 1.2－29 所示。其优点是结构型式简单，控制方便。缺点是高水位时水头损失略大。

叠梁门分层取水进水口是利用叠梁门挡住水库中下层低温水，水库表层水通过叠梁门顶部进入引水道。根据水库运行水位变化情况或下游水温的需要，提起或放下相应数量的叠梁门，从而达到引用水库表层高温水，提高下泄水温的目的。

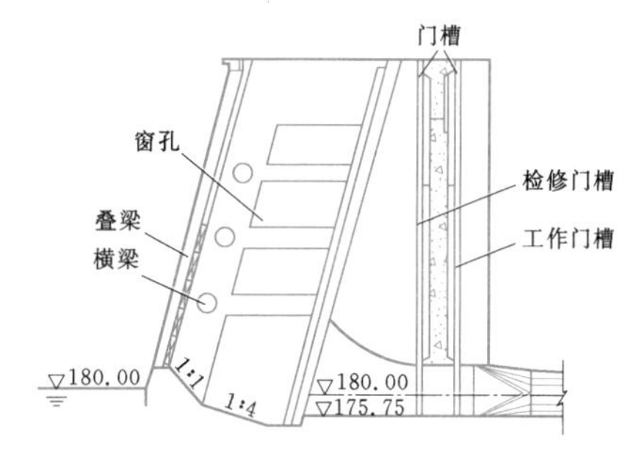

图 1.2－29　叠梁闸门进水口剖面图（马来西亚的巴贡水电站）（单位：m）

多段闸门控制的分层取水，如图 1.2-30 和图 1.2-31 所示，由于闸门结构较复杂，多见于中小型水电站。

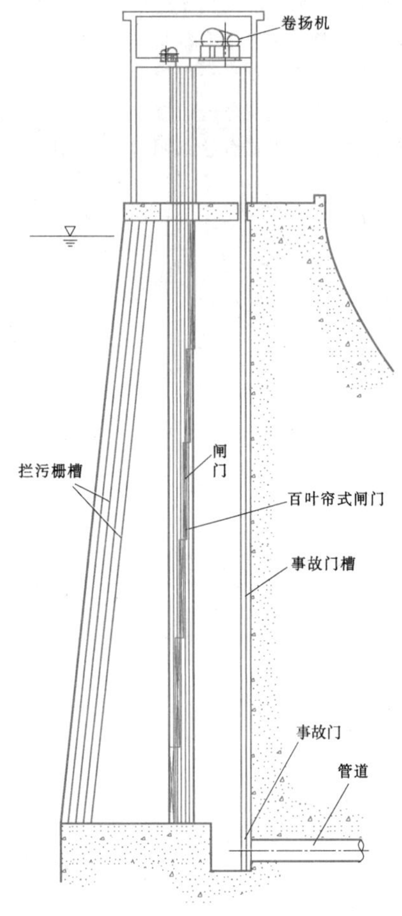

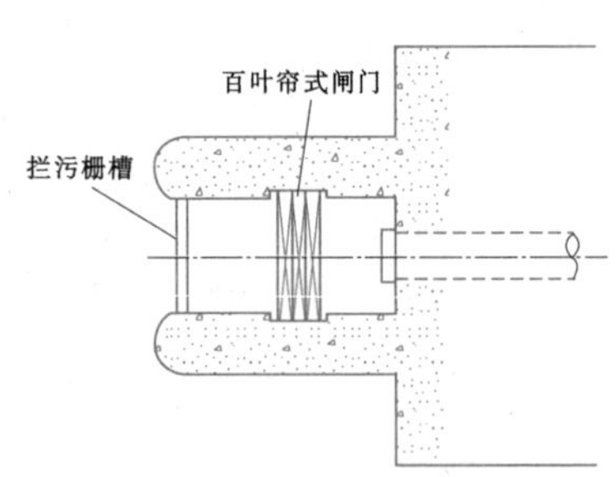

图 1.2-30 百叶帘式多段滚轮平面闸门进水口剖面图

百叶帘式多段滚轮平面闸门的进水口，数段闸门像帘子一样安装在门槽内，随上游水位的变化，开启不同高度的闸门达到取用表层水的目的。

半圆形多段式闸门的进水口，闸门由互相间压紧水封的多段半圆形闸门组成。这种圆拱形闸门在水力学和结构方面均较有利，各段闸门可随水位变化开启达到取用表层水的目的。

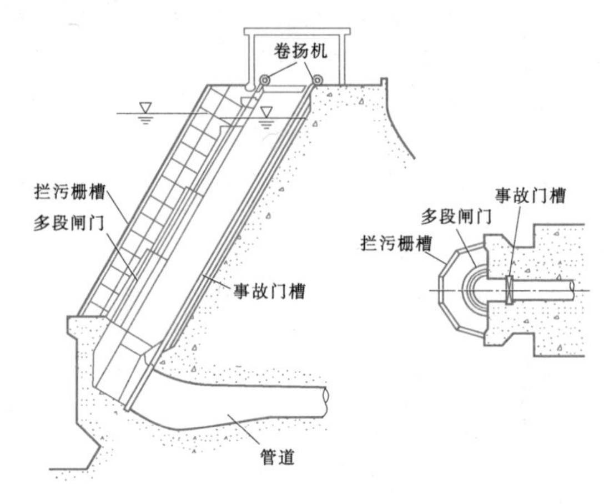

图 1.2-31 半圆形多段滚轮闸门进水口剖面图

1.3 深式进水口的布置设计

1.3.1 进水口设计的基本资料及数据

(1) 河流流域规划或河段规划、梯级开发方式、工程任务和综合利用要求、水库运行条件和引水要求。

(2) 工程等别和设计标准、建筑物等级、枢纽总体布置。

(3) 地震基本烈度、设计地震加速度及进水口抗震设防类别和建筑物设防烈度。

(4) 水文气象条件（如气温、水温、风速等)、上游漂浮物性质和来量、水库泥沙（包括悬移质及推移质）来量及逐年淤积情况、河道冰凌情况。

(5) 进水口范围的地形和地质条件。

(6) 水电站运行水位及引用流量。

(7) 引水道的直径和长度、闸门尺寸与型式及控制方式、水轮机特性。

(8) 拦污栅的型式、结构及清污方式等。

1.3.2 进水口位置选择

进水口位置应根据枢纽总体布置方案经综合技术经济比较确定，但应符合以下基本布置原则。

(1) 布置在稳定河段上，靠近主河槽，能直接取水或通过引渠取水。不宜布置在河床过宽、主流分散且不稳定的河段上。

(2) 可利用支沟布置，但不宜选在有较大推移质泥沙的支沟内，特别是存在有固体径流的支沟。

(3) 避开回流区，减轻泥沙淤积和污物聚集。

(4) 选择地形、地质条件良好的地段。

1.3.3 防沙、防污和防冰

1.3.3.1 防沙

防沙设计应首先掌握泥沙资料，分析水库建成后泥沙的淤积形态和高程。应结合枢纽总体布置综合考虑防沙措施。防沙设计应从以下几方面考虑。

(1) 合理选择进水口位置，避开泥沙淤积区。如对于岸边式进水口，应尽可能将进水口布置于冲刷岸，即弯曲河道的凹岸，最有利位置为弯道顶点下游附近。

(2) 选择较佳的水库调度运行方式，蓄清排浑，降低水库淤沙高度。

(3) 合理选择进水口高程，在满足最小淹没深度的前提下，尽可能将进水口底板设置于水库泥沙冲淤平衡高程之上。

(4) 进水口底板无法设置于水库泥沙冲淤平衡高程之上时，应采取导、拦、排结合的措施，保证机组"门前清"。进水口尽可能靠近具有排沙能力的底部泄水设施，难于布置或仍不能满足机组"门前清"要求的，可调整底部泄水设施的位置或高程，也可另设排沙洞（孔）。

图1.3-1为大朝山水电站排沙廊道布置图，将拦、排沙设施结合成排沙廊道布置于进水口前，可以解决进水口与泄水排沙建筑相互结合在布置上的困难，并将拉沙漏斗控制于进水口前，用较小的泄水量即可达到最佳的导、拦、排效果，解决了利用泄水建筑物拉沙时用水量大而影响发电的矛盾。

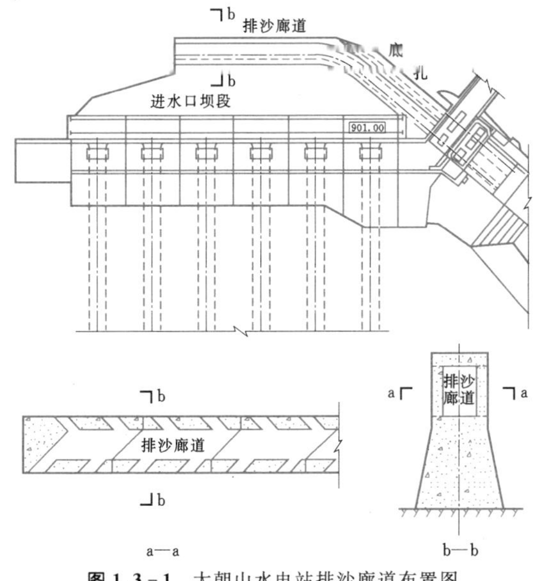

图1.3-1 大朝山水电站排沙廊道布置图
(单位：m)

(5) 对于径流式电站，水库很小，沉沙能力很弱，泥沙无法沉淀下来，容易进入引水发电系统。应根据河流泥沙状况，结合行近段布置沉沙池。

(6) 对于多泥沙河流上的大型或重要的工程，防沙方案应通过水工模型试验或泥沙模型试验研究确定。

1.3.3.2 防污

防污设计应根据河流污物状况，采取综合防污措施。防污设计应从以下几方面考虑。

(1) 选择水库调度运行方式时应考虑防污排污的要求。

(2) 进水口位置应避开漂浮污物的主运移线路，避免直接撞击。

(3) 控制平均过栅流速，一般在0.8～1.2m/s范围内。

(4) 防污措施应导、拦、清相结合，重点是及时清除污物，以防堵塞拦污栅。主要的防污设施有拦污栅、浮式拦漂排以及相应的清污设施。

1.3.3.3 防冰

严寒地区应进行防冰设计。防冰设计应首先掌握冰情资料，采取防、导、排的综合措施防治。防冰设计应从以下几方面考虑。

(1) 确定适合的冬季运行方式，调节库水位，限制流冰产生。

(2) 进水口位置应避开漂冰的主运移线路，避免直接撞击。

(3) 进水塔结构计算时，应考虑冰压力。冰压力遵照《水工建筑物抗冰冻设计规范》(DL/T 5107或SL 211) 计算。

(4) 及时清理流冰，以防堵塞拦污栅等设施。

(5) 定期启闭闸门等设备，保证正常运行。

(6) 采用人工或机械破冰（如压气或喷水）、加热调节水温、设置隔板（如泡沫板）缓冲、将拦污栅等设备淹没于水下等措施，消除或减小静冰压力。

1.3.4 进水口的主要设备和设施

1.3.4.1 拦污栅

拦污栅的作用是防止污物进入进水口，进而进入压力管道和水轮机。

拦污栅的布置型式取决于进水口型式和电站引用流量、当地气候条件、水库水位变化范围、水库来污数量及构成、污物尺寸和清污方法等。在平面上可以布置成直线形或半圆形（由多边形构成的近似半圆形）两种，如图1.3-2和图1.3-3所示；在立面上可布置成垂直的或倾斜的，当用人工清污时，根据运行经验，其倾角一般为60°～70°。

坝式进水口的拦污栅构架在平面上可以沿半圆周布置成多边形，如图1.3-3所示。从而使行近水流从正面及两侧平顺地流入进水口，其半径一般不小于

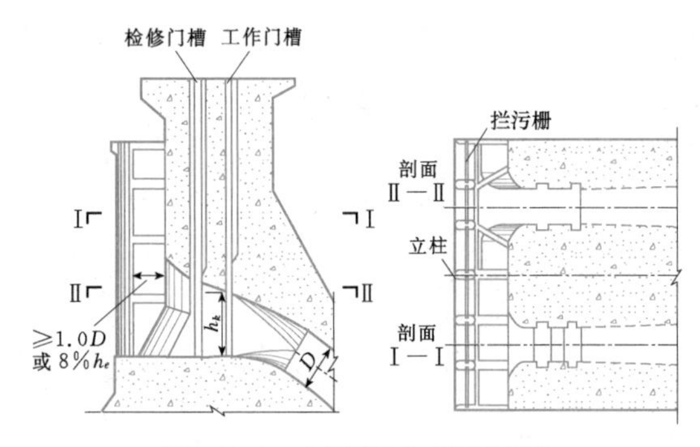

图 1.3-2 直线形通仓拦污栅布置

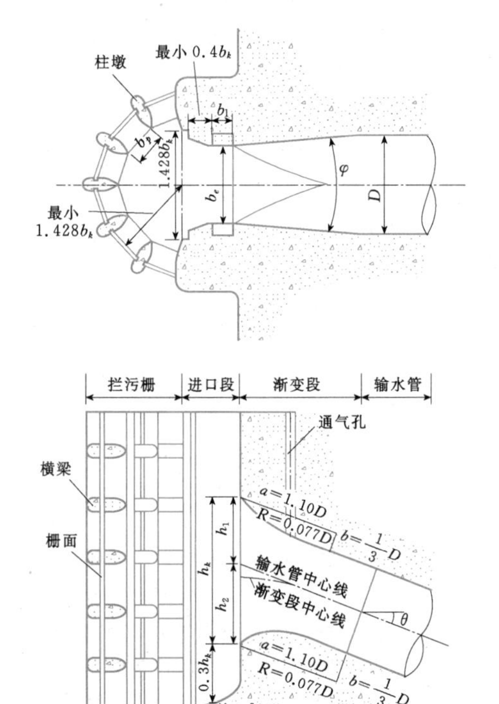

图 1.3-3 半圆形拦污栅布置

管径，以保证拦污栅有足够的过水面积，栅面基本与流线垂直。力求行近流速分布均匀，减少水头损失。这种布置的缺点是当部分拦污栅被堵塞时不能从相邻进水口的拦污栅补充进水，并且难以采用机械清污。

根据近年来实际工程运行经验，如机组的引用流量较大时，常将各个进水口的拦污栅连成一个直线形的整体，不再分隔，如图 1.3-2 所示。这样可充分利用进水口前的空间，在部分栅面被泥沙或污物堵塞时，仍可通过邻近栅面进水，起到互为备用的作用。结构上也比较简单，施工方便，还便于使用机械清污。

为减少水头损失有必要限制过栅流速。在运行期间，为防止污物堵塞栅面，造成结构的超载，当采用机械清污时进水口的过栅流速一般限制在 1～1.2m/s。

应重视进水口前的污物拦截和拦污栅的清污问题。在漂浮物较多的河流上，进水口前应设排漂和拦漂设施。为使清污时电站不停机，可设前后两道拦污栅，或采用专门的清污机，也有采用可循环转动的活动拦污栅（回转拦污栅）。

另外，为了保证拦污栅结构的安全和正常运行，应及时观测污物堵塞程度，一般在栅前、栅后埋设压力监测设备，以观测栅前与栅后的水位差或压力差。发现拦污栅堵塞时应及时清除，以防严重堵塞造成过大的压差而破坏拦污栅，造成事故。

1.3.4.2 浮式拦漂排

对于漂浮物较多的河流，宜在进水口前设置拦漂排（或称导漂排、导漂索）。拦漂排可采用竹木、钢材和钢筋混凝土等材质制作，一般多采用钢材制作，竹木材质的拦漂排一般仅临时性使用。

浮式拦漂排的主要功能如下。

(1) 阻拦漂浮的污物进入电站进水口。

(2) 泄水时使阻拦的漂浮物导向泄水闸，自然下泄。

由于浮式拦漂排装置的受力状态以及运行过程中具有许多不确定因素，应主要从来流条件和结构要求出发，结合工程实际和其他类似工程经验确定拦漂排的布置及结构型式。目前，浮式拦漂排设计成功的工程实例并不多，国内主要有大朝山水电站、岩滩水电站、大化水电站、土卡河水电站、飞来峡水电站等工程，国外有萨彦舒申斯克水电站（俄罗斯）等工程。

浮式拦漂排的设计主要包括拦漂排布置、拦漂排移动轨迹分析、支承及连接结构型式选择、拦漂排本体和支承结构受力分析等。总结已有的成功工程实例，浮式拦漂排布置建议遵循如下原则。

(1) 为实现汛期漂浮物能自然下泄，应使浮式拦漂排的轴线与泄洪主水流方向的夹角尽量小，一般为15°～30°。

(2) 在实现阻拦漂浮物进入拦污栅栅前的前提下，应使浮式拦漂排的水下拦污高度尽量小，一般为1.5m 左右为宜，水上拦污高度为 0.5m 左右。

(3) 浮式拦漂排的运行范围一般应在电站初期运行发电水位至电站校核洪水位之间，必要时考虑初期蓄水特殊阶段。

拦漂排主体结构一般采用实体浮箱结构，浮箱应有一定尺寸以利稳定，一般浮箱尺寸不宜小于 5m×

1.5m×1m（长×宽×高）。浮箱下接格栅，各浮箱可由钢丝绳穿系并固定于两端的支承装置上。支承装置可通过钢丝绳和滑轮与浮箱连接，也可通过铰轴与浮箱连接。支承装置可随水位变化靠浮力及钢丝绳的拉力以及重力的作用在导向槽内上下移动，设计中应特别考虑支承装置在导向槽内上下移动的条件，必要时可将支承装置另外连接单独的平衡浮箱。导向槽可根据情况垂直或倾斜布置在坝面或岸边。

大朝山水电站拦漂排的浮箱、支承装置和导向槽结构型式如图1.3-4～图1.3-6所示。

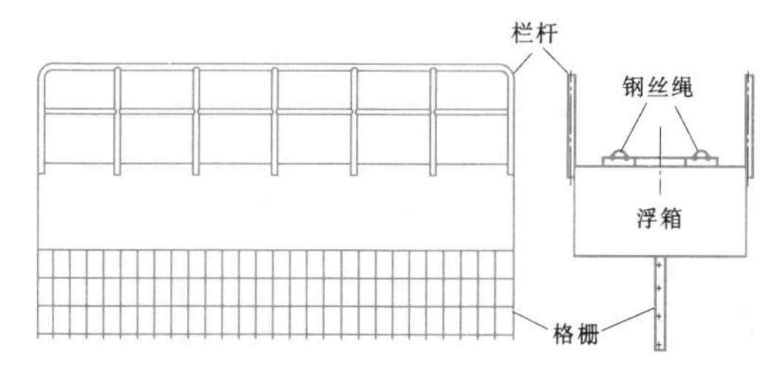

图1.3-4　大朝山水电站拦漂排的浮箱

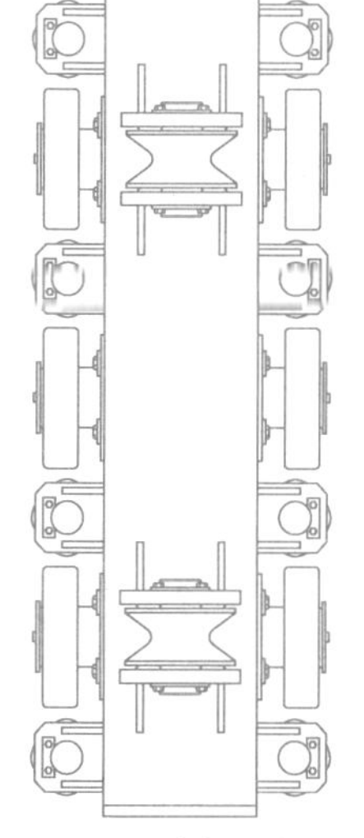

图1.3-5　大朝山水电站拦漂排的支承装置

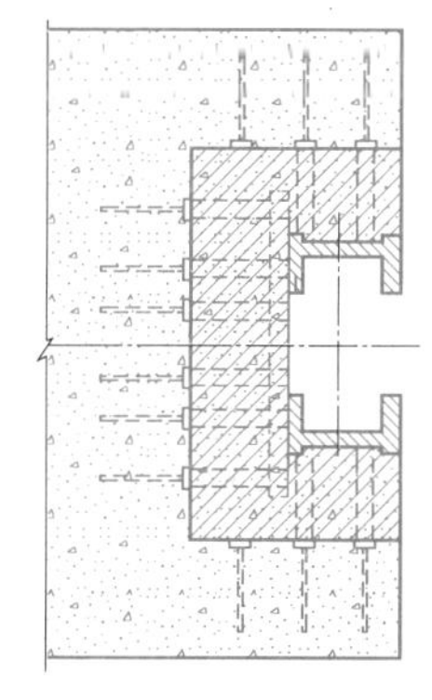

图1.3-6　大朝山水电站拦漂排的导向槽结构型式

1.3.4.3　闸门及启闭设备

为保证电站安全运行，在遇到突发事故时能及时截断水流，或为检修引水道及机组需要，一般应在闸门段设工作门和检修门。若在厂前的管道上已设有事故快速闸（阀）门，则在进口可只设置检修门或事故检修门。

工作闸门仅在全开或全关的情况下工作，不用于流量调节，在引水道或机组突发事故时，能够在动水情况下迅速（2～3min内）关闭。为减少启门力，并避免闸门在开启的瞬间高速水流冲入压力管道，造成振动等不利影响，一般在闸门开启之前先使用充水系统充水，使得闸门上、下游水压力平衡后，再开启闸门。考虑到水轮机导叶漏水等因素，不能保证完全平压，因此闸门应能在小水压差下开启。充水系统一般采用埋设于进水塔内的充水管路和控制阀，或是在闸门上附设充水小门。由于埋设于进水塔内的充水管路无法检修，并与水库相通，存在一定安全隐患，且不易实现自动控制，因而目前通常采用在闸门上附设充水小门的充水方式。

工作闸门的启闭设备，通常是在每个进水口设一套固定式卷扬机或油压启闭机，以便快速操作闸门，闸门（每孔一扇）平时位于孔口上方，随时处于备用状态。闸门的操作一般为自动控制。闸门应能吊出门槽进行检修。

检修闸门是为检修工作闸门及门槽时用以挡水，有时也用事故检修门代替工作闸门，在这种情况下应考虑动水下门。在多泥沙河流上检修闸门的门叶结构、止水方式及启门力等均需充分估计到泥沙淤积的影响。

闸门的型式经技术经济比较确定。平板门占据空间小，布置上较为方便，因而一般采用平板门。竖向进水的塔式进水口则常采用圆筒式闸门。

1.3.4.4　通气孔

在引水管道进行充水或放空过程中，闸门后需要排气和补气，特别是动水下门时，无补气设施会引起压力管道局部真空而经受负压，并可导致管道和门叶振动，为此必须紧接闸门后设置通气孔。

1. 通气孔布置

通气孔以独立布置较为多见，此时事故闸门采用后止水。双牌水电站进水口剖面图如图1.3-7所示。当闸门采用前止水时，可利用门后的空间作为空气通道，此时门楣护面的高度应满足下门时的工作要求。

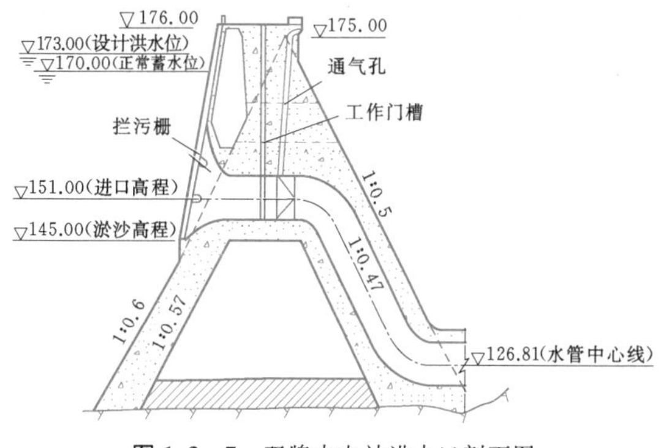

图1.3-7　双牌水电站进水口剖面图
（单位：m）

通气孔布置原则如下。

(1) 要有利于安全操作和正常运用。

(2) 通气孔的顶端（外口）应在上游最高水位以上，并与启闭机室分开，以免在补、排气时气流进出影响安全，外口并应有防护罩，在北方冬季要注意防止孔口结冰影响气流出入。

(3) 通气孔内口应尽量靠近闸门下游面，并力求设在门后管道顶板最高位置，以便在任何工况下均能充分通气，有效地减少负压。

(4) 通气孔体形应力求平顺，避免突变，在必须转弯处，应适当加大弯道半径，以减少气流阻力。

(5) 有条件时可将通气孔与检查孔结合共用。

2. 通气孔面积计算

电站进水口快速闸门动水下降过程中，闸后水流由有压水跃渐渐变为门后水流脱顶，通气管下端外露，水流跌入倾斜压力管道内，通气管开始补气，随着管道内水面不断下降，进气量增大，至闸门关闭瞬间通气量达到最大。在闸门从全开到全关的动水下降过程中，水道系统的流量由开始时的机组控制，逐渐变为闸门控制，闸后水流从满流转变为明流时闸门开度称为临界开度，以高度 a_k 或相对开度 n_k 表示。临界开度的大小与作用水头、流量、闸门关闭速度、机组运行状态等因素有关。例如柘溪水电站 3 号机组在水头为 28.1m 时，$a_k=2.3$m($n_k=0.328$)，4 号机在水头为 31.72m 时，$a_k=2.4$m($n_k=0.343$)；双牌水电站在水头为 15.42m 时，$a_k=1.7$m ($n_k=0.284$)。

因此，水电站进水口快速闸门下降中的通气，是一个随着闸门下降而发生的一个过程。迄今为止，通气孔面积计算尚无简捷实用的理论计算公式。主要是缺乏可靠的实测资料作依据。有些国家按管道失稳的条件或规定管内负压值来确定通气孔的面积，有的则用限制通气孔风流来确定，假设通气量与管道流量相等。还有的试图按照闸门下门过程来探求通气量。有关的计算方法可参见本章参考文献 [9-12]。

目前常用工程类比与估算方法确定通气孔面积。

(1) 1976 年，柘溪、双牌水电站进水口事故闸门进行了动水下门原型观测，取得了迄今仅有的有关动水下门通气过程的原型观测资料。柘溪水电站、双牌水电站进水口事故闸门的主要设计参数见表 1.3-1。柘溪、双牌水电站进水口事故闸门动水下门通气状况原型观测成果见表 1.3-2。

表 1.3-1　柘溪水电站、双牌水电站进水口事故闸门主要设计参数

工程名称	闸门尺寸 $b\times h$ (m×m)	闸底坎以上设计水位 H_d (m)	管道直径 D (m)	管道长度 L (m)	通气孔面积 a (m²)	通气孔面积与管道面积之比 (%)	机组流量 Q_p (m³/s)	下门速度 (m/s)
柘溪	5.5×7	39.0	6.5	180.0	2.28	6.85	144.0	3.8
双牌	4.5×6	21.8	5.6	80.0	0.785	3.2	121.0	3.36

表 1.3-2　柘溪水电站、双牌水电站进水口事故闸门动水下门通气状况原型观测成果

工程名称	闸底坎以上水头 H_p (m)	机组流量 Q_p (m³/s)	门底缘负压 H_B (m)	最大风速 v_a (m/s)	最大通气量 Q_a (m³/s)	无因次参数			备　注
						L/D	Q_a/Q_p	H_p/H_d	
柘溪	28.1～31.72	≈160	−0.41	78.5～91.0	180～207.5	27.7	1.07～1.3	0.72～0.81	有两组观测 $Q_p\approx168$m³/s
双牌	15.4	≈140	−0.14	≈46	≈36	14.3	≈0.25	0.71	v_a 依 H_B 值估算

表 1.3-1 和表 1.3-2 中的无因次参数 L/D 和 Q_a/Q_p 以及 H_p/H_d 均可作为工程类比设计的参考值。

(2) H.T. 法维尔[10] 指出，对于较长的压力管道，即 L/D 大于 30，最大通气量系发生于闸门完全关闭的稍后；而通气流量的大小，则近似等于闸门开始下降前的压力管道流量（机组流量）。并且认为，这类观测成果提供了设计通气孔的经验方法。H.T. 法维尔通过理论计算和原型观测成果所得出的结论，与表 1.3-1 和表 1.3-2 所列的原型观测成果基本符合。

(3)《水电站进水口设计规范》(DL/T 5398—2007) 建议按下列公式进行估算：

$$A_{a1}=\frac{K_aQ_a}{1265m_a\sqrt{\Delta p_a}} \tag{1.3-1}$$

或

$$A_{a2}=\frac{\beta_aQ_a}{v_a} \tag{1.3-2}$$

式中 A_{a1}、A_{a2}——通气孔（井）最小有效面积，m²；

K_a——安全系数，可取 $K_a=2.8$；

Q_a——通气孔进风量，近似取为钢管最大流量，m^3/s；

m_a——通气孔流量系数，采用通气阀的通气孔可取 $m_a=0.5$，无阀通气孔可取 $m_a=0.7$；

Δp_a——钢管内外允许气压差，其值不得大于0.1MPa，若通气孔能保证不被污物、冰块等堵塞，Δp_a 可采用计算值，但不得小于0.05MPa；

β_a——通气率，无阀通气孔可取 $\beta_a=0.4\sim0.6$，闸门孔口处流速 $v<4.5m/s$ 时可取 $\beta_a=0.4$，$4.5m/s<v<6m/s$ 时可取 $\beta_a=0.5$，$v>6m/s$ 时可取 $\beta_a=0.6$；

v_a——允许风速，可取 $v_a=50m/s$。

通气孔面积可按闸门后输水管道面积的4%～9%选取，若通气孔喷水所造成的危害较大，宜取较大的通气孔面积比。

(4)《水利水电工程钢闸门设计规范》(DL/T 5039—95和SL 74—95)建议快速闸门后的通气孔面积按闸门后输水管道面积的3%～5%选用；一般事故闸门后的通气孔面积可酌情减少。《水电站压力钢管设计规范》(DL/T 5141—2002和SL 281—2003)则建议通气孔面积为闸门后输水管道面积的4%～9%，这些面积比例都是根据已建工程采用的平均值给出的。

在确定通气孔面积时，建议按上述H.T.法维尔和表1.3-1、表1.3-2所列的原型观测成果作出通气量的选择。从我国已建的一些水电站进水口通气孔的运行情况看，通气孔面积多数是闸门后输水管道面积的5%～7%，这些工程已运行多年，有些曾经历过快速下门的考验，实际运用情况良好。

1.4 深式进水口的水力计算和体形设计

1.4.1 进水口高程选择

进水口的进口顶高程应在水电站运行中可能出现的最低水位以下，并有一定的淹没深度，以保证不进入空气和不产生漏斗状吸气漩涡，且保证进水口沿线不产生负压。这一淹没深度称为深式进水口的最小淹没深度。

在满足最小淹没深度的前提下，进水口尽量布置在较高的位置处，以便使进口底坎尽可能在淤沙高程以上。

1.4.1.1 不进入空气和不产生漏斗状吸气漩涡的最小淹没深度

不进入空气和不产生漏斗状吸气漩涡的最小淹没深度可按戈登公式估算，即

$$S = Cvd^{1/2} \tag{1.4-1}$$

式中 S——进水口最小淹没深度（见图1.4-1），m；

v——闸孔断面流速，m/s；

d——闸孔高度，m；

C——与进水口几何形状有关的系数，进水口设计良好和水流对称，取0.55，边界复杂和侧向水流，取0.73。

由于影响漩涡的因素较复杂，因此在通过戈登公式计算的最小淹没深度小于1.5m时，仍按1.5m确定最小淹没深度。要求进水口在各种运行情况下完全不产生漩涡有时是困难的，关键是要不产生吸气漏斗，必要时可通过水力模型试验，研究采取措施消除。

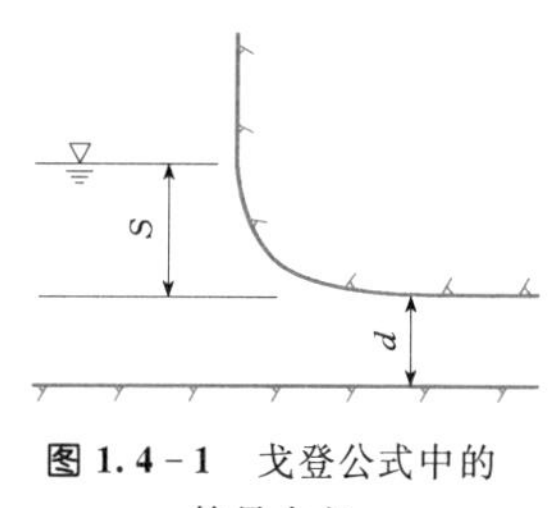

图1.4-1 戈登公式中的符号含义

1.4.1.2 为保证进水口为压力流且不出现负压的淹没深度

可按下式进行估算：

$$S_p = K\left(\Delta h_1 + \Delta h_2 + \Delta h_3 + \Delta h_4 + \Delta h_5 + \frac{v^2}{2g}\right) \tag{1.4-2}$$

式中 S_p——不出现负压的淹没深度，m；

$\Delta h_1\sim\Delta h_4$——进口喇叭段、拦污栅、闸门槽、渐变段的局部水头损失，m；

Δh_5——进水口沿程水头损失，m；

v——进水口输水道的平均流速，m/s；

K——不小于1.5的安全系数。

1.4.1.3 闸门井内最低涌浪的最小淹没深度

对于闸门井距离水库较远，闸前有较长流道的闸门竖井式进水口，应满足闸门井内最低涌浪水位时闸孔顶部的最小淹没深度不小于1.5m。

闸门井内的涌浪应通过水道系统过渡过程计算确定。通过调整闸门井内腔的体形尺寸，使闸孔顶部高程满足闸门井内最低涌浪的最小淹没深度。

1.4.2 进水口水头损失计算

进水口范围内的水头损失包括沿程水头损失和局部水头损失（通常包含拦污栅、进口、闸门槽和渐变段损失）。

1.4.2.1 沿程水头损失

进口段长度较长时需计入沿程水头损失，采用下列公式计算：

$$h_f = \frac{Lv^2}{C^2R} \tag{1.4-3}$$

式中　h_f——沿程水头损失，m；

v——断面平均流速，m/s；

L——进口段计算长度，m；

C——谢才系数，采用曼宁公式计算时，$C=\frac{1}{n}R^{1/6}$；

R——水力半径，m；

n——糙率，见表1.4-1。

1.4.2.2　局部水头损失

局部水头损失采用下列公式计算：

$$h_m = \xi\frac{v^2}{2g} \tag{1.4-4}$$

式中　h_m——局部水头损失，m；

$\frac{v^2}{2g}$——计算部位平均流速水头；

g——重力加速度，取9.81m/s^2；

ξ——局部水头损失系数，见表1.4-2。

表1.4-1　　糙率 n 经验值

衬砌类型	水道表面情况	糙率平均值	糙率最大值	糙率最小值
钢模现浇混凝土衬砌	一般	0.014	0.016	0.012
	良好	0.013	0.014	0.012

表1.4-2　　局部水头损失系数 ξ 经验值

序号	部位	简图	局部水头损失系数 ξ	备注
1	进水口		0.5	v 为管道均匀段之流速
			0.2	
			0.1	
2	拦污栅		无独立支撑 $\beta_1\left(\frac{s_1}{b_1}\right)^{4/3}$	β_1、β_2 分别为拦污栅栅条及拦污栅支墩形状系数，见表1.4-3；s_1、b_1 分别为拦污栅栅条宽度及栅条间净距；s_2、b_2 分别为拦污栅支墩宽度及支墩间净距；α 为栅面与水平面夹角；v 为过栅平均流速
			有独立支撑 $\left[\beta_1\left(\frac{s_1}{b_1}\right)^{4/3}+\beta_2\left(\frac{s_2}{b_2}\right)^{4/3}\right]\sin\alpha$	
3	门槽		0.05～0.20（一般用0.10）	v 取槽前、后平均流速
4	矩形变圆（渐缩）		0.05	v 取渐变段平均流速 $v=\frac{v_1+v_2}{2}$
5	圆变矩形（渐缩）		0.10	v 取渐变段平均流速 $v=\frac{v_1+v_2}{2}$

表 1.4-2 所列的局部水头损失系数经验值有的还较为粗略，可按下述具体情况分别选定局部水头损失系数。

(1) 进水口局部水头损失系数。轴对称的进水口，包括椭圆形（或对称钟形）、圆形和方形轴对称进水口，其 ξ 值在 0.01～0.05 范围选取。

某些特殊型式的进水口，其局部水头损失系数可按图 1.4-2 选取。

(2) 闸门槽局部水头损失系数。闸门槽局部水头损失系数根据闸门槽型式，可分别按图 1.4-3 (a) 及 (b) 查算。其中图 1.4-3 (a) 适用于 Δ/W 为 15～20 的情况。

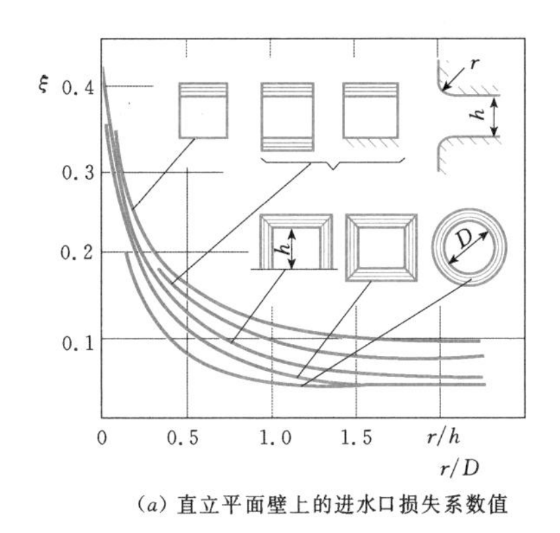

(a) 直立平面壁上的进水口损失系数值

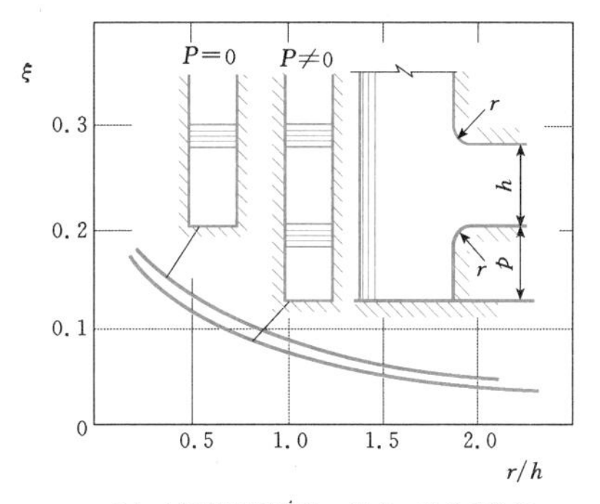

(b) 有闸墩限制的孔口进水口损失系数值

图 1.4-2 特殊型式进水口局部水头损失系数

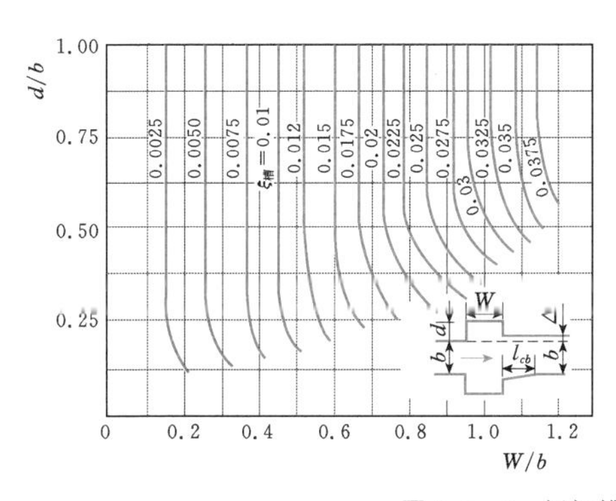

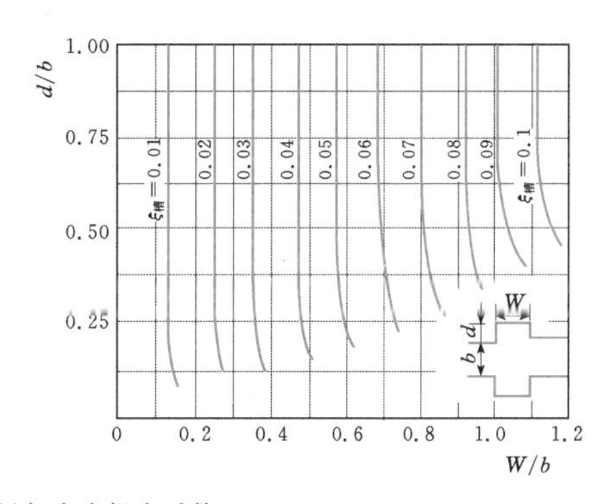

图 1.4-3 闸门槽局部水头损失系数

双闸门槽的局部水头损失：双闸门槽之间的距离 L 对总水头损失系数 ξ_t 的影响，如图 1.4-4 所示。当 $L/W>4$ 时，$\xi_t>2\xi_{sl}$（ξ_{sl} 为单闸门槽局部水头损失系数）；$L/W<4$ 时，$\xi_t<2\xi_{sl}$；当 $L=1.5W$ 时，ξ_t 值最小，即总水头损失最小。

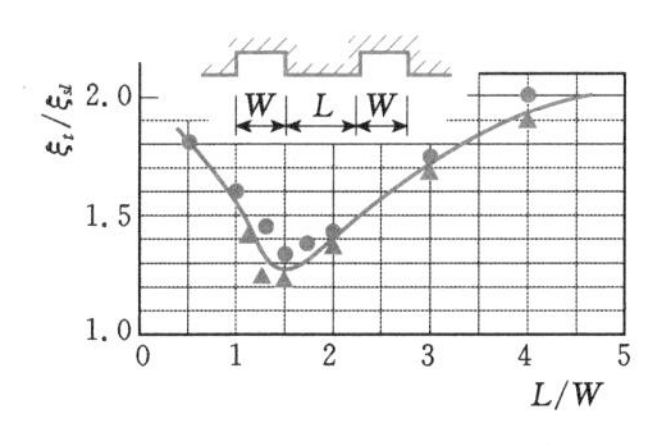

图 1.4-4 双闸门槽的总局部水头损失系数

槽孔的局部水头损失系数可按下式估算：

$$\xi_{np}=0.05l_{np}/h \tag{1.4-5}$$

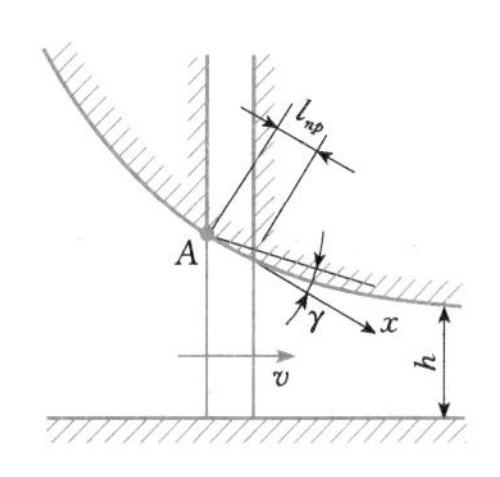

图 1.4-5 槽孔局部水头损失计算公式中的符号含义

式中 ξ_{np}——槽孔局部水头损失，m；

l_{np}、h——符号含义见图 1.4-5。

(3) 拦污栅局部水头损失。包括栅条及构架所引起的局部水头损失，建议采用下式确定：

$$H_s=k\left[\beta_1\left(\frac{\delta}{b}\right)^{1.33}+\beta_2\left(\frac{\delta_1}{b_1}\right)^{1.33}\right]\sin\alpha\times\frac{v^2}{2g} \tag{1.4-6}$$

式中 H_s——拦污栅局部水头损失，m；

k——污物附着影响系数，人工清污时 $k=1.5\sim2.0$，机械清污时 $k=1.1\sim1.3$；

β_1、β_2——与栅条形状有关的系数，见表1.4-3；

δ——栅条厚度或直径，mm（或cm）；

b——栅条净距，mm（或cm），取决于水轮机型式及尺寸，轴流式水轮机 b 约为水轮机转轮直径 D_1 的1/20，混流式水轮机为1/30，冲击式水轮机栅条净距比喷嘴出口直径小0.5～1cm；

b_1——栅柱（支墩）间净距，cm；

δ_1——栅柱（支墩）厚度，cm；

α——拦污栅与水平面夹角；

v——过栅平均流速，m/s。

表1.4-3　栅条及支墩形状系数 β_1、β_2 值

栅柱栅条形状	δ							h_e v α A A δ_1 b_1 δ_1 l 栅柱 A—A
β_1、β_2	2.42	1.83	1.67	1.035	0.92	0.76	1.79	

(4) 渐变段局部水头损失系数。渐变段局部水头损失系数一般选用0.05。

1.4.3 进水口体形设计

深式进水口体形设计要保证有较优的水流条件，减少水头损失，并满足设备布置需要。此外，还应使结构尽量简化，便于施工。

1.4.3.1 行近段

行近段引水渠道一般采用梯形断面。引水渠道较短时，可按渠道底部高程等于或略低于进水口底板高程，底部宽度等于或略大于进水口宽度，两侧坡度依据地质条件确定。此外，引水渠道的断面尺寸还应满足流速要求，按经济流速1～2m/s复核引水渠道断面尺寸。若引水渠道是在覆盖层内开挖而成，则渠内流速应小于抗冲流速，一般控制在0.6～0.9m/s，也可在增设衬砌后采用较大的渠内流速，但不宜超过经济流速。引水渠道较长时，应通过水力学计算和技术经济比较确定引水渠道的纵坡和体形尺寸。行近段引水渠道设计可参照本手册第9卷第3章和第4章。

对于输冰、结冰运行的引水渠道应进行专题研究。

对于漂浮物较多的河流，应结合行近段布置拦漂设施。

对于无沉沙能力的径流式水库，应结合行近段布置沉沙池，具体设计遵照《水电水利工程沉沙池设计规范》（DL/T 5107）或《水利水电工程沉沙池设计规范》（SL 269）。

对于引水式水电站，应结合行近段布置前池及调节池，具体设计遵照《水电站引水渠道及前池设计规范》（DL/T 5079）或《水电站引水渠道及前池设计规范》（SL/T 205）以及本手册本卷第3章。

1.4.3.2 进口段

一般是根据水电站进水口的布置方式以及引用流量来考虑进口段的体形。为了使水流平顺地进入引水道，减少水头损失，进口流速不宜太大，一般控制在1.5m/s左右。进口段顶板曲线广泛采用1/4椭圆曲线（见图1.4-6），坝式进水口顶板常做成斜坡（见图1.4-7），以便于施工，两侧边墙的轮廓可用椭圆或圆弧等曲线。

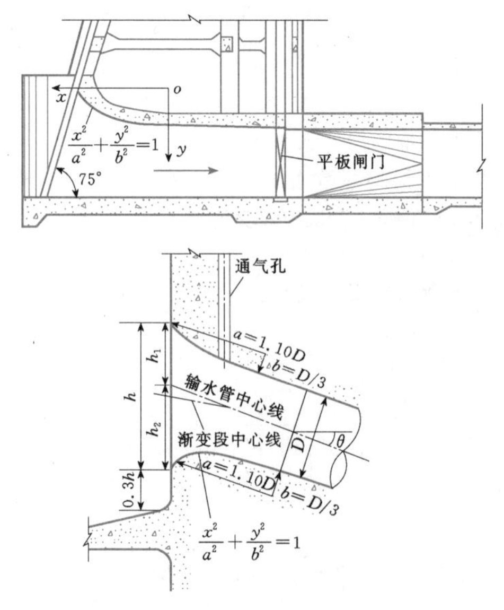

图1.4-6　采用椭圆曲线的进口段

根据国内外实践经验，喇叭口顶板的椭圆曲线方

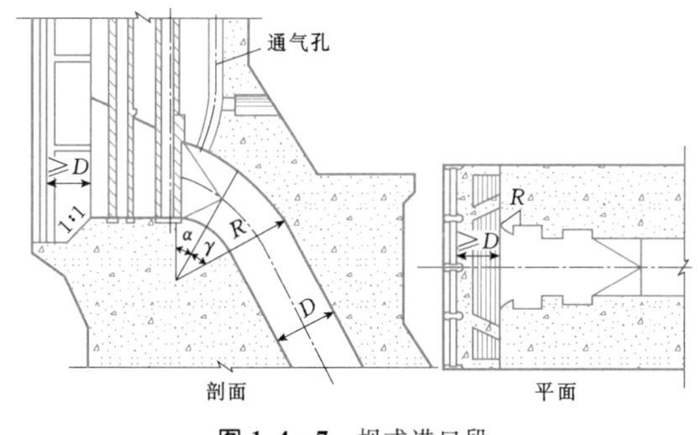

图 1.4－7 坝式进口段

程式为

$$\frac{x^2}{a^2}+\frac{y^2}{b^2}=1 \qquad (1.4-7)$$

$$a=(1\sim1.5)D$$

$$b=\left(\frac{1}{3}\sim\frac{1}{2}\right)D$$

式中 a——通常取 $1.1D$；

D——引水道直径（按渐变段末端计）。

一般情况下，椭圆曲线中$\frac{a}{b}$为 3～4，当引用流量及流速不大时，也可用圆弧曲线代替，重要的工程应根据模型试验或数值计算确定进口曲线。

进口流速一般不宜太大，进口面积 A 建议不小于下列公式计算值：

$$A=\frac{A'}{C\cos\theta} \qquad (1.4-8)$$

式中 A'——引水道面积（按渐变段末端计）；

θ——引水道中心线与水平面之间的夹角；

C——收缩系数，一般为 0.6～0.7。

进口段的长度应在满足工程结构布置需要、保证水流顺畅的条件下，尽量做到布置紧凑。

目前，随着对进水口水力特性研究的不断深入，小进水口的理论逐步得到认可（小进水口是相对于上述普遍采用的进口布置方式而言），三峡水电站进水口的研究成果[5,6]认为：

（1）小进水口的水头损失小于大进水口的水头损失，单孔进水口的水头损失小于双孔进水口的水头损失，水平进水口的水头损失小于倾斜进水口的水头损失。

（2）若引水管道面积为 A_0，喇叭口进口面积为 A_1，工作闸门面积为 A_2，一般 $A_1/A_0=2\sim2.27$，$A_2/A_0=1\sim1.21$，工作闸门的高宽比 $h/b=1.43\sim1.65$。

（3）进水口的喇叭口段应尽量布置对称，喇叭口顶、底和两侧的边壁曲线，可采用变半径的双圆弧曲线，门槽和渐变段之间的边壁以直线连接，直线段与进口段的曲线平顺相接。

三峡水电站单孔和双孔进水口及压力钢管优化布置简图如图 1.4－8 所示。单孔和双孔进水口布置均可满足工程要求，综合比较后最终选用单孔进水口方案。三峡水电站各单孔进水口体形特征参数及水头损失值见表 1.4－4。

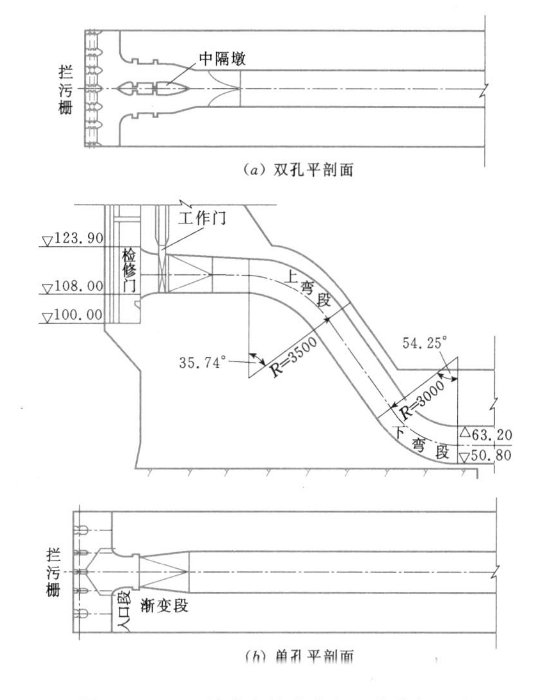

图 1.4－8 三峡水电站单孔和双孔进水口及压力钢管优化布置简图（尺寸单位：cm；高程单位：m）

由表 1.4－4 可见，虽然都是采用单孔小进水口，但河床机组、左岸电厂 1～5 号机组、右岸地下电站的进水口在布置上还是略有差异。河床机组单孔进水口的布置如图 1.4－8（b）所示，其工作闸门位于坝内，检修闸门布置在上游坝面，采用反钩式平面闸门。左岸电厂 1～5 号机组进水口处基岩高程较河床高，尽管进水口底板高程、顶面、侧面、渐变段以及工作门槽的布置与河床机组的相同，为了增加底面与顶面的对称度，底部采用 1∶2.46 的斜坡，其与水平进口底板之间的连接半径和顶面的相同，即均为 859cm，如图 1.4－9 所示。

右岸地下电站的最低运行水位为 145.00m，进水口底板高程抬升至 113.00m，且由于布置需要，检修门和工作门均布置在坝体内，进水口水流条件较为复杂。在检修闸门、工作闸门和渐变段顶面均采用直线斜面连接，避免闸门井顶面流道由于椭圆曲线而形成较大错台，如图 1.4－10 所示。

表 1.4-4 三峡水电站各单孔进水口体形特征参数及水头损失值

进水口部位	体形特征参数				水头损失			
					进口段		全程	
	$\frac{A_1}{A_0}$	$\frac{A_2}{A_0}$	$\frac{L}{D}$	$\frac{h_2}{b_2}$	C_{I}	$h_{w\mathrm{I}}$ (m)	C_{II}	$h_{w\mathrm{II}}$ (m)
河床机组	2.19	1.01	1.21	1.43	0.135	0.441	0.320	1.045
左岸电厂1～5号机组	2.00	1.01	1.21	1.43	0.140	0.460	0.315	1.030
右岸地下电站	2.27	1.06	1.00	1.65	0.154	0.360	0.463	1.070

注 A_0、D 分别为引水管道的面积、直径；A_1 为喇叭口进口断面面积；A_2、h_2、b_2 分别为工作闸门的断面面积、高度和宽度；L 为渐变段长度；C_{I}、C_{II} 分别为进口段和全程的水头损失系数；$h_{w\mathrm{I}}$、$h_{w\mathrm{II}}$ 分别为进口段和全程在设计流量 966.4m^3/s 下的水头损失值。

国内外部分大型水电站进水口特征参数见表 1.4-5。

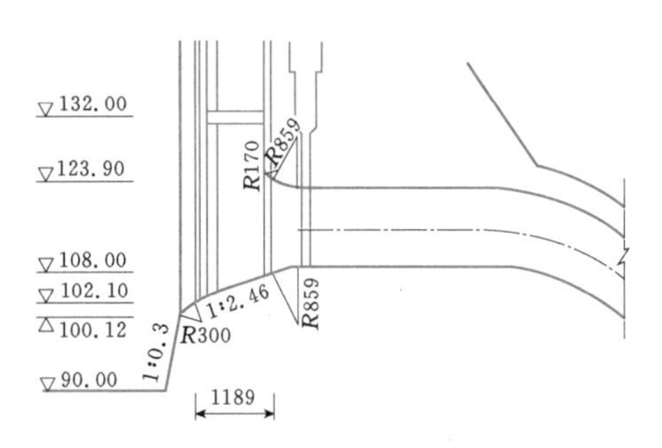

图 1.4-9 三峡水电站左岸电厂1～5号机组进水口剖面（尺寸单位：cm；高程单位：m）

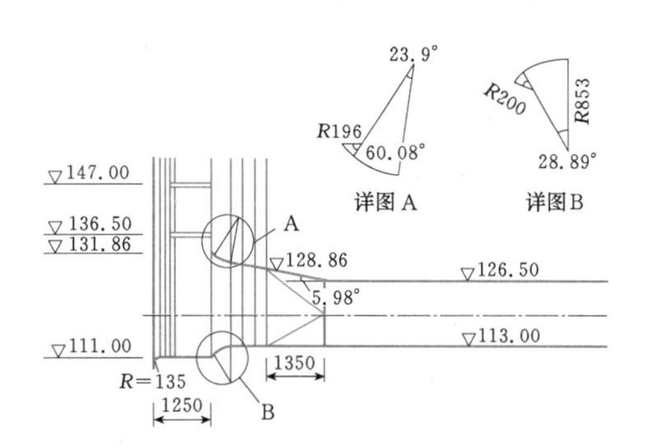

图 1.4-10 三峡水电站右岸地下电站进水口剖面（尺寸单位：cm；高程单位：m）

表 1.4-5 国内外部分大型水电站进水口特征参数

电站名称	水口	刘家峡	白山	隔河岩	岩滩	克拉斯诺亚尔斯克	萨扬舒申斯克	伊泰普	大古力二厂	大古力三厂	龚嘴	安康	大朝山
国家	中国	中国	中国	中国	中国	俄罗斯	俄罗斯	巴西	美国	美国	中国	中国	中国
单机容量 (MW)	200	225	300	300	350	500	640	700	730	700	110	200	225
A_1/A_0	1.65	4.05	5.27	2.57	2.71	3.62	3.90	6.86	5.44	1.69	3.62	5.09	2.70
A_2/A_0	1.13	1.46	1.21	1.11	1.23	1.90	1.78	1.26	2.25	1.0	1.11	1.45	1.15

注 除克拉斯诺亚尔斯克、伊泰普和大古力二厂的水电站进水口为双孔外，其他水电站进水口均为单孔。

美国内政部垦务局（United States Bureau of Reclamation，简称 USBR）的设计准则中指出，在1967年，USBR一个工程评估小组研究后认为，即使设计的低流速压力管道进水口比常规的喇叭形进水口（按高流速管道进口设计）小一些，也不会损害其基本功能，即小进水口设计理念。后来对大古力三厂进行的模型试验，证明了其结论的正确性，并为其他低流速管道或电站进水口的经济设计提供了资料。大古力坝的上游是垂直的，压力管道是水平布置的。在对奥巴姆坝水电站进水口的研究中，进一步给出了坝上游倾斜及斜坡压力管道进水口的设计准则。

下面是取自大古力坝和奥巴姆坝模型试验成果的水电站进水口设计准则：

（1）进水口的面积与压力管道面积之比为 1∶1，即 $A_2/A_1=1.0$。

（2）矩形进水口的高宽比为 1.5∶1.0，即 $h/b=1.5$。

（3）进水口的顶部、底部曲线，由多种半径的圆弧组成。

图 1.4-11 是按上述准则设计的奥巴姆坝水电站

进水口。图中 D 为压力管道直径。因此，它可用于其他类似的水电站进水口。模型试验表明，按这些准则设计的进水口，其水头损失比那些大而昂贵的进水口的损失小。

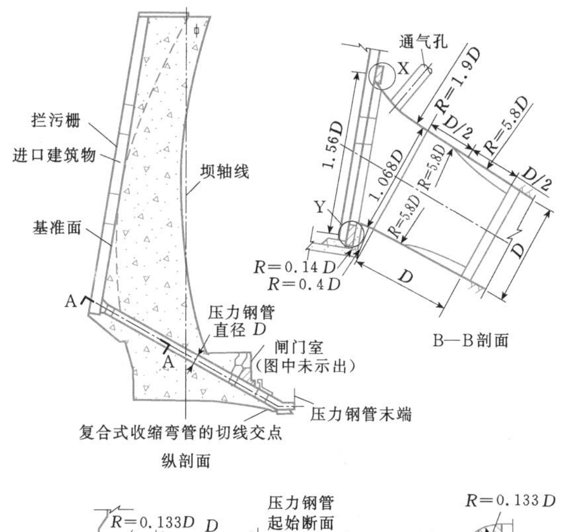

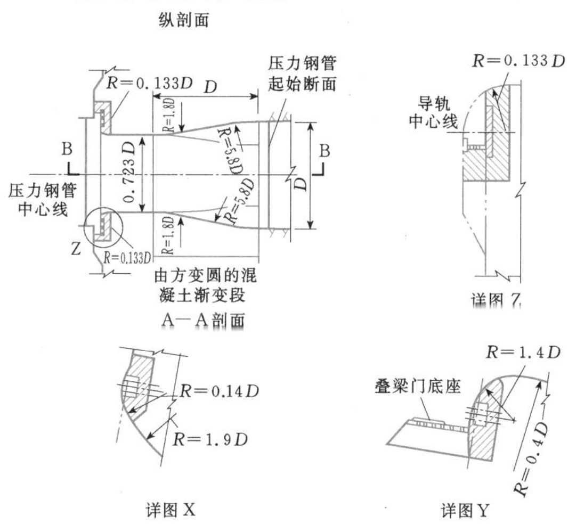

图 1.4-11　典型的电站进水口设计

（奥巴姆坝模型试验结果）

水平进水口进口段和渐变段的水头损失系数大约是 0.08，倾斜进水口约为 0.10。如果没有进行专门的模型试验，设计中可采用平均进口水头损失系数（K_L）为 0.15。考虑拦污栅的损失，可在进口水头损失系数上再加 0.05。包括进口和渐变段损失在内的进口水头损失系数 K_L 的定义为

$$K_L = \frac{H_f}{v^2/2g} \tag{1.4-9}$$

式中　H_f——水头损失；

v——压力管道中的平均流速。

1.4.3.3　闸门段

闸门段体形主要根据所采用的闸门、门槽型式以及结构的受力条件而决定。闸门孔常用矩形，其宽度一般小于等于引水道直径 D，高度一般等于或稍大于引水道直径 D。受限于闸门及其启闭设备的制造能力，大型水电站闸门段有时用中墩分成两孔，以减小闸门尺寸。闸门段的长度常取决于闸门及启闭设备的需要，并考虑引水道检修通道要求。

三峡水电站进水口的研究成果认为：

（1）进水口的检修闸门可布置在上游坝面，采用反钩式平面闸门；而在喇叭口末端设快速工作闸门，即在进水口内只设一道闸门，有利于减少水头损失。

（2）当检修闸门和工作闸门均布置在闸门段内时，则检修闸门、工作闸门和渐变段的顶面宜采用连续的直线斜面，不宜采用椭圆曲面。

1.4.3.4　渐变段

渐变段是由进水口向引水道过渡的连接段，其断面面积和流速应逐渐变化，使水流不产生涡流并尽量减少水头损失。由矩形变到圆形通常采用在四角加圆角过渡，如图 1.4-12 所示。圆弧的中心位置和圆角半径 r 均按直线规律变化。

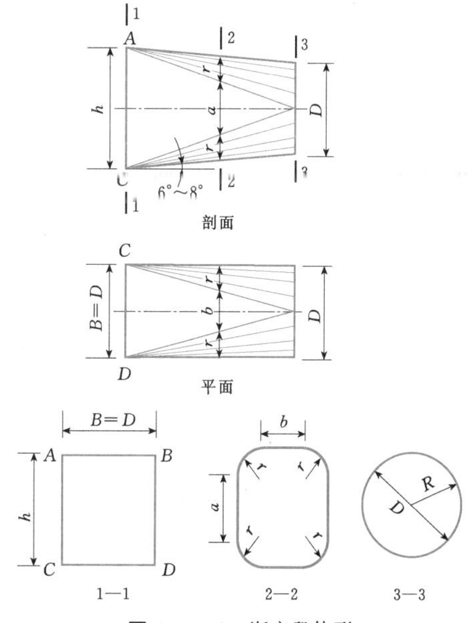

图 1.4-12　渐变段体形

渐变段长度按以往经验，一般为压力隧洞直径的 1～2 倍，收缩角一般不超过 10°，以 6°～8°为宜。渐变段轴线通常为直线，也可根据引水道需要布置成曲线。

三峡水电站进水口的研究成果认为：渐变段长 L 与引水道直径 D 之比为 L/D=1～1.21 较适宜。

大古力坝和奥巴姆坝的模型试验成果认为：矩形进水口变至圆形压力管道的渐变长度 L，约等于压力管道的直径 D，即 L/D=1.0。

1.4.3.5　操作平台和交通桥

操作平台和交通桥顶高程一般与邻近的挡水建筑物顶高程一致。对于闸门井距离水库较远，闸前有较长的流道的闸门竖井式进水口，操作平台顶高程还应满足闸门井内最高涌浪水位时，安全超高不小于0.5m。闸门井内的涌浪水位应通过水道系统过渡过程计算确定。

操作平台和交通桥的布置应根据闸门启闭设备的布置和操作要求、安装运输的交通要求等确定。

1.4.4　抽水蓄能电站进/出水口水力设计

抽水蓄能电站具有发电、抽水两种运行工况，进/出水口具有双向过流的特点。例如，对于下库进/出水口而言，发电时为出流，抽水时为进流，而对上库进/出水口则相反。

抽水蓄能电站的进/出水口通常有侧式（见图1.4-13）和竖井式（见图1.4-14）两种，侧式进/出水口应用较多。侧式进/出水口通常设置在水库岸边；竖井式进/出水口设于水库内。

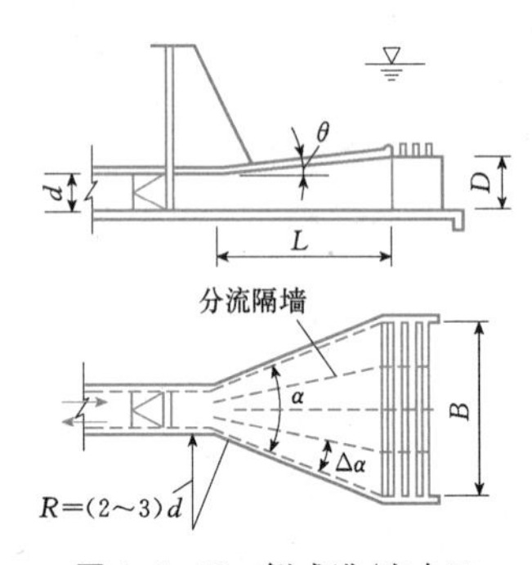

图1.4-13　侧式进/出水口

抽水蓄能电站进/出水口水力设计应满足下列要求。

(1) 水流在两个方向流动时，流速分布均应较均匀，水头损失小。

(2) 进流时，各级运行水位下进/出水口附近不产生有害的漩涡。

(3) 进/出水口附近库内水流流态良好，无有害的回流或环流出现，水面波动小。

(4) 防止漂浮物、泥沙等进入进/出水口。

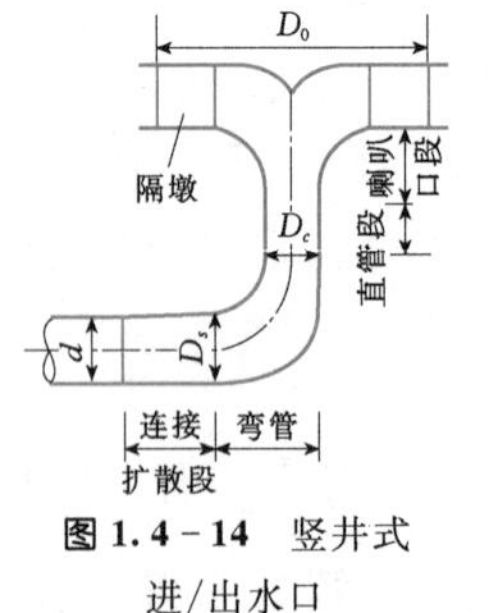

图1.4-14　竖井式进/出水口

1.4.4.1　侧式进/出水口

1. 水头损失系数计算

侧式进/出水口由扩散段及其末端的拦污栅和防涡梁组成，如图1.4-15所示。在扩散段内由分流隔墙分成几孔流道，其孔数视工程规模和扩散段的平面扩张角而异。从流体运动的角度来说，侧式进/出水口属渐扩管（出流）或渐缩管（进流）。对于给定的进/出水口，其水头损失是出流时的渐扩流动工况大于进流时的渐缩流动工况。上水库进/出水口的抽水工况与下库进/出水口的发电工况，都属渐扩管出流流动工况。进/出水口体形确定和水头损失大小主要取决于此工况的水力条件。

如图1.4-15所示的布置，列断面1—1和断面2—2间的能量方程为

$$\frac{p_1}{\gamma}+\frac{v_1^2}{2g}=\frac{p_2}{\gamma}+\frac{\alpha v_2^2}{2g}+h_f \qquad (1.4-10)$$

$$h_f=\xi_g v^2/2g$$

式中　p_1/γ——断面1—1的水头，m；

p_2/γ——断面2—2的水头，m；

α——动能系数；

h_f——局部水头损失；

ξ_g——阻力系数，即局部水头损失系数。

根据图1.4-15有

$$A_1=\frac{1}{4}\pi d^2,\ A_2=BD$$

且按连续方程有

$$v_2^2=v_1^2\left(\frac{A_1}{A_2}\right)^2 \qquad (1.4-11)$$

于是

$$\frac{\dfrac{p_2}{\gamma}-\dfrac{p_1}{\gamma}}{\dfrac{v_1^2}{2g}}=\left(1-\frac{A_1^2}{A_2^2}-\xi_g\right)=\eta_g \qquad (1.4-12)$$

从式(1.4-12)可得

$$\xi_g=1-\frac{A_1^2}{A_2^2}-\eta_g \qquad (1.4-13)$$

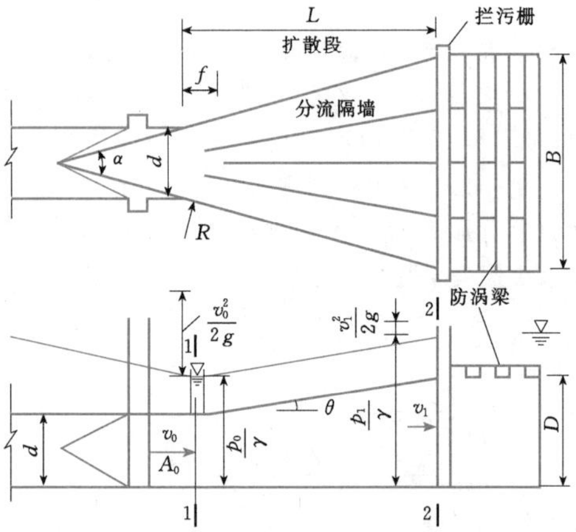

图1.4-15　侧式进/出水口布置简图

当 $A_1/A_2=1$ 时，有 $\xi_g=-\eta_g$，即为等断面管道均匀流动的情况。上述推导中均假设断面流速分布系数 $\alpha=1.0$。从式（1.4－13）不难看出，$\xi_g=f(A_1^2/A_2^2,\eta_g)$，而 A_1/A_2 事实上隐含着扩散段长度 L、顶板（或包括底板）扩张角 θ 以及 d/D、d/B 等因素，当然也应包括扩散段内分流隔墙所形成的阻力因素。ξ_g 值通常由模型试验确定，现有文献中常见的一些工程进/出水口模型试验的 ξ_g 值见表 1.4－6。

表 1.4－6　一些抽水蓄能电站进/出水口模型试验的 ξ_g 值

库别	国家	电站名称	水头损失系数 ξ_g	
			进流	出流
上水库	美国	戴维斯	0.30	0.80
	美国	北田山	0.60	0.40
	英国	卡姆洛	0.24	0.36
	中国	广州	0.19	0.39
	中国	张河湾	0.27	0.41
	中国	琅琊山	0.23	0.31
	中国	西龙池	0.59	0.58
	中国	十三陵	0.21	0.35
下水库	英国	迪诺威克	0.23	0.45
	日本	大平	0.19	0.19
	英国	卡姆洛	0.16	0.22
	中国	广州	0.20	0.39
	中国	张河湾	0.40	0.57
	中国	琅琊山	0.19	0.27
	中国	西龙池	0.23	0.33
	中国	十三陵	0.22	0.33

由表 1.4－6 可见，ξ_g 值差别很大，以出流工况而论，最大者达 0.8，最小者 0.19，个别的进流和出流的 ξ_g 值接近甚至相等，十分可疑。导致 ξ_g 值明显差异的原因有以下几个方面。

（1）计算 ξ_g 时所取断面位置不同。如图 1.4－15 所示，作为进/出水口的局部水头损失计算，在列能量方程时应为 1—1 和 2—2 断面之间，或者 2—2 断面位于进/出水口之后的水库中。但在试验中有不少是包括从来流隧洞末端圆变方渐变段，以及门槽、闸门井段、闸门井后的直段等处的水头损失，有的工程甚至有两道门槽。

（2）扩散段内各孔流道分流量不均匀对 ξ_g 的影响最为明显。为了研究各孔道分流量不均匀对 ξ_g 值大小的影响，表 1.4－7 收集了若干工程的试验资料，这些工程的进/出水口都无负流速出现。由表 1.4－7

表 1.4－7　国内一些工程进/出水口模型试验的流量不均匀系数 K 与 ξ_g 的关系

编号	ξ_g	K	θ（°）	备　注
1	0.35	1.06	5.26	十三陵抽水蓄能电站上水库进/出水口试验①
2	0.33	—	6.54	十三陵抽水蓄能电站下水库进/出水口试验①
3	0.43	1.13	2.02	荒沟抽水蓄能电站下水库进/出水口试验②
4	0.44	1.14	5	响洪甸抽水蓄能电站下水库进/出水口试验③
5	0.42	1.31	2.3	沙河抽水蓄能电站上水库进/出水口试验④
6	0.31	1.31	5.49	琅琊山抽水蓄能电站上水库进/出水口试验⑤
7	0.27	—	3.59	琅琊山抽水蓄能电站下水库进/出水口试验⑤
8	0.55	1.95	2.3	沙河抽水蓄能电站上水库进/出水口原方案试验④
9	0.67	2.38	7.23	蒲石河抽水蓄能电站上水库进/出水口试验⑥
10	0.41	1.03	5.44	张河湾抽水蓄能电站上水库进/出水口试验⑦
11	0.57	1.08	3.43	张河湾抽水蓄能电站下水库进/出水口试验⑦
12	0.33	1.62	5.03	西龙池抽水蓄能电站下水库进/出水口试验⑧

① 参见《十三陵抽水蓄能电站主题科研报告》，北京勘测设计研究院，1985 年 6 月。

② 参见《黑龙江荒沟抽水蓄能电站下池进/出水口模型试验研究》，大连理工大学，1994 年。

③ 参见《响洪甸抽水蓄能电站建设简介》，安徽省水利水电勘测设计院，1994 年。

④ 参见《江苏沙河抽水蓄能电站上库进/出水口试验研究》，河海大学，1997 年 6 月。

⑤ 参见《琅琊山抽水蓄能电站上库进/出水口试验研究》，南京水利水电科学研究院，2002 年 5 月。

⑥ 参见《蒲石河抽水蓄能电站下池取水口模型试验报告》，东北勘测设计院科研所，1995 年 8 月。

⑦ 参见《张河湾抽水蓄能电站上、下水库进/出水口试验报告》，北京勘测设计研究院，1994 年 6 月。

⑧ 参见《西龙池抽水蓄能电站下库进/出水口试验报告》，北京勘测设计研究院，2001 年 6 月。

表 1.4-8 国内部分抽水蓄能电站进/出水口有关参数

工程名称	管道布置参数					拦污栅		扩散段布置					调整段长度(m)	损失系数		口门断面 $v_{max}/\bar{v}$	孔道流量分布偏差率(%)	防涡梁
	布置	底坡(%)	直径(m)	单机流量(m^3/s)	平均流速 v (m/s)	孔数—尺寸(m×m)	过栅流速(m/s)	水平扩张角(°)	长度(m)	顶板扩张角(°)	流道	隔墙首部布置		出流	进流			根数，梁高(m)，间隔(m)
西龙池下水库	一洞一机	8.55	4.3	54.18	3.73	3—4.5×6.5	0.617	26.12	25.0	5.03	二隔墙三孔	0.35∶0.3∶0.35	10.0	0.33	0.23	1.30～1.58	12	3，1.5，1.2
宜兴下水库	一洞二机	3.311 3.234	7.2	80.78 (2台161.56)	3.97	4—4.5×10.8	0.83	29.327	30.0	6.843	三隔墙四孔	中隔墙缩短0.484B	0	0.43	0.15	1.31～2.01	12.6	3，2.0，1.4
十三陵下水库	一洞二机	0	5.2	53.8 (2台107.6)	5.06	4—4.5×6.67	0.896	34.0	36.1	6.54	三隔墙四孔	三隔墙齐平	10	0.33	0.26	1.50	2.3	3，2.0，1.3
沙河上水库	一洞二机	8.0	6.5	60.1 (2台120.2)	3.62	4—4×9.75	0.771	27.87	27.0	6.86	三隔墙四孔	三隔墙齐平	0	0.42	0.18	1.20～1.57	32	3，2.0，1.3
宜兴上水库	一洞二机	10	6.0	80.78 (2台161.56)	5.72	4—5×9	0.898	36.68	29.0	5.848	三隔墙四孔	中隔墙墙短0.5B	0	0.48	0.18	1.22～2.01	36	3，2.0，1.3
天荒坪上水库	一洞三机	10	7.0	67.6 (3台202.8)	5.27	4—5×10	1.01	34.878	26.9	6.29	三隔墙四孔	中隔墙缩短	0	0.33	0.25	1.90	8.8	3，1.5，1.2
天荒坪下水库	一洞一机	0 (前有弯道)	4.4	67.6	4.44	2—4.8×7	1.01	21.93	17.4	8.5	一隔墙二孔	隔墙略后退	0	0.44	0.34	2.22		3 1.2，1.0
蒲石河上水库	一洞二机	0	11.0	115 (4台460)	4.84	4—7.5×16	0.96	34.36	39.4	7.23	三隔墙四孔	中隔墙延长两孔4流道	0	0.67	0.21	2.34～2.38	234～242	5，1.0，1.0
宝泉上水库	一洞二机	0	6.5	70 (2台140)	4.22	4—5.0×8.5	0.82	34.38	41.0	2.86	三隔墙四孔	中隔墙缩短	11.0	0.33	0.21	1.80	27.0	2，2.0，1.0

注 表中数据主要取自相应工程的水工模型试验报告。

可见，相邻的中孔与边孔（或反之）的过流量比 K 是影响 ξ_g 值的主要因素，可初步归纳为：$K<1.1$，$\xi_g=0.34\sim0.36$；$K=1.1\sim1.3$，$\xi_g=0.42\sim0.44$；$K\geqslant2$ 时，ξ_g 达 0.5 以上。由此可提出孔道间分流比例的判别标准，即 $K<1.1$ 可认为是良好的侧式进/出水口布置，其 $\xi_g=0.34\sim0.36$。一般情况下，进/出水口 ξ_g 为 0.4 左右较适宜。

（3）此外，还有试验中测量精度和模型比尺等方面的影响。

国内部分抽水蓄能电站进/出水口有关参数见表 1.4-8。

2. 扩散段体形设计

（1）扩散段长度。设置扩散段旨在使隧洞来流经扩散调整至末端口门处的流速分布达到拦污栅的水力设计要求。理论上扩散段是水平和竖向都扩张的一个空间结构，如图 1.4-16 所示。从工程设计角度来说，一个良好的扩散段，在出流时应使拦污栅口门断面的流速分布较均匀、无负流速，且水头损失小。影响扩散段水流的因素有水平和垂直扩张角、分流隔墙以及进、出流的边界条件等。根据国内外 29 个工程有关资料统计，有 20 个工程的 L/d 集中在 4～5 范围内，占总数的 2/3 强，与之相对应的 $A_1/A_0=4\sim5.5$。若 $v_0=5$m/s，而过栅流速要求为 1.0m/s，其 L/d 为 4～5.5。而少数 L/d 大者，说明过栅流速取值偏小。

（2）顶板扩张角 θ。从水流运动特性来看，扩散段内的流动属于有压缓流的扩散阻力问题，如图 1.4-15 所示工程采用的侧式进/出水口的布置与如图 1.4-16 所示的矩形断面渐扩管的流动相类似，是一个三维的扩散流动。图 1.4-16 中扩张角 $\alpha/2$ 相当于图 1.4-15 中的 θ。根据有关研究，在雷诺数 $Re>4\times10^5$ 时，矩形渐扩管最佳特性为 $\alpha=10°\sim6°$（相当于

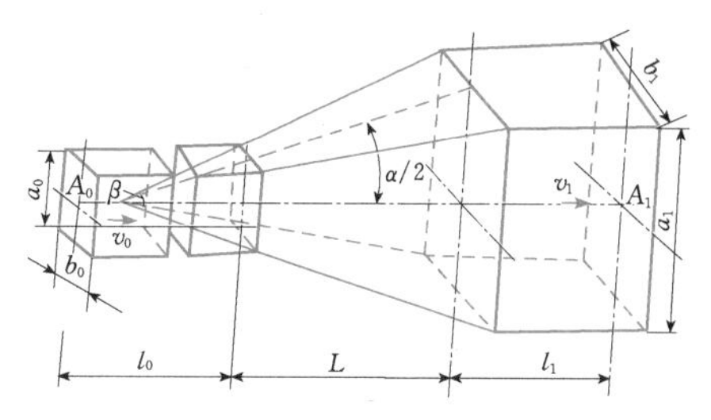

图 1.4-16　矩形截面渐扩管

图 1.4-15 中的 $\theta=5°\sim3°$），$\xi_g=0.28\sim0.18$，$A_1/A_0=4$，$L/d=5.7\sim9.4$。“最佳特性”的物理含意是：“为了将管道的小截面过渡到大截面（流体的动能转化为压力能）而且做到尽量减小全压损失，安装平顺扩散的管道——渐扩管。在渐扩管中，当扩张角小于一定值时，随着截面面积的增大其平均流速降低。相对于小（初始）截面上速度的渐扩管的总阻力系数，要比相同长度、横截面等于渐扩管初始截面的等截面的阻力系数小。”对实际抽水蓄能电站进/出水口而言，由于受工程布置条件制约，扩散段很难符合上述“最佳特性”要求，特别是分流隔墙的存在会导致水头损失增加，阻力系数要较之为大是必然的。因此，抽水蓄能电站侧式进/出水口的水力设计应在满足工程布置要求和具有分流隔墙条件下，优化给出具有较小阻力系数的扩散段体形。

日本一些工程进/出水口的扩散段顶板扩张角 θ 及有关参数[2]见表 1.4-9。由表 1.4-9 可见，除个别工程之外，大多数工程 $2°\leqslant\theta<6°$；而表 1.4-8 的资料表明，如果除去其中的中隔墙延长将扩散段一分为二的几个工程，其余大多为 $2°<\theta<7°$。上述资料表明，一般情况下 θ 在 3°～5°范围内选择是合适的。

国内的有关研究表明[3]，隧洞来流底坡的大小对进/出水口顶板扩张角的选择是有影响的。试验时依

表 1.4-9　日本一些工程进/出水口有关参数

工程编号	1	2	3	4	5	6	7	8	9	10	11
θ（°）	5.77	5.71	5.14	2.99	0	1.22	9.01	2.73	3.33	3.64	2.94
过栅流速（m/s）	0.92	0.90	0.78	0.83	1.30	0.89	0.64	0.90	0.96	0.70	1.11
水平扩张角 α（°）	45	32	37	32	30	42	25	33	37	28	30
$v_{max}/\bar{v}$	2.93	2.80	3.33	2.79	2.46	2.02	3.13	3.40	1.60	3.14	2.25

托工程的隧洞底坡 $i=0.0433$（相当于 2.48°）顶板扩张角 $\theta=6.83°$，两者相差 $\Delta\theta=4.4°$，水流在顶部没有产生分离。据此分析得出不出现分离的临界扩散角 $\theta_k=5.1°\sim4.1°$。这个结果与前述分析结论相一致。

（3）平面扩张角 α。通常认为扩散段内每孔流道的最大扩张角（$\Delta\alpha$）以不超过 10°为宜。此乃来自无分流隔墙的平面有压扩散段的试验成果。对于实际工程的进/出水口而言，分流隔墙的起点位于来流对称处，扩散段长度 L/d 为 4～5，在水流不致发生分离的范围之内，且有隔墙的导流作用，因此每孔流道的扩张角 $\Delta\alpha$ 大于 10°应是允许的。图 1.4-17[7] 为日本

部分工程进/出水口扩散段水平扩张角的统计图，该图所示的18个数据中，单孔流道的扩张角$\Delta\alpha$大于等于10°的有12个，占63%，最大者为15°；大于等于11°的有5个，占26.3%。由此可以认为，$\Delta\alpha$的选择范围可适当放宽到12°。

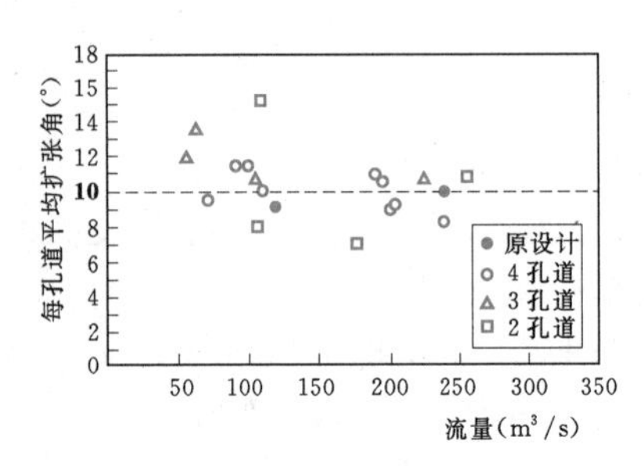

图 1.4-17 日本部分工程进/出水口扩散段水平扩张角的统计图

日本神流川[7]抽水蓄能电站上水库进/出水口修改设计方案的$\Delta\alpha=11.25°$，试验表明水流没有产生分离。由于采用$\Delta\alpha=11.25°$，4孔流道的扩散段的水平扩张角达45°，扩散段长度由原来的44.5m缩短至22.9m，节省了工程量。事实上，由于分流隔墙的存在约束了扩散水流，有利于防止水流产生分离，虽然加大了局部阻力，但缩短了扩散段长度，减小了水流的沿程损失，两者相抵，总的水头损失变化不大。

（4）分流隔墙。分流隔墙的布置是否得当是影响阻力系数大小和流速分布均匀性的关键因素。除应选择适当隔墙头部形状和合理的竖向扩散角度外，更重要的是分流隔墙在首部的合理布置。扩散段起始断面常与来流管道尺寸相同，通常宽度不大，三道或二道隔墙只能在这样窄的范围内布置，既要避免过分拥挤，又要起到有效均匀分流作用。分流隔墙布置原则如下：

1）扩散段内分流隔墙的数目，以每孔流道的分割扩张角$10°\leqslant\Delta\alpha<12°$为宜。

2）分流隔墙头部形状以尖型或渐缩式小圆头为宜。这是适应减少水头损失和避免在首部布置上过于拥挤所需要的。此外，在扩散段起始处两侧边墙连接处须修圆，如图1.4-13所示。

3）分流隔墙在扩散段首部的合理布置，受来流条件，特别是流速分布影响，而流速分布与布置条件（如有无弯道、底坡、断面变化、门槽等）和边界层发展有关，这正是难以做到使流量在各孔流道达到均匀分配的根源。根据现有的研究成果，对于二隔墙三孔道的布置，中间孔道宽应占30%，两边孔道占70%。对于常见的三隔墙四孔流道的布置，宜采用中间两孔占总宽的44%，两边孔占56%为宜，或者说单一中间孔道宽度b_c与相邻边孔宽b_s之比$b_c/b_s\approx0.785$，可作为初拟尺寸的参考。应当指出，上述流道间的宽度比是就隔墙首部间的距离而言，由于隔墙有一定厚度，且在平面上渐扩布置，实际的流道间最小间距可能在首部后的某一位置。注意调整这一间距对改善各流道间的流量比例会更有利。

三个隔墙在首部的布置，可能有以下两种情况：

1）当上游隧洞直径大（例如10m左右或更大）时，通常从扩散段前检修门（或事故检修门）的尺寸考虑，可将闸门分为两孔，这样闸孔中墩自然延长到扩散段内将其一分为二。若中墩两侧孔道仍需加设隔墙，就成为单个隔墙的布置问题。

2）对于常见的扩散段内三隔墙四流道布置，沙河进/出水口试验中就隔墙在首部七种布置方案的对比试验结果认为，中间隔墙在首部适当后退形成凹形布置最优，如图1.4-18中的方案七所示。中间隔墙的缩短程度$f/d\approx0.5$，如图1.4-15所示。这种布置的特点是，避免三隔墙齐平于首部形成拥挤不利分流，并使局部水头损失加大。呈凹形布置有利于各孔道分流量均匀。当然，其前提是中、边孔在入口处的宽度比例必须适当。

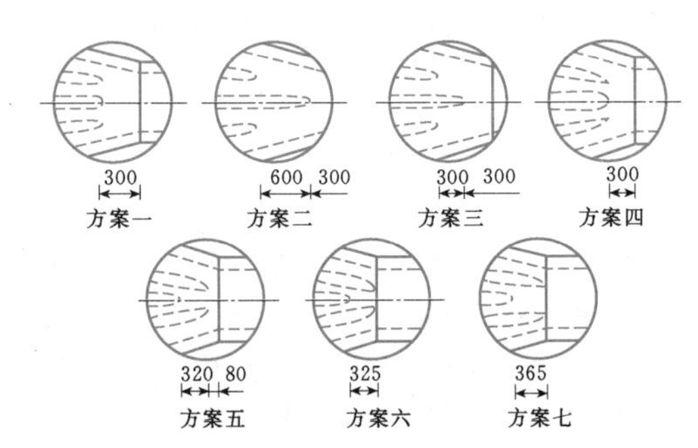

图 1.4-18 沙河水电站各试验方案分流墩形状与布置图（单位：cm）

3. 过栅流速及口门流速分布

图1.4-19为日本部分工程进/出水口拦污栅进流流速统计图[7]。在此图中，18个数据中超过

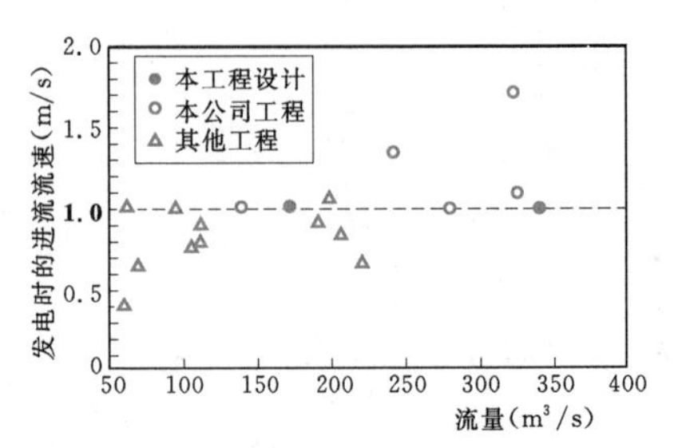

图 1.4-19 日本部分工程进/出水口拦污栅进流流速统计图

1.0m/s 的有 3 个，最大者为 1.7m/s（新高濑川），最小者为 0.4m/s。新高濑川进/出水口曾进行模型试验，工程运行后没有漩涡等问题发生。

拦污栅水力设计主要是考虑过栅水头损失和振动两方面的问题。拦污栅局部损失系数为

$$\xi=\beta_1\left(\frac{\delta}{b}\right)^{4/3}\sin\alpha \qquad (1.4-14)$$

式中 b——栅条间距，cm；

δ——栅条宽度，cm；

α——拦污栅与水平面夹角，(°)；

β_1——栅条形状系数，见表 1.4-3。

设过栅流速为 1.0m/s，相应的流速水头约为 0.05m，设若 $\alpha=90°$，当 $\delta/b=0.1$ 时，方形栅条 $\xi=0.113$，水头损失 $h_f=0.006$m。即使取 $\delta/b=0.5$ 时，$\xi=0.96$，$h_f=0.048$m。可见在正常情况下，过栅水头损失可忽略不计。

拦污栅的水头损失只有在栅上挂污堵塞时才体现出来，而这又是个很难定量估算的问题，故而才会有栅前栅后按几米的水压差来设计的经验数据，栅前栅后的水压差表征水头损失。有些抽水蓄能电站的上水库或下水库为人工开挖围筑而成，相对于天然河道来说，污物来源要少得多，因此有的工程不设拦污栅。从这个意义上来说，对污物来源少的抽水蓄能电站进/出水口，适当提高过栅流速是可取的。日本神流川电站上水库进/出水口的过栅流速从原设计的 0.74m/s 提高到 1.43m/s，试验得到的 $v_{max}=4.3$m/s。该电站已建成投运，显示了抽水蓄能电站拦污栅设计的新趋势。

拦污栅口门断面最大流速与平均流速之比 $v_{max}/\overline{v}$ 的控制问题是蓄能电站进/出水口与常规水电站进水口在水力特性上最明显的区别之处。表 1.4-9 中列出了日本 11 个工程进/出水口有关参数，其 $v_{max}/\overline{v}$ 的平均值为 2.714，大于 2.5 的占 2/3。表 1.4-8 所列国内部分工程的资料，其 $v_{max}/\overline{v}$ 最大者为 3.17，最小者为 1.22。

现有文献中对 $v_{max}/\overline{v}$ 的要求并不一致，有 1.5、2.0、2.25、2.5 等不同的取值。其中 2.25 为国外学者 Sell 于 1971 年提出。国内有关学者提出，拦污栅的最大设计流速，应考虑流速分布不均匀性，建议取 2.5m/s，按过栅平均流速 1m/s 计，$v_{max}/\overline{v}$ 为 2.5。

$v_{max}/\overline{v}$ 的物理意义是表征过栅水流的集中程度，以及由此而产生的对拦污栅的局部冲击问题。图 1.4-20 为荒沟水电站进/出水口两个流道拦污栅口门处三条垂线的流速分布，以及将口门划分为四个象限的出流量所占的百分比。由图 1.4-20 可见，在同一个扩散段内，相邻两孔流道水流分布的均匀程度不同，第 2 孔道的主流明显从口门上方流出，显示出流动的复杂性。

日本奥清津[1]抽水蓄能电站 1978 年投运后第 7 年、10 年、12 年相继三次检查拦污栅，发现有不同程度的损坏，运行 15 年后进行更换。日本奥清津电站进/出水口拦污栅检查结果如图 1.4-21 所示。检查发现，拦污栅受损伤部位与水工模型试验所呈现的主流流速分布状况（见图 1.4-22）大体相符。

奥清津抽水蓄能电站进/出水口水工模型试验得到的 $v_{max}\approx2.4$m/s，修复更换拦污栅时，拦污栅按

发电工况：

原型：第二孔（2 号孔道） 水位 −203.00m；流量 $4\times87.9m^3/s$

112.77	90.21	90.37
86.65	85.66	88.51
75.31	117.21	96.01
52.09	59.53	69.39
45.46	41.84	47.87

$\overline{v_2}=77.82$

$v_{max}=117.21$，$v_{min}=41.841$

$v_{max}/\overline{v}=1.52$，$v_{min}/\overline{v}=0.57$

+22%	+19%
−26%	−15%

主流：上部偏左，百分数为象限流速与断面平均流速的差值比率。

$\frac{\overline{v_2}}{\overline{v_1}}=1:1.076$

第一孔（1 号孔道） 水位 −203.00m；流量 $4\times87.9m^3/s$

83.69	96.52	79.75
83.69	79.75	63.97
91.58	105.38	81.72
79.75	101.43	85.86
63.97	81.72	69.89

$\overline{v_1}=83.14$

$v_{max}=105.38$，$v_{min}=63.97$

$v_{max}/\overline{v}=1.27$，$v_{min}/\overline{v}=0.77$

+5%	−4%
−2%	+1%

主流：左上部

图 1.4-20 荒沟水电站进/出水口模型试验的拦污栅口门流速分布（流速单位：cm/s）

[1] “日本奥清津抽水蓄能电站拦污栅更换和振动原型观测”，译文见《抽水蓄能信息动态》2002 年 2 月。

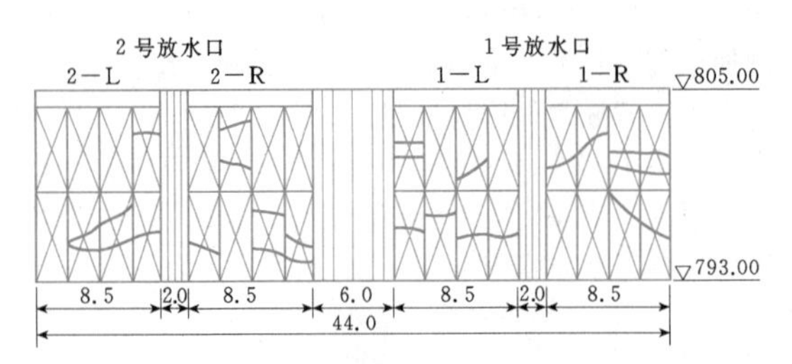

图1.4-21 日本奥清津抽水蓄能电站进/出水口拦污栅检查结果（单位：m）

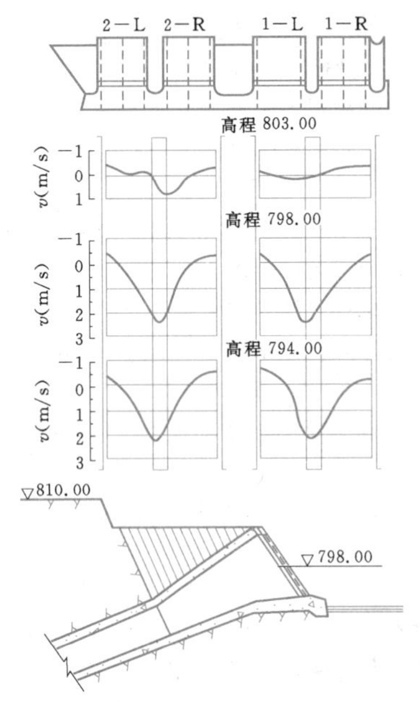

图1.4-22 水工模型试验的流速分布（单位：m）

v_{max}=4.5m/s设计，为模型实测最大值的1.9倍。就拦污栅设计而论，$v_{max}/\overline{v}$取值还包含拦污栅抗振设计的安全储备问题，包括需考虑进/出水口水流往复运动，引起金属结构的疲劳，及锈蚀、试验误差等因素。于是问题又归结为满足拦污栅抗振安全要求条件下设计流速的选择问题。

天荒坪抽水蓄能电站下水库进/出水口拦污栅按v_{max}=3.07m/s进行抗振设计，日本神流川抽水蓄能电站拦污栅按5m/s设计。参照前述分析，建议抽水蓄能电站进/出水口拦污栅最大设计流速可在2.5～5m/s范围选取，视工程规模、布置条件（如来流隧洞是否有弯道、隧洞底坡的大小、扩散段顶板扩张角、拦污栅尺寸）等合理选用，进行抗振设计。

4. 进/出水口防涡

由于抽水蓄能电站发电、抽水工况转换频繁，水库水位变幅大，如何避免发生有害的漩涡，是研究进/出水口水力设计颇受关注的问题之一。

尽管对漩涡有不同的分类标准，但串通吸气漩涡是有害的，且必须防止。影响漩涡发生、发展的因素很多，诸如进/出水口前来流方向和流速分布、环流强度、体形尺寸，库岸地形及进/出水口与相邻建筑物的形状、孔口淹没深度等。由于模型试验存在缩尺影响，使得通过试验做出准确预测的可能性大为降低。正是由于问题复杂性和不确定性，迄今孔口淹没深度的确定尚只能依靠经验公式进行估算。

防止串通吸气漩涡的最小淹没深度，以戈登公式的应用较为普遍。

出于对水电站运行安全可靠性的考虑，通常在进/出水口上方设防涡设施。从防涡有效性来说，以设置能随库水位浮动的格栅式浮排为最佳，但由于结构较为复杂，加之易受漂浮物的影响，故通常采用防涡梁。迄今对防涡梁的根数、间距及高度的研究并不充分，表1.4-10为日本部分工程进/出水口防涡梁的有关资料[2]，国内部分工程资料见表1.4-8。

表1.4-10 日本部分工程进/出水口防涡梁有关资料

工程编号		1	2	3	4	5	6	7	8	9	10	11
隧洞流速（m/s）		5.84	5.81	5.59	6.24	4.95	6.14	5.84	3.91	5.59	5.55	4.95
过栅流速（m/s）		0.92	0.90	0.78	0.83	1.30	0.89	0.64	0.90	0.96	0.70	1.11
防涡梁	高（m）	2.0	1.0	1.5	1.0	1.5	1.5	无	1.0	1.5	1.0	1.5
	宽（m）	1.0	0.8	1.0	0.8	1.2	1.0		0.8	1.0	0.8	1.2
	间距（m）	1.0	0.4	1.0	0.6	0.8	0.8		0.4	0.8	0.5	0.8
	根数	2	5	6	6	4	2		5	4	5	3

由表1.4-10和表1.4-8可见，梁高1～2m不等，国内工程以2m者居多；梁宽0.8～1.2m，变化不大，但梁的间距从0.4～1.4m不等，国内工程以1～1.4m为多。而梁的根数相差更大，最少者2根，多者6根或7根。考虑到漩涡在进/出水口上方是游移的，根数太少例如2根其效果值得怀疑。因为一旦产生串

通吸气漩涡很容易从防涡梁前方潜入。防涡梁的间距若偏大，漩涡有可能从梁间潜入；间距若缩小，漩涡有可能从梁前方潜入。至于梁高应该说主要是结构自身强度的需要。

综上可以认为，防涡梁的数目应不少于 3 根，宜选用 4～5 根，流量大的进/出水口宜选用根数多，防涡梁的间距以 0.5～1.2m 为宜，梁高以不小于 1.0m 为宜。当然，最终设计应以模型试验验证为准，梁在结构上必须满足相应设计要求。

此外，防涡梁有矩形和平行四边形两种型式，如图 1.4-23 所示。有关的研究认为：采用矩形防涡梁，增加对漩涡的干扰，使之频繁消失，但很快又重新形成漩涡；采用平行四边形防涡梁[4]，断面形状（倾角 45°）顺应水流方向，使进水口水流更加顺畅，同时增大了对进口上方水流的阻力，可有效抑制强漩涡发生，防涡效果更好。

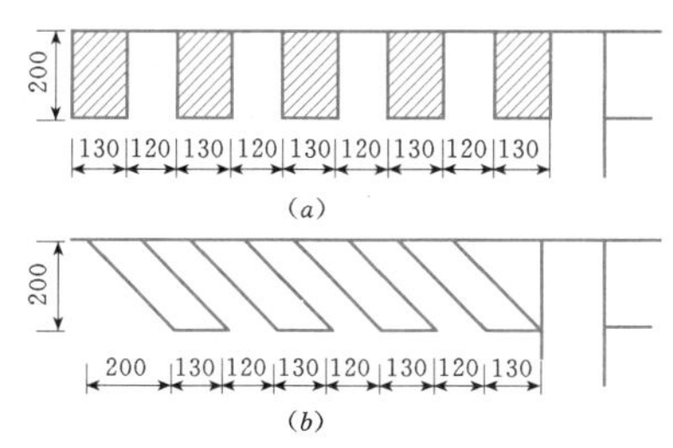

图 1.4-23 防涡梁布置示意图（单位：cm）

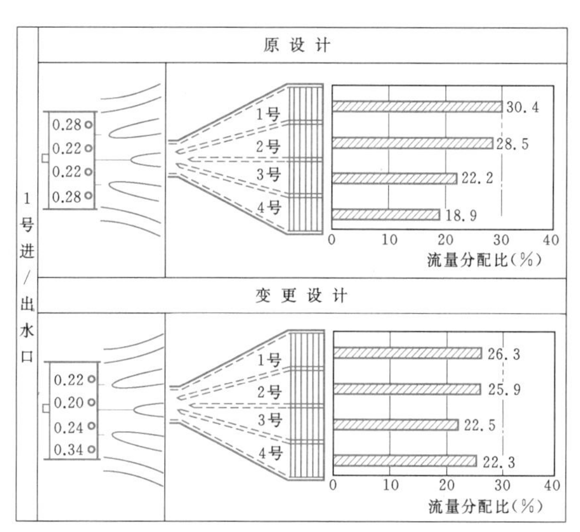

图 1.4-24 神流川抽水蓄能电站下水库进/出水口孔道流量分配

5. 应注意的几个问题

（1）当进/出水口前的来流隧洞有弯段时，消除弯道水流对扩散段流速分布不均匀性的影响应予以关注。

来流弯道水流对有压扩散段内流速分布和各孔道流量分配的影响不容忽视，尤其是斜（竖）井弯道后隧洞有一定底坡呈仰角出流时。解决问题途径有：①在弯道与扩散段间尽可能布置适当长度的直线洞段，使流速分布得到调整；②尽量减小来流隧洞的底坡，避免大角度的仰角出流；③扩散段内中间的分流隔墙应从起始处后退约 0.5D 布置，以避免扩散段入口处水流拥挤；④渐变段不宜采用平面收缩式布置，宜采用与洞径相同的等宽等高布置。

当来流隧洞有水平弯道时，主要靠调整扩散段起始处分流隔墙的间距，使各孔道的分流量尽量均匀。神流川抽水蓄能电站下水库进/出水口的试验成果如图 1.4-24 所示。该进/出水口前有一个半径 R 为 300m 的水平弯道，原设计按常规的分流隔墙间距布置，各孔道流量分配很不均匀；按水平弯道横向流速分布状况调整分流隔墙的间距后，使孔道流量分配均匀性得到明显改善。

（2）在扩散段末接一段水平顶板调整段的布置是值得推荐的。带调整段的侧式进/出水口如图 1.4-25 所示。平顶调整段的作用在于适当减小扩散段长度，即在顶板水流尚未产生分离之前就使之进入起梳整作用的平直段，在该段内不存在扩散段内的压力递增现象，从而起到消除局部负流速，达到平顺水流调整流速分布的目的。事实上也等于减小了有效扩张角，使得真实的扩张角，即点 A 和点 C 之间连线的扩张角，小于 AB 间的 θ 值。调整段长度宜取扩散段长度的 0.4 倍左右，即 $l/L=0.4$。

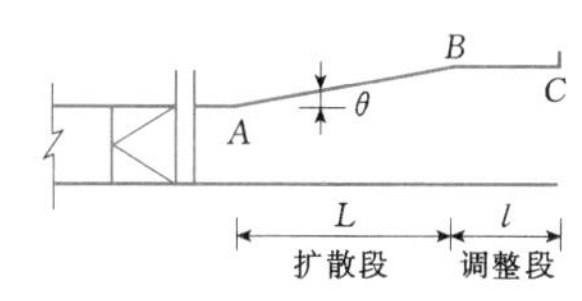

图 1.4-25 带调整段的侧式进/出水口

（3）当进/出水口前的来流管道底坡较陡（尤其是坡比大于 1∶10）时，其对扩散段末口门断面流速分布的影响，特别是口门顶部可能出现负流速问题，值得重视和研究。这是因为水流在扩散段内受边界约束呈有压扩散流动，一个适宜的顶板扩张角可使顶部不产生负流速。当水流至扩散段末端口门处顶部突然失去约束，这时口门上部流线突然由受边界约束的有压流改变成受重力作用的明渠流动，出流底坡越大（陡），变成明流后水体所受重力在倾斜底板方向的分量越大，这个分力阻止水流沿原有边界继续有效扩散，导致原本受边界约束的来流上部流线失去约束后开始坦化，加之口门处的突然扩散作用，可能是造成有压扩散段末端口门处顶部易出现负流速的主要原因。若来流为水平管道出流，那么只要顶板扩张角适当，在口门处流线坦化和突然扩散的影响要比大坡度的倾斜出流弱得多，从而不易产生负流速。

（4）进/出水口扩散段可以做成平顶。侧式进/出水口的扩散段，通常多布置成顶部（单向）扩张式，也有采用顶、底板双向扩张式布置，目的在于通过扩散段纵、横向的扩张，在一定长度后的布置拦污栅处流速降低到规定值。

日本神流川抽水蓄能电站下水库进/出水口扩散段有关参数见表1.4-11[7]。通过试验研究和计算分析，提高了过栅设计流速（即扩散段末端断面流速），使1号进/出水口的长度缩短了24%，扩散段末端宽度减少了22%。而顶板都是水平的，即扩散段高度均为8.2m（1号）。这种修改布置的特点是把一个三维的扩散段简化成二维结构，工程布置得以简化。从水头损失的角度来说不会带来什么明显影响，只是拦污栅设计为满足抗振安全系数的要求，将栅条刚结支承的间距由原设计的525mm缩小至350mm。

表1.4-11　日本神流川抽水蓄能电站下水库进/出水口扩散段有关参数

进/出水口编号	隧洞直径(m)	原设计扩散段				修改采用扩散段			
		L (m)	B (m)	D (m)	$v_{出}/v_{进}$	L (m)	B (m)	D (m)	$v_{出}/v_{进}$
1号	8.2	47	43.6	8.2	1.0/0.75	35.5	33.8	8.2	1.34/0.94
2号	6.1	32.5	29	6.1	1.1/0.78	25.5	23.8	6.1	1.44/1.02

注　L为扩散段长度；B为扩散段末端宽度；D为扩散段末端高度；$v_{出}$、$v_{进}$为扩散段末端断面的出流和进流流速。

1.4.4.2　竖井式进/出水口

竖井式进/出水口由压力管道与弯管起始断面间的连接扩散段、弯管段、喇叭口段、顶盖、分流隔墩及拦污栅等组成（见图1.4-14）。这种进/出水口的进、出流均呈有压缓流流动。为防止进流时出现有害漩涡，在顶部通常设置直径为D_0的顶盖。D_0的尺寸依流量、压力管道直径、过栅流速等条件，经综合比较确定。

竖井式进/出水口的水力设计在于解决好出流工况下，来自弯管垂直向上的水流主流向上直冲顶盖，然后折向四周布置的孔口流出。另有部分水体沿喇叭口向四周扩散，遇喇叭口处边界条件的改变，局部产生水流与边界分离。流经弯管的水流作为来流条件，受弯道水流离心力的影响，主流偏向弯管凹侧（外侧），流速分布不均匀，欲将其调整得均匀，则需要相当长的竖井直管段，在实际工程中常难以做到，于是便形成平面上的偏流，即出流流量集中由部分孔口流出，其余孔口出流量较少。在出流孔口的垂线流速分布上，呈现上部流速大，底部甚至出现负流速。其结果不仅增大了实际过栅流速和水头损失，并导致水库内流态紊乱，水面波动剧烈，水库底若有泥沙也可能随负流速带入竖井内。单圆弧（等半径）弯管竖井式进/出水口模型试验的流速分布图如图1.4-26所示❶，由图可见，由于来流出现偏流导致各孔出流量很不均匀，顶部最大点流速相当于断面平均流速的6.5倍，同时下部出现负流速。

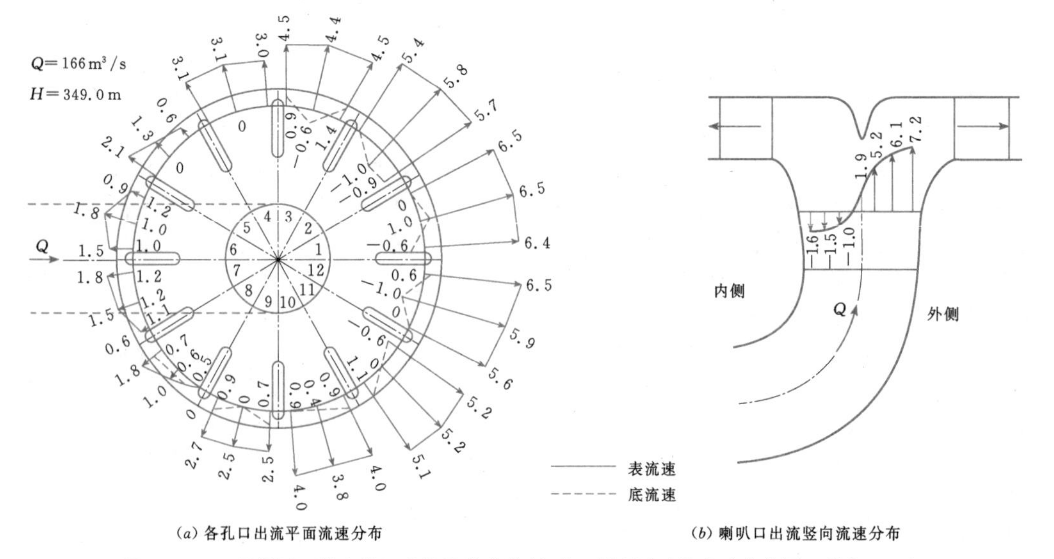

(a) 各孔口出流平面流速分布　　(b) 喇叭口出流竖向流速分布

图1.4-26　单圆弧（等半径）弯管竖井式进/出水口模型试验的流速分布图（单位：m/s）

❶ 谭颖《抽水蓄能电站取水口水力特性试验研究主题报告》，华东勘测设计研究院，1988年12月。

弯管末端断面流速分布的调整，可通过设置导水板，在适当部位加设局部贴角调整流向等措施来实现，考虑到工程应用，以改变弯管体形，即将常见的单圆弧（等半径）弯管改成肘形弯管为宜（见图 1.4-27）。这一布置的特点如下。

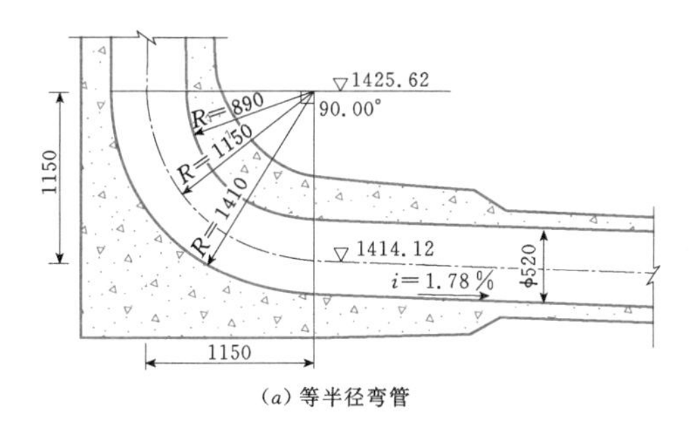

(a) 等半径弯管

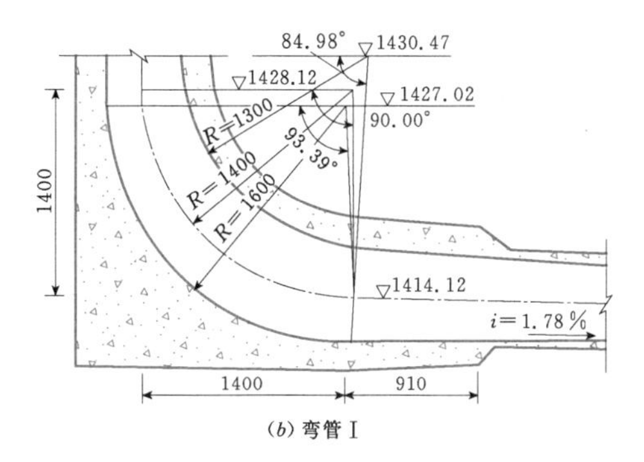

(b) 弯管Ⅰ

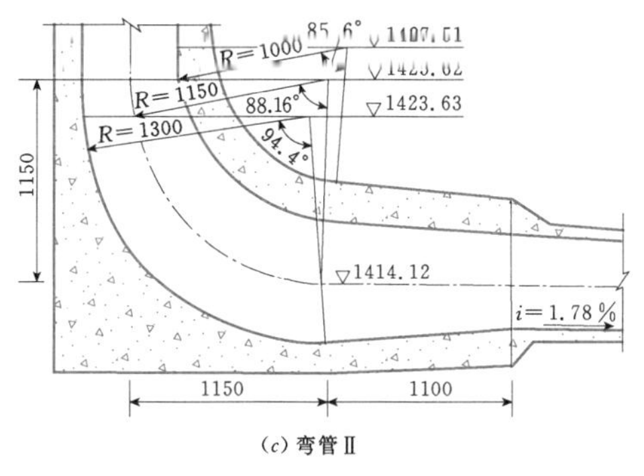

(c) 弯管Ⅱ

图 1.4-27　西龙池抽水蓄能电站上水库竖井式进/出水口三种弯管段体形图（尺寸单位：cm；高程单位：m）

（1）在来流压力管道 d 与弯管起始段断面 D_S 间设置锥形连接段，其长度大于或等于 D_S。该段的半扩散角可在 3°～7°间选用。这种布置旨在降低弯管段进口流速，削弱弯管段水流离心力的强度。例如，当半扩散角为 7°时，直径为 D_S 处的平均流速可较压力管道的平均流速降低约 40%。

（2）肘形弯管段其末端直径 $D_e \geqslant d$，且有断面面积比 $A_e/A_s=0.6\sim0.7$，$v_e \leqslant 5\text{m/s}$（或相应的弗劳德数 $Fr=v_e/\sqrt{gD_e}\leqslant 0.6$）。水流在肘管内先扩散后收缩，对弯管末端的流速分布均匀化会有良好的效果。

（3）弯管段与喇叭口段之间宜设适当长度的直管段，用以调整水流，其上部的喇叭口段与之呈渐扩式或平顺连接。当无直管段或直管段甚短时，则从弯管末端（或附近）逐渐扩张成喇叭口段，直至所需高程。喇叭口可采用椭圆曲线或其他曲线。

西龙池抽水蓄能电站上水库竖井式进/出水口设计时，进行了物理模型和数学模型研究❶。图 1.4-27 为三种弯管段体形图。图 1.4-27（a）为等半径弯管，$A_e/A_s=1.0$；图 1.4-27（b）为弯管Ⅰ，$A_e/A_s=0.64$；图 1.4-27（c）为弯管Ⅱ，$A_e/A_s=0.59$。试验得到出流时的进/出水口水头损失系数，弯管Ⅰ布置为 0.53（其中弯管部分为 0.21），弯管Ⅱ布置为 0.64（其中弯管部分为 0.31）；进流时前者为 0.51（其中弯管部分为 0.36），后者为 0.53（其中弯管部分为 0.39），且各孔口流量分配较均匀。分析表明，就出流而论，单就弯管以上的进/出水口来看，两者的损失系数分别为 0.32（弯管Ⅰ）和 0.33（弯管Ⅱ），几近相同，主要差别在于弯管损失系数，前者为 0.21，后者为 0.31。弯管Ⅱ布置其弯管段水头损失系数的增大，恰好说明 $A_e/A_s=0.59$ 的肘形弯管使该处水头损失加大，显示出通过弯道的水流扩散、掺混后才使得流速分布得到了有效调整。从各孔口出流流量分布来看，弯管Ⅰ布置为 6.9%～20.3%（平均应为每孔占 12.5%），而弯管Ⅱ布置则为 9.4%～15.2%，改善十分明显。

应用二维 $k-\varepsilon$ 模型对三种弯管体形的进/出水口的水力计算结果示于图 1.4-28。对于图 1.4-28（a）等半径弯管，流经弯管段的水流在凸侧已出现分离，至喇叭口上部流速分布仍未调整好；图 1.4-28（b）弯管Ⅰ的弯管段流速分布状况虽较等半径弯管有所改进，但均匀性仍稍差，故而有前述各孔出流量不均匀的结果；图 1.4-28（c）弯管Ⅱ的布置 $A_e/A_s=0.59$，在弯管末端其流速分布就比较均匀，至喇叭口处各孔出流流量分配为 9.4%～15.2%。

碧敬寺抽水蓄能电站竖井式进/出水口水工模型试验成果图如图 1.4-29 所示，其中 $A_e/A_s=0.57$。试验表明，在该布置条件下，各孔出流分配基本均匀，

❶ 《西龙池抽水蓄能电站上水库进/出水口数值模拟》．天津大学，2000 年 5 月。
《西龙池抽水蓄能电站上水库进/出水口模型试验报告》．天津大学，2004 年 5 月。

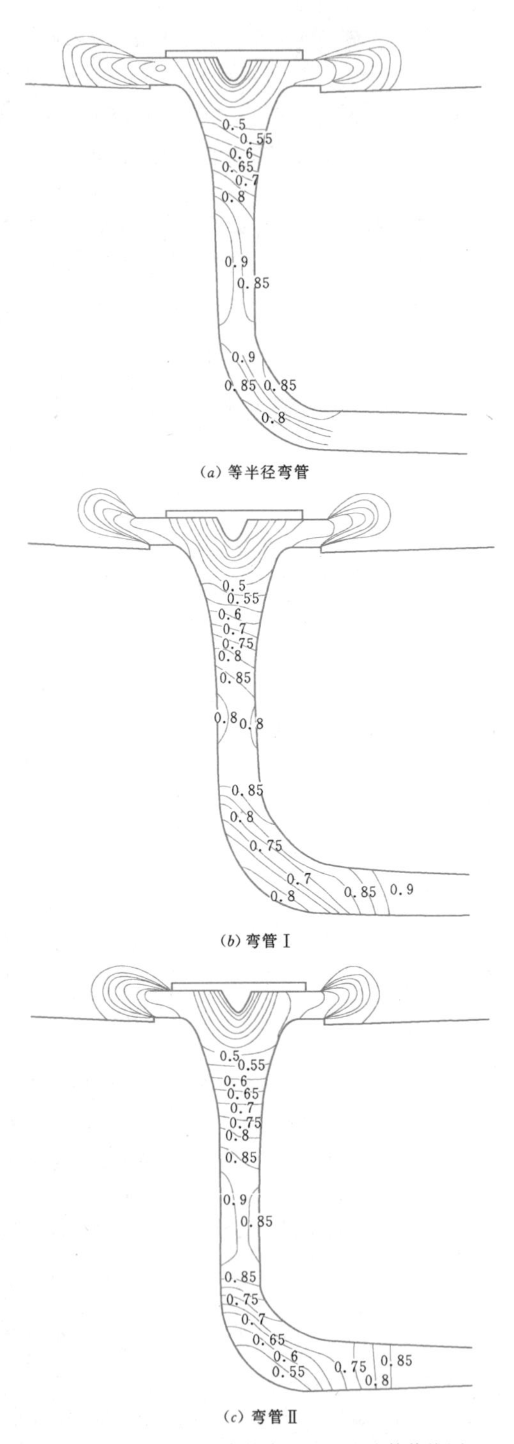

(a) 等半径弯管

(b) 弯管Ⅰ

(c) 弯管Ⅱ

图 1.4-28 三种弯管布置出流流速等值线图

且无负流速出现。

总体而言，我国在竖井式进/出水口水力设计方面的研究不多，在按上述成果初拟的基础上，合理的设计体形需通过水工模型试验确定。

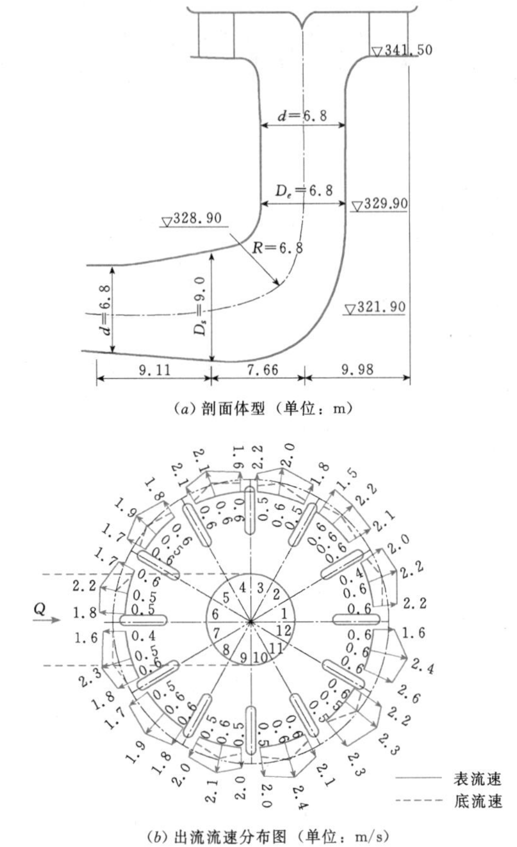

(a) 剖面体型（单位：m）

(b) 出流流速分布图（单位：m/s）

图 1.4-29 碧敬寺抽水蓄能电站竖井式进/出水口水工模型试验成果图

1.4.4.3 数值模拟在进/出水口水力设计中的应用

近年来，流体力学的数值模型计算在抽水蓄能电站进/出水口水力设计中得到了应用。为使水工模型试验更具针对性，可以先进行数值模拟计算，以初步确定一个较为合理的体形，在此基础上开展水工模型试验，有时还进行对比计算，以相互验证。

数值计算采用不可压缩流体的 Navies - Stokes 方程（动量守恒），导出时间平均的雷诺方程、连续方程为基本方程，紊流模型采用标准 k—ε 模型。

雷诺方程的张量形式如下：

动量方程

$$\frac{\partial U_i}{\partial t}+U_j\frac{\partial U_i}{\partial X_j}=-\frac{1}{\rho}\frac{\partial P}{\partial X_i}+\frac{\partial}{\partial X_j}\left(\nu\frac{\partial U_i}{\partial X_j}-\overline{u_iu_j}\right)+\frac{1}{\rho}F_i \tag{1.4-15}$$

连续方程

$$\frac{\partial U_i}{\partial x_i}=0 \tag{1.4-16}$$

式中 U_i——i 方向的流速分量；

ρ——流体密度；

P——压强；

t——时间；

ν——流体的运动黏性系数；

F_i——作用于单位质量水体的体积力。

为求解方程组，设雷诺应力与平均速度梯度成正比，即

$$-\overline{u_i u_j} = \nu_t \left(\frac{\partial U_i}{\partial X_j} + \frac{\partial U_j}{\partial X_i}\right) - \frac{2}{3}k\delta_{ij} \quad (1.4-17)$$

$$\nu_t = C_\mu \frac{k^2}{\varepsilon}$$

$$k = \overline{u_i' u_i'}/2$$

式中　ν_t——流体的紊流脉动黏性系数，由紊流脉动动能 k 及紊流脉动动能耗散率 ε 确定；

δ_{ij}——克罗内克尔（Kronecker）符号，当 $i=j$ 时 $\delta_{ij}=1$，当 $i\neq j$ 时 $\delta_{ij}=0$；

k——紊流脉动动能，J；

ε——紊流脉动动能耗散率，%。

k 和 ε 的输运方程如下：

k 方程

$$\frac{\partial k}{\partial t} + U_j \frac{\partial k}{\partial X_j} = \frac{\partial}{\partial X_j}\left[\left(\nu + \frac{\nu_t}{\sigma_k}\right)\times \frac{\partial k}{\partial X_j}\right] + G - \varepsilon \quad (1.4-18)$$

ε 方程

$$\frac{\partial \varepsilon}{\partial t} + U_j \frac{\partial \varepsilon}{\partial X_j} = \frac{\partial}{\partial X_j}\left[\left(\nu + \frac{\nu_t}{\sigma_\varepsilon}\right)\times \frac{\partial \varepsilon}{\partial X_j}\right] + C_{1\varepsilon}\frac{\varepsilon}{k}G - C_{2\varepsilon}\frac{\varepsilon^2}{k} \quad (1.4-19)$$

式（1.4-17）～式（1.4-19）中 C_μ、$C_{1\varepsilon}$、$C_{2\varepsilon}$、σ_k 和 σ_ε 是模型通用常数，分别取 0.09、1.44、1.92、1.0 和 1.3。计算方法采用 VOF（Volume of Fluid）法。该方法是在固定网格下求解不可压缩、黏性、瞬变和具有自由面流动的一种数值方法。适用于两种或多种互不穿透流体间界面的跟踪计算。

图 1.4-30 为日本神流川抽水蓄能电站下水库进/出水口段的数值解析计算与模型试验结果对比[7]。该项工作主要研究了在来流为水平弯道布置的条件下，通过调整有压扩散段首部分流隔墙的布置间距，使各孔道出流量分配比较均匀。

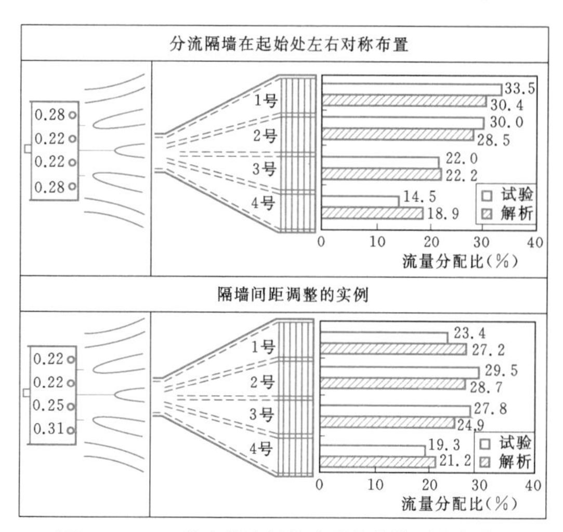

图 1.4-30　日本神流川抽水蓄能电站下水库进/出水口段的数值解析计算与模型试验结果对比

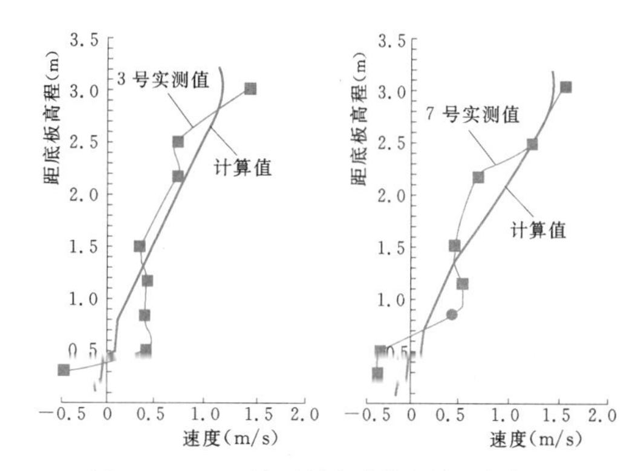

图 1.4-31　西龙池抽水蓄能电站上水库进/出口数值计算与模型试验结果对比

图 1.4-31 为西龙池抽水蓄能电站上水库进/出水口数值计算与模型试验的结果对比。该项研究首先利用二维 k—ε 模型分析了弯道体形对流场的影响（见图 1.4-28），在此基础上，利用三维 k—ε 模型分析了喇叭口段的流场，给出孔口的流速分布和流量分配比。

综上可见，数值模拟计算用于进/出水口的水力设计已取得有益的成果，尽管是复杂的三维计算，但计算成果可供不同布置体形方案的比较和优化，可对最终体形的确定提供有力的支持。可以认为，采用数值模拟和模型试验相结合的方法是解决好进/出水口水力设计的有效途径。

1.4.5　虹吸式进水口水力设计

水电站虹吸式进水口的特点如下：

（1）仅适用于引水式电站或特定条件下的径流式电站。

（2）引用流量不能太大，否则驼峰断面过高，从而更限制了上游水位的变幅。

（3）若采用钢管或钢衬的进水口，施工上较方便，气密性也易保证。若采用钢筋混凝土，由于气密性要求高，因此施工工艺上要求严格。

根据收集到的资料来看，国内已建虹吸式进水口水电站的最大单机容量 2000kW，最大水头 127m，

单管最大流量 18.15m³/s，喉道断面最大高度 2.0m，前池水位的最大变幅 3.1m。

1.4.5.1 水力计算公式

水电站虹吸式进水口水力分析示意图如图 1.4-32 所示，以绝对零压力线为基准，列 0—0 和 1—1 断面（中心）的能量方程，暂忽略法向加速度对断面上的压强影响，即

$$\frac{p_a}{\gamma} = \Delta Z + Z + \frac{p_o}{\gamma} + \frac{h_0}{2} + \frac{\alpha u_0^2}{2g} + \sum h_w \tag{1.4-20}$$

可得

$$\frac{p_o}{\gamma} = \frac{p_a}{\gamma} - \Delta Z - Z - \frac{h_0}{2} - \frac{\alpha u_0^2}{2g} - \sum h_w \tag{1.4-21}$$

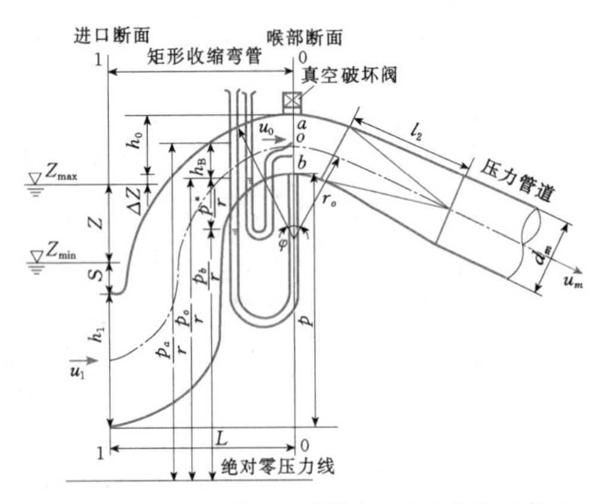

图 1.4-32 水电站虹吸式进水口水力分析示意图

在断面 0—0 虹吸喉道断面的中心线上（即 o 点）的真空度为

$$h_{B,0} = \frac{p_a}{\gamma} - \frac{p_o}{\gamma} \tag{1.4-22}$$

由式（1.4-20）和式（1.4-21）可得

$$h_{B,0} = \Delta Z + Z + \frac{h_0}{2} + \frac{\alpha u_0^2}{2g} + \sum h_w \tag{1.4-23}$$

在喉道断面的底部（即驼峰顶 b 点处），动水压强和压强脉动使真空度增大，而静水压强则使真空度减小，于是可有

$$h_{B,b} = \Delta Z + Z + \frac{\alpha u_0^2}{2g} + \sum h_w + \frac{p^*}{\gamma} + K_0 \delta \frac{u_0^2}{2g} \tag{1.4-24}$$

同理，对喉道断面顶板 a 点则有

$$h_{B,a} = \Delta Z + Z + \frac{\alpha u_0^2}{2g} + \sum h_w - \frac{p^*}{\gamma} + K_0 \delta \frac{u_0^2}{2g} \tag{1.4-25}$$

式（1.4-24）和式（1.4-25）中的 $\frac{p^*}{\gamma}$ 即为动水压强，它表征弯曲水流离心惯性力的影响；$K_0 \delta \frac{u_0^2}{2g}$ 则为压强脉动影响项。

式（1.4-24）和式（1.4-25）中，ΔZ 为喉道断面底部（b 点）高程在前池正常水位（即水电站正常运行时的前池水位，当为多台机且各具有单独进水口时，考虑单独运行条件，可取前池内可能出现的最高水位）以上的超高值，通常为 0.1～0.2m；Z 为前池内正常水位与最低水位间的高差，即前池的水位变幅；h_0 为喉道断面高度，这三项为形成真空度的主要项。喉道断面平均流速 u_0 的大小与其后压力管道的平均流速 u_m 相关，按管内的经济流速，钢筋混凝土管一般采用 2.5～3.5m/s，钢管一般采用 3～5m/s。

根据连续方程 $u_0 A_0 = A_m u_m$，则式（1.4-23）和式（1.4-24）中的 $\frac{\alpha u_0^2}{2g} + \sum h_w$ 可写成

$$\frac{\alpha u_0^2}{2g} + \sum h_w = \frac{\alpha u_m^2}{2g} \left(\frac{A_m}{A_0} \right)^2 (1 + \sum \xi) \tag{1.4-26}$$

当 $u_m = 3$m/s 时，$u_m^2/2g = 0.46$；当 $u_m = 4$m/s 时，$u_m^2/2g = 0.82$。根据试验和原型观测资料，平均取 $\sum \xi \approx 0.3$，则水头损失项 $\sum h_w = \sum \xi \frac{u_m^2}{2g} \left(\frac{A_m}{A_0} \right)^2$ 的值见表 1.4-12。

表 1.4-12 虹吸式进水口水头损失计算表

A_m/A_0	$(A_m/A_0)^2$	$\sum h_{w,m}$
1.0	1.0	0.1～0.24
0.75	0.49	0.07～0.12
0.5	0.25	0.036～0.06

即在 $A_m/A_0 = 1$～0.5 的条件下，$\sum h_w$ 的平均值为 0.1m 左右，其相应的 u_0 为 1.5～2.8m/s。由此可以认为，一般情况下，虹吸进水口从入口至顶部喉道断面间的水头损失约 0.1m。

当喉道断面为同心圆布置时，顶板 a 点的动水压强 p^*/γ 为

$$\left(\frac{p^*}{\gamma} \right)_a = \frac{u_0^2}{2g} \left[1 - \left(\frac{r_0}{r_0 + \frac{h_0}{2}} \right)^2 \right] \tag{1.4-27}$$

驼峰顶 b 点为

$$\left(\frac{p^*}{\gamma} \right)_b = \frac{u_0^2}{2g} \left[1 - \left(\frac{r_0}{r_0 - \frac{h_0}{2}} \right)^2 \right] \tag{1.4-28}$$

值得注意的是，式（1.4-27）右边方括号内的值为正，而在式（1.4-25）中的 p^*/γ 为负号，即顶板 a 点的动水压强对该处负压起减少的作用；式

(1.4-28) 和式 (1.4-24) 则相反。

对于电站虹吸式进水口，由于上述 A_m/A_0 的比例关系，决定其 $u_0 \leqslant u_m$，且其大小是有一定限度，这样按式 (1.4-27) 和式 (1.4-28) 所得的 p^*/γ 值会远小于 h_0 值。以浙江长诏二级水电站资料为例，该进水口喉部的 $r_0=2.4\text{m}$，$h_0=1.4\text{m}$，$Q=9.64\text{m}^3/\text{s}$，按式 (1.4-27) 和式 (1.4-28) 算得 $(p^*/\gamma)_a=0.1014\text{m}$，$(p^*/\gamma)_b=-0.25\text{m}$，均远小于 h_0 值；加之式 (1.4-24) 和式 (1.4-25) 中 p^*/γ 值正负号的关系，水电站虹吸式进水口其最大负压值肯定是出现在喉道断面顶板 a 点上。但对于喉道流速 u_0 较高的虹吸式溢洪道却不一定都是如此，由于其 u_0 值较大，有时会呈现 $h_{B,b}$ 值为最大。

考虑到 $\sum h_w \approx 0.1\text{m}$，且在数量级上与 p^*/γ 一般相差不大，作为近似计算，式 (1.4-25) 可简化为

$$h_{B,0} = \Delta Z + Z + h_0 + \frac{\alpha u_0^2}{2g} \qquad (1.4-29)$$

1.4.5.2　进水口水头损失

对图 1.4-32 所示的典型虹吸式进水口的水头损失，在工程设计上通常包括从虹吸进水口计到与压力管道相接的渐变段末端，较上述基本分析多了由方变圆的渐变段的一段损失，其损失系数 $\xi=\sum h_w/(u_m^2/2g)$。利用有关模型试验资料和原型观测资料，$\xi \sim A_1/A_0$ 的关系图如图 1.4-33 所示。

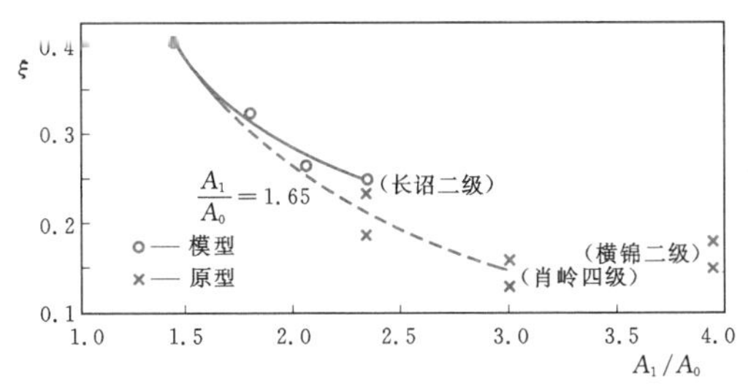

图 1.4-33　$\xi \sim A_1/A_0$ 的关系图

(1) ξ 值随 A_1/A_0 值的加大呈减小趋势。

(2) 原型的 ξ 值较模型的略小，这一方面来自观测时的测量误差；另一方面也是因为在整体上测取局部损失的方法本身就不尽合理。由于测点距弯管近，动水压强的影响是存在的。

(3) 有关研究给出了用一般水力学方法计算的 ξ 值与实测值的比较，前者为 0.249，后者为 0.248，可见用常规的计算完全可给出满意的结果。

(4) 从力求水头损失较小的角度来看，$A_1/A_0=2\sim2.5$ 是合适的。

1.4.5.3　进口最小淹没深度

如图 1.4-1 所示，入口上缘以上的最小淹没深度 S，是防止产生贯通式漏斗漩涡的淹没深度。S 值受水力及边界条件等诸多因素影响，给出准确的定量计算成果是困难的，对于虹吸式进水口 (图 1.4-32) 通常应控制喉道断面的弗劳德数 Fr_0。

$$Fr_0 = \frac{u_0}{\sqrt{gh_0}} \qquad (1.4-30)$$

对于戈登公式 (1.4-1)，进水口水力条件良好和进流对称时，C 值可取 0.55。考虑式 (1.4-30)，相应于虹吸式进水口最小淹没深度 S 的戈登公式可以表达为

$$S/h_0 = 1.7Fr_0 \qquad (1.4-31)$$

$S/h_0 \sim Fr_0$ 关系图如图 1.4-34 所示。原型观测的三个点位于 $S/h_0=1.7Fr_0$ 线之下，也位于 $S/h_0=1.0Fr_0$ 线之下。因此建议水电站虹吸式进水口的最小淹没深度一般可按下式估算：

$$S/h_0 = (1 \sim 1.7)Fr_0 \qquad (1.4-32)$$

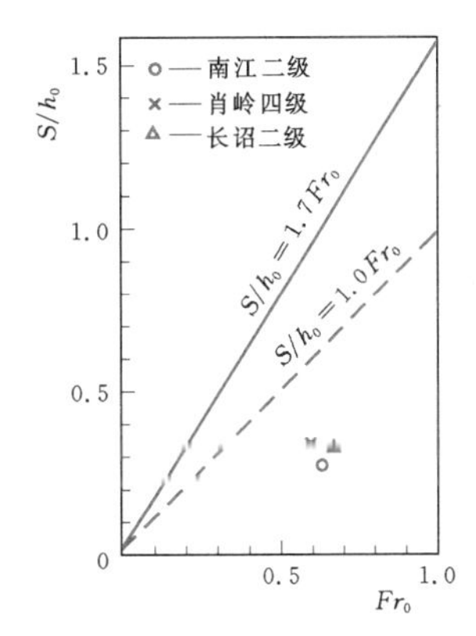

图 1.4-34　$S/h_0 \sim Fr_0$ 关系图

1.4.5.4　断面体形尺寸

国内部分已建水电站虹吸式进水口参数表见表 1.4-13。

1. 矩形断面虹吸式进水口

对于矩形断面虹吸式进水口，其体形特点是：断面由高矩形进水口等宽过渡到矮矩形喉道断面，再渐变到圆形。表 1.4-14 为矩形断面虹吸式进水口的参数范围。

2. 圆形断面虹吸式进水口

对于圆形断面虹吸式进水口，采用如图 1.4-35 所示的锥形进水管是可取的，其水头损失会较方形为小，且易于分节焊接，便于制作安装。每节圆心角可控制在 22.5°左右，$r_0/d \geqslant 1.9$，圆锥形收缩管长度 $l_1/d \geqslant 0.6$，收缩角 $\beta=40°\sim60°$。

1.4.5.5　虹吸的发动和断流

对于虹吸发动和断流的装置和方式，设计时应因

表 1.4-13 国内部分已建水电站虹吸式进水口参数表

工程名称	装机容量(MW)	水头(m)	流量(m^3/s)	前池水位(m)			虹吸管(m)			钢管(m)		$\frac{A_0}{A_m}=\frac{u_m}{u_0}$	$\frac{b_0}{h_0}$	流速(m/s)	
				最高	正常	最低	喉部中心半径 r_0	b_0h_0 或 d_0	喉道顶板高程	d_m	A_m			u_0	u_m
南江二级	2×0.5	11.0	5.90	163.70	162.80	162.30	2.0	2.5×1.0	163.80	1.5	1.77	1.41	2.50	1.46	2.07
肖岭四级	2×0.8	31.0	3.65	63.05	62.78	61.80	1.6	2×0.8	63.10	1.2	1.13	1.42	2.50	2.28	3.23
长诏二级	2×2.0	28.0	9.46	80.25	79.71	78.56	2.4	3×1.4	80.40	1.8	2.54	1.65	2.14	2.25	3.73
横锦二级	2×0.8	13.0	8.00	116.50	115.87	114.55	2.0	2.5×1.2	116.65	2.0	3.14	0.96	2.08	2.67	2.55
且末	3×0.8	18.0	3×7.50	1771.28	1770.28	1768.68	2.8	1.6×1.6	1171.38	1.6×1.6	2.56	1.00		2.93	2.93
白鹤桥	4×2.0	14.5	4×18.15	1129.80	1128.70	1126.66	2.3	4×2.0	1129.95	2.8	6.15	1.30	2.00	2.27	2.95
官亭	0.82	19.0	14.00					3.4×0.9		3.0	7.07	1.73	3.78	1.15	1.98
鼓浪提	3.75	45.0	10.80					6.6×2.2		2.6	5.31	2.73	3.00	0.75	2.04
黄南州	2.05	45.0	6.50					3×1.5		1.6	2.01	2.24	2.00	1.44	3.22
瓦家	1.0	60.0	2.50					2×1.2		1.2	1.13	2.12	1.67	1.56	2.21
加塘	0.25	16.0	3.00					1.2×0.8		0.8	0.50	1.92	1.50		3.00
牛板筋	1.0	27.0	6.50					4×1.2		1.8	2.54	1.89	3.33		
江壤	1.89	27.0	10.00					5.6×2.1		2.1	3.46	1.70	2.67		
达目	1.0	12.5	12.00					4×1.2		1.7	2.27	2.11	3.33		
曲库乎	3.0	65.0	6.0					1.6×1.3 1.9×1.3		1.00 1.30	0.79 1.33	2.65 1.86	1.23 1.46		
德农二级	0.6	10.0	7.5					2×0.8		1.30	1.33	1.20	2.50		
曲麻莱	0.64	12.0	8.0					4.1×1.2		1.20	1.13	2.12	3.42		
优干宁	0.5	12.2	6.0					2.5×1.0		1.20	1.13	2.21	2.50		
农四师 74 团	4×0.125	11.6	4×1.45							0.95	0.71	1.10		2.24	2.47
农四师 64 团	2×0.075	53	2×1.3							0.95	0.71	1.00		2.49	2.49
农四师 66 团	2×0.125	11.3	2×1.7							0.95	0.71	1.00		1.55	1.55
农四师 75 团	3×0.125	20	3×1.1							1.2～0.80	1.13～0.50	0.74		3.93	2.92
寨口	2×1.0	61.24	2×2.2							1.20	1.13	1.28		3.19	4.07
红卡子	2×0.5	21.2	2×3.05					$d_0=1.5$		1.60	2.01	0.97		3.69	3.57
新林	2×1.0	127.0	3.8	940.65	940.25	937.65	2.00	$d_0=1.5$	941.7	1.20	1.13	1.56	1.00	1.58	3.36
石桥	2×2.5	18.5	3×16.2	732.74	731.74	731.14	1.45	$d_0=2.9$	735.04	2.50	4.19	1.35	1.00	2.00	3.00

表 1.4-14 矩形断面虹吸式进水口的参数范围

参 数	部分工程统计资料	建议范围
b_0/h_0	1.5～3.8	1.5～2.5
b_0 (m)	0.8～2.2	0.8～2.2
r_0/h_0	1.2～2.0	1.5～2.5
A_1/A_2	2～3.64	2～2.5
A_0/A	0.96～2.73	1～1.65
u_0 (m/s)	1～3.93	2～2.5
ΔZ (m)	0.10～0.2	0.1～0.2
l/P	0.75～0.9	0.7～0.95

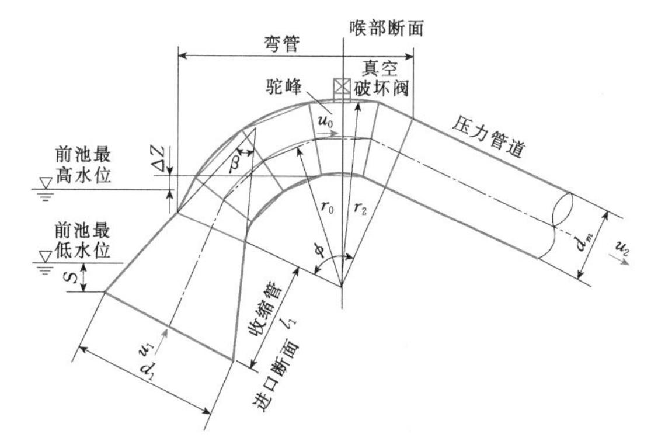

图 1.4-35 圆形断面虹吸式进水口

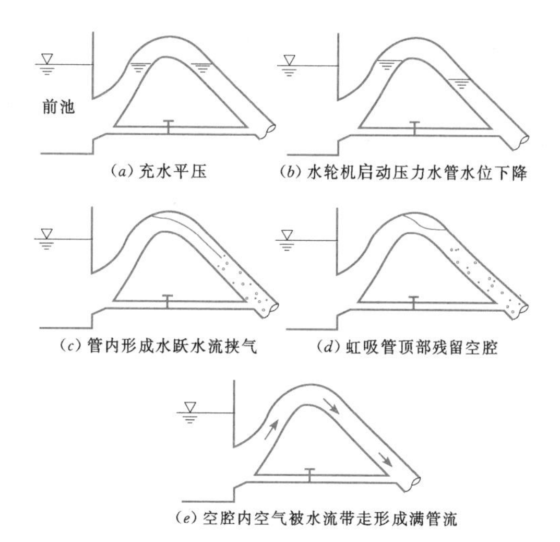

图 1.4-36 虹吸式进水口自发动过程图

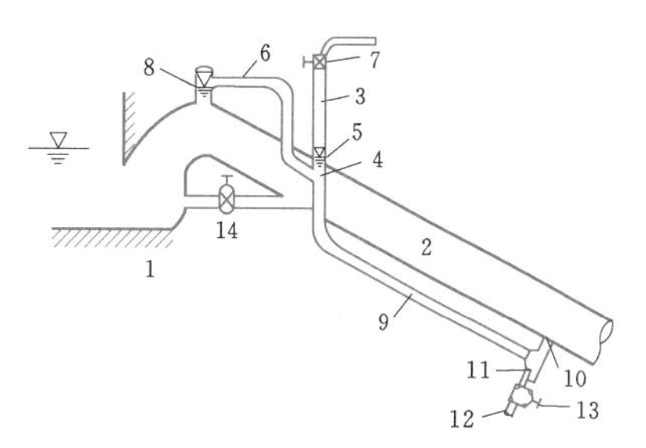

图 1.4-37 水力真空控制装置示意图

1—喉道；2—压力水管；3—进气管；4—补气口；5—堵口水位；6—功能管；7—转换阀；8—上升最高水位；9—吸入管；10—射流供水管；11—射流泵；12—排出管；13—控制阀；14—充水阀

地制宜，参照已建工程的经验，经论证比较后合理选择应用。

1. 虹吸的发动

虹吸的发动通常采用以下的装置或方法来实现。

(1) 真空泵抽气发动。这种发动方式采用专用设备无疑是可靠的，但增加了养护维修工作，在厂用电无保证的条件下也受到限制。

(2) 自发动。虹吸式进水口自发动过程图如图 1.4-36 所示。根据浙江长诏二级等四个水电站的原型观测，在自动形成虹吸启动过程中，对轴流式机组，由于水头低，空载流量较大，形成虹吸较快；而混流式机组，因空载流量较小则较慢。若在机组启动并网后立即带满负荷运行，可在 4～5min 内迅速形成虹吸满管流，操作简便可靠。当真空破坏阀及其操作管路系统的密封性较好，一般在停机 14～16h 后，虹吸顶部仍能保持一定水位，再次启动机组时只要直接开导叶就可并网运行。

(3) 水力真空控制装置发动。水力真空控制装置示意图如图 1.4-37 所示。该装置由管路、射流泵和控制阀组合而成，具有形成和破坏真空两种功能。

抽取真空原理及操作程序为：打开充水阀 14、转换阀 7，使压力水管内的气体由功能管 6 通过进气管 3 排出，待平压后关闭 14 和 7；打开控制阀 13，射流泵 11 就在压力管内水压力作用下开始工作，虹吸体内空气将由功能管 6 和吸入管 9 输至射流泵通过排出管 12 排出，前池的水流也将进入虹吸体并逐渐上升高出前池水位；为使以后的真空破坏迅速可靠，当水位上升至功能管 6 以下即最高水位 8 处时，水位继电器传出信息，使射流泵停止工作；随即压力水管内水流将通过吸入管 9 返回，使进气管 3 内水位上升与最高水位 8 齐平。至此抽真空完成。

真空破坏原理与操作为：水电站正常运行时，转换阀 7 处于开启状态，进气管 3 内水位处于堵口水位 5 的位置（略低于前池水位），当需紧急切断水流时，只要迅速开启控制阀 13，射流泵即工作，抽吸吸入管 9 内的水流，使进气管 3 内水位大幅度下降，待补气口 4 露出，进气管内空气随即进入功能管 6 至虹吸体 1 内，使之断流。

(4) 水箱抽气装置发动。水箱抽气装置系统示意图如图1.4-38所示。操作程序为：依次打开阀门5、1、2、4，分别向压力水管和水箱充水，直至平压；关闭上述四个阀门，打开阀门3，随着水箱内水位的下降便进行抽气，完成后关闭3，便可开机运行。断流时只需打开真空破坏阀（阀门5）即可。

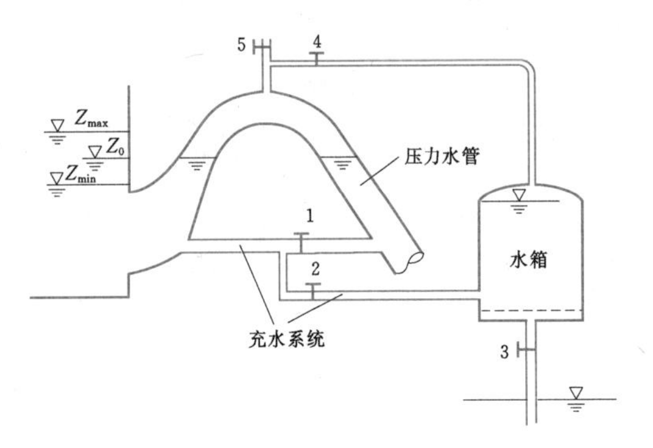

图1.4-38 水箱抽气装置系统示意图

水箱容积，根据波义耳—马略特定律按下式计算：

$$V_{min} = KV_1 = \frac{P_a \overline{V}_0}{P_a - \gamma h_{B,a}} \qquad (1.4-33)$$

式中 V_{min}——水箱最小容积，m^3；

P_a——当地大气压力，kN/m^2；

$\overline{V}_0$——虹吸发动前的平压水面以上的空腔体积，m^3；

γ——水的容重，kN/m^3；

$h_{B,a}$——虹吸的设计负压值［通常为式（1.4-25）的 $h_{B,0}$ 值］，m；

K——安全系数，取1.1。

使用水箱抽气装置应注意的是：抽气管路一定要高出虹吸管顶以上0.5～1.0m；水箱顶部高程应位于最低水位以下0.5m左右；阀门3的出水口应淹没在水下。

2. 虹吸的断流

断流装置常采用真空破坏阀。当已知 $h_{B,a}$ 时，真空破坏时的瞬时最大进气量可按下式估算：

$$Q_a = \mu\omega_a \sqrt{\rho/\rho_a} \sqrt{2gh_{B,a}} \qquad (1.4-34)$$

式中 Q_a——最大进气量，m^3/s；

μ——真空破坏阀系统的流量系数；

ω_a——真空破坏阀的面积，m^2；

ρ——水的密度，kg/m^3；

ρ_a——空气的密度，kg/m^3。

可根据式（1.4-34）合理选择真空破坏阀的型式和直径。

1.4.5.6 原型观测成果

原型观测成果表明，破坏虹吸时机组的速率升高（β）一般都不超过额定转速的一倍（甩满负荷时），比相同工况下调速器关闭时的速率高出25%～60%，远小于设计飞逸标准；且机组加速时间与最高转速持续时间为10s左右，远小于设计飞逸时间2min。这个速率升高来自断流后压力水管中的“一管水”。这“一管水”的作用当然随时间的增长而逐渐减弱，所以其最高转速的持续时间是有限的。

调保计算时一般都按最大水头工况进行，而在“一管水”条件下，其作用水头小于此工况，加之超速时间有限，因此对虹吸式进水口来说并不构成特殊问题，相反还较用快速闸门的常规布置略有利些。

1.5 深式进水口的结构设计

1.5.1 主要设计内容

深式进水口涉及较多方面的结构设计，主要归纳如下。

(1) 边坡。边坡稳定分析、护坡结构设计。

(2) 挡土墙。稳定和应力计算、结构设计。

(3) 挡水建筑物。抗滑稳定和应力计算、结构设计。

(4) 地下结构。围堰稳定分析、支护和结构设计。

(5) 进水塔。塔身稳定和应力计算、结构设计。

(6) 大体积混凝土坝内开孔。应力计算。

(7) 闸室及胸墙。结构应力计算、结构设计。

(8) 拦污栅。支承结构计算、结构设计。

(9) 工作平台、启闭机架。结构计算、结构设计。

(10) 交通桥。结构计算、结构设计。

(11) 闸门操作室。建筑结构计算、结构设计等。

以上所列结构设计，基本上均可参照本手册的有关章节进行计算和设计，必要时可遵照相关的设计规范，如桥梁设计规范、工民建设计规范等，这里不作赘述。深式进水口结构设计对应的设计标准见表1.5-1。

1.5.2 几个特殊问题

有关进水口结构设计的几个特殊问题介绍如下。

1.5.2.1 进水塔塔体结构设计

进水塔塔体结构设计一般包括：整体稳定分析、地基应力计算、整体结构设计、局部构件设计等。

计算应遵照《水电站进水口设计规范》（DL/T 5398）或《水利水电工程进水口设计规范》（SL 285）进行。

表 1.5-1 深式进水口结构设计对应的设计标准

序号	深式进水口设计所涉及的结构	国家标准	电力行业标准	水利行业标准
1	边坡	GB 50330	DL/T 5353	SL 386
2	挡土墙	GB 50007		SL 379
3	挡水建筑物		DL 5108 DL/T 5346 DL 5073	SL 319 SL 282 SL 203
4	地下结构	GB 50010	DL/T 5195	SL 279
5	进水塔		DL/T 5398 DL 5073	SL 285 SL 203
6	大体积混凝土坝内开孔		DL 5108	SL 319
7	闸室及胸墙	GB 50010	DL/T 5057	SL 191
8	拦污栅	GB 50010	DL/T 5057	SL 191
9	工作平台、启闭机架	GB 50010	DL/T 5057	SL 191
10	交通桥	其他行业标准：TTGD 60、JTGD 62		
11	闸门操作室	GB 50010	DL/T 5057	SL 191

1.5.2.2 集中式进水口结构设计及孔口应力计算和改善孔口应力的措施

对于和挡水建筑物结合在一起的集中式进水口，即坝式和河床式进水口，应按挡水建筑物的结构设计要求进行建筑物的抗滑稳定及应力计算，必要时应进行地震动力分析，具体参见本手册混凝土坝相关部分。

集中式进水口需要在坝体上游面开设大孔口，在一些大型水电站，进水口孔宽有时相当于坝段宽度的30%～40%，由于开孔削弱了坝体断面，从而引起坝体应力重新分布和孔口附近应力集中。

坝体开孔的应力分析，早期通常是在弹性理论的假定基础上用材料力学法进行计算。为了简化计算，一般将这一空间问题近似地按平面问题来计算，方法、步骤和内容简述如下。

(1) 根据设计条件和荷载组合，用材料力学方法计算坝体应力。

(2) 根据坝体应力的计算成果，在设计选定的计算剖面上取相当于孔口中心处的坝体应力在计算剖面上的投影作为计算孔口平面应力场来计算孔口应力集中值（见图 1.5-1）。

(3) 当孔内有水压力作用时，则应同时计算有内水压的孔口应力集中值，然后和坝体应力的成果叠加。

以上所述是一种近似的计算方法，尽管如此，要想用纯理论方法来求解仍然是非常困难的，因为绝大

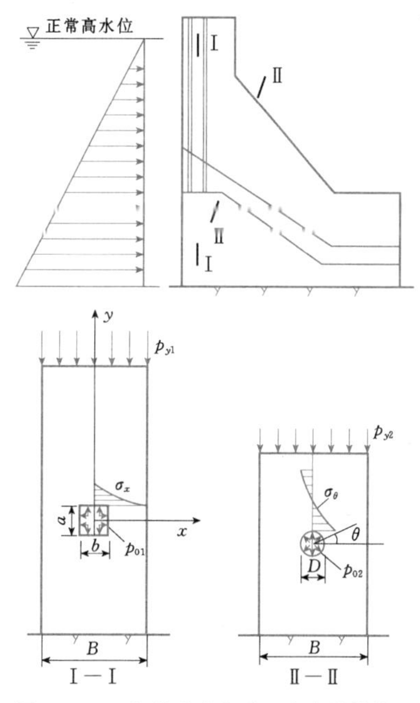

图 1.5-1 坝体应力与孔口应力计算简图

部分均属于平面弹性理论中的复连域问题。已有的一些文献对几种极简单的边界条件提出过纯理论的解答，如有限宽的长条板开圆孔在单向应力作用下孔口应力集中值，以及半无限平面在靠近边界处开圆孔孔内作用均匀内水压的孔边应力集中值等。而对于较复杂的边界条件还没有理论解答。

计算机技术及应用的飞速发展，使得这一复杂计

算问题得以解决。目前，通常使用有限元的方法进行计算。有限元法可以适应复杂结构的边界轮廓体形和边界受力条件，可以考虑非匀质材料的影响和体积力的作用。这些只需要在单元网格布置和单元特征分区等方面加以处理，上述因素均能在计算中得到反映。如果作为平面问题来处理，其方法和步骤为先计算坝体应力，然后根据坝体应力和内水压力计算平面孔口应力。由于坝体应力随坝体部位不同而变化，也就是说孔口结构是处在一个变化的应力场中，为了将坝体应力变化的因素考虑进去，在平面有限元的计算中考虑了体积力，这种体积力包括坝体自重、平面上下切力差值以及渗透水压力（如果存在渗水压力）在内的“当量容重”。

进水口实际上是一个空间结构，因此采用三维有限元来计算更符合实际情况。由于孔口附近应力变化很大，如要比较精确地反映应力集中情况必须加密网格和增加单元数量。此外，进水口复杂的体形需用较多的单元方能模拟出接近实际的边界条件。

坝体开孔应力问题比较复杂，近年来在一些工程运行的原型观测资料中发现温度变化对孔口应力的影响非常大，也就是说孔口应力不仅取决于它的荷载、结构尺寸，而且很大程度上取决于施工中的混凝土温控措施、坝体结构的约束条件以及运行期间环境温度的变化。实践证明，严格的温控措施和合理的混凝土施工浇筑程序对降低孔口附近的温度应力作用极其明显。因此，从温控措施来改善孔口应力集中问题应予以重视。

对于进水口孔口附近出现的拉应力集中现象，为避免产生裂缝和漏水，一般通过在孔口周围布置足够数量的钢筋来加强。按照拉应力超过混凝土容许抗拉强度的拉应力区总拉力由钢筋来承担计算，配筋计算简图如图1.5－2所示，当孔口尺寸较大和内水压力较高时，往往需要在孔口顶部和底部配置大量钢筋。实践证明，尽管如此仍难完全避免裂缝，特别是在温控措施不够理想的情况下，易导致闸后渐变段形成裂缝漏水。因此，加强温控措施，采取坝体横缝的超冷灌浆以产生水平压应力减少孔口顶部和底部的拉应力，避免产生裂缝是非常必要的。

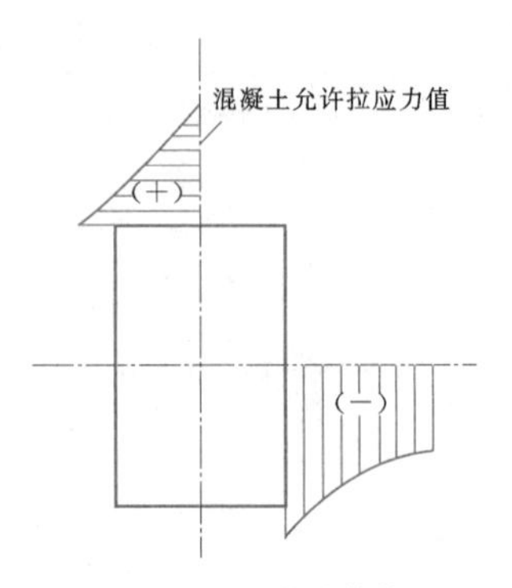

图1.5－2　配筋计算简图

1.5.2.3　拦污栅支承结构计算

拦污栅及其支承结构的设计荷载主要是栅面上下游压差、清污机设备重量、漂浮物撞击力、地震惯性力、地震水压力以及结构自重等。设计荷载的大小与上游漂浮物的构成及数量、拦污栅布置型式、清污方式等因素有关，在寒冷地区还有冰冻问题。

拦污栅在正常情况下水头损失仅为数厘米，承受的水压力很小。但设计时，应考虑可能堵塞的情况。拦污栅构架按全部承受均匀压差考虑，这只能在全部淹没且无泥沙荷载情况下才是准确的。在这种情况下，顶板底板将同样承受压差。在多泥沙河流中，常有泥沙堵塞拦污栅，确切荷载难以确定。一般按拦污栅承受2～4m水头差设计。

拦污栅支承结构计算按照结构力学的方法计算（参考本手册第1卷第2章）。目前有较多的计算机应用程序可以进行梁系结构内力计算，包括平面和三维计算。在得出梁系各杆件内力后，遵照《混凝土结构设计规范》（GB 50010）、《水工混凝土结构设计规范》（DL/T 5057或SL 191）计算结构配筋。对受压构件需进行失稳验算。

参考文献

[1]　《中国水力发电工程》编审委员会．中国水力发电工程　水工卷［M］．北京：中国电力出版社，2007.

[2]　福原华．抽水蓄能电站进/出水口水力设计［M］．电力土木（日），1979，54（7）：48－57.

[3]　胡去劣．抽水蓄能电站进/出水口优化布置试验研究［R］．南京水利科学研究院，2001.

[4]　张东．抽水蓄能电站进（出）水口水力学问题研究［R］．中国水利科学研究院，2003.

[5]　石瑞芳，魏永晖．三峡水电站进水口形式选择［J］．中国三峡建设，1998，（5）：14－17.

[6]　薛阿强．三峡电站进水口体形优化试验研究综述［J］．长江科学院报，2003，20（2）：3－6.

[7]　今井恒雄．神流川抽水蓄能电站缩短下库进/出水口总长度的研究［R］．电力土木（日），2002.11，No302：65－70.

[8]　西龙池抽水蓄能电站招标阶段上水库进/出水口数值模拟［R］．天津：天津大学建工学院水力学所，2003.

[9]　谢省宗．快速闸门动水下降某些水力学问题的分析［G］．科学论文集第13集．中科院水电部水利水电

科学研究院．北京：水利电力出版社，1982：79－94.
[10] H. T. 法维尔．水工建筑物中的掺气水流［M］．北京：水利电力出版社，1984.
[11] 李其军．陈肇和论文集［M］//陈肇和，叶寿忠．水力发电管道通气值的理论计算．北京：中国水利水电出版社，2006：5－16.
[12] 李从众，梁其铮．柘溪、双牌电站进口事故闸门利用水柱压力下门原型观测研究［R］．湖南水利，1987，(1)：54－85.
[13] 虹吸式引水系统调查报告（征求意见稿）［R］．水电部农电司虹吸式引水系统调查组，1985.
[14] C. M. 斯里斯基．高水头水工建筑物的水力计算［M］．北京：水利电力出版社，1984.
[15] 水电站虹吸式进水口试验研究［R］．浙江省水利水电科学研究所，1982.
[16] 水电站虹吸进水口原型观测报告［R］．浙江省水利水电勘测设计院，1984.
[17] 陈鑫荪，张声明．新疆且末水电站虹吸管水工模型试验报告［J］．青海水利水电，1983，(3)：17－22.
[18] И. Е. 伊杰里奇．水力摩阻手册［M］．航空发动机编辑部，1985：51－56.
[19] 吴浩民．水电站虹吸进水口的试验研究和设计［R］．浙江省水利水电勘测设计院，1992.
[20] П. Г. 基谢列夫．水力计算手册［M］．北京：电力工业出版社，1972.
[21] Goraon J. L. Vortices atintakes，Water Power［J］. 1972Apr.
[22] 张江甫．青海省水电站虹吸进水口设计特点概述［J］．青海水利水电，1983，(1)：11－16.
[23] Wang Xianhuan. Siphom Type Power Conduite System of SHI in China［J］. 1991.
[24] 华东水利学院．水工设计手册：第七卷 水电站建筑物［M］．北京：水利电力出版社，1989.

第 2 章

水　工　隧　洞

本章以第 1 版《水工设计手册》框架为基础，内容调整和修订主要包括四个方面：①明确衬砌是支护的一种类型，增加了不同支护类型的适用性内容；②阐明了作用和荷载的不同涵义并将所有外在荷载统称为“作用”；③删除了原手册中关于衬砌不允许开裂的计算公式，增加了“边值问题数值解法”；④增加了预应力混凝土衬砌计算、高压隧洞设计、土洞设计等内容。

章主编　郝元麟　郝志先　陈子海

章主审　胡克让　刘友全　刘朝清

本章各节编写及审稿人员

节次	编　写　人	审稿人
2.1	宋守平　姜树立　王剑英	郝元麟　陈子海
2.2	宋守平　郝元麟　陈子海	胡　明　姚元成
2.3	胡　明　张继勋　郝志先	郝元麟　宋守平
2.4	宋守平　姜树立　王剑英	姚元成　陈子海
2.5	郝志先　陈子海　杨兴义	宋守平　胡　明
2.6	胡　明　张继勋　郝志先	郝元麟　宋守平
2.7	姚元成　彭成佳　何启勇	郝志先　章跃林
2.8	姚元成　彭成佳　何启勇	郝志先　章跃林
2.9	章跃林　池建军　陈艳会	宋守平　姚元成
2.10	章跃林　池建军　陈艳会	宋守平　姚元成

第2章 水工隧洞

2.1 概　　述

根据枢纽布置、动能经济指标、水文气象、地形地质、生态环境与施工条件等基本资料，结合进出口布置、沿线的岩体覆盖厚度等因素，确定水工隧洞线路的平面、纵剖面、纵坡的布置。

隧洞支护主要包括锚喷支护、衬砌及组合式支护三种型式。对地质条件较好洞段可采用不支护或锚喷支护。组合式支护一般由内、外层支护组合而成，或由不同部位、不同强度、不同形式支护的组合。

隧洞按照洞轴线与水平面的夹角可划分为平洞、斜井和竖井三种类型。隧洞分岔口宜布置在Ⅰ～Ⅲ类围岩中。

为使衬砌与岩石紧密贴合，保证山岩压力作用于衬砌结构并与围岩形成有效联合受力体，隧洞应进行回填灌浆。为加固围岩，减少岩石压力，提高围岩完整性和弹性抗力；提高围岩抗渗性能，减少渗透量，隧洞可进行固结灌浆。

隧洞的探洞、施工支洞需进行封堵。

土体一般具有湿陷、膨胀、遇水泥化、崩解、流变等特性，因此土洞需要进行专门的支护和防渗设计。

2.2 隧洞的布置

2.2.1 基本资料

水工隧洞设计需要根据枢纽布置和功能要求，收集动能经济指标、水文、气象、地形、工程地质、水文地质、地震烈度、生态环境、施工条件和建筑材料等方面的资料。

基本资料由有关专业根据不同设计阶段的要求，按有关标准提供。设计人员需进行综合分析，合理选用。

2.2.1.1 枢纽布置资料

收集有关枢纽布置资料，根据布置和功能要求，合理布置水工隧洞。了解枢纽中是否设置泄洪洞、放空洞、导流洞等，研究隧洞临时与永久结合或者一洞多用布置的合理性。

收集坝体等的防渗形式，当隧洞穿越坝体等的防渗帷幕时，应采取加强措施。

收集厂房安装高程及厂房蜗壳进口（或压力管道）尺寸的相关资料，合理确定隧洞高程和断面型式。

收集线路上与其他巷道、矿井、交通隧道等分布情况和特征。

2.2.1.2 动能经济指标

收集水库或河道特征水位（如正常蓄水位、死水位、设计洪水位、校核洪水位等）以及隧洞引用流量资料，用以确定进出口高程和断面尺寸。

2.2.1.3 水文气象资料

根据隧洞的功能，收集泥沙、冰凌、各种洪峰流量及相应水位等资料，以确定隧洞的布置型式。

收集风力、风向、积雪厚度、冻土层厚度、冰冻厚度等资料，确定进出水口建筑物的高程。

2.2.1.4 地形地质资料

地形地质资料是隧洞设计的重要基础资料，也是施工、运行的重要资料。

地形地质资料包括：

（1）水工隧洞沿线的地形地貌条件和物理地质现象；地层岩性，沉积物的成因类型和分布情况；地质构造，断层的规模和特征；沟谷、浅埋洞、进出口地段的覆盖层厚度，岩体的风化卸荷、山体边坡的稳定情况；沿线的水文地质条件，可熔岩区的喀斯特发育情况。

（2）工程区的褶皱、主要断层破碎带和各种类型的结构面产状、规模、延伸情况，及其对进出口边坡和地下洞室围岩稳定的影响。

（3）洞室地段的岩性，重点查明松散、软弱、膨胀、高地温、可溶岩层的分布。在某些地区应调查岩层中有害气体或放射性元素的赋存情况，少数隧洞含有碳氢化合物的气体如二氧化碳（CO_2）、硫化氢（H_2S）、甲烷（CH_4）和氮气（N_2）等；或岩层具有放射性，可能威胁施工安全或腐蚀衬砌材料。深埋隧洞地层温度一般高于年平均气温，并且随着深度而升高，地层温度高于25℃时会明显降低劳动生产率。

（4）洞室地段的地下水位、水压、水温和水化学成分，特别要查明涌水量丰富的含水层、汇水构造、强透水带以及与地表溪沟连通的断层、破碎带、节理裂隙密集带和岩溶通道，预测掘进时突然涌水的可能性，估算最大涌水量。

（5）围岩工程地质分类，各类岩体的物理力学性质参数。对于高压隧洞应选择有代表性的地段进行地应力、渗透稳定测试。

2.2.1.5 生态环境与施工条件资料

应注意收集和了解水工隧洞与周围环境水的关系，采取合适的衬砌型式，避免内水外渗或外水内渗对地下水位以及周围环境产生不利影响。

了解隧洞施工方法、枢纽区交通道路情况以及结合施工支洞布置等相关资料，合理布置洞线与洞形。

2.2.1.6 支护与衬砌资料

隧洞支护与衬砌型式有喷混凝土、锚杆、钢筋网、钢筋混凝土、钢板衬砌等几种型式或几种型式的组合。

2.2.2 隧洞的线路

在满足枢纽总布置要求的前提下，洞线宜选在地质构造简单、岩体完整稳定、岩层最小覆盖厚度满足设计规定、水文地质条件有利和施工、交通方便的地区，宜避开工程地质和水文地质条件对隧洞不利的区段。

采用掘进机开挖的隧洞，其底坡、转弯半径，应满足掘进机的要求。掘进机单头独进可达20km[1]，为了确保单机掘进长度、方便施工及运行期的维护与管理，可在掘进机施工段设置1～2条中间施工支洞[2]。掘进机要求较大的转弯半径，由于掘进机主机及其后配套系统比较长，一般长度为150～300m，因此其转弯半径为600～1000m。

2.2.2.1 隧洞进出口布置

进出口的布置，宜根据应用要求、枢纽总布置、地形地质条件，使水流顺畅，进流均匀，出流平稳，有利于防淤、防冲及防污等。

洞口宜选在地质构造简单、风化、覆盖层及卸荷带较浅的岸坡，应避开不良地质构造和山崩、危崖、滑坡及泥石流等地区。

进出口的布置应重视以下几个方面。

1．满足洞口的主要功能

（1）在电站各种功能，各种运行水位下，必须满足过流能力的要求。

（2）在水道系统、发电厂房发生事故或检修时，能够及时下闸截断水流。

（3）应具有拦截泥沙和污物的功能。

2．一般应考虑的地形条件

（1）洞口地段地形要陡，地面坡度较大。

（2）不宜在冲沟处布设洞口，因为该处常有地面径流汇集外，也常为构造破碎的软弱地带。

（3）洞口段应尽量垂直地形等高线，交角不宜小于30°。

（4）洞口选在悬崖陡壁下，要特别注意风化、卸荷作用所造成岩体的坍塌，以及坡面的危石处理。

（5）当在地形陡、坡度高的地区布设洞口时，一般应尽量不削坡或少削坡，贯彻“早进晚出”的原则，避免开挖高边坡，破坏原生坡度和地表植被。

3．一般考虑的地质条件

（1）洞口宜布置在岩体新鲜、完整、出露完好，且有足够厚度的陡坡地段。

（2）岩体产状对洞口边破稳定影响较大，逆坡向的岩体对洞口稳定有利，可不考虑倾角大小。顺坡向岩体的洞口，若倾角为20°～75°时，易产生沿软弱结构面滑动。

（3）岩脉、破碎带、岩体软弱及风化破碎的地段，一般不宜布设洞口。

（4）洞口应避开不良物理地质现象的地段，如滑坡、崩塌、危石、乱石堆、泥石流及岩溶等。

（5）土洞进出口和洞线应避开滑坡、崩塌、溶洞、湿陷凹地、膨胀及冲沟发育地段。

2.2.2.2 隧洞的岩体覆盖厚度

隧洞垂直及侧向岩体的最小覆盖厚度，应根据地形地质条件、岩体的抗抬能力、抗渗透特性、洞内水压力及支护型式等因素分析确定。

（1）有压隧洞的进口段，无压隧洞及其进、出口洞段，在采取有合理的施工程序和工程措施，保证施工期及运行期的安全时，对岩体最小覆盖厚度不作具体的规定。

（2）对于有压隧洞，洞身部位岩体最小覆盖厚度，按洞内静水压力小于洞顶以上岩体重量的要求确定。有压隧洞围岩覆盖厚度见图2.2-1。一般可按下式计算：

$$C_{RM}=\frac{h_s\gamma_w F}{\gamma_R\cos\alpha} \tag{2.2-1}$$

式中 C_{RM}——岩体最小覆盖厚度，m；

h_s——洞内静水压力水头，m；

γ_w——水的容重，N/m^3；

γ_R——岩体容重，N/m^3；

α——河谷岸边边坡倾角，(°)，$\alpha>60°$时取 $\alpha=60°$；

F——经验系数，一般取 1.30～1.50。

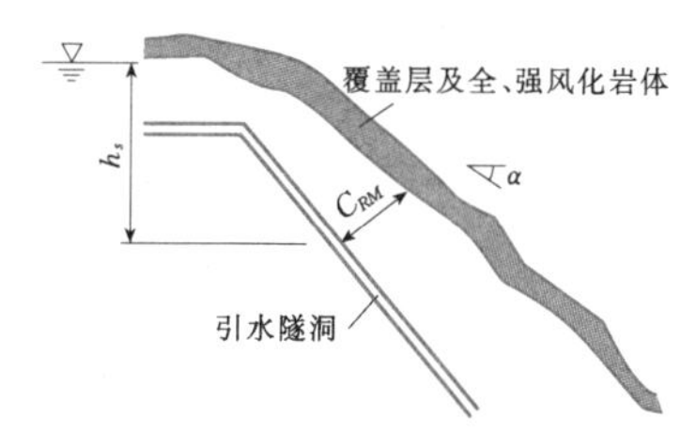

图 2.2－1　有压隧洞围岩覆盖厚度

(3) 对于不衬砌的高压隧洞及高压岔洞除满足式(2.2－1) 规定外，尚应满足洞内最大内水压力小于围岩最小地应力的规定。

有压隧洞洞身部位岩体最小覆盖厚度不能满足上列规定时，应采取工程措施，确保隧洞具有足够的强度及抗渗能力。

2.2.2.3　隧洞线路的平面布置

隧洞路线一般首先考虑尽可能布置成最短的直线，但是实际上常由于以下原因而不能保持直线。

(1) 地形地质条件的原因。为了避开山沟或避开非常破碎软弱的岩层，或地下水水头很高、水量很大，或可能发生滑坡等。

洞线与岩层层面、构造断裂面及软弱带的走向应有较大的夹角，其夹角不宜小于 30°，对于层间结合疏松的高倾角薄岩层，其夹角不宜小于 45°。

由于地形条件的限制，其夹角小于上列规定者，必须采取工程措施。位于高地应力地区的隧洞，应考虑地应力对围岩稳定性的影响，宜使洞线与最大水平地应力方向一致，或尽量减小其夹角。

(2) 施工的原因。对于较长的隧洞，应考虑施工支洞（平洞或竖井）的布置，或为了避免施工掘进时爆破影响其他建筑物的地基等。

(3) 水工枢纽总体布置的原因。发电隧洞的路线常依厂房的位置来确定。地下厂房的隧洞路线要考虑厂房的施工、运行、交通、出线、尾水等条件来确定。

2.2.2.4　隧洞的纵剖面布置

隧洞的中心线高程决定于进、出口水位，隧洞的用途、工作条件和地形地质条件，还与隧洞的路线和其横断面尺寸密切相关，经技术经济比较确定。一般首先拟定隧洞的进出口高程，然后拟定洞线高程。

1. 拟定隧洞纵剖面的一般原则

(1) 力求避免出现洞内明、满流交替水流状态。

(2) 确定隧洞的纵坡和高程时，不论何种情况，对于无压隧洞，洞内不宜产生水跃；对于有压隧洞，洞顶至少有 2m 压力水头。

2. 拟定隧洞纵剖面的计算项目和应考虑的问题

在进行技术经济比较时，应进行水力计算，验算在各种运行情况下隧洞高程是否合适。

(1) 对于有压隧洞，要根据各种水位和流量数据计算沿隧洞全长的压力坡线，检查洞顶是否在最低的压力坡线以下至少 2m。

(2) 对于有压隧洞，应复核在最大、最小水头和流量运行时发生弃负荷和增负荷的水力条件。

(3) 对于无压隧洞，应计算在各种运行情况下的水面曲线和计算其最大的过水能力。

2.2.2.5　隧洞的纵坡

洞身段的纵坡，可根据运用要求，沿线建筑物的基础高程、上下游的衔接、施工和检修条件等确定。沿程纵坡不宜变化过多，不宜设置平坡，避免设置反坡。

坡度应兼顾以下施工要求：

(1) 有轨运输时坡度小于 1%为宜。

(2) 无轨运输时坡度小于 8%为宜，一般不大于 10%。

(3) 为满足施工期间单纯自流排水要求，应采用大于 0.2%坡度。

(4) 当自下而上开挖斜井时，为便于溜渣，一般用坡角 42°～55°，个别也有 60°左右的。

(5) 当自上向下开挖斜井时，一般认为坡角不大于 30°为宜；如果采用反井钻机施工，一般坡角可采用 50°～90°。

选择斜井坡度时除考虑施工和地质条件（岩层的走向、倾角，节理裂隙的切割条件等）外，对于无压隧洞还必须考虑水力条件。

2.2.3　隧洞断面

2.2.3.1　常用的断面型式

水工隧洞常用的断面型式有圆形、方圆形（城门洞形）、马蹄形、高壁拱形、方形等五类（见图 2.2－2）。选择隧洞的断面和尺寸时，主要根据地质、施工和运用条件由技术经济比较确定。

2.2.3.2　选择断面型式的一般原则

(1) 有压隧洞宜采用圆形断面。在地质条件优良或内水压力不大情况下，为了施工的方便，也可采用马蹄形和方圆形等断面。

(2) 在地质条件良好的情况下，无压隧洞多数采用方圆形断面。当地质条件差，或洞轴线与岩层夹角

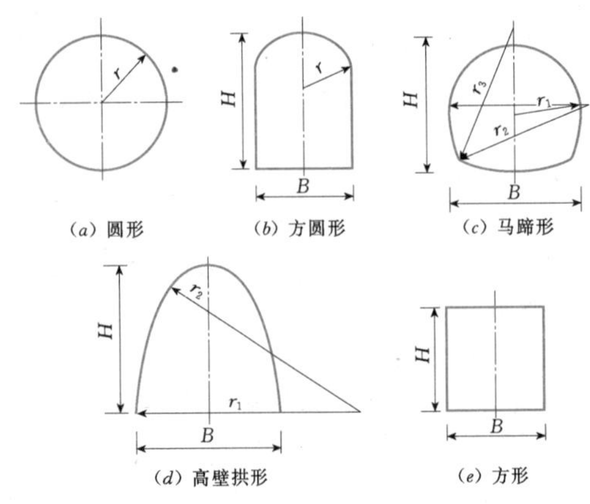

图 2.2-2 隧洞常用的断面形式

较小时采用圆形或马蹄形断面。

(3) 若水平地应力大于垂直地应力，或遇有层间结合疏松的高倾角薄岩层时，宜采用高度小而宽度大的断面。若垂直地应力大于水平地应力或遇层间结合疏松的缓倾角薄岩层时，宜采用高度大而宽度小的断面。

(4) 隧洞断面的最小尺寸。圆形断面的最小直径不宜小于2.0m；非圆形断面的高度不宜小于2.0m，宽度不宜小于1.8m。

(5) 方圆形（城门洞形），圆拱中心角一般采用90°～180°。

(6) 各种形状的断面通常都采用 $H=(1\sim1.5)B$，当洞内水位变化较大，或洞内水面曲线与底坡不同而水深变化较大的情况下，可采用 $H>1.5B$ 的横断面。

(7) 确定隧洞断面尺寸时，无压隧洞水面以上的空间一般不小于隧洞断面的15%，顶部净空高度不小于40cm。

2.2.3.3 经济断面

隧洞的断面尺寸一般由技术经济计算确定。在隧洞过水流量已定的情况下，断面尺寸决定于洞内流速，流速愈大所需横断面尺寸愈小，但水头损失愈大，故发电隧洞的流速有一个经济值称为经济流速，有压隧洞为2.5～4.5m/s，不衬砌隧洞一般小于2.5m/s。

初步拟定断面尺寸时可用下列公式估算。

(1) 对无压隧洞为

$$D=\left(\frac{nQ}{0.284\sqrt{i}}\right)^{3/8} \tag{2.2-2}$$

或

$$b=\left(\frac{nQ}{0.336\sqrt{i}}\right)^{3/8} \tag{2.2-3}$$

(2) 对有压隧洞为

$$D=\sqrt[7]{\frac{5.2Q_{max}^3}{H}} \tag{2.2-4}$$

上三式中 D、b——圆形断面直径和矩形断面的宽度，m；

Q——流量，m^3/s；

H——作用水头，m；

i、n——底坡和洞壁糙率。

在引用流量已定的情况下，加大隧洞尺寸，开挖方量和衬砌工程量亦加大，投资相应增加，但断面平均流速减小，隧洞水头损失相应减小，水电站的动能效益随之增加。反之，隧洞断面尺寸缩小，隧洞投资减少，水电站的动能效益亦减少。结合施工条件、水工布置及电站经济性等，拟定几个断面比较方案，使其断面流速尽可能接近经济流速。随着断面尺寸的增加，补充单位电能投资逐渐增加，补充单位电能投资最接近电站本身单位电能投资的方案即是最经济的断面方案，如图2.2-3所示。

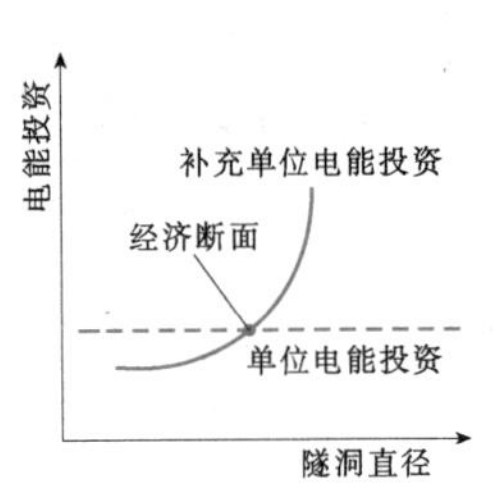

图 2.2-3 洞径与造价关系曲线

2.2.4 隧洞一般要求

2.2.4.1 隧洞渐变段

水工隧洞不同断面型式之间或与进水口、调压室、压力管道等通过渐变段连接。隧洞的渐变段可参考如图2.2-4所示半径渐变的圆弧连接，使内表面顺水流方向平顺渐变，水流无波动现象。

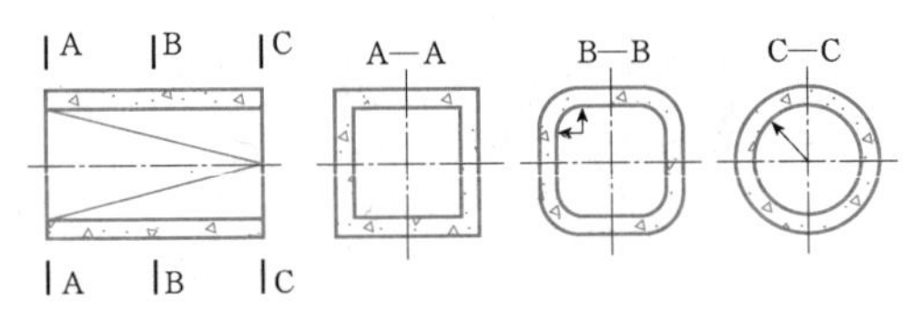

图 2.2-4 隧洞渐变段示意图

对于较长的隧洞，在洞轴沿线可采用多种断面形状及对围岩的多种加固措施，但不宜变化频繁。不同断面或不同加固型式之间应设置渐变段。渐变段的边界应采用平缓曲线，并要便于施工。有压隧洞渐变段的圆锥角以采用6°～10°为宜，其长度为1.5～2.0倍的洞径，两渐变段之间隧洞的长度不宜过短。

2.2.4.2 转弯半径

低流速无压隧洞的转弯半径，不宜小于5倍的洞径（洞宽），平面转角不宜大于60°；对于有压隧洞允许适当降低要求，转弯半径不宜小于3倍的洞径（洞宽），平面转角不宜大于60°。

在弯道的首尾应设置直线段，宜大于5倍的洞径（洞宽）。

无压隧洞的立面曲线半径，一般不宜小于5倍的洞径（洞宽）；有压隧洞允许适当降低要求。设置立面曲线时应考虑采用的施工方法。

对于采用掘进机及有轨运输出渣的隧洞，其弯曲半径和转角，尚应满足掘进机及有轨运输的要求。

2.2.4.3 隧洞对邻近建筑物的影响

设计隧洞路线时除考虑本身的各种问题外，还应考虑隧洞和邻近建筑物的相互影响。有压隧洞的渗漏对邻近建筑物产生的渗透压力和大直径隧洞对邻近建筑物地基的影响尤应注意，必要时应采取排水、防渗或加强结构等措施。反之，其他建筑物对隧洞的影响也应加以考虑和采取相应措施。

2.2.4.4 洞线布置需考虑的不利地质条件

在施工过程中有可能碰到不良地质条件，例如断层、破碎带平行切割隧洞或非常靠近隧洞，岩石非常破碎，或遇到流沙、潜水等，使施工十分困难或需大大增加费用，可考虑改线，使隧洞轴线以尽可能大的角度穿过断层、破碎带。

2.2.4.5 检修进人门（闷头）、集石坑的布置

1. 检修进人门（闷头）

为方便隧洞检修，应在施工支洞封堵段设置检修进人门（闷头）。考虑检修时人行的距离，5～6km隧洞宜设置一道检修进人门（闷头）。如果考虑检修时使用机动车交通，可适当增加两道检修进人门（闷头）之间引水隧洞的长度。

检修进人门（闷头）的尺寸按满足交通要求考虑。低压隧洞可采用钢制检修进人门（闷头）；高压隧洞可仅考虑人行交通，在支洞封堵段设置钢衬接钢制闷头。

2. 集石坑

在不衬砌与喷锚隧洞的末端，应设置集石坑。

集石坑常设置在隧洞尾部（衬砌段上游）。为方便运行期对集石坑进行清理，集石坑通常设置在检修进人门（闷头）附近。

2.2.4.6 有压隧洞充水、排水

有压隧洞充水过程中隧洞的内水压力变化率不应大于10m/h，排水过程中内水压力变化率为2～4m/h[4]。

2.2.5 洞群

2.2.5.1 采用洞群布置的必要性判断

需要通过对水力、结构、施工、运行等条件进行技术经济比较，研究采用洞群布置的必要性。

当通过隧洞的流量很大而地质条件不利于开挖大断面的隧洞；或地质条件虽然好但隧洞的直径或宽度过大时；或隧洞的流量不大但考虑到运行检修上的方便等因素可考虑采用洞群布置的设计方案。

2.2.5.2 相邻隧洞之间的岩体间壁厚度要求

平行的两条或数条隧洞，其净间距称为间壁厚度。水工隧洞的间壁厚度，应根据工程布置、地质条件、开挖方式、运用条件等因素综合考虑确定。在设计中通常考虑的方面有：①间壁厚度不宜小于2倍的开挖洞径（或洞宽）；②岩体较好时，经分析间壁厚度可适当减小，但不应小于1倍的开挖洞径（或洞宽）；③应保证运行期围岩不发生渗透失稳和水力劈裂。

对于无压或低压、直径较小的隧洞，可考虑以相临两隧洞的破坏拱互不重叠为条件，要求见图2.2-5。

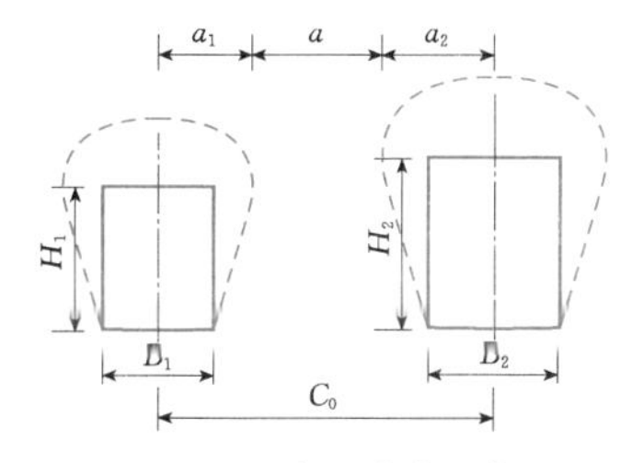

图2.2-5 间壁宽度示意图

相邻隧洞之间的岩体间壁厚度按下列公式计算：

$$C_0 > a_1 + a_2 + a \qquad (2.2-5)$$

$$a_1 = \frac{B_1}{2} + H_1\tan\left(45° - \frac{\varphi}{2}\right) \qquad (2.2-6)$$

$$a_2 = \frac{B_2}{2} + H_2\tan\left(45° - \frac{\varphi}{2}\right) \qquad (2.2-7)$$

式中 a——两个破坏拱之间保留的安全距离，对于岩石a=3～6m，对于土壤a=8m；

φ——岩石或土壤的内摩擦角，(°)。

对于高水头、大直径隧洞，间壁厚度还应通过不同力学模型的有限元分析，以岩壁间岩柱应力在最不利工况下不超过该处岩石的允许应力和不产生过大或不收敛变形为限定条件。

运行时，一条隧洞放空而邻洞受最大内水压力作用，应充分考虑间壁处的岩体稳定性和岩层弹性抗力系数可能有所降低的影响。

2.2.6　部分工程实例

部分水电站引水隧洞进口围岩覆盖厚度/开挖洞宽工程实例见表2.2-1。

部分水电站引水隧洞断面工程实例见表2.2-2。

部分水电站引水隧洞弯道几何特征值见表2.2-3。

表2.2-1　　部分水电站引水隧洞进口围岩覆盖厚度/开挖洞宽工程实例

序号	工程名称	进口围岩厚度/开挖洞宽	序号	工程名称	进口围岩厚度/开挖洞宽
1	古田三级	0.3	5	宝山	1.3
2	引子渡	0.5	6	洪家渡	1.9
3	格里桥	0.6	7	董菁	2.0
4	湖南镇	0.7	8	索风营	2.4

表2.2-2　　部分水电站引水隧洞断面工程实例

序号	工程名称	引用流量 (m^3/s)	最大水头 (m)	断面型式	断面尺寸 (m)	流速 (m/s)	衬砌厚度 (m)	衬厚/洞径
1	宝山	46.8	58	圆形	4.2	3.4	0.5	0.12
2	大花水	164.9	75	圆形	7.3	3.9	0.5～1.0	0.07～0.14
3	光照	433	88	圆形	11.0	4.4	0.6	0.05
4	金哨	523.9	33	圆形	12.0	4.6	0.6	0.05
5	莲花	662.0	61	圆形	13.7	4.5	0.6	0.04
6	大发	58.0	85	马蹄形	5.1	2.2～2.7	0.5	0.09
7	冶勒	52.7	85	城门洞形	4.6×4.6	2.8	0.5	0.11
8	小天都	77.7	453	城门洞形/圆形	6.5×6.2/5.4	2.2～3.4	0.5～0.6	0.09

表2.2-3　　部分水电站引水隧洞弯道几何特征值

序号	工程名称	洞内流态	洞径（或洞宽）(m)	洞内流速 (m)	弯道曲率半径 R（m）
1	藤子沟	有压	4.3	3.55	20
2	映秀湾	有压	8.0	4.77	40
3	太平哨	有压	10.0	5.24	50
4	光照	有压	11.0	4.44	60
5	莲花	有压	13.7	4.49	100
6	宝山	有压	4.2	3.38	150

2.3　作用和作用效应组合

2.3.1　作用

按照国际通行做法和文献［5］的规定，"作用"泛指使结构产生内力、形变、应力、应变等反应的所有原因，包括直接作用和间接作用。围岩的松动压力、自重、水压力等以外力的形式作用于水工隧洞，属于直接作用，这一类等同于"荷载"。另外一些如地应力以围岩变位的方式、弹性抗力以约束隧洞变位的方式、地震以加速度传递的方式作用于隧洞。

采用分项系数极限状态设计方法时，作用随时间的变异可分为三类：①永久作用；②可变作用；③偶然作用。

对于隧洞来讲，这三类作用均以标准值为代表值。确定某一种作用的标准值，应按该种作用对于结构受力最不利的原则确定其概率分布的分位值。

2.3.1.1　地应力、围岩压力

地应力、围岩压力是围岩对于隧洞支护的主要作

用。这类作用为永久作用[5]。尽管国内外对这两项作用作了大量有效的研究工作，积累了很多宝贵的资料，但由于岩体结构的复杂性，远不足以采用概率统计方法确定其代表值。因此目前作用标准值的取值大多具有一定的经验性[6]。

1. 地应力

（1）地应力的性质。洞室开挖前，岩体处在相对静止状态，其中任何一点都受到周围地层的挤压，是围岩体内应力（地应力）的初始应力状态。它是由上覆地层自重、地壳运动的构造应力以及地下水流动等因素所决定的。洞室开挖以后，解除了部分围岩的约束，原始的应力平衡和稳定状态被破坏，围岩向洞室内部空间变形，围岩中出现了地应力的重分布。伴随地应力地重分布，岩体内蓄积的能量也要做相应地释放。此时如果采取支护措施对围岩的形变加以限制，使得地应力以及所围岩蓄积的能量不能充分释放，地应力就以反作用力的形式施加在支护上。

地应力给予支护的作用力，其大小取决于围岩的初始地应力、支护的刚度、支护的施加时间等因素。

随着施工技术的进步，一般在隧洞开挖后都要对围岩不够完整的洞段采取喷锚等支护措施。而为了避免施工干扰，混凝土衬砌的浇筑总要在开挖相当一段时间后才能进行。因此，在隧洞进行混凝土浇筑时，对于没有喷锚支护的洞段，地应力已得到充分释放；对于设有喷锚支护的洞段，地应力和支护力之间已达到平衡。故在衬砌结构计算中的作用一般不包括地应力。

在以下情况，需要考虑地应力的作用。

1）当采用“新奥法”原理进行设计时，为了尽量利用围岩的自承能力，把围岩当做支护结构的基本组成部分，支护同围岩共同工作，形成一个整体的承载环或承载拱。在地应力释放过程中需要及时地进行喷锚支护，以控制围岩的变形。

2）当隧洞采用分期开挖的施工方式，并且在两期开挖中间需要进行支护时。

3）经围岩变形监控观测确认，在混凝土衬砌浇筑时，地应力的释放仍未完成。

4）高压水工隧洞设计需要考虑水力劈裂时。

5）对隧洞进行有限元分析，需要考虑几何模型的地应力边界时。

（2）初始地应力场。初始地应力场是围岩稳定与支护结构设计的重要影响因素之一，因此在计算中采取的初始应力场是否合适可靠，岩体参数是否合理，将直接影响到工程设计与施工的可靠性和安全性。计算方法主要有以下几种[7]。

1）对于重要的地下工程，岩体初始地应力（场）宜根据现场实测资料，结合区域地质构造、地形地貌、地表剥蚀程度及岩体的力学性质等因素，通过模拟计算或反演分析确定。

2）当无实测资料但符合下列条件之一者，可将岩体初始地应力场视为重力场，并按式（2.3－1）和式（2.3－2）计算岩体地应力标准值。

a. 工程区域内地震基本烈度小于6度。

b. 岩体纵波波速小于2500m/s。

c. 工程区域岩层平缓，未经受过较强烈的地质构造变动。

$$\sigma_{VK} = \gamma_R H \tag{2.3-1}$$

$$\sigma_{hK} = K_0 \sigma_{VK} \tag{2.3-2}$$

$$K_0 = \gamma_R / (1 - \mu_R)$$

式中 σ_{VK}——岩体垂直地应力标准值，kN/m^2；

σ_{hK}——岩体水平地应力标准值，kN/m^2；

γ_R——岩体容重，kN/m^3；

H——洞室上覆岩体厚度，m；

K_0——岩体侧压力系数；

μ_R——岩体的泊松比。

3）当无实测资料，但地质勘察表明该工程区域曾受过地质构造变动时，应考虑重力场与构造应力叠加，可按下列公式计算岩体初始地应力标准值：

$$\sigma_{VK} = \lambda \gamma_R H \tag{2.3-3}$$

$$\sigma_{hK} = K_1 \sigma_{VK} \tag{2.3-4}$$

式中 λ——考虑构造应力的影响系数，可采用1.2～2.5（受构造影响小者取小值）；

K_1——岩体侧压力系数，可采用1.1～3.0（洞室埋深大、受构造影响小者取小值）。

2. 围岩压力

在地应力释放以后，坚硬而完整的围岩，岩体的强度高，不会出现开裂和坍塌的情况，但在重力的作用下，由于构造面的切割而形成的岩块，可能发生向洞内的坠落或滑移。岩块的重力或其分力形成了作用于支护结构的围岩压力。松软的围岩由于岩体的强度很小，不能承受开挖后急剧增大的洞室周边应力变化而产生塑性变形。隧洞围岩应力松弛而形成一个应力降低了的区域，岩体发生向隧洞内的变形。变形如果超过一定数值，就会出现围岩失稳和坍塌。而围岩深部应力升高的区域，会形成一个承载环或承载拱，承受上覆地层的自重，并向两侧岩体传递推力，失稳和坍塌的岩体以重力形式构成了作用于支护结构的围岩压力。

不同性状的围岩坠落或滑移的方式不同，因此围岩压力的计算方法也不相同。

（1）薄层状及碎裂、散体结构的围岩压力的计算。

1）我国自20世纪50年代以来，采用普氏（普罗托季亚科诺夫）理论。假定岩体为松散体，洞室开挖以后，如不及时支护，洞顶岩体将不断地垮落。当隧洞的埋深较大时，最终将在围岩中形成一个自然平衡拱，称塌落拱。根据散粒材料不能承受拉应力，即弯矩为零的条件，塌落拱形为抛物线形，其矢高计算式为

$$h = \frac{b}{f} \qquad (2.3-5)$$

式中 b——塌落拱跨度之半，m；

f——岩层牢固系数。

作用于支护衬砌上的围岩压力就是塌落拱与衬砌间破碎岩体的重量。塌落拱承受上覆岩体的全部重量。如果侧壁是稳定的，则不考虑围岩的侧压力，塌落拱的跨度等于隧洞的开挖宽度；反之，如侧壁不稳定，按主动土压力公式计算围岩侧压力。塌落拱的跨度为2倍b_1，b_1按下式计算：

$$b_1 = b + h_0 \tan\left(45° - \frac{\varphi}{2}\right) \qquad (2.3-6)$$

式中 h_0——隧洞的开挖高度，m；

φ——围岩的内摩擦角，(°)。

塌落拱的矢高计算式为

$$h = \frac{b_1}{f} \qquad (2.3-7)$$

围岩顶部的压力，按均匀分布考虑，计算公式为

$$q = \gamma h \qquad (2.3-8)$$

当隧洞顶部开挖成弧形时

$$q = 0.7\gamma h \qquad (2.3-9)$$

式中 γ——围岩的容重，kN/m^3。

围岩的侧压力则按朗肯公式计算。

隧洞顶部单位面积上的压力为

$$e_1 = \gamma h \tan^2\left(45° - \frac{\varphi}{2}\right) \qquad (2.3-10)$$

隧洞底部单位面积上的压力为

$$e_2 = \gamma(h + h_0)\tan^2\left(45° - \frac{\varphi}{2}\right) \qquad (2.3-11)$$

2）20世纪70年代后，对于围岩压力有了更为深刻的认识[6]。由统计资料和工程实践表明，松散介质理论用于薄层状及碎裂、散体结构的围岩是合适的。对于计算公式进行了简化。

垂直均布压力标准值可按式（2.3-12）计算，并根据开挖后的实际情况进行修正。

$$q_{vk} = (0.2 \sim 0.3)\gamma_R B \qquad (2.3-12)$$

式中 q_{vk}——垂直均布压力的标准值，kN/m^2；

B——洞室开挖宽度，m；

γ_R——岩体容重，kN/m^3。

水平均布压力标准值可按式（2.3-13）计算，并根据开挖后的实际情况进行修正。

$$q_{hk} = (0.05 \sim 0.10)\gamma_R H \qquad (2.3-13)$$

式中 q_{hk}——水平均布压力标准值，kN/m^2；

H——洞室开挖高度，m。

（2）不能形成稳定拱的浅埋洞室的围岩压力。宜按洞室拱顶上覆岩体的重力作用计算围岩压力标准值，并根据施工所采取的措施予以修正。

（3）现场监控法确定围岩压力。采用综合量测方法，如以洞径位移量测为主的收敛—约束法，强调施工期间进行量测，并反馈信息而后修改原设计。

依靠实测数据来求得围岩压力值应该是当前的发展方向。但此种方法至今仍未能臻于完善。

（4）围岩压力与初期支护的关系。目前在隧洞的施工过程中，初期支护采用喷锚支护情况相当普遍。初期支护或是作为临时支护或是作为永久性支护的一部分，由于支护的及时性，对于阻止隧洞顶部塌落拱的形成以及侧向围岩的下滑都起着良好作用。一般而言，若通过监控量测，证明初期支护已能满足围岩稳定要求时，二次支护可不计或少计围岩压力。

在设计中采用了初期支护，仍能形成围岩压力可能有两种原因：①临时性的支撑锚杆过了时效期；②虽然设计上采用了永久性的一期支护，但是由于种种原因支护全部或部分失效。

考虑到上述情况，当围岩压力的作用效应有利于结构受力时，可不考虑围岩压力的作用。

2.3.1.2 水压力

水压力是隧洞的主要作用之一，包括内水压力和外水压力。

1. 内水压力

（1）圆形有压隧洞的内水压力。

1）对于引水隧洞，静水位线以下至隧洞衬砌内缘顶部的距离，称为静水压力水头。静水位线以上至隧洞压力坡线的距离，称为涌浪压力水头。静水压力水头和涌浪压力水头共同构成隧洞的均匀内水压力（见图2.3-1）。

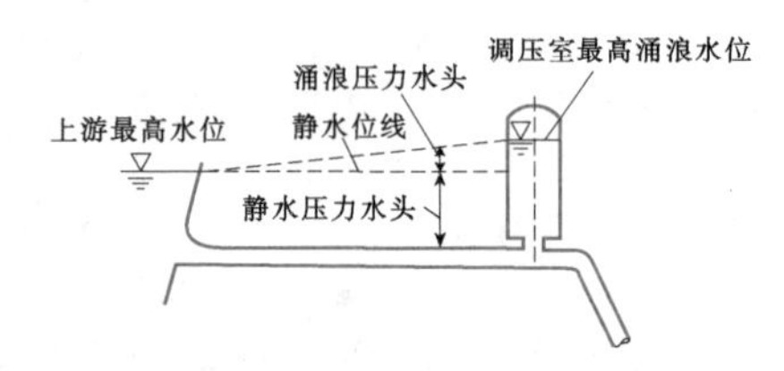

图2.3-1 圆形有压隧洞均匀内水压力分解示意图

2）对于不设调压室或调压室反射水击不充分的隧洞，应计入水击压力。

3）抽水蓄能电站的引水隧洞，应考虑脉动压力的作用，附加5%～8%的压力安全裕度。详细论述可见本卷第6章有关章节。

（2）无压隧洞的内水压力。无压隧洞的内水压力属于渐变流时均压力。时均压强代表值可根据相应条件下的水流条件，通过计算或试验求得水面线后按下式计算[6]（见图2.3-2）：

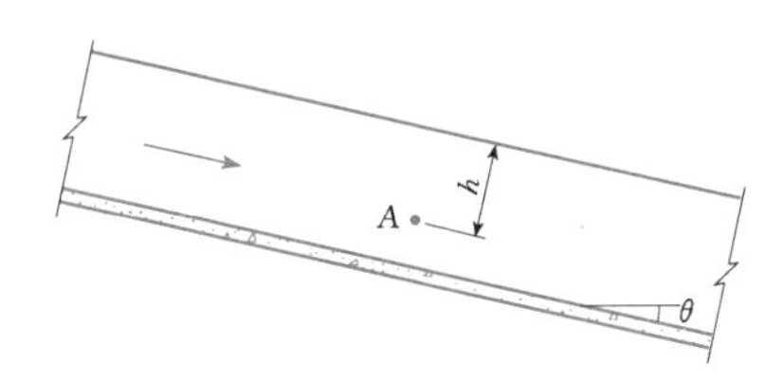

图2.3-2　无压隧洞时均压强计算示意图

$$p_{tr} = \rho_w g h \cos\theta \qquad (2.3-14)$$

式中　p_{tr}——过流面上计算点A的时均压强代表值，N/m^2；

ρ_w——水的密度，kg/m^3；

g——重力加速度，m/s^2；

h——计算点A的水深，m；

θ——隧洞底面与水平面的夹角，（°）。

2.外水压力

衬砌所受的外水压力与围岩性质，断层破碎带的情况，节理裂隙的发育程度、地下水的补给来源、衬砌混凝土的施工质量及其与围岩的结合情况等有关，外水压力不易估计准确。

（1）计算地下结构外水压力标准值时所采用的设计地下水位线，应根据实测资料，结合水文地质条件和防渗排水效果，并考虑工程投入运用后可能引起的地下水位变化等因素，经综合分析确定。

（2）作用于混凝土衬砌有压隧洞的外水压强标准值可按下式计算[4]：

$$p_{ek} = \beta_e \gamma_w H_e \qquad (2.3-15)$$

式中　p_{ek}——作用于衬砌上的外水压强标准值，kN/m^2；

β_e——外水压力折减系数，按表2.3-1采用；

H_e——作用水头，按设计采用的地下水位线与隧洞中心线之间的高差确定，m。

（3）当无压隧洞和地下洞室设置排水措施时，可根据排水效果和排水措施的可靠性对计算外水压力标准值的作用水头作适当折减，其折减值可采用工程类比或渗流计算分析确定[4]。

表2.3-1　　**外水压力折减系数β_e值**

级别	地下水流动状态	地下水对围岩稳定的影响	β_e值
1	洞壁干燥或潮湿	无影响	0～0.20
2	沿结构面有渗水或滴水	风化结构面有充填物质，地下水降低结构面的抗剪强度，对软弱岩体有软化作用	0.10～0.40
3	沿裂隙或软弱结构面有大量滴水、线状流水或喷水	泥化软弱结构面有充填物质，地下水降低其抗剪强度，对中硬岩体有软化作用	0.25～0.60
4	严重滴水、沿软弱结构面有小量涌水	地下水冲刷结构面中的充填物质，加速岩体风化，对断层等软弱带软化泥化，并使其膨胀崩解及产生机械管涌。有渗透压力，能鼓开较薄的软弱层	0.40～0.80
5	严重地股状流水，断层等软弱带有大量涌水	地下水冲刷带出结构面中的充填物质，分离岩体，有渗透压力，能鼓开一定厚度的断层等软弱带，并导致围岩塌方	0.65～1.00

（4）在缺少外水压力资料时，考虑到有压隧洞内水外渗，外水压力按内水压力适当折减。

2.3.1.3　结构自重

结构自重即衬砌自身重量。

2.3.1.4　回填灌浆压力

1.回填灌浆压力的压强分布

混凝土、钢筋混凝土和钢板衬砌的顶拱，均应进行回填灌浆。回填灌浆对衬砌的压力分布有三种假设。灌浆压力径向作用于衬砌面，如图2.3-3所示。

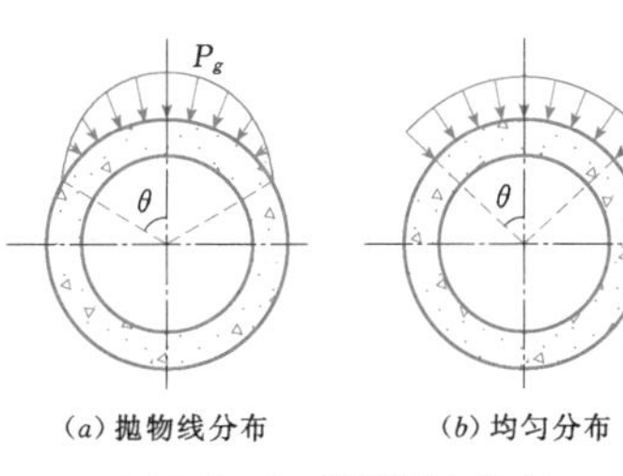

（a）抛物线分布　　（b）均匀分布

图2.3-3　灌浆压力分布

2.回填灌浆压力的标准值和分项系数

对混凝土衬砌和钢筋混凝土衬砌，回填灌浆压力的标准值一般取 0.2～0.5MPa。灌浆压力的作用分项系数可采用 1.3。

2.3.1.5 温度作用

1. 温度变化和混凝土收缩的影响

温度变化的影响主要指冬季洞内水温降低使衬砌半径缩小，围岩洞壁半径增大，因而衬砌产生拉应力。分析温度应力要先确定温度场，假设在半径 R 处（图 2.3-4）地温不受水温之影响，温度为 T（℃），岩壁半径 r_0 处温度为 t_0（℃），任何距离 x 处的温度为 t（℃）。

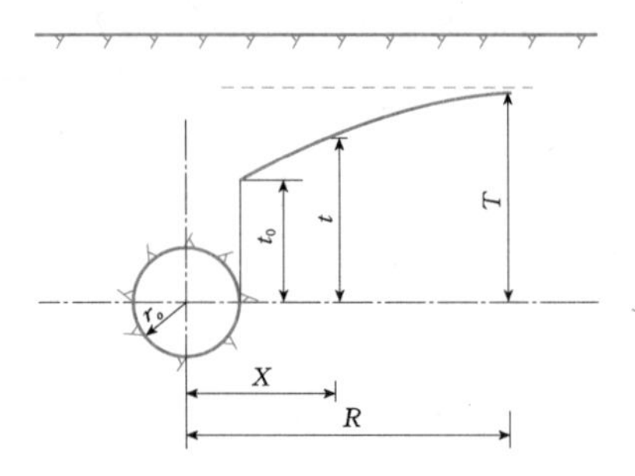

图 2.3-4 地温分布图

R 值决定于岩石的导热系数 λ[W/(m·K)]、岩石的比热容 c[J/(kg·K)]、洞内水温降低的持续时间 τ（h）。关于岩石的 λ、c 与线膨胀系数 α 等数值可见表 2.3-2，表中 c 值乘以岩石密度始为单位体积比热 β[J/(m³·K)]。

$\frac{R}{r_o}$值是$\frac{2\lambda\tau}{\beta r_o^2}$的函数，算出$\frac{2\lambda\tau}{\beta r_o^2}$值查表 2.3-3，即得$\frac{R}{r_o}$值。

根据弹性理论，围岩温度下降时，可按下式计算洞半径增大值 Δr_o。

表 2.3-2　岩 石 的 热 常 数

岩石名称	导热系数 λ [W/(m·k)]	比热容 c [J/(kg·K)]	线膨胀系数 α
花岗岩	3.132～4.06	1000	(0.311～0.408) 10^{-5}
砂岩	0.673～0.928	1000	(0.5～0.622) 10^{-5}
石灰岩	1.276	1000	0.376×10^{-5}
大理岩	2.09～3.48	1400	(0.361～0.562) 10^{-5}
页岩	1.276～2.668	900	0.5×10^{-5}
砾岩	3.364～3.712	1000～1200	—
砂质黏土	2.32	2200	—
混凝土	0.812～2.088	1350	0.1×10^{-4}

表 2.3-3　围岩恒温半径与岩性的关系

R/r_o	1.6	2.5	3.5	4.5	5.5	6.5	7.5	8.5	9.5	10.5	11.5	12.5	13.5
$\frac{2\lambda\tau}{\beta r_o^2}$	0.35	1.61	3.77	6.81	10.76	15.53	21.19	27.66	35.25	43.32	52.51	62.49	73.21

$$\Delta r_o = \frac{2r_o^2}{R^2 - r_o^2}\alpha(T - t_0)\left[\frac{\frac{R}{r_o} - 1}{\ln\left(\frac{R}{r_o}\right)} - 1\right] \tag{2.3-16}$$

若冬季水温为 T_a，衬砌的浇注温度为 T_1，岩壁温度为 t_0，即假设衬砌混凝土均匀降温 ΔT，$\Delta T = T_a - (T_1 - T_0)$，此 ΔT 使衬砌外半径减少 $\Delta r_o'$。

$$\Delta r_o' = \alpha r_o \Delta T \tag{2.3-17}$$

如果在衬砌内力计算中本来就不考虑岩石抗力，则围岩的孔径增大与衬砌内力无关，这时只考虑 $\Delta r_o'$，然而对于外周无约束的圆环来讲，因为可以自由收缩，所以 $\Delta r_o'$ 又并不产生应力。按照这种假设条件遂拟定：有压隧洞衬砌在内水压力作用下，当不考虑岩石抗力时可不计温度应力。

当考虑岩层抗力时，由于降温的影响，相当于要衬砌半径涨大 $[\Delta r_o]$ 后，才能考虑抗力，$[\Delta r_o] = \Delta r_o + \Delta r_o'$，具体计算时可将内水压力 p 分为两部分，一部分为 p_t，另一部分为（$p - p_t$），在 p_t 作用下不考虑岩石抗力，只有在（$p - p_t$）作用下才考虑岩层抗力。若 $p_t > p$，说明由于降温的影响在内水压力作用下应不考虑岩层抗力。p_t 按下式计算：

$$p_t=\frac{E_h(r_o^2-r_i^2)}{2r_or_i^2(1-\mu_h^2)}[\Delta r_o] \quad (2.3-18)$$

若混凝土开裂，假设箍拉力全由钢筋承担，则按下式计算 p_t 值：

$$p_t\approx\frac{A_g}{rr_iE_g}[\Delta r_o] \quad (2.3-19)$$

上两式中 E_h、E_g——混凝土和钢筋的弹性模量；

μ_h——混凝土的泊松比；

A_g——钢筋断面积，mm^2；

r_i、r_o——衬砌的内半径和外半径，mm；

r——钢筋环的半径（钢筋断面形心到圆心的距离），mm。

对于非圆形断面的有压隧洞，可把断面近似的当做圆形计算。对于非圆形断面的无压隧洞，可按一般结构力学方法计算。

混凝土硬结时的收缩相当于降温，混凝土在水中的膨胀相当于升温，一般假设二者相互抵消，一并忽略不计。不过在分析施工阶段的衬砌内力时仍考虑混凝土收缩的影响。

上述计算方法比较浅易近似，故尚有不少修正改进意见，也可以考虑：①将衬砌视做自由圆筒，将围岩冷却区也视做圆筒，将冷却区外的围岩视做无限域；②视温度均匀变化计算自由圆筒的径向变形；③视衬砌受作用力 p_1，冷却区围岩受作用力 p_1 和 p_2，冷却区外围受作用力 p_2，按变形相容条件求出 p_1，等于确定了温度影响。

也有人认为围岩冷却区外不宜视作均匀降温，而应考虑其不均匀的温度分布，建议计算时近似阶梯形代替曲线分布，每一阶梯视作均匀降温，成为无数圆筒之叠合体，由叠合面上的变形相容条件求出 p_1。还有人建议把衬砌作为弹性介质中的圆管引用圆梁热应力状态的一般解，再由应力边界条件和位移连续条件用弹性力学方法解算等。

关于温度场的问题，尚有人认为隧洞开挖成时就形成一定的冷却区，衬砌浇筑完成通水后的实际降温可能如图2.3-5所示绘影线的部分的垂直距离。考虑到混凝土和水的热交换系数，衬砌内半径处的温度不是水温 T_a 而是 T_i。同理考虑混凝土和岩石的热交换台系数，衬砌外半径 r_o 处的温度不是岩壁温度 t_0 而是 T_0。衬砌圈的降温并非上述 ΔT。总之，关于水工隧洞衬砌温度应力的正确合理的计算方法是一个需要继续研究的课题。

2. 采取施工措施解决温度应力问题

解决温度应力问题施工的措施包括：浇筑混凝土时降低骨料的入仓温度，设置浇筑缝，加强混凝土浇筑后的养护等。

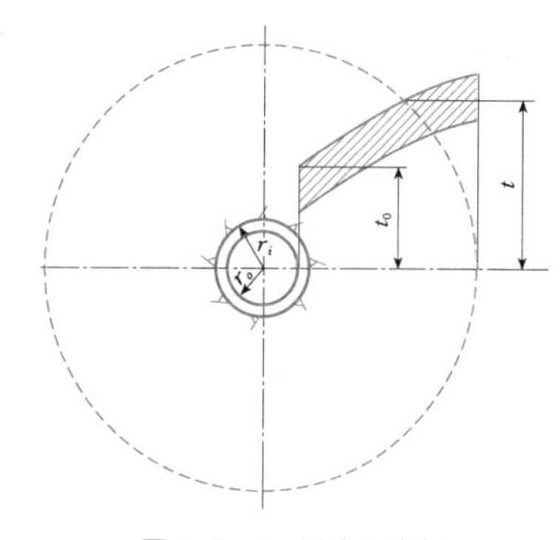

图2.3-5 围岩温度场

2.3.1.6 地震作用

多次地震经验表明，处于地震传播范围内的地下结构特别是地下管道，破坏原因主要是围岩变形，而不是地震惯性力。由于受周围介质的约束，地下结构不可能产生共振响应，因此地震惯性力的影响很少。

1. 地震对隧洞的破坏作用

（1）地震时衬砌与围岩产生相对变位致衬砌发生横向、斜向、纵向的各种裂缝和错位。

（2）在岩层破碎、岩性多变、断层破碎带以及地表地形陡变处，衬砌破坏较厉害。在岩层完整致密，地质条件较好的地段破坏较小。

（3）浅埋隧洞破坏比较厉害，埋深大于50m的隧洞破坏程度较轻。

（4）不衬砌部分发生岩块脱落等破坏现象，洞口边坡坍滑造成堵塞，进出口洞身数十米范围内衬砌裂缝较严重。

（5）岩石坚固系数 $f<10$ 的地段，洞顶和洞底发生纵向裂缝。

2. 地震作用计算

水工隧洞直段衬砌横截面可按下列各式计算由地震波传播引起的各项应力：

$$\sigma_N=\frac{a_hT_gE}{2\pi v_p} \quad (2.3-20)$$

$$\sigma_M=\frac{a_h\gamma_0E}{v_s^2} \quad (2.3-21)$$

$$\sigma_V=\frac{a_hT_gG}{2\pi v_s} \quad (2.3-22)$$

上三式中 σ_N、σ_M、σ_V——直段衬砌的轴向、弯曲和剪切应力的代表值；

a_h——水平向设计地震加速度代表值；

T_g——特征周期；

v_p、v_s——围岩的压缩波和剪切波波速的标准值；

γ_0——隧洞截面等效半径标准值；

E、G——衬砌材料动态弹性模量和剪变模量标准值。

3. 抗震措施

(1) 地下结构布线宜避开活动断裂和浅薄山脊。设计烈度为8、9度时，不宜在地形陡峭、岩体风化、裂隙发育的山体中修建大跨度傍山隧洞，宜选用埋深大的线路。两条线路相交时，应避免交角过小。

(2) 地下结构的进、出口部位宜布置在地形、地质条件良好地段。设计烈度为8、9度时，宜采取放缓洞口劈坡、岩面喷浆锚固或衬砌护面、洞口适当向外延伸等措施，进、出口建筑物应采用钢筋混凝土结构。

(3) 地下结构在设计烈度为8、9度时，其转弯段、分岔段、断面尺寸或围岩性质突变的连接段的衬砌均宜设置防震缝。防震缝的宽度和构造应能满足结构变形和止水要求。

2.3.1.7 弹性抗力

1. 弹性抗力作用的性质

围岩的弹性抗力不同于围岩的其他作用（如地应力、围岩压力），主要表现在以下两个方面：

(1) 虽然也是围岩对于衬砌结构的作用，但是它的存在增强了衬砌结构的承载能力。

(2) 从对结构受力不利的原则考虑，其设计的代表值宜取概率分布的低分位值，作用效应更多地类似于材料的抗力，属于被动力范畴，只有结构发生向围岩的变位时才发生。

2. 弹性抗力系数

(1) 圆形断面隧洞的弹性抗力系数。隧洞围岩的抗力，习惯上多数采用弹性抗力系数k来表征，其意义是圆形断面的隧洞受到均匀内水压力使隧洞半径增长一单位距离时，岩壁上受到的压力强度。当隧洞半径为1m时，k用k_0表示，称为单位弹性抗力系数。

通过弹性力学的方法可建立起在无限介质中，半径为r的圆柱孔洞周边的位移和孔洞内作用的均匀内水压力的关系式为

$$y=\frac{Pr(1+\mu)}{E} \tag{2.3-23}$$

当$y=1$时，岩壁上受到的压力强度即为弹性抗力系数k，计算公式为

$$k=\frac{E}{r(1+\mu)} \tag{2.3-24}$$

当$r=1$时，$k=k_0$，单位弹性抗力系数的计算公式

$$k_0=\frac{E}{1+\mu}=\frac{kr}{100} \tag{2.3-25}$$

k与k_0的换算公式为

$$k=\frac{k_0\times 100}{r} \tag{2.3-26}$$

式中 P——均匀内水压力，MPa；

E——围岩的弹性模量，MPa；

μ——围岩的泊松比；

r——隧洞衬砌的外半径，即开挖半径，m；

k、k_0——均以MPa/m计。

通过上述公式可以得到

$$P=\frac{E}{r(1+\mu)}y=ky \tag{2.3-27}$$

对于某段隧洞而言，E、r、μ都是固定不变的，因而k是常数。

(2) 非圆形断面隧洞的岩石抗力系数。非圆形断面隧洞岩石抗力系数应通过工程类比或现场测试来确定。

3. 通过测试确定弹性抗力系数

(1) 变形模量和弹性模量。变形模量E_0是考虑了岩层构造因素包括塑性变形的弹塑性模量，它小于岩石的弹性模量E_r。各种不同性质岩层的弹性模量可能比变形模量大数倍至数十倍，变化很大，并且E_0值和k_0值一样，随方向而异，平行于岩层的E_0值与垂直于岩层的E_0值有时相差数倍甚至十几倍，计算中常采用平均值或小值。岩层经过固结灌浆后可能使E_0提高几成到一倍或数倍。

用千斤顶法测试E_0和E_r是通过承压板施力于岩壁表面测出全变形s和弹性变形Δs，按下式算得

$$E_0=pb(1-\mu_r^2)\omega/s \tag{2.3-28}$$

$$E_r=pb(1-\mu_r^2)\omega/\Delta s \tag{2.3-29}$$

式中 p——作用于承压板上的压力强度，MPa；

b——承压板宽度，cm；

μ_r——岩石泊松比；

s——通过承压板施力于岩壁表面测出全变形，cm；

ω——与承压板形状有关的系数，方形承压板$\omega=0.58$，圆形承压板$\omega=0.79$。

(2) 按变形模量计算弹性抗力系数。前述公式中，以变形模量E_0替代弹性模量E得到下列公式：

$$k=\frac{E_0}{r_0(1+\mu_r)} \tag{2.3-30}$$

用此公式可以计算出围岩的弹性抗力系数。

实际分析实验资料时须考虑实验设备、量测技术、承压面积、施压力大小以及根据围岩节理裂隙等情况分析有无较深的裂缝区，还要考虑未测得的徐变变形等，采用半经验半理论的公式进行估算。

(3) 确定弹性抗力系数应考虑的其他因素。

对于有压隧洞，一般应考虑：

1）围岩厚度。因为围岩厚度小于3倍开挖洞径时，围岩的应力场与设计假设的无限弹性介质内的应力场相差较大。遇到这种情况，k值宜适当降低，甚至不考虑k值，即取$k=0$。

2）隧洞进出口部位的k值一般比在同等地质条件下洞内所取的k值较低。在断层破碎带附近和地下水活动较烈的地段一般也取较低k值。

在衬砌结构计算中k或者E_0值是主要参数之一，尤其对于有压隧洞影响更为显著，故在需要衬砌而且衬砌工程量又不小的情况下，宜在现场选择代表性的地段进行试验确定。国内应用较多的是千斤顶法，其次是双筒法或橡皮囊法，也有做原型水压实验的。表2.3-4是实测的一些E_0和E值，可供选用k或E_0值时参考。

表2.3-4　　围岩的变形模量E_0和弹性模量E_r

岩性	E_0（MPa）	E_0试验点数	E_0平均值（MPa）	E_r（MPa）	E_r试验点数	E_r平均值（MPa）
1	1170～4230	33	2510	5300～21600	34	11700
2	1746～2720	32	1717	28900～8420	32	5640
3	312～956	22	653	1090～5000	22	2900
4	278～543	4	417	1926～2842	4	2320
5	5460～2820	14	13900	33200～106000	14	60380
6	1110～5030	17	2710	6040～46400	17	21680
7	103～572	5	314	1290～4254	5	2925
8	320～1290	7	850	7780～48100	9	24800
9	412～940	5	686	783～3140	4	1600
10	328～870	6	603	1730～3670	6	2500
11	38.8～76	3	54	710～1210	3	1015
12	221～356	5	283	1470～3600	7	2570
13	31.9～620	10	64	215～2190	11	975
14	358～687	3	494	975～1170	13	1070
15	5380～7080	6	6000	12800～91400	10	47000
16	670～2930	7	1263	5140～18430	7	9250
17	149.4～739	5	450	762～2010	6	1540
18	31.7～71	3	66	518～1330	4	8560
19	72.5～166	5	110	434～1210	5	750
20	251～257	2	253	256～324	2	290
21	70.7～180	13	113	425～784	13	633

注　表中岩性依次为：

1. 坚硬玄武岩，岩性较为坚硬，节理不发育，岩石含杏仁、长石斑晶火山角砾等造成局部岩石不均匀。
2. 破碎玄武岩，岩性较坚硬，节理裂隙发育，岩石切割成碎块，含杏仁、长石斑晶、火山角砾等。
3. 半风化玄武岩，岩石受风化，节理裂隙发育并多为黏土充填。
4. 全风化玄武岩，节理裂隙很发育，为黏土充填，成土状碎块。
5. 坚硬灰岩，岩性坚硬致密，节理不发育。
6. 破碎灰岩，岩性坚硬致密，节理发育均多为方解石充填。
7. 半风化灰岩，岩石破碎，受风化作用，较松软。
8. 坚硬砂岩，节理裂隙不发育，为硅质、石英、泥质等砂岩，岩性坚硬致密，完整呈厚层状。
9. 破碎砂岩，节理裂隙发育，割成碎块，微受风化影响。
10. 全风化砂岩，节理发育，节理面风化较重，为泥质充填。
11. 全风化砂岩，风化厉害，失去岩性，呈土状。
12. 半风化页岩，成片状、板状，层理清楚。
13. 全风化页岩，成土状。
14. 半风化砂、页岩互层，以泥质为主，层理发育，中夹页岩，受风化影响。
15. 坚硬大理岩，岩性坚硬，结构致密，节理裂隙较少。
16. 坚硬片岩，质坚硬，节理裂隙发育，片理清晰。
17. 半风化片岩，质软弱，片理发育，岩石破碎，受风化影响。
18. 全风化片岩，岩石破碎，褶皱异常，风化剧烈，呈土状。
19. 全风化黑云母片麻岩，呈土状，肉眼可见其厚度构造。
20. 第四纪红色黏土。
21. 第四纪冲积层。

2.3.2 作用效应组合

2.3.2.1 安全系数极限状态的作用（荷载）效应组合[4]

1. 作用（荷载）的分类

按其作用状况分为基本作用（荷载）和特殊作用（荷载）两类。两类作用（荷载）定义及其内容应符合下列规定。

（1）基本作用（荷载）。长期或经常作用在衬砌上的作用（荷载），包括衬砌自重、围岩压力、预应力、设计条件下的内水压力（包括动水压力）以及稳定渗流情况下的地下水压力等。

（2）特殊作用（荷载）。出现机遇较少的不经常作用在衬砌上的作用（荷载），包括地震作用、校核水位时的内水压力（包括动水压力）和相应的地下水压力、施工作用（荷载）、灌浆压力以及温度作用等。

2. 作用（荷载）效应组合

根据基本作用（荷载）和特殊作用（荷载）同时存在的可能性，分别组合为基本作用（荷载）效应组合和特殊作用（荷载）效应组合两类。在衬砌结构计算中应采用各自的最不利组合情况。

3. 各种主要作用（荷载）的取值

（1）隧洞的内水压力应根据隧洞进、出口特征水位，结合隧洞各种运行工况，按可能出现的最大内水压力（包括动水压力）确定。对基本组合的内水压力值，特征水位取正常蓄水位及其组合；对特殊组合的内水压力值，特征水位取校核洪水位及其组合。

（2）作用在衬砌上的围岩作用（荷载），应根据围岩条件、横断面形状和尺寸、施工方法以及支护效果确定。

（3）作用在混凝土、钢筋混凝土和预应力混凝土衬砌结构上的外水压力根据地下水位确定。

对设有排水设施的水工隧洞，可根据排水效果和排水设施的可靠性，对作用在衬砌结构上的外水压力作适当折减，其折减值可通过工程类比或渗流计算分析确定。对工程地质、水文地质条件复杂及外水压力较大的隧洞，应进行专门研究。

（4）温度变化、混凝土干缩和膨胀所产生的应力及非预应力灌浆等对衬砌的不利影响，应通过施工措施及构造措施解决。对于高地温地区产生的温度应力应进行专门研究。

（5）设计烈度为9度的水工隧洞和设计烈度为8度的1级水工隧洞，均应验算建筑物（进、出口及洞身）和围岩的抗震强度和稳定性。设计烈度大于7度（包括7度）的水工隧洞，当进、出口部位岩体破碎和节理裂隙发育时，应验算进、出口部位岩体的抗震稳定性。

2.3.2.2 分项系数极限状态的作用效应组合[3]

1. 圆形有压隧洞衬砌

（1）作用及其分项系数表见表2.3-5。

（2）不同极限状态和设计状况的作用效应组合。

承载能力极限状态作用效应组合表见表2.3-6。

正常使用极限状态作用效应组合表见表2.3-7。

表2.3-5　作用及其分项系数表

作用分类	作用名称	作用分项系数
永久作用	（1）围岩压力、地应力	1.0（0.0）
	（2）衬砌自重	1.1（0.9）
可变作用	（3）正常运行情况的静水压力	1.0
	（4）最高水击压力（含涌浪压力）	1.1
	（5）脉动压力	1.3
	（6）地下水压力	1.0（0.0）
偶然作用	（7）校核洪水位时的静水压力	1.0

注　除非经专门论证，否则，当作用效应对结构受力有利时，作用分项系数取表中第三栏括号内的数字。

2. 圆形无压隧洞及非圆形隧洞

（1）作用及其分项系数表见表2.3-8。

表2.3-8中“不能控制其水位的内水压力”对于发电引水隧洞而言，主要是指在没有拦河建筑物的河道取水时隧洞所承受的内水压力。河道水位随上游来水以及水电站的引水而自由涨落，不可知性更大一些。所以单列一栏，作用分项系数适当提高。

（2）不同极限状态和设计状况的作用效应组合。

承载能力极限状态作用效应组合表见表2.3-9。

正常使用极限状态作用效应组合表见表2.3-10。

表 2.3-6　　承载能力极限状态作用效应组合表

设计状况	作用组合	主要考虑情况	作用类别					
			岩石压力	衬砌自重	静水压力	水击压力	脉动压力	地下水压力
持久状况	基本组合	水电站的上游压力水道正常运行情况	√	√	√	√		√
		抽水蓄能电站的压力水道正常运行情况	√	√	√	√	√	√
偶然状况	偶然组合	水电站的压力水道校核洪水位运行情况	√	√	√	√		√
		抽水蓄能电站的上游压力水道校核洪水位运行情况	√	√	√	√	√	√

表 2.3-7　　正常使用极限状态作用效应组合表

设计状况	作用组合	主要考虑情况	作用类别					
			岩石压力	衬砌自重	静水压力	水击压力	脉动压力	地下水压力
持久状况	长期组合	水电站压力水道正常运行情况	√	√	√	√		√
		抽水蓄能电站压力水道校核洪水位运行情况	√	√	√	√	√	√

表 2.3-8　　作用及其分项系数表

作用分类	作用名称	作用分项系数
永久作用	(1) 围岩压力	1.0 (0.0)
	(2) 衬砌自重	1.1 (0.9)
可变作用	(3) 正常水位时的内水压力	1.1
	(4) 最低水位时的内水压力	1.1
	(5) 不能控制其水位的内水压力	1.2
	(6) 地下水压力	1.0 (0.0)
偶然作用	(7) 最高水位时的内水压力	1.0

注　除经专门论证，否则当作用效应对结构受力有利时，作用分项系数取表中第三栏括号内的数字。

表 2.3-9　　承载能力极限状态作用效应组合表

设计状况	作用组合	主要考虑情况	作用类别			
			岩石压力	衬砌自重	静水压力	地下水压力
持久状况	基本组合	正常水位情况	√	√	√	√
		水位不可控制情况	√	√	√	√
		低水位情况	√	√	√	√
短暂情况	基本组合	隧洞放空检修情况	√	√		√
偶然状况	偶然组合	最高水位隧洞运行情况	√	√	√	√

表 2.3-10　　正常使用极限状态作用效应组合表

设计状况	作用组合	主要考虑情况	作用类别			
			岩石压力	衬砌自重	静水压力	地下水压力
持久状况	长期组合	正常水位情况	√	√	√	√
		水位不可控制情况	√	√	√	√
		低水位情况	√	√	√	√

2.4 支护型式与材料

2.4.1 支护的作用

2.4.1.1 施工期临时支护

通常所称的施工期临时支护，其作用是为了加固围岩或提供必要的稳定时间，提高围岩的自承能力，保证施工期的围岩稳定。一些不良地质段，开挖后围岩的变形速率大，出现失稳倾向或已经发生局部失稳，临时支护的措施应起到防止失稳扩大作用，保证后续工作有足够的施工时间。

2.4.1.2 永久支护

为了保持围岩稳定，减少洞壁糙率，满足运行所要求的水力学条件，承受岩石压力、水压力，满足防渗、环境保护要求，防止岩石风化、水流冲刷以及温度、湿度、大气等因素对围岩的破坏，需要进行永久支护。

2.4.2 支护型式

隧洞支护主要包括锚喷支护、衬砌及组合式支护三种型式。隧洞支护型式要综合考虑断面形状和尺寸、运行条件及内水压力、围岩条件（覆盖厚度、围岩分类、承担内水压力能力、地下水分布及连通情况、地质构造及影响程度）、防渗要求、支护效果、施工方法等因素，经过技术经济比较确定。

2.4.2.1 锚喷支护

锚喷支护指采用锚杆、喷射混凝土加固岩体的工程措施，常见下列几种型式。

1. 喷射混凝土支护

对于围岩坚硬完整的隧洞，可采用喷射混凝土支护。在流变性较大的岩体中，为适应较大塑性变形的需要，可采用在喷射混凝土中掺入纤维进行支护。

2. 锚杆（锚束）支护

对于整体坚硬完整，但有局部松动块的围岩，宜采用锚杆加固，若松动范围较大且较深，可采用锚束加固。对于局部软弱的岩体（如断层，节理密集带等），除施加锚杆（锚束）外，还可布设钢筋网，并喷混凝土，必要时还可进行固结（裂隙）灌浆加固，使破碎岩石整体化，但要注意在灌浆时不要使喷混凝土层受到破坏。

3. 锚喷挂网支护

围岩较完整，采用锚喷支护。岩体破碎、裂隙发育的围岩，宜采用锚喷挂网支护。

2.4.2.2 衬砌

衬砌指采用混凝土、钢筋混凝土、钢板等材料进行支护的工程措施。

1. 衬砌原则

隧洞衬砌按允许开裂设计。当采用限裂设计时，需要增加钢筋过多，可考虑采用以下措施：①通过固结灌浆，改善围岩特性；②采用预应力混凝土衬砌；③采用钢板混凝土衬砌。

2. 衬砌型式

需要衬砌的隧洞，可以沿隧洞长度选择一种或数种不同型式的衬砌。衬砌型式大致有以下几种。

（1）护面衬砌（平整衬砌）。主要为了减小糙率或防止岩石风化而采用护面衬砌，一般用喷浆、喷混凝土或抹水泥砂浆做成，其厚度不经计算而视开挖的平整程度按构造采用0.05～0.15m。单纯为了减小糙率而采用护面衬砌时常与不衬砌方案进行技术经济比较，不衬砌的隧洞虽然省去了衬砌作业，但需要较大的开挖断面。无压隧洞为了减小糙率，还可以考虑只在断面浸水的部分采用护面衬砌。还有为了施工、检修方便和适当减小平均糙率，而只在洞底做衬砌。

（2）混凝土衬砌和砖石砌筑。对于无压隧洞，当围岩比较完整时，经计算分析可采用混凝土衬砌或砖石砌筑。

（3）钢筋混凝土衬砌。围岩地质条件较差洞段或体形比较复杂（如分岔口部位）洞段一般采用钢筋混凝土衬砌。钢筋混凝土衬砌厚度由结构计算确定，初步估算时衬砌厚度可采用直径的1/12～1/16，但为了施工方便，对于单筋断面的衬砌厚度一般不小于0.3m，对于双筋断面一般不小于0.4m。

（4）装配式衬砌。用预制的混凝土或钢筋混凝土块拼装成衬砌环后用水泥砂浆灌注缝隙而成，一般用于掘进机开挖的隧洞或全断面开挖中要求立即支承围岩的隧洞。装配式衬砌的优点是：①可以在工厂（或工场）预先浇制，质量较有保证；②衬砌为拼装工作，便于快速施工缩短施工时间。缺点是：接缝较多，易漏水，从而需要考虑设置止水和防止接缝可能裂开的措施。

（5）预应力衬砌。预应力衬砌包括压浆式和环锚式预应力两类。不论用何种预应力方式，都是预先使衬砌产生环向压应力以抵消大部分或一部分内水压力产生的拉应力。预应力衬砌适用于圆形断面，且内水压力较高的隧洞。

（6）钢板衬砌。钢板衬砌设计见本卷第4章。

2.4.2.3　组合式支护

组合式支护一般由内、外层支护组合而成，或由不同部位、不同强度、不同型式支护的组合。外层为初期支护，多采用锚喷、挂网、钢拱架或格栅拱架等单一或组合支护。内层为二次衬砌，可采用混凝土、钢筋混凝土衬砌或钢板。

对于内水外渗或外水内渗将危及围岩和相邻建筑物的安全、恶化自然环境、影响输水功能发挥的水工隧洞，可采用钢板衬砌。

为防止隧洞渗漏，国外也有应用素混凝土加聚氯乙烯（PVC）板做衬砌。在隧洞内先喷一层混凝土（5～6cm）或先浇一层混凝土（15～25cm），然后铺设聚氯乙烯板，浇筑内层混凝土，并对聚氯乙烯板两侧进行灌浆。采用素混凝土加聚氯乙烯板作为隧洞衬砌，施工快，造价较低，防渗效果好。但对施工技术有较高的要求，需要较有经验的施工队伍，才能达到满意的效果[9]。

2.4.3　支护材料

2.4.3.1　锚杆和钢筋网

（1）锚杆长度取决于围岩构造和洞径大小。对坚硬匀质的岩石，为防止边墙岩石掉块，用锚深1m长的锚杆就可满足。对于软弱匀质的岩石，为控制岩体变形可用锚杆长度等于隧洞半径，非圆形隧洞则等于隧洞宽的1/2～1/3。对于成层的岩层，锚杆长度视完整岩层的深度而定。

（2）锚杆材料一般采用直径不小于16mm的螺纹钢筋，间距视岩性选用0.8～2m，方向一般采用径向，但也要视岩层节理面等具体情况改变方向。锚杆要求在现场做拉拔试验。

（3）钢筋网可用直径6～12mm的钢筋编成网格15cm×15cm～30cm×30cm，锚杆外露部分与钢筋网连接牢固。

2.4.3.2　喷混凝土

（1）喷混凝土的工艺对质量影响很大，需要现场取样检定。

（2）粗骨料粒径不超过15mm。砂的细度模数一般为2.5～3.0，含水率一般控制在5%～7%。

（3）为提高抗拉、抗弯和抗冲强度，可掺加纤维物如钢丝、卡普隆纤维、玻璃纤维等。普通碳素钢纤维材料的抗拉强度设计值一般不低于380MPa，直径一般为0.3～0.5mm，长度一般为20～25mm，掺量一般为混合料重的3%～6%。

（4）近年来，聚丙烯纤维喷射混凝土在国内一些工程中被采用，初步取得了较好的技术效果。聚丙烯纤维混凝土比普通混凝土具有以下优点：①弹性模量较低，极限拉伸值较高，因而适应变形能力较强，有利于混凝土防裂；②韧性较高，有较好的抗冲击能力；③有较高的抗渗、抗冻性能。

2.5　不支护与锚喷支护

围岩坚硬、完整、裂隙渗透性小，洞内水流不致冲刷破坏岩石，且内水外渗不致影响相邻建筑物的安全，围岩和山坡的稳定。为充分利用围岩的自稳能力、承载能力和抗渗能力，减少投资，可采用不支护及锚喷支护隧洞。

2.5.1　一般要求

围岩整体稳定性的验算，宜采用弹塑性有限元法、弹塑性数值解法或近似解析法。可能局部失稳的围岩稳定性验算可采用块体极限平衡法。

对于稳定和基本稳定的Ⅰ、Ⅱ类围岩，隧洞的直径（跨度）≤5m时，宜采用不支护，6～10m时，宜采用喷混凝土支护，大于10m的隧洞，应采用喷锚联合支护。不支护隧洞遇有局部不稳定块体时，应采用锚杆（锚束）加固。Ⅲ、Ⅳ类围岩可采用锚喷、挂网或钢拱架等联合支护，Ⅳ类围岩必要时应进行钢筋混凝土衬砌支护。对Ⅴ类围岩的支护视围岩的具体情况确定。

对于不支护隧洞，必要时可设置不承载（平整）衬砌，用以改善水力学条件，防止渗漏和围岩表面风化及被冲刷等。不支护与锚喷支护隧洞的洞壁表面起伏差宜控制在0.15m以内。清除底部开挖时的弃渣和污物，并用水冲洗干净，宜浇筑不小于0.2m厚的混凝土底板。

不支护与锚喷支护隧洞的进、出口部位靠近地表，一般都有风化、卸荷作用，地质条件较差，或有地下水的作用，该部位围岩完整性差，防渗性能较低，应采用加固措施（如钢筋混凝土衬砌），加固段的长度不宜小于洞脸岸坡卸荷带、强风化带的长度，也不宜小于隧洞的直径（跨度）。

在不支护和喷锚支护隧洞的末端，应设置集石坑。

2.5.2 不宜采用锚喷支护的洞段

遇有下列情况，不宜单独采用锚喷支护作为永久性支护。

2.5.2.1 大面积淋水洞段

大面积淋水洞段不利于喷层与围岩的紧密黏结，难以充分发挥喷混凝土的作用，甚至给喷混凝土带来不利影响。

2.5.2.2 会造成喷层腐蚀及膨胀性地层的洞段

地下水具有侵蚀性的洞段，易造成支护腐蚀，由于喷层厚度较薄，受腐蚀的危害大于模筑混凝土衬砌。黏土质胶结的砂岩、粉砂岩、泥质板岩、泥质及砂质泥岩等岩性较软的岩层，开挖后极易风化潮解，亲水性很强，遇水泥化、软化、膨胀，围岩压力大，严重者发生淤泥状流淌，稳定性极差，喷混凝土支护难以阻止其迅速的变形。

2.5.2.3 有其他要求的洞段

喷混凝土支护抗冰胀性能较差，严寒和寒冷地区，冻冰窖地段，不宜采用喷混凝土支护，至于其他特殊要求的隧洞是否采用喷混凝土支护，应根据具体情况确定。

2.5.3 喷射混凝土支护

喷射混凝土强度等级不应低于C20，喷混凝土的厚度可按表2.5-1初选，其最小厚度不应小于0.05m，其最大厚度不宜大于0.20m。

表2.5-1 锚喷支护类型及其参数表[3]

围岩类别	洞室开挖直径或跨度(m)					
	$D<5$	$5<D<10$	$10<D<15$	$15<D<20$	$20<D<25$	$25<D<30$
Ⅰ	不支护	不支护或50mm喷射混凝土	(1) 50～80mm喷射混凝土。(2) 50mm喷射混凝土，布置长2～2.5m、间距1～1.5m锚杆	100～120mm喷射混凝土，布置长2.5～3.5m、间距1.25～1.50m锚杆。必要时设置钢筋网	120～150mm钢筋网喷射混凝土，布置长3～4m、间距1.5～2m锚杆	150mm钢筋网喷射混凝土，相间布置长4m锚杆和长5.0m张拉锚杆、间距1.5～2m
Ⅱ	不支护或50mm喷射混凝土	(1) 80～100mm喷射混凝土。(2) 50mm喷射混凝土，布置长2～2.5m、间距1～1.25m锚杆	(1) 100～120mm钢筋网喷射混凝土。(2) 80～100mm喷射混凝土，布置长2～3m、间距1～1.5m锚杆，必要时设置钢筋网	120～150mm钢筋网喷射混凝土，布置长3.5～4.5m、间距1.5～2.0m锚杆	150～200mm钢筋网喷射混凝土，布置长3.5～5.5m、间距1.5～2m锚杆，原位监测变形较大时修改支护参数	
Ⅲ	(1) 80～100mm喷射混凝土。(2) 50mm喷射混凝土布置长1.5～2m、间距0.75～1.0m锚杆	(1) 120mm钢筋网喷射混凝土。(2) 80～100mm钢筋网喷射混凝土，布置长2～3m、间距1～1.5m锚杆	100～150mm钢筋网喷混凝土，布置长3～4m、间距1.5～2m锚杆，原位监测变形较大时进行二次支护	150～200mm钢筋网喷射混凝土，布置长3.5～5m、间距1.5～2.5m锚杆，原位监测变形较大时进行二次支护		
Ⅳ	80～100mm钢筋网喷射混凝土，布置长1.5～2m、间距1～1.5m锚杆	150mm钢筋网喷射混凝土，布置长2～3m、间距1～1.5m锚杆，原位监测变形较大部位进行二次支护	200mm钢筋网喷射混凝土，布置长4～5m、间距1～1.5m锚杆，原位监测变形较大部位进行二次支护，必要时设置钢拱架或格栅拱架			

续表

围岩类别	洞室开挖直径或跨度(m)					
	$D<5$	$5<D<10$	$10<D<15$	$15<D<20$	$20<D<25$	$25<D<30$
Ⅴ	150mm钢筋网喷射混凝土，布置长1.5～2m、间距0.75～1.25m锚杆，原位监测变形较大部位进行二次支护	200mm钢筋网喷射混凝土，布置长2.5～4m、间距1～1.25m锚杆，必要时设置钢拱架或格栅拱架。原位监测变形较大部位进行二次支护				

注 1. Ⅳ、Ⅴ类围岩为辅助工程措施，即施工安全支护。
2. 本表不适用于埋深小于2倍跨度（直径）的地下洞室和特殊土、喀斯特洞穴发育的地下洞室。
3. 二次支护可以是锚喷支护或现浇钢筋混凝土支护。

2.5.4 喷纤维混凝土支护

为提高抗拉、抗弯和抗冲强度，喷混凝土可掺加纤维物包括钢纤维、聚丙烯纤维、卡普隆纤维、玻璃纤维等，其中喷钢纤维混凝土、喷聚丙烯纤维混凝土使用较多。

在喷钢纤维混凝土中往往有部分钢纤维垂直层面或露出层面，易于伤人，平行于层面的钢纤维也有部分附于喷层表面，易于锈蚀，因此需要在其喷层表面再喷0.03～0.05m混凝土加以保护。钢纤维造价较高，施工有一定难度，抗拉强度目前尚无公认的定值，其力学性能宜通过试验确定。

2.5.5 锚杆（锚束）支护[3]

2.5.5.1 锚杆（锚束）支护计算

采用锚杆（锚束）支护加固围岩，其承载能力极限状态按下式计算：

$$\gamma_0 \psi S(\cdot) \leqslant \frac{1}{\gamma_d} R(\cdot) \qquad (2.5-1)$$

式中 γ_0——结构重要性系数，对应于结构安全级别为Ⅰ、Ⅱ、Ⅲ级的隧洞支护可分别取1.1、1.0、0.9；

ψ——设计状况系数，对应于持久状况、短暂状况、偶然状况，可分别取用1.0、0.95、0.85；

$S(\cdot)$——作用效应函数；

$R(\cdot)$——支护的抗力函数；

γ_d——结构系数，采用1.30。

$S(\cdot)$、$R(\cdot)$按以下两种情况进行计算。

(1) 拱腰以上的锚杆（锚束）对不稳定块体的抗力，可按下列公式计算。

1) 水泥砂浆锚杆。

作用效应函数

$$S(\cdot) = \gamma_G G_k \qquad (2.5-2)$$

锚杆抗力函数

$$R(\cdot) = nA_x f_y \qquad (2.5-3)$$

2) 预应力锚杆或锚索。

作用效应函数

$$S(\cdot) = \gamma_G G_k \qquad (2.5-4)$$

锚杆抗力函数

$$R(\cdot) = nA_y \sigma_{com} \qquad (2.5-5)$$

式中 γ_G——不稳定块体的分项系数，取1.0，

G_k——不稳定块体自重标准值，N；

n——锚杆（锚束）根数；

A_x、A_y——单根锚杆（锚束）的截面积，mm^2；

f_y——单根锚杆的抗拉强度设计值，N/mm^2；

σ_{com}——预应力锚杆（锚束）的设计控制抗拉应力设计值，N/mm^2。

(2) 拱腰以下边墙上的锚杆（锚束）对不稳定块体的抗力，可按下列公式计算。

1) 水泥砂浆锚杆。

作用效应函数

$$S(\cdot) = \gamma_{G1} G_{1k} \qquad (2.5-6)$$

锚杆抗力函数

$$R(\cdot) = f\gamma_{G2} G_{2k} + nA_s f_{gv} + CA \qquad (2.5-7)$$

2) 预应力锚杆（锚束）。

作用效应函数

$$S(\cdot) = \gamma_{G1} G_{1k} \qquad (2.5-8)$$

锚杆抗力函数

$$R(\cdot) = f\gamma_{G2} G_{2k} + P_t + fP_n + CA \qquad (2.5-9)$$

式中 G_{1k}、G_{2k}——不稳定块体平行、垂直作用于滑动面的分力，N；

A_s——单根锚杆的截面积，mm^2；

A——岩块滑动面的面积，mm^2；

n——锚杆根数；

C——岩块滑动面上的黏结强度，N/mm^2；

f_{gv}——锚杆的设计抗剪强度，N/mm^2；

f——滑动面上的摩擦系数；

P_t、P_n——预应力锚束或锚杆作用于不稳定块体上的总压力在抗滑动方向及垂直于滑动方向上的分力，N；

γ_{G1}、γ_{G2}——不稳定块体的分项系数，可分别取 1.1、1.0。

2.5.5.2 锚杆（锚束）支护的一般要求

（1）拱腰以上锚杆的布置方向宜有利于锚杆的受力，拱腰以下的锚杆宜逆着不稳定块体滑动方向布置。

（2）局部锚杆（锚束）应深入稳定的围岩内，其长度应根据需要提供的阻滑力大小计算确定。

（3）对于围岩裂隙较发育的围岩，洞轴线与岩层层面、构造断裂面及软弱带的走向小于 30°或层间结合疏松的高倾角薄岩层夹角小于 45°时，宜采用系统锚杆（锚束），其布置应遵守下列规定。

1）在横断面上宜垂直于主结构面布置，当主结构面不明显时，可与洞周边轮廓线垂直。

2）在围岩表面上宜布设成梅花形。

3）锚杆（锚束）的间距不宜大于其长度的 1/2，对于不良围岩锚杆间距不宜大于 1m。

2.5.6 锚喷挂网支护

钢筋网的喷混凝土保护层厚度不宜小于 0.05m。

2.5.6.1 钢筋网的布置要求

（1）钢筋网的纵、环向钢筋直径宜为 6～12mm，间距宜为 0.15～0.2m。

（2）钢筋网与锚杆的连接宜采用焊接，钢筋网的交叉点应连接牢固，宜采用隔点焊接，隔点绑扎。

2.5.6.2 破碎带的联合支护

Ⅴ类围岩、断层带、断层影响带、卸荷带及节理密集带，由于岩体软弱破碎，再加上构造影响，开挖后变形发展迅速，仅靠钢筋网、锚杆及喷混凝土支护不足以抵抗围岩有害变形的发展，需要采取刚性较大的综合性支护措施，才能抑制有害变形的发展。联合支护包括钢拱架、锚杆、钢筋网喷混凝土支护，这是目前我国在不良围岩开挖施工中常采用的方法。

采用钢拱架、锚杆、钢筋网喷混凝土联合支护时，钢拱架间距不宜过大，且必须与围岩紧密结合，其底脚应埋入岩体中，这样可以使钢拱架迅速起到承载作用，有效地抑制变形的发展。

2.5.7 组合式支护

设置初期支护时，其布置、支护强度除满足初期支护的要求外，应与二次支护相结合，按作为永久支护的全部或一部分考虑。根据监控量测，若初期支护已能满足围岩稳定要求时，二次支护可不计或少计围岩压力。

2.5.8 锚喷支护类型及其参数

不支护与锚喷支护的设计，一般宜按工程类比法，可按表 2.5-1 选取。对于 1 级隧洞、直径（跨度）大于 10m 的隧洞，尚应辅以理论计算和监控量测。

2.5.9 不支护与锚喷支护结构收敛稳定要求

不支护与锚喷支护在施工中的监控量测，其监控量测数据应符合下列规定。

2.5.9.1 不支护与锚喷支护隧洞监控量测数据的要求

（1）隧洞周边收敛速度明显下降。

（2）收敛量小于允许相对收敛量的 70%。

（3）收敛速度小于 0.2mm/d，或顶拱下沉速率小于 0.15mm/d。

2.5.9.2 需要采取增强支护措施的情况

当出现下列情况之一，且收敛速度仍无明显下降时，必须立即采取增强支护措施。

（1）围岩表面出现大量的明显裂缝。

（2）围岩表面任何部位的实测相对收敛量已达表 2.5-2 所列数据的 70%。

（3）用回归分析法计算得总相对收敛值已接近表 2.5-2 所列数据。

表 2.5-2 洞周允许相对收敛量[3] %

围岩类别 \ 隧洞埋深（m）	<50m	50～300m	>300m
Ⅲ	0.1	0.2	0.4
Ⅳ	0.15	0.4	0.8
Ⅴ	0.2	0.6	1.0

注 1. 表中允许位移值用相对值表示，指两点间实测位移累计值与两侧点间距离之比。
2. 本表适用于高跨比为 0.8～1.2，Ⅲ类围岩开挖跨度不大于 20m，Ⅳ类围岩开挖跨度不大于 15m，Ⅴ类围岩开挖跨度不大于 10m 的情况。

2.6 混凝土衬砌

水工隧洞是埋置于地层中的结构物，它的受力和变形与围岩密切相关，支护结构与围岩作为一个统一的受力体系相互约束，共同工作。这种共同作用正是地下结构与地面结构的主要区别。所以如何恰当地反映支护结构与围岩相互作用的力学特征，仍是支护结构设计计算理论需要解决的一大课题。在隧洞工程从开挖、支护，直到形成稳定的地下结构体系所经历的力学过程中，衬砌所采用的材料、围岩的地质条件以及施工工艺等因素对这一体系状态的形成影响极大。准确地将其反映到计算模型中，则是学者们不断探索的另一重大课题。

地下结构的力学模型应尽量满足下述条件。

(1) 能反映围岩的实际状态以及与支护结构的接触状态。

(2) 有关作用的假定应能反映在洞室修建过程(各作业阶段)中实际发生作用的情况。

(3) 计算得到的应力状态符合经过长时间使用的结构所发生的应力状况和破坏现象。

(4) 材料的性质具有好的数学表达。

2.6.1 圆形有压隧洞断面衬砌计算

2.6.1.1 计算原理

圆形有压隧洞，内水压力是衬砌的主要作用，采用面力假设。除非在洞口段和地质条件特别差的地段，一般在内水压力作用下都考虑围岩的弹性抗力。

由于围岩的弹性抗力决定于衬砌结构的位移，而求得结构的位移又是计算的目的，这造成计算的困难。为此，把内水压力分解为均匀内水压力和隧洞满水压力。分解后，均匀内水压力可以采用厚壁圆筒理论进行计算；隧洞满水压力(也包括其他作用)则通过假定岩石抗力的分布的方式，采用结构力学方法计算。圆形有压隧洞内水压力分解示意图如图 2.6-1 所示。

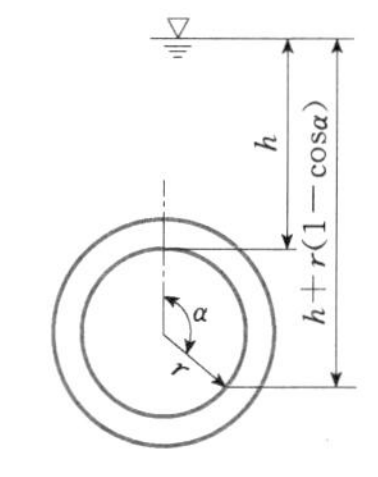

图 2.6-1 圆形有压隧洞内水压力分解示意图

隧洞内任一点的内水压力为

$$p_i = \gamma_w[h + r(1-\cos\alpha)] \qquad (2.6-1)$$

式中 γ_w——水的容重，kN/m^3；

h——压力坡线至洞顶内缘的高度，m；

r——隧洞内缘半径，m；

α——内水压力计算点与隧洞中心线的夹角，$\alpha=0°\sim180°$。

2.6.1.2 在均匀内水压力作用下的计算

1. 隧洞衬砌混凝土未开裂结构应力计算

设隧洞混凝土衬砌的内半径为 r_i，外半径为 r_o，混凝土衬砌与围岩"完全接触"(既不互相脱离，又不互相滑动)。如果隧洞衬砌内壁面受到均匀内水压力 p_i 作用，则有某一作用 p_o 通过衬砌混凝土传到围岩上去，于是，混凝土衬砌外壁面尚受有均布外压力 p_o 作用(见图 2.6-2)。

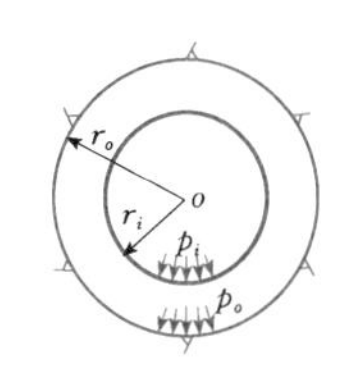

图 2.6-2 隧洞衬砌在均匀内水压力作用下的计算简图

可得到混凝土衬砌应力与位移的计算式：

$$\left.\begin{aligned}
\sigma_r &= \frac{p_i r_i^2 - p_o r_o^2}{r_o^2 - r_i^2} + \frac{r_i^2 r_o^2 (p_o - p_i)}{r_o^2 - r_i^2}\frac{1}{r^2} \\
\sigma_\theta &= \frac{p_i r_i^2 - p_o r_o^2}{r_o^2 - r_i^2} - \frac{r_i^2 r_o^2 (p_o - p_i)}{r_o^2 - r_i^2}\frac{1}{r^2} \\
u_r &= \frac{1+\mu_c}{E_c(r_o^2 - r_i^2)r}\{[(1-2\mu_c)r^2 + r_o^2]r_i^2 p_i - \\
&\quad [(1-2\mu_c)r^2 + r_i^2]r_o^2 p_o\} \\
&\quad (r_i \leqslant r \leqslant r_o)
\end{aligned}\right\} \qquad (2.6-2)$$

式中 E_c、μ_c——混凝土衬砌的弹性模量和泊松比。

对隧洞围岩的作用见计算简图 2.6-3，其相当于在洞室围岩内壁面作用有均匀内水压力 p_o，利用式(2.6-2)，在式中令 $p_o=0$，$r_o\to+\infty$，然后，再用 r_o 代换 r_i、p_o 代换 p_i、E_d 代换 E、μ_d 代换 μ，可得围岩的应力与位移计算式为

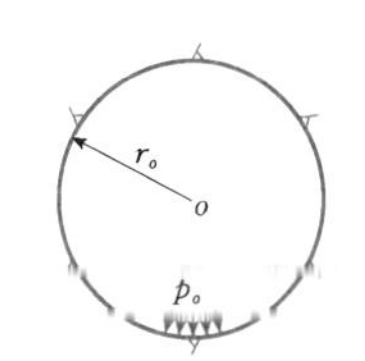

图 2.6-3 隧洞围岩在均匀内水压力作用下的计算简图

$$\left.\begin{aligned}
\sigma_r &= -\frac{r_o^2 p_o}{r^2} \\
\sigma_\theta &= \frac{r_o^2 p_o}{r^2} \\
u_r &= \frac{(1+\mu_d)r_o^2}{E_d r}p_o
\end{aligned}\right\} \quad (r_i \leqslant r < +\infty) \qquad (2.6-3)$$

式中 E_d、μ_d——围岩的弹性模量和泊松比。

利用位移接触条件，即 $r=r_o$ 处混凝土衬砌径向位移与围岩的径向位移相等，于是据式(2.6-2)和式(2.6-3)，则

$$\frac{1+\mu_c}{E_c(r_o^2 - r_i^2)}\{2(1-\mu_c)r_i^2 r_o p_i - [(1-2\mu_c)r_o^2 + r_i^2]r_o p_o\} = \frac{1+\mu_d}{E_d}r_o p_o \qquad (2.6-4)$$

据式(2.6-3)可求得 p_o，即

$$p_o=\frac{2(1-\mu_c^2)E_d r_i^2 p_i}{(1+\mu_d)E_c(r_o^2-r_i^2)+(1+\mu_c)E_d[r_i^2+(1-2\mu_c)r_o^2]}$$

(2.6-5)

求出 p_o 后，即可据式（2.6-2）计算混凝土衬砌的应力；据式（2.6-3）计算围岩内任一点的应力。

将式（2.6-5）改写成

$$p_o=\lambda_0 p_i \qquad (2.6-6)$$

$$\lambda_0=\frac{2(1-\mu_c^2)E_d r_i^2}{(1+\mu_d)E_c(r_o^2-r_i^2)+(1+\mu_c)E_d[r_i^2+(1-2\mu_c)r_o^2]}$$

式中 λ_0——隧洞内压力分配系数，仅与衬砌、围岩弹性常数，衬砌内外壁半径有关。引入内压力分配系数 λ_0，有时可使隧洞结构应力表达式得到简化且更显方便。

2. 限制裂缝宽度衬砌结构计算

（1）计算原则及假定。

1）衬砌承受均匀内水压力时的静力计算方法，可根据厚壁圆筒（已开裂）数学模型所拟定的公式进行计算。

2）衬砌厚度应大于施工允许的最小厚度，根据经济最优原则决定。

3）承载能力极限状态，应满足钢筋应力小于或等于钢筋的允许应力设计值。

4）正常使用极限状态，根据设计要求，宜进行裂缝宽度的验算。

（2）单层钢筋混凝土衬砌计算。

1）单层钢筋面积。均匀内水压力作用下，钢筋断面面积计算公式如下：

$$f=\frac{Pr_i+1000K_0 m}{[\sigma_s]}-\frac{1000K_0 r_i}{E_s} \qquad (2.6-7)$$

$$m=\frac{Pr_i}{1000E_c'}\ln\frac{r_o}{r_i}$$

$$E_c'=0.85E_c$$

$$[\sigma_s]=\frac{f_y}{\gamma_d}$$

式中 P——隧洞衬砌均匀内水压力［承载能力极限状态 $P=\gamma_0\psi\gamma_Q p$，正常使用极限状态 $P=\gamma_0 p$，其中：γ_0 为结构重要性系数（按结构安全级别采用），（Ⅰ级）1.1、（Ⅱ级）1.0、（Ⅲ级）0.9；ψ 为设计状况系数，（持久状况）1.0、（短暂状况）0.95、（偶然状况）0.85；γ_Q 为内水压力的作用分项系数，取 1.0；p 为隧洞衬砌内缘顶部内水压力标准值，kN/m^2］，kN/m^2；

r_i——衬砌内缘半径，mm；

r_o——衬砌外缘半径（参见图 2.6-4），mm；

K_0——围岩单位弹性抗力系数，N/cm^3；

E_c——混凝土弹性模量，N/mm^2；

$[\sigma_s]$——钢筋的允许应力值，N/mm^2，

f_y——钢筋的抗拉强度设计值，N/mm^2；

γ_d——结构系数，取 1.35；

E_s——钢筋弹性模量，N/mm^2。

在其他作用作用下，可以按照式（2.6-8）进行计算，最后叠加，但取值不得小于衬砌的最小配筋率。

$$f'=\frac{-\sum Nh_0+2\sum M}{2h_0[\sigma_s]} \qquad (2.6-8)$$

式中 $\sum M$、$\sum N$——除均匀内水压力外的其他作用在衬砌内引起的弯矩，N·mm，轴向力，N，在承载能力极限状态为设计值，正常使用极限状态为标准值（当围岩压力、地下水压力对结构受力有利时，其标准值宜不考虑）；

h_0——衬砌有效厚度，mm。

2）钢筋应力校核，可以按照下式进行：

$$\sigma_s=\frac{Pr_i+1000K_0 m}{F+\dfrac{1000K_0 r_i}{E_s}}+\frac{-\sum Nh_0+2\sum M}{2h_0 F}\leqslant[\sigma_s]$$

(2.6-9)

式中 F——内层钢筋断面面积，$F=f+f'$，mm^2。

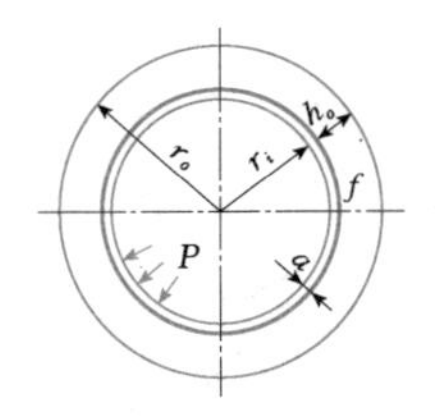

图 2.6-4 单筋衬砌断面

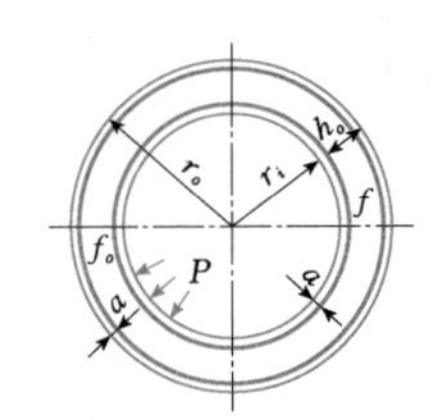

图 2.6-5 双筋衬砌断面

（3）双层钢筋混凝土衬砌计算。

1）双层钢筋面积。均匀内水压力作用下，钢筋断面面积计算：

$$f=\frac{Pr_i+1000K_0\left(m-\dfrac{r_i}{E_s}[\sigma_s]\right)}{[\sigma_s]\left(1+\dfrac{r_i}{r_o}\right)-E_s\dfrac{m}{r_o}} \qquad (2.6-10)$$

在其他作用作用下，可以按式（2.6-11）和式（2.6-12）计算相应的钢筋面积（式中符号含义参见图 2.6-5），最后叠加，但取值不得小于衬砌的最小配筋率。

$$f_i' = \frac{-\sum N(h_0 - a) + 2\sum M}{2[\sigma_s](h_0 - a)} \qquad (2.6-11)$$

$$f_o' = \frac{-\sum N(h_0 - a) - 2\sum M}{2[\sigma_s](h_0 - a)} \qquad (2.6-12)$$

式中　a——受拉钢筋合力点至截面近边的距离，mm。

2）钢筋应力校核，可以按照下式进行。

内层钢筋应力为

$$\sigma_{si} = \frac{Pr_i + \left(E_s \frac{F_o}{r_o} + 1000K_0\right)m}{F_i + F_o \frac{r_i}{r_o} + \frac{1000K_0 r_i}{E_s}} + \frac{-\sum N(h_0 - a) + 2\sum M}{2(h_0 - a)F_i} \leqslant [\sigma_s] \qquad (2.6-13)$$

外层钢筋应力为

$$\sigma_{so} = \frac{(Pr_i^2 - E_s F_i m)\frac{1}{r_o}}{F_i + F_o \frac{r_i}{r_o} + \frac{1000K_0 r_i}{E_s}} + \frac{-\sum N(h_0 - a) - 2\sum M}{2(h_0 - a)F_o} \leqslant [\sigma_s] \qquad (2.6-14)$$

式中　F_i——内层钢筋断面面积，$F_i = f + f_i'$，mm^2；

F_o——外层钢筋断面面积，$F_o = f + f_o'$，mm^2。

(4) 裂缝宽度验算。

1）裂缝宽度的验算公式。对短期组合，应采用下列设计表达式：

$$\gamma_0 S_s(G_k, Q_k, f_k, a_k) \leqslant C_1 \qquad (2.6-15)$$

对于长期组合应采用下列设计表达式：

$$\gamma_0 S_1(G_k, \rho Q_k, f_k, \alpha_k) \leqslant C_2 \qquad (2.6-16)$$

式中　C_1、C_2——衬砌开裂宽度的限值，$C_1 = 0.30$mm，$C_2 = 0.25$mm，当水质有侵蚀性时，$C_1 = C_2 = 0.20$mm；

G_k——永久作用标准值；

Q_k——可变作用标准值；

f_k——材料强度标准值；

α_k——支护几何参数；

$S_s(\cdot)$、$S_1(\cdot)$——作用效应短期组合和长期组合的功能函数；

ρ——可变作用标准值的长期组合系数，取 $\rho = 1.0$。

2）均匀内水压力作用下衬砌的轴向拉力为

$$N_P = Pr_i - Pr_o \frac{1 - A}{\left(\frac{r_o}{r_i}\right)^2 - A} \qquad (2.6-17)$$

$$A = \frac{E_c - (1 + \mu)K_0}{E_c + (1 + \mu)(1 - 2\mu)K_0}$$

式中　A——弹性特征因素；

μ——混凝土泊松比；

其余符号意义同前。

3）正截面裂缝宽度验算。隧洞衬砌在轴心受拉、大偏心受拉及大偏心受压情况，考虑裂缝宽度分布不均匀性及作用长期作用影响后的最大裂缝宽度，可以按照下列公式计算：

$$w_{max} = 2\left(\frac{\sigma_s}{E_s}\psi - 0.7 \times 10^{-4}\right)l_f \qquad (2.6-18)$$

$$\psi = 1 - \alpha_2 \frac{f_{tk}}{\rho\sigma_s} \qquad (2.6-19)$$

$$l_f = \left(60 + \alpha_1 \frac{d}{\rho}\right)\nu$$

式中　w_{max}——隧洞衬砌的最大裂缝宽度，采用Ⅲ级钢筋作受拉钢筋时，应将计算求得的裂缝宽度乘以系数 1.1，mm；

l_f——裂缝的平均间距，mm；

ψ——裂缝间纵向受拉钢筋应变不均匀系数，当 $\psi < 0.3$ 时，$\psi = 0.3$；

α_1、α_2——计算系数，轴心受拉情况 $\alpha_1 = 0.16$，$\alpha_2 = 0.60$，大偏心受拉情况 $\alpha_1 = 0.075$，$\alpha_2 = 0.32$，大偏心受压情况 $\alpha_1 = 0.055$，$\alpha_2 = 0.235$；

σ_s——衬砌结构正常使用情况受拉钢筋应力，按式（2.6-9）、式（2.6-13）、式（2.6-14）计算；

d——受拉钢筋直径，当采用不同直径的钢筋时，$d = \frac{4A_s}{S}$（其中 A_s、S 分别为洞内 1 延长米的范围内受拉钢筋总面积，mm^2，总周长，mm），对小偏心受拉情况 d 取钢筋应力较大一侧的钢筋直径，mm；

ρ——受拉钢筋配筋率，轴心受拉情况 $\rho = \frac{A_s}{1000H}$（$A_s = F_i + F_o$），大偏心受拉、大偏心受压情况 $\rho = \frac{A_s}{1000h_o}$（$A_s = F_i$ 或 $A_s = F_o$）；

H——衬砌厚度，mm；

f_{tk}——混凝土轴心抗拉强度标准值，N/mm^2；

ν——与受拉钢筋表面形状有关的系数，对螺纹钢筋，取 0.7，对光面钢筋，取 1.0，对冷拔低碳钢丝，取 1.25。

对于偏心距 $e_o < 0.5H$ 的偏心受压情况，可以不进行裂缝宽度的验算。小偏心受拉情况，可以近似的按照轴心受拉情况进行裂缝宽度的验算。e_o 为轴向力对截面重心的偏心距，单位为 mm。

2.6.1.3 围岩垂直松动压力、衬砌自重和洞内满水而无水头的水压力作用下的计算[3]

1. 计算原则

在这些作用下，采用预先假设抗力的分布规律（见图 2.6-6），按结构力学方法去计算。假设岩石抗力的变化规律如下。

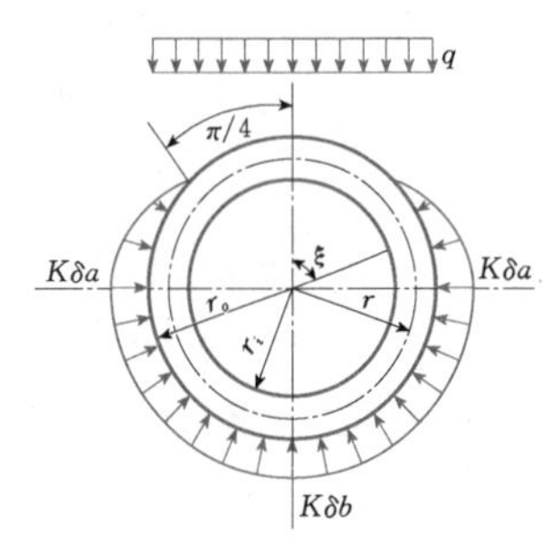

图 2.6-6 弹性抗力分布图

在$\frac{\pi}{4}\leqslant\xi\leqslant\frac{\pi}{2}$范围内 $K\delta=-K\delta_a\cos^2\xi$

在$\frac{\pi}{2}\leqslant\xi\leqslant\pi$ 范围内 $K\delta=K\delta_a\sin^2\xi+K\delta_b\cos^2\xi$

式中 ξ——任意径向截面与垂直面的夹角；

$K\delta_a$、$K\delta_b$——$\xi=\frac{\pi}{2}$和 $\xi=\pi$ 处的弹性抗力值。

只要求出 δ_a 和 δ_b，抗力即成为已知值。根据静力平衡原理，由所有水平力总和等于零，所有垂直力总和等于零的两个方程式$\sum F_x=0$ 和$\sum F_y=0$ 不难解出 δ_a 和 δ_b，然后用结构力学中的弹性中心法解得弹性中心处的两个赘余力 X_1、X_2，任意截面的弯矩 M 和轴向力 N 即可像静定结构般求得。

2. 基本假定

（1）衬砌周围介质的特性以弹性抗力系数 K 表示。

（2）衬砌受力后，考虑围岩的弹性抗力而不计衬砌与围岩的摩擦力。

（3）弹性抗力分布范围，按上述计算原则采用。

3. 作用的假定

（1）作用对称于隧洞垂直中心线。

（2）垂直和侧向围岩松动压力，按均匀分布考虑。

（3）衬砌自重沿衬砌的结构中心线均匀分布。

（4）隧洞满水压力的作用方向及外水压力作用方向，均与衬砌结构的中心线成正交。

4. 作用效应计算

（1）围岩松动压力作用效应计算。假定围岩松动压力 q 分布在衬砌上部的半圆上（见图 2.6-6），各断面上的弯矩和轴向力按下列公式计算：

$$M=qr_or[A\alpha+B+Cn(1+\alpha)] \quad (2.6-20)$$

$$N=qr_o[D\alpha+E+Fn(1+\alpha)] \quad (2.6-21)$$

式中 q——围岩垂直松动压力强度代表值，kN/m²。

断面与垂直线间不同夹角 ξ 的系数 A、B、C、D、E 和 F 值见表 2.6-1。

表 2.6-1 系数 A、B、C、D、E 和 F 数值表

断 面	A	B	C	D	E	F
$\xi=0$	0.16280	0.08721	−0.00699	0.21220	−0.21222	0.02098
$\xi=\pi/4$	−0.02504	0.02505	−0.00084	0.15004	0.34994	0.01484
$\xi=\pi/2$	−0.12500	−0.12501	0.00824	0.00000	1.00000	0.00575
$\xi=3\pi/4$	0.02504	−0.02507	0.00021	−0.15005	0.90007	0.01378
$\xi=\pi$	0.08720	0.16277	−0.00837	−0.21220	0.71222	0.02237

（2）衬砌自重作用效应计算。假定衬砌为等厚度，各断面上的弯矩和轴向力按下列公式计算：

$$M=gr^2(A_1+B_1n) \quad (2.6-22)$$

$$N=gr[C_1+D_1n] \quad (2.6-23)$$

$$g=\gamma_cH$$

式中 g——衬砌断面每平方米的重力的代表值，kN/m²；

γ_c——衬砌材料钢筋混凝土的重度的代表值，其标准值取 25kN/m³；

H——隧洞衬砌厚度，m。

断面与垂直线间不同夹角 ξ 的系数 A_1、B_1、C_1 和 D_1 值见表 2.6-2。

表 2.6-2 系数 A_1、B_1、C_1 及 D_1 数值表

断 面	A_1	B_1	C_1	D_1
$\xi=0$	0.34477	−0.02194	−0.16669	0.06590
$\xi=\pi/4$	0.03348	−0.00264	0.43749	0.04660
$\xi=\pi/2$	−0.39272	0.02589	1.57080	0.01807
$\xi=3\pi/4$	−0.03351	0.00067	1.91869	0.04329
$\xi=\pi$	0.44059	−0.02629	1.73749	0.07024

（3）洞内满水而无水头时的水压力作用效应计算。水压力径向作用于衬砌上，其值由 0（洞顶）起增加到 $2\gamma_w r_i$（洞底）。各断面的弯矩及轴向力按下列公式计算：

$$M=\gamma_w r_i^2 r(A_2+B_2 n) \qquad (2.6-24)$$

$$N=\gamma_w r_i^2(C_2+D_2 n) \qquad (2.6-25)$$

$$n=\frac{1}{0.06416+\dfrac{EJ}{r^3 r_o Kb}}$$

式中　γ_w——水的容重，kN/m^3；

r_o——衬砌外半径，m；

r_i——衬砌内半径，m；

r——衬砌轴线半径，m；

E——衬砌材料弹性模量，kN/m^2；

K——围岩弹性抗力系数，kN/m^3；

J——衬砌断面惯性矩，m^4；

b——衬砌断面的宽度，m；

M——弯矩，以内侧受拉为正，kN·m；

N——轴向力，以受压为正，kN。

断面与垂直线间不同夹角 ξ 的系数 A_2、B_2、C_2 和 D_2 值见表 2.6-3。

表 2.6-3　系数 A_2、B_2、C_2 及 D_2 数值表

断面	A_2	B_2	C_2	D_2
$\xi=0$	0.17239	−0.01097	−0.58335	0.03295
$\xi=\pi/4$	0.01675	−0.00132	−0.42771	0.02330
$\xi=\pi/2$	−0.19636	0.01295	−0.21460	0.00903
$\xi=3\pi/4$	−0.01677	0.00034	−0.39419	0.02164
$\xi=\pi$	0.22030	−0.01315	−0.63126	0.03513

2.6.1.4　围岩垂直松动压力、侧向松动压力、衬砌自重、洞内满水而无水头的水压力及外水压力作用下的计算

1. 计算原则及假定

圆形整体衬砌承受围岩松动压力、衬砌自重、洞内满水而无水头时的压力，不考虑围岩弹性抗力，只考虑作用在衬砌下半圆且按余弦规律径向分布的地层反力。反力分布公式如下。

在 $\frac{\pi}{2}\leqslant\phi\leqslant\pi$ 范围内 $q'=q_r\cos(\pi-\phi)$（见图 2.6-7）。

对于外水压力，当 $\pi\gamma_w r_o^2<2(qr_o+\pi rg)$ 时，反力分布图如图 2.6-7 所示，当 $\pi\gamma_w r_o^2\geqslant 2(qr_o+\pi rg)$ 时，在 $0\leqslant\phi\leqslant\frac{\pi}{2}$ 范围内，反力分布为 $q'=q_r\cos\phi$。

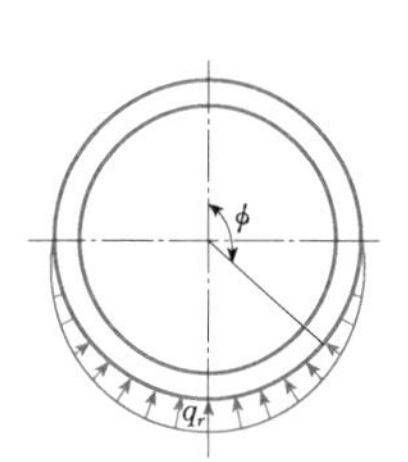

图 2.6-7　反力分布图

2. 作用效应计算

作用效应按表 2.6-4 所列公式进行计算。当外水压力与围岩垂直松动压力及衬砌自重组合时 $\varepsilon=\frac{2(\pi rg+qr_o)}{\pi r_o^2\gamma_w}$；当外水压力与衬砌自重组合时 $\varepsilon=\frac{2\pi rg}{\pi r_o^2\gamma_w}$。

表 2.6-4　各断面弯矩及轴向力计算公式表

作用		M	N
围岩垂直松动压力		$qr_o r(A_3\alpha+B_3)$	$qr_o(C_3\alpha+D_3)$
围岩侧向松动压力		$er_o r\alpha A_4$	$er_o C_4$
衬砌自重		gr^2A_5	grC_5
满水而无水头水压力		$\gamma_w r_i^2 rA_6$	$\gamma_w r_i^2 C_6$
外水压力	当 $\pi\gamma_w r_o^2<2(qr_o+\pi rg)$ 时	$-\gamma_w r_o^2 rA_6$	$-\gamma_w r_o^2 C_6+\gamma_w h_w r_o$
	当 $\pi\gamma_w r_o^2\geqslant 2(qr_o+\pi rg)$ 时	$-\gamma_w r_o^2 rA_6(1-2\varepsilon)$	$-\gamma_w r_o^2 C_7(1-\varepsilon)-\gamma_w r_o^2 C_6\varepsilon+\gamma_w h_w r_o$

注　1. $\alpha=2-\frac{r_o}{r}$。

2. 公式中，断面与垂直线构成不同夹角 ξ 的系数值列于表 2.6-5。

3. 公式中，e 为围岩侧向松动压力强度代表值，kN/m^2；h_w 为均匀外水压力（衬砌外缘顶部以上外水压力水头）的代表值，m。

2.6.1.5　灌浆压力作用下的计算

假设灌浆压力 P_g 为径向均匀分布作用于衬砌顶部如图 2.3-3（b）所示。弹性抗力分布同图 2.6-6。

五个控制断面上的弯矩 M、轴向力 N 可按下两式计算：

$$M=p_g rr_o(A_3+B_3 n) \qquad (2.6-26)$$

$$N=p_g r_o(C_3+D_3 n) \qquad (2.6-27)$$

式中　p_g——灌浆压力，kN/m^2；

A_3、B_3、C_3、D_3 等系数见表 2.6-6。

表 2.6-5 系数 A_3、A_4、A_5、A_6、B_3、C_3、C_4、C_5、C_6、C_7 及 D_3 数值表

系数 \ 断面	$\xi=0$	$\xi=\pi/4$	$\xi=\pi/2$	$\xi=3\pi/4$	$\xi=\pi$
A_3	0.16280	−0.02504	−0.12500	0.02505	0.08720
B_3	0.06443	0.01781	−0.09472	−0.01097	0.10951
A_4	−0.25000	0.00000	0.25000	0.00000	−0.25000
A_5	0.27324	0.01079	−0.29755	0.01077	0.27324
A_6	0.13662	0.00539	−0.14878	0.00539	0.13662
C_3	0.21220	0.15005	0.00000	−0.15005	−0.21220
D_3	−0.15915	0.38747	1.00000	0.91625	0.79577
C_4	1.00000	0.50000	0.00000	0.50000	1.00000
C_5	0.00000	0.55535	1.57080	1.96957	2.00000
C_6	−0.500000	−0.36877	−0.21460	−0.36877	−0.50000
C_7	1.50000	1.63122	1.78540	1.63123	1.50000

表 2.6-6 灌浆压力作用下的衬砌内力系数表

断面	$\theta=45°$				$\theta=60°$			
	A_3	B_3	C_3	D_3	A_3	B_3	C_3	D_3
$\xi=0$	0.19548	−0.01087	0.31967	0.03262	0.17515	−0.01130	0.48295	0.03392
$\xi=\pi/4$	−0.00378	−0.00132	0.51893	0.02307	0.02373	−0.00136	0.63440	0.02399
$\xi=\pi/2$	−0.19196	0.01281	0.70711	0.00895	−0.20793	0.01354	0.86603	0.00931
$\xi=3\pi/4$	0.00375	0.00033	0.62755	0.03914	−0.00348	0.00035	0.80375	0.04067
$\xi=\pi$	0.18837	−0.01301	0.32678	0.03471	0.20803	−0.01353	0.45007	0.03604

弯矩最大值大致位于 θ 附近。当 K 或 E 较小时，灌浆压力产生的轴向力与此弯矩组合后，在衬砌的外缘仍可能会产生拉应力，故不可忽视。

2.6.2 边值问题数值解法

2.6.2.1 计算原理[10]

结构力学方法是将衬砌结构的计算化为非线性常微分方程组的边值问题，采用初参数数值解法。

在进行隧洞衬砌内力计算时，围岩的弹性抗力，按满足温克尔假设计算。弹性抗力的作用方向与结构轴线的法向位移相反，其数值等于 Kv（K 为围岩的弹性抗力系数，v 为轴线上某一点法线方向的位移）。由于弹性抗力 Kv 与位移本身有关，衬砌计算表现为非线性力学问题。非线性因子 Kv 的存在给计算带来相当的困难。

为了解决这一困难，采取反复迭代的计算方法使方程组线性化。求解时先取一组初始的弹性抗力分布 $w=(w_i)_{i=0}^{m}, w_i=1$。其后每一次计算都是令弹性抗力分布 $w^{(n)}=h[v(w^{(n-1)})]$，$h(v)=\begin{cases}1, 当\ v\geqslant 0\ 时\\ 0, 当\ v<0\ 时\end{cases}$，$v(w)$ 是弹性抗力分布为 w 时求解出的位移。当前、后两次计算 $w^{(n)}=w^{(n-1)}$ 时，计算完成。

很显然，反复迭代的计算只能是在具有快速计算能力的电子计算机的支持之下才可能完成。

2.6.2.2 基本方程

衬砌边值问题的基本方程可写为

$$\begin{cases}\dfrac{dX}{ds}=AX+P\\ CX\big|_{s=0}=0,\ DX\big|_{s=l}=0\end{cases} \tag{2.6-28}$$

式中

$$A=\begin{bmatrix}0 & -k & 0 & 0 & 0 & 0\\ k & 0 & 0 & 0 & hk & 0\\ 0 & -1 & 0 & 0 & 0 & 0\\ \dfrac{1}{EF} & 0 & 0 & 0 & -k & 0\\ 0 & 0 & 0 & k & 0 & 1\\ 0 & 0 & \dfrac{1}{EJ} & 0 & 0 & 0\end{bmatrix}$$

$$P=\begin{bmatrix}P_1\\ 0\end{bmatrix}$$

$$P_1 = \begin{bmatrix} q_\tau \\ q_n \\ 0 \end{bmatrix}$$

矩阵 A 含有 hk 项，其中 h 是法向位移 v 的函数 $h(v)$，故方程组属于非线性方程组。

考虑到在阵 A 中，hk 与 $\frac{1}{EF}$、$\frac{1}{EJ}$ 的量级相差较大，于计算不利。因此在数值计算时，可令

$$\overline{X} = \begin{bmatrix} Y \\ EZ \end{bmatrix} = \begin{bmatrix} T \\ Q \\ M \\ Eu \\ Ev \\ E\psi \end{bmatrix}$$

$$\overline{A} = \begin{bmatrix} 0 & -k & 0 & 0 & 0 & 0 \\ k & 0 & 0 & 0 & \frac{hk}{E} & 0 \\ 0 & -1 & 0 & 0 & 0 & 0 \\ \frac{1}{F} & 0 & 0 & 0 & -k & 0 \\ 0 & 0 & 0 & k & 0 & 1 \\ 0 & 0 & \frac{1}{J} & 0 & 0 & 0 \end{bmatrix}$$

经过对阵 A 的诸元量级的均匀化后，得到

$$\left.\begin{aligned} &\frac{d\overline{X}}{ds} = \overline{AX} + P \\ &C\overline{X}\big|_{s=0} = 0,\ D\overline{X}\big|_{s=l} = 0 \end{aligned}\right\} \quad (2.6-29)$$

2.6.2.3 衬砌的边值问题的数值解法[3]

1. 求 X

解题时采用逐步近似的弹性抗力分布。这样，每次求解时，A 阵中之 h 为已知，方程组变为线性化。因而式（2.6－29）的差分式可写成下面的递推式：

$$X_{n+1} = G_n X_n + H_n \delta \quad (2.6-30)$$

$$\left.\begin{aligned} &G_n = I + \sum_{j=1}^{4} \beta_j G^{(j)},\ H_n = \sum_{j=1}^{4} \beta_j H^{(j)} \\ &G^{(j)} = (\delta A^{(j)})(I + \alpha_j G^{(j-1)}),\ G^{(0)} = 0 \\ &H^{(j)} = (\delta A^{(j)})\alpha_j H^{(j-1)} + P^{(i)},\ H^{(0)} = 0 \end{aligned}\right\}$$

(2.6－31)

$$\left.\begin{aligned} &A^{(j)} = A(S_n + \delta_j),\ P^{(j)} = P(S_n + \delta_j) \\ &\alpha_1 = \alpha_2 = \alpha_3 = \frac{1}{2},\ \alpha_4 = 1 \\ &\beta_1 = \beta_4 = \frac{1}{6},\ \beta_2 = \beta_3 = \frac{1}{3} \\ &\delta_j = (\sum_{k=1}^{j} r_k)\delta,\ r_1 = r_3 = 0,\ r_2 = r_4 = \frac{1}{2} \end{aligned}\right\}$$

(2.6－32)

即 $\delta_1 = 0$，$\delta_2 = \delta_3 = \frac{1}{2}\delta$，$\delta_4 = \delta$，$\delta$ 为步长。

2. 求 X_0

方程组线性化后，式（2.6－30）中之 G_n 即与解无关，因而 X_n 可用初参数 X_0 表示。经过推证并代入始点和终点的边界条件可得解 X_0 的方程组如下：

$$\begin{Bmatrix} C \\ DD^{(m)} \end{Bmatrix} X_0 = \begin{Bmatrix} 0 \\ -DF^{(m)} \end{Bmatrix} \quad (2.6-33)$$

$D^{(m)}$，$F^{(m)}$ 的意义见下式：

$$X_m = D^{(m)} X_0 + F^{(m)} \quad (2.6-34)$$

式中　X_m——计算终点 m 的 X 值。

$D^{(m)}$、$F^{(m)}$ 的递推式为

$$\left.\begin{aligned} &D^{(n+1)} = G_0 D^{(n)},\ D^{(0)} = I \\ &F^{(n+1)} = G_n F^{(n)} + H_n \delta,\ F^{(0)} = 0 \end{aligned}\right\} \quad (2.6-35)$$

G_n、H_n 的递推式见式（2.6－31）、式（2.6－32）。

始点及终点的边界阵 C、D 为 3×6 阶矩阵，$D^{(m)}$ 为 6 阶方阵，故 X_0 的系数阵为 6 阶方阵。

3. 数值解的步骤

（1）由式（2.6－31）、式（2.6－32）算出各计算点之 G_n、H_n。

（2）由式（2.6－35），递推算出 $D^{(m)}$、$F^{(m)}$。

（3）由式（2.6－33）解出 X_0。

（4）由式（2.6－30），递推算出各点之 X 值。

2.6.2.4 连接条件

采用上述初参数法进行递推求解时，在底板与边墙、边墙与顶拱、圆弧与圆弧的连接处，存在着轴线的转折。因此，在递推时除应区分开相连接两部分的 A 阵和 P 阵外，在递推求 $D^{(m)}$、$F^{(m)}$ 及 $X_{(m)}$ 时，为保证折点处内力平衡和位移的连续，应引入折点处的连接阵。

2.6.2.5 作用[3]

作用于衬砌上的各种作用，应转换为对于衬砌上某点的切向作用强度 q_t 和法向作用强度 q_n。

2.6.2.6 衬砌的配筋

进行承载能力极限状态的计算[11]，结构系数见表 2.6－7。

表 2.6－7　承载能力极限状态计算的结构系数 r_d

素混凝土衬砌		钢筋混凝土衬砌
受拉破坏	受压破坏	
2.00	1.30	1.20

2.6.2.7 衬砌正常使用极限状态的验算

正常使用极限状态的验算主要是对隧洞衬砌做正

截面裂缝宽度验算。

在轴心受拉、大偏心受拉及大偏心受压情况下，考虑裂缝宽度分布不均匀性及长期作用影响后的最大裂缝宽度，可按本节“圆形有压隧洞衬砌计算”之裂缝宽度验算公式计算。

公式中衬砌结构正常使用状态受拉钢筋应力 σ_s 的计算，应按下列公式进行计算。

轴心受拉情况 $\sigma_s = \dfrac{N_l}{A_s}$

大偏心受拉情况 $\sigma_s = \dfrac{N_l}{A_s}\left(\dfrac{e}{z}+1\right)$

大偏心受压情况 $\sigma_s = \dfrac{N_l}{A_s}\left(\dfrac{e}{z}-1\right)$

式中 N_l——由作用标准值按作用效应长期组合计算的轴向力值，N；

e——轴向力 N_l 作用点至受拉钢筋合力点之间的距离；

z——受拉钢筋合力点至受压区合力点之间的距离。

对大偏心受拉情况，可取

$$z = (0.93 - 5\mu)h_0$$

对大偏心受压情况，可取

$$z = \left(0.8 + 0.1 \times \frac{e_0}{H} - 5\mu\right)h_0\text{，但不大于}(0.93 - 5\mu)h_0$$

2.6.3 两种计算方法的评价

2.6.3.1 圆形有压隧洞的计算方法

根据内水压力是隧洞主要作用的特点，将内水压力分解为均匀内水压力和隧洞满水压力两部分。这样，在均匀内水压力作用下，就可以应用厚壁圆筒的数学模型求解，可以求得不允许开裂的混凝土衬砌的应力，也可求得允许开裂的钢筋混凝土衬砌的钢筋应力。

如果不允许混凝土衬砌开裂（即所谓按抗裂计算），由于混凝土拉应力小于抗拉强度的要求限制了混凝土的变形，配置了钢筋也不能充分发挥作用。目前这一计算方法已经很少采用。

按衬砌允许开裂（限制裂缝宽度）的原则进行计算，由于假定衬砌混凝土是沿径向开裂的，因此沿裂缝方向，混凝土仍可以传递压力，垂直裂缝方向则不起作用，混凝土被视为正交异性材料。由于考虑钢筋和围岩承担内水压力，所以衬砌承担的内水压力降低。

虽然允许开裂却无法考虑裂缝内所受到的水压力，对于具有弹性抗力作用的结构，采取分别计算应力而后叠加的做法，在一定程度上可能会削弱计算成果的准确性。

2.6.3.2 边值问题数值解法

借助于计算机的高速运算功能，采用迭代计算的办法，较好地解决了弹性抗力分布的问题。可以使弹性抗力分布与结构的变位一致。

将结构划分为五个基本类型的构件，即：顶板、侧上圆弧、边墙、侧下圆弧、底板。通过对各种构件之间的不同连接形式，再配以构件相连折点处的连接阵，就可以方便地组合出多种隧洞衬砌断面。

在计算圆形有压隧洞时，衬砌混凝土被视为线弹性材料，从而限制了其传递内水压力到围岩的效果。相同的受力条件下，按本法计算配筋较之按厚壁圆筒（允许开裂）假设计算的配筋要大。

2.6.3.3 结论

（1）在计算圆形有压隧洞时，采用限制裂缝宽度衬砌结构计算方法可以获得较好结果。但是应注意采用过小的侧压力以及过大或过小的外水压力可能造成计算结果出现不应有的偏差。

（2）虽然结构力学方法计算未能考虑衬砌开裂，但是采用对无压圆形断面和非圆形断面进行结构计算，是一种比较好的计算方法。

2.6.4 预应力混凝土衬砌

对防渗要求较高的隧洞，钢筋混凝土衬砌难以满足防渗要求。通过技术经济比较，可采用预应力混凝土衬砌。

2.6.4.1 一般规定

（1）衬砌中的预应力，按其施加形式可分为压浆式预应力和环锚式预应力两类。上覆岩体满足抗水力劈裂要求时，可采用压浆式预应力衬砌，否则应采用环锚式预应力衬砌。

（2）混凝土的强度等级应不低于C30。施加预应力时衬砌混凝土的强度应大于设计强度的75%。

2.6.4.2 压浆式预应力混凝土衬砌

1. 地质条件

（1）上覆岩体厚度应能满足在预应力灌浆压力作用下，不发生水力劈裂的要求。

（2）实施压浆式预应力混凝土衬砌的区段，没有大的断层、张开的裂隙等不利于灌浆的地质构造。

2. 工艺要求

（1）衬砌厚度应根据施加预应力时衬砌不被压坏的原则决定，宜采用隧洞直径的1/12～1/18（洞径小时用大值，洞径大时用小值），最小衬砌厚度不宜小于0.3m。

（2）进行预应力灌浆前，应进行“开环”作业，即在围岩和混凝土之间灌注清水，使二者脱开。水压力一般为 0.5MPa。以保证灌浆压力均匀作用于衬砌[12]。

(3) 注浆压力应考虑浆液压力损失、混凝土的徐变、浆液凝结收缩、围岩的流变等因素，通过计算求得。浆材应采用膨胀性水泥。

(4) 注浆孔应沿衬砌周边均匀布置。深度不宜太深，能够使浆液在隧洞周边均匀分散即可。间排距应采用 2～4m，直径 5m 以下的隧洞每排宜设 8～10 个孔，直径 5～10m 可设 8～12 个孔，注浆段的长度宜采用 2～3 倍的洞径。

(5) 具体的施工工艺及灌浆参数应通过实验确定。

3. 设计原则[4]

(1) 混凝土衬砌结构应按不允许出现裂缝设计。

(2) 衬砌结构设计中可不计混凝土干缩和湿涨影响。

(3) 衬砌计算时可不计衬砌结构的自重。

(4) 衬砌结构强度计算应该计及不利作用（荷载）效应组合，并应进行切向应力叠加。

4. 强度条件[4]

(1) 当不计围岩温度影响时，衬砌结构应在受压状态下工作，应满足下式要求：

$$\sigma_{tp}+\sigma_{tq}\leqslant 0 \tag{2.6-36}$$

式中 σ_{tp}——内水压力使衬砌结构产生的切向拉应力，kPa；

σ_{tq}——灌浆压力使衬砌结构产生的切向压应力，kPa。

(2) 当计入围岩温度影响后，衬砌结构允许有不大于混凝土许可抗拉强度的拉应力，应满足下式要求：

$$\sigma_{tp}+\sigma_{tq}+\sigma_{tt}\leqslant \frac{R_l}{K} \tag{2.6-37}$$

式中 R_l——混凝土抗拉设计强度，kPa；

K——混凝土达到极限抗拉强度时的安全系数，K 按表 2.6-8 取值；

σ_{tt}——围岩温降使衬砌结构产生的切向拉应力，kPa。

表 2.6-8　混凝土抗拉安全系数

隧洞级别	1		2	
作用（荷载）效应组合	基本	特殊	基本	特殊
混凝土达到设计抗拉强度时的安全系数	2.1	1.8	1.8	1.6

(3) 通过高压灌浆使衬砌结构得到的预压应力应计及灌浆时的压力损失和混凝土的徐变、灌浆浆液结石收缩、围岩的流变等因素引起的压应力降低。

(4) 灌浆过程中衬砌结构的内缘切向压应力应小于混凝土轴心抗压设计强度的 0.8 倍，即：

$$\sigma_{tq}<0.8R_a \tag{2.6-38}$$

式中 R_a——混凝土轴心抗压设计强度，kPa。

5. 切向应力计算[4]

计算切向应力的最终目的，是求得满足强度条件下的孔口灌浆压力。

(1) 灌浆压力作用下产生的切向应力计算。

1) 衬砌结构计算点切向应力按下式计算：

$$\sigma_{tq}=-q_0\frac{t^2}{t^2-1}\left(1+\frac{r_i^2}{r^2}\right) \tag{2.6-39}$$

$$t=\frac{r_o}{r_i}$$

式中 r——衬砌结构计算点半径，m；

q_0——有效灌浆压力，kPa；

r_o——衬砌结构外半径，m；

r_i——衬砌结构内半径，m。

2) 对衬砌结构内缘，切向应力按下式计算：

$$\sigma_{tq}=-q_0\frac{2t^2}{t^2-1} \tag{2.6-40}$$

(2) 内水压力作用下衬砌内缘切向拉应力。按下式计算：

$$\sigma_{tp}=P\frac{t^2+A}{t^2-A} \tag{2.6-41}$$

$$A=\frac{E_c-(1+\mu_c)k_0}{E_c+(1+\mu_c)(1-2\mu_c)k_0}$$

式中 A——弹性特征因素；

P——设计内水压力（考虑外水压力叠加），kPa；

E_c——混凝土弹性模量，kPa；

μ_c——混凝土泊松比；

k_0——围岩单位弹性抗力系数，kN/m^3。

(3) 衬砌内缘切向温度应力值。按下式计算：

$$\sigma_{tt}=P_t\frac{2t^2}{t^2-1} \tag{2.6-42}$$

$$[\Delta r_o]=\Delta r_{co}-\Delta r_{ro}$$

$$\Delta r_{co}=\alpha_c\Delta T r_o$$

$$\Delta r_{ro}=\frac{2r_o^2}{R^2-r_o^2}\alpha_r(T_r-t_0)\left(\frac{M-1}{\ln M}-1\right)$$

$$M=\frac{R}{r_o}=f\left(\frac{2\lambda\tau}{\beta r_o^2}\right)$$

$$P_t=\frac{[\Delta r_o]}{r_o\left[\frac{1}{E_C}\left(\frac{r_o^2+r_i^2}{r_o^2-r_i^2}-\mu_c\right)+\frac{1}{E_r}(1+\mu_r)\right]} \tag{2.6-43}$$

函数 $f\left(\frac{2\lambda\tau}{\beta r_o^2}\right)$ 值见表 2.3-3。

式中 P_t——温度下降时，相应的有效灌浆压力的降低值；

E_r——围岩的弹性模量，kPa；

μ_r——围岩泊松比；

$[\Delta r_o]$——温降时衬砌与围岩的总变位，m；

Δr_{ro}——围岩受到温度下降后开挖面半径增加值，m；

Δr_{co}——温度降低使衬砌外半径减少值，m；

α_c——混凝土的线膨胀系数，1/℃；

ΔT——混凝土衬砌计算温差，℃；

α_r——围岩的线膨胀系数，1/℃；

T_r——半径为 R 处常年不变的岩石温度，℃；

t_0——衬砌外缘温度，℃；

R——围岩的温降半径，m；

λ——围岩的导热系数，W/(m·K)；

τ——年内最低温度持续时间，h；

β——围岩的单位体积比热，J/(m³·K)。

（4）孔口灌浆压力[12]为

$$q = k_1 k_2 q_0$$

式中 q——孔口灌浆压力，kPa；

k_1——浆液压力损失系数，$k_1=0.6\sim0.8$；

k_2——考虑混凝土的徐变、浆液凝结收缩、围岩的流变等因素的综合压力降低系数，$k_2=0.4\sim0.7$。

2.6.4.3 环锚式预应力混凝土衬砌

1. 工艺要求

（1）衬砌厚度应根据运行中衬砌的拉应力小于混凝土允许拉应力的原则确定，其最小厚度不宜小于0.6m。

（2）环锚式衬砌分后张法有黏结预应力和后张法无黏结预应力。后张法无黏结预应力的施工工艺比较简单，张拉预应力钢筋时，摩阻力小，而且预应力钢筋的锚固也有保证。设计时宜优先选用。

（3）预应力钢筋（锚束）布设在衬砌外缘，其间距由计算确定，但不宜大于0.5m。

（4）锚具槽在隧洞布置位置对张拉后的混凝土的应力分布影响很大。为了使结构处于良好的受力状态，锚具槽的设置位置应错开。

（5）环锚参数及施工工艺应通过实验确定。

2. 有限元计算模拟单元

（1）混凝土。弹性模型特别是弹性非线性模型能较好地描述混凝土在单调比例加载情况下的特性。预应力混凝土正常情况下不允许开裂，甚至不允许出现拉应力。因此可采用线弹性单元或弹性非线性单元模拟衬砌混凝土。

（2）钢筋。环锚式预应力混凝土衬砌，无论是后张法有黏结或是后张法无黏结预应力，在张拉时都要考虑钢筋与混凝土之间的滑移，张拉之后，后张法有黏结钢筋还要与混凝土黏结。因此采用离散式钢筋模型比较合适。该模型将钢筋单元叠加到混凝土单元中，钢筋单元首尾与混凝土单元结点相连，离散式钢筋模型可以计算出钢筋与周围混凝土之间可能的位移。

（3）钢筋与混凝土黏结的模拟。对于预应力混凝土衬砌，必须考虑钢筋与混凝土之间的黏结力及滑移。即在钢筋单元和混凝土单元之间，使用特殊的黏结单元（例如双弹簧黏结单元）相连，用黏结单元的应力—位移关系来模拟黏结特性和握裹作用。

双弹簧黏结单元如图2.6-8所示，设 H 方向与钢筋平行，v 方向与钢筋垂直。v 方向的弹簧用来模拟混凝土对钢筋的握裹和挤压，H 方向的弹簧用来模拟钢筋与混凝土的黏结特性。

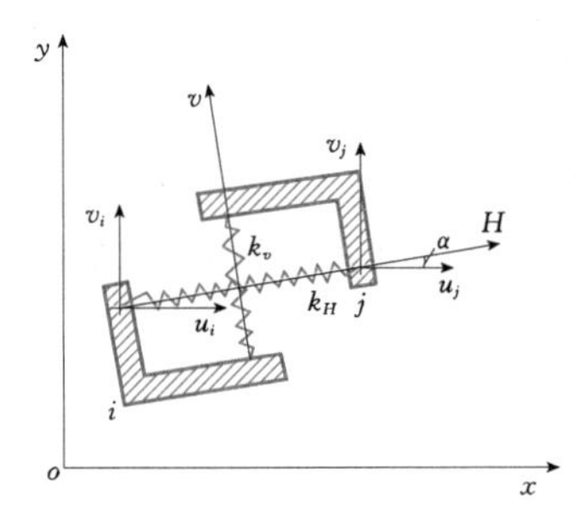

图2.6-8 双弹簧黏结单元

2.6.5 高压水工隧洞设计

2.6.5.1 高压水工隧洞的定义

（1）高压水工隧洞是指内水压力水头大于等于100m的隧洞。根据工程施工实践，隧洞洞径在10m左右，当围岩的岩性较差且内水压力水头达到100m时，往往衬砌中设置钢筋过密，混凝土浇筑困难，需要采取一些专门措施保证浇筑质量。

（2）高压隧洞一旦出问题，危害性大，目前在这方面积累的经验还不够多，广大设计人员应予以特别重视。

2.6.5.2 水压力作用的分析

水压力是高压水工隧洞的主要作用。目前对于水压力的作用有两种假设，即面力假设和体积力假设。二者最根本的区别在于渗流的性质，如果隧洞衬砌与围岩阻止了稳定渗流场的形成，水压力以静力的形式作用于隧洞衬砌的内表面或围岩的开挖面，这就是面力假设。体力假设认为，混凝土衬砌和岩体都是渗水介质，水流在这些介质中形成稳定的渗流场。渗流场内产生与水压力梯度成正比的渗流体积力，体积力作用于岩体和衬砌，从而又影响了应力场。体力假设的理论试图以更广泛视角，观察、解释所出现的问题，具有一定的合理性。

2.6.5.3 高压水工隧洞的设计原则

（1）岩体覆盖厚度应满足本章2.2节的要求。

（2）断面形式应该优先考虑圆形断面。

（3）衬砌设计的重点是提高围岩的完整性和减小渗漏危害。

2.6.5.4 高压水工隧洞的防渗设计

（1）防渗和排水设计，应根据隧洞沿线围岩的工程地质和水文地质条件、设计要求，结合具体情况，综合分析选用堵（衬护、灌浆）、截（设置防渗帷幕）、排（设置排水孔、排水廊道）等措施。

（2）在围岩较为坚硬（即Ⅰ～Ⅲ类围岩），且覆盖岩体能承受预应力灌浆压力时，可以采用灌浆式预应力衬砌结构。

（3）高压隧洞对渗漏要求严格的洞段，可以考虑采用钢板衬砌。高压隧洞钢筋混凝土衬砌与钢板衬护的连接段，应在钢筋混凝土衬砌的末端设置环状防渗帷幕，并应在衬护钢板的首端设止水环。

2.6.6 部分工程实例

部分高压引水隧洞支护工程实例见表2.6-9。

部分国内外压浆式预应力混凝土工程实例见表2.6-10。

表2.6-9 部分高压引水隧洞支护工程实例

序号	工程名称	水头（m）	围岩类别	断面型式	断面尺寸（m）	支护类型
1	格里桥	20～124	Ⅱ～Ⅲ	圆形	9.6	钢筋混凝土衬厚0.6m，含筋率68kg/m³
			Ⅳ～Ⅴ	圆形	9.6	钢筋混凝土衬厚0.8～1.0m，含筋率52～65kg/m³
2	牛头山	67～170	Ⅱ～Ⅲ	马蹄形	7.0	喷锚支护
			Ⅳ～Ⅴ		6.0	钢筋混凝土衬厚0.5m，单层配筋，含筋率62kg/m³
3	响水涧	29～275	Ⅲ类为主	圆形	6.4～6.8	钢筋混凝土衬砌厚度50cm，含筋率46.3kg/m³
4	自一里	20～393	Ⅲ	城门洞形	4.2×4.6	锚喷支护
			Ⅳ		4.2×4.6	钢筋混凝土，衬厚0.4m，含筋率133～262kg/m³
			Ⅴ	圆形	4.6	衬厚0.6m，含筋率305kg/m³
5	小天都	20～453	Ⅲ	城门洞形	6.5×6.2	锚喷支护
			Ⅳ	圆形	5.4	钢筋混凝土衬厚0.55m，含筋率39～180kg/m³
6	金康	20～565	Ⅱ～Ⅲ	城门洞形	4.4×4.0	锚喷支护
			Ⅳ			衬厚0.4m，含筋率67～235kg/m³
			Ⅴ			钢筋混凝土衬厚0.6m，含筋率104～264kg/m³
7	宝泉抽水蓄能电站	20～650	Ⅱ	圆形	6.5	钢筋混凝土厚0.5m，单层配筋，含筋率65kg/m³或77kg/m³
			Ⅲ			钢筋混凝土衬厚0.8m，单层配筋，含筋率46kg/m³
			Ⅳ			钢筋混凝土厚1.2m，双层配筋，含筋率62kg/m³

表2.6-10 部分国内外压浆式预应力混凝土工程实例

序号	工程名称	国别	隧洞特征				灌浆情况		
			长度（m）	内径（m）	初砌厚度（m）	内水压力（MPa）	灌浆压力（MPa）	灌浆孔深（m）	断面孔数及间距
1	白山原型试验	中国	48	8.6	设计0.6，实际0.9～1.05	0.6	2.0	3	孔数14个，间距3m

续表

序号	工程名称	国别	隧洞特征				灌浆情况		
			长度（m）	内径（m）	初砌厚度（m）	内水压力（MPa）	灌浆压力（MPa）	灌浆孔深（m）	断面孔数及间距
2	天生桥二级引水隧洞	中国	9776	8.7 9.8	0.5～1.0	0.2～0.9	普通洞段1.0～1.5，不良地质洞段4.0～6.0	普通洞段3m，不良地质洞段6～8m	普通洞段每断面孔10个，排距3m；不良地质洞段每断面15个孔，排距1.5～2m
3	拉马	南斯拉夫	9500	5	0.3～0.4	0.6～1.0	2.0～4.0	2.5～3.5	孔数8个，间距3m
4	雷扎赫	德国	1319	4.9	0.4	2.3	4.0	4.5	孔数12个
5	罗泽兰—巴迪	法国	12600	4.2	0.2～0.3	1.2～1.6	8.0	3.0	孔数12个，间距2.5m

2.7 竖井、斜井、弯段和分岔口设计

2.7.1 竖井、斜井、弯段

水工隧洞按照倾角（洞轴线与水平面的夹角）可划分为平洞、斜井和竖井三种类型。竖井和斜井多数采用圆形断面，斜井应考虑施工方法和开挖出渣要求，倾角小于42°的斜井，可采用自上而下全断面开挖；倾角为42°～50°的斜井，采用自下而上开挖，并应有扒渣和溜渣措施；倾角大于50°的斜井或竖井，可采用自下而上先导井再自上而下扩挖或自下而上全断面开挖。竖井和斜井开挖应满足排污、排水、出渣等方面的环境保护和施工人员职业健康要求。

斜井、竖井与平洞结构不同之处主要在于山岩压力的差异和如何合理地选取截条作结构计算。竖井的内力计算常取水平截条，忽略衬砌自重和山岩压力。斜井的结构计算也是垂直轴线取截条，因此衬砌自重和垂直山岩压力应取其分力进行计算，侧向山岩压力和满洞水重则按截条的斜高 H［见图2.7-1 (*a*)］进行计算。荷载确定后，衬砌的内力计算与平洞相同。

引水隧洞弯段的弯曲半径应考虑施工方法和大型施工设备的要求。弯曲半径不宜小于隧洞的3倍洞径（或洞宽），竖井的弯曲半径也不宜小于3倍洞径，弯段的计算常与直段隧洞一样取单位宽度的截条计算。当隧洞弯段的曲率半径小于3倍洞径时，例如水电站的压力水道在纵断面上常急剧转弯，这种转弯设计时，宜沿转弯半径方向取变宽度的截条计算，如图2.7-1 (*b*) 所示。

倾角较大的斜井和竖井，混凝土浇筑时通过混凝土自重及振捣能够使混凝土与围岩面充分接触，可以不进行回填灌浆，但围岩固结灌浆应根据围岩条件和荷载作用经分析论证后按设计要求进行。

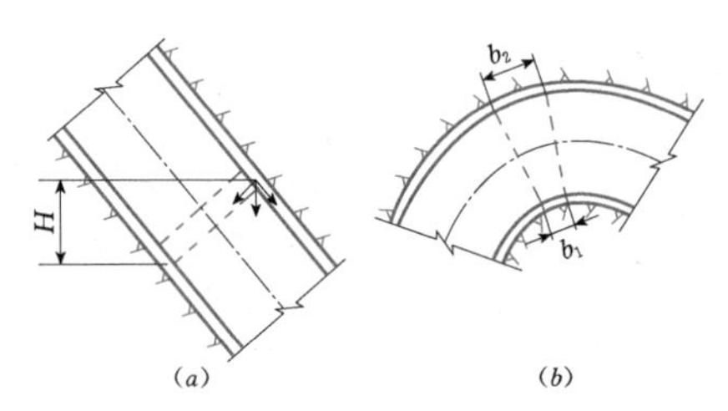

图2.7-1 竖井、斜井和弯段示意图

2.7.2 分岔口

2.7.2.1 分岔口的型式

引水隧洞分岔口宜布置在Ⅰ～Ⅲ类围岩中，Ⅳ类围岩地段需经论证后方可布置分岔口，Ⅴ类围岩地段不得布置分岔口。分岔口及其前后一定范围内的洞段，必须满足最小覆盖厚度、水力劈裂、渗透稳定的要求，大型分岔口在施工期应进行围岩地应力以及必要的物理力学测试，高压分岔口应进行施工期和运行期的安全监测设计。

分岔口型式大致可归纳为如图2.7-2所示的三类，无论哪一类，精确的应力分析十分困难，所以在实际工程设计中都采用近似计算。一般是在分岔口范围内切取几个大小不同的截条如图2.7-2 (*c*) 的A—A、B—B剖面分别进行内力和配筋计算。

2.7.2.2 分岔口衬砌结构计算

分岔口衬砌结构分析方法主要有数值模拟法和结构力学方法。数值模拟法可以较好地模拟三维空间结

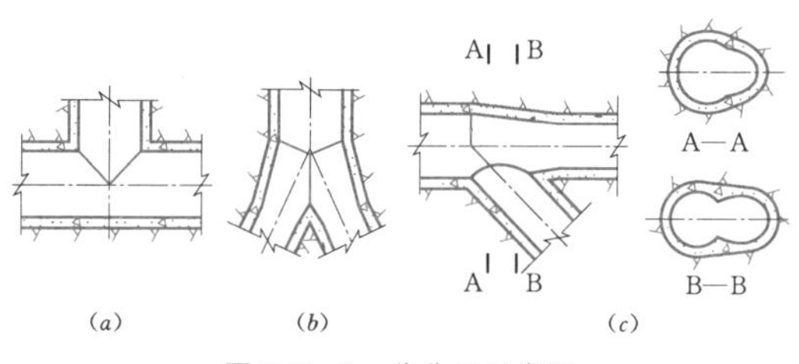

图 2.7-2 分岔口示意图

构的受力特性，还能模拟复杂地质条件以及内水外渗等因素对衬砌结构应力变形的影响，且近些年来数值模拟法已逐渐被设计人员所熟悉和掌握，但这种方法存在的主要缺点有：①前后处理耗时费力；②缺乏统一的评判标准。因此，目前对于简单的分岔口衬砌结构，考虑到计算成本问题，不少设计人员依旧采用传统的结构力学方法。然而，随着计算机技术的飞速发展和有限元等数值模拟法理论上的逐步完善，工程界越来越多地推荐采用数值模拟法来进行分岔口衬砌结构的分析计算。

1. 数值模拟法

在长条形地下结构设计过程中，三维空间结构往往被人为地割裂为纵向和横向两个孤立的平面问题进行分析，而忽略纵向与横向的相互作用与影响。水工隧洞是典型的长条形地下结构，长期以来，其设计理论及规范主要偏重横向设计。从工程实践来看，隧洞分岔口纵向问题日益突出，纵向设计得到重视或研究，但目前的纵向设计研究还是脱离横向设计的较多。隧洞纵横向各种新型接缝形式的产生，使得分岔口纵横向荷载及内力传递更为复杂。

(1) 分岔口结构特点和受力特性。分岔口作为一种空间受力结构体系，在受力状态、构造型式、施工技术等方面都较隧洞直洞段复杂得多，其结构设计历来受到设计人员的高度重视。目前，对于分岔口结构计算主要采用前述的结构力学理论。然而，不少实际工程表明：传统的计算方法很难较好地模拟分岔口的真实应力变形性态。这与分岔口结构特点和受力特性有关，主要体现在以下几个方面。

1) 分岔口空间效应较为明显。分岔口附近部位的结构整体刚度变小，承载能力减弱，空间效应较其他部位更为明显。这种影响随着与分岔口距离的增大而逐渐减小，隧洞远端基本上不受分岔口空间效应的影响。

2) 分岔口附近存在应力集中现象。分岔口由于曲率不连续，几何形状突变，容易导致分岔口附近产生较大的应力集中，而且一般情况下相交的拐角点处应力集中现象最明显。

3) 分岔口施工期稳定问题更为突出。实际工程监测数据表明：洞室开挖后，洞壁围岩位移指向洞内，分岔口发生收缩变形，其最大位移一般出现在分岔口附近。由于分岔口的应力、位移更为复杂，在实际工程中该部位常常是影响地下工程稳定的重点部位之一，尤其在施工期，洞室开挖是分岔口施工过程中的重要工况，而在开挖过程中分岔口洞壁围岩受力和变形较大，围岩稳定问题更为突出。

4) 分岔口加固方式的多样性。为满足围岩施工期稳定或运行期防渗等要求，一般需对分岔口附近的围岩进行加固，工程中常用的喷锚支护、灌浆、衬砌等多种措施。

由于传统计算方法对分岔口空间效应的模拟过于简化，尤其是对于大跨度的分岔口，其结构受力大，受力性质复杂，采用传统计算方法很难模拟出分岔口存在的应力集中现象，也无法分析围岩可能存在的变形稳定问题，难以评价实际工程中采取的不同加固措施效果。

随着计算机技术的发展，数值模拟方法已成为研究复杂条件下的分岔口位移和应力状况的重要手段。目前数值模拟方法主要包括两个分析方法体系：连续介质分析方法体系和不连续介质分析方法体系。连续介质分析方法的代表是有限单元法和边界单元法等，不连续介质分析方法的代表是离散单元法和不连续变形分析法等。其中，有限单元法是目前工程中运用最广的数值计算方法。当前，国内外实际工程中用来模拟分岔口应力变形较多的商业软件主要有 ABAQUS、ADINA、MARC、ANSYS 等。

根据工程经验，一般规模且相对简单的分岔口可采用平面有限单元法进行计算分析，对于重要的分岔口或地质条件较差的分岔口，宜采用三维有限单元法进行围岩结构在施工期、运行期的应力应变分布情况和稳定与应力安全水平分析。考虑到分岔口围岩（靠洞壁的塑性区）是非线性材料，采用三维弹塑性有限元分析可以更好地分析围岩应力和位移分布及围岩的塑性屈服范围，比线弹性分析法能更好地反映结构的受力和破坏特性。

为保证有限元计算结果的精度，计算模型范围宜取分岔口各支洞内径的三倍以上洞段和围岩体作为研究对象，以消除边界对计算结果的影响。同时，考虑到分岔口附近存在着应力集中现象，通常在单元划分时，应根据分岔口的结构布置在应力水平较高的区域进行局部网格加密。对于计算边界问题，地表面为自由边界，其他边界则可作为固结端点。

(2) 计算工况及荷载。不同类型的分岔口，有限元分析的计算工况及荷载如下。

1）永久分岔口进行持久工况（永久和可变作用效应组合）和偶然工况（永久、可变加一种偶然作用效应组合）分析计算。主要荷载为内水压力（含水击）、衬砌自重、山岩压力（或地应力）、灌浆压力及外水压力等，开裂设计尚应考虑内水外渗作用。

2）施工支洞的分岔口选取偶然组合进行开挖期或支护后两种工况的应力应变分析。开挖期的主要荷载有垂直山岩压力和外水压力，支护后的主要荷载有衬砌自重、加固力和垂直山岩压力及外水压力。

山岩压力主要考虑开挖后的地应力及围岩松动压力，外水压力可由给定水位进行有压渗流场计算，计算出各单元节点的水头值和单元所受的渗透力，按体力施加。

（3）开挖和喷锚支护模拟。在分岔口非线性有限元数值模拟中，常涉及的问题有开挖和喷锚支护，通常做法如下。

1）开挖机理模拟。隧洞开挖之前，岩体处于静止平衡状态。开挖后由于洞周卸荷，破坏了这种平衡，洞室周围各点应力状态发生变化，以达到新的平衡。由于开挖，洞室周围岩体应力大小和应力方向发生变化，即应力重分布。应力重分布后的应力状态叫做围岩应力状态，以区别于原始应力状态。地下工程的开挖，使得开挖边界点的应力“解除”，从而引起围岩应力场的变化，所以地下结构分析中开挖的作用必须予以考虑。

开挖的模拟主要包括开挖单元应力释放，并转化为等效节点荷载以及作用于结构自身的问题。对于已知的初始地应力，在结构的有限元计算方法中，开挖荷载可按下式进行计算：

$$\{P\} = \iiint [B]^{\mathrm{T}} \{\sigma_0\} \mathrm{d}x\mathrm{d}y\mathrm{d}z \qquad (2.7-1)$$

式中 $[B]$——几何矩阵；

$\{\sigma_0\}$——单元的初始应力。

将形成的开挖荷载施加在开挖边界上，在初始应力场的条件下求出整个结构相应的扰动应力场，所得位移为开挖后开挖周边及围岩的位移。

使用有限元方法分析地下结构的开挖问题时，必须事先对所计算的结构进行网格剖分，进而计算得到整体结构的刚度矩阵。开挖就是使部分单元从整个结构中挖除，此时整体结构的劲度性质发生了变化，有限元计算应对其重新计算，这是一项很耗时的工作。为了能够克服这样的问题，可采用“死活”单元的形式，以“死”单元来模拟开挖单元。这里所谓“死”单元就是把要开挖掉的单元的物理参数值取得很小，小到其对整体刚度的贡献可以忽略的程度。这样在开挖时，只需要改变这些被开挖掉单元的物理参数，而不需要重新形成整体刚度矩阵，在很大程度上节省了时间和精力，具有较大优越性。

计算时尚应考虑开挖爆破对围岩完整性的影响，应降低塑性开展区单元的物理力学参数。

2）锚杆支护的模拟。对锚杆支护作用的数值模拟方法主要有锚杆单元法（离散杆单元模拟）和等效连续法（加锚岩体均质等效）。离散杆单元模拟法要具体模拟每根锚杆的方位、长度等，工作量很大；等效连续法不具体模拟每根锚杆，而是将加锚后得到改善的岩体力学参数反应到计算模型中去，这样可以方便地建立模型，对大范围的锚杆支护模拟非常有效。

加锚岩体力学参数与锚杆直径及间距之间关系的经验公式如下[13]：

$$C_b = C\left(1 + \eta \frac{\tau_b A_b}{S_a S_b}\right) \qquad (2.7-2)$$

式中 C、C_b——加锚前、后围岩的黏聚力，$\mathrm{N/mm^2}$；

τ_b——（0.6～0.8）R_L，其中，R_L 为钢筋设计抗拉强度，$\mathrm{N/mm^2}$；

A_b——锚杆的横截面积，$\mathrm{mm^2}$；

S_a、S_b——锚杆间距与排距，mm；

η——综合经验系数，一般取10～15，$\mathrm{mm^2/N}$。

2. 结构力学方法

结构力学方法作为设计人员常用的传统计算方法，虽不能与数值模拟法那样模拟复杂三维结构的变形特性，但对于简单的结构，采用合适的简化后可以满足设计需要。

在结构力学方法中，常考虑的作用有：衬砌自重、内（外）水压力、围岩抗力（围岩松动压力）、灌浆压力。正常运行期一般忽略回填灌浆压力，内水控制工况下，主要作用效应组合有：内水压力＋衬砌自重＋围岩抗力。外水控制工况下，主要作用效应组合有：外水压力＋衬砌自重＋围岩松动压力。施工期主要作用效应组合有：灌浆压力＋衬砌自重＋围岩松动压力。在考虑内（外）水压力时以面力加载。

早期设计中，采用较多的是较简易的弹性地基梁法，即假设岔口截条是由圆弧梁和直梁组成的弹性地基上的闭合环。闭合环是由许多弹性地基上刚梁组成。在内水压力作用下圆弧段的抗力假设与圆形衬砌相同，即抗力为直线分布并与作用维持静力平衡，两圆弧之间连以直线当作直梁段的抗力。每段梁的两端有六个未知数：轴向力 N、剪力 Q、弯矩 M、切向线变位 μ、法向线变位 v 和角变位 θ。具体计算时通常是在岔口范围内切取最不利截条，采用分段循环计算方法计算封闭式衬砌的结构内力。

随着工程实践的不断深入和人们认识水平的提

高，对于分岔口的结构计算逐渐采用平面斜拱理论或空间框架理论，将空间薄壳结构简化为框架体系。

以上几种结构力学方法均不能模拟复杂地基等因素对三维结构受力特性的影响，尤其是不能反映衬砌与围岩联合承载和内水外渗引起的渗透体积力变化。随着目前实际工程大跨度、新型接缝形式的分岔口层出不穷，结构力学方法有逐渐被数值模拟法取代的趋势。

2.8 隧洞灌浆和衬砌构造

2.8.1 回填灌浆和固结灌浆

2.8.1.1 回填灌浆

回填灌浆的目的是使衬砌与岩石紧密贴合，以便使岩石承受大部分由衬砌传递来的内水压力，同时保证山岩压力作用于衬砌结构并与围岩形成有效联合受力体。不论围岩的性质如何，水工隧洞应进行回填灌浆。回填灌浆的设计内容包括灌浆范围、孔距、排距、灌浆压力及浆液浓度等，应根据隧洞的衬砌结构型式、运行条件及施工方法综合分析确定，并提出灌浆材料、工艺和检查标准。

设计时，一般根据经验和规范可参考以下规定。

(1) 一般情况布孔如图 2.8-1 所示，洞顶 90°～120°范围以单、双孔交替排列，间排距可取 3～4m。

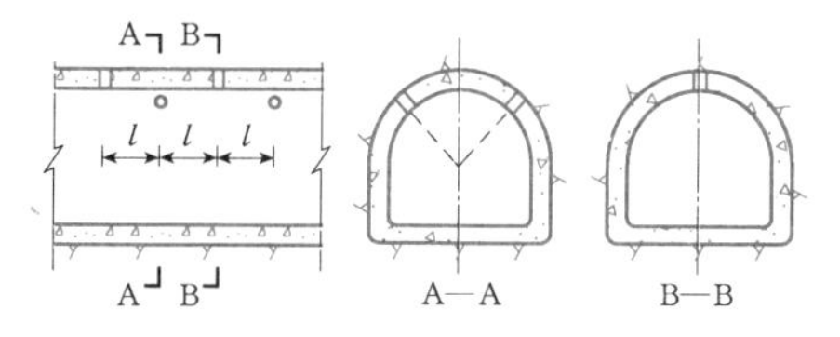

图 2.8-1 回填灌浆布孔示意图

在坍塌深度达 1m 以上的范围内每 $2m^2$ 至少布一个孔，洞顶有较大坍塌处可先用块石、碎石或卵石填塞并预埋灌浆管和排气管。

(2) 钻孔直径不小于 38mm，或衬砌内预留短管或设法留孔（管径 40～60mm），灌浆孔应深入围岩 10cm。

(3) 灌浆工作采用逐步加密法，第一次序灌奇数排，第二次序灌偶数排，或第一次序每 4 倍排距灌一排，第二次序灌每 2 倍排距的孔，第三次序才灌偶数排。灌浆工作应在衬砌混凝土强度达设计强度的 70%以上方可进行。对于设计中已考虑不能承受灌浆压力的衬砌，灌浆工作应在拆模前进行并安设必要的支撑。某一排的灌浆应自下而上向上两个孔（对称）同时施灌，直到相邻孔或高处孔冒出浓浆（接近或等于注入浆液的水灰比）为止，堵塞低处孔，改从高处孔灌浆，依此类推，直至结束。在规定的压力下灌浆孔停止吸浆后，延续灌注 10min，即可结束灌浆。

(4) 灌浆压力：素混凝土衬砌可采用 0.2～0.3MPa，钢筋混凝土衬砌可采用 0.3～0.5MPa。

(5) 回填灌浆形成的水泥结石应满足弹性模量、填充率、密实度、透水性的设计要求。灌浆材料通常采用与衬砌相同品种的水泥，强度等级不低于 P.O32.5。遇大量吸浆情况时，才考虑掺加砂、石粉或其他掺合料，掺量由试验确定。用水泥砂浆时，砂的粒径不超过 3mm，砂的用量不超过水泥重量的 200%。塌方段的顶拱空腔较大时宜灌注高流态混凝土和水泥砂浆。

(6) 水胶比采用 0.6 或 0.5 施灌，压力由小到大逐渐增加。

(7) 回填灌浆的检查标准：在设计压力下不吸浆或在 10min 内注入水胶比为 2 的浆液不超过 10L 即为合格。

2.8.1.2 固结灌浆

固结灌浆的目的是：加固围岩，减少岩石压力；提高围岩完整性和弹性抗力；提高围岩抗渗性能，减少渗透量（地下水渗入隧洞或隧洞中的水渗入岩石），防止衬砌混凝土受到侵蚀性的地下水作用等。围岩是否需要进行固结灌浆应根据工程地质和水文地质条件、运用要求，通过技术经济比较确定。

固结灌浆孔的深度、间距和方向应根据围岩的层理走向、节理裂隙的发育程度、裂隙的方向、岩石的含水性、岩石的物理性质等确定。可参考以下要求。

(1) 固结灌浆应在回填灌浆结束 7～14d 后进行，水泥强度等级不低于 P.O32.5，一般用纯水泥浆，灌注岩溶裂隙处时可用水泥砂浆，若第二次序及以后次序也用水泥砂浆时，砂的粒径不应大于 1mm，砂的含量由试验确定，灌浆方法一般与回填灌浆相同，可用逐步加密法。

(2) 灌浆前必须用压缩空气和清水交替对钻孔进行冲洗，冲洗压力可为灌浆压力的 80%，并不大于 1MPa，冲洗完成后做简易压水试验，做压水试验的孔数一般不少于灌浆总孔数的 5%。

(3) 固结灌浆的排距、孔距、孔深和灌浆压力应由灌浆试验确定，一般情况下，固结灌浆的排距宜采用 2～4m，每排不宜少于 6 孔，孔位宜对称布置，灌浆深度一般大于 0.5 倍隧洞直径（或洞宽），灌浆压力可采用 1～2 倍内水压力，其中高水头压力隧洞的固结灌浆压力应小于围岩最小主应力。

(4) 灌浆材料。应根据围岩工程地质、水文地质条件和隧洞的工作条件选定。一般有水泥浆、水泥砂浆或掺粉煤灰等水泥混合材。地下水具有侵蚀性时，应采用抗侵蚀作用的水泥。

(5) 水胶比比级。水胶比级分：3、2、1、0.6（或0.5)，也可以采用2、1、0.8、0.6（或0.5)，一般情况下由稀到浓不应越级。

(6) 结束标准。当停止吸浆或吸浆量保持稳定且不超过1L/min，继续以最大灌浆压力灌注30min即可结束灌浆。

(7) 质量检查。应在灌浆完毕28d后钻孔作压水试验或声波检查。

检查孔不应少于灌浆孔总数的5%，可视地质条件对曾出现事故和估计有问题的部位加强检查。

对有特殊要求的固结灌浆可通过工程类比和现场试验确定各项参数。

2.8.2 不良地质条件的洞段处理措施

2.8.2.1 不良地质条件的洞段

(1) 与较大地质构造交叉，需采取特殊施工、支护措施才可以保证围岩稳定的洞段。

(2) 高地应力区出现岩爆的洞段。

(3) 有害气体赋存区的洞段。

(4) 喀斯特洞穴发育区或地下暗河的洞段。

(5) 高压力地下水或地表水强补给区，出现较大涌水的洞段。

(6) 流变岩层、高膨胀岩层的洞段。

2.8.2.2 不良地质条件的洞段支护设计

根据地质预报（预测）或超前勘探成果，通过工程类比和必要的计算分析，进行支护方案或开挖前的围岩加固设计。可能出现意外情况时，还应提出应急方案。

根据施工过程中揭露出的地质情况和现场监测、测验（试验）数据，及时确认、调整、修改支护参数或变更支护方案，控制围岩失稳的发生或扩大。及时分析一次支护效果，根据围岩稳定情况，研究加强支护或多次支护的必要性，以及衬砌施工的适宜时机。锚喷支护设计应按相关规范进行，对其他支护型式的结构计算可采用结构力学方法。

(1) 不良地质洞段的衬砌设计内容有：

1) 根据地质条件，衬砌前所采取各种处理措施的效果、围岩变形（位移）的稳定情况，通过工程类比和必要的计算分析，确定衬砌结构可能承担的外荷载。

2) 通过必要的物理力学指标测验和工程类比，确定设计所采用的围岩物理力学指标和承担内水压力的能力。

3) 根据地质条件，并考虑便于施工，经技术经济比较，选择有利于结构受力和围岩稳定的隧洞横断面形状和衬砌结构形式。

4) 不良地质洞段的衬砌结构计算不考虑围岩承担内水压力时可用结构力学方法。考虑围岩承担内水压力时，可用有限元方法，并通过工程类比确定。

(2) 对预测可能出现围岩坍塌失稳的不良地质洞段，还应进行下列专项设计：

1) 进行专门的施工组织设计。

2) 提出施工技术要求，包括爆破参数、进尺、程序、变形监测、现场测量、支护工艺等。

3) 做好地下水的引、排设计。

4) 根据信息反馈及时判定围岩的稳定情况，确定应采取的后续施工措施。

(3) 有较大涌水的不良地质洞段设计。应根据地质情况、涌水来源、涌水量大小，按截断水源、引排涌水、降低围岩透水性的原则，进行防止或控制涌水造成围岩失稳的工程措施设计。设计内容应包括防止涌水或引排的措施、支护措施、施工监测、衬砌结构和安全监测。

(4) 高应力区岩爆。高地应力区隧洞切向应力和岩石单轴抗压强度R的比值大于0.3，或岩石单轴抗压强度R与岩体最大水平应力σ_h的比值R/σ_h大于3时，脆性岩体可能发生岩爆。对于易发生岩爆的不良地质洞段，应根据地应力的大小、方向，围岩的结构、岩性，岩爆发生的频度、强度和范围，研究洞段的走向、断面形状、开挖程序、支护方式、预泄围岩应力等措施，防止岩爆发展，保证施工安全。

岩爆地区第一次支护宜采用锚喷支护，并密切监测其支护效果。应在围岩变形（位移）基本稳定后进行衬砌施工。

(5) 有害气体赋存区的洞段。宜根据有害气体的来源、分布、连通情况，通过隔离、封闭、引排等措施，控制和减少有害气体的影响。对较长和有害气体浓度超标的隧洞可设专门的通风、换气设施。有害气体赋存区可先进行锚喷临时封闭，再进行永久混凝土衬砌结构封闭，不宜用锚喷结构做永久衬砌结构。

(6) 喀斯特岩溶区域的隧洞。应根据溶洞的位置、分布、规模，溶洞的充填状况，围岩（岩壁）的稳定状况及岩溶水量大小，按下列原则进行处理措施设计：

1) 对岩壁渗水滴水、溶洞中的流水（暗河)，充填物中的地下水，宜根据排水量的大小、类型和来源，采用“排”、“截”、“堵”、“防”相结合，以排为主的原则进行综合处理。

2) 对规模较小或未与隧洞连通的较小溶洞，可采取回填混凝土、回填灌浆、固结灌浆等处理措施。

3）对规模较大、充填物多、水量大的溶洞，可根据溶洞的位置和分布采取设置隔离体、支撑结构跨越、专门基础设施、局部改线等处理措施。

（7）流变岩层、高膨胀岩层的洞段。根据地质勘探和试验成果，研究流变岩的时效性和应力、应变关系，膨胀岩的膨胀率和膨胀压力，通过工程类比和必要的计算分析，选择合适的支护措施，封闭断面方式和封闭时间，以及适宜的衬砌结构、衬砌时间。

（8）对遇水易泥化、崩解、膨胀、软化的不良地质洞段，或在渗流作用下易于蚀变、渗透变形（失稳）的较大断层、卸荷带、破碎带、节理（裂隙）密集带等不良地质洞段，设计级别可提高一级（最高不超过1级），并应加强衬砌的防渗、止水措施，必要时进行专门设计。

（9）不良洞段基础处理。根据地质条件和衬砌型式，做好回填灌浆、固结灌浆设计，防水排水设计，施工缝和结构缝的止水设计，以及与施工监测设计相结合的安全监测设计。

Ⅴ类围岩、断层带、断层影响带、卸荷带及节理密集等破碎带，由于岩体软弱破碎，再加上构造影响，开挖后变形发展迅速，仅靠钢筋网、锚杆及喷混凝土支护不足以抵抗围岩有害变形的发展，需要采取刚度较大的综合性支护措施，才能抑制有害变形的发展。联合支护包括管棚、钢拱架、自钻式锚杆、钢筋网喷混凝土支护、深孔固结灌浆以及混凝土塞等措施，这是我国在不良围岩开挖施工中常用的办法。破碎带处理示意图见图2.8-2。

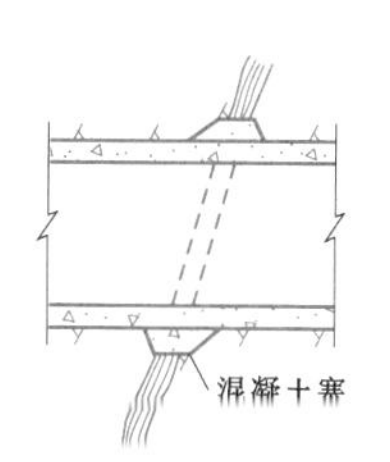

图2.8-2 破碎带处理示意图

2.8.3 施工缝和伸缩缝

混凝土和钢筋混凝土隧洞衬砌，在地质条件明显变化处和井、洞交汇处，进出口处或其他可能产生较大相对变位处应设置永久缝（伸缩缝），并采取相应的防渗措施。围岩地质条件比较均一的洞段，可只设置施工缝（浇筑缝）。

施工缝分纵向和横向浇筑缝两种（见图2.8-3），横向浇筑缝的间距，应根据施工方法、浇筑能力和温度收缩等因素分析确定，一般可采用6～12m。接近洞口处施工期间易受气温影响，间距宜小一些。纵向浇筑缝应设置在衬砌结构拉应力及剪应力均较小的部位，必须进行凿毛处理，施工需要先衬砌顶拱时，对拱底反缝缝面必须妥善处理。

钢筋混凝土衬砌的纵向浇筑缝通常都做键槽并可加插筋，如图2.8-4所示。横向浇筑缝一般不做键槽也不加插筋，纵向钢筋也有不穿过缝面的。有必要时在缝面设置膨胀止水防渗。当要求衬砌严格防止渗漏时，不论纵向和横向浇筑缝，均应在缝内设止水，且钢筋穿过缝面，作并缝处理。

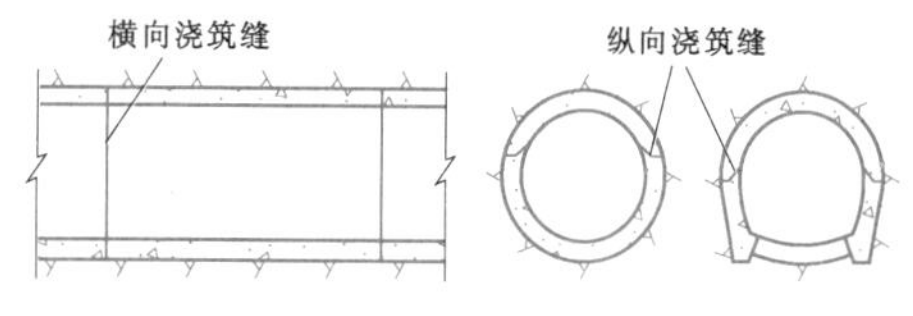

图2.8-3 衬砌的浇筑缝

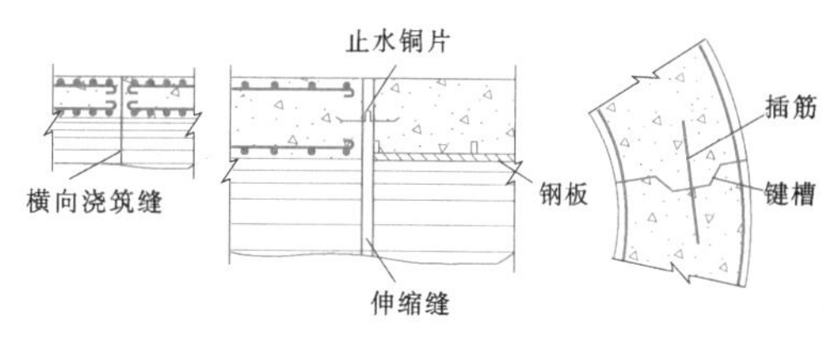

图2.8-4 浇筑缝与伸缩缝构造图

伸缩缝只在地质条件突变、地质条件较差、衬砌型式改变的洞段才设置。伸缩缝与浇筑缝不同的是纵向钢筋一律不穿过缝面，并且缝面上贴填缝材料保持一定的缝宽（一般为1～2cm），设置止水片。

钢筋混凝土衬砌与钢板衬护连接处不应分缝，且应有不小于1.0m的搭接长度，并在钢板上设置止水措施。

2.8.4 防渗、排水

隧洞的防渗和排水设计宜遵照“堵”、“截”、“排”的原则，选择单独或综合处理措施。

高压隧洞钢筋混凝土衬砌与钢板衬砌的连接段，应在钢筋混凝土衬砌末端设置环状防渗帷幕，并在钢板衬砌的首端设止水环。隧洞洞口边坡及其周围，应根据地形、地质条件分析设截水沟及排水孔的必要性。

如外水压力控制衬砌结构安全时，宜采取排水措施。其排水措施有：排水孔、排水管、排水洞及其三者结合的综合排水措施。

2.8.4.1 排水孔

无压隧洞的排水，常在水面线以上洞顶部位设置排水孔。一般孔深为3～5m，孔距为3～5m。当拱座部位围岩内存在软弱层时，应在排水孔内设置排水盲材，以防止软弱物流失引起衬砌结构失稳。

有压隧洞应根据渗流场分析复核衬砌结构在检修工况的工作状态，确定是否采用设置排水孔作为降低外水压力的工程措施。

2.8.4.2 排水管

常在有压隧洞衬砌结构中采用，并形成暗排水。以盲沟排水为主，先在开挖面沿线布置排水孔，插入排水盲材后，再与开挖面布置的纵、横向交错的盲沟连成网络的暗排水系统，并沿洞轴线引至洞外或厂房附近集中排出。排水孔可根据围岩水文地质条件布置，一般孔深为5～8m，孔距为3～5m，为降低固结灌浆对排水效果的影响，常在排水孔内布设排水盲材。横向盲沟排水垂直洞轴线布置，间距一般为5m。沿洞轴线可布置三道纵向盲沟排水，分别布置在开挖断面的两腰和底部。

2.8.4.3 排水洞

外水压过高时，为保证有压隧洞和压力管道的衬砌结构安全，防止外水形成对厂房后坡的渗透稳定影响，可在有压隧洞附近平行、正交或斜交洞轴线设置排水洞，并在排水洞内设置一定孔深和一定数量的排水孔集中排水。

结合隧洞固结灌浆的施工条件和进度要求，也可利用该排水洞对隧洞或压力管道进行高压固结灌浆，达到加固隧洞围岩的完整性和排水的双重目的。排水洞通常不做衬砌，较大断面的排水洞和地质条件较差的排水洞可做间断衬砌或全衬砌后布设足够的排水孔，以保证衬砌结构安全和排水通畅。排水洞的断面尺寸以满足洞室开挖施工要求和便于检修为准。

排水系统的数量和尺寸理论上应根据排水效果和排水量来确定。由于水文地质资料往往不准确，故常按工程类比设置。同时，设置排水设施后，仍需考虑排水可能失效引起衬砌结构附近地下水的流动规律发生变化的特殊工况。

在衬砌结构下部平行隧洞轴线不宜设置较大断面的排水管或排水洞，如必须设置时应有充分论证。

2.8.5 集石坑

在不衬砌与喷锚隧洞的末端，应设置集石坑，以确保水轮发电机组的安全运行。

集石坑常设置在隧洞尾部（有衬砌段前方）及支洞处以便于清淤，其容积可根据不衬砌洞段的围岩情况、长度、面积、水力学条件、清渣频度及清渣方便等综合考虑。一般条件下，按不衬砌洞段表面积每$100m^2$设约$1m^3$集石进行集石坑容积计算。考虑检修、安全等因素其深度取1.2m，并宜对该处隧洞段进行扩挖拓宽，以降低水流流速，提高集石效果，并兼作检修交通人行便道。在集石坑下游设台阶以利清淤。隧洞运行前期，应及时对集石坑进行清理。集石坑的水力学设计，宜满足下列原则。

（1）隧洞横断面上水流的扰动小。

（2）集石坑内水流扰动小。

（3）在集石坑内设置折流板，阻止沙、石在坑内做纵向运动。

（4）重要工程，宜对集石坑作模型试验。

2.8.6 不同衬砌型式之间的连接

引水隧洞不同衬砌型式之间应设置渐变段以减小水头损失。渐变段一般采用直线规律变化的布置，将边界的最大收缩角或扩散角限制在6°～10°，其长度以洞身直径或洞高的1.5～2.0倍为宜。

在长隧洞中，若采用了多种断面或衬砌型式，每种断面或衬砌型式，其洞段长度应大于3倍洞径以上，不同断面之间均需设置渐变段连接，但不宜过多，否则会加大隧洞的局部水头损失。

在断面变化处，应设置伸缩缝。

2.8.7 钢筋布置

2.8.7.1 一般断面的钢筋布置

（1）钢筋保护层厚度不宜小于5cm；当衬砌混凝土厚度大于100cm时，钢筋保护层厚度不宜小于7cm。

（2）纵向分布钢筋一般不作计算，常采用直径为16～20mm的钢筋，间距为20～40cm，衬砌较厚者采用较大的间距。

（3）受力钢筋直径一般不小于16mm。沿纵向每米至少3根，但不宜超过8根，钢筋净间距应大于钢筋直径的3倍。

（4）拉筋：一般情况下不设置拉筋。当衬砌厚度大于100cm时，为防止施工时钢筋网变形，可设置适当的拉筋，其间距应满足施工要求，宜为50～100cm。

2.8.7.2 分岔口的钢筋布置

分岔口可根据数值模拟法计算结果或截条计算结果进行加强配筋。分岔口不成整圆时，环向钢筋可重复配置（见图2.8-5），以弥补近似计算的不足而作为安全富余。对于局部加强方式的分岔口，可参照板梁结构在加强圈内设置受力钢筋和箍筋。

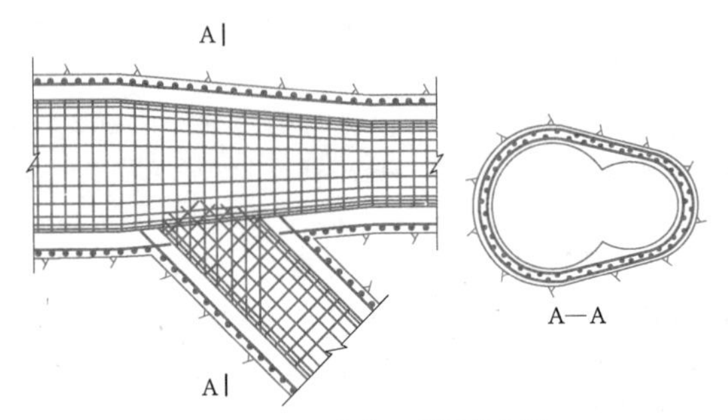

图2.8-5 分岔口的钢筋布置

2.8.7.3 矩形断面的钢筋布置

根据试验结果和矩形断面角隅部分的裂缝性状，如图 2.8-6（*a*）所示，先出现弯曲裂缝，在裂缝扩展过程中随之出现斜裂缝。主要构造规定如下：①水平构件与垂直构件的外层钢筋搭接时，不得将水平筋向垂直构件延伸，而应将垂直筋向水平构件延伸，并将角隅处钢筋弯成圆弧，弯曲半径不小于 $10d$，d 为钢筋直径，还应配置足够的斜筋，见图 2.8-6（*b*）；②水平构件负弯矩处的主筋至少要有 1/3 伸过反弯点，伸过长度至少 $10d$，且不小于跨度的 1/16 和断面高度；③分布钢筋宜配置主筋的 1/4，间距以 25～30cm 为宜。

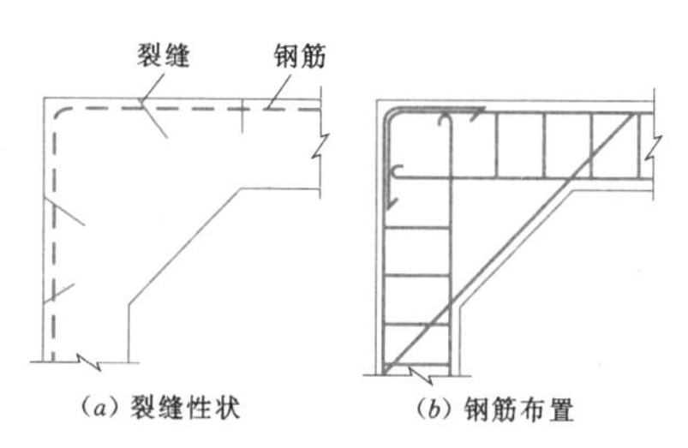

（*a*）裂缝性状　（*b*）钢筋布置

图 2.8-6　矩形断面角隅

2.8.7.4 马蹄形断面的钢筋布置

马蹄形断面一般在底部边角处有较大的应力集中，可根据需要在其底部边角处配置内层加强钢筋。内层加强钢筋可采用与内层受力钢筋相同的间距，以方便钢筋绑扎。当马蹄形断面底部设有角隅时，其配筋型式可参照矩形断面角隅的配筋方式。

2.9 封堵体设计

水工隧洞的探洞、施工支洞需进行封堵，封堵体将成为永久水工建筑物的组成部分，在运行中同围岩和混凝土共同承担水压力。

封堵体的位置应根据围岩的工程地质和水文地质条件以及已有的支护、衬砌情况、相邻建筑物的布置及运行要求等分析确定。封堵体可分为无压和有压隧洞封堵体。

2.9.1 封堵体形式

封堵体形式有瓶塞形、短钉形、柱形、拱形等。瓶塞形封堵体能将压力均匀地传至洞壁岩石，受力情况好，常被广泛采用。短钉形开挖较易控制，但钉头部分应力较集中，受力不均匀，不常采用。柱形封堵体依靠自重摩擦力及黏聚力达到稳定，有压隧洞较少采用，常用于无压隧洞。拱形封堵体混凝土用量少，但对岩石承压及防渗要求较高，可用于岩体坚固防渗性较好的地层。隧洞封堵体形式如图 2.9-1 所示。

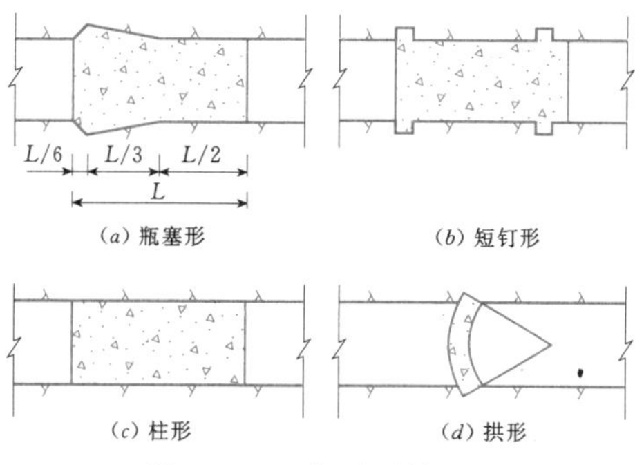

（*a*）瓶塞形　（*b*）短钉形　（*c*）柱形　（*d*）拱形

图 2.9-1　隧洞封堵体形式

封堵体的体形和长度应根据封堵体所承受内水压力的大小、地质条件、施工方法、封堵材料、运行要求，并考虑施工工期等综合因素分析确定，应在安全可靠的前提下，尽量简单实用。封堵体的选型一般应考虑下列三个因素。

（1）水头因素。一般中高水头水工隧洞的封堵应尽量选用超载能力较强的瓶塞式封堵体，低水头水工隧洞的封堵可选用体形较简单的等截面柱状封堵体。

（2）断面因素。方圆形断面隧洞应尽量选用瓶塞式封堵体，其齿槽与隧洞可同时开挖，并且对于衬砌段可随衬砌进行混凝土浇筑以及灌浆等。圆形隧洞特别是采用掘进机开挖的圆形隧洞应尽量采用等截面柱状封堵体，以简化施工。

（3）施工因素。隧洞封堵一般施工期工期较紧，因此选用结构简单的体形尤为重要。

2.9.2 封堵体的受力特性

封堵体承受的基本荷载主要有：水压力、渗透压力、自重以及地震荷载等。除此之外封堵体周边还存在综合围压，综合围压主要表现在以下几个方面。

（1）围岩应力重分布的影响。洞室开挖后，出现第一次应力重分布，表现为洞周某一范围内的切向应力增大而径向应力减小，洞壁处径向应力为零。隧洞封堵蓄水后，其周边的岩石处于饱和水状态，围岩应力的水平分量和垂直分量之比发生变化，由此带来洞周各点将发生收敛变形，即产生第二次应力重分布，第二次应力重分布的结果将导致封堵体承受一定的围岩压力。

（2）灌浆应力的影响。混凝土浇筑完成后，封堵体必须进行回填灌浆，必要时还要进行二次回填灌浆，有时还需要进行围岩的固结灌浆和周边的接触灌浆。灌浆后，在封堵体周边必然产生附加径向应力，从而使封堵体与围岩间出现相互作用的弹性抗力。不少工程的原型观测结果表明，即使考虑了混凝土和围岩徐变以及浆液结石收缩等因素造成的应力松弛，接缝部位的灌浆残余应力仍可保持初始应力的40%～70%。

(3) 混凝土内掺入复合型膨胀剂后带来的挤压影响。为简化施工，近年来许多工程的封堵体均采用了膨胀混凝土，采用膨胀混凝土，不仅可以抵消混凝土的收缩变形，而且还可对围岩产生0.2～0.3MPa的压应力。

2.9.3 封堵体的结构稳定性计算分析

直接与水库接触的隧洞封堵体，设计级别应与挡水建筑物的设计级别一致。隧洞探洞、施工支洞的封堵体，应与所在隧洞的设计级别一致。

水工隧洞封堵体稳定性分析方法可以分成三大类，包括经验公式、刚体极限平衡法、有限单元法。

2.9.3.1 经验公式

(1) 有压隧洞封堵体长度按照混凝土封堵洞径或洞宽的3倍以上确定。无压隧洞的封堵体长度可采用工程类比，一般为支洞开挖最大洞径的1～1.5倍，岩洞封堵体长取1倍支洞洞径，土洞取1.5倍支洞洞径。

(2) 按照挪威经验公式，即

$$L \geqslant (3 \sim 5)H/100 \quad (2.9-1)$$

式中 L——封堵体长度，m；

H——设计水头，m。

(3) 按照下式公式计算：

$$L \geqslant HD/50 \quad (2.9-2)$$

式中 L——封堵体长度，m；

D——洞径或洞宽，m；

H——设计水头，m。

上述经验公式过于简单，没有考虑到影响封堵体稳定性的各种因素，原则上只能用来初步估算封堵体长度。封堵体结构、围岩性质等因素复杂的情况不能以此公式来设计。

2.9.3.2 刚体极限平衡法

(1) 冲压剪切公式[4]为

$$L \geqslant \frac{P}{[\tau]S} \quad (2.9-3)$$

式中 L——封堵体长度，m；

P——作用在封堵体的迎水面上的水压力，kN；

$[\tau]$——混凝土与围岩接触面的容许剪应力，取0.2～0.3MPa；

S——封堵体剪切面周长，m。

(2) 按承载能力极限状态确定的抗滑稳定公式[3]为

$$\left.\begin{aligned} \gamma_0\psi S(\cdot) &\leqslant \frac{R(\cdot)}{\gamma_d} \\ S(\cdot) &= \sum P_R \\ R(\cdot) &= f\sum W_R + cA_R \end{aligned}\right\} \quad (2.9-4)$$

式中 γ_0——结构重要性系数，对应于结构安全级别为Ⅰ、Ⅱ、Ⅲ级的隧洞支护可分别取1.1、1.0、0.9；

ψ——设计状况参数，对应于持久状况、短暂状况、偶然状况，可分别取1.0、0.95、0.85；

$S(\cdot)$——作用效应函数；

$R(\cdot)$——支护的抗力函数；

γ_d——结构系数，取1.2；

$\sum P_R$——封堵体滑动面上承受全部切向作用之和，kN；

f——混凝土与围岩的抗剪断摩擦系数；

c——混凝土与围岩接触面的抗剪断黏聚力，kPa；

$\sum W_R$——封堵体滑动面上全部切向作用之和，向下为正，kN；

A_R——除顶拱部位（90°～120°）外，封堵体周边与围岩接触面积，m²。

刚体极限平衡法具有清晰的力学概念和正确的力学原理，是封堵体稳定性设计的基本方法。

刚体极限平衡法的缺点是没有考虑封堵体与围岩变形的相互作用的影响，在高水头工况下，变形对稳定性的影响建议用有限单元法进行论证。另外，封堵体周边有效接触面系数 α 的取值应综合考虑混凝土、围岩的性质及施工质量。同样，容许剪应力 $[\tau]$ 的取值也要考虑这些因素的影响。

2.9.3.3 有限单元法

(1) 整体安全系数法。根据有限元计算结果得到接触面上的法向应力 σ_n 与沿滑动面的剪应力 τ，通过对所有接触面单元积分，计算封堵体的整体安全系数，即

$$K = \frac{\sum(\sigma_{ni}A_i f + cA_i)}{\sum \tau_i A_i} \geqslant [K] \quad (2.9-5)$$

式中 K——潜在滑动面抗剪断安全系数；

$[K]$——围岩抗剪断安全系数，一般取1.2～1.5；

f——抗剪断摩擦系数；

c——黏聚力，kPa；

σ_{ni}、τ_i——潜在滑动面某单元的法向应力（压应力）和切向应力，kPa；

A_i——滑动面某单元面积，m²。

(2) 点安全系数法。点安全系数是局部区域的安

全系数。总的设计思路是：如果所有的局部区域都处于安全稳定状态，那么结构的整体也一定是安全的。点抗剪断安全系数为

$$K=\frac{\sigma_{ni}f_i+c_i}{\tau_i}\geqslant[K] \qquad (2.9-6)$$

式中 $[K]$——围岩抗剪断安全系数，一般取1.0～1.2；

f_i——抗剪断摩擦系数；

c_i——黏聚力，kPa；

σ_{ni}——滑动面法向应力（压应力），kPa；

τ_i——滑动面剪应力，kPa。

相对于刚体极限平衡法，由于有限单元法考虑了封堵体和围岩的相互作用，故相对而言是一个精确的方法。但对于设计而言，计算比较复杂，工作量大。

为了能与刚体极限平衡法的结果进行比较，建议首先采用线弹性有限单元法进行计算分析，所得的安全系数可以用刚体极限平衡法的安全系数容许值来评判。

在有限单元法的计算过程中，不但要合理模拟封堵体和围岩材料的性质，特别还要注意正确模拟荷载的作用过程，如重力荷载，因为其在施工过程中就已存在，与后期的水压力不同，所以重力荷载宜只考虑其引起的应力。另外，封堵体与围岩的接触面的力学性质在某些情况下也应专门模拟，如还有锚杆、灌浆等加固措施，计算时也宜适当模拟。

使用点安全系数来控制封堵体的稳定性偏于保守，不建议作为设计的依据，可以作为校核。这是因为在封堵体迎水面的周边上剪应力比较大，很难满足点的安全系数。

在完成线弹性有限元的设计计算工作后，为能了解封堵体的力学工作状况，建议再用非线性有限单元法进行分析，以全面论证上述设计的可靠性。进行非线性分析时，同样要合理模拟加载过程，尤其是接触面单元的模拟及力学参数的取值。

对于复杂的封堵体结构，如封堵体迎水面与封堵体轴线不垂直、封堵体成锥体、围岩质量低等情况下，建议用有限单元法进行稳定性设计。

2.9.4 封堵体的渗透稳定性计算公式

2.9.4.1 简化计算公式

简化计算公式为

$$H/L\leqslant[k] \qquad (2.9-7)$$

式中 L——封堵体长度，m；

H——设计水头，m；

$[k]$——围岩容许的水力绕渗渗透系数。

简化计算公式的优点是公式简单，计算方便，缺点是过于简化，不能反映实际的渗流情况，围岩容许水力绕渗渗透系数的取值不易确定，过分依赖经验。式（2.9-7）可以作为初步设计的估算。

2.9.4.2 数值分析方法——有限单元法

对于围岩结构复杂、透水性强、封堵体周边接触不良等情况下，可用有限单元法进行渗流分析。对于岩体根据其结构性质可采用各向异性或各向同性的等效介质模型；对混凝土封堵体可采用连续的各向同性介质模型；特别对封堵体周边接触面，根据施工质量，建议采用专门的模型进行模拟，如用薄层单元，或裂隙渗流模型进行模拟。

根据有限元的计算成果，如渗流场的分布、最大水力梯度、渗流量等结果来评判渗流稳定性条件是否满足。

2.9.5 材料与构造要求

根据工程实践，封堵体混凝土施工应考虑采取如下措施：

（1）采用微膨胀混凝土，并尽可能减少单位水泥用量。

（2）做好配合比设计，尽量加大骨料粒径，并掺入适量的粉煤灰。

（3）当封堵体的长度大于20m时，可取消横缝而采用错台浇筑法。

（4）如封堵长度不满足抗摩阻要求，可采用洞周设锚杆。

（5）封堵体与围岩接触洞周边应进行回填、接触灌浆，必要时进行固结灌浆，固结灌浆压力不小于隧洞的内水压力。

2.10 土 洞 设 计

土洞指置于土体中的隧洞。

土体由岩体风化、雨雪侵蚀、冻融等并经风、洪水长距离搬运堆积而形成。

土体一般具湿陷、膨胀、遇水泥化、崩解、流变等特性，因此土洞需要进行专门的支护和防渗设计。

2.10.1 布置原则

（1）在确保土洞进出口稳定的前提下，尽可能使土洞线路最短，降低造价，缩短工期，洞线在平面上应结合施工方法、施工场地、对外交通、施工工期等要求综合因素选取。

（2）有压隧洞应采用圆形断面。

（3）有利于交通及支洞布置，尽量减少跨沟建筑物，避免软硬相间，产生不均匀沉陷增加止水设计

难度。

(4) 土洞进出口和洞线应避开滑坡、崩塌、溶洞、湿陷凹地、膨胀及冲沟发育地段，避免产生应力集中及偏压现象，洞线与土体的结构面的交汇应有较大交角，不宜小于 20°，同时做好隧洞进出口洞脸以上及周边的排水设计。

(5) 土洞布置可采用工程类比进行选线。设计前期一般应在现场取样，在室内进行试验内容有：如有膨胀岩洞段，应在同一地层挖探洞取样或钻孔取芯在室内进行有无侧限的膨胀力土体流变等土体物理力学指标测试工作；如一般土体应进行含水量、容重、黏聚力、内摩擦角、无侧限抗压强度，必要时可做几个剖面的颗粒成分、塑性指数、侧压力系数、压缩系数等试验；如是湿陷黄土，应测试湿陷系数，确定是自重还是非自重湿陷性黄土。

以上原则适用于开挖跨度为 3～8m 的土洞设计。开挖跨度大于 8m 的土洞设计应进行专门研究。

2.10.2 土压力

土洞所受作用与作用效应组合与岩石隧洞基本相同，但确定土洞所受土压力一直是个难题，结合土体的分类可采用如下计算方法。

2.10.2.1 土体分类

(1) 黄土类包括第四系上更新统、全新统冲洪积老黄土下部 (Q_2^1)；老黄土上部 (Q_2^2)；风积、坡积新黄土 (Q_3)。黄土分类见表 2.10-1。

表 2.10-1 黄 土 分 类

特征 分类	工程地质特征			物理力学性质														毛洞围岩稳定情况
	地貌	地层	构造	含水量(%)		密度($\times10^{-2}$N/cm³)		黏聚力(10kPa)		内摩擦角 φ		无侧限抗压强度(10kPa)		强度比例极限	变形模量	侧压力系数	湿陷性	
				一般	平均	一般	平均	一般	平均	一般	平均	一般	平均	10kPa				
甲类黄土	一般出露在沟底基岩两壁之上。沟壁陡峭，一般大于45°～70°	一般为 Q_2^1 老黄土下部	一般夹有数层至十来层古土壤，下部钙质结核层密集成层，层位比较复杂，节理多	17～24	20	1.45～1.66	1.57	0.049～0.16	0.09	24.8°～33.4°	30.1°	0.27～0.65	0.46	1.0～1.7	60～130	0.21～0.31	无	埋深≤10m，毛跨≤4m 时，毛洞稳定时间较长；毛跨为 6m，进深小于 4m 时可暂时稳定
乙类黄土	一般出露在沟壁，有少量潜蚀溶洞，沟壁较陡，一般大于30°～45°	一般为 Q_2^2 老黄土上部	一般夹有数层古土壤，钙质结核一般不成层，层间较疏，层位稳定，节理较多	11～22	18	1.34～1.59	1.47	0.035～0.085	0.062	22.8°～31.6°	26.3°	0.13～0.23	0.18	0.4～0.7	30～60	0.30～0.36	轻微～无	埋深≤10m，毛跨≤3m 时，毛洞稳定时间较长；毛跨为 6m，进深小于 3m 时可暂时稳定
丙类黄土	一般出露地表，常见潜蚀溶洞，沟壁较缓	一般为 Q_3 新黄土	一般无层理，节理少	10～20	16	1.16～1.36	1.26	0.021～0.027	0.024	26.7°～31.5°	28.5°	0.04～0.16	0.1	0.1～0.3	5～20		一般～强烈	埋深≤10m，毛跨≤3m 时，毛洞稳定时间较长；毛跨为 4m，进深小于 2m 时可暂时稳定

(2) 非黄土类包括第三系上新统棕红色黏土(N_2),夹黏土卵(砾)石层或透镜体;第四系下更新统(Q^1),主要由砾岩、砂砾岩组成,泥质胶结为主,部分为泥钙质胶结;第四系中更新统乌苏群(Q_{2ws}),主要以含土砂砾岩为主,中下部泥质弱胶结;第四系全新统(Q^4),主要为坡洪积和冲洪积碎石、砂砾石为主,结构松散。

2.10.2.2 计算方法

按普氏理论土体坚固系数 f 小于 0.3,土体抗压强度一般小于 0.5N/mm²,计算出的土压力太大,在较小跨度土洞偏于保守,较大跨度偏于危险。

深埋或大跨度土洞按照太沙基土压力理论计算,垂直土压力偏大,与实测值相差 1~3 倍,应用难度较大。

深埋黄土类隧洞建议采用修正了的芬纳公式计算塑性区半径 R,即

$$R = r\left[\frac{(P_0 + c\cot\varphi)(1-\sin\varphi)}{c\cot\varphi}\right]^{\frac{1-\sin\varphi}{2\sin\varphi}} \quad (2.10-1)$$

$$P_v = \gamma_{土} R \quad (2.10-2)$$

式中 P_0——围岩初始应力($P_0 = \gamma_{土} D$,D 为洞室埋深,cm),N/cm²;

φ——土体内摩擦角,(°);

c——土体黏聚力,kPa;

r——洞室开挖半径,cm;

R——土洞最大塑性区半径,cm;

$\gamma_{土}$——土体天然容重,$\times 10^{-2}$N/cm³。

水平土压力按下列经验公式计算:

$$q_H = (0.3 \sim 1.0)P_v \quad (2.10-3)$$

浅埋(3 倍开挖洞跨以下)土类隧洞建议采用以下经验公式计算。

垂直方向为

$$q_v = (0.8 \sim 1.0)\gamma_{土} B \quad (2.10-4)$$

水平方向为

$$q_H = (0.2 \sim 1.0)\gamma_{土} H \quad (2.10-5)$$

式中 q_v——垂直均布土压力,N/cm²;

q_H——水平均布土压力,N/cm²;

$\gamma_{土}$——土体天然重度,$\times 10^{-2}$N/cm³;

B——土洞开挖宽度,cm;

H——土洞开挖高度,cm。

土压力计算需注意以下几点:

(1) 对具有流变和 Q_3 风积、坡积湿陷黄土等不良地质洞段应现场试验及专门研究。

(2) 对于土洞未采取一次支护等措施,应按上述公式全荷载作用在衬砌上进行计算。采取了一次支护或加固措施,可计垂直、侧向总土压力的 50%~70%作用在二次支护上,并采用 100%的总土压力对一、二次支护的组合结构进行校核计算。

(3) 深埋 3 倍以上开挖洞跨土洞,跨度在 8m 以下,应采用非线性弹塑性有限元进行计算或校核。

2.10.3 进出口设计

(1) 土洞进出口设计应充分考虑地下水、洪水及输水用水的影响。

(2) 进出口场区地震设计烈度大于等于 7 度时,应验算进出口土体及边坡土体的抗震稳定性及洞内水体的震动对洞室结构的影响。

(3) 进出口与跨沟建筑物的衔接处,应设明暗两道止水,避免不均匀沉陷造成渗水。

(4) 进出口地段应采用格栅拱架结合超前管棚,钢拱架排距一般为 50~100cm,锚喷支护全断面喷混凝土 150~200mm,顶拱侧墙挂网,纵环网筋 ϕ6~10,网格间距为 150mm×150mm,锁洞口钢筋混凝土长度不得小于 6m,厚度为 300~500mm。

2.10.4 洞身段设计

2.10.4.1 一次支护设计

1. 设计原则

据实测资料分析,土洞顶拱 90°范围最易产生塌方且侧压力系数较大,应采用圆形或标准马蹄形(带仰拱)。

2. 锚喷支护参数选择

对于开挖洞跨在 3~8m 之内的土洞,喷混凝土厚度为 100~200mm 为宜,并应分 2~4 次喷护,第一次喷厚应大于 60mm;3~5m 的洞跨应布置单层钢筋网;6~8m 洞跨宜布置双层钢筋网,网格以 150mm×150mm 为宜,钢筋直径应以 ϕ6~12 为宜。

宜采用全长黏结式锚杆即砂浆锚杆或药卷锚杆,锚杆直径不宜大于 18mm,孔径不小于 60mm,间排距以不小于锚杆长度的 1/2 为宜。

3. 格栅拱架

土洞顶拱、边墙中部土体不能承担拉应力,未能及时施作锚杆时,应考虑采用格栅拱架支护。

一次支护需要注意下列几点:

(1) 开挖方法最好一次开挖成功,避免多次扰动土体造成塌方。

(2) 强支护。一次支护安全因素宁可选择大一些,必须坚固可靠,应设锁脚锚杆;第一次喷层不能太薄;二次衬砌配筋量可优化。

(3) 早喷锚。适时支护,紧跟掌子面。

(4) 快封闭。保持原天然状态,防止失水崩解

坍塌。

（5）大于5m洞室应进行超前支护和加固。

（6）必要时及时注浆。

（7）一次支护应喷少量水及时养护。

（8）上覆土体厚不足3倍开挖跨度，应作为浅埋隧洞，应设格栅拱架支护，顶拱不设锚杆，应设锁脚锚杆。

2.10.4.2 二次支护设计

1. 设计原则

土洞二次支护的形式和尺寸，应依据洞周土体的分类、埋深、一次支护受力状态、施工方法、衬砌时间等因素，设计二次永久衬砌。

2. 衬砌厚度

衬砌厚度按工程类比为 $d=L(1/10\sim1/15)$（L 为开挖跨度，单位为m），根据实际开挖同一土层的监测资料可适当增减厚度。

3. 仰拱设计

土洞受偏压和具有湿陷性、膨胀性的洞室，应设封闭式仰拱，确保土体稳定。

4. 施工时间

洞周边位移速率明显减缓趋势。顶拱位移速度小于0.15mm/d，拱脚处收敛速度小于0.2mm/d。

5. 预留变形量

一般预留变形量50～100mm，不良地质洞段预留变形量应做专门研究。

6. 土洞的回填和固结灌浆

回填和固结灌浆一般应采用水灰比0.5的水泥浆灌注。膨胀岩和湿陷性黄土等不良地质洞段固结灌浆应采用化学灌浆。压浆检查采用水灰比0.8的水泥浆进行，严禁压水检查。

2.10.5 衬砌分缝及防排水设计

2.10.5.1 衬砌分缝设计

（1）由于土洞是软基，衬砌结构受周围土体的约束较小，温度对衬砌结构影响明显，为避免裂缝开展，根据工程类比，建议洞口段每6～8m设变形缝，洞身段取8～10m。

（2）在湿陷性黄土、膨胀土等遇水崩解泥化等不良地质洞段环向变形缝宜设明暗两道止水，明止水应设厚20～30mm聚合物砂浆保护，防止老化。

2.10.5.2 防、排水设计

（1）土洞的防、排水的原则应结合支护设计，采取防、截、堵、排等综合措施，形成完整的防、排水系统。

防：在二次混凝土浇筑时加入防水剂，增加混凝土密实性，或采用防水混凝土，在一二次支护之间采用塑料板或薄膜或喷涂防水层。

截：在施工期设集水井、坑分段截地下水并排出洞外。

堵：超前小导管洞周及全断面预注浆，浅埋地段地面预注浆、旋喷、摆喷等加固松散岩体，封堵地下水。

排：排水、盲沟、钻孔排水等。

（2）塑料板或薄膜防水层。土体是湿陷性黄土和膨胀土等遇水崩解泥化地层，应设封闭式防渗层。

1）在一、二次支护间设塑料板或薄膜防水层，应选择耐老化、耐细菌腐蚀、易操作且焊接方便无毒无害的塑料板或薄膜进行全断面环向铺设，形成全封闭防水层。防渗土工膜指标见表2.10-2，土工膜设计防渗图如图2.10-1所示。

表2.10-2 防渗土工膜指标

项 目	EVA	LLDPE	LDPE
伸拉强度（N/mm^2）	>20	>20	>16
断裂延伸率（%）	>600	>600	>500
热处理时变化率（%）	<2	<2	<2
低温弯折性	－35℃无裂纹		
抗渗透性	无渗透		
剪切状态下黏合性（N/min）	>5		

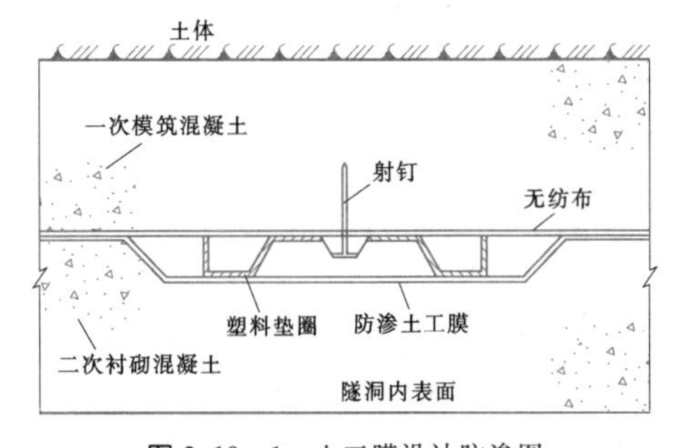

图2.10-1 土工膜设计防渗图

2）为降低外水压力，一般在土洞的下游出口底拱设纵向排水盲沟。

3）采用塑料板或薄膜防水层时，二次混凝土衬砌钢筋或硬构件不能穿破防水层。

（3）喷涂防水层。

1）在一二次支护间喷涂防水层，并再喷砂浆保护，防止二次衬砌时损伤喷涂层。

2）据工程类比，建议必要时在二次衬砌混凝土内侧喷涂防水层。

（4）二次混凝土防水。

1）一般在二衬混凝土中添加防渗防裂外加剂增加混凝土的密实性和防水防冻。

2）采用普通防水混凝土，木钙减水剂防渗混凝土，氯化铁防水混凝土等。

2.10.6 部分工程实例

国内部分已建土洞特性表见表2.10-3。

表2.10-3　　国内部分已建土洞特性表

序号	工程名称	地质概况	长度(m)	断面净尺寸(m)	流量(m^3/s)	流速(m/s)	流态	建成时间
1	河南三门峡槐扒引水土洞	Q_2黄土、Q_3黄土	560	标准马蹄形 $Bh=3.0\times3.5$	3.5	2.1	无压	2001年
2	陕西黑河引水少陵塬土洞	Q_2黄土状壤土	4650	标准马蹄形 $Bh=2.7\times2.7$	5.8	2	无压	1990年
3	甘肃引大入秦工程东一干渠1～8号土洞	Q_2黄土、Q_3黄土	8400	三心拱曲墙 $Bh=2.92\times2.85$	14	2	无压	1995年
4	山西万家寨引黄入晋工程北干1号土洞	Q_3、Q_2、N_2	3600	马蹄形 4×4	22.2	2	无压	2001年
5	陕西引黄汉村土洞	Q_2黄土	5600	标准马蹄形 $Bh=5.3\times5.3$	40	2	无压	1994年
6	山西万家寨引黄入晋工程总干6～8号土洞	Q_3、Q_2、N_2	1291	圆形 $D=5.46$	48	2.55	无压	2001年

参 考 文 献

[1] 姚志国，杜士斌．超长隧洞TBM施工段设置中间施工支洞的必要性[J]．水利水电技术，2006，(4)：30-31.

[2] 杜士斌，王世霏，李强．超长隧洞TBM施工贯通测量控制措施[J]．辽宁测绘，2006，(2)：43-45.

[3] DL/T 5195—2004水工隧洞设计规范[S]．北京：中国电力出版社，2004.

[4] SL 279—2002水工隧洞设计规范[S]．北京：中国水利水电出版社，2003.

[5] GB 50199—94水利水电工程结构可靠度设计统一标准[S]．北京：中国计划出版社，1994.

[6] DL 5077—97水工建筑物荷载设计规范[S]．北京：中国电力出版社，1998.

[7] 蔡皖鸿，蔡勇平．水工压力隧洞结构应力计算[M]．北京：中国水利水电出版社，2004.

[8] DL 5073—2000水工建筑物抗震设计规范[S]．北京，中国电力出版社，2000.

[9] 刘素琴．国外新型隧洞衬砌形式研究[A]．兰春杰．中国水电站压力管道第6届全国水电站压力管道学术论文集[C]．北京：中国水利水电出版社，2006.

[10] 屠规章，朴顺玉，张长泰，缪安堂．衬砌边值问题及数值解[M]．北京：科学出版社，1973.

[11] DL/T 5057—2009水工混凝土结构设计规范[S]．北京：中国电力出版社，2009.

[12] 谷玲，宋宏伟．预应力灌浆在高压隧洞中的应用[J]．东北水利水电，2006．(6)：11-13.

[13] 朱维申，李术才，陈卫忠．节理岩体破坏机理和锚固效应及工程应用[M]．北京：科学出版社，2002.

第3章

调 压 设 施

本章以第1版《水工设计手册》框架为基础，内容调整和修订主要包括六个方面：①增加了“气垫式调压室”、“变顶高尾水洞”等新型调压设施的设计；②删除了水击计算图解法和调压室涌波计算图解法，增加了调节保证计算数值法，较全面地提出了改善调节保证参数的各项工程措施；③引入了近年来的最新科研成果，例如机组转速最大上升率的解析计算公式及其适用条件，调压室体形与调压室水头损失的关系；④增加了上、下游调压室设置条件的有关内容；⑤补充了调压室检测及运行检修要求以及我国已建或在建代表各种体形常规调压室的水电站工程实例；⑥增加了折向器、减压阀的数学模型和数值计算方法，给出了国内使用减压阀的水电站汇总表。

章主编　周鸿汉　刘朝清

章主审　杨建东　赵桂连

本章各节编写及审稿人员

节次	编　写　人	审稿人
3.1	周鸿汉　赵桂连	杨建东
3.2	杨建东　李进平	赵桂连　蒋登云
3.3	蔡付林　彭　玮　姜宏军	周鸿汉　刘朝清　赵桂连
3.4	刘德有　刘朝清　张　团	杨建东　蔡付林
3.5	杨建东　王　煌	谢红兵　赵桂连
3.6	蔡付林	周建旭
3.7	李建平	熊春耕

第3章 调 压 设 施

3.1 概 述

水电站水轮发电机组并入电网稳定运行时，电站引水发电系统处于恒定状态。当电力系统的负荷突然发生变化时，水轮机出力与发电机负荷之间的平衡被破坏，机组转速随之而变化。为了维护电网频率和电压的稳定，调速器将自动迅速调节水轮机导叶开度，改变过水流量，使水轮机出力与发电机负荷达到新的平衡，机组转速相应回复到原来的额定转速。水电站引水发电系统所经历的上述“恒定—非恒定—恒定”的过程称为水电站过渡过程。

通常，水电站过渡过程又分为小波动过渡过程与大波动过渡过程，分别简称为小波动、大波动。

小波动过渡过程是机组的水头、流量或负荷发生微小的波动而引起的过渡过程。小波动过渡过程主要影响机组的调节品质和水电站的供电质量。

大波动过渡过程是机组突增或突减较大或全部负荷引起的过渡过程。在此过程中，压力以弹性波的型式沿机组上游侧、下游侧管道传播，即发生所谓的“水击”现象。当机组丢弃负荷时，水轮机导叶关闭，水力系统内产生水击压强，机组转速升高。导叶关闭越快，转速升高越小，但水击压强越大，因而控制转速升高和水击压强上升两者之间是矛盾的。在水电站设计中，允许转速升高过大，会影响发电机寿命和供电质量；允许压力过大则会增加水力系统的投资并恶化机组调节品质。设计中必须对两者加以限制，满足规范的要求，达到安全可靠、经济合理的设计目的。为此，需要开展协调水击压强上升和机组转速升高两者的矛盾，优化选取导叶启闭时间和规律的计算分析工作，通常称之为调节保证计算。

水电站过渡过程中，当水击波遇到上游进水口、下游尾水出口等边界时就会发生波的反射，有压管道越长，反射波折回越迟，对削减蜗壳末端与尾水管进口的水击压强的作用越小，对机组转速升高越不利。当 T_w 值（即水流惯性时间常数）超过某一限制时，水轮机调速器的调节能力和调节保证计算无论如何都满足不了规范要求，此时就需要通过技术经济比较，考虑采取以下调压设施。

（1）调压室。在靠近厂房、地形地质条件较适当部位设置与有压管道相连并具有较大自由水面的调压室，以缩短压力管道（或尾水管道）的长度、减小水流惯性，并使水击波在此处发生较充分的反射，以达到减小水击压强的目的。调压室至今是水电站工程中最常用、最可靠的调压设施。

对于设有调压室的水电站，其大波动过渡过程计算不仅包括调节保证计算要求的水击压强与机组转速变化计算，还包括调压室水位波动的计算。

气垫式调压室是调压室的一种较特殊的型式，同常规调压室一样，水击波在调压室底部和受压缩空气约束的水面处反射，减小了水击压强，这种调压室封闭气室内的压缩空气可以抑制调压室内涌波水位波动。

（2）变顶高尾水洞。变顶高尾水洞是将尾水管出口或其延长段之后的尾水洞设计成具有一定顶坡、洞身高度沿水流方向增大的体形。其工作原理是在不同的下游水位下，始终满足过渡过程中尾水管进口断面最小绝对压强的要求，起到类似下游调压室的作用。

（3）折向器。折向器安装在冲击式水轮机针阀的喷嘴出口附近。当机组丢弃负荷时，折向器可在很短时间内将射流偏离转轮，减少对转轮的射流水量，从而控制机组转速升高。而针阀则以较慢的速度关闭，以限制水击压强升高。

（4）减压阀。减压阀是一种旁通的过流设备，通常安装在混流式水轮机蜗壳的某个部位。减压阀启闭与水轮机导叶紧急关闭受同一调速器的协联控制。当机组丢弃较大负荷时，调速器在快速关闭水轮机导叶的同时逐步开启减压阀向下游泄放部分流量，以减小水击压强。待导叶关闭终了后，调速器再以缓慢的速度关闭减压阀。这样，既可控制水击压强上升不超过允许值，又可保证机组转速升高在允许范围内。但减压阀在增加负荷及负荷变化较小时不起作用。

（5）前池。前池是连接引水明渠和压力管道的建筑物。在水电站出力变化或发生事故时，前池不仅起到反射水击波的作用，而且与引水渠配合，调节流量和排泄多余水量。

本章介绍的主要内容是：调节保证计算的基本方程，边界条件，恒定流计算方法，大波动过渡过程的解析计算方法和数值计算方法；各种调压设施，即调压室、变顶高尾水洞、折向器、减压阀和压力前池等，以及这些设施的工作原理、基本理论、计算方法和有关的设计要求。

3.2 调节保证计算

3.2.1 调节保证计算的任务

调节保证计算的主要任务是协调导叶启闭时间、水击压强大小和机组转速上升值三者之间的关系，选择适当的导叶启闭时间和启闭规律，使水击压强值和机组转速上升值均在经济合理的范围内，满足相关规范的要求，保证水电站安全运行。对于不满足规范要求的设计方案，应研究其他的工程措施，甚至调整水电站引水发电系统总体布置，经济合理地解决调节保证计算中出现的矛盾。

3.2.1.1 调节保证计算的主要内容

调节保证计算一般包括以下内容。

(1) 机组丢弃全部负荷或部分负荷时：①机组转速最大上升率；②压力管道和蜗壳内的最大动水压强值与最小动水压强值；③尾水管内的最大真空度。

(2) 机组增加全部负荷或部分负荷时：①压力管道和蜗壳内的最小动水压强值；②尾水管道最大动水压强值。

3.2.1.2 调节保证计算的控制工况

在实际运行中，水轮发电机组是在不同水头、不同出力的条件下（导叶开度、水轮机过流量也不相同），即对应不同的工况发电。一般情况下调节保证计算的控制工况包括以下几种。

(1) 机组转速最大上升率的控制工况。机组在额定水头下丢弃额定负荷。

(2) 蜗壳和压力管道最大动水压强的控制工况。上游正常蓄水位或者更高的发电水位下，机组在额定水头或最大水头下丢弃额定负荷。

(3) 压力管道最小动水压强的控制工况。上游死水位或者较低发电水位下，机组在额定水头或最小水头下增加额定负荷或全部负荷。

(4) 尾水管最大真空度和尾水管道最小动水压强的控制工况。下游最低发电水位下，机组在额定水头或最大水头下丢弃额定负荷。

(5) 尾水管道最大动水压强的控制工况。下游最高发电水位下，机组在额定水头或可能的较大水头下增加额定负荷或全部负荷。

应该指出的是：机组增加负荷的导叶开启时间通常比机组丢弃负荷的导叶关闭时间要长 1.5～2.0 倍，且是可控的。所以，对于上述的增负荷工况，应复核相同条件下的机组丢负荷的计算结果。

调节保证计算的控制工况除上述常规工况外，还包括某些组合工况。所谓组合工况是指同水力单元的机组丢弃负荷或增加负荷引起的波动过程尚未结束，由于某种原因该机组或其他机组又突然增加负荷或丢弃负荷。对于设有调压室的水电站，调压室最高最低涌波水位通常发生在组合工况（具体工况拟定见 3.3 节）下，且该工况也可能是蜗壳动水压强、尾水管真空度、机组转速升高的控制工况。

对于集中供水情况（一管多机），压力管道（或尾水管道）的最大和最小动水压强往往还与电气主接线方式有关。若与管道连接的所有机组由一个回路出线，则应按这些机组同时丢弃负荷考虑；若这些机组由两个或两个以上的回路出线，经充分论证，也可以按部分机组同时丢弃负荷考虑。

总之，每座水电站运行条件不完全相同，应根据具体情况，按上述一般规律作具体分析，确定调节保证计算的控制工况。

3.2.1.3 调节保证计算的规范要求

现将我国现行的规范（DL/T 5186—2004《水力发电厂机电设计规范》）列举如下。

(1) 机组丢弃负荷时转速最大上升率 β_{max}：①当机组容量占电力系统工作总容量的比重较大，或担负调频任务时，宜小于 50%；②当机组容量占电力系统工作总容量的比重不大，或不担负调频任务时，宜小于 60%；③贯流式机组转速最大上升率宜小于 65%；④冲击式机组转速最大上升率宜小于 30%。

(2) 机组丢弃负荷时蜗壳（贯流式机组导水叶前）最大压强下的升高率 ξ_{max}：①额定水头小于 20m 时，宜为 100%～70%；②额定水头为 20～40m 时，宜为 70%～50%；③额定水头为 40～100m 时，宜为 50%～30%；④额定水头为 100～300m 时，宜为 30%～25%；⑤额定水头大于 300m 时，宜小于 25%（可逆式蓄能机组宜小于 30%）。

(3) 机组突增或突减负荷时，压力水道系统全线各断面最高点处的最小压强不应低于 2m 水柱，不得出现负压脱流现象。丢弃负荷时，尾水管进口断面最大真空度不应大于 8m 水柱。

在此，需要指出的是：①ξ_{max}的定义至今未统一，存在较多的差异，在此定义 $\xi_{max}=\dfrac{\Delta H}{H_0'}$，其中 H_0' = 上游水位－机组安装高程，ΔH 是水击压强；②尾水管进口断面最大真空度应考虑大气压的修正，即最大真

空度应为 $H_{b\max}-\dfrac{Z}{900}$，其中 $H_{b\max}$ 是修正前的最大真空度，Z 是机组安装高程。

3.2.2 调节保证计算的数学模型

3.2.2.1 基本方程

对水电站压力水道系统而言，不论在何种情况下都应满足水流的动量方程和连续方程

$$\frac{\partial v}{\partial t}+v\frac{\partial v}{\partial x}+g\frac{\partial H}{\partial x}+\frac{cv\,|\,v\,|}{2D}=0 \quad (3.2-1)$$

$$\frac{\partial H}{\partial t}+v\frac{\partial H}{\partial x}+\frac{a^2}{g}\frac{\partial v}{\partial x}=0 \quad (3.2-2)$$

式中 v，H——压力水道中的流速（向下游为正）和测压管水头；

x——位置坐标，取上游水库为原点，向下游为正；

t——时间；

g——重力加速度；

D——管道直径；

a——水击波在管道中的传播速度（简称水击波速）；

c——达西·维斯巴哈摩擦系数。

3.2.2.2 水击波速

考虑水体的可压缩性和管壁的弹性，水击波速可按下式计算：

$$a=\sqrt{\frac{E_w g/\gamma}{1+2E_w/kr}} \quad (3.2-3)$$

式中 E_w——水的体积弹性模量，在一般温度和压力下，$E_w=2.1\text{GPa}$；

g——重力加速度，$g=9.81\text{m/s}^2$；

γ——水的容重，$\gamma=9.81\times10^3\text{N/m}^3$；

r——管道半径，m；

k——抗力系数，N/m^3。

对以下不同的管道，抗力系数 k 取不同的数值。

（1）薄壁弹性管。指管道厚度小于1/20倍管径的明管，一般钢管和铸铁管属于此类，抗力系数为

$$k=k_s=\frac{E_s\delta_s}{r^2} \quad (3.2-4)$$

式中 E_s——管材的弹性模量，钢材的 $E_s=210\text{GPa}$，生铁的 $E_s=100\text{GPa}$；

δ_s——管壁厚度，m。

对于薄壁钢管，a 值的变化在800～1200m/s范围内，初步计算可取平均值1000m/s。

（2）加箍的钢管。指箍管和有加劲环的钢管，抗力系数为

$$k=k_s=\frac{E_s}{r^2}\left(\delta_0+\frac{F}{l}\right) \quad (3.2-5)$$

式中 δ_0——管壁的实际厚度，m；

F——箍的截面积，m^2；

l——箍沿管轴的中心距，m。

（3）厚壁弹性管。指管道厚度大于1/20倍管径的明管，式（3.2-3）中的

$$kr=E\frac{r_2^2-r_1^2}{r_1^2+r_2^2} \quad (3.2-6)$$

式中 E——管材的弹性模量，GPa；

r_1、r_2——管道的内半径和外半径，m。

（4）钢筋混凝土管。抗力系数为

$$k=\frac{E_c}{r^2}\left(\delta+\frac{E_s}{E_c}f\right) \quad (3.2-7)$$

式中 E_s、E_c——钢筋、混凝土的弹性模量，GPa；

f——单位长度管壁中钢筋的截面积，m；

δ——管壁厚度，m。

（5）坚硬岩石中的不衬砌隧洞。抗力系数为

$$k=k_r=\frac{100k_0}{r}=\frac{E_r}{(1+\mu_r)r} \quad (3.2-8)$$

式中 k_0——围岩的单位抗力系数，N/m^2；

E_r——弹性模量，GPa；

μ_r——泊松比，计算水击波速时 μ_r 一般可略去不计。

（6）埋藏式钢管。抗力系数为

$$k=k_s+k_c+k_f+k_r \quad (3.2-9)$$

$$k_c=\frac{E_c'}{r_1}\ln\frac{r_2}{r_1} \quad (3.2-10)$$

$$E_c'=E_c/(1-\mu_c^2)$$

$$k_f=\frac{E_s f}{r_1 r_f} \quad (3.2-11)$$

式中 k_s——钢衬的抗力系数，用式（3.2-4）或式（3.2-5）计算，$r=r_1$；

k_c——混凝土垫层的抗力系数，若未开裂，k_c 用式（3.2-10）计算，若混凝土已开裂，忽略其径向压缩，可近似地令 $k_c=0$；

E_c、μ_c——混凝土弹性模量和泊松比；

k_f——环向钢筋的抗力系数；

f、r_f——单位长度管道中钢筋截面积和钢筋圈半径，m^2，m；

k_r——围岩的抗力系数，用式（3.2-8）计算，$r=r_1$。

若缺少某层衬砌，则式（3.2-9）中该层的抗力系数为零，公式仍然适用。

对于坝内埋管，式（3.2-9）中的 $k_r=0$，若钢管外围混凝土厚度超过3倍管径，则混凝土可视为无限弹性体，式（3.2-9）中的

$$k_c = \frac{E_c}{(1+\mu_c)r_1} \tag{3.2-12}$$

k_s、k_f 的计算方法同前。

水击波速对第一相水击影响较大，因此对最大水击压强出现在第一相末的高水头电站，水击波速的取值应尽可能符合实际情况，并可取一个略微偏小的数值以策安全。对于大多数电站，最大水击压强出现在导叶开度变化接近终了时刻，此时不必过分追求水击波速的精度。在缺乏资料的情况下，露天薄壁钢管的水击波速可近似取 1000m/s，埋藏式钢管可近似取 1200m/s。

若管道由几个水击波速不同的串联管道组成，则按平均波速取值：

$$a = L\bigg/\left(\sum_{i=1}^{n} l_i/a_i\right) \tag{3.2-13}$$

式中 l_i、a_i——各段管道的长度和水击波速；

L——管道总长。

3.2.3 调节保证计算的解析法

3.2.3.1 水击方程和波动特性

考虑到流速与波速相比其数值较小，故可忽略方程式（3.2-1）和式（3.2-2）中的非线性项；其次为方便偏微分方程的求解，忽略摩阻损失项。由此，当 x 轴改为取阀门端为原点，向上游为正时，方程式（3.2-1）和式（3.2-2）可简化为

$$g\frac{\partial H}{\partial x} = \frac{\partial v}{\partial t} \tag{3.2-14}$$

$$\frac{\partial H}{\partial t} = \frac{a^2}{g}\frac{\partial v}{\partial x} \tag{3.2-15}$$

式（3.2-14）和式（3.2-15）是一组标准的双曲型线性偏微分方程，其通解是

$$\Delta H = H - H_0 = F\left(t-\frac{x}{a}\right)+f\left(t+\frac{x}{a}\right) \tag{3.2-16}$$

$$\Delta v = v - v_0 = -\frac{g}{a}\left[F\left(t-\frac{x}{a}\right)+f\left(t+\frac{x}{a}\right)\right] \tag{3.2-17}$$

式中 H_0、v_0——恒定流水头和流速；

F——任意波函数，是以波速 a 向上游传播的水击波，称为正向波或逆流波；

f——任意波函数，是以波速 a 向下游传播的水击波，称为反向波或顺流波。

令 $\xi=\dfrac{H-H_0}{H_0}$，$\gamma=\dfrac{v}{v_{\max}}$，$\gamma_0=\dfrac{v_0}{v_{\max}}$，$\Phi=\dfrac{F}{H_0}$，$\varphi=\dfrac{f}{H_0}$，$\rho=\dfrac{av_{\max}}{2gH_0}$（称为管道特性系数），于是得到水击方程

$$\xi = \Phi + \varphi \tag{3.2-18}$$

$$2\rho(\gamma_0-\gamma) = \Phi - \varphi \tag{3.2-19}$$

水击波在管道特性变化处（如进水口、分岔点、管径变化的串点、阀门等）一般都要发生入射波的反射和透射，即入射波到达管道特性变化处，一部分以反射波的型式折回，另一部分以透射波的型式继续向前传播。反射波与入射波的比值称为反射系数，以 r 表示；透射波与入射波的比值称为透射系数，以 s 表示。

（1）水库。由于水位保持不变，$\xi_u=0$（下标 u 表示上水库），则 $\Phi_u=-\varphi_u$，$r=\dfrac{\varphi_u}{\Phi_u}=-1$，为异号等值反射。

（2）封闭端。由于流量为零，$\nu_d=0$（下标 d 表示封闭端），则 $\Phi_d=\varphi_d$，$r=\dfrac{\varphi_d}{\Phi_d}=1$，为同号等值反射。

（3）分岔点。如图 3.2-1 所示，将 $Q_1=Q_2+Q_3$ 和 $H_1=H_2=H_3$ 代入水击方程，可得出分岔点的反射系数和透射系数为

$$r=\frac{\rho_2\rho_3-\rho_1\rho_2-\rho_1\rho_3}{\rho_1\rho_2+\rho_2\rho_3+\rho_1\rho_3},\quad s=\frac{2\rho_2\rho_3}{\rho_1\rho_2+\rho_2\rho_3+\rho_1\rho_3}$$

其中

$$\rho_1=\frac{a_1v_{1\max}}{2gH_0},\quad \rho_2=\frac{a_2v_{2\max}}{2gH_0},\quad \rho_3=\frac{a_3v_{3\max}}{2gH_0}$$

以上各式中的下标 1、2、3 分别对应各管段。

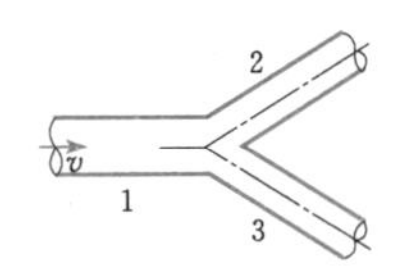

图 3.2-1 分岔管

图 3.2-2 串联点

（4）串联点。如图 3.2-2 所示，将 $Q_1=Q_2$ 和 $H_1=H_2$ 代入水击方程，可得出串点的反射系数和透射系数为

$$r=\frac{\rho_2-\rho_1}{\rho_1+\rho_2},\quad s=\frac{2\rho_2}{\rho_1+\rho_2}$$

式中 ρ_1、ρ_2 含义同上。

从上述得到的串点反射系数可知：若两管水击波速相同，入射波由小管径到大管径，有 $\rho_1>\rho_2$，反射系数为负值，即异号反射；反之，反射系数为正值，即同号反射。

（5）管道末端阀门（或冲击式水轮机）。将 $Q/Q_0=\tau\sqrt{H/H_0}$ 代入水击方程，可得出末端阀门的反射

系数为

$$r=\frac{1-\rho\tau}{1+\rho\tau} \tag{3.2-20}$$

由式（3.2-20）可知，阀门处的反射系数随开度而变，不是常数。当$\rho\tau>1$时，$r<0$，为异号反射；当$\rho\tau=1$时，$r=0$，不发生反射；当$\rho\tau<1$时，$r>0$，为同号反射；当阀门开度为零时，$r=1$，出现同号等值反射。

3.2.3.2 直接水击和间接水击

应用水击方程及边界条件，就可以求出管道中任一断面在任一时刻的水击压强，而工程中最关心的是最大水击压强，该最大压强总是发生在阀门所在的A—A断面，如图3.2-3所示。

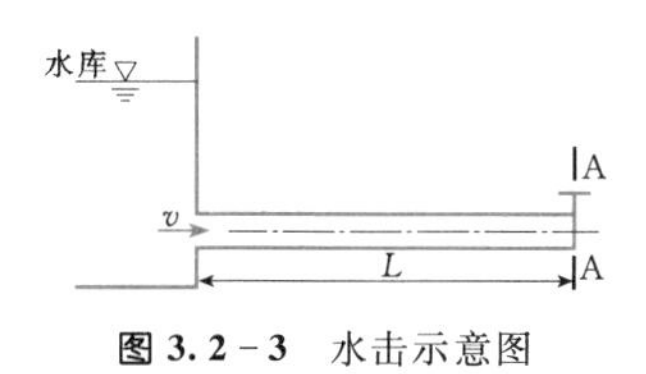

图3.2-3 水击示意图

当阀门启闭时间$T_s\leqslant t_r$（$t_r=2L/a$称为相长），A—A断面的水击压强只受向上游传播的正向波的影响，这种现象称为直接水击，其波函数$f=0$，可得直接水击的计算公式为

$$\Delta H=H-H_0=\frac{a}{g}(v_0-v) \tag{3.2-21}$$

从式（3.2-21）可知：关闭阀门，流速减小，水击压强为正，发生正水击；开启阀门，流速增大，水击压强为负，发生负水击。直接水击压强仅与流速变化和水击波速有关，而与开度的变化速度、变化规律以及管道长度无关。直接水击产生的压强是巨大的，因此在水电站中绝对不允许出现直接水击。

若阀门启闭时间$T_s>t_r$，则在开度变化终了之前，从水库反射回来的水击波已影响管道末端的压强变化。这种水击现象称为间接水击。

根据水击方程和阀门、水库的边界条件以及水击波反射系数，可得到计算间接水击的递推公式为

$$\xi_i^A+\xi_{i+1}^A=2\rho(\tau_i\sqrt{1+\xi_i^A}-\tau_{i+1}\sqrt{1+\xi_{i+1}^A}) \tag{3.2-22}$$

式中下标i表示相长数（$i=1$，…，n），只要给出了每相末的相对开度τ_1，τ_2，…，τ_n，就可求出阀门处的ξ_1^A，ξ_2^A，…，ξ_n^A。式（3.2-22）又称为水击连锁方程，初始条件$\xi_0^A=0$。由于推导过程中阀门端采用的是孔口出流的过流特性，因此该方程对于冲击式水轮机可认为是精确的，对于反击式水轮机则是近似的。

3.2.3.3 开度依直线规律变化的间接水击

在递推公式（3.2-22）中，τ的大小和变化规律可以任意给定，但其计算仍不方便。而水轮机导叶（或针阀）启闭规律通常可以简化为直线规律。对于直线关闭［见图3.2-4（c）］情况的水击，根据最大压强出现的时间归纳为两类：一相水击［见图3.2-4（a）］和末相水击［或极限水击，见图3.2-4（b）］。

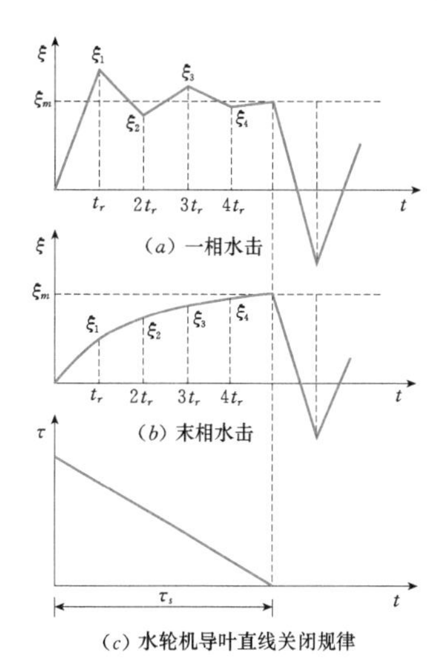

图3.2-4 开度依直线变化时的两种水击类型

1. 一相水击

一相水击是指最大压强发生于第一相末的水击。由递推公式，得

$$\xi_1=2\rho(\tau_0-\tau_1\sqrt{1+\xi_1})$$

这是个一元二次方程，可直接求解。当ξ_1小于50%，应用级数展开可简化为

$$\xi_1=\frac{2\sigma}{1+\rho\tau_0-\sigma} \tag{3.2-23}$$

其中 $\sigma=\rho(\tau_0-\tau_1)=-\Delta\tau\rho=\frac{Lv_{\max}}{gH_0T_s}$

式中 σ——水击特性系数。

发生一相水击的判别条件是$\rho\tau_0<1$。对于丢弃额定负荷而言，$\tau_0=1$，若$a=1000\text{m}^3/\text{s}$，$v_{\max}=5\text{m/s}$，由$\rho=\frac{av_{\max}}{2gH_0}<1$得$H_0>250\text{m}$。所以，只有在高水头水电站才会发生一相水击。

水电站增加负荷时，阀门开启，在压力管道中产生压强降低，称为负水击，按照上述方法可导出第一相末的负水击，即

$$y_1=-2\rho(\tau_0-\tau_1\sqrt{1-y_1}) \tag{3.2-24}$$

当y_1小于50%，应用级数展开，式（3.2-24）可简化为

$$y_1 = \frac{2\sigma}{1+\rho\tau_0+\sigma} \qquad (3.2-25)$$

其中 $\sigma = -\Delta\tau\rho = -\dfrac{Lv_{\max}}{gH_0T_s}$

2. 末相水击

末相水击指最大压强发生于阀门关闭终了的相末的水击。其判别条件是 $\rho\tau_0>1$ 且 $T_s\geqslant 3t_r$。根据末相水击的概念，当相数足够多时，可认为 $\xi_{m+1}\approx\xi_m$，因此由递推公式得

$$\xi_m = \sigma\sqrt{1+\xi_m}$$

求解上式得 $\xi_m = \dfrac{\sigma}{2}(\sigma+\sqrt{\sigma^2+4})$。若以 $1+\dfrac{1}{2}\xi_m$ 代替 $\sqrt{1+\xi_m}$，上式可简化为

$$\xi_m = \frac{2\sigma}{2-\sigma} \qquad (3.2-26)$$

同理，末相的负水击为

$$y_m = \frac{\sigma}{2}(-\sigma+\sqrt{\sigma^2+4})$$

且可近似简化为

$$y_m = \frac{2\sigma}{2+\sigma} \qquad (3.2-27)$$

3. 水击类型分区图

用 $\rho\tau_0$ 是否大于 1 作为判别水击类型的条件是近似的。水击类型可根据 $\rho\tau_0$ 和 σ 的数值查图 3.2-5 得出。图 3.2-5 中的曲线由 $\xi_1=\xi_m$ 求得，即 $\sigma=\dfrac{4\rho\tau_0(1-\rho\tau_0)}{1-2\rho\tau_0}$；45°斜线区分直接水击和间接水击；曲线、斜线和 $\sigma=0$ 的横坐标将整个图域分成 5 区，Ⅰ区，$\xi_m>\xi_1$，属末相正水击范围；Ⅱ区，$\xi_1>\xi_m$，属一相正水击范围；Ⅲ区，属直接水击范围；Ⅳ区，$y_m>y_1$，属末相负水击范围；Ⅴ区，$y_1>y_m$，属一相负水击范围。

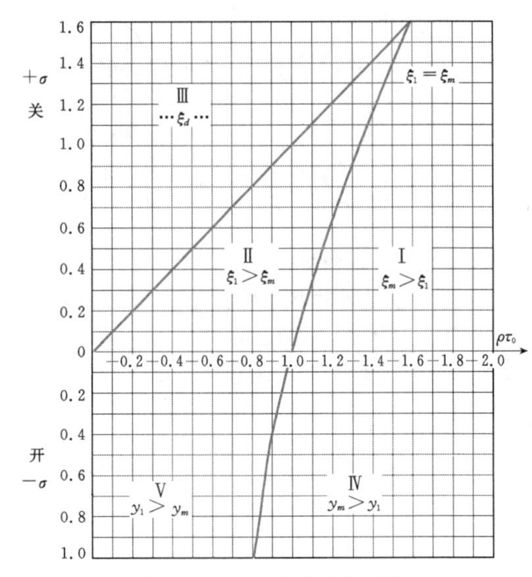

图 3.2-5　水击类型分区图

从图 3.2-5 可以看出，在水轮机增负荷时，若初始开度等于零，显然发生一相负水击。然而水轮机存在空转开度 τ_c，在该开度下，水轮机出力为零，所以增负荷时，水轮机初始开度通常等于或大于空转开度。因此，水轮机增负荷时，是发生一相负水击还是末相负水击，必须查图 3.2-5 判断。τ_c 与水轮机类型有关，混流式 $\tau_c=0.08\sim0.12$；转桨式 $\tau_c=0.07\sim0.10$；定桨式 $\tau_c=0.20\sim0.25$。

3.2.3.4　水击计算公式汇总

表 3.2-1 中汇总了各种情况的水击计算公式供选用。

表 3.2-1　　水击计算公式汇总表

状况		开度 起始	开度 终了	计算公式	近似公式
关闭	直接水击	τ_0	τ_c	$\tau_c\sqrt{1+\xi}=\tau_0-\dfrac{1}{2\rho}\zeta$	$\xi=\dfrac{2\rho(\tau_0-\tau_c)}{1+\rho\tau_c}$
		τ_0	0	$\xi=2\rho\tau_0$	$\xi=2\rho\tau_0$
		1	0	$\xi=2\rho$	$\xi=2\rho$
	间接水击	τ_0	0	$\xi_m=\dfrac{\sigma}{2}(\sqrt{\sigma^2+4}+\sigma)$	$\xi_m=\dfrac{2\sigma}{2-\sigma}$
		τ_0		$\tau_1\sqrt{1+\xi_1}=\tau_0-\dfrac{1}{2\rho}\xi_1$	$\xi_1=\dfrac{2\sigma}{1+\rho\tau_0-\sigma}$
		1		$\tau_1\sqrt{1+\xi_1}=1-\dfrac{1}{2\rho}\xi_1$	$\xi_1=\dfrac{2\sigma}{1+\rho-\sigma}$
		τ_0		$\tau_n\sqrt{1+\xi_n}=\tau_0-\dfrac{1}{\rho}\sum\limits_1^{n-1}\xi_i-\dfrac{1}{2\rho}\xi_n$	$\xi_n=\dfrac{2(n\sigma-\sum\limits_1^{n-1}\xi_i)}{1+\rho\tau_0-n\sigma}$

续表

状况		开度		计算公式	近似公式
		起始	终了		
开启	直接水击	τ_0	τ_c	$\tau_c\sqrt{1-y}=\tau_0+\frac{1}{2\rho}y$	$y=\frac{2\rho(\tau_c-\tau_0)}{1+\rho\tau_c}$
		τ_0	1	$\sqrt{1-y}=\tau_0+\frac{1}{2\rho}y$	$y=\frac{2\rho(1-\tau_0)}{1+\rho}$
		0	1	$\sqrt{1-y}=\frac{1}{2\rho}y$	$y=\frac{2\rho}{1+\rho}$
	间接水击	τ_0	1	$y_m=\frac{\sigma}{2}(\sqrt{\sigma^2+4}-\sigma)$	$y_m=\frac{2\sigma}{1+\sigma}$
		τ_0	1	$\tau_1\sqrt{1-y_1}=\tau_0+\frac{1}{2\rho}y_1$	$y_1=\frac{2\sigma}{1+\rho\tau_0+\sigma}$
		0	1	$\tau_1\sqrt{1-y_1}=\frac{1}{2\rho}y_1$	$y_1=\frac{2\sigma}{1+\sigma}$
		τ_0	1	$\tau_n\sqrt{1-y_n}=\tau_0+\frac{1}{\rho}\sum_1^{n-1}y_i+\frac{1}{2\rho}y_n$	$y_n=\frac{2(n\sigma-\sum_1^{n-1}y_i)}{1+\rho\tau_0+n\sigma}$

3.2.3.5 水击压强沿管线的分布

在水电站设计中，应确定沿管线各断面最大正水击压强分布，以便进行压力管道的强度设计；还应确定沿管线各断面最大负水击压强分布，以便检验压力管道纵剖面布置是否合理。

在开度依直线规律变化情况下，一相水击和末相水击沿管线分布规律不同，如图3.2-6所示，图中ξ_1、ξ_m分别表示一相、末相正水击，y_1、y_m分别表示一相、末相负水击。

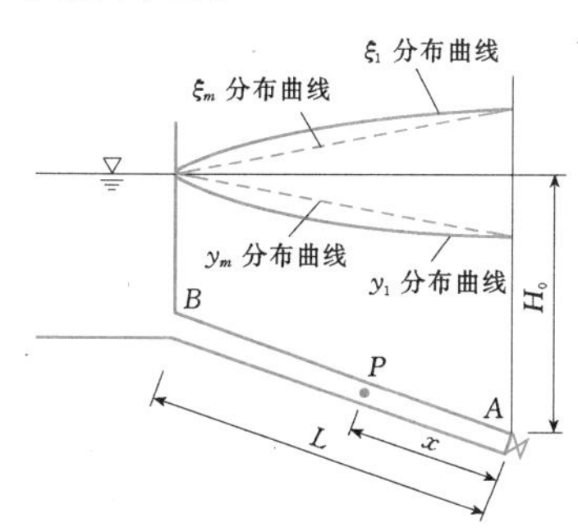

图3.2-6 水击压强沿管线的分布

末相水击呈直线分布，任意P点的正、负水击为

$$\xi_{\max}^x=\frac{L-x}{L}\xi_{\max}^A \qquad (3.2-28)$$

$$y_{\max}^x=\frac{L-x}{L}y_{\max}^A \qquad (3.2-29)$$

一相水击呈二次曲线分布，任意P点的正、负水击按下述公式近似计算：

$$\xi_{\max}^x=\xi_{\max}^A-\frac{2\sigma_x}{1+\rho\tau_0-\sigma_x} \qquad (3.2-30)$$

$$y_{\max}^x=\frac{2\sigma_{(L-x)}}{1+\rho\tau_0+\sigma_{(L-x)}} \qquad (3.2-31)$$

其中
$$\sigma_x=\frac{xv_{\max}}{gH_0T_s}$$
$$\sigma_{(L-x)}=\frac{(L-x)v_{\max}}{gH_0T_s}$$

3.2.3.6 起止开度和关闭规律对水击压强的影响

从一相水击和末相水击判别条件可以知道，阀门的起始开度对水击类型和大小有重要的影响。

当$\tau_0>\frac{1}{\rho}$，即$\rho\tau_0>1$时，$\xi_m^A>\xi_1^A$，最大水击出现在开度变化终了。并且ξ_m^A与τ_0和波速a无关，仅取决于σ的大小。σ越大，ξ_m^A越大。

当$\frac{\sigma}{\rho}<\tau_0<\frac{1}{\rho}$，即$\sigma<\rho\tau_0<1$时，$\xi_1^A>\xi_m^A$，最大水击出现在一相末。$\tau_0$越小，$\xi_1^A$越大。

当$\tau_0\leqslant\frac{\sigma}{\rho}$时，发生直接水击。因为$\frac{\sigma}{\rho}=\Delta\tau$，$\tau_0\leqslant\Delta\tau$，所以$T_s\leqslant t_r=\frac{2L}{a}$。

阀门开度变化终了后的水击现象取决于该时刻的阀门反射特性。

如上所述，阀门反射系数$r=\frac{1-\rho\tau_c}{1+\rho\tau_c}$。当终了开度$\tau_c=0$时，$r=1$，同号等值反射［见图3.2-7(a)］；$\tau_c>0$，$\rho\tau_c<1$时，$0<r<1$，同号减值反射［见图3.2-7(b)］；$\tau_c>0$，$\rho\tau_c=1$时，$r=0$，不发生反射［见图3.2-7(c)］；$\tau_c>0$，$\rho\tau_c>1$时，$-1$

$<r<0$，异号减值反射［见图 3.2-7（d）］。

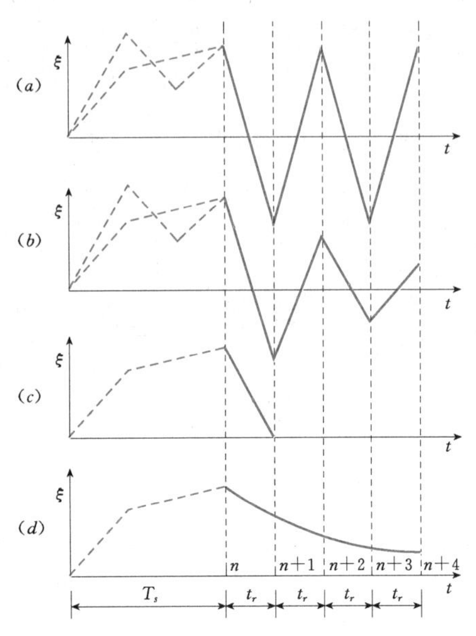

图 3.2-7 开度变化终了后的水击现象

对于增加负荷工况，可得到类似的结果。但此时 τ_c 较大，出现后两种情况的可能性较多。

另外，阀门的开度变化规律对水击压强也有较大的影响。图 3.2-8 绘出了某电站在三种具有相同关闭时间、不同关闭规律下的开度变化过程［图 3.2-8（a）］以及相应的水击压强变化过程［图 3.2-8（b）］。对比可知：①曲线Ⅱ表示阀门（导叶）关闭速度是先快后慢，开始阶段关闭速度较快，因此水击压强迅速上升达最大值，之后关闭速度减慢，水击压强也逐渐减小；②曲线Ⅲ的规律与曲线Ⅱ相反，关闭速度是先慢后快，水击压强先小后大，水击压强上升速度随阀门关闭速度加快而加快，最大水击压强出现在阀门临近关死的前夕。

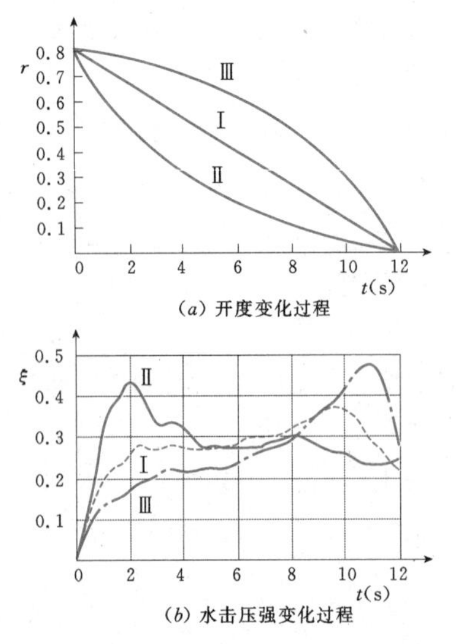

图 3.2-8 不同关闭规律的水击压强

从图 3.2-8 可知：曲线Ⅰ的直线关闭规律较为合理，$\xi_{max}=0.36$；曲线Ⅲ的关闭规律最不利，$\xi_{max}=0.48$，比前者高出 30%。该结果表明，合理地调整导叶关闭规律可以降低水击压强。

3.2.3.7 复杂管道水击计算的简化方法

在实际工程中，压力水管的直径、壁厚等往往沿管长是变化的（见图 3.2-9），因而流速、水击波速都可能不同，水击波在水管特性变化处将发生反射而使水击现象更为复杂。对于这种水管，可用后面的特征线法进行较精确的计算。但在一般情况下，管径沿管长的变化是不大的，管壁厚度的变化对水击波速的影响也不显著，同时在一般情况下水击波速的变化对水击压强的影响也不是很大，因此可采用简化方法对此类水管进行水击计算。

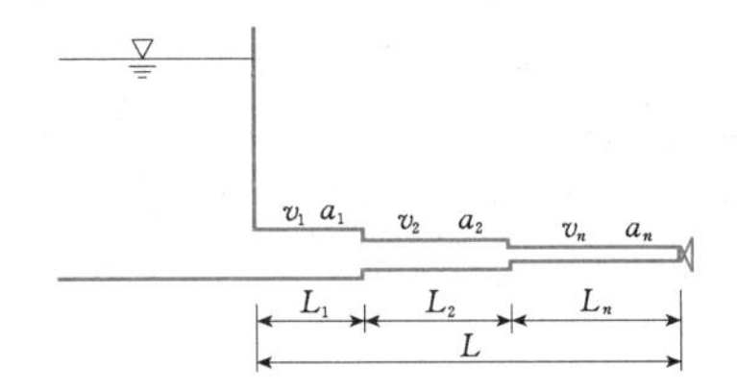

图 3.2-9 流速沿管线变化的串联管示意图

简化的方法就是将一根由 n 个特性不同的管段组成的串联管用一个“等价”的简单管来代替，这个等价管需满足以下要求。

（1）长度不变

$$L = L_1 + L_2 + \cdots + L_n = \sum L_i$$

（2）相长不变

$$\frac{L_m}{a_m} = \sum \frac{L_i}{a_i},\quad a_m = \frac{L}{\sum \frac{L_i}{a_i}}$$

（3）水体动能不变

$$Lv_m = \sum L_i v_i \quad 或 \quad A_m = \frac{L}{\sum \frac{L_i}{A_i}}$$

式中 L_i、v_i、a_i、A_i——串联管各段的长度、流速、波速、面积，$i=1$，2，…，n；

L、v_m、a_m、A_m——等价管的长度、流速、波速、面积。

于是得等价管的水击特性常数 $\rho_m=\frac{a_m v_m}{2gH_0}$ 与 $\sigma_m=\frac{Lv_m}{gH_0T_s}$。然后利用前述的水击计算公式可相应地求出水击压强值。

对于如图 3.2-10 所示的分岔管，其水击计算常用方法是截肢法。这种方法的特点是：当机组同时关闭时，选取总长度最大的一根支管［见图 3.2-10 (*a*) 中的支管 2］，并将其余的支管截掉，变成如图 3.2-10 (*b*) 所示的串联管，串联管各段的长度、波速、面积按自身的实际值计算，流速按截肢前通过的实际流量除以面积计算。然后用等价管方法求出等价管的流速和波速，进而求得水击压强值。

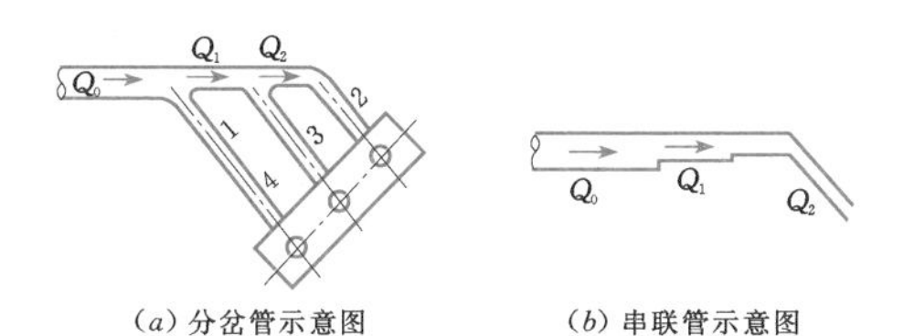

(*a*) 分岔管示意图　　(*b*) 串联管示意图

图 3.2-10　分岔管的截肢法

水击波在分岔处的反射比在串联管特性变化处的反射要复杂得多，因此上述简化方法是极其粗略的。当压力水道的主管较长、支管较短（例如支管长度为主管的 10%以内）时，计算结果误差不大，否则误差就大。

反击式水轮机管道系统示意图，如图 3.2-11 所示，由于蜗壳和尾水管也具有水流惯性，所以在简化为等价管时应计入它们的作用。假设把水轮机的导叶搬到尾水管之后，于是

$$v_m = \frac{L_p v_p + L_s v_s + L_d v_d}{L_p + L_s + L_d}$$

$$a_m = \frac{L_p + L_s + L_d}{\sum \frac{L_i}{a_i}}$$

式中下标 *p*、*s*、*d* 分别表示压力管道、蜗壳、尾水管。

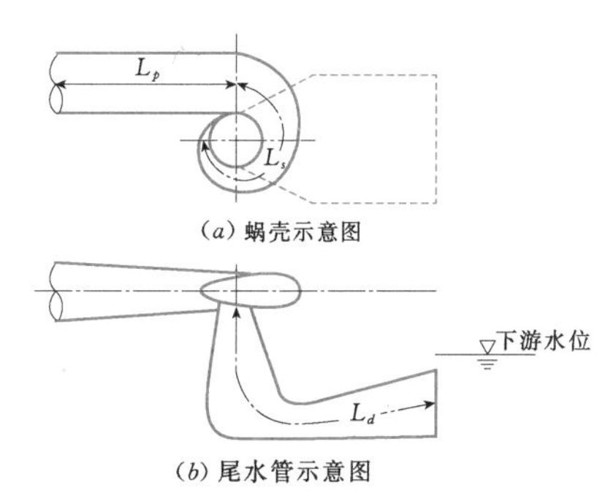

(*a*) 蜗壳示意图

(*b*) 尾水管示意图

图 3.2-11　反击式水轮机管道系统示意图

由此可求得等价管的水击特性系数 ρ_m 及 σ_m，并求得管道系统末端的最大水击压强 $\xi_{\max}$。然后以压力管道、蜗壳、尾水管等三部分水体动能为权，将 $\xi_{\max}$ 进行分配，求出各部位的水击压强。

压力管道水击压强　$\xi_p = \dfrac{L_p v_p}{L_p v_p + L_s v_s + L_d v_d} \xi_{\max}$

蜗壳末端水击压强　$\xi_s = \dfrac{L_p v_p + L_s v_s}{L_p v_p + L_s v_s + L_d v_d} \xi_{\max}$

尾水管进口处水击压强

$$y_d = -\frac{L_d v_d}{L_p v_p + L_s v_s + L_d v_d} \xi_{\max}$$

3.2.3.8　机组转速最大上升率的解析计算

机组转速变化通常以相对值表示，称为转速变化率 β。丢弃负荷时，机组转速最大上升率 $\beta_{\max}$ 按下式计算：

$$\beta_{\max} = \frac{n_{\max} - n_0}{n_0} \tag{3.2-32}$$

式中　n_0——机组额定转速；

$n_{\max}$——丢弃负荷后的最高转速。

国内工程中常用的机组转速变化率计算公式列举如下。

1. 列宁格勒金属工厂公式[1]

列宁格勒金属工厂公式为

$$\beta = \sqrt{1 + \frac{365 N_0 T_{s1} \mu_c}{n_0^2 GD^2}} - 1 \tag{3.2-33}$$

$$\mu_c = -1.196\sigma^2 + 1.967\sigma + 0.967^{[2]}$$

式中　N_0——机组初始出力，kW；

GD^2——机组飞轮力矩，t·m²；

T_{s1}——导叶关闭至空转开度的历时（对于混流式和冲击式水轮机 $T_{s1} = (0.8 \sim 0.9)\ T_s$，对于轴流式水轮机 $T_{s1} = (0.6 \sim 0.7)\ T_s$，$T_s$ 为导叶关闭时间），s；

μ_c——修正系数；

σ——压力水道系统水击特性常数。

式 (3.2-33) 只适用于末相水击。

2. 长江流域规划办公室公式[1]（简称“长办”公式）

针对列宁格勒金属工厂公式未考虑迟滞时间的缺点，“长办”公式提出了一个修正公式

$$\beta = \sqrt{1 + \frac{365 N_0 (2T_c + T_n \mu_c)}{n_0^2 GD^2}} - 1 \tag{3.2-34}$$

$$\mu_c = 0.589\sigma^2 + 0.414\sigma + 1.003^{[2]}$$

式中　T_c——迟滞时间，s；

T_n——升速时间，s；

μ_c——修正系数；

σ——压力水道系统水击特性常数。

式 (3.2-34) 只适用于一相水击。

T_c 一般小于 0.2s。T_c 对 β 的影响与比转速有关，比转速越低，影响越大，一般在 3.5%以内。

升速时间 T_n 是指机组丢弃负荷至机组转速上升

到最大值这段时间，它与导叶关闭时间 T_s 有着如下近似关系：

$$T_n = (0.9 - 0.00063 n_s) T_s$$

其中比转速 n_s 因水轮机类型不同而变化：冲击式 $n_s = 10 \sim 70$、混流式 $n_s = 60 \sim 350$、斜流式 $n_s = 200 \sim 450$、轴流式 $n_s = 400 \sim 900$，故升速时间范围是 $T_n = (0.894 \sim 0.333) T_s$，当 $n_s \leqslant 476$，$T_n = (0.9 \sim 0.6) T_s$，由此可见，升速时间的物理意义、量级与常见的导叶有效关闭时间 T_{s1} 是一致的。

总之，机组转速最大上升率的解析计算是可行的，但对 η、Q、H 随时间变化的假定仍存在一定的偏差，且无法考虑水轮机特性曲线的影响，所以数值计算结果应该比解析计算结果更精确、更可靠，建议在工程设计中尽可能采用数值计算方法。

3.2.4 调节保证计算的数值法

3.2.4.1 特征线方程

采用特征线法，方程式（3.2-1）和式（3.2-2）可转换为如下的常微分方程组：

$$C^+ : \begin{cases} \dfrac{\mathrm{d}x}{\mathrm{d}t} = v + a \\ \dfrac{g}{a} \dfrac{\mathrm{d}H}{\mathrm{d}t} + \dfrac{\mathrm{d}v}{\mathrm{d}t} + \dfrac{c}{2D} v \mid v \mid = 0 \end{cases} \quad (3.2-35)$$

$$C^- : \begin{cases} \dfrac{\mathrm{d}x}{\mathrm{d}t} = v - a \\ -\dfrac{g}{a} \dfrac{\mathrm{d}H}{\mathrm{d}t} + \dfrac{\mathrm{d}v}{\mathrm{d}t} + \dfrac{c}{2D} v \mid v \mid = 0 \end{cases} \quad (3.2-36)$$

其中，$\dfrac{\mathrm{d}x}{\mathrm{d}t} = v \pm a$ 称为特征线方程，由于 $v \ll a$，可简化为 $\dfrac{\mathrm{d}x}{\mathrm{d}t} = \pm a$（$a$ 是常数），它在 x—t 平面上代表着两簇特征线。$\dfrac{\mathrm{d}x}{\mathrm{d}t} = +a$ 线表示水击波的传播方向与 x 的方向相同，称为正向波特征线，以 C^+ 表示；$\dfrac{\mathrm{d}x}{\mathrm{d}t} = -a$ 线表示水击波的传播方向与 x 的方向相反，称为反向波特征线，以 C^- 表示。

对方程式（3.2-35）与式（3.2-36）进行积分，并引入图 3.2-12 的等时段网格计算格式，则得到如下特征方程：

$$C^+ : H_P = C_1 - B Q_P \quad (3.2-37)$$

$$C^- : H_P = C_2 + B Q_P \quad (3.2-38)$$

其中

$$C_1 = H_R + B Q_R - S Q_R \mid Q_R \mid$$

$$C_2 = H_S - B Q_S + S Q_S \mid Q_S \mid$$

$$B = \frac{a}{gA},\ S = \frac{ca\Delta t}{2gDA^2}$$

式中 A——管道断面积；

H_R、Q_R——管道内第 $i-1$ 断面在 t 时刻的测压管水头、流量；

H_S、Q_S——管道内第 $i+1$ 断面在 t 时刻的测压管水头、流量；

H_P、Q_P——管道内第 i 断面在 $t+\Delta t$ 时刻的测压管水头、流量。

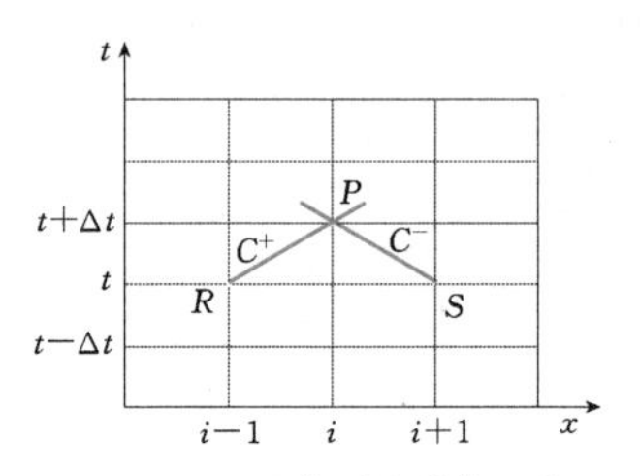

图 3.2-12 等时段计算网格

在计算过程中，时段开始的水头和流量总是已知的，它们或是根据初始条件确定，或是前一时段的计算结果。例如，已知 t 时刻管道中各网格点上的流量和水头，即上面各式中的 H_S、Q_S、H_R、Q_R，则可用式（3.2-37）与式（3.2-38）求出 P 点在 $t+\Delta t$ 时刻的流量 Q_P 和水头 H_P。类似地，可求出 $t+\Delta t$ 时刻管道中其他网格点上的流量和水头。当管路系统中各网格点在 $t+\Delta t$ 时刻的流量和水头都求出之后，又可利用上述方法求算 $t+2\Delta t$ 时刻各网格点上的流量和水头。整个水击过程就是按照这样的方法，从初始状态分时段逐步计算到所需计算的时间为止。

所谓等时段网格就是 Δt 在计算过程中保持不变，Δt 的选取应满足库朗稳定条件：$\Delta t \leqslant \dfrac{\Delta x}{a}$。按当前计算机的计算速度和容量，以及调节保证计算所需要的精度，通常 Δt 选取 0.01s 左右。

在实际计算中，根据满足库朗稳定条件的 Δx 值划分管道时，往往不可能得到刚好为整数的分段数，于是出现所谓短管问题，即管道最后一分段的管长 $\Delta L < \Delta x$。处理这种短管通常用调整波速的方法，即将计算时段 Δt 重新调整为

$$\Delta t = \frac{L}{a(1 \pm \psi) N}$$

式中 L——管道总长；

N——管道的分段数；

ψ——管道波速的允许偏差，一般不超过 10%。

3.2.4.2 边界条件

由图 3.2-12 知，P 点的 Q_P、H_P 等未知变量可由式（3.2-37）与式（3.2-38）两个方程根据 R、S 点在前一时刻的初始值求出。但当 P 点位于管路特

性变化处（如水库、分岔管、调压室）时，P 点的未知变量可能增多或减少，式（3.2-37）与式（3.2-38）构成的两个方程数与 P 点未知变量的个数不匹配，方程组无法求解，这时必须利用边界条件建立相应的边界方程，与式（3.2-37）或式（3.2-38）形成封闭方程组，以求得各未知变量。

现列举水电站水道系统常见边界条件的边界方程如下。

1. 水库或压力前池

通常水库容积很大，在机组丢弃负荷或增加负荷过程中，水位保持不变。因此，其边界方程为

$$H_P = H_U - (\xi + 1)\frac{Q_P^2}{2gA^2} \quad (3.2-39)$$

式中 H_U——水库水位对应的恒定水头；

ξ——进水口局部损失系数；

A——进水口处断面面积。

通常进水口处的流速水头和局部水头损失相对于水电站的水头小得多，可忽略不计，则 $H_P = H_U$。

压力前池的容积是有限的，若在机组丢弃负荷或增加负荷过程中水位基本保持不变，也可以近似采用式（3.2-39）作为边界条件。否则，按调压室边界条件处理。

2. 封闭端

水轮机导叶全关闭，形成封闭端，此时边界方程为

$$Q_P = 0 \quad (3.2-40)$$

3. 管道中的阀门

阀门处于管道中间时，其边界方程为

$$|H_u - H_d| = K\frac{Q_P^2}{2gA^2} \quad (3.2-41)$$

式中 H_u、H_d——阀门上游侧和下游侧的测压管水头；

K——阀门的阻力系数，与阀门的类型、开度等有关，$K = 1/\mu^2$（μ 为阀门的流量系数）；

A——阀门孔口面积，$A = \tau A_0$（A_0 为阀门全开的孔口面积，τ 为阀门开度）。

式（3.2-41）也可改写为

$$Q_P = \mu\tau A_0\sqrt{2g(H_u - H_d)} \quad (\text{当 } H_u \geqslant H_d) \quad (3.2-42)$$

$$Q_P = -\mu\tau A_0\sqrt{2g(H_d - H_u)} \quad (\text{当 } H_u < H_d) \quad (3.2-43)$$

式（3.2-42）和式（3.2-43）可用于水电站压力管道中各种类型的阀门，包括减压阀。

4. 岔管

某分岔处有 n 条管道相连，其中 l 条流入，m 条流出。不考虑局部水头损失和流速水头时，岔管的边界方程为

$$\sum Q_{Pi} = \sum Q_{Pj} \quad (i = 1 \sim l,\ j = 1 \sim m) \quad (3.2-44)$$

$$H_{Pi} = H_{Pj} \quad (i = 1 \sim l,\ j = 1 \sim m) \quad (3.2-45)$$

考虑局部水头损失和流速水头时，式（3.2-45）采用下式代替：

$$H_{Pi} + \frac{Q_{Pi}^2}{2gA_i^2} = H_{Pj} + \frac{Q_{Pj}^2}{2gA_j^2} + \Delta h_{ij}$$

$$(i = 1 \sim l,\ j = 1 \sim m)$$

式中 H_{Pi}、Q_{Pi}、A_i——第 i 条管道末端的测压管水头、流量、断面面积；

H_{Pj}、Q_{Pi}、A_j——第 j 条管道始端的测压管水头、流量、断面面积；

Δh_{ij}——第 i 条管道末端至第 j 条管道始端的局部水头损失。

5. 调压室

具体见 3.3.6 部分有关内容。对于闸门井，也可当调压室边界计算。

6. 尾水出口

尾水出口边界条件可以按恒定水位、已知流量与尾水出口水位关系曲线、宽顶堰和流入河道等不同情况处理。

（1）恒定水位公式如下：

$$H_P = H_d - \frac{Q_P^2}{2gA_P^2} + \xi\frac{Q_P|Q_P|}{2gA_P^2} \quad (3.2-46)$$

式中 H_d——恒定尾水位对应的初始水头；

ξ——出水口局部损失系数；

A_P——出水口处断面面积。

（2）流量与尾水出口水位关系曲线。以表格形式或曲线形式表示的流量与尾水出口水位关系曲线，可表达为

$$Q_P = f(H_P) \quad (3.2-47)$$

（3）尾水洞无压出口。尾水出口参照无底坎宽顶堰淹没出流处理，表达式为

$$Q_P = \sigma_s\varphi A\sqrt{2g(H_P - H_d)} \quad (3.2-48)$$

式中 φ——流速系数（最大值为 1）；

A——河道入口断面面积；

σ_s——淹没系数，随淹没程度的增大而减小。

（4）流入河道。尾水流入河道，在不考虑汇流处局部水头损失和流速水头之差的假设下，其边界条件为

$$Q_2 = Q_1 + Q_P \quad (3.2-49)$$

$$H_2 = H_1 = H_P \quad (3.2-50)$$

式中 H_1、H_2、H_P、Q_1、Q_2、Q_P 为汇流处各支管的测压管水头及流量。

河道按明渠非恒定流计算。

7. 冲击式水轮机

冲击式水轮机装在管道的末端，由针阀控制喷嘴的射流，推动转轮的旋转。所以，喷嘴射流可按孔口出流公式来模拟其边界条件，即

$$Q_P = \mu\tau A_0 \sqrt{2gH_P} \quad (3.2-51)$$

式中 τ、μ、A_0——喷嘴相对开度、射流速度系数、射流断面面积。

若假设不同开度下的流量系数不变，则式（3.2-51）可改写为

$$Q_P = Q_0\tau\sqrt{\frac{H_P}{H_0}} \quad (3.2-52)$$

式中 Q_0、H_0——恒定流时的流量和测压管水头。

水轮机转轮旋转速度可根据动量矩定律计算，即

$$J\frac{d\omega}{dt} = M_t - M_g \quad (3.2-53)$$

式中 J——水轮发电机组的转动惯量；

ω——水轮机转轮的旋转角速度；

M_t——水轮机轴端力矩；

M_g——发电机力矩。

水轮机轴端力矩为

$$M_t = 9.81QH_P\eta/\omega \quad (3.2-54)$$

式中 Q——射入水轮机转轮的流量，$Q=Q_P-Q_z$（Q_z 为折向器动作偏移的流量）；

η——水轮机效率。

8. 反击式水轮机

（1）基本方程。在机组丢弃负荷的调节保证计算中，水轮发电机组的边界条件包括九个未知变量：Q_P、Q_S、H_P、H_S、Q'_1、n'_1、n、M、M'_1，如图3.2-13所示，图中 Q_P、H_P 为蜗壳末端 P 断面的流量和测压管水头，Q_S、H_S 为尾水管进口 S 断面的流量和测压管水头，相应的方程是上下游管道的特征方程。为了与机组转速 n 联立求解，须引入水轮机方程，即以单位流量 Q'_1、单位转速 n'_1、单位力矩 M'_1 和导叶相对开度 τ 表示的水轮机流量特性和力矩特性，还须引入发电机转动的动量矩方程，即水轮机动力矩 M_t 和发电机阻力矩 M_g。因此，可列出如下九个方程：

$$Q_P = Q_S \quad (3.2-55)$$

$$Q_P = Q'_1 D_1^2 \sqrt{(H_P - H_S) + \Delta H} \quad (3.2-56)$$

$$Q_P = Q_{CP} - C_{QP}H_P;\quad H_P = C_1 - B_1 Q_P \quad (3.2-57)$$

$$Q_S = Q_{CM} + C_{QM}H_S;\quad H_S = C_2 + B_2 Q_S \quad (3.2-58)$$

$$n'_1 = \frac{nD_1}{\sqrt{(H_P - H_S) + \Delta H}} \quad (3.2-59)$$

$$Q'_1 = f_1(\tau, n'_1) \quad (3.2-60)$$

$$M'_1 = f_2(\tau, n'_1) \quad (3.2-61)$$

$$M = M'_1 D_1^3 (H_P - H_S + \Delta H) \quad (3.2-62)$$

$$\frac{GD^2}{4g}\times\frac{2\pi}{60}\times\frac{dn}{dt} = M_t - M_g \quad (3.2-63)$$

式中下标 P、S 分别表示转轮进出口侧计算边界点；D_1 为转轮公称直径；$\Delta H = \left(\frac{\alpha_P}{2gA_P^2} - \frac{\alpha_S}{2gA_S^2}\right)Q_P^2$；$\tau$ 与 t 的关系曲线（即导叶关闭规律）是预先给定的已知值；甩全部负荷时，$M_g=0$。

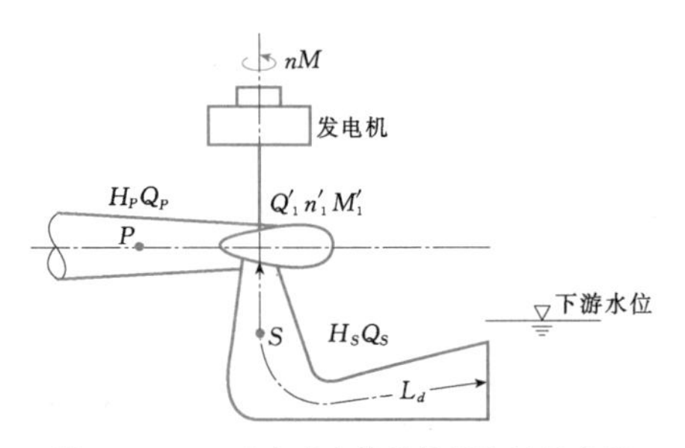

图3.2-13 反击式水轮机机组边界示意图

式（3.2-60）和式（3.2-61）分别表示水轮机的流量特性曲线和力矩特性曲线。当开度 $\tau(t) = \frac{a(t)}{a_{max}} = \tau_P$ 已知，就可以采用插值方法在两条已知开度 τ_i 和 τ_{i+1} 之间绘出曲线 τ_P。用较密集的折线近似逼近曲线，则式（3.2-60）和式（3.2-61）分别改写为

$$Q'_1 = A_1 + A_2 n'_1 \quad (3.2-64)$$

$$M'_1 = B_1 + B_2 n'_1 \quad (3.2-65)$$

对式（3.2-63）进行数值积分，得

$$n = n_0 + 0.1875(M_t + M_{t0})\Delta t/GD^2 \quad (3.2-66)$$

式中下标0表示上一计算时段的已知值。

令 $X=\sqrt{(H_P - H_S) + \Delta H}$，$K_1 = C_1 - C_2$，$K_2 = B_1 + B_2$，$E = 0.1875\Delta t/GD^2$，$K_3 = \alpha_P/(2gA_P^2) + \alpha_S/(2gA_S^2)$，则上述九个方程可以化成

$$F_1 = (A_1^2 K_3 D_1^4 - 1)X^2 + A_1 D_1^2(2A_2K_3D_1^3 n - K_2)X + A_2 D_1^3 n(A_2 K_3 D_1^3 n - K_2) + C_1 = 0 \quad (3.2-67)$$

$$F_2 = B_1 D_1^3 EX^2 + B_2 ED_1^4 nX - n + n_0 + EM_0 = 0 \quad (3.2-68)$$

用牛顿辛普生方法解上述两个方程。求出 X、n 后，将其回代，可依次求出各未知变量。

在增负荷过渡过程中，机组转速已知且不变，式（3.2-67）简化为一元二次方程，求得 X 后，将其

回代，再求出各未知变量。

(2) 水轮机特性曲线。反击式水轮机边界条件的关键是流量特性曲线和力矩特性曲线。流量特性曲线表示开度 τ 或 a、单位转速 n_1' 和单位流量 Q_1' 三者之间的关系，给定了 τ 或 a 和 n_1' 就可以依据水轮机模型综合特性曲线（见图 3.2-14）得到 Q_1'，进而绘制出流量特性曲线（见图 3.2-15）。应该指出的是，等开度线的形状和斜率取决于水轮机的比转速，即转轮的流道形状。低比速的水轮机的过流特性是，随 n_1' 增加时输水能力减小，即 Q_1' 减小，等开度线向左倾。而高比速的则相反，随 n_1' 增加时输水能力增加，即 Q_1' 增加，等开度线向右倾。力矩特性曲线表示开度 τ 或 a、单位转速 n_1' 和单位力矩 M_1'（效率 η）三者之间的关系，给定了 τ 或 a 和 n_1' 就可以从水轮机模型综合特性曲线查得 η，并按下式进行转换，进而绘制出力矩特性曲线（见图 3.2-16）：

$$M_1' = \frac{30 \times 1000}{\pi} g\eta \frac{Q_1'}{n_1'}$$

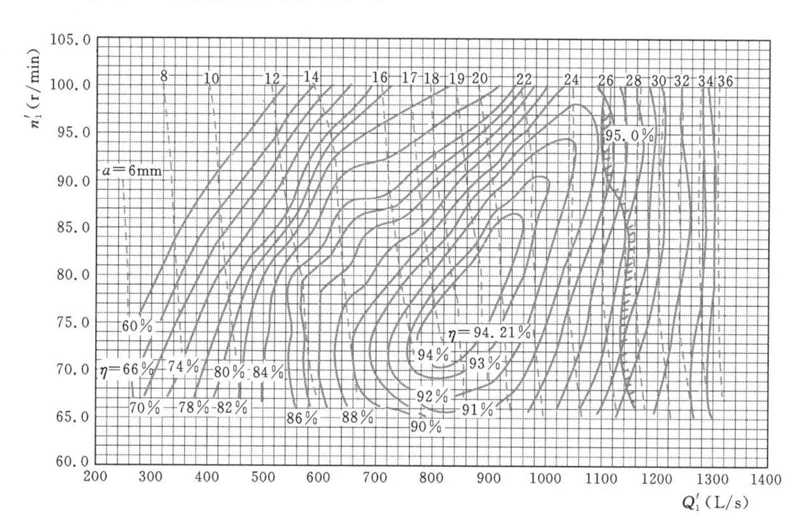

图 3.2-14 HLA743 水轮机综合特性曲线

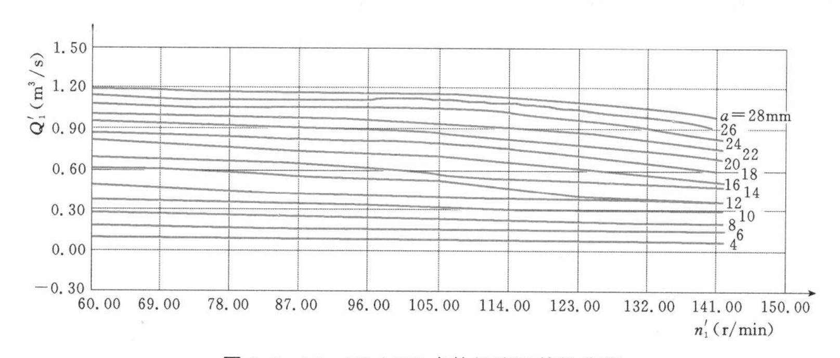

图 3.2-15 HLA743 水轮机流量特性曲线

流量特性曲线主要影响水击压强的变化过程。例如低比速水轮机丢弃负荷时，随 n_1' 增加 Q_1' 减小，即使导叶不动作，也会出现正水击。此条件下应采用直线规律或先慢后快折线规律关闭导叶，否则正水击压强过大，难以满足调节保证计算的要求。

力矩特性曲线主要影响机组转速上升的变化过程。当 $M_t=0$ 时（即 $\eta=0$ 时），转速达到最大值，因此飞逸工况线（效率为零的曲线，见图 3.2-17）以及小开度的力矩特性曲线对转速变化过程有很大的影响。

在丢弃负荷中，水轮机工作点的轨迹将经过水轮机工况区、飞逸工况线、制动工况区，甚至反水泵工况区。这些区域远超出水轮机制造厂家提供的模型综合特性曲线，因此需要在已有的模型综合特性曲线上，扩展和补充小开度的特性，以满足调节保证计算的需要。扩展方法及水轮机特性曲线转换可参阅有关文献。

3.2.4.3 初始条件

初始条件对非恒定流计算来说一般是恒定流状态，对于简单的管路系统，其恒定流参数较容易确定。但对于多台机组共一个水力单元的复杂管路系统，

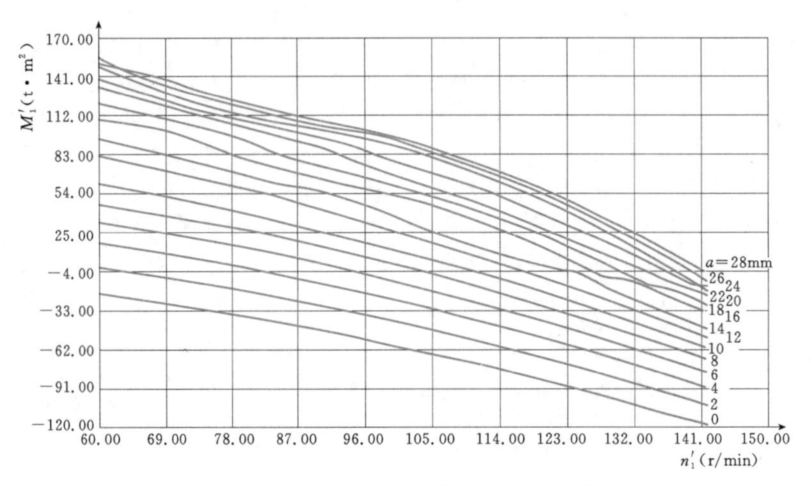

图 3.2-16 HLA743 水轮机力矩特性曲线

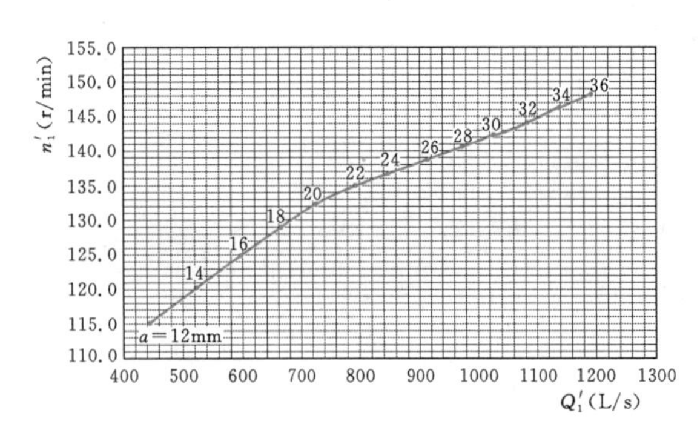

图 3.2-17 HLA743 水轮机飞逸特性曲线

其恒定流计算则较为复杂，有关内容可参阅参考文献 [3]。

3.2.4.4 计算分析

1. 程序设计

水电站调节保证计算的主要步骤如下。

第一步输入原始数据。包括管道参数（长度，断面尺寸，糙率，正向、反向局部水头损失系数，波速等），机组参数（额定转速，飞轮力矩，安装高程，转轮进口直径，尾水管进口直径，水轮机流量特性曲线和力矩特性曲线，导叶关闭规律等），调压室参数（若设置有调压室：调压室面积与高程关系曲线，阻抗孔水头损失系数，是否上部连通及连通高程等），上游边界参数（上游恒定水位，若上游水位不恒定，则输入上游水位随时间变化曲线），下游边界参数（下游恒定水位，若下游水位不恒定，则输入下游水位与流量关系曲线）等。

第二步划分管段，计算管道相关参数。根据特征线方程，将每条管道按照空间步长 Δx 划分成若干段，其中 $\Delta x=a\Delta t$。若管道长度 L 不是空间步长的整数倍，则进行必要调整。然后根据管道断面尺寸，计算管道面积、周长等参数。

第三步恒定流计算。根据给定的初始时刻上游水位、下游水位，以及机组过流量、机组出力、导叶开度（或接力器行程）三个参数中任一项，计算其余的参数；然后计算管道各断面的初始测压管水头和流量。

第四步非恒定流计算。分以下三个部分：

(1) 计算管道内各节点的测压管水头和流量。通过联合式（3.2-37）和式（3.2-38）实现。

(2) 计算边界点测压管水头和流量（不含机组）。通过求解相应的边界条件方程实现。

(3) 计算机组水头、流量、出力、转速等。通过求解机组边界条件方程实现。

第五步判断当前时间 T 是否满足要求。如果 $T<T_{\max}$，则令 $T=T+\Delta t$，返回到第四步，进入下一时刻的非恒定流计算。如果 $T\geqslant T_{\max}$，则退出非恒定流计算。

第六步输出计算结果。包括恒定流时的上下游水位、机组出力等，非恒定流各时刻的机组转速、出力、蜗壳末端动水压强、尾水管进口绝对压强，压力水道沿线压强分布，调压室涌波水位、进出调压室流量以及作用在阻抗板上的压差等。

2. 计算结果

调节保证计算的结果分为恒定流结果和非恒定流（过渡过程）结果。

对恒定流而言，需要显示的结果有：上游水位，下游水位，每台机组的过流量、初始工作水头、出力、导叶开度和转速；各管段的过流量（流动方向），沿管线的总水头分布、测压管水头分布；调压室水位

(若设置有调压室)等(见图3.2-18)。由此可检查机组参数初始值是否与计算工况的相应条件一致，可检查沿管线的总水头分布、测压管水头分布是否合理，各岔点流量是否平衡等。若存在不一致、不合理、不平衡等现象，原因往往出之于初始值输入有误。

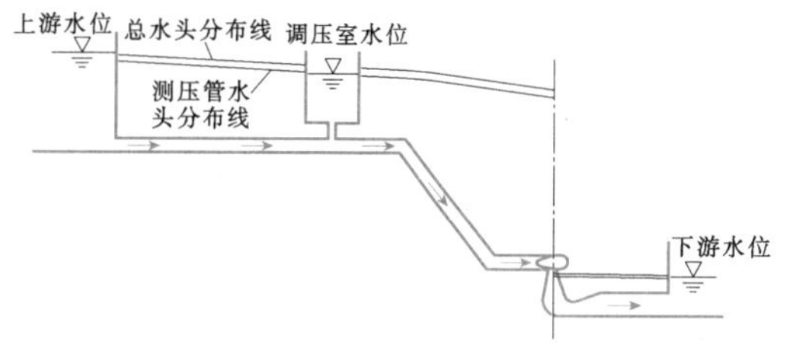

图3.2-18 恒定流显示结果示意图

对非恒定流而言，需要显示的结果有：机组各调保计算参数随时间的变化过程(见图3.2-19)及其极值；压力水道沿线最大最小压强分布；调压室最高最低水位与作用于调压室底板压差随时间的变化过程(若设置有调压室，见图3.2-20)及其极值等。

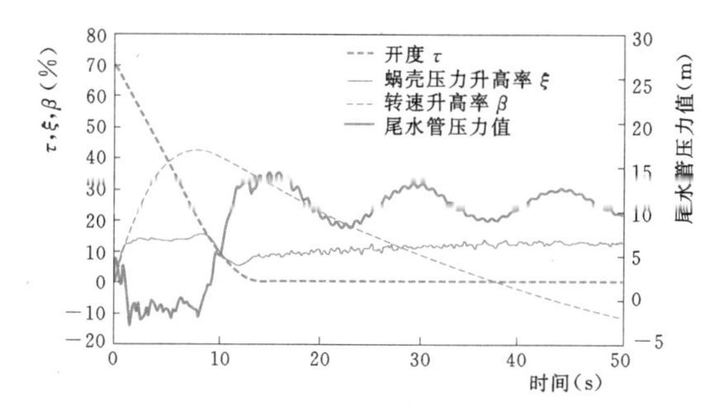

图3.2-19 某电站调保计算参数变化过程图

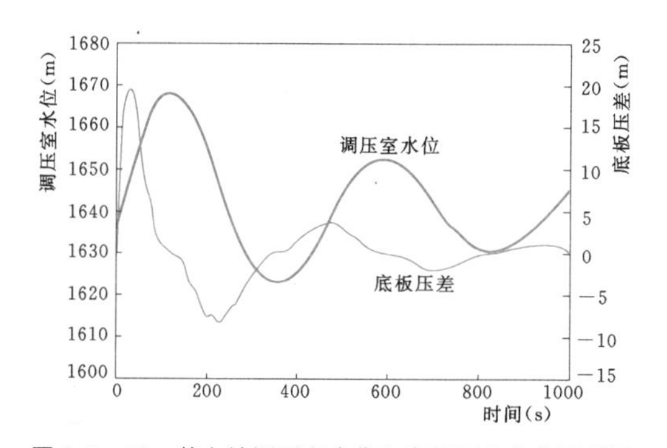

图3.2-20 某电站调压室水位和底板压差变化过程图

计算结果是否合理不仅与输入的计算参数是否正确有关，而且与计算程序所采用计算方法有关。例如，在某些特殊情况下(如水轮机特性曲线处理不合理)，求得的一元n次方程的根不是高阶方程物理意义的解，由此产生大的扰动(数值干扰)将影响后续的整个变化过程，出现不合理的结果。

不合理的计算结果主要表现为：压强、流量、转速、压差等变量在波动过程中出现明显的跳动或随计算时间步长振荡，数值上甚至远远超出极值，发生时间也偏离极值的发生时间。对此，应检查水轮机运行的轨迹线，若轨迹线出现跳动或折回，而不是光滑平顺变化，则该计算结果通常是错误的，不宜采用。

3.2.5 改善调节保证参数的工程措施

当调节保证计算结果不满足规范和设计要求时，可采取以下工程措施改善调节保证参数值。

(1) 减小水流加速时间T_w。即改变水电站压力水道系统布置：缩短压力管道长度；或增大压力水道直径，以减小最大流速；或设置调压室。对小型水电站还可设置减压阀。

(2) 增加机组加速时间T_a。即增加机组转动惯量GD^2，但随着科技的发展，发电机转动惯量有逐渐减小的趋势，而增大GD^2，将会提高机组的造价。

(3) 适度降低机组安装高程。对于设有下游调压室的地下式水电站，在校核工况下尾水管进口最大真空度往往难以满足规范要求，优化导叶关闭规律、增加调压室断面积均收效不大，而降低机组安装高程，效果明显。

(4) 优化导叶启闭时间和规律。优化的基本原则是：①在满足机组转速最大上升率略小于或等于规范要求的前提下，尽量延长导叶关闭时间，以减小水击压强；②选取合适的折点，错开最大水击压强和机组转速最大上升值的发生时间，使调节保证参数值均能满足规范要求。

在具体的优化工作中，可借鉴如下几点经验：

1) 导叶关闭规律的优化以直线关闭为基础，通常取T_s为5～10s，大容量机组可至15s，有特殊要求时还可延长。在数值仿真计算中应计入关闭末了的缓冲作用，这对于减小波动叠加的振幅、减小水击压强是有利的。必要时可进一步延长空载开度至零开度的关闭时间。

2) 低比速水轮机可采用直线关闭规律或先慢后快折线关闭规律，高比速水轮机可采用先快后慢折线关闭规律，中比速水轮机可采用直线关闭规律或先快后慢折线关闭规律。

3) 如图3.2-21所示的先快后慢折线关闭规律，建议折点1的时间取为$t_1=T_c+t_r$，其中T_c和t_r分别是迟滞时间和机组上游侧的相长，相对开度$\tau_1=$

0.65τ_0，其中 τ_0 是额定水头下发出额定出力时的相对开度。若蜗壳最大动水压强不起控制作用，则折点1的相对开度可减小为 $\tau_1=(0.6\sim0.55)\tau_0$，以减小机组转速最大上升率。折点2为原直线关闭规律末端缓冲段的起始点，其开度 τ_2 通常取空载开度[4]。

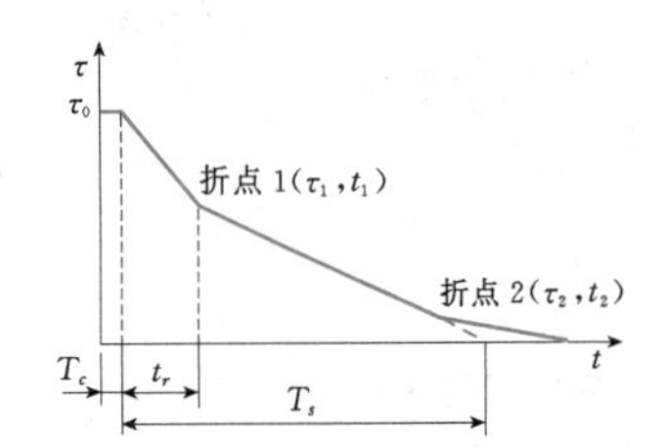

图 3.2-21 先快后慢的折线关闭规律

3.3 常规调压室

3.3.1 调压室设置条件及基本要求

3.3.1.1 上游调压室的设置条件

上游调压室的主要作用为：①利用调压室的自由水面反射水击波，缩短压力管道的长度，减少管道中的水流惯性，从而减小压力管道、水轮机过流部件的水击压强；②改善水轮机在负荷变化时的运行条件及系统供电质量。

设置上游调压室的初步判别条件为

$$T_w > [T_w]$$

$$T_w = \frac{\sum L_i v_i}{g H_r} \qquad (3.3-1)$$

式中 T_w——上游压力水道的水流惯性时间常数，s；

L_i——上游压力管道及蜗壳各段的长度，如有分岔管时，可按最长的一支管道考虑，m；

v_i——相应管段内的平均流速，m/s；

H_r——设计水头，m；

g——重力加速度，m/s^2；

$[T_w]$——T_w 的允许值，一般取 2～4s。

对于在电力系统单独运行或者机组容量在电力系统中所占比重超过50%的水电站，$[T_w]$ 宜用小值；对于比重小于20%的水电站，$[T_w]$ 可取大值。

调压室设置与否对机组运行稳定性亦有较大影响，而机组运行稳定性与压力水道水流惯性时间常数 T_{w1}、机组加速时间常数 T_a 等密切相关，因此可按下式进一步判断是否需要设置调压室：

$$T_{w1} \leqslant -\sqrt{\frac{9}{64}T_a^2 - \frac{7}{5}T_a + \frac{784}{25}} + \frac{3}{8}T_a + \frac{24}{5} \qquad (3.3-2)$$

式中 T_{w1}——上、下游自由水面间压力水道的水流惯性时间常数 [T_{w1} 按式 (3.3-1) 计算，其中 L_i、v_i 分别为压力管道、蜗壳、尾水管及尾水管延伸段的长度及平均流速]，s；

T_a——机组加速时间常数，$T_a=\frac{GD^2 n^2}{365N}$，s；

n——机组的额定转速，r/min；

N——机组的额定功率，kW；

GD^2——机组的惯性矩，t·m^2。

压力水道系统最终是否需要设置调压室，还要根据水电站压力水道的布置，沿线的地形、地质条件，机组运行参数，以及电站在电力系统中的作用等因素，进行调节保证计算和运行稳定性分析，经技术经济比较后最终确定。

国内外有一些中小型电站，在 T_w 超过 4s 的情况下，不设调压室而采用减压阀、折向器、爆破膜或水阻器等调压措施。例如云南省大理白族自治州西洱河上的西洱河二级电站，其引水道水流惯性时间常数 $T_w=8.256$s，不设调压室，而是在4台水轮机中各增设1台减压阀。该电站建成投产后，经丢弃负荷试验证明，采用减压阀满足调节保证计算是可行的。

不过，减压阀、折向器、爆破膜和水阻器在增加负荷和负荷有微小变化时不起作用，只能靠增加导叶开启时间的办法来减小水击压强，这就降低了电站适应外界负荷变化的灵敏性及供电的质量。因此，对于在电力系统中占重要地位的大型有压引水式水电站，若压力水道很长，为了确保电站运行的可靠性，设置调压室通常是合理的方案。对于在电力系统中不占重要地位的中小型水电站，在进行全面的技术经济比较后，采用减压阀或水阻器等而不设调压室可能是合理的。

3.3.1.2 下游调压室的设置条件

下游调压室的作用是缩短压力尾水道的长度，减少机组丢弃负荷时尾水管进口的真空度，避免出现水柱分离。以尾水管内不产生液柱分离为前提，一般按下式初步判断设置下游调压室的必要性：

$$L_w > \frac{5T_s}{v_{w0}}\left(8 - \frac{Z}{900} - \frac{v_{wj}^2}{2g} - H_s\right) \qquad (3.3-3)$$

式中 L_w——压力尾水道及尾水管各段的长度，是确保尾水管内不产生液柱分离的极限长度，m；

T_s——水轮机导叶有效关闭时间，s；

v_{w0}——稳定运行时压力尾水道中的平均流速，m/s；

v_{wj}——水轮机转轮后尾水管进口处的平均流速，m/s；

H_s——吸出高度，m；

Z——机组安装高程，m。

式（3.3-3）为初步估算公式，资料齐全时可按下列判别式进行判断。

对于一相水击，压力尾水道极限长度的计算公式如下：

$$L_{w1}=K\frac{gT_s}{2v_{w0}}(1+\rho-\sigma)\times\left[8-\frac{Z}{900}-H_s-\frac{v_{wj}^2}{2gT_s^2}(T_s-t_r)^2\right] \quad (3.3-4)$$

对于末相水击，压力尾水道极限长度的计算公式如下：

当 $\frac{\sigma}{2-3\sigma}\leqslant 0$ 时，发生末相水击时的压力尾水道极限长度计算公式为

$$L_{wm}=K\frac{gT_s}{2v_{w0}}(2-\sigma)\left(8-\frac{Z}{900}-H_s\right) \quad (3.3-5)$$

当 $\frac{\sigma}{2-3\sigma}>0$ 时，发生末相水击时的压力尾水道极限长度计算公式为

$$L_{wm}=K\frac{gT_s}{2v_{w0}}(2-\sigma)\frac{8-\frac{Z}{900}-H_s-\frac{v_{wj}^2}{2g}\left(\frac{v_{wj}^2}{2gH_0}\right)^{\frac{2\sigma}{2-3\sigma}}}{1-\left(\frac{v_{wj}^2}{2gH_0}\right)^{\frac{2-\sigma}{2-3\sigma}}} \quad (3.3-6)$$

上三式中 L_{w1}——发生一相水击时压力尾水道极限长度，m；

L_{wm}——发生末相水击时压力尾水道极限长度，m；

K——水流脉动压力和流速不均匀分布的修正系数，一般取0.7～0.8；

ρ、σ——压力尾水道的特征系数，$\sigma=\frac{Lv_{w0}}{gH_rT_s}$，$\rho=\frac{av_{w0}}{2gH_r}$，其中 a 为波速，单位为m/s，L 为压力尾水道长度，单位为m；

t_r——水击波相长，s；

H_r——设计水头，m。

调节保证计算中，当机组丢弃负荷时，尾水管进口的最大真空度应不超过8m水柱，对于大容量机组，应适当增加安全度。高海拔地区应作高程修正为

$$H_v=\Delta H-H_s>-\left(8-\frac{Z}{900}\right) \quad (3.3-7)$$

式中 H_v——尾水管进口处的相对压力水头，m；

ΔH——尾水管进口处的水击值，m。

3.3.1.3 调压室的基本要求

（1）调压室的布置应尽量靠近厂房，以缩短压力水管的长度。

（2）能较充分地反射压力水管传来的水击波。调压室除具有自由水面外，底部和压力水管连接处应具有足够的断面积。

（3）调压室的顶部和底部高程，应满足涌波要求。如为溢流式调压室，堰顶及泄水道断面应满足溢流量的要求。

（4）调压室断面面积应满足稳定条件，即在任何情况下负荷变化时，压力水道和调压室中水体的波动必须是逐渐衰减的。

（5）结构安全可靠、施工简单方便、造价经济合理。

（6）避免调压室内水外渗对围岩和边坡的稳定性造成不利影响。

3.3.2 调压室布置方式

调压室在压力水道系统中的布置有以下几种基本方式。

3.3.2.1 上游调压室（或引水调压室）

调压室在厂房上游的有压引水道上，如图3.3-1（*a*）所示，适用于厂房上游有压引水道比较长的情况，这种布置方式应用最广泛。

3.3.2.2 下游调压室（或尾水调压室）

调压室在厂房下游的有压尾水道上，如图3.3-1（*b*）所示，适用于厂房下游有压尾水道比较长的情况，这种布置方式在地下式电站中应用较多。

3.3.2.3 上下游双调压室系统

在有些地下水电站中，厂房的上下游侧都有比较长的压力水道，为了减小水击压强，改善电站的运行条件，在厂房的上下游均设置调压室而形成双调压室系统，如图3.3-1（*c*）所示。当负荷变化水轮机流量随之发生变化时，两个调压室的水位都将发生变化，而任一个调压室的水位变化，都将引起水轮机流量的改变，从而影响到另一个调压室水位的变化，因此两个调压室的水位变化是相互制约的，使得整个引水发电系统的水力现象更为复杂。当引水道和尾水道的特征参数接近时，还可能发生共振。因此设计上下游双调压室时，不能只限于推求波动的第一振幅，而应该求出波动的全过程，研究波动的衰减情况。在机组丢弃全部负荷时，上、下游调压室互不影响，可分别求其最高和最低涌波水位。

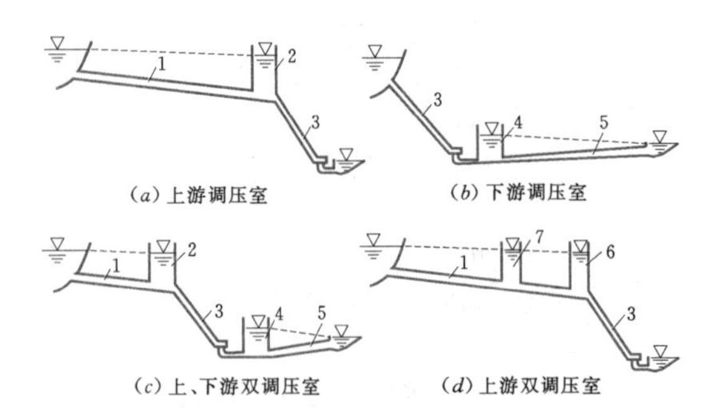

(a) 上游调压室　(b) 下游调压室

(c) 上、下游双调压室　(d) 上游双调压室

图 3.3-1　调压室的基本布置方式

1—压力引水道；2—上游调压室；3—压力管道；4—下游调压室；5—压力尾水道；6—主调压室；7—副调压室

3.3.2.4　上游双调压室系统

两个调压室串联在厂房上游的有压引水道中，如图 3.3-1（*d*）所示，这种布置方式到目前为止应用不多。靠近厂房的调压室在反射水击波时起主要作用，称为主调压室。靠近上游的调压室用以反射越过主调压室的水击波，改善引水道的工作条件，帮助主调压室衰减引水系统的波动，称为辅助调压室或副调压室。辅助调压室愈接近主调压室，所起的作用愈大。反之，愈向上游其作用愈小。引水系统波动衰减由主、副调压室共同担当，增加一个调压室的断面，可以减小另一个调压室的断面，但两个调压室所需要的断面之和大于只设置一个调压室时所需的断面。当引水道中有施工竖井可以利用时，采用双调压室方案可能是经济的。有时因电站扩建、运行条件改变，原调压室面积或容积不够而增设辅助调压室；有时因结构、地质等原因，设置辅助调压室以减小主调压室的尺寸。主调压室和辅助调压室宜考虑布置成具有差动效应的型式。

上游双调压室系统的波动非常复杂，相互制约和诱发共振的作用很大，整个波动并不成简单的正弦曲线，因此应合理选择两个调压室的位置和断面，使引水系统的波动能较快的衰减。

3.3.2.5　其他布置方式

其他布置方式尚有图 3.3-2 所示的并联和图 3.3-3 所示的串、并联混合的混联调压室系统，以满足有些水电站增加运行灵活性，更合理地利用水资源，减少引水道尺寸或平行施工等特殊需要。

在中小型水利水电工程中，有时为了节省工程量、克服地质条件限制或者空间布置限制、工程改建或者扩建，采用发电和泄水共用同一条隧洞的布置，在经济上是合理的，在技术上是可行的，具体型式可以是发电隧洞兼作泄水洞，或者是泄水隧洞兼作发电洞。如果这种发电和泄水相结合的隧洞比较长，可能需要在隧洞的适当位置设置如图 3.3-4 所示的具有泄水支洞的调压室，以满足机组的调节保证计算要求。这种调压室的典型布置方式有三种：①调压室位于发电和泄水支洞分叉点处［见图 3.3-4（*a*）］；②调

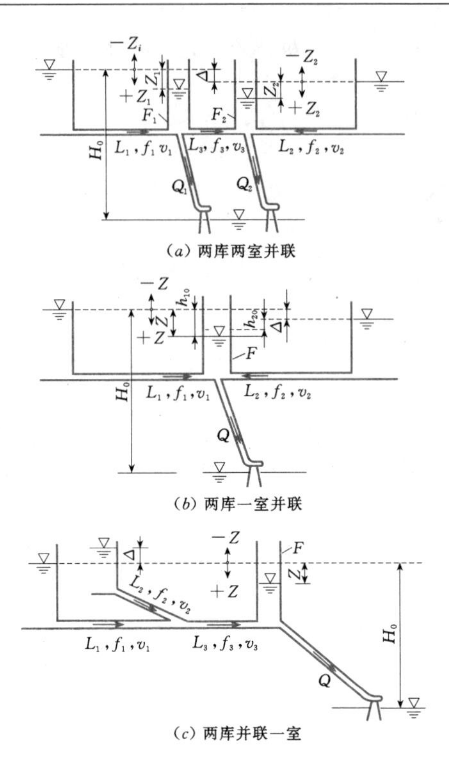

(a) 两库两室并联

(b) 两库一室并联

(c) 两库并联一室

图 3.3-2　调压室的其他布置方式

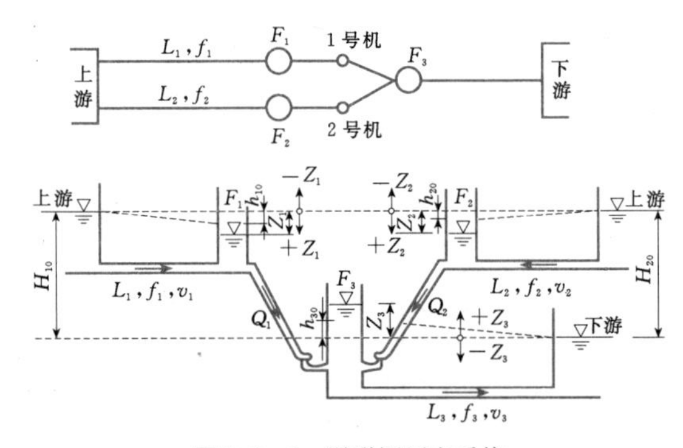

图 3.3-3　混联调压室系统

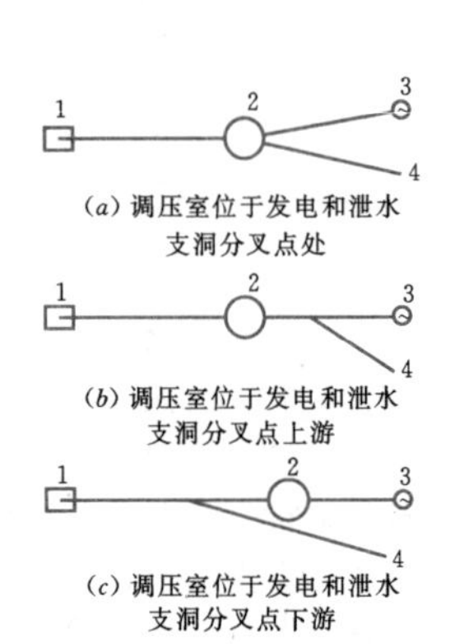

(a) 调压室位于发电和泄水支洞分叉点处

(b) 调压室位于发电和泄水支洞分叉点上游

(c) 调压室位于发电和泄水支洞分叉点下游

图 3.3-4　具有泄水支洞的调压室

1—水库；2—调压室；3—机组；4—泄水支洞

压室位于发电和泄水支洞分叉点上游［见图 3.3－4（*b*）］；③调压室位于发电和泄水支洞分叉点下游［见图 3.3－4（*c*）］。

有时还可以根据水电站的具体情况，采用几条引水道或尾水道合用一个调压室，或者几个并列布置的调压室之间设置隔墙形成上部连通或下部连通等布置方式。

3.3.3 调压室的基本类型及适用条件

3.3.3.1 简单式调压室

简单式调压室有两种型式：一种是调压室底部与压力水道之间没有连接管，如图 3.3－5（*a*）所示；另一种是用面积不小于所在位置压力水道断面面积的连接管将调压室连接到压力水道上，如图 3.3－5（*b*）所示。前者结构型式简单，反射水击波的效果好，但是在正常运行时压力水道与调压室连接处的水头损失较大。当流量变化时调压室中水位波动的振幅较大，衰减较慢，所需调压室的容积较大。后者可减少水流通过调压室底部的水头损失。简单式调压室一般多用于压力引水道较短的水电站。

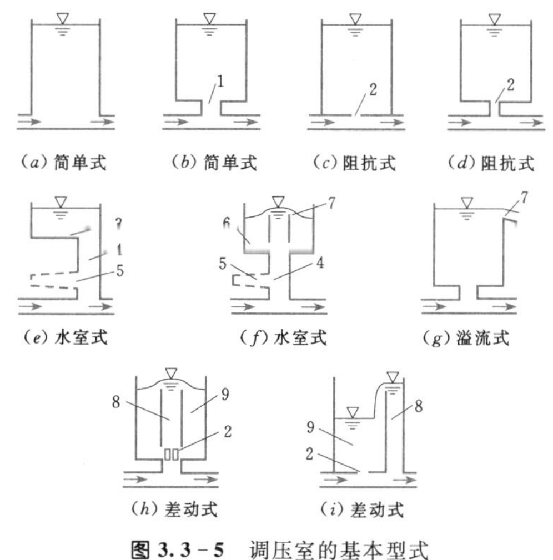

图 3.3－5　调压室的基本型式

1—连接管；2—阻抗孔；3—上室；4—竖井；5—下室；6—储水室；7—溢流堰；8—升管；9—大室

3.3.3.2 阻抗式调压室

阻抗式调压室的底部用面积小于所在位置压力水道断面面积的孔口或者连接管连接压力水道，如图 3.3－5（*c*）、（*d*）所示。由于阻抗孔口使水流进出调压室的阻力增大，消耗了一部分能量，在同样条件下水位波动振幅较简单式调压室小，且衰减快，因而调压室所需的体积小于简单式，正常运行时的水头损失也小。但由于阻抗的存在，水击波可能不能完全反射，隧洞可能受到水击的影响，设计时必须选择合适的阻抗孔口尺寸。

3.3.3.3 水室式调压室

水室式调压室是由一个断面积较小的竖井和断面扩大的上室、下室或上下各一个室［见图 3.3－5（*e*）、（*f*）］组成，同时具有上室和下室的水室式调压室又称为双室式调压室。当丢弃负荷时，竖井中水位迅速上升，一旦进入断面较大的上室，水位上升的速度便立即缓慢下来。在增加负荷和上游低水位丢弃负荷的第二振幅时，水位迅速下降至下室，并由下室补充不足的水量，因而限制了水位的下降。这种调压室的容积比较小，适用于水头较高和水库工作深度较大的水电站，宜做成地下式结构。

3.3.3.4 溢流式调压室

溢流式调压室的顶部设有溢流堰，如图 3.3－5（*g*）所示。当丢弃负荷时，水位开始迅速上升，达到溢流堰顶后开始溢流，因此限制了丢弃负荷时的调压室涌波水位最大升高。这种调压室的水位波动幅度小，波动衰减较快，需要设置泄水道，将溢出的水流排至河道。如果调压室附近有条件安全地布置泄水道，可考虑采用这种调压室。

3.3.3.5 差动式调压室

差动式调压室由大、小两个竖井和阻抗孔组成。小竖井通常称为升管，其上有溢流口，可以与大竖井布置成同心结构，两者之间通过众多的支撑联接，其底部以阻抗孔口与外面的大井相通，如图 3.3－5（*h*）所示。虽然这种同心布置方式的结构略显复杂，但由于其反射水击的效果好，波动衰减快，在工程中应用仍然较多。差动式调压室的结构也可采用如图 3.3－5（*i*）所示的小竖井布置在大井一侧的布置方式。这一种型式中，阻抗孔设在大竖井底部和压力水道之间，它们综合了阻抗式和溢流式调压室的优点，但结构较复杂。当要求水击反射充分、涌波水位衰减迅速时，多采用差动式调压室。

根据电站的具体条件和要求，吸收上述两种或者两种以上基本类型调压室的特点，可形成组合式调压室。其结构型式和水位波动过程比较复杂，多用于要求波动衰减比较快的抽水蓄能电站。

3.3.4 调压室水力计算基本方程

3.3.4.1 基本方程

进行调压室水力计算有以下两个目的：

（1）根据波动衰减的小波动稳定要求，求出调压室所需的最小断面积。

（2）求出发生大波动时调压室中可能出现的最高和最低水位及水位变化过程，从而确定压力水道的设计压力和布置高程，并确定调压室的高度。

压力引水道中设有调压室的有压引水系统示意图如图 3.3-6 所示。

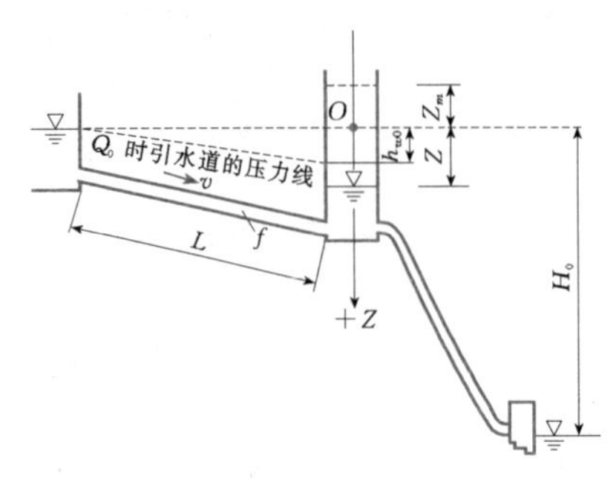

图 3.3-6　设有调压室的有压引水系统示意图

当水轮机过流量 Q 发生变化时，引水道—调压室系统发生水位波动，水流变成非恒定流，引水道中的流速 v 和调压室的水位 Z 均为时间 t 的函数，它们满足下列方程。

水流的连续性方程为

$$F\frac{\mathrm{d}Z}{\mathrm{d}t}=Q-fv \tag{3.3-8}$$

水流的动力方程为

$$\frac{L}{g}\times\frac{\mathrm{d}v}{\mathrm{d}t}=Z-h_w-k \tag{3.3-9}$$

上两式中　Z——以水库水位为基准，向下为正；

F——调压室的横断面积；

f——引水道的面积；

L——引水道的长度；

h_w——引水道通过流量 Q 时的水头损失；

g——重力加速度；

k——调压室底部的局部水头损失，可以是水流进出调压室的损失或流经调压室底部的损失，应视具体情况而定。

在此过程中还需满足等出力方程（亦称调速方程），即

$$\frac{Q}{Q_0}=\frac{(H_0-h_{w0}-k_0-h_{m0})\eta_0}{(H_0-Z+k-h_m)\eta} \tag{3.3-10}$$

式中　h_{m0}、h_{w0}——初始流量 Q_0 时压力管道、引水道的包含了沿程损失和局部损失的总水头损失；

h_m——压力引水道通过流量 Q 时的水头损失；

k_0、k——初始流量 Q_0 和 Q 流经调压室底部所对应的局部损失；

H_0——电站上、下游水位差，即电站的毛水头（见图 3.3-6）；

η_0、η——与流量对应的机组效率。

式（3.3-8）～式（3.3-10）是调压室水力计算的基本方程。

3.3.4.2　调压室水头损失

调压室水头损失可分为两种情况：一种是电站出力保持不变时恒定流状态下的水头损失，此时只有水流流经调压室底部，没有水流流入或流出调压室，调压室水位保持不变，因而只有流经调压室底部的水头损失；另一种为机组出力发生变化时非恒定流状态下的水头损失，此时既有水流流经调压室底部的水头损失，也有水流流入或流出调压室的水头损失。

1. 恒定流时的水头损失

水电站以稳定的出力正常发电运行时，水流流经调压室底部的水头损失主要取决于调压室底部输水道的形状和布置方式。在几台机组共用一个调压室的布置中，不同的流道布置方式，对应的水头损失差别很大。图 3.3-7 为某水电站三台机组共用一个下游阻抗式调压室的三种流道体形，其水力学模型试验结

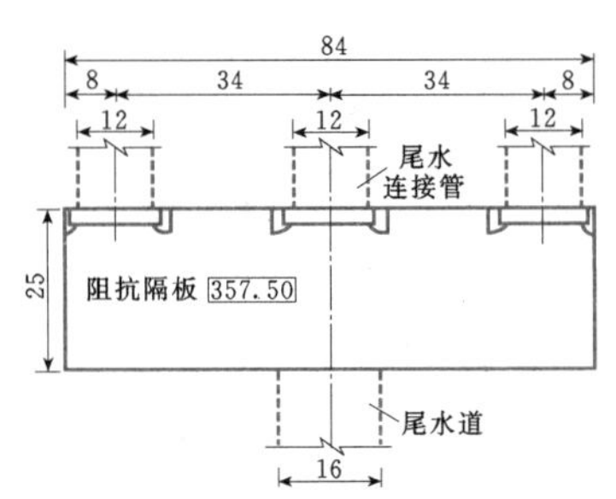

(*a*) 通过长方体空腔与尾水道连接

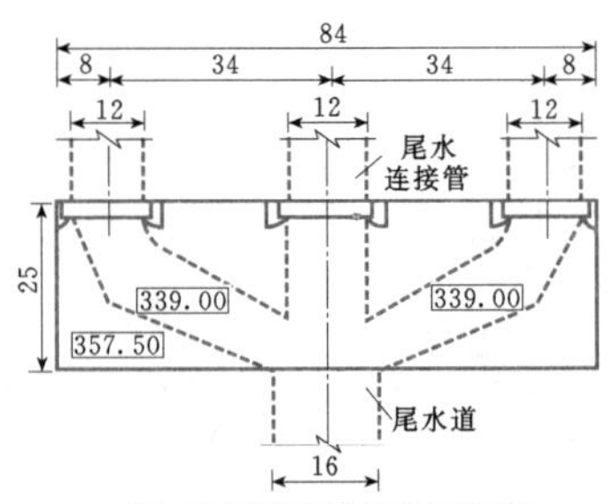

(*b*) 通过折线流道与尾水道连接

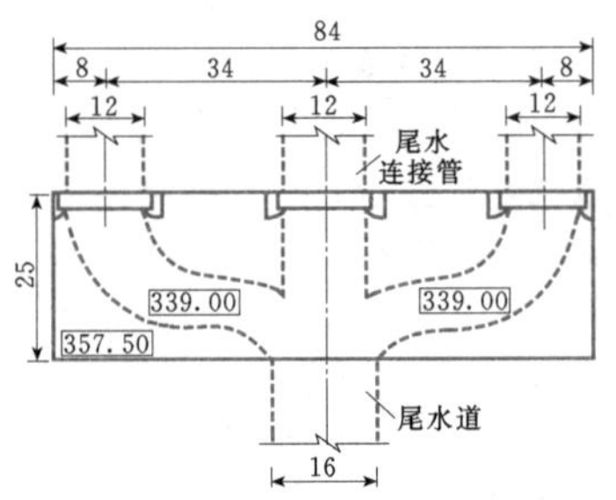

(*c*) 通过曲线流道与尾水道连接

图 3.3-7　三台机组共用一个下游调压室的三种流道体形（单位：m）

果[5]显示：采用如图 3.3-7（a）所示的空腔体型时，流经调压室底部的水头损失为 1.52m；采用如图 3.3-7（b）所示的折线流道体形时，水头损失为 1.39m；采用如图 3.3-7（c）所示的曲线流道体形时，水头损失只有 0.83m。此外，增大阻抗孔尺寸时，流经调压室底部的水头损失略有增加，但增幅有限。由此可见，调压室底部的流道体形对调压室底部水头损失影响较明显，设计中应予重视。

2. 非恒定流时的水头损失

非恒定流状态下调压室的水头损失比较复杂，其大小不仅与调压室型式、底部流道体形等有关，还与阻抗孔或连接管的形状及尺寸、水流流态（分流或合流）、水流方向（流进或流出调压室）以及支管流量占总流量的比例（以下简称分流比）等有关。

图 3.3-8 为模型试验得到的水头损失系数与分流比的关系曲线，其中图 3.3-8（a）为水流流经调压室底部的水头损失系数 ξ_{13} 随分流比 Q_3/Q_1 变化的情况，可以看出，它并非常数，而是与分流比有关的变量，在分流比为 0.6 时达到最小值[6]。

从图 3.3-8（b）、（c）中可以看出，同流经调压室底部的水头损失系数相比，流入或流出调压室的水头损失系数与分流比的关系更为密切，并且阻抗孔或连接管的大小对其影响明显大于前者。

阻抗式调压室是水电站中使用较多的一种型式，阻抗孔尺寸的选择，应使得：压力水道传来的水击波在调压室处得到较充分的反射；阻抗孔底部的水流压力在可能经历的任何运行条件下，都不大于调压室出现最高水位时的压力，也不低于调压室最低水位时的压力；阻抗要尽可能地抑制调压室内水位波动的幅度，加速波动的衰减。

图 3.3-9 给出了不同阻抗孔面积与压力引水道面积之比条件下调压室处水击压强的模型试验结果，可以看出，当阻抗孔面积超过引水道面积的 30%时，阻抗的存在对调压室底部和压力管道末端的水击压强影响甚微。当阻抗孔面积小于压力引水道面积的 15%时，调压室对水击波的反射急剧恶化。当压力引水道非常长时，调压室最高涌波水位往往成为蜗壳或压力管道末端最大动水压强的控制值，此时可通过进一步减小阻抗孔口面积降低调压室最高涌波水位，使蜗壳或压力管道末端最大动水压强极值尽可能小。

图 3.3-10 为水流进出阻抗式调压室连接竖管的水头损失系数试验结果，其中 w_c 为隔板断面面积，f_b 为连接管断面面积。当 $f_b=f$ 且有隔板时，根据 w_c/f 值以及阻抗孔中的水流方向，用图中实线查出水头损失系数 ξ 值；当 $f_b\leqslant f$ 无隔板时，根据 f_b/f 值以及阻抗孔中的水流方向，用图中虚线查出水头损失系数 ξ 值。之后根据公式 $h_c=\frac{\xi v^2}{2g}$ 可计算出水流进出阻抗孔时的水头损失 h_c。当水流进入调压室时 h_c 为正值，反之为负值。

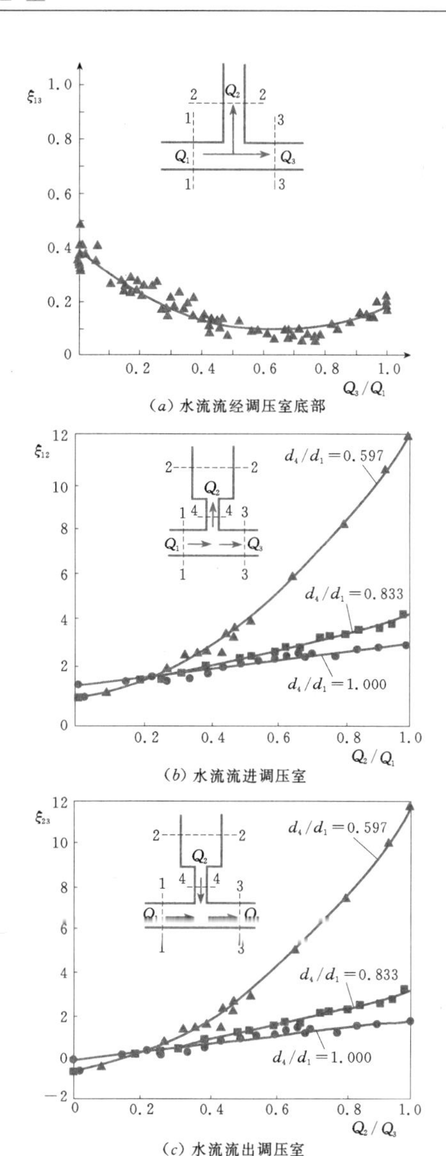

图 3.3-8 调压室的水头损失系数与分流比的关系曲线

水流进出阻抗式调压室的水头损失 h_c 值还可用以下公式近似计算：

$$h_c=\frac{1}{2g}\left(\frac{Q}{\omega_c\varphi}\right)^2 \tag{3.3-11}$$

式中 φ——由试验得出的阻抗孔流量系数，初步计算时可在 0.6～0.8 之间选用；

ω_c——阻抗孔的断面面积，m^2；

Q——通过阻抗孔的流量，m^3/s。

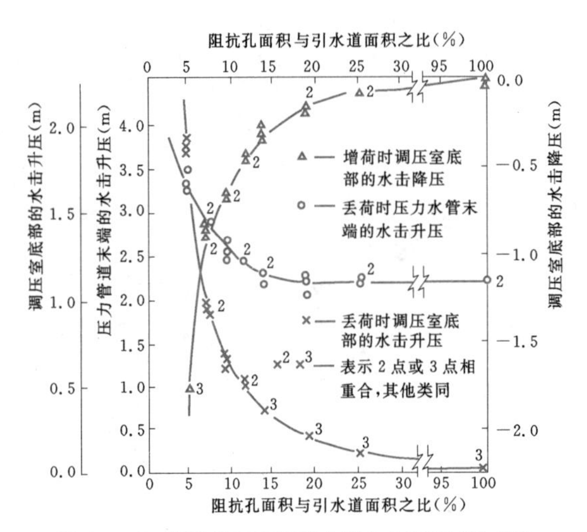

图 3.3-9 阻抗孔面积与引水道水击模型试验成果

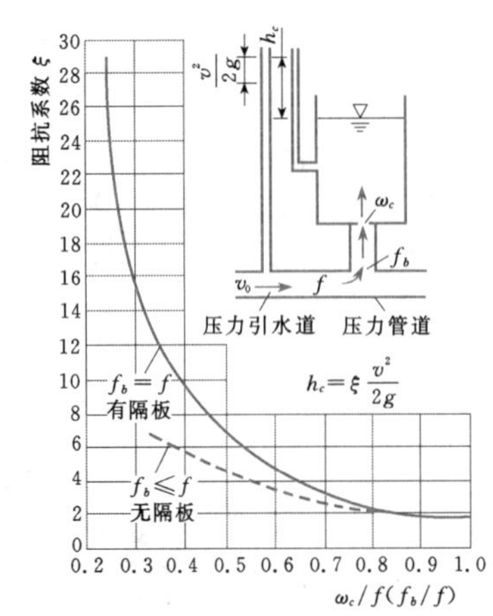

(a) 水流流入调压室

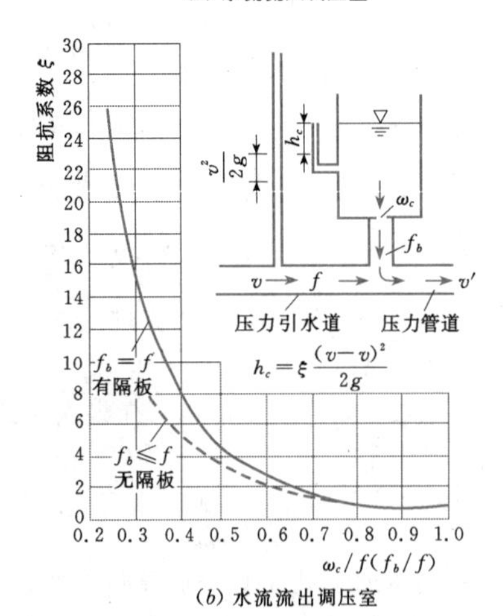

(b) 水流流出调压室

图 3.3-10 水流进出阻抗式调压室连接竖管的水头损失系数试验结果

3.3.5 调压室水位波动稳定性

保证调压室波动衰减的条件有以下两条。

(1) 引水系统的水头损失应小于毛水头的1/3，即

$$h_{w0}+h_{wm}<\frac{1}{3}H_0 \qquad (3.3-12)$$

式中 H_0——水电站上、下游的水位差，即毛水头，m；

h_{w0}——引水道的最大水头损失，m；

h_{wm}——压力管道及尾水管延长段的最大水头损失，m。

这一条件基本上都能满足，因为从经济效益考虑，一般电站有压水道的水头损失占总水头的比例总是很小的。

(2) 调压室必须具有一定的断面积，即调压室的断面积不得小于波动衰减的临界断面 F_{th}，即托马(Thoma)稳定断面，调压室的稳定断面面积一般可采用1.0～1.1F_{th}。

托马稳定断面是在以下假定基础上研究得出的：①调速器的灵敏度极高，达到理想的程度，使水轮机的出力保持固定不变；②水电站单独运行；③忽略水轮机效率变化的影响；④调压室水位波动的幅度极微小。因在公式推导时对所有高于二阶的微分量均略去不计，所以托马稳定断面计算公式是不全面的。

近百年中不少专家、学者对托马公式进行了补充修正，给托马公式加入了新的内容。一般所指的托马公式，即这种经过补充修正的公式，习惯上仍简称托马公式。实践证明，应用托马公式确定的调压室断面是安全可靠的，也是较为保守的。由于现在的水电站多投入电网联合运行，随着电网容量的加大，及机电设备的不断改进和完善，在电站并入电网工作，且不承担调频任务时，考虑整个电网分担负荷变化及调速器的稳定性能等对调压室的稳定性是有利的，在论证充分时，可以计入这些有利因素，以减小调压室所需的稳定断面。因为调压室的波动衰减问题，主要是保证水电站发电机组的稳定运行问题，在机组的稳定运行有可靠的论证和措施时，调压室断面的减小才有可能，所以要改进调压室稳定断面的设计工作，必须有机电人员的协作配合，才能取得满意的效果。

下面介绍几种关于临界断面的计算公式。

(1) 托马公式。托马公式如下：

$$F_{th}=\frac{Lf}{2g\alpha(H_0-h_{w0}-3h_{wm})} \qquad (3.3-13)$$

式中 F_{th}——托马临界稳定断面面积，m²；

L——从水库到调压室的压力引水道的长度，m；

f——压力引水道的断面面积，m^2；

g——重力加速度，m/s^2；

H_0——水电站上、下游的最小水位差，即最小毛水头，m；

h_{w0}——压力引水道水头损失，m；

h_{wm}——压力管道与尾水管延长段水头损失之和，m；

α——压力引水道的水头损失系数，$\alpha = h_{w0}/v^2$（v 为压力引水道的平均流速，单位为 m/s），在有连接管或阻抗孔时 $\alpha = \left(\frac{h_{w0}}{v^2} + \frac{1}{2g}\right)$，$s^2/m$。

计算时，压力引水道应选用可能的最小糙率，压力管道及尾水管延长段选用可能的最大糙率，计算中的流量应和电站发电的最小静水头相对应。

对于只设有下游调压室的水电站，调压室的稳定断面计算公式与上游调压室相同，即

$$F_{th} = \frac{Lf}{2g\alpha(H_0 - h_0 - 3h_{wm})} \quad (3.3-14)$$

式中 L——压力尾水道的长度，m；

f——压力尾水道的断面面积，m^2；

h_0——压力尾水道水头损失，m；

h_{wm}——压力管道与尾水管延长段水头损失之和，m；

α——压力尾水道的水头损失系数，$\alpha = h_0/v^2$（v 为压力尾水道的平均流速，单位为 m/s），s^2/m；

其他符号意义同前。

(2) 加敦（Gandel）公式。加敦公式如下：

$$F_K > x_1 x_2 F_{th} \quad (3.3-15)$$

其中
$$F_{th} = \frac{Lf}{2g\alpha(H_0 - h_{w0})}$$

$$x_2 = \frac{1}{\dfrac{1 - \dfrac{h_p}{H_0 - h_{w0}}}{1 - \dfrac{3}{2}\varepsilon - \dfrac{3}{2}(1-\varepsilon)\tan\sigma} - \dfrac{2h_p}{H_0 - h_{w0}}}$$

$$x_1 = \frac{1}{1 + \lambda\dfrac{h_v}{h_{w0}} + \ln(1 - \Delta_0)}$$

$$\tan\sigma = \frac{2 - \tan\varphi}{3}\tan\rho - \frac{\varepsilon}{3(1-\varepsilon)}(1 + \tan\varphi) + \frac{\tan\psi}{3(1-\varepsilon)}$$

式中 α——引水道水头损失系数（不包括调压室底部流速水头），$\alpha = h_{w0}/v^2$，s^2/m；

λ——与调压室及引水道布置形状有关的系数（$\lambda = 0.7 \sim 1.0$）；

h_v——调压室底部引水道中的流速水头，m；

h_p——压力管道内的水头损失，m；

Δ_0——在 $t = Lv_0/gh_{w0}$ 时间内可能产生的规定的压力波衰减比；

ε——并行运行率，$\varepsilon = 1 - P_0/P_s$（$P_0$ 为所设计发电站的负荷量，P_s 为并列运行电网的总负荷）；

$\tan\rho$、$\tan\varphi$、$\tan\psi$——与水轮机效率等水轮机特性有关的各种特征值[6]；

其他符号意义同前。

加敦公式是在调压室微小震荡稳定的托马条件基础上，考虑了电站在电网中并列运行、调压室底部的流速水头、水轮机效率曲线、压力管道的水头损失等因素的影响，并计及压力波曲线可能产生所规定的衰减率的调压室断面计算公式。

当电站装有自动调频器担负系统调频时，应按电站单独运行情况考虑 F_K 值。只有电站在系统中不承担调频任务，而系统中又设有专门的调频电站，调频电站装设自动调频器时，应用加敦公式才是安全的。因为 $P_0/P_s < 1/3$ 时，电站的稳定运行由系统来保证，已与调压室面积的大小无关。总之，采用加敦公式须有充分的论证。

3.3.5.1 上、下游双调压室系统临界稳定断面

引水道和尾水道都设置调压室的水电站在发生非恒定流时，上、下游调压室的水位波动是互相影响的。叶格尔（Jaeger）从"时间平均值"的角度出发给出了计算上下游调压室稳定断面积最小值的近似公式[6]，即

$$F_{1\min} = \left(1 + c_t\frac{F_{1\min}}{F_{2\min}}\right)F_{th1};\ F_{2\min} = \left(1 + c_t\frac{F_{2\min}}{F_{1\min}}\right)F_{th2} \quad (3.3-16)$$

其中
$$F_{th1} = \frac{L_1 f_1}{2\alpha_1 g H_1}$$

$$F_{th2} = \frac{L_2 f_2}{2\alpha_2 g H_1}$$

$$H_1 = H_0 - h_{w0} - h_0 - 3h_{wm}$$

式中 c_t——常数，与两个调压室的水位波动周期 $\left(T_1 = 2\pi\sqrt{\frac{L_1F_1}{gf_1}},\ T_2 = 2\pi\sqrt{\frac{L_2F_2}{gf_2}}\right)$ 有关，变动范围很大（0.2～1.0），前期设计时可保守取 $c_t = 1.0$；

$F_{1\min}$、$F_{2\min}$——临界稳定情况下上游调压室、下游调压室的最小面积，m^2。

除符号"H_1"外，其他符号的下标 1、2 分别对

应引水道系统和尾水道系统；

其余符号意义同前。

在应用式（3.3-16）时，先假定一个调压室的断面积求另一个调压室的断面积，两个式子计算的结果是不相等的，取其中较大者，同时应使得两个调压室的涌波周期有不小于20%的差值，即：$\frac{T_1}{T_2}>1.2$或者<0.8，以避免它们产生共振。由于这样的计算能产生无数组$F_{1\min}$和$F_{2\min}$，最后应按以下原则确定：$F_{1\min}$与$F_{2\min}$之和较小；设计点避开共振区且波动衰减快。

3.3.5.2　其他布置方式下调压室临界稳定断面

对于上游串联的调压室，假设其压力引水道上有n个调压室串联布置，最靠近机组的称为主调压室，编号为n，其余的自电站进水口至厂房方向依次编号为1、2、3、…，$(n-1)$；其稳定断面积可以用爱文吉里斯特（Evangelisti）公式计算：

$$F_n+\sum_{i=1}^{n-1}m_iF_i>F_{th}=\frac{Lf}{2g\alpha(H_0-h_w)}\tag{3.3-17}$$

其中
$$m_i=\left(1-2\frac{\sum_{j=i+1}^{n}h_{wj}}{H_0-h_w}\right)\frac{\sum_{j=1}^{i}h_{wj}}{h_w}$$

$$h_w=\sum_{i=1}^{n}h_{wi}$$

$$L=\sum_{i=1}^{n}L_i$$

$$f=\frac{L}{\sum_{i=1}^{n}\frac{L_i}{f_i}}$$

式中　H_0——水电站上、下游水位差，m；

F_i——编号为i的调压室的断面积，m^2；

L_i——编号为$(i-1)$的调压室与编号为i的调压室之间的引水道的长度，m；

f_i——编号为$(i-1)$的调压室与编号为i的调压室之间的引水道的面积，m^2；

h_{wi}——编号为$(i-1)$的调压室至编号为i的调压室之间的局部和沿程水头损失之和，m。

对于只有一个副调压室的上游串联调压室系统，式（3.3-17）变为

$$F_2+mF_1>F_{th}=\frac{Lf}{2g\alpha(H_0-h_w)}\tag{3.3-18}$$

其中
$$m=\left(1-\frac{2h_{w2}}{H_0-h_w}\right)\frac{h_{w1}}{h_w}$$

$$h_w=h_{w1}+h_{w2}$$

$$L=L_1+L_2$$

$$f=\frac{L}{\frac{L_1}{f_1}+\frac{L_2}{f_2}}$$

式中　F_1——副调压室的断面积，m^2；

F_2——主调压室的断面积，m^2；

L_1——电站进水口至副调压室之间的引水道的长度，m；

L_2——副调压室至主调压室之间的引水道的长度，m；

f_1——电站进水口至副调压室之间的引水道的面积，m^2；

f_2——副调压室至主调压室之间的引水道的面积，m^2；

h_{w1}——电站进水口至副调压室之间的沿程和局部水头损失之和，m；

h_{w2}——副调压室至主调压室之间的沿程和局部水头损失之和，m。

由于图3.3-2～图3.3-4所示的并联、串联调压室及具有泄水支洞的调压室满足小波动稳定的约束条件较多，因而需同时满足的判别式也较多，加之这几种调压室应用较少，为了节省篇幅，相关计算公式不一一列出，需要时可以查阅参考文献[6]。

水电站的“引（尾）水道—调压室”系统在机组负荷小幅度变化时出现的小波动，以及机组启动、增荷、减荷等情况下出现的大波动都必须是动力稳定的，即：调压室在发生这两种情况时，其水位波动的振幅随着时间的延续而衰减，最终趋向于零。调压室的横断面积如果不能满足小波动稳定要求，则大波动也不稳定。

由于描述“引（尾）水道—调压室”系统大波动的微分方程是非线性的，在进行数学处理时不能再线性化，使得有关大波动稳定所需要的调压室最小断面积方面的理论成果比较少。在不考虑大波动过程中水轮机效率变化所产生的影响时，叶格尔（Jaeger）、潘特（Paynter）和马瑞斯（Marris）等人分别提出了不同的大波动条件下调压室稳定断面的计算公式，其中马瑞斯公式如下：

$$F=\frac{Lf}{\alpha gH_0}\left\{\frac{(2-h_{w0}/H_0)+\left[(2-h_{w0}/H_0)^2+24h_{w0}/H_0\right]^{\frac{1}{2}}}{8}\right\}\tag{3.3-19}$$

式中各符号含义同式（3.3-13）。

事实上，在非恒定流工况下，水轮机效率的变化对大波动的影响比小波动更重要。设计时调压室的实际面积可先取1.0～1.1倍的临界稳定断面，然后通

过数值仿真计算求出调压室涌波水位随时间变化的过程，据此可以判断调压室水位波动是否衰减，并求出涌波的最大值和最小值，计算中需考虑机组转速变化对流量和效率的影响。如果调压室实际面积小于临界稳定断面积，应有可靠的论证。

3.3.6 调压室涌波水位计算

调压室涌波水位计算的目的是为了得到发生大波动过渡过程时，调压室中可能出现的最高、最低水位以及水位变化过程，从而确定调压室的高度、压力水道的内水压力和布置高程。

计算水电站发生大波动过渡过程时的调压室涌波水位，常用的方法有解析法、逐步积分法（又分图解法和数值积分法）和数值法。

解析法较简便，可以直接求出最高水位和最低水位，但有时精度较差，且不能求出调压室水位随时间波动的全过程，此方法可用来初步确定调压室尺寸。逐步积分法是通过用有限差的比值代替调压室连续性方程和动力方程中的导数，逐时段地积分计算，得到涌波过程中水位、流速与时间的关系，从而得出最高、最低涌波水位。

解析法和逐步积分法主要用于求解不计水击影响的调压室涌波问题。

当存在下列情况时，应通过调压室涌波和水击的联合计算来确定调压室涌波水位过程线及涌波水位极值：①调压室对水击波的反射不够充分；②调压室的水位波动周期与水轮机导叶的启闭时间相差不大。这时就需用数值法进行求解。这种方法可以同时计算调压室涌波、水击压强和机组转速上升率，能方便地考虑各种复杂的边界条件、机组特性、调速器参数和电网的影响。逐步积分法在参考文献[7-9]中有详细介绍，这里不再阐述，仅介绍解析法和数值法。

3.3.6.1 调压室涌波水位计算的控制工况

(1) 上游调压室最高涌波的设计工况为：上水库正常蓄水位（或厂房设计洪水位）下，共用同一个调压室的全部 n 台机组满负荷运行瞬时丢弃全部负荷，导叶紧急关闭。校核工况为：上水库最高发电水位下，共用同一个调压室的全部 n 台机组丢弃全部负荷，或上水库正常蓄水位下，共用同一个调压室的 $(n-1)$ 台机组满负荷运行增至 n 台机组满负荷运行，在流入调压室流量最大时，n 台机组同时丢弃全部负荷，导叶紧急关闭。

(2) 上游调压室最低涌波的设计工况为：上水库最低发电水位下，共用同一个调压室的 $(n-1)$ 台机组满负荷运行增至 n 台机组满负荷运行，或者 n 台机组由 2/3 负荷增至满负荷运行，并复核共用同一个调压室的全部 n 台机组瞬时丢弃全部负荷时的第二振幅。校核工况为：上水库最低发电水位下，共用同一个调压室的所有机组瞬时丢弃全部负荷，在流出调压室流量最大时，其中一台机组从空载增至满负荷运行。

(3) 下游调压室最高涌波的设计工况为：厂房下游设计洪水位下，共用同一个调压室的 $(n-1)$ 台机组满负荷运行增至 n 台机组满负荷运行，或者 n 台机组由 2/3 负荷同时增至满负荷运行，并复核共用同一个调压室的全部 n 台机组瞬时丢弃全部负荷时的第二振幅。校核工况为：下游校核洪水位下的上述工况，或厂房下游设计洪水位下，共用同一个调压室的全部 n 台机组瞬时丢弃全部负荷，在流入调压室流量最大时，其中一台机组从空载增至满负荷运行。

(4) 下游调压室最低涌波的设计工况为：与 n 台机组发电运行相应的下游尾水位下，共用同一个调压室的全部 n 台机组满负荷运行瞬时丢弃全部负荷，并复核下游最低尾水位下，部分机组运行瞬时丢弃全部负荷。校核工况为：下游最低尾水位下，共用同一个调压室的 $(n-1)$ 台机组满负荷运行增至 n 台机组满负荷运行，在流出调压室流量最大时，n 台机组同时丢弃全部负荷，导叶紧急关闭。

上游调压室最低涌波和下游调压室最高涌波在校核工况下若不满足要求，可通过调整连续开机的时间间隔、控制分级增荷的幅度，限制丢弃全部负荷后重新开机的时间间隔等合理运行措施加以解决。

若电站机组和出线的回路数较多，而且母线分段，经过分析论证，电站没有丢弃全部负荷的可能，也可按丢弃部分负荷计算涌波最大值。

若水电站有分期蓄水发电情况，还要对水位和运行工况进行专门分析。

进行调压室涌波计算时，引（尾）水道的糙率在丢弃负荷时取小值，增加负荷时取大值。

对大型水电站的调压室或者型式复杂的调压室的水力特性，必要时可通过水力学模型试验进行研究。

3.3.6.2 调压室涌波水位计算的解析法

下面所列的调压室如无特别说明，均指上游调压室。

1. 简单式调压室

(1) 丢弃全部负荷情况。

1) 最高涌波水位计算。丢弃全负荷时调压室水位最大振幅 Z_{max} 由下式用试算法求出：

$$x_0 = -\ln(1 + x_{max}) + x_{max} \qquad (3.3-20)$$

其中 $x_{max}=Z_{max}/S$；$x_0=h_{w0}/S$；$S=\dfrac{Lfv_0^2}{2gFh_{w0}}$

式中 S——反映“引水道—调压室”系统特性的综合参数，m；

h_{w0}——流量为 Q_0 时，上游水位与调压室水位之差，m；

v_0——对应于 Q_0 时引水道的流速，m/s；

其余符号意义同前。

还可以用 x_0 的值作纵坐标，查图 3.3-11 中曲线 A 与 x_0 对应的横坐标 x 作为式（3.3-20）的解，然后换算出 Z_{max}。

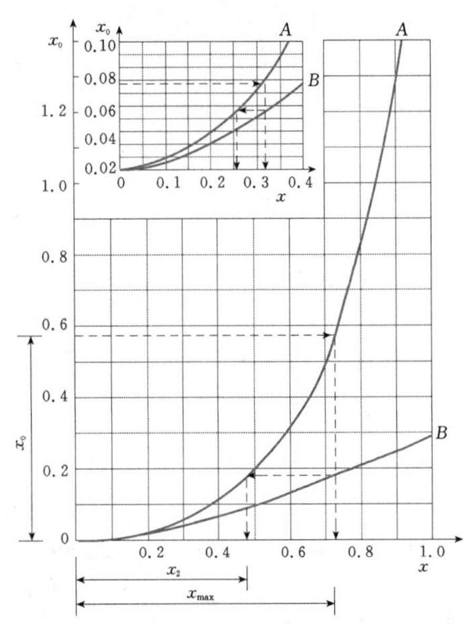

图 3.3-11 简单式调压室丢弃全部负荷时最大振幅计算图

如果机组过流量不是减小至零，则上述方法不能使用，只能用数值积分法或其他方法求解。

使用式（3.3-20）时应注意，因 Z_{max} 在水库静水位以上，其对应的 x_{max} 数值应以负值代入。例如当 $x_0=0.56$，查图 3.3-11 中曲线 A，得到与之对应的横坐标 $x_{max}=0.72$，以 $x_{max}=-0.72$ 带入式（3.3-20）时，公式左边 $=0.56$，公式右边 $=0.553$，等式两边数值基本接近。若 $x_{max}=0.72$ 则公式两边不相等。

2）第二振幅计算。简单式调压室在过渡过程中水位波动衰减缓慢，振荡幅度大，死水位丢弃全部负荷时，其涌波第二振幅产生的最低水位有可能低于相同库水位下增加负荷工况的最低水位。因此在进行最低涌波水位计算时，需要复核丢弃全部负荷工况的第二振幅。在丢弃负荷时，上游调压室的水位先上升，在达到最大值 Z_{max} 之后，再下降到最低水位 Z_2，其值可由下式求得 x_2 后，由 $Z_2=Sx_2$ 换算得到

$$x_{max}+\ln(1-x_{max})=\ln(1-x_2)+x_2 \tag{3.3-21}$$

x_2 的值为正，具体数据除了用试算法，也可由图 3.3-11 中曲线 A、B 求得：先计算 x_0，由曲线 A 得到 x_{max}，然后沿横坐标轴线找出相应的 x_{max} 值，并引垂线与曲线 B 相交，再由该交点引水平线与曲线 A 相交，曲线 A 上此交点的横坐标对应 x_2 的数值。

（2）增加负荷时最低涌波水位计算。突然增加负荷时，调压室微分方程不能像丢弃全部负荷那样进行积分求解，只能作某些假设求出近似解。当电站的引用流量由增荷之前的 mQ_0 增加到 Q_0 时（m 为小于 1 的正数），调压室的最低涌波水位 Z_{min} 可以用福格特（Vogt）公式计算，所得到的近似解具有较高精度，即

$$\frac{Z_{min}}{h_{w0}}=1+\left(\sqrt{\varepsilon-0.275\sqrt{m}}+\frac{0.05}{\varepsilon}-0.9\right)\times(1-m)\left(1-\frac{m}{\varepsilon^{0.62}}\right) \tag{3.3-22}$$

$$m=Q/Q_0$$

式中 Z_{min}——调压室最低下降水位，m；

ε——无因次系数，表示“引水道—调压室”系统的特性，$\varepsilon=\dfrac{Lfv_0^2}{gFh_{w0}^2}$；

Q——增加负荷前引水道中的流量；

Q_0——增加负荷后引水道中的流量。

图 3.3-12 为式（3.3-22）的计算图。

m 值应根据电站在系统内所承担的任务决定。一般在前期设计阶段可按上库死水位时，其他机组均已满载运行，最后一台机组投入运行或者共用同一调压室的全部机组由 2/3 负荷突增至满荷的情况作为设计工况。如电站在系统中担负尖峰负荷，要求电站有迅速增加负荷的能力时，则 m 值应根据电站在系统中的工作情况研究决定。

2. 阻抗式调压室

（1）丢弃全部负荷时的最高涌波水位按下式计算。

当 $\lambda' h_{c0}<1$ 时

$$(1+\lambda' Z_{max})-\ln(1+\lambda' Z_{max})=(1+\lambda' h_{w0})-\ln(1-\lambda' h_{c0}) \tag{3.3-23}$$

当 $\lambda' h_{c0}>1$ 时

$$(\lambda' |Z_{max}|-1)+\ln(\lambda' |Z_{max}|-1)=\ln(\lambda' h_{c0}-1)-(\lambda' h_{w0}+1) \tag{3.3-24}$$

其中 $\lambda'=\dfrac{2gF(h_{w0}+h_{c0})}{Lfv_0^2}$；$h_{c0}=\dfrac{1}{2g}\left(\dfrac{Q_0}{\varphi\omega_c}\right)^2$

式中 h_{c0}——全部流量 Q_0 通过阻抗孔时的水头损失，初步计算时孔口的流量系数 φ 在

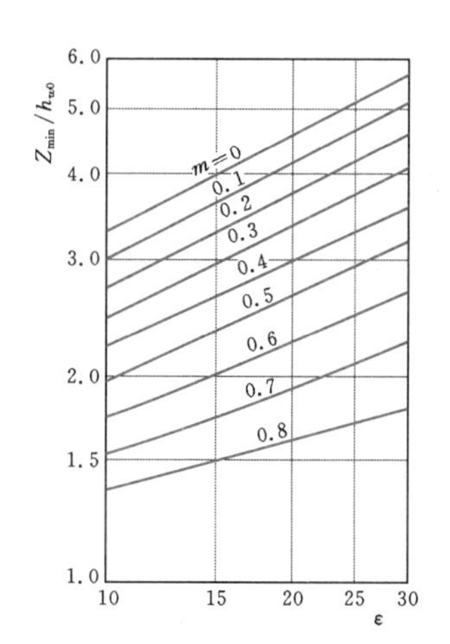

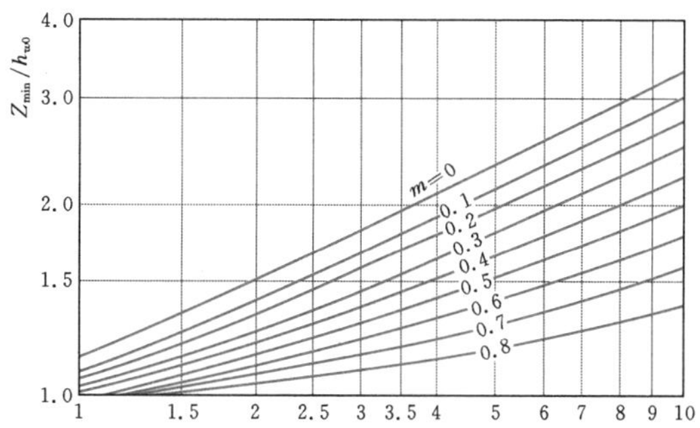

图 3.3-12 简单式调压室增加负荷时最低波幅计算图

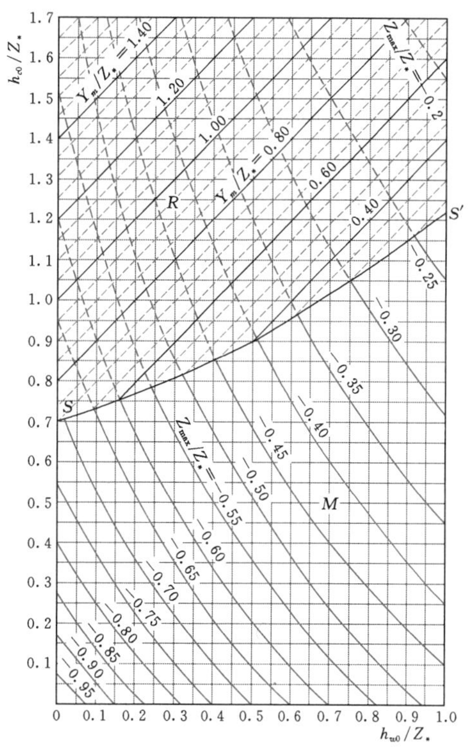

图 3.3-13 阻抗式调压室丢弃负荷时最大振幅计算图一

0.6～0.8 之间取值，m；

ω_c——阻抗孔的断面积，m^2；

其余符号意义同前。

图 3.3-13 所示的卡莱姆—盖登（Calame-Gaden）计算图也可以求解丢弃全部负荷时，阻抗式调压室最高涌波水位，图中 Z_* 为压力引水道的摩阻为零丢弃全部负荷时的自由振幅，$Z_*=\frac{Q_0}{f}\sqrt{\frac{Lf}{gF}}$（单位为 m）；$Z_{max}$ 为丢弃全部负荷时的最大振幅（单位为 m）；Y_m 为阻抗孔下部的瞬时压力上升值（单位为 m）。图 3.3-13 上部的 R 区为阻抗孔下部的瞬时上升压力超过最高涌波水位压力的区域，表示阻抗孔尺寸过小；下部的 M 区为阻抗孔下部瞬时上升压力低于最高涌波水位压力的区域，表示阻抗孔尺寸过大；曲线 SS' 为两者的分界线，表示阻抗孔尺寸最合适。用此图可以估算阻抗孔尺寸。

此外，阻抗式调压室丢弃全部负荷时的最高涌波水位也可按下式计算：

$$\frac{x_{max}}{1+\eta}=\frac{\varepsilon}{2}\times\frac{1}{(1+\eta)^2}\left(1-\frac{1}{2(1+\eta)^2}-\frac{1}{1+\eta}\right)\times e^{\frac{2(1+\eta)}{\varepsilon}(-x_{max}-1)} \quad (3.3-25)$$

其中 $x_{max}=Z_{max}/h_{w0}$；$\eta=h_{c0}/h_{w0}$；$\varepsilon=\frac{Lfv_0^2}{gFh_{w0}^2}$；

其余符号意义同前。

图 3.3-14 为式（3.3-25）的计算曲线，其中 $\eta=0$ 的曲线对应于简单式调压室。

计算最高涌波水位时，通过阻抗孔的极限流量按下式估算：

$$Q_c=\frac{1}{\varphi}\left(\frac{1}{2g}\times\frac{Lf^3}{F\eta}\right)^{\frac{1}{2}} \quad (3.3-26)$$

如由式（3.3-26）算出的 Q_c 小于最大流量 Q_0 时，必须计算流量 Q_c 丢弃负荷时的最高上升水位。

（2）增加负荷时的最低涌波水位。当阻抗孔尺寸满足公式 $\eta=\frac{x_{min}-m^2}{(1-m)^2}$（即最合适的尺寸）时，福格特推导出下式近似地计算最低涌波水位：

$$\frac{Z_{min}}{h_{w0}}=1+\left(\sqrt{0.5\varepsilon-0.275\sqrt{m}}+\frac{0.1}{\varepsilon}-0.9\right)\times(1-m)\left(1-\frac{m}{0.65\varepsilon^{0.62}}\right) \quad (3.3-27)$$

阻抗式调压室急增负荷时的最低涌波水位，相当于差动式调压室升管面积为零时的水位波动计算公式。当负荷由 50%（半负荷）急增至 100%（全负

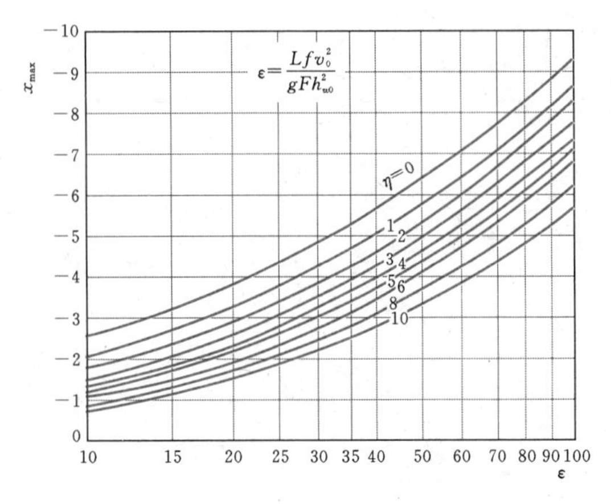

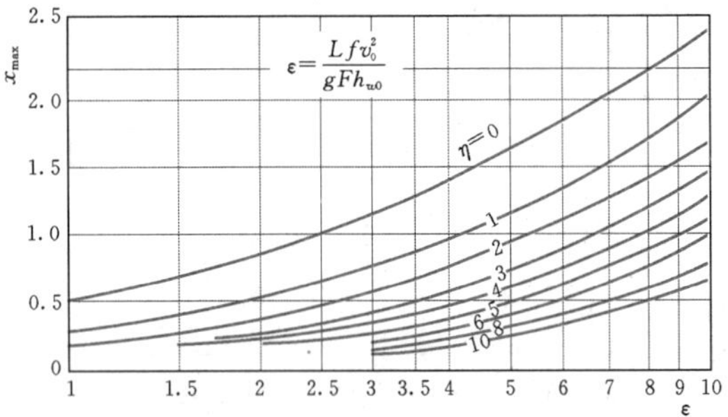

图 3.3-14　阻抗式调压室丢弃负荷时最大振幅计算图二

荷）时，最低涌波水位计算图与差动式调压室图 3.3-19 相同。

3. 双室式和溢流式调压室

(1) 丢弃负荷时上室容积计算。丢弃负荷时计算上室容积与水位有下列两种情况。

1) 无溢流堰时上室的容积及最大振幅按下式进行计算：

$$e^{\frac{2(x_{max}-x_c)}{\varepsilon_c}}=\frac{1+\frac{2x_{max}}{\varepsilon_c}}{1-\frac{\varepsilon_s}{\varepsilon_c}\left[1-e^{\frac{2(x_c-1)}{\varepsilon_s}}\right]} \tag{3.3-28}$$

其中　$x_{max}=\frac{Z_{max}}{h_{w0}}$；$x_c=\frac{Z_c}{h_{w0}}$；$\varepsilon_s=\frac{Lfv_0^2}{gF_sh_{w0}^2}$

$$\varepsilon_c=\frac{Lfv_0^2}{gF_ch_{w0}^2}=\varepsilon_s\frac{F_s}{F_c}$$

式中　Z_c——自上游水位至上室底面的距离，m；

F_s——竖井的断面面积，m^2；

F_c——上室断面面积，m^2。

在应用上述两公式时要注意：x_{max} 和 x_c 均在上水库静水位之上，计算时应以负值带入。图 3.3-15 为式 (3.3-28) 的计算图，可根据已知上室断面面积 F_c，求出最高水位 Z_{max}；或者给定 Z_{max} 求上室的

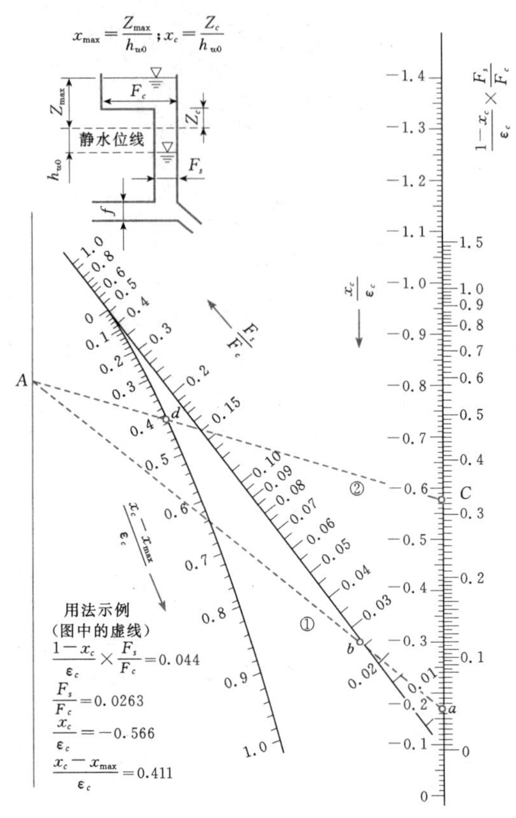

图 3.3-15　无溢流堰的上室最高涌波计算图

断面面积 F_c。举例如下：假定上室面积 F_c，求出 $\frac{1-x_c}{\varepsilon_c}\frac{F_s}{F_c}=0.044$，在图 3.3-15 中右边纵坐标上找到交点 a；由 $\frac{F_s}{F_c}=0.0263$ 在斜坐标轴线 $\frac{F_s}{F_c}$ 上找到相应点 b，点 a 与点 b 的连线即为图中的虚线①，它交于图中左边的垂直边界线上的 A 点；由 $\frac{x_c}{\varepsilon_c}=-0.566$ 在相应曲线上找到相应点 C，连接 CA 得到虚线②，该线与坐标轴线 $\frac{x_c-x_{max}}{\varepsilon_c}$ 交于 d 点，得 $\frac{x_c-x_{max}}{\varepsilon_c}=0.411$，从而可以得出 x_{max} 和 Z_{max}。

如果上室底部与上游最高静水位在同一高程，或不计竖井面积 F_s 时，可按下式近似地计算上室的容积 W_B：

$$W_B=\frac{Lfv_0^2}{2gh_{w0}}\ln\left(1-\frac{h_{w0}}{Z_{max}}\right) \tag{3.3-29}$$

2) 有溢流堰时上室的容积计算。设溢流堰顶在上游静水位以上的距离为 Z_s，溢流堰顶通过最大流量 Q_y 时的水层厚度为 Δh（见图 3.3-16），则丢弃负荷时的最大水位升高为

$$Z_{max}=Z_s+\Delta h \tag{3.3-30}$$

$$\Delta h = \left(\frac{Q_y}{MB}\right)^{\frac{2}{3}} \qquad (3.3-31)$$

$$Q_y = yQ_0 = yv_0 f$$

式中 M——溢流堰的流量系数，与堰顶的型式有关；

B——堰顶长度；

y——竖井水位升到溢流堰顶时引水道内流速减少率。

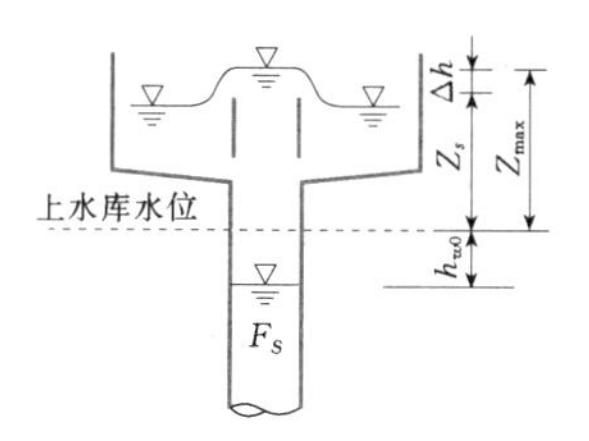

图 3.3-16 有溢流堰时上室示意图

y 按下式计算：

$$y = \sqrt{x_s + \frac{\varepsilon_s}{2}\left[1 - e^{\frac{2}{\varepsilon_s}(x_s - 1)}\right]} \qquad (3.3-32)$$

$$x_s = Z_s / h_{w0}$$

丢弃全负荷时，在 Z_{max} 已知的情况下，假定竖井与上室之间的连接孔为单向排水孔，在水位升高时不起作用，经堰顶流至上室的水量必需的容积按下式计算：

$$W_B = \frac{Lfv_0^2}{gh_{w0}}\left[\frac{1}{2}\ln\left(1 + \frac{y^2}{|x_{max}| - 0.15|x_{max} - x_s|}\right) - \frac{|x_{max} - x_s|}{\varepsilon_s}\right] \qquad (3.3-33)$$

式中各符号意义同前。

如所采用的上室容积比所计算的 W_B 值小，则上室应设外部泄水道，使多余的水量沿斜坡向下游排泄。如果不设上部储水室，令溢出堰顶的水量全部泄走，则泄水道的断面应按排泄流量等于 Q_y 的要求设计。

(2) 增加负荷时下室容积计算。计算下室容积时，一般先定出最低振幅 Z_{min} 值，则在增荷前运行水位与最低下降水位之间的容积由下式计算：

$$\varepsilon_v = \frac{1}{2}\ln\left[\frac{x_{min} - 1}{x_{min} - m^2}\left(\frac{\sqrt{x_{min}} + 1}{\sqrt{x_{min}} - 1} \times \frac{\sqrt{x_{min}} - m}{\sqrt{x_{min}} + m}\right)^{\frac{1}{\sqrt{x_{min}}}}\right] \qquad (3.3-34)$$

则下室容积 $W_V = \frac{Lfv_0^2}{gh_{w0}}\varepsilon_v$，式中符号意义同前。图 3.3-17 为 ε_v 的计算曲线。

为保证增荷时压力管道内不进入空气，下室选用的体积须较计算体积留有余地，即下室底部应在最低水位 Z_{min} 之下，如图 3.3-18 所示。

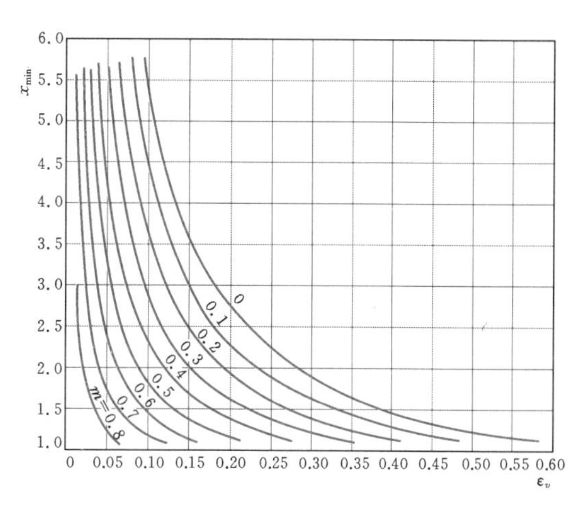

图 3.3-17 确定调压室下室容积计算简图

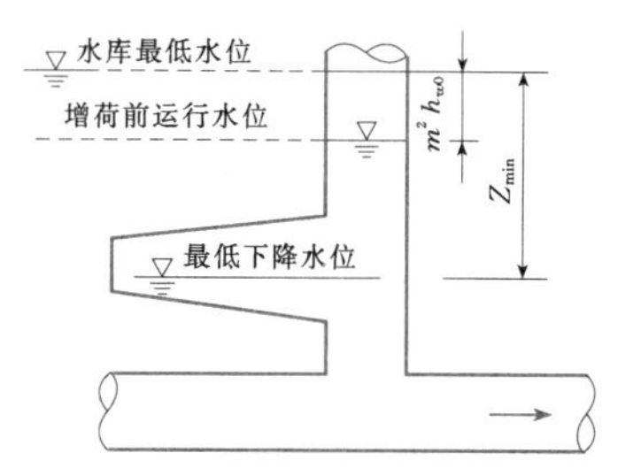

图 3.3-18 下室位置示意图

以上关于水室式调压室尺寸和水位的计算都是假定涌波过程中，在下室和上室中水面都是水平的。如果实际的工程结构采用长廊形上室和下室，其水面会有较大坡降，甚至与竖井之间产生较大水位差，对此应引起注意，以免空气进入引水管道或者压力管道，必要时可通过水工模型试验验证。

4. 差动式调压室

差动式调压室断面尺寸的正确选择，应使升管水位在机组丢弃负荷后较短时间内达到极值，且大室在设计水位丢弃负荷时的最高涌浪水位恰好等于升管开始溢流时的水位高度。在设计最低水位增加负荷时，最低涌浪水位接近于升管在最初时段的下降水位，即大室、升管最终具有相同的最高与最低涌波水位，能达到这种效果的差动式调压室设计是比较合理的。

设计差动式调压室时，升管的直径一般取为与其引水道的直径相等或相接近，使之对水击波反射充分。对于小波动情况，可以认为差动调压室所需要的稳定断面与简单式调压室相同，大室和升管的面积之和应满足电站稳定运行的要求，宜等于或略大于调压室托马稳定断面积。具体计算如下。

(1) 阻抗孔面积与增加负荷时的最低涌波计算。阻抗孔的面积，一般按增加负荷时的要求确定。当水

电站的引用流量由 mQ_0 突然增至 Q_0 时，升管水位迅速下降，大室开始向升管补水。由于升管水位下降非常迅速，可以近似地假定：升管水位下降到最低水位 $Z_{\min}$ 时，大室的水位和引水道的流量均未来得及发生变化。这时阻抗孔面积 ω 为

$$\omega=\sqrt{\frac{Q_0^2}{2gh_{w0}\varphi_H^2\eta_H}} \tag{3.3-35}$$

式中 φ_H——水自大室流入升管（或压力水道）时的孔口流量系数（初步计算时可按 $\varphi_H=0.8$ 计算）；

η_H——水自大室流入升管（或压力水道）时的孔口阻抗损失相对值。

η_H 按下式采用：

$$\eta_H=\frac{x_{\min}-m^2}{(1-m)^2} \tag{3.3-36}$$

式（3.3-36）只有在升管的断面和大室的断面之比相对较小时才是正确的。升管面积越小，水位下降越迅速，此式才越符合上述假定。

在阻抗孔尺寸满足上述条件时，最低下降水位按福格特根据“理想型”调压室假定提出的公式计算，即

$$x_{\min}=1+\left(\sqrt{0.5\varepsilon_1-0.275\sqrt{m}}+\frac{0.1}{\varepsilon_1}-0.9\right)\times(1-m)\left(1-\frac{m}{0.65\varepsilon_1^{0.62}}\right) \tag{3.3-37}$$

其中 $x_{\min}=\dfrac{Z_{\min}}{h_{w0}}$；$\varepsilon_1=\dfrac{\dfrac{Lfv_0^2}{g(F_r+F_p)h_{w0}^2}}{1-\dfrac{F_r/(F_r+F_p)}{2\left[1-\dfrac{2}{3}(1-m)\right]}}$

式中 F_r——升管断面面积，m²；

F_p——大室断面面积，m²。

式（3.3-37）与计算阻抗式调压室最大水位下降式（3.3-27）具有相同型式，只是前者用 ε_1 代替了后者中的 ε。

图3.3-19为 $m=0.5$ 即负荷由50%增至100%情况下差动式调压室的最低涌波水位计算图，图中左上部的 R 区表示负荷增加后升管最低下降水位低于大室最终水位，说明阻抗孔面积过小；下部的 M 区表示升管最初下降水位高于大室最低水位，说明阻抗孔面积过大。SS' 线为两者分界线，在这条曲线上，升管的最低下降水位等于大室的最低水位，阻抗孔面积最合适，调压室处于理想工作状态。设计时应避免落在 R 区，以免升管最低下降水位过低导致压力水道进气，影响结构稳定运行。图3.3-19中 $Z_*=v_0\sqrt{\dfrac{Lf}{g\ (F_r+F_p)}}$，$h_{c0}=\dfrac{1}{2g}\left(\dfrac{Q_0}{\varphi_H\omega}\right)^2$。

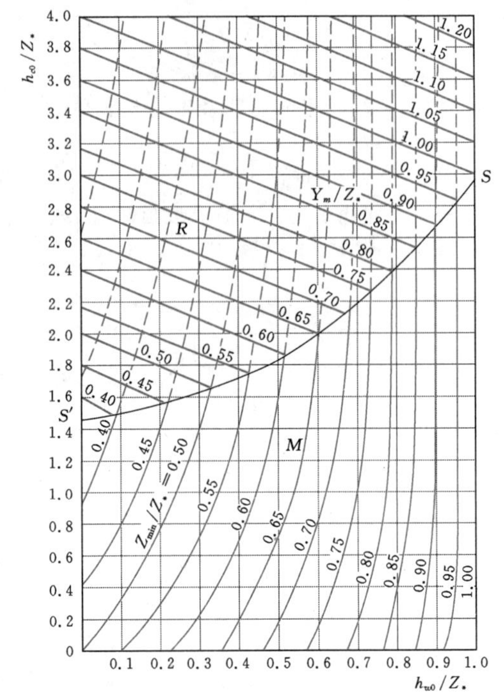

图3.3-19 差动式调压室最低涌波计算图

（负荷由50%突增至100%时）

（2）丢弃负荷时的最高涌波计算。机组突然丢弃全部负荷后，升管水位迅速上升，假定在升管到达最高水位开始溢流时，大室水位和压力水道流量尚未改变，则引水道流量 Q_0 的一部分 Q_y' 经过升管顶部溢入大室，另一部分 Q_c 在水头 $(h_{w0}+|Z_{\max}|)$ 的作用下经阻抗孔流入大室，Q_c、Q_y' 由下列公式计算：

$$Q_c=\varphi_c\omega\sqrt{2g(h_{w0}+|Z_{\max}|)}=Q_0\sqrt{\frac{h_{w0}+|Z_{\max}|}{\eta_c h_{w0}}} \tag{3.3-38}$$

$$Q_y'=Q_0-Q_c=Q_0\left(1-\sqrt{\frac{h_{w0}+|Z_{\max}|}{\eta_c h_{w0}}}\right) \tag{3.3-39}$$

式中 φ_c——水自升管（或压力水道）流入大室时的孔口流量系数（初步计算时可按 $\varphi_c=0.6$ 计算）；

η_c——水自升管（或压力水道）流入大室时的孔口阻抗损失相对值，$\eta_c=\dfrac{\varphi_H^2}{\varphi_c^2}\eta_H$。

升管顶部溢流层的厚度为

$$\Delta h=\left(\frac{Q_y'}{MB}\right)^{\frac{2}{3}}$$

升管顶部在静水位以上的高度为

$$Z_B=-|Z_{\max}|+\Delta h$$

式中 Z_B——升管顶部在静水位以上的高度，m；

Z_{max}——丢弃负荷后调压室的最高涌浪水位在静水位以上的高度，m。Z_{max}及Z_B在静水位以上时，应以负值代入。

对于理想差动式调压室，福格特提出可以用下式计算大井在丢弃负荷前的水位（在静水位以下h_{w0}）和丢弃负荷后的最高水位（在静水位以上Z_{max}）之间的容积W：

$$W=\frac{Lfv_0^2}{2gh_{w0}}\times\frac{\ln\left[1-\dfrac{1}{X_{max}+0.15(X_B-X_{max})}\right]}{1-\dfrac{0.3-X_{max}}{0.3-2X_{max}}\times\dfrac{\dfrac{F_r}{F_r+F_p}}{1-\dfrac{2}{3}\sqrt{\dfrac{1-X_{max}}{\eta_c}}}}\tag{3.3-40}$$

其中 $X_B=\dfrac{Z_B}{h_{w0}}$；$X_{max}=\dfrac{Z_{max}}{h_{w0}}$。$Z_{max}$按下式计算：

$$Z_{max}=\frac{F_ph_{w0}-W}{F_p}\tag{3.3-41}$$

图3.3-20为瞬时丢弃全负荷时最高涌波计算图。S区表示在大室水位上升时间内，升管大部分时间溢流的范围，阻抗孔尺寸较合适；T区表示只在弃荷最初升管溢流的区域，底孔尺寸略偏大；N区表示在大室水位上升时间内，升管完全不溢流，阻抗孔尺寸过大。图3.3-20可供前期设计时估算阻抗孔尺寸时用。计算差动式调压室的Z_*时，应注意$F=F_r+F_p$。

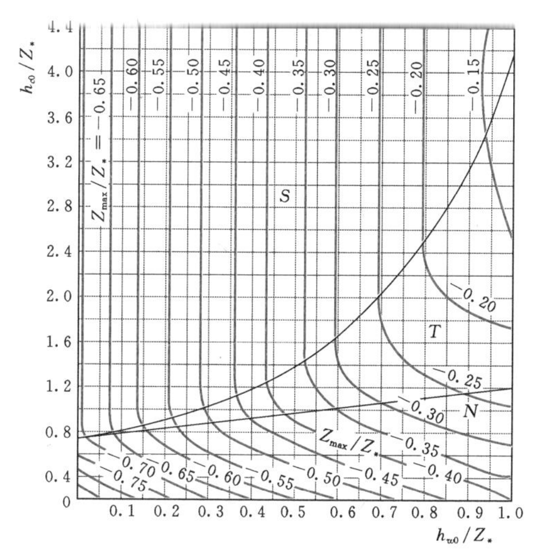

图3.3-20 差动式调压室最高涌波计算图（瞬时丢弃全负荷时）

关于阻抗孔流量系数φ_H与φ_c的选用，从式（3.3-39）可以看出，若阻抗系数$\eta_c=1+\left|\dfrac{Z_{max}}{h_{w0}}\right|$，则全部流量经阻抗孔流入大室，升管不发生溢流，故$\eta_c$不能太小。至少应满足$\eta_c>1+\left|\dfrac{Z_{max}}{h_{w0}}\right|$的条件，可以通过减少孔口尺寸和减少流量系数$\varphi_c$来达到。即在机组丢弃负荷时，为了保证升管溢流，要求水流通过阻抗孔从升管进入大室的水头损失要大些。机组增加负荷时的情况则相反，水流由大室流入升管的阻抗系数η_H应选得小些，使升管水位下降时大室能及时向它补水，以保证升管的水位不至降得过低，可以通过加大阻抗孔尺寸和加大流量系数φ_c来增大阻抗系数η_H。

设计阻抗孔型式时，靠大室一端应做成平顺的喇叭口形状，靠升管一端做成锐缘突变型式，使$\varphi_c<\varphi_H$（即$\eta_c>\eta_H$）。但在计算时，为了安全，应取φ_H的可能最小值和φ_c的可能最大值。前期设计时建议取$\varphi_H=0.8$和$\varphi_c=0.5$，在实际应用时可根据需要选择，必要时可通过模型试验予以修正。

确定差动式调压室基本尺寸的步骤如下：

1）确定调压室所需要的稳定断面。对于小波动情况，可以认为差动调压室所需要的稳定断面与简单式调压室相同，即$F_r+F_p>F_{th}$（F_{th}为托马断面）。其中升管面积F_r可取其等于引水道面积f，从而定出大室的面积F_p。

2）根据增负荷情况初步确定阻抗孔的面积和形状，并确定调压室的底部高程。方法是按式（3.3-37）求出Z_{min}，代入式（3.3-36）求η_H，根据孔口的形状初步选定φ_H，进而利用式（3.3-35）求出阻抗孔的面积ω。根据Z_{min}，并留有一定的安全裕度，即可确定调压室的底部高程。

3）按丢弃全负荷情况确定调压室的顶部高程。根据前面已经初步确定的阻抗孔的面积和形状，选择水流通过阻抗孔进入大井的流量系数φ_c，并求出η_c。假定Z_{max}值，分别用式（3.3-38）和式（3.3-39）求出Q_c和Q'_y，用式（3.3-40）求出调压室所需的容积W。以W和F_p代入式（3.3-41），求出Z_{max}，并与假定的Z_{max}作比较，此时可能有以下三种情况：

a. 计算的Z_{max}与假定的Z_{max}相同，说明假定的Z_{max}正确，差动式调压室的工作状态是理想的，据之可以确定调压室的顶部高程。

b. 计算的Z_{max}大于假定的Z_{max}，说明假定的Z_{max}值过小，升管在停止溢流之前将被大室水位淹没，此后调压室水位继续上升，其工作状态类似简单式调压室，遇到这种情况时应假定较大的Z_{max}重复计算，直到假定值与计算值符合为止。若最后的Z_{max}过大，不宜采用，则可增大F_p重新计算，直至最后求出的Z_{max}符合要求为止。

c. 计算的Z_{max}小于假定的Z_{max}，说明升管停止溢流时大室仍未充满，由于 F_p 是根据稳定要求确定的，不可能再减小，故只有假定较小的 Z_{max} 重新计算。直到计算值与假定值符合为止。

5. 下游调压室

电站负荷发生变化时，下游调压室的水位波动过程与上游调压室相似，只不过开始变化的方向相反。将下游调压室的水位变化 Z 和阻抗损失 k 的正负号作与上游调压室相反的规定以后，如图 3.3-21 所示，其微分方程式与上游调压室的基本方程式（3.3-8）～式（3.3-10）具有完全相同的形式，因此上游调压室水位波动计算的有关公式可直接用于下游调压室，只需注意有些参数的正负符号即可。例如，在丢弃负荷时，下游调压室的第一振幅向下，故应用式（3.3-20）和式（3.3-21）时 x_{max} 仍取负值，x_2 仍取正值。

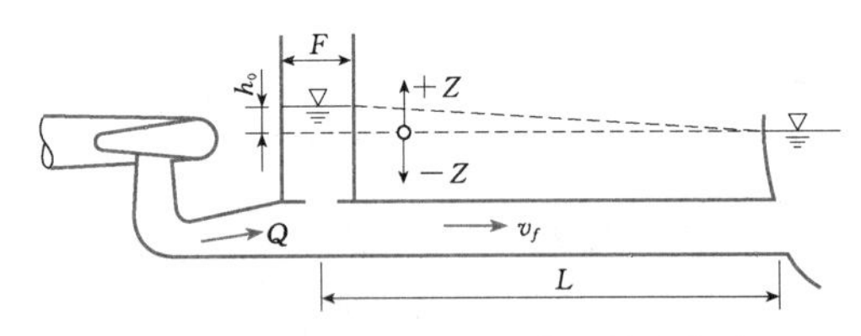

图 3.3-21　下游调压室坐标系统示意图

3.3.6.3　调压室涌波水位计算的数值法

水击—涌波联合计算是将调压室作为边界条件引入到有压管流的非恒定流计算（见本章 3.2 节调节保证计算数值法）中，以充分考虑水击压强与调压室涌波之间的影响。

计算过程中，当调压室具有较大的横断面积时，可以把调压室简化为柱状容器，忽略其井壁以及其中水体的弹性变形，井中水体的惯性及水体与井壁的摩擦损失也可以不考虑，调压室中的水压可采用静压分布假定。现以图 3.3-22 所示与单进单出管道连接的等横截面阻抗式调压室为例，具体说明调压室边界方程的建立。

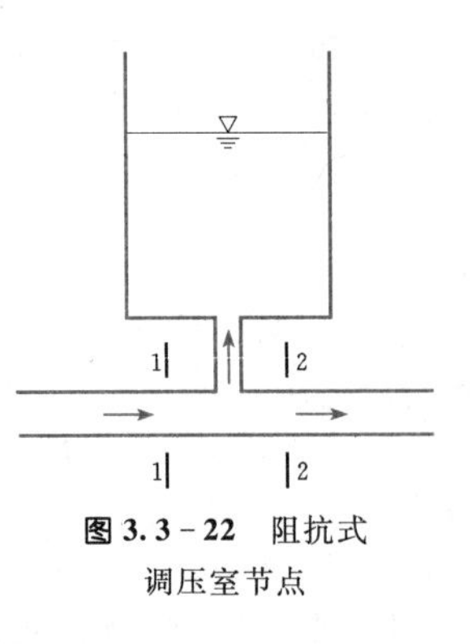

图 3.3-22　阻抗式调压室节点

对调压室节点处的上游断面 1—1 列正特征线方程，下游断面 2—2 列负特征性方程得

$$C^{+}: H_{p1} = C_1 - B_1 Q_{p1} \qquad (3.3-42)$$

$$C^{-}: H_{p2} = C_2 + B_2 Q_{p2} \qquad (3.3-43)$$

式中　H_{p1}、H_{p2}——当前时步管 1 末端、管 2 始端的测压管水头；

Q_{p1}、Q_{p2}——当前时步管 1 和管 2 的流量；

C_1、C_2、B_1、B_2——已知量，由管道参数及相邻断面前一时步的水头、流量计算得到，相关公式参见本章 3.2 节调节保证计算数值方法。

由于断面 1—1 和 2—2 相距很近，如果不考虑这两个断面间的局部水头损失，可以认为这两个断面的测压管水头和调压室底部节点的测压管水头 H_p 相等，即

$$H_{p1} = H_{p2} = H_p \qquad (3.3-44)$$

H_p 与调压室水面对应的测压管水头 H_{pS} 满足以下关系：

$$H_p = H_{pS} + R_S \mid Q_{pS0} \mid Q_{pS} \qquad (3.3-45)$$

$$H_{pS} = H_{pS0} + \frac{(Q_{pS} + Q_{pS0})\Delta t}{2A_S} \qquad (3.3-46)$$

另由连续性方程得

$$Q_{p1} = Q_{p2} + Q_{pS} \qquad (3.3-47)$$

式中　H_{pS}——当前时步调压室水面对应的测压管水头；

Q_{pS}——当前时步流入调压室的流量，流入时为正，流出时为负；

R_S——水流流入或流出调压室时的阻抗损失系数，流入和流出所对应的阻抗损失系数一般并不相等；

A_S——前一时步调压室水面高程处的横断面积；

Δt——满足库朗条件的计算时步；

各参数带下标 0 者为其前一时步的值。

式（3.3-44）～式（3.3-47）为调压室边界方程，式（3.3-42）和式（3.3-43）为调压室节点处的特征线方程，将其代入本章 3.2 节调节保证计算数值法计算程序中求解，即可得到 H_{p1}、H_{p2}、H_{pS}、Q_{p1}、Q_{p2}、Q_{pS} 等六个未知变量的数值解。

对于水室式一类变截面的调压室，其边界方程形式同上，只需注意 A_S 应代入对应于涌波水位所到达高程处的调压室面积即可。

对于简单式调压室，其边界方程形式亦同上，只需令式（3.3-45）中 $R_S=0$ 即可。

其他类型调压室，可根据各自的结构和水流特点，参考上述方法，列出每条连接调压室的支管终端的正特征线方程（对流入支管而言）或始端的负特征线方程（对流出支管而言）、压力平衡方程以及流量连续性方程，即可得到相应的调压室边界方程。

具有细而长体形的调压室可以当做一个支管处理，计算中可不考虑管壁及其中水体的弹性变形，按

一般的分岔管用水击方程求解调压室中的压力和水位变化。由于与压力水道长度相比，调压室的高度一般都很短，水击波的速度很高，水击在这种调压室中传播的时间很短，因而必须采用较短的计算时间步长Δt。这样处理虽然增加了计算工作量，但由于现在的计算机存储容量和计算速度大为提高，执行时并没有多少困难。如果此类调压室在发生非恒定流时，其中水体铅直方向的速度变化剧烈，则需要将其中的水体作为一个具有惯性、同时承受水压力、重力及摩擦阻力作用的集中单元处理，具体内容可参见参考文献[10]的第六章。

3.3.7 调压室布置及结构计算

3.3.7.1 调压室布置与结构构造要求

通常把建于地面上的调压室称为地面式调压室（或调压塔），而把建于地下岩体中的调压室称为埋藏式调压室（或调压井）。因调压井可以利用围岩的弹性抗力，抵消一部分内水压力，工程投资较省，故被广泛使用。

1. 调压室的位置选择

在进行调压室位置选择时，需考虑如下原则：

（1）调压室的位置宜靠近厂房，并结合地形、地质、压力水道布置等因素进行技术经济分析比较后确定。

（2）调压室宜布置在地下（包括开敞式），且尽量布置在完好岩体内，以充分利用围岩抗力；宜避开不利的水文地质条件地段，以减轻调压室运行后内水外渗对围岩及边坡稳定的不利影响。若无法避开不利的地质条件地段，应采取可靠的措施保证围岩稳定，并避免内水外渗造成不利影响。

（3）由于枢纽布置或地质原因无法布置成一个调压室，或由于电站扩建、电站运行条件改变等原因，必须设置或增设副调压室时，其位置宜靠近主调压室，主、副调压室间宜考虑布置成具有差动效应的型式。

（4）开敞式调压室明挖量较大时，为减少开挖和对环境的影响，可将调压室井筒适当加高，或将调压室布置成埋藏式。埋藏式调压室通气洞宜结合施工支洞或交通洞布置，通气洞宜采用顺坡（内高外低）布置，当洞内风速较大时（大于12m/s），应设置必要的安全防护设施，如栏杆，以保护行人安全。另外，通气洞出口宜避开有重要建筑物或交通繁忙的位置，否则应采取必要的防护措施。

2. 调压室形状、尺寸及构造要求

（1）形状。调压室形状应根据枢纽布置、地形地质条件、水力条件以及运行条件等因素综合考虑确定，一般情况下布置成圆形，这样有利于围岩稳定和减少工程量。如果调压室规模巨大，或因枢纽布置等因素，也可布置成长廊形。对于中低水头、较大流量的地下水电站下游调压室，若尾水管延伸段面积较大、数量较多，多布置为地下长廊形调压室。在地质条件较差时，宜尽量减小调压室的跨度，同时应注意高边墙的稳定，或在布置上尽可能避开高边墙。

（2）衬砌型式与厚度。为避免围岩或喷混凝土脱落掉入压力管道影响机组运行安全，调压室宜采用系统挂钢筋网锚喷支护（含纤维的喷混凝土亦可）或钢筋混凝土衬砌等支护型式。钢筋混凝土衬砌厚度宜根据地质条件、结构、防渗等要求，并结合施工方法分析确定。

（3）安全超高。调压室最高涌波水位以上的安全超高不宜小于1m。上游调压室最低涌波水位与调压室处压力引水道顶部之间的安全高度应不小于2m，调压室底板应留有不小于1.0m的安全水深。下游调压室最低涌波水位与尾水管道顶部之间的安全高度应不小于1m。对于长引水道水电站，若引水隧洞采用较长洞段的喷锚支护措施，最低涌波的安全水深应考虑围岩起伏差超过设计值的不利影响。

（4）防渗与排水。当调压室地质条件较差，或内水外渗影响厂房安全、边坡稳定时，应采取必要的防渗措施。对埋藏式调压室，可采用钢筋混凝土衬砌，并宜对其不利围岩进行固结灌浆，以加强围岩整体性和减少内水外渗，还可以喷涂柔性聚合物砂浆防渗层或其他柔性防渗层，以增加防渗效果。当地下调压室围岩地质条件极差时，可视需要采用钢板防渗，钢板可布置在衬砌内壁或衬砌中间，钢板结构设计时需考虑抗外压能力。

为了降低作用在围岩、衬砌上的外水压力或防止内水外渗，在地下调压室涌波水位以上的边墙和顶拱应设置系统排水孔；在围岩与衬砌混凝土间可布置软式排水管，并将管内的水进行集中收集。根据工程具体情况，也可在调压室与地下厂房间、或在调压室与山坡间布置排水廊道，以减少山体地下水对建筑物或山坡的不利影响。

（5）增强井壁稳定性。对于采用钢筋混凝土衬砌的埋藏式调压室，为提高其抗外水压力的能力，用于洞壁支护的锚杆宜同时兼锚筋作用，锚杆兼锚筋应与衬砌结构中的内层受力钢筋焊接或锚入衬砌混凝土内。为提高长廊形井壁的稳定性，可根据引水或尾水隧洞分组情况，在上、下游方向（短边方向）预留岩埂。必要时，可沿上、下游方向（短边方向）布置钢筋混凝土横向支撑梁，或同时布置钢筋混凝土纵向支撑梁。应考虑支撑梁侵占稳定断面的不利影响。如地质条件较差，为确保调压室围岩稳定，可采取调压室开挖与衬砌、支撑梁施工交替进行的方式。

设置在调压室内的升管、闸门槽、通气孔容易削弱调压室结构，为了确保建筑物的安全，应合理布置整个结构，并对关键部位的结构尺寸、构造措施和钢筋配置予以加强。对于阻抗式或差动式调压室的底部阻抗板，当其为混凝土结构且刚度较小时，为增加刚度，可在底部阻抗板上增设水平支撑或斜向支撑的混凝土加强梁。

(6) 防滚石和防冻。对于开敞式调压室，为防止山坡石块或杂物掉进调压室，避免闲杂人员攀爬，露出地面的井筒高度不宜小于3.0m。寒冷地区的开敞式调压室应加顶盖防冻，并设通气孔兼进人孔。若井筒露出地面高度较高，应考虑在井筒外壁采取保温层防冻措施。机组长时间不运行时，应将调压室内水体放空，避免结冰。

(7) 通气孔的布置。如果调压室在顶部设有顶盖，顶盖上应开通气孔，此调压室通气孔的面积应不小于10%压力水道的面积，使进气和排气时的最大气流速度不超过50m/s。调压室内布置闸门时，应考虑闸门通气问题。若闸门井内无法通气则需布置通气孔，该孔的面积根据闸门功用确定，事故闸门或快速闸门的通气孔面积可按闸门后压力水道面积的4%～9%选取。检修闸门的通气孔面积需要很小，可根据检修期间排水流量的5%确定。闸门通气孔顶部的高程应高于调压室最高涌波水位，且应避免气流对运行、检修人员的不利影响。

3. 各类型调压室的结构要求

调压室的类型和结构布置通常取决于压力水道系统布置及其沿线的地形、地质条件，机组运行参数及电站运行稳定性等因素。调压室的型式需通过调节保证计算和技术经济综合比较最终确定。圆筒形断面调压室，由于受力条件好，在各类型调压室中应用最多。近年来，对于两台或更多台机组共用的调压室，采用矩形横截面的工程实例越来越多。

对于阻抗式调压室，其阻抗孔有的是调压室底板上开孔，有的是采用连接管，还有的是调压室内的检修闸门孔兼作阻抗孔，如果闸门孔面积不够，可以在阻抗板上另外开孔，或者扩大闸门孔口尺寸。

对于水室式调压室，下室的方向与引水道的方向应尽可能地相互垂直或成一较大的角度，使下室和引水道的岩石不致坍塌。上室和下室的底部应有不小于1%的纵向坡度倾向竖井，以利于排水、补水。下室的顶部应有不小于1.5%的纵向反坡，当室内水位上升时，使空气便于逸出。细而长的下室工作不够灵敏，某水电站调压室的模型试验表明：细而长的下室在竖井水位迅速下降时，向竖井补水迟缓，室内形成一个较大的水面坡降，竖井水位远低于室内水位，导致引水道进入空气。同样，在竖井水位回升时，下室又来不及蓄水，迅速上升的水位很快将洞口淹没，致使下室中遗留的大量空气从水底涌出，水流极不稳定。因此，下室应尽量做得粗而短，如结构上不允许，可将比较长的下室分成两段，对称布置在引水道的两侧，这样既缩短了下室的长度又使水流比较对称。在多泥沙的河流上，应考虑下室底部淤积的可能性及预留占据的容积。

差动式调压室由大小两个竖井组成，当升管和大室同心布置，或者升管和大室的距离很近，二者之间胸墙的结构比较单薄时，设计中应充分重视其受力条件较差的特点，保证调压室的体形和布置满足强度和稳定性要求，特别是胸墙和大室底板的稳定性。对于大室和升管同心布置的结构型式，大室和升管之间需要设较多支撑，以增加升管在溢流或地震时的稳定性，结构较复杂。差动式调压室也可以采用升管布置在大室一侧或大室之外的结构型式。对于利用闸门井兼做升管的布置方式，应注意水击波、涌波与闸门之间的相互不利作用，通过合理确定升管尺寸、加强闸门井或升管结构、增加门叶刚度和重量以及选用合适的启闭机等措施来确保结构安全。

在满足调压室差动性能的前提下，通过选择合理的阻抗孔口形状和尺寸，优化调压室体形，以及在升管和大室之间的胸墙上合适的位置设连通孔，利用阻抗孔的平压作用，可有效地降低胸墙和调压室底板结构所承受的水压差。连通孔一般在大室和闸门井之间的胸墙上沿高度方向等距离布置，其个数和各孔的面积，可通过涌波计算分析或水力试验，根据胸墙可承受的允许压差和调压室最高/最低涌波水位的控制标准等因素最终确定。

3.3.7.2 调压室结构计算

1. 作用及作用效应组合

(1) 主要作用如下。

1) 衬砌自重。对地下直井部分，一般可不考虑，但计算底板和井下连接段时则应计入自重。对于地面结构、松软地基中的结构和差动式调压室大井内的升管，也应计入自重。

2) 设备重。一般影响小，可不考虑，但对于某些对结构计算影响较大的设备，也应计入自重。

3) 内水压力。水面高程由水力计算确定，有最高和最低两种极限情况，在计算设于大井内的升管时，不仅要计算升管内外的最大水位差，而且还应注意此压差形成的合力的方向是交替变化的。升管内外的最大水位差有两种情况：一是大室水位高，升管水位低所形成的最大水位差；二是大室水位低，升管水位高所形成的最大水位差。

4）外水压力。由调压室外的地下水位确定，其大小可采用计算断面在地下水位线以下的水柱高度乘以相应的折减系数，折减系数可视调压室与水库、河道及周边建筑物的关系，以及所采用的排水措施综合选取。工程上常采用排水措施，降低外水水位，以保证结构稳定，减小衬砌所承受的地下水压力。

5）围岩压力。参照 DL/T 5195《水工隧洞设计规范》计算。

6）土压力。参照 DL 5077《水工建筑物荷载设计规范》计算。

7）灌浆压力。回填灌浆、固结灌浆对衬砌结构产生的压力。

8）温度作用。调压室在施工和运行期，由于温度变化产生的应力。地下结构一般通过施工或构造措施解决，高地温地区则应进行专门研究。

9）收缩应力。在施工期，由于混凝土凝固收缩所产生的应力。一般通过施工或构造措施解决。

10）地震作用。当地震烈度超过 8 度时，应考虑地震力。对于差动式调压室大井内的升管和地面上的塔式结构，当地震烈度超过 7 度时，就应考虑地震力。结构应按 DL 5073《水工建筑物抗震设计规范》的要求进行抗震计算。

（2）作用效应组合如下。

1）调压室结构设计采用概率极限状态设计原则，以分项系数极限状态设计表达式进行结构计算，并应分别按承载能力极限状态及正常使用极限状态进行计算和验算。

a. 承载能力极限状态。调压室衬砌强度、调压室洞室围岩稳定、地面式调压室稳定和抗倾验算、调压室结构构件局部应力验算。考虑地震力时，尚应按 DL 5073《水工建筑物抗震设计规范》进行验算。

b. 正常使用极限状态。调压室衬砌裂缝宽度，地面式调压室及开敞室调压室地面以上结构变形计算。

2）结构按承载能力极限状态设计时，应考虑下列两种作用效应组合。

a. 基本组合。持久设计状况或短暂设计状况下，永久作用与可变作用的效应组合。

b. 偶然组合。偶然设计状况下，永久作用、可变作用与一种偶然作用的效应组合。

调压室结构承载能力极限状态作用效应组合见表 3.3-1。

表 3.3-1　调压室结构承载能力极限状态作用效应组合表

结构类型	作用效应组合	设计状况	工况组合	作用类别									
				内水压力	自重	外水压力	围岩压力	土压力	灌浆压力	风压力	雪压力	温度作用	地震作用
埋藏式调压室	基本组合	持久状况	①设计工况最高涌波	√	√	√	√						
			②设计工况最低涌波	√	√	√	√						
		短暂状况	③完建期		√	√	√		√				
			④检修放空		√	√	√						
	偶然组合	偶然状况	⑤校核工况最高涌波	√	√	√	√						
			⑥校核工况最低涌波	√	√	√	√						
			⑦正常运行水位＋地震	√	√	√	√						√
地面式调压室	基本组合	持久状况	①设计工况最高涌波	√	√			√		√	√	√	
			②设计工况最低涌波	√	√			√		√	√	√	
		短暂状况	③完建或检修放空		√			√		√	√		
	偶然组合	偶然状况	④校核工况最高涌波	√	√			√		√			
			⑤校核工况最低涌波	√	√			√		√			
			⑥正常运行水位＋地震	√	√			√		√			√

注　1. 开敞式调压室地面以上结构按地面式调压室考虑，地面以下部分结构按埋藏式调压室考虑。
2. “工况组合”栏中的“设计工况”和“校核工况”系指调压室涌波水位计算的控制工况。

3）对基本组合，应采用下列承载能力极限状态设计表达式：

$$\gamma_0 \psi S(\gamma_G G_k, \gamma_Q Q_k, a_k) \leqslant \frac{1}{\gamma_{d1}} R\left(\frac{f_k}{\gamma_m}, a_k\right) \quad (3.3-48)$$

式中 γ_0——结构重要性系数，对应于结构安全级别为Ⅰ、Ⅱ、Ⅲ级的结构及构件，可分别取用1.1、1.0、0.9；

ψ——设计状况系数，对应于持久设计状况、短暂设计状况、偶然设计状况，可分别取用1.0、0.95、0.85；

$S(\cdot)$——作用效应函数；

$R(\cdot)$——结构及构件抗力函数；

γ_G——永久作用分项系数，按DL 5077选用；

γ_Q——可变作用分项系数，按DL 5077选用；

G_k——永久作用标准值，按DL 5077选用；

Q_k——可变作用标准值，按DL 5077选用；

a_k——几何参数的标准值（可作为定值处理）；

f_k——材料性能的标准值；

γ_m——材料性能分项系数，按DL/T 5057选用；

γ_{d1}——基本组合结构系数，按DL/T 5057选用。

4）对偶然组合，应采用下列承载能力极限状态设计表达式：

$$\gamma_0 \psi S(\gamma_G G_k, \gamma_Q Q_k, A_k, a_k) \leqslant \frac{1}{\gamma_{d2}} R\left(\frac{f_k}{\gamma_m}, a_k\right) \quad (3.3-49)$$

式中 A_k——偶然作用代表值，按DL 5077选用；

γ_{d2}——偶然组合结构系数，按DL/T 5057选用；

其余符号意义同前。

5）正常使用极限状态设计采用下列设计表达式：

$$\gamma_0 S(G_k, Q_k, f_k, a_k) \leqslant C \quad (3.3-50)$$

式中 C——调压室混凝土结构裂缝宽度、变形或应力等功能限值；

$S(\cdot)$——作用效应函数；

其余符号意义同前。

调压室结构正常使用极限状态作用效应组合见表3.3-2。

表3.3-2 调压室结构正常使用极限状态作用效应组合表

结构类型	作用效应组合	设计状况	工况组合	作用类别							
				内水压力	自重	外水压力	围岩压力	土压力	风压力	雪压力	温度作用
埋藏式调压室	基本组合	持久状况	设计工况最高涌波	√	√	√	√				
地面式调压室	基本组合	持久状况	设计工况最高涌波	√	√			√	√	√	√

注 开敞式调压室地面以上结构按地面式调压室考虑，地面以下部分结构按埋藏式调压室考虑。

2. 调压室的结构计算

调压室绝大部分为地下空间结构，地面塔式结构应用很少，而地下结构受地质条件和地下水等因素的影响较大，往往上述因素的影响又难以准确确定，其结构计算一般采用结构力学方法居多，对于大型工程、大尺寸、地质条件或结构型式复杂的调压室一般要用有限元方法进行复核。

（1）井壁式调压室结构计算解析法。井壁与底板的连接方式，常用的有三种（见图3.3-23）：①井壁与底板刚性连接［见图3.3-23（a）］；②圆筒与底板铰接［见图3.3-23（b）］；③井壁与底板用伸缩缝脱开［见图3.3-23（c）］。因为铰接不易施工，在工程中应用较少。根据井壁与底板的连接方式，井壁的结构计算有两种情况：一种是不考虑底板和井壁的整体作用，井壁按平面圆筒计算，即在有围岩弹性抗力时，按隧洞公式计算；在露出地面的结构中，或虽属地下结构，但无围岩弹性抗力可资利用者（如埋于围岩地质条件很差的结构中，或结构承受外部压力作用时），则按拉梅圆筒公式计算，具体可参阅本手册“隧洞”部分或文献［9］等有关资料。这种计算井壁内力的方法，不仅在底板与井壁用伸缩缝脱开时可以用，在底板与井壁为刚性连接时，亦属常用的近似方法。另一种计算方法是把井壁与底板作为整体考虑，计算井壁的纵向弯矩、剪力及环向力。具体计算方法如下。

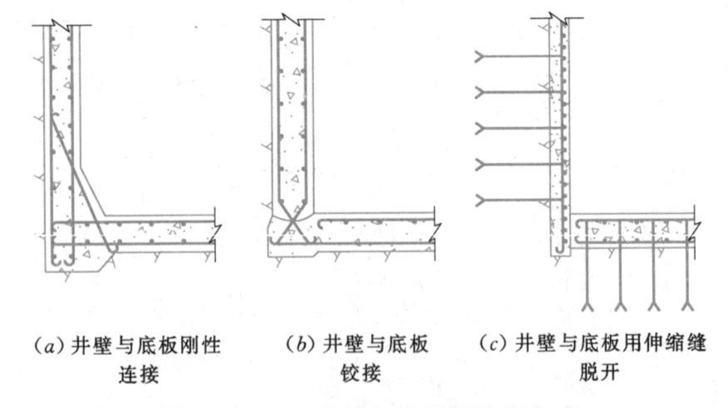

（a）井壁与底板刚性连接　（b）井壁与底板铰接　（c）井壁与底板用伸缩缝脱开

图3.3-23 井壁与底板的连接方式

1）井壁与底板刚性连接，埋于岩石中的调压室受力计算。

a. 基本假定。根据文克尔假定，岩石为均匀弹性介质，当井壁及底板向岩石方向变位时，岩石产生的抗力与变位成正比，$P=ky$；井壁与岩石紧密结合，其间的摩擦力已能维持井壁的自重，故井壁的垂直位移为零；底板受到井壁传来的对称径向力（拉力或压力）所引起的变位与井壁挠曲变位相比很小，可忽略不计。故假定底板没有水平变位；井壁及底板厚度与直径相比均较薄，可用薄壳与薄板理论计算。

b. 计算步骤如下：

a）分别求出井壁底部及底板端部的定端力矩、剪力及抗挠劲度。

b）对井壁和底板进行力矩分配。

c）计算井壁及底板各点的内力。

c. 计算公式。

a）井壁底部的定端力矩、剪力和抗挠劲度。当井壁底端固定，承受内水压力作用时（见图 3.3-24），井壁底部的定端力矩计算公式为

$$M_b^F=\frac{-\gamma HRt}{\sqrt{12(1-\mu^2)}}\sqrt{\frac{Et}{Et+KR^2}}\left(1-\frac{1}{\beta H}\right) \tag{3.3-51}$$

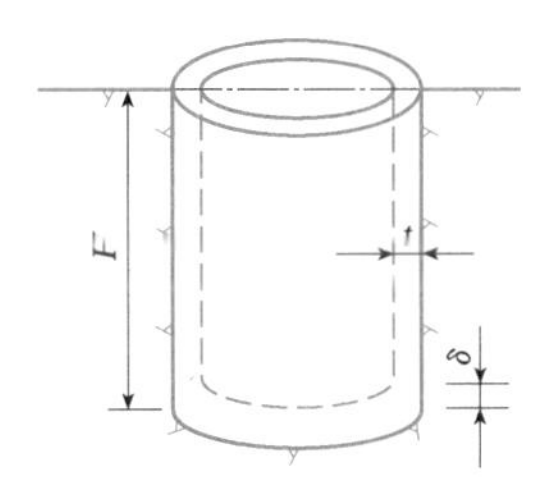

图 3.3-24 直井衬砌

定端剪力为

$$V_b^F=\frac{\gamma Rt}{\sqrt{12(1-\mu^2)}}\sqrt{\frac{Et}{Et+KR^2}}(2\beta H-1) \tag{3.3-52}$$

抗挠劲度为

$$S_b=2\beta D \tag{3.3-53}$$

式中 R——井壁中心至井中心线中心半径，m；

t——井壁衬砌厚度，m；

γ——水的容重，t/m^3；

K——围岩的弹性抗力系数，t/m^3；

E——衬砌材料的弹性模量，t/m^3；

μ——衬砌材料的泊桑比；

H——水位高度，m；

β——参变数，$\beta=\sqrt[4]{\dfrac{Et+KR^2}{4R^2D}}$；

D——井壁挠曲劲度，$D=Et^3/12\ (1-\mu^2)$。

当井壁受外水压力作用时，围岩弹性抗力 $K=0$，$\beta=\sqrt[4]{Et/\ (4R^2D)}$时，定端力矩为

$$M_b^F=\frac{\gamma HRt}{\sqrt{12(1-\mu^2)}}\left(1-\frac{1}{\beta H}\right) \tag{3.3-54}$$

定端剪力为

$$V_b^F=\frac{-\gamma Rt}{\sqrt{12(1-\mu^2)}}(2\beta H-1) \tag{3.3-55}$$

b）底板的定端力矩和抗挠劲度。

i）圆形底板。弹性地基上周边固定承受均布荷载的圆形底板，如图 3.3-25 所示，其定端力矩的计算公式为

$$M_d^F=-ql^2\left[c_1Z_1''+c_2Z_2''+\frac{\mu l}{b}(c_1Z_1'+c_2Z_2')\right] \tag{3.3-56}$$

式中 b——圆板外缘直径，m；

q——分布荷载，t/m^2；

l——特征长度，$l=\sqrt[4]{\dfrac{D'}{K'}}$［$D'$为底板挠曲刚度，$D'=E\delta^3/12(1-\mu^2)$；$K'$为基岩弹性抗力系数；$\delta$为底板厚度，单位为 m］；

c_1、c_2——待定系数。

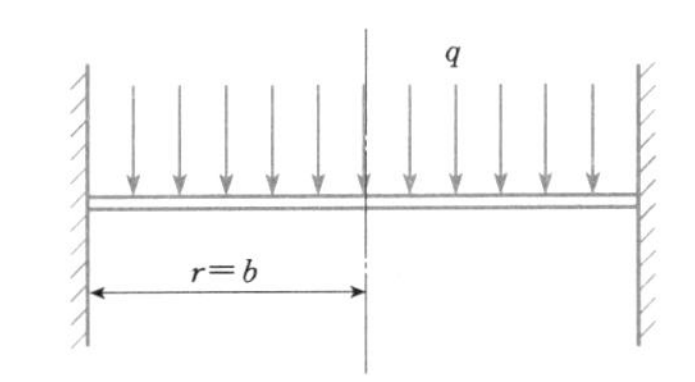

图 3.3-25 弹性地基上周边承受均布荷载的圆形底板

根据在固定端位移为零，转角为零，则 c_1、c_2 由下列联立公式解得：

$$\left.\begin{aligned}c_1Z_1+c_2Z_2+1&=0\\c_1Z'_1+c_2Z'_2&=0\end{aligned}\right\} \tag{3.3-57}$$

式中 Z_1、Z_2 都是自变量 $Z=b/l$ 的函数，为第一类开尔文（Kelvin）函数，也分别称为贝塞尔实函数及贝塞尔虚函数[9,11]，具有如下级数形式：

$$\left.\begin{aligned}Z_1&=1-\frac{1}{(2!)^2}\left(\frac{Z}{2}\right)^4+\frac{1}{(4!)^2}\left(\frac{Z}{2}\right)^8-\cdots+(-1)^{k-1}\frac{1}{[(2k-2)!]^2}\left(\frac{Z}{2}\right)^{4(k-1)}\cdots\\Z_2&=-\left(\frac{Z}{2}\right)^2+\frac{1}{(3!)^2}\left(\frac{Z}{2}\right)^6-\cdots+(-1)^k\frac{1}{[(2k-1)!]^2}\left(\frac{Z}{2}\right)^{4k-2}\cdots\end{aligned}\right\} \tag{3.3-58}$$

Z_1'、Z_1''和 Z_2'、Z_2'' 分别是 Z_1 和 Z_2 的一阶和二阶导数，计算式（3.3-58）时可取 $k\geqslant 6$。

圆板的抗挠劲度为

$$S_d=\frac{-D'}{l}\left[c_1'Z_1'+c_2'Z_2'+\frac{\mu l}{b}(c_1'Z_1'+c_2'Z_2')\right] \tag{3.3-59}$$

式中符号意义同前。c_1'、c_2' 由下式求得：

$$\left.\begin{aligned}c_1'Z_1+c_2'Z_2&=0\\c_1'Z_1'+c_2'Z_2'&=1\end{aligned}\right\} \tag{3.3-60}$$

欲求底板上任一点半径为 r 处的力矩，只须将 $Z=\frac{b}{l}$ 换成 $Z=\frac{r}{l}$，由式（3.3-58）算出 Z_1'、Z_1''、Z_2'、Z_2'' 值代入式（3.3-56）即可算出 M_r 值。

ii）圆环形底板。圆环形底板的内力计算公式与圆形底板相似，内外缘固定的圆环形板（见图3.3-26）的力矩表达式如下：

$$M_r=-ql^2\left(\sum_{n=1}^{n=4}c_nZ_n''+\frac{\mu l}{r}\sum_{n=1}^{n=4}c_nZ_n'\right) \tag{3.3-61}$$

式中 c_1、c_2、c_3、c_4 系数由下列联立方程式求得：

$$\left.\begin{aligned}c_1Z_1+c_2Z_2+c_3Z_3+c_4Z_4+1&=0\\c_1Z_1'+c_2Z_2'+c_3Z_3'+c_4Z_4'&=0\end{aligned}\right\} \tag{3.3-62}$$

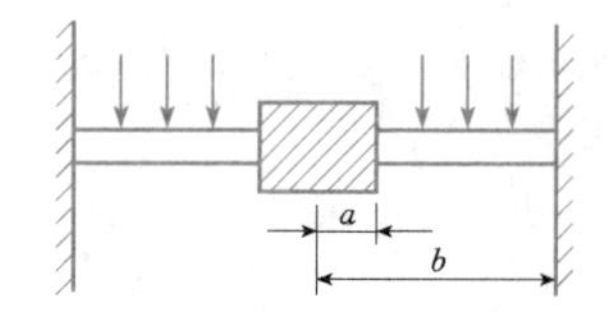

图3.3-26 内外缘固定的圆环形底板

式中 Z_3、Z_4 都是自变量 Z 及 Z_1、Z_2 的函数，为第二类开尔文（Kelvin）函数，具有如下级数形式：

$$\left.\begin{aligned}Z_3=&\frac{2Z_2}{\pi}(\ln 2-\gamma-\ln Z)+\frac{Z_1}{2}-\frac{2}{\pi}\left[\left(\frac{Z}{2}\right)^2-\frac{1}{(3!)^2}\left(1+\frac{1}{2}+\frac{1}{3}\right)\left(\frac{Z}{2}\right)^6\cdots+\right.\\&\left.(-1)^{k-1}\frac{1}{[(2k-1)!]^2}\left(\frac{Z}{2}\right)^{4k-2}\sum_{i=1}^{2k-1}\frac{1}{i}\right]\\Z_4=&-\frac{2Z_1}{\pi}(\ln 2-\gamma-\ln Z)+\frac{Z_2}{2}-\frac{2}{\pi}\left[-\frac{1}{(2!)^2}\left(1+\frac{1}{2}\right)\left(\frac{Z}{2}\right)^4+\frac{1}{(4!)^2}\left(1+\frac{1}{2}+\frac{1}{3}+\frac{1}{4}\right)\left(\frac{Z}{2}\right)^8-\cdots+\right.\\&\left.(-1)^k\frac{1}{[(2k)!]^2}\left(\frac{Z}{2}\right)^{4k}\sum_{i=1}^{2k}\frac{1}{i}\right]\end{aligned}\right\} \tag{3.3-63}$$

式中其余符号意义同前。

分别用 $Z=\frac{a}{l}$ 与 $Z=\frac{b}{l}$ 代入式（3.3-58）及式（3.3-63）求得与其对应的 Z_1、Z_2、Z_3、Z_4 及 Z_1'、Z_2'、Z_3'、Z_4' 值，代入式（3.3-62）建立四个方程式，即可求出 c_1、c_2、c_3、c_4；再根据计算点的半径 r 值计算 $Z=\frac{r}{l}$，由式（3.3-58）及式（3.3-63）分别算出 Z_1、Z_2、Z_3、Z_4 及 Z_1''、Z_2''、Z_3''、Z_4'' 值；将上述各值代入式（3.3-61）即可求得 M_r。

弹性地基上圆环形底板的形常数有四个，即 s_a、s_b、c_{ab}、c_{ba}，它们分别为圆环形底板的抗挠劲度和传递系数，利用下列联立方程式可解得 c_1'、c_2'、c_3'、c_4' 四个系数：

$$\left.\begin{aligned}c_1'Z_1+c_2'Z_2+c_3'Z_3+c_4'Z_4&=0\\c_1'Z_1'+c_2'Z_2'+c_3'Z_3'+c_4'Z_4'&=0\end{aligned}\right\} \tag{3.3-64}$$

分别用 $Z=\frac{a}{l}$ 与 $Z=\frac{b}{l}$ 代入式（3.3-58）及式（3.3-63）求得两组 $Z_1\sim Z_4$ 及 $Z_1'\sim Z_4'$ 值，建立四个方程式即可得到 $c_1'\sim c_4'$ 四个系数，代入抗挠劲度表达式

$$s=\frac{-D'}{l}\left(\sum_{n=1}^{n=4}c_nZ_n''+\frac{\mu l}{b}\sum_{n=1}^{n=4}c_nZ_n'\right)$$

用 $Z=\frac{a}{l}$ 算出 Z_n'、Z_n''，可以求出内缘抗挠劲度 S_a；用 $Z=\frac{b}{l}$ 算出 Z_n'、Z_n''，可以求出外缘抗挠劲度 S_b，$\frac{S_b}{S_a}$ 即传递系数 c_{ab}。

底板下基础的弹性抗力系数 K'，可取为圆筒 K 值的0.75倍。因爆破的影响对底板的基础和对竖井四周的岩石不相同，一般取 $K'=(0.75\sim 1)K$ 之间。

c）对井壁和底板进行力矩分配。如果井壁厚度与底板厚度相比较，底板相当厚，则井壁底板弯矩接近固端弯矩，即可用 M^F 计算井壁其他部位的内力，否则应对井壁端部弯矩剪力进行修正，令此修正弯矩值为 ΔM、修正剪力值为 ΔV。则井底力矩 M_0 与剪力值 V_0 为

$$M_0=M^F+\Delta M \tag{3.3-65}$$

$$V_0=V^F+\Delta V \tag{3.3-66}$$

ΔM 值由井壁与底板不平衡力矩及抗挠劲度分配

求得，井壁底部修正弯矩为

$$\Delta M_b = \frac{(M_b^F + M_d^F)S_b}{S_b + S_d}$$

修正剪力为

$$\Delta V_b = -\beta\Delta M_b$$

底板修正力矩为

$$\Delta M_d = \frac{(M_b^F + M_d^F)S_d}{S_b + S_d}$$

修正剪力为

$$\Delta V_d = -\beta\Delta M_d$$

d）沿井壁力矩、剪力及环向力之分布。由井底向上计，在距底板 x 处的力矩 M_x、剪力 V_x、变位 Y_x 及环向力 T_x 分别用下式计算：

$$\left.\begin{aligned} M_x &= M_0\phi + \frac{V_0}{\beta}\zeta \\ V_x &= 2\beta M_0\zeta - V_0\psi \\ Y_x &= \frac{pR^2}{Et + KR^2} - \frac{1}{2\beta^3 D}(\beta M_0\psi + V_0 Q) \\ T_x &= \frac{Et}{R}Y_x \end{aligned}\right\} \tag{3.3-67}$$

式中　p——计算点 x 处的水压力度，以受内压为正；

ϕ、ζ、ψ、θ——βx 的函数，$\phi = e^{-\beta x}(\cos\beta x + \sin\beta x)$，$\zeta = e^{-\beta x}\sin\beta x$，$\psi = e^{-\beta x}(\cos\beta x - \sin\beta x)$，$\theta = e^{-\beta x}\cos\beta x$，在计算 $\sin\beta x$、$\cos\beta x$ 时，务必注意 βx 为弧度。

e）沿底板的力矩、变位和反力分布。

i）沿底板的力矩分布。周边固定的圆板在均布荷载作用下的力矩分布按式（3.3-56）计算；圆环形底板按式（3.3-61）计算。在计算中应以 $\frac{r}{l}$ 代替 $\frac{b}{l}$ 计算各相应的 Z_n 值。

由分配力矩 ΔM 沿圆形底板的力矩分布用下式计算：

$$M'_r = \frac{\Delta M}{s} \times \frac{D'}{l}\left[c_1 Z''_1 + c_2 Z''_2 + \frac{\mu l}{r}(c_1 Z'_1 + c_2 Z'_2)\right] \tag{3.3-68}$$

因 $\frac{\mu l}{r}(c_1 Z'_1 + c_2 Z'_2)$ 数值很小可以略去不计，则

$$M'_r = \frac{\Delta M}{s} \times \frac{D'}{l}(c_1 Z''_1 + c_2 Z''_2) \tag{3.3-69}$$

对于圆环型底板

$$M'_r = \frac{\Delta M}{s} \times \frac{D'}{l}\left[\sum_{n=1}^{n=4} c_n Z''_n + \frac{\mu l}{r}\sum_{n=1}^{n=4} c_n Z'_n\right] \tag{3.3-70}$$

省略去 $\frac{\mu l}{r}\sum_{n=1}^{n=4} c_n Z'_n$ 项则为

$$M'_r = \frac{\Delta M}{s} \times \frac{D'}{l}\sum_{n=1}^{n=4} c_n Z''_n \tag{3.3-71}$$

底板力矩分布

$$M = M_r + M'_r \tag{3.3-72}$$

ii）沿底板的变位和反力分布。周边固定的圆形板在均布荷载作用下的变位为

$$y_1 = (c_1 Z_1 + c_2 Z_2)\frac{ql^4}{D'} + \frac{ql^4}{D'} = (1 + c_1 Z_1 + c_2 Z_2)\frac{ql}{K'} \tag{3.3-73}$$

因分配力矩 ΔM 所产生的变位为

$$y_2 = l(c_1 Z_1 + c_2 Z_2)\frac{\Delta M}{S_d} \tag{3.3-74}$$

圆环形底板

$$y_1 = \left(1 + \sum_{n=4}^{n=1} c_n Z_n\right)\frac{q}{K'} \tag{3.3-75}$$

$$y_2 = l\frac{\Delta M}{S_d}\sum_{n=1}^{n=4} c_n Z_n \tag{3.3-76}$$

沿底板变位

$$y = y_1 + y_2 \tag{3.3-77}$$

沿底板反力分布

$$p = K'y \tag{3.3-78}$$

沿井壁的力矩 M 及环向力 T 示意图如图 3.3-27 所示。底板的力矩 M 及反力 p 形状图如图 3.3-28 所示。

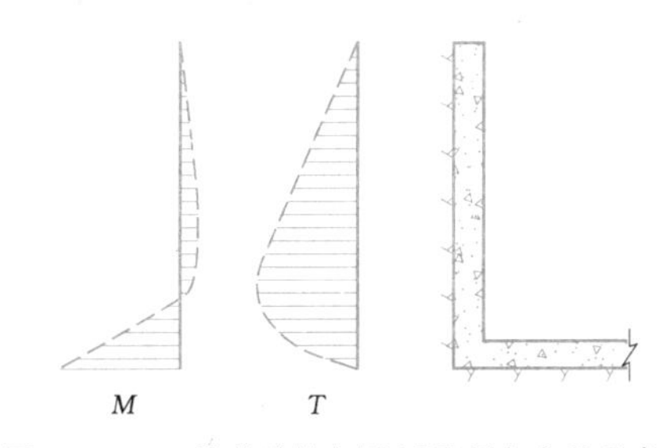

图 3.3-27　沿井壁的力矩 M 及环向力 T 示意图

2）井壁与底板刚性连接，无岩石弹性抗力时的计算。地面式调压室或设于大井内部的差动式调压室升管都属于这种无岩石弹性抗力的结构。一种方法是仍按上述公式，即按岩石弹性抗力系数 $K=0$ 计算结构内力；另一种方法是用力法计算，由Ⅱ.Ⅱ.巴斯特纳克导出的计算公式介绍如下（计算简图见图 3.3-29）：

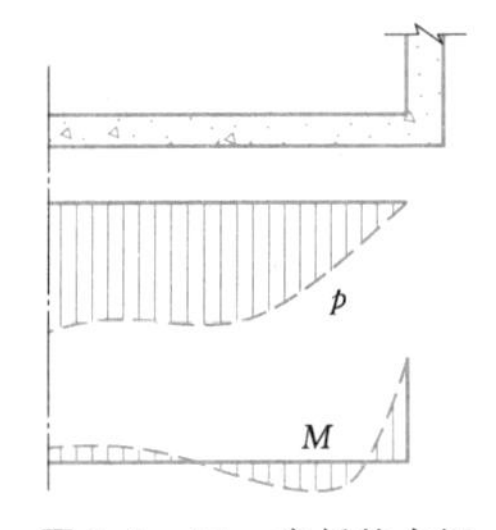

图 3.3-28　底板的力矩 M 和反力 p 形状图

$$\left.\begin{aligned}\Delta_{11}M_1+\Delta_{12}V_1&=\Delta_{1p}\\ \Delta_{21}M_1+\Delta_{22}V_1&=\Delta_{2p}\end{aligned}\right\}\qquad(3.3-79)$$

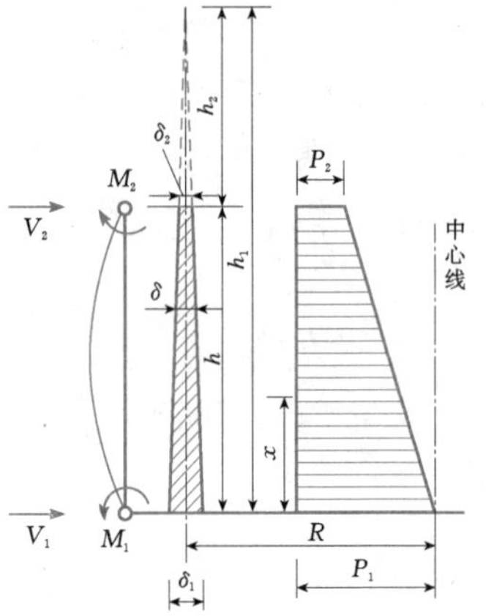

图 3.3-29　无围岩弹性抗力时井壁计算简图

由于 $M_1=1$，$V_1=1$ 所引起的变位为

$$\left.\begin{aligned}\Delta_{11}&=\frac{1}{1-1.25\dfrac{S_1}{h_1}}S_1\\ \Delta_{12}=\Delta_{21}&=\frac{1}{1-1.25\dfrac{S_1}{h_1}}\times\frac{S_1^2}{2}\\ \Delta_{22}&=\frac{1-0.25S_1/h_1}{1-1.25S_1/h_1}\times\frac{S_1^3}{2}\end{aligned}\right\}\qquad(3.3-80)$$

由于直线变化的荷载产生的变位为

$$\left.\begin{aligned}\Delta_{1p}&=\left(P_1\frac{\delta_2}{\delta_1}-P_2\right)\frac{S_1^4}{4h}\\ \Delta_{2p}&=\frac{S_1^4}{4}P_1\end{aligned}\right\}\qquad(3.3-81)$$

图 3.3-29 及式（3.3-79）～式（3.3-81）中：

M_1——作用在垂直断面边缘上的弯矩值；

V_1——作用在边缘上的横向力；

δ——井壁的变化厚度；

δ_1、δ_2——井壁边缘厚度；

P_1、P_2——作用在边缘上的水平荷载；

S_1——井壁下部边缘的刚度特征值，$S_1=\sqrt[4]{h_1^2R^2/3}=0.76\sqrt{h_1R}$；

R——井壁中心线的半径。

在井壁厚度不变的情况下，即当 $\delta_1=\delta_2$，$h_1=\infty$ 时，有

$$\Delta_{11}=S；\ \Delta_{12}=\Delta_{21}=\frac{S^2}{2}；\ \Delta_{22}=\frac{S^3}{2}$$

$$S=0.76\sqrt{Rh}$$

$$\Delta_{1p}=\frac{S^4}{4h}(P_1-P_2)；\ \Delta_{2p}=S^4P_1/4$$

$$\left.\begin{aligned}sM_1+\frac{s^2}{2}V_1&=\frac{s^4}{4h}(P_1-P_2)\\ \frac{s^2}{2}M_1+\frac{s^3}{2}V_1&=\frac{s^4P_1}{4}\end{aligned}\right\}\qquad(3.3-82)$$

解出 M_1、V_1 后，根据下列公式可求沿井壁高度变化的弯矩：

$$M=M_1n_1+(M_1+S_1V_1)n_2\qquad(3.3-83)$$

沿井壁高度变化的环向力为

$$T=T_0+\frac{4R}{S_1^4}[M_1\Delta_{12}n_2-(M_1\Delta_{12}+V_1\Delta_{22})n_1]\qquad(3.3-84)$$

在井壁厚度不变时的环向力为

$$T=T_0+\frac{2R}{S_1^2}[M_1n_2-(M_1+S_1V_1)n_1]\qquad(3.3-85)$$

式中　T——环向内力，$T=PR$；

T_0——静定环向内力；

n_1、n_2——随 $\varphi=\dfrac{x}{S_1}$ 不同而变化的系数，可由表 3.3-3 查得，此处 x 为计算断面离筒底的距离。

（2）调压室结构计算有限元法。有限元法尤其是三维有限元法进行调压室结构计算可以较好地反映洞室围岩的性质特征、外部荷载和边界约束条件等因素，能把洞室衬砌支护与围岩作为一个整体来考虑，提高分析的精度。具体方法可参见本手册第 1 卷或有关文献。

3.3.8　常规调压室的工程实例

3.3.8.1　映秀湾水电站带溢流槽的长廊形简单式调压室

映秀湾水电站位于四川省汶川县映秀镇境内岷江干流上游河段。引水系统采用“一洞一室三机”的布置型式，圆形有压隧洞内径 8.0m，长 3843m。采用带溢水堰的简单长廊形调压室，调压室为埋藏式，长 96m，宽 9m，室高约 33m，井体上部沿长度方向设置三向溢水堰，通过泄水洞、泄水陡槽将水排至原河道，以削减涌波，减少井体高度。井体围岩为溶蚀闪长岩，岩性坚硬，完整性差，顶拱为钢筋混凝土单拱衬砌，岩壁钢筋衬砌厚 0.5～1.0m，井身设置横梁支撑。映秀湾水电站带溢水堰的简单式调压室如图 3.3-30 所示。

2008 年 5 月 12 日四川汶川发生 8 级地震（以下简称“5.12”特大地震），震中地震烈度达 12 度，位于震中的映秀湾水电站由于为埋藏式，调压室内仅部分支撑横梁断裂，钢筋外露，调压室泄水洞局部损坏，其他建筑物基本完好。

表 3.3-3 用于底端固定的井壁计算系数表

φ	n_1	n_2	φ	n_1	n_2	φ	n_1	n_2
0	1.000	0.0000	2.4	−0.0669	0.0613	4.8	+0.0007	−0.00820
0.1	0.9004	0.0903	2.5	−0.0658	0.0491	4.9	0.0009	−0.00732
0.2	0.8024	0.1627	2.6	−0.0636	0.0383	5.0	0.0020	−0.00646
0.3	0.7078	0.2189	2.7	−0.0608	0.0287	5.1	0.00235	−0.00564
0.4	0.6174	0.2610	2.8	−0.0573	0.0204	5.2	0.00260	−0.00487
0.5	0.5323	0.2908	2.9	−0.0535	0.01330	5.3	0.00275	−0.00415
0.6	0.4530	0.3099	3.0	−0.0493	0.00703	5.4	0.00290	−0.00349
0.7	0.3798	0.3199	3.1	−0.0450	−0.00187	5.5	0.0029	−0.00288
0.8	0.3130	0.3223	3.2	−0.0407	−0.00238	5.6	0.0029	−0.00233
0.9	0.2528	0.3185	3.3	−0.0364	−0.00582	5.7	0.0028	−0.00184
1.0	0.1988	0.3096	3.4	−0.0322	−0.00853	5.8	0.0027	−0.00141
1.1	0.1510	0.2967	3.5	−0.0283	−0.01059	5.9	0.00255	−0.00102
1.2	0.1092	0.2807	3.6	−0.0245	−0.01209	6.0	0.0024	−0.00069
1.3	0.0729	0.2626	3.7	−0.0210	−0.01310	6.1	0.0022	−0.00041
1.4	0.0419	0.2430	3.8	−0.0177	−0.01369	6.2	0.0020	−0.00017
1.5	0.0158	0.2226	3.9	−0.0147	−0.01392	6.3	0.00185	+0.00003
1.6	−0.0059	0.2018	4.0	−0.01197	−0.01386	6.4	0.00165	0.00019
1.7	−0.0236	0.1812	4.1	−0.00955	−0.01356	6.5	0.00150	0.00032
1.8	−0.0376	0.1610	4.2	−0.00735	−0.01307	6.6	0.0013	0.00042
1.9	−0.0484	0.1415	4.3	−0.00545	−0.01243	6.7	0.0012	0.00050
2.0	−0.0564	0.1231	4.4	−0.00380	−0.01168	6.8	0.00095	0.00055
2.1	−0.0618	0.1057	4.5	−0.00235	−0.01086	6.9	0.0008	0.00058
2.2	−0.0652	0.0896	4.6	−0.00110	−0.00999	7.0	0.0007	0.00060
2.3	−0.0668	0.0748	4.7	−0.0002	−0.00909			

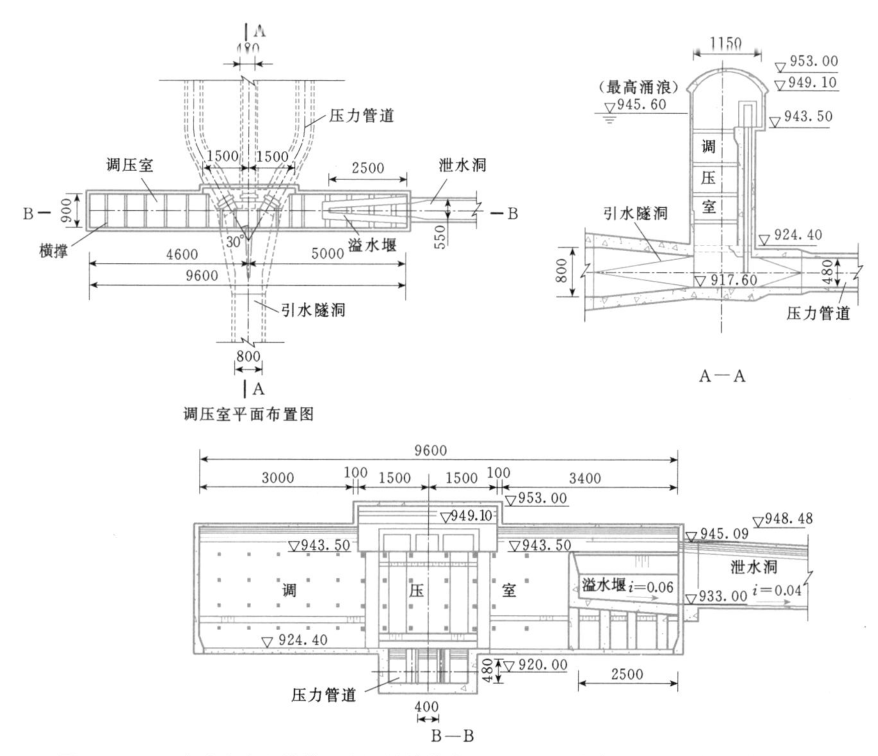

图 3.3-30 映秀湾水电站带溢水堰的简单式调压室（尺寸单位：cm；高程单位：m）

3.3.8.2 二滩水电站下游简单长廊式调压室

二滩水电站尾水调压室总长201m，最大宽度19.8m，高68.8m，为简单长条形调压室。调压室与主变室间岩墙厚30m。调压室中部由岩柱隔开分为两室，分别接1号和2号尾水洞，两室上部以宽顶堰的型式连通。这样布置的优点是：①在低水位运行时，可分别对两调压室进行检修，且有利于洞室稳定；②在高水位运行时，当一个调压室发生的涌波水位高程超过堰顶高程时，水流将溢向另一个调压室，因此有利于机组的稳定运行。同时，当一个调压室竣工后，即可先投入运行。

为了减少调压室往主变室和主厂房的渗水，在调压室底板、上游边墙和右端墙设计水位以下采用混凝土衬砌，其他部位为喷锚支护。在调压室设计水位高程以上边墙及顶拱喷混凝土面上设置系统排水孔$\phi48$，孔深2.00m，间排距2.00m。为了降低调压室混凝土墙后渗水压力，在上游墙、右端墙和底板的混凝土衬砌与岩石接触面间设置内排水系统。排水管采用$\phi100$软式透水管，边墙和底板排水管之间相互连通，渗水通过排水系统排入厂房2号排水廊道。1号、2号调压室的内排水系统各自独立。防渗排水布置如图3.3-31所示。

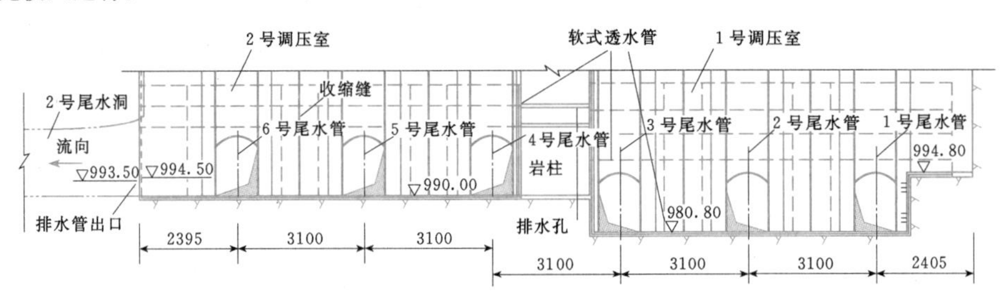

图3.3-31 二滩水电站尾水调压室排水系统纵剖面示意图（尺寸单位：cm；高程单位：m）

3.3.8.3 福堂水电站开敞圆筒阻抗式调压室

福堂水电站调压室所处围岩为黑云母花岗岩，中下部岩体较完整，上部风化卸荷强烈，完整性较差，采用开敞圆筒形布置。调压室内径27.0m，高108m；阻抗孔内径4.0m，布置在调压室底板中部。底板下分岔洞将引水隧洞分成两条压力主管，每条压力管道首端各设一扇事故门。1255.00～1300.00m高程段地质条件极差，在井筒钢筋混凝土中嵌入钢衬，以提高调压室的抗渗性能。福堂水电站开敞圆筒阻抗式调压室如图3.3-32所示。

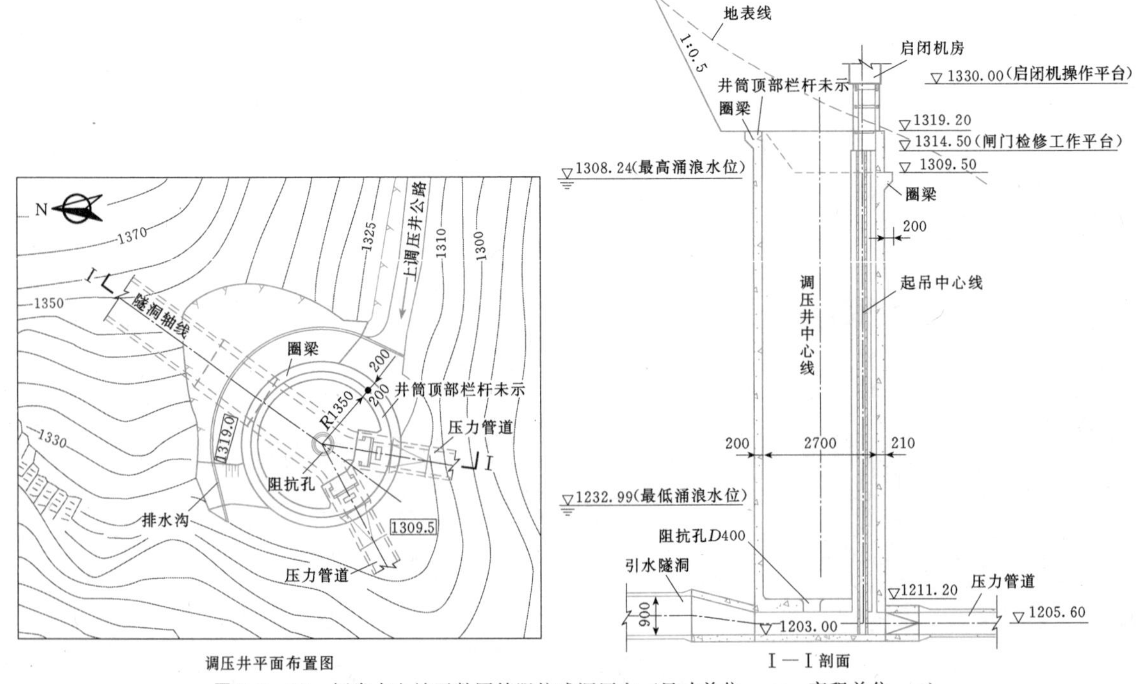

图3.3-32 福堂水电站开敞圆筒阻抗式调压室（尺寸单位：cm；高程单位：m）

3.3.8.4 太平驿水电站地下圆筒差动式调压室

调压室为地下圆筒差动式，大井内径25.6m，高68m，阻抗孔内径3.3m，布置在调压室底板上游侧，两根升管布置在大井中部，高60m，断面近似椭圆形，管壁厚60～80cm，升管内各布置一扇事故闸门。升管之间及升管与大井之间采用混凝土横梁连接成整体结构，以增强升管的抗震及稳定性。由于将闸门和升管布置在一起，使得布置更为紧凑，大井结构稳定性好。太平驿电站调压室距离“5.12”特大地震断裂带直线距离约10km，调压室基本无损伤，处于安全状态。太平驿水电站地下圆筒差动式调压室如图3.3-33所示。

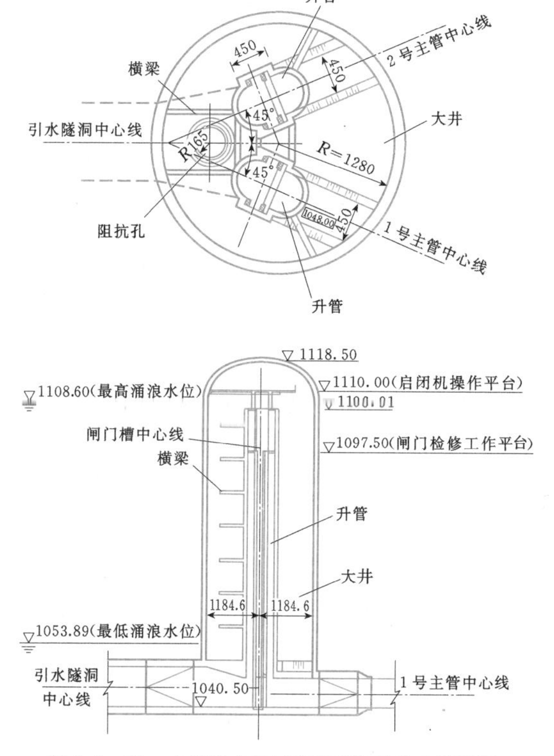

图3.3-33 太平驿水电站地下圆筒差动式调压室
（尺寸单位：cm；高程单位：m）

3.3.8.5 湖南镇水电站差动式调压室

湖南镇水电站差动式调压室建设成于20世纪70年代中期，采用升管和大井分开的布置方式。升管布置在大井外的隧洞顶部，单独成井，直径7.8m，与引水隧洞相同。大井距升管40m，直径19.5m，通过所谓的阻力洞（起阻抗孔口的作用）与引水隧洞相连，阻力洞直径3.5m，大小井口在地表通过溢流槽连接。由于大小井分开布置，可将升管布置在岩体内，以充分发挥围岩抗力作用，节省衬砌工程量；由于其位于山脊末端的隧洞线上还可发挥调压作用，缩短高压管道的长度和其中的水击压强。大井位置的选择比较灵活，可摆脱隧洞线路移向山里，置于围岩较厚的山体中，避开地形单薄和地质条件不利的山脊。升管和大井分开布置，给施工也带来了许多方便。湖南镇水电站上游差动式调压室如图3.3-34所示。

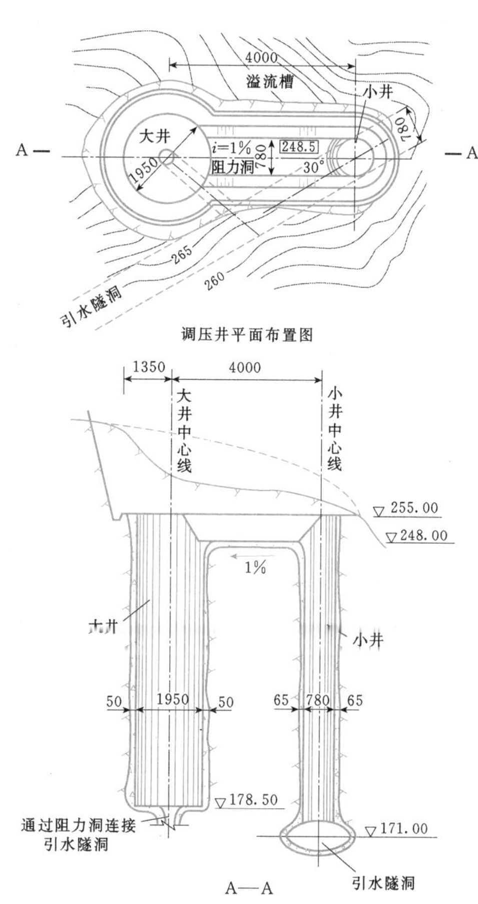

图3.3-34 湖南镇水电站上游差动式调压室布置图
（尺寸单位：cm；高程单位：m）

3.3.8.6 溪洛渡水电站下游长廊阻抗式调压室

溪洛渡电站位于金沙江下游，发电厂房分左、右岸对称布置，各安装9台700MW的水轮发电机组，总装机容量12600MW，电站设计水头186m，单机引用流量423.8m^3/s。尾水系统采用“三机一室一洞”布置方式。调压室为长廊形阻抗式，单个调压室长294m，调压室上部和下部宽度分别为26.5m、23m，室高94m，检修闸门槽兼作阻抗孔。其间设两道岩柱隔墙，将调压室分为三个室，隔墙上部以宽顶堰型式连通。调压室与尾水洞采用室外卜形交汇连接，九条尾水连接管以槽形穿过尾调下部，在尾调下游交汇为尾水主洞，采用“梳子型”布置。这种布置型式较室内交汇型式水流流态要好，可避免室内交汇在调压室下游墙形成的大跨度岔口，可减小调压室高度，对调压室下部围岩扰动破坏小，有利于高边墙的围岩稳定。溪洛渡水电站调压室布置图如图 3.3-35 所示。

国内部分工程调压室参数见表 3.3-4。

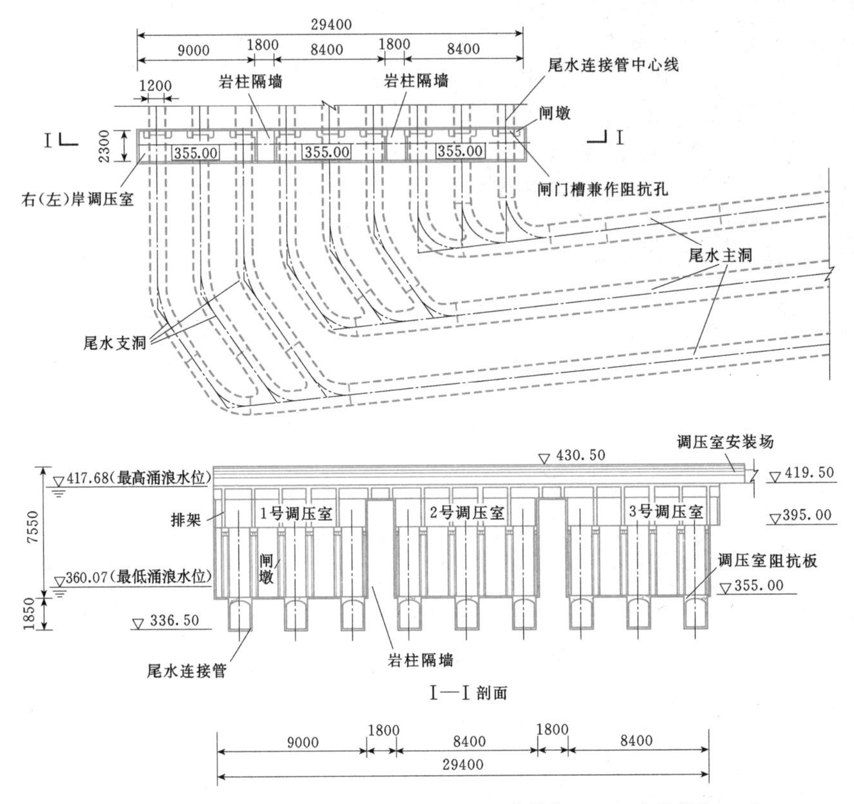

图 3.3-35 溪洛渡水电站调压室布置图（尺寸单位：cm；高程单位：m）

表 3.3-4 **国内部分工程调压室参数**

序号	工程名称	建成日期	水力单元	调压室参数				
				位置	形状	型式	平面尺寸/高度/衬砌厚度	围岩
1	古田二级	1969 年	一洞一室二机	上游	圆形	差动式+溢流	大室 20m、14.2m（直径）/54m/1.4m 升管直径 5.6m	流纹斑岩与花岗岩
2	太平驿	1996 年	一洞一室二管四机	上游	圆形	差动式	大井 25.6m（直径）/68m/1.0～1.5m 升管面积 26.24m^2×2	花岗闪长岩
3	二滩	1998 年	三机一室一洞	下游	长廊形	简单式	90.9m×19.8m（长×宽）/68.8m/1m	正长岩、辉长岩，围岩总体以Ⅰ、Ⅱ类围岩为主，地应力为 20～30MPa
4	大朝山	2001 年	三机一室一洞	下游	长廊形	阻抗式	104.5m×21m（长×宽）/55m/1.0～1.5m（上游边墙）	玄武岩夹凝灰岩、Ⅱ、Ⅲ类围岩
5	福堂	2003 年	一洞一室二管四机	上游	圆形	阻抗式	27m（直径）/108m/2m	黑云母花岗岩，中上部为Ⅳ、Ⅴ类围岩，下部为Ⅲ类围岩

续表

序号	工程名称	建成日期	水力单元	调压室参数				
				位置	形状	型式	平面尺寸/高度/衬砌厚度	围岩
6	姜射坝	2005年	一洞一室一管四机	上游	长廊形	阻抗式	120m×6.9m（长×宽）/56.51m/2m	斑岩夹片岩，围岩类别以Ⅴ类为主
7	龙滩	2007年	三机一室一洞	下游	长廊形	阻抗式	96m×22m（长×宽）/64.7m/1.2m	砂岩、泥板岩
8	小湾	2009年	三机一室一洞	下游	圆形	阻抗式	32m（直径）/87m/2.8m～1.0m	微风化的黑云花岗片麻岩和角闪斜长片麻岩
9	糯扎渡	在建	三机一室一洞	下游	圆形	阻抗式	33m（直径）/73m/2m	花岗岩、砂泥岩
10	溪洛渡	在建	三机一室一洞	下游	长廊形	阻抗式	90m×24.5m（长×宽）/75.5m/1.0m	峨眉山玄武岩，以Ⅱ、Ⅲ类围岩为主
11	锦屏二级	在建	一洞一室二机	上游	圆形	差动式＋上室	大室21m（直径）/136m/1m升管面积34.6m^2×2	盐塘组大理岩，Ⅲ类围岩
12	锦屏一级	在建	三机一室一洞	下游	圆形	阻抗式	39m(直径)/62.5m/1.0m	大理岩及大理岩绿片岩互层，围岩类别以Ⅲ$_1$类为主，最大地应力20～35.7MPa

3.4 气垫式调压室

3.4.1 气垫式调压室工作原理及适用条件

气垫式调压室是利用封闭式气室内的压缩空气（即“气垫”）抑制室内水位高度和水位波动幅值的一种调压室。其工作原理与常规调压室大致相同，气垫式调压室上部为封闭状态并充以压缩空气，其液面承受较高气体压强，当电站丢弃负荷时，随着调压室内水位上升，上部空气被进一步压缩，水面承受的压强继续增高，使水位上升受到的抑制作用越来越强，因而气垫式调压室的水面升幅较小。当电站增加负荷时情况则相反，气垫式调压室水位降幅亦较小。

气垫式调压室优点是：①引水隧洞可由进水口至厂房一坡到底布置，其洞线相对较短，可减小水头损失，埋深相对较大，使隧洞处于更新鲜完整的岩体内；②取消或缩短至调压室的施工公路，达到降低工程造价、缩短工期的效果，有利于环境保护；③气垫式调压室可以布置在离厂房较近的地方，对水击波的反射比较有利。

其缺点是：①气垫式调压室对工程地质条件要求高，地质勘探测试工作量大；②增加充、排气设备等费用和运行管理费用；③气垫式调压室所需稳定断面比常规调压室大很多。

水电站有压引水系统采用常规调压室方案还是气垫式调压室方案，需结合地形、地质、工程布置、施工、环境影响、工程量、投资及运行等因素进行技术经济综合比较后确定。根据上面的优、缺点比较看来，对于下述几种情况，宜考虑采用气垫式调压室的可行性。

（1）对于水头高、引用流量小、引水系统沿线地质条件好的水电站。

（2）在满足地质条件下，若水电站引水隧洞较长，而厂房附近山体较低，不具备修建常规调压室的地形条件。

（3）虽有修建常规调压室的条件，但地形陡峭，不便于修建到调压室和压力管道的施工道路。

（4）对水电站周边有较高环保要求而适合修建气垫式调压室的水电站。

（5）压力引水道特别长，而采用气垫式调压室方案时与采用其他类型的调压室相比，可以显著地缩短引水道的长度，减小水头损失，缩短工期。

3.4.2 气垫式调压室设置条件及位置选择

3.4.2.1 设置条件

气垫式调压室的工作气压一般都很高，其洞室一般采用不衬砌或锚喷支护，故气垫式调压室所处围岩自身应有足够的强度以承受高内水压力及气压力。气垫式调压室上覆岩体厚度示意图如图 3.4-1 所示。气垫式调压室除满足第三节调压室设置条件外，还应满足下列条件。

(1) 围岩条件。气垫式调压室宜利用围岩承担内水或气体压力，围岩宜为中硬岩或坚硬岩，以岩体较完整的Ⅱ～Ⅲ类为主。

(2) 埋深条件。气垫式调压室上覆岩体厚度应满足以下经验公式：

$$C_{RM} \geqslant \frac{H_0' \gamma_w F}{\gamma_R \cos\alpha} \qquad (3.4-1)$$

式中 C_{RM}——除去覆盖层及全、强风化岩体后的最小埋深厚度，m；

H_0'——气垫式调压室设计压力水头，m；

γ_w——水的容重，N/m³；

γ_R——岩体容重，N/m³；

α——地形边坡平均倾角，(°)，$\alpha>60°$时取$\alpha=60°$；

F——经验系数，一般取 1.3～1.5。

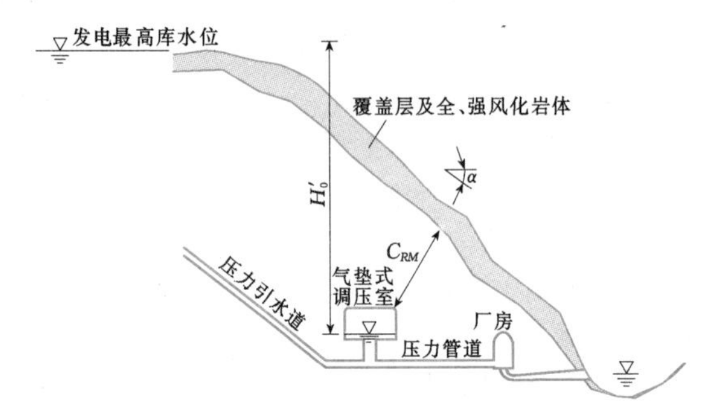

图 3.4-1　气垫式调压室上覆岩体厚度示意图

此外，埋深厚度确定后，应复核气垫式调压室在最大气压条件下的埋深，此时 F 宜大于 1.1。

(3) 地应力条件。气垫式调压室岩体最小主应力 σ_3 应满足如下经验公式：

$$\sigma_3 \geqslant (1.2 \sim 1.5)\gamma_w P_{max} \qquad (3.4-2)$$

式中 σ_3——岩体最小主应力，N/m²；

γ_w——水的容重，N/m³；

P_{max}——气室内最大气体压力水头，m。

(4) 渗透性条件。气垫式调压室区域宜有较高的天然地下水位，或能形成稳定渗流场。岩体渗透率宜小于 5Lu。

3.4.2.2　位置选择

气垫式调压室位置选择宜分阶段逐步进行，气垫式调压室位置应结合引水线路和厂房位置的选择，综合地形、地质、工程布置、施工及投资等因素进行技术经济综合比较后确定。气垫式调压室位置可适当靠近厂房。

气垫式调压室选址在地形条件上要求山体雄厚、完整、稳定，避免深切沟谷和较大的地形起伏。宜布置在地应力正常带内，应避开区域性断裂、活断层、采空区、强烈风化卸荷岩体、大型喀斯特洞穴、暗河等。气垫式调压室轴线方向应在选定位置的基础上，结合各建筑物布置，根据岩体结构面发育特征、地应力状态及岩体渗透特征等综合研究确定。

表 3.4-1 列出了国内外气垫式调压室工程相关参数，表中气垫式调压室与厂房（或机组）最大距离不超过 1300m，最小距离为 150m。考虑各种因素，建议在 200～1000m 之间取值。

表 3.4-1　国内外气垫式调压室工程相关参数

水电站	建成时间	装机容量（MW）	额定水头（m）	至水轮机距离（m）	连接隧洞长度（m）
Driva	1973 年	140	570	1300	20
Jukla	1974 年	35	180	680	40
Oksla	1980 年	206	465	350	60
Sima	1980 年	500	1158	1300	70
Osa	1981 年	90	205	1050	80
Kvilldal	1981 年	1240	537	600	70
Tafjord	1982 年	82	897	150	50
Brattset	1982 年	80	274	400	25
Ulset	1985 年	37	338	360	40
Torpa	1989 年	150	475	350	70
自一里	2004 年	130	445	450	14.2
小天都	2005 年	163.2	358	470	18.8
金康	2006 年	246.3	458	650	21.7
木座	2007 年	100	263	320	44.8
阴坪	2009 年	100	214	300	28.9
龙洞	拟建	165	275	393	35.5

3.4.3　气垫式调压室水力计算

3.4.3.1　气垫式调压室水力计算基本参数

1. 体形函数的描述及其系数计算

气垫式调压室的水力性能及水力计算与其体形有关，体形函数的一般形式可表示为

$$\left.\begin{aligned} A_s &= A_s(Z) \\ V &= V(Z) \end{aligned}\right\} \qquad (3.4-3)$$

式中 Z——气垫式调压室内的水位；

A_s——在水位 Z 处的气室内的水平断面面积；

V——与水位 Z 相对应的气室内的气体体积。

合适的气垫式调压室体形，在水位波动范围内，

其室内断面面积随高程变化的速率不大，室内气体体积与水位之间具有或近似具有如下的线性关系：

$$V \cong k_1(k_2 - Z) \tag{3.4-4}$$

式中 k_1、k_2——描述室内气体体积与水位之间关系的体形系数。

当气垫式调压室断面面积在水位波动范围内相等时，式（3.4-4）严格成立，且其中 k_1 为气垫式调压室断面面积，k_2 为调压室顶部折算平顶高程。对于其他体形的气垫式调压室，可选取两组气体体积与水位的对应点（Z_1，V_1）、（Z_2，V_2），则体形系数 k_1、k_2 可由下式计算确定：

$$\left.\begin{aligned} k_1 &= \frac{V_2 - V_1}{Z_1 - Z_2} \\ k_2 &= \frac{V_1 Z_2 - V_2 Z_1}{V_1 - V_2} \end{aligned}\right\} \tag{3.4-5}$$

2. 气室设计静态工况参数计算

气垫式调压室的气室设计静态工况定义为：水库最高发电水位共用同一气垫式调压室的全部机组停机的工况。该工况气室内的主要参数可由下式计算确定：

$$\left.\begin{aligned} P_0 &= Z_{u\max} + h_a - Z_0 \\ V_0 &= V(Z_0) \\ C_{T0} &= P_0 V_0 \end{aligned}\right\} \tag{3.4-6}$$

式中 P_0——气室设计静态工况气室内的气体绝对压力（以 mH_2O 计，下同）；

$Z_{u\max}$——水库最高发电水位；

h_a——当地大气压（以 mH_2O 计，下同）；

Z_0——气室设计静态工况气室内的水位；

C_{T0}——气室控制参数；

V_0——气室设计静态工况气室内的气体体积。

3. 任意稳定运行工况参数计算

当运行控制参数 C_{T0} 已知时，按等 C_{T0} 控制模式设计，任意稳定运行工况的气室内水位 Z、气体绝对压力 P 以及气体体积 V 可由下列方程式计算确定：

$$\left.\begin{aligned} P &= Z_u + h_a - Z - h_w \\ V &= V(Z) \\ PV &= C_{T0} \end{aligned}\right\} \tag{3.4-7}$$

式中 h_w——引水道水头损失；

Z_u——上游水位；

其他符号意义同前。

当体积函数采用式（3.4-4）描述时，式（3.4-7）可改写成如下简化形式：

$$\left.\begin{aligned} Z &= b - \sqrt{b^2 - c} \\ V &= k_1(k_2 - Z) \\ P &= C_{T0}/V \\ b &= (Z_u + h_a - h_w + k_2)/2 \\ c &= (Z_u + h_a - h_w)k_2 - (C_{T0}/k_1) \end{aligned}\right\} \tag{3.4-8}$$

式中 b、c——计算系数；

其他符号意义同前。

4. 气室控制常数的选择

气室控制常数是用于气垫式调压室运行控制的一个常数，即气室设计静态工况气室内气体绝对压力与气体体积的乘积值，记为 C_{T0}。合理的 C_{T0} 取值，应能使电站输水系统在各种可能出现的过渡过程工况下，各设计参数的控制值均能满足设计要求。

气室控制常数的选择，可通过选取气室设计静态工况的室内水位（或水深，目前国内已建工程均取为4m左右），经大波动过渡过程计算确定。计算实践表明，增大 C_{T0} 对降低压力控制值（如气室内气体绝对压力，蜗壳进口内水压力）及调压室最高涌波水位有利，但同时也会降低室内最低水位，从而减小室内安全水深。

考虑到气室内气体的漏损（包括气体由边壁的泄漏和溶解于水的损失）是难以避免的，为使电站在气室漏气量允许范围内仍能正常工作，以避免补气设备的频繁启停，因此实际运行工况可能出现的 C_T 值应为预留了一定安全裕度的一个允许的变化范围，即 C_T 为 $C_{T\min} \sim C_{T\max}$，其中 $C_{T\min}$ 由压力控制参数决定，$C_{T\max}$ 由最小安全水深要求确定。可见，最终选定的气室控制常数 C_{T0} 是考虑了气室气体允许漏损范围的能够满足 C_T 变化区间要求的一个合适值。

3.4.3.2 气垫式调压室波动稳定性

气垫式调压室小波动稳定性判断的传统依据是基于“托马假定”的临界稳定断面面积，即指：在“托马假定”条件下，能够满足电站在各种设计允许工况下正常稳定发电运行的气垫式调压室的最小断面面积。目前国内外大多采用挪威 R. Svee 教授导出的下列公式计算气垫式调压室的临界稳定断面面积：

$$A_{SV} = A_{th}\left(1 + \frac{mP_0}{l_0}\right) = \frac{Lf}{(2g\alpha_{\min} + 1)(H_0 - h_{w0} - 3h_{wm0})}\left(1 + \frac{mP_0}{l_0}\right) \tag{3.4-9}$$

式中 A_{SV}——气垫式调压室的临界稳定断面面积，m^2；

A_{th}——常规开敞式调压室的临界稳定断面面积，m^2；

l_0——气室内气体体积折算为 A_{SV} 时的高度，m；

L——引水隧洞长度，m；

f——引水隧洞断面面积，m^2；

H_0——电站上下游可能的最小水位差，m；

h_{w0}——调压室上游引水隧洞的最小总水头损

失，m；

h_{um0}——调压室下游压力水道的最大总水头损失，m；

g——重力加速度，m/s^2；

$\alpha_{\min}$——引水隧洞的最小水头损失系数，$\alpha_{\min}=h_{w0}/v^2$（v 是引水隧洞内的水流流速，m/s）；

m——气体多变指数；

其他符号意义同前。

有研究认为，对于气垫式调压室，仅采用临界稳定断面面积的概念判断其小波动稳定性是不全面的，因为：①气垫式调压室水位波动稳定条件取决于该运行工况调压室内的水面面积、气体压力和气体体积，而不是由其中某一个因素单独决定的；②在调压室体形参数未定的情况下，仅增加调压室断面面积并不能保证式（3.4-9）的成立，而且当气体体积、压力变化时，式（3.4-9）所得到的 A_{SV} 计算结果的变化很敏感；③对于气垫式调压室的断面面积，从理论上讲，其允许的极限最小稳定断面面积即为开敞式调压室的托马断面面积，但从实际工程意义上讲，气垫式调压室的断面面积一般都会比对应的常规开敞式调压室的托马断面面积大很多（20～60倍）。因此可见，能够全面描述其小波动稳定性的主要特征参数是气室内的气体体积和气体绝对压力。对于按等"气室控制常数 C_{T0}"模式控制的气垫式调压室，当气体体积确定时，气体绝对压力也是唯一确定的。因此，与气垫式调压室稳定性密切相关的设计参数为气体体积。同时，该参数也是决定气垫式调压室体形结构的一个主要设计控制参数。

现定义"气垫式调压室临界稳定气体体积"为：在"托马假定"条件下，能够满足电站在各种设计允许工况下正常稳定发电运行的室内最小气体体积，以 V_{th} 表示，简称临界稳定气体体积。

气垫式调压室的稳定气体体积 V_0 按临界稳定气体体积 V_{th} 乘以稳定气体体积安全系数 K_V 决定，即

$$V_0 = K_V V_{th} \qquad (3.4-10)$$

式中 V_0——稳定气体体积，m^3；

V_{th}——临界稳定气体体积，m^3；

K_V——稳定气体体积安全系数，一般取1.2～1.5，可视工程重要程度选取。

由于气室漏气引起的水位上升会减小气室稳定气体体积的安全裕度，需对气室最大允许漏气情况进行 K_V 的校核计算，此时对应的 K_V 应不小于1.1。

基于"托马假定"导出的气垫式调压室的临界稳定气体体积计算公式为

$$V_{th} = \frac{[l_0 + m(Z_{u\max} - Z_0 + h_a - h_{w0})]Lf}{(2g\alpha_{\min}+1)(Z_{u\max} - Z_d - h_{w0} - 3h_{um0})} \qquad (3.4-11)$$

式中 $Z_{u\max}$——水库最高发电水位，m；

Z_0——气室设计静态工况气室内水位，m；

h_a——当地大气压，m；

l_0——气室内气体体积除以 Z_0 处的断面面积，m；

Z_d——与 $Z_{u\max}$ 相对应的最高尾水位，m；

其他符号意义同前。

为方便实际应用，忽略式（3.4-11）中的部分次要影响参数，而将其他各参数按不利情况取值，可得到如下简化形式：

$$V_{th} = K_V \frac{mP_0Lf}{2g\alpha_{\min}(Z_{u\max} - Z_d)} \qquad (3.4-12)$$

$$P_0 = Z_{u\max} - Z_0 + h_a$$

式中 P_0——气室设计静态工况气室内气体绝对压力，m；

其他符号意义同前。

3.4.3.3 气垫式调压室涌波水位及室内气体绝对压力计算解析法

（1）丢弃全负荷工况，室内最高水位及最大绝对气压的计算公式：

$$\left.\begin{aligned} a &= \frac{a_0}{1 - \dfrac{4(\zeta_1+\zeta_2)\varphi_0}{3\pi}a_0} \\ Z_{\max} &= a - \frac{\sigma_1}{3}a^2 + Z_2 \\ P_{\max} &= P_2\left(\frac{k_2 - Z_2}{k_2 - Z_{\max}}\right)^m \end{aligned}\right\} \qquad (3.4-13)$$

（2）丢弃全负荷工况，室内最低水位及最小绝对气压的计算公式：

$$\left.\begin{aligned} a &= \frac{a_0}{1 - \dfrac{4(\zeta_1+\zeta_2)(\varphi_0-\pi)}{3\pi}a_0} \\ Z_{\min} &= -a - \frac{\sigma_1}{3}a^2 + Z_2 \\ P_{\min} &= P_2\left(\frac{k_2 - Z_2}{k_2 - Z_{\min}}\right)^m \end{aligned}\right\} \qquad (3.4-14)$$

（3）增加负荷工况，室内最低水位及最小绝对气压的计算公式：

$$\left.\begin{aligned} a &= a_0\exp[\zeta_1 q(\varphi_0 - \pi)] \\ Z_{\min} &= -a - \frac{(2\zeta_1+\sigma_1)a^2}{3} + Z_2 \\ P_{\min} &= P_2\left(\frac{k_2 - Z_2}{k_2 - Z_{\min}}\right)^m \end{aligned}\right\} \qquad (3.4-15)$$

在式（3.4-13）～式（3.4-15）中

$$L_{gf}=\frac{L}{gf};\ K_g=1+\frac{k_1 m P_2}{V_2};\ \omega=\sqrt{\frac{K_g}{k_1 L_{gf}}}$$

$$q=\frac{Q_2}{k_1\omega};\ \zeta_1=\frac{k_1 R_t}{L_{gf}},\ \zeta_2=\frac{k_1 R_s}{L_{gf}}$$

$$\sigma_1=\frac{k_1(K_g-1)(m+1)}{2K_g V_2};\ \tau=\frac{Q_2-Q_1}{k_1\omega}$$

$$\mu=Z_1-Z_2;\ a_0=\sqrt{\mu^2+\tau^2}$$

$$\varphi_0=\begin{cases}\tan^{-1}(\tau/\mu) & \mu>0(\text{增负荷})\\ \tan^{-1}(\tau/\mu)-\pi & \mu<0(\text{甩负荷})\end{cases}$$

式中 k_1、k_2——意义同式（3.4-4）；

Q——电站引用流量，m^3/s；

Z——气室内水位，m；

P——气室内气体绝对压力，m；

V——气室内气体体积，是水位 Z 的函数，m^3；

R_s——调压室底部阻抗孔的阻力系数；

m——气体多变指数，计算涌波水位控制值时取 1.0，计算压力控制值时取 1.4；

L——引水道长度，m；

f——引水道断面面积，m^2；

R_t——引水道阻力系数，$R_t=h_w/Q^2$，这里 h_w 为对应流量 Q 的水头损失；

exp（x）——自然底数（欧拉数）e(e=2.71828…)的 x 次方。

符号 Z、P、V、Q 中，下标“max”及“min”表示最大及最小；下标“1”及“2”表示初始稳定状态及过渡过程进入新平衡后的状态，这些稳态参数可参照式（3.4-3）～式（3.4-8）求得。

3.4.3.4 气垫式调压室涌波水位及室内气体绝对压力计算数值法

气垫式调压室水力过渡过程计算是整个水电站水力—机械系统过渡过程计算的一个组成部分，目前一般采用电算法。这里仅介绍基于特征线法的气垫式调压室节点的计算数学模型。

设气垫式调压室底部连接的管道（或隧洞）的总数为 i_{max}，当忽略该连接处的流速水头及局部水头损失时，调压室底部计算节点测压管水头 H_P 与流入调压室的流量 Q_s 的关系为

$$\left.\begin{aligned}H_{P2}&=-C_1Q_{s2}+C_2\\ C_1&=\left(\sum_{i=1}^{i_{max}}\frac{1}{B_{Pi}}\right)^{-1}\\ C_2&=C_1\sum_{i=1}^{i_{max}}\frac{C_{Pi}}{B_{Pi}}\end{aligned}\right\}\qquad(3.4-16)$$

其中

$$\begin{cases}C_P=H_{X1}+\xi BQ_{X1}\\ B_P=B+R\mid Q_{X1}\mid\end{cases}$$

$$B=\frac{4a}{g\pi D^2}$$

$$R=\frac{8f\Delta x}{g\pi^2D^5}$$

$$\begin{cases}\xi=+1,\ C^+\text{ 情况}\\ \xi=-1,\ C^-\text{ 情况}\end{cases}$$

式中 X——与计算断面“P”相邻的计算断面；

a——管道水击波速；

D——管道直径；

g——重力加速度；

f——管道摩擦阻力系数；

Δx——管道特征线网格分段长度，即在时段 Δt 内水击波传播的距离。

在微小时步 Δt 时间内，调压室内的水位变幅是微小量，将调压室内的瞬时水面面积 A_s 视为常量，则可得到流入调压室流量与气室水位 Z 的关系（连续方程）为

$$\left.\begin{aligned}Z_2&=C_3Q_{s2}+C_4\\ C_3&=\frac{\Delta t}{2A_s}\\ C_4&=Z_1+C_3Q_{s1}\end{aligned}\right\}\qquad(3.4-17)$$

式中 Z_1、Z_2——t、$t+\Delta t$ 时刻的气室内水位；

Q_{s1}、Q_{s2}——t、$t+\Delta t$ 时刻的流入调压室流量。

气室气体体积与流入调压室流量之间的关系（连续方程）为

$$V_2=V_1-Q_{s1}\Delta t\qquad(3.4-18)$$

式中 V_1、V_2——t、$t+\Delta t$ 时刻的气室内气体体积。

设气室内气体为理想气体，则其绝对压力与体积的关系，即为气体状态方程

$$P_2=P_1(V_1/V_2)^m\qquad(3.4-19)$$

式中 m——理想气体多变指数，在水力过渡过程计算时，如求涌波水位控制值，宜取 $m=1.0$，如求压力控制值，宜取 $m=1.4$；

P_1、P_2——t、$t+\Delta t$ 时刻的气室内气体绝对压力。

忽略调压室内部的水流惯性和沿程水头损失，调压室底部隧洞中心节点的压力与室内水位的关系（运动方程）为

$$\left.\begin{aligned}H_{P2}-Z_2&=C_5Q_{s2}+C_6\\ C_5&=2\left(R_s+\frac{1}{gA_s^2}\right)\mid Q_{s1}\mid\\ C_6&=Z_1-H_{P1}+(P_1+P_2-2h_a)\end{aligned}\right\}\qquad(3.4-20)$$

式中 R_s——调压室阻抗孔阻力系数；

H_{P1}、H_{P2}——t、$t+\Delta t$ 时刻的调压室底部计算节点测压管水头。

联立式(3.4-16)～式(3.4-20),可由t时刻的参数值求解得到$t+\Delta t$时刻的参数值。当$t=0s$时刻的初始稳定运行参数已知时,即可依次求解至$t>0s$的任意时刻的参数值。

3.4.3.5 气垫式调压室基本尺寸确定

1. 体积

气垫式调压室体积应满足稳定条件要求,结构尺寸应经水力过渡过程计算优化确定。

2. 断面型式

气垫式调压室横断面型式可采用城门洞形、马蹄形、圆形等,应根据地质条件、水力学条件和施工条件等比较确定。

气垫式调压室体形应结合工程实际情况,经水力过渡过程计算优化确定。因窄高城门洞形可以减小安全水深所占据的死室容,在同等初始水位条件下,能增大有效气体容积比例,从而对减小调压室的总容积是有利的,即具有较好的水力性能,且布置方便,已积累了丰富的设计运行经验,可优先选择窄高城门洞形。

3. 安全水深

气垫式调压室底板应留有一定的安全水深,一般不小于2.0m,特殊情况下不小于1.5m。

气室底板高程可按室内最小水深不小于安全水深确定。为防止高压气体进入引水道,气垫式调压室安全水深的设计取值建议为≥2.0m,对于发生概率很小的校核工况,可取≥1.5m。

3.4.4 气垫式调压室防渗、布置、结构及观测设计

气垫式调压室气体渗漏的大小是决定工程成败的关键。气体渗漏主要有两个途径:其一是空气溶解于水,因为来自水库的水在进入气室后,能溶解更多的高压空气,并在流出气室时将空气带走,从而引起气损,这种气损无法避免,但量很小,可由空压机定期补充解决;其二是空气经气室边壁围岩裂隙渗漏,这种损失发生在空气压力超过洞室周围岩体裂隙中的水压力的情况下,其空气损失量取决于岩体渗透性和空气压力超过岩体水压力的程度,这种气损可能很大。

3.4.4.1 气垫式调压室防渗型式

(1) 气垫式调压室防渗主要是封闭气体、防止渗漏,其型式包括围岩闭气、水幕闭气和罩式闭气,详见图3.4-2。防渗型式选择应结合地形、地质、施工难度、工程投资及运行维护等因素进行技术经济比较后确定。

1) 围岩闭气。当围岩渗透率很低,且岩体中的孔隙水压力大于气室气压时,可采用围岩闭气,详见图3.4-2(*a*)。挪威岩体天然渗透系数普遍较低,10

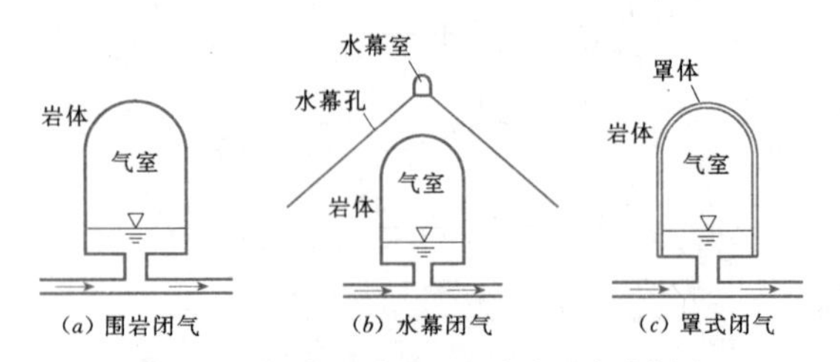

图3.4-2 气垫式调压室防渗型式示意图

个气垫式调压室中渗透系数最大的Osa水电站为0.5Lu,渗透系数最小的Ulsel水电站为0.0001Lu,除了其中三个采用水幕外,其余均采用围岩闭气。

2) 水幕闭气。在气室周围和上部围岩布置一系列钻孔和廊道,并充以高压水,在气室外围形成连续的水幕,详见图3.4-2(*b*)。气垫式调压室的位置一般应选在地下水压力大于设计气压力的部位。如该部位的水文地质条件不符合要求,可通过设置水幕,提高围岩外水压力。我国的自一里和小天都水电站采用了水幕闭气型式。根据已运行经验,为保证电站运行期地下水床的形成,气室位置周围一定范围内应少设置施工支洞和探洞临空面,充分保证在气室顶拱及边墙周围形成有效的水幕。

3) 罩式闭气。在气室的边顶拱周围形成连续、封闭的罩体,将气体与围岩隔离。罩体的材料可采用钢板或其他防渗材料,详见图3.4-2(*c*)。罩式气垫式调压室对围岩的渗透性要求相对较低,适应性较广。我国的金康和木座水电站采用了罩式闭气型式。

(2) 各种防渗型式的特点。

1) 围岩闭气对围岩天然渗透系数要求高,适应性较窄,一般要求围岩的渗透系数小于0.1Lu范围,围岩闭气调压室布置更灵活,断面形状多样。

2) 水幕闭气对围岩天然渗透系数要求较高,水幕闭气调压室布置灵活,断面形状多样。

3) 罩式气垫式调压室对围岩天然渗透性要求较低,一般要求围岩的渗透系数小于5Lu,适应性较广。罩体和平压系统设计相对较复杂。

采用水幕闭气的气垫式调压室,应合理估算漏水量,用于"水幕"升压水泵的选型。挪威几个采用气垫室调压室的水电站水幕渗水总量如下:Torpa水电站42L/min;Kvilldal水电站48L/min;Tafjord水电站60L/min。国内外气垫式调压室"水幕"特性及气室漏气量见表3.4-2。

3.4.4.2 气垫式调压室布置及结构设计要求

(1) 罩式闭气的气室,形状应尽量简单,平面布置宜采用条形,一般采用混凝土衬砌,如我国的金康和木座水电站。围岩闭气和水幕闭气的气室一般采用

表 3.4-2 国内外气垫式调压室"水幕"特性及气室漏气量

电站名	气体体积（m^3）	气垫面积（m^2）	气垫压力（MPa）	"水幕"超压（MPa）	气室漏气量（换算成常压，m^3/h）
Kvilldal	70000～80000	5200	3.7～4.1	1.0	240/10*
Tafjord	1200	210	6.5～7.7	0.3	200/10*
Torpa	10000	1650	3.8～4.4	0.3	400/5*
自一里	11240	1120	3.1～3.8	0.5	2700*/400**
小天都	13800	1280	3.2～4.4	0.5	1000*
金康	8506	784	3.97～5.56	罩式防渗	90
木座	8872	738	2.45～3.62	罩式防渗	12

* 设水幕后的漏气量。

** 设水幕并防渗补强后的漏气量。

不衬砌或锚喷支护，平面形状可以是环形、条形、"日"形、"L"形、"T"形等，布置较灵活。我国的自一里和小天都水电站均采用了条形；挪威的 Torpa 水电站采用了环形，Kvildal 水电站采用了"日"字形。

(2) 气室底板应高于引水隧洞顶拱，两者间的连接隧洞兼做施工和检修通道。

(3) 围岩闭气和水幕闭气的气室不宜在气室洞壁布置对外施工交通洞。

(4) 水幕闭气的气室，水幕室可布置于气室两侧或上方，水幕室的断面尺寸应便于水幕孔施工。

(5) 气垫式调压室通常采用锚喷支护，其支护设计与常规地下洞室的支护设计相同。

(6) 气室一般布置于Ⅱ、Ⅲ类围岩中，围岩整体防渗性能较好，其间的岩脉、节理及裂隙均有可能是渗透通道，需对其进行灌浆处理。灌浆压力一般为气室设计压力的 1.1～1.5 倍，不小于气室的最大压力，且小于岩体最小主应力 σ_3。

(7) 采用水幕闭气型式应遵守下列规定：

1) 水幕的压力应高于气室内的气体压力，水幕的压力应高于气室内压力 0.2～0.5MPa，小于岩体内的最小主应力，以防产生水力劈裂。

2) 形成水幕的钻孔、廊道与气室间的最小距离应满足在"水幕"超压条件下的围岩稳定。

3) 布置在气室周围的水幕，应连续、封闭气室。水幕钻孔间距宜采用 2～4m。

4) 可在水幕孔上方布置帷幕灌浆。

(8) 采用罩式闭气应遵守下列规定。

1) 罩体结构中至少设有一层气体密封层，可选用钢板或其他防渗材料。密封层应伸入气室最底涌波 0.5m 以下。

2) 罩式结构宜设置平压系统平衡罩体外侧水压力和气室气体压力。

3) 平压系统一般由平压孔和平压管网（含平压空腔）组成，平压孔系统布置在岩体内，平压管网布置在罩体与岩体之间。

4) 当钢板直接与水气接触时应进行防腐处理。

(9) 应对气垫式调压室周围的探洞、施工支洞等进行封堵。封堵长度根据堵头所处位置，洞内水压力、地质条件、支洞断面等计算分析确定，以达到堵头稳定和防渗的目的。堵头稳定设计与常规高压隧洞堵头相同，但靠近气垫调压室的堵头防渗要求较高，堵头长度应适当增加，并采用多级灌浆。

3.4.4.3 气垫式调压室观测设计

(1) 应做好气垫式调压室观测设计，以监测气垫式调压室工作状态，为电站的安全运行提供必要的观测资料和积累设计经验。观测内容应结合水力学、结构及地质条件考虑。

(2) 气垫式调压室水工观测项目主要包括围岩变形、围岩裂隙渗透压力、锚杆应力、钢筋应力、钢板应力及调压室附近区域地下水位等。气垫式调压室区域地下水位可通过设置长观孔观测，宜在气室开挖前实施，便于观测调压室附近区域天然地下水位。

3.4.4.4 气垫式调压室水气系统配置

(1) 应为气垫式调压室配置充气、补气用空压机及其附属设备，水幕闭气调压室需配置水泵及其附属设备，同时配置排气设施及管路等。

(2) 应为调压室配置监测水位、气压、气体温度、水幕室水压等的水气监测系统。

3.4.4.5 气垫式调压室运行控制

(1) 在气垫式调压室初次充水、充气时，气室应先充水，后充气，使气室水位达到设计要求。

(2) 气垫式调压室气压自动控制有几种模式，如等气室常数控制模式即“等 P_0V_0”模式和“等水位”模式。由于“等水位”控制模式在实际应用时难以区分水位波动是由工况变化引起的（这种情况不需要补气），还是气体损耗所引起的（这种情况需要补气），因而实际常采用“等 P_0V_0”控制模式。

(3) 当气室内水位下降至最低允许水位值时，与本气垫式调压室有关的水轮发电机组应停机。当调压室内气压上升至过渡过程计算的气室内允许最高气压值（简称事故高压值）时，为了防止气压进一步上升，应启动排气阀排气。

(4) 补气空压机控制由现地控制单元实施。气室气体压力、水位与控制参数、故障信号及空压机工作状况均应上传至电站计算机监控系统。

3.4.5　气垫式调压室工程实例

以下分别介绍国内外已建电站典型工程实例。

3.4.5.1　自一里水电站

自一里水电站毛水头 477m，引用流量 $34m^3/s$。气垫式调压室与厂房水平距离约 450m，从弱风化层开始计算，垂直覆盖厚度 350m，侧向覆盖厚度 280m。调压室底板高程高于机组安装高程约 150.00m，引水隧洞在调压室前通过一竖井下压至调压室高程。调压室区为弱风化二云母花岗岩，地应力场最小主应力值 $\sigma_3=4.89\sim6.09$MPa，为气室内的 1.514～1.885 倍。

气室内水垫深 4m，底板高程 1707.00m 水面高程 1711.00m，气室尺寸为 112m×10m×13.9m 城门洞形，设计气体压力为 3.23MPa，设计气体体积 $11240m^3$，最大气体压力 3.78MPa，最小气体压力 3.07MPa，最大气体体积 $11057m^3$，最小气体体积 $8881m^3$。气室围岩以Ⅱ类为主，采用不衬砌的城门洞形，顶拱半径 5.67m，中心角 123°51′13.5″。对渗透性较强的洞段进行了高压固结灌浆，设计灌浆压力 4.5MPa，对洞壁表面裂隙处采用环氧砂浆处理，并进行了裂隙灌浆。气室与引水隧洞水平净距 14.2m，采用斜井连接，斜井纵坡 1∶1.0，断面为矩形，尺寸为 4.2m×4.8m。施工期间，气室交通洞作为施工通道，施工完建后，设置堵头进行封堵，堵头长 40.0m，并对堵头周边进行高压固结灌浆及顶拱回填灌浆。高压供、排气管及监测电缆等，预埋于堵头内。

水幕廊道尺寸为 112m×4m×4m，城门洞形，布置在气室上方，底板高程 1730.00m。由于围岩垂直向节理裂隙发育，水幕孔与水平夹角采用较小的角度 30°以控制更多的节理裂隙。水幕孔孔径 ϕ70mm，设计孔深 35m，以防止气体从上、下四周逸出。水幕室通过水平廊道或斜井与外界相通，该斜井作为施工通道，完建后对该段进行封堵，为检修及后期修补方便，在堵头处设置直径约 1m 的检修进人孔，以利对水幕室进行检修。高压供水管、监测电缆均预埋于堵头内。在交通洞内，水幕范围 30m 以外，设置高压水泵室、空压机室及配电室，尺寸为 6.2m×6.6m。气室、水幕室均采用不衬砌结构，同时根据岩石情况进行了高压固结灌浆（或化学灌浆）处理，其布置见图 3.4-3。

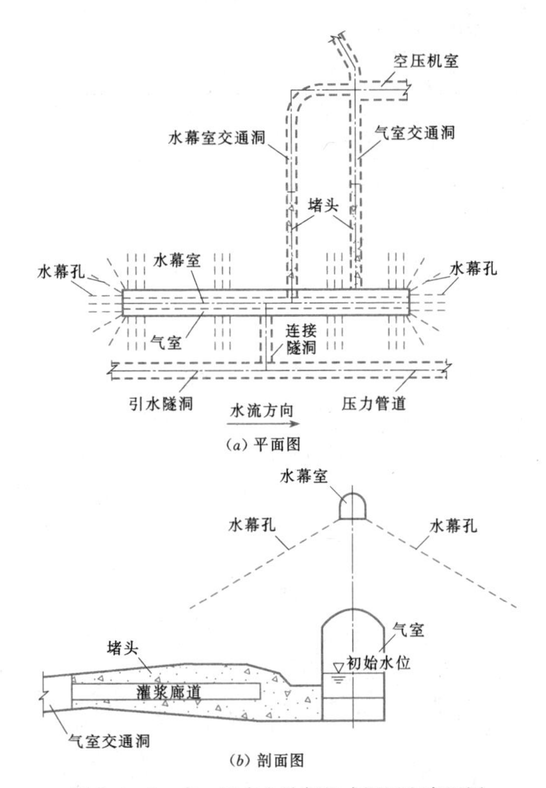

图 3.4-3　自一里水电站气垫式调压室布置图

3.4.5.2　木座水电站

木座水电站设计水头 262.7m，引用流量 $43.02m^3/s$。调压室区出露的基岩为震旦系上统木座组浅变质岩。气垫式调压室位置埋深最小值为 254m，气室的最大气压 3.62MPa。气垫式调压室区最小主应力 5.37MPa。

引水系统采用从进水口到厂房“一坡到底”的布置型式，从进水口至调压室的引水隧洞全长 11.9km，最大内水压力为 3.75MPa。

气垫式调压室初始水面高程为 1264.00m，气室尺寸为 69.6m×10.6m×16.8m，城门洞形，气室设计气压 2.91MPa，设计气体体积为 $8872m^3$，最大气体压力 3.62MPa，最小气体压力 2.45MPa。气室底板高程

1260.00m，初始水深4.0m。

气室围岩以Ⅲ类为主，洞室基本稳定，采用钢筋混凝土夹钢板方式支护，厚120cm，钢板呈倒U形，钢板厚度为12mm，材质为Q235，内嵌在钢筋混凝土中，钢筋混凝土起固定钢板和承受机组丢弃或增加负荷引起的地下水压力和气室气体压力之间的差压。气室边墙、顶拱及气室两端头布置系统平压孔，深入基岩4m，排距2m，梅花形布置，每个平压孔末端和平压管连接，平压管和气室里的水垫连通。

木座水电站气垫式调压室布置见图3.4-4。

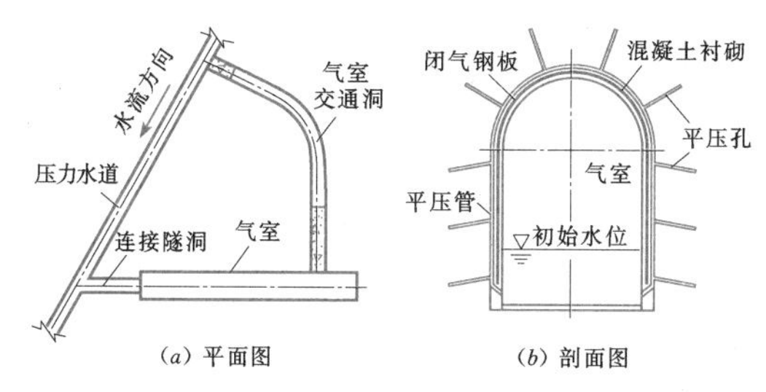

图3.4-4　木座水电站气垫式调压室布置图

3.4.5.3　Torpa水电站

挪威Torpa水电站是Dokka工程的两个电站之一，水电站装机容量150MW，设计水头475m。

气垫式调压室位于仰冲北欧前寒武纪的碎屑岩区域混合岩体内，该混合岩体有砂岩、石英岩、变质泥岩和石灰岩组成，气垫式调压室区内的岩石覆盖厚度达225m。气垫式调压室的总容积为17400m^3，气体体积为10000～12000m^3。在气垫式调压室上方修建了一个防止漏气的水幕，水幕压力比气垫式调压室压力大0.2～0.5MPa。

挪威的Torpa水电站气垫式调压室及水幕布置见图3.4-5。

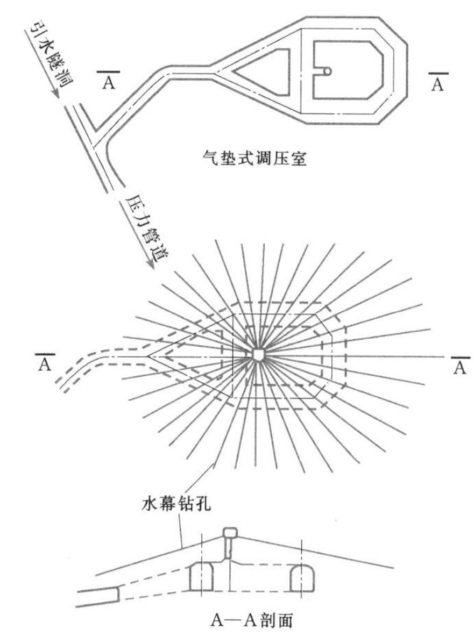

图3.4-5　挪威的Torpa水电站气垫式调压室及水幕布置图

3.5　变顶高尾水洞

3.5.1　变顶高尾水洞工作原理及适用条件

3.5.1.1　工作原理

变顶高尾水洞的特点是洞顶以某一坡度上翘，当下游水位低于尾水洞出口顶高时，尾水洞中水流被分成满流段和明流段（见图3.5-1）。

下游处于低水位时，水轮机的淹没水深比较小，但明流段长，满流段短，机组丢弃负荷产生的负水击

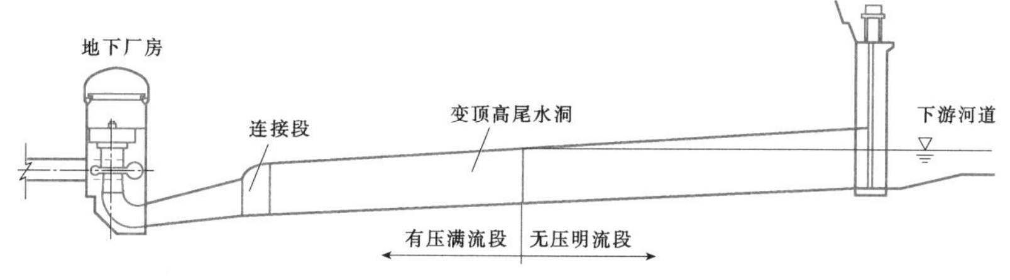

图3.5-1　变顶高尾水洞示意图

压强小，尾水管进口断面的最小绝对压强不会超过规范要求；随着下游水位升高，尽管明流段的长度逐渐减短，满流段的长度逐渐增长，负水击越来越大，但水轮机的淹没水深逐渐加大，且满流段的平均流速也逐渐减小，正负两方面的作用相互抵消，使得尾水管进口断面的最小绝对压强仍能控制在规范的允许范围之内，保证机组安全运行[12]。

3.5.1.2　适用条件

变顶高尾水洞旨在解决尾水管进口断面最小绝对压强不能满足规范要求的问题。从工程实际角度看，采用变顶高尾水洞的先决条件是压力尾水系统上达到需要设置下游调压室的条件。

变顶高尾水洞一般适用于尾水道长度在150～600m之间，且下游水位变幅较大的水电站；但最终

是否采用变顶高尾水洞方案，还需同下游调压室方案作全面的技术经济比较。

3.5.2 变顶高尾水洞水力特性

3.5.2.1 恒定流水力特性

变顶高尾水洞的恒定流水力特性随下游尾水位的高低呈现不同的水流状态：

低尾水位时，基本为明流，水流平稳（见图3.5-2中的 a 水面线）。当尾水洞的底坡为平坡或倒坡时，水流呈加速状态，出口断面流速最大。

中尾水位时，水流呈满流和明流的混合流状态，其分界面位于斜拱顶部（图3.5-2中的 b 水面线）。机组运行过程中，明满混合流分界面来回移动，产生所谓的“拍击”现象，同时在尾水闸门井内产生水位波动，试验[13]中未发现该“拍击”现象对水轮发电机组正常稳定运行产生任何不利的影响。

高尾水位时，变顶高尾水洞为有压流（图3.5-2中的 c 水面线）。由于变顶高尾水洞断面积逐渐增大，水流为减速水流，出口断面流速最小。有压流流态较平稳，尾水闸门井的水面略有振荡。

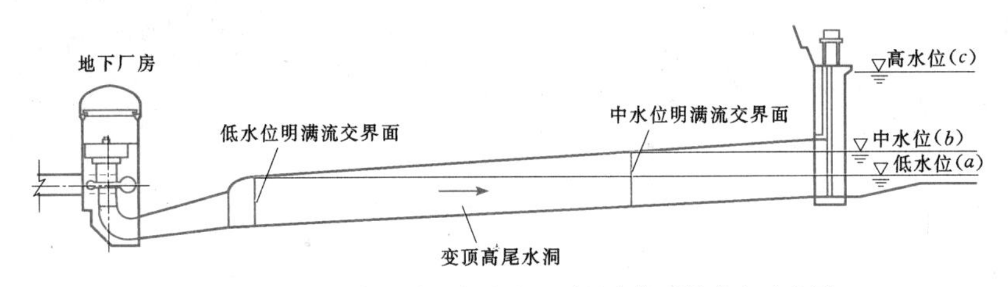

图3.5-2 变顶高尾水洞恒定流三种尾水位下的流态示意图

3.5.2.2 非恒定流水力特性

变顶高尾水洞非恒定流水力特性随下游尾水位的高低呈现较为复杂的水流状态，有关内容可参阅文献[13]。对于规模较大的变顶高尾水洞，需通过水力学模型试验进行研究。

3.5.3 变顶高尾水洞体形设计

采用变顶高尾水洞的地下电站，其布置既有一机一洞的型式，如彭水水电站、三峡地下电站；也有多机一洞的型式，如向家坝水电站。

3.5.3.1 平面布置

(1) 轴线应尽可能短而直，以缩短尾水洞的长度，减小负水击压强。

(2) 应尽可能选择良好的地形、地质条件，尤其是横断面尺寸较大的尾水洞出口。

(3) 应尽可能增大平面转弯的曲率半径，以免恶化水流流态。

3.5.3.2 变顶高尾水洞纵剖面布置

(1) 最低尾水位时，自由水面尽可能延伸到变顶高尾水洞进口，使整个尾水洞为无压流，以利于满足调节保证计算要求。

(2) 尾水洞顶坡为不小于3%～4%的倒坡，使尾水位上升时，水轮机淹没加深的有利作用始终能抵消满流段增长的不利作用，确保尾水管进口断面最小绝对压强满足规范要求，并有利于非恒定流“气泡”的排出。

(3) 尾水洞底坡应缓于或等于顶坡，否则满流段平均流速逐渐增大，不利于调节保证计算满足规范要求。

(4) 应根据最低尾水位下尾水洞出口断面允许最大流速（通常小于4.0m/s），以及相邻尾水洞间的岩隔厚度，确定尾水洞出口底板高程和底宽。

(5) 尾水洞进口断面与尾水管出口断面之间的高差由连接段衔接；连接段的洞顶纵剖面线可为抛物线，以保证尾水管内始终是有压流，避免对机组运行效率产生影响。

3.5.3.3 变顶高尾水洞横断面设计

横断面通常采用城门洞形，如彭水水电站、三峡地下电站、向家坝地下电站。有的也采用圆形断面，如鲁地拉水电站。

3.5.4 变顶高尾水洞水力计算

变顶高尾水洞非恒定流水力特性随尾水位变化呈现不同的流态，包括明渠非恒定流、明满混合流和有压管道非恒定流。介绍明渠非恒定流和有压管道非恒定流数学模型与计算方法的文献较多，在此简单介绍一种基于虚拟狭缝法的明满混合流的数学模型与计算方法。该数学模型和计算方法不仅适用于明满混合流，而且适用于明渠非恒定流和有压管道非恒定流。

3.5.4.1 数学模型

一维有压管道非恒定流基本方程

$$\frac{\partial H}{\partial t}+v\frac{\partial H}{\partial x}+\frac{a^2}{g}\frac{\partial v}{\partial x}=0 \tag{3.5-1}$$

$$g\frac{\partial H}{\partial x}+\frac{\partial v}{\partial t}+v\frac{\partial v}{\partial x}+g(S_f-S_0)=0 \tag{3.5-2}$$

式中 H——从管轴线起算的测压管水头，m；

v——流速，m/s；

a——水击波速，m/s；

S_f——阻力坡降；

S_0——管道轴线的坡降。

一维明渠非恒定流基本方程为

$$\frac{\partial y}{\partial t}+v\frac{\partial y}{\partial x}+\frac{c^2}{g}\frac{\partial v}{\partial x}=0 \qquad (3.5-3)$$

$$g\frac{\partial y}{\partial x}+\frac{\partial v}{\partial t}+v\frac{\partial v}{\partial x}+g(S_f-S_0)=0 \qquad (3.5-4)$$

式中 y——水深，m；

c——明渠的波速，m/s；

S_f——阻力坡降；

S_0——明渠底坡。

若令

$$c=\sqrt{g\frac{A}{B}}=a \qquad (3.5-5)$$

则可以看出，一维有压管道非恒定流基本方程与一维明渠非恒定流基本方程在数学形式上是一致的。于是，在假定有压管道存在宽度为 B 的缝隙前提下（见图 3.5-3），按式（3.5-5）规定，满流可转化成明流，明流可转化成满流，而水击波速和重力波速均保持不变。这就是所谓的虚设狭缝方法。该方法优点是便于编程计算，不必专门处理运动的明满混合流分界面，可以采用统一的计算网格用隐式差分法求解，从而使计算无条件收敛，并能直接计算出涌波的波前。

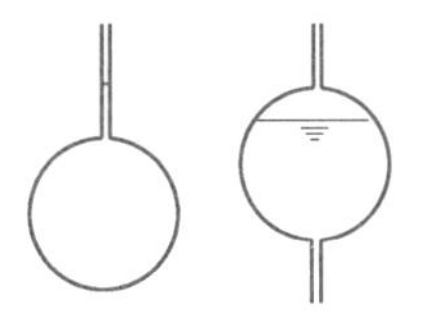

图 3.5-3 虚设狭缝示意图

3.5.4.2 计算方法

明满流数学模型的求解一般采用隐格式计算方法。由于该计算过程较为复杂，不在此详述，具体内容可以参阅参考文献 [13]。

3.5.5 变顶高尾水洞专项监测要求

（1）水力学监测。根据工程实际需要可选择一条压力输水线路进行水力学监测，以便掌握变顶高尾水洞水力特性对水电站安全稳定运行的影响。其主要监测内容为：

1）上、下游水位。

2）压力管道上弯段压力。

3）蜗壳进口压力。

4）尾水管出口压力。

5）尾水洞侧壁沿程压力。

6）尾水洞洞顶沿程压力。

7）尾水洞沿程流速。

8）尾水闸门后的空化噪声。

9）水轮机过流量、导叶开度及机组转速等。

（2）爆破振动监测。为控制隧洞开挖爆破规模，优化爆破工艺，减少爆破动力作用对岩体的不利影响，确保岩体稳定，在施工期宜进行爆破振动专项监测。

3.5.6 变顶高尾水洞工程实例

3.5.6.1 彭水水电站

彭水水电站安装 5 台 350MW 水轮发电机组，额定水头 67m，单机最大过水流量 580m^3/s，下游水位变幅达 55m。彭水水电站压力水道系统布置图如图 3.5-4 所示。

由于地质条件限制，地下厂房采用中部开发方式，引水洞和尾水洞均采用一机一洞布置，隧洞轴线间距 35m，最长的 1 号尾水洞长 482m。在尾水管与变顶高尾水洞进口之间的连接段设有机组尾水管检修闸门，尾水洞出口设有尾水洞检修闸门，连接段长 13.6m，顶坡呈二次曲线（曲线方程为：$y^2=51.84-0.2304x^2$），洞高由 17m 增至 22m；变顶高尾水洞及连接段断面均采用城门洞形，变顶高尾水洞横断面宽 12.6m、高 22～27.5m。各条尾水洞采用不同的顶坡和底坡与尾水出口相接，其中 1 号隧洞的顶坡为 6.37%、底坡为 5.19%。

尾水洞围岩为寒武系的灰岩、白云岩，地质条件较好。厂房区地应力量级不高，最大主应力平均值 9.91MPa，方位角与坝址区岩层走向基本一致。尾水隧洞轴线与岩层走向几近垂直，成洞条件较好。

尾水洞洞间岩柱厚 20～18.4m，为 1.33～1.11 倍隧洞开挖宽度。地质资料分析和尾水洞围岩稳定数值计算表明，由于尾水洞的开挖尺寸较大、洞间岩柱较薄，且处于河床岸边卸荷影响范围内，受溶蚀、地质结构面及地应力等因素的影响，隧洞开挖后围岩变形及塑性区较大，各洞间岩柱的塑性区呈连通状。采用系统喷锚支护及预应力锚索加固的方案，较好地保证了施工期的洞室围岩稳定。

考虑到尾水隧洞围岩岩体坚硬，遇水后强度及力学性能变化不大，在采取高压固结灌浆后，围岩的力学性能将进一步提高，并且具备更好的防渗能力，因而尾水洞衬砌采用透水型钢筋混凝土型式，即在衬砌结构中设置浅层排水连通设施，将衬砌前后连通，减少检修放空期衬砌所承受的内、外水头差，以保证衬砌结构的安全。

彭水水电站 2008 年 2 月 6 日首台机组并网发电，2009 年 10 月实现彭水水电站 293m 终期蓄水位目标。投产发电至今，电站运行状况良好。

3.5.6.2 三峡地下电站

三峡地下电站装机 6×700MW，额定水头 85.0m，额定流量 982.15m^3/s，下游水位变幅 21.1m。

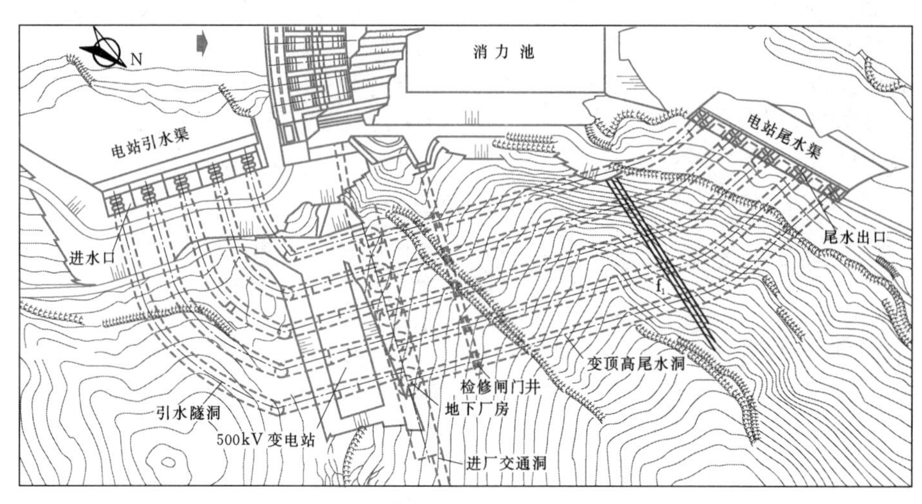

(a) 平面图

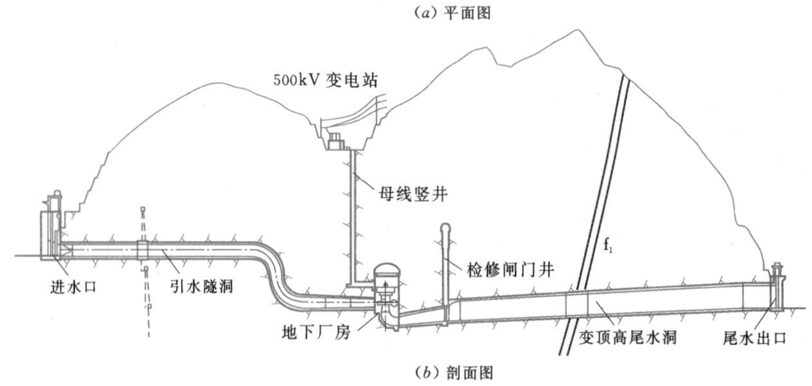

(b) 剖面图

图 3.5-4　彭水水电站压力水道系统布置图

区内岩石主要为前震旦系闪云斜长花岗岩和闪长岩包裹体，岩体中尚有花岗岩脉和伟晶岩脉。地下电站厂房部位最大主应力方向为NW向，倾角近于水平。最小水平主应力7～9.05MPa。三峡地下电站压力水道系统布置图见图3.5-5。

地下厂房采用中部开发方式，引水洞和尾水洞均采用一机一洞布置，6条尾水洞采取平行布置，与主厂房纵轴线夹角80°，轴线间距37.70m。1～6号机尾水洞长度分别为243m、249m、256m、263m、270m及276m。变顶高尾水洞及连接段断面均采用城门洞形。连接段长15m，顶坡采用直线，在其顶部设有直径10m的通气井。变顶高尾水洞为便于使用钢模台车进行衬砌混凝土的施工，在施工阶段修改为等截面隧洞，即采用相同的顶坡和底坡，1号隧洞的坡度为4.7%，断面尺寸为15m×24.50m（宽×高）。

该工程进行了变顶高尾水洞方案与调压室方案的比较，其水力过渡过程数值计算结果比较见表3.5-1。两种方法的计算结果相差很小。

表 3.5-1　变顶高与调压室方案数值计算结果比较表

方案	安装高程（m）	大波动工况			小波动工况	
		蜗壳压力最大上升率（%）	机组转速最大升高率（%）	尾水管进口压力值（m）	机组转速振荡次数	±0.2%调节时间（s）
调压室方案	54.00	40.387	52.360	−6.646	2	140
变顶高方案	54.00	40.540	52.546	−5.587	1.5	157

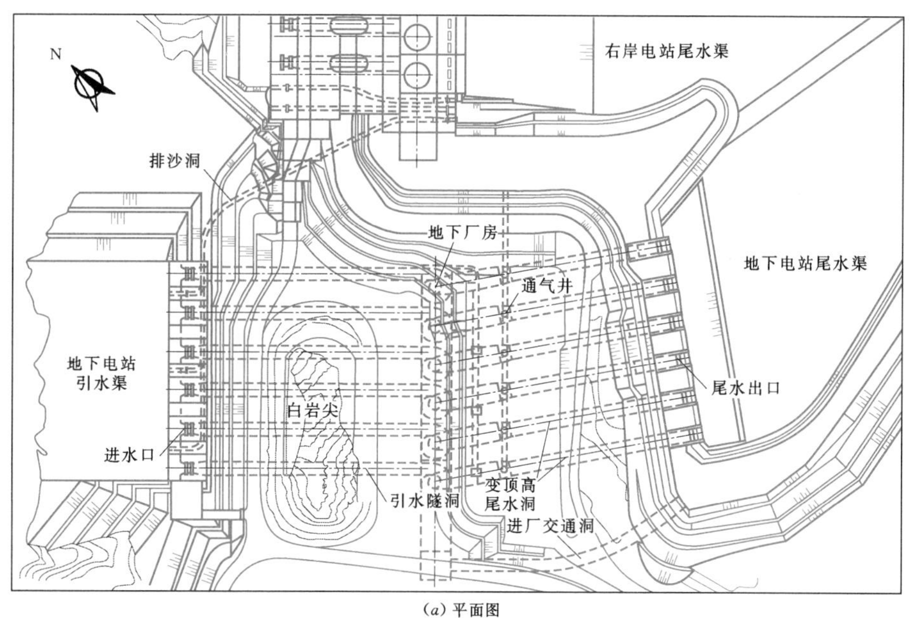

(a) 平面图

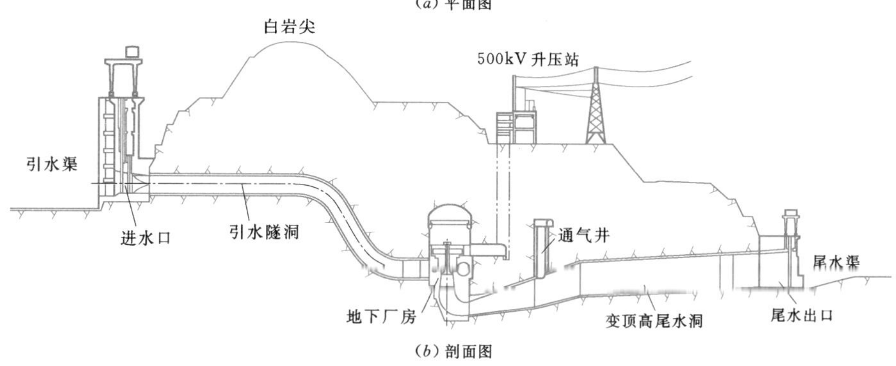

(b) 剖面图

图 3.5-5 三峡地下电站压力水道系统布置图

3.6 折向器和减压阀

3.6.1 折向器的类型及选择

3.6.1.1 折向器的功用与类型

折向器安装在冲击式水轮机针阀的喷嘴处。在机组丢弃负荷时，折向器快速动作，偏折喷嘴的射流使之离开转轮，以防止机组转速升高过大。针阀则可以较慢的速度关闭，以有效降低水击升压，使机组转速和水击升压同时满足调节保证计算要求。折向器布置如图 3.6-1 中元件 8 所示。

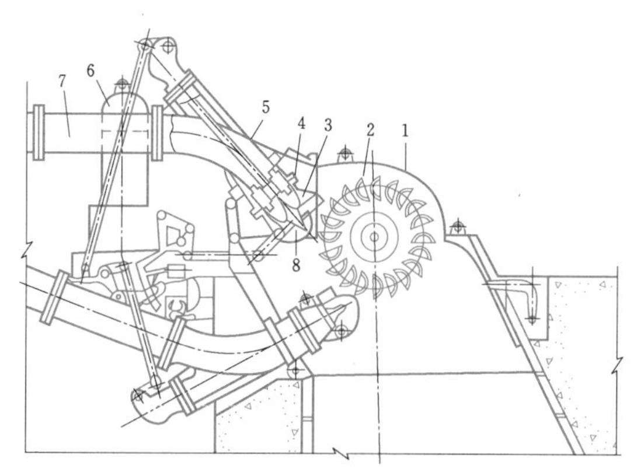

图 3.6-1 水斗式水轮机剖面图

1—机壳；2—转轮；3—喷嘴；4—喷针；5—喷管；6—压力油箱；7—压力钢管；8—折向器

根据射流的工作原理，折向器分为：

(1) 遮断器。投入射流中的遮断器可全部遮断或者部分遮断射流。

(2) 偏流器。投入射流中的偏流器可使射流偏离水斗，如图 3.6-2 所示。

(3) 扩散器。投入射流中的扩散器可以实现扇形分散射流。

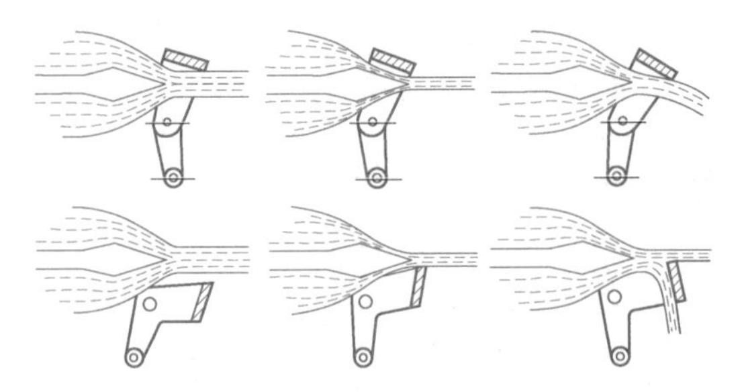

图 3.6-2 偏流器和分流器

3.6.1.2 折向器的工作原理

当机组负荷骤减或甩负荷时，具有双重调节的水轮机调速器，一方面操作喷针接力器，使喷针以设定的关闭规律较慢的向关闭方向移动，同时又操作外调节机构接力器，使外调节机构折向器快速投入，迅速减小或全部截断因针阀不能立即关闭而继续冲向转轮水斗的射流。针阀在任何开度下，外调节机构的节流板都位于射流水柱边缘，以实现快速偏流或截流的作用[14]。

3.6.1.3 折向器的选择与布置

常用的外调节机构有折向器和分流器：折向器在需要时，可把整个射流偏折出转轮外，如图 3.6-2 上半部所示；分流器一般将整个射流的大部分或小部分偏离转轮，如图 3.6-2 下半部所示。折向器在偏折整个射流时仅需较小位移，其承受的震动也较小，水头较高时也不易损坏。分流器所需转动的角度较折向器大，快速作用能力低于折向器。采用折向器会增加喷嘴口和转轮之间的距离，一定程度上会降低水轮机的能量指标，而分流器则无此问题。分流器角行程及截流时间的增加，对控制杆件系统及协联关系的精度要求较低。具体选用时，可根据试验中所测定的力特性和能量特性及电站具体情况综合分析比较确定。国内采用针阀及折向器水电站的基本参数见表 3.6-1。

表 3.6-1 国内采用针阀及折向器水电站的基本参数

电站名称 \ 项目	最大水头（m）	额定水头（m）	额定流量（m³/s）	单机容量（MW）	折向器关闭时间（s）	针阀关闭时间（s）	是否联动	投运时间	地点
金窝	619.10	595.00	27.000	120	2.5	200	否	2008 年	四川
仁宗海	610.00	560.00	24.570	120	2.5	30	否	2009 年	四川
大发	513.80	482.00	28.520	120	2.5	30	否	2007 年	四川
冶勒	644.80	580.00	23.620	120	1.5	37	是	2005 年	四川
吉牛	506.50	457.00	30.140	120	1.5	130	否	—	四川
鸭嘴河梯级电站二级（烟岗）	631.75	600.00	11.570	60	≤2	20～30	是	—	四川
以礼河三级（盐水沟）	629.00	589.00	7.250	36			是	1971 年	云南
阿鸠田	421.70	398.00	10.340	35	2	20～30	否	2004 年	云南
高桥	591.00	555.00	6.300	30	≤4	15～25	是	2004 年	云南
护宋河	376.60	357.70	7.000	21	2	10～40	是	1997 年	云南
白水河二级	596.10	580.60	3.422	17	2		是	2000 年	贵州
全州天湖	1029.50	1074.00	1.791	15			是	1992 年	广西
锁金山	610.40	588.00	3.000	15			是	1993 年	湖北
黄兰溪二级	484.63	455.00	3.940	15	2	15～30	是	1995 年	福建
小牛颈	305.00	295.00	3.850	9.4	≤2	10～20	否	2007 年	四川
大堡	280.50	280.00	3.945	8.75	1～3	15～40		1990 年	四川

3.6.2 折向器的数学模型与数值计算

3.6.2.1 折向器的数学模型及边界方程

冲击式机组正常调节时进入转轮的流量仅由喷针的位移决定，其动态特性与反击式机组类似，可利用综合特性曲线描述的力矩特性和流量特性计算分析[15]，当折向器切入射流时，进入转轮的流量由喷针位移和折向器偏转角度共同确定，折向器偏转角度 φ 的作用可折算成喷针行程对水轮机流量及力矩的影响：

$$\left.\begin{aligned} Q_T = f_Q(n, yk_f, h) = f_Q(n, y_k, h) \\ m_T = f_m(n, yk_f, h) = f_m(n, y_k, h) \end{aligned}\right\} \quad (3.6-1)$$

式中 Q_T——水轮机转轮流量；

m_T——水轮机力矩；

n——转轮转速；

h——水击压强；

y——喷针位移；

k_f——折向器切入以后，到达冲击式水轮机转轮的射流断面积（见图 3.6-3 中不包含阴影的射流横断面面积）与无偏流作用时喷嘴射流面积的比值。

当折向器偏转角度为 φ 时，它切入射流的深度为 K，其切分的水柱面积为图 3.6-3 中的阴影部分，相应的 k_f 由下式计算：

$$k_f = 1 - \frac{1}{\pi}\left\{\arccos\left(1-\frac{K}{R}\right) - \left(1-\frac{K}{R}\right)\sin\left[\arccos\left(1-\frac{K}{R}\right)\right]\right\} \quad (3.6-2)$$

式 (3.6-2) 中反三角函数的角度单位必须用弧度。

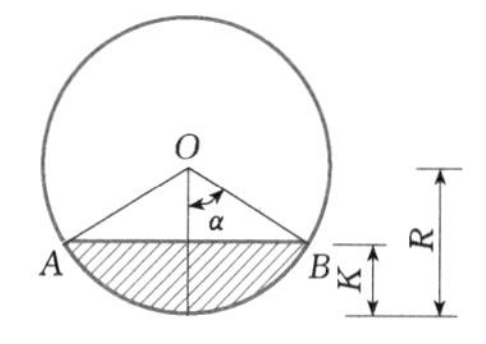

图 3.6-3 折向器切入对射流影响的示意图

3.6.2.2 折向器的数值计算方法

冲击式水轮机水力过渡过程的计算，需要分析折向器与喷针对流量的控制情况，以及射流对水斗形成的转矩和转速的影响。

可采用二维表格形式给出机组的流量和力矩等特性与开度的关系，在瞬变流过程中，若折向器不动作，通过水轮机模型综合特性曲线上的等开度曲线可插值得不同针阀开度下单位流量和力矩，结合机组力矩平衡方程和水头平衡方程可求得相应针阀开度下的瞬时流量和转速，得到冲击式水轮机的瞬态参数。机组甩负荷时，针阀动作的同时折向器截断水流，在计算中需考虑折向器的作用。首先假定折向器没有动作，管道和冲击式水轮机相连，根据针阀动作规律，结合冲击式水轮机转轮边界模型进行计算，得到水轮机的水头。然后根据折向器的动作规律，得到相应于流入转轮流量的针阀开度，转轮的特性描述方程和力矩平衡方程不变。因折向器的动作不改变转轮的水头，只改变流入转轮的流量，结合已求得的机组水头和通过插值得到相应的转轮特性参数，即可求得冲击式水轮机的瞬时流量和转速的瞬时参数。进一步结合压力管道水击计算，可得到有压水道的内水压力及流量的瞬时值，实现水电站的水力—机械系统的过渡过程计算分析。

3.6.3 减压阀的类型及选择

3.6.3.1 减压阀的功用与类型

减压阀是一种旁通过流设备，其主要作用是限制长引水系统水电站的水击压强升高值。在机组甩负荷时，水轮机导叶以机组转速上升所允许的时间快速关闭，同时，受同一调速器控制的减压阀逐渐开启泄放部分流量，待机组导叶全关后，再缓慢关闭减压阀。这样，尽管通过水轮机的流量迅速减小，而引水管道内的流量变化却明显减缓，从而降低了水击压强升高值。由于导叶快速关闭，水轮机从水流获得的能量减少，机组的转速上升率控制在允许范围之内，使机组转速上升率和水击压强均满足设计要求。对于引水道较长且不担任调频任务的中、小型电站，采用减压阀而不用调压室，可能是经济合理的。

常用的减压阀在机组增荷时不起作用，不能提高电站运行的稳定性。机组负荷变化较小（机组额定出力的 15%以下）时减压阀不动作，水轮机导叶需慢速关闭，削弱了机组的速动性，因此需注意增负荷及负荷变化较小时的调节稳定问题。

减压阀的运行方式有节水式和耗水式两种：前者在机组正常运行时处于关闭状态，仅在机组甩负荷或紧急停机时动作，具有节省水量、控制简单等优点，但不能改善调节系统的稳定性；后者不仅在甩负荷和紧急停机时能动作，而且能在正常调节时与导叶协联动作，使机组能很快增减负荷并提高了调节系统的稳定性，但浪费了一部分水能。目前国内均采用节水式运作方式。

减压阀按结构布置可分为立式和卧式两种；按操作系统可分为机械式和液压式。机械操作系统的死行程较大，迟滞时间较长，可靠性差，已逐步为液压式所取代。采用卧式布置的减压阀由阀壳、阀盘、平衡腔、接力器和导油腔等组成，结构简单，布置紧凑。

3.6.3.2 减压阀的工作原理

为了保证减压阀安全可靠、灵敏稳定地动作，要求相应的控制系统迟滞时间小，动作准确，即使在减压阀万一失灵拒动时仍能保证引水系统的压力升高值在允许范围内。常见的控制系统有：机械控制系统、水压控制系统和全油压控制系统。水压控制系统和全油压控制系统灵敏度及可靠性均高于机械控制系统，目前国内外一般采用全油压或水压控制系统。

TFW 型减压阀用压力油操作，其接力器和水轮机导叶接力器由调速器的主配压阀协联控制，是一个全油压控制的系统，如图 3.6-4 所示。它通过配压阀、液压管道上的节流孔 A、调节阀门 C、调节阀门 D 以及油区逆止阀等元件根据不同运行状况，按一定顺序配合动作，使得机组负荷不变时，减压阀处于关闭状态。而当机组瞬时甩较大负荷（约大于机组额定出力的 15%）时，减压阀的快速开启与导叶的快速关闭是同步的。导叶关闭后，机组转速降低到正常转速时，主配压阀回到中间位置，减压阀接力器按规定的速度缓慢关闭减压阀。如减压阀失灵拒动，不论主配压阀开口多大，进入导叶接力器关闭腔的压力油只是油压装置经节流孔 A 过来的少量压力油，故机组只能缓慢关闭，保证引水系统压力上升不超过允许值。机组增负荷时减压阀仍处关闭状态。

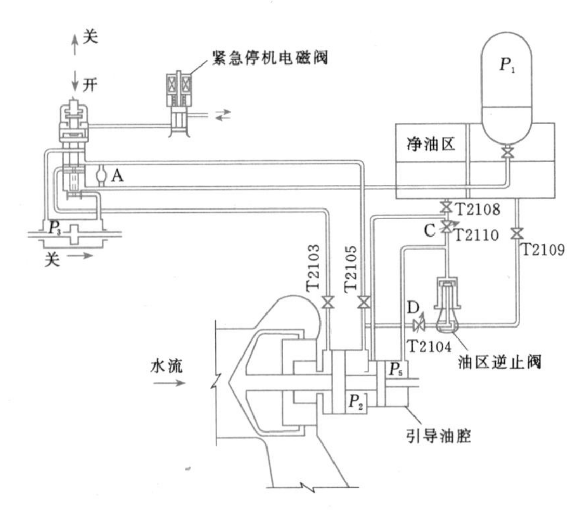

图 3.6-4 国产 TFW 型全油压控制系统的工作原理图

导叶快关机时间由改变主配压阀最大开口尺寸来整定。

减压阀和水轮机流量的匹配关系如图 3.6-5 所示，两者的流量假定都是线性变化。

对于分段关闭装置未投入情况，水轮机流量 Q_T 和减压阀流量 Q_x 的关系为

$$Q_x = Q_T\left(1-\frac{T_s}{T_{ss}}\right) \tag{3.6-3}$$

分段关闭装置投入后，各参数关系为

$$\frac{Q_T}{T_{ss}} = \frac{Q_g}{T_s - T_{sg}} \tag{3.6-4}$$

$$\frac{Q_T}{T_{ss}} = \frac{Q_T - Q_x}{T_s} \tag{3.6-5}$$

$$Q_x = \left(1-\frac{T_{sg}}{T_{ss}}\right)Q_T - Q_g \tag{3.6-6}$$

式中 Q_x——减压阀所需通过的流量；

Q_T——水轮机的最大流量；

T_s——导叶快速关闭的总时间；

T_{ss}——导叶慢速关闭的总时间；

T_{sg}——分段关闭的第一段关闭时间。

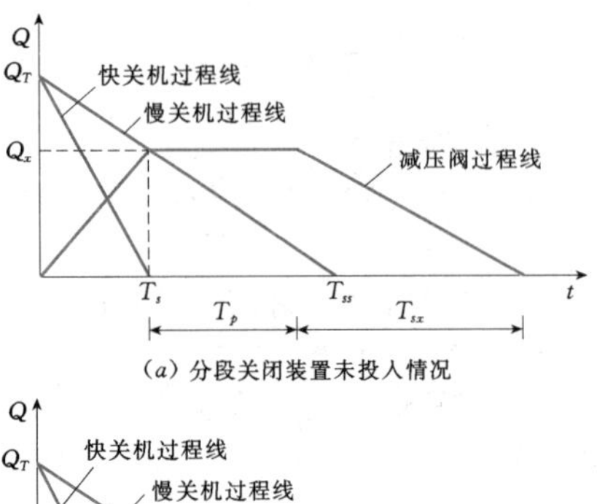

(a) 分段关闭装置未投入情况

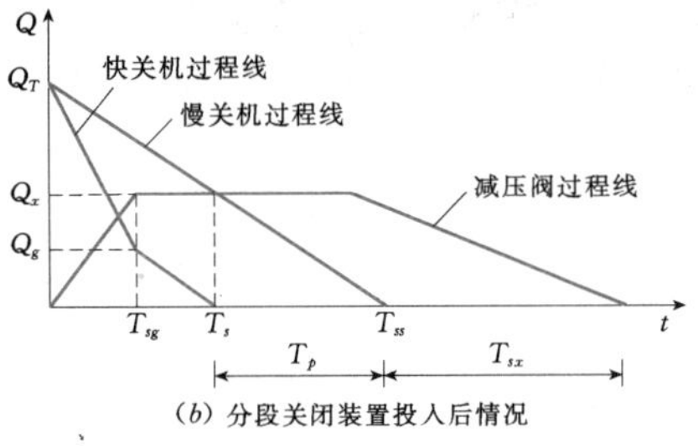

(b) 分段关闭装置投入后情况

图 3.6-5 减压阀和水轮机流量的匹配关系

为了不影响速率上升值，分段的拐点尽可能选在机组的空载开度附近，故 Q_g 可以认为等于空载流量。这样，影响速率上升的主要是时间 T_{sg}，应按 T_{sg} 决定速率上升值。

采用“分段关闭装置”的优点是在保证同样压力上升和速率上升值的情况下，减压阀的过流量可以减小，减小的数值大致等于机组的空载流量，从而可以采用较小的减压阀直径或行程。

国内采用减压阀的水电站基本参数见表 3.6-2。

3.6.3.3 减压阀的选择与布置

1. 减压阀的选择

减压阀的选择计算主要是在已知机组速率上升和引水管道水击压强上升允许值的条件下，确定减压阀的直径 D_x 和行程 Y_x。具体步骤包括：初步确定减压阀的过流量 Q_x；根据过流量 Q_x 和水头 H（包括允许的水击升压）选择合适的减压阀型号；根据所选的型号，研究减压阀和机组流量的合理分配，并对各种主要运行情况进行调节保证计算，检验机组转速上升和水击压强上升是否都在允许范围之内。如不满足要求，则另选减压阀重新计算。

(1) 减压阀所需通过的最大流量 Q_x。减压阀的运动规律应满足机组导水机构关闭过程中的最大转速上升不超过允许值。在通过引水管道和减压阀的总流量变化时，通过减压阀的最大流量按下式确定：

表 3.6-2　　国内采用减压阀的水电站基本参数

电站名称＼项目	最大水头(m)	额定水头(m)	额定流量(m^3/s)	单机容量(MW)	减压阀型号	减压阀直径(mm)	最大行程(mm)	额定水头(m)	最大承压水头(m)	最大过流量(m^3/s)	投运时间	地点
绿水河二级2、3号	331	305	6	15	KFF－φ350	350	110		400	5.26	1973年	云南
西洱河梯级水电站二级4号	121	109	13.7	12.5	TFW800/160	800	200	160	200	21.7	1978年	云南
澄碧河	57.9	49.5	15.8	6.5	KFF－φ800	800	200		160	16.2	1969年	广西
白云山	54	52	15.8	6.5	KFF－φ800	800	200		160	16.2	1979年	江西
南山		177.58		2.5	TFW250A/ZD		65				2005年	浙江
古宅二级	84.82	66.8	3.7	2	TFW400/130	400	80	130	160	3.15	1980年	湖南
井冈山明珠一级	279.3	276.5	0.891	2	TFW－400	400	80	83	160	2.4	2005年	江西
长滩河	113	105	2.5	2	TFW400/130	400	80	130	160	3.15	1979年	广西
白水河一级	80	70		2	TFW400/130	400	80	130	160	3.15	—	贵州
湖南龙源		83	2.2	1.6	TFW－400	400	80	83	160	2.4	1976年	湖南
北庙水库坝后电站(保山)	67	49	6	1.25	P02－TFW400/130	400	80	130	160	3.15	1991年	云南
汤峪		71.6	1.9	1	TFW400/130	400	80	130	160	3.15	1997年	陕西
板峡		21.3		0.9	TFW400/130	400	80	130	160	3.15	1983年	广西
兴隆华侨农场		52		0.55	TFW400/130	400	80	130	160	3.15	1982年	广东
德宏汇流河		38.5		0.4	KFF－φ800	800	200		160	16.2	1983年	云南

$$Q_{x\max} = \frac{Q_0 g \Delta H}{L v_0 \sqrt{1+\frac{\Delta H}{H}}}\left[L\left(\frac{v_0}{g\Delta H}+\frac{1}{a}\right)-T_s\right] \tag{3.6-7}$$

式中　Q_0——管道初始流量，m^3/s；

ΔH——允许的水击升压值，m；

L——引水管道长度，m；

v_0——引水管道中水的流速，m/s；

a——水击波传播速度，m/s；

T_s——导水机构关闭时间，s。

减压阀的特性主要为流量特性，减压阀的过流特性可用下式表示[16]：

$$Q_x = Q_{11x} D_x^2 \sqrt{H_0(1+\xi)} \tag{3.6-8}$$

式中　Q_x——减压阀流量，m^3/s；

D_x——减压阀直径，m；

H_0——静水头；

ξ——水击压强上升率，一般取 0.15～0.20；

Q_{11x}——减压阀的单位流量，一般由模型实验确定，m^3/s。

在减压阀的行程 $Y_x \leqslant 0.2D_x$ 范围内，Q_{11x} 与 Y_x 基本上是线性关系，在 $Y_x > 0.3D_x$ 的范围内，减压阀的开度随 Y_x 增加极慢，故推荐使用的最大行程 $Y_{x\max} = 0.25D_x$。Q_{11x} 与 $\frac{Y_x}{D_x}$ 的关系曲线如图 3.6-6 所示。

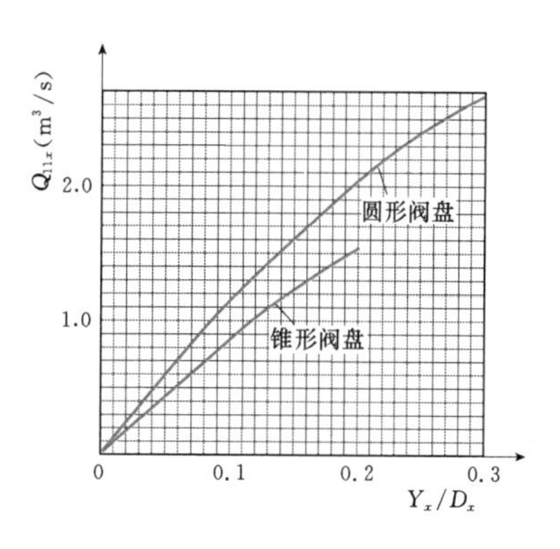

图 3.6-6　Q_{11x} 与 Y_x/D_x 的关系曲线

在流量线性变化的情况下，各参数有如下的关系：

$$Q_T = Q_x + Q_g + \frac{Q_T}{T'_s} T_{sg} \qquad (3.6-9)$$

式中 Q_T——水轮机流量；

Q_g——拐点处水轮机流量；

T'_s——导叶慢速关闭时间。

（2）减压阀直径 D_x 及行程 Y_x。按所选取 Y_x/D_x 值在减压阀单位流量特性曲线上查得 Q_{11x}，则得减压阀直径

$$D_x = \sqrt{\frac{Q_x}{Q_{11x}\ \sqrt{H_0(1+\xi)}}} \qquad (3.6-10)$$

此外，在选择减压阀参数时还应考虑不同控制系统对参数的影响和要求。

（3）导叶关闭时间。对于“分段关闭装置”未投入情况，导叶的快速关闭时间 T_s 可根据允许的转速上升值按下式确定：

$$T_s = \frac{n_0^2 GD^2(1+0.5\beta)\beta}{182 N_0 K f} \qquad (3.6-11)$$

式中 n_0——机组的额定转速，r/min；

GD^2——机组的飞轮转矩，t·m²；

β——转速允许上升值（相对值）；

N_0——机组的额定功率，kW；

K——导叶关闭时间的修正系数，对于混流式机组 $K=0.9$；

f——水击修正系数，$f=(1+\xi)^{1.5}$（ξ 为允许的水击相对升压，当设有减压阀时可取 $\xi=0.15\sim0.2$）。

导叶两段关闭拐点出现的时间为

$$T_{sg} = KT_s \qquad (3.6-12)$$

导叶的慢速关闭时间 T_{ss} 决定于允许的水击升压，与“分段关闭装置”是否投入无关，对于第一相水击（$\rho\tau_0<1$）

$$T_{ss} = \frac{2+\xi}{(1+\rho\tau_0)\xi} \times \frac{Lv}{gH_0} \qquad (3.6-13)$$

对于极限水击（$\rho\tau_0>1$）

$$T_{ss} = \frac{2+\xi}{2\xi} \times \frac{Lv}{gH_0} \qquad (3.6-14)$$

根据减压阀控制系统的原理，慢速关机时的流量变化梯度大于减压阀关闭时的流量变化梯度，因此压力上升常控制在慢速关机情况（减压阀拒动）和快速关机（减压阀投入）的开始阶段。

“分段关闭装置”未投入时减压阀流量按式（3.6-3）计算，“分段关闭装置”投入后的减压阀流量按式（3.6-6）计算，后者小于前者。

根据求出的减压阀流量 Q_x 和电站的水头 H（包括水击升压），从图 3.6-7 查出所需的减压阀型号[16]。在绘制图 3.6-7 时取单位流量 $Q_{11x}=2\text{m}^3/\text{s}$，相当于 $Y_x\approx0.25D_x$。

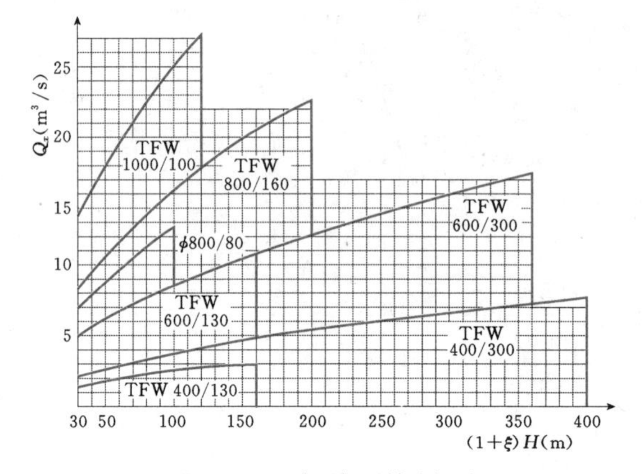

图 3.6-7 减压阀型号选择图

根据查出的减压阀型号，可按式（3.6-8）求出 Q_{11x}，从图 3.6-6 查出所需的减压阀行程 Y_x。

2. 减压阀在厂房内的布置

设置减压阀的厂房，尺寸一般要适当加大。减压阀在厂房内的布置以少增加厂房土建投资、便于运行管理和安装检修为原则。减压阀布置在第一或第四象限可以少增加厂房尺寸。

减压阀过流的消能，部分靠阀体内部，部分靠泄水结构。减压阀的泄水管有直锥形管和弯管两种，与水轮机的尾水管相似。对减压阀的泄水结构目前研究尚少，其消能效果的确定一般要通过水工模型试验。

减压阀的尾水应尽可能通过水轮机的尾水管排向下游，这样可以减少机组段的长度，不必另设尾水门。

3.6.4 减压阀的数学模型与数值计算

3.6.4.1 减压阀的数学模型及边界方程

如图 3.6-8 所示，描述减压阀节点上、下游管道的特征方程为

$$C^+: H_{p1} = C_1 - B_1 Q_{p1} \qquad (3.6-15)$$

$$C^-: H_{p2} = C_2 + B_2 Q_{p2} \qquad (3.6-16)$$

式中 C_1、B_1、C_2 和 B_2 为由前一时步相邻断面已知的测压管水头和流量以及管段特性确定的已知系数；H_{pi} 和 $Q_{pi}(i=1,2)$ 为当前时步 i 断面的测压管水头和流量，为未知量。

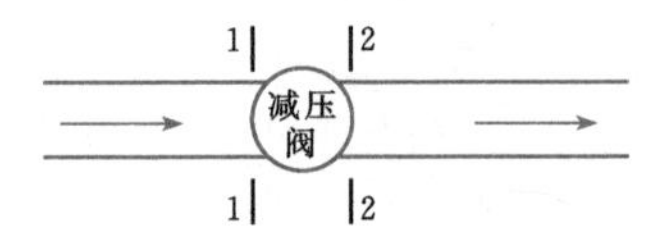

图 3.6-8 减压阀节点

流量连续条件，减压阀的过流量 Q_V 满足

$$Q_V = Q_{p1} = Q_{p2} \qquad (3.6-17)$$

水头平衡方程，作用在减压阀的压差 H_V 满足

$$H_V = H_{p1} - H_{p2} \qquad (3.6-18)$$

减压阀的流量特性

$$Q_V = f(H_V, Y_x) \qquad (3.6-19)$$

可从生产厂商提供的设备特性资料中获得。在计算中，如果减压阀下游的管道长度较短也可以略去不计，此时式（3.6-18）改写为

$$H_V = H_{p1} + \frac{Q_V^2}{2gA_V^2} - H_{p2} \qquad (3.6-20)$$

式中 A_V——减压阀的过流面积；

g——重力加速度。

3.6.4.2 减压阀的数值计算

装有减压阀的水电站的调节保证计算分析方法与其他电站一致，仅仅多了一个过流部件——减压阀，即增加了减压阀节点的边界条件。

在减压阀型号已定的情况下，其过流量只与开度和水头有关；而水轮机的流量除与开度、水头有关外，还和转速有关。减压阀的流量变化过程和水轮机的流量变化过程的合理匹配对减小水击压强是相当重要的，不合理的匹配可能过大的升压或降压，带来危险性。

减压阀和水轮机的流量匹配不当，在丢弃负荷的开始阶段和导叶关闭终了以后，还可能有较大的压降出现。在分段关闭情况，应注意丢弃部分负荷时的压降值可能超过丢弃全负荷情况。因此，对装有减压阀的水电站的水击问题必须给以应有的重视。除普通水电站的各种计算情况之外，还应注意研究以下情况：①一台减压阀失灵后的情况；②增加负荷或丢弃负荷的负水击；③水击压强沿整个引水道的分布；④丢弃部分负荷时的水击。

3.7 前 池

3.7.1 前池的组成建筑物

前池是引水渠道和压力管道之间的连接建筑物，具有调整和稳定水流、向压力管道均匀分配水量的作用。如电站有调节功能要求时，可将前池和调节池结合布置。调节池主要作用是：对一些有特殊调节任务的电站，如调峰电站，能提供发电水量；可降低前池的最大涌波高度。

某电站前池布置图如图 3.7-1 所示。前池一般由以下几个部分组成。

（1）池身及扩散段。前池的尺寸，决定于压力管道进口的布置和满足电站负荷变化调节流量的要求，一般比渠道大，因此常在渠道与前池之间设置扩散段。

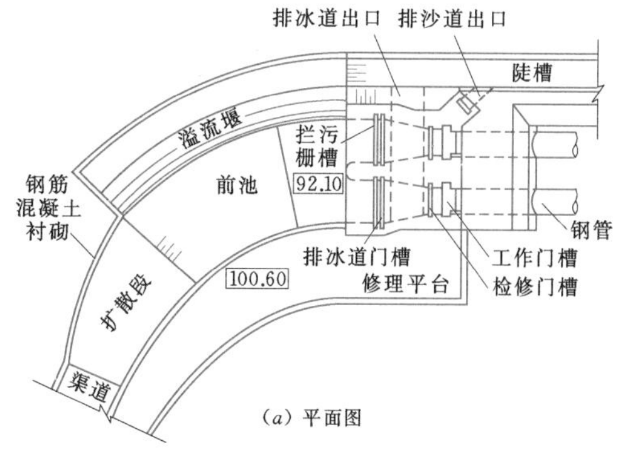

（a）平面图

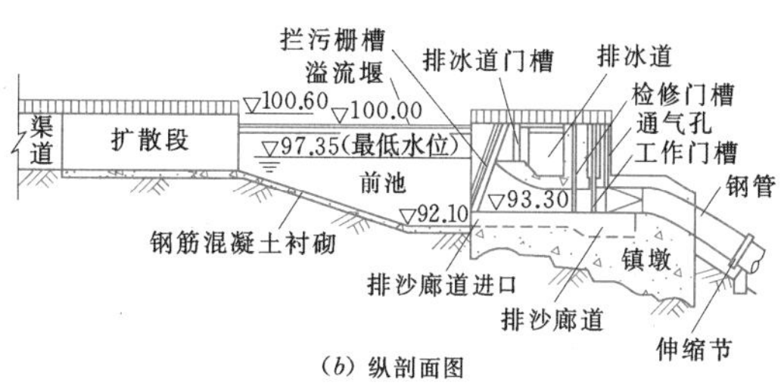

（b）纵剖面图

图 3.7-1 某电站前池布置图（单位：m）

（2）压力管道的进水口及其设备。压力管道的进水口一般属有压式进水口。进水口的结构和拦污栅、闸门、通气孔等参见第 1 章浮式进水口。常见的布置在山坡侧前池压力管道进水口的布置型式如图 3.7-2 所示。

（3）泄水建筑物。前池的泄水建筑物，其作用是宣泄负荷减少时的多余水量，并且有排冰、排污、冲砂和清淤等功能。

非自动调节渠道末端的泄水建筑物，应能保证在上游最高水位时宣泄经渠首进入渠道的最大流量，这时用运行时可能的最小水头损失计算。在自动调节的渠道中，泄流能力应满足水电站下游其他用水户需要。在部分自动调节情况下，它的泄流能力根据渠道建筑物关闭闸门需用的时间及引水渠道范围内的存水能力来估计。

泄水建筑物一般包括首部、泄槽和消力池三部分。

非自动调节渠道的泄水建筑物必须能自动泄水，其首部有以下三种型式：

1）无闸门的侧堰，其优点是简单可靠，并可排泄漂污物和流冰。缺点是溢流前缘较长。

2）有自动控制闸门的泄水闸，它的溢流前缘较短，但闸门及其启闭结构较复杂。

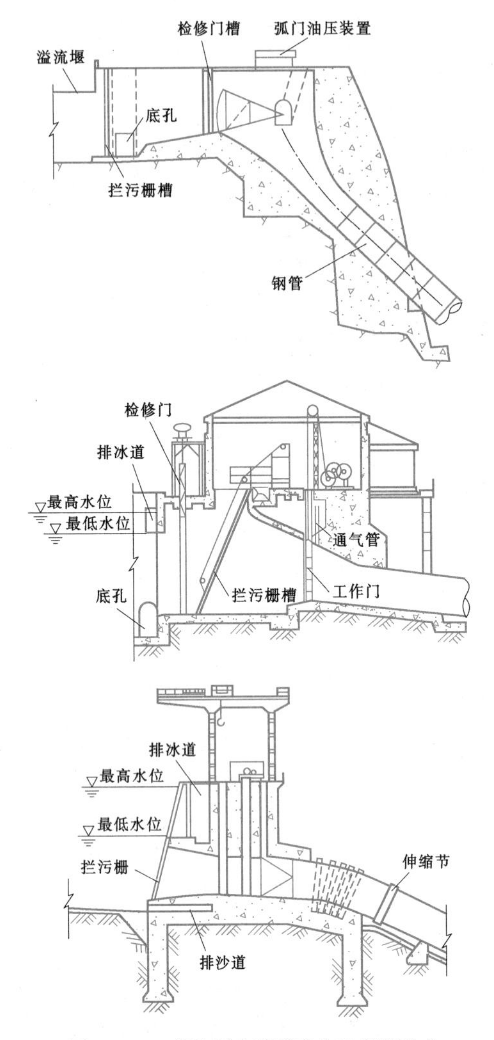

图 3.7-2 前池压力管道进水口布置型式

3）虹吸溢流堰，优点是泄水量大，且可自动开启或停止工作，缺点是开始或停止泄流都太快，有可能使水位升降、泄流、断流反复交替，影响渠道水位稳定，此外，它不能宣泄漂浮物，在严寒地区易被封冻。

泄槽应当把各种排向下游的水道（包括溢水道、溢冰道、冲沙道等）合并起来（见图 3.7-1），它的设计同河岸溢洪道或渠系建筑物中的陡坡和跌水。

泄槽末端应有消能设施。溢流道细部布置如图 3.7-3 所示。

（4）排沙建筑物。渠道中的水流进入前池后流速减小，挟带的泥沙将开始沉积，在有弯曲的前池凸墙附近的旋涡区内更为严重。因此，多泥沙河流上，常在压力管道进口底槛下设拦沙槛和冲沙孔，其可起冲沙和放水底孔的作用，如图 3.7-1 所示。冲沙孔的

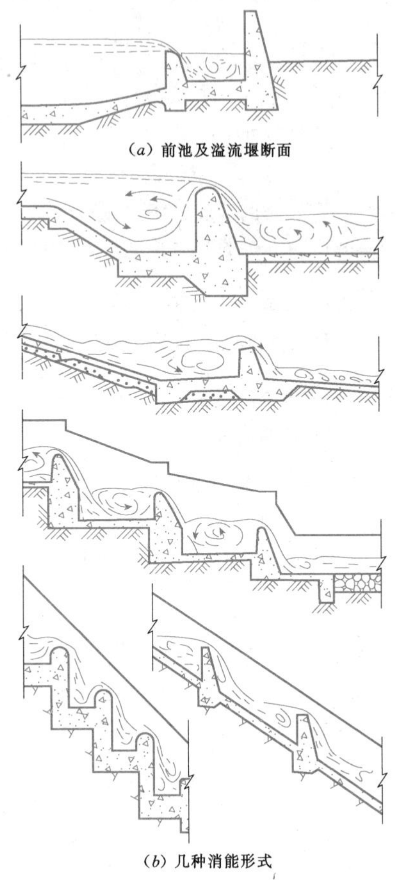

图 3.7-3 溢流道细部布置

出口设闸板或闸门并通入泄槽。排沙建筑物的布置应考虑能进行检修工作。

（5）拦冰及排冰设施。在气候寒冷地区，需要有拦冰和排冰设施，拦冰一般用导墙式浮排，溢冰道常和溢水道并列布置，可简化下游排泄问题，溢冰道可用叠梁或下降式平板闸门阻水，使冰块从门顶溢出，如图 3.7-4 所示，以节约耗水量。溢冰道的槛顶高程，应能在最低池水位时排冰。

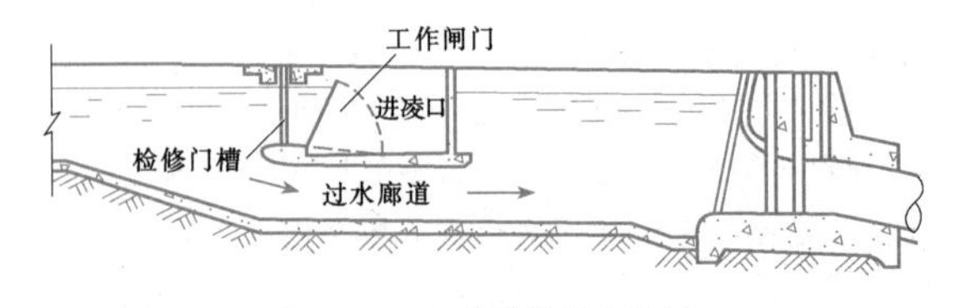

图 3.7-4 溢冰设施布置图

3.7.2 前池和调节池的布置

前池和调节池的布置应和渠道、压力管道、厂房及其本身泄水建筑物等的布置统一考虑，并注意以下几个方面。

3.7.2.1 地形地质的选择及地基稳定分析

前池应尽可能接近厂房，以缩短压力管道的长度，因此前池一般都在靠近河岸的陡坡上。但地形愈陡，则建造前池的土方工程量亦将随之增大，尤其是前池建造后，增加了建筑物和水的重量及水的推力，对山坡的稳定不利，渠道和前池的渗漏，又是促使山坡坍滑的主要因素。因此，要特别注意地基的稳定，把前池布置在稳定可靠的地基上。

在地基的稳定分析中要特别注意透水性强的土质及顺坡裂隙发育的岩层，如图 3.7-5 中 (*b*)、(*c*) 所示。在多裂隙的岩石中如有含水的黏土夹层，也会造成前池的坍滑现象，在图 3.7-5 (*a*)、(*b*) 两图中所标的 *A* 区，为渗流溢出坡面的危险区。因此，在渠道末端和前池本身，要用防渗材料衬护，必要时在基础内加设防渗和排水设施，如图 3.7-5 (*d*) 所示。

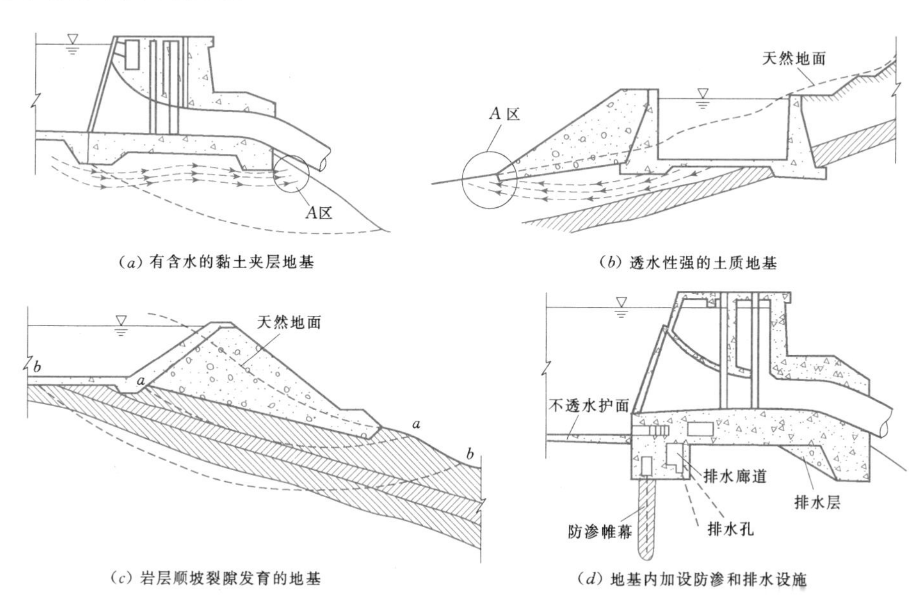

(*a*) 有含水的黏土夹层地基　(*b*) 透水性强的土质地基

(*c*) 岩层顺坡裂隙发育的地基　(*d*) 地基内加设防渗和排水设施

图 3.7-5 前池地基稳定分析示意图

3.7.2.2 前池与渠道及压力管道的布置

前池各建筑物的相对位置取决于地形、地质、渠道及压力管道等的布置情况。图 3.7-6 是前池的三种不同布置方案，图 3.7-6 (*a*) 中压力管道轴线和渠道方向一致，故进水平顺，在设有 *A*—*D* 拦冰槽时能引导漂浮物流向泄水道 *A*—*C*。图 3.7-6 (*b*)、(*c*) 两方案的压力管道轴线与渠道分别是斜交和垂直，*A*—*C* 处的泄水建筑物易于冲去拦污栅上的污物，但是压力管道由侧面进水，容易产生旋涡，要求进水口有较大的淹没深度。

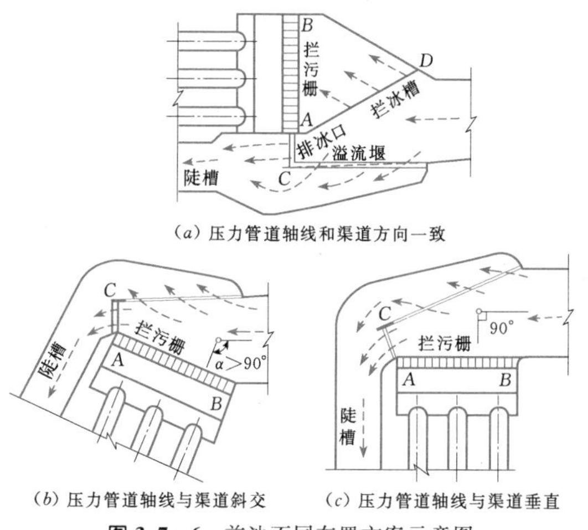

(*a*) 压力管道轴线和渠道方向一致

(*b*) 压力管道轴线与渠道斜交　(*c*) 压力管道轴线与渠道垂直

图 3.7-6 前池不同布置方案示意图

3.7.2.3 扩散段的布置及扩散角度

为了使压力管道进水口水流平顺，希望压力管道轴线与渠道轴线方向一致，接近前池一段的渠道是平直的。扩散段两侧墙的扩散角 β 不宜大于 12°，如图 3.7-7 (*a*) 所示。当渠道轴线与水管或前池轴线方向不一致时，如图 3.7-7 (*b*) 所示，或者前池轴线和渠道不一致时，如图 3.7-7 (*c*) 所示，在前池中均易产生旋涡，这将加大水头损失，并使个别水管进口被淤泥堵塞。可改进连接曲线和设导墙以改善这种现象，如图 3.7-7 (*e*) 中的 1—1，2—2，3—3 所示，a—a，b—b 为附加导流墙。有时为了缩短扩散段的长度，可在扩散段中加设分流墩，如图 3.7-7 (*d*) 所示，则前池扩散角可加大至 $(2\beta+\gamma)$，如设两个分流墩，则总扩散角可增至 $(3\beta+2\gamma)$。分流墩可用三角形的或流线型的。

前池的底部纵坡不宜陡于1∶5。

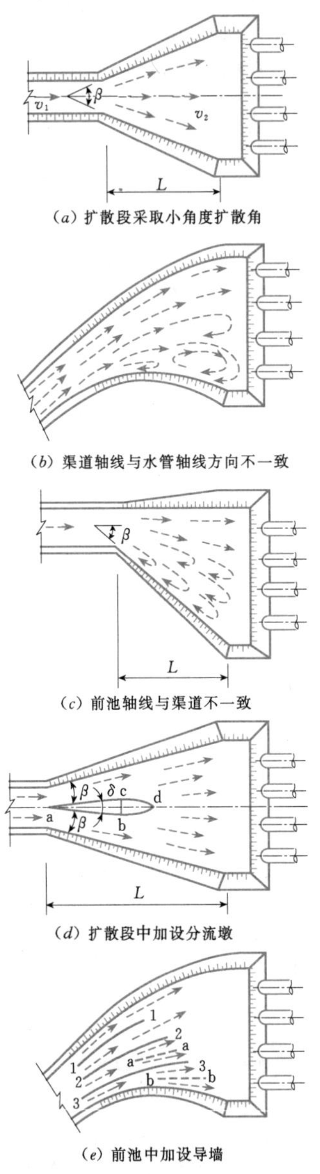

(a) 扩散段采取小角度扩散角

(b) 渠道轴线与水管轴线方向不一致

(c) 前池轴线与渠道不一致

(d) 扩散段中加设分流墩

(e) 前池中加设导墙

图3.7-7　前池形状对水流的影响示意图

3.7.2.4　前池的尺寸

前池的宽度，应根据压力管道的根数、直径及间距等确定；前池的深度，取决于压力管道的进口尺寸及其淹没深度。压力管道的进口应保证在前池最低水位时电站正常运行的情况下压力管道无空气进入。一般压力管道的顶部在最低负涌波水位以下的淹没深度可按深式进水口淹没深度要求确定，对小型水电站不得小于1.0m，对大中型水电站不得小于1.5m。

如前池有调节功能要求，应按调节池设计，其容积应能满足电站负荷变化时的调节需要。

前池的围墙等挡水建筑物的顶高，应在前池最高涌浪水位或溢流堰上最高水位以上加0.5～1.5m安全超高，也可按渠顶高程加0.1～0.3m确定前池顶高程，且不低于入池前渠道侧墙顶部高程，具体超高数值应结合涌波计算的精准度和前池溢水的危害程度确定。一般情况下，流量较大时应取用较大的安全超高；在前池上游有直线段的大型引水渠道并可能发生巨大风浪时，应有较大的超高；在前池设有溢流堰，能有效控制涌波水位时，可取较小超高。

3.7.2.5　调节池的布置

一般利用地形布置，可与渠道或前池结合，也可通过连接设施接入渠道或前池，调节池的位置越接近压力管道进水口，其效能越好。调节池同前池一样，布置时需要考虑稳定、防渗、防淤、防冰等问题。

调节池多利用洼地或人工围堤形成，也可根据需要开挖修建。对需要提供发电水量的调节池，其容积和消落深度应根据水源条件和电力系统日负荷曲线，结合实际情况，经水能分析和技术经济比较确定。

3.7.3　前池的涌波

前池的涌波计算是通过引水渠道非恒定流计算来实现的。最高涌波水位发生在电站突然丢弃负荷的情况下，最低涌波水位出现在电站增加负荷时。有了最高和最低涌波水位，就能确定前池和引水渠的顶部高程以及压力管道的进口高程。

3.7.3.1　突然丢弃负荷情况

突然丢弃负荷时的涌波情况如图3.7-8所示。在丢弃负荷前，电站引用流量为Q_{max}，渠道内为均匀流，水深为h_0，流速为v_0，渠道末水位在0点。丢弃全负荷后，水电站引用流量突然减为零，由于水的惯性作用，渠道中的水流仍以流速为v_0向前池末端流动，促使前池末端水位升高，出现涌波。此涌波以速度C向上游传播，波峰所到之处，渠道水位升高，流速减小。在波峰向上游传播的同时，前池末端水位不断升高，保持波面线近于水平。当波峰到达渠道进口后，由于水库开阔的水面，使涌波发生反射，反射波以速度C_1向下游传播，反射波所到之处消除了水面的继续上升，保持水面与渠道进口水位相平，前池末端水位继续升高至反射波到达前池末端为止，如图3.7-8中的点9，然后水位开始下降。点9为前池的最高水位，从而可决定前池和渠道堤顶高程。

3.7.3.2　突然增加负荷情况

突然增加负荷时的涌波情况如图3.7-9所示。增加负荷前，渠中水位线为0线，当电站负荷突然增

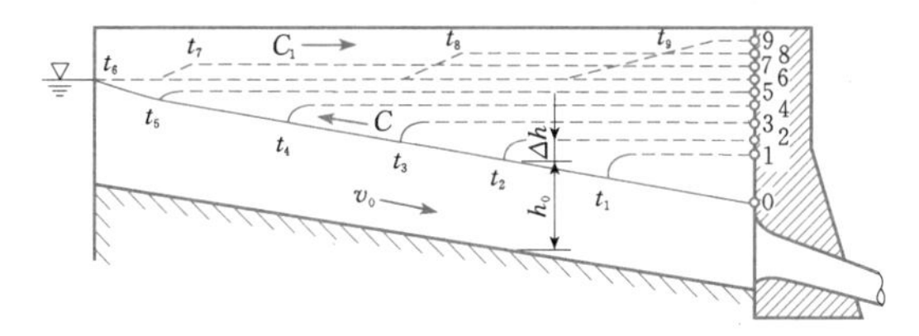

图 3.7-8 丢弃负荷后渠道内的非恒定流情况

加后，渠道中的水流由于惯性作用，仍以原来流速向前池流动，前池末端出现负涌波。此负涌波向上游传播，至渠首后发生反射，折回前池。前池末的最低水位，出现在反射波到达之时，即图 3.7-9 中点 7，从而可决定压力管道的进口高程。

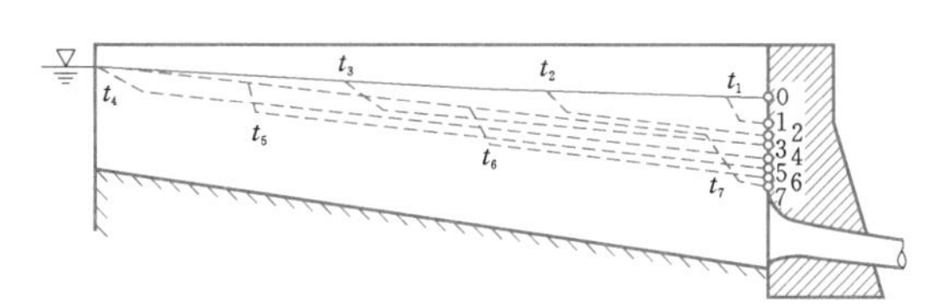

图 3.7-9 增加负荷后渠道内的非恒定流情况

3.7.3.3 前池涌波计算公式

1. 利用基本方程计算

按明渠非恒定流的基本方程—圣维南方程进行涌波计算。对任一形状断面棱柱体明渠，其运动方程和连续方程为

$$\frac{\partial v}{\partial t}+v\frac{\partial v}{\partial x}+g\frac{\partial h}{\partial x}=g(i_0-i_f)+\frac{q}{A}(v_q-v) \tag{3.7-1}$$

$$\frac{\partial A}{\partial t}+\frac{\partial Q}{\partial x}=q \tag{3.7-2}$$

式中 A——横断面面积，m²；

Q——流量，m³/s；

v——平均流速，m/s；

h——水深，m；

i_0——渠底纵坡；

i_f——水力摩擦坡度；

t——时间，s；

x——沿渠底度量的距离，向下游为正，m；

g——重力加速度，m/s²；

q——横向进流量，入流为正，出流为负，m³/(s·m)；

v_q——横向进流流速沿下游方向的分量，m/s。

对于求解的水电站引水渠道中的涌波，其差分格式应满足相容性、收敛性、稳定性及幅度耗散性。

计算的初始条件：渠道恒定流时的流速和水深。上游边界条件：一般假定上游水位为常数，这对于自动调节渠道是适宜的；对非自动调节渠道（通常设有侧堰）或有调节池布置的情况，宜按实际情况建立其上游边界条件。下游边界条件：一般为出流量变化条件，此时忽略压力管道中水的弹性，假定机组过流量的变化就是前池出流量的变化。

2. 利用行进波方程计算

对于自动调节渠道，水电站突然甩负荷或增荷时，在引水渠道系统中所产生的正涌波或负涌波，也可用行进波方法来计算。

行进波所携带的流量——波流量可用下式确定：

$$\Delta Q_n=C_nB'_n\xi_n \tag{3.7-3}$$

波相对于地面的传播速度的公式为

$$C_n=\sqrt{g\frac{A_{n0}}{B'_n}\left(1\pm\frac{3B'_n}{2A_{n0}}\xi_n\right)}\pm v_{n0} \tag{3.7-4}$$

$$B'_n=B_{n0}+m\xi_n \tag{3.7-5}$$

式中 ξ_n——涌波高度，m；

B'_n——过水断面在半波高处的顶宽，m；

m——梯形断面的边坡系数；

B_{n0}——断面 n—n 处初始的水面宽度，m；

A_{n0}——断面 n—n 处初始的过水断面面积，m²；

v_{n0}——断面 n—n 处初始的平均流速，m/s。

脚标"n"代表断面序号，例如，n 为 0 时代表起点断面 0—0，对起点断面 0—0，式（3.7-4）中的各参数应写成：ξ_0，B'_0，B_{00}，A_{00} 和 v_{00}。

式（3.7-4）中的"±"号，对于逆行波根号外取"－"号，对于顺行波根号外取"＋"号；对正涌波根号内取"＋"号，对负涌波根号内取"－"号。电站突然甩负荷在引水渠道系统中产生逆行正涌波，而突然增荷时产生逆行负涌波。

电站突然甩负荷时，前池最高水位计算可按以下三个阶段进行。

第一阶段，计算逆行正涌波从渠末 0—0 断面传播到渠首 L—L 断面所需的时间 T_1。

当电站突然甩负荷时，流量从原来的 Q_0 减至 Q'_0，于是有 $\Delta Q=Q_0-Q'_0$，再利用电站正常运行时的水面线和相应的水力要素作为初始条件，代入式（3.7-3）和式（3.7-4）联立求解，找出起点断面 0—0 相应于甩负荷时刻的初始波高 ξ_0 和波速 C_0，如图 3.7-10 所示。

把全部渠道分为若干段。例如，距渠道末端为 S_n 的断面 n 和距渠道末端断面为 S_{n+1} 的断面 $n+1$，就组成一个渠段，其长度为 $l=S_{n+1}-S_n$。

利用波额从 n 断面行进到 $n+1$ 断面（所需时间为 Δt_n）的连续方程为

$$\Delta Q_0\Delta t_n=W_{n+1}-W_n \tag{3.7-6}$$

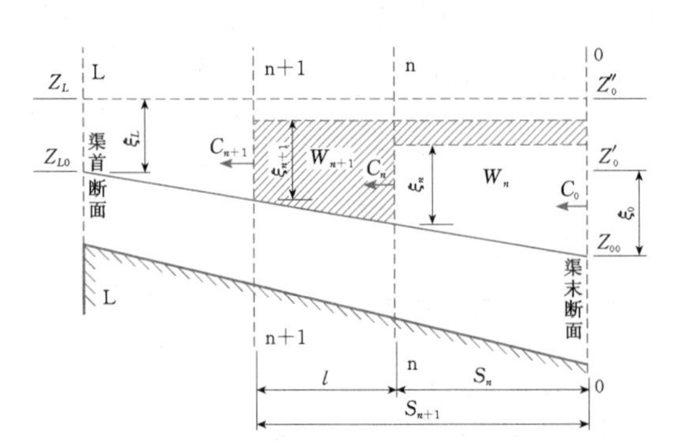

图 3.7-10 水电站突然甩负荷时涌波分析示意图

式(3.7-6)等号右边即为图 3.7-10 中的阴影线部分的体积。

$$\Delta t_n = \frac{2l}{C_n + C_{n+1}} \quad (3.7-7)$$

由此，C_{n+1}可表示为

$$C_{n+1} = \frac{2l\Delta Q_0}{W_{n+1} - W_n} - C_n \quad (3.7-8)$$

而

$$W_n = \frac{1}{3}S_n(f_{0,n} + f_n + \sqrt{f_{0,n}f_n})$$

$$W_{n+1} = \frac{1}{3}S_{n+1}(f_{0,n+1} + f_{n+1} + \sqrt{f_{0,n+1}f_{n+1}}) \quad (3.7-9)$$

且

$$f_{0,n+1} = [B_{00} + m(\xi_{n+1} + \Delta_{n+1})](\xi_{n+1} + \Delta_{n+1}) \quad (3.7-10)$$

$$f_{n+1} = (B_{n+1,0} + m\xi_{n+1})\xi_{n+1} \quad (3.7-11)$$

式中 $f_{0,n}$、$f_{0,n+1}$——涌波到达断面 n 和断面 n+1 处时 0—0 断面的波面积，m^2；

f_n、f_{n+1}——涌波在断面 n 和断面 n+1 处的波面积，m^2；

$B_{n+1,0}$——断面 n+1 处初始的水面宽度，m；

Δ_{n+1}——断面 n+1 和断面 0—0 间初始的水面落差，m。

任设一个 ξ_{n+1}值进行计算，直到所设的 ξ_{n+1}满足式(3.7-4)和式(3.7-8)所求出的 C_{n+1}值相等为止。依次求出沿程各断面的 ξ 值和渠首断面 L—L 的 ξ_L 值。

逆行正涌波传播到渠首断面的总历时

$$T_1 = \sum_{i=1}^{k}\Delta t_i \quad (3.7-12)$$

式中 k——所分渠段的数目；

Δt_i——各渠段长度内涌波的行进时间，s。

在 $t=T_1$ 时刻，渠首断面的水位

$$Z_L = Z_{L0} + \xi_L \quad (3.7-13)$$

式中 Z_{L0}——断面 L—L 处初始的水位，m。

而前池处有

$$Z_0'' = Z_L \quad (3.7-14)$$

第二阶段，计算反射波(顺行负涌波)由断面 L—L 传播到断面 0—0 所需的时间 T_2。波流量为

$$Q_L = Q_0 - C_L B_L' \xi_L \quad (3.7-15)$$

式中 B_L'——断面 L—L 在逆行正涌波半波高处的过水断面宽度，m。

反射波的传播速度可采用简化了的公式，即：

$$C_n = \sqrt{g\frac{A_{nL}}{B_{nL}}} + \frac{Q_L}{A_{nL}} \quad (3.7-16)$$

式中 A_{nL}、B_{nL}——当渠中水位为 Z_L 时，任一断面 n—n 处的过水断面积和断面顶宽。

将式(3.7-16)中各量的下标 n 换成 $n+1$ 便可求出相应的 C_{n+1}。仍像计算逆行正涌波那样，求出各段的涌波平均传播速度 $\overline{C}$，$\overline{C} = \frac{1}{2}(C_n + C_{n+1})$，渠段长 l_i 所需的时间 Δt_i，进而求出反射波从断面 L—L 推进到断面 0—0 所需的时间为

$$T_2 = \sum_{i=1}^{k}\Delta t_i \quad (3.7-17)$$

涌波往返一次的总历时为

$$T_0 = T_1 + T_2 \quad (3.7-18)$$

第三阶段，绘制关系曲线 $Z_0 = f(t)$，如图 3.7-11 所示，从中查取断面 0—0 处的最高水位 Z''_{0max}。图 3.7-11 中的 Z_{00} 为断面 0—0 处未受扰动的初始水位，$Z_0' = Z_{00} + \xi_0$ 为突然甩负荷后的瞬间升高水位。

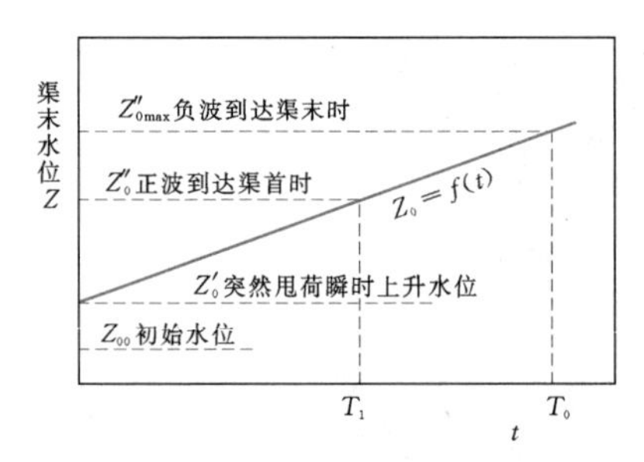

图 3.7-11 渠末水位随时间变化关系图

电站突然增荷时，前池—引水渠道系统最低水位计算，如图 3.7-12 所示，其方法与电站减负荷时计算相类似，只是应先计算逆行负涌波，然后再计算顺行正涌波(即反射波)，在反射波到达该断面时出现最低水位。计算仍可分为三个阶段。

第一阶段仍是用式(3.7-3)和式(3.7-4)计算出断面 0—0 相应于电站增加负荷时刻的波高 ξ_0 和波速 C_0。这时，如果初始流量 $Q_0=0$，则应当有 v_{00}

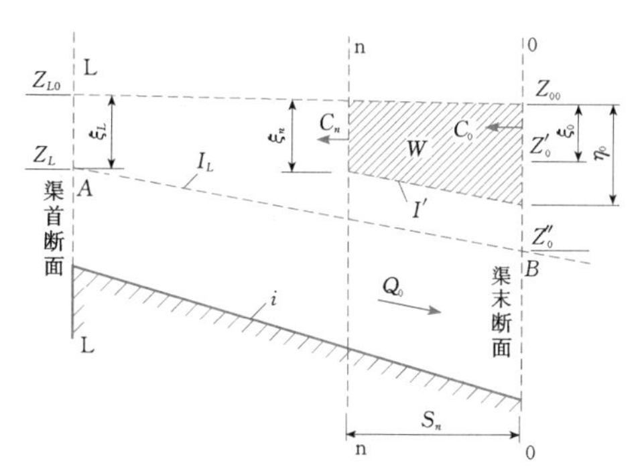

图 3.7-12　水电站突然增负荷时涌波分析示意图

=0。显然，断面 0—0 在电站突然增加负荷以后的瞬时降低水位高程（见图 3.7-12）为

$$Z'_0 = Z_{00} - \xi_0 \qquad (3.7-19)$$

利用下列简化公式决定水量 W_n：

$$W_n = \frac{1}{4}S_n(\xi_n + \eta_0)(B_{n0} + B_{00}) \qquad (3.7-20)$$

$$\eta_0 = \frac{4\Delta Q_0}{\overline{C}(B_{n0} + B_{00})} - \xi_n \qquad (3.7-21)$$

式中　B_{n0}、B_{00}——断面 n—n 和 0—0 处初始的水面宽度；

η_0——在断面 0—0 处相应于 Δt_n 时段末的水位下降值；

$\overline{C}$——两断面间涌波的平均传播速度。

根据断面 n—n 和断面 0—0 间的流量连续条件和缓变流动条件，可得

$$\Delta Q'_n = 2\overline{K}\sqrt{I'} - 2Q_0 - \Delta Q_0 \qquad (3.7-22)$$

$$I' = \frac{\eta_0 + \Delta_n - \xi_n}{S_n}$$

$$\overline{K} = \frac{1}{n}\overline{A}\,\overline{R}^{\frac{2}{3}}\sqrt{I'}$$

式中　$\overline{K}$——计算段流量模数的平均值；

$\overline{A}$、$\overline{R}$——该段平均水深对应的过水断面面积和水力半径；

n——曼宁粗糙系数；

I'——坡降；

Δ_n——断面 n—n 和断面 0—0 间自由水面初始的降落差值。

借助上述方法，任设一个 ξ_n 值进行计算，直到所设的 ξ_n 值也同时满足式（3.7-4）所求出的 C_n 值为止。并依次求出沿程各断面的 ξ_n 值和渠首断面 L—L 的 ξ_L 值。逆行负涌波传播到断面 L—L 的总历时

$$T_1 = \sum_{i=1}^{k}\Delta t_i \qquad (3.7-23)$$

当 $t=T_1$ 时刻，渠首断面 L—L 的水位

$$Z_L = Z_{L0} - \xi_L \qquad (3.7-24)$$

随着逆行负涌波向上游推进，在断面 0—0 处的水位将不断下降，利用波传播到渠首断面 L—L 时在断面 0—0 处的水位下降值 η_0，可求得断面 0—0 处此时的水位 Z''_0，$Z''_0 = Z_{00} - \eta_0$。

第二阶段，计算反射波（顺行正涌波），而已知断面的最低水位高程包括断面 0—0 在内，将在反射波到达该断面的时刻发生。计算时假定：正涌波推进时，自由水面曲线呈直线状，如图 3.7-12 所示的 AB，其坡降由下式决定：

$$I_L = \frac{Z_L - Z''_0}{L} \qquad (3.7-25)$$

且在正涌波推进的全部时间内，波流量保持不变，并等于断面 L—L 在负波到达该断面时的流量，即

$$Q_L = Q_0 + C_L B'_L \xi_L \qquad (3.7-26)$$

反射波的传播速度仍采用式（3.7-16）计算。逐段计算出负涌波通过各渠段所需的时间。求出反射波从断面 L—L 推进到断面 0—0 的时间 T_2，见式（3.7-17）；进而得到涌波往返一次的总历时 T_0，见式（3.7-18）。

第三阶段，绘制 $Z_0 = f(t)$ 关系图，如图 3.7-13 所示，从中查取断面 0—0 处的最低水位 $Z_{0\min}$。

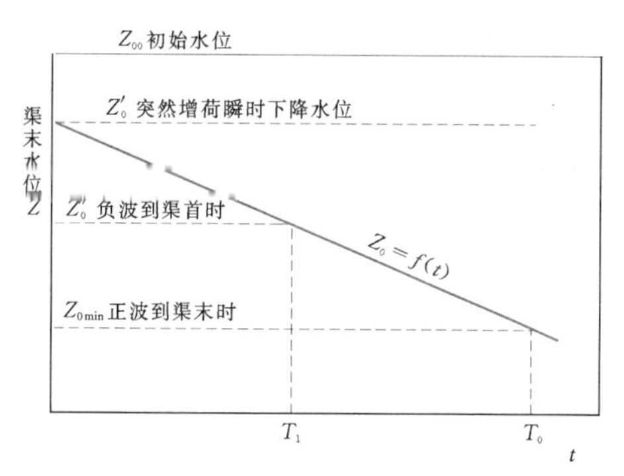

图 3.7-13　渠末水位随时间变化关系图

3. 利用简化方程计算

对前池的最大涌波值 ξ 可利用简化方程进行估算。

当矩形渠道水深为 h 时，流速可按下式确定：

$$v = v_0 - 2\times(\sqrt{gh} - \sqrt{gh_0}) \qquad (3.7-27)$$

式中　v_0、v——渠道的起始流速和变化后的流速；

h_0、h——渠道的起始水深和变化后的水深，$h = h_0 + \xi$。

对于梯形断面渠道，在式（3.7-27）中应以 $\frac{A_0}{B'}$ 代 h_0，$\frac{A}{B'}$ 代 h，A_0 和 A 为对应于 h_0 和 h 的过水断面，B' 为半波高处的水面宽。

用下面两例题，说明式（3.7-27）的用法。

例1：设矩形断面渠道，单宽流量 $q=4m^3/(s\cdot m)$，水深 $h_0=2m$，求丢弃全负荷时的波高。

初始流速 $v_0=\frac{q}{h_0}=\frac{4}{2}=2(m/s)$，丢弃负荷后的流速 $v=0$。

代入式（3.7-27），解得 $h=3m$，波高 $\xi=h-h_0=1m$。

例2：矩形渠道的底宽 $B=10m$，渠中水深 $h_0=3m$，增加负荷使渠道流量由零增至 $50m^3/s$，求最大水位下降。

增加负荷后渠道中的流速 $V=50/(10h)=5/h$，$v_0=0$。

代入式（3.7-27）得 $h=1.65m$。

水位下降为

$$\xi=h_0-h=3-1.65=1.35(m)$$

参考文献

[1] 马善定，汪如泽．水电站建筑物．2版［M］．北京：中国水利水电出版社，1996.

[2] 杨建东，詹佳佳，蒋琪．机组转速升高率的若干因素探讨［J］．水力发电学报，2002，26（2）：147-152.

[3] 朱承军，杨建东．复杂输水系统中恒定流的数学模拟［J］．水利学报，1998，12（12）：60-65.

[4] 杨建东．导叶关闭规律的优化及对水力过渡过程的影响［J］．水力发电学报，1999，（2）：75-83.

[5] 河海大学水利水电学院．溪洛渡水电站尾水系统水力模型试验研究报告，2006.

[6] 刘启钊，彭守拙．水电站调压室［M］．北京：中国水利水电出版社，1995.

[7] 华东水利学院．水工设计手册：第七卷 水电站建筑物［M］．北京：水利电力出版社，1989.

[8] 刘启钊．水电站．3版［M］．北京：中国水利水电出版社，1998.

[9] 潘家铮．水工隧洞和调压室—调压室部分［M］．北京：水利电力出版社，1992.

[10] E. Benjamin Wylie and Victor L，Streeter with Lisheng Suo，Fluid Transients in Systems［M］，Prentice - Hall，Inc. Englewood Cliffs，New Jersey，USA，1993.

[11] 刘颖．圆柱函数［M］．北京：国防工业出版社，1983.

[12] 杨建东，陈鉴治，陈文斌，李世熙．水电站变顶高尾水洞体型研究［J］．水利学报，1998，（3）：9-12.

[13] 李进平．水电站地下厂房变顶高尾水系统模型试验与数值分析［D］．武汉大学博士学位论文，2005，11.

[14] 季盛林，刘国柱．水轮机．2版［M］．北京：水利电力出版社，1986.

[15] 陈乃祥．水利水电工程的水力瞬变仿真与控制［M］．北京：中国水利水电出版社，2005.

[16] 水电站机电设计手册编写组．水电站机电设计手册［M］．北京：水利电力出版社，1983.

[17] DL/T 5058—1996 水电站调压室设计规范［M］．北京：中国电力出版社，1996.

[18] DL/T 5079—2007 水电站引水渠及前池设计规范［M］．北京：中国电力出版社，2007.

第4章

压 力 管 道

本章以第1版《水工设计手册》框架为基础，内容调整和修订主要包括七个方面：①增加了波纹管伸缩节的基本构造和设计标准；②增加了降低地下埋管外水压力的各种工程措施和确定外水压力荷载的方法及国内外工程实践；③增加了坝后背管及过缝措施的设计与工程实践；④增加了钢筋混凝土管道PCCP管的设计方法和相关工艺；⑤贴边岔管增加了面积补偿法和圆环法等设计方法；⑥增加了地下埋藏式钢岔管与围岩联合承载的设计准则；⑦增加了钢衬钢筋混凝土岔管设计方法。

章主编　伍鹤皋

章主审　马善定　胡克让　石维新

本章各节编写及审稿人员

<table>
<tr><th>节次</th><th>编　写　人</th><th>审稿人</th></tr>
<tr><td>4.1</td><td>伍鹤皋</td><td rowspan="2">马善定</td></tr>
<tr><td>4.2</td><td>伍鹤皋　王志国</td></tr>
<tr><td>4.3</td><td>周建旭</td><td>刘启钊</td></tr>
<tr><td>4.4</td><td>王建华</td><td>胡克让</td></tr>
<tr><td>4.5</td><td>伍鹤皋　苏　凯</td><td>马善定</td></tr>
<tr><td>4.6</td><td>熊春耕　邱树先</td><td>李佛炎</td></tr>
<tr><td>4.7</td><td>王东黎　杨进新</td><td>石维新</td></tr>
<tr><td>4.8</td><td>刘兴宁　古瑞昌　王志国　伍鹤皋</td><td>姚元成</td></tr>
</table>

第4章 压力管道

4.1 概述

水电站建筑物中的压力管道指从水库或平水建筑物（前池或调压室）将水流在有压状态下输送给水轮机或其他设备的管道，一般可以用 *HD* 值（压力管道承受的水头与直径的乘积）来描述其规模的大小和制造工艺的难易程度。根据材料可分为钢管、钢筋混凝土管和钢衬钢筋混凝土管三类。

钢管按结构型式可分为以下几类：

（1）明钢管。暴露于大气之中的钢管（包括设在地下洞室内的明管）。

（2）地下埋管。置于岩石洞室中、钢管与围岩之间回填混凝土的钢管。

（3）坝内埋管。埋置于坝体混凝土中的钢管。

（4）钢衬钢筋混凝土管。分为坝上游面管、坝下游面管（简称背管）和山坡上的钢衬钢筋混凝土管三类。

（5）回填管。埋在沟内并回填土的钢管。

钢筋混凝土管有普通钢筋混凝土管和预应力钢筋混凝土管（又称 PCCP 管）两类。根据布置型式的不同，又可以分成地面式、回填式和地下埋藏式三种型式。

本章仅列出前四种型式钢管和钢筋混凝土管道以及分岔管的设计理论与方法，其他管型可参照相关章节或规范标准进行设计。比如，地下埋藏式钢筋混凝土管道的设计可参见本卷第 2 章和第 6 章相关的内容，回填式钢管可参照中国工程建设标准化协会颁布的 CECS 141—2002《给水排水工程埋地钢管管道结构设计规程》[2]。

4.2 一般设计规定

4.2.1 布置要求和经济直径

4.2.1.1 布置要求

钢管的根数应根据机组台数和容量、管道型式和长度、制作安装水平、运输条件和电站在系统中的地位等，经技术经济比较确定。

压力管道的供水方式包括单元供水、集中供水和分组供水。管道较短，单机流量较大，特别是坝内钢管，宜采用单元供水。管道较长，单机流量不太大，特别是较长的地下埋管，宜采用集中供水。如压力管道较长，电站总容量较大，机组台数较多，采用单一管道集中供水有困难时，也可采用数根钢管、每根钢管各向数台机组供水的分组供水方式。

压力管道的进口一般应设事故闸门或阀门。对一管多机供水方式，在各分岔支管的末端应设事故阀门。闸门和阀门的下游应有通气孔和通气阀。钢管宜设过流保护装置。

钢管布置路线应结合地形地质条件和工程总体布置的要求统一考虑确定，原则上宜短而直，少转弯和曲折，减少水头损失，力求经济和便于施工及管理。

4.2.1.2 经济直径

钢管的直径应根据技术经济比较确定。钢管的经济直径可按下式初步确定：

$$D=\sqrt[7]{\frac{KQ_{max}^{3}}{H}} \qquad (4.2-1)$$

式中 K——计算系数，在 5～15 之间，常取 5.2（钢材较贵、电价较廉时 K 取较小值）；

D——钢管直径，m；

Q_{max}——钢管的最大设计流量，m^3/s；

H——电站设计水头，m。

钢管内的经济流速一般为 4～6m/s。

4.2.2 一般构造要求

钢管的壁厚一般经结构分析确定。管壁的结构厚度取为计算厚度加 2mm 的锈蚀厚度，但不宜小于下式数值，也不宜小于 6mm，以保证必需的刚度。钢管壁厚按下式计算：

$$t\geqslant\frac{D}{800}+4 \qquad (4.2-2)$$

式中 t——钢管壁厚，mm；

D——钢管直径，mm。

为了节约钢材，较长的管道可根据内压的变化分段采用不同的直径，每段又可以采用几种管壁厚度。变径段锥管的半锥角不宜超过 7°。管壁厚度级差可取

2mm，若厚度差超过4mm时，可用1∶3削坡过渡。对于埋管而言，壁厚变化处宜保持钢管内径不变；对于明钢管而言，壁厚变化处则宜保持钢管外径不变。

钢管的纵缝一般在工厂焊接，然后将管段运至工地并用环向焊缝连接。连接时各管段的纵缝应该错开，并避开横断面垂直直径和水平直径上应力较大的部位。纵缝与轴线的夹角应不小于10°。环向焊缝的间距应不小于500mm，以免焊缝效应互相影响（岔管等特殊结构应按规范处理）。钢管规范按重要性将焊缝分为三类：第一类为主要受力焊缝，包括管壁的纵缝、厂内管道的环缝、岔管的纵横焊缝和加固构件与管壳的焊缝等；第二类为次要受力焊缝，包括管壁环缝、加劲构件与管壳的焊缝等；第三类为其他受力小、易于修复的焊缝。第一类焊缝规定超声波的探伤抽查率为100%，或不用超声波，单用射线探伤不低于25%（碳素钢和低合金钢）～40%（高强钢）；第二类焊缝的相应抽查率为50%（超声波）和20%（射线）。

为了消除辊卷和焊接引起的残余应力，符合下列条件之一者应在卷板和焊接后作消除应力热处理：

（1）结构厚度超过下列数值。Q235和20R为42mm，Q345为38mm，Q390为36mm。

（2）冷加工成型管节钢板厚度t超过下列范围。Q235和Q345的$t \geqslant D/33$，Q390的$t \geqslant D/40$。

（3）岔管等形状特殊的构件。

当管壁抗外压稳定不足时，在管的外围设加劲环。加劲环的间距和断面尺寸根据计算确定，断面可采用矩形或T形。

对于管壁较薄而无加劲环之钢管，运输和施工时应加内支撑。钢管竣工后的椭圆度（相互垂直的两个管径的最大差值与标准管径之比）不得超过0.5%。

4.2.3 材料和允许应力

4.2.3.1 材料

水电站压力钢管所用钢材应根据钢管结构型式、钢管规模、使用温度、钢材性能、制作安装工艺要求以及经济合理等因素选定。

1. 钢材选择

压力钢管用钢首先应具有足够强度要求；其次要有良好的塑性和韧性；同时还要具有优良的焊接性。从目前已建和在建的高压钢管来看，较多使用的钢材大致有：普通碳素钢、普通低合金钢、调质高强钢几种。

（1）普通碳素钢。碳素钢的强度和其他性能，主要取决于钢的金相组织。一般焊接用的轧制钢材含碳量均在0.25%以下，即低碳钢。低碳钢经热轧空冷后，其组织为铁素体和珠光体，硬度较低，塑性较好。由于低碳钢所具有的良好性能，因此被广泛应用于水电站压力管道。但受其强度限制，对地下埋管而言，其应用上限HD为1500m^{2}左右。此外，还应注意的是含碳量在0.2%左右的低碳钢，其脆性转变温度一般是在室温附近，其范围也较窄，故在低温环境下工作的钢管应慎用。

按照GB 700—2006《碳素结构钢》，压力钢管主要受力构件（包括管壁、支承环、岔管加强构件等）可采用Q235－C、D级碳素结构钢。

（2）普通低合金钢。普通低合金钢一般主要是在普通低碳钢中，增加了作为脱氧剂的硅和锰的含量，或加入钒、铌、钛等微量合金元素，以改善钢的性能。硅能提高钢中固溶体的硬度和强度。锰在低合金钢中起到强化铁素体和珠光体的作用，也相应提高了珠光体的强度，但硅、锰含量过多有损于韧性，所以要控制硅在0.55%以下，锰在1.6%以下。钒在普通低碳钢中主要是细化晶粒，增加钢的强度和低温韧性，并能改善钢的焊接性能。钛有细化晶粒的作用。铌的主要作用是细化晶粒，降低热敏感性和回火脆性，在钢中加微量的铌能提高其屈服强度和冲击韧性，降低其脆性转变温度，并改善其焊接性。普通低合金钢的金相组织亦为铁素体和珠光体，也具有优良的塑性和焊接性能。

普通低合金钢属500MPa级钢材范畴。对地下埋管而言，其应用上限HD为2000m^{2}左右。按照GB 713—2008《锅炉和压力容器用钢板》，可采用下列钢种：Q345－C、D及Q390－C、D级低合金结构钢；Q345R等压力容器钢。

（3）调质钢。调质钢系经淬火加回火处理的相变强化材料，淬火以提高钢的强度，回火以增加其韧性。回火马氏体本质是细微的碳化物颗粒，弥散均匀地分布在铁素体的基体里，使钢可以获得很高的综合力学性能。但恰因为这类钢具有较高的淬硬性且又经过回火处理，因此必须严格控制焊接工艺，以防恶化热影响区材质。调质钢又因其合金成分和含量之不同而分为不同类别，兹分述如下。

1）Si－Mn系列调质钢。对Si－Mn系列钢材，进行淬火加回火处理可获得屈服强度达500MPa以上的钢材，日本生产的SM570Q和美国的A537CL2均属此类钢种，它具有良好的焊接性能，脆性破坏危险性小。因此，自20世纪70年代以来，在日本的蓄能电站压力钢管中得到广泛应用。近来在我国的大型压力钢管中也被较多采用。这类钢材的适用最大HD值约为3000m^2。

2）CF（Crack Free）容器钢。CF钢属于低碳、

低合金调质钢，含碳量很低（＜0.09%），合金元素含量较少，因此其焊接裂纹敏感性系数 P_{CM}（＜0.20%）低于其他钢种。焊接不易出现各种裂纹。这种钢目前已大量生产的主要是 600MPa 级，如日本的 WELTEN60CF 及 62CF，美国的 A678GrD 等，中国的 WDL610CF 等。

这类钢在日本主要用于化工、石油容器，尚未了解到用于水电站压力钢管的实例。据了解，日本在压力钢管中未使用 CF 钢的原因主要是，对 SM570Q 钢已有丰富使用经验，其价格又较 CF 钢低，且对于地下埋管而言，施工环境差、湿度大，即使应用 CF 钢也必须进行焊前预热，并不能发挥其优势。

3）高强调质钢。这里主要指的是在国际上已广泛应用并已列入正式标准的 800MPa 级的高强钢，如日本的 SHY685 系列，美国的 ASTM A517GrF 钢，以及欧洲的 S690Q 系列。至于 1000MPa 级钢目前已经在工程上采用，比如日本的神流川和小丸川抽水蓄能电站。

高强调质钢含有多种合金元素。除硅锰外它添加了铜、铬、钼、钒、硼等微量元素，也有加入镍的钢种。合金元素对调质钢力学性能的影响，主要是通过它们对淬硬性和回火性而起作用的。镍可以降低钢的低温脆性转变温度，改善钢的低温性能，特别是韧性。

由于这种钢含有改善钢材性能的合金成分，又经过调质处理成为回火马氏体组织，因此它既有高的强度，又有良好的韧性，很适合于大 HD 值的压力钢管（可达 4500m²）。

按照 GB 19189—2011《压力容器用调质高强度钢板》，可采用下列钢种：07MnCrMoVR、07MnNiCrMoVDR 等压力容器用调质高强度钢。

2. 钢材的保证条件

压力钢管用钢材的保证条件，除满足钢材国家标准规定的化学成分和力学性能等技术要求以外，还应满足下列条件。

（1）需经冷弯的构件应进行冷弯试验。

（2）需经焊接的构件，应保证焊接性及焊接接头部位的韧性，包括所用的焊材与母材及焊接方法、焊接工艺等相匹配。焊接接头的强度不应低于母材强度标准值。

（3）冲击韧性指标、冲击试验温度和取样部位及取样方向等，应按相应钢材国家标准的规定执行，各工程亦可根据具体运行条件另提补充要求。

（4）各工程根据具体运行条件，经论证后对主要受力构件钢材的应变时效敏感性系数提出要求。

（5）对调质状态交货的 07MnCrMoVR、07MnNiCrMoVDR 钢板，其技术要求和取样方法应按 GB 19819 的规定执行。

（6）对沿钢板厚度方向受拉的构件，应对 Z 向性能提出要求。其钢材的技术要求应符合现行国家标准 GB/T 5313—85《厚度方向性能钢板》的规定，且对每一张原轧制钢板进行检验。如内加强月牙肋岔管肋板，其 Z 向性能要求如下：板厚为 $35\leqslant t<70$、$70\leqslant t<110$、$110\leqslant t<150$（mm）的钢板要求 Z 向性能级别分别为 Z15、Z25、Z35。

（7）钢板的超声波检测可根据工程实际情况提出具体要求。

4.2.3.2　允许应力

钢管在各种作用效应（荷载）组合情况下的计算应力应满足以下强度条件。

（1）按空间结构计算应满足下式：

$$\sqrt{\sigma_\theta^2+\sigma_x^2+\sigma_r^2-\sigma_\theta\sigma_x-\sigma_\theta\sigma_r-\sigma_x\sigma_r+3(\tau_{\theta x}^2+\tau_{\theta r}^2+\tau_{xr}^2)}\leqslant \varphi[\sigma]\text{或}\sigma_R \tag{4.2-3}$$

（2）按平面问题计算，亦可简化为

$$\sqrt{\sigma_\theta^2+\sigma_x^2-\sigma_\theta\sigma_x+3\tau_{\theta x}^2}\leqslant \varphi[\sigma]\text{或}\sigma_R \tag{4.2-4}$$

式（4.2-3）和式（4.2-4）中 $[\sigma]$ 或 σ_R 分别代表 SL 281—2003《水电站压力钢管设计规范》中的允许应力和 DL/T 5141—2001《水电站压力钢管设计规范》中的抗力限值，分别采用表 4.2-1 中的数值和式（4.2-5）的计算值。

表 4.2-1　钢管允许应力（SL 281—2003《水电站压力钢管设计规范》）

应力区域		膜应力区		局部应力区			
荷载组合		基　本	特　殊	基　本		特　殊	
产生应力的力		轴　力		轴力	轴力和弯矩	轴力	轴力和弯矩
允许应力	明钢管	$0.55\sigma_s$	$0.7\sigma_s$	$0.67\sigma_s$	$0.85\sigma_s$	$0.8\sigma_s$	$1.0\sigma_s$
	地下埋管	$0.67\sigma_s$	$0.9\sigma_s$				
	坝内埋管	$0.67\sigma_s$	$0.8\sigma_s$ $0.9\sigma_s$				

钢材抗力限值为

$$\sigma_R=\frac{f}{\gamma_0\psi\gamma_d} \tag{4.2-5}$$

式中 f——钢材设计强度，N/mm^2；

γ_0——结构重要性系数，对于1级建筑物取1.1，对于2、3级建筑物取1.0；

ψ——设计状况系数，持久状况为1.0，短暂状况为0.9，偶然状况为0.8；

γ_d——结构系数，按表4.2-2取值。

4.2.4 作用（荷载）和组合

4.2.4.1 作用（荷载）

各种管型结构设计应计入的作用（荷载）详见表4.2-3。对于DL/T 5141—2001《水电站压力钢管设计规范》，应在作用标准值的基础上，考虑作用分项系数，将其转换成设计值后再进行管道设计。

4.2.4.2 作用效应（荷载）组合

对于不同的管型，相应的计算工况和作用效应（荷载）组合详见表4.2-4。SL 281—2003《水电站压力钢管设计规范》和DL/T 5141—2001《水电站压力钢管设计规范》各计算工况的对应关系亦列于表4.2-4，设计时根据所使用的规范分别采用。

表4.2-2 结构系数 γ_d（DL/T 5141—2001《水电站压力钢管设计规范》）

管型	应力类型		内力类型		结构系数 γ_d
明管	整体膜应力		轴力		1.6
	局部应力	局部膜应力	轴力		1.3
		局部膜应力+弯曲应力	轴力+弯矩		1.1
地下埋管	整体膜应力		轴力		1.3
坝内埋管	整体膜应力		轴力	联合承载	1.3
				单独承载	1.0
	局部膜应力+弯曲应力		轴力+弯矩		1.0
坝后背管	整体膜应力		轴力		1.6

注 1. 表中 γ_d 适用于焊缝系数 $\varphi=0.95$ 的情况，如果 $\varphi\neq0.95$，则 γ_d 应该乘以 $0.95/\varphi$。

2. 主厂房内的明管，γ_d 宜增大10%～20%。

3. 坝后背管经论证后，γ_d 可酌减10%。

4. 岔管的 γ_d 应按表列明管 γ_d 值增加10%采用。

5. 水压试验情况，γ_d 应降低10%。

表4.2-3 作用（荷载）分类及分项系数

序号		作用（荷载）分类及名称		明管	地下埋管	坝内埋管	坝后背管	明岔管	地下岔管	作用分项系数
(1)	(1a)	内水压力	正常蓄水位的静水压力	√			√	√		静水压力 $\gamma_Q=1.0$ 水击压力 $\gamma_Q=1.1$
	(1b)		正常运行情况最高压力（静水压力+水击压力）	√	√	√	√	√	√	
	(1c)		特殊运行情况最高压力（静水压力+水击压力）	√	√	√	√	√	√	静水压力 $\gamma_A=1.0$ 水击压力 $\gamma_A=1.1$
	(1d)		水压试验内水压力	√				√	√	$\gamma_Q=1.0$
(2)		管道结构自重		√			√			$\gamma_G=1.05$（$\gamma_G=0.95$）
(3)		管内满水重		√						$\gamma_Q=1.0$
(4)		温度作用		√			√	√		$\gamma_Q=1.0$
(5)		管道直径变化处、转弯处及作用在堵头、闸阀、伸缩节上的内水压力（静水压力+水击压力）		√		√	√	√		静水压力 $\gamma_Q=1.0$ 水击压力 $\gamma_Q=1.1$

续表

序号		作用（荷载）分类及名称		明管	地下埋管	坝内埋管	坝后背管	明岔管	地下岔管	作用分项系数
(6)		弯道离心力		√			√			$\gamma_Q=1.1$
(7)		镇墩、支墩不均匀沉陷引起的力		√						$\gamma_Q=1.1$
(8)		风荷载		√				√		$\gamma_Q=1.3$
(9)		雪荷载		√				√		$\gamma_Q=1.3$
(10)		灌浆压力			√	√	√		√	$\gamma_Q=1.3$
(11)		地震作用		√			√	√		$\gamma_Q=1.0$
(12)		管道放空时通气设备造成的气压差		√	√	√	√	√	√	$\gamma_Q=1.0$
(13)	(13a)	外水压力	地下水压力		√				√	$\gamma_Q=1.0$
	(13b)		坝体渗流压力			√	√			$\gamma_Q=1.0$
(14)		坝体变位作用				√	√			$\gamma_Q=1.0$

注 1. 序号（2）中的作用分项系数括号内数值在自重作用效应对结构有利时采用。

2. 序号（12）中管道放空时通气设备造成的气压差作用取值不应小于 0.05N/mm²，亦不应大于 0.1N/mm²。

3. 表中 γ_G、γ_Q、γ_A 分别为永久作用、可变作用、偶然作用的分项系数。

表 4.2-4　　各种管型计算工况及作用效应（荷载）组合

管型	设计状况	作用效应组合(DL/T 5141—2001 规范)		计算内容	对应于 SL 281—2003 规范工况
明管	持久状况	基本组合	(1b)+(2)+(3)+(4)+(5)+(7)	正常运行工况(一)	基本荷载组合
			(1a)+(2)+(3)+(4)+(5)+(7)+(8)或(9)	正常运行工况(二)	基本荷载组合
	短暂状况		(12)	放空工况	基本荷载组合
			(1d)+(2)+(3)+(5)	水压试验工况	特殊荷载组合
	偶然状况	偶然组合	(1c)+(2)+(3)+(4)+(5)+(7)	特殊运行工况	特殊荷载组合
			(1a)+(2)+(3)+(4)+(5)+(7)+(11)	地震工况	特殊荷载组合
埋管	持久状况	基本组合	(1b)	正常运行工况	基本荷载组合
	短暂状况		(12)+(13a)	放空工况	基本荷载组合
			(10)	施工工况	特殊荷载组合
	偶然状况	偶然组合	(1c)	特殊运行工况	特殊荷载组合
坝内埋管	持久状况	基本组合	(1b)	正常运行工况	基本荷载组合
			(12)+(13b)	放空工况	基本荷载组合
	短暂状况		(1b)	明管校核工况	特殊荷载组合
			(10)	施工工况	特殊荷载组合
	偶然状况	偶然组合	(1c)	特殊运行工况	特殊荷载组合
坝后背管	持久状况	基本组合	(1b)	正常运行工况(一),计算管壁厚度及环筋量	基本荷载组合
			(1b)+(2)+(4)	正常运行工况(二),计算各种管材环向应力	基本荷载组合
			(1b)+(2)+(3)+(4)+(5)+(6)+(14)	正常运行工况(三),有限元法计算上弯段及管坝接缝面应力等	基本荷载组合

续表

管型	设计状况	作用效应组合(DL/T 5141—2001规范)		计算内容	对应于SL 281—2003规范工况
坝后背管	短暂状况	基本组合	(12)+(13b)	放空情况	基本荷载组合
			(10)	施工工况	特殊荷载组合
	偶然状况	偶然组合	(1c)+(2)+(3)+(5)+(6)+(14)	特殊运行工况	特殊荷载组合
			(1a)+(2)+(3)+(5)+(6)+(11)+(14)	地震工况	特殊荷载组合
明岔管	持久状况	基本组合	(1b)+(4)	正常运行工况	基本荷载组合
	短暂状况		(12)	放空工况	基本荷载组合
			(1d)	水压试验工况	特殊荷载组合
	偶然状况	偶然组合	(1c)+(4)	特殊运行工况	特殊荷载组合
			(1a)+(4)+(11)	地震工况	特殊荷载组合
地下埋藏式岔管	持久状况	基本组合	(1b)	正常运行工况	基本荷载组合
	短暂状况		(12)+(13a)	放空工况	基本荷载组合
			(1d)	水压试验工况	特殊荷载组合
			(10)	施工工况	特殊荷载组合
	偶然状况	偶然组合	(1c)	特殊运行工况	特殊荷载组合

4.3 明 钢 管

4.3.1 明钢管的布置

明钢管的路线应选择在地形地质条件优越的地段，宜避开滑坡、崩塌、坠石和地表水集中等不利地段，否则可采用洞内明管等方式通过。明管常沿垂直等高线方向布置，以缩短管道长度，且最好沿山脊布置，管槽开挖边坡为逆向坡。为了避免局部管道产生负压，在地形的突起部分应尽量进行开挖，跨越低洼地带或河道时应考虑设置管桥。明钢管沿线应布置排水沟和设置交通道，在钢管的最低点处应设置排水管，在适当的位置处应设进人孔。明钢管的转弯半径不宜小于3倍管径，底部应高出地面至少0.6m，以利安装和检修。顶部应低于最低压力线至少2m，以保证不出现真空。

明管宜做成分段式，在管道的首部、末端和转弯处应设镇墩，两相邻镇墩之间的管身应设伸缩节，宜设置在镇墩下游侧。若直管段长度超过150m，宜在其间设镇墩，若管道纵坡很缓且长度不超过200m，也可不设中间镇墩，而伸缩节位于管段中部。镇墩之间的明钢管应敷设在一系列支墩之上，支墩宜等间距布置，间距应经技术经济比较确定，一般在6～18m之间。镇墩和支墩应布置在良好的地基上，大型管道或地震多发区，镇墩和支墩的间距应适当减小，底座应适当加大，支墩的结构应保证管身在地震时不致滑落。

4.3.2 强度计算

明钢管结构设计包括管身、镇墩和支墩设计等，强度计算是钢管设计的重要内容。明钢管一般由直管段和弯管、岔管等异形管段组成，直管段支承在一系列支墩上，支墩处管身设支承环。因此，直管段强度计算包括管壁、支承环和加劲环，以及人孔等附件。支承在一系列支墩上的直管段在法向力的作用下类似一根连续梁。根据受力特点，可取跨中断面（膜应力区）、支承环附近断面（膜应力区）、加劲环及其旁管壁和支承环断面（局部应力区）四个基本断面，计算管道轴向正应力σ_x、径向正应力σ_r、切向正应力σ_θ，以及剪应力$\tau_{r\theta}$、$\tau_{x\theta}$和τ_{xr}，其中x表示管道轴向，θ表示钢管切（环）向，r表示钢管径向，正应力以拉为正。

4.3.2.1 管壁强度计算

敷设在一系列支墩上的明钢管直管段在管重和水重等法向力的作用下相当于一根连续梁，承受的作用（荷载）包括径向内水压力、垂直管轴方向的分力和平行管轴方向的轴向力[3,4]（见表4.3－1），在跨中承受较大的正弯矩，支座处承受较大的负弯矩和剪力。根据受力特点，明钢管可取四个代表性断面进行计算，如图4.3－1所示，图中t为管壁厚度（单位为mm），r为管道半径（单位为mm），l为加劲环间距（单位为mm）。

表 4.3-1　　分段式钢管和镇墩、支墩作用（荷载）计算公式

序号	作用力方向	作用力名称	计算公式	作用力符号				结构受力部位		
				上段		下段		管壁	支墩	镇墩
				温度						
				升	降	升	降			
1	径向	内水压力	$P=\gamma_w H$					√		√
2	垂直管轴方向	钢管自重的法向分力	$Q_s=q_s L\cos\alpha$					√	√	√
3		管内水重的法向分力	$Q_w=q_w L\cos\alpha$					√	√	√
4	平行管轴方向	钢管自重的轴向分力	$F_1=\sum(q_s L)\sin\alpha$	+	+	+	+	√		√
5		关闭的阀门及闷头上的力	$F_2=\frac{\pi D^2}{4}P$	±	±	±	±	√		√
6		渐缩管的内水压力	$F_3=\frac{\pi}{4}(D_{\max}^2-D_{\min}^2)P$	+	+	+	+	√		√
7		伸缩节端部的内水压力	$F_4=\frac{\pi}{4}(D_1^2-D_2^2)P$	+	+	−	−	√		√
8		弯管上内水压力的分力	$F_5=\frac{\pi D^2}{4}P$	+	+	−	−	√		√
9		弯管中水流离心力的分力	$F_6=\frac{\pi D^2}{4}\frac{v_0^2}{g}\gamma_w$	+	+	−	−	√		√
10		水流对管壁的摩擦力	$F_7=\frac{\pi D^2}{4}\gamma_w h_w$	+	+	+	+	√		
11		温变时伸缩节止水填料摩擦力	$F_8=\pi D_1 b_p \mu_p P$	+	−	−	+	√		√
12		温变时支座垫板与钢管间的摩擦力或支座上下垫板间的摩擦力	$F_{q1}=\sum(qL)f\cos\alpha$	+	−	−	+	√		√
			$F_{q2}=qLf\cos\alpha$	−	+	+	−		√	

注　1. 管轴向力的符号；“+”为钢管下行方向；“−”为钢管上行方向。
2. 上段指镇墩以上，下段指镇墩以下，管段以伸缩节断开。
3. 应力以拉为正，在计算轴向应力时应注意轴向力 F 的作用方向。
4. 弯管处无镇墩时 F_5 和 F_7 由管壁承受；弯管处有镇墩时，F_5 和 F_7 由镇墩承受。
5. 设有波纹管的伸缩节，应计入波纹管各向变位所产生的作用力（取值由厂家提供）。
6. H 为计算截面上管轴处的内水压力作用水头（单位为 mm），包括静水压力作用水头和水击增压作用水头，且应分别计入作用分项系数。
7. q_s 和 q_w 为每米管长的管重和水重（单位为 N/mm），$q=q_s+q_w$；γ_w 为水的容重；$\sum(q_s L)$ 和 $\sum(qL)$ 为计算断面至伸缩节的管身自重和管身及水的总重（单位为 N）；L 为支承环的间距（单位为 mm）。
8. D 为管道的内径（单位为 mm），$D_{\max}$ 和 $D_{\min}$ 为渐缩管的最大和最小内径（单位为 mm）；v_0 为钢管内水的流速（单位为 mm/s）；α 为管道的坡度（°）。
9. h_w 为计算管段的水头损失（单位为 mm）。
10. D_1 和 D_2 为套管式伸缩节内套管的外径和内径（单位为 mm）。
11. b_p 为伸缩节止水填料沿管轴线长度（单位为 mm）；μ_p 为伸缩节止水填料与钢管的摩擦系数，可取 0.3。
12. f 为支座垫板与钢管间或支座上下垫板间的摩擦系数。

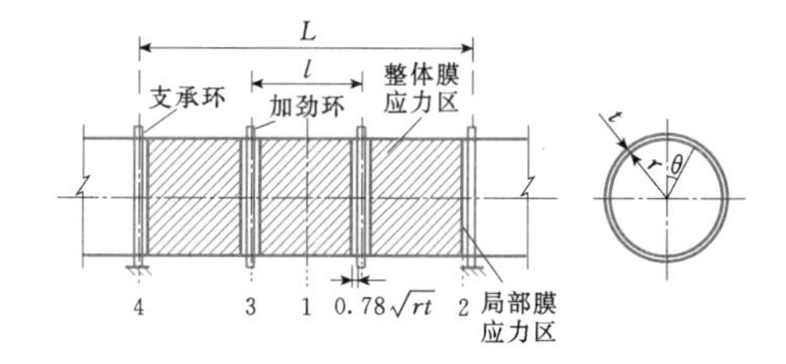

图 4.3-1　管身计算基本断面

（1）断面 1—1。位于跨中，为整体膜应力区，有以下应力分量。

1）内水压力引起的环向应力 σ_θ。

2）内水压力引起的径向应力 σ_r（此值较小，一般可不计，下同）。

3）各种轴向力引起的轴向应力 σ_{x1}，轴向力的计算公式见表 4.3-1。

4）水重和管重的弯矩引起的轴向应力 σ_{x2}。

跨中断面 1—1 上的应力为膜应力。

(2) 断面2—2。靠近支承环，但在支承环影响范围之外，即膜应力的边缘区，有以下应力分量。

1) σ_θ、σ_r、σ_{x1}、σ_{x2}，如断面1—1。

2) 水重和管重在支承环附近引起的剪应力 $\tau_{x\theta}$，即作用在垂直 x 轴的面（水管的横截面）沿 θ 向作用的剪应力。

断面2—2上的应力基本上也是膜应力。

(3) 断面3—3。加劲环及其旁管壁，应力计算与断面4—4类似，但无支承环的反力产生的有关应力 σ_θ，$\tau_{\theta r}$，见表4.3-2，可参见支承环的计算。

(4) 断面4—4。紧靠支承环，管壁因受支承环的约束，在内水压力作用下有较大的局部弯曲应力，为局部应力区，有以下应力分量。

1) σ_r、σ_{x1}、σ_{x2}、$\tau_{x\theta}$，如断面2—2。

2) σ_θ 因受支承环的影响，其值不同于断面2—2。

3) 因支承环的约束而产生的局部弯曲应力 σ_{x3}。

4) 因支承环的反力而产生的剪应力 $\tau_{\theta r}$。

管壁强度计算有结构力学方法和弹性力学方法两种[3,4]，其中结构力学方法的公式列于表4.3-2，相应各断面应力校核点见表4.3-3，弹性力学方法的公式见表4.3-4。

正常工作状态计算点应力计算公式[3,4]可按表4.3-3选用。

表4.3-2　结构力学方法管壁应力计算公式

断面	应力				计算公式
	跨中	支承环旁膜应力区边缘	加劲环及其旁管壁	支承环及其旁管壁	
纵断面	$\sigma_{\theta 1}$	$\sigma_{\theta 1}$			$\sigma_{\theta 1}=\dfrac{Pr}{t}\left(1-\dfrac{r}{H}\cos\alpha\cos\theta\right)$
			$\sigma_{\theta 2}$	$\sigma_{\theta 2}$	$\sigma_{\theta 2}=\dfrac{Pr}{t}(1-\beta_R)$
				$\sigma_{\theta 3}$	$\sigma_{\theta 3}=\dfrac{N_R}{A_R}$
				$\sigma_{\theta 4}$	$\sigma_{\theta 4}=\dfrac{M_R Z_R}{I_R}$
				$\tau_{\theta r}$	$\tau_{\theta r}=\dfrac{V_R S_R}{I_R a}$（支承环腹板）
		$\tau_{\theta x}$	$\tau_{\theta x}$	$\tau_{\theta x}$	$\tau_{\theta x}=\dfrac{1}{\pi r t}(V_g\sin\theta-V_e\cos\theta)$
横断面	σ_{x1}	σ_{x1}	σ_{x1}	σ_{x1}	$\sigma_{x1}=\dfrac{\sum F_i}{2\pi r t}$
	σ_{x2}	σ_{x2}	σ_{x2}	σ_{x2}	$\sigma_{x2}=\dfrac{1}{\pi r^2 t}(-M_g\cos\theta+M_e\sin\theta)$
			σ_{x3}	σ_{x3}	$\sigma_{x3}=\pm 1.816\beta_R Pr/t$ 管壁内缘取“+”，外缘取“−”
		$\tau_{x\theta}$	$\tau_{x\theta}$	$\tau_{x\theta}$	$\tau_{x\theta}=\tau_{\theta x}$

注　1. 计算点应选在相应应力为大值的位置。
2. 表中的作用（荷载）包括：钢管自重、管内水重、内水压力及地震力。$\sum F_i$ 为包括沿管轴方向并引起管壁 σ_x 的各项轴向力的代数和，见表4.3-1，以拉为“+”，应力计算点位置见图4.3-2。
3. r 和 t 为管道半径和壁厚（mm）。
4. P 为内水压强（包括水击压强），可用 $P=\gamma_w H$ 表示（N/mm^2）。
5. α 为管轴倾角，(°)；θ 为横断面上管顶至计算点的圆心角（°）。
6. M_g 为管重和水重引起的连续梁的弯矩（N·mm）；V_g 为管重和水重引起的连续梁的剪力（N）。
7. M_e 和 V_e 为水平向地震力作用下的连续梁弯矩（N·mm）和剪力（N），可假定地震荷载沿管长均匀分布进行近似计算，则 $M_e=n_e M/\cos\alpha$ 和 $V_e=n_e V/\cos\alpha$，其中 $n_e=0.5K_H$，K_H 为水平地震荷载系数，取值见DL 5073—2000《水工建筑物抗震设计规范》。
8. $\beta_R=(A_{R0}-at)/A_R$，A_R 为支承环或加劲环等效截面积（包括环两侧管壁的等效翼缘面积 $2tl'$）（mm^2）；A_{R0} 为不包括等效翼缘的环的截面积（mm^2）；管壁的有效翼缘长 $l'=\sqrt{rt}/\sqrt[4]{3(1-\mu_s^2)}=0.78\sqrt{rt}$，$\mu_s$ 为钢材的泊松比，取0.3；a 为环与管壁的衔接宽度（mm），如图4.3-2所示。
9. M_R 为支承环反力在支承环横截面引起的弯矩（N·mm）；N_R 和 V_R 为支承环反力在支承环横截面引起的轴力和剪力（N）。
10. I_R 为支承环（包括翼缘）的截面惯性矩（mm^4）；Z_R 为计算点至截面形心轴的距离（mm）；S_R 为计算点以外部分的截面对形心轴的静矩（mm^3）。
11. 表中 σ_{x2} 和 $\tau_{x\theta}$ 的计算式中计入了水平向地震力。
12. 水平向地震时，σ_{x2} 的极点在 $\theta=\arctan(-n_e/\cos\alpha)$，即在第二和第四象限。
13. 各断面校核点应选在组合应力较大处，在正常作用效应（荷载）组合情况下，校核点在 $\theta=0°$（断面1—1）和180°（断面2—2和断面3—3）处管壁的外缘，见表4.3-3。
14. 因 σ_r 较小，表中已将其略去。
15. 支承环和加劲环旁剪应力（管壁中轴面）$\tau_{xr}=1.5\beta_R Pl'/t=0$（管壁内、外缘），其值较小，且应力控制点在管壁内外缘，亦将其略去。

表 4.3-3　　各部位控制点应力的结构力学方法计算公式

应力所在断面	控制点 / 应力	应力分析部位及控制点		
		跨中附近 $\theta=0°$ 管壁外缘	下游侧支座处膜应力区边缘 $\theta=180°$管壁外缘	下游侧支座处 $\theta=180°$ 管壁外缘
纵断面	$\sigma_{\theta 1}$	$\frac{Pr}{t}\left(1-\frac{r}{H}\cos\alpha\right)$	$\frac{Pr}{t}\left(1+\frac{r}{H}\cos\alpha\right)$	
	$\sigma_{\theta 2}$			$\frac{Pr}{t}(1-\beta_R)$
横断面	σ_{x1}	$\frac{\sum F_i}{2\pi rt}$	$\frac{\sum F_i}{2\pi rt}$	$\frac{\sum F_i}{2\pi rt}$
	σ_{x2}	$-\frac{M_g}{\pi r^2 t}$	$\frac{M_g}{\pi r^2 t}$	$\frac{M_g}{\pi r^2 t}$
	σ_{x3}			$-1.816\beta_R\frac{Pr}{t}$

注 1. M的符号以跨中为“+”，支座处为“-”。
2. 若管壁段上下端的管壁厚度不同，则对上、下支座均应进行表中后两栏的计算。
3. 支承环旁管壁的最大应力通常出现在 $\theta=0°$，$180°$，$\frac{dM_R}{d\theta}=0$ 和支承点处。

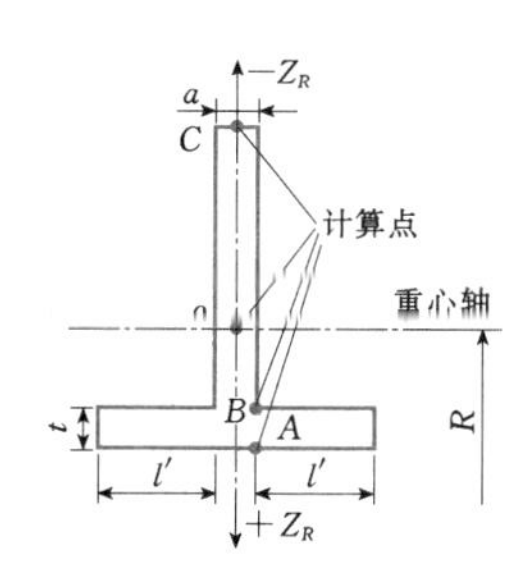

图 4.3-2　应力计算点

在多数情况下，采用结构力学方法可以满足精度要求，但在水头较低、支承间距较大的情况下，可能需要采用弹性力学方法计算支承环及其附近管壁的应力，可根据式（4.3-1）计算支承环中心处水重弯矩校正值与该处内压弯矩的比值B，以确定相应的计算方法。

$$B=\frac{r}{\beta_R H}\left(1-\mu_s^2+\frac{\mu_s L^2}{12r^2}+\frac{2+\mu_s}{2kr^2}L\right)\cos\alpha \tag{4.3-1}$$

当$B>0.1$时，应采用弹性力学方法，计算公式[3,4]见表4.3-4。

表 4.3-4　　支承环及其旁管壁应力的弹性力学方法计算公式

应力所在断面	内力	内力计算公式	应力及其计算公式
纵断面	轴力	$N_2=(1-\beta_R)Pr$ $N_3=\mu_s N_1$ N_R	管壁： $\sigma_\theta=\frac{N_2+N_3}{t}\pm\frac{6M_2}{t^2}+\frac{N_R}{A_R}+\frac{M_R Z_R}{I_R}$ 管壁内缘取“+”，外缘取“-”。 支承环： $\sigma_\theta=\frac{N_2}{t}+\frac{N_R}{A_R}+\frac{M_R Z_R}{I_R}$ $\tau_{\theta r}=\frac{V_R S_R}{I_R a}$（支承环腹板） $\tau_{\theta x}=\tau_{x\theta}$
	弯矩	$M_2=\mu_s M_1$ M_R	
	剪力	V_R $V_{x\theta}=V_{\theta x}$	

续表

应力所在断面	内力	内力计算公式	应力及其计算公式
横断面	轴力	$\sum F_i$ 见表4.3-1 $N_1 = \dfrac{QL}{12\pi r^2}(\cos\alpha\cos\theta - n_e\sin\theta)$	$\sigma_x = \dfrac{\sum F_i}{2\pi rt} + \dfrac{N_1}{t} \pm \dfrac{6M_1}{t^2}$ 管壁内缘取“+”，外缘取“-” $\tau_{x\theta} = \dfrac{V_{x\theta}}{t}$
	弯矩	$M_1 = \left(K_g + \dfrac{2+\mu_s}{4kr^2}L\right)\dfrac{Q}{2\pi k^2 rL} \times$ $(n_e\sin\theta - \cos\alpha\cos\theta) + \dfrac{\beta_R P}{2k^2}$	
	剪力	$V_{x\theta} = \left(1 - \dfrac{2K_g}{kL}\right)\dfrac{Q}{2\pi r} \times (n_e\cos\theta + \cos\alpha\sin\theta)$	

注 1. K_g 的计算公式为

$$K_g = \frac{\mu_s L^2}{12r^2} + \frac{(2+\mu_s)L}{4kr^2} + (1-\mu_s^2)\left(1 - \frac{Q_s}{2Q}\right)$$

2. Q_s 为每跨钢管自重（N）；Q 为每跨管重和水重之和（N）；L 为跨距，取相邻两支承环的间距（mm）。
3. k 为管壁有效翼缘长 l' 的倒数，即 $k=1/l'$（1/mm）。
4. 计算点应选在相应应力之大值处，剪力一般不起控制作用。在正常工作情况下，最大应力通常出现在 $\theta=0°$，180°，$\dfrac{dM_R}{d\theta}=0$ 和支承点处。
5. 其他符号见表4.3-2注。

4.3.2.2 支承环的强度计算

支承环的支承型式分为侧支承及下支承两种型式[3,4]，如图4.3-3所示。

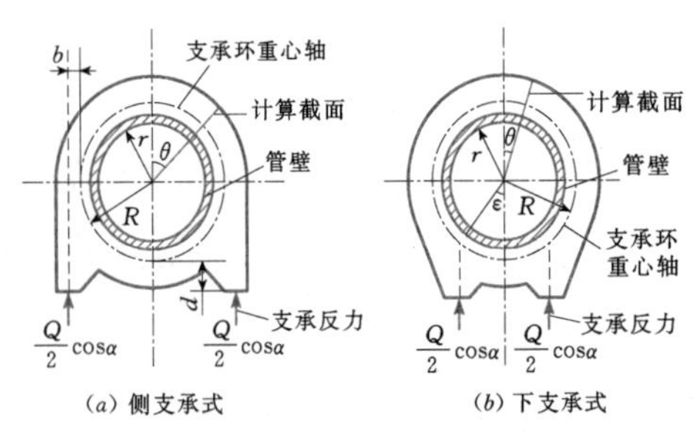

图4.3-3 支承环支承型式

支承环承受三类作用（荷载）：第一类为支承环直接承受的内水压力及在内水压力作用下管壁对支承环的向外剪力；第二类为管重和水重作用下管壁对支承环的向下剪力；第三类为地震时管壁对支承环的剪力。

(1) 第一种作用（荷载）下支承环的切向（环向）正应力为

$$\sigma_{\theta 2} = \frac{Pr}{A_{R0}}(1.56\beta_R\sqrt{rt} + a) \qquad (4.3-2)$$

这和加劲环的情况是一样的。

(2) 第二种作用（荷载）下支承环管壁上承受的管壁剪力为

$$V = 2t\tau_{x\theta} = \frac{Q}{\pi r}\sin\theta\cos\alpha \qquad (4.3-3)$$

剪应力的合力向下，其值等于一跨的管重和水重之和 Q。在这一剪力作用下，支承环各断面上的内力可用结构力学的弹性中心法或弹性力学法计算。

(3) 第三种横向地震力作用下的支承环计算图，如图4.3-4所示。

下支承式和侧支承式支承环，用弹性力学法计算内力的公式见表4.3-5。表4.3-5中各式系数的计算式见表4.3-6和表4.3-7。

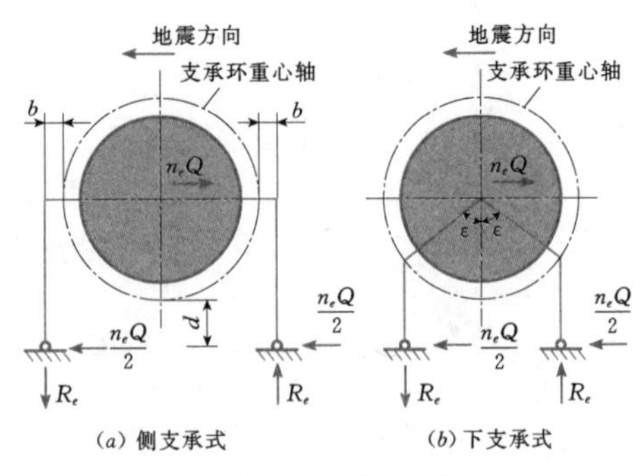

图4.3-4 支承环计算图

表 4.3-5　　支承环内力计算公式（弹性力学法）

设计状况	内力及反力	侧 支 承	下 支 承
持久状况 短暂状况 （管重和管内水重作用）	N_R	$Q\cos\alpha(K_1+B_1K_2)$	$Q\cos\alpha(K_7+B_2K_2)$
	M_R	$QR\cos\alpha\left(K_3+\frac{b}{R}K_4\right)$	$QR\cos\alpha(K_7-0.5K_2A_4+A_5)$
	V_R	$Q\cos\alpha(K_5+C_1K_6)$	$Q\cos\alpha(K_8+C_2K_6)$
偶然状况中的地震情况 （横向地震力作用）	N_R	$-n_eQ(K_5+B_4K_6)$	$n_eQ\left[K_9+\frac{K_6}{2}\left(A_1+\frac{A_2d}{R}-B_3\right)\right]$
	M_R	$n_eQR\left(-K_5+\frac{R+d}{R+b}K_{12}\right)$	$n_eQR\left[K_9+\frac{K_6}{2}\left(A_1+\frac{A_2d}{R}\right)\right]$
	V_R	$n_eQ(K_{11}+C_4K_2)$	$n_eQ\left[K_{10}+K_2\left(A_3-\frac{A_2d}{2R}+C_3\right)\right]$
	R_e	$\frac{n_eQ(R+d)}{2(R+b)}$	$\frac{n_eQ}{2\sin\varepsilon}\left(\frac{d}{R}+1\right)$

注　1. b 为侧支承反力作用点至支承环重心轴的距离（mm）。

2. d 为支承环承力面至支承环重心轴的距离（mm）。

3. R 为支承环或加劲环有效截面重心轴处的半径（mm）。

4. ε 为下支承反力作用线与竖轴之间的圆心角（°）。

表 4.3-6　　计算系数 K_i 和 A_i 的计算公式

系数	θ 适用范围	
	$0\leqslant\theta\leqslant(\pi-\varepsilon)$	$(\pi-\varepsilon)\leqslant\theta\leqslant\pi$
K_1	$-\frac{1}{2\pi}(1.5\cos\theta+\theta\sin\theta)$	$\frac{1}{2\pi}[-1.5\cos\theta+(\pi-\theta)\sin\theta]$
K_2	$\frac{\cos\theta}{\pi}$	$\frac{\cos\theta}{\pi}$
K_3	$\frac{1}{2\pi}\left[-1.5\cos\theta+\left(\frac{\pi}{2}-\theta\sin\theta\right)\right]$	$\frac{1}{2\pi}\left[-1.5\cos\theta+(\pi-\theta)\sin\theta-\frac{\pi}{2}\right]$
K_4	$0.25-\frac{1}{\pi}\cos\theta$	$-0.25-\frac{1}{\pi}\cos\theta$
K_5	$\frac{1}{2\pi}(\theta\cos\theta-0.5\sin\theta)$	$-\frac{1}{2\pi}[0.5\sin\theta+(\pi-\theta)\cos\theta]$
K_6	$\frac{\sin\theta}{\pi}$	$\frac{\sin\theta}{\pi}$
K_7	$-\frac{1}{2\pi}(0.5\cos\theta+\theta\sin\theta)$	$\frac{1}{2\pi}[-0.5\cos\theta+(\pi-\theta)\sin\theta]$
K_8	$\frac{1}{2\pi}(0.5\sin\theta+\theta\cos\theta)$	$\frac{1}{2\pi}[0.5\sin\theta-(\pi-\theta)\cos\theta]$
K_9	$-\frac{1}{2\pi}\theta\cos\theta$	$\frac{1}{2\pi}(\pi-\theta)\cos\theta$
K_{10}	$-\frac{1}{2\pi}\theta\sin\theta$	$\frac{1}{2\pi}(\pi-\theta)\sin\theta$
K_{11}	$\frac{1}{2\pi}(0.5\cos\theta-\theta\sin\theta)$	$\frac{1}{2\pi}[0.5\cos\theta+(\pi-\theta)\sin\theta]$
K_{12}	$-\frac{1}{4}\sin\theta$	$\frac{1}{4}\sin\theta$

续表

系数	θ 适用范围	
	$0 \leqslant \theta \leqslant (\pi - \varepsilon)$	$(\pi - \varepsilon) \leqslant \theta \leqslant \pi$
A_1	$\frac{1}{2} + \cos\varepsilon - \cos^2\varepsilon - \frac{\varepsilon}{\sin\varepsilon}$	$\frac{1}{2} + \cos\varepsilon - \cos^2\varepsilon + \frac{\pi - \varepsilon}{\sin\varepsilon}$
A_2	$\cos\varepsilon - \frac{\varepsilon}{\sin\varepsilon}$	$\cos\varepsilon + \frac{\pi - \varepsilon}{\sin\varepsilon}$
A_3	$0.5(1 - A_1)$	$0.5(1 - A_1)$
A_4	$\sin^2\varepsilon$	$\sin^2\varepsilon$
A_5	$\frac{1}{2\pi}(\cos\varepsilon + \varepsilon\sin\varepsilon)$	$\frac{1}{2\pi}[(\varepsilon - \pi)\sin\varepsilon + \cos\varepsilon]$

注 侧支承情况，相当于 $\varepsilon = 90°$，具体计算时，θ 和 ε 均以弧度为单位，以下相同。

表 4.3-7　　计算系数 B_i 和 C_i 的计算公式

系数	计算式 $(\theta = 0 \sim \pi)$	备　注
B_1	$\frac{r}{R}\left(1 - \frac{2K_g}{kL}\right) - \frac{b}{R}$	
B_2	$\frac{r}{R}\left(1 - \frac{2K_g}{kL}\right) - \frac{\sin^2\varepsilon}{2}$	
B_3	$\frac{2r}{R}\left(1 - \frac{2K_g}{kL}\right)$	
B_4	$\frac{r}{R}\left(1 - \frac{2K_g}{kL}\right) \pm \frac{\pi(R+d)}{4(R+b)}$	$\theta = 0 \sim \frac{\pi}{2}$ 取“+”号 $\theta = \frac{\pi}{2} \sim \pi$ 取“−”号
C_1	$\left(\frac{r}{R} - 1\right)\left(1 - \frac{2K_g}{kL}\right) - \frac{b}{R}$	
C_2	$\left(\frac{r}{R} - 1\right)\left(1 - \frac{2K_g}{kL}\right) - \frac{\sin^2\varepsilon}{2}$	
C_3	$\left(\frac{r}{R} - 1\right)\left(1 - \frac{2K_g}{kL}\right)$	
C_4	$\left(\frac{r}{R} - 1\right)\left(1 - \frac{2K_g}{kL}\right) \pm \frac{\pi(R+d)}{4(R+b)}$	$\theta = 0 \sim \frac{\pi}{2}$ 取“+”号 $\theta = \frac{\pi}{2} \sim \pi$ 取“−”号

注 令表中公式 $K_g = 0$，即为结构力学方法的计算公式。

支承环上最大的正、负弯矩出现在 $\frac{dM_R}{d\theta} = 0$ 处，

侧支承 $\frac{dM_R}{d\theta} = 0$ 处为

$\theta = 0 \sim \frac{\pi}{2}$ 时，满足 $\theta\cot\theta = 0.5 + \frac{2b}{R}$

$\theta = \frac{\pi}{2} \sim \pi$ 时，满足 $(\theta - \pi)\cot\theta = 0.5 + \frac{2b}{R}$

下支承 $\frac{dM_R}{d\theta} = 0$ 处为：

$\theta = 0 \sim (\pi - \varepsilon)$ 时，满足 $\theta\cot\theta = \sin^2\varepsilon - 0.5$

$\theta = (\pi - \varepsilon) \sim \pi$ 时，满足 $(\pi - \theta)\cot\theta = 0.5 - \sin^2\varepsilon$

侧支承（不同的 b/R 值）和下支承（不同的 ε 值）上最大的正、负弯矩位置见表 4.3-8 和表 4.3-9[3,4]。

支承环的截面积主要决定于最大弯矩。当 $b/R = 0.04$ 时，最大正弯矩等于最大负弯矩的绝对值，使支承环材料能得到充分利用。按此情况设计的支承环截面积最小，相应于 $b/R = 0.04$ 时支承环内力 M_R、N_R 和 V_R，如图 4.3-5 所示（M_R 图画在受拉一侧）。

表 4.3-8　　支承环侧支承最大正、负弯矩的位置

b/R	$\frac{dM_R}{d\theta}=0$ 的位置 θ	
	负弯矩位置	正弯矩位置
0.01	65°33′39″	114°26′21″
0.02	64°18′23″	115°41′37″
0.03	63°00′59″	116°59′01″
0.04	61°41′20″	118°18′40″
0.05	60°19′14″	119°40′46″
0.06	58°54′33″	121°05′27″

表 4.3-9　　支承环下支承最大正、负弯矩的位置

ε (°)	$\frac{dM_R}{d\theta}=0$ 的位置 θ	
	负弯矩位置	正弯矩位置
45	90°00′00″	
50	86°43′00″	
55	83°17′26″	
60	79°49′38″	
65	76°27′31″	
70	73°20′30″	
75	70°39′02″	109°20′58″
80	68°33′48″	111°26′12″
85	67°14′14″	112°45′46″
90	66°46′54″	113°13′06″

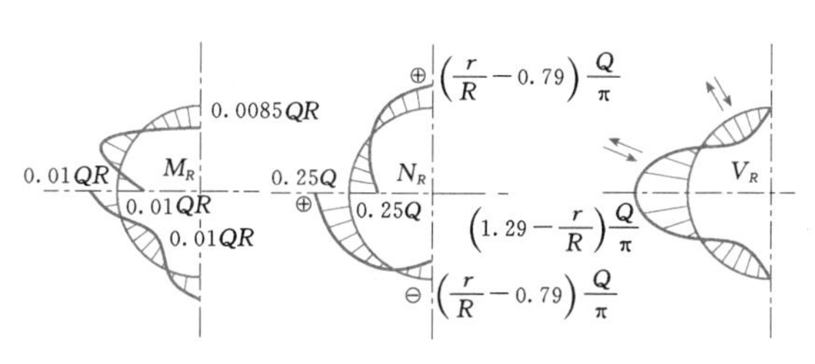

图 4.3-5　支承环各截面的内力 M_R、N_R 和 V_R 示意图（$b/R=0.04$）

求出支承环各截面的内力 M_R、N_R 和 V_R 后，相应各断面的应力为

$$\sigma_{\theta 3}=\frac{N_R}{A_R}$$

$$\sigma_{\theta 4}=\frac{M_R Z_R}{I_R}$$

$$\tau_{\theta r}=\frac{V_R S_R}{I_R a}$$

即表 4.3-2 中支承环及其旁管壁栏下的相应值 $\sigma_{\theta 3}$、$\sigma_{\theta 4}$ 和 $\tau_{\theta r}$。

支承环上的环向正应力 $\sigma_\theta=\sigma_{\theta 2}+\sigma_{\theta 3}+\sigma_{\theta 4}$。支承环上的应力一般以弯曲应力控制。若下支承的支承环以滚轮支于墩座上，其简单计算可参见支墩部分内容。

加劲环只有第一项作用（荷载）引起的应力，即 $\sigma_{\theta 2}$。

重要工程可用有限元法计算。

4.3.3 抗外压稳定计算

钢管是一种薄壳结构，能承受较大的内水压力，但抵抗外压的能力较低。在外压作用下，管壁易于失去稳定，屈曲成波形，过早地失去承载能力。因此，在根据强度计算和最小结构厚度决定管壁厚度后应进行抗外压稳定校核。引起明钢管管壁外压失稳的主要荷载包括管道迅速放空时造成的负压和运输、安装时的荷载等。前者可依据近似公式计算，后者较难确定，一般用设置临时支撑系统加以解决。若钢管不能满足抗外压稳定要求，设置加劲环一般比增加管壁厚度经济，加劲环的间距根据管壁抗外压稳定的要求确定。

对于有加劲环的钢管，对加劲环的抗外压稳定也应进行校核。

4.3.3.1 管壁抗外压稳定计算

1. 光面管

对于管身沿轴向可以自由伸缩（一端有伸缩节）的分段式无加劲环光面管管壁抗外压稳定分析，管壁径向均布的临界外压[3,4]

$$p_{cr}=2E_s\left(\frac{t}{D}\right)^3 \qquad (4.3-4)$$

式中　E_s——钢管管材的弹性模量，对于平面形变问题（管身轴向不能自由伸缩），E_s 应以 $E_s/(1-\mu_s^2)$ 代换，N/mm²。

明钢管的容许外压 $[p]=p_{cr}/K$，抗外压稳定安全系数 K 取 2.0。

2. 加劲管

对于设有加劲环的明钢管，加劲环间管壁抗外压稳定分析，临界外压可用米赛斯公式计算，即

$$p_{cr}=\frac{E_s}{(n^2-1)\left(1+\frac{n^2l^2}{\pi^2r^2}\right)^2}\left(\frac{t}{r}\right)+\frac{E_s}{12(1-\mu_s^2)}\left(n^2-1+\frac{2n^2-1-\mu_s}{1+\frac{n^2l^2}{\pi^2r^2}}\right)\left(\frac{t}{r}\right)^3 \tag{4.3-5}$$

$$n=2.74\left(\frac{r}{l}\right)^{0.5}\left(\frac{r}{t}\right)^{0.25}$$

式中　l——加劲环的间距，mm；

n——对应于最小临界压力时管壁沿圆周向的屈曲波数，取最接近计算值的整数。

式（4.3-4）和式（4.3-5）适用于 $\sigma_{cr}=\frac{P_{cr}r}{t}\leqslant 0.9\sigma_s$ 的情况，其中 σ_s 为管材的屈服强度（N/mm²），当 $\sigma_{cr}>0.9\sigma_s$ 时，管壁将因压应力过大而丧失承载能力，而不属于弹性稳定问题。

4.3.3.2　加劲环抗外压稳定计算

加劲环自身稳定的临界外压为

$$P_{cr}=\frac{3E_sI_k}{R_k^3l} \tag{4.3-6}$$

式中　I_k——加劲环的截面惯性矩，计算 I_k 时可计入管壁的有效翼缘，mm⁴；

R_k、l——加劲环的形心轴半径和间距，mm。

若按式（4.3-6）算出的 P_{cr} 大于 $\frac{\sigma_sA_k}{rl}$，则取

$$P_{cr}=\frac{\sigma_sA_k}{rl} \tag{4.3-7}$$

式中　A_k——加劲环的等效截面积（包括两侧管壁的等效翼缘面积），mm²。

4.3.4　镇墩和支墩

4.3.4.1　镇墩

镇墩一般布置在管道的转弯处，以承受因管道改变方向而产生的轴向不平衡力，固定管道不允许管道在镇墩处有任何位移。长度超过150m的直线管道应设置中间镇墩，此时伸缩节布置在中间镇墩两侧的等距离处，以减小镇墩所受的不平衡力。镇墩靠自身重量保持稳定，一般用混凝土浇制，按管道在镇墩位置的固定方式分封闭式和开敞式两种，如图4.3-6和图4.3-7所示，封闭式镇墩结构简单，对管道的固定好，应用较多，而开敞式镇墩处管壁受力不够均匀，用于作用力不太大的情况。

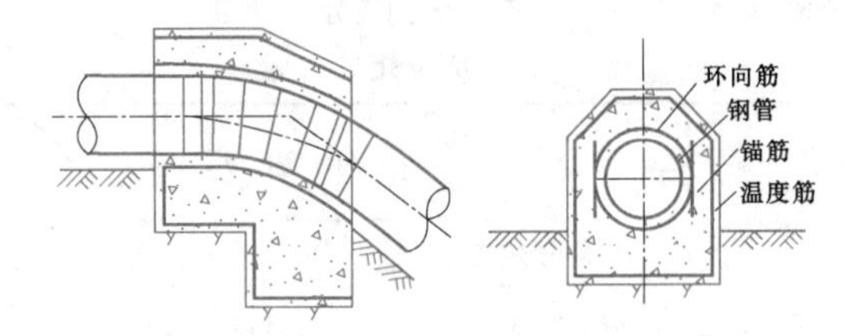

图4.3-6　封闭式镇墩

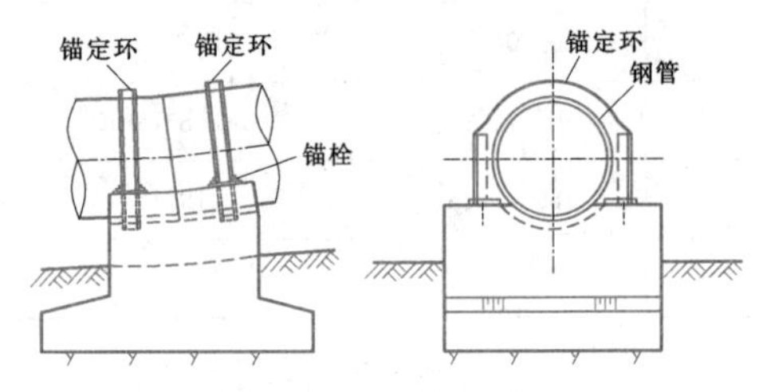

图4.3-7　开敞式镇墩

镇墩是管道的固定端，承受的作用（荷载）包括：

（1）表4.3-1中的管道轴向力。

（2）管端作用于镇墩上的剪力和弯矩。

（3）计算管段管重和水重产生的垂直管轴方向的法向力。

（4）镇墩自重（包括内含的管重和水重）。

镇墩设计应根据管道的满水、放空、温升和温降等情况分析各力的最不利组合，计算确定镇墩所需的形状和尺寸，具体设计内容包括抗滑稳定计算、地基应力校核及细部结构设计。如地基内有不利的软弱面，应校核其稳定性，避免地基内部发生深层滑动。对软基上的镇墩还应计算其沉陷值。

镇墩的抗滑安全系数 K 为

$$K=\frac{f(\sum Y+G)}{\sum X} \tag{4.3-8}$$

式中　$\sum X$、$\sum Y$——作用于镇墩上的水平合力和垂直合力，N；

G——镇墩自重，N；

f——镇墩与地基的摩擦系数。

K 值一般要求不小于1.5～2，从而可以根据选定的 K 值反算所需要的镇墩必须重量（亦即体积），通过结构布置，初步拟定镇墩的轮廓尺寸，然后复核 K 值和校核地基应力。如不满足要求，则调整镇墩的形状和尺寸。

镇墩的地基应力为

$$\sigma_{\substack{\max\\\min}}=\frac{\sum Y+G}{A}\pm\frac{M}{W} \tag{4.3-9}$$

式中　A——镇墩的底面积，mm²；

W——镇墩截面模量，mm³；

M——各力对底面形心轴的力矩，N·mm。

σ_{min}必须为正值（压应力），避免镇墩底面出现拉应力。对软基上的镇墩，σ_{max}不能超过地基的容许承载力，σ_{min}和σ_{max}力求均匀，以减小镇墩的不均匀沉陷。在寒冷地区，镇墩底面必须在冰冻线以下。

通常镇墩基础可挖至弱风化层以下，对较破碎的基础可以进行固结灌浆处理。高陡倾角的镇墩不仅进行抗滑稳定计算，还进行抗倾覆稳定验算。对于封闭式镇墩，钢管的外包混凝土应有一定的厚度，并应布置适当的锚件和钢筋以便将钢管可靠地锚定在镇墩底座上。各镇墩内钢管配置足够的刚性环，环与管壁的焊缝承受全部滑动推力，刚性环间管壁的上半圈设置柔性垫层以适应变形。镇墩的周围（特别是上部）宜加适量的温度筋和受力筋，以防镇墩严重开裂，丧失整体性。各镇墩基础设置锚筋，以减少镇墩体积和提高抗滑动、抗倾覆能力。

4.3.4.2 支墩

支墩的功用是支承管道，主要承受垂直荷载，允许管道在轴向自由移动，管道伸缩时作用于其顶部的摩擦力为其水平荷载。支墩的型式可归纳为三大类[3,4]。

1. 滑动式支墩

滑动式支墩的特征是管道伸缩时沿支墩顶部滑动，可分为鞍式和支承环式两种。

（1）鞍式支墩如图4.3-8所示。一般用于直径1m以下的中小型管道。鞍座的包角常用120°，表面有时衬以钢板并涂以润滑剂以减小与钢管间的摩擦力。由于鞍座只承受了部分钢管，管壁中将产生较大的弯曲应力。管壁中的弯矩 $M=CP_sr$，其中 C 为弯矩系数，可从图4.3-8的曲线中查出；P_s 为支墩对钢管的总反力（N）；r 为钢管半径（mm）。

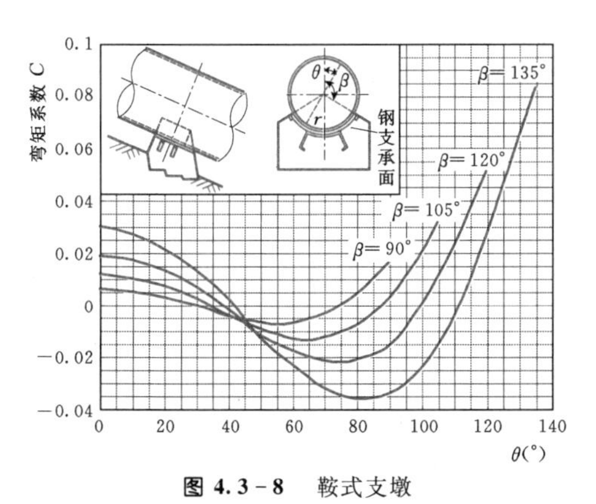

图 4.3-8　鞍式支墩

（2）支承环式滑动支墩是在钢管支承部位的管身外围焊以刚性的支承环，用两点支承在支墩上，可改善支座处管壁应力状态，减小滑动摩阻，并可防止滑动时磨损管壁，如图4.3-9所示。但与滚动式支座相比，摩阻系数较大，适用于直径200cm以下的管道。

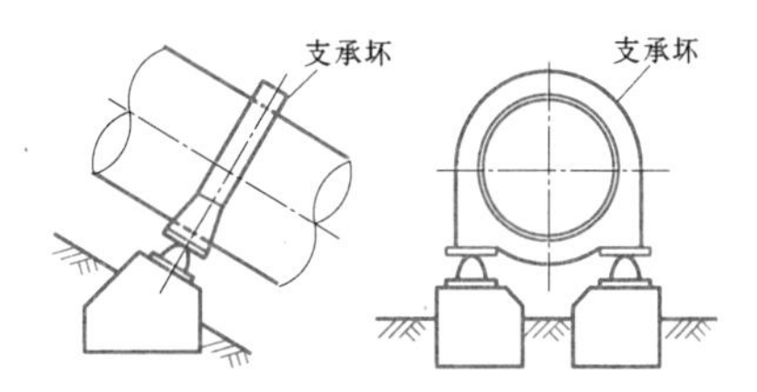

图 4.3-9　支承环式支墩

2. 滚动式支墩

滚动式支墩与支承环式滑动支墩不同之处，在于以滚轮将支承环支承在混凝土墩座上，如图4.3-10所示，改滑动为滚动，摩擦系数降为0.1左右，适用于直径200cm以上的管道。因辊轴直径不可能做得很大，与上下承板的接触面积较小，不能承受较大的垂直荷载，使这种支墩的使用受到限制。

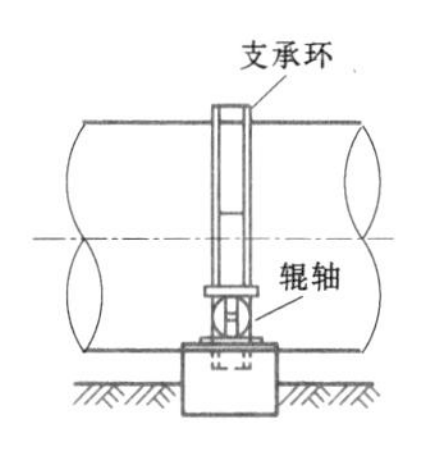

图 4.3-10　滚动式支墩

3. 摆动式支墩

摆动式支墩的特征在于以摆柱将支承环支承在混凝土墩座上，如图4.3-11所示。摆柱的下端与墩座铰接，上端以圆弧面与支承环的承板接触，管道伸缩时，短柱以铰为中心前后摆动，摩阻力很小，能承受较大的垂直荷载，适用于大直径管道。

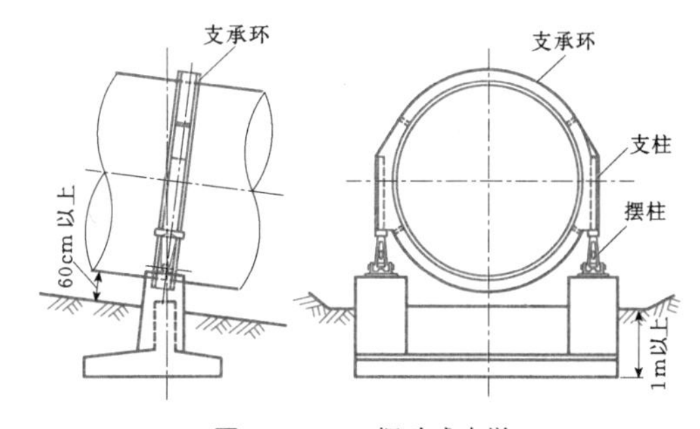

图 4.3-11　摆动式支墩

减小支墩间距可以减小管道的弯矩和剪力，但支墩数增加，故支墩的间距应通过结构分析和经济比较确定，一般在6～12m之间，滚动式支墩和摆动式支墩可采用较大的布置间距，大直径的钢管可采用较小的支墩间距。

通常支承环式、滚动式和摆动式支墩统称为环形支墩。如图4.3-9～图4.3-11所示，支承环称为侧承式，其应力分析见支承环强度计算部分内容。图

4.3-12（a）所示的支承环常称为下承式，能承受较大的侧向力，适用于地震区和管道纵坡较陡的情况，其内力计算可按图4.3-12（b）、（c）及表4.3-10和表4.3-11进行，其中水平反力R_H可近似取为$\frac{W}{2}\tan\phi$，W等于支座的垂直反力，可视钢管为连续梁用三弯矩方程求出，ϕ多取45°。

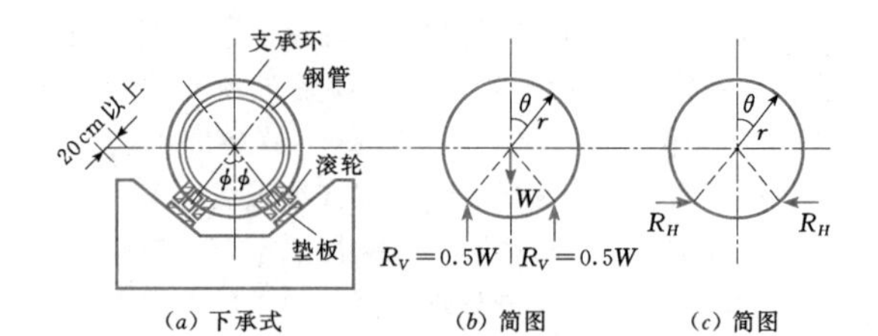

图4.3-12 下承式支承环

表4.3-10 在垂直力W及反力0.5W作用下支承环内力系数

$2\phi=90°$				$2\phi=120°$			
θ(°)	K_1	K_2	K_3	θ(°)	K_1	K_2	K_3
0	−0.037805	−0.079577	0	0	−0.054606	−0.119366	0
15	−0.035093	−0.076866	−0.020596	15	−0.050539	−0.115299	−0.030894
30	−0.027143	−0.068916	−0.039789	30	−0.038614	−0.103374	−0.059683
45	−0.014497	−0.056270	−0.056270	45	−0.019645	−0.084405	−0.084405
60	0.001984	−0.039789	−0.068916	60	0.005077	−0.059683	−0.103374
75	0.021177	−0.020596	−0.076866	75	0.033866	−0.030894	−0.115299
90	0.041773	0	−0.079577	90	0.064760	0	−0.119366
105	0.062369	0.020596	−0.076866	105	0.095654	0.030894	−0.115299
120	0.081562	0.039789	−0.068916	120^-	0.124443	0.059683	−0.103374
135^-	−0.098043	0.056270	−0.056270	120^+	0.124443	0.492696	0.146626
135^+	+0.098043	0.409823	0.297284	135	0.069706	0.437958	0.269149
150	0.007136	0.319816	0.393224	150	−0.014878	0.353374	0.373330
165	−0.105505	0.206275	0.462367	165	−0.123544	0.244708	0.452096
180	−0.232203	0.079577	0.500000	180	−0.248886	0.119366	0.500000

注 1. 参见图4.3-12（b），θ表示管顶截面与计算点之间的圆心角，135^-、135^+分别表示支承环（$2\phi=90°$）支承点两侧截面位置，120^-、120^+则分别表示支承环（$2\phi=120°$）时支承点两侧截面位置，下表同。
2. 弯矩$M=K_1Wr$；轴力$N=K_2W$；剪力$V=K_3W$。

表4.3-11 在水平反力R_H作用下支承环内力系数

$2\phi=90°$				$2\phi=120°$			
θ(°)	K_1	K_2	K_3	θ(°)	K_1	K_2	K_3
0	−0.042543	−0.090845	0	0	−0.086503	−0.195561	0
15	−0.039447	−0.087750	−0.023512	15	−0.079842	−0.188840	−0.050599
30	−0.030372	−0.078674	−0.045423	30	−0.060311	−0.169309	−0.097751
45	−0.015935	−0.064237	−0.064237	45	−0.029242	−0.138240	−0.138240
60	0.002880	−0.045423	−0.078674	60	0.011247	−0.097751	−0.169309
75	0.024790	−0.023512	−0.087750	75	0.058398	−0.050599	−0.188840
90	0.048302	0	−0.090845	90	0.108998	0	−0.195501
105	0.071815	0.023512	−0.087750	105	0.159597	0.050599	−0.188840
120	0.093725	0.045423	−0.078674	120^-	0.206748	0.097751	−0.169309

续表

$2\phi=90°$				$2\phi=120°$			
θ(°)	K_1	K_2	K_3	θ(°)	K_1	K_2	K_3
135^-	0.112540	0.064237	−0.064237	120^+	0.206748	−0.402249	0.696716
135^+	0.112540	−0.642870	0.642870	135	0.040131	−0.568867	0.568867
150	−0.031942	−0.787351	0.454577	150	−0.087719	−0.696716	0.402249
165	−0.122767	−0.878176	0.235307	165	−0.168088	−0.777086	0.208220
180	−0.153746	−0.909155	0	180	−0.195501	−0.801499	0

注 1. 参见图4.2-12(*c*)，θ表示管顶截面与计算点之间的圆心角。
2. 弯矩$M=K_1R_Hr$；轴力$N=K_2R_H$；剪力$V=K_3R_H$。

钢管沿支座移动时的摩擦系数：钢管与混凝土墩座间的滑动接触$f=0.6\sim0.75$；钢管与不涂润滑剂的墩座金属镶板间的滑动接触$f=0.5$；钢管与常涂润滑剂的墩座金属镶板间的滑动接触$f=0.3$；滚轮与墩座支撑板间的滚动接触$f=0.1$；摆柱支承按计算或近似取$f=0.05$。

与镇墩相似，支墩的基础可挖至弱风化层以下及对较破碎基础进行固结灌浆处理，同时需进行抗滑动和抗倾覆稳定计算、地基承载力校核及沉陷计算（软基）和细部结构计算。若地基较差，有时需在支墩上设专门的调整装置，以便在支墩发生过大沉陷时调整钢管的高程。

下列地基容许承载力可作为镇墩和支墩初步设计时参考，砂或黏土地基100kPa，含砂黏土150kPa，砂砾石和砂的混合物200kPa；砂砾石300kPa；页岩、泥板岩、片岩等软弱岩石1000～2500kPa；花岗岩、玄武岩、片麻岩、流纹岩、安山岩、辉绿岩、硬质砂岩等坚硬岩石4000kPa。

4.3.5 钢管振动及防振措施

4.3.5.1 钢管振动

钢管中的水流脉动以及其他扰动可能引起钢管振动。钢管的防振设计中必须计算出压力钢管固有频率，并应使其自振频率与干扰频率错开，一般规定错开值在25%以上，即$f\geqslant1.25f_i$或$f\leqslant0.75f_i$，f为干扰频率，f_i为钢管的第i阶自振频率。

在水电站运行过程中，可能引起钢管振动的扰动源类型较多，涉及水力系统、机械系统和电力系统，主要的扰动源及其扰动频率见表4.3-12，在抗振设计时应对可能的主要干扰频率进行检验。

表4.3-12 主要扰动源及其扰动频率范围

序号	扰动源	扰动频率(Hz)	
		近似计算公式	扰动频率量级
1	水库水位波动或无压尾水中的波浪		$10^{-1}\sim10^0$
2	机组功率振荡		0.2～2.5
3	尾水管涡带扰动	$f=(0.167\sim0.5)n/60$	$10^0\sim10^1$
4	机组转动部分偏心引起的振动	$f=n/60$	10^1
5	水流撞击转轮叶片引起的扰动	$f=N_2n/60$	$10^1\sim10^2$
6	导叶和转轮叶片相互作用引起的扰动	$f=N_1N_2n/(60K)$	10^2
7	闸、阀或导叶的振动		10^2
8	空化噪声		$10^2\sim10^3$
9	谐波水力共振	$f=ic/(4L)$	
10	发生水击时水体纵向振动的基频干扰	$f=c/(2L)$	
11	地震		

注 n为机组转速(r/min)；N_1、N_2为导叶和转轮叶片的数目；K为N_1和N_2的最大公约数；c为水击波的传播速度(m/s)；L为管道全长(m)；i为谐波阶数。

压力水管的振动有径向（半径方向）、横向（垂直管轴方向）和纵向（沿管轴方向）三种。一般径向振动较为主要。

钢管的径向自振频率可用鬼头史城公式计算，该公式考虑了管壁的弹性、管内水体的附加质量和管内静水压力影响，即

$$f_r = \frac{1}{2\pi r}\sqrt{\frac{E_s g}{\gamma_s}} \times \frac{1}{n\sqrt{n^2+1}} \times \xi_1\sqrt{\xi_2+\xi_3+\xi_4} \tag{4.3-10}$$

其中

$$\xi_1 = \frac{1}{\sqrt{1+\left(\frac{\gamma_w}{\gamma_s}\times\alpha\times\frac{2r}{t}\right)\left(\frac{n^2}{n^2+1}\right)}}$$

$$\xi_2 = \left(\frac{\pi}{2}\times\frac{r}{l}\right)^4 = K^4$$

$$K = \frac{\pi}{2}\times\frac{r}{l}$$

$$\xi_3 = \frac{n^4(n^2-1)^2}{(1-\mu_s^2)}\times\frac{t^2}{12r^2}$$

$$\xi_4 = (n^2-1)(n^2+K^2)^2\times\frac{\gamma_w H r}{E_s t}$$

式中　n——横截面的管壁变形波数，$n=1$为刚体振动，$n=2$为第一振型，余类推；

E_s——钢材的弹性模量，N/mm^2；

γ_s——管材的容重，N/mm^3；

ξ_1——考虑管内水体附加质量的系数；

α——与比值K及变形波数n有关的系数，近似取$\alpha=1/n$；

K——空间影响系数；

l——管道计算长度，mm，有加劲环时为加劲环的间距，无加劲环时为支承环间距；

ξ_2——和管道半径与长度比值有关的空间影响系数；

ξ_3——与管径和管壁厚度有关的影响系数；

ξ_4——管内静水压力的影响系数。

当K值超过0.6时，径向自振频率宜用下式计算：

$$f_r = \frac{1}{2\pi r}\times\sqrt{\frac{E_s g}{\gamma_s(1-\mu_s^2)}}\times \frac{1}{\sqrt{1+\frac{\gamma_w}{\gamma_s}\times\alpha\times\frac{2r}{t}\times\frac{n^2}{n^2+1}}}\times \sqrt{\frac{-(D_1+D_2\zeta-D_3\eta)}{D_4}} \tag{4.3-11}$$

$$D_1 = -\frac{1}{2}(1-\mu_s)(1-\mu_s^2)K^4$$

$$D_2 = -n^2\left[\mu_s(1+\mu_s)(n^2-1+K^2)K^2 - \left(\frac{1-\mu_s}{2}n^2+K^2\right)(n^2-1+K^2) + \frac{1}{2}(1+\mu_s)K^2\right] - \left[\frac{1}{2}(1-\mu_s)n^2+K^2\right]\times [2n^2K^2+K^4+n^2(n^2-1)]\left(\frac{1-\mu_s}{2}K^2+n^2\right) + n^2K^2\left[(1+\mu_s)(2n^2K^2+K^4+n^4) - \mu_s\left(\frac{1-\mu_s}{2}K^2+n^2\right)\right]$$

$$D_3 = \frac{1}{2}(1-\mu_s)[(n^2-1)(n^2+K^2)^2+\mu_s K^4]$$

$$D_4 = (1-\mu_s)\left[\frac{1}{2}n^2(n^2+1)+K^2\times\left(n^2+\frac{3}{2}+\mu_s\right)+\frac{1}{2}K^4\right]$$

$$\eta = \frac{(1-\mu_s^2)\gamma_w H r}{E_s t}$$

$$\zeta = \frac{t^2}{12r^2}$$

式中　γ_w——水的容重，N/mm^3；

μ——钢材泊松比；

r、t——管道半径和壁厚，mm。

4.3.5.2　减振措施

抗振设计是明钢管的重要设计内容之一。从明钢管的布置和运行两方面应尽可能避免危害性的振动。在地震区的明钢管还应充分考虑抗地震设计，如采用波纹管伸缩节取代传统的套筒式伸缩节，因波纹管伸缩节是管路中的柔性结构，管道中设置一定数量的柔性结构，可显著提高管道的抗震能力，不至于因强烈地震造成管路系统的完全破坏。除地震以外，引起钢管振动的其他原因很多，而有些振源的频率不易预先精确确定，故经过抗振设计的钢管不能绝对保证在运行中不发生振动，而需在运行中发生振动时设计和采取相应的抗振和减振措施。若钢管在运行时振动严重，应首先研究引起振动的原因，找出振源，然后采取针对性的措施予以解决。减振措施归纳以下三大类[12]。

(1) 消除振源。通过向尾水管补气或改进尾水管的流道结构，可以有效抑制尾水管涡带的形成和发展；可以改变转轮叶片数或调整叶片与导叶的间隙解决涉及转轮叶片数的扰动；调节水轮机前阀门的止水设备可以避免发生谐波水击引起的共振；从尽可能避免发生水力共振的角度进行明钢管布置和长度设计，降低发生水力共振的可能性；避免机组在一些不稳定区域运行或快速通过相关区域，能有效避免发生振动。

（2）改变管道的自振频率。设加劲环和调整加劲环的间距，可以改变钢管的径向振动频率；改变支墩的间距，可以改变钢管的横向自振频率；调整镇墩特别是伸缩节的位置，可以改变钢管的纵向振动频率；在合理的范围内调整明钢管的尺寸或在合理的位置补气，可以改变管道的自振频率。

（3）削减振动的幅度。通常，上述两种措施能够不同程度的减轻明钢管的振动幅度，甚至避免发生振动。在包括明钢管在内的输水系统中，还包括各种类型的调压室和放空管等集中水力元件，合理的布置位置和设计体形同样能够有效削减振动的幅度。

4.3.6 钢管的伸缩节

4.3.6.1 结构型式

伸缩节的主要作用是允许管道的合理变形以减小钢管的温变应力。伸缩节一般布置在两相邻镇墩之间和进入厂房之前。布置在两镇墩之间的伸缩节一般靠近上镇墩，便于钢管安装且可减小伸缩节处的内水压力。伸缩节要有足够的强度、刚度和良好的密封性能，温度变化时能灵活伸缩，能适应镇、支墩的基础变形而产生的线变位和角变位的需要，并考虑存在的计算误差和制作安装误差，而留有足够的裕度。

钢管的伸缩节有多种结构型式，主要包括以下两大类。

（1）套筒式伸缩节。是大中型水电站明钢管中常用的型式。套筒式伸缩节有单向套管和双向套筒两种型式，如图 4.3-13 所示。前者能在运行中适应温度变化时钢管的轴向移动和安装时校正管线的长度误差，后者除上述的功用外还允许微小的角位移。

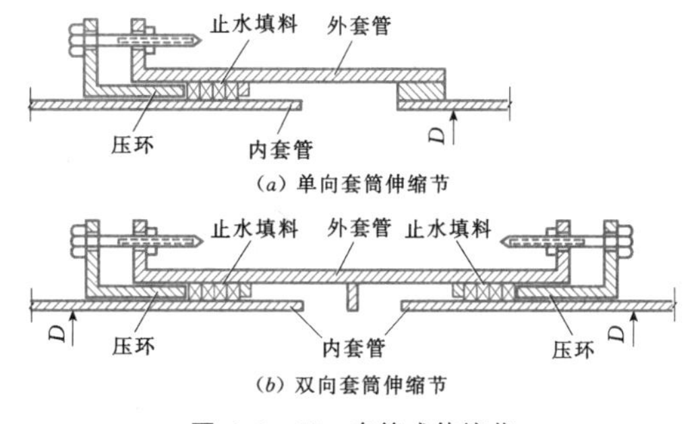

图 4.3-13 套筒式伸缩节

（2）波纹管伸缩节。典型的波纹管伸缩节结构型式如图 4.3-14 所示。近年来，在水电站引水压力钢管上开始采用的波纹密封套筒式伸缩节，包括波纹管、波芯体和外套管等基本构件，已成功替代了我国一系列大中小型水电站引水压力钢管的常规套筒式伸缩节，如图 4.3-15 所示。

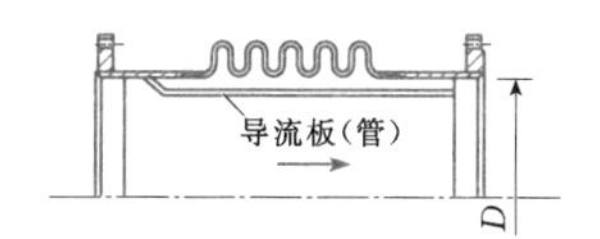

图 4.3-14 波纹管伸缩节

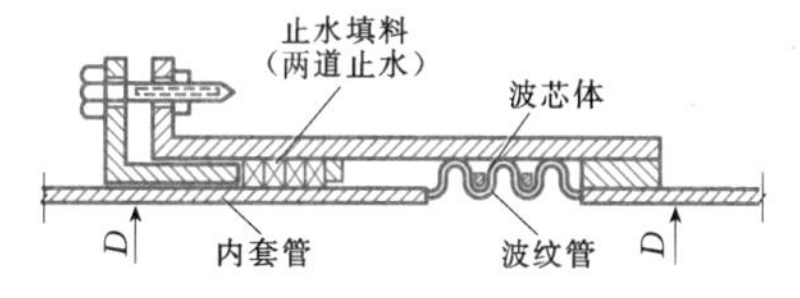

图 4.3-15 波纹密封套筒式伸缩节

波纹管伸缩节由一个或几个波纹管及结构件组成，包括单式波纹管伸缩节和复式波纹管伸缩节等多种型式，由一个波纹管及结构件组成的为单式波纹管伸缩节，由中间管连接的两个波纹管及结构件组成的为复式波纹管伸缩节。

相对于常规的套筒式伸缩节结构来说，波纹管伸缩节具有较强的适应三维变形的能力，具有补偿位移大、无渗漏、安装方便、维修简单、运行可靠、使用寿命长等优点。长江三峡左、右岸电站采用附加加强U形波纹管水封系统的双套筒伸缩节，直径 $D=12.4$m，设计水头 $H=140$m，$HD=1736\text{m}^2$。

伸缩节的止水填料，随着作用水头 H 的增加，以及新材料新结构的发展，建议参考以下原则选用：$H\leqslant300$m，用油浸麻、橡皮和石棉，也可用聚四氟乙烯石棉，或用带波纹密封的套筒式伸缩节，直径相对较小的可用波纹管替代常规套筒式伸缩节；$H>200$m，宜采用聚四氟乙烯石棉，或带波纹密封的套筒式伸缩节。

4.3.6.2 套筒式伸缩节结构计算

结合图 4.3-16 所示计算简图简要介绍套筒式伸缩节结构的近似计算方法。

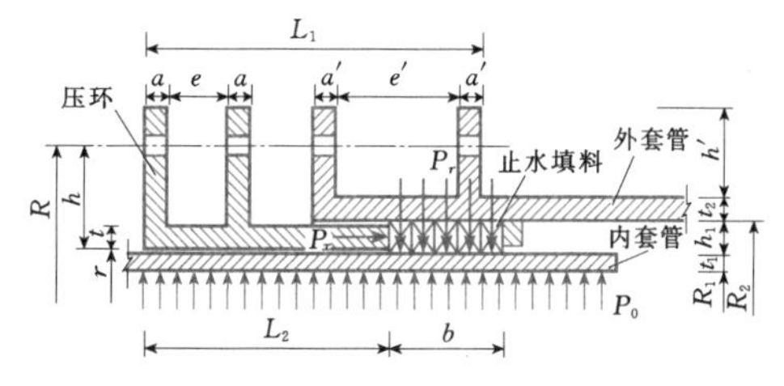

图 4.3-16 套筒式伸缩节结构计算简图

1. 压环结构的计算

压环与填料间的轴向挤压应力为

$$P_x = P_{x1} + P_{x2} + P_{x3} \qquad (4.3-12)$$

安装后的初始荷载 P_{x1} 为

$$P_{x1}=\frac{1}{K_1}(K_0-K_2K_3)P_0 \quad (4.3-13)$$

式中　P_0——设计内水压强，N/mm^2；

K_0——填料对管壁表面的径向压强与内水压强 P_0 之比，一般取1.25～1.50；

K_1、K_2、K_3——与填料和钢材的弹性模量和泊松比，以及伸缩节的设计结构尺寸相关的系数。

$$K_1=\frac{\mu'}{1+\frac{E'}{E'_s}\times\frac{1}{h_1}\left(\frac{R_1^2}{t_1}m+\frac{R_2^2}{t'_2}n\right)}$$

$$\mu'=\frac{\mu}{1-\mu}$$

$$E'=\frac{E}{1-\mu^2}$$

$$E'_s=\frac{E_s}{1-\mu_s^2}$$

$$t'_2=t_2+\frac{2a'h'}{l'}$$

$$l'=b+1.56\sqrt{R_2t_2}$$

$$m=1-e^{-\frac{\beta_1 b}{2}}\cos\frac{\beta_1 b}{2}$$

$$n=1-e^{-\frac{\beta_2 b}{2}}\cos\frac{\beta_2 b}{2}$$

$$\beta_1=\sqrt[4]{\frac{3(1-\mu_s^2)}{R_1^2t_1^2}}=\frac{1.285}{\sqrt{R_1t_1}}(\text{令 }\mu_s=0.3,\text{下同})$$

$$\beta_2=\sqrt[4]{\frac{3(1-\mu_s^2)}{R_2^2t'^2_2}}=\frac{1.285}{\sqrt{R_2t'_2}}$$

式中　μ——填料的泊松比；

E——填料的弹性模量，N/mm^2；

E_s、μ_s——钢材的弹性模量和泊松比；

t'_2——外套管的折算厚度，若外套管端面离开法兰距离小于 $0.78\sqrt{R_2t_2}$，则采用实际距离，mm。

$$K_2=\frac{1}{\mu'}\left(1+\frac{E'L_1h_1}{E'_sbKt}\right)$$

式中　K——圆周上的螺栓的总截面积与压环截面积之比。

$$K_3=\frac{\frac{\rho}{h_1t_1}-\frac{1-n}{h_1t'_2}}{\frac{E'_s}{E'R_2^2}(K_2-\mu')+\frac{1}{h_1}\left(\frac{m\rho}{t_1}+\frac{n}{t'_2}\right)K_2}$$

$$\rho=\left(\frac{R_1}{R_2}\right)^2$$

由于内水压强 P_0 的作用，填料对管套产生的径向压强为

$$P_{x2}=K_3P_0 \quad (4.3-14)$$

温度变化时填料与内管相对滑动产生的轴向摩擦力为

$$P_{x3}=\frac{fbK_0P_0}{t} \quad (4.3-15)$$

式中　f——填料与管壁间的摩擦系数；

其他符号见图4.3-16。

将螺栓的实际间距乘以 $(r+0.5t)/R$，即为折算到压环套筒处的螺栓间距 l，可计算到每个螺栓的拉力，则可得到作用在压环套筒端部单位长度上的力

$$S_K=(P_{x1}+P_{x2})h_1+P_{x3}t \quad (4.3-16)$$

$$M_K=S_K(h-0.5t) \quad (4.3-17)$$

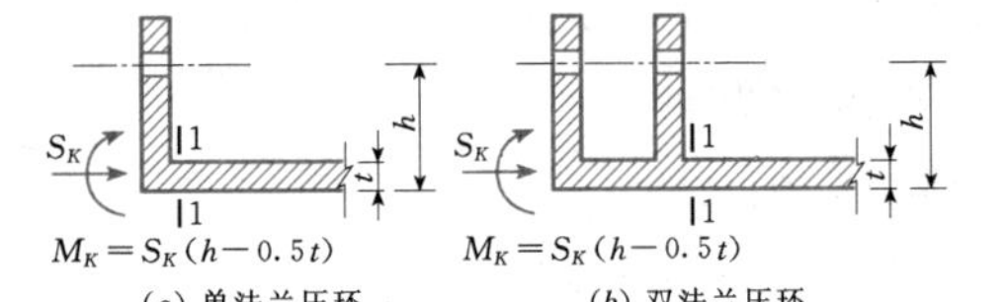

图4.3-17　压环

对于图4.3-17（b）所示的双法兰压环，M_K 在断面1—1处引起的弯矩为

$$M_0=\frac{S_K(h-0.5t)}{1+\frac{\beta(2a+e)}{2}+\frac{1-\mu_s^2}{2\beta r}\left[\frac{2a(3e^2+6ea+4a^2)}{t^3}\ln\left(1+\frac{h}{r}\right)+\frac{e^3}{rt^2}\right]} \quad (4.3-18)$$

$$\beta=\sqrt[4]{\frac{3(1-\mu_s^2)}{r^2t^2}}=\frac{1.285}{\sqrt{rt}}\quad(\mu_s=0.3)$$

当 $e=0$ 并以 $a/2$ 代替 a，上式即变为图4.3-17（a）所示的单法兰压环的弯矩公式。

压环根部（断面1—1）的最大轴向应力（拉应力为正）为

$$\sigma_x=-\frac{S_K}{t}\pm\frac{6M_0}{t^2}\leqslant[\sigma] \quad (4.3-19)$$

若每个螺栓都达到屈服应力 σ_s，则应校核此种压环断面1—1的应力是否也不超过 σ_s。此时压环端部单位长度上的荷载为

$$S'_K=\frac{NA\sigma_s}{2\pi r} \quad (4.3-20)$$

$$M'_K=\frac{M_K}{S_K}\times S'_K \quad (4.3-21)$$

式中　N、A——圆周上的螺栓数和单个螺栓的截面积，mm^2。

则断面1—1的弯距为

$$M'_0=\frac{M_0}{S_K}\times S'_K \quad (4.3-22)$$

断面1—1的最大轴向应力为

$$\sigma_x=-\frac{S'_K}{t}\pm\frac{6M'_0}{t^2}\leqslant\sigma_s \quad (4.3-23)$$

2. 内套管结构计算

填料作用于内套管的径向压应力为

$$P_r = P_{r1} + P_{r2} = K_0 P_0 = (1.25 \sim 1.50) P_0 \tag{4.3-24}$$

$$P_{r1} = K_1 P_{x1}$$

$$P_{r2} = K_2 P_{x2} = K_2 K_3 P_0$$

式中 P_{r1}——在 P_{x1} 作用下的填料对内套管的径向压应力，N/mm^2；

P_{r2}——在内水压强 P_0 作用下的填料对内套管的径向压应力，N/mm^2。

内套管管壁的环向（切向）应力计算如下：

安装后的初始情况为

$$\sigma_\theta = \frac{-P_0 R_1}{t_1}(K_0 - K_2 K_3) \tag{4.3-25}$$

运行情况为

$$\sigma_\theta = \frac{-P_0 R_1}{t_1}(K_0 m - 1) \tag{4.3-26}$$

管壁的纵向弯矩为

$$M_x = \frac{q}{2\beta_1^2}(1 - m) \tag{4.3-27}$$

式中：对于安装后的初始情况 $q = (K_0 - K_2 K_3) P_0$；运行情况 $q = (K_0 - 1) P_0$。

管壁的纵向弯曲应力为

$$\sigma_x = \frac{6M_x}{t_1^2} \tag{4.3-28}$$

3. 外套管的结构计算

外套管管壁的环向应力为

$$\sigma_\theta = \frac{K_0 P_0 R_2}{t_2'} \tag{4.3-29}$$

法兰盘旁的管壁最大轴向弯曲应力为

$$\sigma_{x2} = 1.82\beta_0 \frac{P_0 R_2}{t_2} \tag{4.3-30}$$

$$\beta_0 = \frac{F'_K - a' t_2}{F'_K + 1.56 t_2 \sqrt{R_2 t_2}}$$

式中 F'_K——法兰盘的横截面积，mm^2。

4.3.6.3 波纹管伸缩节结构计算

波纹管伸缩节结构计算的基本资料包括：根据管长与当地气温变化情况计算波纹管伸缩节的管端伸缩量；采用与钢管设计使用年限一致的使用年限；保证伸缩节与主管连接焊接的可靠性选择伸缩节与钢管接口的管材；波纹管的设计温度应根据波纹管预计工作温度确定，并应低于波纹管材料的蠕变温度；为了保证钢管的侧向稳定与管壁实际应力而确定的轴向推力与变形刚度等。

波纹管伸缩节结构计算方法详见 GB/T 12777—1999《金属波纹管膨胀节通用技术条件》[6] 和 DL/T 5141—2001《水电站压力钢管设计规范》[4] 进行设计计算，这部分工作目前一般由波纹管伸缩节制造厂家完成，而设计单位只负责提供波纹管伸缩节两端的变形量。

4.4 地 下 埋 管

4.4.1 地下埋管的布置

地下埋管通常是指深埋在岩体中的压力钢管。根据其受力条件的不同，分为钢管单独承受内水压力在地下洞室内敷设的明管和埋置于岩体中与围岩共同承担内水压力的埋藏式钢管。由于敷设于地下洞室内的明管的受力状态同明管，可参照明管的设计进行。这里重点对考虑围岩分担内水压力的地下埋管进行介绍。

地下埋管宜布置在坚硬、完整的岩体内，以充分发挥围岩对内水压力的分担作用，降低工程造价。在管线布置上应充分考虑地质条件，管轴线尽可能与主要地质构造和岩石节理裂隙大角度相交。

地下埋管的供水方式是根据枢纽布置格局，经过技术经济比较确定的。对于较长的管道，通常采用一管多机的型式。在地质条件较好，管线较短的情况下，也有采用单管单机的布置型式。在采用多根管线布置的情况下，应保证相邻洞室之间有足够的间距，防止相邻洞室间岩体开挖塑性区重叠，进而影响洞室的整体稳定。

埋藏式压力管道的竖向布置，有竖井式、斜井式和斜竖井混合式三种基本型式。竖井布置多适用于距高比较小，厂房居首部的开发方式。采用竖井或斜井应根据水道系统的布置要求、工程地质条件、施工条件综合考虑确定。为便于开挖溜渣，斜井的倾角应大于50°。当竖井或斜井较长时，为加快施工进度，可设置中平段。

地下埋管的管径通常是通过技术经济比较确定。对于长管线通常采用不同的管径。初拟钢管直径时可根据经济流速确定，钢管的经济流速一般为4～6m/s，对低水头电站可采用小值，高水头电站取大值。

为满足钢管和围岩联合受力，保证内水压力的充分传递，应保证回填混凝土的密实性，这一点对于考虑围岩分担内水压力的埋藏式钢管很重要。管外混凝土的厚度不应小于50cm，对于平段底部空间不应小于60cm。回填混凝土的强度等级不应低于C15。

为减小围岩、混凝土和钢管之间的缝隙值，通常对钢管进行回填灌浆、固结灌浆和接触灌浆。回填灌浆通常是对平段、弯管段和坡度较缓的斜段进行，回填灌浆压力通常为0.4～0.5MPa。接触灌浆则是对混凝土与钢管管壁之间进行，灌浆压力一般为0.2MPa。根据钢种的不同回填灌浆和接触灌浆的方法也有所区别，对于可开孔的钢板采用在钢板预留灌浆孔的方式实施，对于开孔后不易封堵或封堵容易造成焊接裂纹的钢种，则通常采用管外预设灌浆管路的方式进行。张河湾、西龙池的高强钢管段均采用预埋灌浆管路的方法进行接触灌浆，接触灌浆的范围主要是钢管底部圆心角 90°范围。小浪底压力钢管则是采用在钢管底部预埋 FUKO 管进行多次重复接触灌浆。固结灌浆主要是对围岩条件较差的地段和考虑围岩分担的管段进行，通常是采用钢管壁预留灌浆孔的方式。对于不宜开孔的钢板，必要时在钢管安装前完成固结灌浆。固结灌浆压力一般在 0.5MPa 左右。

4.4.2 承受内水压力的计算

地下埋管结构由钢管、混凝土衬圈和围岩组成（见图 4.4-1）。由于混凝土干缩和运行时水温较低的原因，在钢管与混凝土衬圈之间、混凝土衬圈与围岩之间均存在缝隙，缝隙值总和 δ_2 可参照水电站压力钢管设计规范[3,4]进行计算。

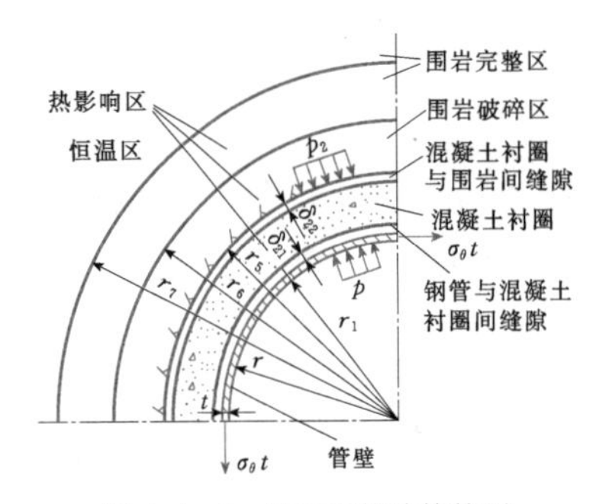

图 4.4-1 地下埋管计算简图

地下埋管承受内水压力的结构分析方法，根据缝隙判别条件和覆盖围岩厚度条件，划分为钢管与围岩共同承受和由钢管单独承受两类情况。

缝隙判别条件为

$$\frac{\sigma_R r}{E_{s2}} > \delta_2 \tag{4.4-1}$$

当覆盖围岩厚度条件为

$$H_r \geqslant 6r_5 \tag{4.4-2}$$

$$H_r \geqslant \frac{p_2}{\gamma_r \cos\alpha(1+\eta_r \tan^2\alpha)} \tag{4.4-3}$$

$$E_{s2} = \frac{E_s}{1-v_s^2} \tag{4.4-4}$$

$$p_2 = \frac{pr - \sigma_{\theta 1} t}{r_5}$$

$$\sigma_{\theta 1} = \frac{pr + 1000K_{01}\delta_{s2}}{t + \dfrac{1000K_{01} r}{E_{s2}}}$$

式中 σ_R——钢材抗力限值或允许应力，N/mm²；

E_{s2}——平面应变问题的钢材弹性模量，N/mm²；

E_s——钢材弹性模量，N/mm²；

H_r——垂直于管轴的最小覆盖层厚度［式（4.4-2）中 H_r 不应计入全风化层和强风化层，式（4.4-3）中 H_r 不应计入全风化层］，见图 4.4-2，mm；

p_2——围岩分担的内压，N/mm²；

p——钢管设计内水压力，N/mm²；

$\sigma_{\theta 1}$——内水压力作用下最小环向正应力，N/mm²；

K_{01}——围岩单位抗力系数最大可能值（在无实测围岩资料的情况下，K_{01} 可按表 4.4-1 取值），N/mm³；

δ_2——包括施工缝隙、钢管冷缩缝隙、围岩冷缩缝隙等因素形成的累计缝隙值，计算 p_2 时应取最高水温时对应的缝隙值 δ_{s2}，mm；

γ_r——围岩重度的较小值，N/mm³；

α——管轴与水平面的夹角（若 $\alpha>60°$，则取 $\alpha=60°$），(°)；

η_r——围岩的侧向压力系数。

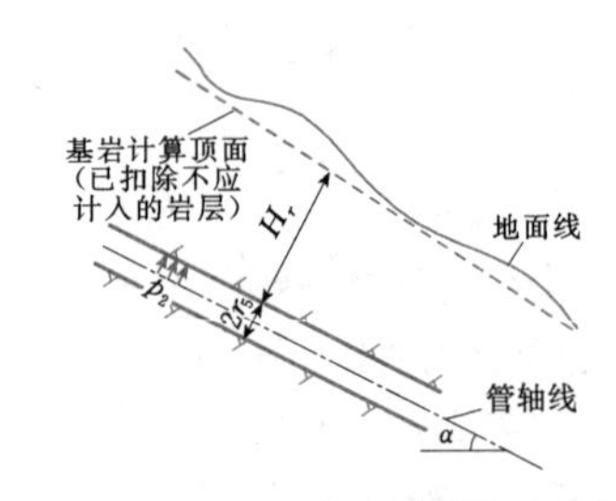

图 4.4-2 地下埋管上覆岩体厚度定义

表 4.4-1 不同岩石的单位弹性抗力系数和弹性模量

岩石的坚硬程度	代表性岩石	节理间隙 (cm)	单位弹性抗力系数 K_0 (N/mm³)	弹性模量 E_r (GPa)
坚硬	石英岩、花岗岩、流纹岩、安山岩、玄武岩、硅质石英岩	大于 30	10～20	11.5～22.9
		5～30	5～10	5.7～11.5
		小于 5	3～5	3.4～5.7

续表

岩石的坚硬程度	代表性岩石	节理间隙(cm)	单位弹性抗力系数 K_0 (N/mm^3)	弹性模量 E_r (GPa)
中等坚硬	砂岩、石灰岩、白云岩、砾岩	大于30	5～10	5.7～11.5
		5～30	3～5	3.4～5.7
		小于5	1～3	1.15～3.4
较软	砂页岩互层、黏土质页岩、泥灰岩	大于30	2～5	2.29～5.7
		5～30	1～2	1.5～2.29
		小于5	小于1	小于1.5
松软	风化页岩、风化泥灰岩、黏土、黄土、山麓堆积物		小于0.5	小于0.57

1. 钢管与围岩共同承受内压情况

(1) 同时满足缝隙判别条件式(4.4-1)和全部覆盖围岩厚度条件式(4.4-2)和式(4.4-3),钢管壁厚按下式计算:

$$t=\frac{pr}{\sigma_R}+1000K_0\left(\frac{\delta_2}{\sigma_R}-\frac{r}{E_{s2}}\right) \quad (4.4-5)$$

若由式(4.4-5)求得的 $t<0$ 或较小,则钢管壁厚由抗外压稳定和最小管壁厚度确定。

相应钢管最大环向应力 σ_θ 按下式计算:

$$\sigma_\theta=\frac{pr+1000K_0\delta_2}{t+\dfrac{1000K_0r}{E_{s2}}} \quad (4.4-6)$$

式中 σ_θ——钢管环向正应力,N/mm^2;

K_0——围岩单位弹性抗力系数较小值,N/mm^3;

δ_2——包括施工缝隙、钢管冷缩缝隙、围岩冷缩缝隙等因素形成的累计缝隙值,计算钢管壁厚时应取最低运行水温时对应的缝隙值,mm。

(2) 满足式(4.4-1)和式(4.4-2),但不满足(4.4-3),令

$$p_2=\gamma_rH_r\cos\alpha(1+\eta_r\tan^2\alpha)$$

则

$$t=\frac{pr-p_2r_5}{\sigma_R} \quad (4.4-7)$$

以上各式中 σ_R 均按地下埋管取值。

2. 钢管单独承担内水压力的情况

(1) 满足式(4.4-2),但不满足式(4.4-1),t 按下式计算,式中 σ_R 仍按地下埋管取值。

$$t=\frac{pr}{\sigma_R} \quad (4.4-8)$$

(2) 不满足式(4.4-2),t 仍按式(4.4-8)计算,但式中 σ_R 按明管取值。

4.4.3 钢管承受外压计算

地下埋藏式压力钢管的破坏大多是外压失稳破坏。钢管承担的外压分别为外水压力、灌浆压力、流态混凝土的压力、微膨胀混凝土产生的压力、安装运输过程中的其他荷载。其中外水压力和微膨胀混凝土产生的压力为运行期长期作用的荷载,在放空条件下为控制性的荷载,其余为施工期的临时荷载,两者不叠加,通常取长期荷载和施工期临时荷载的大值作为结构设计的控制荷载。对于由施工期荷载控制造成结构厚度增加较大时,可采用临时的支撑作为抗外压措施。

埋管分为不设外加强结构的光面管,设置加劲环的钢管和设置锚筋环的钢管。不同的加劲结构有不同的外压稳定计算方法。

4.4.3.1 光面管

计算临界外压可用经验公式或阿姆斯图兹公式[3,4]。

(1) 经验公式,即

$$p_{cr}=612\left(\frac{t}{r}\right)^{1.7}\sigma_s^{0.25} \quad (4.4-9)$$

式中 p_{cr}——抗外压稳定临界压力计算值,N/mm^2;

σ_s——钢材屈服强度,N/mm^2。

(2) 阿姆斯图兹公式,即

$$p_{cr}=\frac{\sigma_k}{\dfrac{r}{t}\left[1+0.35\dfrac{r}{t}\dfrac{(\sigma_{s2}-\sigma_k)}{E_{s2}}\right]} \quad (4.4-10)$$

σ_k 由下式经试算求得:

$$\left(E_{s2}\frac{\delta_{2p}}{r}+\sigma_k\right)\left[1+12\left(\frac{r}{t}\right)^2\frac{\sigma_k}{E_{s2}}\right]^{\frac{3}{2}}=3.46\frac{r}{t}(\sigma_{s2}-\sigma_k)\left[1-0.45\frac{r}{t}\frac{(\sigma_{s2}-\sigma_k)}{E_{s2}}\right] \quad (4.4-11)$$

$$\sigma_{s2} = \frac{\sigma_s}{\sqrt{1-\nu_s+\nu_s^2}} \qquad (4.4-12)$$

$$\delta_{2p} = \delta_2 + \delta_p \qquad (4.4-13)$$

$$\delta_p = \frac{p_2 r_5}{1000K_{01}}\left(1-\frac{E_{r0}}{E_r}\right) \qquad (4.4-14)$$

式中　σ_k——由外压引起的管壁屈曲处的平均应力，N/mm^2；

σ_{s2}——平面应变问题的钢材屈服强度，N/mm^2；

σ_s——钢材屈服强度或钢材抗拉强度标准值，N/mm^2；

δ_{2p}——δ_2 与围岩塑性压缩缝隙值 δ_p 之和，mm；

δ_p——围岩塑性压缩缝隙值，mm；

E_{r0}——围岩变形模量，N/mm^2；

E_r——围岩弹性模量，N/mm^2。

若 $K_{01}=0$，则取 $\delta_{2p}\approx\delta_2$ 与 $\delta_{2p}=\frac{\sigma_{\theta 1} r}{E_{s2}}$ 二者之中的大值。

图 4.4-3 是根据阿姆斯图兹公式绘制的图，供查用。

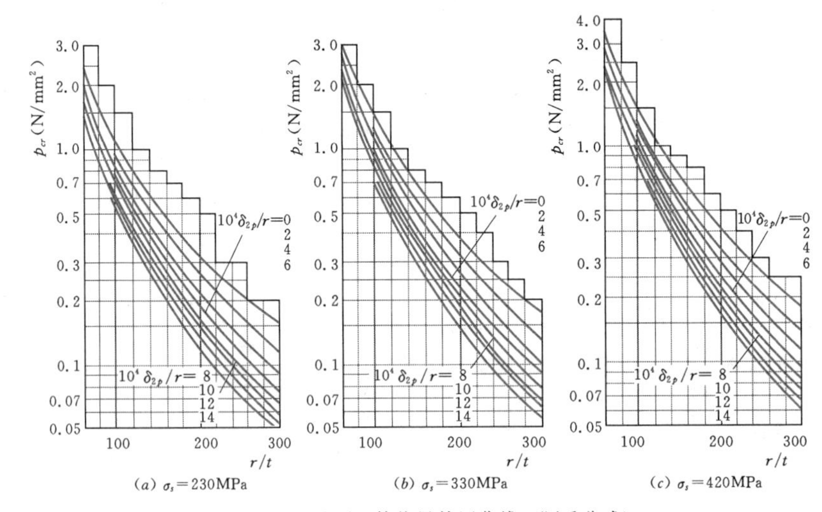

图 4.4-3　地下埋管临界外压曲线（阿氏公式）

光面管的抗外压稳定安全系数为 2.0。根据上述公式计算得出的临界外压和设计外压取值比较，判断安全系数是否满足要求。当安全系数不满足要求时，一般考虑设置加劲环或锚筋环。

4.4.3.2　设置加劲环的钢管外压计算

设置加劲环的钢管需要复核加劲环间管壁抗外压稳定和加劲环自身的抗外压稳定。

1. 加劲环间管壁稳定计算

加劲环间管壁的临界外压计算，采用明管的相关公式计算，参见米赛斯公式（4.3-4）。

2. 加劲环自身临界外压计算

$$p_{cr} = \frac{\sigma_s A_R}{rl} \qquad (4.4-15)$$

$$A_R = ha + t(a + 1.56\sqrt{rt}) \qquad (4.4-16)$$

式中　A_R——加劲环的有效面积，mm^2；

h——加劲环的高度，mm；

a——加劲环的厚度，mm；

l——加劲环的间距，mm。

加劲环计算断面如图 4.4-4 所示。

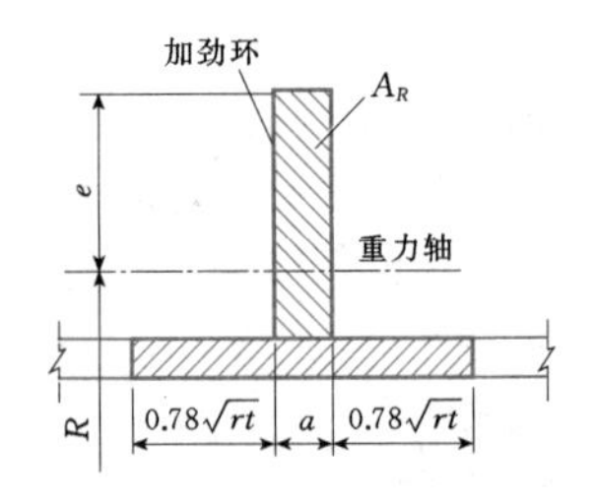

图 4.4-4　加劲环计算断面

加劲环的应力按锅炉公式计算，设置加劲环的钢管及加劲环本身的抗外压稳定安全系数为 1.8。

4.4.3.3　设置锚筋环的埋管

详见本卷本章 4.5 节中相关内容坝内钢管。

4.4.3.4　降低外水压力的措施

如前所述，外水压力是长期作用于钢管的荷载，对于外水压力较高的地区，降低钢管外水压力对埋藏式钢管显得尤为重要。地下埋藏式压力钢管降低外水压力的主要措施有岩壁排水系统、紧贴管壁排水系统和专用排水洞等措施，详见表 4.4-2 所列。

表 4.4-2　　降低外水压力的方法

方法		略图	优点	缺点
间接排水法	平行廊道	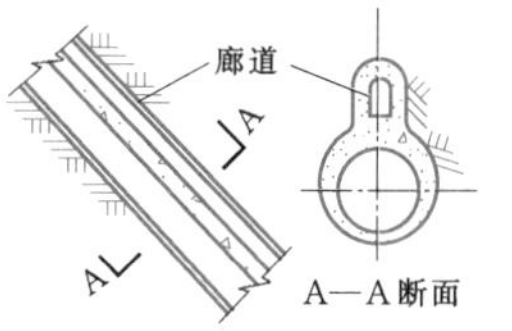	①几乎整个长度上效果良好； ②钢管无需加工	①削弱了围岩强度； ②费用大； ③灌浆困难
	水平廊道	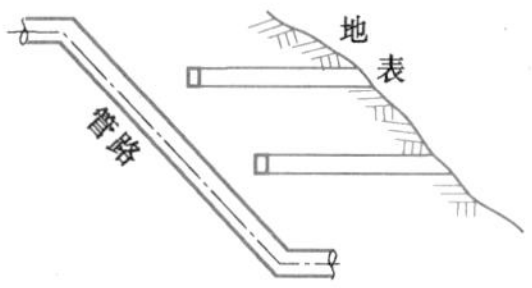	①可利用施工洞，较经济； ②施工容易； ③钢管无需加工	仅有部分效果，且外压分布难以判定
	从隧洞内的放射性钻孔	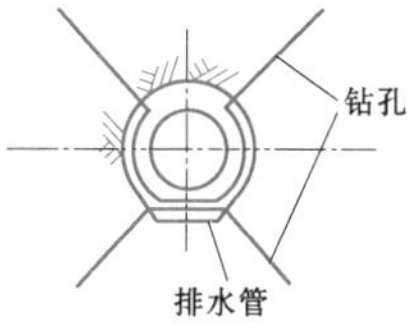	①易于施工； ②较经济； ③钢管无需加工	①效果是否持久尚有疑问； ②灌浆困难
	从廊道内的钻孔	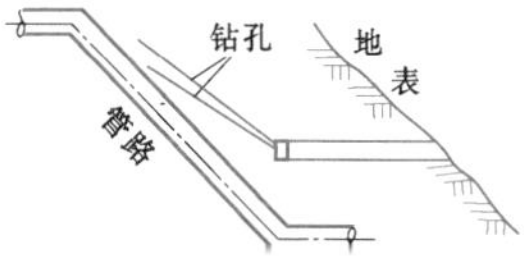	①与单独的廊道相比效果较好； ②不影响经济性； ③设计得当时可进行灌浆	①效果是否持久尚有疑问； ②需要钻深孔
直接排水法	由钢管内的钻孔及排水管	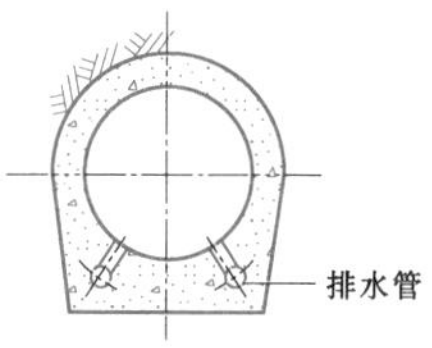	①运行可靠； ②可较大地减轻外压力； ③可进行灌浆	①钢管上需进行开孔加工； ②施工稍麻烦； ③维护与维修困难； ④设内侧排水管时增加水头损伤
	集水箱与排水管	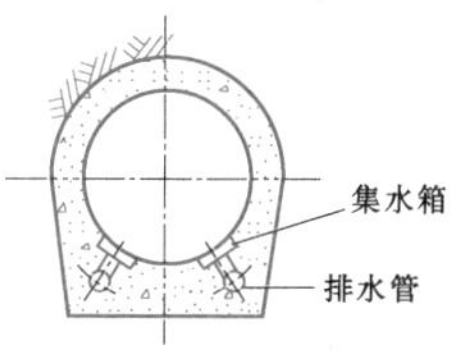	①效果较好； ②钢管虽需加工，但加工量很少； ③施工较容易； ④可进行灌浆	①在细部设计不当时是否能正常运行尚有疑问； ②维护与维修困难

以下是几种典型的排水型式。

(1) 岩壁排水系统。岩壁排水是一种紧贴岩壁（即开挖面）布置管网状排水系统，压力钢管的排水系统沿开挖的洞壁布置，每条高压钢管均设置岩壁排水系统，沿高压钢管走向设四根外排水管，分别位于高压钢管横断面的45°、135°、225°和315°，每隔6.0m设一排水孔，如图4.4-5所示。四根外排水管均通向厂内自流排水洞，将渗入管内的渗水排入自流排水洞。HT80高压钢管段则采取U形环向排水槽，间距为6.0m，在高压钢管四角的U形槽处用纵向排水管连通并通向自流排水洞。另一种岩壁排水则是在岩壁上布置系统的排水孔，孔内设置外包无纺布的排

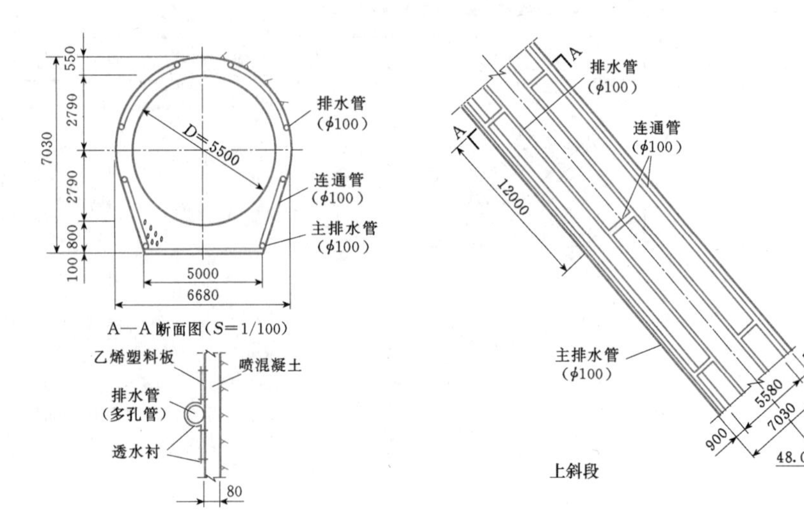

图 4.4-5 典型的岩壁排水系统（单位：mm）

水管，各孔内的排水管引入与钢管轴线平行布置的排水主管，排水主管最终自施工支洞或厂房引出。采用这样的排水方式时，应注意根据出水点的位置布置随机排水孔。

（2）管壁排水系统，沿钢管外壁布置，沿钢管轴线方向布置纵向排水角钢，角钢和管壁之间缝隙用肥皂充填或在角钢外壁用无纺布粘贴；每隔一定距离设置环向的排水槽钢，将纵向排水角钢相连，在槽钢的最低部位设置排水管，最终接入排水主管，如图4.4-6所示。

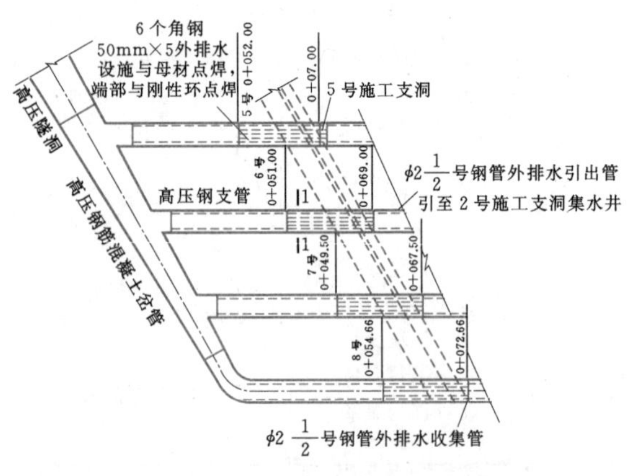

图 4.4-6 广州抽水蓄能电站二期钢管排水布置示意图

（3）排水洞。在钢管范围内布置专用排水洞，洞壁设置深排水孔，以降低钢管范围内的地下水，如图4.4-7所示。但应注意，当钢管前为钢筋混凝土高压管道或岔管时，应注意排水洞和混凝土管道之间的距离应满足水力劈裂的要求。

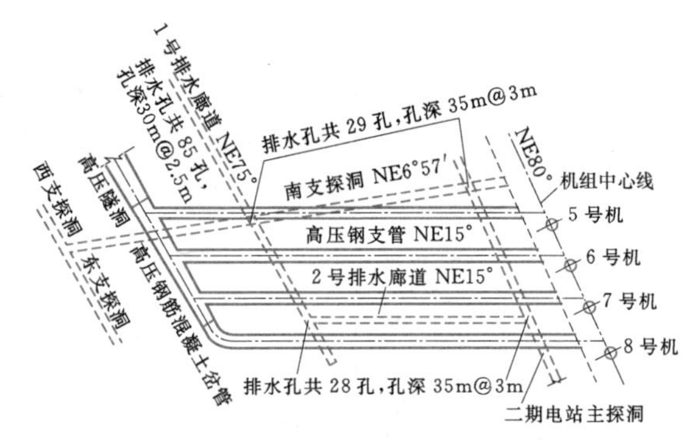

图 4.4-7 广州抽水蓄能电站一期钢管排水洞布置示意图

4.4.3.5 外水压力的确定

关于外水压力的取值，目前没有统一的取值方法，需要结合工程的水文地质条件、邻近建筑物的防渗工程措施、排水措施以及钢管是否采取降低外水压力的措施等综合分析确定，大型压力钢管尚需进行渗流场计算分析。

确定山体渗透水压力数值，是较复杂的问题，因为天然地下水位与工程区的地形、地质、水文地质及气象条件密切相关，还常随着季节而变化。修建水库和水道可能使地下水位抬高，开挖隧洞和排水洞、设置排水系统又会降低地下水位，影响因素很多，难以定量分析，只有因地制宜近似确定。据文献报导，目前国内外已建工程选取设计外压时，主要有表4.4-3所示的一些办法。

水工隧洞设计规范中关于外水压力的折减系数，不完全适用于钢管衬砌，外水压力折减系数的取值应与排水措施相匹配。

表 4.4-3　　设计外水压力取值实例

设计外水压力取值		工程实例	主要思路
采用钢管中心至上库蓄水位的水头		日本喜撰山（管壁排水）； 日本读书第二； 日本池原上段钢管	管段距水库近； 沿管壁外侧发生轴向渗流的可能性
采用相当于管顶覆盖厚度的水头		法国的 Roselend La Bathee； 日本的奥吉野（无排水）、奥多多良木（无排水）、玉原（管壁排水和岩壁排水）、奥矢作第二（岩壁排水和管壁排水）	地下水位抬升的极限； 长期使用排水设施可能恶化
采用比例折减管顶覆盖厚度的水头	50%	日本的沼原（岩壁排水）； 中国的十三陵（岩壁排水和排水洞）	考虑排水效果； 即使排水失效，地下水位达到地面，管壁抗外压稳定安全系数仍大于1
	30%	日本的今市（岩壁排水和管壁排水）、新高濑川（岩壁排水和管壁排水）	考虑排水效果，采用电模拟法测定
采用勘测期推测地下水位		中国的一些引水式电站	管道距水库较远，渗水不会引起地下水位上抬
钢管专用排水洞以上考虑围岩水文地质条件进行折减，排水洞以下采用全水头		中国琅琊山抽水蓄能电站、张河湾抽水蓄能电站	考虑排水洞的排水效果

4.5 坝内钢管

4.5.1 坝内钢管布置

坝内钢管指埋设于混凝土坝内之钢管，多采用单管单机供水方式。

在立面上，坝内钢管有三种典型布置型式：①倾斜式布置，管轴线与下游坝面近于平行并尽量靠近下游坝面，如图 4.5-1（*a*）所示；②平式和平斜式布置，管道布置在坝体下部，如图 4.5-1（*b*）所示，对于拱坝，坝体厚度不大，而管径却较大时，往往只能采用这种布置；③竖直式布置，管道的大部分竖直布置，如图 4.5-1（*c*）所示，这种布置通常适用于坝内厂房。

在平面上，坝内埋管最好布置在坝段中央，如图 4.5-2（*b*）所示。这样，管外两侧混凝土较厚，且受力对称。通常在这种情况下，厂坝之间有纵缝，厂房机组段内横缝与坝段间横缝相互错开。但当坝与厂房之间不设纵缝而厂坝联成整体时，由于二者的横缝也必须在一条直线上，管道在平面上不得不转向一侧布置，如图 4.5-2（*a*）所示。这时钢管两侧外包混凝土厚度不同，左侧下游可能很薄，对结构受力不利。

坝内埋管有两种埋设方式。第一种方式是钢管与坝体之间用弹性垫层分开，钢管承担绝大部分内水压力，其比例取决于垫层的厚度和变形模量。这种方式的优点是坝身孔口应力较小，钢筋用量不多，设计时可按明钢管设计（允许应力可稍提高，但不得超过 1.1 倍），经论证也可以按传力垫层坝内钢管进行设计[80,84]。第二种方式是钢管与坝体混凝土结为整体，两者共同承受内水压力，一般的做法是在坝体内预留钢管槽，供敷设钢管用，待钢管安装就绪后再用混凝土回填，这种做法可以减少坝体施工和钢管安装的矛盾。钢管槽的尺寸应满足钢管安装和混凝土回填的要求，两侧及底部最小净距不宜小于 1.0m。钢管槽两侧应预留键槽和灌浆盒或采用打毛、设插筋等措施以保证回填混凝土与坝体混凝土有良好的结合。

钢管直径不宜超过坝段宽度的 1/3，使钢管两侧混凝土厚度不小于 1 倍管径，以便不过分削弱坝体和充分利用坝体混凝土与钢管联合承担内水压力。若钢管外围混凝土最小厚度介于钢管半径与直径之间，其联合承载应经论证后确定。若外围混凝土最小厚度小于钢管半径，宜按钢管单独承载设计，允许应力按联合承载取值；或者采用垫层管型式，采用相应的方法进行设计。

4.5.2 坝内钢管结构计算

坝内钢管的计算作用（荷载）和工况组合详见表 4.2-3 和表 4.2-4。钢材的允许应力或抗力限值可按表 4.2-1 和表 4.2-2 采用。

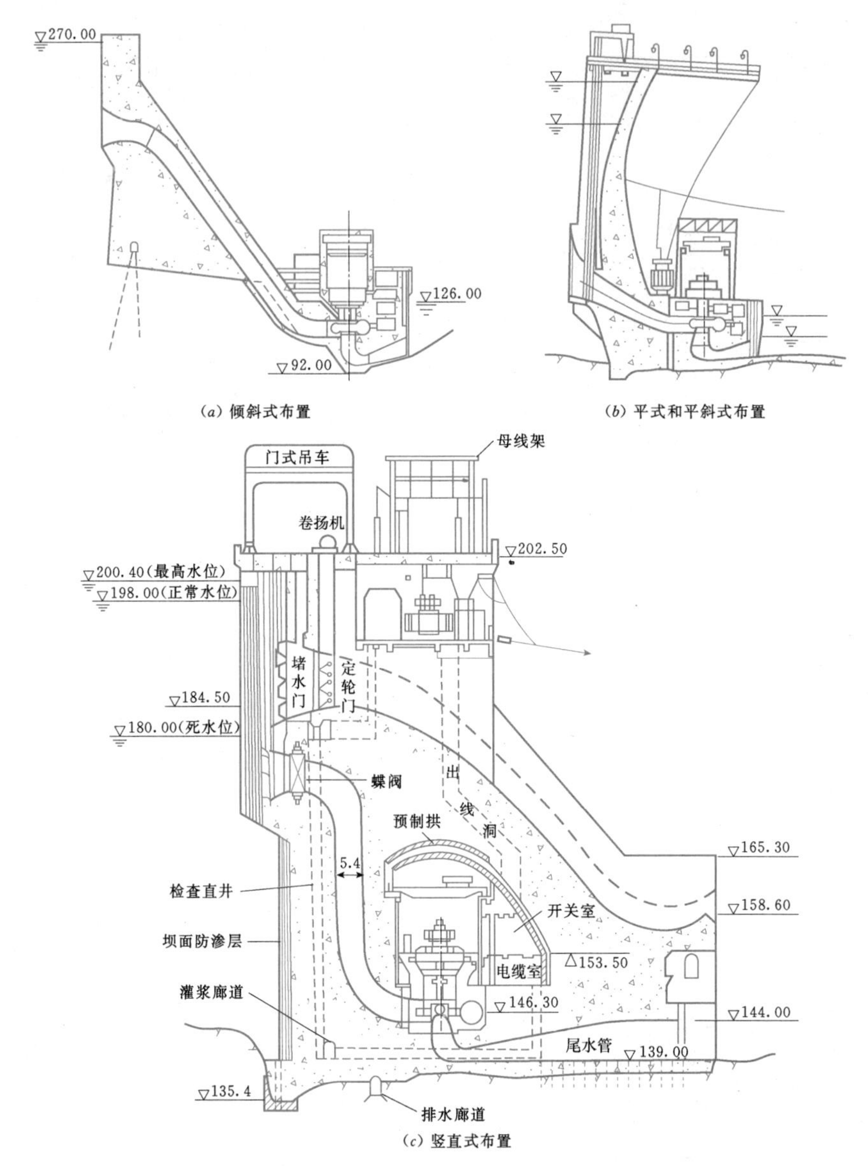

图 4.5-1　坝内钢管三种典型布置型式（单位：m）

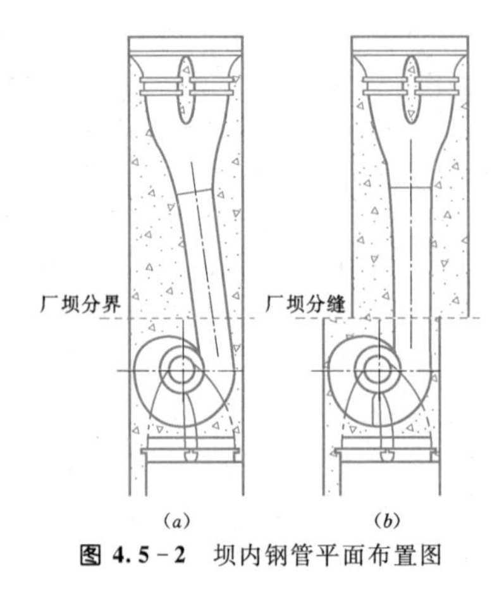

图 4.5-2　坝内钢管平面布置图

4.5.2.1　结构计算

以下的计算方法适合于在内水压力作用下钢管、混凝土和钢筋联合受力情况，计算步骤如下。

1. 判别混凝土开裂情况

在内水压力作用下，按照弹性力学厚壁圆筒多层管法计算，钢管外围混凝土可能有未裂（见图4.5-3）、开裂但未裂穿（见图4.5-4）和裂穿三种情况。

计算的步骤是先按照明管校核条件初步确定钢管的壁厚，假定外围钢筋的数量（折算成连续的壁厚 t_3），按图 4.5-5 判别混凝土的开裂情况。

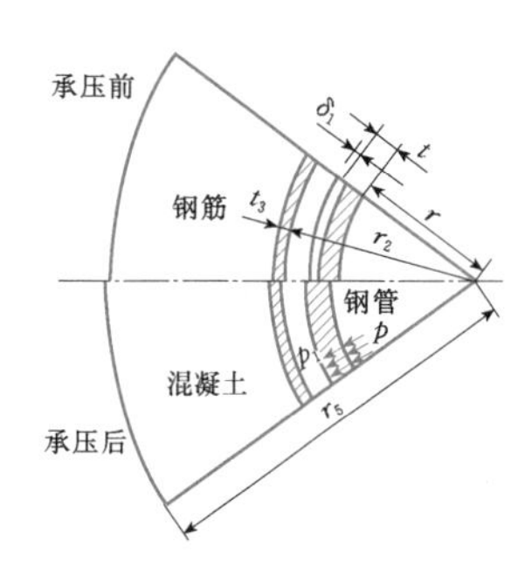

图 4.5-3 混凝土未开裂情况

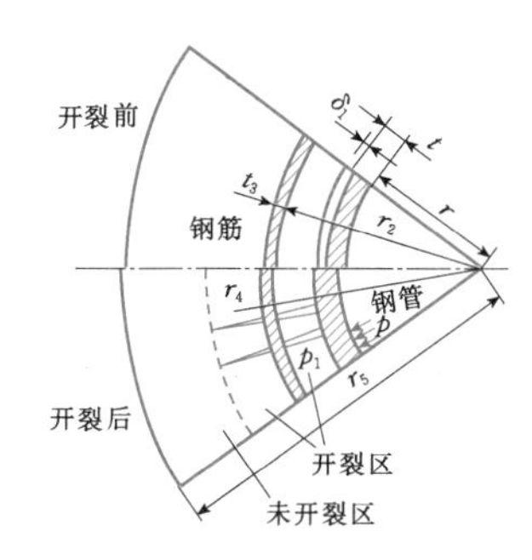

图 4.5-4 混凝土部分开裂情况

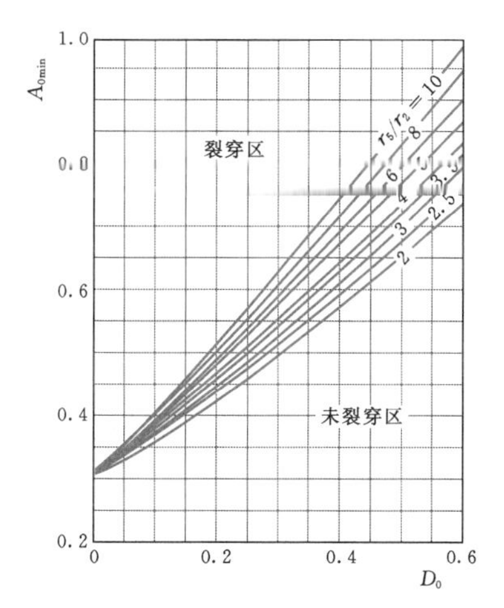

图 4.5-5 混凝土是否裂穿判别

若混凝土未裂穿，可按下式求混凝土相对开裂深度 ψ_c：

$$\psi_c\frac{1-\psi_c^2}{1+\psi_c^2}\left\{1+\frac{E_{s2}t}{E_{c2}r}\left(1+\frac{t_3r}{tr_2}\right)\left[\ln\left(\psi_c\frac{r_5}{r_2}\right)+\frac{1+\psi_c^2}{1-\psi_c^2}+\nu_{c2}\right]\right\}=\frac{\left(P-E_{s2}\dfrac{\delta_1t}{r^2}\right)r}{\sigma_{ct}r_5}\quad(4.5-1)$$

其中
$$\psi_c=\frac{r_4}{r_5},\ E_{s2}=\frac{E_s}{1-\nu_s^2}$$
$$E_{c2}=\frac{E_c}{1-\nu_c^2},\ \nu_{c2}=\frac{\nu_c}{1-\nu_c}$$

$$\sigma_{ct}=\gamma_{mc}\alpha_{ct}f_{tk}/\gamma_0$$

式中 P——均匀内水压力，N/mm^2；

r、r_2——钢管和钢筋层半径，mm；

r_4、r_5——混凝土开裂区外半径和最外半径，mm；

t、t_3——钢管计算壁厚和钢筋折算壁厚，mm；

δ_1——钢管与混凝土之间的缝隙值，mm；

E_s、E_c——钢材和混凝土的弹性模量，N/mm^2；

ν_s、ν_c——钢材和混凝土的泊松比；

σ_{ct}——判别混凝土是否开裂的拉应力取值，N/mm^2；

γ_{mc}——截面抵抗矩的塑性系数，取 1.55；

α_{ct}——混凝土拉应力限制系数，对于作用效应的短期组合，取 0.85，对于长期组合，取 0.7；

f_{tk}——混凝土轴心抗拉强度标准值，N/mm^2。

ψ_c 有双解，应取其小值。若 $\psi_c\leqslant r/r_5$，表示混凝土未开裂。若 $\psi_c\geqslant1$，说明混凝土已经裂穿。ψ_c 需经试算求解，图 4.5-6 是根据式（4.5-1）绘制而成，供查用 ψ_c。

图 4.5-5 和图 4.5-6 中

$$A_0=\frac{pr}{r_5\sigma_{ct}}-\frac{\delta_1tE_{s2}}{rr_5\sigma_{ct}},\ D_0=\frac{E_{s2}}{E_{c2}}\left(\frac{t}{r}+\frac{t_3}{r_2}\right)$$

2. 应力计算

根据混凝土不同的开裂情况，计算各部分的应力。

(1) 混凝土未开裂。混凝土分担的内水压力 p_1 按下式求出：

$$p_1=\frac{p-\dfrac{E_{s2}\delta_1t}{r^2}}{1+\dfrac{E_{s2}t}{E_{c2}r}\left(\dfrac{r_5^2+r^2}{r_5^2-r^2}+\nu_{c2}\right)}\quad(4.5-2)$$

钢管环向应力为

$$\sigma_\theta=\frac{(p-p_1)r}{t}\quad(4.5-3)$$

钢筋应力很小，可不计算。

(2) 混凝土未裂穿。混凝土已部分开裂，但未裂穿，此时钢筋应力为

$$\sigma_{\theta s}=\frac{E_{s2}r_5}{E_{c2}r_2}\sigma_{ct}\left\{m\left[\ln\left(\psi_c\frac{r_5}{r_2}\right)+n\right]\right\}\quad(4.5-4)$$

其中
$$m=\psi_c\frac{1-\psi_c^2}{1+\psi_c^2},\ n=\frac{1+\psi_c^2}{1-\psi_c^2}+\nu_{c2}$$

钢管环向应力为

$$\sigma_\theta=\frac{\sigma_{\theta s}r_2}{r}+\frac{E_{s2}\delta_1}{r}\quad(4.5-5)$$

(3) 混凝土已裂穿。此时混凝土不参与承载，钢管传给混凝土的内水压力为

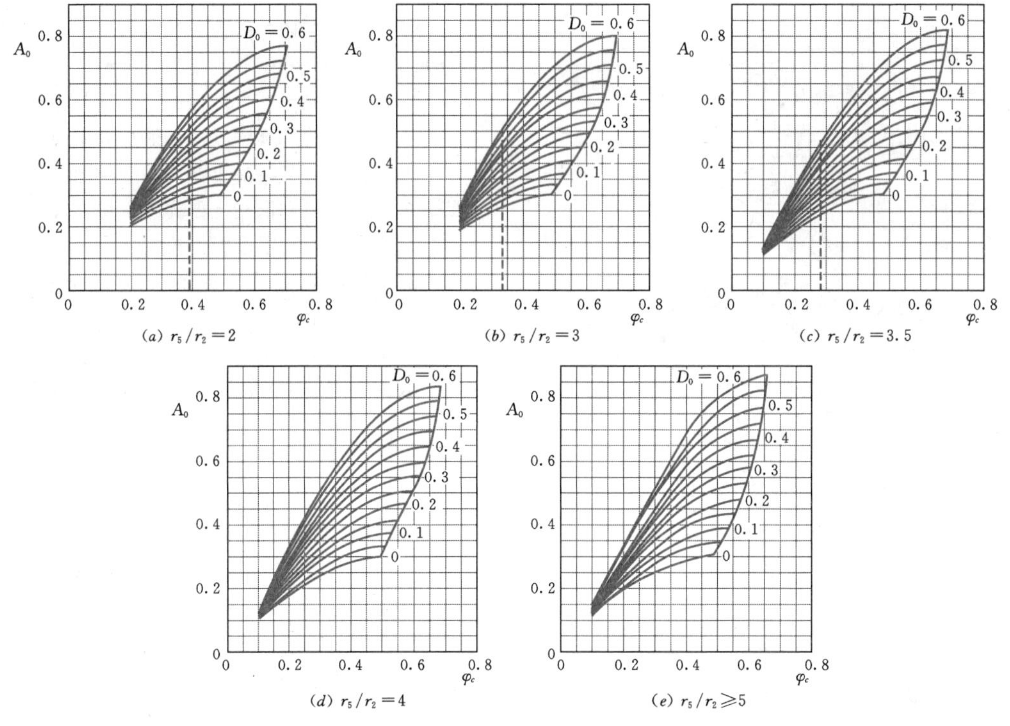

图 4.5-6 A_0 与 φ_c 的关系曲线

$$p_1=\frac{p-\dfrac{E_{s2}\delta_1 t}{r^2}}{1+\dfrac{tr_2}{t_3 r}} \tag{4.5-6}$$

钢管环向应力为

$$\sigma_\theta=\frac{(p-p_1)r}{t} \tag{4.5-7}$$

钢筋应力为

$$\sigma_{\theta s}=\frac{p_1 r}{t_3} \tag{4.5-8}$$

3. 调整钢管厚度和钢筋数量

将计算的钢管和钢筋应力与允许应力或抗力限值作比较，如超过允许应力或过低，则应另行假定钢管厚度和钢筋数量重新计算，直至满意为止。上述计算的钢筋用量系指分担内水压力所需要的用量，坝体荷载引起的孔口应力则根据计算布置附加钢筋，具体方法为：首先采用有限元计算孔口周围混凝土拉应力，然后根据 DL/T 5057 或 SL 191《水工混凝土结构设计规范》中的拉应力图形法计算配筋。

4. 钢管与混凝土之间的缝隙值

(1) 计算混凝土分担的内压、混凝土裂缝深度、混凝土和钢筋应力时

$$\delta_1=0 \tag{4.5-9}$$

(2) 计算钢管应力和抗外压临界压力时

$$\delta_1=\delta_{s1}+\delta_b+\delta_c \tag{4.5-10}$$

$$\delta_{s1}=\Delta T_s\alpha_s r(1+\nu_s) \tag{4.5-11}$$

$$\delta_c=pr/E_{c2} \tag{4.5-12}$$

式中 ΔT_s——可取接缝灌浆时月平均气温与钢管运行最低温度之差，℃；

δ_{s1}——最低运行温度情况下的钢管冷缩缝隙值，mm；

δ_b——施工缝隙，当进行接缝灌浆时，可取 0.2mm；

δ_c——混凝土徐变缝隙值，mm。

4.5.2.2 抗外压稳定计算

坝内钢管中的光面管或加劲环式钢管的抗外压稳定计算可参阅明钢管和地下埋管的相应部分。对于锚筋式钢管，其抗外压稳定计算，可按下列方法进行。

1. 管壁的稳定

临界外压初步计算可用式 (4.5-13)，其适用条件为 $8\leqslant n\leqslant 64$ 和 $0.5\leqslant\dfrac{nl_a}{2\pi r}\leqslant 6$。

$$p_{cr}=138\sigma_s^{0.4}n^{0.64}\left(\frac{t}{r}\right)^{1.8}\left(1+\frac{nl_a}{2\pi r}\right)^{-0.43} \tag{4.5-13}$$

式中 σ_s ——钢材屈服强度，N/mm^2；

n ——管周锚筋数（单根数）；

l_a ——管轴向锚筋排距，mm。

2. 锚筋截面面积计算

锚筋截面面积可按下式计算，单根锚筋直径不宜小于25mm，即

$$A_{an}=\frac{l_a}{K_{an}\sigma_{Ry}}[p_{0k}r+(1+\nu_s)\alpha_s\Delta TE_{s2}t] \tag{4.5-14}$$

$$K_{an}=12\left(\frac{r}{t}\right)^2\left(\frac{\theta_a+\sin\theta_a\cos\theta_a}{4\sin^2\theta_a}-\frac{1}{2\theta_a}\right)+\frac{\theta_a+\sin\theta_a\cos\theta_a}{4\sin^2\theta_a} \tag{4.5-15}$$

式中 A_{an} ——单根锚筋截面面积，mm^2；

K_{an} ——锚筋的几何参数，可按式（4.5-15）计算，或参见 DL/T 5141—2001《水电站压力钢管设计规范》中的表C1；

θ_a ——管周上两相邻锚筋所夹圆心角之半（计算三角函数值先换算成度），rad；

p_{0k} ——径向均布外压标准值，N/mm^2；

α_s ——钢材线膨胀系数，1/℃；

ΔT——钢管计算温降，可取接触灌浆时月平均气温减钢管运行最低温度，或取钢管运行期最大温差，℃。

4.5.3 坝内钢管过缝措施设计

为了适应温度、不均匀沉陷等因素而产生的轴向变位差及径向变位差，在坝内钢管穿过厂坝永久分缝处通常设置伸缩节。以轴向变位为主时，设单向伸缩节。当径向变位或扭转变位不可忽略时，设双向伸缩节。但是设置伸缩节将带来影响工程进度、漏水、制作、安装维修麻烦、增加工程费用等问题。

为此，目前用得比较多的措施是在厂坝分缝处设置一定长度的垫层管代替伸缩节。跨越厂坝分缝处的垫层管可以适应不均匀变位和温度变化，起到伸缩节的作用。垫层管由2～3节钢管组成，长度一般为钢管直径的1.0～1.5倍，节间预留2cm宽的环缝，环缝外侧设套环垫板。在垫层管外壁用垫层材料包裹，垫层主要参数为：厚度一般取10～30mm，变形模量取2～5MPa，用以适应厂坝分缝处的不均匀变位和按设计比例外传内水压力。垫层管段不做钢管与混凝土间的接触灌浆，也不设抗外压锚筋，安装时采用特殊支架，以保证在运行期垫层管可在轴向和径向有微小移动。同时在垫层管上下游端设止浆止水环，上游端设排水，防止水或浆液浸入垫层而影响垫层性能。对于大中型水电站，应同时考虑温度和地基不均匀沉陷的影响，采用三维有限元方法对垫层管长度和垫层参数进行设计。

按照钢管投入运行的顺序，在坝体和厂房结构自重荷载已经施加、分缝处变位已基本完成之后，于充水前选择适当的时机将垫层管预留的环缝施焊，此后分缝处不均匀变位、内水压力及温度变化等荷载，则由垫层管直接承受。为了将主副厂房不均匀变位特别是钢管轴向变形引起的应力限制在规定的范围内，垫层管需要有一定的长度，几个实际工程所采用的垫层管长度和主要参数列于表4.5-1。

我国所建造的多个混凝土坝后式厂房引水钢管，D=5.5～12.4m，静水头 H_0=42.55～138.5m，HD=240～1463m^2，都取消了伸缩节，工程名称和各自所采取的措施详见表4.5-1。

表4.5-1 取消伸缩节的水电站工程实例

电站名称	直径 D (m)	静水压力 H_0 (m)	HD 值 (m^2)	厂房型式	钢管过缝措施
紫坪铺	7.0	138.0	966	河岸式	垫层管，L=7—12m，t=10mm，E=3.75MPa
公伯峡	8.0	113.0	904	河岸式	垫层管，L=10m，t=10mm，E=3.75MPa
积石峡	11.5	105.9	1217	河岸式	垫层管，L=12m，t=10mm，E=3.75MPa
李家峡	8.0	138.5	1108	坝后式	垫层管，L=8m，t=6mm，E=0.5—5MPa
金安桥	10.5	133.0	1397	坝后式	垫层管，L=16.6m，t=10mm，E=3.75MPa
景洪	11.2	70.8	793	坝后式	垫层管，L=9.75m，t=30mm，E=2MPa
三峡1～6号机	12.4	118	1463	坝后式	垫层管，L=10m，t=50mm，E=2.4MPa

4.6 坝 后 背 管

4.6.1 坝后背管布置及结构型式

坝后背管是敷设在大坝下游坝面的输水管道，管道通常与坝体分开施工，但固定在坝体上。国内外已建坝后背管主要技术参数统计表见表4.6-1[26]。

4.6.1.1 管道布置

坝后背管平面位置宜布置在坝段中央，对于拱坝宜沿径向布置。上、下弯段转弯半径宜取2～3倍管道直径，应有利于减少水头损失，尽量减小弯道离心力和不平衡水压力。斜直段应紧贴大坝下游面，坡度宜与大坝下游坡度一致。

上弯段埋置在坝体内的长度宜尽量短，以减少对坝体的削弱、降低钢管施工难度和施工干扰。钢管首端离下游坝面应有一定距离，并设置阻水环（兼作止推环），并在其后布设排水措施，以防止沿钢管外壁的渗水蓄积而增大钢管的外水压力。

为便于管道检查和维护，宜设置踏步、栏杆等设施。

根据背管与大坝下游面的相对位置，坝后背管主要有以下两种布置型式。

表4.6-1　　国内外已建坝后背管主要技术参数统计表

电站名称	五强溪	三峡	东江	景洪	李家峡	伊泰普	克拉斯诺亚尔斯克	契尔盖	萨扬—舒申斯克
所在国家	中国	中国	中国	中国	中国	巴西等	苏联	苏联	苏联
坝型	重力坝	重力坝	双曲拱坝	重力坝	双曲拱坝	重力坝	重力坝	双曲拱坝	重力拱坝
最大坝高（m）	85.8	175	157	110	155	196	125	232.5	245
钢管直径 D（m）	11.2	12.4	5.2	11.2	8	10.5	7.5	5.5	7.5
最大水头 H（m）	80	139.5	162	96.2	152	128	130	229	267
HD（m）	896	1730	842	1077	1216	1344	975	1260	2003
背管型式	钢衬钢筋混凝土	钢衬钢筋混凝土	钢衬钢筋混凝土	钢衬钢筋混凝土	钢衬钢筋混凝土	明钢管	钢衬钢筋混凝土	钢衬钢筋混凝土	钢衬钢筋混凝土
钢衬厚度 t（mm）	18～22	30～34	14～16	24～30	18～32	30～65	32～40	20	26～30
环筋折算厚度 t_3（mm）	13	16.1	12.2	12	14.5		14.2	11.5	26.7
t_3/t	0.592	0.699	0.763	0.5	0.557		0.355	0.575	0.893
外包钢筋混凝土厚度 t_c（m）	3.0	2.0	2.0	1.5	1.5		1.5	1.5	1.5
t_c/D	0.268	0.161	0.385	0.134	0.188		0.200	0.273	0.200
电站投产时间	1994年12月	2003年7月	1987年10月	2007年5月	1997年2月		1967年9月	1974年1月	1978年2月

1. 不嵌入（全背式）

钢管自上弯段以后，以钢衬—钢筋混凝土复合管型式敷设在大坝下游坝面上，如图4.6-1所示。这种布置型式的背管在坝体混凝土施工时无需预留专用的钢管槽，对大坝坝体基本没有削弱。但由于背管需占用一定空间，因此加大了厂坝间的距离。这种布置特别适用于拱坝坝后厂房布置方案，由于拱坝坝体单薄，安全性要求高，不宜预留沟槽，采用全背式就较适合。我国已建的东江、紧水滩、李家峡等双曲拱坝下游的坝后背管，五强溪、萨扬—舒申斯克等重力坝或重力拱坝下游的坝后背管，都采用了全背式。

2. 部分嵌入（半埋式）

钢管自上弯段以后，以钢衬—钢筋混凝土复合管型式部分埋设在大坝下游坝面内，坝体混凝土施工时，背管部位先预留钢管槽，如图4.6-2所示。管道混凝土与坝体混凝土以插筋连接，下弯管固定在坝体下游坝脚混凝土内或地基上。这种布置型式由于背管部分埋置在坝体内，对大坝坝体的削弱不大，但可明显缩短厂、坝之间的距离，节省基础开挖量和结构混凝土量，具有显著的经济性，因此这种型式的坝后背管应用较多，如已建的三峡、景洪、碗米坡水电站和正在建设中的向家坝、金安桥等水电站的重力坝下游背管。

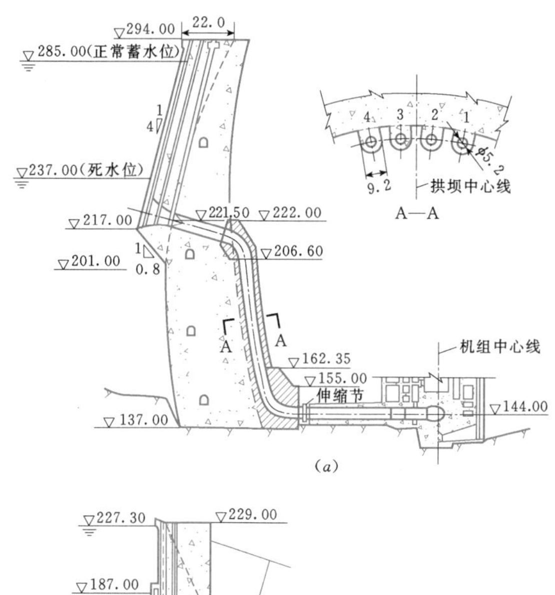

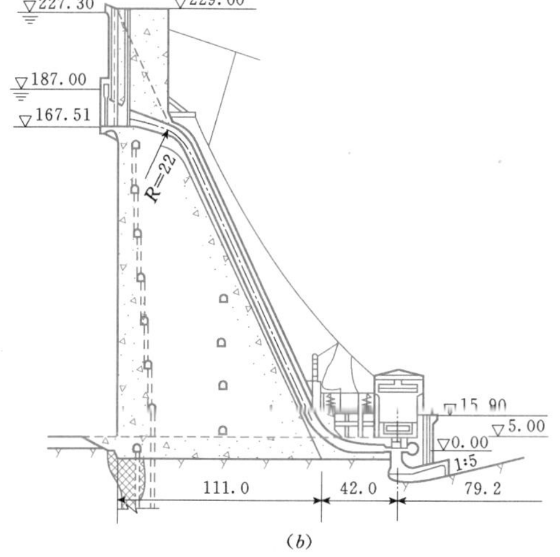

图 4.6-1　全背式坝后背管（单位：m）

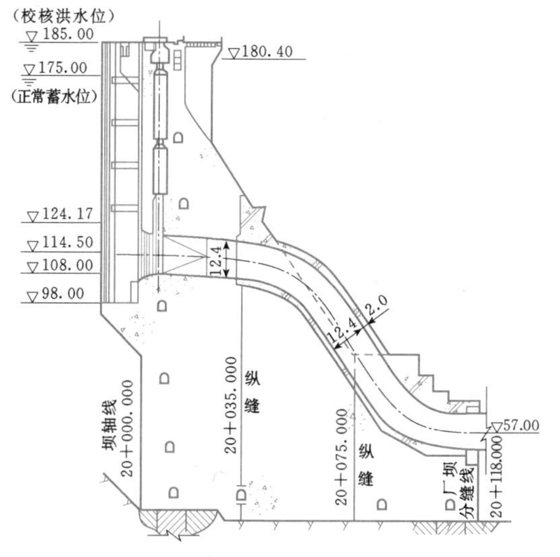

图 4.6-2　半埋式坝后背管（单位：m）

4.6.1.2　结构型式

坝后背管的结构型式主要有以下几种。

1. 明钢管

钢管自上弯段穿出坝体以后，以明钢管型式敷设在大坝下游坝面的坝后背管，上、下弯段均以镇墩固定在坝体或地基上，斜直段以支墩与坝下游面连接，其结构布置及构造措施与明钢管相同，见图 4.6-3。这种型式的坝后背管，结构计算方法与明管基本相同，但需要考虑坝体变形的影响。

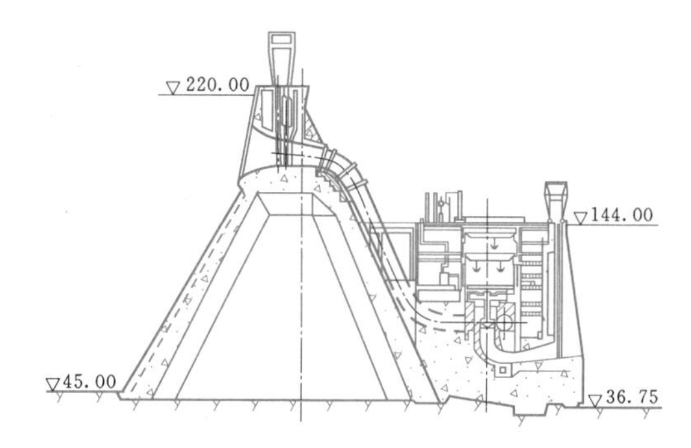

图 4.6-3　伊泰普水电站坝后背管（单位：m）

2. 钢衬—钢筋混凝土管

钢衬—钢筋混凝土管是钢管外包钢筋混凝土与钢管联合承载的组合结构。外包钢筋混凝土横截面外轮廓常采用方圆形或多边形，如图 4.6-4 所示，厚度可根据环向钢筋的布置和混凝土的施工要求确定。

钢衬—钢筋混凝土型式的坝后背管，依据组合结构嵌入坝体下游面内的深浅，通常又可以分为不嵌入（全背式）、部分嵌入（半埋式）等类型。

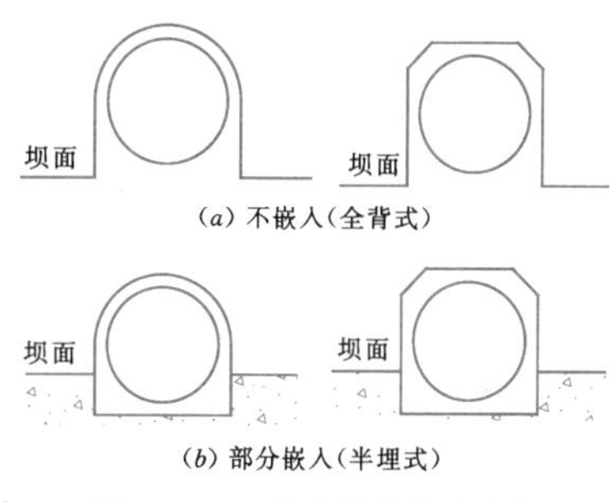

图 4.6-4　坝后背管断面型式

4.6.2　钢衬—钢筋混凝土管结构计算

背管结构应有足够的强度，且管—坝连接可靠，结构应尽可能简单、经济合理、方便钢管安装及混凝土施工。设计原则如下：

（1）钢衬钢筋混凝土按极限状态设计，由钢衬和外包钢筋混凝土共同承受设计内水压力。

(2) 外包钢筋混凝土结构在内水压力作用下允许径向开裂。

(3) 管道钢衬壁厚应满足最小结构厚度和抗外压稳定要求，外包混凝土配筋量应满足最小配筋率要求，钢筋的配置应不影响混凝土的施工。

坝后背管的计算作用（荷载）和组合参见表4.2-3和表4.2-4。

4.6.2.1 管壁厚度及环向配筋计算

1. 计算方法

可采用式（4.6-1）或式（4.6-3）解析法进行。

执行电力行业标准DL/T 5141—2001[4]时，钢管壁厚及环向钢筋折算厚度应满足下式：

$$Pr \leqslant \frac{tf_s + t_3 f_y}{\gamma_0 \psi \gamma_d} \tag{4.6-1}$$

$$t_3 = nF_s/1000 \tag{4.6-2}$$

式中 P——内水压力设计值，N/mm²；

r——钢管内半径，mm；

t——钢衬计算壁厚，mm；

t_3——环向钢筋折算厚度（不宜小于钢管壁厚的一半），mm；

f_s——钢板抗拉强度设计值，N/mm²；

f_y——环向钢筋抗拉强度设计值，N/mm²；

n——单位管长范围内环向钢筋根数；

F_s——单根环向钢筋截面积，mm²；

γ_0、ψ——结构重要性系数、设计状况系数；

γ_d——管型结构系数，取1.6。

执行SL 281—2003[3]时，钢衬计算壁厚及环向钢筋折算厚度应满足下式：

$$Pr \leqslant \frac{t\sigma_s \varphi + t_3 f_{yk}}{K} \tag{4.6-3}$$

式中 K——总安全系数，在正常工况最高压力作用下不小于2.0，在特殊工况最高压力作用下不小于1.6，经论证后可减小10%以内；

f_{yk}——环向钢筋抗拉强度标准值，N/mm²；

σ_s——钢板屈服点（若钢材屈强比 σ_s/σ_b 大于0.7，取 $\sigma_s = 0.7\sigma_b$，σ_b 为钢材抗拉强度），N/mm²；

φ——钢材焊缝系数，单面焊接时取0.9，双面焊接时取0.95；

其他符号同前。

2. 计算步骤

先根据钢管最小壁厚要求及抗外压稳定设计要求，初定钢管壁厚 t。然后按式（4.6-1）或式（4.6-3）及式（4.6-2）计算钢筋折算厚度 t_3，一般 t_3 不小于 t 的0.5倍，根据 t_3 按钢筋布置要求、混凝土施工条件等进行配筋设计。对外包钢筋混凝土结构进行裂缝宽度计算时，裂缝处钢筋的平均应力可按下式计算：

$$\sigma = \frac{Pr}{t + t_3} \tag{4.6-4}$$

式中符号意义同前。

钢管最小管壁厚度要求和抗外压稳定计算方法与坝内钢管相同。

4.6.2.2 管道上弯段计算

管道上弯段在机组运行情况下，将作用有不平衡内水压力和弯道离心力，其作用方向指向坝体之外，由于上弯段通常是部分或全部位于坝体断面以外，故需设置锚固钢筋。

作用在上弯段上的不平衡内水压力和弯道离心力可由整个上弯段或单位长度弯段求得。上述作用力在扣除结构和水体自重作用后，余下部分由锚固钢筋全部承担。锚固钢筋数量根据《水工混凝土结构设计规范》(DL/T 5057[7]或SL 191)，按持久设计状况承载能力极限状态的基本作用效应组合进行计算。锚固钢筋宜环包整个管圈并锚固于坝体内，并适当加大上半圆的纵向钢筋直径。

4.6.2.3 管坝结合面应力分析

坝体在各种作用（荷载）情况下将产生变形，管道与坝体结合面因此将产生正应力和剪应力，可通过大坝和管道整体应力分析求得。在正常情况下，重力坝管坝结合面是压剪状态，拱坝管坝结合面上可能产生拉剪。地震作用下管坝结合面均可产生拉剪。因此，管坝结合面处应采取一定的构造措施，如结合面设置键槽、插筋等。

4.6.2.4 管道温度应力

试验研究表明，管道内外温差引起的温度应力，低温侧受拉，高温侧受压，与内水压力作用组合后，低温侧拉应力加大，高温侧拉应力减小，考虑温度的影响后，管道的总体安全度基本不变，因此可不增加配筋量，但管道混凝土在施工期应采取有效的温控措施。运行期温度应力分析，可用于分析对混凝土裂缝宽度的影响，不作为确定配筋量的依据。

4.6.2.5 钢衬—钢筋混凝土管其他结构计算方法

除解析计算方法外，还可采用弹性力学法或三维有限元法。横截面为方圆形的钢衬—钢筋混凝土管还可以采用弹性中心法进行计算，简介如下[4]。

1. 基本假定

坝后背管的截面为单轴对称结构，按平面应变问题计算。

两腰以上 0°～±90°之间为等截面圆拱，两腰以下为变截面圆拱，整个结构为变截面固端超静定拱结构。坝后背管结构计算简图如图 4.6-5 所示。

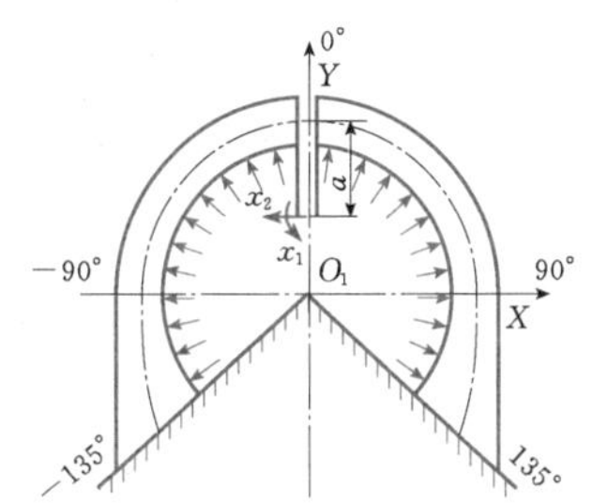

图 4.6-5　坝后背管结构计算简图

a—弹性中心至结构轴线的距离；

x_1—未知力矩；x_2—未知力

计算截面为钢衬—钢筋和混凝土组合截面，将环向钢筋截面积按式（4.6-2）折算为等厚钢板，再按钢材和混凝土弹性模量比将钢管和钢筋截面积折算为混凝土截面积。

2. 计算步骤

内力计算用结构力学弹性中心法进行计算。计算时将拱轴线分成若干小段，分段多少由计算精度确定，按等中心角分段数不宜少于 60 段。弯矩以内侧受拉为正，轴力以受拉为正，剪力以使微元体顺时针转动为正，温差以外侧高于内侧为正。应力计算用材料力学组合截面曲梁应力公式计算，具体参见 DL/T 5141—2001《水电站压力钢管设计规范》的附录 D。

前述采用的弹性力学或结构力学等解析法对坝后背管结构的计算分析，都作了较多的计算假定。实际上，坝后背管结构不仅承受内水压力作用，坝体变位、温度作用、结构自重、水体自重等都影响组合结构的受力状态。由于坝体结构的影响和承受的荷载的复杂性、管道材料的不均匀性、形状的非轴称性和边界条件的复杂性等，解析法计算精度难以满足要求。随着计算机的飞速发展和有限元理论的日臻完善，为管道应力分析提供了一条有效途径。

有限元法计算时，计算模型宜取整个引水坝段进行，计算作用（荷载）还应包括：结构自重、各工况下的上下游坝面水压力、坝基扬压力等。

有限元法计算成果应包括背管上、下弯段、斜直段等各部位的径向、环向及轴向应力，管坝结合面的正应力、剪应力等成果。根据应力成果，按钢筋混凝土构件进行配筋计算，并进行裂缝验算。

在实际工程设计中，应尽可能采用更为精确的非线性有限元方法。

4.6.2.6　裂缝宽度估算

组合结构的裂缝宽度验算可采用钢筋混凝土结构的计算方法，其计算结果不宜作为结构配筋的依据，而作为施工期确定混凝土温度控制指标时参考。当裂缝宽度的计算值超过一定的限制（如 0.3mm）时，应对裂缝采取防渗保护措施，避免或减少水汽和大气降水进入裂缝而引起钢筋锈蚀。

4.6.3　管道与坝体连接

4.6.3.1　管—坝接缝面型式

钢衬—钢筋混凝土坝后背管，管道与坝体通常分开施工。对半埋式及全埋式坝后背管，在坝体混凝土浇筑时，一般先预留背管槽，槽深应以不显著影响大坝应力为限。

背管槽上游面（上弯段上游端与坝体接触面）因承受弯道的径向剪力及轴向拉力均较大，应设置水平向键槽，并布置管轴方向的插筋，管道纵向钢筋宜过缝布置，并适当加大配筋量。上弯段背管槽两侧通常为垂直面，而且高度较大，亦宜设置水平键槽和插筋。这些接缝面还应打毛后作接缝灌浆。

背管斜直段的背管槽底部一般作成台阶状，以便钢管安装和背管混凝土浇筑作业。

4.6.3.2　插筋

背管槽底部台阶的垂直面上，为避免背管混凝土与坝体混凝土间缝面张开，应设置足够的锚筋。通常每 0.5m 间距内不少于 1Φ25。五强溪水电站根据引水坝段三维有限元计算成果，采用式（4.6-5）～式（4.6-8）计算出了横向每延米宽度内台阶垂直面上的插筋量。

当 $B \leqslant h\tan\beta$ 时

$$A_s \geqslant \frac{B\left[K_{fc}K_{ft}\sqrt{\left(\frac{\sigma_x-\sigma_z}{2}\right)^2+\tau_{xz}^2}-0.7\sqrt{f_cf_t}\right]}{\sqrt{K_{fc}K_{ft}}(f_y-1.429K_{ft}E_s\varepsilon_c-K_{ft}\sigma_{s0})\sin^2\beta} \tag{4.6-5}$$

当 $B > h\tan\beta$ 时

$$A_s \geqslant \frac{h\left[K_{fc}K_{ft}\sqrt{\left(\frac{\sigma_x-\sigma_z}{2}\right)^2+\tau_{xz}^2}-0.7\sqrt{f_cf_t}\right]}{\sqrt{K_{fc}K_{ft}}(f_y-1.429K_{ft}E_s\varepsilon_c-K_{ft}\sigma_{s0})\sin\beta\cos\beta} \tag{4.6-6}$$

$$K_{fc}=\frac{1}{\gamma_0\psi\gamma_{dc}} \tag{4.6-7}$$

$$K_{ft}=\frac{1}{\gamma_0\psi\gamma_{dt}} \tag{4.6-8}$$

式中　A_s——横向每米宽度内台阶垂直面上的插筋面积，mm^2；

f_y——钢筋强度设计值，N/mm^2；

B、h——台阶宽度、高度，mm；

σ_{s0}——钢筋初始应力（通常管坝结合面间

为干燥环境，$\sigma_{s0}=0$)，N/mm²；

f_c、f_t——混凝土抗压、抗拉强度设计值，N/mm²；

E_s、ε_c——混凝土弹性模量，N/mm²，和极限拉伸应变值；

σ_x、σ_z、τ_{xz}——台阶角点附近顺流向、铅直向正应力和剪应力（根据三维有限元计算成果确定），N/mm²；

K_{fc}、K_{ft}——计算系数；

γ_0、ψ——结构重要性系数和设计状况系数；

γ_{dc}、γ_{dt}——混凝土的抗压破坏结构系数和抗拉破坏结构系数；

β——方向角，按下式确定：

$$\tan 2\beta=\frac{\sigma_z-\sigma_x}{2\tau_{xz}} \tag{4.6-9}$$

式（4.6-5）～式（4.6-9）中，近似取 $0.7\sqrt{f_cf_t}$ 作为混凝土的抗剪强度、裂缝宽度为零并根据台阶附近的最大剪应力，推算得出插筋面积。

数值计算和地震模型试验均表明，重力坝下游面钢衬钢筋混凝土管在地震作用下的动力效应，在7度地震作用下不大，不采取附加措施就能满足要求；但在高震区，管道混凝土开裂后，斜直段中部钢衬与钢筋的环向应力和轴向应力、管坝结合面的拉应力和剪应力均很大，因此对于比较重要的工程，需通过有限元法进行分析研究。

4.6.4 构造措施

4.6.4.1 材料选择

坝后背管混凝土强度等级不宜低于C25，抗冻等级应与钢管运行环境相适应。环向受力钢筋可采用Ⅱ级钢或Ⅲ级钢，其屈服点宜与钢板的屈服点相近。

钢管内外壁应作防腐处理。外壁可采用水泥砂浆喷涂，内壁可采用涂料涂装。内壁防腐设计应根据管内流速、水质、泥沙含量及类别等环境条件确定。

4.6.4.2 管道外包钢筋混凝土厚度

钢衬钢筋混凝土管道的混凝土厚度，在满足混凝土施工要求的条件下，宜薄不宜厚，一般为1～2m。在相同配筋的情况下，混凝土越薄，则含钢率越高，越有利于控制裂缝宽度，为使管道底部混凝土裂缝不影响坝体，管底混凝土厚度可适当加厚。对于寒冷地区，如考虑保温作用，管道混凝土可适当加厚，或采用其他保护措施。

4.6.4.3 钢筋布置

外包混凝土环向钢筋宜适当多布置在外表面，并与管道外轮廓一致。环向钢筋连接宜采用对接接头，接头位置不宜位于管腰和管顶中部，并应与钢管管壁纵缝位置错开。

钢筋分内、外圈布置，各圈不宜多于两层，每层纵向钢筋与该层环向钢筋的面积比可采用0.2～0.4。内、外圈钢筋之间的径向间距不宜小于500mm并设置联系筋，每层钢筋之间的径向间距不宜小于100mm。钢筋净保护层厚不宜小于80mm。

4.6.4.4 管道与坝体结合面的处理

对全背式和半埋式坝后背管，混凝土底面与坝下游面的结合面存在剪应力和正应力，需在结合面处设置键槽或台阶，并布置插筋，以防止或控制管道混凝土裂缝向坝体扩展。

对预留槽式的半埋式坝后背管，如无抗震特殊要求，在预留槽两侧面宜设置软垫层，以减小管道应力传至坝体。预留槽两侧直角区宜设置小贴角，以减少该处的应力集中。

4.7 钢筋混凝土压力水管

4.7.1 类型与应用范围

钢筋混凝土压力水管分为自应力混凝土管、预应力混凝土管和预应力钢筒混凝土管（PCCP）。自应力混凝土管用离心法制造，公称直径100～800mm，有效管长3000～4000mm，工作压力0.4～1.2MPa。预应力混凝土管按制造工艺分为两类：一类是一阶段预应力混凝土管，采用振动挤压工艺制造，公称直径400～2000mm，有效管长5000mm，工作压力0.4～1.2MPa；另一类是三阶段预应力混凝土管，采用管芯缠丝工艺制造，管芯用离心法、离心高频振动法、振动法、悬辊法生产，公称直径400～3000mm，有效管长4000～5000mm，工作压力0.4～1.2MPa。预应力钢筒混凝土管（PCCP），在带有钢筒的混凝土管芯外侧缠绕环向预应力钢丝并喷涂水泥砂浆保护层制成，管芯用振动法或离心法生产，公称直径500～4000mm，有效管长5000~6000mm，工作压力0.4～2.0MPa。

我国水利水电建设实践中，钢筋混凝土压力管被大量用于长距离输水管道、倒虹吸管道、喷灌管道、排涝管道、小水电站水轮机的引水管道等。在20世纪90年代以一阶段、三阶段预应力混凝土管为主，近十几年以预应力钢筒混凝土管（PCCP）为主。预应力钢筒混凝土管（PCCP）采用了含薄钢筒的管身、带钢制承插口的接头，与一阶段、三阶段预应力混凝土管相比，具有管身防渗性能好、管道接头可靠、工作压力高、管道直径大等优点。南水北调中线工程总干渠北京段采用了直径达4000mm的超大口径PCCP管，工作压力0.4～0.8MPa，并已投入运行。国外生产使用的预应力钢筒混凝土管（PCCP）最大管径达7.6m，最大工作压力4.0MPa。工程应用实例见表4.7-1和表4.7-2[27-33]。

表4.7-1　　预应力混凝土管（一阶段管、三阶段管）工程应用实例表

序号	工程名称	直径（m）	工作压力（MPa）	管长（km）	建设时间
1	秦皇岛引青济秦给水工程东线	1.2～1.6	0.2～0.4	40.8	1991年
2	沈阳供水工程	1.6	0.6	70	1992年
3	保定西大洋引水工程	1.2、1.4	0.6～0.8	140	1998～2000年
4	天津引滦入塘工程	1.2	0.4	44	1984～1985年
5	西安黑河引水工程	1.6～2.0	0.6	33	1984～1999年

表4.7-2　　预应力钢筒混凝土管（PCCP）工程应用实例表

序号	工程名称	直径（m）	工作压力（MPa）	管长（km）	建设时间
1	深圳西部发电站海水循环管道	2.4	0.3	0.22	1996年
2	深圳中—西部管道输水工程	2.2	0.8	22.7	1997年
3	深圳东部管道输水工程	2.6	0.6	7.8	1997年
4	深圳输水管道	3.0	0.6	9.5	1998年
5	黑龙江七台河电厂循环水工程	2.4	0.6	0.72	1998年
6	莱城电厂补充水、循环水工程	2.4	1.0	0.185	
7	日照电厂循环水管工程	2.4	0.4	1.0	1997年
8	上海河流污水处理工程二期	3.6	0.6	2.01	
9	呼和浩特引黄工程	2.0	1.0	63	
10	长春市引松入长工程	2.0	1.0、0.8	12.0	1998～2000年
11	山西万家寨引黄工程连接段	3.0	0.6～1.0	43.6	2002年
12	磨盘山水库供水工程	2.2	1.0	2×135	2003～2009年
13	和田皮墨垦区引水灌溉工程	1.2～2.4	1.0	35	2004年
14	北疆供水工程三个泉倒虹吸工程	2.8	0.4～1.4	2×7.385	2005年
15	广州西江引水工程	3.6	0.6	2×46.5	2009年
16	山西万家寨引黄二期北干线工程	2.2～3.0	1.6	117.4	2010年
17	大伙房水库输水工程二期	2.4、3.2	0.6～1.0	265	2009年
18	大伙房水库输水工程三期	2.4、2.8		150.96	2010年
19	南水北调中线工程	4.0	0.6～0.8	2×56.4	2008年
20	利比亚大人工河工程一期	1.6、2.0、2.8、4.0	0.6～1.8	1872	1984～1991年
21	利比亚大人工河工程二期	4.0	2.0、2.6	1731	1991～1996年

4.7.2 设计基本资料

（1）详细了解输、引水系统中各建筑物包括进水口、前池、调压井室及末端用户等工程布置的情况。

（2）输水流量、进出口水位及设计水头，管线水头损失及水击计算成果。

（3）地形资料。沿管轴线的带状地形图、纵剖图以及必要的横剖面图。比例尺一般采用1∶200～1∶500，建筑物长度超过1000m时，也可用1∶1000

～1∶2000比例尺。

(4) 地质资料。了解管道所经地段的基岩组成及地质构造情况。掌握各层岩（土）层的物理力学性质，如基岩的容重、摩擦系数、弹性模量、泊松比、允许承载力、临时开挖边坡、土壤孔隙比、内摩擦角等，探测管线周围土壤及地下水的腐蚀因子含量。

(5) 规划资料。了解建设区总体及相关专项规划，掌握与设计管线交叉的地下建筑物情况。

(6) 其他资料。河道沟谷的洪峰流量、水位、流速、河床冲刷、地震烈度、多年实测气温资料、交叉公路、铁路的车辆荷载情况等。

4.7.3 布置要求和经济管径

4.7.3.1 布置要求

管道线路的选择应符合枢纽总体布置要求，综合考虑规划、地形、地质、水力学、施工条件及运行要求，经经济比较后确定。尽量满足以下要求[3,4,12]：

(1) 符合当地总体规划及相关专业规划。

(2) 尽量缩短管线长度；与公路、铁路、河流尽量采用垂直交叉。

(3) 避开活动断层、滑坡等不良地段。

(4) 减少拆迁，少占良田，少毁植被，保护环境。

(5) 施工维护方便，运行安全可靠。

管道条数应根据工程的重要性、供水保证率、建设分期等因素，经技术经济比较后确定。输水干管不宜少于两条，当有调蓄库或其他安全供水措施时也可修建一条。

管径应通过计算经济流速比较确定。可以根据线路变化和内压变化情况分段定出几种管径，但变径次数不宜过多。输水干管和连通管的管径及连通管根数，应满足输水干管任何一段发生故障时仍能通过事故用水量。

输水管道运行中，应保证在各种设计工况下，管道不出现负压。采用明流输水的管道顶部应留不少于0.4m或15%断面积的净空，在校核工况允许有短时间的明满流交替运行。压力管道顶部至少应在最低压力线以下2m。

应进行必要的水击分析计算，并对管路系统采取水击综合防护设计，根据管道纵断布置、管径、设计流量、功能要求，确定调压井、通气孔、空气阀的数量、型式、孔径。在压力管道最低点宜设排水设施。

应设测流、测压点、工程安全监测，并根据需要设置遥测、遥信、遥控系统。

4.7.3.2 经济管径

混凝土压力管道的直径应根据技术经济比较确定。经验表明，管道的经济流速通常为0.9～1.8m/s，由此混凝土压力管道的经济管径可按下式初步确定：

$$D = 2\sqrt{\frac{Q}{\pi v}} \qquad (4.7-1)$$

式中 D——混凝土压力管内径，m；

Q——设计流量，m^3/s；

v——经济流速（一般为0.9～1.8m/s），m/s。

4.7.4 构造

4.7.4.1 管道接头

预应力混凝土管及预应力钢筒混凝土管均采用承插口接头，圆形橡胶圈密封[8,9]，详细构造如图4.7-1所示。

当管道内径、工作压力超过现行国家标准规定的范围时，接头设计计算步骤如下。

(1) 确定橡胶圈的压缩率。计算公式为

$$\rho_1 = \frac{d_1 - (n + \Delta r)}{d_1} \times 100\% \qquad (4.7-2)$$

式中 ρ_1——橡胶圈的压缩率，%；

d_1——橡胶圈的截面直径，mm；

n——接头安装后承口与插口工作面（PCCP管为插口凹槽面）之间的距离，mm；

Δr——承口工作面处管道的半径公差，一般取$\Delta r = 1$mm。

由于橡胶圈的环径小于管子插口工作面处的直径，当套在插口上时，橡胶圈便被拉长，其截面直径缩小，由d_1变成d_2。因此橡胶圈的实际压缩率为

$$\rho_2 = \frac{d_2 - (n + \Delta r)}{d_2} \times 100\% \qquad (4.7-3)$$

$$d_2 = d_1\sqrt{k}$$

$$k = D_{环}/D_{插}$$

式中 k——环径系数，预应力钢筋混凝土管一般采用0.87，预应力钢筒混凝土管（PCCP）一般采用0.75～0.80；

$D_{环}$——橡胶圈的环圈内径，mm；

$D_{插}$——管道插口工作面（PCCP管为插口凹槽面）处的外径，mm。

在预应力混凝土压力水管专业术语中，国内外通称的橡胶圈压缩率，是指不考虑环径系数影响的压缩率，即按式（4.7-2）进行计算。

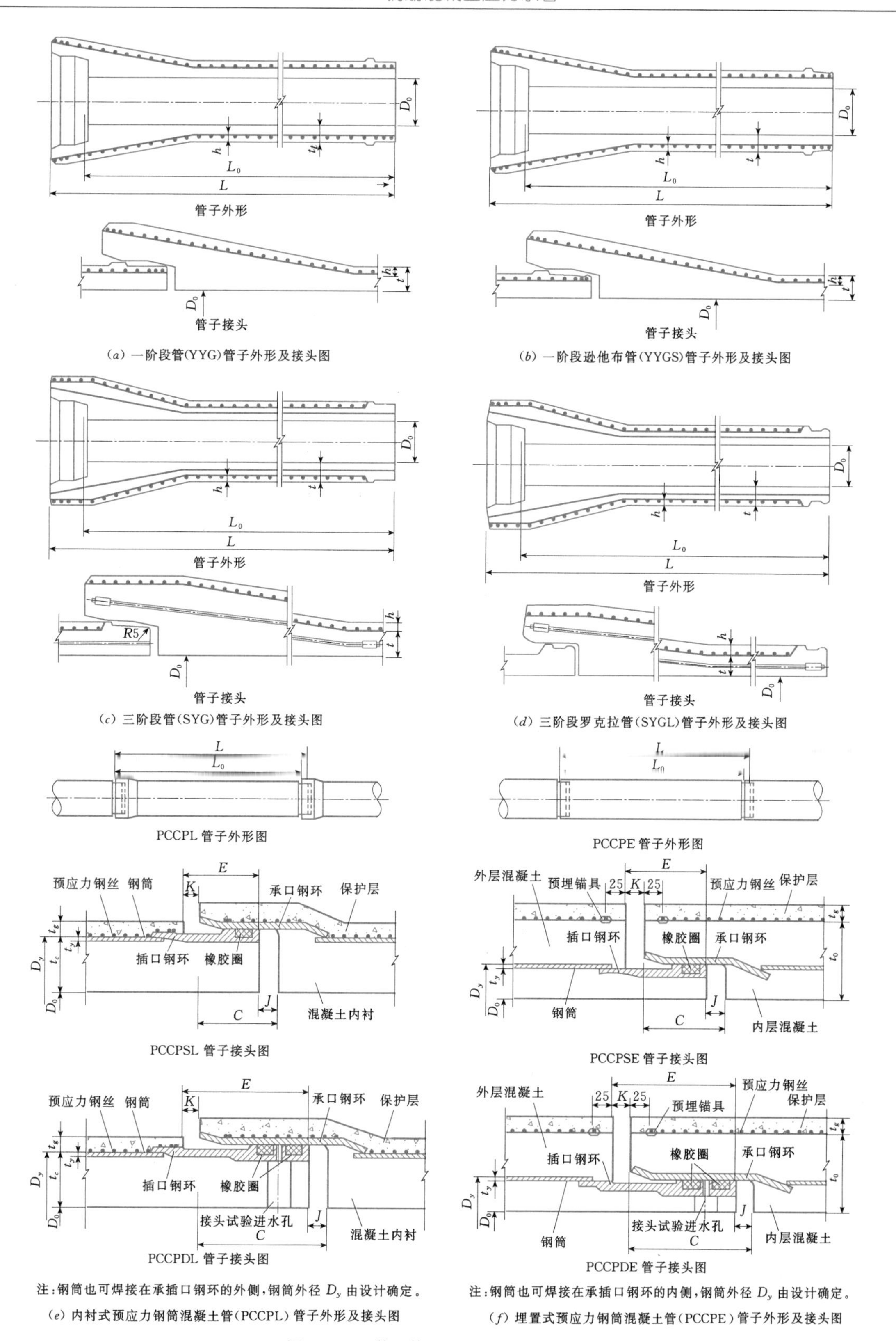

(*a*) 一阶段管(YYG)管子外形及接头图

(*b*) 一阶段逊他布管(YYGS)管子外形及接头图

(*c*) 三阶段管(SYG)管子外形及接头图

(*d*) 三阶段罗克拉管(SYGL)管子外形及接头图

注：钢筒也可焊接在承插口钢环的外侧，钢筒外径 D_y 由设计确定。

(*e*) 内衬式预应力钢筒混凝土管(PCCPL)管子外形及接头图

注：钢筒也可焊接在承插口钢环的内侧，钢筒外径 D_y 由设计确定。

(*f*) 埋置式预应力钢筒混凝土管(PCCPE)管子外形及接头图

图 4.7-1 管子外形及接头（单位：mm）

(2) 确定承插口工作面间的距离。承插口的工作面间的距离与橡胶圈的截面直径和压缩率有关。采用下式计算：

$$n = d_1(1-\rho_1)-\Delta r \qquad (4.7-4)$$

式中橡胶圈截面直径 d_1 和压缩率 ρ_1，根据管道接头的密封要求，通过试验确定。然后由式（4.7－4）进行设计和验算。

(3) 确定承插口工作面的长度。承插口工作面的长度应不小于橡胶圈受挤压后截面的长轴 l（见图4.7－2），其计算公式为

$$l = \frac{\pi}{4n}(d_2^2-n^2)+n \qquad (4.7-5)$$

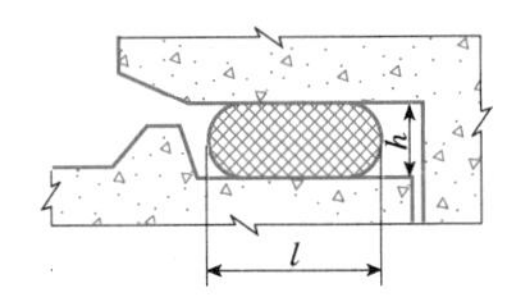

图 4.7－2 橡胶圈受挤压后的截面形状

(4) 验算接头转角后的位移和橡胶圈压缩率。根据计算和试验证明，当接头转角不超过2°时，管壁不会相互碰撞，橡胶圈压缩率变化后，接头仍能保持良好的密封性能。

接头发生转角后，橡胶圈压缩率（中心点）的计算公式为

管上部

$$\rho_{上} = \frac{d_1-(n+\Delta r-\Delta h_c)}{d_1}\times 100\% \qquad (4.7-6)$$

管下部

$$\rho_{下} = \frac{d_1-(n+\Delta r+\Delta h_c)}{d_1}\times 100\% \qquad (4.7-7)$$

其中 $$\Delta h_c = \frac{\pi\alpha}{180}L_{中}$$

式中 Δh_c——橡胶圈中心点在接头转角后的垂直位移；

α——接头的允许相对转角，(°)；

$L_{中}$——从插口端部至橡胶圈工作面中心的距离，mm。

4.7.4.2 管道基本尺寸

预应力混凝土管的基本尺寸参见表4.7－3[8]，预应力钢筒混凝土管的基本尺寸参见表4.7－4～表4.7－6[9]。在进行管道结构设计时，允许通过提高混凝土强度等级、增加管壁厚度、调整配筋量以获得经济、合理的设计结果。管道构造应满足GB 5696《预应力混凝土管》和GB 19685《预应力钢筒混凝土管》的要求。

表 4.7－3 **预应力混凝土管基本尺寸表** 单位：mm

公称直径 D_0	有效长度 L_0	一阶段管					二阶段管					
		保护层厚度 h	YYG		YYGS		SYG			SYGS		
			管壁厚度 t	管体长度 L	管壁厚度 t	管体长度 L	管芯厚度 t	保护层厚度 h	管体长度 L	管芯厚度 t	保护层厚度 h	胶圈直径 d
400	5000	15	50	5160	50	5160	38	20	5160			
500	5000	15	50	5160	50	5160	38	20	5160			
600	5000	15	55	5160	65	5165	43	20	5160			
700	5000	15	55	5160	65	5165	43	20	5160	45	26	22
800	5000	15	60	5160	65	5175	48	20	5160	50	26	22
900	5000	15	65	5160	70	5175	54	20	5160	55	26	22
1000	5000	15	70	5160	75	5175	59	20	5160	60	26	25
1200	5000	15	80	5160	85	5175	69	20	5160	70	26	25
1400	5000	15	90	5160	95	5195	80	20	5160	80	26	25
1600	5000	20	100	5160	105	5205	95	20	5160	90	26	28
1800	5000	20	115	5160	115	5205						
2000	5000	20	130	5160	125	5205						
1800	4000						109	20	4170			
2000	4000						124	20	4170			
2200	4000						120	25	4170			
2400	4000						135	25	4215			
2600	4000						150	25	4200			
2800	4000						165	25	4200			
3000	4000						180	25	4200			

表 4.7-4 内衬式预应力钢筒混凝土管（PCCPL）基本尺寸 单位：mm

管子种类	公称内径 D_0	最小管芯厚度 t_c	保护层净厚度	钢筒厚度 t_y	承口深度 C	插口长度 E	承口工作面内径 B_b	插口工作面外径 B_s	接头内间隙 J	接头外间隙 K	胶圈直径 d	有效长度 L_0	管子长度 L	参考重量 (t/m)
单胶圈	400	40	20	1.5	93	93	493	493	15	15	20	5000 6000	5078 6078	0.23
	500	40					593	593						0.28
	600	40					693	693						0.31
	700	45					803	803						0.41
	800	50					913	913						0.50
	900	55					1023	1023						0.60
	1000	60					1133	1133						0.70
	1200	70					1353	1353						0.94
	1400	90					1593	1593						1.35
双胶圈	1000	60	20	1.5	160	160	1133	1133	25	25	20	5000 6000	5135 6135	0.70
	1200	70					1353	1353						0.94
	1400	90					1593	1593						1.35

表 4.7-5 埋置式预应力钢筒混凝土管（PCCPE）基本尺寸（单胶圈接头） 单位：mm

公称内径 D_0	最小管芯厚度 t_c	保护层净厚度	钢筒厚度 t_y	承口深度 C	插口长度 E	最小承口工作面内径 B_b	最小插口工作面外径 B_s	接头内间隙 J	接头外间隙 K	胶圈直径 d	有效长度 L_0	管子长度 L	参考重量 (t/m)
1400	100	20	1.5	108	108	1503	1503	25	25	20	5000 6000	5083 6083	1.48
1600	100					1703	1703						1.67
1800	115					1903	1903						2.11
2000	125					2103	2103						2.52
2200	140					2313	2313						3.05
2400	150					2513	2513						3.53
2600	165					2713	2713						4.16
2800	175	20	1.5	150	150	2923	2923	25	25	20	5000 6000	5125 6125	4.72
3000	190					3143	3143						5.44
3200	200					3343	3343						6.07
3400	220					3553	3553						7.05
3600	230					3763	3763						7.77
3800	245					3973	3973						8.69
4000	260					4183	4183						9.67

表 4.7-6　　埋置式预应力钢筒混凝土管（PCCPE）基本尺寸（双胶圈接头）　　单位：mm

<table>
<tr><th>公称内径 D_0</th><th>最小管芯厚度 t_c</th><th>保护层净厚度</th><th>钢筒厚度 t_y</th><th>承口深度 C</th><th>插口长度 E</th><th>最小承口工作面内径 B_b</th><th>最小插口工作面外径 B_s</th><th>接头内间隙 J</th><th>接头外间隙 K</th><th>胶圈直径 d</th><th>有效长度 L_0</th><th>管子长度 L</th><th>参考重量 (t/m)</th></tr>
<tr><td>1400</td><td>100</td><td rowspan="7">20</td><td rowspan="7">1.5</td><td rowspan="7">160</td><td rowspan="7">160</td><td>1503</td><td>1503</td><td rowspan="7">25</td><td rowspan="7">25</td><td rowspan="7">20</td><td rowspan="7">5000
6000</td><td rowspan="7">5135
6135</td><td>1.48</td></tr>
<tr><td>1600</td><td>100</td><td>1703</td><td>1703</td><td>1.67</td></tr>
<tr><td>1800</td><td>115</td><td>1903</td><td>1903</td><td>2.11</td></tr>
<tr><td>2000</td><td>125</td><td>2103</td><td>2103</td><td>2.52</td></tr>
<tr><td>2200</td><td>140</td><td>2313</td><td>2313</td><td>3.05</td></tr>
<tr><td>2400</td><td>150</td><td>2513</td><td>2513</td><td>3.53</td></tr>
<tr><td>2600</td><td>165</td><td>2713</td><td>2713</td><td>4.16</td></tr>
<tr><td>2800</td><td>175</td><td rowspan="7">20</td><td rowspan="7">1.5</td><td rowspan="7">160</td><td rowspan="7">160</td><td>2923</td><td>2923</td><td rowspan="7">25</td><td rowspan="7">25</td><td rowspan="7">20</td><td rowspan="7">5000
6000</td><td rowspan="7">5135
6135</td><td>4.72</td></tr>
<tr><td>3000</td><td>190</td><td>3143</td><td>3143</td><td>5.44</td></tr>
<tr><td>3200</td><td>200</td><td>3343</td><td>3343</td><td>6.07</td></tr>
<tr><td>3400</td><td>220</td><td>3553</td><td>3553</td><td>7.05</td></tr>
<tr><td>3600</td><td>230</td><td>3763</td><td>3763</td><td>7.77</td></tr>
<tr><td>3800</td><td>245</td><td>3973</td><td>3973</td><td>8.69</td></tr>
<tr><td>4000</td><td>260</td><td>4183</td><td>4183</td><td>9.67</td></tr>
</table>

4.7.4.3　管道铺设方式

钢筋混凝土管道可明管铺设、地面或地下埋管铺设。

采用明管铺设的钢筋混凝土管道一般铺设在连续的座垫上。在管道转弯和坡度变化处、长度大的斜坡上，为了防止管身沿斜坡下滑，应设置镇墩。斜坡段镇墩间距应根据地形以及地质情况而定，在地形陡峻而地质条件良好的斜坡段，镇墩间距一般为 20～30m，如果地质条件不利，间距还应酌情减少。当管道的平直段太长时，一般也应在每隔 150～200m 处设置镇墩。镇墩一般采用素混凝土或浆砌块石的重力式结构。镇墩主要承受由管壁传来的轴向力，其结构强度与稳定性直接影响水管的安全，必须妥善设计与施工。

地面或地下埋管铺设的钢筋混凝土管铺设方式可分为沟埋管、凸埋管、凹埋管、减压沟槽管和顶管或洞穿管[14]，如图 4.7-3 所示。

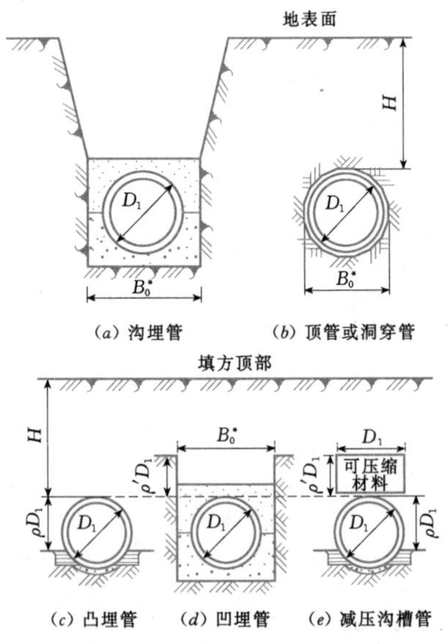

图 4.7-3　钢筋混凝土管埋管铺设方式

B_0^*—顶部沟槽宽度，有可能比管道顶面沟槽宽度 B_0 大；ρ—凸出比，外部管顶至天然地面的距离除以管道外径；ρ'—凹入比

沟槽最小宽度应满足压实垫层所需宽度，管道与沟槽壁间最小宽度应不小于 250mm；在满足施工条件及安全标准的同时应尽可能减小沟槽宽度。

土基支撑角常用的有 30°、45°、60°、90°、150°，管道垫层与支撑角如图 4.7-4 所示。

直径小于 1800mm 的管道，当覆土厚度小于 3m 时，采用 30°、45°型垫层较经济。支撑角大的垫层可提高管道的抵抗外荷载的能力。当地基为岩石或其他非塑性材料，采用 30°、45°型基础，基础底应超挖，

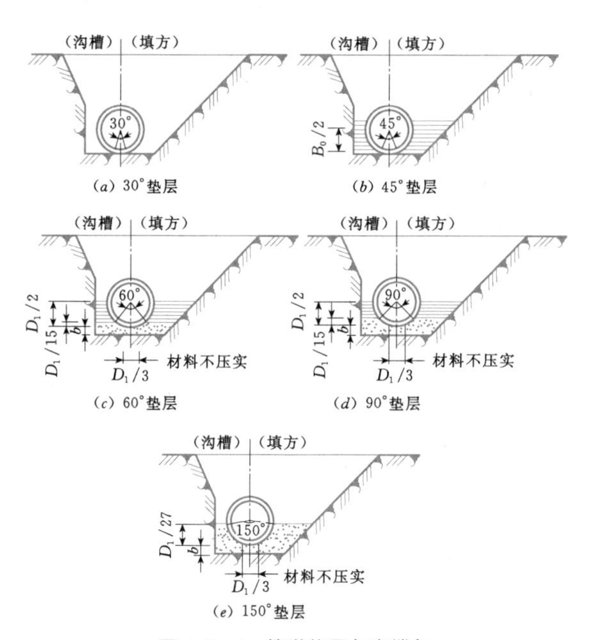

图 4.7-4 管道垫层与支撑角

超挖深度 b。b 为管道下垫层的最小厚度，当管径 $D_1 \leqslant 700\text{mm}$ 时，$b=80\text{mm}$；$700 \leqslant D_1 \leqslant 1500\text{mm}$ 时，$b=100\text{mm}$；$1600 \leqslant D_1$ 时，$b=150\text{mm}$。

刚性弧形管座支承。弧形管座材料一般为浆砌石或混凝土，包角 2α 常用 90°、135°、180°，长度与管身一致。当管壁厚 δ 在 0.6m 以内时，管基厚度常用（0.5～1.0）δ，且不小于 200mm，管座肩宽可采用 1.0～1.5。结构尺寸如图 4.7-5 所示。

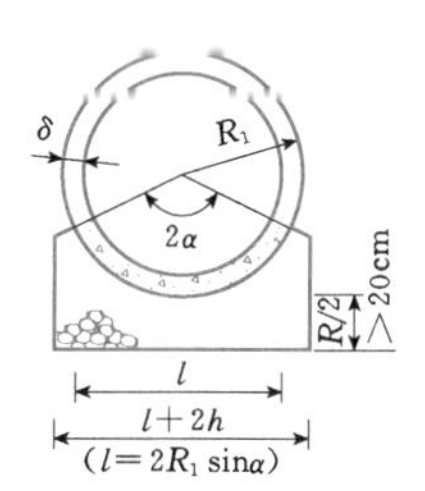

图 4.7-5 刚性垫座

4.7.4.4 管道止推

在压力管道方向改变处（如弯管、Y 形管、T 形管）、横截面面积改变处（如渐缩管和渐扩管）和管路终端（如堵头），管道内的压力水将产生推力，如果不对推力进行充分限制，则可能导致接头拉开。主要的推力包括：由管道内部水压力产生的静水推力和由水的动量改变而产生的动水推力，由于大多数管线中水流速度较低，其动水推力很小，在计算中常常忽略不计。发生在管道末端、出口、支管及渐缩管处的推力与管道接头处的内水压力和截面面积有关；弯管处的推力大小还受转角 θ 的影响，其数值由下式确定[14]：

$$T = 2PA\sin\frac{\theta}{2} \tag{4.7-8}$$

式中 T——静水推力；

P——内水压力；

A——管道横截面面积；

θ——管道转角。

通常有两种途径来抵抗推力：管道自重、上覆土重及管内水重共同产生的摩擦力；支撑管道的土的被动土压力。若摩擦力和土的被动土压力不足以平衡推力，则必须设置止推装置。

预应力钢筒混凝土管（PCCP）的止推型式通常主要有以下几种：镇墩，通过设置混凝土镇墩来承担止推力；小转角管道锁定，对小转角的接头，采用以一定转角安装或斜口管等，利用小角度管道锁定，不需要进行另外的止推设计；可自由转动的小转角接头；限制性接头，通过采用限制性接头（焊接接头或铠装管）将几根管道连接一起，从而增大了限制管道的摩擦力来抵抗推力；前几种止推型式的组合。

（1）镇墩。通过增加重量、加大支撑面积，增强管道抵抗移动的能力。管道本身不受力，不平衡推力主要由镇墩后背产生的被动土压力来抵抗。止推力为由管道、水、镇墩、填土的重力产生的摩阻力，镇墩后背产生的被动土压力。适用于不平衡推力较大，有可靠后靠背的情况。主要缺点：对地基及后靠背的承载力和变形要求较高，一旦采用镇墩止推，必须对其后背较大范围的土体进行保护，不能进行相邻开挖，因而占用的地下空间资源较大。

水平弯头典型镇墩如图 4.7-6 所示。竖向弯头镇墩如图 4.7-7 所示。

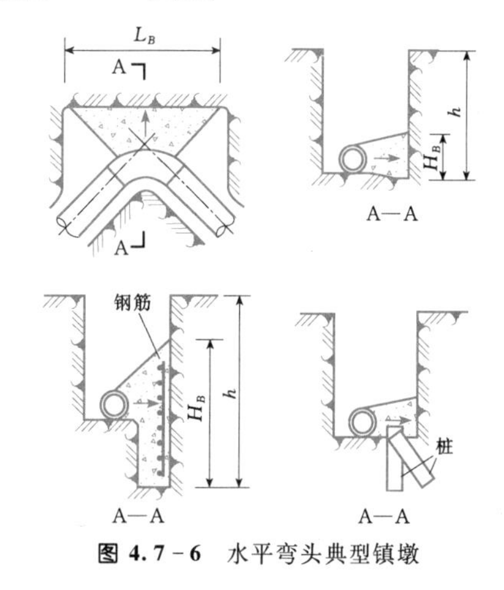

图 4.7-6 水平弯头典型镇墩

（2）小转角管道锁定。利用 PCCP 接口自身的几何特点，采用以一定转角安装或斜口管，形成横梁或桥式结构来锁定管道。转角两侧至少各需一根标准管，其接口需为水泥砂浆灌浆接口，承插口环承受剪力。止推力为由管道、水、镇墩、填土的重力产生的摩阻力。适用于转弯角度不大于 10°的情况。受转角

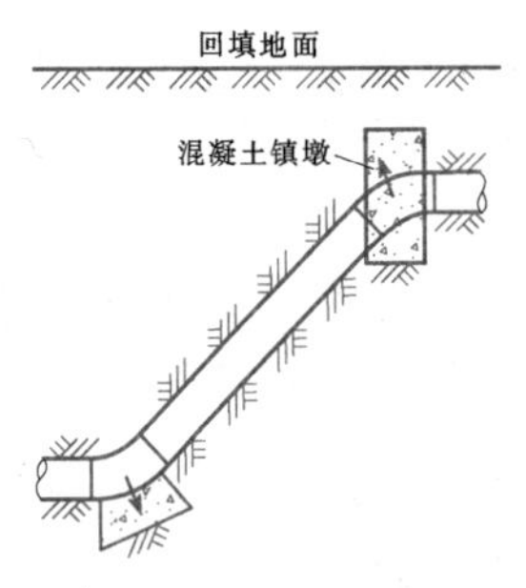

图 4.7-7 竖向弯头镇墩

及工作压力（试验压力）的限制。主要缺点：如果采用斜口管，对缠丝机有特殊要求。

(3) 可自由转动的小转角接头。采用小转角安装降低推力，利用单节 PCCP 管道的自重、水重、填土重产生的摩阻力来抵抗推力。管道不受轴力、接口不受剪力。止推力为由管道、水、镇墩、填土的重力产生的摩阻力。适用于可设置大半径弯道的情况。主要缺点：受地形及地面建筑的限制，如果采用斜口管，对缠丝机有特殊要求。

(4) 限制性接头。将与转角管件相邻管道的接头固定在一起，来共同抵抗不平衡推力。管道承受轴力。止推力为由管道、水、镇墩、填土的重力产生的摩阻力。适用于地基较均匀、密实，回填土压实度较高的情况。主要缺点：受地基条件的限制，过厚的钢筒对生产有特殊要求。限制性接头有焊接接头和组合接头，组合接头构造详见图 4.7-8 。

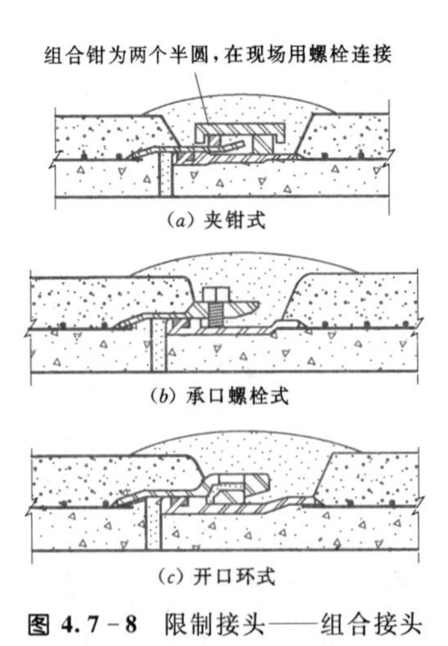

图 4.7-8 限制接头——组合接头

(5) 联合止推装置。将限制接头与混凝土止推环等组合使用。适用于地基较均匀、密实，回填土压实度较高的情况。主要缺点：转角做法复杂，对地基及回填土要求较高，施工安装不便。当在陡坡上铺设管道时，可以根据现场条件采用锚固块、组合接头或部分焊接接头，以保持管段抗滑稳定。

带止推环的联合止推装置如图 4.7-9 所示。

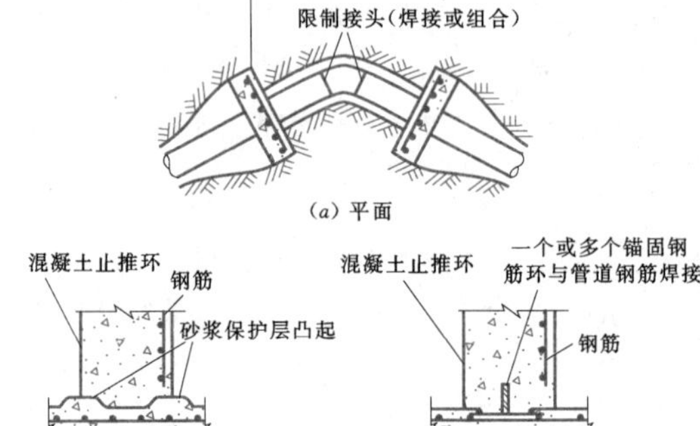

图 4.7-9 带止推环的联合止推装置

4.7.4.5 配件

预应力钢筒混凝土管（PCCP）配件包括弯管、渐缩管、T 形管、十形管、Y 形管、合拢管等。配件由钢板卷焊制成，在端部焊接接口钢圈，用水泥砂浆作为衬砌和保护层。配件与 PCCP 接头除采用承插口外，还可以采用法兰连接和焊接链接。内外层水泥砂浆其厚度应满足防腐蚀要求。当管径较大时，为防止衬砌水泥砂浆脱落，可在衬砌中设一层钢丝网。配件结构设计同钢管。

4.7.5 结构计算

4.7.5.1 荷载计算

作用在预应力钢筒混凝土管道上的荷载有管自重、管内水重、静荷载、瞬时荷载。其中静荷载包括管道覆土荷载、表面堆积荷载，瞬时荷载包括公路活荷载、铁路活荷载、机场活荷载和临时性建设荷载。

内压分为三类：工作压力、瞬时压力和现场试验压力。工作压力采用由水力梯度产生的内水压力及由静水压产生的内水压力二者中的较大值；瞬时压力为水击压力，当没有水击压力计算值时，取 0.4 倍工作压力与 276kPa 中的较大值；当无具体要求时，现场试验压力取 1.2 倍工作压力[13]。

温度变化及混凝土收缩所产生的应力，主要应通过施工措施及构造措施予以解决，如降低混凝土的水灰比，设置伸缩缝，采用柔性接头以及在管身覆盖土等。对受温度变化影响小的地下管道，一般不计算温度应力。对于地面明管则应进行温度应力计算。

各种荷载均取单位管长进行计算，分述如下。

1. 管自重

$$W_P = 2\pi r_0 \gamma_n h \quad (\text{N/mm}) \qquad (4.7-9)$$

式中 r_0——水管的平均半径，即管壁中线的半径，mm；

γ_n——钢筋混凝土容重，N/mm³，一般采用 25×10^{-6} N/mm³；

h——管壁厚度，mm。

2. 满管水重

$$W_f = \pi r_2^2 \gamma_s \quad (\text{N/mm}) \qquad (4.7-10)$$

式中 r_2——水管的内半径，mm；

γ_s——水的容重（一般可取为 9.81×10^{-6} N/mm³），N/mm³。

3. 均匀内水压力

$$P_B = H\gamma_s \quad (\text{N/mm}^2) \qquad (4.7-11)$$

式中 H——管顶的静水头与水击压力之和，mm。

4. 土压力

竖向土荷载的计算依据 Marston 理论，埋管的竖向土荷载计算公式与铺设方式有关。

（1）沟埋式管上的垂直土压力。沟埋管是铺设在被动土或未扰动土中的较狭窄沟槽内的管道，然后用土回填至原地面。沟槽荷载理论基于下列假设：

1）作用在管道上的荷载是由回填土沉降而产生的，因为回填土没有压实到与周围土相同的密度。

2）作用在地下结构物上的荷载值等于管顶上部回填材料重量减去沿沟槽两侧作用的剪力或摩擦力。

3）土的黏聚力可以忽略，因为回填材料和沟槽两侧之间产生黏聚力需要相当长的时间，假设无黏聚力将使作用在管道上的荷载达到最大值。

4）如为刚性管道，则管道两侧的回填材料可以是相对可压缩材料，管道本身实际上将承受整个沟槽宽度范围内产生的全部荷载。

当管道铺设在沟槽中时，管道上方的回填土柱将向下沉降。回填土沉降时与沿沟槽两侧产生摩擦力，其方向与沉降方向相反。管道上的竖向土荷载等于回填材料体的重量减去回填土沉降时与沿沟槽两侧产生的摩擦力。

当在直壁沟槽中埋管时，单位管长上总垂直土压力为：

当 $B-D_1<2\text{m}$ 时，则

$$P_{B沟} = K_g \gamma_t HB \quad (\text{N/mm}) \qquad (4.7-12)$$

当 $B-D_1>2\text{m}$ 时，则

$$P_B = K_g \gamma_t H \frac{B+D_1}{2} \quad (\text{N/mm}) \qquad (4.7-13)$$

式中 B——沟宽，mm；

D_1——水管外直径，mm；

K_g——沟埋式回填土垂直土压力系数，先由表 4.7-7 定出 K_g 曲线的编号，然后按此编号从图 4.7-10 查出 K_g 值。

当在斜壁沟槽内埋管时，单位管长上总垂直土压力为

$$P_B = K_g \gamma_t H \frac{B_0+D_1}{2} \quad (\text{N/mm}) \qquad (4.7-14)$$

式中 B_0——管顶处的槽宽，mm。

在按图 4.7-10 查 K_g 值时，横坐标 H/B 改用 H/B_c，B_c 为距地面 $H/2$ 处的槽宽（见图 4.7-11）。

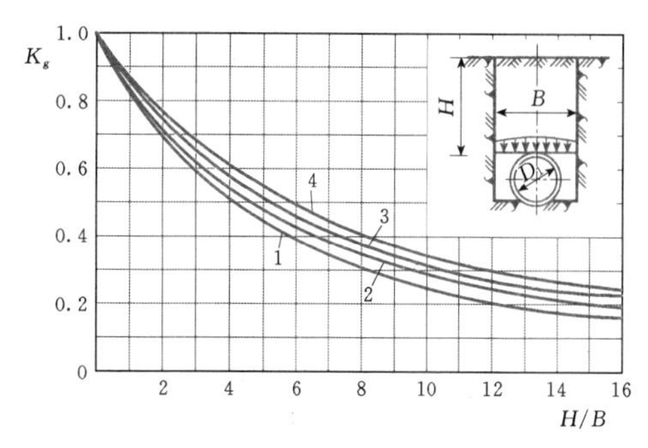

图 4.7-10 沟埋式管上回填土垂直压力系数 K_g 曲线

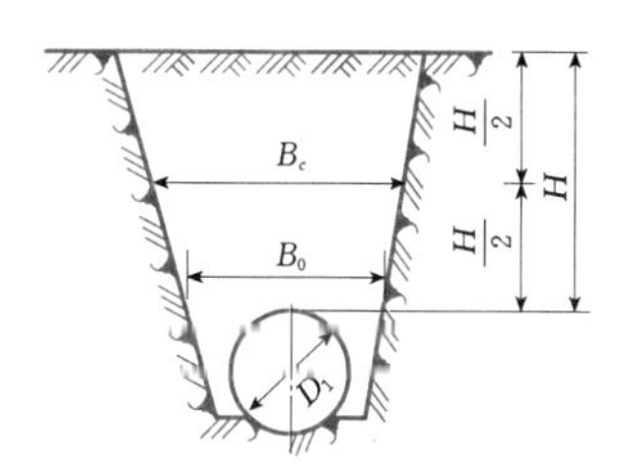

图 4.7-11 断面示意图

对于填土深度小于水管直径的管道（$D_1>1.0$m），还应考虑管顶水平线以下管肩上的全部回填土的总重为

$$P_c = 0.1075\gamma_t D_1^2 \quad (\text{N/mm}) \qquad (4.7-15)$$

表 4.7-7 K_g 曲线的编号选择标准

回填土类型	曲线编号
砂土及耕植土（干燥）	1
砂土耕植（湿、饱和）及硬黏土	2
塑性黏土	3
流塑性黏土	4

（2）上埋式管上的垂直土压力。将管道铺设成管顶凸出天然地表面或已压实填土表面，在其上面填土埋管称为上埋式。上埋管是管道可能承受最大荷载的状态，进一步加大沟槽宽度将不再对荷载产生影响。

单位管长总垂直土压力为

$$P_{B上} = K_s \gamma_t H D_1 \quad (N/mm) \qquad (4.7-16)$$

式中 H——管顶以上填土高度，mm；

γ_t——回填土容重，N/mm^3；

K_s——上埋式回填土垂直土压力系数，先由表4.7-8定出 K_s 曲线的编号，然后按此编号从图4.7-12查出 K_s 值。

当填土较高时（$H>20m$），按图查得的 K_s 值一般偏大。

表4.7-8　K_s 曲线编号选择标准

回填土种类	K_s 曲线编号	
	弧形地基	混凝土座墩
岩石	1	2
大块碎石土	3	3
砂土		
(a) 密实的砾砂、粗砂、中砂	3	3
(b) 密实的砾砂、粗砂、中砂，中密的及密实的细砂、粉砂	5	4
(c) 中密的细砂、粉砂	7	6
黏性土		
(a) 坚硬的	3	3
(b) 塑性的	5	4
(c) 流塑性的	7	6

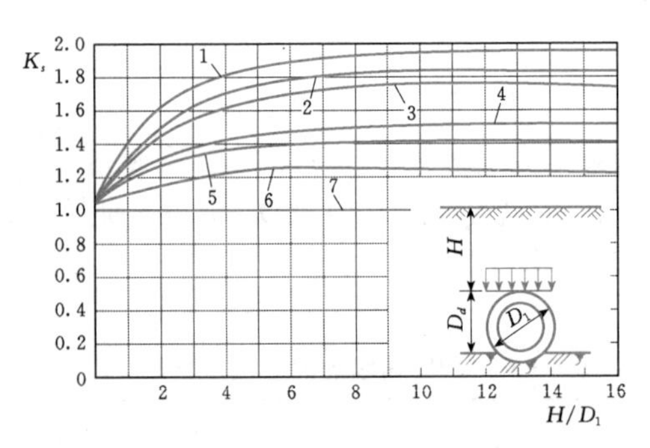

图4.7-12　上埋式管道垂直土压力系数 K_s 曲线

(3) 侧向土压力。侧向土压力分布图形可近似地采用矩形。如图4.7-13所示，其强度可采用管中心处的压强。

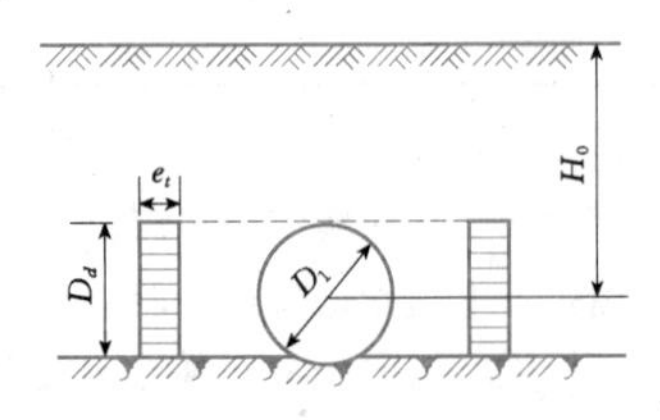

图4.7-13　示意图

计算公式为

$$e_t = \eta \gamma_t H_0 \qquad (4.7-17)$$

其中 $$\eta = \tan^2\left(45° - \frac{\varphi}{2}\right)$$

式中 H_0——水管中心线以上填土高度，mm；

η——侧向土压力系数，对于一般砂壤土和较干的黏性土，η 值可采用0.35～0.45，当填土夯实密度较大，含水量较高时，可提高到0.50～0.55；

φ——土壤的内摩擦角。

上埋式水管及沟宽较大（$B-D_1 \geqslant 2m$）的沟埋式水管单位管长上的总侧向土压力

$$P_t = \gamma_t H_0 \eta D_d \quad (N/mm) \qquad (4.7-18)$$

式中 D_d——管道凸出地面的高度，mm。

当沟埋式水管的沟宽较窄时（$B-D_1<2m$），管两侧回填土不能夯实，水平侧压力则较小，应按下式计算单位管长上的总侧向土压力：

$$P_t = \gamma_t H_0 \eta D_d K_c \quad (N/mm) \qquad (4.7-19)$$

式中 K_c——无量纲的系数，$K_c = \frac{B-D_1}{2000}$，其中沟宽 B 及水管外径 D_1 均以mm计。

5. 地面静荷载

(1) 均布荷载。深埋式管道上由地面均布荷载 p_d 引起的单位管长上的附加垂直总压力 P，建议按下式计算。

当 $B-D<2m$ 时

$$P = p_d B e^{-2\eta\mu_1 H/B} \qquad (4.7-20)$$

当 $B-D \geqslant 2m$ 时

$$P = p_d \frac{B+D_1}{2} e^{-2\eta\mu_1 H/B} \qquad (4.7-21)$$

对于上埋式管道，由于管本身的刚度和两侧填土的刚度不同，管道所受的垂直荷载不等于管上的土柱重量。对于刚性管来说，管道以上部分的填土沉陷量小于两侧填土的沉陷量，因此在a—a剖面上将产生向下的摩擦力（见图4.7-14）。由于这种摩擦力的存在，除管道上土柱全部重量传给管道外，靠近a—a剖面以外的部分土重也作为附加荷载传给管道。但当管顶填土高度很大时，这一摩擦力仅影响到 H_d 高度范围内（见图4.7-14）。超出该高度水平以上的土壤，则呈均匀沉陷，即该处的摩擦力已不存在。通常称该水平面为等沉陷面，H_d 为等沉陷层高度。在等沉陷平面以下所有沉陷面均为曲面，管顶处曲度最大。

由于地面匀布荷载 p_d 在上埋式管道上所引起的附加垂直总压力，与等沉陷层高度 H_d 有关。

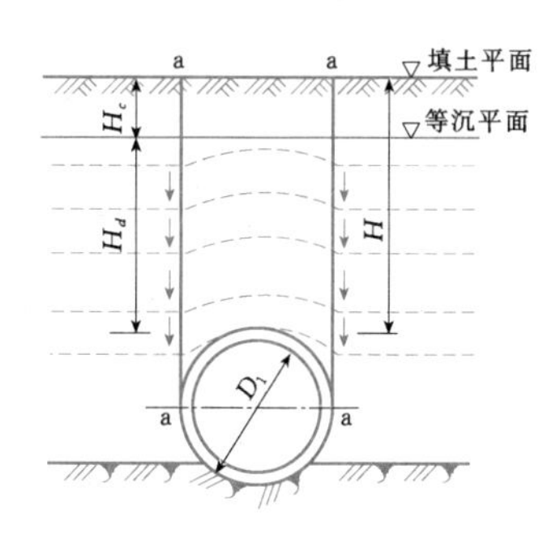

图 4.7-14 上埋式管

当 $H < H_d$ 时

$$P = p_d D_1 e^{2\eta\mu H/D_1} \qquad (4.7-22)$$

当 $H \geqslant H_d$ 时

$$P = p_d D_1 e^{2\eta\mu H_d/D_1}$$

等沉陷层高度 H_d 可按下式试算求出：

$$e^{2\eta\mu H_d/D_1} - 2\eta\mu^{H_d/D_1} = 1 + 2\eta\mu\alpha_d \qquad (4.7-23)$$

式（4.7-20）～式（4.7-23）中：

η——土的主动水平侧压力系数，$\eta = \tan^2 \times \left(45° - \frac{\varphi}{2}\right)$；

φ——回填土的内摩擦角；

μ_1——回填土与沟壁间的摩擦系数，$\mu_1 = \tan\varphi_1$（φ_1 为回填土与沟壁间的摩擦角）；

μ——回填土的内摩擦系数，$\mu = \tan\varphi$；

D_1——管的外直径；

α_d——管的凸出系数，$\alpha_d = D_d/D_1$（见图 4.7-15）。

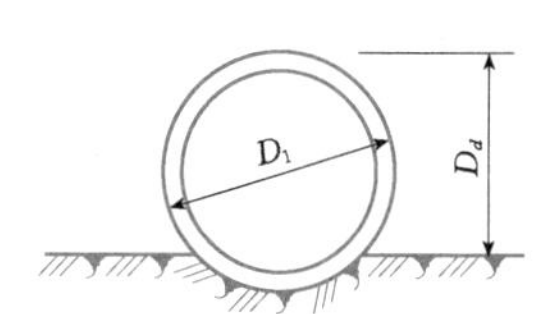

图 4.7-15 示意图

（2）集中荷载。地面集中荷载 P 对沟埋管道上 M 点（见图 4.7-16）所引起的附加垂直压力强度 p_z，可近似地按下式计算：

$$p_z = \frac{2PH^3}{\pi D_1 R^4} e^{-2\eta\mu_1 H/B} \quad (\mathrm{N/mm^2}) \qquad (4.7-24)$$

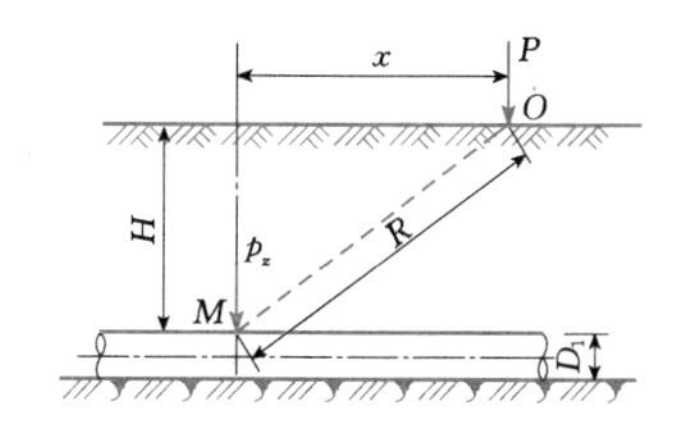

图 4.7-16 地面集中力对沟埋式管道的附加垂直压力的计算图

沿管的宽度方向，p_z 假定为均匀分布。

对于上埋管道，当覆盖土深度 $H > 0.5$m 时，集中荷载可按均匀分布于压力扩散角 $\alpha = 35°$ 范围内的分布荷载计算（图 4.7-17）。当覆盖土深度 $H > 10$m 时，建议按半无限弹性体的假定，用弹性力学方法计算：

$$p_z = \frac{3PH^3}{2\pi R^5} \quad (\mathrm{N/mm^2}) \qquad (4.7-25)$$

式中符号见图 4.7-16。

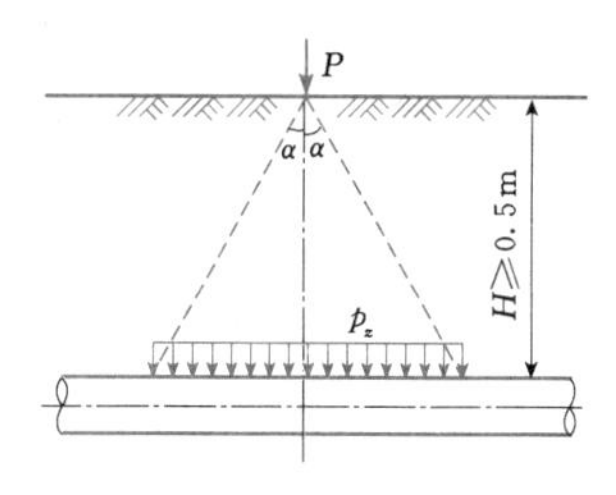

图 4.7-17 示意图

当地面有车辆荷载时，若覆盖土深度大于 0.5m，则冲击力的影响可以忽略不计。

6. 支座反力

作用于水管上的所有荷载的合力为支座反力所平衡，而反力的分布规律与管道的铺设方式及支座类型有关。

当水管铺设在弧形土基上，水管任意点 M 处的径向反力强度 q_θ 可近似的假设为（见图 4.7-18 左半部）

$$q_\theta = \frac{3P(\cos\theta - \cos\alpha)\cos\theta}{r_1(3\sin\alpha + \sin^3\alpha - 3\alpha\cos\alpha)} \qquad (4.7-26)$$

式中 r_1——水管的外半径；

α——水管坐垫包角的一半；

θ——计算点 M 与垂直轴间的夹角。

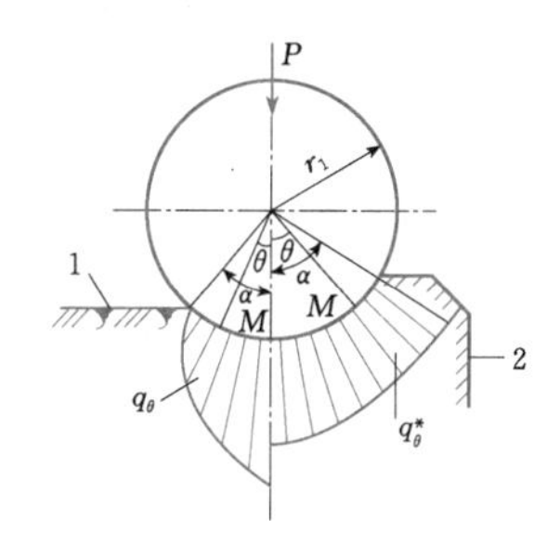

图 4.7-18 支座反力分布图

1—弧形土基；2—刚性坐垫

当水管铺设在刚性坐垫（如混凝土坐垫或浆砌块石坐垫）上时，水管任意点 M 的径向反力强度 q_θ 可

设为（见图4.7-18右半部）

$$q_\theta = \frac{2P\cos\theta}{r_1(\sin2\alpha + 2\alpha)} \quad (4.7-27)$$

比较式（4.7-26）及式（4.7-27），可以看出：当外荷载P及中心角2α相同时，刚性座垫上水管的反力分布相比更为均匀，工作条件比较有利。

4.7.5.2 荷载与荷载组合

管道结构计算时采用的不同类型荷载组合见表4.7-9和表4.7-10。

表4.7-9 埋置式预应力钢筒混凝土管（PCCPE）荷载组合表

工况	荷载与内压						
	静荷载 W_e	管自重 W_p	管内水重 W_f	瞬时荷载 W_t	工作内压 P_w	瞬时内压 P_t	现场试验内压 P_{ft}
工作荷载和内压组合条件							
W_1	1	1	1	—	1	—	—
W_2	1	1	1	—	—	—	—
FW_1	1.25	1	1	—	—	—	—
工作荷载+瞬时荷载和内压组合条件							
WT_1	1	1	1	—	1	1	—
WT_2	1	1	1	1	1	—	—
WT_3	1	1	1	1	—	—	—
FWT_1	1.1	1.1	1.1	—	1.1	1.1	—
FWT_2	1.1	1.1	1.1	1.1	1.1	—	—
FWT_3	1.3	1.3	1.3	—	1.3	1.3	—
FWT_4	1.3	1.3	1.3	1.3	1.3	—	—
FWT_5	1.6	1.6	1.6	2	—	—	—
FWT_6	—	—	—	—	1.6	2	—
现场试验条件							
FT_1	1.1	1.1	1.1	—	—	—	1.1
FT_2	1.21	1.21	1.21	—	—	—	1.21

注 表中符号意义同ANSI/AWWA C304—07《预应力钢筒混凝土管设计标准》。

表4.7-10 内衬式预应力钢筒混凝土管（PCCPL）荷载组合表

工况	荷载与内压						
	静荷载 W_e	管自重 W_p	管内水重 W_f	瞬时荷载 W_t	工作内压 P_w	瞬时内压 P_t	现场试验内压 P_{ft}
工作荷载和内压组合条件							
W_1	1	1	1	—	1	—	—
W_2	1	1	1	—	—	—	—
工作荷载+瞬时荷载和内压组合条件							
WT_1	1	1	1	—	1	1	—
WT_2	1	1	1	1	1	—	—
WT_3	1	1	1	1	—	—	—
FWT_1	1.2	1.2	1.2	—	1.2	1.2	—
FWT_2	1.2	1.2	1.2	1.2	1.2	—	—
FWT_3	1.4	1.4	1.4	—	1.4	1.4	—
FWT_4	1.4	1.4	1.4	1.4	1.4	—	—
FWT_5	1.6	1.6	1.6	2.0	—	—	—
FWT_6	—	—	—	—	1.6	2	—
现场试验条件							
FT_1	1.1	1.1	1.1	—	—	—	1.1
FT_2	1.32	1.32	1.32	—	—	—	1.32

注 表中符号意义同ANSI/AWWA C304—07《预应力钢筒混凝土管设计标准》。

4.7.5.3 预应力钢筒混凝土管结构计算

近年我国预应力钢筒混凝土管（PCCP）结构计算均采用美国 ANSI/AWWA C304 规定的极限状态设计准则[13]。

埋置式预应力钢筒混凝土管（PCCPE）极限准则见表 4.7-11。

内衬式预应力钢筒混凝土管（PCCPL）极限准则见表 4.7-12。

极限状态设计法主要考虑的是管壁单位圆环内由内压、外荷载、管重和管内水重引起的极限轴力和极限弯矩。该方法明确规定在承受工作荷载和内压及工作荷载附加瞬时荷载及内压时所受的内力不得超出极限状态设计准则。在具体设计时，规定了以下三种极限状态设计准则。

（1）工作极限状态设计准则。旨在消除在工作荷载和内压作用时管芯出现微裂缝和控制保护层出现微裂缝，同时消除在工作荷载附加瞬时荷载和内压作用时管芯和保护层出现可见裂缝。该准则目的为：管芯裂缝控制、径向张力控制、保护层裂缝控制、管芯抗压控制、最大内压。

（2）弹性极限状态设计准则。在瞬时条件下欲开裂时，管子应具备足够弹性以防止发生破坏或预应力损失。该准则目的为：钢丝应力控制、薄钢筒应力控制。

（3）强度极限状态设计准则。主要目的是防止预应力钢丝屈服、防止在外荷载作用下管芯混凝土开裂、防止内压作用下钢丝断裂。强度极限状态计算时荷载和内压引入了安全系数。该准则目的为：钢丝屈服强度控制、管芯抗压强度控制、开裂压力控制、保护层黏结强度控制。

具体计算参见 ANSI/AWWA C304。美国混凝土压力管协会编制了符合该规范的结构计算程序 UDP。中国水利水电科学研究院编制了符合我国材料规范体系的、采用 ANSI/AWWA C304 计算方法的结构计算程序：预应力钢筒混凝土压力管设计软件（PCCP-CDP）。该软件具有预应力钢筒混凝土压力管（PCCP）的设计计算、检验计算、荷载计算及工程量统计等功能，包含埋置式（PCCPE）和内衬式（PCCPL）两种管类型，可选择国际（SI）和美国标准（US）两种单位制，选择中国和美国两种材料标准。清华大学研发的预应力钢筒混凝土管（PCCP）仿真分析系统（PCCP-FEM）软件，主要用于 PCCP 在各计算工况下的结构受载响应分析，是首次开发的一款专门针对 PCCP 的受载响应进行分析的有限元软件，弥补了结构力学计算方法中采用极限状态设计方法的不足，可给出管道结构在各种外荷载作用下的各阶段的受力性态及其发展规律，揭示管道结构应力变形的分布过程，用户能够方便的对 PCCP 在各计算工况下的受载响应进行分析[28]。

表 4.7-11　埋置式预应力钢筒混凝土管（PCCPE）极限准则

极限状态和位置	目　的	极限准则	采用的荷载组合
整个圆管的工作性	为了防止管芯出现零应力，为了防止保护层开裂	$P \leqslant P_0$	W_1
		内压极值：$P \leqslant$ 最小（P_k'，$1.4P_0$）	WT_1
管底、管顶的工作性	为了防止管芯出现微裂缝	内层管芯极限拉应变：$\varepsilon_{ci} \leqslant 1.5\varepsilon_t'$	W_1
		管芯对薄钢筒径向极限张力：$\sigma_r \leqslant 0.82$MPa	FW_1
	为了防止管芯出现可见裂缝	内层管芯极限拉应变：$\varepsilon_{ci} \leqslant \varepsilon_k' = 11\varepsilon_t'$	WT_1 WT_2 FT_1
		管芯对薄钢筒径向极限 $\sigma_r \leqslant 0.82$MPa	WT_3
管侧的工作性	为了防止管芯出现微裂缝及控制保护层产生微裂缝	外层管芯极限拉应变：$\varepsilon_{c0} \leqslant 1.5\varepsilon_t'$ 外保护层极限拉应变：$\varepsilon_{m0} \leqslant 0.8\varepsilon_{km} = 6.4\varepsilon_{tm}'$	W_1
	为了防止保护层出现可见裂缝	外层管芯极限拉应变：$\varepsilon_{c0} \leqslant \varepsilon_k' = 11\varepsilon_t'$	WT_1 WT_2
		外保护层极限拉应变：$\varepsilon_{m0} \leqslant \varepsilon_{km}' = 8\varepsilon_{tm}'$	FT_1
	为了控制混凝土抗压强度	内层管芯混凝土极限强度：$f_{ci} \leqslant 0.55f_c$	W_2
		内层管芯混凝土极限强度：$f_{ci} \leqslant 0.65f_c$	WT_3
管底、管顶的弹性极限	为了防止薄钢筒中的应力超过极限	薄钢筒应力达屈服强度：$-f_{yr} + n'f_{cr} + \Delta f_y \leqslant f_{yy}$	WT_1 WT_2
		薄钢筒抗裂：$-f_{yr} + n'f_{cr} + \Delta f_y \leqslant 0$	FT_1 WT_3

续表

极限状态和位置	目　　的	极限准则	采用的荷载组合
管侧的弹性极限	为了防止钢丝中的应力超过极限 f_{sg} 及保持混凝土抗压强度低于 $0.75f_c$	钢丝极限应力 f_{sg} 加管芯混凝土抗压极限： $-f_{sr}+nf_{cr}+\Delta f_s\leqslant f_{sg}$ $f_{ci}\leqslant 0.75f_c$	FWT_1 FWT_2 FT_2
管侧的强度极限	为了防止钢丝屈服	钢丝极限应力 f_{sy}：$-f_{sr}+nf_{cr}+\Delta f_s\leqslant f_{sy}$	FWT_3 FWT_4
	为了防止管芯开裂	极限弯矩：$M\leqslant M_{ult}$	FWT_5
开裂压力	为了防止管子破坏	$P\leqslant P_b$	FWT_6

注　表中符号意义同 ANSI/AWWA C304—07《预应力钢筒混凝土管设计标准》。

表 4.7-12　　　　内衬式预应力钢筒混凝土管（PCCPL）极限准则

极限状态和位置	目　　的	极限准则	采用的荷载组合
整个圆管的工作性	为了防止管芯出现零应力，为了防止保护层开裂	$P\leqslant 0.8P_0$	W_1
		内压极值：$P\leqslant$最小（P_k'，$1.2P_0$）	WT_1
管底、管顶的工作性	为了防止管芯出现微裂缝	内层管芯极限拉应变：$\varepsilon_{ci}\leqslant 1.5\varepsilon_t'$	W_1
	为了防止管芯出现可见裂缝	内层管芯极限拉应变：$\varepsilon_{ci}\leqslant\varepsilon_k'=11\varepsilon_t'$	WT_1　WT_2　FT_1
管侧的工作性	为了防止管芯出现微裂缝及控制保护层产生微裂缝	外层管芯极限拉应变：$\varepsilon_{c0}\leqslant 1.5\varepsilon_t'$ 外保护层极限拉应变：$\varepsilon_{m0}\leqslant 0.8\varepsilon_{km}=6.4\varepsilon_{tm}'$	W_1
	为了防止保护层出现可见裂缝	外层管芯极限拉应变：$\varepsilon_{co}\leqslant\varepsilon_k'=11\varepsilon_t'$ 外保护层极限拉应变：$\varepsilon_{m0}\leqslant\varepsilon_{km}'=8\varepsilon_{tm}'$	WT_1 WT_2 FT_1
	为了控制混凝土抗压强度	内层管芯混凝土极限强度：$f_{ci}\leqslant 0.55f_c$	W_2
		内层管芯混凝土极限强度：$f_{ci}\leqslant 0.65f_c$	WT_3
管侧的弹性极限	为了防止钢丝中的应力超过极限 f_{sg} 及保持混凝土抗压强度低于 $0.75f_c$	钢丝极限应力 f_{sg} 加管芯混凝土抗压极限： $-f_{sr}+nf_{cr}+\Delta f_s\leqslant f_{sg}$ $f_{ci}\leqslant 0.75f_c$	FWT_1 FWT_2 FT_2
管侧的强度极限	为了防止钢丝屈服	钢丝极限应力 f_{sy}：$-f_{sr}+nf_{cr}+\Delta f_s\leqslant f_{sy}$	FWT_3 FWT_4
	为了防止管芯开裂	极限弯矩：$M\leqslant M_{ult}$	FWT_5
开裂压力	为了防止管子破坏	$P\leqslant P_b$	FWT_6

注　表中符号意义同 ANSI/AWWA C304—07《预应力钢筒混凝土管设计标准》。

4.7.6　腐蚀环境下的设计考虑因素

混凝土压力管道的水泥砂浆保护层和混凝土保护层相对较厚且具有较高强度，为管道中的钢构件（钢丝、钢筒、钢筋等）提供碱性环境使其钝化，因而可以抵抗管道外部的物理和化学侵蚀，为管道提供足够的防腐保护。在下列特殊环境条件下需要采取其他的防腐蚀保护措施。

（1）高氯化物环境及杂散电流干扰。

（2）高硫酸盐环境、强酸性条件或在土壤或地下水中含有腐蚀性的二氧化碳。

（3）长期置于大气中，产生碳化或承受冻融循环。

首先应对管道沿线做以下探测工作：测量管线周围土壤的电阻率，测量沿线土壤中的腐蚀性因子含量（如氯离子、硫酸盐、硫化物、碳酸盐等），然后根据测定结果判定是否需要采取防腐措施。当敷设环境对混凝土具有腐蚀性或存在电化学腐蚀时，可根据其腐蚀类型和程度增设外防腐涂层或阴极保护。需要说明的是，一般情况下很少对混凝土压力管线进行阴极保护，不能盲目采取该保护措施，当实施阴极保护时，极化或瞬时断电电位不应高于-1000mV（CES），以避免预应力钢丝的氢蚀及可能出现的脆化现象[14]。

4.8 岔　管

4.8.1 概述

岔管在引水系统中是用于分流或合流的一种布置型式。在一管多机的引水道上的分流处，及在多台机组尾水管共用一条尾水洞出流的汇流处，其布置型式即为岔管，或称分岔管。

4.8.1.1 岔管布置型式、特点和要求

1. 典型布置型式

岔管应结合地形地质条件，与引水线路、电站厂房协调布置，其典型布置型式有以下三种。

(1) 非对称Y形布置，或称卜形布置，如图4.8-1所示。主管之后的两支管与主管轴线不对称布置，常用于从主管中分出一支较小的支管时，或因故主管后的两条支管轴线不能作对称布置时的布置型式。

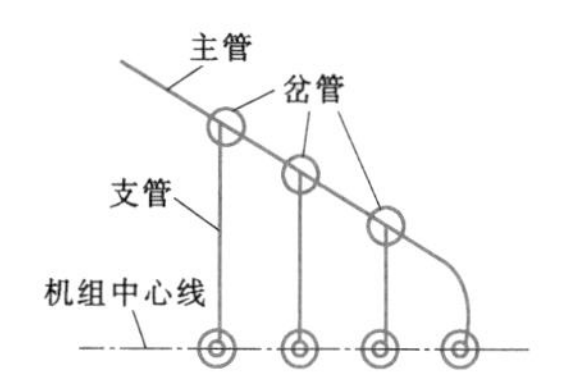

图4.8-1　非对称Y形布置

(2) 对称Y形布置，或简称Y形布置，如图4.8-2所示。主管之后的两支管与主管轴线对称布置，两支管管径常常相同。

(3) 三岔形布置，如图4.8-3所示。用于主管后分成三个支管的布置型式。

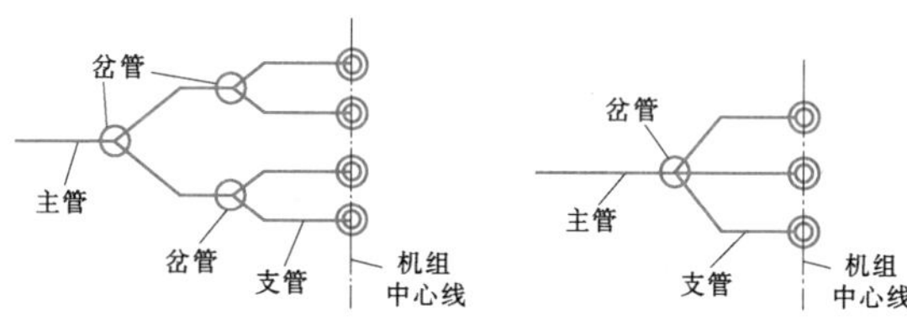

图4.8-2　对称Y形布置　　图4.8-3　三岔形布置

此外，还可采用混合布置型式，即上述几种布置的组合。

对于中小规模岔管布置型式比较灵活，既可采用对称布置型式，也可采用非对称布置型式。然而，对高水头、大 *HD* 值岔管，技术可行性往往在一定程度上成为制约因素，因此，应尽可能采用对称布置型式。不对称布置型式，将使肋板和钝角区产生较大侧向弯曲，应力分布不均匀，不利于材料强度的充分发挥，进而造成壳体及肋板厚度增大，使本来制造、安装难度就很大的岔管制安更加困难。

如果从水道系统总体布置上分析，岔管采用对称布置比较困难时，可以通过变锥局部调整主、支管轴线方向，将岔管主体布置成对称型式，通过弯管或锥管与主支管连接。岔管与弯管结合布置增加的水头损失是比较有限的。另外，由增加弯管而产生的水头损失与电站水头之比是非常小的，对电能影响可以忽略不计。而从结构方面看，却大大改善了岔管的受力条件，壳体和肋板厚度大大减薄，不仅节约了工程量，且给制造、安装带来了方便，有利于结构的安全。这种做法国内外已有不少工程实例，如我国的西龙池抽水蓄能电站的岔管（主管直径为3.5m，两支管直径为2.5m，设计内水压力为10.15MPa，见图4.8-4）、日本的今市抽水蓄能电站（采用一管三机供水方式，主管内径为5.5m，支管内径分别为4.5m和3.2m，设计内水压力为8.4MPa）。

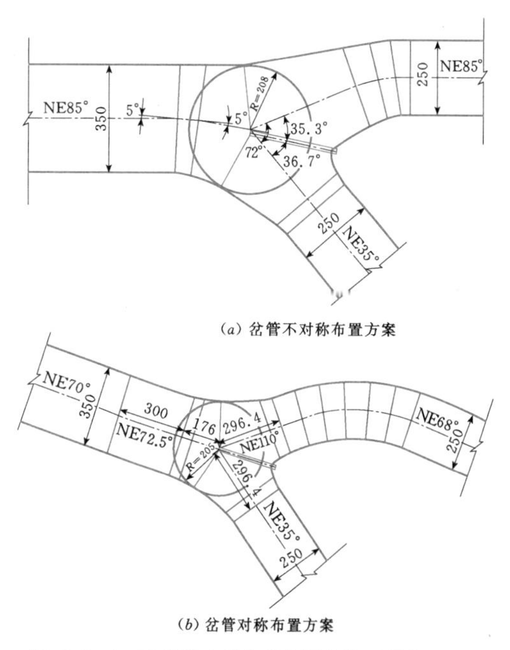

图4.8-4　西龙池电站岔管布置方案（单位：cm）

2. 岔管的特点及要求

(1) 岔管的特点如下：

1) 岔管用以分配水流，其间的水流方向、流态有较大的改变，是引水系统中水头损失较大之处。

2) 岔管一般位于引水系统末端，设计水压力为系统中的最大，又靠近厂房，其安全可靠性显得十分重要。

3) 钢岔管由主管、支管和加强构件组合而成，结构复杂。其尺寸大，制造安装、焊接工艺要求高，

造价也比较高。

(2) 对岔管的要求如下：

1) 结构合理，应力状态较好，不产生过大的应力集中和变形，运行安全可靠。

2) 水流平顺，避免涡流和振动，水头损失较小，分岔后流速宜逐步加快。

3) 制作、运输、安装方便。

4) 经济合理。

4.8.1.2 岔管的结构型式

按制造岔管的材料和不同的受力方式，岔管结构型式大致可分为：钢岔管、钢衬钢筋混凝土岔管、钢筋混凝土岔管和不衬砌岔管。其中钢岔管可用于露天布置或地下埋藏，钢衬钢筋混凝土岔管一般用于露天布置或沟埋式，钢筋混凝土岔管和不衬砌岔管则多布置于地下岩体内。我国水电站建设中，钢岔管是主要应用的一种结构型式。根据其加强方式的不同，钢岔管又可以分为：三梁岔管、贴边岔管、月牙肋岔管、球形岔管、无梁岔管。

在分岔区，主、支管管壁的交线，称为相贯线。由于在相贯线处主、支管相互切割，在内水压力作用下存在较大的不平衡力，常常需要另设加强构件承担。加强件一般沿相贯线布置，主、支管管壁焊于其侧。为了便于加强构件的制造和焊接，希望相贯线是平面曲线。相贯线是平面曲线的必要和充分的条件是主、支管有一公切球。

水力学条件和结构、工艺要求常常互相矛盾。例如分岔角越小对水流越有利，但主、支管相互切割的破口也越大，对结构不利，对钢岔管还会增加岔档处的焊接困难。

对于低水头电站，应更多考虑减少水头损失；对高水头电站，为使结构合理简单，可以容许水头损失稍大一些。比如对于高水头、大 HD 值岔管，制安难度较大，费用较高。岔管的技术可行性往往成为比较关键的问题，为减少岔管制安难度，在进行经济管径比较时，可适当调整管径方案，在不影响电站综合效益条件下，适当减少岔管前高压管道直径。如西龙池抽水蓄能电站，通过经济管径比较，确定下斜井的经济管径为3.8m，相应岔管 HD 值为 $3857m^2$，为减少高压段钢管和岔管规模，将下斜井管道分成两段，上半段直径为4.2m，下半段为3.5m，不仅减少了高压钢管和岔管的钢材用量及输水系统费用现值，更重要的是降低了岔管和钢管的制安难度及费用。

为合理确定岔管规模，适当减少岔管主管、支管直径是最直接有效的方法。从我国已建和在建的大型岔管看（见表4.8-1），岔管前主管断面平均流速一般都比较高，西龙池岔管达到11.3m/s。

表 4.8-1 我国部分大型内加强月牙肋岔管参数统计表

工程名称	HD 值 (m^2)	设计水头 (MPa)	主管直径 (m)	支管直径 (m)	分岔角 (°)	主管流速 (m/s)
十三陵	2560	684	3.8	2.7	74	9.5
西龙池	3553	1015	3.5	2.5	75	11.3
张河湾	2678	515	5.2	3.6	70	8.8
宜兴	3120	650	4.8	3.4	70	8.8
鲁布革	1978	430	4.6	3.2	75	6.9
引子渡1号	1394.6	160.3	8.7	4.9/7	55	7.5

4.8.1.3 钢岔管作用（荷载）及结构设计

1. 岔管作用（荷载）

岔管的作用（荷载）和组合参见表4.2-3和表4.2-4。

岔管设计中一般不考虑温度荷载，但对无伸缩节的大型明岔管，应尽量减少安装合拢温度和运行期温度之差值以降低温度应力。

对地下埋藏式岔管，在其上覆围岩厚度足够，且外包混凝土和回填灌浆质量符合要求的情况下，周围岩体抗力可以计入。岩体分担的内水压力，可按圆柱管估算，岔管结构则按岩体分担后的内水压力按明岔管计算。在有限元应力分析计算中，围岩可按与岔管共同承担内水压力考虑。

2. 抗力限值 σ_R 或允许应力 $[\sigma]$ 取值

(1) DL/T 5141—2001规范。钢岔管构件的抗力限值 σ_R 可按式(4.2-5)计算。整体膜应力区的抗力限值为 σ_{R1}，局部膜应力加弯曲应力区的抗力限值为 σ_{R2}，其中的结构系数 γ_d 按明管 γ_d 的1.1倍采用。而对水压试验情况 σ_{R1}、σ_{R2} 中的 γ_d 按岔管运行情况的0.9倍采用。

(2) SL 281—2003规范。明岔管允许应力 $[\sigma]$

取值见表4.8-2。

地下埋藏式岔管计入岩石抗力时，允许应力取值与明岔管相同；若不计入岩石抗力，根据地质条件，允许应力取值可比明岔管提高10%～30%。

3. 岔管结构计算

钢岔管一般设计大都采用结构力学方法，按薄壳和空间梁系的组合结构分别对管壁及加强构件进行近似计算。

(1) 管壁厚度。岔管管壁有膜应力区和局部应力区两部分，对该区分别计算得管壁厚度 t_{y1}、t_{y2}，取其较大者。DL/T 5141—2001 和 SL 281—2003 规范中的 t_{y1}、t_{y2} 计算公式见表4.8-3。

表 4.8-2 明岔管允许应力［σ］取值

应力区域	部 位	作用（荷载）组合	
		基 本	特 殊
膜应力区 $[\sigma]_1$	膜应力区的管壁及小偏心受拉的加强构件	$0.5\sigma_s$	$0.7\sigma_s$
局部应力区 $[\sigma]_2$	距承受弯矩的加强构件 $3.5\sqrt{rt}$ 以内及转角点处管壁	$0.8\sigma_s$	$1.0\sigma_s$
	承受弯矩的加强构件	$0.67\sigma_s$	$0.8\sigma_s$

注 表中 σ_s 为钢板屈服强度，采用有限元法计算峰值应力时，其允许应力取值可较本表酌情提高。

表 4.8-3 管壁厚度 t_{y1}、t_{y2} 计算式

管壁厚度	岔管型式	DL/T 5141—2001	SL 281—2003
膜应力区 t_{y1}	三梁岔、月牙肋岔管、无梁岔、贴边岔	$\dfrac{pr}{\sigma_{R1}\cos A}$	$\dfrac{K_1 pr}{[\sigma]_1\varphi\cos A}$
	球形岔管	$\dfrac{0.55pr_s}{\sigma_{R1}}$	$\dfrac{K_1 pr_s}{2[\sigma]_1\varphi}$
局部应力区 t_{y2}	三梁岔、月牙肋岔管、无梁岔	$\dfrac{K_2 pr}{\sigma_{R2}\cos A}$	$\dfrac{K_2 pr}{[\sigma]_2\varphi\cos A}$

注 t_{y1} 为按膜应力估算的管壁厚度，mm；t_{y2} 为按局部应力估算的管壁厚度，mm；p 为内水压力设计值，N/mm²；r 为该节管壳计算点到旋转轴的旋转半径（即垂直距离），对于等径管即为钢管半径，mm；r_s 为球壳半径，mm；A 为该节钢管半锥顶角，(°)；σ_{R1}、σ_{R2} 为压力钢管结构构件按整体膜应力和局部膜应力加弯曲应力计的抗力限值，N/mm²；φ 为焊缝系数；$[\sigma]_1$、$[\sigma]_2$ 为膜应力区和局部应力区的允许应力，N/mm²；K_1 为岔管膜应力区应力集中系数，三梁岔管、月牙肋岔管 K_1 取1.0～1.1，无梁岔管、球形岔管 K_1 取1.1～1.2，贴边岔管 K_1 按表4.8-4取值；K_2 为岔管局部应力区应力集中系数（无加强肋处），三梁岔管 K_2 可近似取1.5～2.0，月牙肋岔管、无梁岔管 K_2 可由图4.8-5查取。

表 4.8-4 贴边岔管应力集中系数 K_1

d/D ＼ ω	45°～50°	50°～55°	55°～60°
0.5	1.4	1.35～1.4	1.3
0.6	1.5	1.45	1.4
0.7			1.5

注 表中 D、d 为主、支管在其轴线交点处的直径，ω 为支管与主管轴线夹角。

(2) 加强构件尺寸。各种类型岔管加强构件的结构分析和相应的计算公式分述于后。

(3) 岔管抗外压稳定计算可按圆柱管（取主管直径）估算。计算方法按式（4.3-3）和式（4.3-4）（明管）或式（4.4-13）（埋管）进行，其稳定安全系数取值同明管。

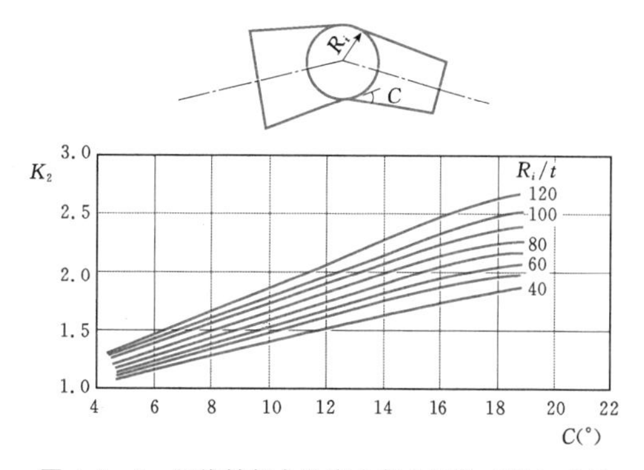

图 4.8-5 腰线转折角处应力集中系数（K_2）曲线

4. 构造要求

(1) 岔管与主、支管间一般通过锥管管节过渡连接，钢岔管壁厚要比过渡锥管壁厚大，为了便利焊接和避免应力集中，相邻管节壁厚差值不宜大于4mm。若大于此值，则较厚管壁接口边缘应削成1∶3坡口。

(2) 为改善水流流态，减少水头损失，球形岔管、无梁岔管、三梁岔管和月牙肋岔管宜设置导流板。导流板应体形合理，焊接牢固，能承受水流冲击振动的要求。

(3) 岔管顶部宜设置排气装置，底部宜设置排水装置。岔管体形为上凸、下凹，运行充水时，顶部空气排不出去，开始运行时水流挟气，对机组运行不利；放空时，底部积水排不干。排气、排水装置可以改善这种情况。

但为了避免开孔对岔管管壁应力分布的不利影响，减少应力集中部位，已建成的水电工程中，岔管顶、底一般没有设置排气、排水装置。

4.8.1.4 计算机辅助设计与有限元计算

以往，岔管体形设计都是以手工方式进行的，效率低、工作量大。目前，在CAD设计制图中，一些单位编制的水电站岔管计算机辅助设计软件，只需输入几个岔管特征参数，就能快速完成岔管体形的多种方案以供比较[42-45]。软件还可以对优化后的钢岔管体形，自动完成各锥节的展开图。

钢岔管结构复杂，结构力学方法只能做近似计算，对重要工程以及考虑钢衬与围岩共同承担内水压力的地下埋藏式岔管，要比较精确地了解其整体的应力分布状况，只有采用数值分析法（有限元法）或模型试验取得。为此，岔管设计软件可以建立岔管平面及空间三维体形图，并生成供有限元计算的三维网格剖分图，和Super Sap、ANSYS等结构分析软件接口，便可进行应力分析。

4.8.2 三梁岔管

4.8.2.1 体形设计

三梁岔管是用U梁和腰梁作为加强件构成的岔管，如图4.8-6所示。U梁承受较大的荷载，是梁系中的主要构件；腰梁除加固管壁外并有协助U梁承受外力的作用，U梁和腰梁的内缘与管壁焊接。三梁岔管常用的分岔角ω，对于非对称Y形，宜用45°～70°；对于Y形，宜用60°～90°。主管宜用圆柱管。分岔后锥管腰线转折角C_1、C_2可用0°～15°，宜用5°～12°。

4.8.2.2 管壁厚度

管壁厚度可按表4.8-3计算t_{y1}、t_{y2}，取其较大者。

4.8.2.3 加强梁应力分析

三梁岔管加强梁承载能力计算的基本方法是将U梁和腰梁组成的空间曲梁体系在接点处切开，未知力V、M和接点竖向变位ω用竖向力平衡方程和变位协调方程来解算，如图4.8-6所示。

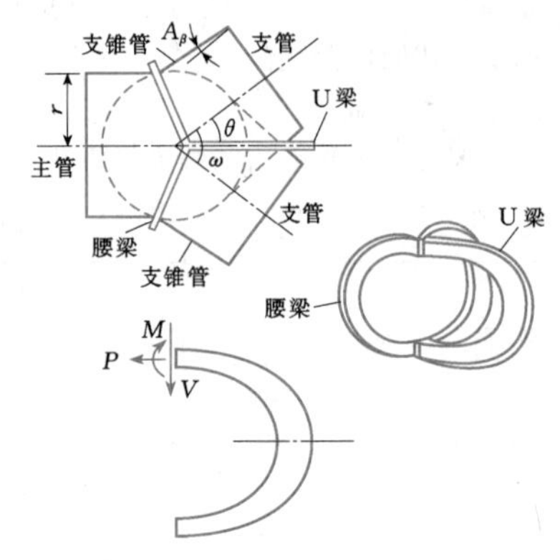

图4.8-6 Y形岔管的加强模式

假定水平反力P都集中在加强梁的端部，其值由静力平衡条件独立确定。

加强梁的荷载就是从管壳传来的膜应力，忽略邻近范围的局部应力和垂直于梁平面的应力分量。

1. U梁的荷载

以主管为圆柱壳支锥管为圆锥壳的外加强Y形岔管（见图4.8-6）为例，列出荷载计算公式。

(1) 支锥管管壁环向力产生的荷载。如图4.8-7所示，先将支锥管母线方向单位宽度上的环向力$\dfrac{pr_x}{\cos A_\beta}$投影到支锥管轴线上变为$\dfrac{pr_x}{\cos^2 A_\beta}$，再将此值分解为$q_v$和$q_h$。计及两侧影响并将$q_v$改为沿横轴$u$表示（即沿U梁方向），则得竖向分布荷载$q_{v1}$为

$$q_{v1}=\frac{2px\cos\theta}{\cos^2 A_\beta}\ (\text{指向管外}) \quad (4.8-1)$$

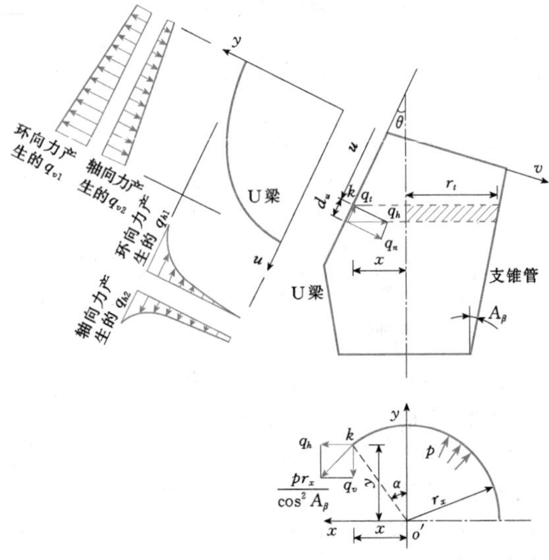

图4.8-7 U梁的荷载图形

计及两侧的影响，将 q_h 分解为平行于U梁的切向分量 q_t，并沿竖轴 y 表示，则得水平荷载 q_{h1} 为

$$q_{h1}=\frac{2py^2}{\cos A_\beta\sqrt{\cos^2A_\beta-\cos^2\theta}}\times\frac{\sin\theta\cos\theta}{\sqrt{r^2\dfrac{\sin^2\theta}{\cos^2A_\beta-\cos^2\theta}-y^2}}\quad(\text{向上游})\tag{4.8-2}$$

式中　x——计算点 K 的 x 向横坐标值，mm；

y——计算点 K 的 y 向纵坐标值，mm；

A_β——支锥管的半锥顶角，(°)；

θ——U梁与支锥管轴线的夹角，(°)；

p——内水压力设计值，N/mm²；

r——钢管内半径，mm。

(2) 支管管壁轴向力产生的荷载。如图4.8-7和图4.8-8所示，将锥壳 ds 弧上轴向力 σ_4tds 进行分解并重新组合为作用于U梁的竖向分量和切向分量。计及两侧影响，沿横轴 u 表示的竖向分布荷载 q_{v2} 和沿竖轴 y 表示的水平荷载为 q_{h2} 为

$$q_{v2}=2\sigma_4t\sin A_\beta\sin\theta\times\left[1-\frac{(u-b_3)\tan A_\beta\cos\theta}{r_x}\right]\quad(\text{指向管内})\tag{4.8-3}$$

$$q_{h2}=2\sigma_4tr\frac{\cos A_\beta\sin\theta}{\cos^2A_\beta-\cos^2\theta}\times\left[\frac{\cos A_\beta\cos\theta}{u}-\frac{(u-b_3)\sin A_\beta\sin^2\theta}{ur_x}\right]\quad(\text{向下游})\tag{4.8-4}$$

$$a_u=\frac{r\cos A_\beta\sin\theta}{\cos^2A_\beta-\cos^2\theta}$$

$$b_u=\frac{r\sin\theta}{\sqrt{\cos^2A_\beta-\cos^2\theta}}$$

$$b_3=a_u-\frac{r}{\sin(A_\beta+\theta)}$$

式中　u——U梁内缘曲线 $\frac{u^2}{a_u^2}+\frac{y^2}{b_u^2}=1$ 上计算点的横坐标值，mm；

t——支管壁厚，此处取与主管壁厚相同，mm；

σ_4——支锥管母线方向的轴向应力，管口封闭进行水压试验时，$\sigma_4t=\frac{pr_x}{2\cos A_\beta}$，当为埋管时，$\sigma_4t=\frac{\nu_spr_x}{2\cos A_\beta}-\Delta Ta_stE_s$（$\Delta T$ 为温差,℃），N/mm²；

r_x——U梁内缘计算点的锥管半径，mm；

b_3——L 点与U梁内缘曲线中心与 o 点之间距（见图4.8-8），mm；

E_s——钢材的弹性模量，N/mm²；

ν_s——钢材的泊松比；

a_s——钢材线膨胀系数，1/℃。

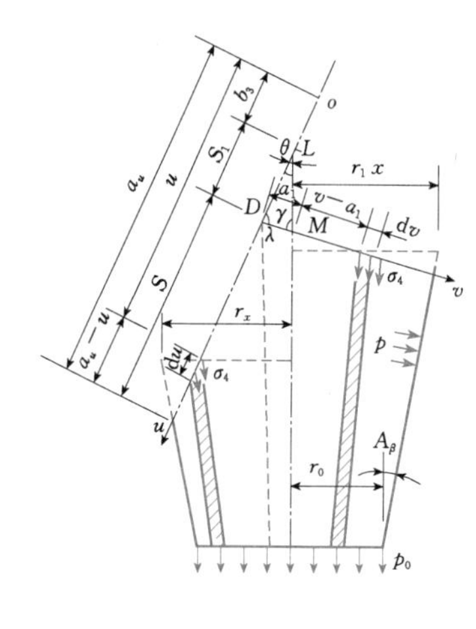

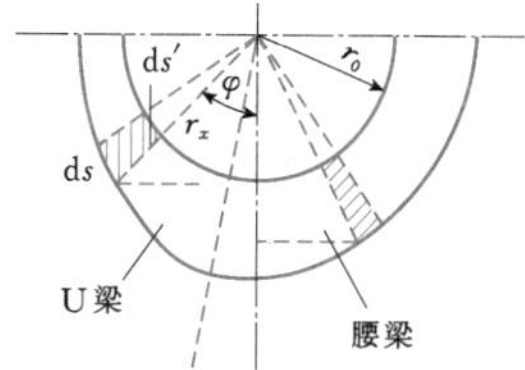

图4.8-8　U梁和腰梁荷载分解图

2. 腰梁的荷载

(1) 支管管壁环向力产生的荷载。如图4.8-9所示，沿横轴 v 表示的竖向分布荷载 q_{v3}（中部向外，两端小范围向内）为

$$q_{v3}=px_1\cos\lambda+\frac{px\cos\gamma}{\cos^2A_\beta}\tag{4.8-5}$$

沿竖轴 y 表示的竖向分布荷载 q_{h3} 为

$$q_{h3}=\frac{py^2}{\sqrt{r^2-y^2}}\left(\cos\lambda+\frac{\sin\gamma\cos\gamma}{\cos^2A_\beta\sin\lambda}\right)\quad(\text{指向管内})\tag{4.8-6}$$

式中　x_1——计算点的 x_1 向横坐标，mm；

λ——U梁与腰梁的夹角，(°)；

γ——腰梁与支锥管轴线的夹角，(°)。

(2) 主管轴向力产生的水平荷载。如图4.8-9所示，将主管圆柱壳 ds' 弧上轴向力 σ_5tds' 分解为平行于腰梁的分量并改为沿竖轴表示，则得水平分布荷载 q_{h4} 为

$$q_{h4}=\sigma_5t\cos\lambda\frac{r}{\sqrt{r^2-y^2}}\quad(\text{指向管外})\tag{4.8-7}$$

式中　σ_5——主管水平方向的轴向应力，管口封闭进

行水压试验时，$\sigma_5 t=\frac{1}{2}pr$，当为埋管时，$\sigma_5 t=\nu_s pr-\Delta Ta_s tE_s$，N/mm²；

t——钢管管壁厚度，mm。

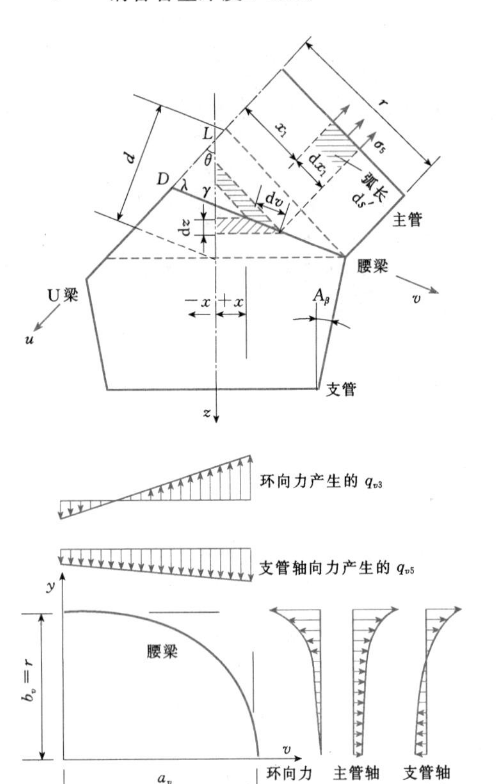

图 4.8-9 腰梁和荷载图形

(3) 支管轴向力产生的荷载。如图 4.8-8 和图 4.8-9 所示，将支管锥壳 ds 弧上轴向力 $\sigma_4 t\mathrm{d}s$ 进行分解并重新组合为作用于腰梁的竖向分量和切向分量。

沿横轴 v 表示竖向分布荷载 q_{v5} 为

$$q_{v5}=\sigma_4 t\sin A_\beta \sin\gamma\left[1+\frac{(v-a_1)\tan A_\beta\cos\gamma}{r_x}\right]$$

(指向管内) (4.8-8)

沿竖轴 y 表示的水平分布荷载 q_{h5} 为

$$q_{h5}=\frac{\sigma_4 tr}{\sin\lambda}\left[\frac{\cos A_\beta\cos\gamma}{v}-\frac{(v-a_1)\sin A_\beta\sin^2\lambda}{vr_x}\right]$$

(正值指向管外) (4.8-9)

$$a_v=\frac{r}{\sin\lambda},\ b_v=r$$

$$a_1=\frac{r\tan A_\beta}{\sin\lambda\tan\gamma}$$

式中 v——腰梁内缘曲线 $\frac{v^2}{a_v^2}+\frac{y^2}{b_v^2}=1$ 上计算点的横坐标，mm；

a_1——D 点与 M 点之间的距离，如图 4.8-8 所示。

3. 求解主管、支管轴向力的平衡方程(见图 4.8-10 和图 4.8-11)

在管口封闭进行水压试验或为埋管时，轴向力为已知值。对明岔管上下游均为镇墩而无伸缩节时，则需建立水平力和伸缩量的平衡方程以求解。

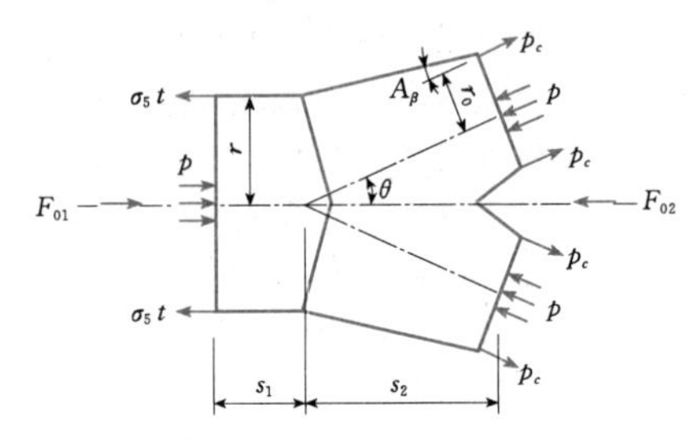

图 4.8-10 主管、支管轴向力平衡图

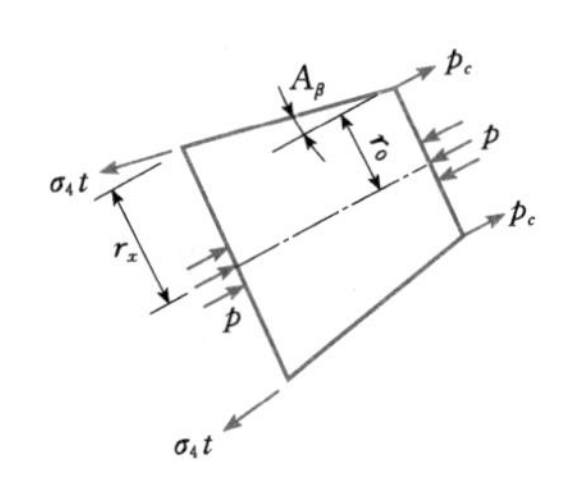

图 4.8-11 支管轴向力 $\sigma_4 t$ 与 p_c 的关系

沿主管轴线方向的不平衡力 F_{01} 及 $-F_{02}$ 由水压力、横向变形和温度变化引起的力三部分综合组成，其平衡条件为

$$2(\sigma_5 tr-2p_c r_0\cos\theta)=p(r^2-2r_0^2\cos\theta)(1-2v_s)-2\Delta Ta_s tE_s(r-2r_0\cos\theta) \tag{4.8-10}$$

式中 p_c——作用于支管锥管口单位长度上的轴向力设计值，N/mm；

r_0——支管锥管口的半径，mm。

支管轴向力 $\sigma_4 t$ 与 p_c 的关系式为

$$\sigma_4 t=\frac{p}{2\cos A_\beta}\left(r_x-\frac{r_0^2}{r_x}\right)+\frac{p_c r_0}{r_x\cos A_\beta} \tag{4.8-11}$$

伸缩量的平衡条件为：岔管在轴向力作用下的总伸缩量应等于自由岔管在同样温差作用下的伸缩量，但符号相反。

$$\sigma_5 ts_1+p_c s_2=-\Delta Ta_s tE_s(s_1+s_2) \tag{4.8-12}$$

对明岔管，一端有伸缩节，另一端为镇墩时，伸缩节处 $\sigma_5 t$ 或 p_c 等于伸缩节的摩擦力与内套管端面水压力的代数和，以管壁受拉为正，令 $v_s=0$、$\Delta T=0$，由式（4.8－10）和式（4.8－11）求解 p_c（或 $\sigma_5 t$）和 $\sigma_4 t$。

4. 变位计算

沿曲梁截面形心轴线，对半根加强梁进行分段，假定每个分段是以该分段中点曲率中心为圆心的同心圆环，用图解分段求和法，近似计算接点的变位。

竖向变位 δ_1 为

$$\delta_1 \approx \sum_s \left(\frac{Mm}{E_s A e_c R_c}\right)\Delta s - \sum_s \left(\frac{Mn+Nm}{E_s A R_c}\right)\Delta s + \sum_s \left(\frac{Nn}{E_s A}\right)\Delta s + \sum_s \left(\frac{K_s V v}{G_s A}\right)\Delta s \quad (4.8-13)$$

角变位 φ_1 为

$$\varphi_1 \approx \sum_s \left(\frac{M}{E_s A e_c R_c}\right)\Delta s - \sum_s \left(\frac{N}{E_s A R_c}\right)\Delta s \quad (4.8-14)$$

式中　M、N、V——外荷载作用下，截面上的弯矩、轴向力和剪力（弯矩以内缘受拉为正，轴向力以受拉为正），N·mm、N、N；

m、n、v——接点在单位力作用下，截面上的弯矩、轴向力和剪力（见图 4.8－12），$m=u_1$、$n=\cos\alpha_1$、$v=\sin\alpha_1$；

G_s——钢材剪切模量，N/mm^2；

K_s——与截面形状有关的剪切修正系数，矩形截面 $K_s=1.2$，工字形截面 $K_s\approx$总面积/腹板面积；

A——截面面积，mm^2；

R_c——形心轴的曲率半径，mm；

e_c——偏心距，$e_c=R_c-r_c$，mm；

r_c——中性轴的曲率半径，对于矩形截面（见图 4.8－13），$r_c=\dfrac{h}{\ln\dfrac{R_c+c_2}{R_c-c_1}}$，对于倒 T 形和 T 形截面（见图 4.8－14），$r_c=\dfrac{b_1h_1+b_2h_2}{b_1\ln\dfrac{R_c-c_1+h_1}{R_c-c_1}+b_2\ln\dfrac{R_c+c_2}{R_c-c_1+h_1}}$，mm；

Δs——形心轴线上的分段长度，mm；

c_1——形心轴至曲梁内缘的距离，mm；

c_2——形心轴至曲梁外缘的距离，mm。

对于 $\dfrac{R_c}{h}\geqslant 1.2$ 的矩形截面，可用直梁截面惯性矩 $I=\dfrac{1}{12}bh^3$ 代替曲梁截面惯性矩 Ae_cR_c；对于 $\dfrac{R_c}{c_1}>10$ 的小曲率梁，可按直梁处理，而腰梁可假定为半圆环。

相应的竖向变位 δ_1、角变位 φ_1 分别由式（4.8－15）和式（4.8－16）计算，即

$$\delta_1 \approx \sum_s \left(\frac{Mm}{E_s I}\right)\Delta s \quad (4.8-15)$$

$$\varphi_1 \approx \sum_s \left(\frac{M}{E_s I}\right)\Delta s \quad (4.8-16)$$

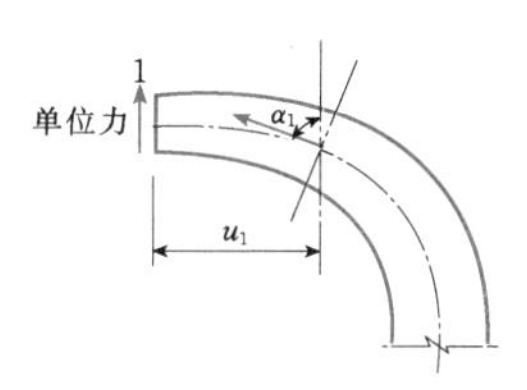

图 4.8－12　接点在单位力作用下示意

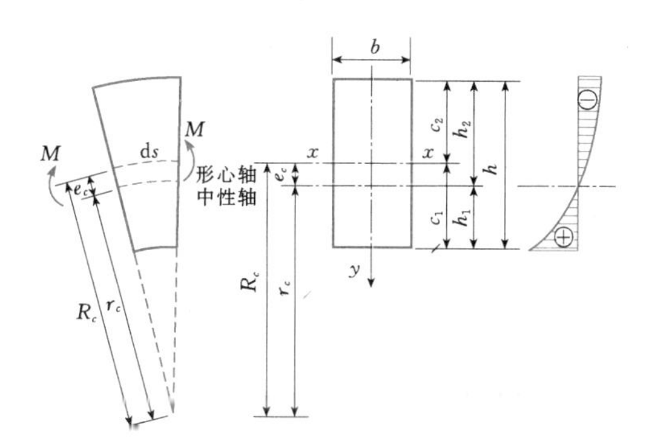

图 4.8－13　矩形截面的曲梁弯曲应力

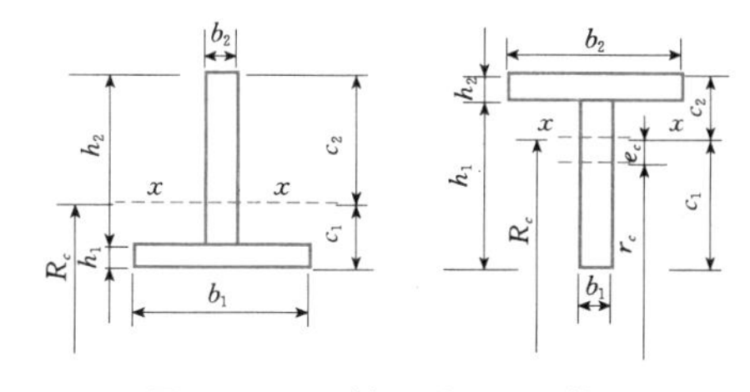

图 4.8－14　倒 T 形和 T 形截面

5. 求解接点内力和变位方程（见图 4.8－15）

竖向力的平衡方程为

$$V_1+2V_2=0 \quad (4.8-17)$$

竖向线变位的协调方程为

$$\delta_1=\delta_2=w \quad (4.8-18)$$

分岔管为明岔管时，将 U 梁与腰梁的端部接点视作铰接点，$M_1=M_2=0$。

当为埋管时则视作固接点，$\varphi_1=\varphi_2=0$。式（4.8－17）和式（4.8－18）中，下角标 1 代表 U 梁，下角标 2 代表腰梁。接点的竖向线变位以向外为正。

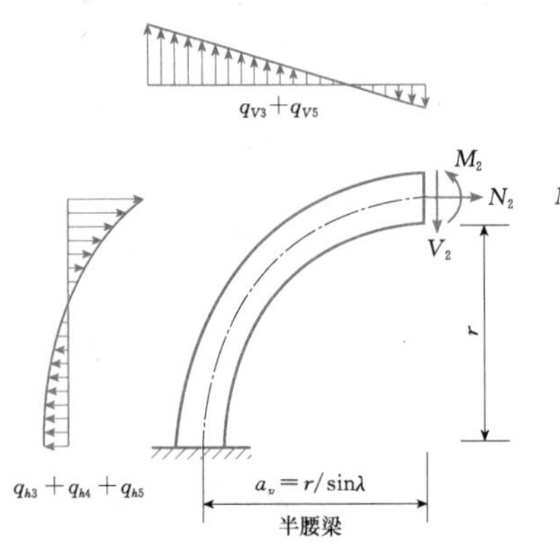

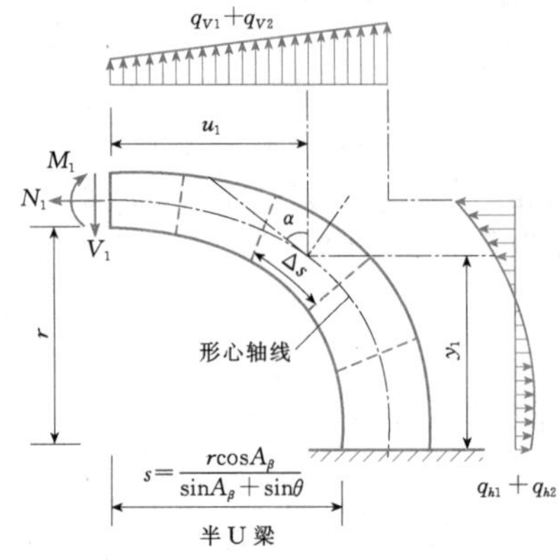

图 4.8-15　加强梁的脱离图

6. 应力计算

曲梁截面上内缘的应力 σ_6 和外缘应力 σ_7 为

$$\sigma_6=\frac{N}{A}+\frac{Mh_1}{Ae_c(R_c-c_1)}\qquad(4.8-19)$$

$$\sigma_7=\frac{N}{A}+\frac{Mh_2}{Ae_c(R_c-c_2)}\qquad(4.8-20)$$

7. 简化计算（见图 4.8-16）

初步计算或 HD 值较小的中小型岔管，可进一步按下列简化方法计算。

（1）一律将 U 梁与腰梁的接点视作铰接，并将两个腰梁视作位于同一平面内的完整圆环。

（2）仅只计算管壁环向拉力产生的竖向荷载，并忽略支管锥角的影响。U 梁的竖向荷载都按三角形分布。

（3）变位计算用式（4.8-15）或式（4.8-16）按直梁处理。

接点处 U 梁的竖向线变位 δ_1 为

$$\delta_1=\sum\frac{Mu_1}{E_sI}\Delta s\qquad(4.8-21)$$

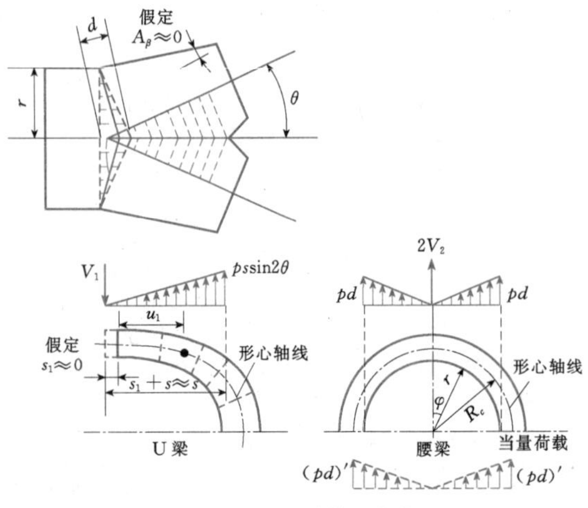

图 4.8-16　简化计算的荷载图形

接点处腰梁的竖向线变位 δ_2 为

$$\delta_2=0.148\frac{V_2R_c^3}{E_sI}+0.026\frac{(pd)'R_c^4}{E_sI}\qquad(4.8-22)$$

式中　I——分段的平均惯性矩，mm^4；

$(pd)'$——水平截面上由 HD 转换到形心轴线上的当量分布荷载，N/mm。

d 的定义见图 4.8-9，其计算式为

$$d=r\cos\lambda+(a_v-a_1)\sin\gamma\cos\gamma$$

（4）腰梁上由超静定力 V_2 产生的内力为

$$M=\left(\sin\varphi-\frac{2}{\pi}\right)V_2R_c\qquad(4.8-23)$$

$$N=V_2\sin\varphi\qquad(4.8-24)$$

式中　φ——计算点半径与竖轴的夹角，(°)。

腰梁上由三角形荷载产生的内力按表 4.8-5 计算。

表 4.8-5　　腰梁内力计算表

φ	0°	45°	90°
M	$-0.0719(pd)'R_c^2$	$-0.0130(pd)'R_c^2$	$0.0948(pd)'R_c^2$
N	0	$0.177(pd)'R_c$	$0.5(pd)'R_c$

（5）截面边缘应力计算采用带有曲梁校正系数的直梁公式，内缘应力 σ_8 和外缘应力 σ_9 为

$$\sigma_8=\frac{N}{A}+k_i\frac{Mc_1}{I}\qquad(4.8-25)$$

$$\sigma_9=\frac{N}{A}-k_0\frac{Mc_2}{I}\qquad(4.8-26)$$

式中　c_1、c_2——内、外缘至形心轴的距离，mm；

k_i、k_0——内、外缘的曲梁校正系数。

矩形截面的曲梁校正系数可按下式计算：

$$k_i=\frac{h-2e_c}{6e_c\left(\frac{2R_c}{h}+1\right)}\qquad(4.8-27)$$

$$k_0 = \frac{h + 2e_c}{6e_c\left(\frac{2R_c}{h} + 1\right)} \quad (4.8-28)$$

倒T形、对称和不对称工字形截面的曲梁校正系数可按下式计算：

$$k_I \approx 1 + 0.5\frac{1}{b_1 c_1^2}\left(\frac{1}{R_c - c_1} + \frac{1}{R_c}\right) \quad (4.8-29)$$

式中 b_1——截面内缘的宽度（见图4.8-14），mm。

4.8.3 贴边岔管

贴边岔管是从主管上分出支管并在相贯线处设置补强板的岔管，如图4.8-17所示。补强板为曲面，设置于主管开口边缘外层或内、外层，以减小主管由于破口而产生的应力集中，及与主管壁共同承担破口处的不平衡力。

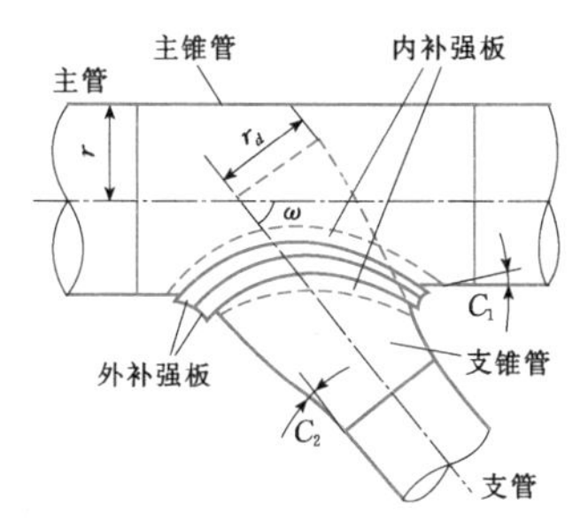

图4.8-17 贴边岔管

贴边岔管适用于中低水头、非对称Y形布置地下埋管，分岔角ω宜用45°～60°，主、支管腰线转折角C_1、C_2宜用0°～10°。支管半径r_d与主管半径r之比不宜大于0.5，不应大于0.7。

管壁厚度可按表4.8-3计算t_{y1}、t_{y2}，取其较大者。

贴边岔管的受力状态比较复杂，目前尚无较好的应力解析方法。中、小岔管常用工程实际所积累的经验设计补强板，重要工程则需作有限元计算和模型试验。以下为按经验设计补强板的几种方法。

4.8.3.1 面积补偿法

面积补偿法为贴边岔管的常用计算方法。如图4.8-18所示，当支管半径r_d不大于主管半径r的二分之一时，沿主管轴线的纵剖面上补强板截面积A_d应稍大于主管破口截面积A_c，其板厚t_d为主管壁厚t的1.0～1.3倍。

4.8.3.2 圆环法

圆环法为贴边岔管的另一计算方法，其计算简图如图4.8-19所示。以一圆环做加劲结构，圆环内径

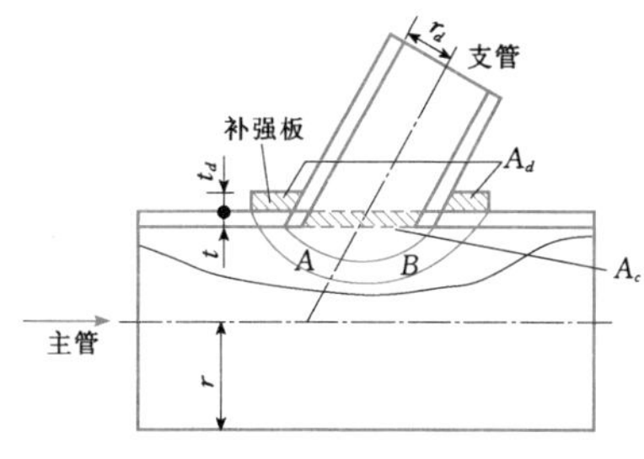

图4.8-18 面积补偿法计算简图

为L，沿径向计算宽度b为补强板宽度，计算厚度为管壁壁厚t与补强板厚度t_d之和。竖向荷载pr为主管破口处的不平衡力，横向荷载$\frac{pr}{2}$为主管管壁对补强板变形产生的约束力。

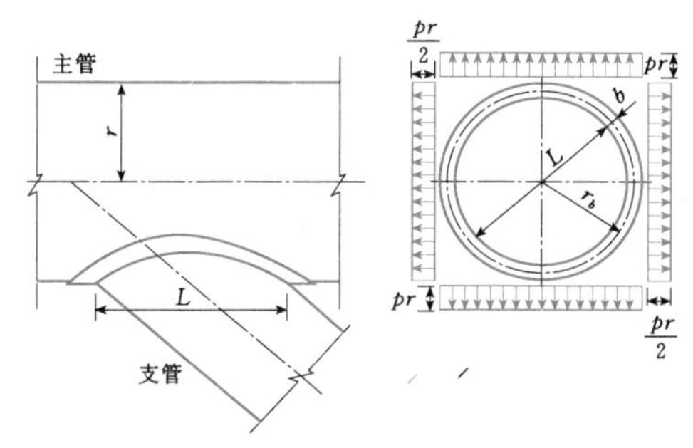

图4.8-19 圆环法计算简图

圆环加劲结构最大应力发生在腰部，其内缘弯矩为

$$M = \frac{prr_b^2}{8} \quad (4.8-30)$$

其内缘轴拉力为

$$N = prr_b \quad (4.8-31)$$

最大应力为

$$\sigma_{max} = \frac{M}{W} + \frac{N}{F}$$

$$\sigma_{max} \leqslant \sigma_R \quad 或 \quad \sigma \leqslant [\sigma] \quad (4.8-32)$$

$$r_b = (L + b)/2$$

式中 M——弯矩，N·mm；
N——轴拉力，N；
p——内水压力设计值，N/mm²；
r——主管半径，mm；
r_b——圆环中心半径，mm；
b——圆环板宽度，mm；
W——圆环板截面抗弯截面模量，mm³；
F——圆环板截面积，mm²。

4.8.4 内加强月牙肋岔管

内加强月牙肋岔管也称E—W形岔管，由瑞士

Escher wyss公司开发。主管为扩大渐变的圆锥，支管为收缩渐变的圆锥，主、支锥公切于一假想球，两支锥相贯的不平衡力由嵌入管壳内部的月牙形加强肋来承担。月牙肋岔管布置形有：非对称Y形和对称Y形两种，如图4.8-20所示。由于月牙肋岔管具有受力明确合理、设计方便、水流流态好、水头损失小、结构可靠、制作安装容易等特点，在国内外大中型常规和抽水蓄能电站中得以广泛的应用。

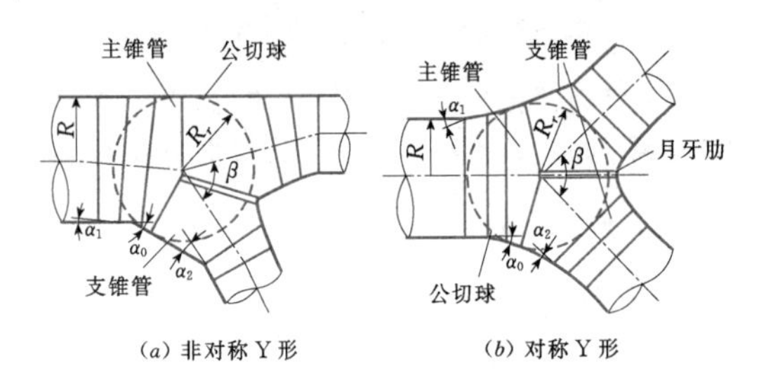

图4.8-20 月牙肋岔管型式示意图

4.8.4.1 体形设计

岔管体形设计在满足结构特性要求的同时还应满足水力特性的要求，使岔管具有良好的流态和较小的水头损失。影响内加强月牙肋岔管水力特性的主要因素有：分流比、分岔角、肋板宽度、扩大率、主支锥圆锥角、肋板内侧形状等。这些因素对水力特性的影响是相互制约的，不能孤立地讨论某一个因素的影响。

1. 分岔角

从理论上讲，分岔角β越小水流流态越好且能量损失也越小，但两支锥相贯的面积增大，使肋板处不平衡力也随之增大，造成肋板宽度和厚度的增加，从而给岔管的结构设计、制作安装造成困难。而且，因肋板宽度和厚度的增加，使水流流线弯曲，产生涡流和死水区的增大，对岔管水头损失反而产生不利的影响。β越大水流易与管壁脱离，形成涡流和死水区，使能量损失相应增大，但两支管相贯的面积较小，肋板处不平衡力较小，进而使肋板宽度和厚度减小，岔管的结构设计、制作安装相对容易。因肋板宽度的减少，使肋板附近的涡流和死水区减少，对减少岔管水头损失反而有利。因此，内加强月牙肋岔管分岔角的选择应综合考虑水力特性和结构特性的影响。

β对内加强月牙肋岔管水力特性的影响较大，与肋板相比仍处于主导地位，在肋板宽度满足结构要求条件下，分岔角越小对岔管流态及水头损失影响越小。β一般宜在55°～90°范围内选取，通过对月牙肋岔管水力特性研究及工程统计资料分析（见图4.8-21），对于非对称Y形岔管分岔角宜取小值，一般宜在55°～70°范围内选择；对于对称Y形岔管分岔角可稍大些，一般宜在60°～90°范围选取，最好不大于75°。

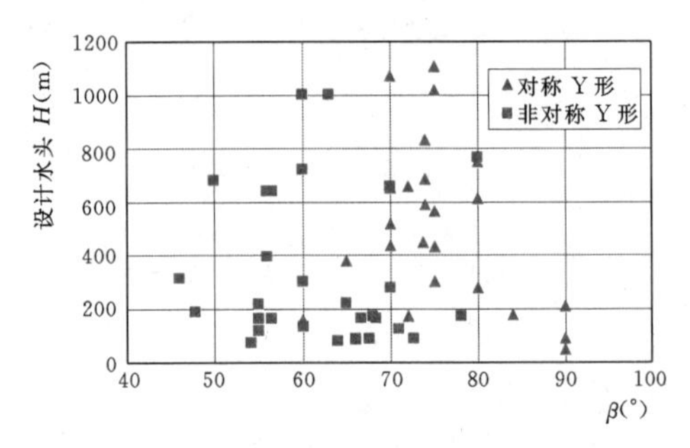

图4.8-21 已建月牙肋岔管分岔角统计

2. 扩大率

扩大率是指月牙肋岔管公切球半径与主管半径之比。通常为减少岔管的水头损失，采用加大岔管中心处的断面面积而降低流速，以减小因分流、合流引起水头损失的方法是有效的。但在岔管分岔角和长度不变时，扩大率增加，虽可降低岔管中心处的断面平均流速，但是若管身扩大率过大，则主、支锥锥顶角过大，易使流线与管壁脱离而产生涡流，由此使水头损失反而急剧增加。扩大率对岔管水力特性的影响是通过主、支锥锥顶角和管身折角来实现的，体形设计时，应综合考虑锥顶角、管壁折角、扩大率的影响。通过对岔管水力特性研究以及已建工程统计分析[37,38]（见图4.8-22），内加强月牙肋岔管的扩大率宜在1.1～1.2范围内选择。

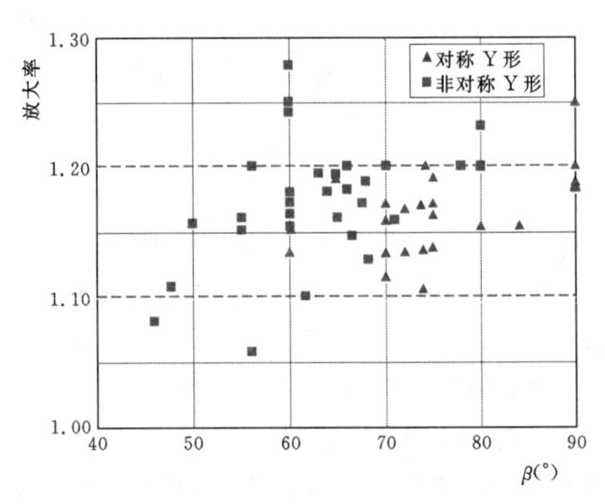

图4.8-22 已建月牙肋岔管放大率的统计

3. 主、支锥腰线转折角

主、支锥腰线转折角宜平缓，其大小应考虑变形和围岩约束作用的影响，合理分配分岔角，使各折角点应力分布相对均匀。各主、支锥半锥顶角取值参考范围如下：采用变锥方案时，相邻锥体半锥顶角之差值以5°～10°为宜；主岔锥的半锥顶角一般宜在10°～

15°范围内选择；支岔锥半锥顶角不宜超过 20°；最大直径处腰线折角不宜大于 10°。

4. 肋宽比

肋宽比是指肋板腰部断面宽度 B 和肋板与管壳中面相贯线水平投影长度 a 之比。肋宽比大，则肋板宽度大，肋板对水流影响相对较大；肋宽比小，则肋板宽度小，肋板对水流影响相对较小。从水力条件看，加强肋应尽可能平行主管水流布置，并按流量分配比例分割主管面积，以减少加强肋对水流的阻力，改善岔管水流的流态。综合考虑内加强月牙肋岔管结构特性和水力特性的要求，肋板的肋宽比一般为 0.2～0.5，通过对其水力特性的研究及工程统计资料分析（见图 4.8-23），对于对称 Y 形内加强月牙肋岔管，肋宽比宜在 0.25～0.35 范围内选择，不对称 Y 形岔管一般在 0.35～0.45。

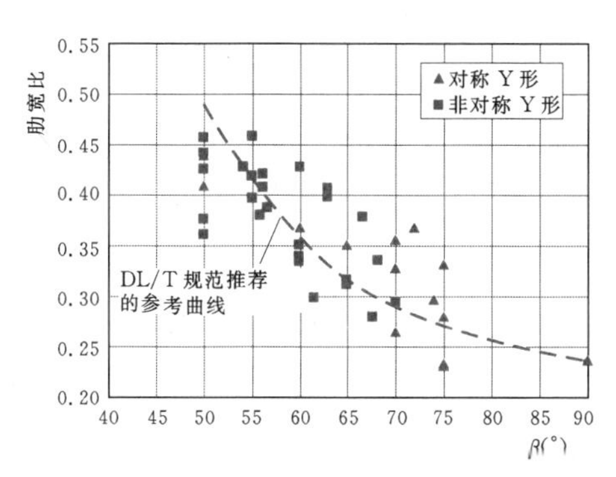

图 4.8-23 已建月牙肋岔管肋宽比的统计

4.8.4.2 管壁厚度的确定

内加强月牙肋岔管管壳大部分呈膜应力状态，由于结构刚度小，肋板在一定程度上可随管壳一起变形，所以次应力较小，管壳厚度主要由折角点应力集中控制。月牙肋岔管管壁厚度可按表 4.8-3 计算 t_{y1}、t_{y2}，取其较大者。

4.8.4.3 不对称 Y 形岔管肋板设计

不对称 Y 形岔管从主管下分出大小两个支管，前者称为主管，后者称为支管。

肋板的设计步骤如下：

(1) 计算肋板顶点 c（即三锥两两相贯线交汇点）的位置。

(2) 求解两支管管壳中面相贯线方程，该相贯线基本上就是肋板的外缘轮廓。

(3) 计算管壳对肋板中央截面的作用力 V。

(4) 确定中央截面宽度 B_r 和厚度 t_w。

$$t_w = \frac{V}{B_r[\sigma]} + c \qquad (4.8-33)$$

式中 $[\sigma]$——SL 281—2003 规范的允许应力或 DL/T 5141 规范的抗力限值；

c——锈蚀余量。

一般可从经验曲线图 4.8-24（a）初步确定 B_r，然后计算 t_w，t_w 按与管壳等强原则，大体为管壳厚度的 2～2.5 倍。

(5) 确定了中央截面厚度和宽度后，其余各截面的肋板内缘尺寸可按图 4.8-24（b）所示，将 ABB' 三点连成一条抛物线而定。肋板外缘基本上即为管壁相贯线再适当留有余幅。

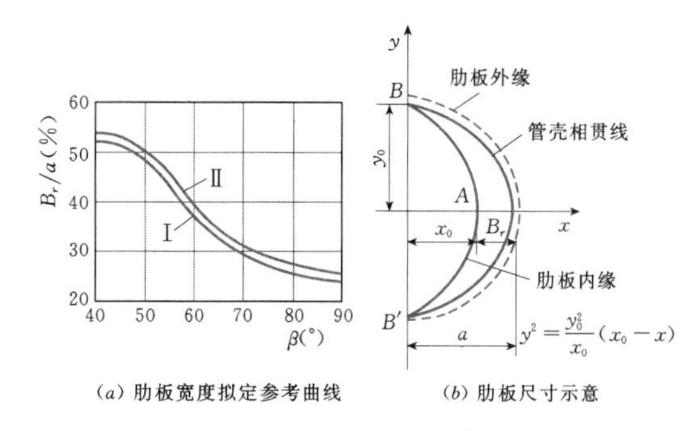

图 4.8-24 肋板宽度拟定参考曲线

Ⅰ—水压试验工况；Ⅱ—运行工况

(6) 校核局部应力集中：主锥与支锥壳连接处（钝角区），可近似作为不连续转角锥的转折部位，该处将产生应力集中，其集中系数可由图 4.8-5 中查得

对于大形岔管宜采用有限元法进行整体应力分析计算，复核初拟体形的合理性，同时对岔管体形进行优化。对于月牙肋岔管管壳厚度往往是由管壳折角点局部膜应力控制的，在岔管体形优化过程中，调整各处的母线转折角，尽可能使各处局部膜应力均匀化，最大限度减少管壳厚度，肋板尺寸的确定应综合考虑其对岔管水力特性的影响，合理确定肋板宽度和厚度，以满足结构要求。

设计肋板时最基本的就是肋板两侧管壳作用在肋板中央截面上的垂直合力 V，此值应分别计算主岔作用力 V_2 和支岔作用力 V_3 并迭加而得（对称 Y 形岔管中 $V_2 = V_3$），V_2 和 V_3 之值取决于内水压力和岔管的几何尺寸，V_2 的计算公式如下（计算 V_3 时也采用同一公式，只将式中的 α_2、ρ_{23}、R_2、A_2、…，分别换为 α_3、ρ_{32}、R_3、A_3、…，即可）。

$$V_2 = p\dot{R}_2^2\left[\frac{\cot\rho_{23}}{G_2^2\cos^2\alpha_2}\left(-c_2 + \frac{1}{2}c_2^2 + c_{2c} - \frac{1}{2}c_{2c}^2\right) + \frac{\tan\alpha_2}{2G_2}(c_2 - c_{2c})\right] \qquad (4.8-34)$$

$$\dot{R}_2 = \overline{R}_2(1 + G_2\cos\theta_{2c}) \qquad (4.8-35)$$

$$\overline{R}_2 = R_2 + (A_2 - z_{2c})\tan\alpha_2 \qquad (4.8-36)$$

$$G_2 = \tan\alpha_2 \cot\rho_{23} \qquad (4.8-37)$$

$$c_2 = \frac{1}{1+G_2} \qquad (4.8-38)$$

$$c_{2c} = \frac{1}{1+G_2\cos\theta_{2c}} \qquad (4.8-39)$$

式中　p——内水压力，N/mm^2；

R_2、A_2、α_2——定义如图 4.8-25 所示；

z_{2c}——肋板顶点 c 在主岔坐标系统中的坐标（见图 4.8-26），mm；

θ_{2c}——定义如图 4.8-26 所示。

ρ_{23}的定义如图 4.8-27 (b) 所示。

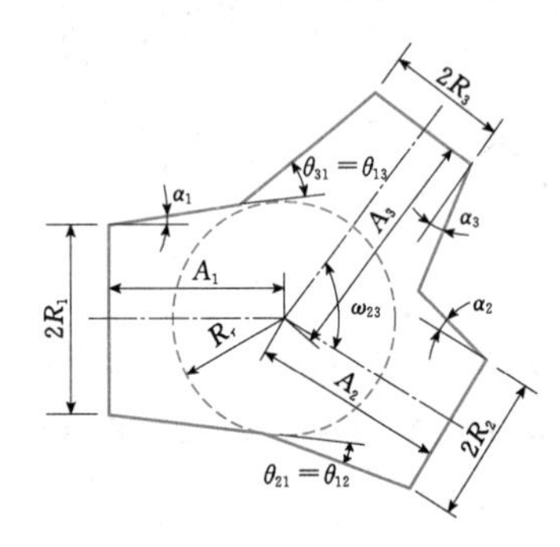

图 4.8-25　岔管管壳尺寸示意图

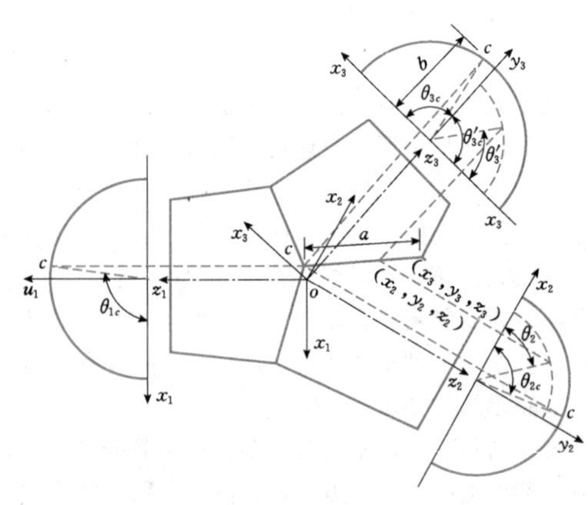

图 4.8-26　肋板与管壳关系示意图

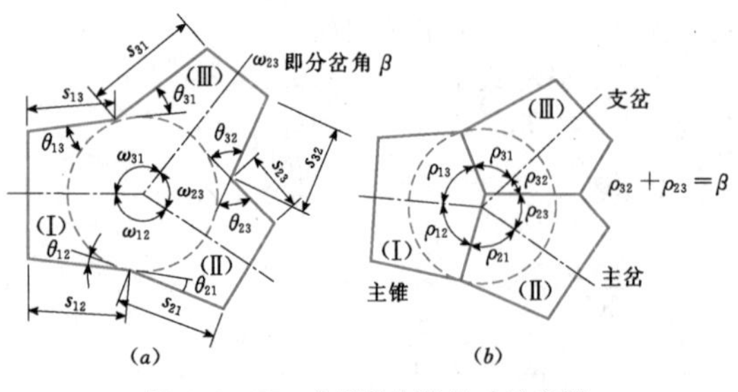

图 4.8-27　岔管控制性尺寸示意图

公式中用到的一些几何参数，当岔管体形尺寸确定后，均可通过几何尺寸计算或图解法确定，参见图 4.8-25～图 4.8-27。例如，当拟定岔管体形尺寸后，主管、主岔、支岔三者半锥顶角 α_1、α_2、α_3、主锥、支锥的小头半径 R_1、R_2、R_3 及公切球半径 R_r、分岔角 ω_{23} 均为已知值。公切球半径应满足下式：

$$R_r = R_i\cos\alpha_i + A_i\sin\alpha_i \quad (i=1,2,3) \qquad (4.8-40)$$

据此，可依次计算：腰线的折角、主体三锥的沿腰线的节距，三锥两两相交的相贯线位置、肋板顶点 c 的位置及肋板外缘方程等，现择要介绍如下。

(1) 腰线转折角 θ_{13}、θ_{12} [见图 4.8-27 (a)]。

1) 非对称 Y 形岔管：

$$\theta_{13} = \omega_{23} - (2\alpha_1+\alpha_2+\alpha_3) - \theta_{12} \quad (\text{选定 } \theta_{12}\text{，求 } \theta_{13}) \qquad (4.8-41)$$

2) 对称 Y 形岔管：

$$\theta_{12} = \theta_{13} = \frac{1}{2}[\omega_{23} - (2\alpha_1+\alpha_2+\alpha_3)] \qquad (4.8-42)$$

(2) 本体三锥沿腰线的节距 [见图 4.8-27 (a)]。

$$S_{ij} = \frac{A_i}{\cos\alpha_i} - R_r\left(\tan\frac{\theta_{ij}}{2} + \tan\alpha_i\right) \quad (i,j=1,2,3 \text{ 且 } i\neq j) \qquad (4.8-43)$$

(3) 三锥两相贯线与三锥轴线夹角。如图 4.8-27 (b) 所示。此夹角分别以 ρ_{12}、ρ_{13}、…、ρ_{32} 表示，可采用下式计算：

$$\tan\rho_{ij} = \frac{\cos\alpha_j - \cos\alpha_i\cos\omega_{ij}}{\cos\alpha_i\sin\omega_{ij}} \quad (i,j=1,2,3 \text{ 且 } i\neq j) \qquad (4.8-44)$$

(4) 肋板顶点 c 的位置（见图 4.8-26）。如选取支岔坐标参考系（x_3、y_3、z_3），c 点坐标为

$$x_{3c} = R_r\frac{\cos\omega_{23}\sin(\alpha_3-\alpha_1) - \cos\omega_{13}\sin(\alpha_3-\alpha_2) - \sin(\alpha_2-\alpha_1)}{\cos\alpha_1\sin\omega_{23} + \cos\alpha_2\sin\omega_{31} + \cos\alpha_3\sin\omega_{12}} \qquad (4.8-45)$$

$$z_{3c} = R_r\frac{\sin\omega_{13}\sin(\alpha_3-\alpha_2) + \sin\omega_{23}\sin(\alpha_3-\alpha_1)}{\cos\alpha_1\sin\omega_{23} + \cos\alpha_2\sin\omega_{31} + \cos\alpha_3\sin\omega_{12}} \qquad (4.8-46)$$

$$\cos\theta_{3c} = \frac{x_{3c}}{R_3 + (A_3 - z_{3c})\tan\alpha_3} \qquad (4.8-47)$$

$$\theta'_{3c} = 180° - \theta_{3c}$$

由坐标变换式可求出 c 点在主锥、主岔锥坐标系中的坐标（x_{1c}，z_{1c}）和（x_{2c}，z_{2c}）。

$$x_1 = -x_3\sin(\omega_{31}-90°) - z_3\cos(\omega_{31}-90°)$$
$$z_1 = x_3\cos(\omega_{31}-90°) - z_3\sin(\omega_{31}-90°) \qquad (4.8-48)$$

$$x_2 = x_3\sin(90°-\omega_{23}) + z_3\cos(90°-\omega_{23})$$

$$z_2 = -x_3\cos(90°-\omega_{23}) + z_3\sin(90°-\omega_{23})$$
(4.8-49)

同时

$$\cos\theta_{ic} = \frac{x_{ic}}{R_i + (A_i - z_{ic})\tan\alpha_i} \quad (i=1,2)$$
(4.8-50)

(5) 肋板中面与主岔、支岔中面相贯线水平投影长度 a，顶端与底端距离 $2b$（见图 4.8-38）。

$$a = \frac{[R_3 + (A_3 - z_{3c})\tan\alpha_3](1-\cos\theta'_{3c})}{(1+\cot\rho_{32}\tan\alpha_3)\sin\rho_{32}} = \frac{[R_2 + (A_2 - z_{2c})\tan\alpha_2](1-\cos\theta_{2c})}{(1+\cot\rho_{23}\tan\alpha_2)\sin\rho_{23}}$$
(4.8-51)

$$b = [R_3 + (A_3 - z_{3c})\tan\alpha_3]\sin\theta'_{3c} = [R_2 + (A_2 - z_{2c})\tan\alpha_2]\sin\theta_{2c}$$
(4.8-52)

(6) 肋板中面与主锥、支锥相贯线各点的坐标值（见图 4.8-26）。

在肋板参考坐标系中

$$x_4 = \frac{[R_2 + (A_2 - z_{2c})\tan\alpha_2](\cos\theta_2 - \cos\theta_{2c})}{(1+\cot\rho_{23}\tan\alpha_2\cos\theta_2)\sin\rho_{23}} = \frac{[R_3 + (A_3 - z_{3c})\tan\alpha_3](\cos\theta'_3 - \cos\theta'_{3c})}{(1+\cot\rho_{32}\tan\alpha_3\cos\theta'_3)\sin\rho_{32}}$$
(4.8-53)

$$y_4 = \frac{[R_2 + (A_2 - z_{2c})\tan\alpha_2](1+\cot\rho_{23}\tan\alpha_2\cos\theta_{2c})\sin\theta_2}{1+\cot\rho_{23}\tan\alpha_2\cos\theta_2} = \frac{[R_3 + (A_3 - z_{3c})\tan\alpha_3](1+\cot\rho_{32}\tan\alpha_3\cos\theta'_{3c})\sin\theta'_3}{1+\cot\rho_{32}\tan\alpha_3\cos\theta'_3}$$
(4.8-54)

置 $\theta_2(=0\sim\theta_{2c})$ 及 $\theta'_3(=0\sim\theta'_{3c})$ 为不同值即可得到（x_4，y_4）值，相连可得相贯线。该曲线向外适当增加余度后，即为肋板外缘线，上述公式中均列出两个式子，可互为校核。

4.8.4.4 对称 Y 形岔管肋板设计

将以上各公式的主岔、支岔的相应参数取为相同（如 $R_2=R_3$，$\rho_{23}=\rho_{32}$ 等），即可获得相应对称 Y 形岔管计算公式。其余设计步骤如肋板尺寸的确定方法等也完全相同，这里不再赘述。

4.8.4.5 钢岔管与围岩联合承载设计

国内外埋藏式岔管一般均按明管设计，围岩分担内水压力仅作为一种安全储备，这不仅是由于岔管距厂房较近，按明管设计趋于安全，更主要的是没有一种恰当的设计理论、方法和成功的经验。对于大 HD 岔管考虑围岩分担内水压力，减小钢板厚度的意义不仅仅在于节约钢材用量，更重要的是降低岔管制安难度。以往我国的一些工程也不同程度地考虑围岩分担内水压力的潜力，如以礼河三级电站斜井式调压井的分岔结构，采用埋藏式三梁钢岔管，按明管设计加劲梁，尺寸庞大，设计采用工程类比方法考虑围岩分担内水压力，减小了加劲梁尺寸；渔子溪一级电站三梁岔管，设计考虑岔管位置围岩地质条件较好，假定围岩分担 15%～30% 的内水压力，这一经验作法纳入规范 DL/T 5141—2001，通过提高 10%～30% 允许应力的方法来间接地反映围岩分担内水压力的作用。

在岔管的实际运行状态下，内水压力是通过变形协调，实现围岩与钢岔管共同分担的。通过对我国的十三陵抽水蓄能电站，日本的奥美浓、奥矢作第一抽水蓄能电站等内加强月牙肋岔管岔原型观测资料分析，发现岔管应力并不高，比明岔管水压试验低得多，证明围岩分担内水压力的作用是明显的。

日本在奥美浓电站的内加强月牙肋岔管，首次尝试考虑围岩分担内水压力设计，奥美浓电站的 1 号岔管最大 $HD=4108.5\text{m}^2$，主管内径 5.5m，这种尝试在世界上也属首例。由于是首次尝试，缺乏经验，设计时围岩分担率限制在 15% 以下，而原型观测结果远大于 15%，再次证明围岩联合作用是明显的。

1. 埋藏式岔管围岩联合作用基本原理[39,40]

埋藏式岔管围岩作用主要体现在两方面：一是在受到内水压力作用时，同地下埋藏式直管一样，围岩分担部分内水压力，减少钢岔管所承担的荷载；二是由于岔管结构本身变形的不均匀性，受到围岩的约束作用，限制了岔管变位，使其变形均匀化，消减岔管折角点的峰值应力，使岔管应力分布均匀化，使千材料强度的充分发挥。

由于岔管体形的特点，岔管各部位围岩分担内水压力的程度，即围岩约束作用是不同的。为便于说明问题，在此引进两个概念。

第一个概念是平均围岩分担率。是指岔管在埋管状态下岔管环向应力的平均值与明管状态下环向应力平均值相比的减少程度，用来反映岔管整体围岩分担内水压力的大小，具体公式如下：

$$\bar{\lambda} = 1 - \frac{\bar{\sigma}_e}{\bar{\sigma}_u}$$
(4.8-55)

式中 $\bar{\lambda}$——岔管平均围岩分担率；

$\bar{\sigma}_e$——埋藏状态下岔管管壳环向应力平均值，可通过有限元结构分析确定，N/mm^2；

$\bar{\sigma}_u$——明管状态岔管管壳环向应力平均值（可通过有限元结构分析确定），N/mm^2。

第二个概念是局部应力消减率。是指岔管在埋管状态下岔管折角点环向应力与明管状态下环向应力相比的减少程度，用来反映折角点环向应力的消减程度，具体公式如下：

$$\lambda_c = 1 - \frac{\sigma_{ec}}{\sigma_{uc}}$$
(4.8-56)

式中 λ_c——岔管局部应力消减率；

σ_{ec}——埋藏状态下岔管管壳折角点局部环向膜应力（可通过有限元结构分析确定），N/mm²；

σ_{uc}——明管状态下岔管管壳相应折角点局部环向膜应力（可通过有限元结构分析确定），N/mm²。

对于埋藏式岔管，由于围岩的约束作用，折角点局部膜应力的消减程度即应力消减率远大于平均围岩分担率。下面以不同工程岔管为例进行分析，结果详见表4.8-6。从表4.8-6可以看出，各工程岔管规律基本具有相同特点，岔管折角点局部应力的消减率基本为平均围岩分担率的2倍以上。

岔管管壳厚度往往是由折角点局部膜应力和局部膜应力加弯曲应力控制的，围岩约束作用对折角点局部膜应力及局部膜应力加弯曲应力的消减作用是比较明显的，使岔管应力分布趋于均匀，更便于材料强度的充分发挥，对减少钢板厚度是非常有意义的。

表4.8-6　埋藏式岔管管壳折角点应力消减与平均围岩分担率分析

工 程	围岩弹性抗力系数 K (kN/cm³)	缝隙值 Δ (mm)	平均围岩分担率 (%)	C 点局部应力消减率 λ_c (%)
西龙池	1.0	$\Delta_{水平}=1.0$ $\Delta_{垂直}=2.0$	18.8	38.8
引子渡1号	0.7	2.0	19.9	52.8
张河湾	0.5	$\Delta_{水平}=1.5$ $\Delta_{垂直}=3.0$	11.6	22.3
宜兴	1.5	1.2	35.0	52.6

2. *埋藏式岔管围岩联合作用规律*

从在建的西龙池、张河湾、宜兴电站岔管对围岩分担规律分析，以及西龙池现场结构模型试验、已建工程的原型观测资料分析成果可知，当岔管体形确定后，影响埋藏式岔管应力状态的主要参数有围岩弹性抗力系数和缝隙值。埋藏式岔管围岩分担内水压力的平均效果不如相应直径的埋藏式圆管明显，但由于围岩对岔管变形的约束作用，使岔管局部应力的消减作用明显，对减少岔管钢板厚度相当有利。

缝隙值对岔管与围岩联合作用的影响很明显，当缝隙值达到一定数值时，岔管应力状态接近明管。围岩弹性抗力对岔管与围岩联合作用效果的影响呈非线性关系，即使围岩条件较差，围岩与岔管联合作用的效果也是相当明显的，然而当围岩抗力达到一定值后，即使围岩弹性抗力系数再增加，对岔管应力状态的改善也是有限的。因此，在埋藏式岔管的设计、施工过程中，应采取工程措施减少钢岔管与混凝土和围岩缝隙值，改善围岩整体性，以提高岔管与围岩联合作用效果。

3. *岔管结构设计基本原则*

(1) 钢岔管设计宜以三维有限元法进行结构分析，合理模拟围岩的约束作用和缝隙值。

埋藏式岔管结构复杂，不同介质间存在着缝隙，存在非线性接触问题，难以采用解析法进行结构分析。通过对已建工程岔管原型出厂前水压试验成果与有限元计算成果对比分析（详见图4.8-28和图4.8-29），以及西龙池现场模型试验成果与计算成果对比（见图4.8-30），三维有限元法具有较好的精度，可以较好地模拟围岩约束作用和缝隙值对岔管与围岩联合作用的影响。

所采用的钢岔管三维有限元分析程序，应经过实

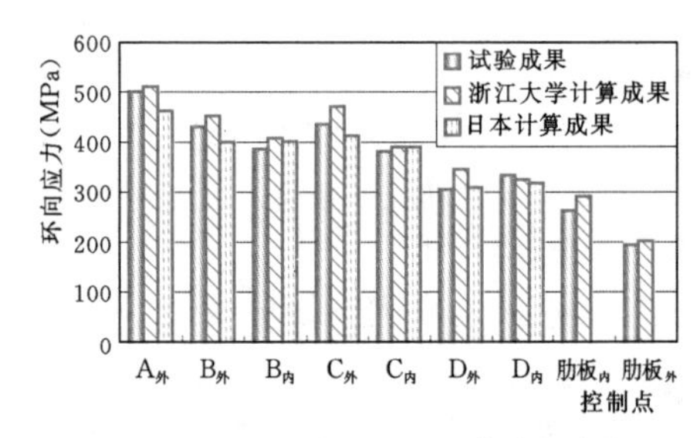

图4.8-28　西龙池原型岔管分析成果

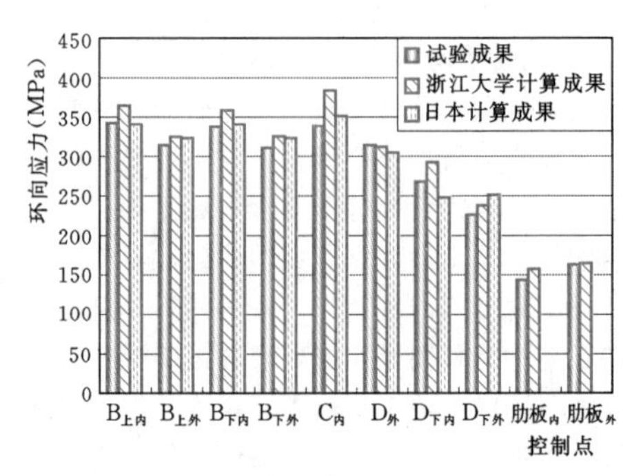

图4.8-29　张河湾原型岔管分析成果

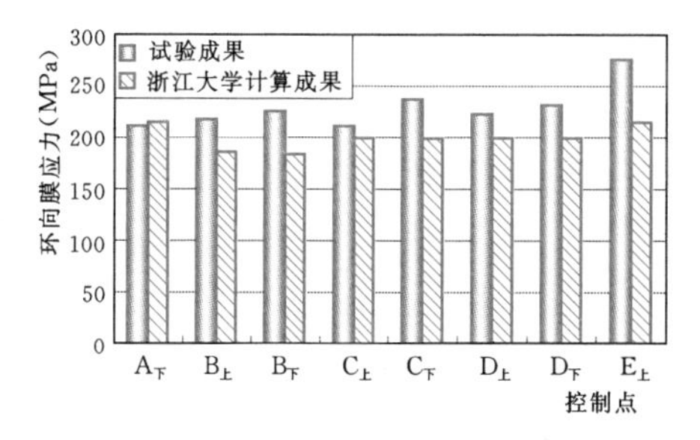

图 4.8-30　西龙池模型岔管埋管状态水压试验与有限元分析成果

验的考证。考证时，材料及荷载参数应取实测值。对特别重要的钢岔管结构，宜配合进行专门的模型试验，以与计算相互验证。

（2）考虑围岩分担内水压力设计的埋藏式岔管应满足“明管准则”，即在不考虑围岩联合作用条件下，钢岔管的局部膜应力＋弯曲应力不大于其钢材的屈服强度。

采用“明管准则”作为围岩分担率的控制条件之一，主要基于以下考虑：①缝隙值大小，对埋藏式岔管应力状态影响是非常明显的，当缝隙值达到一定程度时，岔管的应力状态接近明管状态。影响缝隙值大小的因素很多，而且不确定性较大，涉及施工因素较难控制；②为保证因回填混凝土、灌浆出现严重质量问题时，岔管仍能安全正常工作，同时避免因设计方法的误差而使岔管应力过大。

明管准则是否可以作为埋藏式岔管安全保证呢？下面以不同体形岔管为例进行分析。

1）对称Y形。对称Y形以宜兴电站岔管体形为例，分析混凝土质量缺陷对岔管应力状态的影响。结合混凝土施工条件和对岔管与围岩联合作用特点，假设混凝土缺陷出现在肋板顶点（A区）、钝角区（B区）和支锥中部顶端（C区），具体位置如图4.8-31所示，分析成果如图4.8-32所示。通过回填混凝土质量缺陷对岔管应力状态的影响分析可知：

a. 局部的混凝土浇筑缺陷对岔管整体应力影响不大，基本不改变岔管整体的应力分布状况。

b. 局部浇注缺陷只对缺陷区域本身及其附近部位产生影响，而对缺陷区域之外的岔管其他部位的应力基本没有影响。

c. 在缺陷可控范围内，由于混凝土缺陷较小，造成岔管二次应力水平不高，与无缺陷岔管控制点应力水平相当。因此以“明管准则”限制埋藏式岔管围岩分担率是可行的。

2）非对称Y形。宜兴电站岔管为对称Y形布置，且计算分析时采用回填混凝土缺陷范围比较小，

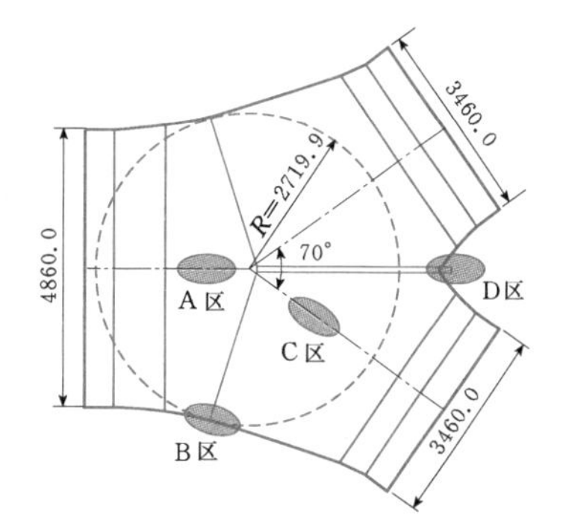

图 4.8-31　岔管外围回填混凝土缺陷位置（单位：mm）

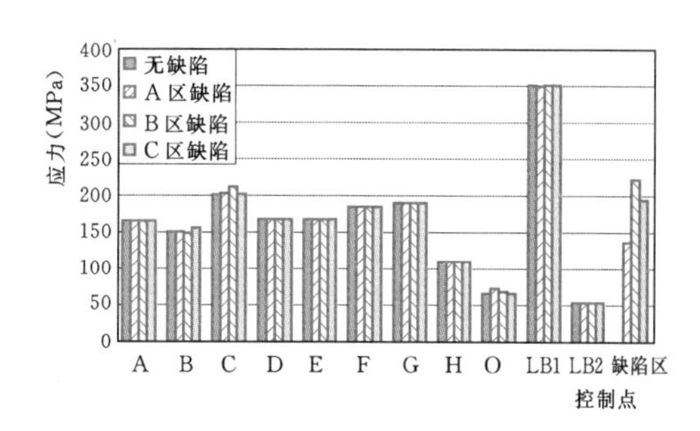

图 4.8-32　岔管混凝土缺陷对岔管控制点应力状态的影响

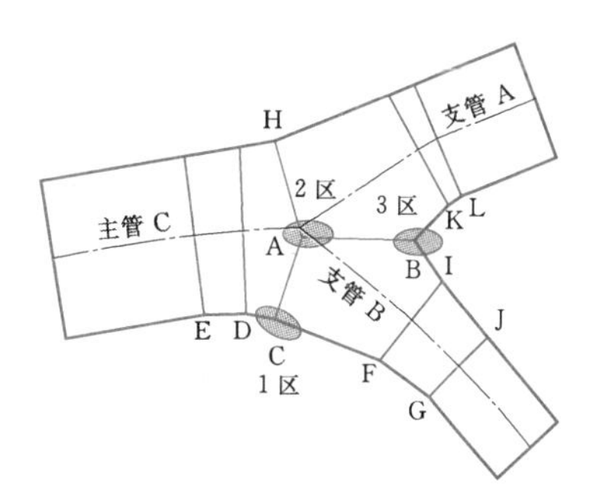

图 4.8-33　岔管外围回填混凝土缺陷位置示意图

为进一步说明回填混凝土缺陷对的影响，下面以引子渡2号岔管为例进行分析。

假设混凝土缺陷出现1.0m^{2}的缺陷，缺陷和位置发生在钝角区（1区）、肋板顶部（2区）和两支锥相交的锐角区（3区），具体位置如图4.8-33所示，计算分析成果如图4.8-34所示，控制点位置如图4.8-33所示。通过回填混凝土质量缺陷对岔管应力状态的影响分析可得知：

a. 当锥管钝角回填混凝土出现脱空时，钢岔管单独承载后，钝角区管壳最大Mises应力为333.8MPa，与均匀缝隙情况下联合承载的钝角区管

壳最大 Mises 应力 289.05MPa 相比，局部应力增加 44.75MPa，增幅 15.5%，但小于局部膜应力＋弯曲的抗力限值，远低于钢岔管明管的校核应力限值（即钢材的屈服强度），钝角区 C 点径向向外位移值由 3.392mm 增加到 5.671mm。这说明主锥管钝角区 $1m^2$ 范围内回填混凝土脱空后钢岔管单独承载，虽然局部应力和位移有较大的增加，但钢岔管其他部位应力变化很小，即局部的混凝土浇筑缺陷对岔管整体应力影响不大，基本不改变岔管整体的应力分布状况，在正常运行工况下仍然是安全的。

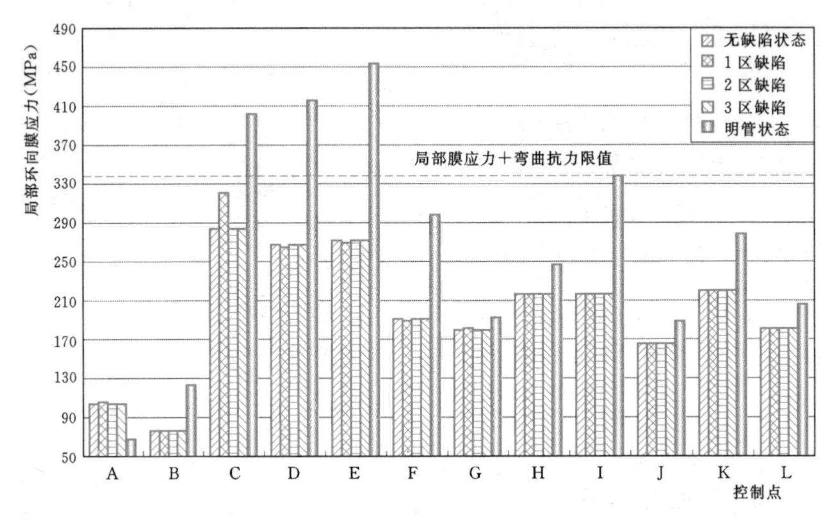

图 4.8-34 岔管混凝土缺陷对岔管控制点应力状态的影响

b. 当肋板顶部 2 区及两支锥相交的锐角区 3 区的回填混凝土脱空时，无论是顶部和锐角区的管壳局部区域，还是钢岔管整体的 Mises 应力均变化不大，且远低于局部膜应力＋弯曲应力的抗力限值，更低于钢岔管明管的校核应力限值，这主要是由于肋板周围刚度较大所致。

（3）钢岔管洞段的围岩变形压力由洞室开挖时的支护和回填混凝土共同承担，钢岔管不承担围岩变形压力。

（4）考虑围岩分担内水压力设计的埋藏式岔管，体形优化宜在埋管状态下进行。工程实践表明：明管状态下最优的体形，由于边界条件的不同，埋管状态下不一定是最优的。如果当岔管结构厚度由“明管准则”控制时，宜以明管状态进行体形优化。

（5）钢岔管的平均围岩分担率不宜大于 20%，折角点最大局部膜应力的应力消减率不宜大于 40%。

由于埋藏式岔管考虑围岩分担内水压力设计经验相对较少，工程原型观测成果不多，尤其是对于直径大、水头不高的岔管，其刚度较小，围岩的约束作用更强，满足要求的岔管壁厚过小，如不限制围岩分担率，可能会使管壁过于单薄。因此，根据目前工程设计经验和对试设计成果分析，暂限制平均围岩分担率不宜大于 20%，折角点最大局部膜应力的消减率不宜大于 40%。

4. 围岩设计参数选择

（1）围岩弹性抗力系数。岔管与围岩联合作用主要是为发挥围岩的约束作用，通过变形协调实现岔管与围岩共同分担内水压力。围岩弹性抗力除了受岩性、构造等地质条件影响外，还受洞室开挖过程中所产生围岩松动圈的影响。所以，在围岩弹性抗力系数取值时应考虑爆破松动圈对弹性抗力的降低作用。

可采用多重圆筒理论为基础推导的下列公式，计算钻爆法开挖的隧洞围岩的等值变形模量。

$$\frac{1}{D'}=\frac{1}{D}+(1-\mu)\frac{1}{D_b}\ln\frac{r+L_b}{r} \quad (4.8-57)$$

式中 D'——围岩等值变形模量，N/mm^2；

D——围岩变形模量，N/mm^2；

D_b——爆破所致松弛区的变形模量，N/mm^2；

μ——围岩的泊松比；

r——隧洞的开挖半径，mm；

L_b——计算的爆破松弛区的深度，mm。

其中，爆破松弛区的变形模量 D_b 可由下式计算：

$$D_b=\frac{v_b^2}{v^2}D \quad (4.8-58)$$

式中 v_b——松弛区的弹性波速，m/s；

v——基岩部位的弹性波速，m/s。

岔管围岩开挖面上的弹性抗力 k 可由下式求得：

$$k=\frac{1000k_0}{R} \quad (4.8-59)$$

$$k_0=\frac{D'}{1000(1+\mu)} \quad (4.8-60)$$

式中 k_0——单位弹性抗力系数，N/mm^3；

μ——围岩泊松比；

R——开挖半径，mm。

（2）缝隙值。缝隙值对岔管与围岩联合作用影响是很明显的，根据对已建工程的统计，对于地下埋管缝隙与半径之比一般不超过 4×10^{-4}。日本奥美浓电站岔管设计考虑与围岩的联合作用，从其对外围混凝土应变观测成果推算，缝隙值与主管半径之比为（0～4）$\times10^{-4}$，平均 2.5×10^{-4}，从围岩变位推算为（0～3.6）$\times10^{-4}$。

西龙池岔管现场结构模型试验，模型比尺为 1：2.5，HD 值为 1421m^2，岔管外回填混凝土施工工艺、回填灌浆等基本模拟原型，通过对其缝隙多途径测试分析，模型岔管垂直缝隙大于水平缝隙，平均缝隙为 $3.0\times10^{-4}R_0$（R_0 为岔管公切球半径），考虑到岔管实际运行过程中，缝隙值受水温、围岩蠕变等因素的影响比岔管模型试验大得多，通过计算分析，岔管运行期间平均缝隙值可达 $4.1\times10^{-4}R_0$。为安全计岔管设计水平缝隙按 1mm（相当于 $4.9\times10^{-4}R_0$），垂直方向按 2mm（相当于 $9.8\times10^{-4}R_0$）考虑。

十三陵抽水蓄能电站岔管按明管设计，原型观测设计没布置测缝计，通过对钢板计观测资料分析，当有限元计算应力水平与原型观测应力水平相当时，平均缝隙值为（3.6～4.2）$\times10^{-4}R_0$。

由于岔管体形复杂，影响外围混凝土回填质量的因素较多，且埋藏的岔管考虑围岩分担内水压力设计的目前还处于初步阶段，为一定程度限制围岩作用，缝隙值选取以不小于 $4.0\times10^{-4}R_0$ 为宜。

4.8.5 球形岔管

4.8.5.1 体形设计

球形岔管是由球壳、主支管、补强环和内部导流板组成，如图 4.8-35（此图为水压试验情况）所示。球形岔管适用于高水头明管。其分岔角 ω，对于 Y 形宜用 60°～90°，对于三岔形宜用 50°～70°。

（1）球壳半径 r_s。球壳半径 r_s 为 1.3～1.6 倍主管半径 r，在满足下列条件时宜取小值。

1）球壳上两相邻孔洞间的最短弧长 l_s（mm）满足

$$l_s \geqslant 2.43\sqrt{r_s t_s} \quad (4.8-61)$$

式中 t_s——球壳厚度，mm。

2）在满足主支管布置要求的情况下，尽可能均匀布置支管，既满足 l_s，又减小球径。

3）满足球壳与内部导流板间的最小空间 c 的要求，c 可取（300～500mm）。

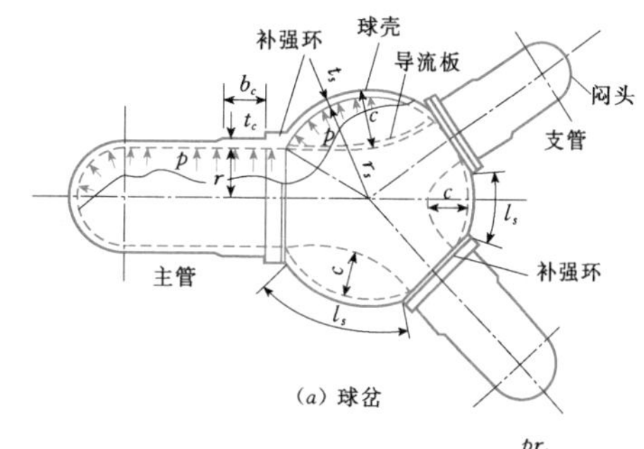

（a）球岔

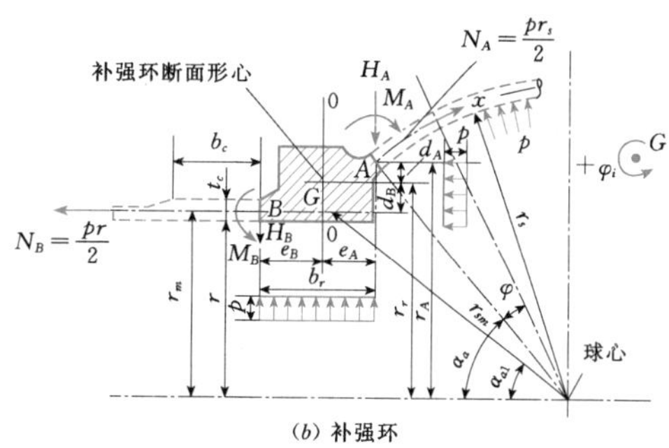

（b）补强环

图 4.8-35 球岔基本尺寸及补强环脱离体示意图

（2）管壁厚度。管壁厚度可按表 4.8-3 计算。

（3）补强环断面积 A_r 为

$$A_r=\frac{p}{\sigma_{r0}}(b_r r+0.25r_s^2\sin2\alpha_a) \quad (4.8-62)$$

$$\sigma_{r0}=0.7\frac{r_A}{r_r}\sigma_{s0} \quad (4.8-63)$$

$$r_A=r_{sm}\sin\alpha_a$$

$$r_{sm}=r_s+\frac{t_s}{2}$$

式中 σ_{r0}——在球壳和管体上不出现次应力的完全膜应力状态时的加强环箍应力，N/mm^2；

r——主管内半径，mm；

b_r——补强环内缘宽度，mm；

σ_{s0}——球壳中的膜应力设计值（不包含局部应力），N/mm^2；

r_r——补强环断面重心的半径，mm；

r_A——补强环与球壳连接点 A 至钢管轴线之距离，mm；

r_{sm}——球壳管壁平均半径，mm；

α_a——补强环与球壳连接点 A 处的半径 r_{sm} 与钢管轴线间的夹角，（°）。

（4）主管（或支管）与补强环连接段钢管的壁厚 t_c 及其长度 b_c 为

$$t_c=\frac{pr}{\sigma_{p0}}\approx2.43\frac{rt_s}{r_s} \quad (4.8-64)$$

$$\sigma_{p0}=0.823\frac{r_A}{r_m}\sigma_{s0} \quad (4.8-65)$$

$$b_c \geqslant 1.54\sqrt{rt_c} \quad (4.8-66)$$

$$r_m=r+\frac{t_c}{2}$$

式中 σ_{p0}——管壳中的箍应力（不包含局部应力），N/mm²；

r_m——管壁平均半径，mm。

4.8.5.2 补强环断面设计

理想的补强环断面设计，应尽力使作用于环上的各外力对环断面形心 G 的力矩接近于零，即不发生扭转且径向变位与球壳及钢管（主、支管）相近。

确定补强环断面面积 A_r，在球岔上细心布置环断面的形状（基本断面多为矩形），并绘上荷载，如图 4.8-36 所示。此时荷载仅考虑 $N(N=pr_s/2$, $N\sin\alpha_{a1}=pr/2)$、N_B 及作用于环内壁 b_{r1} 上的水压力三部分，使外力对补强环重心 **G** 的力矩总和（不计超静定力）M_G 为

$$M_G=e_nN\cos\alpha_{a1}+d_B(N\sin\alpha_{a1}-N_B)-e_p p b_{r1}$$

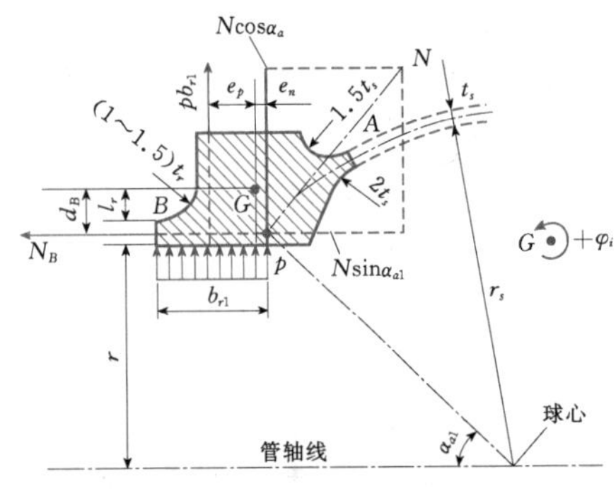

图 4.8-36 补强环设计荷载图

反复修改环断面形状调整重心 G 及各力臂（断面面积 A_r 应基本不变），直到使 M_G 接近于零，即得环的设计断面形状。

按上述计算所得的球形岔管形体结构尺寸，在一般情况下将球壳厚度再适当增加 10%～20%，外加锈蚀厚度即可满足要求。对于重要的工程尚需进行球岔整体结构应力分析复核，同时在结构上应使补强环与球壳及钢管的连接部分平顺渐变，减少应力集中现象。

4.8.5.3 应力计算

1. 水压试验（有闷头）情况（见图 4.8-35）

取如图 4.8-35（b）所示的脱离体，补强环两端 A、B 点各有三个内力作用，因管轴向变形不受限制，因此由静力平衡条件得知 $N_B=\frac{pr}{2}$，$N=\frac{pr_s}{2}$，未知量仅为 M_A、H_A、M_B、H_B 四个，可根据 A 点和 B 点球壳、补强环、管壳的变位相容条件求出。

A 点：

1）球壳沿补强环的径向变位 δ_s 等于补强环的径向变位 δ_A，即 $\delta_s=\delta_A$。

2）球壳的角变形 φ_s 与补强环的角变位 φ_A 应一致，即 $\varphi_s=\varphi_A$。

B 点：

1）管端的径向变位 δ_P 与补强环的径向变位 δ_B 应一致，即 $\delta_P=\delta_B$。

2）管端的角变位 φ_P 与补强环的角变位 φ_B 应一致，即 $\varphi_P=\varphi_B$。

各变位按下列公式计算：

管壁

$$\delta_P=0.85\frac{prr_m}{E_st_c}+2.57\frac{r_m^{1.5}}{E_st_c^{1.5}}H_B-3.305\frac{r_m}{E_st_c^2}M_B \quad (4.8-67)$$

$$\varphi_P=-3.305\frac{r_m}{E_st_c^2}H_B+8.495\frac{r_m^{0.5}}{E_st_c^{2.5}}M_B \quad (4.8-68)$$

球壳

$$\delta_s=0.35\frac{r_sr_Ap}{E_st_c}+2.57\frac{r_A^2}{E_sr_{sm}^{0.5}t_s^{1.5}}H_A-3.305\frac{r_A}{E_st_s^2}M_A \quad (4.8-69)$$

$$\varphi_s=-3.305\frac{r_A}{E_st_s^2}H_A+8.495\frac{r_{sm}^{0.5}}{E_st_s^{2.5}}M_A \quad (4.8-70)$$

补强环

$$\delta_A=\delta_G+e_A\varphi_G \quad (4.8-71)$$

$$\delta_B=\delta_G+e_B\varphi_G \quad (4.8-72)$$

$$\varphi_A=\varphi_G \quad (4.8-73)$$

$$\varphi_B=\varphi_G \quad (4.8-74)$$

$$\delta_G=\frac{r_r}{A_rE_s}(pb_r+0.5pr_Ar_s\cos\alpha_a-r_AH_A-r_mH_B) \quad (4.8-75)$$

$$\varphi_G=\frac{r_r^2}{E_sI_G}(M_G+e_BH_B-e_AH_A+M_B-M_A) \quad (4.8-76)$$

式中 φ_G——补强环形心 G 的角变位，以反时针方向为正；

e_A、e_B——补强环 A、B 点对形心 G 的力臂，mm；

E_s——钢材弹性模量，N/mm²；

δ_G——补强环形心 G 的径向变位，mm。

用以上公式解超静定力 H_A、H_B、M_A、M_B，然后可按下列各式计算应力。

（1）管壁中的应力。H_B、M_B 及 N_B 作用于管端时管壁中的应力（见图 4.8-37）按下式计算。管轴向应力 δ_x（外壁取上部计算符号，内壁取下部计算符号）：

$$\sigma_{x内}^{外} = \frac{pr}{2t_c} \pm \frac{6M_B}{t_c^2} e^{-\beta x} \cos(\beta x) \mp \frac{6}{t_c^2}\left(\frac{H_B}{\beta} - M_B\right) - e^{-\beta x}\sin(\beta x) \quad (4.8-77)$$

$$\beta = \frac{1.285}{\sqrt{r_m t_c}}$$

式中　β——约束刚性系数，1/mm；

x——沿管轴向坐标，以管端 B 为原点，mm。

管壁环向应力 σ_θ 为

$$\sigma_{\theta内}^{外} = \frac{pr}{t_c} + \frac{1}{t_c^2}\left[\left(3.305\frac{H_B}{\beta} \pm 1.8M_B - 3.505M_B\right)\times e^{-\beta x}\cos(\beta x) + \left(\mp 1.8\frac{H_B}{\beta} \pm 1.8M_B + 3.305M_B\right)\times e^{-\beta x}\sin(\beta x)\right] \quad (4.8-78)$$

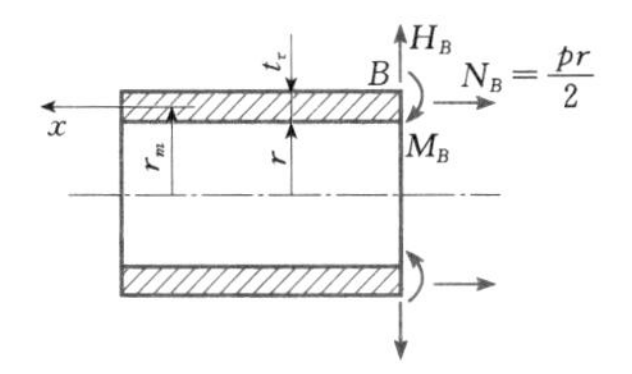

图 4.8-37　管端作用力图

(2) 球壳中的应力。在球壳开孔处边缘内力 H_A、M_A、N_A 作用下（包括内水压力）壳体中的应力计算如下（见图 4.8-38）。

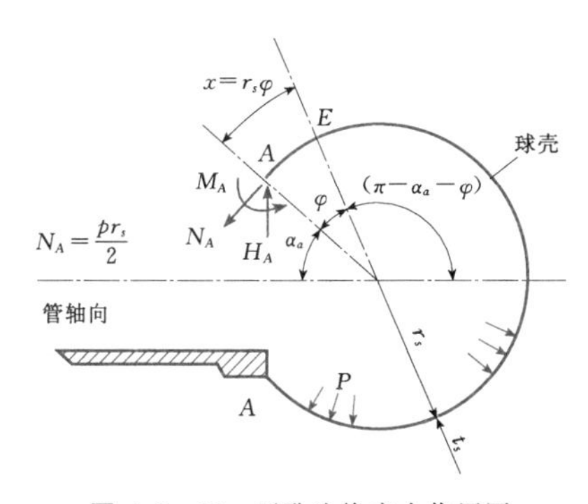

图 4.8-38　开孔边缘内力作用图

管轴向（即球径向）为

$$\sigma_{\varphi内}^{外} = \frac{N_\varphi}{t_s} \pm \frac{6M_\varphi}{t_s^2} \quad (4.8-79)$$

$$N_\varphi = \frac{r_s p}{2} + \cot(\pi - \alpha_a - \varphi)\times\left[H_A\sin\alpha_a e^{-\lambda\varphi}\cos(\lambda\varphi) - \left(H_A\sin\alpha_a - \frac{2\lambda M_A}{r_{sm}}\right)e^{-\lambda\varphi}\sin(\lambda\varphi)\right] \quad (4.8-80)$$

$$M_\varphi = M_A e^{-\lambda\varphi}\cos(\lambda\varphi) + \left(-\frac{r_{sm}H_A\sin\alpha_a}{\lambda} + M_A\right)e^{-\lambda\varphi}\sin(\lambda\varphi) \quad (4.8-81)$$

$$\lambda = 1.285\sqrt{\frac{r_{sm}}{t_s}}$$

式中　φ——球壳任一点 E 与 A 点间的圆心角；

N_φ、M_φ——球壳任一点 E 的膜力，N，和弯矩，N·mm；

σ_φ——球壳任一点 E 的应力，N/mm²；

λ——计算系数。

垂直管轴平面（球纬向）为

$$\sigma_{l内}^{外} = \frac{N_l}{t_s} \pm \frac{6M_l}{t_s^2} \quad (4.8-82)$$

$$N_l = \frac{r_s p}{2} + 2\lambda\left[\left(H_A\sin\alpha_a - \frac{\lambda M_A}{r_{sm}}\right)e^{-\lambda\varphi}\cos(\lambda\varphi) + \frac{\lambda M_A}{r_{sm}}e^{-\lambda\varphi}\sin(\lambda\varphi)\right] \quad (4.8-83)$$

$$M_l = v_s M_\varphi \quad (4.8-84)$$

(3) 补强环中的应力（环向）。

环 A 点

$$\sigma_A = \frac{1}{A_r}\left(\frac{r_s p}{2}r_A\cos\alpha_a + b_r pr - r_A H_A - r_m H_B\right) + \frac{r_r}{W_A}(M_G + e_B H_B - e_a H_A + M_B - M_A) \quad (4.8-85)$$

环 B 点

$$\sigma_B = \frac{1}{A_r}\left(\frac{r_s p}{2}r_A\cos\alpha_a + b_r pr - r_A H_A - r_m H_B\right) + \frac{r_r}{W_B}(M_G + e_B H_B - e_a H_A + M_B - M_A) \quad (4.8-86)$$

$$W_A = \frac{I_G}{e_A},\ W_B = \frac{I_G}{e_B}$$

式中　I_G——补强环对 0—0 轴的断面惯性矩，见图 4.8-35。

2. 通水情况（无闷头）

球形岔管通水时作用于补强环两侧 A、B 点的超静定力将有六个（H_A、N_A、M_A、H_B、N_B、M_B），此时闷头不存在，失去了作用于闷头上的平衡水压力，但由于钢管常被埋置固定于混凝土中或约束于两镇墩之间，在内水压力作用下仍能产生相当大的管壁轴向力$\left(不等于\frac{pr}{2}\right)$，由于实际固定条件比较复杂、差别较大，如埋管、明管、有无伸缩节等，不可能像水压试验情况那样按管轴向静力平衡条件即可求得管轴向的两个超静定力，但一般仍可用近似的方法进行分析计算求得这两个力以满足工程设计的需要。一般情况下与球岔相连的主（支）管节及补强环中的应力大多不会成为控制情况，而球壳的厚度按膜应力公式计算后考虑局部应力影响又都再增加了10%～20%的壁厚，已有裕度，因此对于一般工程，应力计算可简化为只计算水压试验一种情况。

4.8.6 无梁岔管

4.8.6.1 体形设计

无梁岔管是在球形岔管的基础上发展起来的。它用渐变的锥管代替柱管与球壳连接，以减小管壁的转折角，从而省去需要锻造的补强环。典型的布置是Y形和非对称Y形，如图4.8-39和图4.8-40所示；也可布置为三分岔的四通型式。

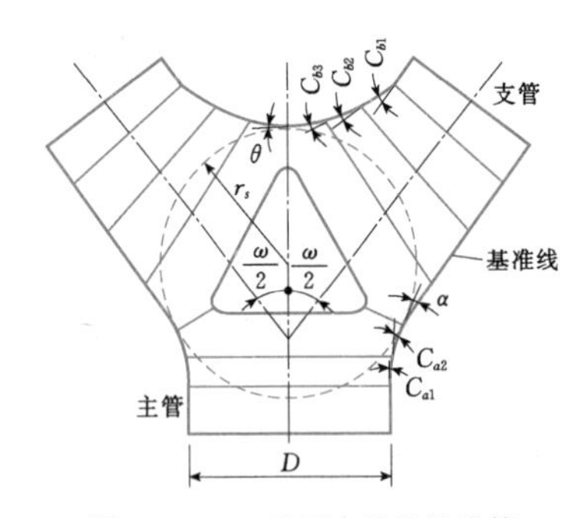

图4.8-39 Y形布置无梁岔管

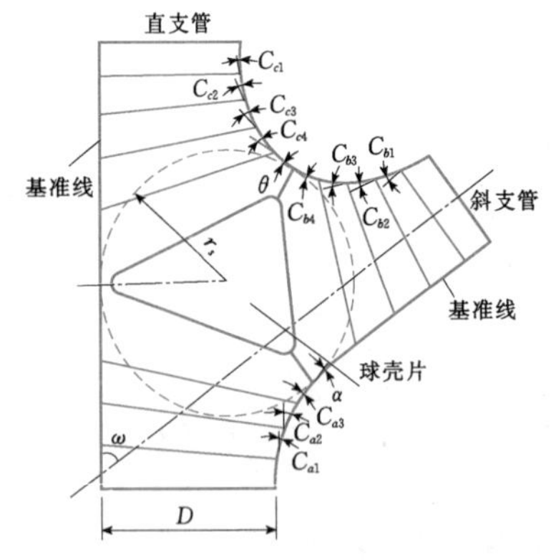

图4.8-40 非对称Y形布置无梁岔管

(1) 无梁岔管各管节间以及球壳片与其相邻锥管间的连接，均应符合公切球原理。公切球半径 R_i（即 r_s），对于Y形布置可取为主管半径的1.15～1.30倍；对于非对称Y形布置，可取为主管半径的1.20～1.35倍。主管半径较大时可取小的比值。

(2) 主、支锥管的节数决定于主、支管直径与公切球直径之比、管壁的允许转折角和焊缝的最小间距。管节的长度应使转折角引起的局部应力不致互相影响，一般不宜小于300～500mm。

(3) 分岔角 ω 宜用80°～120°。管壁的腰线转折角 C_i 不宜大于15°，最大直径处不宜大于12°。若管壁厚度不变，在管径较小处，腰线转折角可增至18°。

(4) 岔管各处转角应符合下列关系。

1) Y形布置

$$\sum C_a + \alpha = \frac{1}{2}\omega \tag{4.8-87}$$

$$\sum C_b + \frac{1}{2}\theta = \frac{\pi}{2} - \frac{1}{2}\omega \tag{4.8-88}$$

2) 非对称Y形布置

$$\sum C_a + \alpha = \omega \tag{4.8-89}$$

$$\sum C_b + \sum C_c + \theta = \pi - \omega \tag{4.8-90}$$

同时，还应按 $C_{i+1} \leqslant C_i$ 的规律来安排转折角。

(5) 水力模型试验表明，上下球壳部位有明显的涡流，圆钝的岔档对水流有撞击。为改善水流条件，可在上下球壳部位设水平吊顶，在岔档部位设置楔形导流板。

4.8.6.2 管壁厚度

无梁岔管的球壳片及其相邻锥壳，按等厚度设计。管壁厚度可按表4.8-3计算 t_{y1}、t_{y2}，取其较大者。管壁厚度拟定后还应进行局部应力复核。

4.8.6.3 应力校核

无梁岔管是由圆柱壳、圆锥壳、球壳三种旋转曲面，按相邻曲面共切于同一球面的原则组合而成的空间薄壳结构，应力分析较为复杂，用解析法只能近似计算。规范规定应验算管壁转折处的下列应力。岔管若埋入岩体或混凝土镇墩中，管壁转角按规范建议的数据设计，则其应力一般可控制在允许范围内。对于重要的无梁岔管应借助有限元法和结构模型试验进行应力校核。

在有闷头的情况下，无梁岔管各母线转折处的应力，可按下列公式进行简化计算：

$$\sigma_{\max} = \frac{pr_p}{t}k_{\theta 1} \tag{4.8-91}$$

$$\sigma_{f\cdot\max} = \frac{pr_p}{t}\frac{k_{\theta 1} + k_{\theta 2}}{2} \tag{4.8-92}$$

$$\sigma_{rd} = \frac{pr_p}{t}k_{\theta d} \tag{4.8-93}$$

式中 $\sigma_{\max}$——转折点处管壳外壁最大峰值应力，为局部膜应力加弯曲应力，N/mm²；

$\sigma_{f\cdot\max}$——转折点附近的最大局部膜应力，N/mm²；

σ_{rd}——距转折点为 $0.5\sqrt{r_p t}$ 处的环向整体膜应力，N/mm²；

r_p——第二曲率半径，mm；

$k_{\theta 1}$——管外壁环向应力系数，见表4.8-7；

$k_{\theta 2}$ ——管内壁环向应力系数，见表4.8-8；

$k_{\theta d}$ ——距交界点 A 为 $0.5\sqrt{r_p t}$ 处的环向应力系数，见表4.8-9。

表4.8-7～表4.8-9中 C 为管壁腰线转折角。

表4.8-7　　转折点管外壁环向应力系数 $k_{\theta 1}$

C (°) \ r_p/t	100	90	80	70	60	50	40
8	1.703	1.667	1.629	1.589	1.546	1.500	1.448
9	1.792	1.752	1.710	1.664	1.616	1.564	1.505
10	1.882	1.837	1.790	1.740	1.686	2.628	1.563
11	1.972	1.923	1.871	1.816	1.756	1.692	1.621
12	2.063	2.009	1.952	1.892	1.827	1.757	1.679
13	2.154	2.096	2.034	1.969	1.899	1.822	1.738
14	2.246	2.183	2.117	2.046	1.970	1.888	1.797
15	2.339	2.271	3.200	2.124	2.043	1.954	1.857
16	2.432	2.360	2.284	2.203	2.116	2.021	1.917
17	2.526	2.449	2.368	2.282	2.189	2.089	1.978
18	2.621	2.539	2.453	2.362	2.264	2.157	2.039
19	2.716	2.630	2.539	2.442	2.338	2.225	2.101
20	2.813	2.722	2.626	2.524	2.414	2.295	2.163
21	2.911	2.815	2.714	2.606	2.491	2.365	1.226
22	3.009	2.909	2.802	2.690	2.568	2.436	2.290
23	3.109	3.003	2.892	2.773	2.646	2.508	2.355
24	3.210	3.099	2.983	2.858	2.725	2.580	2.421
25	3.312	3.196	3.074	2.945	2.805	2.654	2.487
26	3.415	3.295	3.167	3.032	2.887	2.729	2.554
27	3.520	3.394	3.261	3.120	2.969	2.804	2.623
28	3.626	3.495	3.357	3.210	3.052	2.881	2.692
29	3.733	3.597	3.454	3.301	3.137	2.959	2.762
30	3.842	3.701	3.552	3.393	2.223	3.038	2.834

表4.8-8　　转折点管内壁环向应力系数 $k_{\theta 2}$

C (°) \ r_p/t	100	90	80	70	60	50	40
8	1.218	1.208	1.197	1.186	1.174	1.161	1.147
9	1.246	1.235	1.223	1.210	1.197	1.182	1.167
10	1.274	1.262	1.248	1.234	1.219	1.203	1.186
11	1.303	1.289	1.274	1.259	1.243	1.225	1.206
12	1.332	1.317	1.301	1.284	1.266	1.247	1.226
13	1.361	1.344	1.327	1.309	1.289	1.269	1.246
14	1.390	1.373	1.354	1.334	1.313	1.291	1.266
15	1.420	1.401	1.381	1.360	1.337	1.313	1.287
16	1.450	1.430	1.409	1.386	1.362	1.336	1.308
17	1.481	1.459	1.436	1.412	1.387	1.359	1.329

续表

C (°) \ r_p/t	100	90	80	70	60	50	40
18	1.512	1.489	1.465	1.439	1.412	1.383	1.351
19	1.543	1.519	1.493	1.466	1.437	1.407	1.373
20	1.575	1.549	1.522	1.494	1.463	1.431	1.395
21	1.607	1.580	1.552	1.522	1.490	1.455	1.418
22	1.640	1.611	1.581	1.550	1.516	1.480	1.441
23	1.673	1.643	1.612	1.579	1.544	1.506	1.465
24	1.706	1.675	1.643	1.608	1.571	1.532	1.489
25	1.741	1.708	1.674	1.638	1.599	1.558	1.514
26	1.775	1.741	1.706	1.668	1.620	1.585	1.539
27	1.811	1.775	1.738	1.699	1.657	1.613	1.564
28	1.847	1.810	1.771	1.731	1.687	1.641	1.590
29	1.884	1.845	1.805	1.763	1.718	1.669	1.617
30	1.921	1.881	1.840	1.795	1.749	1.698	1.644

表 4.8-9　距转折点为 0.5 $\sqrt{r_p t}$ 处的环向应力系数 $k_{\theta d}$

C (°) \ r_p/t	100	90	80	70	60	50	40
8	1.334	1.317	1.299	1.280	1.259	1.237	1.212
9	1.376	1.357	1.337	1.316	1.292	1.267	1.240
10	1.419	1.398	1.375	1.351	1.326	1.298	1.267
11	1.462	1.438	1.414	1.387	1.359	1.328	1.294
12	1.505	1.479	1.452	1.423	1.392	1.359	1.322
13	1.548	1.521	1.491	1.460	1.426	1.390	1.349
14	1.592	1.562	1.530	1.497	1.460	1.421	1.377
15	1.636	1.604	1.570	1.533	1.495	1.452	1.406
16	1.680	1.646	1.609	1.571	1.529	1.484	1.434
17	1.725	1.688	1.649	1.608	1.564	1.516	1.463
18	1.770	1.731	1.690	1.646	1.599	1.548	1.492
19	1.815	1.774	1.730	1.684	1.634	1.580	1.521
20	1.861	1.817	1.772	1.723	1.670	1.613	1.550
21	1.907	1.861	1.813	1.762	1.706	1.646	1.580
22	1.954	1.906	1.855	1.801	1.743	1.680	1.610
23	2.001	1.951	1.897	1.841	1.780	1.714	1.641
24	2.049	1.996	1.940	1.881	1.817	1.748	1.671
25	2.097	2.042	1.984	1.922	1.855	1.783	1.703
26	2.146	2.088	2.028	1.963	1.893	1.818	1.734
27	2.195	2.135	2.072	2.005	1.932	1.853	1.766
28	2.246	2.183	2.110	2.047	1.972	1.800	1.799
29	2.296	2.231	2.163	2.090	2.011	1.926	1.832
30	2.348	2.281	2.209	2.133	2.052	1.963	1.866

4.8.7 钢衬钢筋混凝土岔管

4.8.7.1 构造

工程实践表明，当岔管 HD 值很大时，如果仍然采用明钢岔管结构，将需要尺寸很大的加强梁，而且管壁厚度很大，或需要采用高强度钢材，这将给选材及制安工艺带来很大困难，同时要增加投资。为此，可以考虑将钢岔管布置在岩体当中，按与围岩联合承载进行设计，也可以参照钢衬钢筋混凝土管道的工作原理，在钢岔管外围布置钢筋混凝土，与钢岔管共同承载，这种岔管型式称之为钢衬钢筋混凝土岔管。为了使钢衬和外围钢筋混凝土更好地联合工作，钢衬的外周要尽量平滑，即尽可能采用贴边岔管、内加强月牙肋岔管或无梁岔管，而不应采用局部刚度很大的三梁岔管或球形岔管。对于贴边岔管，外围钢筋混凝土结构可以做成如图 4.8-41 (a) 所示的型式，为了减少材料用量，可以作成 2 或 3 个阶梯。

为了简化外包钢筋混凝土的施工工艺，保证混凝土浇筑质量，以利钢筋混凝土与钢岔管联合承载，钢衬钢筋混凝土岔管最好布置在地面或采用沟埋式布置。

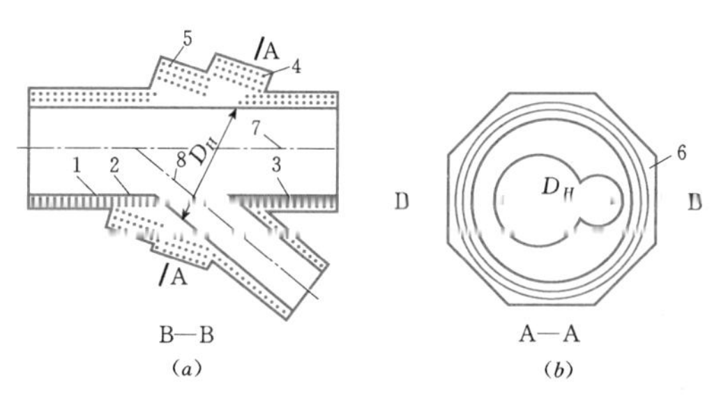

图 4.8-41 钢衬钢筋混凝土岔管

1—钢筋混凝土管壁；2—钢衬；3—主管钢筋骨架；4—大套环钢筋骨架；5—小套环钢筋骨架；6—钢筋混凝土套环；7—主管轴线；8—支管轴线

4.8.7.2 设计原则与方法

钢衬钢筋混凝土分岔管除了应遵循一般钢岔管的设计原则，如水流平顺，水头损失小，结构合理简单，受力条件好，以及制作、运输、安装方便以外，还应满足钢筋混凝土结构的一般要求，如裂缝宽度要进行限制，以保证钢筋混凝土结构耐久性的要求等。分岔管是处于内水压力作用下的连接管段，其精确计算甚至在无外围钢筋混凝土的情况下都很困难。为了达到工程所需的计算精度，对于钢衬钢筋混凝土贴边岔管，可以沿分岔角角平分线垂直的方向切取若干断面进行近似计算，如图 4.8-41 (b) 所示。

参照钢衬钢筋混凝土管道的设计原理，钢衬钢筋混凝土分岔管水平截面内的钢材面积可以按下式简化计算：

$$P\frac{D_H}{2}\leqslant\frac{tf_s+t_3f_y}{\gamma_0\psi\gamma_d} \tag{4.8-94}$$

如果采用 SL 281—2003《水电站压力钢管设计规范》，钢管壁厚及环向钢筋折算厚度也可以按下式确定：

$$P\frac{D_H}{2}\leqslant\frac{t\sigma_s\varphi+t_3f_{y*}}{K} \tag{4.8-95}$$

式中，D_H 为计算截面处主管与支管的平联直径（见图 4.8-41），其他变量详见式（4.6-1）、式（4.6-3）的说明。另外，岔管结构系数 γ_d 或安全系数 K 可在直管段的基础上增加 10%。

若岔管外套环具有几个阶梯，则按每个阶梯内主、支管的平联直径 D_H 计算单位长度的钢衬和钢筋的折算厚度（即 t 和 t_3）。在管顶、底截面处，可以采用相同的钢材面积，但钢材计算应力由两部分组成，即计算断面处主管直径（椭圆短轴）所产生的拉应力与由于管腔的水平和垂直尺寸之差而产生的弯曲应力之和，可以采用钢筋混凝土非线性有限元方法进行计算。

大量的研究表明，明贴边钢岔管的最大应力出现在主、支管相联的锐角处，该处由于边界效应而发生应力集中。采用钢衬钢筋混凝土岔管以后由于以钢筋环骨架做成的外套环，限制了主、支管钢衬的变形，可以使岔管钢衬锐、钝角处的应力集中大大缓解。

参 考 文 献

[1] 华东水利学院. 水工设计手册：第七卷水电站建筑物 [M]. 北京：水利电力出版社，1989.

[2] CECS 141—2002 给水排水工程埋地钢管管道结构设计规程 [S]. 北京：中国建筑工业出版社，2003.

[3] SL 281—2003 水电站压力钢管设计规范 [S]. 北京：中国水利水电出版社，2003.

[4] DL/T 5141—2001 水电站压力钢管设计规范 [S]. 北京：中国电力出版社，2002.

[5] DL 5077—1997 水工建筑物荷载设计规范 [S]. 北京：中国电力出版社，1998.

[6] GB/T 12777—2008 金属波纹管膨胀节通用技术条件 [S]. 北京：国家质量技术监督局，1999.

[7] DL/T 5057—1996 水工混凝土结构设计规范 [S]. 北京：中国电力出版社，1997.

[8] GB 5696—2006 预应力混凝土管 [S]. 北京：国家质量监督检验检疫总局、国家标准化管理委员会，2006.

[9] GB/T 19685—2005 预应力钢筒混凝土管 [S]. 北京：国家质量监督检验检疫总局、国家标准化管理委员会，2005.

[10] JC/T 1056—2007 无粘结预应力混凝土管. 北京：国家发展和改革委员会，2007.

[11] CECS 140—2002 给水排水工程管芯缠丝预应力混凝土管和预应力钢筒混凝土管管道结构设计规程 [S]. 北京：中国计划出版社，2003.

[12] GB 50013—2006 室外给水设计规范 [S]. 北京：中华人民共和国建设部、国家质量监督检验检疫总局，2006.

[13] AWWA Standard，Design of Prestressed Concrete Cylinder Pipe ANSI/AWWA C304 - 07，American Water Works Association，2007.

[14] Concrete Pressure Pipe AWWA MANUAL M9 Third Edition，American Water Works Association，2008.

[15] 水电站坝内埋管设计手册及图集编写组. 水电站坝内埋管设计手册及图集 [M]. 北京：水利电力出版社，1988.

[16] 水电站机电设计手册编写组. 水电站机电设计手册：金属结构（二）[M]. 北京：水利电力出版社，1988.

[17] 黄希元，唐怡生. 小型水电站机电设计手册 [M]. 北京：水利电力出版社，1991.

[18] 潘家铮. 压力钢管 [M]. 北京：电力工业出版社，1982.

[19] 余家钰. 明压力钢管的运行振动 [J]. 水电站设计，1995 (2).

[20] 戴学荧. 对 EJMA 标准中波纹管自振频率计算方法的探讨 [J]. 管道技术与设备，1996 (6).

[21] 索丽生，周建旭，刘德有. 电站有压输水系统的水力共振 [J]. 水利水电科技进展，1998 (4).

[22] 陈军，段云岭，杜效鹄，潘家铮. 波纹管伸缩节设计参数的研究 [J]. 水力发电学报，2004 (5).

[23] 西北勘测设计院钢管组. 水电站压力钢管与混凝土联合作用的试验与探讨 [J]. 水利学报，1983 (6).

[24] 傅金筑. 混凝土内压力钢管承受内水压力的计算 [J]. 武汉水利电力学院学报，1985 (2).

[25] 伍鹤皋，生晓高，刘志明. 水电站钢衬钢筋混凝土压力管道 [M]. 北京：中国水利水电出版社，2000.

[26] 周建平，马善定，等. 重力坝设计二十年 [M]. 北京：中国水利水电出版社，2008.

[27] 张社荣，张彩秀，顾岩，彭敏瑞，祝青. 预应力钢筒混凝土管 (PCCP) 的设计、生产、施工及数值分析. 北京：中国水利水电出版社，2009.

[28] 北京市水利规划设计研究院，等. "十一五" 国家科技支撑计划 (2006BAB04A04)：超大口径 PCCP 管道结构安全与质量控制研究 [R]. 2010.

[29] 石泉，张立德，李红伟. 大型倒虹吸工程设计与施工——大口径、高压预应力钢筒混凝土管与玻璃钢管在倒虹吸工程中的应用 [M]. 北京：中国水利水电出版社，2007.

[30] 张树凯. 我国已成为当今世界生产、使用混凝土压力管最多的国家——我国混凝土压力管行业的发展回顾及前景展望 [J]. 辽宁建材，2009 (1)：9-14.

[31] 北京市水务局. 赴利比亚考察报告 [R]. 2004.

[32] 张树凯. 预应力钢筒混凝土管 (PCCP) 发展回顾与前景展望——PCCP 已成为我国 21 世纪铺设高工压、大口径输水管的首选管材 [J]. 辽宁建材，2009 (6)：14-16.

[33] 王东黎，刘进，石维新，等. 南水北调工程 PCCP 管道设计的关键技术研究 [J]. 水利水电技术，2009，40 (11)：33-39.

[34] 北京国电水利电力工程有限公司. 内加强月牙肋岔管技术研究专题报告 [R]. 2004.

[35] 北京国电水利电力工程有限公司. 压力钢管和岔管设计与施工译文集 [C]. 2001.

[36] 王志国，高水头. 大 PD 值内加强月牙肋岔管布置与设计 [J]. 水力发电，2001 (1).

[37] 王志国，陈永兴. 西龙池抽水蓄能电站内加强月牙肋岔管水力特性研究 [J]. 水力发电学报，2007 (1).

[38] 刘沛清，屈秋林，王志国，张红梅. 内加强月牙肋三岔管水力特性数值模拟 [J]. 水利学报，2004 (3).

[39] 王志国，陈永兴. 西龙池抽水蓄能电站内加强月牙肋岔管围岩分担内水压力设计 [J]. 水力发电学报，2006 (6).

[40] 王志国，段云岭，耿贵彪. 西龙池抽水蓄能电站高压岔管考虑围岩分担内水压力设计现场结构模型试验研究 [J]. 水力发电学报，2006 (6).

[41] 水力发电学会抽水蓄能专业委员会，北京水力发电学会. 抽水蓄能电站建设文集 [C]. 1996.

[42] 罗京龙，伍鹤皋. 月牙肋岔管有限元网格自动剖分程序设计 [J]. 中国农村水利水电，2005 (2).

[43] 杨兴义，伍鹤皋，罗京龙. 无梁岔管计算机辅助设计 [J]. 中国农村水利水电，2005 (11).

[44] 徐良华，伍鹤皋，刘波. 基于 APDL 的水电站三梁岔管设计研究 [J]. 水电能源科学，2008 (3).

[45] 宋蕊香，伍鹤皋，苏凯. 月牙肋岔管管节展开程序开发与应用研究 [J]. 人民长江，2009 (1).

[46] 马善定，汪如泽，等. 水电站建筑物 [M]. 北京：中国水利水电出版社，1996.

[47] 刘启钊. 水电站（第三版）[M]. 北京：中国水利水电出版社，2006.

[48] 钟秉章. 水电站压力管道、岔管、蜗壳 [M]. 杭州：浙江大学出版社，1994.

[49] 刘东常，刘宪亮. 压力管道 [M]. 郑州：黄河水利出版社，1998.

[50] 马善定，伍鹤皋，秦继章. 水电站压力管道 [M]. 武汉：湖北科学技术出版社，2002.

第5章

水电站厂房

本章以第1版《水工设计手册》框架为基础，内容调整和修订主要包括六个方面：①增加了厂房等级划分、洪水标准；②充实了地面厂房的厂区布置设计内容和工程实例，在结构设计中增加了充水保压蜗壳、直埋蜗壳、钢网架等新型结构型式，补充了有限元计算方法；③在厂房整体稳定分析中增加了非岩基上厂房设计内容和基础处理实例；④增加了厂房构造设计内容；⑤充实了地下厂房布置设计与工程实例，增加了地下厂房围岩稳定分析，重点介绍了围岩柔性支护设计，补充了岩壁式吊车梁设计与要求，增加了半地下式厂房布置和结构设计；⑥增加了坝内式厂房、灯泡贯流式机组厂房和水斗式机组厂房设计。

章主编　陆宗磐

章主审　刘志明　李　杰

本章各节编写及审稿人员

节次	编　写　人	审稿人
5.1	陆宗磐	耿振云
5.2	成卫忠	陆宗磐
5.3	刘　惟	陆宗磐　刘晓刚
5.4	陆宗磐	耿振云
5.5	熊礼奎　张　勇　刘　惟　耿振云	肖平西　刘晓刚　陆宗磐
5.6	王　琛	陆宗磐
5.7	刘　惟	陆宗磐　刘晓刚
5.8	傅英茹　彭　红　尹建辉　成卫忠	肖平西　李沃钊　陆宗磐
5.9	陆宗磐	耿振云
5.10		
5.11	潘建冬	陆宗磐　路学思
5.12	彭薇薇　陆永学	陆宗磐　尹建辉
5.13	陈　雷	陆宗磐
5.14	倪爱民　龚　斌	吴建军

第5章　水电站厂房

5.1　概　　述

5.1.1　厂房型式和类别

5.1.1.1　厂房型式划分

由于水电站的自然条件、枢纽布置、水头和机组型式的不同，水电站厂房的型式多种多样。按枢纽布置和结构受力的特点分类，水电站厂房的基本型式可分为河床式厂房、坝后式厂房、岸边式厂房和地下式厂房；按厂房是否壅水可分为壅水厂房和非壅水厂房；按机组型式不同，又可分为立轴式机组厂房、贯流式机组厂房、水斗式机组厂房、卧式机组厂房等。

5.1.1.2　各类厂房典型实例

1. 河床式厂房

河床式厂房的基本特征是厂房本身是挡水建筑物，直接承受上游水压力。图5.1－1为典型有排沙底孔的河床式厂房横剖面图。河床式厂房一般适用于中、低水头的水电站。

闸墩式厂房是河床式厂房的一种特殊型式，其特点是厂房分散布置在溢流坝的闸墩内，如青铜峡水电站（见图5.1－2）。

通常，河床式厂房和泄洪建筑物分开布置，但有的河床式电站将溢洪道布置在厂房顶部，如蜀河水电站、炳灵水电站（见图5.1－3）和苏联的巴甫洛夫水电站、基辅水电站。

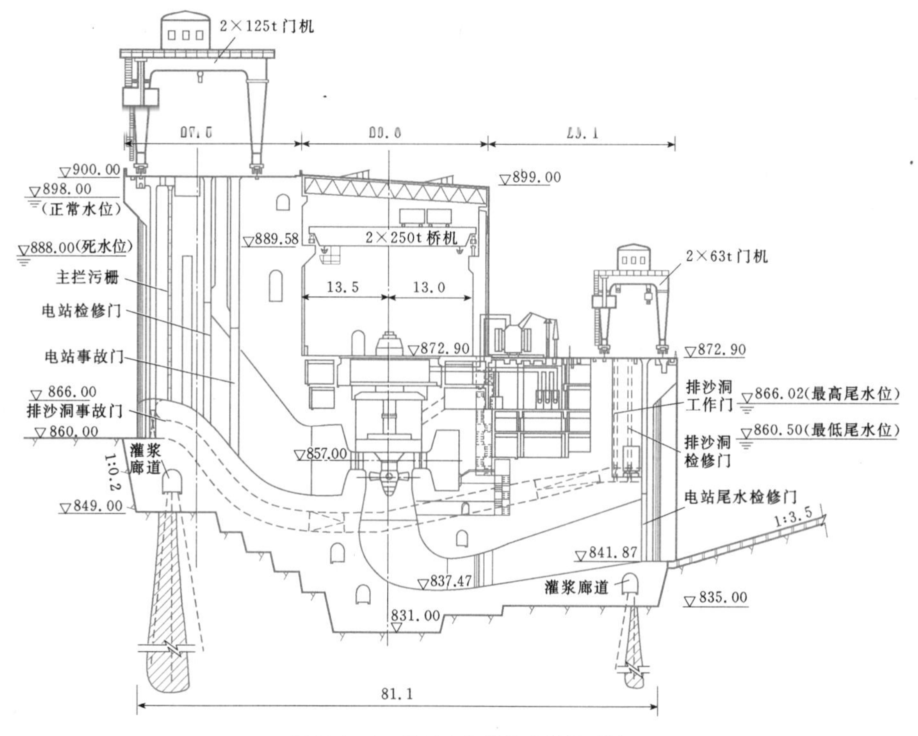

图5.1－1　龙口水电站厂房横剖面图

（有排沙底孔的河床式厂房）（单位：m）

装机容量为420MW（4台100MW，1台20MW），大小机组水轮机转轮直径分别为7.1m、3.7m，单机流量分别为360m^3/s、74m^3/s，机组段长分别为30m、15m；设计水头为31m

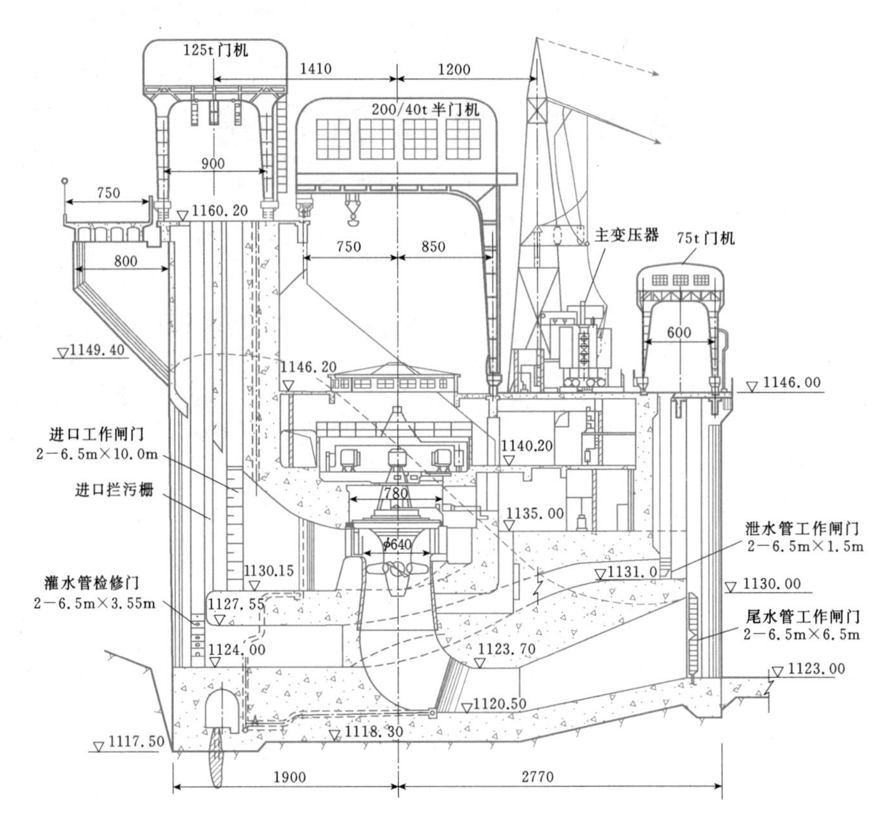

图 5.1－2　青铜峡水电站厂房横剖面图（闸墩式厂房）（尺寸单位：cm；高程单位：m）

装机容量为272MW（7台36MW，1台20MW），总发电流量为1860m³/s，

设计水头为23m，闸墩宽为21m，溢洪道宽为14m

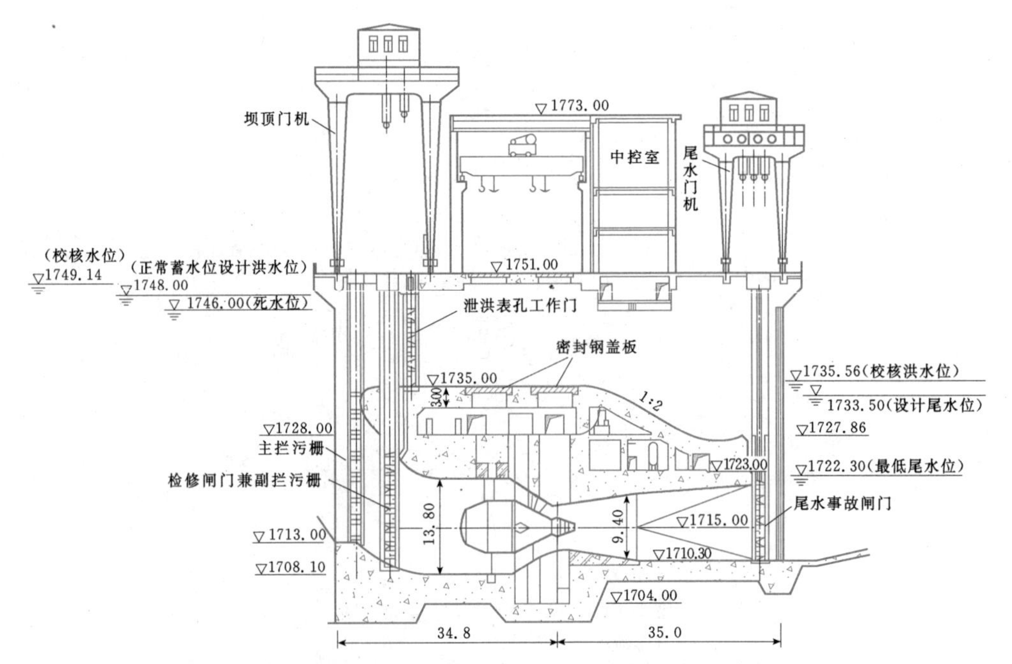

图 5.1－3　炳灵水电站厂房横剖面图（厂顶溢流式厂房）（单位：m）

装机容量为240MW（5台48MW），水轮机转轮直径为6.15m，设计水头为16.1m

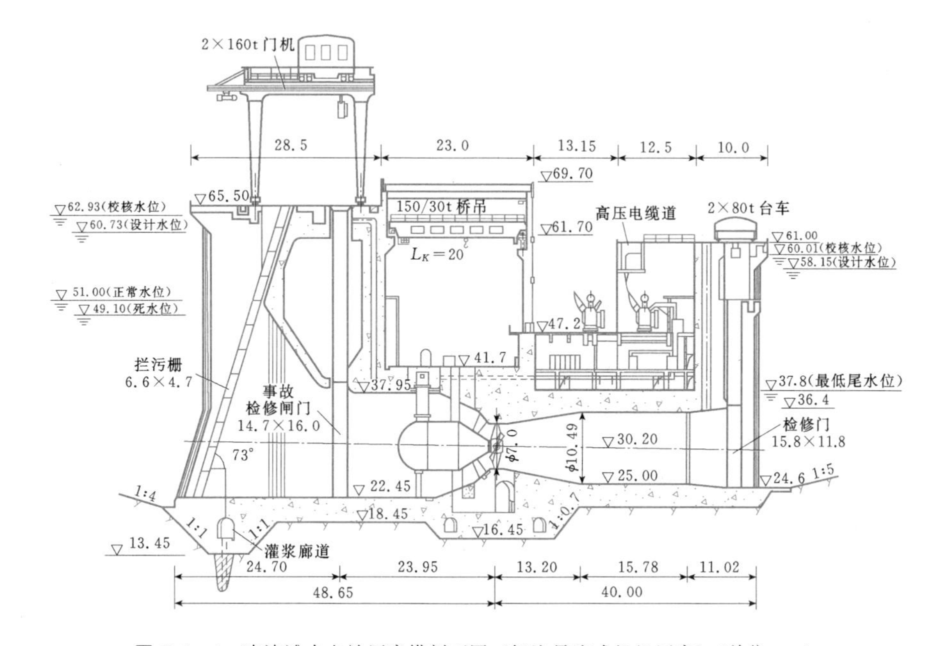

图 5.1-4 凌津滩水电站厂房横剖面图（灯泡贯流式机组厂房）（单位：m）

装机容量为 270MW（9 台 30MW），水轮机转轮直径为 6.9m，单机流量为 403m³/s，设计水头为 8.5m，机组段长为 20m

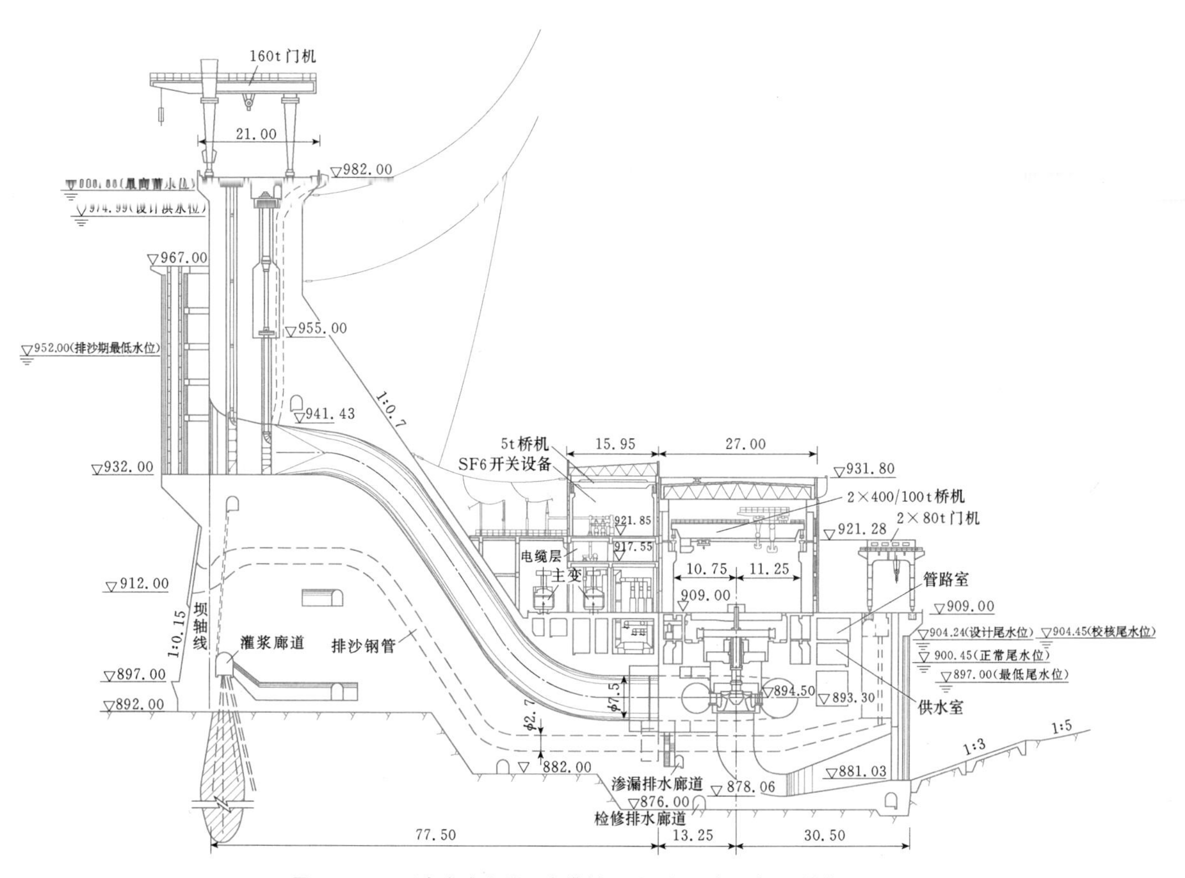

图 5.1-5 万家寨水电站厂房横剖面图（坝后式厂房）（单位：m）

装机容量为 1080MW（6 台 180MW），水轮机转轮直径为 6.1m，单机流量为 301m³/s，设计水头为 68m，机组段长为 24m

对于低水头径流式电站，采用灯泡贯流式机组的厂房日益增多，与立轴机组相比，贯流式机组厂房开挖少、土建工程量省，机组效率高。图 5.1-4 为典型灯泡贯流式机组厂房横剖面图。

2. 坝后式厂房

厂房布置在挡水建筑物后面，称之为坝后式厂房。一般情况下，厂坝之间用永久缝分开，厂房与大坝可视为各自独立的建筑物，受力明确。但有的电站，为了提高大坝或厂房的抗滑稳定性，采用厂坝联合作用，厂坝间不分永久缝。图 5.1-5 为典型坝后式厂房横剖面图。

坝后式厂房纵轴线一般与坝轴线平行单列布置，但有的电站，因机组台数较多，河谷狭窄，也可采用双列布置，如李家峡水电站（见图 5.1-6）。

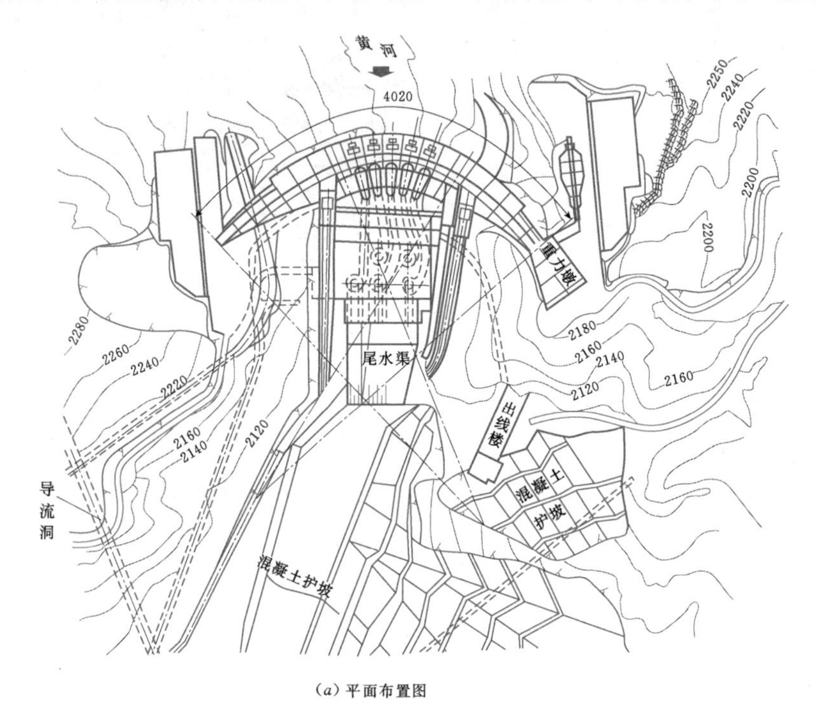

(*a*) 平面布置图

(*b*) 剖面图

图 5.1-6 李家峡水电站厂房布置图（坝后双列式厂房）（单位：m）

装机容量为 2000MW（5 台 400MW），水轮机转轮直径为 6.0m，单机流量为 362m^3/s，设计水头为 122m

当河谷峡窄，洪峰流量大，泄水建筑物与厂房在布置上有矛盾时，可以将泄水建筑物与厂房重叠布置，采用厂顶溢流式厂房（如新安江水电站，见图5.1-7）、厂前挑流式厂房（如乌江渡水电站，见图5.1-8）和坝内式厂房（如凤滩水电站，见图5.1-9）。

3. 岸边式厂房

岸边式厂房一般多沿河岸布置，位于引水系统的末端，适用于各种水头的电站。这种厂房，结构简单，施工方便，应用较广（见图5.1-10）。

布置在陡峻山坡下的岸边式厂房，应特别注意边坡的稳定性。

4. 地下式厂房

根据地形、地质条件，地下式厂房可以布置在引水道的不同部位，按其位置又可分为首部式（见图5.1-11）、尾部式和中部式。

半地下式厂房又称竖井式厂房是地下式厂房的一种特殊型式。当机组安装高程低或地形条件不具备采用全地下式厂房时，可以将厂房布置在地下竖井内（见图5.1-12）。

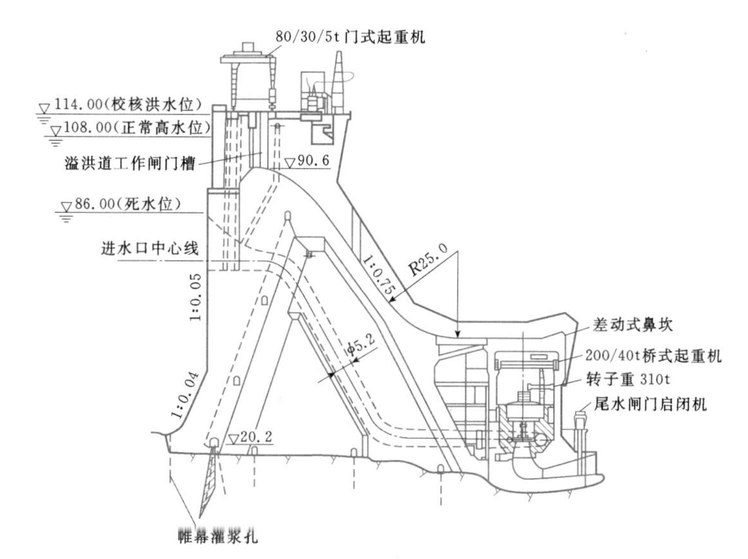

图5.1-7 新安江水电站厂房横剖面图（厂顶溢流式厂房）（单位：m）

装机容量为662.5MW（9台机），单机流量为228m³/s，设计水头为73m，机组间距为20m，厂房全长为2.5m，厂顶溢流段长为173m，最大泄量为13200m³/s

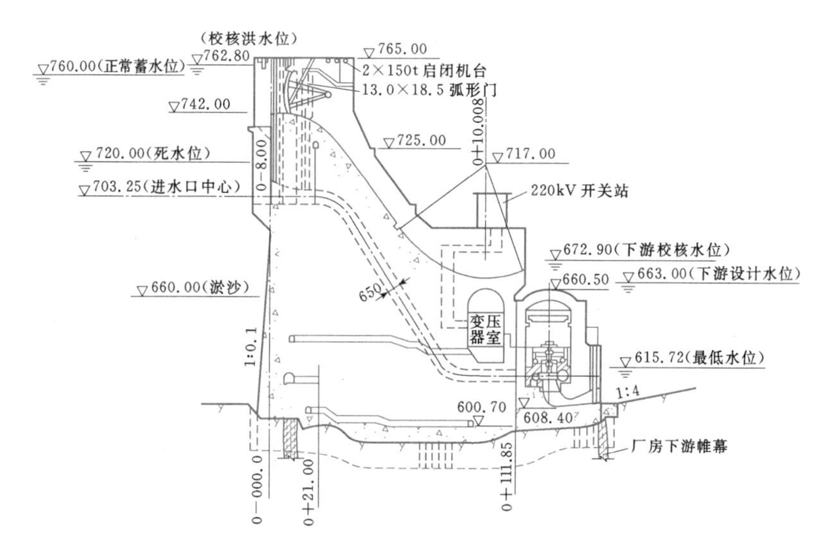

图5.1-8 乌江渡水电站厂房横剖面图（厂前挑流式厂房）（单位：m）

装机容量为630MW（3台210MW），水轮机转轮直径为5.2m，单机流量为203m³/s，设计水头为120m

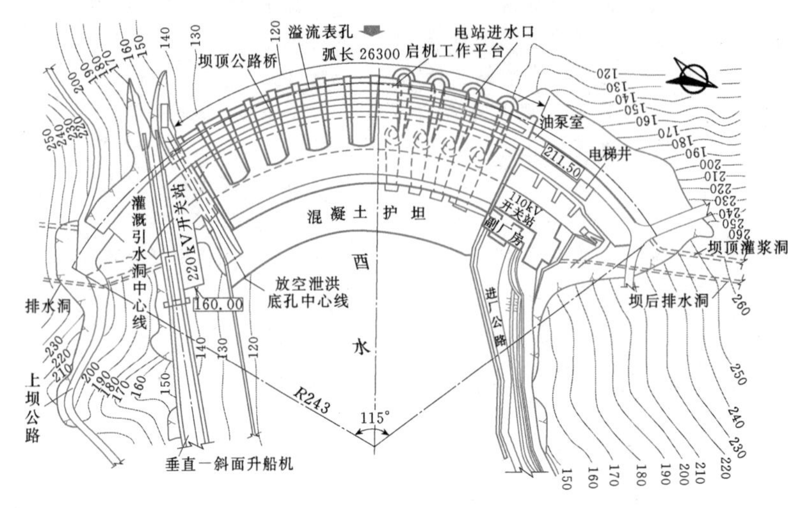

(a) 平面布置图

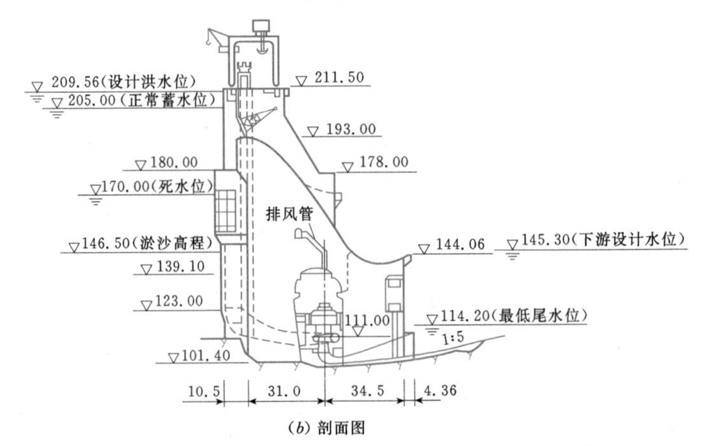

(b) 剖面图

图 5.1-9 凤滩水电站厂房布置图（坝内式厂房）（单位：m）

装机容量为400MW（4台100MW），转轮直径为4.1m，单机流量为160m³/s，设计水头为73m，最大坝高为112.5m，空腹尺寸为256m×20.5m×40.1m（长×宽×高）

5.1.2 电站等别及洪水标准

5.1.2.1 电站等别和厂房级别

水电枢纽工程等别应根据其工程规模、装机容量和在国民经济中的重要性，按表5.1-1确定[1]。

当水库总库容、装机容量分属不同等别时，工程等别应取其中最高的等别。

厂房及附属建筑物的级别，应根据所在工程等别和建筑物的重要性，按表5.1-2确定[1]。

当工程等别仅由水库总库容决定时，水电站厂房及附属建筑物的级别，经技术经济论证，可降低一级。

5.1.2.2 厂房洪水标准

厂房洪水标准是确定厂房防洪高程、进行厂房整体稳定分析和结构设计的主要依据。

表 5.1-1 水电枢纽工程分等指标

工程等别	工程规模	水库总库容（亿 m³）	装机容量（MW）
Ⅰ	大（1）型	≥10	≥1200
Ⅱ	大（2）型	<10 ≥1	<1200 ≥300
Ⅲ	中型	<1 ≥0.1	<300 ≥50
Ⅳ	小（1）型	<0.1 ≥0.01	<50 ≥10
Ⅴ	小（2）型	<0.01	<10

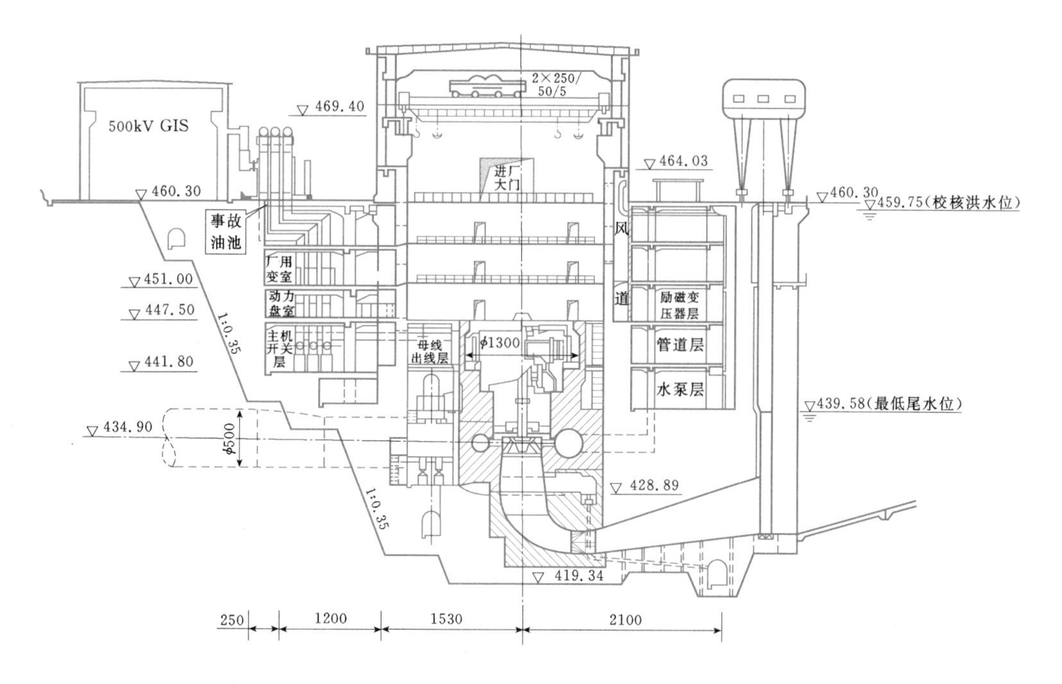

图 5.1-10 天生桥二级水电站厂房横剖面图（岸边式厂房）（尺寸单位：cm；高程单位：m）

装机容量为 1320MW（6 台 220MW），单机容量为 139.8m³/s，设计水头为 176m，

水轮机转轮直径为 4.5m，机组段长为 19m

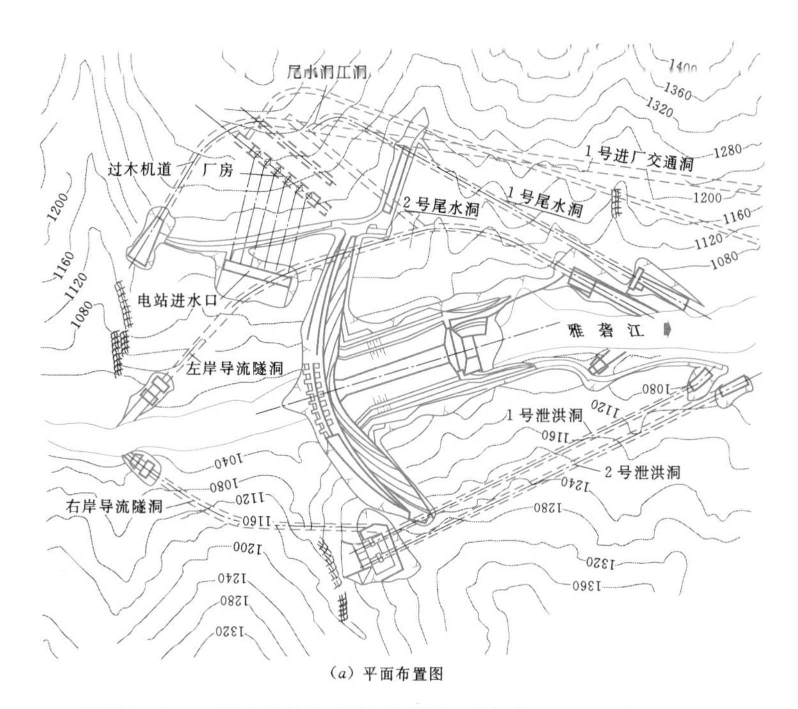

(*a*) 平面布置图

图 5.1-11 二滩水电站地下厂房布置图（首部式）（一）（单位：m）

装机容量为 3300MW（6 台 550MW），单机流量为 374m³/s，设计水头为 165m，厂房埋深为 350～400m，

主厂房洞室为 280.3m×30.7m×65.7m（长×宽×高），单机单洞引水，尾水调压室 3 机合 1

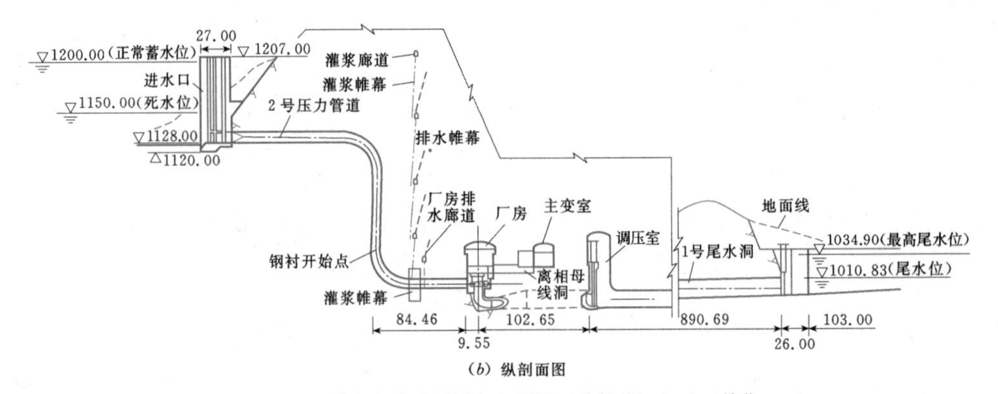

(b) 纵剖面图

图 5.1-11 二滩水电站地下厂房布置图（首部式）（二）（单位：m）

装机容量为3300MW（6台550MW），单机流量为374m³/s，设计水头为165m，厂房埋深为350～400m，

主厂房洞室为280.3m×30.7m×65.7m（长×宽×高），

单机单洞引水，尾水调压室3机合1

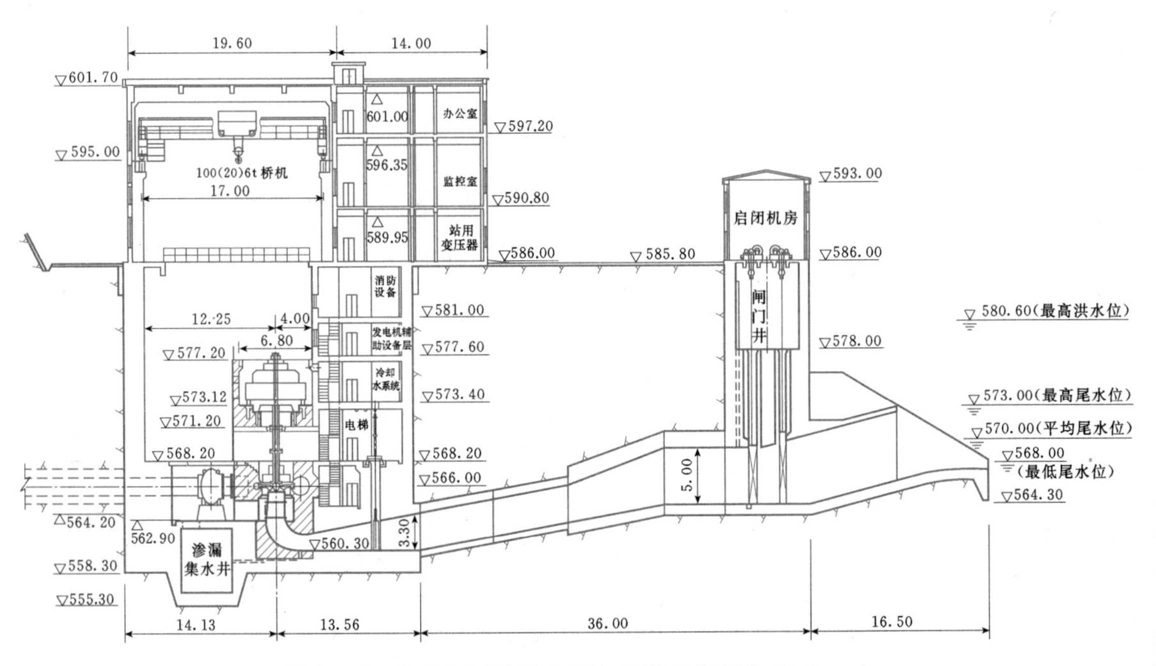

图 5.1-12 汉华水电站厂房布置图（半地下式厂房）（单位：m）

装机容量为70MW（2台35MW），转轮直径为1.9m，设计水头为244m，单机流量为16.5m³/s，

两机一井，竖井长轴直径为28.2m，短轴为22m，深为28m

表 5.1-2 水工建筑物的级别

工程等别	主要建筑物	次要建筑物
一	1	3
二	2	3
三	3	4
四	4	5
五	5	5

1. 壅水厂房

厂房作为枢纽挡水建筑物的一部分，如河床式厂房，其防洪标准应与该枢纽工程挡水建筑物的防洪标准一致。

2. 非壅水厂房

非壅水厂房的防洪标准可按表5.1-3确定[2]。

水电站副厂房、主变压器场地、开关站、进厂交通等建筑物的防洪标准可参照非壅水厂房的防洪标准确定。

表 5.1-3　　非壅水厂房的防洪标准

建筑物级别	洪水重现期（年）	
	设计洪水	校核洪水
1	200	1000
2	200～100	500
3	100～50	200
4	50～30	100
5	30～20	50

5.2 基 本 资 料

设计水电站厂房和开关站所需的基本资料包括：地形、地质、水文、气象、水能规划、交通运输、机电设备、厂房楼层荷载以及开关站设计有关资料等。

5.2.1 地形、地质

地形、地质资料见表 5.2-1。

表 5.2-1　　地形、地质资料

序号	项　目	要求或简要说明
1	地形资料	厂区 1/500、1/1000 或 1/2000 地形图；1/100 尾水渠河床断面图等
2	地质资料	厂区平面、剖面图、钻孔柱状图、主要地质构造、建筑材料、岩土物理力学性质、地下水环境水性质和地震等。对地下厂房还有岩体应力、围岩分类等资料

5.2.2 水文、气象

水文、气象资料见表 5.2-2。

表 5.2-2　　水文、气象资料

序号	项　目	要求或简要说明
1	水文资料	水位—流量关系曲线，泥沙，冰凌，各种洪峰流量及相应水位
2	气象资料	降水强度、年雨量、降雨天数等降雨数据；月平均气温、多年平均气温、最冷月平均气温、极端最高气温、极端最低气温等气温数据；湿度；基本风压、多年平均最大风速、最大瞬时风速、风向，积雪厚度，冻土层厚度等

5.2.3 水能规划

水能规划资料见表 5.2-3。

表 5.2-3　　水能规划资料

序号	项目	要求或简要说明
1	水位	正常蓄水位、死水位、正常尾水位、最低尾水位、校核洪水和设计洪水的上游水位和下游水位等
2	装机	装机容量、机组机型、安装高程等
3	综合利用	防洪、灌溉、航运、放木、鱼道、旅游和下游供水等

5.2.4 交通运输

铁路运输外限如图 5.2-1 所示。交通运输资料见表 5.2-4。公路建筑界限尺寸见表 5.2-5。

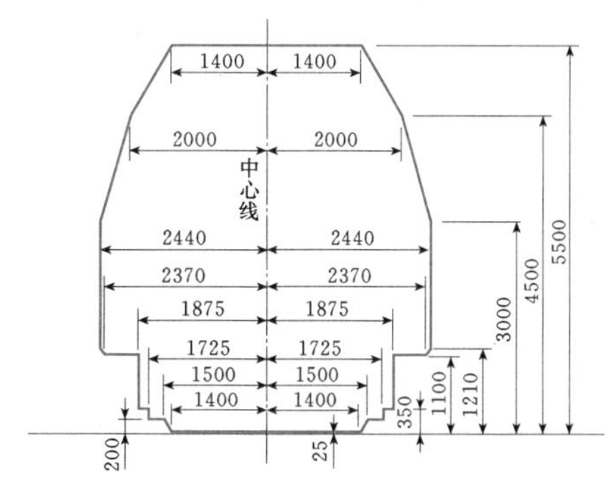

(*a*) 铁路直线建筑限界图

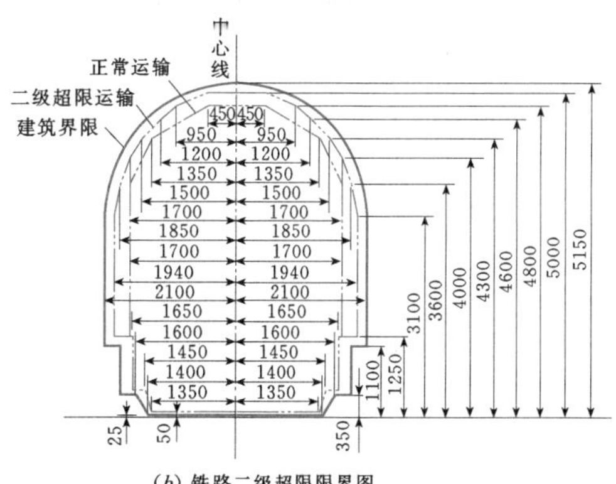

(*b*) 铁路二级超限限界图

图 5.2-1　铁路运输外限（单位：mm）

表 5.2-4　　交 通 运 输 资 料

序号	项目	要求或简要说明
1	水运	水运条件
2	公路	公路等级、公路建筑界限、$R\geqslant 35$m、$i\leqslant 8\%$
3	铁路	铁路运输外限、$R\geqslant 200\sim 300$m、$i\leqslant 2\%$
4	桥梁	桥梁宽度、跨度、跨数及荷载等级

表 5.2-5　公路建筑界限尺寸

示意图	公路等级	净空高度 H (m)	顶角宽度 E (m)	侧向宽度 L (m)	行车道宽度 W (m)
	二级公路	5.0	0.5～1.0	0.5～1.25	7.0～9.0
	三级公路	4.5	0.5	0.5	6.0～7.0
	四级公路	4.5	1.0～0.25	1.25～0.25	3.5～6.0

5.2.5 机电设备

5.2.5.1 水轮机及其附属设备

水轮机外形示意图如图 5.2-2～图 5.2-5 所示。水轮机及其附属设备资料见表 5.2-6。

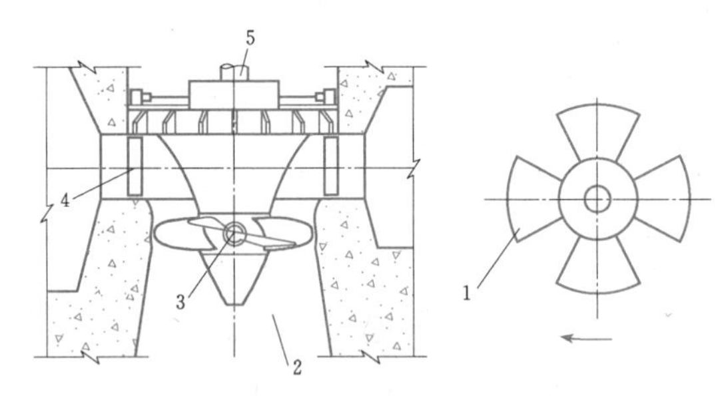

图 5.2-2　轴流式水轮机示意图

1—桨叶；2—尾水管；3—转轮；4—导水叶；5—主轴

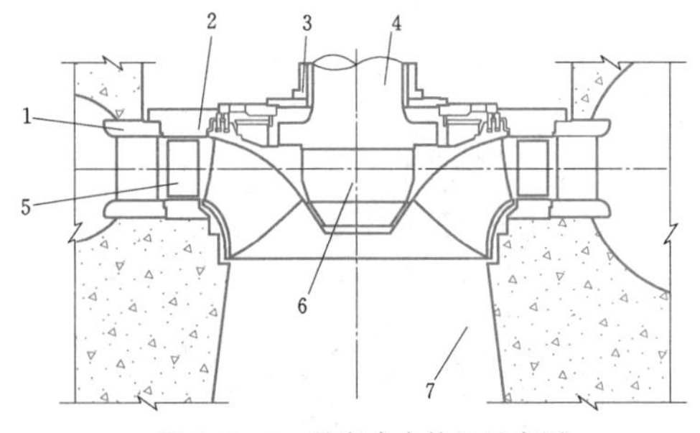

图 5.2-3　混流式水轮机示意图

1—座环；2—顶盖；3—主轴密封；4—水轮机主轴；5—活动导叶；6—转轮；7—尾水锥管

表 5.2-6　水轮机及其附属设备资料

序号	项　目	要求或简要说明
1	水轮机	水轮机型号、转轮直径 D_1、额定出力、额定水头、正常转速 n、飞逸转速 n_p、轴向水推力、转轮连轴重、顶盖直径和重量、吸出高度 h_s 以及水轮机总图、埋件图等
2	附属设备	调速器、油压装置的布置、重量及其对土建开孔大小要求等

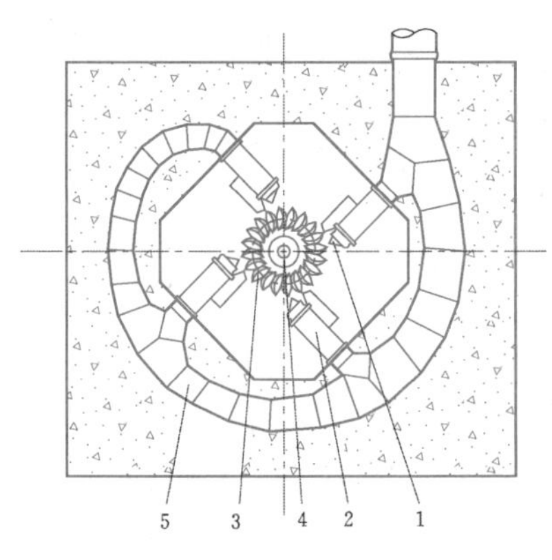

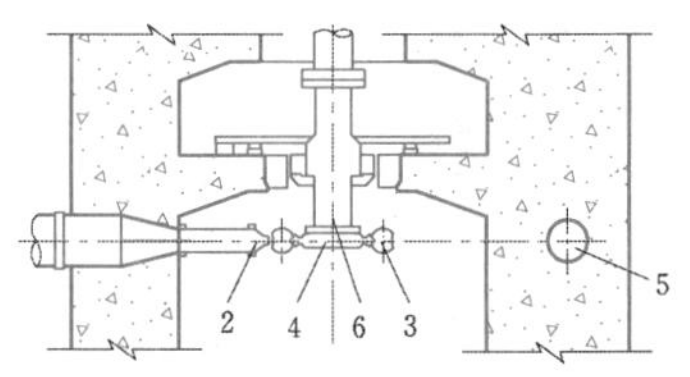

图 5.2-4　水斗式水轮机示意图

1—折向器；2—喷嘴；3—水斗；4—转轮；5—蜗管；6—主轴

5.2.5.2 尾水管、蜗壳

尾水管、蜗壳外形示意图如图 5.2-6 和图 5.2-7 所示。尾水管、蜗壳资料见表 5.2-7。

表 5.2-7　尾水管、蜗壳资料

序号	项　目	要求或简要说明
1	尾水管	尾水管型式、外形尺寸、单线图等
2	蜗　壳	蜗壳型式、外形尺寸、单线图等

5.2.5.3 发电机

发电机示意图如图 5.2-8 所示。发电机资料见表 5.2-8。

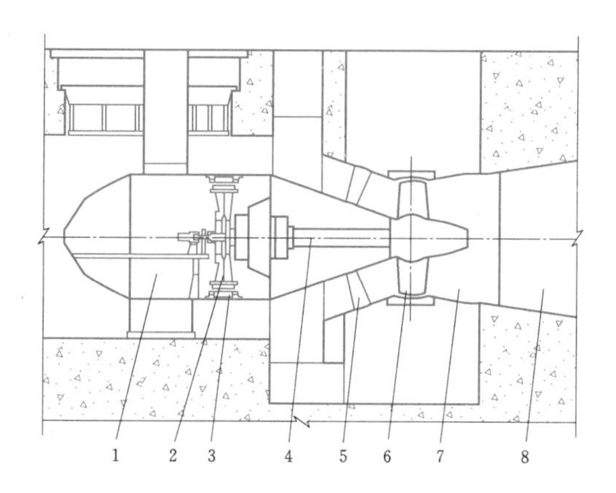

图 5.2-5 灯泡贯流式水轮机示意图

1—机壳体（亦称灯泡体）；2—发电机转子；3—发电机定子；4—水轮机主轴；5—圆锥式导水机构；6—水轮机转轮；7—锥管；8—尾水管

5.2.5.4 进水阀门

进水阀门示意图如图 5.2-9 所示。进水阀门资料见表 5.2-9。

表 5.2-8 发电机资料

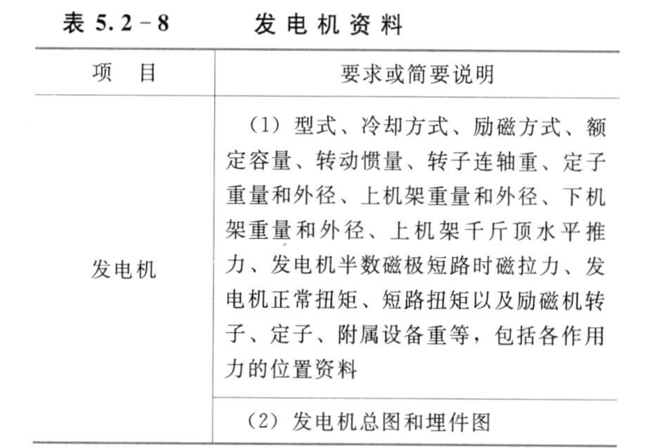

项　目	要求或简要说明
发电机	(1) 型式、冷却方式、励磁方式、额定容量、转动惯量、转子连轴重、定子重量和外径、上机架重量和外径、下机架重量和外径、上机架千斤顶水平推力、发电机半数磁极短路时磁拉力、发电机正常扭矩、短路扭矩以及励磁机转子、定子、附属设备重等，包括各作用力的位置资料
	(2) 发电机总图和埋件图

5.2.5.5 起重机

起重机示意图如图 5.2-10 所示。起重机资料见表 5.2-10。

5.2.5.6 主变压器

主变压器（SZ 10—120000/220 风冷）示意图如图 5.2-11 所示。主变压器资料见表 5.2-11。

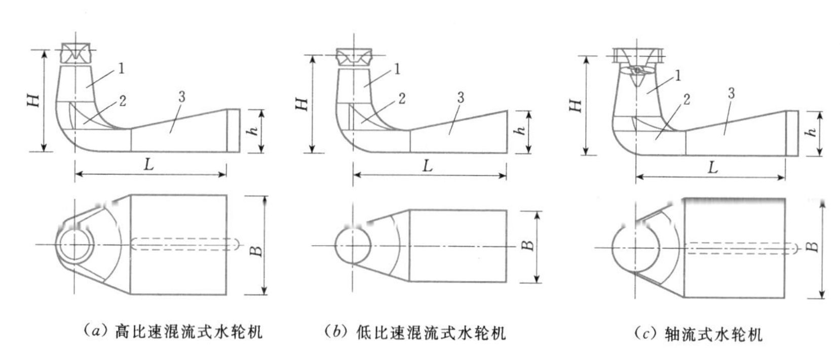

图 5.2-6 尾水管示意图

1—锥管；2—弯肘管；3—扩散段

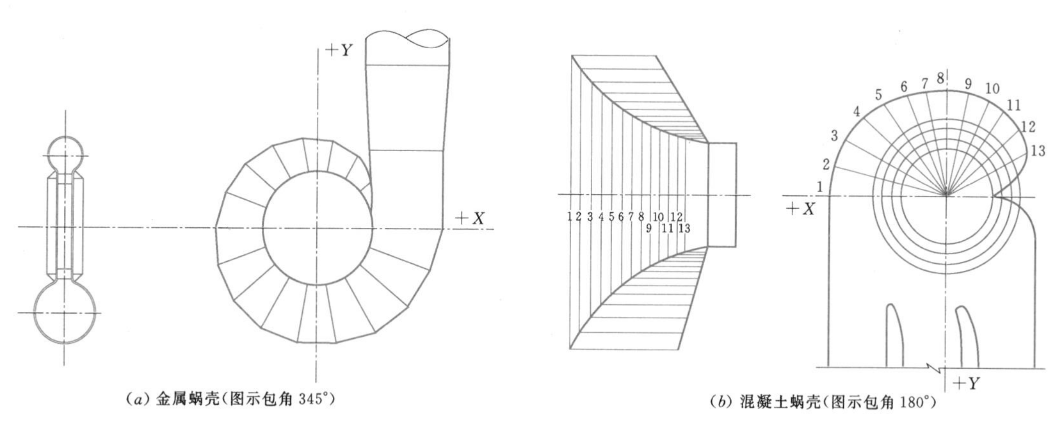

图 5.2-7 蜗壳示意图

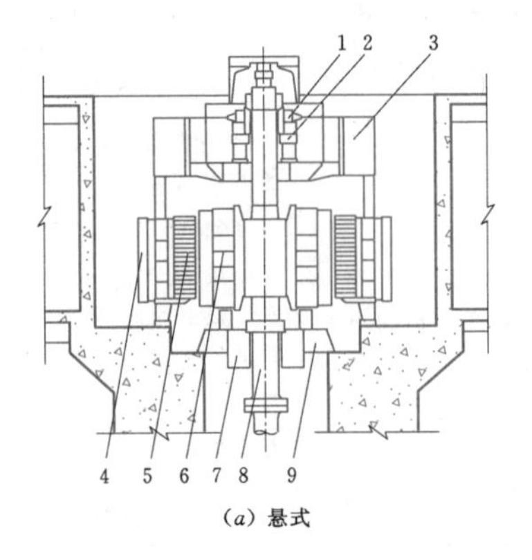

(a) 悬式

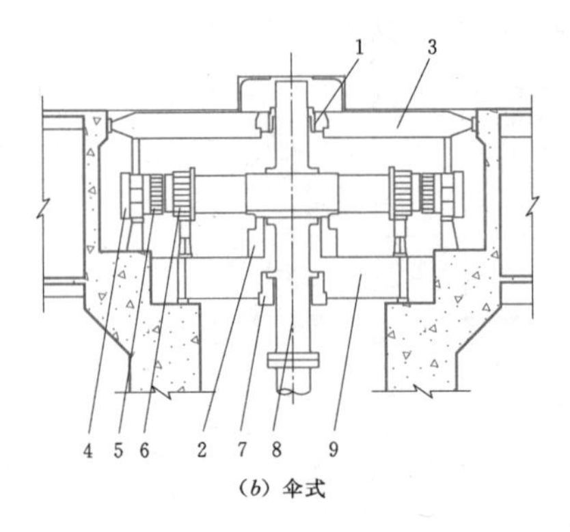

(b) 伞式

图 5.2-8 发电机示意图

1—上导轴承；2—推力轴承；3—上机架；4—空气冷却器；5—定子；6—转子；7—下导轴承；8—发电机轴；9—下机架

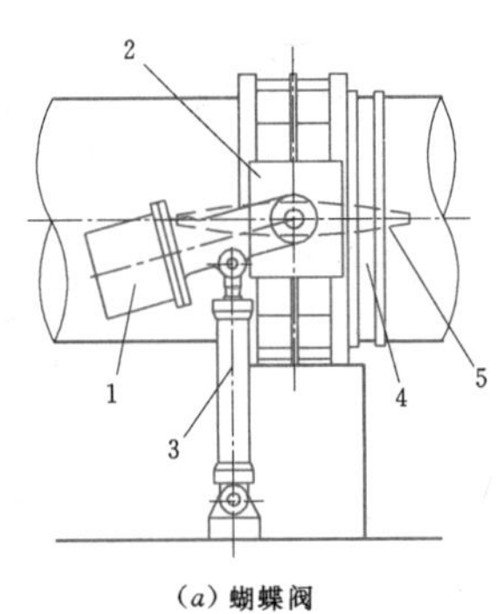

(a) 蝴蝶阀

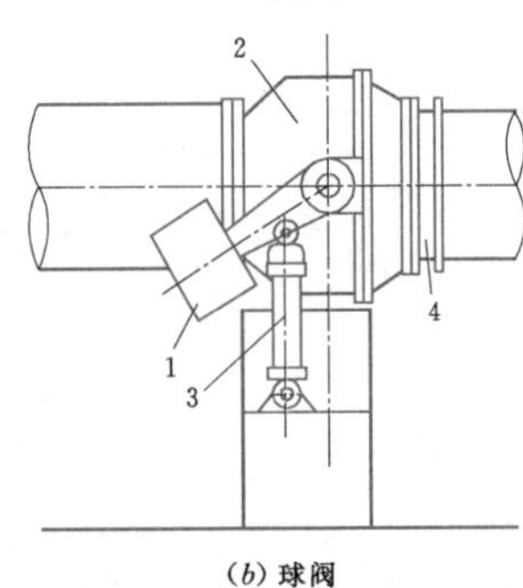

(b) 球阀

图 5.2-9 进水阀门示意图

1—重锤；2—阀体；3—接力器；4—伸缩节；5—活门

表 5.2-9 进水阀门资料

项 目	要求或简要说明
进水阀门	(1) 公称压力、公称直径、外形尺寸、基础埋件以及基础作用力大小、位置、方向等
	(2) 进水阀门总图和埋件图

表 5.2-10 起重机资料

项 目	要求或简要说明
起重机	(1) 型号、型式（桥式、门式）、主副钩扬程和极限位置、吊车跨度、容量、大小车自重、最大轮压和最小轮压、轮距、每侧轮数、操作室的位置以及外形尺寸等
	(2) 起重机总图

表 5.2-11 主变压器资料

项 目	要求或简要说明
主变压器	(1) 型号、容量、台数、外形尺寸、高度（吊出铁芯）、重量、轮压、轮数、轮距、轨距等
	(2) 主变压器总图

5.2.5.7 副厂房设备布置

副厂房设备布置资料见表 5.2-12。

5.2.6 厂房楼层荷载资料

主厂房安装间、发电机层和水轮机层各层楼面，在机组安装、运行和检修期间由设备堆放、部件组装、搬运等引起的楼面局部荷载及集中荷载，均应按实际情况考虑。当缺乏资料时，主厂房各层楼面的均布活荷载标准值可按表 5.2-13 采用。

生产副厂房各层楼面在安装、检修过程中可移动的集中荷载或局部荷载，均应按实际情况考虑。无设备区的操作荷载（包括操作人员、一般工具和零星配件等）可按均布活荷载考虑，其标准值可采用 3～4kN/m^2。当缺乏资料时，副厂房各层楼面的均布活荷载标准值可按表 5.2-14 采用。

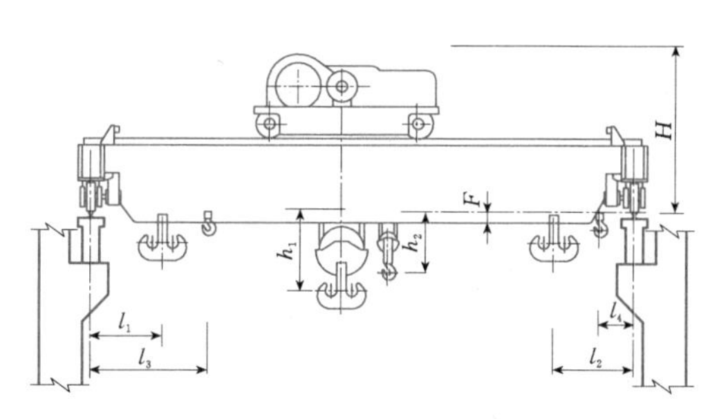

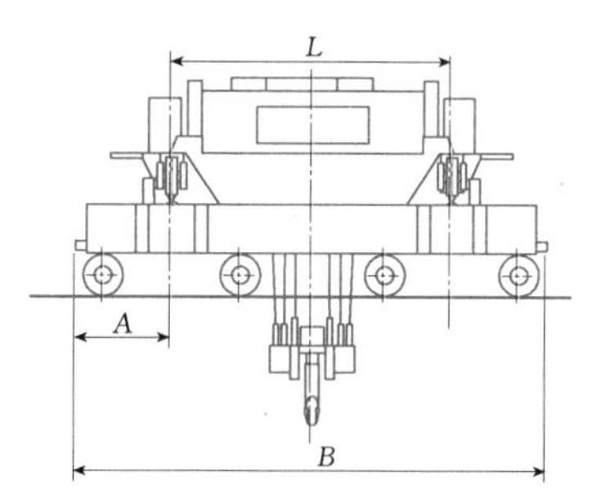

图 5.2-10 起重机示意图

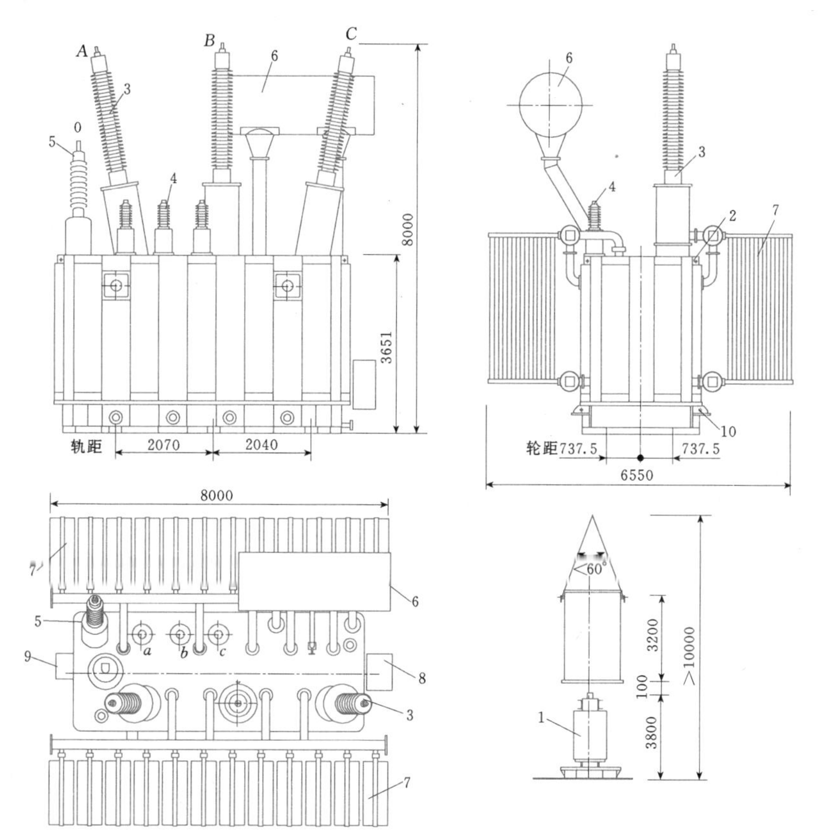

图 5.2-11 主变压器（SZ 10—120000/220 风冷）示意图（单位：mm）

1—器身；2—上节油箱吊拌；3—高压套管；4—低压套管；5—高压 0 相套管；6—储油柜；7—散热器；8—端子箱；9—有载调压开关；10—拉杆兼千斤顶

表 5.2-12 副厂房设备布置资料

序号	项 目	要求或简要说明
1	辅助机械及设备布置	厂内水泵、空压机、滤油机、通风空调设备、油罐、气罐等外形尺寸和重量，厂用修配设备外形尺寸和重量，以及布置要求
2	电气设备布置	母线布置及走向
		中控室、电缆层、GIS 室、厂用变室、蓄电池室及酸室、载波机室、计算机房等设备布置及面积要求

表 5.2-13 主厂房各层楼面的均布活荷载标准值表

序号	楼层名称	标准值（kN/m²）		
		300＞P≥100	100＞P≥50	50＞P≥5
1	安装间	160～140	140～60	60～30
2	发电机层	50～40	40～20	20～10
3	水轮机层	30～20	20～10	10～6

注 P 为单机容量（单位为 MW）；当 $P\geqslant300$MW 时，均布荷载值可视实际情况酌情增大。

表 5.2-14 副厂房各楼面的均布活荷载标准值

序号	房间名称		标准值 (kN/m²)
1	生产副厂房	中央控制室、计算机室	5～6
2		通信载波室、继电保护室	5
3		蓄电池室、酸室、充电机室	6
4		开关室	5
5		励磁盘室、厂用动力盘室	5
6		电缆室	4
7		空压机室	4
8		水泵室、通风机室	4
9		厂内油库、油处理室	4
10		试验室	4
11		电工室	5
12		机修室	7～10
13		工具室	5
14	办公副厂房	值班室	3
15		会议室	4
16		资料室	5
17		厕所、盥洗室	3
18		走道、楼梯	4

注 当室内有较重设备时，其活荷载应按实际情况考虑。

5.2.7 开关站设计资料

开关站通常有户外开敞式开关站和户内式开关站两种布置型式，户外开敞式开关站设计时需要电气专业提供的资料见表 5.2-15，户内式开关站及房屋建筑设计时各层楼（屋）面均布活荷载不应小于表 5.2-16 数值。

表 5.2-15 户外敞开式开关站设计资料

序号	项目	要求或简要说明
1	设备布置	开关站设备布置图，包括母线构架、出线构架、设备支架、主变压器、电缆沟等平面布置图和剖面图，第一座出线塔的位置和出线方向
2	导线（包括架空地线）荷载	包括在最低温、最大风、最大覆冰和安装、检修（单相带电检修和三相停电同时上人检修）工况条件下导线悬挂点所产生的水平张力、垂直荷重和侧向风压的标准值，进（出）线的偏角、弛度等
3	设备自重及操作荷载	阻波器、电压互感器、电流互感器、断路器、避雷器、隔离开关等设备重量、操作荷载和安装要求

表 5.2-16 户内式开关站各楼（屋）面均布活荷载标准值

序号	类别	标准值 (kN/m²)
1	主控制室、继电器室及通信室楼面①	4.0
2	主控制楼电缆层楼面	3.0
3	电容器室楼面②	4.0～9.0
4	户内 3kV、6kV、10kV 配电装置开关层楼面③	4.0～7.0
5	户内 35～110kV 配电装置开关层楼面④	4.0～8.0
6	户内 10kV、35kV、110kV 配电装置采用成套开关柜楼面	4.0
7	放置 110kV、220kV 全封闭组合电器的楼面⑤	10.0

① 若电缆层的电缆系悬吊在主控制室及继电器室楼板上时，则应按实际荷载计算；通信室当其设备通常的线荷载超过 7kN/m 时，则其折算活荷载有可能大于表中所列的标准值，应按实际情况进行核算。

② 电容器室楼面活荷载的标准值等于每只电容器重乘以 0.9 除以电容器的底面积。

③ 开关层标准荷载仅限于每组开关重量不大于 8kN，否则应按电气专业提供资料采用。

④ 开关层标准荷载仅限于 35kV 开关每组重量不大于 12kN，110kV 开关每组重量不大于 36kN，否则应按电气专业提供资料采用。

⑤ 仅限于安装、检修和运行过程中的楼面活荷载，设备基础荷载应根据电气专业提供资料按集中荷载计算。当 220kV 全封闭组合电器室不设桥式起重机时，应按实际情况确定楼面活荷载。

5.3 厂房布置

5.3.1 厂区布置

厂区布置主要目的是确定厂房与其他建筑物的相对位置。本节着重论述坝后式和引水式厂房厂区布置，其他型式厂房在相关章节中论述。

5.3.1.1 一般原则

厂区布置应根据地形、地质、环境条件，结合整个枢纽的工程布局，按下列原则进行：

(1) 合理确定主厂房、副厂房、开关站、进厂交通及尾水渠等建筑物相对位置，使电站运行安全、管理和维护方便。

(2) 妥善协调厂房和泄洪、排沙、通航等其他建筑物的布置，避免干扰，保证电站安全和正常运行。

(3) 综合考虑厂区防洪、排水、消防等安全措施，并具备检修的必要条件。

(4) 少占或不占用农田，保护天然植被，保护环境，保护文物。

(5) 做好总体规划及主要建筑物的建筑艺术处理，美化厂区环境。

(6) 综合考虑施工程序、施工导流及首批机组发电的工期要求，优化各建筑物的布置。

5.3.1.2 坝后式厂房

1. 坝后式厂房布置设计要点

(1) 坝后式厂房紧靠大坝，与泄洪建筑物近临，应避免泄洪对厂房、变电设备、开关站及进厂交通等不利影响。

(2) 为减少泄洪对尾水的波动影响和尾水渠淤积，通常在厂房尾水渠和泄洪建筑物之间设有导墙。

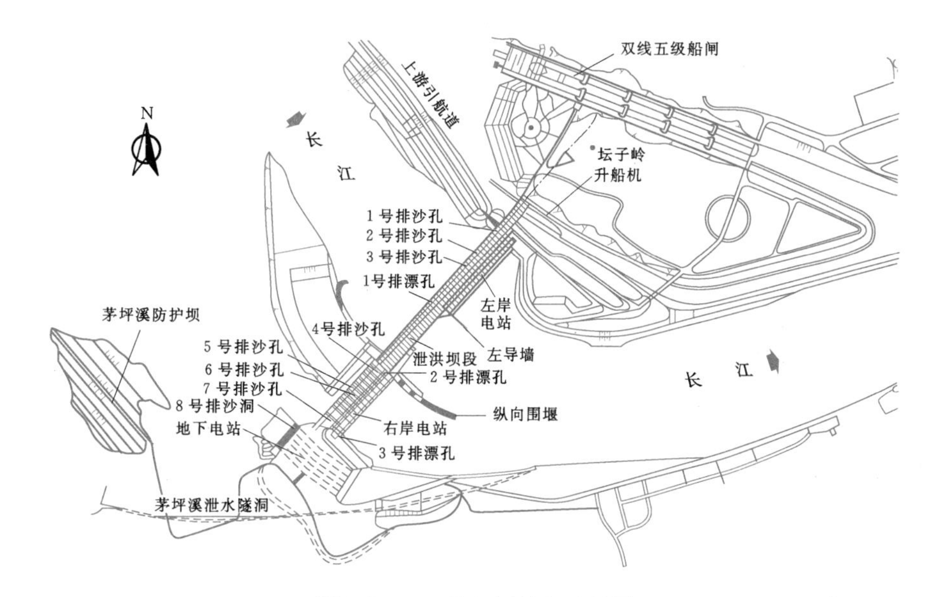

图 5.3-1 三峡水电站枢纽布置图

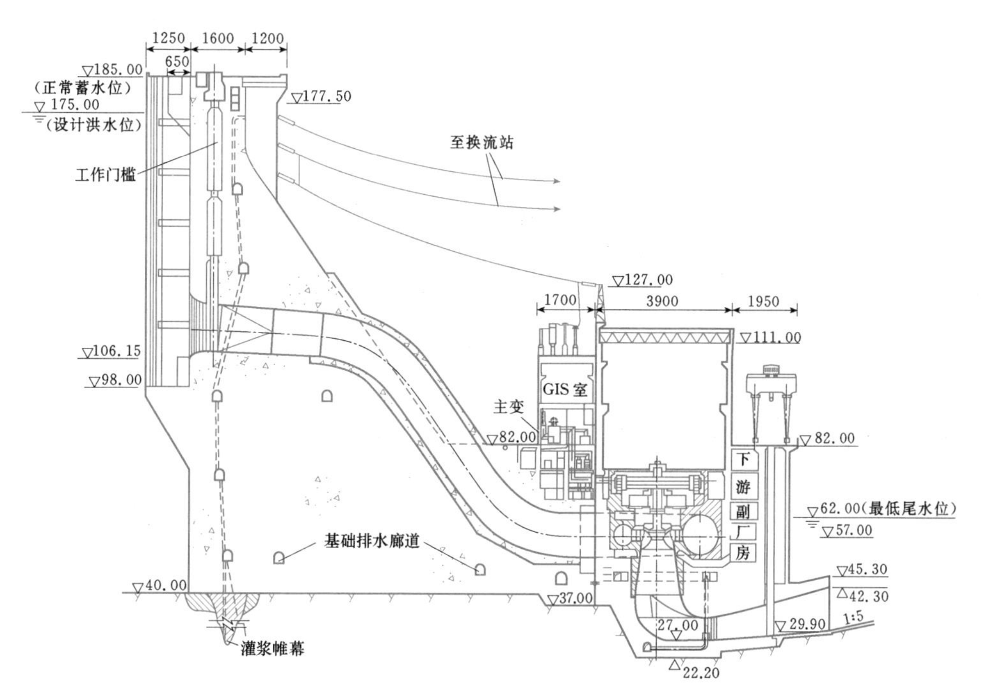

图 5.3-2 三峡水电站坝后厂房横剖面图（单位：m）

(3) 坝后式厂房各建筑物布置比较集中紧凑，往往将主变压器、开关站和副厂房等布置在厂坝之间的空间或尾水平台上。

(4) 坝后式厂房宜在厂、坝间设永久变形缝。为了满足厂、坝整体稳定或有其他要求时，经论证可采用厂坝整体连接。

(5) 一般情况下，在厂、坝间设有伸缩节室，经论证也可取消伸缩节。

2. 工程实例

(1) 重力坝坝后式厂房。图5.3-1为三峡水电站枢纽布置图。三峡水电站机组台数多（共26台），机组大（单机容量700MW），厂房总长1231.4m，泄洪坝段布置在河床主河道，坝后厂房分别布置在左右两侧。左右岸厂房各有两个安装间，主安装间布置在靠岸端，副安装间布置在中间部位。主变压器放在厂坝之间，开关站布置在左右岸边平台上。厂房尾水渠和溢流坝段有导墙分隔，右岸厂房利用原纵向围堰作为导墙用。厂区布置紧凑合理，且有利于分期施工。三峡水电站坝后厂房横剖面图如图5.3-2所示。

(2) 拱坝坝后式厂房。拱坝坝后式厂房纵轴可呈弧形布置，也可布置成直线。弧形布置引水管布置较方便，长度较短，但厂房结构复杂，厂内吊车弧线行走，需要特殊设计。直线布置厂房结构简单，但引水管布置复杂，厂坝之间距离较长，主变压器、开关站和副厂房可布置在厂坝之间。图5.3-3和图5.3-4分别为拱坝坝后式厂房弧形布置及直线布置的两种实例。

(3) 支墩坝坝后式厂房。支墩坝坝后式厂房可以布置在支墩之间，如佛子岭水电站一期厂房（见图5.3-5），这种布置方式高压引水管长度较小，一般适用于机组台数较少，单机容量较小的水电站。当机组台数较多或机组容量较大时，一般将厂房布置在支墩的后面，与重力坝坝后式厂房类同。

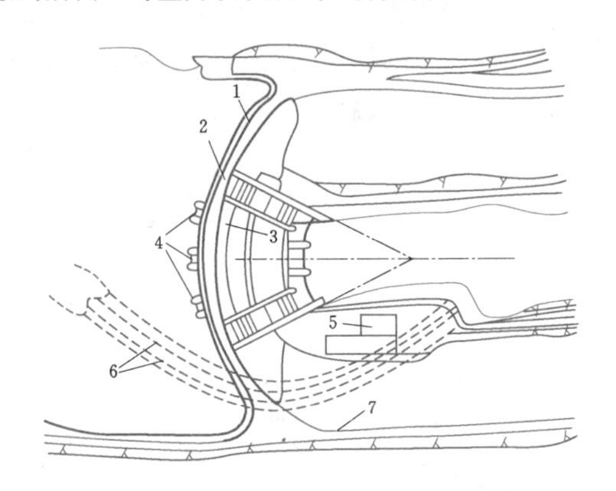

图5.3-3 法国的却司登水电站枢纽布置图（坝后弧形厂房）

1—坝顶；2—溢洪道；3—弧形厂房；4—进水口；5—开关站；6—导流隧洞；7—上坝公路

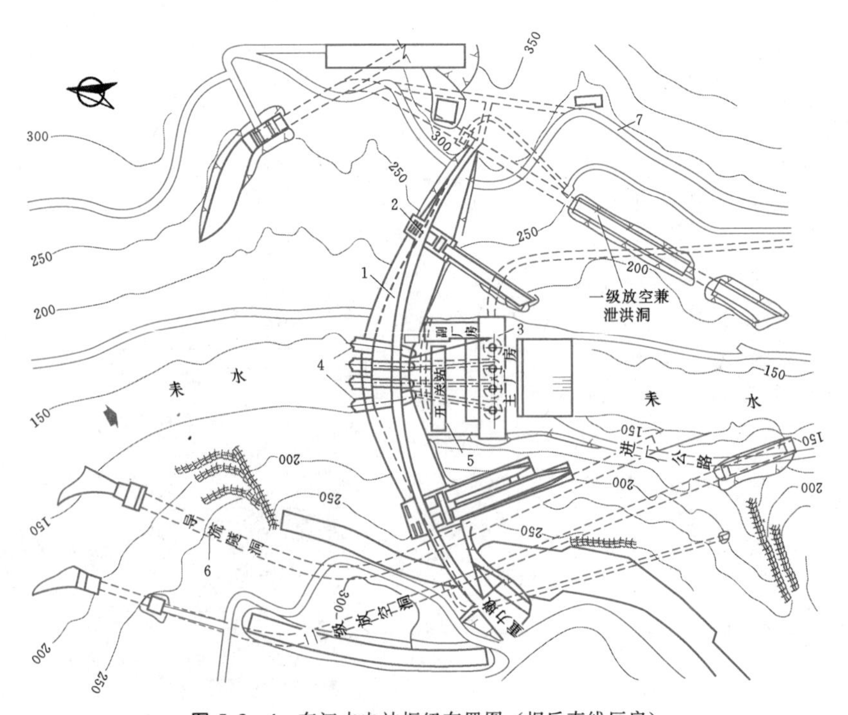

图5.3-4 东江水电站枢纽布置图（坝后直线厂房）

1—大坝；2—溢洪道；3—坝后厂房；4—进水口；5—开关站；6—导流隧洞；7—上坝公路

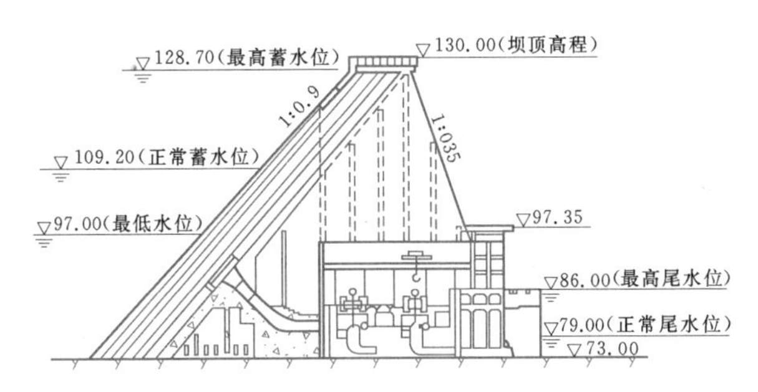

图 5.3-5 佛子岭水电站坝后式厂房横剖面图（单位：m）

5.3.1.3 引水式厂房

1. 引水式厂房布置设计要点

(1) 引水式厂房有两种基本布置型式：一种是短引水式，厂房靠近大坝；另一种是长引水式，厂房远离大坝，与调压室或压力前池相毗邻。

(2) 引水式厂房位置宜选在紧靠河边，较为平坦的岸边或滩地上，同时应避开冲沟口和崩塌体，对可能发生的山洪淤积、泥石流或崩塌体等应采取相应的防御措施。

(3) 当厂房位于高陡坡下时，对边坡稳定要有充分的论证，并应考虑调压井、压力管道渗水对厂房和边坡的影响。对易风化、可能失稳的边坡，应采取加固、排水和安全保护措施。

(4) 当压力管道采用明敷方式时，应将厂房布置在免受事故水流直接冲击的方向，当不可避开时，应采取其他保护措施。

(5) 引水式厂房各建筑物布置和对外道路布置比较灵活，变压器和副厂房可布置在厂房上游侧、左右侧或尾水平台上，开关站可布置在邻近处。当采用户内式开关站时，也可将其布置在副厂房内。

(6) 短引水式岸边厂房位置选择应注意避免大坝泄洪雾化影响。

(7) 峡谷区岸边引水厂房布置除应注意自身防洪和后边坡稳定外，还应注意厂房勿挤占河床影响行洪断面。

2. 工程实例

图 5.3-6 为隔河岩水电站引水式厂房布置图，厂房位于大坝下游右岸岸边，装机 4 台，单机额定容量 310MW，总装机容量 1240MW，上游副厂房内设中央控制室、主变压器、GIS 室（开关站）及其他辅助设备等。厂房最大挖深 50m，厂后形成 100m 以上的高边坡，除采取常规喷锚支护和排水措施外，还采取开挖减载、置换混凝土及预应力锚索等加固措施。

图 5.3-7 为寺坪水电站引水式厂房厂区布置图，由于厂区左侧有三叉沟，设计时考虑在安装场左侧，厂前区上游冲沟部位设一重力式浆砌石挡墙以拦截冲沟来水，挡墙下设一排水涵管，将冲沟来水导至下游河道。

5.3.1.4 尾水渠布置

尾水渠的布置应根据地形地质、河道流向、泄洪影响、泥沙淤积等情况分析确定。大型水电站还宜通过水工模型试验研究验证。

(1) 尾水渠的布置基本要求。水流平顺，不允许出现壅水现象；流态平稳，能量损失小；防止渠内淤积或冲刷；同时力求节省工程量。

(2) 坝后式厂房的尾水渠宜与河道平行或接近平行。岸边式厂房的尾水渠一般采取与河道斜交，若河床较窄、厂房紧靠河边的水电站，可将尾水扩散段在平面上转一角度，斜向河道下游方向。窄巷口水电站蜗壳及尾水平面布置图如图 5.3-8 所示。

(3) 尾水渠宽度一般应与机组段出水宽度一致，如需改变宽度时应渐变连接，扩散角一般在 8°～12°。

(4) 尾水渠尾部平台高程应综合考虑流速、水头损失与土石方开挖等因素确定。当尾水管出口底板高程低于尾水渠尾部高程时，可以采用斜坡相接，斜坡坡比通常为 1：4～1：5。

(5) 尾水渠底部和两侧应根据流态、流速及地质情况选择必要的防淘刷设施。当尾水渠水流可能受到泄洪水流的影响时，在尾水渠一侧可设置一定长度的导水墙。

(6) 尾水渠应考虑枢纽泄水建筑物泄水及下游梯级回水引起河床变化所造成的影响。

(7) 应防止因弃渣或施工围堰拆除不当引起尾水位抬高。

5.3.1.5 厂区防洪及排水

1. 一般原则

(1) 应保证主、副厂房和主变压器场地及开关站在设防水位条件下不受淹没。

(2) 厂区排水量、沟网布置、排水方式及设施应根据本地区暴雨强度、降雨历时及其他可能的集水量综合考虑确定。设计降雨重现期可取 3～5 年，设计降雨历时为 5～15min。

(3) 应采取可靠措施防止洪水倒灌，对可能导致水淹厂房的孔洞、管沟、通道、预留缺口等采取必要的封堵和引排措施。

(4) 应考虑泄洪降水或雾化对厂区造成的不利影响，并采取相应防护措施。

(5) 做好边坡排水。

(6) 主、副厂房室内地面高程应略高于室外厂区地面高程。

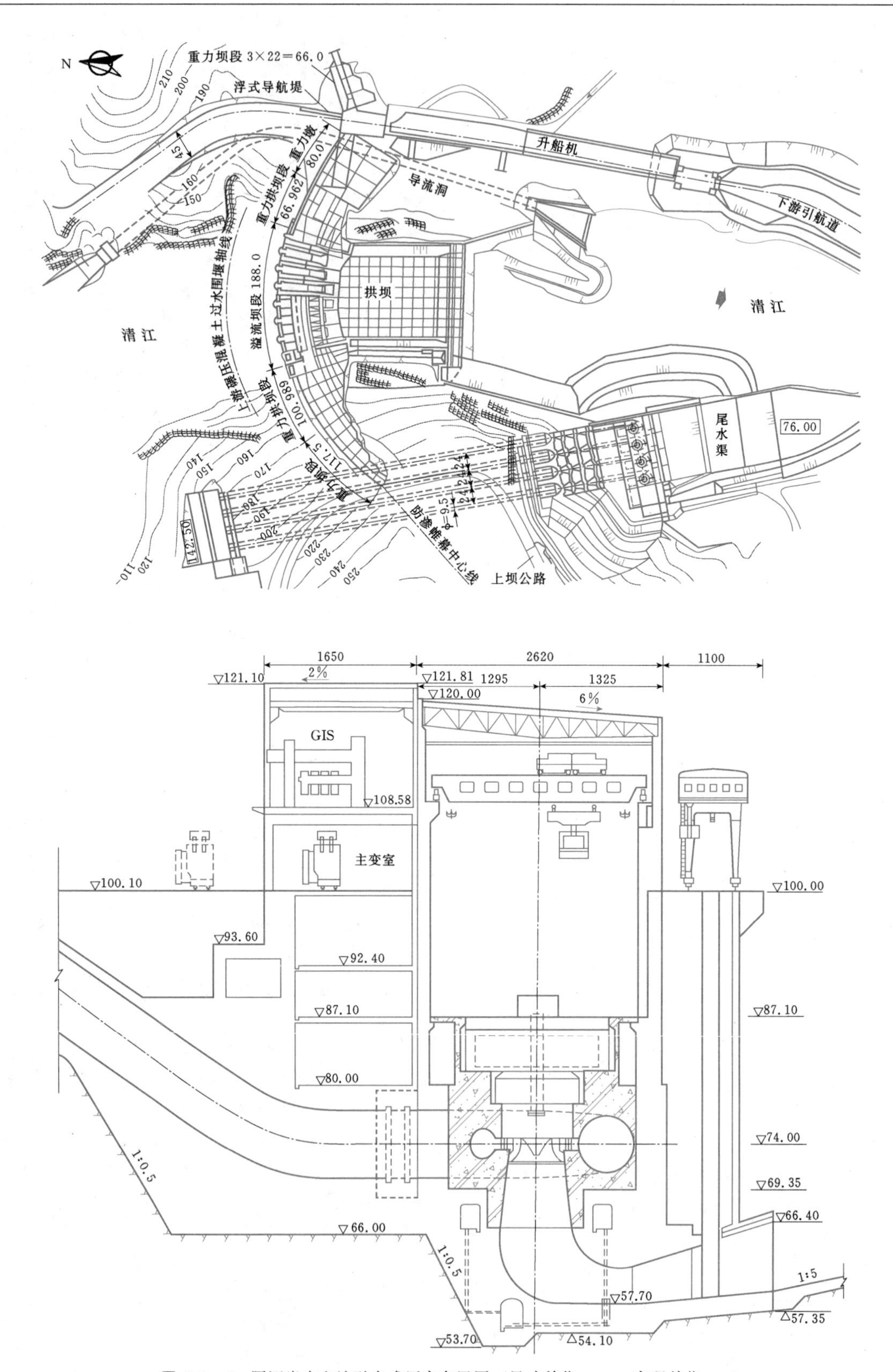

图 5.3-6 隔河岩水电站引水式厂房布置图（尺寸单位：cm；高程单位：m）

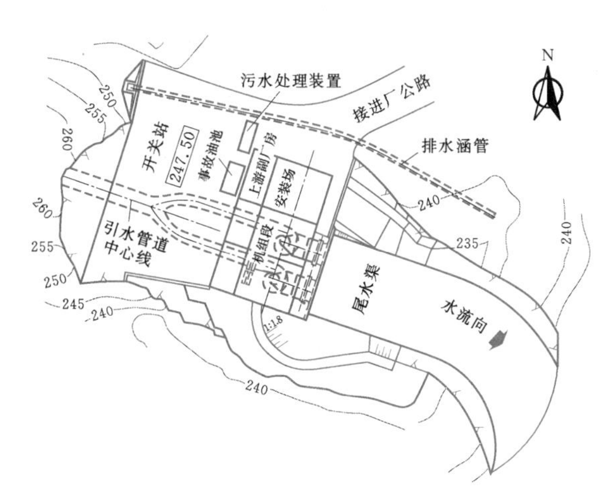

图 5.3-7 寺坪水电站引水式厂房厂区布置图
（尺寸单位：cm；高程单位：m）

2. 防洪措施

当厂房下游洪水位较高时，可采用以下几种防洪措施加以解决。

(1) 采用全封闭式厂房，进厂交通采用隧洞（如乌江渡水电站），或垂直进厂方式（如大化水电站）。

(2) 修建防洪墙，并抬高尾水平台高程，形成下游防洪屏障，进厂道路以反坡型式与外界连接，如潘家口、安康等水电站。这种布置方式简单，但防洪墙受高度限制，尾水洪水位很高时不宜采用。

(3) 抬高进厂公路及安装间高程，使之位于尾水洪水位以上，此时安装间高程高于发电机层。采用这种方式需增大主厂房高度，适用于尾水洪水位超过发电机层不太多情况。如丹江口、西津、八盘峡等水电站采用这种布置。

(4) 采用防洪闸门，主厂房下游墙挡水，安装间大门采用防洪闸门，平时开启，涨洪水时放下闸门，以防洪水进入厂房。洪水期间运行人员通过高于尾水洪水位的通道进出厂房。如龚咀、石泉水电站采用这种防洪方式。

(5) 增设卸荷平台，卸荷平台高程位于尾水洪水位以上，安装间高程与发电机层同高。如隔河岩、戈兰滩等水电站。

3. 排水措施

厂区排水主要有如下几种型式。

(1) 当厂前区地面高程高于尾水洪水位时，采取自流排水，以明沟排水为主。

排水明沟一般沿道路和场地最低处布置，且应符合下列要求：①与道路交叉时，宜垂直交叉，不应小于45°交叉；②未经整平地段，应与原地形相适应；③跌水和急流槽，不宜设在明沟转弯处；④明沟转弯处，其中心半径不宜小于设计水面宽度的2.5倍。

排水明沟一般采用矩形或梯形断面。明沟起点深度不宜小于0.2m，明沟底宽不宜小于0.4m。

雨水口的型式、数量和布置，应按汇水面积所产生的流量、雨水口的泄水能力及道路形式确定。雨水口间距宜为25～50m。当道路纵坡大于0.02时，雨水口的间距可适当加大。

雨水口应设置在集水方便并与雨水下管检查井或连接井的支管短捷处，不宜设在建筑物门口、人行道出口和地下管道顶上。

对有美观要求和有装卸作业的地段，在明沟上应铺设沟盖板。

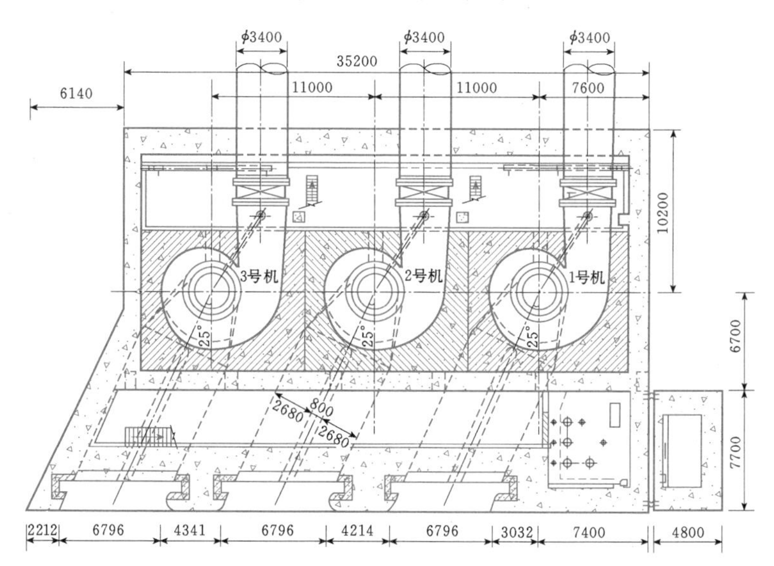

图 5.3-8 窄巷口水电站蜗壳及尾水平面布置图（尺寸单位：cm；高程：m）

（2）当厂前区地面高程低于尾水洪水位时，需设置专门的排水泵房，以管道式排水为主。排水泵房及管道设计详见有关给排水专业设计手册。

5.3.1.6 进厂交通

电站对外交通有公路、铁路及水运三种，应根据地区交通具体条件，经技术经济方案比较确定。以往国内大型水电站常用铁路支线从铁路干线通至厂房，随着公路运输发展，目前多数水电站用公路进行对外交通，也有少数水电站采用水路作为厂区对外交通。

（1）应根据近期和远景规模，全面规划，统筹安排，并应满足机电设备重件、大件的运输及运行方便的要求。

（2）进厂交通方式一般可分为水平进厂和垂直进厂两大类，通常多采用水平直接进厂方式。对于高尾水位电站，若采用水平进厂方式有困难，经论证可采用垂直进厂方式。

（3）进厂交通在设计洪水标准条件下应保证畅通。对于高尾水位电站，当采用水平直接进厂方式时，经论证，进厂交通高程可低于校核洪水位，但厂房需采用防洪措施，同时保证汛期人行通道畅通。穿过泄水雾化区地段宜采取适当保护措施。

（4）进厂公路厂前应设有平直段。进厂公路宜从下游侧引入厂房，当因地形、地质和枢纽布置条件限制进厂公路必须由厂房端部平行于厂房轴线方向进厂时，应设置警戒标志或阻进器。

（5）进厂公路的设计可按国家现行相应规范和标准进行。

一般规定机动道路宽度不应小于4m，双车道路不应小于7m；人行道路宽度不应小于1.5m；车行道路改变方向时，应满足车辆最小转弯半径要求；消防车道路应按消防车最小转弯半径要求设置。

机动车道的纵坡一般不宜大于8%，其坡长不宜大于200m，在个别路段纵坡可采用10%，其坡长不宜大于80m。

（6）厂区内部的交通干线则应考虑能连接厂房、变电站、调压室、进水口、闸门井、溢洪道和大坝坝顶等主要建筑物的交通。在厂房大门口及其他建筑物附近应设停车场及回车场。

5.3.2 厂内布置

厂房内部布置应根据水电站规模、厂房型式、机电设备、环境特点、土建设计等情况合理确定和分配各部分的尺寸及空间。

5.3.2.1 主厂房主要控制尺寸

1. *主厂房长度*

（1）机组段长度（机组间距）L_1。决定反击式水轮机机组间距的因素是蜗壳、尾水管、发电机平面尺寸、辅助设备布置以及结构尺寸等。通常，中低水头水电站机组段长度由水轮机蜗壳平面尺寸控制，高水头水电站机组段长度由发电机定子尺寸及周边设备布置决定。

1）由水轮机蜗壳平面尺寸控制时可按下式计算：

$$L_1 = R_1 + R_2 + 2a \tag{5.3-1}$$

式中 R_1、R_2——蜗壳平面 $+X$ 和 $-X$ 向的宽度，m；

a——外围混凝土厚度（蜗壳外围混凝土厚度一般由结构计算确定，对金属蜗壳考虑蜗壳安装和焊接要求，其外围混凝土厚度不宜小于0.8m），m。

机组段长度 L_1 与水轮机直径 D_1 有关，统计资料表明，采用金属蜗壳的电站，L_1/D_1 一般为4左右；采用混凝土蜗壳的电站，L_1/D_1 为3.5～3.9。当缺乏蜗壳尺寸资料时，可采用以下经验公式估算。

对于金属蜗壳

$$L_1 = 3.6D_1 + h \tag{5.3-2}$$

对于混凝土蜗壳

$$L_1 = 2.4D_1 + h \tag{5.3-3}$$

式中 h——经验参数，金属蜗壳取 $h=1.0$～3.5m，混凝土蜗壳取 $h=4.5$～8.0m，水头高的取小值，低的取大值。

2）由发电机尺寸控制时可按下式计算：

$$L_1 = D_f + 2t + s \tag{5.3-4}$$

式中 D_f——风罩外径，m；

t——风罩壁厚，一般取0.4～0.6m；

s——相邻风罩外壁净距，根据设备布置要求选取，并应保留必要宽度的通道，一般为1.5～2.0m。

3）由水轮机尾水管宽度控制时可按下式计算：

$$L_1 = B + 2b \tag{5.3-5}$$

式中 B——尾水管宽度，m；

b——尾水管边墩厚度，m。

此种情况，往往可通过将尾水管偏转一个角度，使机组段长度不受尾水管宽度控制。

将以上因素推求值进行比较，取大值，同时还需综合考虑机组分缝的影响、发电机层排架布置要求以及辅助设备布置要求等因素。

（2）安装间长度 L_2。安装间长度可按一台机组扩大性检修的需要确定，并应符合DL/T 5186《水力发电厂机电设计规范》的规定。缺乏资料时，安装间长度可取1.25～1.5倍机组段长度。当机组台数超过四台时，安装间长度可根据需要增大或加设副安装间。

(3) 边机组段的附加长度 ΔL。由于吊装边机组时吊钩范围受主厂房端墙的限制，需要将边机组段增加一个附加长度 ΔL。确定附加长度的因素有：吊车台数，吊钩范围，蜗壳型式，安装场位置（左、右岸），厂内是否设有进水阀门等。附加长度 ΔL 一般为（0.2～1.0）D_1，安装场位于主机间左边取小值，安装场位于右边取大值。

(4) 主厂房长度 L。综上所述，主厂房长度 L 可按下式计算：

$$L = nL_1 + L_2 + \Delta L \qquad (5.3-6)$$

式中　n——机组段数量。

2. 主厂房宽度

通常，将厂房发电机层以上称为水上部分，发电机层以下称为水下部分。主厂房宽度应由厂房的水下部分与水上部分综合考虑确定。

(1) 厂房水下部分宽度 $B_下$。厂房水下部分宽度以机组纵轴线为界，由下游侧与上游侧两部分宽度组成，下游侧宽度 B_1 主要取决于尾水管尺寸及尾水闸门的布置。上游侧宽度 B_2 主要取决于蜗壳进口布置、主阀（蝶阀布置在厂内时）和机组其他附属设备的布置。至于厂内的机械管路、电气出线和排水廊道等都应尽量利用已有空间进行布置，一般不增加厂房宽度为原则。

当缺乏资料时，可采用经验公式估算：$B_1=3.5\sim4.5D_1$，$B_2=\alpha D_1$，其中 α 为系数，随转轮直径而异，当 $D_1=6.0\sim10.0$m时，相应取 $\alpha=1.8\sim3.0$。

(2) 厂房水上部分宽度 $B_上$。厂房水上部分宽度根据发电机尺寸、调速器、油压装置以及上下游侧通道等布置要求，结合厂房上部结构型式和尺寸确定。厂内主通道宽度一般为1.5～2.0m，辅通道宽度一般为1.0～1.5m。

尾水平台宽度应满足尾水闸门和启闭设备布置及下游防洪设施等对结构尺寸的要求。

3. 主厂房高度及各层高程的确定

(1) 水轮机安装高程及其他各层高程。水轮机安装高程应根据水轮机吸出高度及下游尾水位，结合厂房地形地质条件，经技术经济比较合理选定。吸出高度及安装高程计算可查阅有关机电设计资料。安装高程确定后，其他高程以安装高程为准确定，并应符合以下原则：

1) 应满足机组及附属设备布置、安装检修、结构尺寸和建筑空间要求。

2) 厂房底部高程应根据尾水管高度和尾水管底板厚度确定。

3) 水轮机层地面高程应根据蜗壳进口断面尺寸及蜗壳顶部最小混凝土结构厚度确定。

4) 发电机层地面高程除应满足发电机层布置要求外，并应考虑水轮机层设备布置及母线电缆的敷设和下游水位影响。

5) 起重机顶高程应根据起重机规格、机组安装及检修时吊装需要确定，并应满足进厂运输车辆的货物装卸要求。

6) 厂房屋顶高程应根据屋顶结构尺寸和形式确定，并应满足起重机部件安装与检修、厂房吊顶和照明设施布置等要求。

(2) 水下部分高度 H_1。水下部分高度取决于尾水管高度、蜗壳尺寸、座环尺寸以及水轮机机坑高度以及发电机尺寸等。

对混流式水轮机，H_1 可由下式计算：

$$H_1 = h + \frac{b_0}{2} + h_1 + h_2 + h_3 \qquad (5.3-7)$$

式中　h——尾水管高度；

b_0——导叶高度；

h_1——座环的上缘至机坑脚踏板距离；

h_2——机坑高度；

h_3——发电机下机架底部至发电机层距离。

当缺乏资料时，H_1 也可由下列经验公式估算：

$$H_1 = 0.16D_1^2 + 2.8D_1 + 4 \text{ (m)} \qquad (5.3-8)$$

(3) 水上部分高度 H_2。水上部分高度取决于发电机的型式和尺寸、励磁机尺寸、发电机转子连轴长、水轮机转子连轴长、吊车高度以及吊装方式等。

厂房水上部分高 H_2（净高）可由下式确定：

$$H_2 = h_4 + h_5 + h_6 + h_7 + h_8 + h_9 + h_{10} \qquad (5.3-9)$$

式中　h_4——发电机上机架露出发电机层楼面的高度；

h_5——垂直安全距离（不小于0.3m）；

h_6——发电机转子连轴长或水轮机转轮连轴长；

h_7——吊装高度；

h_8——吊钩极限位置至吊车轨顶距离；

h_9——吊车总高度；

h_{10}——净空，一般采用0.2～0.5m。

厂房横剖面示意图见图5.3-9。

5.3.2.2 主厂房布置

1. 厂内辅助设备

辅助设备主要有：调速系统及接力器设备、技术供水系统、排水系统、压缩空气系统、油系统等。

(1) 调速系统及接力器设备。调速系统主要由调速器、油压装置、油压装置控制柜及附属部件组成，各设备之间相互联系紧密。接力器一般布置在水轮机

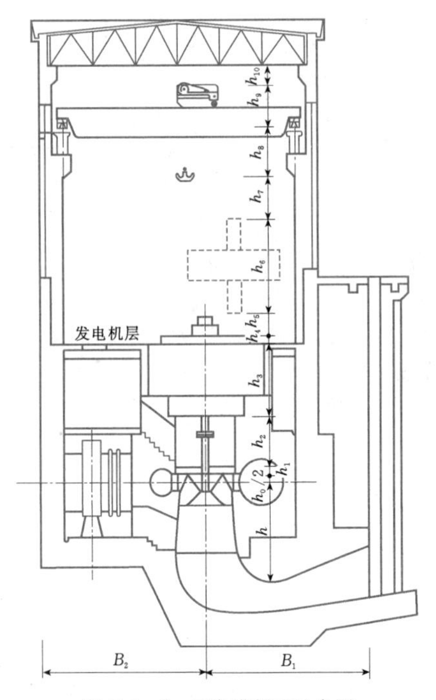

图 5.3-9 厂房横剖面示意图

机坑内，其位置随蜗壳结构型式不同布置在不同的象限。调速器、油压装置一般靠近接力器布置。

(2) 技术供水系统。技术供水系统供水方式分上游自流取水、水泵供水、混合式供水等。当采用自流供水时，一般供水设备布置在水轮机层上游侧。当采用水泵供水及混合供水方式时，需设供水泵房，供水泵房宜布置在靠近取水水源侧。

(3) 排水系统。排水系统包括机组检修排水和厂内渗漏排水系统。对大型水电厂检修排水与渗漏排水应分开布置；对中型水电厂，经技术经济论证，检修排水与渗漏排水可共用一套排水设备。

机组检修排水可采用直接排水或间接排水方式。当尾水位较高的电站厂房采用间接排水方式时，进入检修集水井的通道应设有密封措施，防止尾水倒灌。

(4) 压缩空气系统。压缩空气系统包括低压系统和高压系统，主要由空压机、贮气罐、输气管、测量控制元件等组成。空气压缩机室有较大的噪声和振动，宜集中布置厂房底部（水轮机层或安装场下面）专用的房间内，并应根据需要采取减振、隔音措施。

(5) 油系统。油系统包括透平油系统和绝缘油系统，两系统应分开布置。透平油系统一般布置在厂内，绝缘油系统可以布置在户外。油系统主要由油罐室、油处理室、烘箱室组成，有些电站设有油化验室。油库和油处理室应考虑防火防爆要求。当油罐室和油处理室设在厂内时，应考虑事故排油措施。

2. 发电机层布置

(1) 发电机层布置要求整洁、明亮，并适当考虑美观，达到安全经济、方便运行的目的。发电机层通常布置有：机旁盘、励磁盘、蝶阀孔、楼梯、吊物孔等。有的电站将调速器、油压装置布置在该层。

(2) 发电机层宜设有贯穿全厂的直线水平通道。根据设备布置、吊运方式等确定主副通道布置部位，主通道宽度一般为1.5～2.0m，副通道宽度一般为1.0～1.2m。

(3) 发电机层应尽量布置在下游最高水位以上，并宜与安装场布置在同一高程。当下游水位过高，采用同一高程布置有困难时，可分别采取不同高程。

(4) 发电机层平面设备布置应考虑在吊车主、副钩的工作范围线内，以使楼面所有设备都能由厂内吊车起吊。

(5) 每一至两个机组段宜设置一个楼梯，全厂不应少于两个楼梯。在吊钩工作范围内应设供安装检修必需的吊物孔，以沟通上、下层之间的运输。

3. 水轮机层设备布置

(1) 水轮机层通常布置水力机械附属设备（接力器等）、电气设备（发电机引出线、中心点引出线、电流互感器等）、油气水管线、交通通道及吊物孔等，有时也将调速器、油压装置布置在该层。

(2) 水力机械与电气设备宜采取分区布置或按上下游侧分开布置，方便安装、运行和维护，避免互相干扰。

(3) 水轮机层上下游侧须留出必要的过道。主要过道宽度为1.2～1.5m。水轮机机座壁上要设进人孔，进人孔宽度一般为1.2～1.8m，高度为1.8～2.0m，且坡度不能太陡。

(4) 水轮机层须设置沟通上下的楼梯和吊物孔。

4. 蜗壳层及以下各层的布置

蜗壳层及以下各层除过水部分外，均为大体积混凝土，布置较为简单。主要有蝶阀室、进人孔、检查排水廊道等，当集水井分散布置在机组段时，其相应位置还布置有排水泵房。

5.3.2.3 安装间布置

(1) 安装间应根据装机台数，满足设备运输、安装及检修或车辆进厂装卸的需要进行布置，可布置在主机间一端或中间。

(2) 安装间的高程宜与进厂交通一致，与发电机层同高。当发电机层高程低于下游最高尾水位时，可考虑以下方案：①安装间高程与对外道路同高，均高于发电机层；②安装场分两段布置，一段高程与发电机层同高，另一段为停车卸货处，高于发电机层，与对外道路同高。

(3) 安装间的大门尺寸要满足运输车辆进厂要求(见表5.3-1)，当主变压器需进厂检修时尚需考虑主变压器尺寸要求。尾水高出安装间大门地面时应有防洪措施。

表5.3-1　运输车辆进厂要求　单位：m

运输工具	标准轨距的火车	载重汽车	大型平板车
宽度×高度	4.2×5.4	3.3×4.5	宽度4.2

(4) 根据机组安装、检修要求，安装间尚需考虑设置发电机转子检修坑和水轮机转轮坑。有的水电站，在安装间设有地锚，供厂内吊车静载试验用。

5.3.2.4 副厂房布置

(1) 副厂房的位置宜紧靠主厂房，可集中布置，也可分散布置。

(2) 副厂房的面积和内部各房间布置应根据机电设备布置、维修、试验及管理需要，结合厂房具体条件综合考虑确定。

(3) 中央控制室布置应考虑以下原则：

1) 中央控制室宜靠近主机间，以方便运行管理。

2) 要求避免和减少机组振动、噪声和工频磁场干扰的影响。

3) 中央控制室内应设置完备的安全消防设施，有良好的采暖通风和照明及防噪声的条件。

4) 中央控制室层高应满足设备布置要求，净高一般以3.0～3.5m为宜。

5) 至少应设置两个进出通道。

6) 中央控制室周围场地应具备良好的排水条件。

(4) 继电保护和计算机室一般与中央控制室相邻布置，通常其下方设有电缆夹层。

(5) 配电装置室及厂用变压器室应尽可能靠近主机间布置，以缩短相互间的连接母线。

(6) 根据水电站规模大小，在主、副厂房内合适的位置布置几处卫生间。

5.3.2.5 厂内交通

厂内交通(包括楼梯或电梯、转梯、爬梯、吊物孔、水平通道、廊道等)应满足方便管理，利于检修、处理故障迅速的要求。主要通道尺寸及楼梯宽度、坡度、安全出口设置等应符合机电、消防等设计规范及照明要求。发电机层及水轮机层宜设有贯穿全厂的直线水平通道。

大型水电站每个机组段在相同的位置设一个楼梯，中小型水电站可在每两台机组段设置一个楼梯，全厂不宜少于两个楼梯。发电机层至水轮机层楼梯使用频繁，要考虑便于检修人员携带轻便工具上下，净宽一般在1.1m以上。副厂房至少有两个楼梯，其中至少一个靠近主机间或安装间。

5.3.3 结构布置

5.3.3.1 主厂房的分缝

主机间与大坝、安装间及副厂房等相邻建筑物之间宜设置永久缝。永久缝的设计详见本卷第5章5.6节。

5.3.3.2 下部结构布置

主厂房下部结构主要有尾水管、蜗壳和机墩以及水下墙、墩，其中部分作为厂房基础的底板。这些结构都是实体结构，其结构尺寸主要依据机组流道、设备布置上的要求并参照已建工程经验类比确定。

根据机电设备的安装需要，厂房混凝土需分期浇筑，主厂房下部结构布置尚应考虑分期对结构的影响。

5.3.3.3 发电机支承结构布置

发电机支承结构指直接承受水轮发电机动、静荷载的结构，如机墩、风罩等结构，其结构型式和尺寸主要取决于发电机型式、容量和机组拆卸方式，通常参照已建工程经验类比初步拟定，再通过结构静力计算和动力分析确定。

5.3.3.4 上部结构布置

主厂房上部结构包括厂房构架、各层楼板、吊车梁、屋面系统及围护结构等，其结构尺寸应满足结构承载力和设备布置要求，需经过详细计算确定。

(1) 厂房构架柱网布置应满足机电设备安装和检修要求，并与机组分缝相适应，同时要避免柱脚直接落在尾水管、蜗壳或钢管顶板上。有条件时，尽可能采用等跨或接近等跨布置。

(2) 厂房构架下端可固定在水下大体积混凝土、尾水闸墩、上游水下墙上或直接嵌入基岩。

(3) 荷载大的房间尽可能布置在底层或下层，或直接布置在岩基或大体积混凝土上。

(4) 发电机层及安装场楼面一般采用现浇整体式梁板结构，对中小型水电站的发电机层楼板也可采用厚板结构。当采用梁板结构时，梁跨一般限制在4～6m，若主梁跨度较大，可在主梁下设立柱构成框架结构，发电机层板厚一般为20～50cm，安装场荷载较大，板厚一般不小于25cm。

(5) 水轮机层及其他副厂房楼面荷载相对较小，一般采用梁板结构，中小型水电站水轮机层也可采用厚板结构，板厚一般为20～30cm。

(6) 吊车梁直接承受吊车荷载，一般采用钢筋混凝土梁，当荷载或跨度过大时，也可采用预应力钢筋混凝土梁或钢梁。钢筋混凝土吊车梁可以预制也可现浇。

（7）水电站厂房屋面结构型式通常采用：现浇厚板结构、现浇梁板结构、预制钢筋混凝土或预应力混凝土大型屋面板、预应力V型板、网架结构、轻型型钢屋面结构等，可根据水电站的规模、屋面设备布置要求、受力条件以及施工条件等确定。

（8）主厂房上部结构外墙一般不承重，只起围护和隔离作用，常采用砌体结构，当外墙需承受较大水（土）压力或其他结构需要，也可采用钢筋混凝土墙。

（9）厂房上部结构布置除满足结构强度要求外，还应具有足够的刚度。厂房上部结构可采用实体墙结构，或在厂房构架之间设置纵向连系梁，或利用尾水墩墙的整体作用，提高厂房的纵、横向刚度。

5.4　厂房整体稳定分析及地基处理

5.4.1　一般要求

5.4.1.1　稳定分析内容

（1）建基面抗滑稳定计算。当厂房地基内部存在不利于厂房整体稳定的软弱结构面时，还应进行厂房沿软弱结构面的深层抗滑稳定计算。

（2）厂房基础面法向应力计算。

（3）厂房抗浮稳定验算（包括厂房二期混凝土未浇情况）。

（4）非岩基上厂房尚应进行地基承载力、变形和稳定性验算。

5.4.1.2　计算方法

1. 单一安全系数法

一般情况下，厂房整体稳定及地基应力采用材料力学计算。位于复杂地基上的大型水电站厂房，除用材料力学法计算外，可采用有限元法进行分析计算。

2. 极限状态设计法

按照GB 50199—1994《水利水电工程结构可靠度设计统一标准》的规定，采用以概率理论为基础的极限状态设计法，按分项系数表达式进行设计。

本节主要论述单一安全系数法[2]，极限状态设计法详见本手册第5卷第1章重力坝有关内容。

5.4.1.3　计算单元的选取

厂房整体稳定及地基应力计算应分别以中间机组段、边机组段及安装间段作为一个独立的整体，按荷载组合分别进行。边机组段及安装间段有侧向水压力作用时，还必须核算双向水压力作用下的整体稳定性及地基应力。

坝后式厂房若坝基抗剪强度指标较低或厂房因尾水较高，大坝或厂房单独的抗滑稳定不能满足设计要求时，可采用厂坝连接的结构措施，利用厂房重量与坝体重量联合抗滑。国内采用厂坝联合抗滑作用的工程有乌江渡、漫湾、水口、安康、万家寨等。

5.4.2　荷载及其组合

5.4.2.1　荷载分类

作用在水电站厂房上的荷载可分为基本荷载和特殊荷载两类。

1. 基本荷载

（1）厂房结构及其永久设备自重。

（2）回填土石重。

（3）正常蓄水位或设计洪水位情况下的静水压力。

（4）相应于正常蓄水位或设计洪水位情况下的扬压力。

（5）相应于正常蓄水位或设计洪水位情况下的浪压力。

（6）淤沙压力。

（7）土压力。

（8）冰压力。

（9）其他出现机会较多的荷载。

2. 特殊荷载

（1）校核洪水位或检修水位情况下的静水压力。

（2）相应于校核洪水位或检修水位情况下的扬压力。

（3）相应于校核洪水位或检修水位情况下的浪压力。

（4）地震力。

（5）其他出现机会较少的荷载。

5.4.2.2　荷载计算

1. 自重

厂房各部分结构自重应按其几何尺寸及材料重度计算确定。一般常用材料重度按下列取用。

（1）混凝土容重厂房下部结构取24kN/m³，厂房上部结构取25kN/m³。

（2）浆砌石容重取21～23kN/m³。

（3）回填土石容重取16～18kN/m³。

2. 永久设备重

厂房内机电设备重量应计算固定的主要设备，可不考虑附属设备及非固定设备重量。

3. 水重

水重应按实际体积计算，水的容重可取10kN/m³。对于多泥沙河流的水重应考虑实际含沙量的影响。

4. 静水压力

作用在厂房上的静水压力应根据厂房在不同运行工况下的上、下游水位计算确定。对于多泥沙河流应考虑含沙量对水重度的影响。

5. 扬压力

作用在岩基上厂房的扬压力，应按下列原则进行计算。

(1) 按垂直作用于计算截面全部截面积上的分布力计算。

(2) 河床式厂房底面的扬压力分布图形可按下列三种情况分别确定。

1) 当厂房上游设有防渗帷幕和排水孔时，扬压力图形按图 5.4-1 (a) 采用，渗透压力强度系数 α 取 0.25。

2) 当厂房上游不设防渗帷幕和排水孔时，厂房底面上游处扬压力作用水头为 H_1，下游处为 H_2，其间以直线连接，见图 5.4-1 (b)。

3) 当厂房上游设有防渗帷幕和排水孔，并且在下游侧设有排水孔及抽排系统时，其扬压力图形如图 5.4-1 (c) 所示，一般 α_1 取 0.2，α_2 取 0.5，经论证，可视实际情况进行调整。

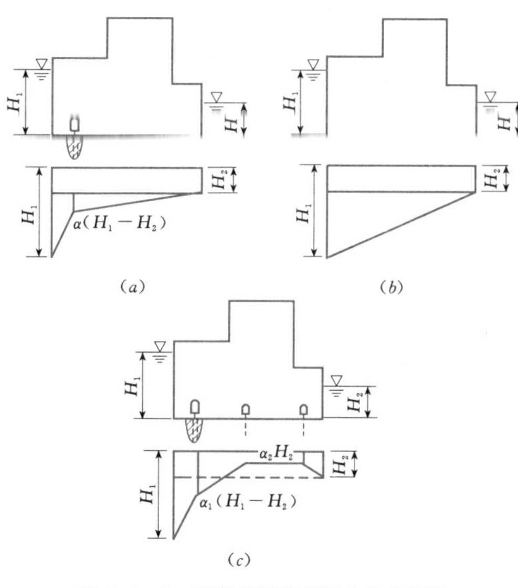

图 5.4-1 河床式厂房扬压力分布图形

(3) 坝后式厂房，当厂坝整体连接或厂坝间设有永久变形缝并已用止水封闭时，其扬压力分布图形应与坝体共同考虑。

1) 实体重力坝坝后厂房，当上游坝基设有防渗帷幕和排水孔，下游坝基无抽排设施时扬压力图形如图 5.4-2 (a) 所示，ΔH 由帷幕、排水孔位置及 α 值计算确定。

2) 宽缝坝、空腹坝坝后厂房 ΔH 为零 [见图 5.4-2 (b)]。

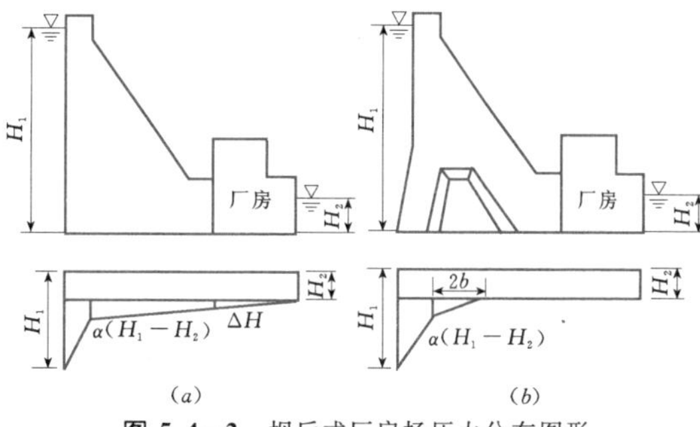

图 5.4-2 坝后式厂房扬压力分布图形

b—宽缝处坝体宽度

(4) 岸边式厂房上游侧扬压力作用水头可根据厂区地下水位和排水设施综合确定。

(5) 当洪峰历时较短，下游洪水位较高时，经论证，厂房的扬压力分布图形可考虑时间效应予以折减。

非岩基上厂房扬压力分布图形应根据厂房建筑物地下轮廓设计具体情况，以及地基的渗透特性，通过计算或模拟试验研究确定。也可参照 SL 265—2001《水闸设计规范》推荐的改进阻力系数法确定扬压力分布图形。

6. 土压力

作用于厂房单位长度上水平主动土压力可按下式计算：

$$F_{ak}=\frac{1}{2}\gamma H^2\tan^2\left(45^\circ-\frac{\varphi}{2}\right) \tag{5.4-1}$$

式中 F_{ak}——水平主动土压力，kN/m；

γ——填土容重，kN/m^3；

H——填土高度，m；

φ——填土内摩擦角，(°)。

7. 淤沙压力

作用在厂房单位长度上的水平淤沙压力可按下式计算：

$$F_{sk}=\frac{1}{2}\gamma h_s^2\tan^2\left(45^\circ-\frac{\varphi_s}{2}\right) \tag{5.4-2}$$

式中 F_{sk}——水平淤沙压力，kN/m；

γ——淤沙浮容重，kN/m^3；

h_s——厂房前泥沙淤积高度（一般取电站进水口底高程，当设有排沙底孔时，可根据排沙漏斗的侧向坡度，确定其淤积高程），m；

φ_s——淤沙的内摩擦角，(°)。

8. 浪压力和冰压力

作用在厂房上的浪压力和冰压力可按 DL

5077—1997《水工建筑物荷载设计规范》的有关公式计算。

9. 地震力

地震作用的计算方法选用，详见 DL 5073—1997《水工建筑物抗震设计规范》相关规定。

当采用拟静力法计算地震作用时，一般情况下，厂房建筑物可只考虑水平向地震作用，水平向地震惯性力可按下式计算：

$$F_i = 0.25 a_h \alpha_i G_{Ei} / g \qquad (5.4-3)$$

式中 F_i——作用在质点 i 的水平向地震惯性力，kN；

a_h——水平向设计地震加速度，可直接采用 GB 18306—2001《中国地震动参数区划图》中地震动峰值加速度或按表 5-19 取值，m/s²；

α_i——质点 i 的动态分布系数，按表 5.4-1 采用；

G_{Ei}——集中在质点 i 的重力，kN；

g——重力加速度，m/s²。

表 5.4-1　水平向设计地震加速度

设计烈度	7	8	9
a_h	0.1～0.15g	0.2～0.3g	0.4g

注　g 为重力加速度，9.81m/s²。

水平地震加速度分布系数 α_i 见表 5.4-2。

表 5.4-2　水平地震加速度分布系数 α_i

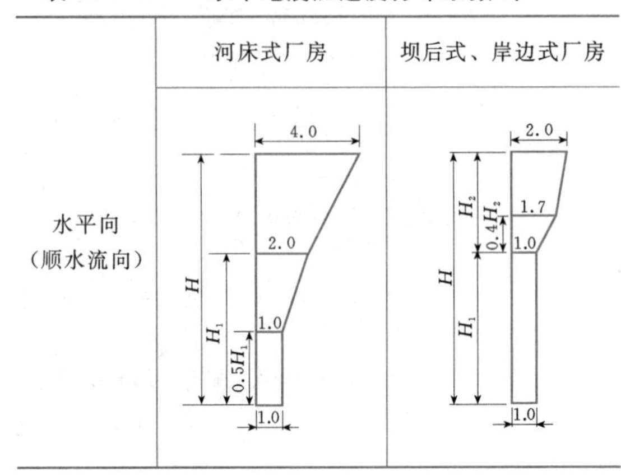

注　H 为厂房总高度；H_1 为厂房下部结构高度；H_2 为厂房上部结构高度。

当采用动力法计算地震作用效应时，可采用振型分解反应谱法或振型分解时程分析法，应考虑结构和水体、地基的动力相互作用，具体计算参阅有关专著。

5.4.2.3　荷载组合

荷载组合可分为基本组合和特殊组合两类。

厂房整体稳定分析的荷载组合可按表 5.4-3 规定采用，必要时还可考虑其他可能的不利组合。

表 5.4-3　荷载组合

荷载组合	计算情况	上下游水位		荷载类别										
				结构自重	永久设备重	水重	回填土石重	静水压力	扬压力	浪压力	泥沙压力	土压力	冰压力	地震作用
基本组合	正常运行	a_1	上游正常蓄水位 下游最低水位	√	√	√	√	√	√	√	√	√	√	
		a_2	上游设计洪水位 下游相应水位	√	√	√	√	√	√		√	√		
		b	下游设计洪水位	√	√	√	√	√	√			√		
特殊组合	机组检修	a	上游正常蓄水位 下游检修水位	√		√	√	√	√	√	√	√	√	
		b	下游检修水位	√		√	√	√	√			√		
	机组未安装	a	上游正常蓄水位或设计洪水位 下游相应水位	√		√	√	√	√	√	√	√	√	
		b	下游设计洪水位	√		√	√	√	√		√			

续表

荷载组合	计算情况		上下游水位	荷载类别										
				结构自重	永久设备重	水重	回填土石重	静水压力	扬压力	浪压力	泥沙压力	土压力	冰压力	地震作用
特殊组合	非常运行	a	上游校核洪水位 下游相应水位	√	√	√	√	√	√	√	√	√		
		b	下游校核洪水位	√	√	√	√	√	√			√		
	地震情况	a	上游正常蓄水位 下游最低水位	√	√	√	√	√	√	√	√	√	√	√
		b	下游正常水位	√	√	√	√	√	√			√		√

注　1. 表中 a 适用于河床式厂房，b 适用于坝后式及岸边式厂房。

2. 浪压力与冰压力不同时存在，可根据实际情况，选择一种计算。
3. 施工期的情况应做必要的核算，可作为特殊组合。
4. 厂房基础设有排水孔时，如考虑排水失效情况，可作为特殊组合。
5. 正常运行 a_2、机组未安装 a 和非常运行 a 中的下游相应水位，是指当上游发生设计洪水位或校核洪水位时，下游可能出现的对厂房建筑物最不利的水位（包括枢纽泄洪或不泄洪情况）。
6. 坝后式厂房上游水位根据止水的布置情况确定；岸边式厂房上游水位应考虑地下水位。

5.4.3　整体稳定及地基应力计算

5.4.3.1　厂房整体抗滑稳定

厂房整体抗滑稳定性可按下列抗剪断强度计算公式或抗剪强度计算公式计算。式中的 f'、c' 及 f 值，应根据室内试验及野外试验的成果，经工程类比，按有关规范分析研究确定。

1. 抗剪断强度计算公式

抗剪断强度计算公式为

$$K' = \frac{f'\sum W + c'A}{\sum P} \qquad (5.4-4)$$

式中　K'——按抗剪断强度计算的抗滑稳定安全系数；

f'——滑动面的抗剪断摩擦系数；

c'——滑动面的黏聚力，kPa；

A——基础面受压部分的计算截面积，m^2；

$\sum W$——全部荷载对滑动面的法向分值（包括扬压力），kN；

$\sum P$——全部荷载对滑动面的切向分值（包括扬压力），kN。

2. 抗剪强度计算公式

抗剪强度计算公式为

$$K = \frac{f\sum W}{\sum P} \qquad (5.4-5)$$

式中　K——按抗剪强度计算的抗滑稳定安全系数；

f——滑动面的抗剪摩擦系数。

5.4.3.2　深层抗滑稳定

岩基上厂房沿地基内部软弱结构面的深层抗滑稳定可采用刚体极限平衡法计算。

1. 单一滑动

当厂房地基深层滑动面为单一滑动面时（见图 5.4-3），其抗滑稳定安全系数可按下式计算：

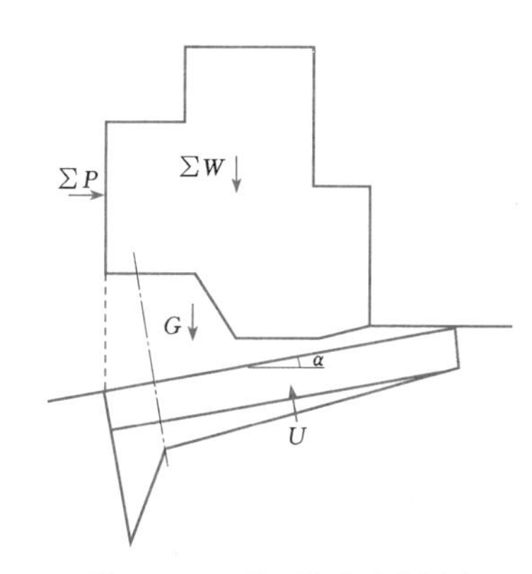

图 5.4-3　单一滑动面示意图

$$K' = \frac{f'[(\sum W + G)\cos\alpha - \sum P\sin\alpha - U] + c'A}{(\sum W + G)\sin\alpha + \sum P\cos\alpha} \qquad (5.4-6)$$

式中　K'——抗滑稳定安全系数；

f'——滑动面的抗剪断摩擦系数；

c'——滑动面的黏聚力，kPa；

$\sum W$——垂直力之和，kN；

$\sum P$——水平力之和，kN；

G——滑动面以上的岩体重量，kN；

U——作用在滑动面上的扬压力，kN；

A——滑动面计算截面积，m^2；

α——滑动面倾角（当滑动面倾向下游时，α为正值，当滑动面倾向上游时，α为负值），(°)。

2. 双面滑动

当厂房地基深层滑动面为双面滑动时（见图5.4-4），其抗滑安全系数可按下列等安全系数法计算公式计算：

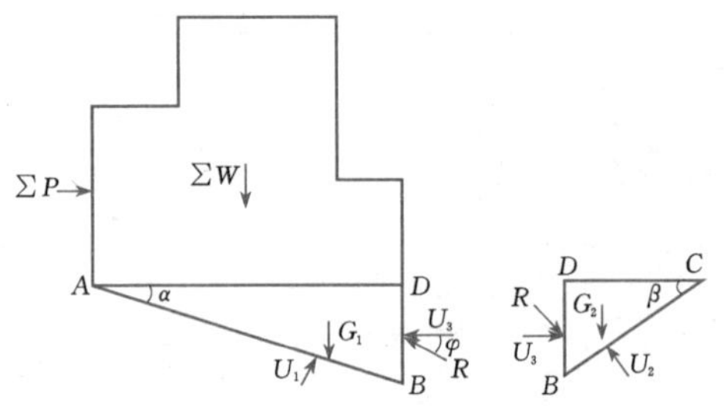

图5.4-4 双面滑动示意图

$$K_1' = \frac{f_1'[(\sum W + G_1)\cos\alpha + U_3\sin\alpha - \sum P\sin\alpha - R\sin(\varphi-\alpha) - U_1] + c_1'A_1}{(\sum W + G_1)\sin\alpha + \sum P\cos\alpha - R\cos(\varphi-a) - U_3\cos\alpha} \quad (5.4-7a)$$

$$K_2' = \frac{f_2'[R\sin(\varphi+\beta) + G_2\cos\beta + U_3\sin\beta - U_2] + c_2'A_2}{(R\cos(\varphi+\beta) - G_2\sin\beta + U_3\cos\beta} \quad (5.4-7b)$$

$$K' = K_1' = K_2' \quad (5.4-7c)$$

式中 K'——抗滑稳定安全系数；

K_1'、K_2'——AB、BC滑动面抗滑稳定安全系数；

$\sum W$——垂直力之和，kN；

$\sum P$——水平力之和，kN；

G_1——AB面上岩体重量，kN；

G_2——BC面上岩体重量（包含它上面的水重），kN；

f_1'、f_2'——AB、BC滑动面的抗剪断摩擦系数；

c_1'、c_2'——AB、BC滑动面的黏聚力，kPa；

A_1、A_2——AB、BC面的面积，m^2；

α、β——AB、BC与水平面的夹角，(°)；

U_1、U_2、U_3——AB、BC、BD上的扬压力，kN；

R、φ——下游岩体抗力，抗力与水平面的夹角，kN，(°)。

5.4.3.3 抗滑稳定安全系数

厂房整体抗滑和深层抗滑稳定安全系数应不小于表5.4-4规定的数值。

表5.4-4 抗滑稳定最小安全系数

地基类别	荷载组合		厂房建筑物级别				适用公式
			1	2	3	4、5	
非岩基上	基本组合		1.35	1.30	1.25	1.20	适用于式（5.4-4）或式（5.4-5）
	特殊组合	Ⅰ	1.20	1.15	1.10	1.05	
		Ⅱ	1.10	1.05	1.05	1.00	
岩基	基本组合		1.10				适用于式（5.4-5）
	特殊组合	Ⅰ	1.05				
		Ⅱ	1.00				
	基本组合		3.00				适用于式（5.4-4）或式（5.4-6）或式（5.4-7）
	特殊组合	Ⅰ	2.50				
		Ⅱ	2.30				

注 特殊组合Ⅰ适用于机组检修、机组未安装和非常运行情况，特殊组合Ⅱ适用于地震情况。

5.4.3.4 厂房抗浮稳定计算

厂房抗浮稳定性可选择表5.4-3中特殊组合的机组检修、机组未安装、非常运行三种情况中最不利的情况，按下列公式计算：

$$K_f = \frac{\sum W}{U} \quad (5.4-8)$$

式中 K_f——抗浮稳定安全系数，任何情况下不得小于1.1；

$\sum W$——机组段（或安装间段）的全部重量，kN；

U——作用于机组段（或安装间段）的扬压力总和，kN。

5.4.3.5 厂房地基应力计算

厂房地基面上的法向应力，可按下列公式计算：

$$\sigma = \frac{\sum W}{A} \pm \frac{\sum M_x y}{J_x} \pm \frac{\sum M_y x}{J_y} \qquad (5.4-9)$$

式中 σ——厂房地基面上法向应力，kPa；

$\sum W$——作用于机组段（或安装间段）上全部荷载（包括或不包括扬压力）在计算截面上法向分力的总和，kN；

$\sum M_x$、$\sum M_y$——作用于机组段（或安装间段）上全部荷载（包括或不包括扬压力）对计算截面形心轴 x、y 的力矩总和，kN·m；

x、y——计算截面上计算点至形心轴 y、x 的距离，m；

J_x、J_y——计算截面对形心轴 x、y 的惯性矩，m^4；

A——厂房地基计算截面受压部分的面积，m^2。

如尾水管底板为分离式或厚度较薄，不能将荷载传递到其下地基时，则此部分底板不应计入计算截面。

5.4.3.6 地基应力控制标准

1. 岩基上厂房

岩基上厂房地基面上的法向应力用材料力学法计算时，应符合下列要求。

(1) 厂房地基面上所承受的最大法向应力不应超过地基允许承载力。在地震情况下地基允许承载力可适当提高。

(2) 厂房地基面上所承受的最小法向应力（计入扬压力）应满足下列条件。

1) 对于河床式厂房除地震情况外都应大于零，在地震情况下允许出现不大于 0.1MPa 拉应力。

2) 对坝后式及岸边式的厂房，正常运行情况应大于零，机组检修、机组未安装及非常运行情况允许出现不大于 0.1～0.2MPa 的局部拉应力，地震情况如出现大于 0.2MPa 拉应力，应进行专门论证。

2. 非岩基上厂房

(1) 抗滑稳定分析和基底应力计算公式与岩基上厂房相同。

(2) 地基允许承载力计算[3]。

1) 在只有竖向对称荷载作用下，可按下列限制塑性开展区的公式计算：

$$[R_{1/4}] = N_B \gamma_B B + N_D \gamma_D D + N_C c \qquad (5.4-10)$$

式中 $[R_{1/4}]$——限制塑性变形区开展深度为厂房基础底面宽度的 1/4 时的地基允许承载力，kPa；

B——厂房基础底面宽度，m；

D——厂房基础埋置深度，m；

c——地基土的黏聚力，kPa；

γ_B——厂房基础底面以下土的容重，地下水位以下取有效容重，kN/m^3；

γ_D——厂房基础底面以上土的加权平均容重，地下水位以下取有效容重，kN/m^3；

N_B、N_D、N_C——承载力系数，可查表 5.4-5。

表 5.4-5 承载力系数

ϕ (°)	N_B	N_D	N_C	ϕ (°)	N_B	N_D	N_C	ϕ (°)	N_B	N_D	N_C
0	0.00	1.00	3.14	14	0.29	2.17	4.69	28	0.98	4.93	7.40
1	0.01	1.06	3.23	15	0.32	2.30	4.84	29	1.06	5.25	7.67
2	0.03	1.12	3.32	16	0.36	2.43	4.99	30	1.15	5.59	7.95
3	0.04	1.18	3.41	17	0.39	2.57	5.15	31	1.24	5.95	8.24
4	0.06	1.25	3.51	18	0.43	2.73	5.31	32	1.34	6.34	8.55
5	0.08	1.32	3.61	19	0.47	2.89	5.48	33	1.44	6.76	8.88
6	0.10	1.39	3.71	20	0.51	3.06	5.66	34	1.55	7.22	9.22
7	0.12	1.47	3.82	21	0.56	3.24	5.84	35	1.68	7.71	9.58
8	0.14	1.55	3.93	22	0.61	3.44	6.04	36	1.81	8.24	9.97
9	0.16	1.64	4.05	23	0.66	3.65	6.24	37	1.95	8.81	10.37
10	0.18	1.73	4.17	24	0.72	3.87	6.45	38	2.11	9.44	10.80
11	0.21	1.83	4.29	25	0.78	4.11	6.67	39	2.28	10.11	11.25
12	0.23	1.94	4.42	26	0.84	4.37	6.90	40	2.46	10.85	11.73
13	0.26	2.05	4.55	27	0.91	4.64	7.14				

2）在既有竖向荷载作用，且有水平向荷载作用下，可按下式计算：

$$[R_h]=\frac{1}{K}(0.5\gamma_B N_r S_r i_r + qN_q S_q d_q i_q + cN_C S_C d_C i_C) \tag{5.4-11}$$

式中　$[R_h]$——地基允许承载力，kPa；

K——安全系数，对于固结快剪试验的抗剪强度指标时，K 值可取用2.0～3.0；

q——厂房基础底面以上的有效侧向荷载，kPa；

N_r、N_q、N_C——承载力系数，可查表5.4-6；

S_r、S_q、S_C——形状系数，对于矩形基础 $S_r=-0.4\frac{B}{L}$，$S_{qr}=S_C=1-0.2\frac{B}{L}$；

L——厂房基础底面长度，m；

d_q、d_C——深度系数，$d_q=d_C=1-0.35\frac{B}{L}$；

i_r、i_q、i_C——倾斜系数，可查表5.4-7，当荷载倾斜率 $\tan\delta=0$，$i_r=i_q=i_C=1$；

δ——荷载倾斜角，（°）；

表5.4-6　承载力系数表

ϕ（°）	N_r	N_q	N_C	ϕ（°）	N_r	N_q	N_C	ϕ（°）	N_r	N_q	N_C
0	0	1.00	5.14	14	1.16	3.58	10.37	28	13.13	14.71	25.80
2	0.01	1.20	5.69	16	1.72	4.33	11.62	30	18.09	18.40	30.15
4	0.05	1.43	6.17	18	2.49	5.25	13.09	32	24.95	23.18	35.50
6	0.14	1.72	6.82	20	3.54	6.40	14.83	34	34.54	29.45	42.18
8	0.27	2.06	7.52	22	4.96	7.82	16.89	36	48.08	37.77	50.61
10	0.47	2.47	8.35	24	6.90	9.61	19.33	38	67.43	48.92	61.36
12	0.76	0.76	9.29	26	9.53	11.85	22.25	40	95.51	64.23	75.36

表5.4-7　倾斜系数

$\tan\delta$ / i / ϕ（°）	0.1			0.2			0.3			0.4		
	i_r	i_q	i_c	i_r	i_q	i_c	i_r	i_q	i_c	i_r	i_q	i_c
6	0.64	0.80	0.53									
8	0.71	0.84	0.69									
10	0.72	0.85	0.75									
12	0.73	0.85	0.78	0.40	0.63	0.44						
14	0.73	0.86	0.80	0.44	0.67	0.54						
16	0.73	0.85	0.81	0.46	0.68	0.58						
18	0.73	0.85	0.82	0.47	0.69	0.61	0.23	0.48	0.36			
20	0.72	0.85	0.82	0.47	0.69	0.63	0.26	0.51	0.42			
22	0.72	0.85	0.82	0.47	0.69	0.64	0.27	0.52	0.45	0.10	0.32	0.22
24	0.71	0.84	0.82	0.47	0.68	0.65	0.28	0.53	0.47	0.13	0.37	0.29
26	0.70	0.84	0.82	0.46	0.68	0.65	0.28	0.53	0.48	0.15	0.38	0.32
28	0.69	0.83	0.82	0.15	0.67	0.65	0.27	0.52	0.49	0.15	0.39	0.34
30	0.69	0.83	0.82	0.44	0.67	0.65	0.27	0.27	0.49	0.15	0.39	0.35
32	0.68	0.82	0.81	0.43	0.66	0.64	0.26	0.26	0.49	0.15	0.39	0.36
34	0.67	0.82	0.81	0.42	0.65	0.64	0.25	0.25	0.49	0.14	0.38	0.36
36	0.66	0.81	0.81	0.41	0.64	0.63	0.25	0.25	0.48	0.14	0.37	0.36
38	0.65	0.80	0.80	0.40	0.63	0.62	0.24	0.24	0.47	0.13	0.37	0.35
40	0.64	0.80	0.79	0.39	0.62	0.62	0.23	0.23	0.47	0.13	0.36	0.35

(3) 非岩基上厂房地基面平均基底应力应不大于地基允许承载力；基底最大应力应不大于1.2倍地基允许承载力。

(4) 非岩基上厂房地基面法向应力不均匀系数的允许值可按表5.4-8采用。

表 5.4-8　不均匀系数的允许值

地基土质	荷载组合	
	基本组合	特殊组合
松　　软	1.5	2.0
中等坚实	2.0	2.5
坚　　实	2.5	3.0

注　1. 对于重要的大型厂房，不均匀系数的允许值宜按表列值适当减小。
2. 对于地震情况，不均匀系数的允许值可适当增大。

5.4.3.7　沉降计算

非岩基上厂房地基最终沉降量可按下式计算：

$$S_{\infty} = m\sum_{i=1}^{n}\frac{e_{1i}-e_{2i}}{1+e_{1i}}h_i \qquad (5.4-12)$$

式中　S_{∞}——地基最终沉降量，mm；

i——土层号；

n——地基压缩层计算深度范围内的土层数；

e_{1i}、e_{2i}——厂房基础底面以下第 i 层土在平均自重应力作用下的孔隙比和在平均自重应力、平均附加应力共同作用下的孔隙比；

h_i——第 i 层土的厚度，mm；

m——地基沉降量修正系数，可取1.0～1.6。

地基压缩层的计算深度应按计算层面处附加应力和自重应力之比等于0.2的条件确定。

非岩基上厂房地基允许最大沉降量和沉降差，应以保证厂房结构安全和机组正常运行为原则，其值应根据工程具体情况研究确定。

5.4.4　地基处理

5.4.4.1　一般要求

厂房地基经处理后必须符合下列要求：

(1) 具有足够的强度，以满足承载力的要求。

(2) 满足厂房抗滑稳定和变形控制的要求。

(3) 满足防渗及渗透稳定性的要求。

(4) 防止在水的长期作用下地基岩石土体性质发生恶化。

(5) 砂土类地基地震时不发生液化破坏。

5.4.4.2　岩基上厂房基础处理

1. 建基面基础开挖

厂房地基的具体开挖深度及其基坑形状，应根据厂房布置和结构要求以及地形、地质条件，并结合基础的处理措施确定。

厂房基础岩体较完整时，基本上按厂房的地下轮廓线进行开挖，一般情况下厂房地下轮廓线由厂房布置和机组尺寸确定。

对断层破碎带、深槽、软弱夹层等不良地基，需采取局部挖除的办法处理。如葛洲坝二江电站5号机组段，由于基础存在缓倾角的软弱夹层，其稳定性较差，故结合厂房抗滑稳定要求，采取挖除202号夹层的处理方案，在厂房尾水管下部局部挖深3.85m。

对易风化、泥化的岩石，应提出相应的保护措施。如黄河中游的沙坡头水利枢纽河床电站，厂房基础为泥岩、页岩，饱和抗压强度20MPa，为软岩，具有遇水软化、失水干裂的特点。为尽量减少开挖对基岩的影响，采取预留1.5m厚保护层后开挖，其中0.75m采取人工撬挖并要求在6h内覆盖基础混凝土。

2. 基础防渗与排水

河床式厂房地基的防渗、排水设计可按SL 319《混凝土重力坝设计规范》的规定进行。坝后式及岸边式厂房的防渗、排水设计可适当简化。重要的防渗及排水设施宜考虑可进行检修的条件。

大、中型河床式厂房一般在进水口下面设置灌浆排水廊道。

葛洲坝大江电站厂房基础岩性为砾岩，受f114、f126两条断层破碎带影响，基础为强透水带，经多方案比较确定采取以灌浆为主、局部挖除和适当加强结构的综合措施进行处理。在厂房上游侧设置双排帷幕灌浆，孔距3m，第一排帷幕采用水泥和丙凝进行灌注，第二排帷幕以灌水泥浆为主，最大灌浆深度32m。排水孔孔距3m，孔径ϕ91mm，为防止塌孔和管涌，设置过滤保护措施。在强透水范围内还进行固结灌浆，孔排距3～6m，深15～25m。

有的河床式厂房为抗滑稳定特殊需要，在厂房下游侧尾水管出口下方还设置灌浆排水廊道，如铜街子水电站。

坝后式、岸边式厂房一般不设专门的灌浆排水廊道。但也有例外，如李家峡、漫湾水电站厂房在尾水管出口下方设置了灌浆排水廊道。

3. 基础固结灌浆

厂房地基裂隙发育的地段宜进行固结灌浆。对断层破碎带、深槽等不良地基，可采取局部挖除、回填混凝土和灌浆等处理措施。

当基础开挖爆破和卸荷使基础完整性受到影响，或者是岩层表面透水性较大，或者局部断层破碎带比较发育等情况，需进行固结灌浆处理。一般固结灌浆孔排距3m，孔深5～8m。

5.4.4.3 非岩基上厂房基础处理

1. 水平铺盖

水平铺盖是非岩基上厂房基础有效防渗设施之一，它的主要作用是延长渗径和降低基础扬压力。铺盖按其构造特点可分为柔性铺盖、刚性铺盖、锚定铺盖。

(1) 柔性铺盖。一般由黏土、沥青、合成材料等柔性材料组成，能适应地基的变形。

(2) 刚性铺盖。通常用于较为密实的地基上，采用混凝土或钢筋混凝土板，板厚根据允许渗流梯度确定。

(3) 锚定铺盖。苏联的许多非基岩上厂房都采用了锚定铺盖，这种型式的铺盖不仅起防渗作用，而且可提高厂房抗滑稳定性。锚定铺盖一般采用钢筋混凝土板，其纵向钢筋嵌固在厂房底板混凝土内。为提高锚定铺盖的有效性，通常在板的上面加盖重，板下设排水，各段铺盖之间连接处设止水。

2. 垂直防渗措施

垂直防渗措施主要有板桩墙、混凝土防渗墙、深齿糟，由木板或钢板组成的板桩墙目前已很少采用。

3. 排水设施

非岩基上厂房底板下一般需设置二层或三层的水平排水，在不均一的多层地基上，苏联有的水电站还设有多排减压井式的垂直排水。

4. 桩基

当存在地基承载力不足、沉降变形大或存在地震液化等问题时，可选用预制桩、钻孔灌注桩、水泥搅拌桩等桩基础进行加固处理。

5.4.4.4 工程实例

1. 软弱结构面加固措施

厂房地基存在软弱结构面时，应按抗滑要求进行专门设计，采取相应的工程措施。

葛洲坝二江电站厂房基础岩体为白垩系下统五龙组的第三层（K_1^{2-3}），该层总厚66～76m，岩性为紫红色粉砂岩、黏土质粉砂岩夹薄层砂岩，岩层走向北东30°，倾向南北，倾角5°～8°，为一单斜构造。由于层间错动带发育和地下水的活动，在K_1^{2-3}层内形成30多条软弱夹层，规模大、性状差。

为提高厂房沿夹层的深层抗滑稳定性，采取如下工程措施：

(1) 加大尾水管扩散段底板的坡度（1：7.5），增加抗力体高度。

(2) 厂房尾部加压重。

(3) 局部挖除软弱夹层。

(4) 采用锚固桩加固尾岩，并进行固结灌浆。

2. 半岩半土地基处理

水电站厂房不宜建造在半岩半土地基上，否则必须采取可靠工程措施，以防止有害的不均匀沉降。

碧口水电站，装机300MW，厂房布置在枢纽左岸，距大坝下游约300m，为引水岸边式厂房。主厂房基础为千枚岩，尾水管扩散段坐落在河床砂砾石覆盖层上。为了适应主厂房与尾水管扩散段之间可能产生的不均匀沉陷，在主厂房与尾水闸墩之间设一贯通的永久缝，缝面设键槽，并刷沥青，形成类似铰接的型式，防止产生竖向错动。

同时，还采取如下工程措施。

(1) 对尾水管底板下砂砾石灌浆。

(2) 加强主厂房与尾水闸墩之间缝面上的止水。

(3) 加强扩散段出口尾水渠导墙和护坦的刚度和强度，防止其底部基础被淘刷。

(4) 设立专门的观测点，加强尾水闸墩的沉降和位移监测。

经20多年长期运行监测，未发现异常，分缝处未发生明显的脱开和倾斜变形，上述工程措施是合适的。

3. 非岩基上厂房地基处理

非岩基上厂房地下轮廓尺寸以及地基处理方案应综合考虑地基性质、厂房结构特点、两岸连接方式、施工条件以及运行要求等因素，经技术经济比较确定。

非岩基上壅水厂房地基及两岸的渗流平均坡降和出逸坡降，应小于地基允许渗流坡降值。

西霞院水电站为径流式河床电站，安装4台单机容量为35MW的轴流转桨式水轮发电机组，总装机容量140MW。电站总长179.6m，宽度73.3m，最大高度52.5m。厂房地基主要为上第三系黏土岩、粉砂岩，该地层的性质十分特殊和复杂，其显著特点是：成岩时间短，强度低，相变大，岩、土性质并存，存在抗滑稳定问题、地基不均匀沉降问题、承载力低及渗漏稳定问题。

针对上述问题，采取如下工程措施：

(1) 在电站坝段设置了“┏┓”形防渗墙，防渗墙厚度0.6m，深度为30m。

(2) 采用素混凝土桩，桩径0.8m，间距为6倍桩径，桩长15～30m；对所有桩体采用后灌浆技术。

(3) 为了避免素混凝土桩的桩顶应力集中，在桩体上部设置400mm厚的碎石垫层。

5.5 地面厂房结构设计

5.5.1 一般要求

5.5.1.1 设计原则

(1) 厂房结构内力一般可按结构力学方法计算，对复杂结构如蜗壳、尾水管、机墩及河床式厂房进水口等，无法用结构力学方法求得内力时，应用有限元法分析计算。必要时可采用结构模型试验验证。

(2) 厂房结构设计应根据承载能力极限状态及正常使用极限状态的要求，分别按下列规定进行计算和验算：

1) 承载能力。厂房所有结构构件均应进行承载能力计算，对直接承受设备振动荷载的构件如发电机支承结构等，还应进行动力计算。需要抗震设防的结构，尚应进行结构抗震承载能力验算或采取抗震构造措施。

2) 变形。对使用上需要控制变形的结构构件，如吊车梁、厂房构架等，应进行变形验算。

3) 裂缝控制。对承受水压力的下部结构构件，如钢筋混凝土蜗壳、闸墩、胸墙及挡水墙等，应进行抗裂或裂缝宽度验算。对使用上需要限制裂缝宽度的上部结构构件，应进行裂缝宽度验算。

(3) 厂房结构施工和运行期间，当温度的变化对建筑物有较大影响时，应进行温度应力计算，并应采取构造和施工措施以消除或减小温度应力。允许出现裂缝的钢筋混凝土结构构件，在计算温度应力时，应考虑裂缝的开展使构件刚度降低的影响。

(4) 厂房结构设计中，应考虑作用在结构截面上的渗透压力，并宜采用专门的排水、防渗、止水等措施，以降低渗透压力。

(5) 预制构件应考虑制作、运输、吊装时相应荷载的作用。进行预制构件施工吊装验算时，构件自重应计入动力系数。

(6) 厂房结构应具有整体稳定性，结构的局部破坏不应导致大范围倒塌。

(7) 按承载能力极限状态设计时，应考虑两种作用（荷载）效应组合：①基本组合；②偶然组合。按正常使用极限状态验算时，应采用标准组合并考虑长期作用的影响。

(8) 采用极限状态设计原则，以安全系数设计表达式进行结构设计时，荷载效应组合设计值 S 和承载力安全系数 K，应按 SL 191《水工混凝土结构设计规范》的规定选用。

采用概率极限状态设计原则，以分项系数设计表达式进行结构设计时，结构重要性系数 γ_0，设计状况系数 ψ，材料性能分项系数 γ_c、γ_s，作用分项系数 γ_G、γ_Q、γ_A 结构系数 γ_d，应按 DL/T 5057《水工混凝土结构设计规范》的规定选用。

5.5.1.2 动力系数

对直接承受动荷载作用的结构在进行静力计算时应考虑动力系数，其数值可按表 5.5-1 规定采用。其动力作用只考虑传至直接承受动力荷载的结构，其他部分计算时可不考虑。

表 5.5-1　　动力系数表

序号	动荷载种类	动力系数	备　注
1	吊车、门机、变压器竖向轮压	1.05	水平荷载不考虑动力系数
2	机动车辆轮压	1.20	包括汽车、拖车轮压
3	搬运、装卸重物	1.10～1.20	
4	电动机、通风机	1.20～1.50	
5	水轮发电机垂直、水平动荷载	1.50～2.00	圆筒式机墩取小值，环形梁柱式、构架式机墩取大值

5.5.1.3 结构耐久性要求

(1) 厂房结构的耐久性要求应根据结构设计使用年限和环境类别进行设计。

(2) 厂房各部位混凝土除应满足强度要求外，并应根据所处环境条件、使用条件、地区气候等具体情况分别提出抗渗、抗冻、抗侵蚀、抗冲刷等耐久性要求。

(3) 环境类别划分及结构耐久性要求等应满足 SL 191、DL/T 5057 中的有关规定。

5.5.2 厂房上部结构

5.5.2.1 屋盖系统

1. 作用及作用效应组合

(1) 作用在屋盖系统上的荷载有：自重 A_1；找平层、保温层重 A_2；防水层重 A_3；雪荷载重 A_4；粉刷层重，吊顶重 A_5；固定设备重 A_6；活荷载 A_7（上人屋面一般取 2.0kN/m^2，不上人屋面取 0.5kN/m^2，并考虑施工荷载)。

(2) 作用效应组合：$A_1+A_2+A_3+A_4$（或 A_7）$+A_5+A_6$。

2. 结构型式

地面厂房屋盖系统结构型式多种多样，应根据使用功能、气候条件、抗震要求等工程具体情况选用，按其材料性能不同分为钢筋混凝土结构和钢结构两大类。

(1) 钢筋混凝土屋盖系统主要有如下几种型式：

1) 现浇钢筋混凝土梁板结构。这种型式整体性好，但施工难度大，进度较慢。

2) 预制屋面梁、板结构。这种型式适用于中、小型厂房，结构简单、施工方便，但整体性和抗震性能差。

3) 预应力钢筋混凝土屋架，屋面板。常用的屋架型式有三角形、折线形、拱形和梯形等。

4) 预制预应力T形、雁形屋面板。这种型式梁板一体化，结构合理，整体性好，施工简便快速，且跨度、宽度均不受建筑模数限制。使用跨度可达33～36m，雁形屋面板允许外荷载为2.0kN/m²，T形屋面板允许外荷载可达20kN/m²，T形、雁形屋面板典型剖面如图5.5-1和图5.5-2所示。

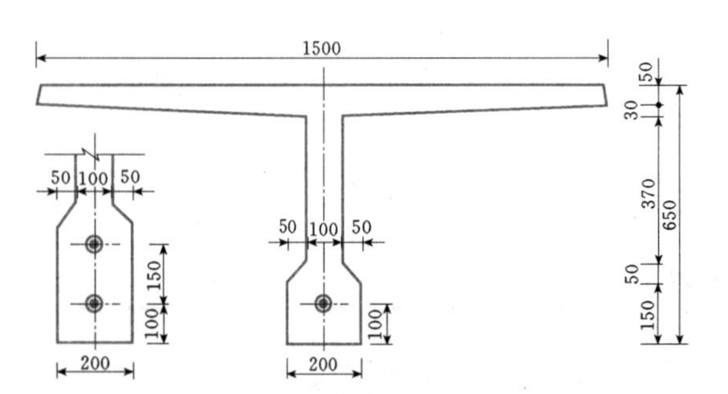

图5.5-1　T形板典型剖面（单位：mm）

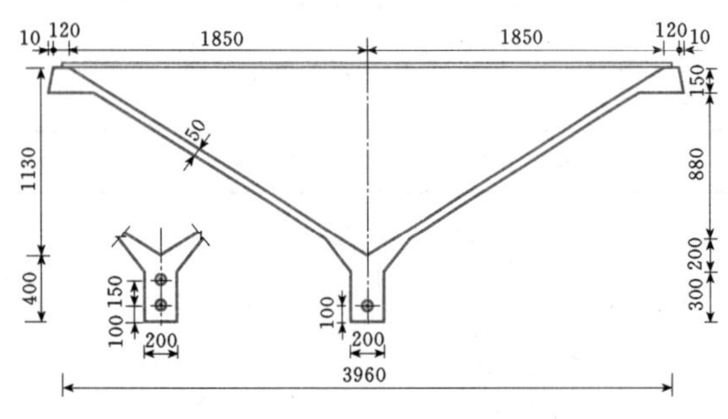

图5.5-2　雁形板典型剖面（单位：mm）

预制预应力T形、雁形屋面板应进行以下几方面的计算：①跨中截面抗弯承载力验算；②支座斜截面抗剪承载力计算；③跨中截面下边缘抗裂计算；④挠度验算；⑤施工阶段（张拉时）端部上边缘抗裂计算；⑥施工吊装验算。

预制预应力T形、雁形屋面板构造要求：①板之间的连接可在板顶每间隔一定距离预埋钢板，用钢筋将相邻的钢板焊接连接；②板之间的缝隙用细石混凝土填满；③板与圈梁之间的连接用预埋钢板相互焊接；④由于T形板、雁形板的断面单薄，且支座为局部受压区，支承梁应配置足够的附加钢筋网。

(2) 钢结构屋盖系统主要有如下几种型式：

1) 平面梯形钢屋架。由于水电站厂房吊车吨位较大，因此在套用工民建标准设计时，必须验算由排架柱顶传给屋架的水平力，并对屋架端节点、下弦杆等部位作适当加强。

2) 实腹式钢梁。因其刚度较小，大跨度厂房不宜选用。

3) 钢网架结构。空间钢网架结构具有自重轻、刚度大、整体性好、安装方便、施工速度快等优点，适合各种跨度的水电站厂房，近年来得到广泛应用。

钢网架结构型式和构造要求如下：

a. 钢网架型式一般采用正放四角锥或正放桁架，为节省工程量也可采用正放抽空四角锥。杆件为无缝钢管，支座节点为板式支座，杆件和球节点一般为螺栓连接。

b. 钢网架支撑型式一般采用下承式网架，为降低女儿墙高度，也可采用上承式支撑的网架型式。

c. 由于水电站厂房柱距一般不满足建筑模数，网架与柱头的连接型式，一般通过柱顶的帽梁，网架支座可落在柱顶，也可落在帽梁上。

d. 网架支座型式根据布置和受力条件有以下几种：简支（一端自由、一端铰接）、铰支（两端铰接）、刚支（两端刚接），两端铰接最为常用（见图5.5-3）。

e. 钢网架结构一般情况下，由专业的厂家制造、安装。采用地面拼装，分片整体吊升的安装方式。

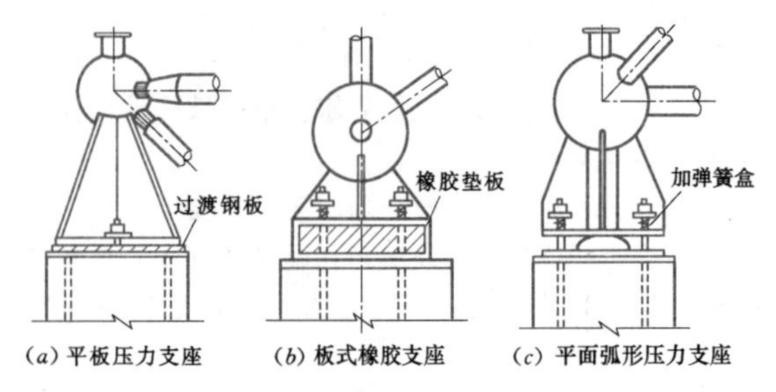

(*a*) 平板压力支座　(*b*) 板式橡胶支座　(*c*) 平面弧形压力支座

图5.5-3　钢网架典型铰支支座

5.5.2.2 吊车梁

吊车梁直接承受吊车荷载，是厂房上部重要结构之一。水电站厂房吊车一般为电动单小车或双小车桥式吊车，其特点是吊车容量大、为轻级工作制、操作速度缓慢、多采用软钩起吊。

1. 吊车梁所承受的荷载

(1) 自重 A_1，对预制吊车梁，验算运输及吊装情况时要乘以 1.5 的动力系数。

(2) 钢轨及其附件重 A_2，应根据厂家资料确定，初步计算时可取 1.5～2.0kN/m。

(3) 竖向最大轮压 A_3，作用在一边轨道上的竖向轮压可采用厂家资料提供的最大轮压，也可按式(5.5-1) 和式 (5.5-2) 计算。

当一台吊车工作时，最大轮压为

$$P_{\max}=\frac{1}{n}\left[\frac{1}{2}(m-m_1)+\frac{L_k-L_1}{L_k}(m_1+m_2)\right]g \tag{5.5-1}$$

当二台吊车工作时，最大轮压为

$$P_{\max}=\frac{1}{2n}\left[(m-m_1)+\frac{L_k-L_1}{L_k}(2m_1+m_2+m_3)\right]g \tag{5.5-2}$$

式中 $P_{\max}$——桥机一边轨道上的最大轮压，kN；

n——单台桥机作用在一边轨道上的轮数；

L_k——桥机跨度，m；

L_1——实际起吊最大部件中心至桥机轨道中心的最小距离，m；

m——单台桥机总质量，t；

m_1——单台桥机小车质量，t；

m_2——吊物和吊具质量，t；

m_3——平衡梁质量，t；

g——重力加速度，9.81m/s^2。

(4) 横向水平刹车力 A_4，可按小车、吊物及吊具的重力和的 4%采用。该项荷载由两边轨道上的各轮平均传至轨顶，方向与轨道垂直，并应考虑正反两个作用方向。

(5) 纵向水平刹车力 A_5，可按作用在一边轨道上所有制动轮的最大轮压之和的 5%采用。其作用点即制动轮与轨道的接触点，方向与轨道方向一致。

(6) 当对桥机吊车梁进行强度计算时，桥机竖向荷载应乘以 1.05 的动力系数。

2. 结构型式

(1) 吊车梁按材料分为钢筋混凝土吊车梁和钢吊车梁，钢筋混凝土吊车梁按施工方法不同有整体现浇、预制、预应力、叠合式。

(2) 吊车梁断面有矩形、T 形和 I 字形等。大中型水电站中预制、预应力吊车梁较普遍，T 形和 I 字形断面采用较多。一般情况，上翼缘宽度为梁跨的 1/10～1/15，下翼缘宽度根据钢筋布置需要决定；翼缘板厚度一般为梁高的 1/6～1/9。I 字形梁的梁高与梁腹厚度之比≥7，T 形梁≥2.5。

(3) 当预制混凝土吊车梁自重大吊装困难，而整体现浇模板支撑难度大时，通常可采用叠合式钢筋混凝土吊车梁。这种构件的受力特点是用不加支撑的预制构件承担施工阶段的荷载，待后浇叠合层达到设计强度后，再承受永久荷载。叠合式吊车梁应分别按两个阶段进行计算。

3. 内力计算

(1) 计算跨度。单跨简支梁的计算跨度 $L=L_0+a\leqslant1.05L_0$，连续梁的计算跨度 $L=L_z$，L_0 为净跨，a 为梁的支承宽度，L_z 为支座中心至中心的距离。当不等跨连续梁相临跨度相差不超过 10%时，可近似地按等跨计算。

(2) 计算方法。受移动集中荷载作用的吊车梁，其内力计算先求出各断面上内力的影响线，然后试算求梁弯矩和剪力包络图。

吊车梁的扭矩由两项组成，一项由梁顶钢轨安装偏差引起，另一项由横向水平刹车力引起，计算公式如下：

$$M_T=(uP_{\max}e_1+Te_2)\beta \tag{5.5-3}$$

式中 e_1——吊车轨道安装偏差，一般取 2cm；

e_2——吊车横向水平刹车力 T 对截面弯曲中心的距离，$e_2=h_a+y_a$（h_a 为轨道顶至吊车梁顶面的距离，一般取 20cm；y_a 为截面弯曲中心至截面顶面的距离）；

β——扭矩和剪力作用下的组合系数，当一台吊车工作时，取 0.8，当两台吊车工作时，取 0.7。

由于梁与排架牛腿处采取了固定措施，故不论是单跨或多跨梁，在计算扭矩时均按单跨固端梁考虑，最大扭矩产生在近支座截面处。

4. 混凝土吊车梁设计

(1) 吊车梁属于双向受弯、受剪同时又受扭的构件，受力很复杂，一般均按近似的方法计算，即双向受弯及受剪简化成两个单向受弯及受剪，分别进行计算。竖向（垂直向）受剪、受扭分别计算抗剪、抗扭箍筋，然后叠加。

(2) 钢筋混凝土吊车梁、预应力混凝土吊车梁正截面、斜截面强度计算，抗扭计算，裂缝宽度验算以及挠度验算等，均应按 SL 191 和 DL/T 5057 的有关公式和规定进行计算。

(3) 室内正常环境下使用的钢筋混凝土吊车梁，在标准组合下最大裂缝宽度限值为 0.40mm。预应力混凝土吊车梁裂缝控制等级可按三级进行验算，在标准组合下最大裂缝宽度允许值为0.20mm。

(4) 混凝土吊车梁最大挠度 $f_{max} \leqslant L_0/600$，$L_0$ 为吊车梁计算跨度。

(5) 水电站厂房吊车属轻级工作制，可不验算疲劳强度。

(6) 混凝土吊车梁构造要求如下。

1) 吊车梁与钢轨的连接如图5.5-4所示。钢轨与吊车梁之间应用5～10cm厚高等级细石混凝土找平，钢板或弹性垫层厚约1cm，再用螺栓与压板拧紧。

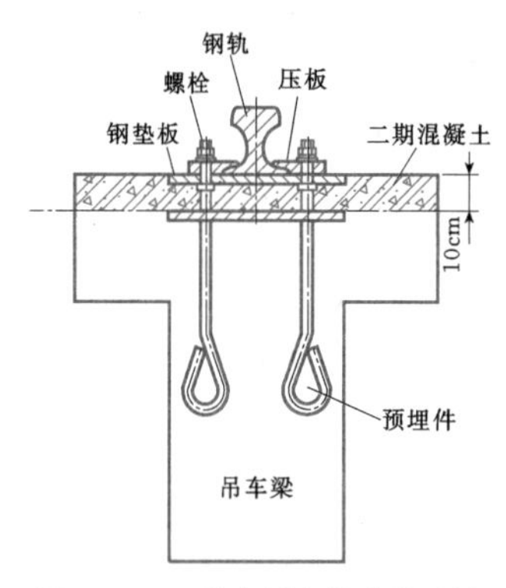

图5.5-4 吊车梁与轨道的连接

2) 吊车梁与排架柱的连接如图5.5-5所示。在吊车梁支承面上设置不小于10mm厚钢垫板与牛腿顶面预埋的不小于10mm厚钢板相焊接，吊车梁上翼缘与柱则用角钢或钢板连接，承受吊车横向水平刹车力。

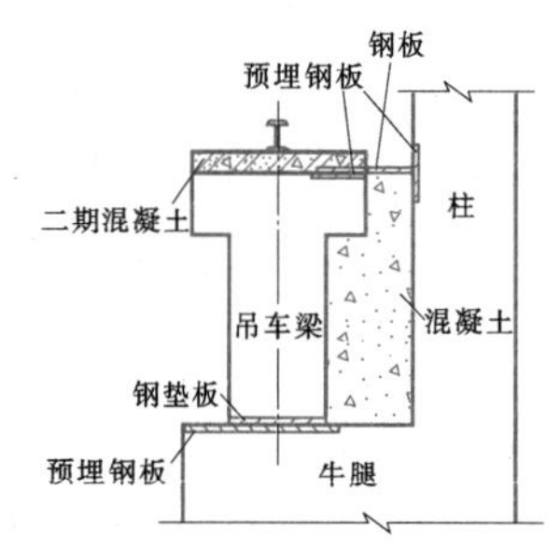

图5.5-5 吊车梁与排架柱的连接

3) 吊车梁的钢筋配置除应满足SL 191和DL/T 5057的有关规定外，尚须符合下列要求：

a. 吊车梁纵向受力钢筋不宜采用光面钢筋和光面钢丝。

b. 由于吊车梁承受冲击荷载及重复荷载作用，其纵向受力钢筋不得采用绑扎接头及焊接接头，宜采用通长钢筋加工；对于承受小吨位（<50t）吊车的吊车梁可适当放宽，允许采用闪光接触对头焊接头，但接头位置宜安排在内力较小处，同一截面内有焊接接头的受力钢筋面积不得大于钢筋总面积的25%，接头错开的距离要大于或等于40倍钢筋直径。

c. 吊车梁的箍筋不得采用开口箍。

d. 为了防止梁的腹中部位裂缝开展，在梁肋中部1/3高度范围内，沿梁肋两侧设置ϕ10～12mm通长的腰筋，其间距为10cm左右，腰筋可兼作抗扭纵向钢筋。

e. 吊车梁的弯起筋不得采用浮筋，也不宜采用焊接在纵筋上的短斜筋。

f. 梁底部直通支座的纵向受力钢筋宜焊在支承钢板上，如支承钢板厚度不足时可加设垫板。

5. 钢吊车梁设计

(1) 设计原则。

1) 钢结构吊车梁设计，应按GB 50017《钢结构设计规范》的有关规定进行。

2) 钢结构吊车梁应进行结构的强度和稳定性计算，其允许扰度应控制在 $L_0/750$ 以内。

3) 水电站吊车属轻级工作制，不必进行材料的疲劳强度计算。

(2) 吊车梁的制动结构及其布置。

1) 当吊车容量及厂房柱距不大时，可将吊车梁的上翼缘加宽，使之在侧向有足够的强度和刚度，承担横向水平刹车力。

2) 当吊车容量较大时，制动结构一般采用制动梁或制动桁架（一般在柱距大于12m时采用），吊车水平荷载由吊车梁的上翼缘和制动结构共同承担。制动结构一般兼作吊车的检查走道，其宽度不宜小于70cm。

(3) 截面设计内容。

1) 钢结构吊车梁截面型式一般采用箱梁，如跨度或荷载较小也可采用实腹式焊接组合I字形梁。

2) 初选截面高度、腹板厚度和翼缘尺寸。

3) 分别进行强度计算、稳定验算（包括整体稳定和局部稳定）、变形验算。

4) 焊缝校核。主要是校核翼缘与腹板的连接焊缝。对轻、中工作制吊车梁可采用连续角焊缝。

(4) 钢吊车梁的构造要求。

1) 钢吊车梁与钢筋混凝土柱的连接，采用在牛腿顶面预埋不小于10mm厚钢板与吊车梁支座加劲肋焊接。吊车梁上翼缘与柱则用角钢或钢板连接。

2) 钢吊车梁与轨道的连接，在轨道与吊车梁上翼缘之间采用压板连接，用精制螺栓拧紧。

5.5.2.3 排架

1. 作用及作用效应组合

厂房排架作用及作用效应组合见表5.5-2。

表 5.5-2　　厂房排架作用及作用效应组合

设计状况	极限状态	作用效应组合	计算情况	作用与作用效应											
				结构自重	屋面永久机电设备重	屋面活荷载或雪荷载	发电机层楼面荷载	水压力		吊车荷载		风荷载	温度作用	施工荷载	地震作用
								正常运用水位	非常运用洪水位	吊车轮压	吊车水平制动力				
持久状况	承载能力极限状态	基本组合	吊车满载	√	√	√	√	√	—	√	√	√	√	—	—
持久状况	承载能力极限状态	基本组合	吊车空载	√	√	√	√	√	—	√	—	√	√	—	—
短暂状况	承载能力极限状态	基本组合	施工期	√	—	—	—	—	—	√	√	√	—	√	—
偶然状况	承载能力极限状态	偶然组合	吊车空载＋地震作用	√	√	—	√	√	—	√	—	—	√	—	√
偶然状况	承载能力极限状态	偶然组合	吊车空载＋非常运用洪水水压力	√	√	—	√	—	√	√	—	—	—	—	—
持久状况	正常使用极限状态	标准组合	吊车满载	√	√	√	√	√	—	√	√	√	√	—	—
短暂状况	正常使用极限状态	标准组合	施工期	√	—	—	—	—	—	√	√	√	—	√	—

注　作用效应组合应考虑施工期厂房未封顶或厂房封顶机坑二期混凝土未浇筑等情况，施工荷载作用值大小及其组合视具体情况确定。

考虑作用效应组合时，应注意以下几点：

(1) 当风荷载与其他活荷载组合时，风荷载与其他活荷载均可乘以组合系数 0.9。

(2) 雪荷载与屋顶活荷载不组合，也不与温度上升及校核洪水压力组合。

(3) 地震作用不与校核洪水、吊车荷载（吊车自重除外）、温度作用、楼板活荷载同时组合。

(4) 吊车荷载、风荷载、地震作用等均须考虑在上、下游两个方向作用。吊车纵向或横向刹车力也须考虑正、反两个方向作用。

2. 设计假定

厂房排架结构为一空间构架，但一般均简化成按纵、横两个方向的平面结构分别进行计算。

(1) 横向平面排架。

1) 计算单元，以相临柱距的中线划出一个典型区段作为一个计算单元。

2) 计算简图。

a. 排架由于上、下柱截面不等，为一变截面排架。

b. 当排架柱与屋面大梁整体浇筑或屋盖采用厚板结构时，柱与屋盖连接视为刚接；当屋盖采用屋架（预制混凝土、钢屋架）结构时，柱与屋架视为铰接。

c. 排架上游柱一般假设固定在水轮机层混凝土顶部，若上游墙较厚，墙柱的刚度比大于 12 时，则可假设上游柱固定于墙顶。当厂房下游墙为与尾水闸墩整体浇筑的厚墙时，可假设下游排架柱固定在尾水闸墩顶部，否则按固定在水轮机层考虑。

d. 主机间发电机层楼板一般为后浇的二期混凝土且刚度较小，因此可将楼板视为柱的铰支承。安装间楼板刚度较大，且大梁与柱整体浇筑时，柱与梁可视为刚接。

e. 横梁的计算工作线取截面形心线（对屋架则取下弦中心线）。柱的计算工作线取上部小柱的形心线，整个柱为一阶或多阶变截面构件。

3) 排架柱计算宽度。当围护结构为砖墙，柱截面计算宽度取柱宽；当围护结构为与柱整浇的混凝土墙时，取窗间净距。

4) 横杆计算宽度。当横杆为独立梁时，取梁宽；当横杆为整浇肋形结构时，按 T 形截面梁计算刚度；若横梁两端做成托承，而托承处的截面高度与横梁跨中截面高度之比值小于 1.6 或惯性矩的比值小于 4 时，则可不考虑托承的影响而按等截面构件计算。

5) 施工期验算。厂房未封顶、二期混凝土未浇筑的施工期工况应进行验算。此时，排架柱按上端自由、下端固定、中间无支承的独立柱考虑。承受的吊车荷载按施工期内起吊荷载计算。

(2) 纵向平面排架。

1) 纵向排架由柱列、联系梁、吊车梁和柱间支撑等组成，计算单元可取一个伸缩缝区段。

2) 忽略简支吊车梁的刚度，中间楼板一般也不考虑作为支承点。柱与连系梁连接可根据其刚度比视为铰接或刚接，因此纵向平面排架一般为一多层多跨铰接或刚接排架。

3) 纵向排架承受的荷载除自重外，主要为吊车纵向水平刹车力以及温度作用、地震作用等。

4) 当柱子两侧吊车梁传来的竖向反力 $R_1 \neq R_2$ 时，尚需考虑由吊车梁反力差引起的纵向弯矩 M_y，其值为 $M_y = (R_2 - R_1)e$，其中 $e = 2a/3$，见图5.5-6。

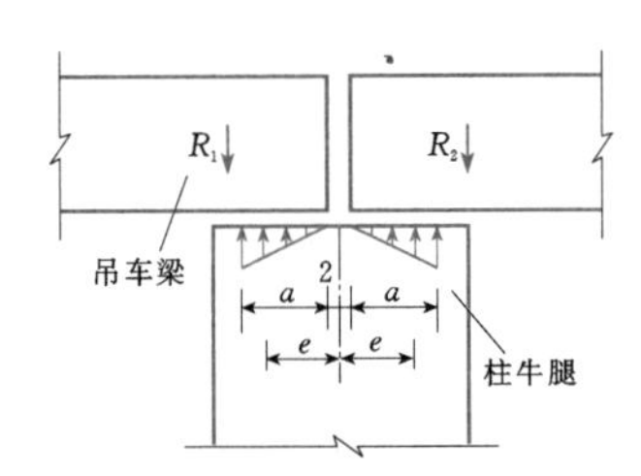

图5.5-6 吊车梁反力差引起的纵向弯矩 M_y

5) 纵向平面排架的施工期验算，排架柱按上端自由、下端固定的独立柱考虑，承受的吊车荷载按施工期内起吊荷载计算。

3. 内力计算

(1) 铰接排架。由于屋架为一刚杆，故上下游柱顶位移相同。内力计算通常采用剪力分配法较为简便。

(2) 刚接排架。刚接排架一般为多次超静定结构，若采用力法计算较为繁琐，通常采用弯矩分配法。

(3) 采用通用的结构分析软件，如中国建筑科学研究院PKPM程序、SAP程序计算。

4. 截面设计

(1) 排架横杆一般按受弯构件计算，略去轴力的影响。

(2) 排架的竖杆一般按偏心受压构件进行强度计算，其内力组合通常可选定几个计算截面（如节点处、牛腿上、下柱截面变化处）进行，按 M_{max} 及相应的 N、M_{min} 及相应的 N、M_{max} 及相应的 M 和 N_{min} 及相应的 M 四种情况组合计算。对大偏心受压情况，有时 M 虽不是最大值而比最大值略小，它所对应的 N 却减小很多，这种情况必须考虑。

(3) 由于排架计算取牛腿以上小柱的形心线作为计算工作线，因此牛腿以下大柱的截面设计有个 M 与 N 之间的移轴问题，即 M 应移至大柱形心线进行截面设计，按下式计算：

$$M_0 = M \pm Ne \quad (5.5-4)$$

式中 M、N——按计算简图所得的弯矩、轴力；

M_0——移轴后的弯矩；

e——计算工作线与大柱形心线的距离。

5. 柱顶的允许位移值

厂房排架除满足结构强度要求外，还应具有足够的刚度。在正常使用极限状态下，标准组合柱顶的最大位移不宜超过表5.5-3的允许值。

表5.5-3 柱顶的允许位移值

序号	变形种类	按平面图形计算	按空间图形计算
1	横向位移（厂房封顶）	$H/1800$	$H/2000$
2	横向位移（厂房未封顶）	$H/2500$	
3	纵向位移	$H/4000$	

注 H 为柱下端基础面到吊车梁轨顶面的高度。

6. 构造要求

厂房排架除满足一般梁柱构造要求和普通框架抗震构造要求外，还应满足以下要求。

(1) 横梁（屋面梁）与柱刚接时应设承托，承托的高度为0.5～1.0h，（h 为柱载面高度），承托斜面与水平线成30°～40°，沿承托面需布置2～4根斜筋予以加强，斜筋直径同横梁主筋，节点箍筋应作扇形布置，并适当加密。

(2) 横梁（屋面梁或屋架）与立柱铰接时，应在立柱顶和横梁底设预埋件，采用螺栓连接或焊接。另外，尚需验算柱顶混凝土局部承压。

(3) 柱与基础连接一般为刚接，应在连接面设键槽，在立柱截面中间部位加设插筋，以保证固端作用，同一截面受力钢筋的焊接接头面积不得超过钢筋总面积50%，预埋筋伸出长度不小于50cm。

(4) 吊车梁与立柱连接，一般在柱牛腿面和小柱侧面预埋钢板焊接，再用细石混凝土回填。对于现浇吊车梁，可用预埋插筋连接。

(5) 柱中纵向受力钢筋构造要求如下：

1) 柱的纵向钢筋宜对称布置，直径不宜小于12mm，全部纵向受力钢筋配筋率不应大于5%。

2) 柱中纵向受力钢筋的净间距不应小于50mm，当柱截面尺寸大于400mm时，则不宜大于200mm。

3) 当偏心受压柱的截面高度 $h \geqslant 600$mm时，在柱的侧面上应设置直径为10～16mm的纵向构造钢筋，并相应设置复合箍筋或拉筋。

(6) 箍筋构造要求。

1）柱及其他受压构件中的周边箍筋应做成封闭式，箍筋末端应做成135°弯钩且弯钩末端平直段长度不应小于箍筋直径的10倍。箍筋也可焊成封闭环式。

2）箍筋间距不应大于400mm及构件截面的短边尺寸，且不应大于15d，d为纵向受力钢筋的最小直径。

3）箍筋直径不应小于$d/4$，且不应小于6mm，d为纵向钢筋的最大直径；当柱中全部纵向受力钢筋的配筋率大于3%时，箍筋直径不应小于8mm，间距不应大于纵向受力钢筋最小直径的10倍，且不应大于200mm。

4）当柱截面短边尺寸大于400mm且各边纵向钢筋多于3根时，或当柱截面短边尺寸不大于400mm但各边纵向钢筋多于4根时，应设置复合箍筋。

5）框架柱的箍筋加密区长度，应取柱截面长边尺寸、柱净高的1/6和500mm中的最大值。

6）柱箍筋加密区内的箍筋肢距不宜大于250mm和20倍箍筋直径中的较大值。此外，每隔一根纵向钢筋宜在两个方向有箍筋或拉筋约束。

7）柱箍筋加密区箍筋的体积配筋率应满足SL 191和DL/T 5057的规定。

5.5.2.4 楼盖系统

水电站厂房楼盖包括主厂房发电机层、水轮机层、安装间和副厂房中央控制室等各层楼盖。

1. 结构布置

（1）安装间楼面因荷载大，结构布置宜考虑安装、检修时设备分区要求。对特别重的部件尽可能直接由基岩或大块混凝土承担。若安装间下面需布置机电设备采用梁板柱结构时，柱间距宜控制在5～6m，次梁间距不宜大于3m。对吊物孔周围的楼板宜用肋梁加强，孔边悬臂板长度不宜大于0.5m。

（2）发电机层楼面因其孔洞大小不等、形状各异，楼板结构通常为不同形状的双向板和非规则板。孔洞周围一般需设梁，当采用无梁楼板时，孔洞四周应布置暗梁。

2. 结构计算

（1）安装间和发电机层楼板由于承受动荷载，因此对裂缝应有严格的限制，钢筋应力不宜过大。内力宜按弹性体系理论计算，不宜考虑塑性内力重分布。

（2）副厂房除压缩空气机室、通风机室、水泵间等少数有机械振动的楼板按弹性体系理论计算外，其余房间既可按弹性体系理论计算，也可按塑性内力重分布计算。

（3）楼板内力计算可划分为若干区域，每一区域可选择一代表性的跨度按单向或双向板进行计算，同一区域内相应截面的配筋量尽量取为一致。

（4）通常，厂房上下游墙、发电机风罩以及中间柱作为楼面的支承构件。当支承构件的线刚度（EJ/L）大于楼面或梁的4倍时，可按固定端考虑。对既非简支又非固定的弹性支承，可假设支承为简支，计算出跨中弯矩M_0，而跨中正弯矩与支座负弯矩均按$0.7M_0$进行配筋，或跨中正弯矩按M_0配筋，支座负弯矩按跨中钢筋的一半配置。

5.5.3 机墩与风罩

5.5.3.1 机墩与风罩的型式

机墩是水轮发电机组重要的支承结构，其底部固定于大体积混凝土或蜗壳顶板，承受机组设备和上部结构传来的静荷载和动荷载。根据机组容量、发电机型式的不同，机墩的结构型式可分为以下几种。

（1）圆筒式机墩［见图5.5-7（a）］。国内竖轴机组一般采用这种型式。

（2）环形梁式机墩［见图5.5-7（b）］。由立柱和顶部环梁组成，结构刚度较小，主要用于中小型机组。

（3）矮式机墩［见图5.5-7（c）］。主要用于中、低水头大容量机组的支承结构，它与蜗壳顶板连成一

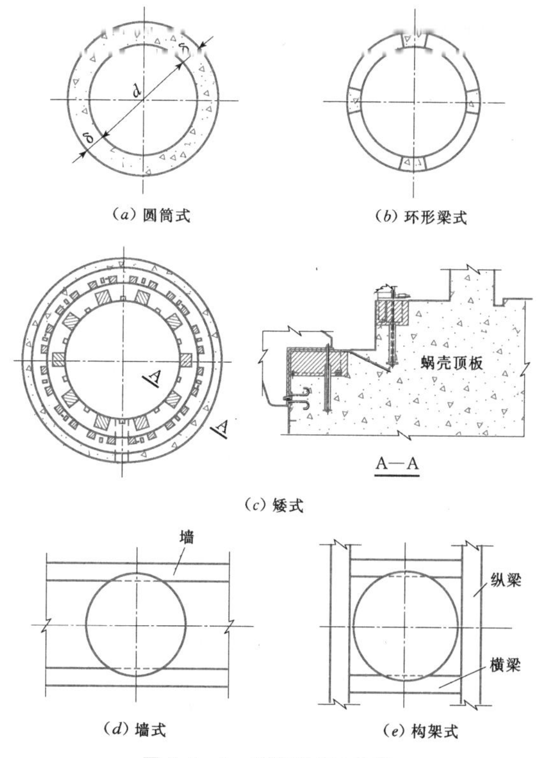

（a）圆筒式　（b）环形梁式

（c）矮式

（d）墙式　（e）构架式

图5.5-7　机墩型式示意图

体，由若干个支墩（如制动器基础和定子基础）支承水轮发电机组。

（4）墙式机墩［见图5.5-7（d）］。由两组平行的混凝土墙和板组成，主要用于高水头冲击式机组。

（5）构架式机墩［见图5.5-7（e）］。由横梁和纵梁组成，其刚度较差，一般仅用于小型机组。

风罩一般为钢筋混凝土薄壁结构，其外形国内大多数工程采用圆形，而国外工程常用多边形或方形。风罩与发电机层楼板的连接方式有整体连接、简支连接或完全脱开三种。

机墩与风罩结构应满足机组在正常运行、短路及飞逸时的强度、刚度、稳定性和耐久性要求，直接承受集中荷载的支座应验算混凝土局部承压强度。

本节主要介绍圆筒式机墩的动、静力计算以及风罩结构计算。

5.5.3.2 设计所需资料

（1）发电机、水轮机的总装图、基础图以及基础荷载的大小和位置。

（2）发电机出力 N、额定转速 n_n、飞逸转速 n_p、功率因数 $\cos\phi$ 及暂态电抗 X_z。

（3）发电机的总重及定子、转子、机架、附属设备重。

（4）水轮机导叶片数 X_1 和转轮叶片数 X_2。

（5）水轮机转轮连轴重。

（6）轴向水推力。

（7）转动惯量 GD^2。

（8）发电机定子绕组时间因素 T_a。

（9）发电机定子线圈内径。

（10）转子半数磁极短路时的单边磁拉力。

（11）上导中心至转子质心的高度。

（12）转子中心至下导质心的高度。

（13）机组转动部分质量中心与机组中心的偏心距 e。

（14）发电机冷却的循环空气温度。

（15）正常运行扭矩标准值 T。

（16）短路扭矩标准值 T'。

5.5.3.3 作用及作用效应组合

结构设计中，静力计算应采用荷载设计值，动力计算应采用荷载标准值。动荷载应乘以动力系数（轴向水推力除外）。

1. 机墩作用与作用效应组合

（1）垂直静荷载。结构自重，发电机层楼板自重及其荷载，发电机定子重，机架及附属设备重。

（2）垂直动荷载。发电机转子连轴重及轴上附属设备重量，水轮机转子连轴重，轴向水推力。

（3）水平动荷载。由机组转动部分质量中心和机组中心偏心距 e 引起的水平离心力标准值可按以下两式计算：

正常运行时 $$P_m = 0.0011eG_r n_n^2 \tag{5.5-5}$$

飞逸时 $$P'_m = 0.0011eG_r n_p^2 \tag{5.5-6}$$

式中 P_m——正常运行时水平离心力标准值，N；

P'_m——飞逸时水平离心力标准值，N；

e——质量中心与旋转中心之偏差，当发电机转速小于750r/min时 e 可取0.35～0.80mm（转速高时取小值），当发电机转速为1500r/min和3000r/min时 e 可分别取0.2mm和0.05mm；

G_r——机组转动部分总重，N；

n_n——机组额定转速，r/min；

n_p——机组飞逸转速，r/min。

（4）正常运行扭矩标准值 T。无厂家资料时可按下式计算：

$$T = 9.75\frac{N\cos\phi}{n_n} \tag{5.5-7}$$

式中 T——正常扭矩标准值，N·m；

N——发电机容量，kV·A；

$\cos\phi$——发电机功率因数。

（5）短路扭矩标准值 T'。无厂家资料时可按下式计算：

$$T' = 9.75\frac{N}{n_n X_z} \tag{5.5-8}$$

式中 T'——短路扭矩标准值，N·m；

X_z——发电机暂态电抗，Ω。

（6）机墩作用与作用效应组合按表5.5-4采用。

2. 风罩作用与作用效应组合

（1）结构自重。

（2）发电机层楼板自重及其荷载。

（3）发电机上机架千斤顶作用力，包括径向推力和切向力，均应乘以动力系数。

（4）发电机产生短路扭矩时，发电机层楼板对风罩的约束扭矩 M_a 按下式计算：

$$M_a = fGR \tag{5.5-9}$$

式中 f——楼板支承面的摩擦系数，一般取混凝土与混凝土之间的摩擦系数；

G——发电机层楼板作用于风罩顶的垂直力总和，N；

R——风罩计算半径，m。

（5）温度作用，应同时考虑均匀温差和风罩壁内外温差。

（6）风罩作用与作用效应组合按表5.5-5采用。

表 5.5-4　　机墩作用与作用效应组合

设计状况	极限状态	作用组合	计算工况	作用与作用效应					
				垂直静荷	垂直动荷	水平动荷		扭　矩	
						正常	飞逸	正常	短路
持久状况	承载能力极限状态	基本组合	正常运行	√	√	√	—	√	—
偶然状况		偶然组合	短路时	√	√	√	—	—	√
			飞逸时	√	√	—	√	—	—
持久状况	正常使用极限状态	标准组合	正常运行	√	√	√	—	√	—

表 5.5-5　　风罩作用与作用效应组合

设计状况	极限状态	作用效应组合	计算工况	作用与作用效应					
				结构自重	发电机层楼板荷载	温度作用	短路时发电机层楼板约束扭矩	发电机上机架千斤顶作用	
								正常	短路
持久状况	承载能力极限状态	基本组合	正常运行	√	√	√	—	√	—
偶然状况		偶然组合	转子半数磁极短路	√	√	√	√	—	√
持久状况	正常使用极限状态	标准组合	正常运行	√	√	√	—	√	—

5.5.3.4　圆筒式机墩动力计算

圆筒式机墩动力计算包括共振验算、振幅计算和动力系数计算。本节主要介绍单自由度振动体系的计算[8]，该方法比较粗略，1、2 级水电站厂房的机墩动力计算宜采用有限元法。

1. 计算条件及假定

(1) 进行机墩垂直自振频率计算时，在蜗壳进口断面处沿径向切取单宽，并将单宽顶板视为水平梁，梁的外端固结于蜗壳边墙，内端铰接于座环。

(2) 进行机墩水平横向自振频率和水平扭转自振频率计算时，将机墩视为下端固接、顶端自由的悬臂圆筒，断面形状为圆环。忽略机墩自重，同时用一个作用于圆筒顶的集中质量（机墩混凝土的全部质量的 0.35 倍）代替原有圆筒的质量，使在此集中质量作用下的单自由度体系的振动频率与原来多自由度体系的最小频率接近。

(3) 机墩的振动按单自由度体系计算，在计算动力系数和自振频率时不计阻尼影响。

(4) 机墩的振动为在线弹性范围内的微幅振动，作用力和结构位移的关系服从胡克定律。

(5) 结构振动时的弹性曲线与静质量荷载作用下的弹性曲线相似，从而可用“动静法”进行动力计算。

2. 强迫振动频率计算

(1) 机组转动部分偏心引起的振动频率 n_1 为

$$n_1 = n_n \quad 或 \quad n_1 = n_p \tag{5.5-10}$$

式中　n_n——发电机正常转速，r/min；

n_p——飞逸转速。

(2) 水力冲击引起的振动频率 n_2 为

$$n_2 = \frac{n_n x_1 x_2}{a} \tag{5.5-11}$$

式中　x_1、x_2——导叶片数和转轮叶片数；

a——x_1 与 x_2 两数的最大公约数。

3. 机墩自振频率计算

机墩自振频率分垂直、水平横向和水平扭转三种。

(1) 垂直自振频率 n_{01} 按下式计算：

$$n_{01} = \frac{60}{2\pi}\sqrt{\frac{g}{G_1\delta_1}} = \frac{30}{\sqrt{G_1\delta_1}} \tag{5.5-12}$$

$$G_1 = \sum P_i + P_0 + P_a$$

$$P_a = tL_a\gamma_b\frac{r_a}{r_0}$$

$$\delta_1 = \delta_p + \delta_s$$

$$\delta_p = \frac{H_0}{E_cA}\delta_s =$$

$$\frac{1}{6B_a}\left[\frac{a^2}{2L_a^2}\left(3-\frac{a}{L_a}\right)(3L_a^2d-d^3)-3a^2d\right]$$

式中 n_{01}——垂直自振频率，r/min；

G_1——作用于单宽机墩上的单宽全部垂直荷载加上单宽机墩自重及单宽蜗壳顶板重（不计动力系数）的标准值，N；

δ_1——单位垂直力作用下的结构垂直变位（包括机墩压缩变位和蜗壳顶板垂直变位），m/N；

$\sum P_i$——作用于单宽机墩上的单宽全部垂直荷载标准值，N；

P_0——单宽机墩自重标准值，N；

P_a——单宽蜗壳顶板自重标准值，N；

t——蜗壳单宽顶板厚度，m；

γ_b——钢筋混凝土容重，N/m³；

δ_p——单位垂直力作用下单宽机墩垂直变位，m/N；

δ_s——单宽蜗壳顶板在单位垂直力作用下的挠度，计算简图见图5.5-8，m/N；

A——单宽机墩水平截面积，m²；

H_0——单宽机墩高度，m；

E_c——混凝土的受压弹性模量，N/m²；

B_a——蜗壳顶板钢筋混凝土截面的刚度，N·m²；

r_a——蜗壳顶板中心至机组中心线的距离，m；

r_0、L_a、a、d——见图5.5-8。

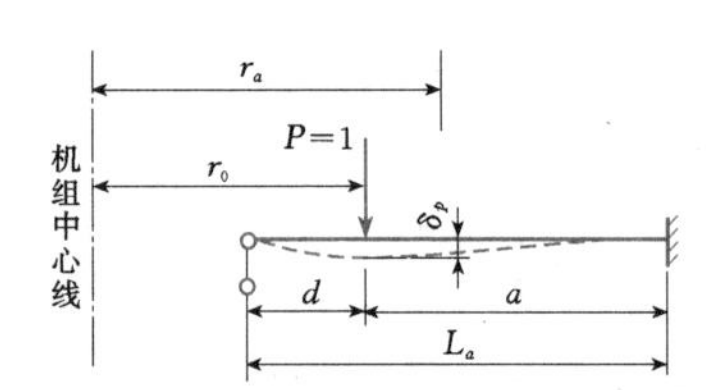

图5.5-8 蜗壳顶板挠度计算简图

（2）水平横向自振频率 n_{02} 按下式计算：

$$n_{02}=\frac{60}{2\pi}\sqrt{\frac{g}{G_2\delta_2}}=\frac{30}{\sqrt{G_2\delta_2}} \quad (5.5-13)$$

$$G_2=\sum P_i+0.35P_0$$

$$\delta_2=\frac{H_0^3}{3B_p}$$

式中 n_{02}——水平横向自振频率，r/min；

G_2——相当于集中在机墩顶端的当量荷载标准值，N；

δ_2——机墩顶端作用单位水平力时的水平变位，m/N；

$\sum P_i$——作用在机墩顶端的垂直荷载标准值之和，N；

P_0——机墩自重标准值，N；

B_p——机墩钢筋混凝土环形截面的刚度，N·m²。

（3）水平扭转自振频率 n_{03} 按下式计算：

$$n_{03}=\frac{60}{2\pi}\sqrt{\frac{g}{I_\varphi\varphi_1}}=\frac{30}{\sqrt{I_\varphi\varphi_1}} \quad (5.5-14)$$

$$I_\varphi=\sum P_i r_i^2+0.35P_0r_0^2 \quad (5.5-15)$$

$$\varphi_1=\frac{H_0}{GI_p}$$

$$G=0.4E_c$$

式中 n_{03}——水平扭转自振频率，r/min；

I_φ——相当于集中在机墩顶端的荷载转动惯量，N·m²；

P_i——作用在机墩顶端的垂直荷载标准值，N；

r_i——荷载 P_i 至回转中心的距离，m；

P_0——机墩自重标准值，N；

r_0——机墩圆筒平均半径，m；

φ_1——单位扭矩作用下机墩的转角，rad/(N·m)；

G——混凝土剪变模量，N/m²；

I_p——机墩极惯性矩，应考虑机墩上开孔的影响，当无开孔时 $I_p=\frac{\pi}{32}(D_j^4-d_j^4)$（$D_j$ 为机墩外径，单位为m；d_j 为机墩内径，单位为m），m⁴。

4. 共振校核

机墩自振频率和强迫振动频率之差与自振频率之比值应大于20%～30%，或强迫振动频率和自振频率之差与机墩强迫振动频率之比应大于20%～30%，否则应调整机墩尺寸。

5. 振幅验算

（1）垂直振幅 A_1 按下式计算：

$$A_1=\frac{P_1}{\frac{G_1}{g}\sqrt{(\lambda_1^2-\omega_1^2)^2+0.2\lambda_1^2\omega_1^2}} \quad (5.5-16)$$

$$\lambda_1=\frac{2\pi n_{01}}{60}=0.1047n_{01}$$

$$\omega_1=0.1047n_1(\text{或 }n_2)$$

式中 A_1——垂直振幅，m；

P_1——作用在机墩上的垂直动荷载标准值，包括发电机转子连轴重及轴上附属设备重量、水轮机转子连轴重、轴向水推力，N；

λ_1——机墩垂直振动的自振圆频率，即2πs内的振动次数，s^{-1}；

ω_1——机墩垂直振动的强迫振动圆频率，s^{-1}。

（2）水平横向振幅 A_2 按下式计算：

$$A_2=\frac{P_2}{\frac{G_2}{g}\sqrt{(\lambda_2^2-\omega_2^2)^2+0.2\lambda_2^2\omega_2^2}} \tag{5.5-17}$$

$$\lambda_2=\frac{2\pi n_{02}}{60}=0.1047n_{02}$$

$$\omega_2=0.1047n_1(\text{或 } n_2)$$

式中 A_2——水平横向振幅，m；

P_2——作用在机墩上的水平振动荷载标准值，即水平离心力标准值，按式（5.5-6）和式（5.5-7）计算，N；

λ_2——机墩水平振动的自振圆频率，s^{-1}；

ω_2——机墩水平振动的强迫振动圆频率，s^{-1}。

（3）水平扭转振幅 A_3 按下式计算：

$$A_3=\frac{T_kR_j}{\frac{I_\varphi}{g}\sqrt{(\lambda_3^2-\omega_2^2)^2+0.2\lambda_3^2\omega_2^2}} \tag{5.5-18}$$

$$\lambda_3=\frac{2\pi n_{03}}{60}=0.1047n_{03}$$

式中 A_3——水平扭转振幅，m；

T_k——扭转力矩（正常扭矩 T 或短路扭矩 T'）标准值，N·m；

R_j——机墩外圆半径，m；

λ_3——机墩水平扭转自振频率，s^{-1}。

（4）振幅控制。圆筒式机墩强迫振动的最大振幅应满足：垂直振幅 A_1 在标准组合并考虑长期荷载作用的影响时不大于 0.15mm；水平横向振幅 A_2 与扭转振幅 A_3 之和在标准组合并考虑长期荷载作用的影响时不大于 0.20mm。

6. 动力系数核算

机墩动力系数 η 按下式计算：

$$\eta=\frac{1}{\sqrt{\left[1-\left(\frac{n_i}{n_{0i}}\right)^2\right]^2+\frac{\gamma^2}{\pi^2}\left(\frac{n_i}{n_{0i}}\right)^2}} \tag{5.5-19}$$

式中 η——动力系数；

n_i——机墩强迫振动频率，r/min；

n_{0i}——机墩在相应于 n_i 方向的自由振动频率，r/min；

γ——机墩的对数阻尼系数，对钢筋混凝土结构取 $\gamma=0.52\sim0.40$。

当$\frac{n_{0i}-n_i}{n_{0i}}\geqslant30\%\sim50\%$时，阻尼影响可忽略不计，即 $\gamma=0$，则式（5.5-19）可简化为

$$\eta=\frac{1}{1-\left(\frac{n_i}{n_{0i}}\right)^2} \tag{5.5-20}$$

当动力系数 η 计算值小于 1.5 时，取 1.5。

5.5.3.5 圆筒式机墩静力计算[9]

1. 计算条件及假定

（1）不论机墩顶部的风罩与发电机层楼板采用何种连接方式，计算中均假定圆筒顶部为自由端，底部固结于蜗壳顶板，不考虑蜗壳顶板的变形。

（2）机墩顶部的楼板荷载、风罩自重及机组设备荷载均假定为均布，换算为沿圆筒中心圆周上单位宽度的荷载，$P_0=\sum P_i$ 和 $M_0=\sum P_ie_i$（e_i 为各荷载相对于圆筒中心圆周的偏心距），如图 5.5-9 所示。

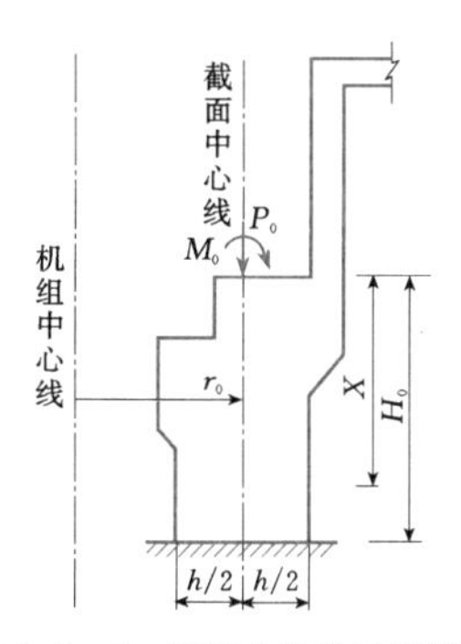

图 5.5-9 圆筒式机墩计算简图

（3）垂直动荷载应乘动力系数，但轴向水推力不乘动力系数。

（4）扭矩产生的剪应力按两端受扭的圆筒受扭公式计算。

（5）有人孔部位的扭矩剪力按开口圆筒受扭公式计算。

（6）孔边应力集中（正应力）按圆筒展开后的无限大平板开孔公式计算。

（7）不计算温度作用和混凝土干缩应力。

2. 垂直正应力计算

垂直正应力计算式如下：

$$\sigma=\frac{P}{A}\pm\frac{M_xc}{I} \tag{5.5-21}$$

式中 P——单位宽度垂直均布荷载设计值，N；

A——单位宽度截面积，m^2；

M_x——作用于计算截面上的弯矩设计值，N·m；

c——计算截面上的应力计算点到截面形心轴的距离，m；

I——计算截面惯性矩，$I=1\times h^3/12$，m^4。

M_x 按以下两种情况分别取值：

(1) 当圆筒高度 $H_0<\pi/\beta$ 时，按上端自由、下端固定的偏心受压柱计算，取 $M_x=M_0$。

(2) 当圆筒高度 $H_0\geqslant\pi/\beta$ 时，按整体薄壁长圆筒计算，距圆筒顶部 x 处截面的弯矩 M_x 按下式计算：

$$M_x = M_0\Phi(\beta_x) \quad (5.5-22)$$

$$\Phi(\beta_x) = e^{-\beta_x}(\cos\beta_x + \sin\beta_x)$$

$$\beta = \frac{\sqrt[4]{3(1-\mu^2)}}{\sqrt{r_0 h}}$$

式中 r_0——圆筒半径；

h——圆筒壁厚；

μ——泊松比。

$\Phi(\beta_x)$ 函数也可根据 (β_x) 值由表 5.5-6 查得。

表 5.5-6 **$\Phi(\beta_x)$ 函数表**

β_x	$\Phi(\beta_x)$	β_x	$\Phi(\beta_x)$	β_x	$\Phi(\beta_x)$
0	1.0000	1.8	0.1234	3.6	−0.0366
0.1	0.9906	1.9	0.0932	3.7	−0.0341
0.2	0.9651	2.0	0.0667	3.8	−0.0314
0.3	0.9267	2.1	0.0438	3.9	−0.0286
0.4	0.8784	2.2	0.0244	4.0	−0.0258
0.5	0.8231	2.3	0.0080	4.1	−0.0231
0.6	0.7628	2.4	−0.0056	4.2	−0.0204
0.7	0.6997	2.5	−0.0166	4.3	−0.0179
0.8	0.6353	2.6	−0.0254	4.4	−0.0155
0.9	0.5712	2.7	−0.0320	4.5	−0.0132
1.0	0.5083	2.8	−0.0369	4.6	−0.0111
1.1	0.4476	2.9	−0.0403	4.7	−0.0092
1.2	0.3898	3.0	−0.0422	4.8	−0.0075
1.3	0.3355	3.1	−0.0431	4.9	−0.0059
1.4	0.2849	3.2	−0.0431	5.0	−0.0046
1.5	0.2384	3.3	−0.0422	5.1	−0.0033
1.6	0.1960	3.4	−0.0408	5.2	−0.0023
1.7	0.1576	3.5	−0.0389	5.3	−0.0014

3. 扭矩及水平离心力作用下的剪应力计算

(1) 扭矩作用下的环向剪应力。

正常扭矩作用下

$$\tau_{x1} = \frac{T_d r\eta}{J_\rho}\varphi \quad (5.5-23a)$$

短路扭矩作用下

$$\tau_{x2} = \frac{T'_d r\eta'}{J_\rho} \quad (5.5-23b)$$

$$J_\rho = \frac{\pi}{32}(D^4 - d^4)$$

$$\eta' = 2\times\frac{1+\frac{T_a}{t_1}\left(1-e^{-\frac{t_1}{T_a}}\right)}{1+e^{-\frac{0.01}{T_a}}}$$

$$t_1 = \frac{30}{n_{03}}$$

式中 τ_{x1}、τ_{x2}——正常扭矩和短路扭矩作用下的环向剪应力设计值，Pa；

T_d——正常扭矩设计值，N·m；

r——计算点至圆筒中心的距离，m；

η——动力系数，按动力系数核算结果取值，一般为1.5；

J_ρ——机墩断面极惯性矩，m^4；

φ——材料疲劳系数，一般取2.0；

T'_d——短路扭矩设计值，N·m；

η'——短路扭矩冲击系数，一般取2.0；

D——机墩外径，m；

d——机墩内径，m；

T_a——发电机定子绕组时间因素，由厂家提供，一般取0.15～0.45s；

n_{03}——水平扭转自振频率，r/min。

(2) 水平离心力作用下的环向剪应力。

正常运行时

$$\tau_{x3} = \frac{P_m \eta \varphi}{A} \quad (5.5-24a)$$

飞逸时

$$\tau_{x4} = \frac{P'_m \eta \varphi}{A} \quad (5.5-24b)$$

式中 τ_{x3}、τ_{x4}——正常运行和飞逸时的水平离心力作用下的环向剪应力设计值，Pa；

P_m——正常运行时水平离心力设计值，N；

A——圆环面积，m^2；

P'_m——飞逸时水平离心力设计值，N；

其余符号同前。

(3) 机墩进人孔部位环向剪应力设计值。

短路扭矩作用下

$$\tau'_{x2} = \eta' \frac{T'_d(3l + 1.8h)}{l^2 h^2} \quad (5.5-25)$$

离心力作用下

$$\tau'_{x4} = \varphi \frac{c_p A_2}{\frac{\pi}{4}(D^2 - d^2) - A_h} \quad (5.5-26)$$

或

$$\tau'_{x4} = \eta \varphi \frac{P'_m}{\frac{\pi}{4}(D^2 - d^2) - A_h}$$

$$c_p = 1/\delta_2$$

式中 l——机墩圆筒中心周长，m；

h——机墩圆筒壁厚度，m；

A_h——圆环上进人孔所占面积，m^2。

4. 机墩强度校核

按第三强度理论进行强度校核

$$\sigma_{zl} = \frac{1}{2}(\sigma_x - \sqrt{\sigma_x^2 + 4\tau^2}) \quad (5.5-27)$$

$$\sigma_{zl} \leqslant \sigma_c / \gamma_d \quad (5.5-28)$$

式中 σ_{zl}——主拉应力设计值，Pa；

σ_x——机墩内、外壁计算点的正应力设计值，Pa；

τ——机墩内、外壁计算点的剪应力设计值，正常运行时 $\tau = \tau_{x1} + \tau_{x3}$，短路时 $\tau = \tau_{x2} + \tau_{x3}$ 或 $\tau = \tau'_{x2} + \tau_{x3}$，飞逸时 $\tau = \tau_{x4}$ 或 $\tau = \tau'_{x4}$，Pa；

γ_d——素混凝土结构受拉破坏结构系数，取2.0。

当不能满足式（5.5-28）时，应加大机墩尺寸。

5. 构造要求

圆筒式机墩宜采用变形钢筋，应满足最小配筋率要求，且竖向钢筋直径不小于16mm、间距不宜大于250mm，环向钢筋直径不小于12mm、间距不宜大于250mm。对孔口部位，应适当配置加强钢筋。

5.5.3.6 矮式机墩（定子基础和制动器基础）

矮式机墩定子基础和制动器基础一般沿环向对称布置，水平截面形状为矩形或扇形，其尺寸根据发电机结构布置和受力大小确定。

作用在定子基础和制动器基础上的荷载资料由机组制造厂家提供，对动荷载应乘以动力系数。

矮式机墩定子基础和制动器基础，按双向偏心受压的素混凝土或钢筋混凝土短柱计算其竖向钢筋和箍筋，并应验算混凝土的局部受压承载力，局部受压承载力不足时应配置方格网式间接钢筋。基础竖向钢筋总面积不应小于其截面积的0.4%。

5.5.3.7 墙式机墩

1. 动力计算

一般水轮发电机转速在1000r/min以下，按照GB 50040《动力机器基础设计规范》的相关规定，墙式机墩可按低转速电机墙式基础进行设计，可仅计算其顶部在机组扰力作用下的水平振幅，不再进行自振频率和竖向振幅计算。进行动力计算时，机组扰力、允许水平振幅及当量荷载按表5.5-7采用[4]。

2. 构造要求

(1) 布置时纵墙、横墙、底板三者的质量宜保持对称，总重心（机组和基础）与基础底面形心在水平面上的投影宜尽量重合，当两者不重合时的偏心距不应超过平行于偏心方向基底边长的3%～5%。

表5.5-7 机组扰力、允许水平振幅及当量荷载

机器工作转速（r/min）		<500	500～750	>750
计算水平振幅的扰力 P_x（N）		$0.10W_g$	$0.15W_g$	$0.20W_g$
允许水平振幅［A］（mm）		0.16	0.12	0.08
当量动荷载（kN）	竖向 N_{zi}	$4W_{gi}$	$8W_{gi}$	
	横向 N_{xi}	$2W_{gi}$	$2W_{gi}$	

注 表中当量荷载中，已包括材料的疲劳影响系数2.0。W_g 为转子重（N）。W_{gi} 为作用在基础第 i 点的机器转子重力，一般为集中到梁中或柱顶的转子重力（N）。

(2) 墙式基础，构件之间的构造连接应保证其整体刚度，各构件的尺寸应符合下列规定：

1) 墙身厚度不应小于600mm，大中型水电站墙式机墩厚度一般在1200mm以上。

2) 底板厚度不小于墙身厚度。

3) 素混凝土底板的悬臂长度不大于底板厚度，钢筋混凝土底板悬臂长度不宜大于2.5倍墙厚。

(3) 发电机底座边缘至基础边缘的距离不宜小于100mm。机墩顶部应预留厚度不小于25mm的二次灌浆层，在设备安装就位并初调后用微膨胀混凝土填实，并应保证一、二期混凝土的良好结合。

(4) 基础混凝土强度等级不宜低于C20，钢筋宜采用HPB235、HPB335，不宜采用冷轧钢筋。受冲击力较大的部位，宜采用热轧变形钢筋。钢筋连接不宜采用焊接接头。采用套筒连接时，应采用A级接头。

(5) 基础底脚螺栓的设置应符合下列规定：

1) 带弯钩底脚螺栓的埋置深度不应小于20倍螺栓直径，带锚板底脚螺栓的埋置深度不应小于15倍螺栓直径。

2) 底脚螺栓轴线距基础边缘不应小于4倍螺栓直径，预留孔边距基础边缘不应小于100mm，当不能满足要求时应采取加强措施。

3) 预埋底脚螺栓底面下的混凝土净厚度不应小于50mm，当为预留孔时，则孔底面下的混凝土净厚度不应小于100mm。

4) 底脚螺栓孔宜做成上小下大的倒锥（台）形，其下部孔边长度比上部孔边长度大50mm左右，必要时可在孔底设置连接一、二期混凝土的插筋。

(6) 基础的配筋应符合下列规定：

1) 当计算结果不需要配置受力钢筋时，基础纵、横墙面仍应配置构造钢筋网，竖向钢筋直径宜为12～16mm，水平钢筋宜为14～16mm，钢筋网间距为100～300mm。

2) 基础底板悬臂部分的钢筋配置应按强度计算确定，且上、下层均应配置钢筋。

3) 当底板厚度小于1200mm时，墙内垂直钢筋应全部伸至底板底部；当底板厚度大于1200mm时，则至少50%的垂直钢筋伸至底板底部，其余50%的垂直钢筋伸入底板的长度不应小于40倍钢筋直径。

4) 墙与底板的连接处应适当增加构造配筋（附加垂直钢筋，其面积不小于垂直钢筋的50%）。

5.5.3.8 环形梁柱式机墩

1. 动力计算

环形梁柱式机墩的动力计算可按GB 50040低转速电机框架式基础的相关规定进行，可按空间杆件体系仅计算顶板振动控制点的横向水平振幅（线位移），计算横向水平振幅时应采用制造厂提供的扰力值，当缺乏扰力资料时，可按表5.5-10采用。

2. 构造要求

环形梁柱式机墩的顶部四周应预留变形缝与其他结构隔开，中间平台宜与基础主体结构脱开，当不能脱开时，宜在两者连接处采取隔振措施。

5.5.3.9 风罩静力计算

1. 计算假定和简图

(1) 发电机风罩为钢筋混凝土薄壁圆筒结构，当半径与壁厚之比大于10，且风罩圆筒高度 $H \geqslant \pi S$ 时 [$S=\sqrt{Rh}/\sqrt[4]{3(1-\mu^2)}$，$R$ 为圆筒半径，h 为圆筒壁厚，μ 为泊松比]，按整体薄壁长圆筒计算。

(2) 当风罩与发电机层楼板完全脱开时，按上端自由、下端固定考虑；当风罩与发电机层楼板整体连接时，按上端简支、下端固定考虑。

(3) 对作用在风罩顶部的所有荷载均假定为沿圆周均匀分布，将荷载转化为沿圆周单位长度均匀分布的垂直轴向力、水平力和力矩，然后分别计算。

(4) 当发电机风罩壁开孔较多且尺寸较大时，则可切取单宽，按Γ形框架计算，但环向应适当加强。

2. 内力计算

圆筒式风罩的内力可根据风罩支承条件和所受作用按表5.5-8～表5.5-10中的公式查表计算。

圆筒式风罩内力计算的符号含义和正负号规定如下：

M_x——竖向弯矩标准值，外壁受拉力为正，kN·m/m；

M_0——外力矩标准值，外壁受拉力为正，kN·m/m；

M_θ——环向弯矩标准值，外壁受拉力为正，kN·m/m；

N_θ——环向力标准值，受拉力为正，kN/m；

V_x——剪力标准值，向外为正，kN/m；

K_{Mx}——竖向弯矩系数；

$K_{N\theta}$——环向力系数；

K_{Vx}——剪力系数；

μ——混凝土泊松比；

E_c——混凝土弹性模量，kN/m²；

α_t——混凝土温度线膨胀系数，1/℃；

t_R——均匀温差，温升为正，℃；

Δt——内外温差，等于外壁温度－内壁温度，℃；

h——风罩圆筒厚度，m；

R——风罩计算半径，m；

H——风罩圆筒高，m。

表 5.5-8　　圆筒式风罩内力计算表（一）

边界条件：上端简支、下端固定

荷载情况：上端作用力矩 M_0

计算公式：$M_x = K_{Mx}M_0$　　$M_\theta = \mu M_x$

$N_\theta = K_{N\theta}\dfrac{M_0}{h}$　　$V_x = K_{Vx}\dfrac{M_0}{H}$

竖向弯矩系数 K_{Mx}

H^2/dh \ x/H	0	0.1	0.2	0.3	0.4	0.5	0.6	0.7	0.8	0.9	1.0
2.0	1.0000	0.7474	0.5200	0.3303	0.1812	0.0691	−0.0128	−0.0731	−0.1199	−0.1600	−0.1982
2.5	1.0000	0.7171	0.4687	0.2708	0.1253	0.0259	−0.0372	−0.0753	−0.0983	−0.1141	−0.1279
3.0	1.0000	0.6900	0.4243	0.2212	0.0809	−0.0062	−0.0536	−0.0745	−0.0803	−0.0792	−0.0763
3.5	1.0000	0.6659	0.3859	0.1802	0.0463	−0.0293	−0.0635	−0.0715	−0.0656	−0.0537	−0.0402
4.0	1.0000	0.6441	0.3523	0.1460	0.0194	−0.0453	−0.0685	−0.0670	−0.0535	−0.0352	−0.0160
4.5	1.0000	0.6240	0.3225	0.1173	−0.0014	−0.0560	−0.0699	−0.0616	−0.0434	−0.0221	−0.0003
5.0	1.0000	0.6055	0.2957	0.0928	−0.0176	−0.0628	−0.0689	−0.0556	−0.0351	−0.0129	0.0092
5.5	1.0000	0.5881	0.2714	0.0717	−0.0304	−0.0667	−0.0663	−0.0496	−0.0281	−0.0064	0.0146
6.0	1.0000	0.5716	0.2492	0.0534	−0.0403	−0.0685	−0.0626	−0.0436	−0.0222	−0.0020	0.0172
6.5	1.0000	0.5561	0.2288	0.0374	−0.0480	−0.0688	−0.0584	−0.0379	−0.0173	0.0009	0.0179
7.0	1.0000	0.5413	0.2099	0.0234	−0.0540	−0.0680	−0.0538	−0.0326	−0.0132	0.0028	0.0174
7.5	1.0000	0.5272	0.1924	0.0111	−0.0585	−0.0663	−0.0492	−0.0277	−0.0098	0.0040	0.0162
8.0	1.0000	0.5137	0.1762	0.0003	−0.0619	−0.0642	−0.0446	−0.0233	−0.0070	0.0047	0.0146

续表

环向力系数 $K_{N\theta}$

H^2/dh \ x/H	0	0.1	0.2	0.3	0.4	0.5	0.6	0.7	0.8	0.9	1.0
2.0	0.0000	0.6567	0.9637	1.0265	0.9335	0.7545	0.5421	0.3348	0.1612	0.0433	0.0000
2.5	0.0000	0.7256	1.0312	1.0609	0.9300	0.7238	0.5006	0.2979	0.1384	0.0359	0.0000
3.0	0.0000	0.7770	1.0683	1.0589	0.8909	0.6632	0.4375	0.2479	0.1095	0.0270	0.0000
3.5	0.0000	0.8177	1.0878	1.0377	0.8354	0.5913	0.3684	0.1956	0.0803	0.0182	0.0000
4.0	0.0000	0.8516	1.0969	1.0067	0.7739	0.5181	0.3014	0.1467	0.0538	0.0104	0.0000
4.5	0.0000	0.8808	1.0995	0.9711	0.7118	0.4484	0.2404	0.1039	0.0312	0.0040	0.0000
5.0	0.0000	0.9063	1.0976	0.9334	0.6518	0.3846	0.1868	0.0677	0.0129	−0.0010	0.0000
5.5	0.0000	0.9289	1.0925	0.8951	0.5951	0.3271	0.1409	0.0381	−0.0014	−0.0049	0.0000
6.0	0.0000	0.9491	1.0849	0.8569	0.5420	0.2760	0.1021	0.0145	−0.0121	−0.0075	0.0000
6.5	0.0000	0.9671	1.0754	0.8191	0.4927	0.2310	0.0699	−0.0037	−0.0199	−0.0093	0.0000
7.0	0.0000	0.9832	1.0642	0.7821	0.4469	0.1914	0.0433	−0.0176	−0.0250	−0.0103	0.0000
7.5	0.0000	0.9977	1.0516	0.7460	0.4046	0.1568	0.0216	−0.0278	−0.0281	−0.0106	0.0000
8.0	0.0000	1.0106	1.0380	0.7109	0.3655	0.1265	0.0041	−0.0349	−0.0297	−0.0106	0.0000

剪力系数 K_{Vx}

H^2/dh \ x/H	0	0.1	0.2	0.3	0.4	0.5	0.6	0.7	0.8	0.9	1.0
2.0	−2.5759	−2.4310	−2.0970	−1.6924	−1.2965	−0.9570	−0.6972	−0.5225	−0.4248	−0.3861	−0.3802
2.5	−2.8997	−2.6975	−2.2439	−1.7120	−1.2096	−0.7943	−0.4884	−0.2902	−0.1832	−0.1422	−0.1361
3.0	−3.1918	−2.9292	−2.3562	−1.7070	−1.1169	−0.6495	−0.3204	−0.1171	−0.0126	0.0255	0.0309
3.5	−3.4560	−3.1303	−2.4386	−1.6815	−1.0208	−0.5213	−0.1877	0.0063	0.0995	0.1312	0.1354
4.0	−3.6983	−3.3067	−2.4968	−1.6403	−0.9233	−0.4077	−0.0836	0.0913	0.0167	0.1907	0.1933
4.5	−3.9235	−3.4636	−2.5359	−1.5875	−0.8262	−0.3067	−0.0019	0.1477	0.0243	0.2176	0.2185
5.0	−4.1358	−3.6046	−2.5598	−1.5264	−0.7308	−0.2170	0.0620	0.1831	0.2190	0.2226	0.2218
5.5	−4.3363	−3.7327	−2.5717	−1.4596	−0.6384	−0.1375	0.1118	0.2034	0.2190	0.2134	0.2112
6.0	−4.5283	−3.8498	−2.5737	−1.3890	−0.5499	−0.0673	0.1501	0.2126	0.2094	0.1959	0.1924
6.5	−4.7126	−3.9574	−2.5675	−1.3162	−0.4658	−0.0057	0.1791	0.2141	0.1942	0.1738	0.1693
7.0	−4.8900	−4.0565	−2.5545	−1.2423	−0.3865	0.0478	0.2003	0.2100	0.1758	0.1501	0.1448
7.5	−5.0613	−4.1481	−2.5358	−1.1682	−0.3123	0.0942	0.2151	0.2021	0.1560	0.1263	0.1205
8.0	−5.2272	−4.2328	−2.5123	−1.0946	−0.2432	0.1338	0.2246	0.1916	0.1362	0.1037	0.0976

表 5.5-9　　圆筒式风罩内力计算表（二）

边界条件：上端简支、下端固定

荷载情况：均匀温差 t_R 作用下

计算公式：$M_x = K_{Mx} P_t H^2$　　$M_\theta = \mu M_x$　　$N_\theta = (K_{N\theta} - 1) P_t R$

$V_x = K_{Vx} P_t H$　　$P_t = \dfrac{E_c h \alpha_t t_R}{R}$

竖向弯矩系数 K_{Mx}

H^2/dh \ x/H	0	0.1	0.2	0.3	0.4	0.5	0.6	0.7	0.8	0.9	1.0
2.0	0.0000	0.0196	0.0313	0.0369	0.0376	0.0338	0.0253	0.0115	−0.0089	−0.0376	−0.0755
2.5	0.0000	0.0164	0.0254	0.0293	0.0294	0.0265	0.0204	0.0099	−0.0062	−0.0300	−0.0630
3.0	0.0000	0.0138	0.0207	0.0232	0.0230	0.0208	0.0164	0.0087	−0.0040	−0.0240	−0.0530
3.5	0.0000	0.0118	0.0171	0.0186	0.0181	0.0164	0.0133	0.0076	−0.0024	−0.0194	−0.0452
4.0	0.0000	0.0103	0.0144	0.0150	0.0143	0.0130	0.0109	0.0068	−0.0012	−0.0158	−0.0391
4.5	0.0000	0.0091	0.0122	0.0123	0.0114	0.0104	0.0091	0.0062	−0.0003	−0.0130	−0.0344
5.0	0.0000	0.0082	0.0105	0.0102	0.0092	0.0084	0.0076	0.0056	0.0003	−0.0108	−0.0306
5.5	0.0000	0.0075	0.0092	0.0085	0.0074	0.0068	0.0064	0.0051	0.0008	−0.0091	−0.0275
6.0	0.0000	0.0069	0.0081	0.0072	0.0060	0.0055	0.0055	0.0047	0.0012	−0.0076	−0.0250
6.5	0.0000	0.0064	0.0073	0.0061	0.0049	0.0045	0.0047	0.0044	0.0015	−0.0065	−0.0229
7.0	0.0000	0.0059	0.0066	0.0053	0.0040	0.0037	0.0040	0.0040	0.0018	−0.0056	−0.0211
7.5	0.0000	0.0056	0.0060	0.0045	0.0033	0.0030	0.0035	0.0038	0.0019	−0.0048	−0.0196
8.0	0.0000	0.0053	0.0055	0.0039	0.0027	0.0024	0.0030	0.0035	0.0020	−0.0041	−0.0183

续表

环向力系数 $K_{N\theta}$											
H^2/dh \ x/H	0	0.1	0.2	0.3	0.4	0.5	0.6	0.7	0.8	0.9	1.0
2.0	0.0000	0.2127	0.3900	0.5097	0.5611	0.5429	0.4623	0.3352	0.1875	0.0579	0.0000
2.5	0.0000	0.2673	0.4885	0.6368	0.7004	0.6788	0.5805	0.4236	0.2391	0.0746	0.0000
3.0	0.0000	0.3110	0.5663	0.7359	0.8086	0.7850	0.6746	0.4961	0.2829	0.0893	0.0000
3.5	0.0000	0.3458	0.6268	0.8114	0.8903	0.8660	0.7481	0.5550	0.3200	0.1024	0.0000
4.0	0.0000	0.3737	0.6739	0.8686	0.9514	0.9271	0.8056	0.6033	0.3521	0.1142	0.0000
4.5	0.0000	0.3965	0.7110	0.9120	0.9968	0.9732	0.8509	0.6435	0.3803	0.1251	0.0000
5.0	0.0000	0.4157	0.7409	0.9451	1.0304	1.0078	0.8868	0.6776	0.4058	0.1354	0.0000
5.5	0.0000	0.4324	0.7655	0.9706	1.0552	1.0338	0.9156	0.7072	0.4292	0.1453	0.0000
6.0	0.0000	0.4472	0.7861	0.9904	1.0733	1.0532	0.9390	0.7331	0.4510	0.1549	0.0000
6.5	0.0000	0.4607	0.8039	1.0060	1.0864	1.0675	0.9581	0.7562	0.4715	0.1643	0.0000
7.0	0.0000	0.4732	0.8196	1.0183	1.0955	1.0779	0.9738	0.7771	0.4911	0.1736	0.0000
7.5	0.0000	0.4851	0.8336	1.0281	1.1016	1.0851	0.9868	0.7961	0.5098	0.1828	0.0000
8.0	0.0000	0.4965	0.8464	1.0360	1.1054	1.0899	0.9976	0.8135	0.5279	0.1918	0.0000

剪力系数 K_{Vx}											
H^2/dh \ x/H	0	0.1	0.2	0.3	0.4	0.5	0.6	0.7	0.8	0.9	1.0
2.0	0.2428	0.1536	0.0842	0.0297	−0.0161	−0.0603	−0.1096	−0.1694	−0.2432	−0.3313	−0.4293
2.5	0.2095	0.1231	0.0614	0.0183	−0.0140	−0.0443	−0.0808	−0.1302	−0.1970	−0.2817	−0.3791
3.0	0.1832	0.0990	0.0435	0.0094	−0.0124	−0.0320	−0.0583	−0.0993	−0.1603	−0.2421	−0.3389
3.5	0.1629	0.0805	0.0299	0.0026	−0.0113	−0.0226	−0.0412	−0.0755	−0.1316	−0.2110	−0.3073
4.0	0.1472	0.0663	0.0195	−0.0024	−0.0105	−0.0157	−0.0283	−0.0572	−0.1093	−0.1864	−0.2824
4.5	0.1350	0.0552	0.0115	−0.0063	−0.0099	−0.0105	−0.0185	−0.0432	−0.0917	−0.1669	−0.2624
5.0	0.1254	0.0466	0.0054	−0.0092	−0.0094	−0.0067	−0.0111	−0.0322	−0.0777	−0.1511	−0.2463
5.5	0.1176	0.0398	0.0007	−0.0113	−0.0091	−0.0038	−0.0055	−0.0237	−0.0665	−0.1381	−0.2329
6.0	0.1113	0.0343	−0.0028	−0.0129	−0.0088	−0.0017	−0.0013	−0.0169	−0.0572	−0.1273	−0.2217
6.5	0.1061	0.0298	−0.0057	−0.0141	−0.0086	−0.0001	−0.0019	−0.0115	−0.0496	−0.1181	−0.2121
7.0	0.1017	0.0261	−0.0079	−0.0149	−0.0083	0.0010	0.0043	−0.0072	−0.0432	−0.1102	−0.2039
7.5	0.0979	0.0229	−0.0097	−0.0154	−0.0081	0.0018	0.0061	−0.0038	−0.0378	−0.1033	−0.1966
8.0	0.0946	0.0203	−0.0111	−0.0157	−0.0079	0.0024	0.0075	−0.0010	−0.0331	−0.0972	−0.1902

表 5.5-10　　圆筒式风罩内力计算表（三）

边界条件：上端简支、下端固定

荷载情况：内外温差 Δt 作用下

计算公式：$M_x = K_{Mx} M_t$　　$M_\theta = \mu(K_{Mx} - 5) M_t$　　$N_\theta = K_{N\theta} \frac{M_t}{h}$

$V_x = K_{Vx} \frac{M_t}{H}$　　$M_t = 0.1 E_c h^2 \alpha_t \Delta t$

竖向弯矩系数 K_{Mx}

H^2/dh \ x/H	0	0.1	0.2	0.3	0.4	0.5	0.6	0.7	0.8	0.9	1.0
2.0	0.0000	−0.2525	−0.4799	−0.6696	−0.8187	−0.9308	−1.0128	−1.0731	−1.1199	−1.1600	−1.1982
2.5	0.0000	−0.2828	−0.5312	−0.7291	−0.8764	−0.9740	−1.0372	−1.0753	−1.0983	−1.1141	−1.1279
3.0	0.0000	−0.3099	−0.5756	−0.7787	−0.9190	−1.0062	−1.0536	−1.0745	−1.0803	−1.0792	−1.0763
3.5	0.0000	−0.3340	−0.6140	−0.8197	−0.9536	−1.0293	−1.0635	−1.0715	−1.0656	−1.0537	−1.0402
4.0	0.0000	−0.3558	−0.6467	−0.8539	−0.9805	−1.0453	−1.0685	−1.0670	−1.0535	−1.0352	−1.0160
4.5	0.0000	−0.3759	−0.6774	−0.8826	−1.0014	−1.0560	−1.0699	−1.0616	−1.0434	−1.0221	−1.0003
5.0	0.0000	−0.3944	−0.7042	−0.9071	−1.0176	−1.0628	−1.0689	−1.0556	−1.0351	−1.0129	−0.9907
5.5	0.0000	−0.4118	−0.7285	−0.9282	−1.0304	−1.0667	−1.0663	−1.0496	−1.0281	−1.0064	−0.9853
6.0	0.0000	−0.4283	−0.7505	−0.9465	−1.0403	−1.0685	−1.0626	−1.0436	−1.0222	−1.0020	−0.9827
6.5	0.0000	−0.4438	−0.7711	−0.9625	−1.0480	−1.0688	−1.0584	−1.0379	−1.0173	−0.9990	−0.9820
7.0	0.0000	−0.4586	−0.7900	−0.9765	−1.0540	−1.0680	−1.0538	−1.0326	−1.0132	−0.9971	−0.9825
7.5	0.0000	−0.4727	−0.8075	−0.9888	−1.0585	−1.0663	−1.0492	−1.0277	−1.0098	−0.9959	−0.9837
8.0	0.0000	−0.4862	−0.8237	−0.9996	−1.0619	−1.0642	−1.0446	−1.0233	−1.0070	−0.9952	−0.9853

续表

环向力系数 $K_{N\theta}$											
H^2/dh \ x/H	0	0.1	0.2	0.3	0.4	0.5	0.6	0.7	0.8	0.9	1.0
2.0	0.0000	0.6567	0.9637	1.0265	0.9335	0.7545	0.5421	0.3348	0.1612	0.0433	0.0000
2.5	0.0000	0.7256	1.0312	1.0609	0.9300	0.7238	0.5006	0.2979	0.1384	0.0359	0.0000
3.0	0.0000	0.7770	1.0683	1.0589	0.8909	0.6632	0.4375	0.2479	0.1095	0.0270	0.0000
3.5	0.0000	0.8177	1.0878	1.0377	0.8354	0.5913	0.3684	0.1956	0.0803	0.0182	0.0000
4.0	0.0000	0.8516	1.0969	1.0067	0.7739	0.5181	0.3014	0.1467	0.0538	0.0104	0.0000
4.5	0.0000	0.8808	1.0995	0.9711	0.7118	0.4484	0.2404	0.1039	0.0312	0.0040	0.0000
5.0	0.0000	0.9063	1.0976	0.9334	0.6518	0.3846	0.1868	0.0677	0.0129	−0.0010	0.0000
5.5	0.0000	0.9289	1.0925	0.8951	0.5951	0.3271	0.1409	0.0381	−0.0014	−0.0049	0.0000
6.0	0.0000	0.9491	1.0849	0.8569	0.5420	0.2760	0.1021	0.0145	−0.0121	−0.0075	0.0000
6.5	0.0000	0.9671	1.0754	0.8191	0.4927	0.2310	0.0699	−0.0037	−0.0199	−0.0093	0.0000
7.0	0.0000	0.9832	1.0642	0.7821	0.4469	0.1914	0.0433	−0.0176	−0.0250	−0.0103	0.0000
7.5	0.0000	0.9977	1.0516	0.7460	0.4046	0.1568	0.0216	−0.0278	−0.0281	−0.0106	0.0000
8.0	0.0000	1.0106	1.0380	0.7109	0.3655	0.1265	0.0041	−0.0349	−0.0297	−0.0106	0.0000

剪力系数 K_{Vx}											
H^2/dh \ x/H	0	0.1	0.2	0.3	0.4	0.5	0.6	0.7	0.8	0.9	1.0
2.0	−2.5759	−2.4310	−2.0970	−1.6924	−1.2965	−0.9570	−0.6972	−0.5225	−0.4248	−0.3861	−0.3802
2.5	−2.8997	−2.6975	−2.2439	−1.7120	−1.2096	−0.7943	−0.4884	−0.2902	−0.1832	−0.1422	−0.1361
3.0	−3.1918	−2.9292	−2.3562	−1.7070	−1.1169	−0.6495	−0.3204	−0.1171	−0.0126	0.0255	0.0309
3.5	−3.4560	−3.1303	−2.4386	−1.6815	−1.0208	−0.5213	−0.1877	0.0063	0.0995	0.1312	0.1354
4.0	−3.6983	−3.3067	−2.4968	−1.6403	−0.9233	−0.4077	−0.0836	0.0913	0.1677	0.1907	0.1933
4.5	−3.9235	−3.4636	−2.5359	−1.5875	−0.8262	−0.3067	−0.0019	0.1477	0.2043	0.2176	0.2185
5.0	−4.1353	−3.6046	−2.5598	−1.5264	−0.7308	−0.2170	0.0620	0.1831	0.2190	0.2226	0.2218
5.5	−4.3363	−3.7327	−2.5717	−1.4596	−0.6384	−0.1375	0.1118	0.2034	0.2190	0.2134	0.2112
6.0	−4.5283	−3.8498	−2.5737	−1.3890	−0.5499	−0.0673	0.1501	0.2126	0.2094	0.1959	0.1924
6.5	−4.7126	−3.9574	−2.5675	−1.3162	−0.4658	−0.0057	0.1791	0.2141	0.1942	0.1738	0.1693
7.0	−4.8900	−4.0565	−2.5545	−1.2423	−0.3865	0.0478	0.2003	0.2100	0.1758	0.1501	0.1448
7.5	−5.0613	−4.1481	−2.5358	−1.1682	−0.3123	0.0942	0.2151	0.2021	0.1560	0.1263	0.1205
8.0	−5.2272	−4.2328	−2.5123	−1.0946	−0.2432	0.1338	0.2246	0.1916	0.1362	0.1037	0.0976

3. 配筋设计

根据竖向弯矩设计值和竖向轴力设计值按偏心受压构件配置竖向钢筋，根据环向弯矩设计值按受弯构件配置水平环向钢筋，并复核风罩在水平面上的抗剪强度。在计算由温度作用引起的内力配筋时，可考虑混凝土的徐变作用予以适当折减，折减系数可取0.2～0.6。表5.5-11为部分工程风罩的配筋量。

表5.5-11　部分工程风罩的配筋量

电站名称	风罩内径或边长(m)	风罩高度(m)	风罩壁厚(m)	竖向钢筋面积(mm^2/m)		水平钢筋面积(mm^2/m)	
				内侧	外侧	内侧	外侧
小浪底	18.10	5.50	0.50	3079	3079	2454	2454
太平驿	10.00	4.74	0.45	3079	3079	2454	2454
铜街子	17.00	5.34	0.60	2454	1570	1272	1272
福　堂	7.90	4.60	0.40	2454	2454	1900	1900
草　街	20.00	6.50	1.00	5630	5630	3079	3079
瀑布沟(方形)	19.50	6.00	0.80	5362	5362	4105	4105
二滩(方形)	17.00	8.25	0.80	4105	4105	4105/3272	4105/3272

4. 构造要求

风罩宜采用变形钢筋，应满足最小配筋率要求，且竖向和环向钢筋直径均不宜小于16mm，间距均不宜大于250mm。对孔口部位，应适当配置加强钢筋。

当风罩与发电机层楼板整体连接时，沿风罩周围的楼板1/4跨度范围内应配置环向和径向构造钢筋，钢筋直径均不宜小于12mm，间距不宜大于250mm。

5.5.4 厂房下部结构

5.5.4.1 蜗壳结构设计

1. 概述

蜗壳指水轮机的过流部分，它的尺寸与断面形状由制造厂家根据水力模型试验确定。蜗壳根据作用水头大小选用金属蜗壳或钢筋混凝土蜗壳。金属蜗壳，其断面形状一般为圆形或椭圆形，钢筋混凝土蜗壳，断面多采用梯形。当最大水头在40m以上时宜采用金属蜗壳，若采用钢筋混凝土蜗壳，则应有技术经济论证。金属蜗壳由水轮机厂家设计和制造，水工设计的任务主要是分析外围混凝土的强度和刚度，提出构造及施工要求等。

2. 金属蜗壳

(1) 结构型式。金属蜗壳按埋置方式分为垫层蜗壳、充水保压蜗壳、直埋蜗壳三种型式。

1) 垫层蜗壳。即在金属蜗壳外一定范围内铺设垫层后浇筑外围混凝土。

金属蜗壳按承受全部设计内水压力进行设计及制造，对一般工程，外围混凝土结构只承受结构自重和上部结构传来的荷载。对大型或高水头工程，外围混凝土除承受结构自重和上部结构传来的荷载外，还要承受部分内水压力，传至混凝土上内水压力大小应根据垫层设置范围、厚度及垫层材料的物理力学指标等研究确定。

垫层材料通常敷设于上半圆表面，必要时可对垫层范围进行调整，以减小座环处钢衬应力集中，改善蜗壳外围混凝土薄弱区受力条件。垫层材料应具有弹性模量低、吸水性差、抗老化、抗腐蚀、徐变小且稳定、造价低廉、施工方便等性能，一般采用非金属的合成或半合成材料，如聚氨酯软木（PU板）、聚乙烯闭孔泡沫（PE板）、聚苯乙烯泡沫（PS板）等，弹性模量不高于10MPa，通常采用1～3MPa，其厚度一般采用20～50mm。

国内部分水电站大型机组垫层蜗壳参数见表5.5-12。

2) 充水保压蜗壳。即在金属蜗壳与外围混凝土之间不设垫层，蜗壳在充水加压状态下浇筑外围混凝土。

金属蜗壳一般仍按承受全部设计内水压力设计及制造。由于蜗壳的保压值一般不大于最大静水压力，总是低于设计内水压力，运行过程中当内水压力大于保压值时，大于保压值的那部分内水压力，由蜗壳与外围混凝土共同承担，因此外围混凝土结构除承受结构自重和外荷载外，还要承受部分内水压力。

充水保压值对外围混凝土结构的受力和配筋有直接的影响，充水水温对钢蜗壳的变形也有较大的影响，因此合理选择保压值和充水水温至关重要，应根据外围混凝土结构具体条件与厂家协商研究确定。

国内外部分水电站大型机组充水保压蜗壳参数见表5.5-13。

表5.5-12　国内部分水电站大型机组垫层蜗壳参数

电站名称	龙滩	拉西瓦	三峡（垫层蜗壳）	李家峡	小浪底
单机容量（MW）	700	700	700	400	300
机组台数（台）	9	6	4	5	6
蜗壳进口直径（m）	8.7	6.8	12.4	8.0	7.2
蜗壳设计内水压力（MPa）	2.420	2.760	1.395	1.640	1.910
最大静水压力（MPa）		2.320	1.180	1.310	1.400
垫层材料	PE板	PU板	PE板	PU板	PS板
垫层厚度（mm）	30	20	30	20	20～30
垫层弹性模量（MPa）	1.5	2～3	2.5	3.6	
垫层敷设范围	上端距座环2.0m，下端在腰线处	上端距座环1.25m，下端在腰线处	上端距座环2.5m，下端在腰线处	腰线下30°	上半圆

表5.5-13　国内外部分水电站大型机组充水保压蜗壳参数

电站名称	瀑布沟	二滩	三峡（保压蜗壳）	天生桥二级	大古力二期	依泰普	古里二级
国家	中国	中国	中国	中国	美国	巴西、巴拉圭	委内瑞拉
单机容量（MW）	600	550	700	220	716	715	610
机组台数（台）	6	6	14	6			
蜗壳进口直径（m）	8.0	7.2	12.4	4.2	10.6	9.6	7.3
设计内水压力（MPa）	2.45	2.31	1.40	2.70	1.20	1.68	2.00
最大静水压力（MPa）	1.89	1.94	1.18	2.05	0.97	1.45	1.67
浇筑混凝土时保压值（MPa）	1.40	1.94	0.70	2.05	0.97	1.30	1.51
保压值/最大静水压力	0.74	1.00	0.60	1.00	1.00	0.90	0.90
钢蜗壳水压试验压力（MPa）	3.67	2.54/3.47	0.70	2.05	1.82	2.52	3.00

3）直埋蜗壳。即在金属蜗壳安装后直接浇筑外围混凝土，既不设垫层，也不充内压，有的工程如三峡15号机组，金属蜗壳大部分直接埋入混凝土，仅在蜗壳进口段部分铺设垫层，也属于直埋蜗壳。

直埋蜗壳有两种构造类型：一是金属蜗壳按承受全部内水压力设计制造，外包混凝土按联合承载设计，承担部分内水压力；二是金属蜗壳与外围混凝土二者均按联合承担内水压力设计，也就是说，二者组成一个整体结构才能承担全部内水压力，金属蜗壳可以采用强度较低的钢材并减，称之为“钢衬钢筋混凝土蜗壳”。欧美和日本大多数工程采用第一种结构，苏联是第二种结构的首创者。

国内外部分水电站大型机组直埋蜗壳参数见表5.5-14。

表 5.5-14　国内外部分水电站大型机组直埋蜗壳参数

电站名称	景洪	三峡（15 号机）	努列克	英古里	萨扬舒申斯克
国家	中国	中国	塔吉克斯坦	格鲁吉亚	俄罗斯
单机容量（MW）	300	700	300	260	640
机组台数（台）	5	1	9		10
蜗壳进口直径（m）	11.2	12.4	4.2	3.0	6.5
设计内水压力（MPa）	96	139.5	380	550	286
钢板最大厚度（mm）	40	75	32	36	40
钢材屈服极限（MPa）	320	490	300	300	400
构造类型	第一种	第一种	第二种	第二种	第二种

垫层蜗壳、充水保压蜗壳和直埋蜗壳三种结构型式，其各有优缺点。总结国内外的工程经验，以上三种型式均有应用。对中、低水头和单机容量小于400MW的机组，对于HD值（设计内水压力与钢蜗壳进口管径之积）特别高的蜗壳结构，国外常采用充水保压蜗壳和直埋蜗壳。国内以往通常采用垫层蜗壳；近期对大型机组和高HD值的机组，垫层蜗壳的应用也取得了长足的发展。国内高水头电站、抽水蓄能电站大多数近期的大型工程和抽水蓄能工程多采用充水保压蜗壳。直埋式蜗壳在云南景洪水电站和三峡右岸15号机组开始应用。国外工程采用充水保压蜗壳和直埋蜗壳的居多。

大型机组或高水头机组蜗壳型式宜从结构的强度、刚度、控制尺寸、布置、施工、投资效益和运行维护等方面综合比较确定。

(2) 计算荷载及组合。金属蜗壳外围混凝土结构承受的作用和作用效应组合可按表5.5-15规定采用。

表 5.5-15　金属蜗壳作用效应组合表

设计状况	极限状态	作用组合	计算情况	作用名称					
				结构自重	机墩传来荷载	水轮机层活荷载	内水压力	外水压力	温度作用
持久状况	承载能力极限状态	基本组合	正常运行	√	√	√	√		
短暂状况			蜗壳放空	√	√	√	—	—	—

注　内水压力包括水击压力。

(3) 计算方法。金属蜗壳外围混凝土结构内力计算通常选择几个控制断面，切取平面框架简化计算或按平面有限元计算，由于忽略空间作用影响，计算结果与实际受力状况存在一定差异，因此大中型水电站应采用三维有限元分析计算。本节介绍平面框架计算的一般原则，有限元计算可参阅其他资料和文献。

1) 按框架计算内力时，常沿蜗壳机组中心线径向切取3～4个截面，可简化为等截面Γ框架［见图5.5-10 (a)］或变截面Γ框架［见图5.5-10 (b)］计算，其中进口断面往往为控制断面。

2) 对于蜗壳顶板与侧墙厚度较大时，尚应考虑节点刚性和剪切变形影响。

3) 按等截面平面框架计算时，按一般弯矩分配法计算杆件内力。

4) 按变截面框架计算时，可采用$\frac{I_0}{I}$余图法计算内力（详见参考文献［9］），或直接采用力法计算。

(4) 配筋及构造要求。

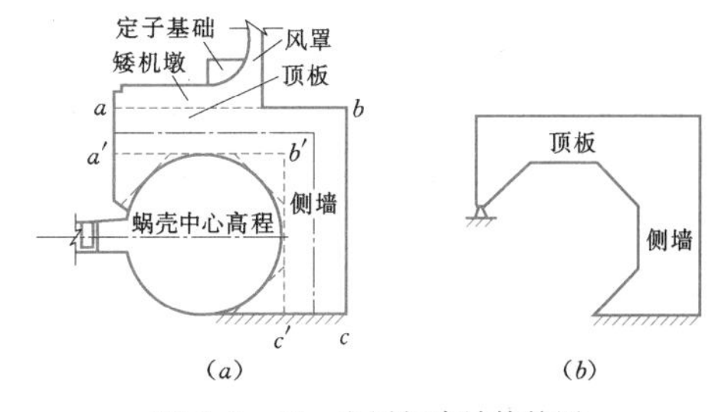

图 5.5-10　金属蜗壳计算简图

1) 不承受内水压力的蜗壳外围混凝土结构可允许开裂，但宜校核其裂缝宽度。对于承受部分内水压力的混凝土结构，根据具体情况按抗裂或限裂设计。

2) 不承受内水压力的蜗壳外围混凝土结构，若按计算不需配筋，对于小型工程，可仅在座环以及转角应力集中处配少量构造钢筋，但需核算混凝土的拉应力，不超过规定值。对于大中型工程，宜按构造在蜗壳上半圆垫层部位或周边配筋。按构造配筋时，可参照类似工程经验，一般配双向$\phi16$～$\phi25$@20～@

25cm的钢筋。

3）承受内水压力的蜗壳外围混凝土结构，按计算在蜗壳上半圆或周边配筋。若按平面计算时，要注意环向分布钢筋不宜太少，一般不少于径向钢筋的40%～60%，按空间有限元计算时，环向钢筋宜按计算确定。

4）对于垫层蜗壳，为确保蜗壳底部密实，可在蜗壳底部、座环及基础环下部等混凝土浇筑较困难的部位预埋回填灌浆系统。

3. 钢筋混凝土蜗壳

（1）结构防渗措施。国内已建水电站最大水头在30m以上的钢筋混凝土蜗壳，大都采取了防渗措施。常用防渗措施主要有以下几种型式。

1）防渗涂料。在蜗壳内壁涂刷防渗涂料。

2）设置钢板衬砌。在蜗壳内壁设置金属护面，这种型式防渗效果较好，但造价高。

3）预应力结构。在蜗壳顶板或侧墙施加预应力，改变结构受力特点，以提高防渗性能。这种型式由于施工工序复杂，在国内仅有个别的应用实例，如高坝洲水电站，单机容量84MW，最大水头40m。

除上述几种防渗措施外，经充分论证，还可研究钢筋混凝土—型钢混合结构、钢筋—钢纤维混凝土、高分子材料等新材料、新工艺提高钢筋混凝土蜗壳防渗性能。

（2）计算荷载及组合。钢筋混凝土蜗壳混凝土结构承受的作用和作用效应组合可按表5.5-16规定采用。

表5.5-16　钢筋混凝土蜗壳作用效应组合表

设计状况	极限状态	作用组合	计算情况	作用名称					
				结构自重	机墩传来荷载	水轮机层活荷载	内水压力	外水压力	温度作用
持久状况	承载能力极限状态	基本组合	正常运行	√	√	√	√	√	√
短暂状况			1. 蜗壳放空	√	√	√	—	√	—
			2. 施工期	√	√	—	—	—	—
偶然状况		偶然组合	校核洪水运行	√	√	√	√	√	—
持久状况	正常使用极限状态	标准组合	正常运行	√	√	√	√	√	√
短暂状况			蜗壳放空	√	√	√	—	√	—

注　1. 内水压力包括水击压力。
2. 温度作用仅需考虑环境年变幅影响。
3. 施工期温度作用，宜采用温控措施及合理分块浇筑予以降低。

（3）计算方法。钢筋混凝土蜗壳结构的内力计算方法主要有平面框架法、环形板筒法及有限元法等。

过去一般采用平面框架法计算，该方法计算方便，但忽略了空间作用，计算成果不够精确，致使蜗壳顶板径向钢筋和侧墙竖向钢筋偏多，而环向钢筋不足，三维有限元计算成果及部分工程运行情况表明环向应力是不容忽视的。此外，对于大体积构件，受力钢筋锚固长度按常规处理也不尽合理，宜按应力分布状况确定。因此，大中型水电站应采用三维有限元方法为主。

1）平面框架法。沿蜗壳径向切取若干断面［见图5.5-11（*a*）、（*b*）］，按等截面平面Γ形框架计算。也可考虑蜗壳上下锥体和座环的刚度影响，简化成Π形框架计算，即将蜗壳顶板两端分别与蜗壳侧墙和蜗壳上锥体刚接，将座环模拟成杆，与蜗壳上下锥体铰接［见图5.5-11（*c*）］。侧墙与下锥体底部因与大体积混凝土相连，均取固端截面。计算中可考虑平面框架之间相互作用（即环向作用）以及蜗壳上下锥体和座环的刚度影响。

大中型水电站应采用三维分析方法为主的内力计算方法，对于进口段尚应考虑中墩及上游墙的约束作用。

2）环形板筒法。此法将钢筋混凝土蜗壳各部分分别按其支承条件和荷载图形分开计算，目前已较少使用。

3）有限单元法。用有限单元法计算钢筋混凝土蜗壳可参见参考文献或其他有关专著，计算要点如下：

a. 根据研究内容和研究对象，选择合适的有限元程序，目前国内通常采用ABAQUS、ANSYS等有限元分析工具。对混凝土蜗壳一般进行有限元线弹性分析。若为了解结构混凝土开裂范围、混凝土裂缝宽度和结构位移等，可采用非线性分析。

b. 计算简图必须反映实际和计算可行的原则。计算范围一般可仅限于水下，选用一标准机组段，计算对象应包括蜗壳顶板、侧墙、上下锥体、上下座环及固定导叶等，条件允许可以取厂房整体模型计算。

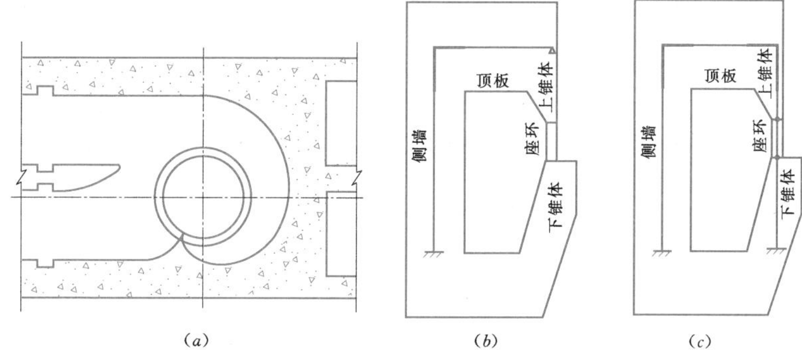

图 5.5-11 钢筋混凝土蜗壳结构计算示意图

边界条件可用理想化的约束，荷载取毗邻结构和介质对它的作用。

蜗壳三维有限元计算图式如图 5.5-12 所示，限于当时计算机容量限制，在拟定其计算图式时，选取蜗壳及其下排沙底孔作为计算对象，上游侧取至蜗壳顶板与上游挡水墙的连接处，下游侧取至蜗壳压力墙，左右两侧至机组段边墙的外轮廓，顶部取至蜗壳顶板上缘，底部取至排沙底孔的边墙下端，上游锥体部分取至座环，下锥体及尾水管段不参加计算。

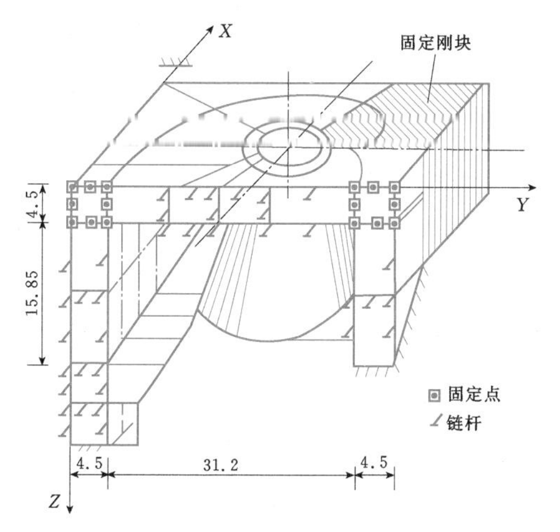

图 5.5-12 蜗壳三维有限元计算图式（单位：m）

对于蜗壳计算周界的约束条件作如下假定：①下游侧周界与长而高的厂房下游墩墙连接，故对蜗壳边墙的约束视为顺水流向的链杆；②上游侧周界与刚度很大的上游挡水墙相连，故对蜗壳前进口段顶板的约束采用完全固端。但考虑到蜗壳分层分块设计中，在上挡墙与蜗壳顶板连接处有一施工缝，削弱了两者的联系，故在两侧边墙部位取为固定约束，顶板部位视为顺水流向的链杆；③顶板上部的厂房排架截面尺寸相对较小，不计其约束作用，厂房排架传下的重量对蜗壳应力影响甚小，计算中略去不计；④蜗壳下部的排沙底孔边墙和顶板与大体积连接处假定为固定约束；⑤上倒锥体底部，考虑到该部位的钢筋与座环焊接，而座环的整体刚度又较大，亦视为完全固定约束。上锥体对顶板的约束，采用完全固定和竖向刚性链杆连接两种不同约束条件分别计算，计算表明，两种约束条件只对上锥体和顶板附近的应力有影响，对其他部位几乎无影响。

c. 根据计算应力分布及数值，采用应力图形计算结构各部位的配筋。

(4) 配筋及构造要求。

1) 根据框架分析得出的杆件体系内力特征，顶板和边墙可按受弯、偏心受压或偏心受拉构件进行承载能力计算及裂缝宽度验算。按弹性二维有限元计算时，宜根据应力图形进行配筋计算。

2) 蜗壳顶板径向钢筋和侧墙竖向钢筋为主要受力钢筋，按计算配置，最小配筋率不应小于钢筋混凝土规范的规定。蜗壳顶板径向钢筋应呈辐射状，分上下两层布置，侧墙竖向钢筋布置在内外两侧。为了保证构件刚度及延性，同时方便施工，纵向钢筋直径不宜过小，数量不宜过少，建议蜗壳配筋每延米长度不少于 5 根，其直径不宜小于 16mm。顶板与边墙的交角处应设置斜筋，其直径和间距与顶板径向钢筋保持一致。

3) 侧墙底部与大体积混凝土固接，其受力钢筋应伸入大体积混凝土中拉应力数值小于 0.45 倍混凝土轴心抗拉强度设计值的位置后再延伸一个锚固长度。当底部混凝土内应力分布不明确时，其伸入长度可参照已建工程的经验确定。

4) 蜗壳顶板和侧墙应配置足够的环向钢筋。按平面框架计算，顶板和侧墙环向钢筋配筋值不宜小于径向钢筋的 40%～60%；按空间有限元或空间框架计算时，顶板和侧墙环向钢筋宜按计算确定。

5) 对蜗壳混凝土顶板和侧墙应按钢筋混凝土规

范进行斜截面受剪承载力验算。当顶板和侧墙为偏心受拉构件时，即使按斜截面承载力计算不需配置钢筋，也宜按构造要求配置抗剪钢筋，以提高结构的延性和抗剪能力。

6）混凝土蜗壳最大裂缝宽度不宜超过钢筋混凝土规范规定的限值，并宜满足厂房专业规范规定。对于蜗壳内壁增设专门的防渗层时，限制裂缝宽度可适当放宽。若钢筋用量已经很大而计算裂缝仍超过最大裂缝允许值时，宜参照已建工程经验或构造措施满足限裂要求。

7）对于接力器坑、进人孔等孔洞部位宜配置加强钢筋。对于座环部位应配置适量承压钢筋。对于承受内水压力较大的混凝土蜗壳上环部位宜增加蜗壳混凝土钢筋与座环的连接措施，如配置连接螺栓筋等。

5.5.4.2 尾水管结构设计

1. 尾水管结构（底板）布置

大中型水电站多采用弯曲形尾水管，在结构上分为锥管、弯管和扩散段三部分，是一个由边墙、顶板、底板和中间隔墩组成的复杂空间结构（见图5.5-13）。

尾水管底板同时也是主厂房的基础板。当地基为坚硬完整的岩石时，可以做成分离式底板，厚度一般为0.5～1m。对地质条件差的厂房，一般均做整体式钢筋混凝土底板，厚度常达2m以上。分离式底板尾水管剖面图如图5.5-14所示。

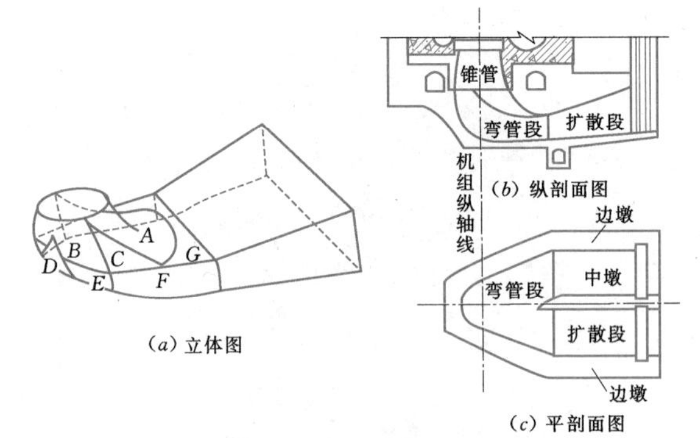

图5.5-13　弯曲形尾水管体形图

A—圆环面；B—斜圆锥面；C—斜平面；D—水平圆柱面；E—垂直圆柱面；F—立平面；G—曲面

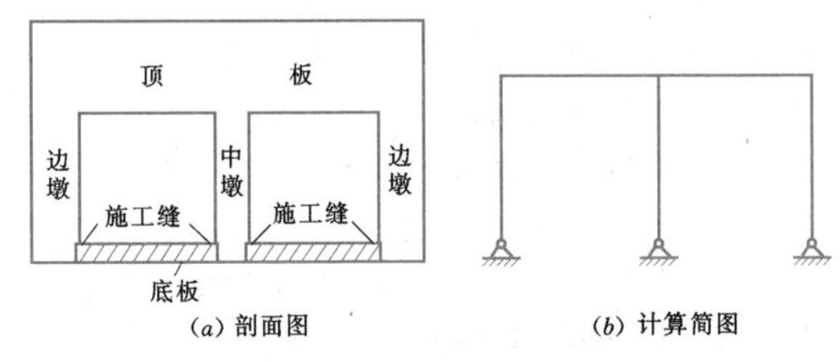

图5.5-14　分离式底板尾水管剖面图及计算简图

2. 计算荷载及其组合

尾水管承受的作用及作用效应组合可按表5.5-17规定采用。

表5.5-17　尾水管作用效应组合表

设计状况	极限状态	作用组合	计算情况	作用名称										
				结构自重	上部结构及设备重	内水压力		外水压力			扬压力			温度作用
						正常尾水位	校核洪水尾水位	正常尾水位	校核洪水尾水位	检修尾水位	正常尾水位	校核洪水尾水位	检修尾水位	
持久状况	承载能力极限状态	基本组合	正常运行	√	√	√	—	√	—	—	√	—	—	—
短暂状况			1. 检修期	√	√	—	—	—	—	√	—	—	√	—
			2. 施工期	√	√	—	—	—	—	—	—	—	—	—
偶然状况		偶然组合	校核洪水运行	√	√	—	√	—	√	—	—	√	—	—
持久状况	正常使用极限状态	标准组合	正常运行	√	√	√	—	√	—	—	√	—	—	—
短暂状况			检修期	√	√	—	—	—	—	√	—	—	√	—

3. 计算方法

尾水管扩散段的内力一般简化成平面框架分析，即沿水流方向分区切若干截面，按平面框架计算，计算应考虑节点刚性和剪切变形影响，弯管段为一复杂空间框架结构，通常采用近似方法，如框架法和平板法等。

大中型水电站应采用三维分析方法为主。三维计算应结合工程需要选用合适的计算程序和模型，分析方法可参考“钢筋混凝土蜗壳”及有关书籍，以下着重介绍结构力学（平面杆件）计算方法。

（1）计算假定。

1）切取单位宽度结构按平面框架计算，应对不平衡竖向力进行调整。

2）按平面框架计算时，杆件的计算跨度一般不能取杆件截面中心到中心，支座负弯矩钢筋也不宜按支座中心弯矩值配置，而应按边界弯矩或柔性段的端弯矩配置。

3）一般跨高比 $\lambda \leqslant 3.5$ 时要考虑节点刚性和剪切变形影响，当杆件跨高比较大时可不考虑。

4）当跨高比更小，为 $\lambda \leqslant 2.5$ 时，宜按深梁计算杆件的内力和配筋。

5）当上部杆件相对刚度和底板刚度比较接近时，按弹性地基上的框架计算。

6）当底板较厚，相对刚度较大，可假定上部框架固定于底板，分开计算，底板则按弹性地基上的梁计算。

7）当按弹性地基上框架计算时，基础对底板的反力图形可以有以下几种处理办法：

a. 当地基为坚硬岩石，底板相对刚度较小时，可近似地假定反力为三角形分布［见图 5.5-15（b）］。

反力荷载宽度为

$$a_0 = \frac{1.5}{\beta}\left(当 \beta \geqslant \frac{3}{L} 时\right) \tag{5.5-29}$$

反力荷载强度为

$$q = \frac{W - u}{2a_0} = \frac{V}{2a_0}$$

$$\beta = \sqrt[4]{\frac{Kb}{4EI}}$$

式中 b——底板计算宽度，m；

K——基岩弹性抗力系数，kN/m^3；

E——底板混凝土弹性模量，kN/m^2；

I——底板截面惯性矩，m^4；

L——计算跨度，m；

W——上部荷载合力，kN；

u——底板扬压力合力，kN；

V——基础反力的合力，kN。

b. 当地基软弱，底板相对刚度较大时，可近似地假定反力为均匀分布，如图 5.5-15（a）所示。

c. 当地基介乎上述两者之间时，反力分布图形按弹性地基梁或框架通过计算求得。

（2）弯管段计算。

1）假设底板为一边自由、三边固定的梯形板，按交叉梁法计算（见图 5.5-16）。

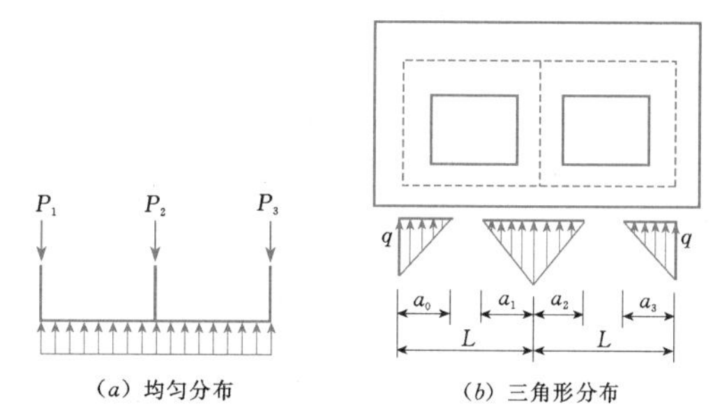

（a）均匀分布　（b）三角形分布

图 5.5-15　尾水管底板反力分布假定

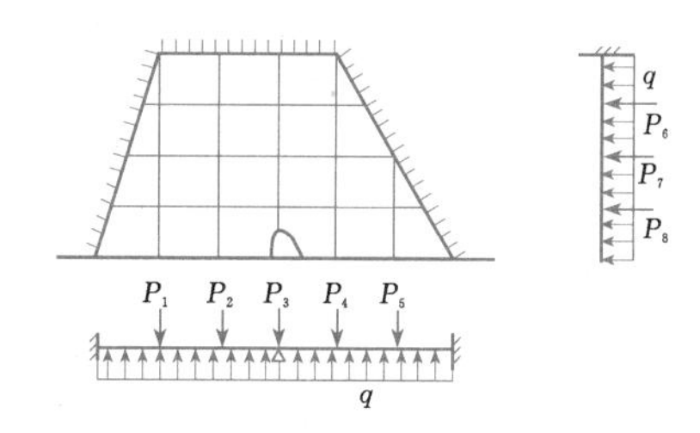

图 5.5-16　弯管段底板按交叉梁法计算简图

2）弯管段底板通常切取 1～2 个断面，如图 5.5-17 的 1—1 剖面和 2—2 剖面，边墩连同底板按倒框架计算，假定底板反力均匀分布。杆件截面较大时，应考虑节点刚性和剪切变形的影响。由于弯管段的顶板一般都很厚，弯管段顶板可按深梁计算，如图 5.5-17 的 3—3 剖面。

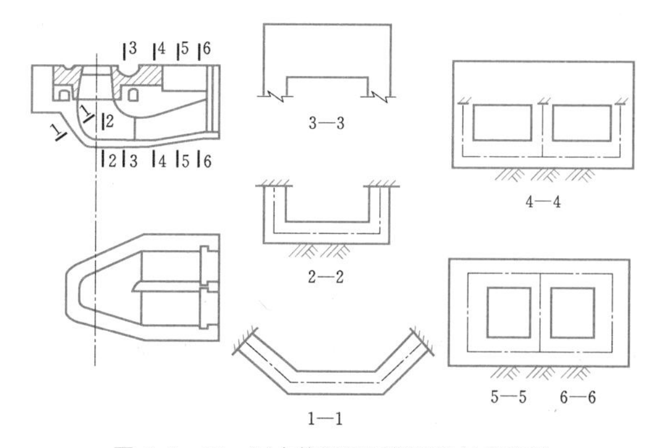

图 5.5-17　尾水管按平面倒框架计算简图

（3）扩散段计算。

1）在扩散段选择有代表型的部位沿垂直方向切取 2～3 个断面，如图 5.5-17 的 4—4 剖面和 5—5 剖面所示，按平面框架计算框架。杆件截面较大时，应考虑节点刚性和剪切变形的影响。

2）扩散段相邻平面框架间不平衡剪力，系根据总体平衡条件，假定沿水流方向基础反力为直线分布求得，而剪力系假定尾水管在顺水流方向为一受弯构

件求得[9]

$$\tau = \frac{Qs}{Ib} \tag{5.5-30}$$

或

$$b\tau = \frac{Qs}{I}$$

式中 Q——不平衡剪力，kN；

I——垂直水流方向的截面惯性矩，m^4；

s——计算截面以上的截面面积对截面重心轴的面积矩，m^3；

b——计算截面处的截面宽度，m；

τ——总的抗剪力，kN/m^2。

不平衡剪力可按框架截面各部分对截面重心轴的面积矩分配到顶板、底板和墩墙上。顶板、底板分担的剪力，按均布荷载处理。墩子分担的剪力还要根据各个墩子的厚度分配，作为集中力处理。

4. 配筋及构造要求

（1）根据框架分析得出的杆件体系受力特征尾水管整体式底板、顶板和边墙等部位一般可按偏心受压、偏心受拉或受弯构件进行承载能力计算及裂缝宽度控制验算。按弹性三维有限元计算时，根据应力图形进行配筋计算。

（2）设计时应对尾水管顶板和底板按钢筋混凝土规范进行斜截面受剪承载力验算。尾水管顶板或整体式底板符合深受弯构件的条件时，宜按深受弯构件要求配置钢筋，以符合深受弯构件要求。

（3）尾水管顶板和底板垂直水流向钢筋为受力钢筋，其按计算配置，最小配筋率不应小于有关规范规定。按平面框架分析时，尾水管顶板和底板还应布置足够的分布钢筋。扩散段底板分布钢筋不应小于受力钢筋的20%～40%，弯管段顺水流向不应小于垂直水流向钢筋的75%～90%，且每延米长度不少于5根，其直径不宜小于16mm。

（4）尾水管顶板如果采用预制梁做浇筑模板时，还应按钢筋混凝土规范有关规定进行设计。

（5）尾水管边墩主要为承压结构，竖向钢筋按正截面承载力计算配置，并满足最小配筋率要求，水平分布钢筋不应小于受力钢筋的30%，且每延米长度不少于5根，其直径不宜小于16mm。

（6）整体式尾水管底板与边墩交角处外侧钢筋应形成封闭。顶板、底板与边墩内侧宜设置加强斜筋，斜筋直径和间距与顶板和底板主筋相同。

（7）对于孔洞等易产生应力集中的薄弱部位应进行局部承载能力极限状态验算，并配置加强钢筋。

5.5.4.3 考虑框架剪切变形和刚性节点的计算[2]

1. 一般原则

水电站厂房下部结构，一般可分成几个独立部分进行设计。当切取框架计算时应遵循下列原则：

（1）杆件计算长度一般以中心线为准。

（2）当结构中任一杆件满足下列条件时，应考虑剪切变形及刚性节点的影响：

1）两端固结的杆件，h/l 大于0.15，h 为杆件截面高度，l 为杆件净跨长度。

2）一端固结、一端铰接的杆件，h/l 大于0.3。

3）考虑剪切变形及刚性节点的影响计算结构内力时，如柔性端弯矩比刚性节点处的弯矩削减很多，甚至改变了正负号时，则柔性端弯矩宜按下式进行调整：

$$M_a = M_{Ai} l^2 / L^2 \tag{5.5-31}$$

式中 M_a——柔性端调整后的弯矩标准值；

M_{Ai}——刚性节点处的弯矩标准值；

l——杆件净跨长度；

L——杆件的中心线长度。

2. 考虑框架剪切变形和刚性节点的计算

（1）各杆件的截面惯矩 J 值和系数 ξ 值可按下式计算：

$$\left.\begin{aligned} J &= \frac{1}{12}bh^2 \\ \xi_1 &= \frac{a^2+0.706}{a^2+2.824} \\ \xi_2 &= \frac{a^2-1.412}{a^2+2.824} \\ \xi_3 &= \frac{a^2}{a^2+2.824} \\ \xi_4 &= \frac{a^2}{a^2+0.706} \\ \xi_5 &= \frac{1.412}{a^2+2.824} \\ \xi_6 &= \frac{0.706}{a^2+0.706} \\ a &= \frac{l}{h} \end{aligned}\right\} \tag{5.5-32}$$

式中 b——杆件截面宽度，m；

h——杆件截面高度，m；

l——杆件柔性段长度，m。

（2）各杆件的抗弯劲度 S_{Ai}（见图5.5-18）可按下式计算：

两端固结时

$$S_{Ai} = 4i[\xi_1 + 3\xi_3(n+n^2)] \tag{5.5-33}$$

一端固结另一端铰支时

$$S_{Ai} = 3i(1+n)^2\xi_4 \tag{5.5-34}$$

$$i = \frac{EJ}{l} = \frac{Ebh^3}{12l} \tag{5.5-35}$$

式中 S_{Ai}——节点 A 处第 i 杆件的抗弯劲度。

表 5.5-18　　杆件固端力矩和剪力值表

编号	简图	固端力矩		固端剪力	
		M_{ab}	M_{ba}	V_{ab}	V_{ba}
1		$-\frac{Pab^2}{l^2}\xi_3-\frac{Pab}{l}\xi_5$	$+\frac{Pa^2b}{l^2}\xi_3-\frac{Pab}{l}\xi_5$	$+P\frac{b}{l}\left[1+\frac{a}{l^2}\times(b-a)\xi_3\right]$	$-P\frac{a}{l}\left[1+\frac{b}{l^2}\times(a-b)\xi_3\right]$
2		$-\frac{1}{8}Pl$	$+\frac{1}{8}Pl$	$+\frac{P}{2}$	$-\frac{P}{2}$
3		$-\frac{1}{12}ql^2$	$+\frac{1}{12}ql^2$	$+\frac{1}{2}ql$	$-\frac{1}{2}ql$
4		$-\frac{ql^2}{60}(2\xi_3+5\xi_5)$	$+\frac{ql^2}{60}(3\xi_3+5\xi_5)$	$+\frac{ql}{60}(10+\xi_3)$	$-\frac{ql}{60}(20+\xi_3)$
5		$+\frac{Mb}{l^2}(2l-3b)\xi_3-\frac{2Mb}{l}\xi_5$	$+\frac{Ma}{l^2}(2l-3a)\xi_3-\frac{2Ma}{l}\xi_5$	$-\frac{6ab}{l^3}M\xi_3$	$-\frac{6ab}{l^3}M\xi_3$
6		$-\frac{Pb(l^2-b^2)}{2l^2}\xi_4$	0	$-\frac{Pb}{2l^3}[(3l^2-b^2)\xi_4+2l^2\xi_6]$	$-\frac{Pa}{2l^3}[(3la-a^2)\xi_4+2l^2\xi_6]$
7		$-\frac{3}{16}Pl\xi_4$	0	$-\frac{P}{16}(8+3\xi_4)$	$-\frac{P}{16}(8-3\xi_4)$
8		$-\frac{ql^2}{8}\xi_i$	0	$-\frac{ql}{8}(4+\xi_4)$	$-\frac{ql}{8}(4-\xi_4)$
9		$-\frac{7}{120}ql^2\xi_4$	0	$+\frac{ql}{120}(20+7\xi_4)$	$-\frac{ql}{120}(40-7\xi_4)$
10		$-\frac{7}{15}ql^2\xi_4$	0	$+\frac{ql}{15}(5+\xi_4)$	$-\frac{ql}{30}(5-2\xi_4)$
11		$+\frac{M}{2l^2}(l^2-3b^2)\xi_4-M\xi_6$	0	$-\frac{3M}{2l^3}(l^2-b^2)\xi_4$	$-\frac{3M}{2l^3}(l^2-b^2)\xi_4$

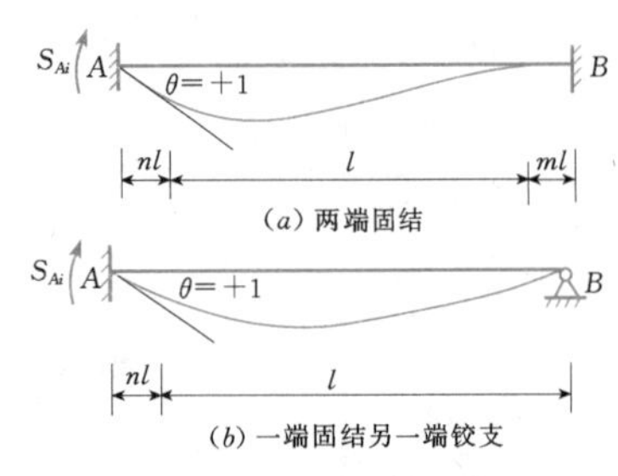

图 5.5-18 抗剪劲度 S_{Ai} 示意图

nl—杆件 A 端刚性段长度，m；

ml—杆件 B 端刚性段长度，m

(3) 各杆件在 A 点的力矩分配系数 K_{Ai} 和两端固结情况下的力矩传递系数 C_{AB} 及 C_{BA} 可按下式计算：

$$K_{Ai}=\frac{S_{Ai}}{\sum\limits_{i=1}^{K}S_{Ai}} \tag{5.5-36}$$

$$C_{AB}=\frac{1}{2}\left[\frac{\xi_2+3\xi_3(n+m+2nm)}{\xi_1+3\xi_3(n+n^2)}\right] \tag{5.5-37}$$

$$C_{BA}=\frac{1}{2}\left[\frac{\xi_2+3\xi_3(n+m+2nm)}{\xi_1+3\xi_3(m+m^2)}\right] \tag{5.5-38}$$

(4) 各杆件的柔性段固端力矩 M_{ab}^F、M_{ba}^F 和固端剪力 V_{ab}^F、V_{ba}^F，可按表 5.5-18 所列公式计算，表中 l 为杆件柔性段长度。

(5) 节点处各杆件的固端力矩 M_{AB}^F 及 M_{BA}^F 可按下式计算：

$$M_{AB}^F=M_{ab}^F-V_{ab}^F nl-\frac{1}{2}q(nl)^2 \tag{5.5-39}$$

$$M_{BA}^F=M_{ba}^F-V_{ba}^F ml+\frac{1}{2}q(ml)^2 \tag{5.5-40}$$

式中 q——作用在节点宽度范围内的均布荷载值。

正负号规定如下：弯矩 M 对杆端而言，以顺时针旋转为正；剪力 V 以杆端的剪力绕另一端作顺时针旋转时为正（节点处的弯矩 M_{AB}、M_{BA} 可按力矩分配法计算，计算方法与一般不考虑剪切变形和刚性节点影响的方法相同）。

(6) 节点处剪力 V_{AB} 及 V_{BA} 可按下式计算：

$$V_{AB}=\frac{1}{2}qL-\frac{M_{AB}+M_{BA}}{L} \tag{5.5-41}$$

$$V_{AB}=-\frac{1}{2}qL-\frac{M_{AB}+M_{BA}}{L} \tag{5.5-42}$$

式中 L——杆件长度，m。

(7) 柔性段端力矩 M_{ab}、M_{ba} 可按下式计算：

$$M_{ab}=M_{AB}+V_{AB}nl-\frac{1}{2}q(nl)^2 \tag{5.5-43}$$

$$M_{ba}=M_{BA}+V_{BA}ml+\frac{1}{2}q(ml)^2 \tag{5.5-44}$$

若 M_{ab} 与 M_{AB} 相差过大，甚至改变正负号，宜适当调整。

5.6 厂房构造设计

5.6.1 厂房分缝与止水

5.6.1.1 分缝作用和型式

1. 分缝的作用

厂房的下部结构形状较为复杂，混凝土体积相对较大。当厂房基础为岩基时将产生较大的基础约束应力，而当基础为软基时易产生不均匀沉降。设置永久缝的作用主要是为了适应厂房整体结构在温度变化、混凝土收缩或膨胀、基础约束或因地震、地基不均匀沉降产生的水平和竖向位移。永久缝既是伸缩缝，也是防震缝和沉降缝。

2. 永久缝

主机间与大坝、安装间及副厂房等相邻建筑物之间，一般宜设置永久缝。

厂房主机间机组段永久缝可根据机组间距和电站规模采用一机一缝或多机一缝。厂房安装间永久缝应按照安装间总长度大小进行划分。

一般情况下，应避免将厂房建在软、硬不同的基础上。如果受地形、地质条件限制而必须将厂房建在软、硬不同的基础上时，在软、硬不同的基础间宜设置永久缝。

3. 临时缝

临时缝又称施工缝。为了减少混凝土收缩和水化热温升给结构带来的不利影响，或机组分期安装的需要，可在施工期设置临时缝。临时缝一般应进行凿毛处理，设置键槽和插筋。

5.6.1.2 永久缝的间距和缝宽

1. 永久缝的间距

厂房机组段永久缝间距，主要取决于地基特性、机组容量大小、结构形式以及气候条件等，SL 266—2001《水电站厂房设计规范》规定一般为 20～30m，而多数大型水电站厂房的机组间距大于 30m，如葛洲坝厂房的大机组的间距为 40.2m，三峡厂房机组间距为 38.3m，西津水电站厂房为两机一缝，其分缝间距达 49.5m。因此，经论证并进行合理的分层分块，机组段长度可放宽到 40～50m。表 5.6-1 列举国内部分水电站厂房机组段永久缝间距供参考。

2. 永久缝的缝宽

永久缝的宽度原则上应根据厂房温度变形、沉降及抗震构造要求等条件确定。岩基上的厂房，下部结构的永久缝缝宽一般为 10～20mm，上部结构的永久缝缝宽可适当加大。目前，非岩基上的厂房在国内较少，永久缝缝宽可按实际情况确定，缝宽可适当加大。

表 5.6-1　国内部分水电站厂房机组段永久缝间距

工程名称	厂房型式	单机容量（MW）	分缝形式	分缝间距（m）
葛洲坝	河床式	170	一机一缝	40.2
乐滩	河床式	150	一机一缝	34.8
大峡	河床式	75	一机一缝	26
西津	河床式	60	两机一缝	49.5
左江	河床式	24	两机一缝	34
王甫洲	河床式	27	两机一缝	41.6
三峡	坝后式	700	一机一缝	38.3
五强溪	坝后式	240	一机一缝	35
万家寨	坝后式	180	一机一缝	24
隔河岩	引水式	300	一机一缝	24
密云	引水式	15	两机一缝	24
窄巷口	引水式	15	三机一缝	45
拉西瓦	地下厂房	700	一机一缝	34
白山一期	地下厂房	300	一机一缝	24

5.6.1.3　止水设施及缝间填充材料

1　止水设施

永久缝应设置可靠的止水设施，止水布置须有利于结构的受力条件。

永久缝止水有两种基本型式：

(1) 封闭式止水。上、下游垂直止水伸入到岩基内，永久缝临水面形成封闭式止水，如图 5.6-1 所示。

(2) 开敞式止水。上、下游垂直止水不伸入到岩基内，利用水体的平压作用，来改善进水闸墩、蜗壳及尾水管的受力条件，如图 5.6-2 所示。

对于高水位挡水及重要的大型厂房，必要时还需设置双层止水或在止水设施后加设排水孔和排水管道。厂房垂直和水平止水必须能形成一条闭合的防渗带。

对于需埋入岩石的止水片必须与基岩进行妥善的连接，埋入基岩内深度，一般在 30～50cm，基岩崁固部分的混凝土必要时可插锚筋进行锚固。在厂房边坡其临水面应考虑设置止水键体，可在岩壁上挖设键槽，在回填混凝土的同时埋设止水片。止水键体的深度一般采用 30～50cm，并需用插筋锚入岩壁，必要时可在键体结合面进行灌浆以加强防渗。

承受水压的竖向施工缝应设止水。水平施工缝可不设置止水，但水力梯度较大，且接缝处一旦漏水会影响水电站的正常运行时，宜设置止水。

2. 常用止水材料

止水材料通常采用紫铜片、不锈钢片、橡胶、膨胀型橡胶、塑料、沥青以及高分子合成材料等。可根据永久缝所处地域的气候环境、作用水头、永久缝的变形情况选用。

(1) 橡胶止水带适用于中、低挡水高度的厂房建筑物，常用 65 系列（含遇水膨胀型）。

(2) 铜止水带适用于中、高挡水高度的厂房建筑物，铜止水带的厚度多为 0.8～1.5mm。

3. 缝间填充材料

缝间填充材料一般采用沥青杉板、多层沥青油毡或轻质聚合物材料（闭孔泡沫板）。

5.6.1.4　典型实例

1. 景洪水电站

图 5.6-1 为坝后式厂房封闭式止水布置实例。

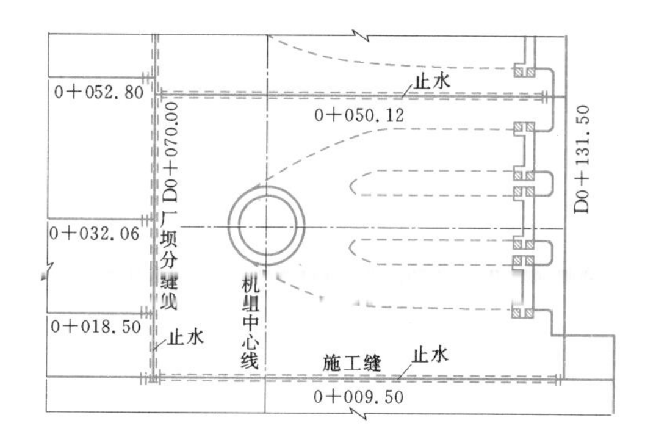

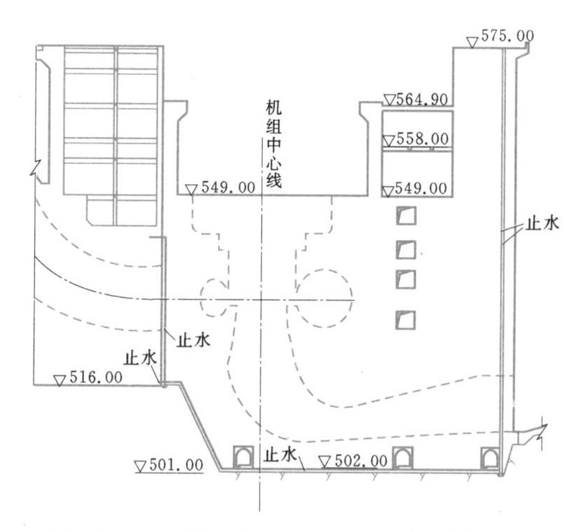

图 5.6-1　厂房封闭式止水布置实例（单位：m）

2. 尼尔基水利枢纽

图 5.6-2 为河床式厂房开敞式止水布置实例。

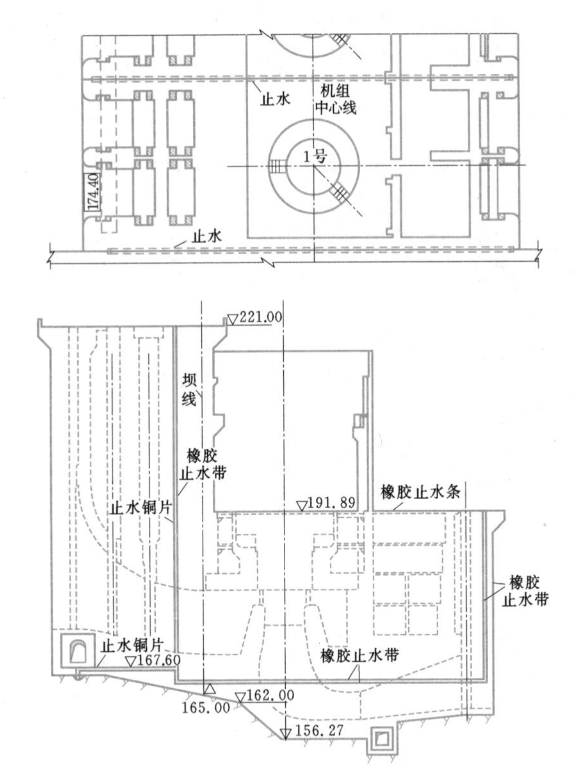

图 5.6-2　厂房开敞式止水布置实例（单位：m）

5.6.2　厂房一、二期混凝土的划分

5.6.2.1　厂房混凝土分期原则

（1）一、二期混凝土的划分应满足机组设备安装和埋件埋设的净空要求。

（2）机组分期安装的厂房，预留后期安装的机组段，其一期混凝土结构应满足初期运行时的稳定、强度和防渗等要求。

（3）二期混凝土的形状、尺寸，除满足设备埋件和安装需要外，还要满足自身结构的整体性和与一期混凝土结合的可靠性。

（4）厂房上、下游墙和构架在厂房二期混凝土未浇筑和厂房未封顶前，应具备承受相应工况荷载的能力。

5.6.2.2　分期划分方式及尺寸

厂房一期混凝土主要包括安装间，主机间水下部分如厂房底板、尾水管、尾水墩墙和水上部分如围护墙体、框排架结构等。厂房二期混凝土主要包括蜗壳、机墩、风罩、水轮机层至发电机层板、梁、柱结构等，当尾水管肘（弯）管需用钢衬且不能及时供货时，亦可将肘管段划入二期浇筑范围。

对于金属蜗壳外包混凝土厚度应满足安装净空要求，其最小厚度不应小于80cm。对于混凝土蜗壳可将蜗壳或流道顶板以及影响到坐环安装的部分纳入二期范围。

5.6.2.3　典型实例

1. 景洪水电站

景洪水电站位于云南省澜沧江下游河段，为坝后式厂房，单机最大引用流量 665.56m^3/s，单机容量350MW，主厂房机组间距为34.30m，跨度为31.50m。其厂房一、二期混凝土划分如图5.6-3所示。

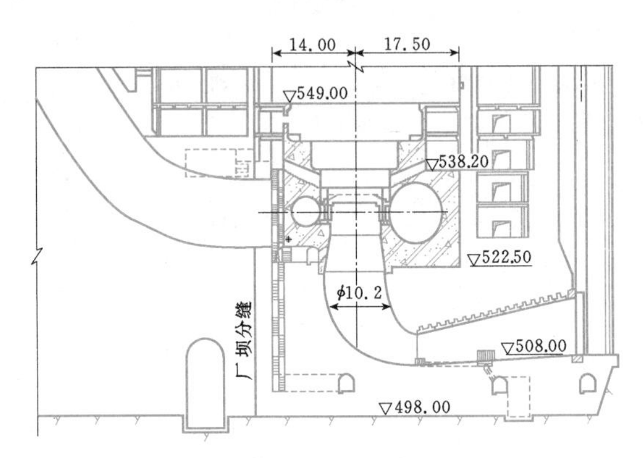

图 5.6-3　景洪厂房混凝土分期（单位：m）

2. 尼尔基水利枢纽

尼尔基水利枢纽工程位于嫩江干流的中游，为河床式厂房，额定流量为326.9m^3/s，单机容量为62.5MW，主厂房机组间距为25.00m，厂房跨度为26.10m。其厂房一、二期混凝土划分如图5.6-4所示。

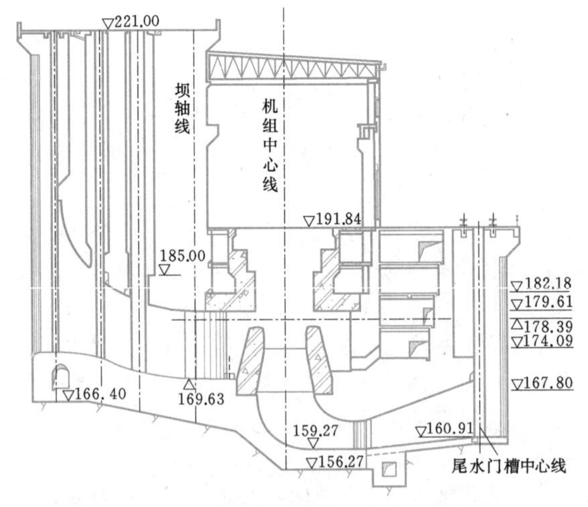

图 5.6-4　尼尔基厂房混凝土分期（单位：m）

3. 金溪航电枢纽

金溪航电枢纽工程位于嘉陵江中游，为灯泡贯流式机组。额定流量为289.5m^3/s，单机容量为37.5MW，主厂房机组间距为17.35m，厂房跨度为22.50m。主机间坝段采用二机一缝布置，机组段分

缝长为 37.00m，其厂房一、二期混凝土划分如图 5.6-5 所示。

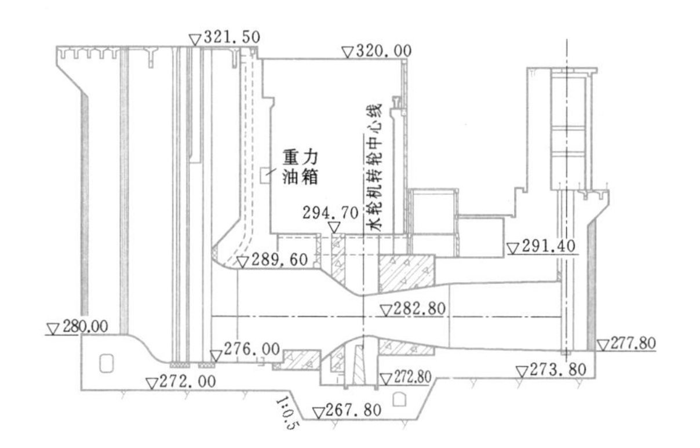

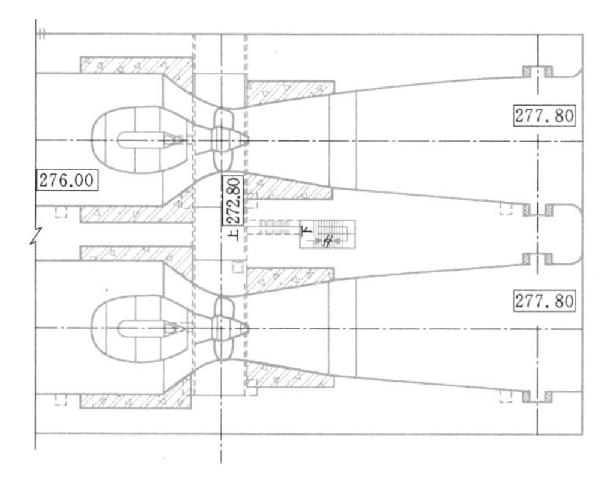

图 5.6-5　金溪厂房混凝土分期（单位：m）

5.6.3　厂房混凝土浇筑分层分块

5.6.3.1　分层分块原则

（1）分层分块设计应适应厂房水下结构体形复杂的特点，满足结构的整体性要求，并兼顾方便施工和便于模板的重复利用。

（2）分块面积大小应根据混凝土的生产能力、浇筑方法、浇筑强度和温度控制要求确定。浇筑分块的单个块体应满足温控和防裂要求，且块体长宽比不宜过大，以利于减少混凝土温度应力和干缩应力。

（3）浇筑层厚度应按结构、温控和立模要求确定，同时应满足设备安装和埋件埋设要求。

（4）根据结构尺寸，轮廓形状及应力情况进行分层分块，避免在结构不利部位分缝，尽可能将浇筑缝设在应力较小的部位，同时应避免锐角和薄片。

（5）施工分缝形式应以错缝为主，须避免上、下层垂直通缝。对于用错缝分块部位，须采取措施防止施工垂直缝面张开后向上、下延伸。

5.6.3.2　浇筑层厚度及平面尺寸

厂房水下部分混凝土浇筑分层厚度主要根据厂房结构尺寸、轮廓、基础约束、浇筑能力及温控措施等情况确定。基础块厚度视基础地质条件确定，如基础为硬基时，一般取 1～2m；如果为软基，层厚可适当提高。在基础约束范围以外分层可根据结构形状、混凝土拌和、运输、浇筑能力等因素进行划分，层厚可控制在 3～6m。

厂房水上部分混凝土多为墩墙及板梁结构，体积相对较小、结构较规则，侧面散热条件较好，其浇筑高度可适当加大。一般墙柱结构的浇筑高度可取 6～8m。楼面分层按梁底面至梁顶面设置浇筑层。

水下部分混凝土分块面积，最大不宜大于 300m²，浇筑块体的长度一般以不大于 20m 为宜，当温控措施有保障时可再适当加长。浇筑块最大面积亦可按下式近似计算：

$$F = v[t - (\Delta t_1 + \Delta t_2)]/h \qquad (5.6-1)$$

式中　F——混凝土浇筑块最大面积，m²；

v——混凝土的生产能力，m³/h；

t——混凝土凝结时间（由实验确定，水泥初凝时间不小于 45min，混凝土凝结时间一般在 2h 左右），h；

Δt_1——混凝土从出机口至浇筑地点所需的时间，h；

Δt_2——备用时间，可取 10min；

h——每层混凝土浇筑层厚度，可取 0.20～0.25m。

水上部分混凝土如楼面宜按机组段形成整浇块，若面积过大可分为两个浇筑块。

竖向施工缝是整个厂房混凝土施工过程中的薄弱环节，对结构的整体性和抗渗性均有较大的影响。因此，不论水下和水上混凝土，其上、下层的竖向施工缝均应错开布置。竖向施工缝的错缝水平搭接长度一般取浇筑层厚度 1/2～1/3，且不宜小于 30cm。竖向施工缝面上需设置键槽，键槽面积一般为总面积的 1/3，必要时还应设置并缝钢筋。对于有抗剪和抗渗要求的水平施工缝面，也需要设置凸形或凹形键槽。

5.6.3.3　缝面处理

在新混凝土浇筑前，首先应使先浇筑块混凝土表面足够平整，并清除施工缝面的乳皮。凿毛处理前的混凝土抗压强度须不低于 2.5MPa，施工缝面一般采用机械或人工凿毛等方法进行处理。凿毛后要求用水冲洗干净，并用压缩空气吹干后才可进行后续层、块的浇筑施工，以保证新、老混凝土完整结合。

5.6.3.4　典型实例

莲花水电站位于牡丹江干流上，为引水式厂房，额定流量为 331.00m³/s，单机容量为 137.5MW，机组间距为27.00m，厂房跨度为28.90m。厂房水下混凝土施工时，对尾水管扩散段采用了预制倒T形梁及分离式底板等技术措施，其厂房混凝土浇筑分层分块如图5.6-6～图5.6-9所示。

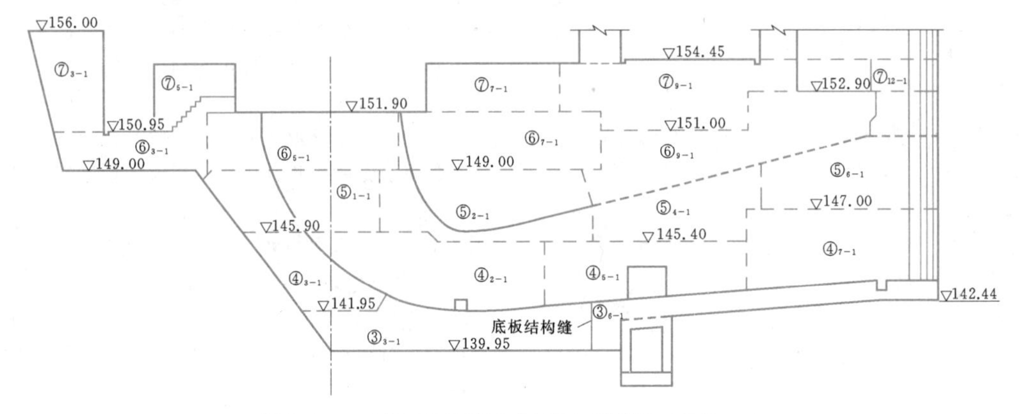

图5.6-6 厂房水下混凝土分层浇筑横剖面（单位：m）

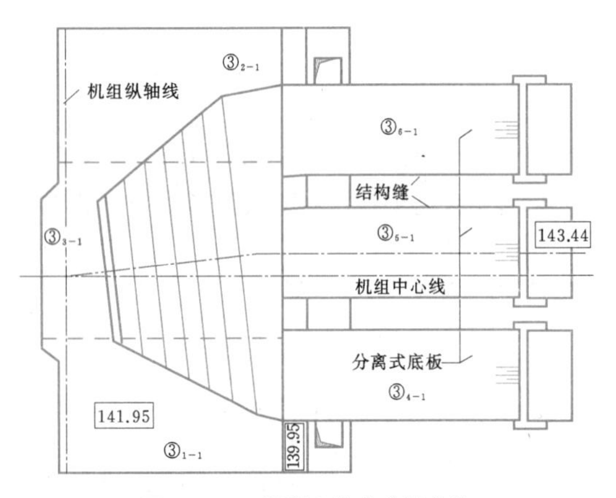

图5.6-7 混凝土浇筑分层分块典型平面（一）（单位：m）

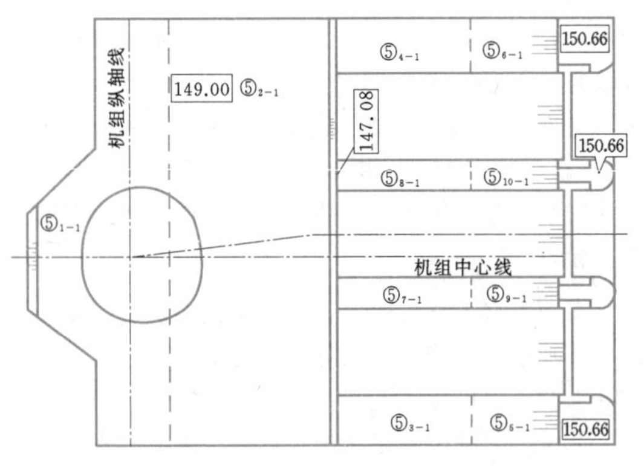

图5.6-8 混凝土浇筑分层分块典型平面（二）（单位：m）

5.6.4 其他构造措施

（1）对厂房流道流速较大及挟沙水流的过流表面，如过沙量较大的流道、排沙底孔等部位宜采用高

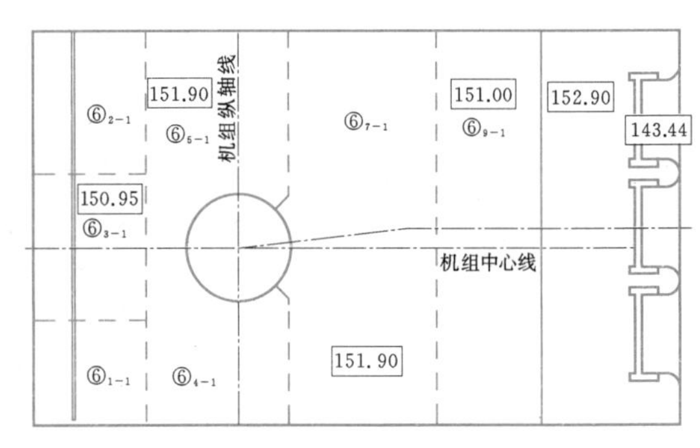

图5.6-9 混凝土浇筑分层分块典型平面（三）（单位：m）

强度抗冲耐磨混凝土或其他耐磨材料作为面层。

（2）尾水锥管及蜗壳进人孔周围的钢衬和混凝土结构应采取结构加强措施。

（3）钢筋混凝土蜗壳，当采用薄钢板防渗衬护时，应设置足够的肋板及拉筋以保证与混凝土的紧密连接。

（4）永久性钢结构及钢筋混凝土结构的钢构件外露部分均应做好防锈蚀处理。

5.6.5 减少施工期温度应力的措施

（1）采用低热或中热水泥拌制混凝土，合理使用外加剂，改善混凝土级配，优化配合比设计。

（2）合理分层、分块，在尾水管、蜗壳、墩墙等部位设封闭块、预留宽槽，待收缩变形完成后再行填筑微膨胀混凝土。

（3）在尾水管扩散段顶部设置预制倒T型梁。

（4）对混凝土骨料进行预冷，加冰或冷水拌制混凝土，缩短混凝土的运输及卸料时间，降低入仓温度。

（5）控制混凝土最高温升，在少数部位中预埋冷却水管，表面流水养护混凝土。

5.6.6 厂房抗震措施

（1）厂房水下部分结构的分缝型式及止水应满足抗震的要求，宜采用抗震性能较好的止水材料和型式。

（2）厂房上部结构多为大空间框（排）架结构，一般采取箍筋加密、梁端加腋以及加强排架和屋架之间的纵向联系（包括屋架支撑、柱间支撑、屋顶圈梁、吊车梁附近柱间纵向联系梁以及各层圈梁等）的措施，其抗震构造要求详见钢筋混凝土结构抗震设计篇章相关内容。

5.7 河床式厂房

本节主要论述河床式厂房特殊的布置和结构设计，与坝后式厂房相类同部分参阅有关章节。

5.7.1 设计特点

（1）河床式厂房同时起着挡水建筑物作用，厂房抗滑稳定、基础防渗等与重力坝类同。

（2）河床式电站进出水建筑物布置应力求水流平顺，减少水头损失，合理选择进出口高程。

（3）进水口设计应妥善解决泥沙、漂浮物和冰凌等影响，应考虑排沙、防淤及排污措施。

（4）河床式厂房一般水头不高，采用梯形断面的钢筋混凝土蜗壳。尾水管一般较长，尾水平台下面空间相对较大，通常将发电机引出线和副厂房布置在下游侧。

（5）水电站进水口与厂房主机室连接在一起，按整体结构分析稳定和计算强度。

（6）河床式厂房上游为进水口和挡水墙，主厂房排架为不对称结构，上游侧一般不设吊车梁，采用带形牛腿。

（7）有的河床式电站，在厂房内设有泄流排沙底孔；有的河床式电站，厂房和泄水建筑物重叠布置，厂房结构和施工较为复杂。

5.7.2 厂房布置设计的主要问题

5.7.2.1 厂房位置选择

河床式厂房是挡水坝段的一部分，一般与泄水建筑物、通航建筑物等一字形布置。厂房位置的选择需根据地形地质、河势水流、泥沙淤积等条件，结合考虑枢纽其他建筑物布置、对外交通、输电线的出线方向等因素，进行左右岸比较。除此之外，厂房位置的选择还应考虑分期施工、施工期临时发电以及第一批机组提前发电的条件。

5.7.2.2 防沙排沙

低水头径流式电站的防沙问题比较复杂和困难，影响电站泥沙问题的主要因素有河道状况、坝区泥沙状况、径流电站特征、泄洪排沙建筑物的布置和运用。对于细颗粒的悬移质，主要应防止其淤积在水道上，万一落淤，要求能够冲走，以保持稳定正常的引水条件；对于粗颗粒的泥沙，则要尽量减少其进入水轮机的数量，以减轻机组磨损。根据已建工程经验，处理泥沙问题一般采用导沙和排沙措施，主要有拦沙坎、冲沙闸、排沙底孔或排沙廊道以及排沙洞等，为防止上、下游淤积，有些电站还在上游设置防淤堤，在下游加建导流堤等。

1. 防淤堤

防淤堤可根据河槽淤积特点和电站引水要求选择设置，防淤堤宽度和形状，应能控制厂前淤积，使电站有稳定的引水条件，减少粗沙进入电站，可根据枢纽的具体情况，布置成直线、圆弧、曲线型。

葛洲坝水电站泄水闸两侧布置有大江和二江电站，为约束泄水闸上游引水渠，起到束水防沙作用，改善水库泥沙淤积和电站运行条件，在大江与二江之间及二江与三江之间分别利用现状地形和部分拆除的施工围堰，建成大江和三江防淤堤。葛洲坝水电站二江电站前的三江防淤堤长1750m，最大宽度260m；大江电站前的大江防淤堤长1000m，最大宽度140m，防淤堤采用流线型，堤顶高程70.00m。

2. 拦沙坎

在厂前设置拦沙坎，以加大进水口与主河槽的高差，将推移质排走。拦沙坎高度宜不低于2.5～3.0m，或为槽内冲沙水深的50%左右，可采用上游围堰改造而成。

3. 排沙廊道

在进水口前下方设置排沙廊道，由正面引水，侧面排沙，并采用分散进口，集中出口的型式，如八盘峡、大化等水电站，排沙廊道布置及结构复杂，排沙效果相对较差。

4. 排沙底孔

排沙底孔有一孔一机、一孔多机或双孔一机等多种型式，其进口设在电站进水口下部，经机组尾水管一侧或两侧、蜗壳下方，从尾水管上部穿出，如天桥水电站、青铜峡水电站、葛洲坝水电站、铜街子水电站等。

（1）排沙底孔设置一般可遵循如下原则。

1）应使厂前保持一定范围的冲刷漏斗，降低厂前淤积高程，以减少粗沙过机。

2）在满足排沙底孔有较好的水力学条件的前提下，力求简化底孔断面形状，方便施工。

3）机组与排沙底孔同时运用工况下，底孔进口与机组进口两者的流速不宜相差过大，以免影响机组出力，但应保证水流能将厂房前的推移质泥沙带进底孔。

（2）布置方式一般有集中排沙和分散排沙两种型式。

集中排沙布置方式是在厂房一侧或两侧设置。可布置在厂房中部或安装场段底部，三峡水电站选择集中排沙布置方式，左右岸厂房共设置7个排沙孔，其中左厂房设置3孔，右厂房布置4孔，均布置在安装场段底部；也可布置在厂房两侧导墙中，铜街子水电站在厂房两侧的导墙中设置5m×6m排沙底孔。

分散排沙布置方式是在厂房多个部位设置，可在每台机组设一个排沙孔，当前缘较长的厂房靠集中排沙解决不了问题时，采取分散排沙布置方式比较有效。葛洲坝两座水电站前缘长度达750m以上，采用每个机组段设置排沙底孔，并在大江电站安装场下设排沙洞的办法进行分散排沙。

根据三峡水电站研究成果，集中排沙方案效果稍差，但其他方面如结构安全、布置条件、施工条件、工期进度及工程量等较分散排沙方案为优，设计中可根据工程实际情况采用不同型式的布置方式。

（3）排沙流量的选择。按照上述原则要求，依据汛期洪水流量、输沙量及泥沙粒径大小，以及电站运行水位等条件，通过水力计算并参考国内已建工程经验选择，必要时，可结合模型试验确定。

根据葛洲坝工程经验，排沙底孔水力计算主要包括以下方面：①河中不同来水沙时，分流进入电站的泥沙量及要求底孔排泄的泥沙量；②底孔输沙能力；③按底孔输沙能力与要求排泄的泥沙量相适应的原则，确定相应的底孔排沙流量。

排沙底孔的泄流能力可参照SL 319—2005《混凝土重力坝设计规范》孔口泄流能力计算公式计算。

（4）排沙底孔高程选择。排水底孔位置和高程的选定应使排沙漏斗足以控制进水口，以满足“门前清”的要求。其关键在于正确估计泥沙冲刷坡度，将电站进水口置于冲刷漏斗范围之内。国内部分已建电站冲刷漏斗实测资料见表5.7-1。

表5.7-1　国内部分已建电站冲刷漏斗实测资料

电站	建筑物型式	冲刷漏斗坡度
三门峡	电站底孔	纵坡1∶30， 侧向坡1∶6.3～1∶6.7
盐锅峡	机组进水口	纵坡1∶6
刘家峡	机组	纵坡1∶26
碧口	电站排沙洞	纵坡1∶10.6～1∶17
葛洲坝	大江电站排沙孔	纵坡1∶7～1∶10， 侧向坡1∶7

根据已建工程的资料统计分析，底孔与机组两者进口高程差愈大，相对含沙量比值也愈大，对减小泥沙过机组磨损愈有利，但底孔槛高程降低增加了开挖及混凝土工程量，对工期也会造成一定影响。选择底孔进口高程时应综合考虑排沙效果、投资及工期等因素。

底孔出口高程布置与下游运行水位有关，应满足完全淹没出流，以及出口门槽不发生空穴现象。

（5）排沙底孔进口流速选择。根据国内外已建电站经验，排沙底孔进口流速一般考虑以下几点。

1）为使电站进水口保留一定的过水断面，要求底孔进口处有足够大的流速能使电站上游的最粗颗粒泥沙进入排沙底孔，从而排至电站下游。

2）为了避免影响水轮机出力，排沙底孔进口流速不宜过大，应与水轮机引水道同一断面上的流速保持适当比例。当两者流速相差过大时，例如流速比为3.9时，将严重影响水轮机的出力，两者流速比为1.8时，机组运行较为稳定。

3）避免进水口开挖过深。

5．改善电站下游淤积的措施

若河床式电站下泄流量受泄水闸等下泄折冲水流顶托时，可能会导致电站尾水出流不畅，从而造成电站下游淤积，尾水位抬高，损失电能，可通过延长厂闸导墙等措施改善下游水流条件。

5.7.2.3　防污排污

河床式电站防（漂）污问题比较突出，防（漂）污设计应根据污物的来源、种类、数量和漂移物随时程变化的规律，因地制宜地采取相应的防（漂）污措施。

1．防（漂）污设计要求

（1）进水口避免正对漂污物运移轨迹的主轴线。

（2）防止漂污物堵塞进水口拦污栅。

（3）进水口前积聚的漂污物应能随时清除。

（4）多漂污河流上的大型或重要枢纽工程进水口的防污方案应经水工模型或河工模型试验论证。

2．主要防（漂）污措施

（1）拦（导）污排。在上游设导污排，尽可能将漂浮物导向泄水建筑物。导污排的布置、构造及尺寸可参照已建工程经验，并进行必要的设计计算。重要工程还需通过水工模型试验确定。

（2）拦污栅。在进水口前方设置拦污栅，并采取门前捞漂、机械清污或提栅清污等防污措施，必要时可布置拦漂、导漂污设施，集中清污。对于漂污较多的枢纽工程，宜设两道栅槽，采用提栅清污。拦污栅平均过栅流速宜采用0.8～1.2m/s。对于多漂污河流上引水工程的进水口，应在拦污栅前、后安装测量压差的仪器，并设置预警装置。拦污栅通常采用通仓式布置型式，以利侧向进水。

5.7.2.4 尾水渠水力设计

(1) 尾水渠出口宽度宜取与电站出流宽度相等，以免增加水头损失。

(2) 尾部护坦顶高程确定应保证尾水管出口水流不出现壅水现象，仅产生逆向落差。

(3) 下游护坦水深可采用古宾公式估算：

$$t \geqslant \frac{\alpha_t}{\alpha_T} \times \frac{b}{B} \times \frac{h^2}{h-0.1d} \tag{5.7-1}$$

式中 α_t——尾水管出口动量系数，$\alpha_t=1.03 \sim 1.04$；

α_T——护坦出口段动量系数，$\alpha_T=1.03 \sim 1.04$；

b、h——尾水管出口宽度和高度；

B——护坦出口宽度；

d——护坦顶与尾水管出口底之差。

5.7.2.5 施工结构布置

河床式电站下部结构由水轮机进水口、钢筋混凝土蜗壳、尾水管组成，有些电站还有泄水管或排沙底孔等建筑物，其结构具有以下特点：①结构总体尺寸相对较大；②结构型体复杂，空腔孔洞较多；③下部结构（含进水口墩墙）为主要挡水结构，受力复杂，整体性要求较高。施工结构布置应考虑施工进度、施工期温控要求及厂房结构的整体性要求，合理选择进口段与主机段、尾水段与主机段之间的分缝型式，为进口段及尾水段提前上升提供有利条件。

5.7.3 整体强度计算

河床式厂房的整体强度计算应包括顺水流方向和垂直水流的方向两个方面，但后者习惯上包括在尾水管的横向强度计算中。

顺水流方向的基底应力近似地按偏心受压的材料力学公式计算如下：

$$\sigma_{\substack{\max \\ \min}} = \frac{\sum V}{A} \pm \frac{6\sum M}{AH} \tag{5.7-2}$$

式中 $\sum V$——所有垂直力代数和；

$\sum M$——所有垂直力和水平力对基础截面重心的力矩和；

A——各单元或一个机组段的厂房底面积；

H——厂房基础顺水流方向底宽。

此项反力通常沿顺水流方向分布式是不均匀的，因此在尾水管的横向整体强度计算中，出现不平衡的竖向力。该项不平衡竖向力由尾水管顶板、底板和墩子的剪力来承担。

河床式厂房是挡水建筑物，而大部分又在水下，浮力很大，应采用必要的工程措施增加其整体稳定性，如在尾水管端部设齿墙，设灌浆、排水廊道，必要时设抽排系统，以减小扬压力等。当个别机组段存在稳定问题时，经论证，可采取机组段分缝灌浆措施，使其下部与相邻机组段形成整体，改善该机组段稳定性。

5.7.4 进口段结构设计

5.7.4.1 计算荷载

河床式厂房进口段承受作用及作用效应组合可按表5.7-2规定采用。

表5.7-2 进口段作用效应组合表

设计状况	极限状态	作用效应组合	计算情况	作用名称									
				结构自重	上部结构及设备重	上游水压力		横缝中缝隙水压力		扬压力		温度作用	地震作用
						正常蓄水位或设计洪水位	校核洪水位	正常蓄水位或设计洪水位	校核洪水位	正常情况	校核情况		
持久状况	承载能力极限状态	基本组合（一）	正常运行	√	√	√	—	√	—	√	—	—	—
短暂状况		基本组合（二）	1. 停机关门	√	√	√	—	√	—	√	—	—	—
			2. 施工期	√	√	—	—	—	—	—	—	√	—
偶然状况		偶然组合	校核洪水运行	√	√	—	√	—	√	—	√	—	—
			正常运行+地震	√	√	√	—	√	—	√	—	—	√
持久状况	正常使用极限状态	标准组合	正常运行	√	√	√	—	√	—	√	—	—	—

注 1. 寒冷地区还应计入冰压力。
2. 横缝中缝隙水压力根据止水设计情况确定。

5.7.4.2 计算原则

河床式厂房进水口段一般由底板、闸墩、胸墙、隔墙、挡水（压力）墙、导水墙等组成（见图5.7-1），结构计算一般可简化为平面问题，按结构力学方法计算。由于河床式厂房进水口为一复杂的空间结构，结构断面尺寸较大，采用结构力学方法计算，很难反映实际受力情况，对于大中型电站应采用三维有限元法计算。三维计算应结合工程需要选用合适的计算程序和模型，分析方法可参考有关书籍，以下着重介绍结构力学计算方法。

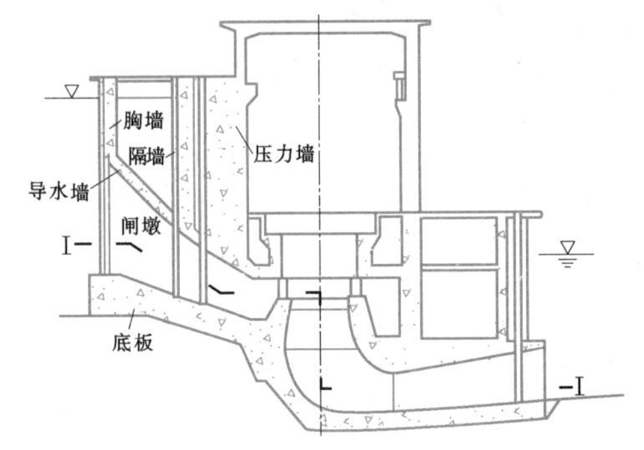

(*a*) 厂房进口段各部位组成示意图

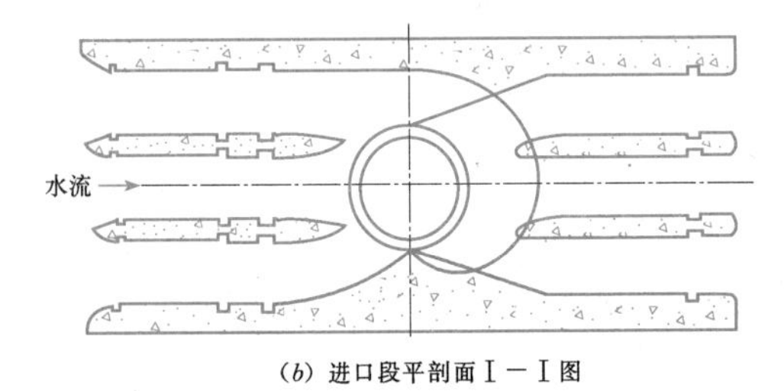

(*b*) 进口段平剖面Ⅰ－Ⅰ图

图5.7-1 河床式厂房进水口结构图

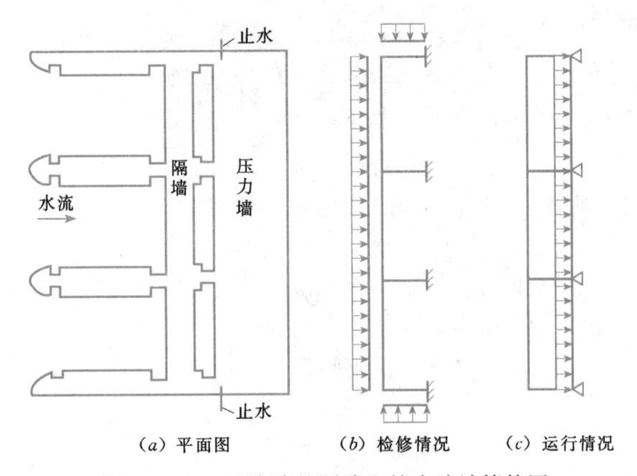

(*a*) 平面图 (*b*) 检修情况 (*c*) 运行情况

图5.7-2 无胸墙的隔墙和挡水墙计算简图

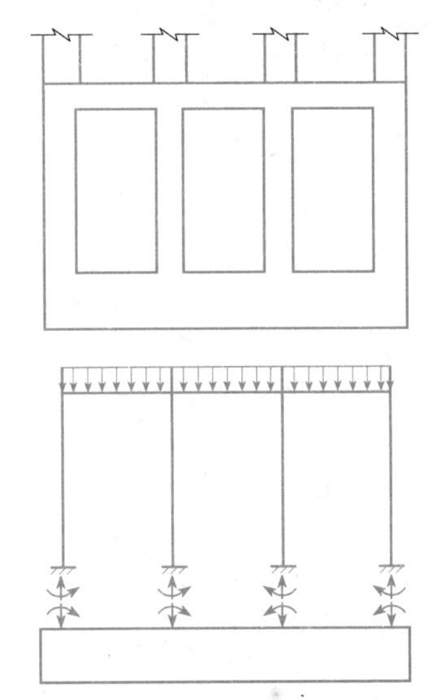

图5.7-3 进口段底板较厚计算剖面

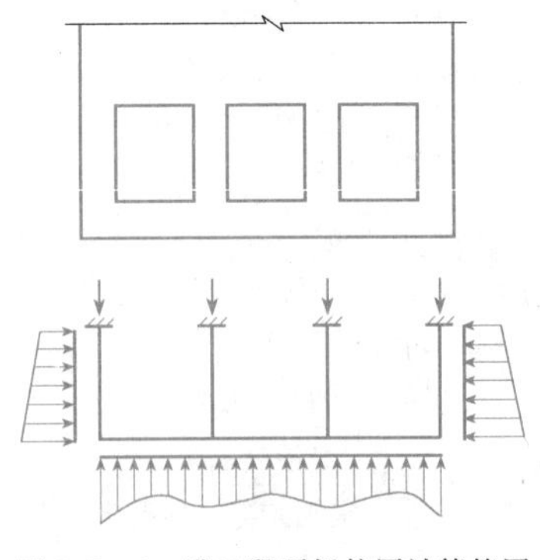

图5.7-4 进口段顶板较厚计算简图

5.7.4.3 结构力学方法

1. 胸墙、隔墙、挡水墙

进水口上部胸墙、隔墙及挡水墙的横向受力可沿不同高程切取若干代表性剖面，按平面框架计算内力和配置水平钢筋，图5.7-2为无胸墙的隔墙和挡水墙计算简图。

垂直钢筋可按构造要求或水平钢筋的2/3配置。

2. 墩墙、底板

进水口下部墩墙、底板沿垂直水流向切取若干单宽，按平面框架进行计算，剖面位置一般位于检修门槽上游、检修门槽、工作门槽下游。当底板较厚时，可假设墩墙固定于底板上，底板可考虑按弹性地基梁计算（见图5.7-3）；当顶板较厚时，可按固定于顶板的弹性地基上的倒框架计算（见图5.7-4）；如顶板、底板均较厚时，则墩墙可假设为两端固定的杆件计算（见图5.7-5），底板则按弹性地基梁计算。

3. 门槽颈部

当门槽颈部承受关门时传来的拉力时，可近似地视为一轴心受拉杆件（见图5.7-6）。取1m高横条，

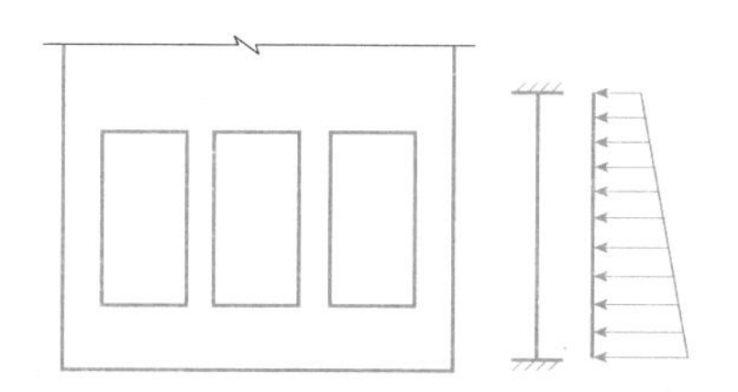

图 5.7-5 进口段底板顶板均厚计算简图

假定颈部拉力由门槽钢筋和门槽下游段闸墩水平截面上的剪应力共同承担，并假设剪应力在水平截面上均匀分布，则每米高门槽颈部承受的拉力为

$$P=\frac{l_1}{l_1+l_2}p\frac{B_1}{2} \tag{5.7-3}$$

式中 P——颈部每米高拉力，kN/m；

p——颈部横条处水压强度，kN/m^2；

l_1、l_2——闸墩门槽前端和后端的长度，m；

B_1——闸门宽度，m。

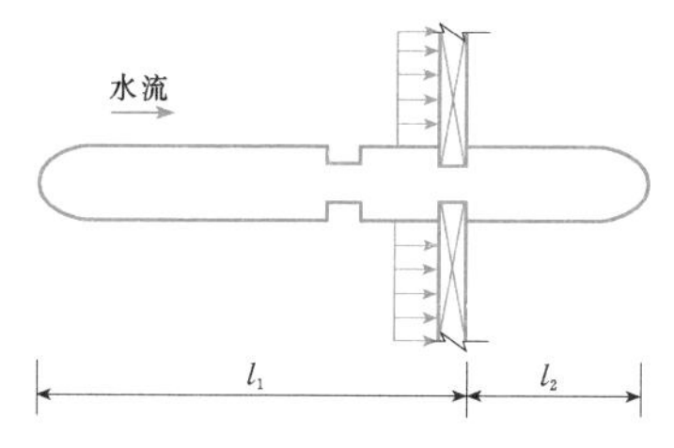

图 5.7-6 门槽颈部局部验算图

门槽颈部钢筋 A_s 按下式计算：

$$A_s=\frac{KP}{f_y} \tag{5.7-4}$$

式中 K——安全系数，取 1.15～1.35；

f_y——钢筋强度设计值。

5.7.4.4 进口段配筋原则

(1) 根据杆件受力特征可按偏心受压、偏心受拉或受弯构件进行承载能力计算及裂缝宽度验算。按有限元计算时，根据应力图形进行配筋计算。

(2) 闸墩为主要挡水结构，当挡水高度较大时，其强度可能受顺水流向控制，主要受力点位于闸墩上游侧，可采用闸墩剪力墙的模式进行闸墩配筋计算，同时尽可能取整个进口段进行三维有限元计算，利用应力分析成果合理布置钢筋。当闸墩上游侧受力较大时，除根据应力情况调整钢筋分布外，还可采用预应力混凝土、型钢等措施改善应力条件。

(3) 闸墩底部与大体积混凝土固接，其受力钢筋应伸入大体积混凝土中，伸入长度按拉应力数值小于 0.45 倍混凝土轴心抗拉强度设计值的位置后，再延伸一个锚固长度确定。当底部混凝土内应力分布不明确时，其伸入长度可参照类似已建工程的经验确定。

(4) 由于进水口段截面尺寸多由稳定或布置上的要求所确定，其纵向受力钢筋可不受最小配筋率的限制，遵照有关规范进行配筋。

(5) 为保证进水口段的正常使用，槽颈等轴拉构件须进行抗裂度验算，其他部位则允许混凝土开裂，最大裂缝宽度满足有关规范要求。

5.8 地 下 厂 房

5.8.1 概述

5.8.1.1 地下厂房的特点

地下厂房之所以得到广泛采用，是因为具有如下优点：

(1) 枢纽布置比较灵活，适应于各种坝型，不受气候影响可以全年施工，与大坝等建筑物的施工干扰少，有利于加快施工进度。

(2) 通过有效支护，利用围岩作为地下厂房的承载结构。

(3) 在高山峡谷地区，可避免高边坡、滑坡等对厂房的不利影响。

(4) 当机组吸出高度（H_s）很低或下游尾水位很高时，采用地下厂房方案可解决总体布置上的困难。

(5) 工程占地少，对自然景观和植被的破坏较少，有利于环境保护。

与地面厂房相比，地下厂房的主要缺点：

(1) 洞挖工程量大，施工进度比地面厂房慢，工程投资高于地面厂房。

(2) 对地质条件要求较高，由地质条件变化所引起的工程风险大于地面厂房。

(3) 运行条件较地面厂房差。

(4) 厂房渗漏、排水问题比地面厂房突出，往往需要有特殊的工程措施。

国内部分已建和在建的地下厂房的主要指标见表 5.8-1。抽水蓄能电站大多采用地下厂房方案，详见本卷第 6 章。

5.8.1.2 地下厂房布置方式

地下厂房布置方式，以厂房在引水道上的位置划分有首部式厂房、中部式厂房、尾部式厂房；以厂房的埋藏方式划分有地下式厂房、窑洞式厂房、半地下式厂房。

表 5.8-1　国内部分已建和在建地下厂房的主要指标

序号	工程名称	装机容量（MW）	机组台数	单机容量（MW）	厂房尺寸（长×宽×高，m×m×m）	地质条件
1	龙滩	6300	9	700	398.9×30.7×81.3	砂岩、粉砂岩、泥板岩互层
2	溪洛渡	13860	2×9	770	443.3×31.9×75.6	角砾集块玄武岩和斑状玄武岩
3	糯扎渡	5850	9	650	433.0×31.0×76.5	花岗岩
4	拉西瓦	4200	6	700	232.6×30.0×74.8	花岗岩
5	三峡右岸	4200	6	700	311.3×32.6×87.0	花岗岩
6	小湾	4200	6	700	298.4×30.6×86.4	片麻岩
7	锦屏一级	3600	6	600	277.0×28.9×68.8	大理岩
8	二滩	3300	6	550	280.3×25.5×65.6	正长岩、玄武岩
9	瀑布沟	3300	6	550	208.6×30.7×70.1	中粗粒花岗岩
10	向家坝	3200	4	800	255.4×33.4×88.2	砂岩、粉砂质泥岩
11	官地	2400	4	600	243.4×31.1×76.3	角砾集块玄武岩和斑状玄武岩
12	小浪底	1800	6	300	251.5×26.2×61.4	砂岩
13	水布垭	1840	4	460	168.5×23.0×65.5	灰岩、泥质灰岩
14	大朝山	1350	6	220	234.0×26.4×63.0	玄武岩、夹有薄层凝灰岩
15	三板溪	1000	4	250	147.2×22.7×60.0	凝灰岩、凝灰质砂岩、板岩
16	白山	900	3	300	123.0×25.0×54.4	混合岩
17	鲁布革	600	4	150	125.0×18.0×39.0	白云质灰岩
18	东风	510	3	170	105.0×21.7×48.0	石灰岩
19	锦屏二级	4800	8	600	352.4×28.3×72.2	大理岩

1. 首部式厂房

首部式地下厂房位于引水系统的首部。适用于首部地质条件较好、岩石透水性小，具备布置地下厂房的条件。

首部式地下厂房压力水道较短，多采用单机单洞引水。尾水洞相对较长，一般均需设置尾水调压室。有条件时，尾水洞可与导流洞等结合使用，节省工程投资。

国内大型水电站二滩、小湾（见图 5.8-1）、溪洛渡、小浪底等地下厂房都采用首部式布置。

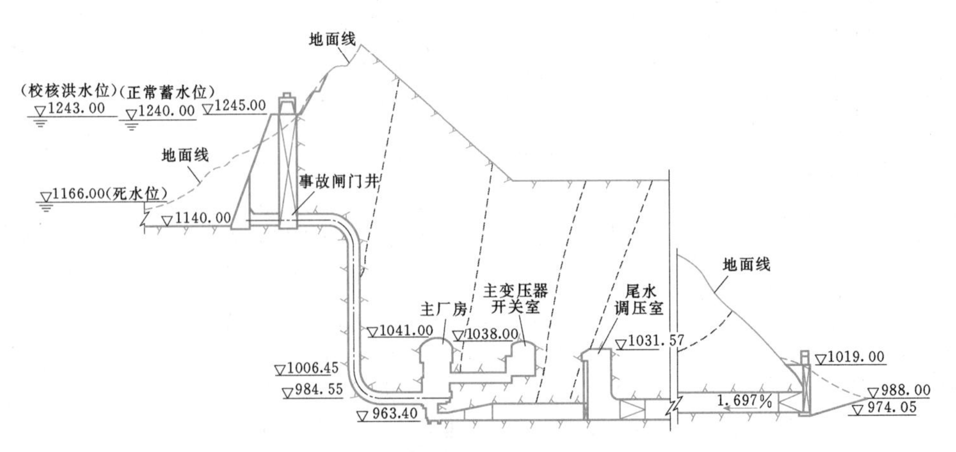

图 5.8-1　小湾电站地下厂房（首部式）（单位：m）

2. 中部式厂房

当引水系统的首部和尾部不具备布置地下厂房洞室群的条件，而中部有适合布置地下厂房的地形地质条件时，可采用中部式厂房布置型式。

中部式地下厂房有以下几种布置方式：

(1) 当引水和尾水系统相对较长时，为满足机组的水力调节保证要求，往往需要同时设置上、下游调压室。广州抽水蓄能电站（见图 5.8-2）和十三陵水电站为典型的中部式地下厂房布置型式。

(2) 当引水和尾水系统相对较短时，宜尽可能避免在厂房的上、下游同时设置调压室。索风营水电站为上、下游均未设置调压室的中部式布置实例（见图 5.8-3）。

(3) 当尾水洞相对较短、尾水位变幅不大时，可采用尾水闸门室和变顶高尾水洞替代尾水调压室的布置方式。三峡右岸地下厂房（见图 5.8-4）和彭水地下厂房采用变顶高尾水洞布置型式，取代了尾水调压室。

3. 尾部式厂房

尾部式地下厂房布置在引水系统的尾部，大多数是沿河或跨流域开发的引水式水电站。如鲁布革、锦屏二级、渔子溪、映秀湾（见图 5.8-5）、太平驿等电站均属于尾部式布置。

尾部式地下厂房有较长的引水隧洞，需要设置上游调压室。而尾水洞较短，不需要设尾水调压室。当下游尾水位变幅不大时，可采用无压尾水洞。

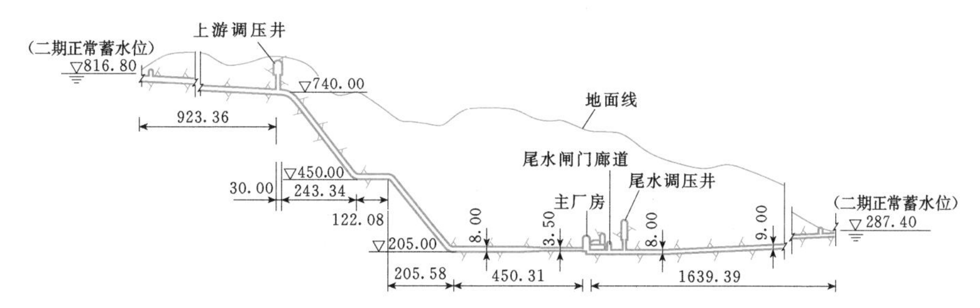

图 5.8-2 广州抽水蓄能电站地下厂房（中部式：设有上、下游调压室）（单位：m）

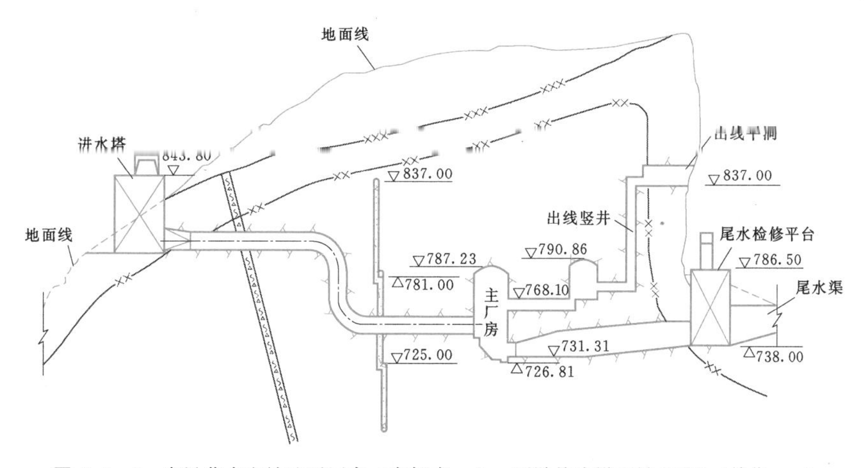

图 5.8-3 索风营水电站地下厂房（中部式：上、下游均未设置调压室）（单位：m）

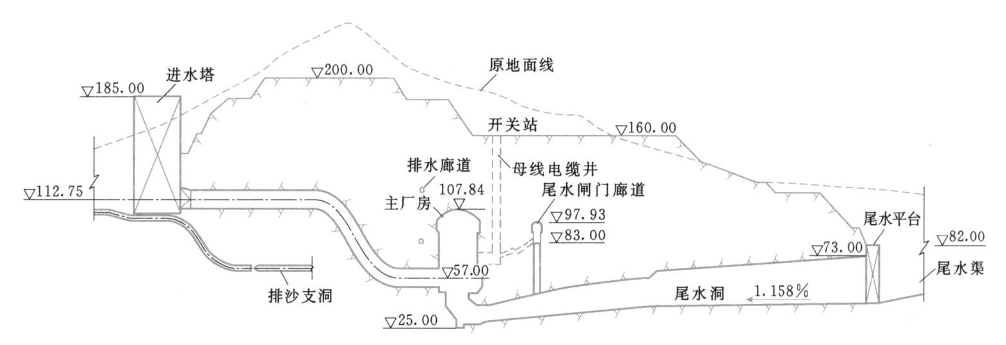

图 5.8-4 三峡水电站地下厂房（中部式：下游变顶高尾水洞）（单位：m）

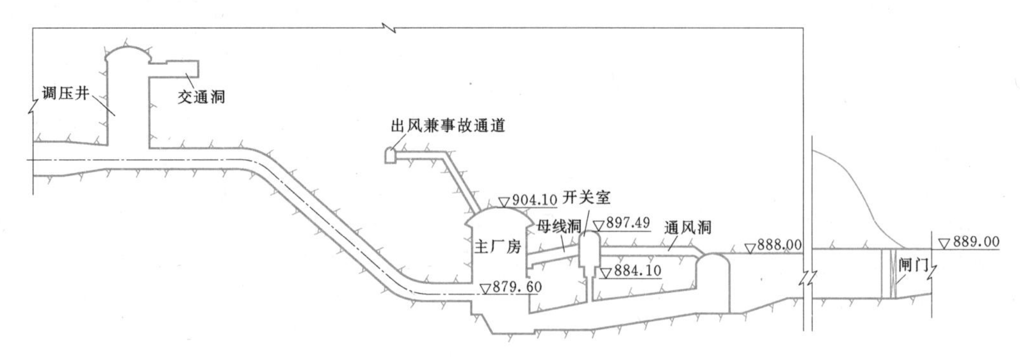

图 5.8-5 映秀湾电站地下厂房（尾部式）（单位：m）

5.8.2 地下厂房布置

5.8.2.1 布置原则

（1）地下厂房的布置应与枢纽总体布置相协调，应满足各种设备（设施）布置、生产运行、维护和节能环保的要求，并要方便施工。

（2）宜布置在地质构造简单、岩体坚硬完整、上覆和侧覆岩体厚度适宜、地下水微弱的山体中，主要洞室位置宜避开较大断层、节理裂隙发育区、破碎带以及高地应力区。如不可避免时，应有专门的处理措施。

（3）两洞室相交时，其轴线之间的夹角，应根据工程布置要求及交叉处地质构造确定，宜采用较大夹角交叉。

（4）地下洞室进出口位置，应避开风化严重或有较大断层通过的高陡边坡、滑坡、危崖、山崩及其他软弱面形成的坍滑体，宜避开泄洪强雾化区。

（5）当地震设计烈度为8度、9度时，不宜在地形陡峭、岩体风化卸荷强烈、裂隙发育的山体中修建窑洞式或半地下式厂房。

（6）地下洞室群的布置宜遵循临时与永久相结合和一洞多用的原则，尽量减少附属洞室的数目，增强围岩稳定的安全度。

（7）在研究地下洞室布置及洞室尺寸时，应通过采用技术先进、体积小的设备以及合理的布置来压缩地下洞室的空间，并选择合理洞形。

（8）压力管道的闸阀可布置在主厂房内，或可布置在主厂房外单独的洞室内，应根据机电的布置要求和厂房主洞室的围岩稳定性综合分析选择。阀室的布置应满足阀门的运输、安装及检修等要求。

（9）地下厂房的交通和进出口通道，应满足电站运行、维护方便和消防要求，至少有两个以上通向地面的安全出口。

5.8.2.2 主要洞室的布置

地下厂房洞室群中的主要洞室包括厂房、主变室和调压室（或尾水闸门室）。主变室和调压室（或尾水闸门室），宜尽可能与厂房平行布置。

1. 厂房埋深

地下厂房洞室群各洞室顶部以上的岩体厚度或傍山洞室靠边坡一侧的岩体厚度，应根据岩体完整性程度、风化卸荷程度、地应力、地下水情况、洞室规模及施工条件等因素综合分析确定。根据我国已建大中型地下厂房的经验，主洞室顶部岩体厚度一般不小于洞室开挖跨度的2倍。表5.8-2为不同围岩类别上覆岩体最小厚度参考值。

表 5.8-2 上覆岩体最小厚度参考值

围岩类别	上覆岩体最小厚度
Ⅰ类	$(1.50\sim2.00)B$
Ⅱ类	$(2.00\sim2.50)B$
Ⅲ类	$(2.50\sim3.00)B$

注 表中 B 为厂房开挖跨度。

但也有上覆岩体厚度小于2倍的实例。大广坝水电站是我国已建工程中埋深最浅的电站，上覆岩体最小厚度仅为15m，接近洞室开挖跨度的1倍。该工程位于海南省东方市昌化江中游，首部式开发，电站装机容量4×60MW，厂房布置在河床右岸。上覆岩体属新鲜斑状花岗岩，岩体完整坚硬、风化微弱。主要地质构造有近南北向和近东西向的两组节理裂隙，实测最大地应力1.47MPa。主厂房洞室采用喷锚支护，洞室分五层开挖，为防止冒顶，先在地面进行锚杆支护再进行地下顶拱开挖。实测顶拱最大沉降0.46mm，上游边墙向厂内最大变位7.75mm。该工程已于1993年建成投产，运行正常。

2. 主厂房纵轴线方向

地下厂房主洞室纵轴线的选择，在满足厂房引水与尾水建筑物良好衔接基础上，重点考虑围岩岩体主要结构面产状和地应力（大小与方向）两大因素。通过综合分析比较确定。在低地应力区，应以考虑岩体结构条件为主；在高地应力区，应以考虑地应力因素为主。

（1）厂房纵轴线方向与主要构造面（断层、主要节理、层面等）走向的夹角宜大于40°，以利厂房洞室的稳定，当主要结构面为缓倾角（倾角小于35°）时，对洞室顶拱稳定影响较大，当主要结构面倾角大于45°时，应注意对高边墙稳定性的影响。同时也应该注意次要构造面对洞室稳定的不利影响。

（2）厂房纵轴线与地应力最大主应力方向夹角以15°～30°为宜，使洞室开挖后应力释放较小，从而减小侧向压力和变形，有利于高边墙的稳定。

厂房纵轴线也不宜完全平行最大主应力方向，否则对垂直厂房轴线布置的引水洞、母线洞、尾水管等洞室之间的岩柱及主要洞室的端墙围岩稳定不利。

3. 洞室间距

地下厂房主要洞室之间的岩体应保持足够的厚度，可根据布置要求、地质条件、洞室规模、支护措施及施工方法等因素综合确定。根据国内的水电站地下厂房建设经验，两洞室的间距不宜小于相邻洞室平均开挖宽度的1.5倍，对于高地应力区，由于岩体开挖卸荷会引起较深的松弛深度，洞室间距不宜小于2.0倍，也不宜小于相邻较高洞室边墙高度的0.5倍；上下层洞室之间的岩体应有足够的厚度，一般不宜小于下层洞室开挖宽度的1～2倍，否则应有加强处理措施。

国内一般工程主要依据工程经验类比确定洞室间距，对于大型地下厂房除工程类比外，还须进行数值分析或通过地质力学模型试验比较验证。

（1）国内外部分地下洞室间距与相邻洞室平均开挖跨度（L/B）的比值关系和地下洞室间距与相邻最大洞室高度（L/H）的比值关系，如图5.8-6所示。

从图5.8-6可知，一般L/B值在1.00～2.00范围内，其中约70%电站的L/B值为1.30～1.80倍之间，而L/H在0.30～0.80的范围内，其中大部分主厂房的间距与高度之比在0.60～0.75倍之间。

（2）国内外地下洞室间距参考值见表5.8-3。

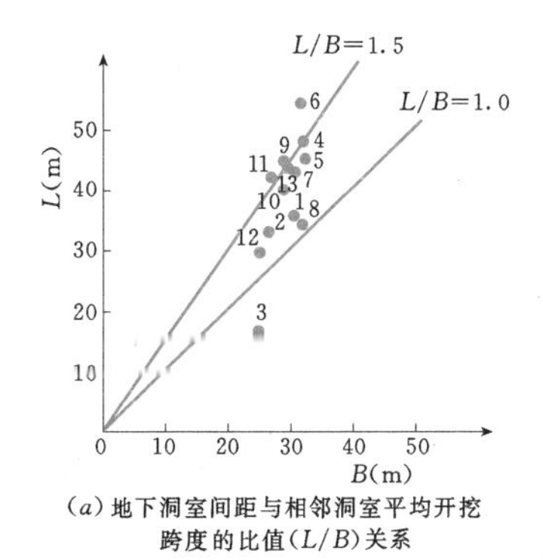

(a) 地下洞室间距与相邻洞室平均开挖跨度的比值（L/B）关系

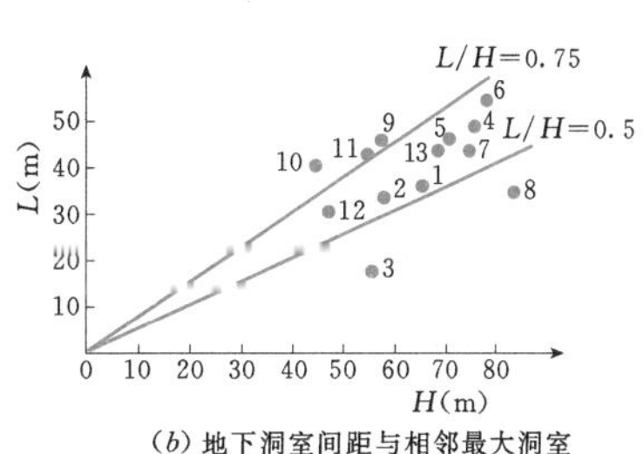

(b) 地下洞室间距与相邻最大洞室高度的比值（L/H）关系

图5.8-6 国内外部分厂房地下洞室间距与相邻洞室平均开挖跨度的比值（L/B）关系和地下洞室间距与相邻最大洞室高度的比值（L/H）关系

1—二滩；2—小浪底；3—白山；4—溪洛渡；5—瀑布沟；6—小湾；7—龙滩；8—三峡；9—卡布拉巴萨（莫桑比克）；10—玉泉抽水蓄能（日本）；11—新高瀬川（日本）；12—丘吉尔瀑布（加拿大）；13—锦屏一级

表5.8-3 国内外地下洞室间距参考表 单位：m

洞室间距L			备 注
完整硬岩	中等岩石	较差岩石	
2.00B	(2.50～3.00)B	3.50B	中国，铁道部
(1.00～1.50)B	(1.50～2.00)B	(2.00～2.50)B	中国，工程兵部队
≥(1.00～1.50)B			中国，水电厂房设计规范
≥H			挪威
>H			英国，E. HOCK
>B或H			美国，土木工程学会
≥相邻两洞室宽度总和的0.5～1.0倍			印度，水电手册

注 L为洞室间距；B为洞室开挖宽度；H为洞室开挖高度。

5.8.2.3 地下厂房洞室形状和尺寸

1. 地下厂房洞室的形状

地下厂房洞室的形状对围岩稳定和围岩应力分布有较大的影响。已建地下厂房的顶拱均为曲线拱形。岩石较完整、地应力不太高的情况下，普遍采用圆拱直墙式断面。圆拱直墙式断面的优点是方便厂内机电设备及其管路系统的布置，洞室施工开挖易控制，方便施作锚喷支护，而且可减少厂房跨度。顶拱的矢跨比（顶拱矢高与开挖跨度之比）一般为1/3.5～1/6，多数采用1/4～1/5。近年来大多数地下厂房体形设计倾向于采用较高矢跨比，顶拱与边墙直接衔接，不留拱座，以减少应力集中。

当水平地应力较大或厂房围岩软弱破碎，侧向释放荷载相对较大，洞室边墙稳定难以保持时，可选用卵形断面。卵形断面的优点是能改善围岩的应力状态和围岩的稳定性，缺点是施工难度较大，多采用于中小型隧洞中，一般大跨度地下厂房较少采用。已建大型地下厂房中德国的瓦尔德克Ⅱ级地下厂房采用了曲墙卵形断面。

根据厂房上部、中部、下部的布置不同，其边墙可采用斜的或阶梯形，使厂房宽度从上至下逐步变窄。这种体形不仅可减少地下厂房的开挖量，而且可改善边墙应力状态，有利于提高边墙的稳定性。如加拿大的麦加水电站尾水调压室边墙。

2. 压缩地下洞室尺寸的主要措施

地下厂房的轮廓尺寸在满足机电设备安装和运行的前提下，应尽量减小其跨度和高度，以减少工程量，改善围岩稳定性。

国内已建工程压缩地下洞室宽度的主要措施有：

（1）压力管道斜向进厂，如二滩、东风、鲁布革水电站及广州抽水蓄能（以下简称广蓄）电站等。

（2）将阀门布置在上游边墙的局部壁龛内（如鲁布革水电站）或单独的洞室内（如潭岭水电站）。

（3）蜗壳下游侧岩石局部开挖成壁龛。

（4）机组中心线靠一侧布置，通道集中布置在一侧，如二滩、小浪底、东风、鲁布革等水电站。

（5）采用岩壁式或岩台式吊车梁。

（6）尽量避免采用大拱座的钢筋混凝土衬砌顶拱，应优先采用锚喷支护型顶拱。

（7）在机电设备选择方面，选用高比转速的机组、先进的桥式吊车，改进机组安装、检修方式，以减小厂房尺寸。

5.8.2.4 安装间的布置

地下厂房安装间的布置与尺寸可按一台机组扩大性检修需要确定，同时尚应考虑进厂交通运输线的布置和围岩稳定等因素。应符合水力发电厂机电设计相关要求。通常有两种布置方式：

（1）安装间布置在主厂房洞室的一端。

（2）安装间布置在主厂房洞室的中央。

地下厂房的安装间一般都布置在主厂房洞室的一端。对于多机组电站或因厂房一端地质条件所限制时，可将安装间布置在机组之间。如长湖、十三陵抽水蓄能电站（见图5.8－7）。这种布置可保留安装间下部的岩体，减小主厂房两侧岩壁临空面的长度，有利于围岩稳定。同时因不受吊车端部吊钩起吊范围的限制，安装间面积可充分得到利用，有利于减少先期投产机电安装与土建施工的干扰。

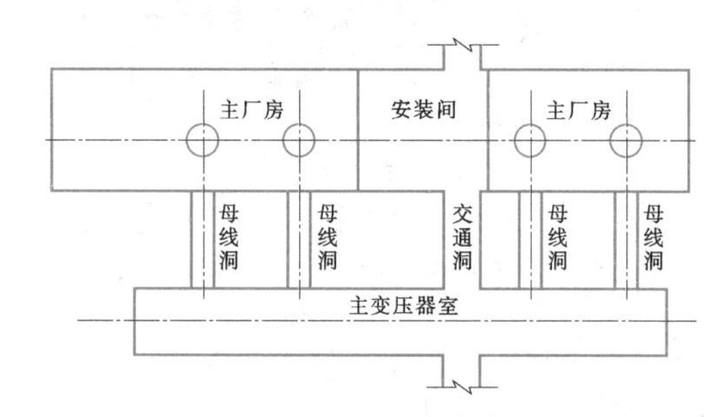

图5.8－7 十三陵抽水蓄能电站（安装间布置在主厂房中央）

5.8.2.5 副厂房布置

地下厂房的副厂房布置除应满足地面厂房副厂房的布置要求外，尚应遵循以下原则。

（1）遵循集中与分散相结合、地面与地下相结合、管理运行方便的原则。

（2）凡必须靠近主机的附属设备，可集中布置在紧靠主机间的地下洞室内。

（3）凡可以远离主机放置的设备，可利用已有洞室分散布置或置于地面。

（4）中控室的布置应综合考虑电站的运行维护、内外交通和监视方便、消除故障迅速等因素。

考虑到一些已建地下工程事故与灾害的教训，在副厂房或适当位置设置防灾的“紧急避难所”。“避难所”的必备条件：坚固的防护结构、单独的通风系统、可靠的对外通信设备、简单的急救医疗药品与设备、储备2～3人生活1～2周的生活必需品。

5.8.2.6 主变压器和开关站的布置

主变压器和开关站的布置应根据地形、地质、洞室群规模和电气设计及运行、维护等综合比较选定，可布置在地下或地面。

1. 主变压器和开关站的基本布置方式

一般有以下三种基本布置方式。

（1）主变压器和开关站均布置在地面。对于埋藏较浅的厂房或者装机容量较小电站，常将主变压器和开关站都布置在地面。可以减少地下洞室的规模，有利于围岩稳定。

但是，主变压器布置在地面，发电机的低压母线要通过倾斜的母线洞或竖井与地面主变压器连接，使低压母线较长，电能损失较大。而且低压母线价格昂贵，增加了工程造价。

我国已建电站中，如龚嘴、大广坝、绿水河一、二级、潭岭、山美、闸东、上杭、长湖、盐水沟、水牛家（见图5.8－8）等电站采用了这种布置方式。

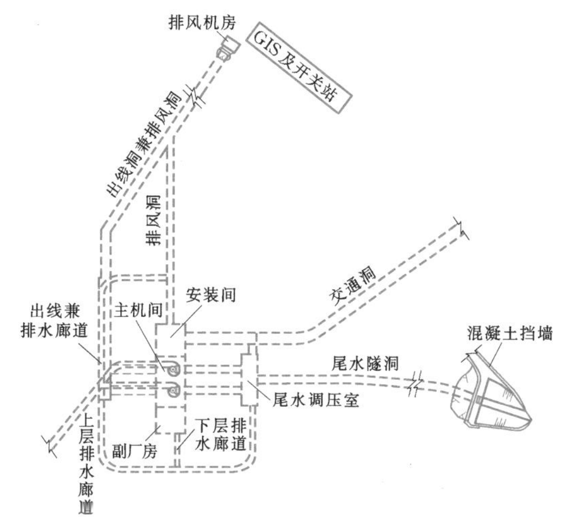

图5.8－8 水牛家电站（主变压器和开关站布置在地面）

（2）主变压器布置在地下，开关站布置在地面。多数地下厂房埋深比较深，将主变压器布置在地下以缩短低压母线的长度。高压电缆经竖井、斜井或隧洞通往地面开关站。地面开关站尽量选择在距出线洞口较近位置，并应注意泄洪雾化的影响。如渔子溪一级、以礼河一级、以礼河三级、二滩、小浪底、太平驿（见图5.8－9）等水电站。

（3）主变压器和开关站均布置在地下。随着户内式高压配电装置的发展，现代地下厂房设计更多地考虑把主变压器和开关站都布置在地下单独的洞室内，使之布置紧凑，减少电能损失小。尤其首部式地下厂房，当地质条件较好时，将开关站布置在地下，可以避免高坝泄洪雾化对开关站电气设备的影响，也可避开地面开关站高边坡的影响。如白山、东风、溪洛渡等水电站，十三陵、天荒坪等蓄能电站均采取这种布置型式。

溪洛渡水电站装机容量18×770MW，主变压器洞室断面（宽×高）为19.0m×33.32m，主变压器和开关站布置在同一个洞室内，主变压器布置在下层，上层为GIS开关站，见图5.8－10。

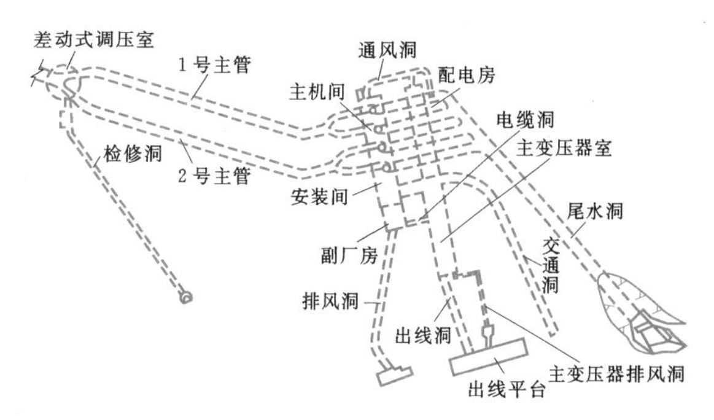

图5.8－9 太平驿电站（主变室布置在地下开关站设在地面）

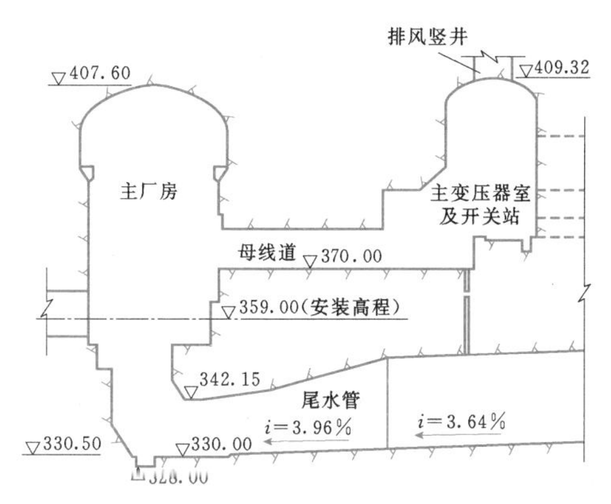

图5.8－10 溪洛渡水电站（主变压器和开关站均布置在地下）（单位：m）

2. 主变压器位于地下的几种布置方式

（1）主变压器布置在主厂房上游的主变压器洞室内，如加拿大的丘吉尔水电站。主变压器洞室的底高程高于发电机层，采用倾斜的母线洞连接。

（2）主变压器布置在主厂房下游的主变压器洞室内，主变压器洞室底高程与安装间同高，主变压器运输轨道可直通安装间，便于主变压器的维护与检修。主变压器洞室与主厂房洞室一般都是平行布置，连接两大洞室的母线洞，采用一机一洞。国内大多数地下厂房如白山、二滩、太平驿、溪洛渡、锦屏一级等均采用这种布置方式。

（3）主变压器布置在与主厂房垂直或斜交的主变洞室内，仅适宜于机组容量不大和主变压器台数较少的电站，如回龙山水电站和镜泊湖水电站采取这种布置方式。

（4）主变压器布置在主厂房同一洞室内，有的布置在主洞室下游侧（如意大利桑塔—马桑扎水电站），有的在主洞室的一端（如渔子溪一级水电站），有的在两台机组中间，还有的电站将主变压器布置在主洞室侧面开挖而成的壁龛内（如意大利 Avise 水电站）或交通洞的延伸段上（如中国的青狮滩水电站、澳大利亚图穆特Ⅱ水电站）。主变压器与水轮发电机组位于主厂房同一洞室内，存在安全隐患，近年已很少用于大中型电站。

5.8.2.7 尾水系统布置

尾水系统包括尾水管、尾水闸门室、尾水调压室及尾水洞。尾水系统布置及其断面尺寸应根据下游尾水位变化幅度、工程地质条件、机组调节保证等因素经技术经济比较确定。

1. 尾水管布置

(1) 尾水管出流应满足机组运行稳定要求，正常工况下尾水管内真空度不应超过 8m 水柱，高海拔地区应作高程修正。

(2) 尾水管扩散段之间应保留维持围岩稳定需要的岩体厚度，宜选择窄高形的尾水管，并对岩体采取加强锚固措施。

(3) 当多条尾水管的出水汇入一条尾水洞时，汇入尾水洞的水流折角宜大于 90°。

2. 尾水调压室的布置

应在机组调节保证计算和运行条件分析的基础上，考虑水电站在电力系统中的作用、地形、地质和水力条件等因素，进行技术经济比较后确定。

尾水调压室的基本类型有：简单式、阻抗式、水室式、溢流式、差动式和气垫式等。尾水调压室的型式选择、结构布置与水力学设计详见本卷相关章节。

3. 尾水闸门室布置

(1) 在尾水管末端宜设尾水闸门。当采用一机一洞，尾水洞长度较短且其出口设有检修闸门时，则尾水管末端可不设尾水闸门。

(2) 尾水管闸门室操作廊道底高程宜高于下游校核洪水位，当尾水管闸门操作室设在尾水调压井内时，操作平台高程应高于尾水调压井的最高计算涌浪水位或下游最高水位。有的电站将尾水管闸门操作室设在主厂房内，则需要采用密闭式闸阀，此时闸门室操作廊道底高程可不受上述规定的限制。

(3) 尾水闸门室（井）主要有如下几种布置型式。

1) 单独的尾水闸门室（井）与主厂房和主变压器洞室平行布置，如小浪底地下厂房尾水闸门室与主变压器洞室间距 24.8m，闸门室上部宽 10.6m，下部宽仅 6.0m，布置简单、紧凑。

2) 尾水闸门设在调压室内，如棉花滩地下厂房设有两个阻抗式尾水调压室，两室之间下部岩壁厚 8.6m，上部合二为一，闸门槽作为阻抗孔的一部分，另设附加阻抗孔口，阻抗孔口总面积为 17.6m^2，其中闸门槽面积 10.4m^2，附加阻抗孔面积 7.2m^2。

3) 尾水闸门设在主变压器洞室内，如东风地下厂房将尾水闸门室布置在主变压器洞室下游侧开挖的岩壁内，布置比较紧凑。

4. 尾水洞布置

尾水隧洞与尾水管的连接型式有的采用一机一洞，有的为多机一洞。尾水洞出口高程应考虑河道淤积的影响。从尾水隧洞水力条件分析，其型式主要有如下四种：

(1) 明流隧洞，水力条件简单，调节保证性能好，不需设调压室，适用于尾水洞短，下游水位变幅小的电站。如小浪底水电站，尾水隧洞采用明流洞，二机一洞，城门洞形 12m×19m（宽×高），取消了高大的尾水调压室。

(2) 有压隧洞不设调压室，在调保性能满足规范要求或采取一定的工程措施的前提下，尽可能采取有压隧洞不设调压室方案，这种布置型式，洞室结构简单，工程量较少。如广东流溪河、南水、长湖等水电站。

(3) 有压隧洞设调压室，适用下游水位变幅大的电站，这种布置型式调保性能好，运行可靠，但调压井洞室开挖量大，对主厂房洞室或主变洞室围岩稳定不利。

(4) 变顶高尾水洞，如越南和平电站，中国三峡右岸地下厂房、彭水地下厂房采用这种布置型式。变顶高尾水洞取代高大的尾水调压井，简化地下洞室群的布置，适用于尾水洞较短、下游水位变幅不太大的电站。

5.8.2.8 附属洞室的布置

1. 交通运输洞

交通运输洞的线路选择，应根据地形、地质条件、地下厂房的位置及对外交通条件综合考虑。

(1) 交通洞一般采用水平运输方式，当受地形条件限制，布置水平交通洞有困难时，可采用竖井运输方式。通常，水平交通运输洞垂直厂房纵轴线从主厂房下游侧进入安装间；也可从厂房端部平行于厂房纵轴线进入安装间。

(2) 交通运输洞一般为城门洞形，其宽度和高度应满足设备运输要求，如运输洞兼做其他用途时，其断面尺寸还应满足其他使用要求。

(3) 交通洞的纵坡和转弯半径，应根据公路或铁路相关的规范要求确定。交通洞在进入安装间前一定范围内应有一平直段。

(4) 交通洞进口底部高程一般应高于下游厂房校核洪水位，若低于厂房校核洪水位，应设置可靠的防洪、防淹措施和人员安全进出口。为防止地表水流入洞内，进口段一定长度内宜做成反坡，并注意做好洞内排水。

(5) 当交通运输洞较长、断面裕度较小时，在隧洞两侧的边墙上，每隔一段距离宜设置避人洞，以保证洞内行人安全。

2. 阀门洞室

引水压力管道末端阀门可布置在主厂房洞室内，也可布置在单独设立的阀门洞室内。前者阀门可利用厂房桥吊起吊，运行、检修方便，但将增加主洞室的宽度；后者优点是避免阀体或压力管道事故对主厂房的直接威胁，但需增加阀门洞室的起吊设备。

阀体爆破的概率极低，国内已建电站的运行经验表明，还没有发生过引水管道阀体爆破事故。因此近代大多数地下厂房都将阀门放置于主厂房洞室内。

3. 通风洞（井）

(1) 根据通风设计要求，除必须专门设置通风洞（井）外，宜充分利用交通运输洞（井）、出线洞（井）、无压尾水洞、防潮隔墙以及主厂房天棚吊顶上方空间等洞室兼做进风道或排风道。

(2) 通风系统设计应与消防设计相协调，妥善解决通风、防潮、防火问题。

(3) 通风系统的通风机宜远离主、副厂房布置（如布置在洞口或单独的洞室内），若布置在主、副厂房内或其邻近地方时，应设有防止噪声的有效措施。

(4) 通风洞（井）进口应避开泄洪雾化的影响。

4. 出线洞（井）

出线洞包括低压母线洞和高压电缆洞，视厂内布置和出线方式可以是平洞、斜洞，也可布置成竖井。出线洞除满足电气设备的布置要求外，通常还可兼做通风或人员交通使用，出线洞应做好对地下水的防潮与排水措施。

5. 排水廊道

地下厂房洞室距水库较近时或地下水丰富地区，为加强防渗排水，通常在洞室群外围设置防渗帷幕和排水廊道，廊道内设置排水幕和排水孔。排水廊道的断面尺寸一般为 2.5m×3.0m。

5.8.3 地下厂房围岩稳定分析

5.8.3.1 基础资料

地下厂房洞室围岩稳定分析所需的基础资料，应根据地质勘察、试验成果、监测成果、工程类比等，按不同设计阶段的任务、目的和要求综合分析确定，以满足稳定分析和计算的需要，见表 5.8-4。

表 5.8-4　地下厂房围岩稳定分析主要基础资料

序号	项目	内容
1	厂区地形	厂区 1∶5000～1∶1000 地形图
2	地质	(1) 厂区地质构造、岩层界线、围岩分类等。 (2) 断层和节理裂隙分布、产状，断层带宽度和充填物性状、物理力学参数，节理裂隙的分布密度和连通率。 (3) 厂区地质平面图、剖面图、主要洞室地质纵剖面图
3	岩体力学参数	弹性模量 E_1、变形模量 E_2、泊松比 μ、黏聚力 c、摩擦角 φ、抗压强度 σ_a、抗拉强度 σ_L、容重 γ_R、软化系数、黏滞系数、围岩弹性抗力系数 K、坚固系数 f 等
4	地应力	(1) 地应力测点的布置、坐标位置、埋深和高程。 (2) 三个主应力的大小、主应力矢量的方位、倾角
5	地下水	(1) 实测地下水位线分布、地下水补给关系。 (2) 各岩层相应的水文地质参数、各层岩体的渗透系数
6	地震	地震等级、地震烈度、地震加速度
7	厂区枢纽布置	(1) 地下厂房洞室的轴线方位，及其他洞室的布置。 (2) 从进水口到出水口沿线各建筑物的相对关系，及各建筑物与地面的关系
8	地下厂房布置	(1) 各主要洞室的布置图、轮廓尺寸及洞室间距。 (2) 各辅助洞室的布置和尺寸。 (3) 渗流计算时，需提供防渗帷幕、排水廊道、排水孔幕等布置和主要洞室的排水设施以及运行期水库、调压室、尾水河段相应特征水位

续表

序　号	项　　目	内　　容
9	施工开挖方案	（1）地下洞室房开挖施工计划和时间进程表。 （2）主要洞室的开挖方式、分层高度以及与母线洞、尾水管、其他附属洞室立体交叉作业的开挖程序。 （3）特殊部位的施工开挖要求、主要施工支洞的布置和尺寸
10	支护方式及参数	（1）支护方式：柔性支护、复合支护、刚性支护。 （2）支护参数：喷层材料、厚度、挂网钢筋的直径、间距；锚杆直径、长度、布置间距；锚索吨位、长度、布置间距等。 （3）特殊地质条件下支护方式及布置设计

注　1. 厂区地形图范围应满足数值分析建立计算模型的需要。

2. 岩体力学参数的取值应根据现场岩体试验和室内岩块试验的结果，结合工程地质情况，提出围岩稳定分析的综合建议参数。在缺乏试验条件的情况下，根据工程类比，确定参数取值的经验范围。

5.8.3.2　影响围岩稳定的主要因素

影响围岩稳定的主要因素有两大类：自然因素和工程因素。

自然因素包括工程地质条件、岩体材料的性质、地应力、地下水和地震等，这些自然因素决定了工程所处的地质环境和围岩质量。

工程因素包括地下厂房布置和设计、合理的开挖与支护方案、良好的施工管理与施工质量控制等。

5.8.3.3　围岩稳定分析方法

地下厂房洞室围岩稳定分析的目的，是为充分发挥围岩自身的承载能力，对围岩稳定性作出评价，提出合理的支护时间和支护方式。

影响围岩稳定性的主要因素有：①岩体结构；②岩体应力；③地下水；④工程因素（洞室大小、间距、形状以及施工方法、开挖次序等）。

目前地下厂房围岩稳定分析方法，一般包括定性分析和定量分析两类：定性分析法主要包括地质分析法和工程类比法；定量分析法主要包括数值分析法、模型试验法、现场监测法和反馈分析法。

1. 地质分析法

如国外的Q系统法和我国的和差计分法等，通过地质勘测手段了解和分析岩体的特性、地质构造、岩体结构与工程关系、岩体地应力和地下水影响等主要因素对围岩稳定的影响。但这些方法都是以对各种地质与工程要素进行综合评分后来判断洞室围岩稳定性，其统计数据多以单洞为主，因此还不太适用于有洞室群特点的水电站地下厂房。

2. 工程类比法

目前在地下工程的设计中，工程类比法仍作为围岩的稳定和支护设计的主要设计方法。

（1）工程类比应满足下列基本条件：

1）拟建工程规模、工程等级与类比工程基本相同。

2）拟建与类比工程的岩体特性、围岩类别、岩体参数和地下水的影响程度等地质条件具有相似性或可比性。

3）岩体的初始地应力场的量级基本相当。

（2）工程类比法的一般步骤：

1）根据拟建工程的地形、工程地质、水文地质情况，确定围岩的类别和初步判断工程的地质环境和属性。

2）根据拟建地下厂房的布置特点和洞室规模，拟定洞室的轴线和地下厂房主要洞室的布置格局。

3）与国内外同类工程相比较，初步拟定主要洞室围岩的支护型式及支护参数。

4）对于洞室规模较小、地质条件优良的，可直接根据类比和经验判断确定支护参数。

5）根据洞室围岩施工期的变形和应力监测，进行反馈分析岩体的稳定性，进一步调整和优化支护参数。

3. 块体分析法

对由软弱结构面切割成的不稳定块体可采用块体极限平衡法进行稳定分析。不平衡块体分析一般有以下两种情况。

（1）当采用“滑移型”块体计算时，抗滑稳定安全系数为

$$K_c \geqslant \frac{fN + cA + P_{AS}}{P_S} \tag{5.8-1}$$

式中　K_c——稳定安全系数，$K_c \geqslant 1.5 \sim 1.8$；

N——滑移面上的法向作用力；

P_S——平行于滑移面方向的滑动力；

P_{AS}——平行于滑移面的抗滑力；

f、c——滑移面材料的摩擦系数和黏聚力。

（2）当采用“悬吊型”块体计算时，按全部不稳

定块体重量计算支护抗力为

$$K_c \geqslant G/P_A \tag{5.8-2}$$

式中 K_c——安全系数，$K_c \geqslant 2.0$；

P_A——支护抗力；

G——岩块重量。

4. 数值分析法

数值分析法主要采用有限元法、有限差分法，对节理岩体可采用离散元法、不连续变形分析（DDA）法。有限元法包括弹塑性有限元、黏弹性有限元和弹塑性损伤有限元等，在地下厂房设计中应用比较广泛。

（1）数值分析法需注意解决以下四个方面的问题。

1）围岩特性的模拟。按照应力—应变关系，选择不同的本构方程，如线弹性、非线性弹塑性、黏弹塑性方法等。

2）初始地应力场确定。根据实测地应力资料进行回归分析，推求初始地应力场。

3）岩石物理力学参数的选择。输入的原始参数对计算结果影响很大，一般采用室内和现场试验资料分析确定。当缺少试验资料时，采用工程类比综合分析确定计算参数。

4）洞室分期开挖对围岩稳定的影响。对软岩和地应力高的围岩，不同的开挖步序对围岩的应力和变形有一定的影响。

（2）数值分析法计算模型应满足下列要求。

1）计算模型应符合工程实际，能比较准确地反映区域内的地质因素和工程因素，及地下洞室的体形、施工开挖顺序、支护措施、支护时间等实际工作状态。

2）计算模型应简练、清晰，满足计算精度的要求。

3）计算模型的模拟范围，应满足开挖引起的二次应力场在模型边界处的影响小于初始应力场的3%。

（3）根据不同围岩特性选用合适的力学模型：

1）中硬岩和软岩宜采用弹塑性力学模型。

2）硬岩宜采用弹脆性或弹塑性力学模型。

3）高地应力下的软岩或有流变性质的岩体，宜采用黏弹塑性力学模型。

5. 监控量测法

监控量测法已在地下工程设计施工广泛采用，特别对高地应力状态的围岩和稳定性差的软弱围岩或跨度较大的地下洞室，采用监控量测法对围岩的应力、变形和支护结构的受力状况进行现场量测，以评价围岩的稳定性和支护结构的安全性，是一种较为直观和实用的设计方法。通过监控量测数据指导洞室后续工作，对支护优化设计具有重要意义。

6. 模型试验法

国内常用的模型试验类型主要有原位模拟洞试验和地质力学模型试验。

（1）原位模拟洞试验是一种直观的方法，其优点是量测数据多、范围大、代表性强，能反映实际洞室的地质构造、地应力情况，并较直观地对地下洞室围岩稳定性和支护效果进行评价。这种模型试验一般只用于大型的地下工程，二滩、十三陵抽水蓄能、天荒坪抽水蓄能和鲁布革等大型电站中曾采用，均取得较好的效果。原位模拟洞试验常需较大比尺。

（2）地质力学模型试验目的是研究洞室围岩的变形、应力、破坏形态和支护效应，评价支护和开挖对洞室围岩稳定的影响等。

在模型材料的选择方面，应根据岩性相似性确定试验材料。如白山水电站地下厂房模型试验，选用石膏加砂作为试验材料。试验内容按侧压力系数的不同分为三组，其成果与有限元法计算和实测结果十分接近。

5.8.3.4 围岩稳定性评判

由于岩体与工程因素的复杂性，目前仍没有一个对围岩稳定性评价的统一标准。

1. 围岩稳定性的评判方式

（1）围岩整体稳定性应根据其失稳特性采用多种方法，从定性和定量两方面进行综合性评判。定性分析一般通过工程类比与工程经验判断。定量分析包括数值分析、模型试验与监控量测等分析方法。

（2）局部块体稳定性宜采用定量方式进行评判。

2. 围岩变形控制

（1）当洞室实施后期支护以后，围岩变形趋近于收敛，支护结构的外力和内力的变化速率也趋近于零，则可判断洞室围岩趋于稳定。

（2）表5.8-5是根据国内各类地下工程现场监控量测数据资料，通过统计分析后提出的，具有一定的实用性。但考虑到地质状况的多变性、工程结构的复杂性和资料的代表性，可根据实测数据综合分析进行适量的修正。

（3）当实测的位移速度无明显下降，并且测得的位移相对值已接近表5.8-5中允许的数值，同时支护混凝土表面已出现明显裂缝，或者实测位移速度出现急剧增长时，须立即采取补强措施，并改变施工程序或设计参数，必要时应立即停止开挖，进行施工处理。

（4）当实测围岩总变形量超过表5.8-5中允许

值的20%～25%时，应进行支护参数修正，当总变形量接近允许值（≥70%）时，应考虑进行二次支护或加强支护措施。

表 5.8-5　洞室周边允许位移相对值　%

围岩类别	埋深（m）		
	<50	50～<300	300～500
Ⅲ	0.10～0.30	0.20～0.50	0.40～1.20
Ⅳ	0.15～0.50	0.40～1.20	0.80～2.00
Ⅴ	0.20～0.80	0.60～1.60	1.00～3.00

注 1. 表中洞周允许位移相对值，系指围岩表面两点在连线方向上的相对位移（计算或实测）累计值与两测点间初始距离之比。
2. 表中推荐的控制标准值，仅适用于高跨比0.80～1.20、埋深不超过500m，以及在Ⅲ、Ⅳ和Ⅴ级围岩中的洞室跨度分别不大于20m、15m、10m的地下工程。对大于此范围的地下工程，尤其是大型地下厂房，应根据实测数据（向洞内收敛位移、收敛比、收敛加速度等）指标进行综合分析或采用工程类比法进行修正，确定允许值。
3. 脆性围岩取表中较小值，塑性围岩取表中较大值。

3. 地质力学模型试验的超载安全系数

对于大型地下厂房往往需要做地质力学模型试验，以验证洞室的稳定性。国内一些大型工程的试验超载安全系数控制标准：

（1）围岩在支护前，稳定超载安全系数大于1.60。

（2）围岩在支护后，稳定超载安全系数大于2.00。

二滩水电站三大洞室在无支护情况下，围岩超载系数为1.82，在有支护情况下，围岩超载系数为2.12，施加支护后使围岩提高了16.70%的承载能力；溪洛渡水电站三大洞室在无支护时，洞周围岩超载安全系数为1.80～2.00，有支护（未计预应力锚索）时，主厂房洞周围岩超载安全系数为2.40～2.50。

5.8.4 地下厂房开挖支护设计

5.8.4.1 一般原则

（1）地下厂房支护设计应充分发挥围岩自身的承载能力，选择合适的支护方式对围岩进行适时支护。

（2）地下厂房支护设计应遵循以工程类比为主、数值分析和模型试验为辅的原则。

（3）地下厂房支护设计应考虑施工开挖的影响，合理选择施工方法和开挖顺序。

（4）地下厂房在开挖和支护过程中应进行围岩变位、支护应力的监控量测，并根据施工期围岩监测成果调整支护设计。

（5）地下厂房支护型式应优先选用柔性支护，施工期临时支护宜与永久支护相结合。

（6）对特殊地质条件洞段或部位（包括洞室的进出口段、交叉段、洞室之间的岩体），可采用超前支护、刚性支护、固结灌浆等加强支护措施。

5.8.4.2 支护型式及适用条件

1. 地下厂房洞室围岩支护型式

（1）柔性支护，包括喷混凝土、钢筋网喷混凝土、锚杆、钢拱肋、预应力锚索等一种或多种组合的支护，适用各类围岩。

（2）刚性支护，包括钢筋混凝土衬砌、钢筋混凝土锚墩、钢筋混凝土置换等。适用于软弱围岩，或者是用于有特殊使用要求的（如水力学、电器设备运行、美观要求等）地下洞室支护。

（3）复合支护，又称组合式支护，系指一次支护采用柔性结构，二次支护采用混凝土或钢筋混凝土结构。适用于单独使用柔性支护难以满足围岩稳定要求的情况。

2. 地下厂房洞室围岩支护作用分类

（1）系统支护，是指在初步了解的地质资料、洞室布置的基础上，按照围岩分类、洞室规模与型式和工程的重要性等，针对地下厂房洞室群各个洞室的特点，对围岩进行系统性、总体性的支护。

系统支护是对洞室岩体按一定布置格式的支护设计，以提高厂房洞室岩体结构的整体承载能力，保证洞室群整体稳定的一种支护设计。地下厂房一般应进行系统支护设计。

（2）局部支护，是针对地下厂房中洞室交叉部位、局部的不良地质段或不稳定块体进行的加强支护，特别是在施工阶段根据揭示的地质情况，对洞室局部稳定可能产生不利影响时，应采取及时的支护加强措施。它是对系统支护的补充和完善。

（3）超前支护，是在施工开挖前施加的支护措施，包括锚杆、锚索、固结灌浆、管棚等支护方法。适用于岩体极差、节理裂隙极为发育、自稳能力低的特殊部位的开挖施工，如洞口或洞室交叉口段。

（4）随机支护，是针对施工开挖过程中，对洞室局部出现的不稳定块体进行的一种及时加强的支护。支护措施和参数主要根据洞室后开挖揭露的地质情况、监测反馈资料和施工条件确定。

5.8.4.3 柔性（喷锚）支护设计

根据我国地下厂房的设计经验，洞室顶拱稳定所需要的岩石承载拱的厚度为（0.2～0.25）B（B为洞室的开挖跨度）。洞室的高边墙，由于厂房横向洞室的切割对岩体的削弱或高地应力的因素影响，边墙岩石的松弛深度可达到（0.2～0.3）H（H 为洞室边墙的开挖高度）。为此需采用喷混凝土及时封闭岩体表面，阻止岩体的松动发展，同时及时施加系统锚杆以形成承载拱（圈）结构。而对于高边墙，由于松弛范围较大，深度较深，往往除了使用系统锚杆加固外，对于较差的岩体还需要施加一定吨位的长锚索加固岩体。

1. 喷射混凝土支护设计

喷射混凝土包括喷射混凝土、钢纤维或钢筋网喷射混凝土、钢筋格栅或钢拱架喷射混凝土，其适应范围如下：

（1）Ⅰ类围岩中主体洞室或Ⅱ、Ⅲ类围岩中的附属洞室一般采用喷射混凝土。

（2）Ⅱ、Ⅲ类围岩中主体洞室，或开挖产生较大塑性变形的围岩以及高地应力区易产生岩爆的围岩，适合采用钢纤维或钢筋网喷射混凝土。

（3）Ⅳ、Ⅴ类围岩中围岩自稳时间很短，在喷射混凝土或锚杆的支护作用发挥前就要求工作面稳定。或为了抑制围岩大的变形，需要增强支护抗力时，可以采用与钢筋格栅拱架或钢拱架组合的钢纤维或钢筋网喷射混凝土。

喷射混凝土的设计强度等级不应低于 C20，1d 龄期的抗压强度不应低于 5MPa。喷射混凝土的厚度在 50～300mm 之间，一般不宜大于 200mm。

钢纤维喷射混凝土的设计强度等级不应低于 C25，其抗拉强度不应低于 2MPa，抗弯强度不应低于 6MPa。钢纤维喷射混凝土的厚度同喷射混凝土，在其表面喷一层不小于 10mm 水泥砂浆，以保护钢纤维免于锈蚀，其强度等级不低于钢纤维喷射混凝土。

钢筋网喷射混凝土支护的厚度在 100～200mm 之间，钢筋网一般采用Ⅰ级钢筋，钢筋直径 6～12mm，钢筋间距 150～200mm。

钢拱架喷射混凝土中的钢架一般选用数根钢筋（钢筋直径不宜小于 28mm）焊接成格栅、肋拱。钢拱架与锚杆、钢筋网焊接，钢拱架与壁面的所有间隙用喷射混凝土充填密实。覆盖钢架的喷射混凝土保护层厚度不小于 40mm。钢拱架间距一般采用为 0.60～1.20m，每榀钢拱架之间焊接纵向钢筋拉杆，钢拱架的立柱埋入地坪下的深度不小于 250mm。

2. 锚杆支护设计

（1）锚杆类型和材料。永久锚杆常用的有全长黏结型锚杆（包括水泥砂浆锚杆、树脂锚杆和水泥卷锚杆）、预应力锚杆、自钻式（中空注浆）锚杆和锚杆束等。

施工期使用的临时锚杆可采用全长黏结型锚杆和端头锚固型锚杆（包括机械式端头、树脂式端头、快硬水泥卷锚固锚杆等）。

按其对围岩的支护作用，可分为系统锚杆和局部锚杆。

全长黏结型锚杆材料宜采用钢筋直径为 16～32mm 的 HRB335 级或 HRB400 级钢筋，锚杆直径应与长度配套使用，其经验参数见表 5.8-6。锚杆注浆的水泥砂浆强度等级不低于 M20。

表 5.8-6　常用锚杆直径及长度

锚杆直径 D（mm）	锚杆长度 L（m）
16～20	<4
20～25	4～<6
25～28	6～8
28～32	>8

（2）系统锚杆布置。

1）锚杆的角度一般宜与洞室开挖壁面垂直，当岩体结构面对洞室稳定不利时，应将锚杆与结构面呈较大角度设置。

2）锚杆的长度原则上应穿过围岩的松动区深度，松动区深度可根据经验、数值分析或声波测试确定。无资料条件下，拱顶锚杆长度可在洞跨 0.25～0.30 倍的范围内选取，边墙锚杆长度可在边墙高度的 0.15～0.25 倍的范围内选取。

3）锚杆间距不宜大于锚杆长度的 1/2。一般情况下锚杆间距：Ⅱ类围岩 1.50～2.00m；Ⅲ类围岩 1.20～1.50m；对于Ⅳ、Ⅴ类围岩宜为 0.80～1.20m。高地应力区和大跨度洞室，锚杆布置间距宜适当加密。

4）在岩面上，锚杆宜呈菱形或矩形布置，毛洞跨度 16m 以上的洞室围岩，宜采用长短锚杆相间布置，其长短锚杆长度差取 1.50～2.50m。

（3）局部锚杆（锚杆束）布置。局部锚杆（锚杆束）的锚固体应位于稳定岩体内，其锚固长度大于 30 倍锚杆直径，且不小于 1m。锚杆的方向，尽量按能提供最大支护力的最优锚固角度布置。洞室交叉口应设置斜向的锁口锚杆，斜角一般为 5°～10°。块体稳定的支护力可按滑动理论或悬吊理论计算确定。

3. 柔性支护设计参数

近 30 年来的地下工程实践表明，对大跨度、高边墙的地下厂房洞室群，采用普通喷锚支护和预应力锚杆、锚索相结合的支护方式是行之有效的。锚杆和钢筋网喷混凝土可解决浅层围岩的局部稳定问题，预应力锚索则可解决较深部位和较大范围的围岩稳定问题。

表 5.8-7　　地下厂房主体洞室支护类型和设计参数

围岩类别		厂房跨度				
		10<B≤15	15<B≤20	20<B≤25	25<B≤30	30<B≤35
Ⅰ类围岩	顶拱	φ=20～22， L=3.0～4.0@2.0～8.0； 喷混凝土 δ=5～10	φ=20～25， L=3.0～6.0@2.0～2.5； 喷混凝土 δ=8～10	φ=22～25， L=4.0～6.0@ 1.5～2.5； 喷混凝土 δ=10～15，局部挂网	φ=25～28， L=5.0～8.0@1.5～2.0； 喷混凝土 δ=12～15，局部挂网	φ=28～32， L=6.0～9.0@1.5～2.0； 喷混凝土 δ=12～20，局部挂网
	边墙	可不支护， 喷混凝土 δ=5～10	φ=20～25， L=3.0～6.0@2.0～2.5； 喷混凝土 δ=8～10	φ=22～25， L=4.0～6.0@1.5～2.5； 喷混凝土 δ=10～12，局部挂网	φ=25～28； L=5.0～8.0@1.5～2.0； 喷混凝土 δ=10～15，局部挂网	φ=28～32， L=6.0～8.0@1.5～2.0； 喷混凝土 δ=12～15，局部挂网
Ⅱ类围岩	顶拱	φ=20～22， L=3.0～5.0@1.5～2.0，局部加密； 喷混凝土 δ=10～15	φ=22～25， L=4.0～6.0@ 1.5～2.0，局部加长加密； 喷混凝土 δ=12～15	φ=25～28， L=5.0～8.0@ 1.5，局部长锚杆或锚杆束； 喷混凝土或挂网喷混凝土 δ=15～20	φ=28～32， L=6.0～9.0@ 1.5，局部长锚杆或锚杆束； 钢纤维或挂网喷混凝土 δ≥20	φ=28～32， L=8.0～9.0@1.2～1.5，局部长锚杆或锚杆束； 钢纤维或挂网喷混凝土 δ=20～25
	边墙	φ=20～22， L=3.0～5.0@2.0～2.5，局部加密加长； 喷混凝土 δ=10～12	φ=22～25， L=4.0～6.0@1.5～2.0，局部加长加密； 喷混凝土 δ=12～15； 必要时设置锚索	φ=25～28， L=5.0～8.0@1.5，局部长锚杆或锚杆束； 喷混凝土 δ=15～20； 锚索 L=15.0～20.0@4.0～6.0，P=1500～2000	φ=28～32， L=6.0～9.0@1.5，局部长锚杆或锚杆束； 钢纤维或挂网喷混凝土 δ≥20； 锚索 L=15.0～20.0@4.0～4.5，P=1500～2000	φ=28～32， L=8.0～9.0@ 1.2～1.5，局部长锚杆或锚杆束； 钢纤维或挂网喷混凝土 =20～25； 锚索 L=15.0～20.0@3.0～4.5，P=1500～2000
Ⅲ类围岩	顶拱	φ=20～22， L=4.0～6.0@1.5～2.0； 喷混凝土 δ=12～15，局部挂网	φ=22～28， L=4.0～6.0@1.2～1.5，局部长锚杆或预应力锚杆； 钢纤维或挂网喷混凝土 δ=12～15	φ=25～32， L=6.0～8.0@1.2～1.5，局部预应力锚杆； 钢纤维或挂网喷混凝土 δ=15～20	φ=28～32， L=6.0～9.0 普通砂浆锚杆或与预应力锚杆交替布置@1.2～1.5； 钢纤维或挂网喷混凝土 δ≥20	φ=30～32， L=8.0～9.0 普通砂浆锚杆与预应力锚杆交替布置@1.2～1.5，局部软锚索； 钢纤维或挂网喷混凝土 δ=20～25，局部钢格栅拱架

续表

围岩类别		厂房跨度				
		10＜B≤15	15＜B≤20	20＜B≤25	25＜B≤30	30＜B≤35
Ⅲ类围岩	边墙	ϕ=20～22， L=4.0～6.0@1.5～2.0，局部长锚杆； L=6.0～9.0 喷混凝土； δ=10～15，局部挂网	ϕ=22～28， L=4.0～6.0@1.5，局部长锚杆 L=6.0～9.0； 喷混凝土或挂网喷混凝土 δ=12～15； 局部预应力锚索	ϕ=25～32， L=6.0～8.0@1.2～1.5，局部长锚杆； 喷混凝土或挂网喷混凝土 δ=15～18； 视情况设锚索 L=15.0～20.0@4.0～4.5，P=1500～2000kN	ϕ=28～32， L=6.0～9.0@1.2～1.5，局部锚杆束； 钢纤维或挂网喷混凝土 δ=15～20； 锚索 L=15.0～20.0@3.0～4.5，P=1500～2000kN	ϕ=30～32， L=8.0～9.0@1.2～1.5，局部锚杆束； 钢纤维或挂网喷混凝土 δ≥20； 锚索 L=15.0～20.0@3.0～4.5，P=2000～2500kN
Ⅳ类围岩	顶拱	ϕ=22～25， L=5.0～7.0@1.0～1.2，局部长锚杆或预应力锚杆； 钢纤维或挂网喷混凝土 δ=18～20，系统钢拱架或格栅拱架@1.0～1.2	ϕ=25～28， L=5.0～8.0@1.0～1.2，局部长锚杆或预应力锚杆； 钢纤维或挂网喷混凝土 δ=20～25，系统钢拱架或格栅拱架@0.8～1.0	ϕ=25～32， L=6.0～8.0 普通砂浆锚杆与预应力锚杆交替布置@1.0～1.2，局部预应力长锚杆； 钢纤维或挂网喷混凝土 δ≥20 系统钢拱架或格栅拱架@0.8～1.2； 必要时设二次钢筋混凝土衬砌		
	边墙	ϕ=22～25， L=5.0～7.0@1.0～1.2，局部长锚杆或预应力锚杆； 钢纤维或挂网喷混凝土 δ=18～20，系统钢拱架或格栅拱架 1.0～1.2	ϕ=25～28， L=5.0～8.0@1.0～1.2，局部长锚杆或预应力锚杆； 钢纤维或挂网喷混凝土 δ≥20；局部预应力锚索	ϕ=25～32， L=6.0～8.0 普通锚杆与预应力锚杆交替布置@1.0～1.2，局部长锚杆或锚杆束； 钢纤维或挂网喷混凝土 δ=18～20，系统钢拱架或格栅拱架@0.8～1.2；锚索 L=15.0～20.0@4.0～4.5，P=1500～2000； 必要时设二次钢筋混凝土衬砌		

注 1. B 为洞室宽度（m）；L 为锚杆、锚索长度（m）；@为锚杆、锚索或钢拱架或格栅拱架间距（m）；ϕ 为锚杆直径（mm）；δ 为喷混凝土或钢纤维厚度（cm）；P 为锚杆、锚索吨位（kN）。

2. Ⅲ、Ⅳ类围岩中应避免布置跨度大于25m、20m以上的地下厂房洞室，当局部洞段出现上述岩体时，应专门论证。

表 5.8-8 我国部分地下厂房柔性支护工程实例

序号	电站名称	厂房深度(m)	厂房开挖尺寸(长×宽×高, m×m×m)	围岩地质条件	支护类型	支护参数		投产年份
						顶拱	边墙	
1	二滩	300～350	280.3×30.7×65.7	正长岩、玄武岩，岩石新鲜完整。高地应力区，最大主应力 20～40MPa	锚网喷加预应力锚索	ϕ30 @1.5×1.5，L=5～8；挂网喷混凝土，δ=15	ϕ25 @1.5×1.5，L=5～7；δ=8～10；锚索 P=1750，@3.0×3.0，L=15～20	1998
2	小浪底	70～100	251.5×26.2×61.4	砂岩、T_1^4 岩组，厂房顶部三层泥化夹层，厚度 0.5～2.0cm。水平/竖向地应力为 0.8，最大水平应力 5MPa	锚网喷加预应力锚索	张拉锚杆 ϕ32@1.5×1.5，L=6～8；挂网喷混凝土，δ=20；锚索 P=1500，@4.5×6.0，L=25	张拉锚杆 ϕ32@1.5×1.5，L=10；局部 2 排 P=500 锚索，L=12	1999
3	广蓄一期	330～400	146.5×22×44.5	斑状黑云母花岗岩、Ⅱ类为主，E_0=1.5×10^{4}MPa，σ_1=12.2MPa	锚网喷	ϕ25@2.0×1.5，L=3.7～7.0；挂网喷混凝土，δ=15	ϕ25@2×1.5，L=4.3～7；挂网喷混凝土，δ=15	1993
4	天荒坪	90～210	146.5×22×44.7	凝灰岩，坚硬完整，v=5000m/s，中等地应力，最大主应力 13～18MPa	锚网喷	ϕ25@1.5×1.5，L=4；δ=15	ϕ25@2×2，L=5～7；δ=15	1997
5	白山一期	55～110	121.5×25×54.2	混合岩，岩石完整性好，E_0=2×10^{4}MPa，中等地应力，σ_1=13.5～15MPa	锚网喷加预应力锚索	ϕ25@1.5×1.5，L=3.5；δ=15	ϕ25@1.5×1.5，L=3.5；δ=10；主厂房与主变洞之间用对穿锚索 P=600，L=16.5	1983
6	东风	150～110	105×20×48	灰岩，E_0=（0.8～2.5）×10^{4}MPa，中等地应力，σ_1=13.5～15MPa	锚网喷	ϕ25@1.5×1.5，L=5；@1.2×1.2，L=7；δ=15	ϕ25 @1.5×1.5，L=4～5；δ=10～15	1992
7	鲁布革	150～200	125×18×38.4	角砾状灰质白云岩，E_0=3×10^{4}MPa，中等地应力，σ_1=13～15MPa	锚网喷	ϕ25@1.5×1.5，L=4～5；δ=15	同顶拱	1988
8	大广坝	14	87.2×15.2×37.4	斑状花岗岩	锚网喷	ϕ20、22 @1.5×1.5，L=3.8；δ=15	ϕ20、22 @1.5×1.5，L=5.0；δ=10～15	1994
9	大朝山	60～200	234×26.4×63	玄武岩、夹有薄层凝灰岩	锚网喷加预应力锚索	ϕ32@1.5×1.5，L=6.2～8.2；挂网喷混凝土 δ=20，锚索 P=1600@4.5×4.5，L=15～20	锚网同顶拱；锚索 P=2000@5×5.2，L=20	2001
10	瀑布沟	220～360	294.1×30.7×70.1	围岩为单一的微风化～新鲜完整Ⅱ、Ⅲ类中粗粒花岗岩，σ_1=21.1～27.3MPa	锚网喷加预应力锚索	顶拱：ϕ28/ϕ32@1.2×1.2，L=7～9；局部采用 3ϕ28（32）@2.4×2.4，L=9（12，15）的锚筋束加固，挂网喷混凝土，δ=15～20	边墙：锚索，P=2000，L=20，@4×4.6；下游边墙每两台机组中间布置两排（四根）与主变室对穿的锚索，P=2000，L=44；ϕ28@1.5×1.5，L=7，8；δ=12～15	2008

注 L 为锚杆、锚索长度（m）；@为锚杆、锚索或钢拱架或格栅拱架间距（m）；ϕ 为锚杆直径（mm）；δ 为喷混凝土或钢纤维厚度（cm）；P 为锚杆、锚索吨位（kN）。

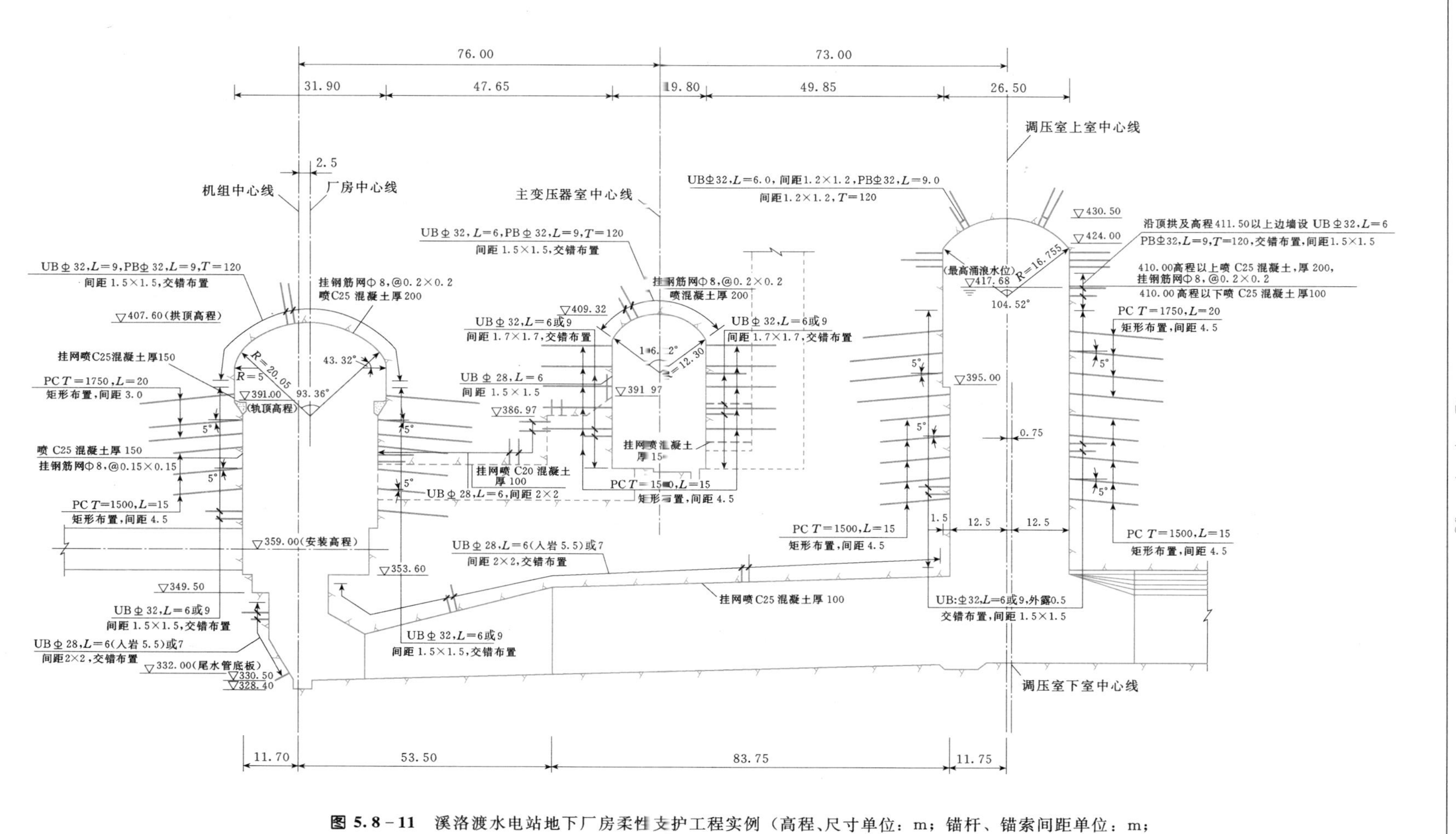

图 5.8-11 溪洛渡水电站地下厂房柔性支护工程实例（高程、尺寸单位：m；锚杆、锚索间距单位：m；喷混凝土厚度单位：mm；钢筋网间距单位：m）

UB—普通砂浆锚杆；PB—预应力锚杆；PC—预应力锚索；L—锚杆、锚索长度，m；T—锚杆、锚索吨位，kN

表5.8-7和表5.8-8是工程经验参数表和部分工程实例表，图5.8-11是溪洛渡水电站地下厂房三大洞室的典型支护图，可供设计者参考。

白山水电站地下厂房，由于断层和节理组成不利于边墙稳定的下滑四面体，因而在地下厂房顶拱、边墙部位除分别采用喷锚支护、加抗剪混凝土塞措施外，并在可能下滑的四面体部位用600kN级预应力锚索支护，即在厂房到主变压器室间厚16.5m的岩墙上加设36根对穿锚索；在断层处加设42根12m深的内锚头锚索；在三个尾水管间岩柱上加设18根9m长的对穿锚索。

小浪底地下厂房顶拱以上共有三层连续的缓倾角的泥化夹层，对厂房顶拱稳定不利，经综合分析确定，采用长25m、1500kN预应力锚索和长8m、6m张拉锚杆及挂网喷混凝土支护方案。整个顶拱共用325根后张预应力锚索。锚索采用双层保护措施，即第一层为钢绞线上的涂油层和PE包裹，第二层为锚索体外的封闭的PVC波纹管。双层保护能长期有效地在必要时重复张拉，保证锚索发挥作用，是目前较为先进的支护型式，适用于大跨度地下洞室和高边坡永久加固工程。

二滩地下厂房位于高地应力区，除采用系统锚杆和钢丝网喷混凝土外，在主副厂房、尾水调压井、主变压器洞室的上、下边墙，使用了1750kN，长15m、20m、30m的预应力锚索，间距分别为1.5m×2.5m、3.0m×2.5m、3.0m×4.5m、4.5m×4.5m不等，在主厂房岩台吊车梁下部局部加密，预应力锚索共1030根。

锦屏一级电站地下厂房安装间跨度31m，断层切割有1/4顶拱属Ⅳ类围岩，采用锚杆＋喷混凝土（网）＋钢筋肋拱＋锚索的柔性支护作为围岩加固的主要手段。水牛家电站地下厂房开挖跨度21m，主厂房洞段1/4属Ⅳ类围岩，全洞室采用喷锚支护，上、下游边墙各施加3排锚索。目前，我国还未见完全建在Ⅳ类围岩体中的地下厂房，上述的工程实例也只是部分岩体间断出现Ⅳ类围岩。因此，厂房跨度大于20m的Ⅳ类围岩的喷锚参数应作专门论证。

5.8.4.4 混凝土衬砌设计

1. 主要荷载

（1）衬砌自重，可按设计厚度计算，若超挖较大时应考虑超挖使断面增大的影响。

（2）围岩压力，应根据围岩条件、埋设深度、洞室断面形态与大小、施工方法及支护情况等因素分析确定。

1）薄层及松散围岩，可按下列公式计算，并根据实际情况进行修正：

竖直方向

$$q_v = (0.20 \sim 0.30)\gamma_R B \qquad (5.8-3)$$

水平方向

$$q_h = (0.05 \sim 0.10)\gamma_R H \qquad (5.8-4)$$

式中 q_v——竖直均布围岩压力，kN/m^2；

q_h——水平均布围岩压力，kN/m^2；

γ_R——岩体容重，kN/m^3；

B——洞室开挖宽度，m；

H——洞室开挖高度，m。

2）块状、中厚层至厚层状围岩，可由式（5.8-5）计算的竖向荷载，根据围岩类别和围岩的卸载过程予以折减。

3）不能形成稳定拱的浅埋洞室，宜按洞室顶拱上覆岩体的重量（力）来确定围岩压力。

4）当采用复合式支护时，作用于衬砌上的围岩压力宜考虑围岩卸荷过程予以适当折减。

5）具有流变或膨胀等特殊性质的围岩，围岩压力应经专门研究确定。

（3）外水压力，作用在衬砌上的外水压力应根据地下水情况、围岩透水性能及工程上采取的阻排水措施，通过工程类比或渗流计算分析确定。对地下水较丰富的地下厂房应在洞室四周及顶部设置可靠的排水系统和灌浆阻水帷幕，减小或消除外水压力。

（4）灌浆压力，应根据灌浆孔布置、施灌程序及作用范围来确定。衬砌顶部应进行回填灌浆。围岩完整性较差、裂隙较发育者，可考虑对衬砌后岩体进行固结灌浆。

2. 结构计算方法

钢筋混凝土衬砌结构的应力计算一般采用弹性力学或结构力学方法，也可采用平面有限元分析方法。当采用结构力学方法计算衬砌的应力时，应考虑围岩抗力。

3. 混凝土衬砌构造要求

（1）钢筋混凝土衬砌厚度，应根据计算和构造要求，并结合施工方法确定。配置单层钢筋的混凝土厚度不宜小于300mm，配置双层钢筋的混凝土厚度不宜小于400mm，混凝土强度等级不应低于C20。

（2）顶拱衬砌顶部应做回填灌浆，回填灌浆的范围宜在顶拱中心角90°～120°以内，灌浆压力应根据灌浆孔布置、施灌程序及作用范围来确定，一般采用0.15～0.2MPa。

（3）围岩完整性较差、裂隙较发育者，可考虑对衬砌后岩体进行固结灌浆。固结灌浆的参数可通过工程类比或现场试验确定。固结灌浆孔间距可采用2～4m，孔深应根据岩石裂隙情况确定，一般为

3～5m，灌浆压力根据地质情况与工程条件宜为0.3～1.0MPa。

5.8.4.5 预应力支护设计

预应力支护设计包括预应力锚杆和预应力锚索设计。

1. 预应力锚杆支护设计

(1) 预应力锚杆宜采用拉力型锚杆。

(2) 预应力锚杆的张拉力一般采用为100～200kN，对地应力较高的或变形较大的岩体，宜施加低于锚杆设计应力80%的预应力值，以防锚杆超应力工作。

(3) 预应力锚杆宜采用HRB400级、HRB500级钢筋，长度一般为8～12m。

(4) 预应力锚杆宜采用全长注浆型，锚固段灌浆体宜选用水泥浆或水泥砂浆等胶结材料，其抗压强度不宜低于30MPa。张拉段水泥砂浆的强度等级不应低于M20。如采用速凝型、缓凝型胶结材料除满足上述强度要求外，还应满足材料的稳定性和耐久性要求。

2. 预应力锚索支护设计

(1) 预应力锚索支护适应条件如下。

1) 当施加的喷混凝土、系统锚杆等系统支护结构难以满足围岩稳定要求。

2) 围岩松动区或塑性区深度超过10m或相邻洞室间岩柱松弛区贯通需要抑制。

3) 加固特殊的地层地质构造、断层破碎带或由此形成的不稳定岩体。

4) 主体洞室高边墙部位或缓倾角层状结构面发育的洞室顶拱等。

(2) 预应力锚索支护设计。预应力锚索的设置应根据地质条件、围岩的应力、变形、洞室规模、设置部位和施工条件等进行综合分析确定；施加的锚索应有利于改善围岩承载圈和支护结构的受力状况。

1) 锚索的型式宜采用无黏结型，其长度应穿过围岩的松动区至完整岩体中且满足锚固长度要求，锚索的长度一般在15～30m之间选择。主厂房和主变室之间、主变室和尾水调压室之间的高边墙中上部位宜采用较长的锚索或对穿锚索；可充分利用排水洞、地质探洞、施工支洞、相邻洞将锚索与主体洞室对穿，对穿锚索的设计张拉力应留有足够的裕度。

2) 锚索的间距应根据洞室规模、围岩特性和支护力要求确定。一般情况下锚索间距：Ⅱ类围岩5～7m；Ⅲ类围岩4～6m；Ⅳ、Ⅴ类围岩3～5m。当围岩条件较差、地应力较高、洞室尺寸较大时，锚索间距宜适当加密。

3) 锚索的张拉力锁定值视其部位和岩体应力状况一般控制在设计张拉力的70%～85%。对高地应力岩体、高边墙部位或对穿锚索，为避免较大的二次释放应力导致锚索应力超限破坏，张拉力锁定值可取较小值。

当单根或局部锚索的实测拉力超过设计张拉力的15%～20%时，应结合监测结果分析，确定是否在其周围进行锚杆或锚杆束加强，必要时还应补充设置锚索，以避免其失效后应力突然释放导致洞室失稳。

5.8.4.6 复合支护设计

当柔性支护与刚性支护结合使用并共同为围岩提供抗力时则形成复合支护（也称之为组合式支护）。复合支护设计包括初期支护和二次支护的设计。

1. 初期支护

初期支护一般采用柔性支护，其支护强度应满足洞室初期稳定的要求。初期支护可根据经验判断或数值计算分析确定，与二次支护相结合形成永久支护。

2. 二次支护

二次支护多采用刚性支护，根据初期支护和围岩条件选择顶拱钢筋混凝土肋拱衬砌、顶拱钢筋混凝土半衬砌（边墙不衬砌）和洞室全断面钢筋混凝土衬砌。

(1) 作用在二次支护（衬砌）上的围岩压力，考虑围岩卸荷过程可适当折减。

1) 当初期支护已使围岩处于基本稳定或已稳定时，可少计或不计作用在衬砌上的围岩压力。

2) Ⅰ～Ⅳ类岩体中的深埋洞室，围岩压力主要为变形压力时，其值可按释放荷载考虑。当采用数值方法计算时，Ⅲ～Ⅴ类岩体中初期支护和二次衬砌释放荷载分担比例可参考表5.8-9。

表5.8-9 释放荷载分担比例

围岩级别	分担比例（%）	
	围岩＋初期支护	二次衬砌
Ⅲ	70～90	30～10
Ⅳ	60～80	40～20
Ⅴ	20～40	80～60

注 围岩工程地质条件较好时，初期支护取大值，二次衬砌取小值，围岩工程地质条件较差时则相反。

3) 具有流变或膨胀等特殊性质的围岩，围岩压力应经专门研究确定。

(2) 复合支护结构和钢筋混凝土衬砌结构的应力可采用数值分析或结构力学方法计算。

5.8.5 地下厂房吊车梁

5.8.5.1 地下厂房吊车梁型式

早期地下厂房的吊车梁采用与地面厂房一样的梁

柱式结构。我国20世纪50～60年代，考虑地下厂房的特点，出现了悬吊（悬挂）式吊车梁，70年代后随着地下开挖技术和岩石力学的发展，岩台式和岩壁式吊车梁得到普遍应用。

1. 悬吊（悬挂）式吊车梁

悬挂式吊车梁与钢筋混凝土顶拱或肋拱连成一体，悬挂在拱座上。适用于吊车荷载不大的厂房。对拱座岩体采取有效加固措施后，具有一定的承载能力。我国早在20世纪50年代后期水槽子电站采用了悬吊式吊车梁，如图5.8－12（a）所示。20世纪60年代中期潭岭水电站和镜泊湖电站采用悬挂式吊车梁，如图5.8－12（b）所示。

悬挂式的吊车梁主要参数详见表5.8－10。

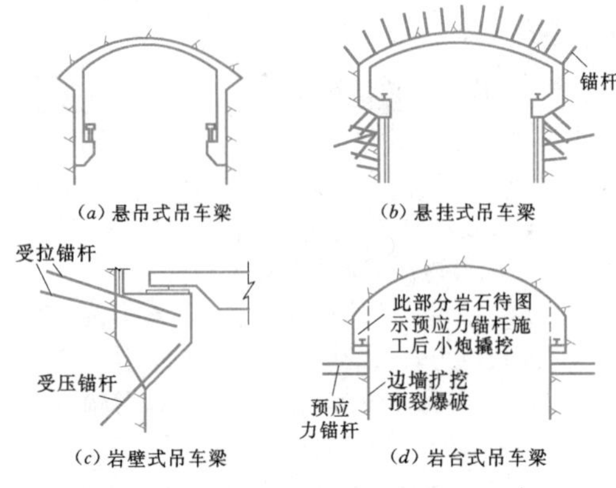

图5.8－12　吊车梁的支承型式

表5.8－10　**悬挂式吊车梁工程实例**

序号	电站名称	地质情况	吊车起重量（t）	吊车跨度（m）	最大轮压（kN）	吊车梁尺寸
1	镜泊湖	花岗岩、闪长岩，有斑岩岩脉浸入，f=3～5	1台 2×50	13	590	混凝土拱肋跨度18m衬砌厚0.6～1.0m，梁悬臂1.0m
2	潭岭	中粒斑状花岗岩，f=6～8	50	10.5	340	混凝土拱肋跨度17m衬砌厚0.5～1.0m，梁悬臂1.3m

2. 岩台式吊车梁

岩台式吊车梁是将吊车梁置于厂房边墙开挖出来的岩石台面上。岩台吊车梁要求地下厂房的地质条件较好，岩石坚硬完整，透水性较小，无影响岩台形成的不良地质构造。岩体主要节理裂隙和断层的走向与厂房纵轴线成较大夹角，通过合理的施工方法和有效的锚固措施，可以保证岩台岩体的稳定。

岩台式吊车梁的特点是较充分地利用了岩体承载强度。

（1）岩台宽度的拟定。桥吊轨道中心距岩台外缘的距离不宜小于0.70m，轨道中心内侧距岩台内缘的宽度，还应满足桥机运行和通风防潮布置要求。同时还应从岩台的稳定和经济等方面综合分析确定。

（2）岩台式吊车梁结构设计包括岩台设计和吊车梁设计。岩台设计主要是岩台岩体的稳定强度复核。根据岩台岩体最不利的滑动面（结构面或岩体），在吊车荷载作用下，按刚体极限平衡法计算出岩体侧向所需的锚固力，从而设计锚杆或锚索。吊车梁按弹性地基梁设计。

岩台下第一排锚杆（锚索）距岩台面的距离不宜小于0.60m。

根据加拿大岩台吊车梁设计经验：从岩台的稳定考虑，厂房岩壁节理裂隙的外倾角为35°～70°时，岩台的宽度越窄，需要的锚固力越大；当外倾角大于70°，岩台宽度约3m时，所需锚固力逐渐减小；从经济等方面考虑，岩台越宽，岩台的开挖量、锚杆支护量和吊车梁的混凝土量就越多。国内外已建岩台式吊车梁的主要参数见表5.8－11。

表5.8－11　**岩台式吊车梁工程实例**

序号	电站名称	地质情况	吊车起重量（t）	跨度（m）	最大轮压（kN）	岩台宽（m）	梁高（m）	备　注
1	二滩	正长岩、玄武岩，岩石新鲜完整	2台 2×320	27	900	2.60	1.33	上部一排锚杆ϕ30@1.0m，L=4.5m倾角15°；岩台下侧面三排锚杆ϕ30@1.0m，L=6.0m；三排预应力锚P=175t，L=20m与锚杆交错布置

续表

序号	电站名称	地质情况	吊车起重量（t）	跨度（m）	最大轮压（kN）	岩台宽（m）	梁高（m）	备　注
2	回龙山	安山角砾岩；两组裂隙与边墙成30°～60°；岩石新鲜完整	1台 200/5	15	615	0.90	2.30	上部二排锚杆 ϕ28@0.5m，L=2.5m，ϕ16@1.0m，L=1.5m；岩台下二排锚杆 ϕ25@0.5～1.0m；L=2.0m
3	拉格朗德Ⅱ级	花岗片麻岩、火成岩、变质岩，岩质非常好，主应力方向约与厂房轴线正交	2台 200	26.50		1.70	0.60	岩台下侧面三排短锚杆和二排长锚杆交错布置，L=3～6.1m，@2.1m

3. 岩壁式吊车梁

岩壁吊车梁是用锚杆将钢筋混凝土锚固在地下厂房岩壁上的结构，由钢筋混凝土、锚杆和围岩共同承受荷载作用。

由于岩壁式吊车梁能充分地利用围岩的承载能力，减少主厂房洞室的跨度，节省工程量，并可提前安装和使用厂内吊车，有利于加快土建施工和机组安装进度，缩短工期。所以在地下厂房设计中被广泛采用。

5.8.5.2 岩壁式吊车梁设计[15]

1. 影响岩壁式吊车梁稳定因素

（1）厂房边墙岩壁吊车梁支座的岩石质量、不利节理裂隙和不良结构面的组合，是影响吊车梁岩石基础稳定的主要因素

（2）岩壁吊车梁开挖施工技术，合理的施工开挖程序、精细的施工工艺，是保证岩壁斜面成型和满足设计要求的关键。

（3）通过布置在吊车梁上的受拉和受压锚杆，将吊车梁与边墙围岩锚固在一起共同承担外荷载，是保证吊车梁和支座岩体稳定的有效措施。

2. 岩壁式吊车梁截面尺寸设计

岩壁式吊车梁基本尺寸断面图如图5.8-13所示。

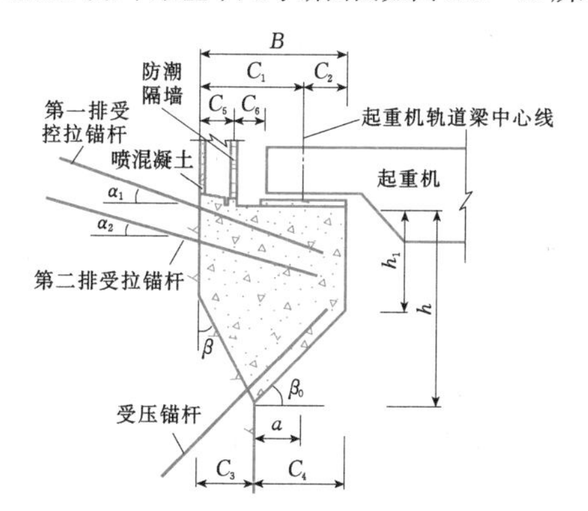

图5.8-13 岩壁式吊车梁基本尺寸断面图

（1）梁的顶面宽度 B 应满足布置和运行条件，可按下式拟定：

$$B = C_1 + C_2 \quad (5.8-5)$$

式中 C_1——轨道中心线至上部岩壁边缘的水平距离，根据 C_5（岩壁吊车梁上部岩壁喷混凝土厚度、防潮隔墙内空隙净宽和防潮隔墙厚度）、C_6（桥机端部至防潮隔墙的最小水平距离）和桥机端部到轨道中心的距离综合确定；

C_2——轨道中心线至岩壁吊车梁外边缘的水平距离，一般取300～500mm，当桥机的轮压较大时取大值，反之取小值，对于特大型吊车，尚应适当加大。

（2）岩壁角 β 的取值应综合考虑岩层、主要地质构造及节理裂隙的影响，以及岩壁吊车梁截面尺寸、锚杆的布置和受力状况等因素确定，一般为20°～40°。

（3）岩壁吊车梁外边缘高度 h_1 不应小于 $h/3$，且不宜小于500mm。

（4）岩壁吊车梁梁体底面倾角 β_0 宜为30°～45°。

（5）岩壁吊车梁的截面高度，应符合下列要求：

$$h > 3.33(C_4 - C_2) \quad (5.8-6)$$

式中 C_4——悬臂长度，mm；

h——岩壁吊车梁的截面高度，mm。

岩壁吊车梁的截面高度不仅与剪跨 $C_4 - C_2$ 有关，还与最大轮压、岩壁角、混凝土与岩壁的黏结强度、锚杆布置的最小间距及岩壁斜面的抗滑稳定等多种因素有关。工程设计可通过类比初拟截面高度，并满足式（5.8-8）的要求。

（6）岩壁吊车梁上排受拉锚杆倾角 α_1 可在15°～30°之间选取，下排受拉锚杆倾角 α_2 可比上排受拉锚杆倾角 α_1 小5°～10°。当采用预应力锚杆时，锚杆倾角应小于岩壁面的残余摩擦角。受拉锚杆宜尽量与岩层层面（层状岩体）及比较发育的结构面成较大的交角。

（7）岩壁吊车梁锚杆间距不宜小于700mm；当受拉锚杆布置一排不能满足要求时，可布置成两排，上、下两排锚杆的距离不宜小于600mm。

（8）单位长度的受压锚杆面积不宜小于受拉锚杆总面积的1/2。

3. 设计方法

（1）刚体极限平衡法。用刚体极限平衡法计算岩壁吊车梁时，是将每单位长度岩壁梁视做刚体，按抗倾覆稳定要求设计岩壁梁的拉杆；按岩壁吊车梁与岩壁的结合面的抗滑稳定要求进行复核。其倾覆弯矩为单位梁段竖向轮压、横向水平荷载、岩壁梁自重及梁上附加荷载对受压锚杆与岩壁斜面交点的力矩和。

岩壁吊车梁上的锚杆应力包括荷载应力和岩体释放应力。

（2）有限元法。对大型、地质条件复杂的地下厂房岩壁吊车梁，宜进行有限元计算。

1）有限元计算的内容包括：施工期地下厂房中下部开挖对岩壁吊车梁锚杆、梁体和围岩的作用与影响；运行期吊车荷载作用对岩壁吊车梁锚杆、梁体和围岩的作用与影响；岩壁吊车梁安全稳定性的有限元评价。

2）岩壁吊车梁有限元计算可采用地下厂房整体模型与吊车梁子模型相结合的分析方法进行。整体模型计算宜充分考虑工程地形、地质条件（岩性、构造）、地应力场和分层开挖等因素。

3）岩壁吊车梁有限元计算应合理地模拟围岩、构造（断层、裂隙）、梁体混凝土、洞室分层开挖、结合面、锚杆的受力状态，合理地选择力学模型及材料参数。

4）岩壁吊车梁稳定性的有限元评价宜从位移、应力、锚杆的安全性、结合面的抗滑稳定性等进行综合评价。

4. 钢筋配置要求

岩壁吊车梁的纵向钢筋（A_L）可按构造配置。岩壁吊车梁顶部的纵向钢筋A_{L1}不宜小于0.07%全断面积，两侧纵向钢筋之和A_{L2}不宜小于0.13%全断面积。两侧纵向钢筋间距宜为250～300mm，均匀布置。周边的纵向钢筋直径不宜小于16mm。

岩壁吊车梁的横向水平箍筋（A_{sh}）可用水平拉筋或水平U形钢筋替代，且宜布置在梁体上部$2h_0/3$的范围内。钢筋直径不宜小于12mm，竖向间距宜为200～300mm，水平间距不宜大于300mm。

在岩壁吊车梁上部$2h_0/3$范围内的水平箍筋的总截面面积不应小于顶面横向钢筋截面面积的1/2，如图5.8-14所示。

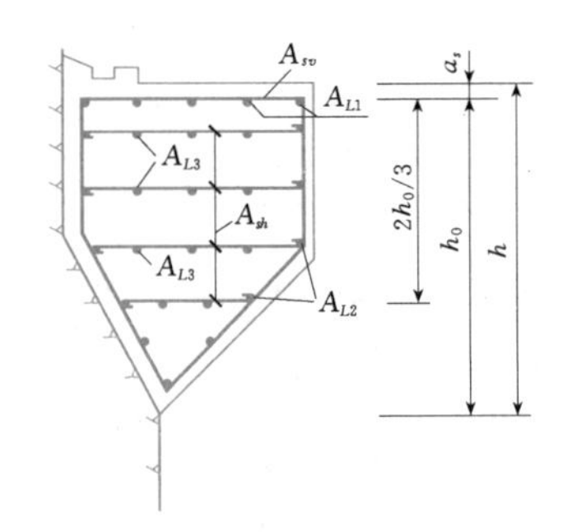

图5.8-14 岩壁吊车梁梁体配筋示意图

我国部分岩壁式吊车梁主要参数见表5.8-12。

表5.8-12 我国部分岩壁式吊车梁工程实例

序号	电站名称	厂内吊车			最大垂直轮压(t)	吊车梁参数					锚杆数量	
		起重量(t)	台数	跨度(m)		B(m)	h(m)	β(°)	α_1(°)	α_2(°)	受拉锚杆	受压锚杆
1	小浪底	500	2	23.5	71	1.85	1.85	25	20	25	2排500kN预应力@0.9，$L=12$	$\phi32$，@1.0，$L=6$
2	东风	2×250	1	18.5	68	2.10	1.70	30	20	15	2排$\phi36$，@0.66，$L=8$	$\phi25$，@1.0，$L=5$
3	天荒坪	250	2	19.5	59	1.95	1.9	20.2	20	25	2排$\phi32$，@1.0，$L=9$	$\phi32$，@1.0，$L=7$
4	广蓄	200	2	19.5	55	1.80	1.60	20	25	20	2排$\phi36$，@0.7，$L=8$	$\phi32$，@0.7，$L=6$
5	鲁布革	160	2	16.5	48.5	1.75	1.60	20	25	20	2排$\phi32$，@0.75，$L=8$	$\phi32$，@0.75，$L=6$

续表

序号	电站名称	厂内吊车			最大垂直轮压（t）	吊车梁参数					锚杆数量	
		起重量（t）	台数	跨度（m）		B（m）	h（m）	β（°）	α_1（°）	α_2（°）	受拉锚杆	受压锚杆
6	太平驿	2×125	1	17.0	40	1.80	2.07	22	25	20	2 排 ϕ32，@0.75，L=8	ϕ25，@1.0，L=6
7	锦屏一级	2×400	2	25.50	80.7	2.55	2.55	40	25	20	2 排 ϕ40，@0.7，L=12	ϕ32，@0.7，L=9
8	三峡右岸	2×1298	2	30	110.8	2.60	3.50	26	25	20	2 排 ϕ36，@0.7，L=8	ϕ36，@0.7，L=6
9	溪洛渡	2×850	2	28	93.5	2.65	3.25	35	25	20	2 排 ϕ40，@0.75，L=12.5	ϕ32，@0.75，L=9
10	龙滩	2×650	2	27.1	92.5	2.10	2.80	33	10	5	2 排 ϕ36，@0.75，L=12.5	ϕ32，@0.75，L=9

注 B 为吊车梁宽；h 为吊车梁外侧高；β 为岩石斜壁角度；α_1 为上 1 排锚杆水平夹角；α_2 为上 2 排锚杆水平夹角。锚杆间距@及长度 L 的单位为 m。

5.8.5.3 岩壁式吊车梁施工技术要求

1. 开挖施工要求

（1）岩壁梁部位的开挖应采用控制爆破技术并预留保护层开挖。保护层的宽度宜为 2～4m。岩壁交界面的开挖应采用密孔打眼、隔孔装药、小药量的光面爆破技术。炮孔留痕率应在 80%以上，无裂痕。

（2）岩壁斜面开挖成型好，不应欠挖，严格控制超挖，超挖不应大于 15cm。及时进行岩壁斜面的修正，岩壁座角 β 误差不应大于 3°。

（3）边墙喷混凝土时，与岩壁吊车梁接触的岩面应予以保护，防止混凝土喷到该岩面上，降低梁体混凝土与岩壁的黏结强度。

（4）梁体混凝土达到设计强度后，才能进行厂房下层的岩石爆破开挖。在下层及邻近洞室爆破开挖时，应控制岩壁吊车梁混凝土质点的振动速度不大于 70mm/s。

（5）岩壁吊车梁下部附近有交叉洞室时，宜采用先挖交叉洞室，后下挖厂房洞室，并在下挖厂房洞室前，对交叉洞室完成支护和锁口施工。

我国部分工程岩壁梁开挖方法见表 5.8-13。

表 5.8-13　　我国部分工程岩壁梁开挖方法

工程名称	岩石特性	保护层厚度（m）	开挖方法	备　注
鲁布革	白云质灰岩	2.5	水平钻孔，边线孔距 45cm，药卷 ϕ25mm	保护层爆破围岩松动范围≤0.65m，爆破振动速度 0.7～19.8cm/s
广蓄一期	斑状黑云母花岗岩	3.5	使用台车钻水平孔，边线孔距 60cm，线装药 208kg/m	残孔率几乎达 100%，岩面完整，无震裂
东风	石灰岩	5	水平钻孔，光面爆破，再沿斜面向上钻孔和上边线水平钻孔相结合	岩壁轮廓成型较好，斜面倾角平均 27°，超挖一般不大于 20cm
太平驿	花岗岩	3～2.35	采用三臂台车，水平钻孔结合手风钻沿岩台斜面由下向上造孔爆破	岩台成型规则，棱角分明，岩面斜角 25°～26°，半孔留痕率 91%，声测爆破松动范围 10～30cm

天荒坪地下厂房开挖时，上游边墙有两组节理密集带，岩锚梁处岩面成型不好。为保证岩锚梁稳定，在其下面2m范围内增加钢筋混凝土护壁并在护壁上补打两排ϕ36mm、长7.5m和5.3m的预应力树脂锚杆，以改善岩锚梁的受力条件和围岩的支承能力。

当局部岩体质量很差，计算所需的拉杆锚固长度太长或岩壁面岩体破碎，可采取对岩面及一定深度的岩体进行预灌浆处理。

2. 锚杆施工要求

(1) 岩壁吊车梁的锚杆应通长定制，不得采用接头，也不得与其他构件焊接。并且应在该部位的系统锚杆施工完成且梁体下部边墙预裂爆破完成后施工。

(2) 锚杆钻孔孔径宜大于锚杆直径20～40mm。锚杆孔位上、下误差不应大于50mm，左右误差不宜大于100mm；锚杆方向角误差不宜超过2°。

(3) 锚杆安装采取先注浆后插锚杆的工艺，一般砂浆为M20，送浆管应插入孔底，直到注满浆液为止，再将锚杆插入孔内，并进行封堵孔口，防止浆液流失。

(4) 岩壁吊车梁锚杆应锚入稳定的岩体中，岩体中有效锚固段应穿过围岩松动圈，锚入稳定岩体的锚固长度可按计算和工程类比确定。

(5) 锚杆在梁体内的长度应满足钢筋在混凝土内的锚固长度要求，在岩体内的入岩深度不宜小于该部位系统锚杆的深度。

(6) 岩壁吊车梁锚杆宜按100%锚杆量对砂浆密实度进行无损检测。锚杆砂浆的密实度应大于85%。

3. 混凝土施工要求

(1) 岩壁吊车梁混凝土应分段施工，分段长度一般不大于15m。

(2) 承重模板应在混凝土强度达到70%设计强度后拆除。

5.8.5.4　岩壁梁荷载试验

(1) 对地质条件复杂、重要的或大吨位岩壁(台)吊车梁，可进行仿真材料模型试验或现场承载试验，检验其承载能力及工作状况。

(2) 岩壁吊车梁现场加载试验宜结合桥机的载荷试验同期进行。

5.8.5.5　岩壁梁监测设计

(1) 地下厂房采用岩壁吊车梁时，应对岩壁吊车梁进行监测设计。

(2) 监测内容包括：锚杆(锚索)应力应变监测、岩壁与梁体的接缝监测、梁体变形监测、梁体内钢筋应力监测和岩壁吊车梁附近围岩稳定监测。

5.8.6　防渗、排水和通风

5.8.6.1　防渗排水设计原则

防渗排水是地下厂房设计的重要内容，防渗排水可大大减少地下水对围岩的不利影响，减少作用于围岩支护结构上的渗透压力，特别对裂隙发育、地下水渗流量大的岩体和靠近水库的地下厂房尤为重要，同时还能改善厂房的运行条件。

地下厂房防渗排水设计的基本原则如下：

(1) 根据厂房洞室区的工程地质和水文地质条件以及地下厂房位置(首部、中部、尾部)进行设计。

(2) 排防结合，以厂外防、排水为主，以厂内排水为辅。

5.8.6.2　厂外防渗排水设计

1. 厂外防渗设计

厂外防渗一方面能有效地降低厂区地下水位，降低渗压水头，减小围岩渗透压力，对于遇水软化的岩体，地下水位以下岩体强度指标会显著降低，较高的地下水位也不利于围岩稳定；另一方面，可减少汇向地下厂房的渗漏水量。

厂外防渗措施一般采用防渗帷幕以达到一定程度的阻水作用。防渗帷幕的布置根据工程地质、水文地质条件和厂前排水帷幕的布置，经工程类比，必要时通过三维渗流有限元分析研究确定。

(1) 防渗帷幕布置。

1) 首部式和位于库区的地下厂房一般应设防渗帷幕，地下厂房洞室防渗帷幕可与大坝连成一体，也可与大坝分开，在平面上自成一体，形成全封闭型式、半封闭型式布置。全封闭型式是指厂房在平面上四周均布置防渗帷幕，半封闭型式是指地下厂房洞室的一侧或两侧未布置防渗幕线。

2) 地下厂房(洞室)位于中、尾部布置时，如果厂区水文地质条件简单、良好，渗透性弱，可以仅在高压引水管进厂房洞室的一面布置防渗帷幕线，或仅依靠排水工程控制地下厂房(洞室)中的渗流。

3) 防渗帷幕的顶高程应根据渗流分析确定，其底部高程宜深入至相对不透水层岩体或不低于厂房的渗漏集水井之底板高程。对于与大坝防渗帷幕连成一体的首部式地下厂房，厂房防渗帷幕的顶高程应与大坝防渗帷幕保持一致。

(2) 灌浆廊道尺寸。防渗帷幕灌浆廊道断面尺寸一般为3.0m×3.5m，灌浆廊道中心线至主洞室壁面的距离为主厂房洞室跨度的1.5～2.0倍。灌浆廊道高差一般为40～60m，上下层廊道的灌浆帷幕应有足够的搭接长度，以保证各层防渗帷幕的连续性。

(3) 帷幕灌浆孔的布设。防渗帷幕灌浆孔一般布置1～2排，孔距1.5～3.0m。

2. 厂外排水设计

厂外排水设计包括厂外排水廊道和厂区山体地表排水，厂区山体地表排水主要是对地表进行清理整治，如设置截洪沟、排水沟、填塞坑穴等，使水流畅通，不积水以减少地表水的渗漏。

(1) 排水廊道布置。根据地下厂房区附近地下水的来源、流向、流量以及透水层的厚度确定。排水廊道在平面上常采用全封闭布置和半封闭布置型式。全封闭“口”字形布置是地下主厂房、主变室、尾水调压室（或尾水闸门室）外部的周边布置，将三大洞室完全包围在排水廊道之内。半封闭的布置型式有“⊔”、“└”、“—”等方式，“⊔”形布置是把在厂房、主变压器室的某三边布置排水洞；“└”和“—”形布置往往沿主厂房洞室的上游侧布置一道排水洞，有时也与灌浆廊道合并。

排水廊道高程一般布置在厂房的顶拱高程，当透水层较深并贯穿厂房全部高度时，应在厂房顶部、腰部和底部高程设置三层或两层廊道，各层排水廊道应用排水钻孔连通。

排水廊道距主体洞室边墙距离要布置在主体洞室松弛影响圈以外一定距离，不影响洞室围岩稳定和系统支护的布置。排水廊道各层高程应综合排水孔幕布置要求和监测仪器埋设及交通要求综合确定。

(2) 排水廊道尺寸。排水廊道的断面一般采用圆拱直墙，断面尺寸一般为2.5m×3.0m，排水廊道的纵向坡度如无特殊要求时宜为1%～3%，当作其他用途时，其断面尺寸应满足相关功能要求。

排水廊道的围岩支护原则是在满足稳定的条件下，应尽量少采用全封闭式的混凝土衬砌和喷混凝土支护，以提高廊道自身的排水效果。

(3) 排水孔的布设。排水帷幕中的排水孔间距应通过排水帷幕穿越的岩体透水性、渗水程度分析确定，排水孔孔径为76～140mm，排水孔间距3～5m；对于有集中渗流通道和地质构造带部位宜加密孔距。

排水帷幕中的排水孔应尽可能多地穿过透水裂隙面，排水孔轴线方向尽可能与主渗流方向成较大的交角。

5.8.6.3 厂内排水设计

在一般围岩裂隙水和渗水量情况下，厂内排水系统为：顶拱和边墙多采用洞壁钻孔排水，而后通过厂内排水管、沟系统将渗水及厂内生产用水的滴漏水引到厂房的集水井，再用水泵将水排至厂外。

厂区渗流量的选择宜采用工程类比法，必要时根据三维渗流有限元计算成果综合分析确定。

1. 厂房顶拱排水

对于钢筋混凝土顶拱，可利用顶拱回填灌浆孔加深后作为排水孔，沿排水孔口外顺拱圈设置镀锌截水槽或金属管槽，将渗水引至厂房两侧竖向排水管。

对于锚喷顶拱，打排水孔，沿喷混凝土表面布设横向排水管或利用厂房吊顶汇集渗水，再引至厂房两侧竖向排水管。

排水孔的布设以顶拱对称轴为中心，径向辐射布置。排水孔孔径为48～60mm，间距、深度视洞室围岩渗水情况确定，一般采用间距3～5m，深度4～8m。

2. 厂房边墙排水

一般在水轮机层以上的边墙布置排水孔，排水孔布置成0°～5°倾向洞内。排水孔孔径为48～60mm，间距、深度视洞室围岩渗水情况确定，一般采用间距为3～5m，深度为4～8m。

边墙沿喷混凝土表面布设横向排水管或利用厂房防潮隔墙汇集渗水，再引至厂房纵向排水沟。

3. 排水沟

排水沟的布置应结合厂内的管路廊道等考虑，一般可将总排水沟和较大的排水沟设置在管路廊道内，以避免排水水流被杂物堵塞。

排水沟采用现浇混凝土，纵向坡度一般采用5‰，断面可采用梯形或矩形，沟底宽度不宜小于20cm，沟起始点宽度不宜小于15cm。

5.8.6.4 国内部分地下厂房防渗排水实例

国内部分地下厂房防渗排水实例见表5.8-14。

二滩电站地下厂房系统厂区防渗排水系统典型布置见图5.8-15。

5.8.6.5 通风设计

为确保地下厂房正常生产，防止水渗透和潮湿，除采取防水、排水措施外，一般还有通风措施。通风方式有两种：自然通风和机械通风。

通风设计属采暖通风专业，这里省略。

5.8.7 半地下式厂房

5.8.7.1 布置特点

1. 厂区布置

半地下式厂房厂区布置具有以下特点。

(1) 主厂房一般布置在引水线路尾部。确定主厂房位置时应同时考虑下部竖井和上部地面厂房的布置要求，即竖井应布置在地质构造简单、岩体完整坚硬以及水文地质条件较好的地段，尽可能避开较大断层、节理裂隙发育区等地段。上部地面厂房应避开滑坡、危崖、山崩以及较大的冲沟等地段，尽量减少土石方明挖工程量。

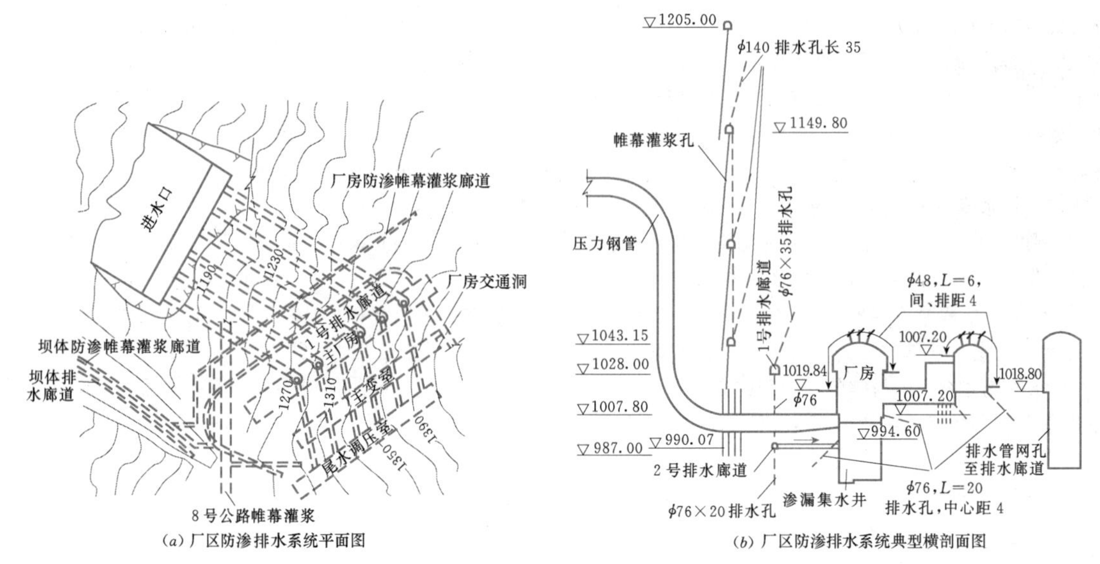

（a）厂区防渗排水系统平面图　（b）厂区防渗排水系统典型横剖面图

图 5.8-15　二滩电站厂区防渗排水系统典型布置图（单位：m）

表 5.8-14　国内部分水电站地下厂房防渗排水措施统计表

序号	工程名称	岩体名称	渗透系数（cm/s）或 Lu 值	厂房位置	防渗帷幕型式	主厂房外周边灌浆排水廊道布置参数		主厂房内壁排水孔布置参数（孔径孔间距，mm/m）		地下厂房集水井	
						层数/层间差（m）	排水孔径/孔间距，（mm/m）	拱顶	侧墙	设计渗流量（m^3/h）	实际渗流量（m^3/h）
1	宜兴（抽蓄）	砂岩夹粉砂质泥岩	10^{-5}	中部	半封闭	4/(25.9～16.2)	65/3	50/5	50/5	156	208
2	溪洛渡	玄武岩	10^{4}～10^{-5} Lu<3	首部	半封闭	3/(40～35)	76/3	48/4	48/4	左 208 右 229	
3	小湾	角闪斜长片麻岩、黑云母花岗片麻岩		首部	全封闭		100/3			233	
4	二滩	正长岩、辉长岩	10^{-4}～10^{-5}	首部	半封闭	2/41	76/4	48/4	48/4	578	208
5	小浪底	砂岩、夹薄层黏土岩	10^{-4}～10^{-5}	首部	半封闭	2/(32～46.5)	76/3	48/4.50×6.00	48/4.50×6.00	218	167
6	瀑布沟	中粗粒花岗岩		首部	半封闭	3/(28.9～17.8)	76/4	48/4	48/4	350	
7	锦屏一级	大理岩夹绿片岩	Lu 为 3～10	首部	全封闭	3/(38～40)	76/3	48/4	48/4	700	

（2）根据不同的地形、地质条件，主厂房竖井可以采用一机一井、二机一井或多机一井的布置方式，经综合技术经济比较确定。

（3）竖井可以采用圆形断面，也可以采用椭圆形和矩形断面。当地质条件较差时，宜采用圆形断面竖井或椭圆形断面竖井。

(4) 引水压力管道、尾水隧洞方向与主厂房纵轴线可以是垂直的，也可以有一定的夹角，应根据枢纽布置要求和地形、地质条件确定。当采用矩形断面竖井时，宜垂直于主厂房纵轴线布置。

(5) 尾水隧洞一般较短，尾水事故闸门多布置在尾水隧洞出口。当尾水隧洞较长时，尾水事故闸门宜布置在厂房下游。

(6) 开关站一般布置在地面，宜紧靠厂房布置，尽可能缩短发电机到主变压器的低压母线距离，同时要考虑方便高压出线。

(7) 厂区交通道路应满足厂区消防通道的布置要求，保证对外交通运输的顺畅，同时尽量给运行、检修、观测人员提供方便。

2. 厂房内部布置

半地下式厂房内部布置与其他型式厂房类同，在布置方式和相关要求上有如下特点：

(1) 半地下式厂房由顶部开敞的地下竖井和地面建筑两部分组成，水轮发电机组及其附属设备布置在竖井内，安装场和运行管理副厂房布置在地面。

(2) 竖井一般较深，竖向交通除布置楼梯外，宜布置电梯与地面相通。

(3) 母线、电缆出线均在竖井内布置垂直通道通向地面开关站。

(4) 竖井内厂房内部结构高度较大，布置时要考虑足够的刚度，满足抗振稳定要求。

3. 厂房防渗、排水和通风

半地下式厂房的防渗、排水、防潮措施，应根据以下工程地质、水文地质条件和工程布置情况确定。

(1) 厂房竖井位于地下且距尾水渠较近，应加强竖井周围的防渗、排水措施，必要时可在竖井外围设置防渗帷幕、排水廊道等，排水廊道内宜设竖向排水孔，形成排水帷幕，排水廊道宜与厂房竖井内渗漏集水井相通。

(2) 厂内排水系统设计同地下厂房，当设有厂外排水系统和钢筋混凝土衬砌时，井壁可以不设排水孔。

(3) 竖井内防潮措施可以采用防潮隔墙，对钢筋混凝土衬砌井壁还可以采用隔水吸音材料、防水涂料等。

通风系统的布置应遵循下列原则。

(1) 地面以上厂房应采用自然通风为主、机械通风为辅的通风形式。

(2) 地下竖井厂房通风宜采用专设的垂直通风道进行送风、排风和排烟。

(3) 空调系统设计应充分考虑节能要求，主机宜布置室外，并应采取有效措施降低振动及噪声。

5.8.7.2 支护设计

1. 竖井支护设计方法

半地下式厂房竖井支护形式一般有钢筋混凝土衬砌和喷锚支护两种，当地质条件较差时，宜采用钢筋混凝土衬砌结构，施工期临时支护采用喷锚支护结构。

竖井喷锚支护设计通常采用工程类比和有限元计算的方法来确定支护参数，支护设计原则和方法同地下厂房。钢筋混凝土衬砌设计通常采用结构力学方法和有限元方法进行衬砌稳定、内力计算。

半地下式厂房竖井支护设计的有限元计算分析，应根据实际的施工方法和开挖顺序对竖井进行仿真模拟，分析施工期的围岩稳定性，验算支护结构的安全性。

2. 竖井混凝土衬砌设计

当采用结构力学方法计算竖井钢筋混凝土衬砌时，衬砌外的侧压力计算是竖井混凝土衬砌设计的关键，作用在竖井衬砌上的侧压力主要有岩石压力、外水压力和地面建筑物对衬砌产生的侧压力等。根据计算的侧压力，对井壁衬砌结构进行稳定性验算和内力计算。

(1) 竖井衬砌侧压力计算。

1) 衬砌结构在非含水层中侧压力计算。

a. 松散体理论公式。把衬砌当成挡土墙，以挡土墙土压力理论为基础，来确定衬砌单位面积上所受的压力计算公式如下：

$$P = \gamma H \tan^2\left(45° - \frac{\varphi}{2}\right) \qquad (5.8-7)$$

式中 P——作用在衬砌结构单位面积上的压力，kN/m^2；

γ——衬砌所通过岩层的加权平均容重，kN/m^3；

H——衬砌计算点到地表的深度，m；

φ——衬砌所通过岩层的加权平均内摩擦角，(°)。

如衬砌穿过几种岩层，用平均容重、平均内摩擦角的方法化为单一岩层。

按松散体理论公式求得的岩石压力与深度成正比，各处的压力与该处的岩石性质无直接关系，与实际情况有很大出入。松散体理论适用于松散的岩土层（如砂层、黏土层、冲积层、洪积层等）且深度不大的情况。

b. 秦巴列维奇公式。秦巴列维奇公式认为每层岩石形成自己的滑动三棱柱体，上部覆盖的岩石以竖向荷载的方式作用在下部的滑动三棱柱体上。作用在衬砌结构上的侧压力仍按挡土墙土压力的公式计算，即

$$P_n = \gamma_n(h_n + h_0)\tan^2\left(45° - \frac{\varphi_n}{2}\right) \quad (5.8-8)$$

$$h_0 = \frac{\gamma_1}{\gamma_n}h_1 + \frac{\gamma_2}{\gamma_n}h_2 + \cdots + \frac{\gamma_{n-1}}{\gamma_n}h_{n-1}$$

式中 P_n——第 n 层岩石作用在衬砌结构单位面积上的压力，kN/m^2；

γ_n——第 n 层岩石的容重，kN/m^3；

h_n——第 n 层岩石的厚度，m；

h_0——第 n 层以上各层对于第 n 层容重的换算高度，m；

φ_n——第 n 层岩石的内摩擦角，(°)。

式（5.8-7）和式（5.8-8）适用于水平岩层。在水平岩层中，圆形竖井断面衬砌结构各个方向的压力是均匀分布的。但在倾斜岩层中，通常是倾斜方向作用在衬砌上的压力要大于走向方向的，其他方向则处于两者之间。在倾斜岩层中，岩石压力要乘以不均匀侧压系数 ω（见表 5.8-15）。

表 5.8-15　不均匀侧压系数 ω

岩层倾斜角 α (°)	55	55～65	65～75	75～85
不均匀侧压系数 ω	1.1～1.2	1.3	1.4	1.5

2）衬砌结构在含水层中侧压力计算。当衬砌结构穿过含水层时，衬砌结构受到的总侧压力值为静水压力和浮土压力之和，即

$$P'_n = \gamma'_n(h_n + h_0)\tan^2\left(45° - \frac{\varphi_n}{2}\right) + \gamma_0 H_n \quad (5.8-9)$$

$$h_0 = \frac{\gamma'_1}{\gamma'_n}h_1 + \frac{\gamma'_2}{\gamma'_n}h_2 + \cdots + \frac{\gamma'_{n-1}}{\gamma'_n}h_{n-1}$$

式中 P'_n——在含水岩层中第 n 层岩石作用在衬砌结构单位面积上的压力，kN/m^2；

γ'_1，γ'_2，…，γ'_n——位于地下水位中各岩层的浮容重，kN/m^3；

γ_0——水的容重，kN/m^3；

H_n——第 n 层至地下水位的高度，m；

h_n——第 n 层岩石的厚度，m；

h_0——第 n 层以上各层对于第 n 层容重的换算高度，m。

按秦巴列维奇公式计算，衬砌结构单位面积上压力分布图如图 5.8-16 所示。

秦巴列维奇公式考虑了某处的压力与该处的岩层的关系，较松散体理论公式进了一步，但对坚硬的岩层和埋藏很深的软弱岩层，求得的山岩压力值与实际还是有很大差别。

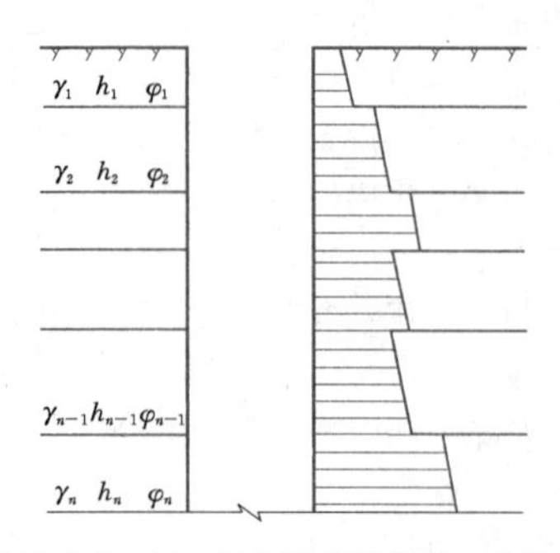

图 5.8-16　竖井衬砌结构压力分布

秦巴列维奇修正公式——滑动三棱柱第二理论公式。该理论认为只有在竖井围岩破坏了的地方才出现滑动三棱柱，产生岩石压力。对于没有破坏的围岩，就不出现滑动三棱柱，不产生岩石压力，并且不随下部破碎岩石的滑动棱柱一起滑动，起到了阻止上部岩层压力向下传的作用。

竖井围岩破坏是在衬砌结构周边处岩石的切向压应力大于单向抗压强度，即

$$\sigma_P = \frac{2\mu}{1-\mu}\gamma H > R'_\gamma \quad (5.8-10)$$

式中 σ_P——衬砌结构周边处岩石切向压应力，kN/m^2；

μ——计算断面处岩石的泊松比；

γ——从计算断面到上覆被破坏岩层的加权平均容重，kN/m^3；

H——计算断面处的深度，m；

R'_γ——计算断面处岩石的单向抗压强度，kN/m^2。

破坏了的岩石对衬砌结构的压力仍按挡土墙土压力公式计算。

3）地面建筑物对衬砌结构产生的侧压力。井口地面建筑物荷载通过基础向下部土层传递，传递的垂直压力随深度增加而减小，其侧压力分布与建筑物基础形状有关（见图 5.8-17）。

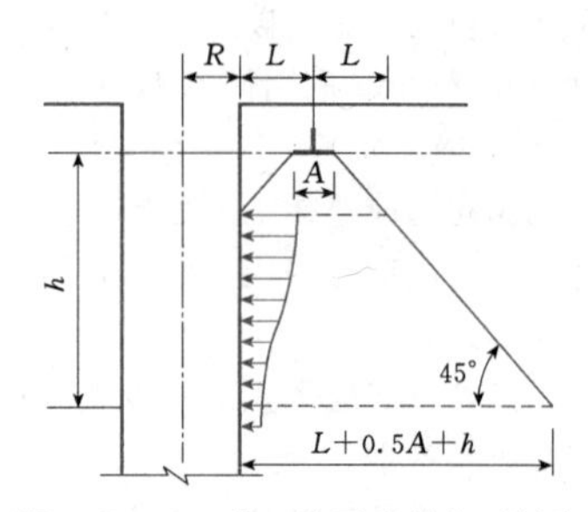

图 5.8-17　井口地面建筑物对衬砌结构产生的侧压力

a. 为带形基础时，在基础底下深度为 h 处衬砌结构所受的侧压力为

$$q_n = \frac{Pk_A}{(L+0.5A+h)(B+2h)} \quad (5.8-11)$$

在基础底下 $h=L-\frac{A}{2}$ 处衬砌结构所受的侧压力为

$$q_{max} = \frac{Pk_A}{2L(2L-A+B)} \quad (5.8-12)$$

b. 为环形基础时，在基础底下深度为 h 处衬砌结构所受的侧压力为

$$q_n = \frac{Pk_A}{\pi[(R+L+0.5A+h)^2-R^2]} \quad (5.8-13)$$

在基础底下 $h=L-\frac{A}{2}$ 处衬砌结构所受的侧压力为

$$q_{max} = \frac{Pk_A}{\pi[(R+2L)^2-R^2]} \quad (5.8-14)$$

$$k_A = \tan^2\left(45°-\frac{\varphi}{2}\right)$$

式中 P——地面建筑物基础上部结构总重（包括基础自重），kN；

k_A——岩（土）层侧压力系数；

L——基础中心到衬砌结构外缘的距离，m；

A——带形或环形基础宽度，m；

B——带形基础长度，m；

h——从基础底部至计算截面的深度，m；

R——衬砌结构外半径，m。

c. 当为柱形基础时，在基础底下深度为 h 处衬砌结构所受的侧压力

$$q_n = \frac{q}{F_1}\tan^2\left(45°-\frac{\varphi}{2}\right) \quad (5.8-15)$$

$$F_1 = (b_0+h)(a_0+h)$$

式中 F_1——基础底下深度为 h 处的水平扩散面积，m^2；

q——作用于柱形基础上的荷载（包括基础自重），kN；

a_0、b_0——柱形基础底面长度和宽度，m；

φ——岩（土）层内摩擦角，(°)。

（2）圆形竖井衬砌厚度估算。根据地质资料、竖井直径、衬砌材料和施工方法初选衬砌厚度，然后对井壁衬砌圆环进行稳定性验算和内力计算，计算方法有以下四种。

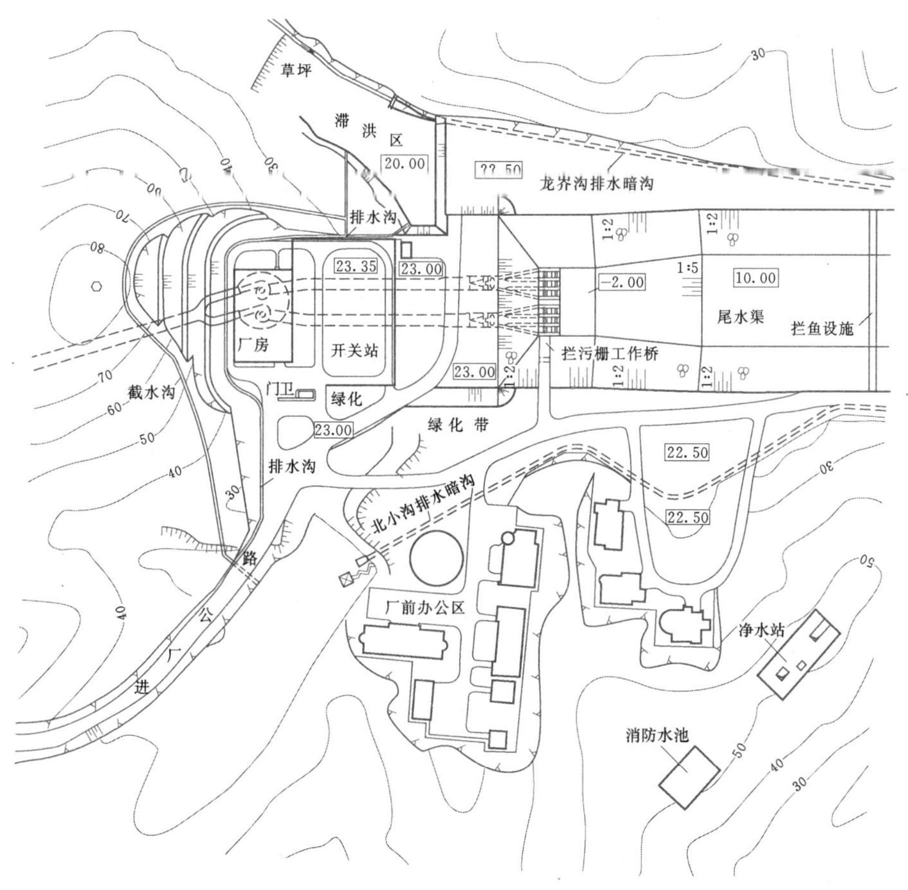

图 5.8-18 厂区布置图（单位：m）

1）按薄壁圆筒理论公式计算，即

$$d=\frac{PR}{[\sigma_{压}]} \qquad (5.8-16)$$

式中 d——衬砌厚度，m；

R——竖井外半径，等于竖井内半径加井壁估计厚度，m；

P——竖井计算截面处的最大侧压力，kN/m²；

$[\sigma_{压}]$——衬砌材料允许抗压强度，kN/m²。

2）按厚壁圆筒理论公式计算，即

$$d=r\left(\sqrt{\frac{[\sigma_{压}]}{[\sigma_{压}]-2P}}-1\right) \qquad (5.8-17)$$

式中 r——竖井内半径，m。

3）按经验公式计算，即

$$d=0.007\sqrt{DH}+14 \qquad (5.8-18)$$

式中 D——竖井内直径，m；

H——衬砌结构计算断面处之深度，m。

4）按经验公式计算，即

$$d=\frac{Pr}{[\sigma_{压}]-P}+\frac{150}{[\sigma_{压}]} \qquad (5.8-19)$$

5.8.7.3 布置实例

沙河抽水蓄能电站，最大发电毛水头123m，最大引用流量120.20m³/s，厂房内安装2台50MW的可逆式蓄能机组，机组吸出高度−21m。

厂区位于丘陵地区，山体单薄，主要岩层由熔结凝灰岩和沉凝灰岩组成。熔结凝灰岩为块状构造，岩性致密坚硬。沉凝灰岩为层状构造，岩性较差，遇水易软化。地层呈软硬相间分布。岩层产状N5°～20°E，倾角NW∠80°～85°。厂区断层以北北东方向的陡倾角断层为主，倾角80°以上。厂区地下水属基岩裂隙水。

厂房竖井外径31m，最大开挖深度42m，水轮发电机组及其附属设备布置在竖井内，安装场、副厂房和开关站均布置在地面。厂房布置见图5.8-18～图5.8-20。

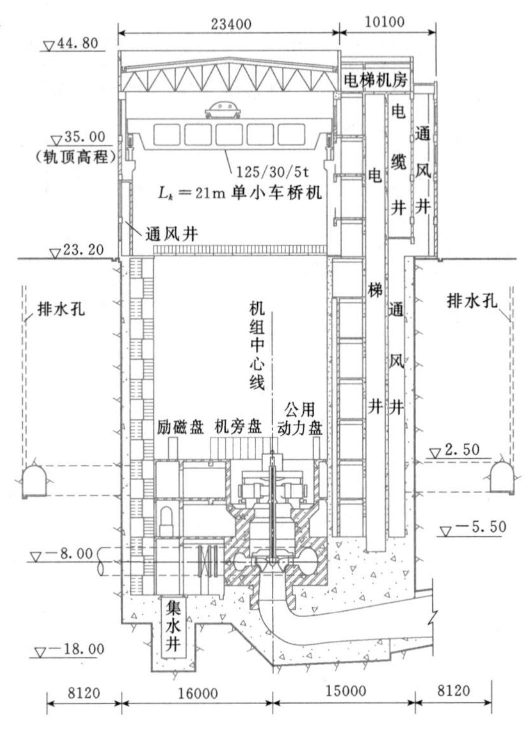

图5.8-19 厂房剖面图
（尺寸单位：mm；高程单位：m）

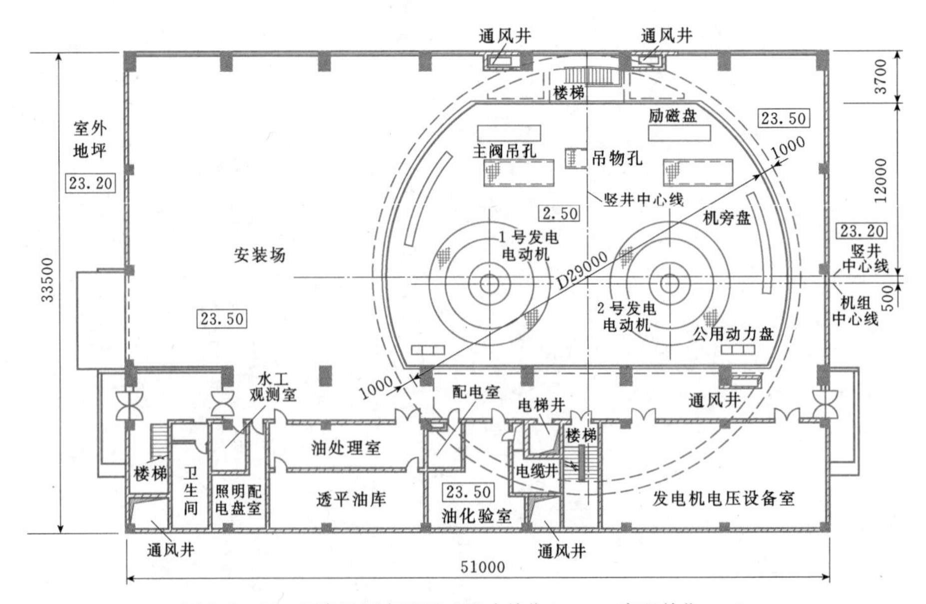

图5.8-20 厂房平面布置图（尺寸单位：mm；高程单位：m）

5.9 坝内式厂房

5.9.1 适用条件和布置特点

5.9.1.1 适用条件

坝内式厂房是主厂房布置在坝体空腹内的一种厂房型式，该类厂房适用于两岸陡峻的峡谷、洪水流量大以及洪枯水位变幅悬殊的河流之上。

5.9.1.2 布置特点

(1) 坝内式厂房具有枢纽布置紧凑、工程量较少，且可以充分利用原河床宽度宣泄洪水，获得较优的下游流态等优点。

(2) 坝内式厂房布置与大坝空腹形状和尺寸密切相关，在一定程度上受到大坝应力的限制。

(3) 坝内式厂房的引水钢管和尾水管分别穿过大坝前、后腿，对坝体应力影响较大。

(4) 由于厂房布置在坝内，因而要妥善处理厂坝施工干扰问题。

(5) 坝内式厂房采用全封闭型式，要考虑通风、防潮、排水和照明等问题。

5.9.2 坝内式厂房设计的若干问题

5.9.2.1 大坝空腹轮廓形状和尺寸

根据空腹坝的许多科研成果及国内工程实践经验，在开孔不受其他条件限制时，按照坝体应力要求，空腹的轮廓形状以近似半个椭圆形为好，椭圆的长轴与水平面的夹角应在60°左右，即与实体坝主应力方向基本吻合。

空腹的高度一般应小于1/3坝高，空腹的最大高度也不适宜超过坝高的一半。由于空腹的容积是受坝高限制，因而在设计坝内式厂房时，机组单机容量的选择必须与空腹坝的坝型、坝高相适应；必须同大坝空腹轮廓形状尺寸的选择密切配合。应采取措施尽量压缩主机房的高度和宽度，使之适应于大坝空腹尺寸。

空腹的位置和宽度，在坝剖面上，应使前腿厚度、空腹宽度、后腿厚度三者均各占总底宽的1/3。空腹坝的下游坝坡应比较平缓，与水平面的夹角一般小于60°。国内已建坝内式厂房的空腹尺寸见表5.9-1。

表5.9-1　国内坝内式厂房的空腹尺寸参数表

序号	项　目		单位	工　程　名　称				
				上犹江	凤滩	枫树坝	牛路岭	长潭
1	大坝型式			空腹重力坝	空腹重力拱坝	空腹重力坝	空腹重力坝	空腹重力坝
2	最大坝高		m	68	112.5	95.3	90.5	71.3
3	坝底宽度		m	58.3	60.7	86.5	68.0	63
4	空腹尺寸	长	m	76	255.93	57	81.25	82
		宽		19.9	20.52	25.5	22.4	21.3
		高		23.3	40.1	31.25	28.5	26.5
5	空腹宽占坝底宽度的比例			$\frac{1}{2.93}$	$\frac{1}{2.96}$	$\frac{1}{3.39}$	$\frac{1}{3.04}$	$\frac{1}{2.96}$
6	空腹高占最大坝高的比例			$\frac{1}{2.92}$	$\frac{1}{2.81}$	$\frac{1}{3.05}$	$\frac{1}{3.18}$	$\frac{1}{2.69}$

国内坝内式厂房的空腹形状一般均采用两心圆结合折线连接成近似斜倾的椭圆形，也有的工程如上犹江坝内厂房采用三心圆。研究成果表明，两心圆组合顶拱的空腹与长轴倾斜约60°的椭圆顶拱的空腹相比较，前者的应力优于后者。对两心圆在上游侧宜采用小半径，下游侧则宜采用大半径，并使小圆弧的分角线近平行于空腹下游斜腿的内边线。空腹上游面宜采用直立面。空腹下游斜腿内边线宜顺直，而不宜急于转向垂直。凤滩大坝的空腹，在水轮机层以下，上游侧采用倾斜面，扩大了前腿与基础的接触面，使坝踵的应力得到一定的改善。

5.9.2.2 进水口和坝内钢管布置

坝内式厂房进水口一般布置在闸墩内，引水钢管需穿过大坝前腿。因此，引水钢管布置必须考虑大坝前腿的厚度，尽量减少对大坝前腿的削弱度。国内已建坝内式厂房引水钢管对大坝前腿厚度的削弱度见表5.9-2。

5.9.2.3 尾水管体形和布置

水轮机制造厂家所推荐的标准肘形尾水管一般为宽矮形，其宽度较大，对空腹坝后腿的刚度削弱较大，使坝体应力状态以及尾水管周边应力状态恶化。因而在布置坝内式厂房的尾水管时，首先必须考虑满足坝体应力的要求，以及保证尾水管的局部应力能控制在允许的范围内。

为减少尾水管开孔宽度对大坝后腿刚度的削弱，尾水管断面宜改为窄高形，根据清华大学水利系的研究成果，尾水管穿过大坝后腿时，其开孔平均宽度应控制在坝块宽度的30%～40%。

窄高形尾水管断面的高宽比，根据国内坝内式厂房实践经验，一般为1.25～1.67。

国内坝内式厂房尾水管对大坝后腿的削弱度见表5.9-3。

表5.9-2　国内坝内式厂房引水钢管对大坝前腿的削弱度

序号	项目	单位	工程名称				
			凤滩	枫树坝	牛路岭	长潭	上犹江
1	大坝前腿厚	m	20	28.25	23	16.1	16.5
2	引水钢管直径		5.6	5.5	3.4	3.4	3.4
3	削弱度	%	28.0*	19.5	14.8	21.1	20.6

* 凤滩工程大坝为空腹重力拱坝，大坝前腿厚度相对较薄，因此采用水平埋管，这种布置方式具有管道短、水头损失小、对大坝前腿应力影响小等优点，但进水口闸门承受的水头高。

表5.9-3　国内坝内式厂房尾水管对大坝后腿的削弱度

项目	断面位置	单位	工程名称				
			凤滩	枫树坝	牛路岭	长潭	上犹江
尾水管在坝后腿内的开孔宽度	进口处	m	10.94	12.44	4.98	5.97	5.13
	出口处		7.00	6.00	3.50	4.00	4.00
大坝坝段宽度	进口处		19.86	21.00	12.50	13.00	16.00
	出口处		17.28	21.00	12.50	13.00	16.00
尾水管开孔宽度对坝后腿宽度的削弱度	进口处	%	55.10	59.20	39.80	45.90	32.10
	出口处		40.50	28.60	28.00	30.80	25.00
	加权平均		46.40	38.70	31.50	36.60	26.20

注　进口处指尾水管进入大坝后腿处的断面。

5.9.2.4 排水、防潮及噪声控制

1. 防潮排水措施

坝内式厂房上游是水库，下游是河道，顶部是溢洪道，厂房防潮排水至关重要。同时，由于大坝混凝土的浇筑质量和大坝横缝止水的施工质量问题，往往发生局部渗水和漏水现象。另外，水下混凝土墙壁表面的温度低，常有结露现象，厂内空气的相对湿度较大。国内坝内式厂房工程实践，采用的防潮排水措施主要有如下：

（1）设防潮隔墙及顶棚防水层是一种简单、经济并行之有效的措施。防潮隔层下部应设置排水沟及排水管。

（2）确保坝体混凝土施工质量，加强坝体的止水、排水和防渗措施。

（3）厂房和大坝排水系统应分开布置。

（4）选择防潮型的机电设备。

2. 噪声控制

国内坝内式厂房噪声测量调查结果表明：

（1）厂房的噪声，主要是各种机电设备运行时发出的。

（2）这些噪声的频谱特点是频带比较宽，以低、中频为主，峰值大都出现在31.5Hz、63Hz、125Hz、250Hz几个频带。

（3）厂内噪声级越往下层越大，噪声（A）档最大值都出现在尾水管锥管进人孔及水轮机室进口处。

坝内式厂房噪声控制的措施如下：

（1）解决坝内式厂房噪声的根本途径是从声源着手，即进一步改进水轮发电机组的结构设计，提高机组的制造精度和安装质量，使尽可能地减少机组的噪声。

（2）在主副厂房平面布置时，应考虑噪声控制的要求。中控室的位置宜远离主机间。

（3）根据水电站厂房布置特点，采取隔声措施。

如：在锥管进人廊道口、水轮机室进口、发电机风罩进人口设置隔声门；在发电机层设置隔声值班室等。

(4) 在中央控制室、发电机层墙面和顶棚面上铺设吸声板。

噪声控制标准：

根据相关规范的要求，建议坝内式厂房允许的噪声级见表5.9-4。

表5.9-4 坝内式厂房运行值班人员工作场所允许噪声级

工作场所	最高允许连续噪声级［dB (A)］
中央控制室和载波通信室	60
发电机层运行人员值班室	80

5.9.2.5 空腔封顶和温度控制

1. 厂坝施工干扰

坝内式厂房由于厂房是布置在坝内，因而存在厂坝施工干扰问题，主要反映如下两个方面。

(1) 在空腹封顶前，厂房内部一般不施工，厂房桥机也可在封顶以后安装，故封顶前的厂坝干扰主要需解决前后腿混凝土浇筑与安装引水钢管和尾水管施工的矛盾。

(2) 在空腹封顶后，大坝混凝土浇筑与厂房二期混凝土浇筑和机电设备安装必须同时进行。

2. 空腹封顶

空腹封顶是坝内式厂房施工的关键工序，空腹封顶主要方法有：①预制吊装法；②现浇封顶法。

3. 纵缝布置与温度控制

空腹坝的温度应力与空腹顶以上的纵缝布置有很大的关系，空腹坝在空腹封顶前，前后腿尺寸不大，一般可以不设纵缝。在空腹封顶后，仓面增大，大坝混凝土浇筑强度加大，同时由于空腹封顶后顶拱混凝土温度收缩，对前后腿和顶拱都将产生不利的温度应力，因此必须认真对待空腹顶以上的纵缝布置和有关温度控制问题。

风滩工程空腹顶以上设置两条垂直纵缝，并要求纵缝灌浆时顶拱和后腿的混凝土温度低于年平均温度，使大坝前腿获得有利的压应力。为了减少纵缝灌浆和蓄水发电的矛盾，有的工程采用不灌浆斜缝，缝面设插筋凿毛，并控制顶拱混凝土的允许温差。

5.10 溢流式厂房

5.10.1 适用条件、类型和布置特点

5.10.1.1 适用条件

溢流式厂房适于建筑在两岸山体陡峻、河谷狭窄、洪水流量大、下游洪枯水位变幅悬殊的河段上。

5.10.1.2 厂房类型

1. 厂顶溢流式厂房

厂房顶兼做溢洪道泄槽，如我国的新安江（参见图5.1-7）、池潭、修文电站，法国的却司登电站，日本的新成羽电站。

2. 厂前挑流式厂房

大坝溢流道水流在厂前经鼻坎挑流越过厂顶进入尾水渠，如乌江渡电站（参见图5.1-8）、漫湾电站等。

5.10.1.3 布置特点

溢流式厂房是坝后式厂房的一种发展形势，为了充分利用有限宽度的河谷，将大坝泄洪建筑物与发电厂房重叠布置。在厂房布置上厂顶泄洪需考虑以下几方面问题。

(1) 妥善处理电站进水口和溢流坝相对位置，电站进水口一般布置在溢流坝闸墩中，闸墩力求布置在坝段的中央。

(2) 厂内布置和结构布置要满足防震、防漏和防气蚀的要求。

(3) 厂坝连接要能适应地质条件和厂坝不均匀沉降的要求。

(4) 进厂交通和开关站的位置要避免泄洪雾化的影响。

(5) 尾水平台的布置要考虑溢流开始和终了时，水流对平台的冲击。

(6) 溢流式厂房采用全封闭型式，要考虑通风、防潮、排水和照明等问题。

5.10.2 溢流式厂房的特殊问题和相应措施

溢流式厂房除上述布置中应注意的特点外，在水工结构上有以下几个特殊问题，必须要有相应的工程措施。

5.10.2.1 厂房顶在高速水流下的空蚀问题

为了避免和减少空蚀，设计和施工上必须做到：

(1) 使与高速水流接触的混凝土面尽量流线型化，要求避免水流与混凝土边界面分离。

(2) 提高混凝土的强度，最好采用真空模板施工。

(3) 混凝土溢流面上不允许残留任何凸出物和钢筋头。

(4) 尽量提高混凝土表面的平整度，要求达到表5.10-1建议的参考标准。

表 5.10-1　溢流式厂房顶平整度控制参考表

平整度建议标准	反弧段以上 $v<25m/s$	反弧段以上 $v\geqslant 25m/s$
顺水流方向坡度（%）	≤±2	≤±1
垂直水流方向坡度（%）	≤±4	≤±2
局部（任一点）凹凸度（mm）	≤±3.0	≤±3.0
任一点与设计线的偏差（mm）	≤±20	≤±20

5.10.2.2　防止厂房顶的磨损问题

溢流厂房顶是否受磨损以及磨损的程度，一般与下列因素有关。

（1）水库运行方式，含沙量，泥沙性质等。在多沙河流上，如果是汛期蓄水的高中水头表孔溢流电站，磨损不会严重。反之，如汛期不蓄水的表孔溢流电站，或由中孔经厂房顶泄洪的电站，存在泥沙磨损厂房顶的问题。硬矿物含量越高，磨损越严重，其中以尖角形泥沙的磨损最厉害。

（2）水流有漂木和树根等经过厂房顶时，也会受到一定的磨损，尤其当溢流层较浅时。

（3）过水界面的材料性质与磨损也有密切关系。根据三门峡试验，抗磨性能以辉绿铸石板最好，环氧砂浆和呋喃砂浆次之，真空作业的混凝土再次之，而以钢板最差。

（4）除以上因素外，磨损还与水流条件和结构面平整度密切相关。水流平顺，磨损轻；反之，漩涡强度大，磨损就大。结构平整度高，磨损轻；平整度差，磨损重。空蚀后会增加磨损。

5.10.2.3　泄洪漏水和噪声问题

溢流厂房顶伸缩缝通常做有两道止水，漏水主要由于伸缩缝做得不好，或混凝土有贯穿裂缝造成。漏水在溢流式厂房特殊敏感，而且在冬季漏得严重。根据国内外一些工程资料，施工质量好的现浇厂房顶，一般可以做到不漏水。这里要特别注意拆模时不损坏止水。如用钢筋混凝土做承重模板时，新老混凝土的结合要防止后浇层产生裂缝而漏水。

溢流式厂房泄洪时的噪声问题，根据国内外一些泄洪次数较多的电站运行情况看，并不严重，一般能满足不超过80dB的要求。

5.10.2.4　下游的冲刷问题

溢流式电站由于溢洪道一般可以布置得与原主河道基本吻合，因此回流少，冲刷比一般溢洪道要轻些。但由于落差大，如果下游水深不大，挑流消能后的水流落入原河床时能量还不小，冲刷仍不容忽视，尤其当地质上有顺坡节理时，对下游进厂交通和升压站、开关站等基础需加保护。冲刷坑深度可按下式估算，或通过动床模型试验确定：

$$t = kq^{\frac{1}{2}}z^{\frac{1}{4}} - h_2 \qquad (5.10-1)$$

式中　k——与河床地质有关的系数，国内实测统计值 $k=0.5\sim2.0$，对坚硬完整的岩石，$k<1.0$，对半坚硬、不完整的岩石，$k=1.0\sim1.5$，对松软破碎的岩石，$k>1.5$；

q——单宽流量，$m^3/(s\cdot m)$；

z——上、下游水位差，m；

h_2——下游水深，m。

工程措施上要求冲刷坑上游坡度或侧向坡度为

$$i = \frac{t}{L} < i_c \qquad (5.10-2)$$

式中　i——冲刷坑上游坡度或侧向坡度，国内资料一般 $i=1:2\sim1:6$；

t——冲刷坑深度，m；

i_c——安全临界坡度，一般取 $i_c=1:3\sim1:6$，与地质因素有关；

L——冲刷坑最深点至厂房下游边的距离，其计算可参考有关专著，m。

5.10.2.5　小流量冲击厂顶问题

厂前挑流式厂房在溢洪道闸门开启和关闭的过程中，均会发生小流量冲击厂顶问题，为此厂房要求做成封闭式，厂房上部结构应考虑水流冲击力作用。当上部结构断面尺寸较大时，宜采用有限元法计算内力。

小流量冲击厂顶的冲击力大小和范围，应通过水工模型试验确定。乌江渡水电站厂房模型试验和原型观测表明：

（1）小流量冲击厂顶水流流态与溢洪道挑流鼻坎型式和角度有关，鼻坎角度愈大，挑离厂房顶的临界流量愈大。

（2）小流量冲击厂顶冲击力随单宽流量、水头及鼻坎角度的增加而加大。

（3）用频谱分析小流量冲击厂顶的脉动频率，其“优势频率”集中于低频。

5.10.3　厂、坝连接型式选择和计算

5.10.3.1　连接型式

溢流式厂房的厂、坝连接型式，随坝型、抗滑稳定以及地质构造等的不同，可采用如下四种不同的型式。

1. 厂坝上下部完全分开

在高拱坝之后布置溢流式厂房时，采用这种型式。这是因为这些坝型坝体断面比较单薄，刚度较

小，承受上游水压力后，坝体的变形较大，厂坝基础反力分布不均一，沉陷变形在厂、坝间有显著变化。

这种布置型式由于厂坝分开，结构受力条件比较明确，但为了满足厂房构架的抗震要求需要较大的构件截面尺寸。布置这种类型溢流式厂房时，要特别注意溢流面上高速水流对厂坝间变形不连续部位所造成的气蚀破坏。有时，需设置专门补气设施来确保它的安全性。

日本的新成羽，土耳其的卡拉喀耶（Karakaya）工程采用这种型式。

2. 厂坝下部分开，上部采用拉板连接

为了避免厂坝不均匀沉陷及相对转动所产生的不利应力，厂坝间下部设置伸缩缝，引水钢管上设置伸缩节，使两者下部完全分开。另外，为了提高厂房构架的抗震刚度和自震频率，使其远大于溢流顶板高速水流的脉动频率，不产生共振，在厂房构架上部与坝体之间加设拉板。为了减轻坝体变形后加在厂房构架上的附加应力，蓄水到一定高程后再进行拉板的施工。

新安江、修文工程采用这种布置型式。

3. 厂坝下部整体连接，上部分开

厂坝间下部不留任何收缩缝和沉陷缝，整体连接。上部设变形缝分开。如漫湾水电站，水轮机层以下厂坝整体连接，取消了压力钢管伸缩节，水轮机层以上设1.0cm宽的永久变形缝。乌江渡水电站，厂坝间采用平缝相靠的连接方式，蓄水到一定高度后再进行灌浆，使厂坝连接面上只传递水平推力，不传递剪力。

4. 厂坝上下部整体连接

厂坝间不留设任何收缩缝和沉陷缝，保证连接成整体。厂坝共同承受外荷载，即可将坝体荷载的一部分转移到厂房上，从而减少坝体的混凝土方量，也可改善坝体的基础反力和分布图形。另外，还可以增加厂房的抗震刚度，但坝体变形、温度变化、干缩等因素将引起厂房中的附加应力。

池潭水电站采用这种布置型式。

5.10.3.2 计算

1. 作用在厂房构架上的荷载

作用在溢流式厂房构架上的荷载，除常规厂房所考虑的作用外，尚应考虑下述荷载。

（1）顶板上动水压力。

1）溢流顶板上的时均压力。厂房顶溢流时的静、动水压力，一般地应通过水工模型试验求得。但反弧段上，重力和离心力所引起的时均压力 P_m 可由下式计算：

$$\frac{P_m}{\gamma} = H - (H - d\cos\varphi)\left(\frac{R-d}{R}\right)^2 \tag{5.10-3}$$

式中 H——反弧面上的总水头，m；

d——垂直于反弧面的水深，m；

R——半弧半径，m；

φ——反弧面上任意点处半径的切线与水平线间的夹角，(°)；

γ——水的容重，kN/m^3。

2）脉动压力。厂房顶上高速水流产生的脉动压力是由紊流造成的，在紊流边界，由于流速梯度陡，常常会造成大量漩涡，这些漩涡互相溶合并急速流向下游，就在溢流顶板上造成随机压力脉动。

脉动压力一般地应由模型试验求得，也可用下式进行校核：

$$P_f = \beta C_f \frac{\rho v^2}{2} \tag{5.10-4}$$

式中 β——3～5之间的系数；

C_f——摩擦因数（对于溢洪道可取0.013）；

v——流速，m/s；

ρ——水的密度，kg/m^3。

根据新安江工程的试验，在溢流顶板上，脉动振幅约占流速水头的1%～3%，以脉动振幅与时均动水压力比值来说，平均在20%左右。池潭工程按厂房顶溢流脉动试验。脉动压力幅值也仅占总的动水压力的15%左右。为此，厂房顶脉动压力可按厂顶流速水头的3%～5%作为静荷载考虑。

（2）尾水波动作用在下游墙上的动水压力。

（3）厂房顶溢流或挑流时水流摩阻力或水流冲击力。

（4）坝体和地基变形对厂房结构产生的作用力。

2. 计算方法

（1）坝体和厂房分别按其抗弯刚度折算成厚度不同的梁，简化阶形弹性地基梁，按“文克尔假定”或用热莫契金链杆法计算。

（2）厂、坝连接按平面有限元法分析计算。对于较重要的工程，应采用三维有限元法计算。

5.10.4 厂顶水流脉动分析和共振预防

溢流厂房顶的水流脉动荷载是一种随机荷载，水流脉动过程接近平稳随机过程，因而可以利用“各态历经平稳随机过程理论”来对水流脉动荷载作频谱分析，求它的优势频率或主频率。厂房结构的自振频率，一般应大于高速水流脉动的优势频率，以避免发生共振。优势频率分析计算过程比较繁复，可参阅有关专著。

根据国内外一些溢流厂房顶水流脉动荷载过程的

频谱分析，认为无明显的优势频率，呈“宽带噪声谱”。厂房溢流顶板和构架的自振频率有明显的主峰——优势频率，属“窄带噪声谱”，因此，大面积水流脉动频率与厂房自振频率之间一般不会发生共振。

国内一些溢流式厂房的泄洪运行及试验性溢洪实测数据表明，大面积水流脉动和点压力脉动量测结果相差很大，前者频率小，后者大，频率为50～100Hz，属小漩涡、小振幅性质的水流脉动，在厂房顶脉动荷载中居次要地位。

但是，由于溢流式厂房的运行经验和实测数据在国内还不多，为了防止可能发生共振，以及使厂房的振幅不致过大，往往要求设计中采取以下措施，以提高溢流厂房的抗震性能和自振频率。

（1）加大厂房构架或墙身的厚度。

（2）加强厂房与大坝的连接，减少厂房自由度。

（3）尽量减小厂房的跨度，降低厂房高度或抬高厂房构架固定高程等。

5.11 灯泡贯流式机组厂房

5.11.1 概述

灯泡贯流式机组具有流道简单、机组过流量大、水头损失小、经济指标好等特点，因此为越来越多的低水头径流式电站所选用。厂房多为河床式，适合布置在河面宽阔、流量大的河道上。

灯泡贯流式机组厂房型式有以下几种。

（1）厂顶溢流式厂房。如炳灵水电站（参见图5.1-3）、蜀河水电站。

（2）封闭式厂房。国内大部分灯泡贯流式机组厂房采用这种型式，如飞来峡水电站（见图5.11-9）。

（3）露天式厂房。国外的一些水电站所采用此种型式，国内尚无实例。

国内部分灯泡贯流式机组水电站见表5.11-1，国外部分灯泡贯流式机组水电站一览表见表5.11-2。

表5.11-1　国内部分灯泡贯流式机组水电站一览表

电站名称	所在省（自治区）	河流名称	单机容量（MW）	装机台数	最大水头（m）	额定水头（m）	转轮直径（m）	投产时间
桥巩	广西	红水河	57.00	8	24.30	13.80	7.40	2008年
炳灵	甘肃	黄河	48.00	5	25.70	16.10	6.15	2008年
蜀河	陕西	汉江	45.00	6	22.30	16.00		在建
洪江	湖南	沅水	45.00	5	27.30	20.00	5.45	2002年
黄丰	青海	黄河	45.00	5		16.00	5.98	在建
长洲	广西	西江	42.00	15	15.35	9.50	7.45	2007年
尼那	青海	黄河	40.00	4	18.10	14.00	6.00	2003年
沙坡头	宁夏	黄河	40.00	7	11.00	8.70	6.85	2007年
金银台	四川	嘉陵江	40.00	3	15.90	13.00	6.30	2005年
大洑潭	湖南	沅水	40.00	5	15.10	11.20	6.70	2007年
红花	广西	柳江	38.78	6	17.00	13.20	5.90	2005年
飞来峡	广东	北江	35.00	4	13.83	8.53	7.00	1999年
京南	广西	桂江	34.50	2	14.50	11.00	6.30	1997年
青居	四川	嘉陵江	34.00	4			6.10	2004年
紫兰坝	四川	白龙江	34.00	3	19.90	15.40	5.30	2006年
百龙滩	广西	红水河	32.00	6	16.40	9.70	6.40	1996年
贵港	广西	西江	30.00	4	14.00	8.50	6.90	1999年
红岩子	四川	嘉陵江	30.00	3	13.30	8.50	6.40	2001年
凌津滩	湖南	沅水	30.00	9	13.20	8.50	6.90	1998年
大源渡	湖南	湘江	30.00	4	11.24	7.20	7.50	1998年
乌金峡	甘肃	黄河	35.00	4	13.40	9.20	6.50	2008年
王甫洲	湖北	汉江	27.40	4	10.30	7.52	7.20	2000年

表 5.11-2　　国外部分灯泡贯流式机组水电站一览表

电站名称	国家	河流	单机容量 (MW)	装机台数	最大水头 (m)	额定水头 (m)	转轮直径 (m)	投产时间
只见	日本	只见河	65.0	1	20.70	19.80	6.7	1989 年
石岛	美国	哥伦比亚河	54.0	8	15.24	12.10	7.4	1978 年
萨拉托夫	苏联	伏尔加河	47.3	2	15.70	10.60	7.5	1972 年
阿尔滕沃尔特	奥地利	多瑙河	46.7	9	18.10	13.84	6.0	1976 年
肖塔格	法国	罗讷河	46.6	2	16.15	14.67	6.4	1980 年
贝莱	法国	罗讷河	46.0	2	17.02	14.70	6.5	1981 年
易卜斯	奥地利	多瑙河	46.0	3	12.10	10.60	7.5	1983 年
福鲁顿瑙	奥地利	多瑙河	30.3	8	10.86	6.80	7.5	1992 年
吉拉乌	巴西	马德拉河	75.0	44			7.9	在建

5.11.2 厂房布置

5.11.2.1 厂区布置

灯泡贯流式机组厂房的厂区布置应满足一般河床式厂房的布置原则，并应根据电站水头低的特点，重视进水渠和尾水渠布置，使进出水流顺畅，水头损失小。

1. 进水渠

进水渠应根据河流的泥沙、污物量设置拦（导）沙坎和拦（导）漂排。拦沙坎的布置型式和坎顶高程应通过水力学计算或模型试验确定，使其既能满足拦导沙的要求，又不影响各种发电水位的进水流态和不增加额外的水头损失。

2. 尾水渠

尾水渠的设计应通过水力学计算确定尾水护坦的高程，使尾水出口处形成逆向落差，避免出现壅水现象和波浪。

5.11.2.2 厂房主要尺寸及高程

灯泡贯流式机组厂房分为水上、水下两大部分，水下墩墙和流道顶板面层以下的大体积混凝土称为水下部分，流道顶板以上的板、梁、柱等称为水上部分。水上部分和进口墩墙的布置与竖轴机组河床式厂房基本相同。水下流道部分则与竖轴机组截然不同。灯泡贯流式机组为横轴，机组布置在流道内，发电机密封安装在水轮机上游的灯泡形金属壳体中，水平主轴上游与发电机转子相连，下游与水轮机转轮体连接。这种机组没有蜗壳、肘管，厂房结构相对简单。

1. 机组流道尺寸

厂房的主要尺寸基本由流道尺寸控制。机组流道尺寸由水轮发电机制造厂提供，在可研阶段也可按式（5.11-1）估算。图 5.11-1 和图 5.11-2 为灯泡贯流式机组流道尺寸示意图。

$$
\left.\begin{aligned}
B_j &= (1.7 \sim 2.1)D_1 \\
H_j &= (2.1 \sim 2.5)D_1 \\
L_j &= (3.4 \sim 3.8)D_1 \\
L_c &= (4.5 \sim 5.0)D_1 \\
\theta &= 11^\circ \sim 12^\circ \\
\beta &\leqslant 6^\circ 30', \text{一般可取 } 5^\circ \\
H_c &= (1.45 \sim 2.0)D_1 \\
B_c &= (2 \sim 2.2)D_1
\end{aligned}\right\} \qquad (5.11-1)
$$

式中　D_1——机组转轮直径，m；

B_j——进口流道宽度，m；

H_j——进口流道高度，m；

L_j——进口流道长度，m；

B_c——尾水流道出口宽度，m；

H_c——尾水流道出口高度，m；

L_c——尾水流道长度，m；

θ——尾水流道锥角，(°)；

β——转轮室出口短锥管半角，(°)。

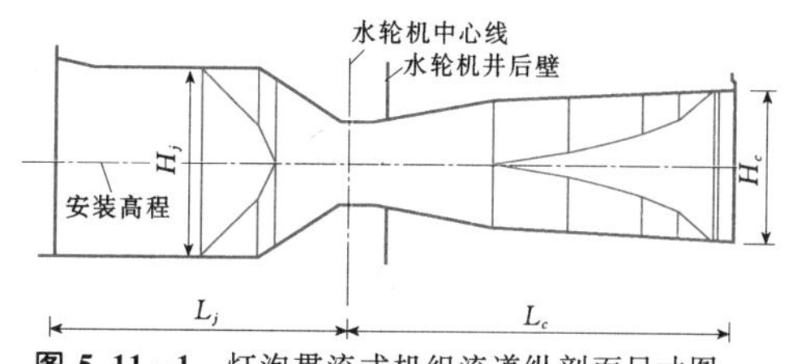

图 5.11-1　灯泡贯流式机组流道纵剖面尺寸图

2. 厂房长度（垂直水流向）

主机间的长度与流道宽度、机组台数和分缝方式有关。灯泡机组厂房的分缝可以一机一缝，也可以两机或多机一缝。厂房垂直水流向长度组成图如图

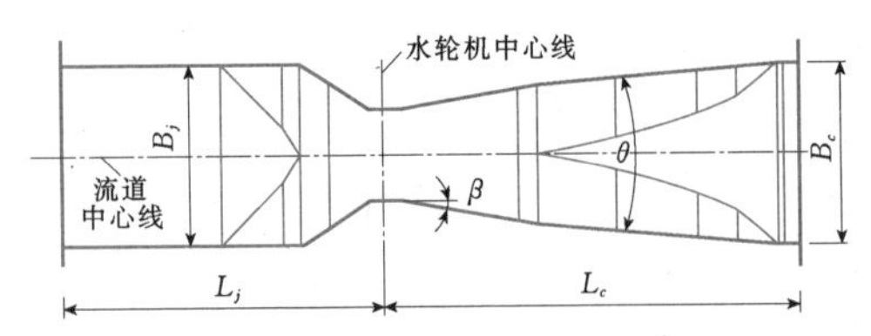

图 5.11-2　灯泡贯流式机组流道平面尺寸图

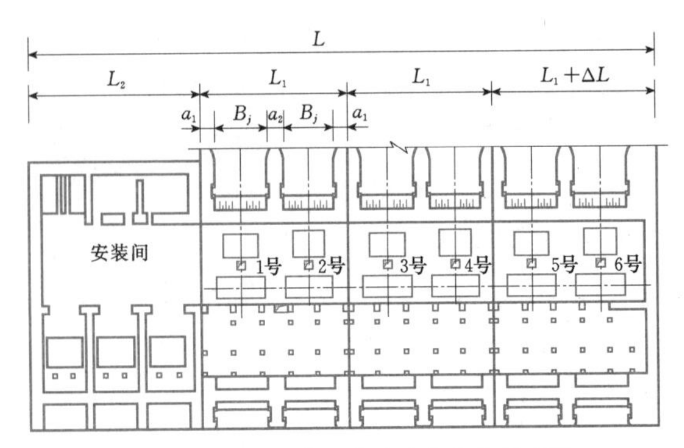

图 5.11-3　厂房垂直水流向长度组成图

5.11-3 所示。

(1) 机组段长度 L_1 可按下式确定。

一机一缝

$$L_1 = B_j + 2a_1 \tag{5.11-2}$$

两机一缝

$$L_1 = 2B_j + 2a_1 + a_2 \tag{5.11-3}$$

式中　a_1——流道缝墩厚度，m；

a_2——两机组流道之间中墩厚度，m。

(2) 边机组段的附加长度 ΔL 由桥机吊钩限制线确定，一般取 ΔL=3～5m。

(3) 安装间长度 L_2，一般取 $L_2 = (5 \sim 7)D_1$。

(4) 厂房长度 L 可按下式确定。

一机一缝

$$L = nL_1 + L_2 + \Delta L \tag{5.11-4}$$

两机一缝

$$L = nL_1/2 + L_2 + \Delta L \tag{5.11-5}$$

式中　n——机组台数。

3. 厂房宽度（顺水流向）

厂房顺水流向宽度应满足机组布置、流道长度及进口拦污栅、进出口闸门和启闭设备布置的要求。各部分组成见图 5.11-4，厂房宽度按下式确定：

$$L_b = L_{jd} + L_j + L_c + L_{cd} \tag{5.11-6}$$

式中　L_b——厂房宽度，m；

L_{jd}——进口段顺水流向宽度，m；

L_{cd}——尾水墩顺水流向宽度，m；

L_c——水轮机中心线至尾水管出口长度，m；

L_j——水轮机中心线至流道进口长度，m。

4. 主机间净宽

主机间最小净宽须满足机组运行布置要求和安装、检修时的运输、吊装要求。主机间净宽度按下式确定：

$$L_{zb} = L_{ts} + L_f + L_{k1} + L_k + L_{k2} + L_s + L_{tx} \tag{5.11-7}$$

式中　L_{zb}——主机间净宽度，m；

L_f——发电机井宽度，m；

L_{ts}——上游通道宽度，一般取 1.5～2.0m；

L_{k1}——管形壳进人孔至发电机井距离，m；

L_k——管形壳进人孔宽度，m；

L_{k2}——管形壳进人孔至水轮机井距离，m；

L_s——水轮机井宽度，m；

L_{tx}——主机间下游通道宽度，一般取 1～1.5m；

L_f、L_{k1}、L_k、L_{k2}、L_s 均由厂家提供。

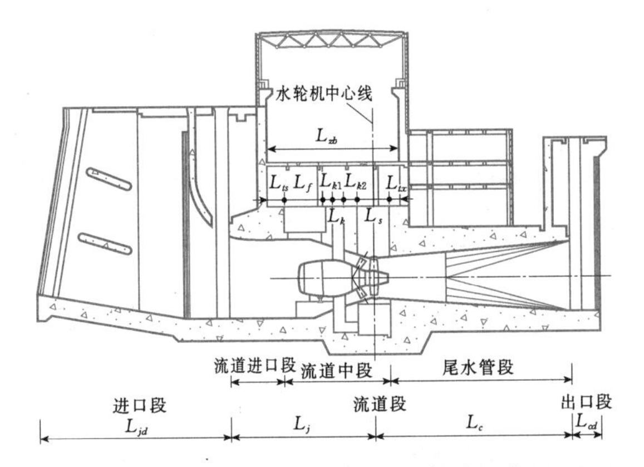

图 5.11-4　主厂房顺水流向宽度组成

5. 机组安装高程

水轮机安装高程应满足在各种工况下防止水轮机转轮受气蚀破坏和尾水管出口最小淹没深度不小于 0.5m 的要求。除此之外，尚应结合厂房位置所处的地形、地质条件，经经济比较后确定。

6. 进口闸墩及上游挡水墙高度

进口闸墩及上游挡水墙的高度除应满足防洪标准外尚应考虑上游交通要求。进口墩墙顶高程一般取与相邻的闸坝顶高程一致。

7. 主机间高度

主机间高度由水上和水下两部分组成。

水下部分高度为

$$H_{下} = H_{d1} + H_j + H_{d2} \tag{5.11-8}$$

式中　H_{d1}——流道底板厚度，m；

H_{d2}——流道顶板厚度，m。

水上部分高度为

$$H_{上} = H_1 + H_2 + H_3 + H_4 + H_5 + H_6 + H_7 \tag{5.11-9}$$

式中 H_1——起吊时与地坪的垂直安全距离，$H_1 \geqslant 0.3m$；

H_2——起吊物体的高度，m；

H_3、H_4、H_5——吊钩扬程、吊车高及小车高，m；

H_6——小车顶与屋架下弦或大梁底部的最小净空，$H_6 \geqslant 0.15 \sim 0.4m$；

H_7——屋架及屋面系统的高度，m。

8. 尾水墩及下游挡水墙高度

尾水墩及下游挡水墙顶高程一般高于下游校核洪水位0.5～1.0m。

5.11.2.3 厂房内部布置

灯泡贯流式机组厂房的内部布置可分为主机间布置、安装间布置和副厂房布置。安装间和副厂房的布置与一般竖轴机组河床式厂房基本相同，不再赘述。

1. 主机间流道层布置

流道以水轮机中心线为界，上游至进口检修闸门为进口流道，下游至尾水闸门为出口流道或尾水流道。从上游至下游依次布置发电机灯泡头、管形壳和转轮室。灯泡体的顶部设有交通竖井至流道顶板的发电机井，从灯泡体内引出的发电机主引出线通常沿交通竖井壁敷设。管形壳的上、下支柱兼做进人孔，上可至流道顶板层，下可经廊道进入水轮机井底部。转轮室布置在水轮机井内，上游与管形壳相接，下游与尾水管钢衬连接。水轮机井内通常还布置有接力器、轴承回油箱和防飞逸配重等设备。接力器根据不同的支承情况，布置在不同的部位，垂直支承布置在水轮

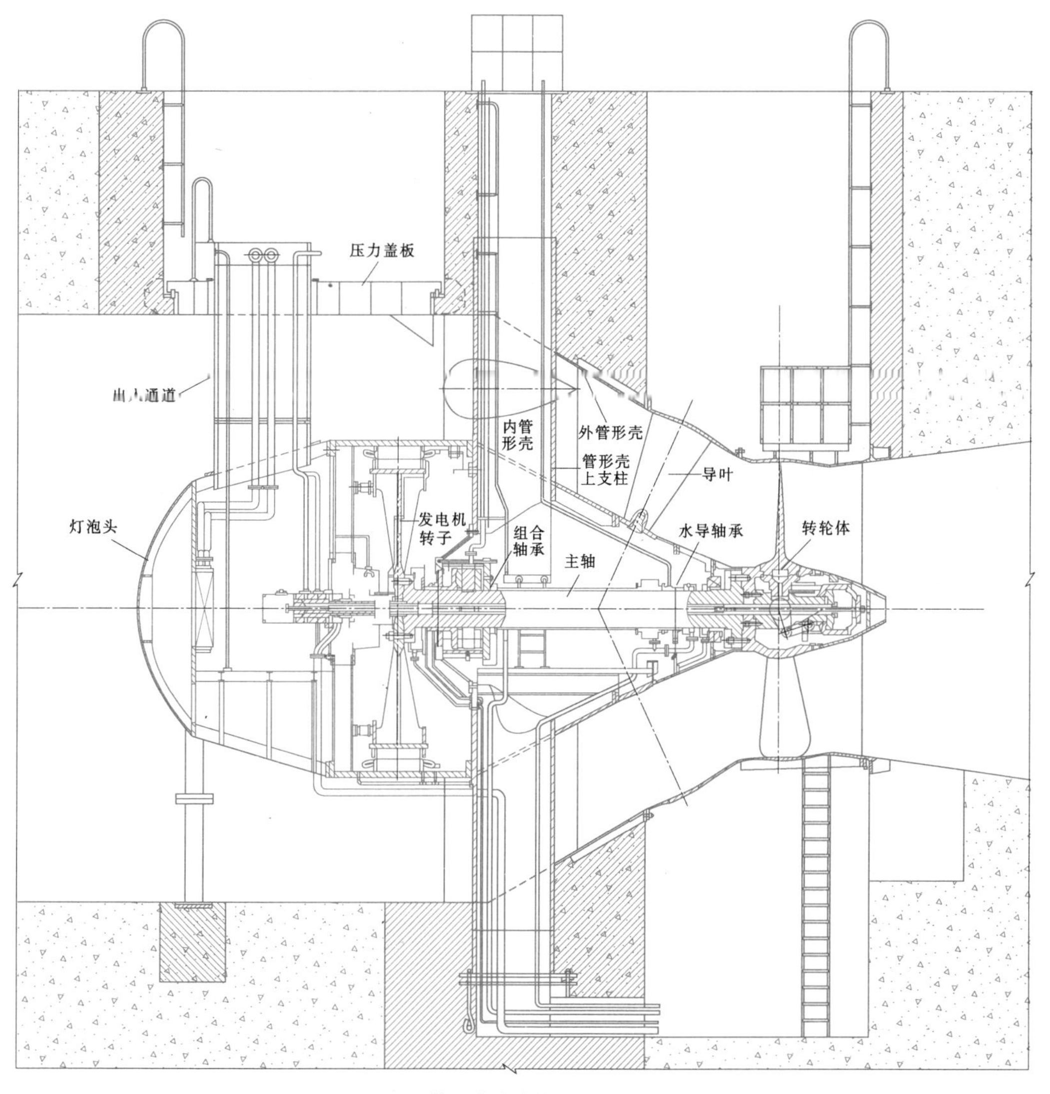

图 5.11-5 以管形壳为支撑的灯泡贯流式机组总图

机井底部，侧支承布置在水轮机井侧壁。

为方便运行管理，水轮机井底部通常由交通廊道串连。交通廊道与设在厂房底部的渗漏排水廊道和检修排水阀室、廊道相通。

水轮机井下游的尾水流道由锥管段和渐变段组成。锥管段通常有钢衬，渐变段为钢筋混凝土结构。

2. 主机间流道顶板层布置

流道顶板层顺水流向布置有发电机井、管形壳进人孔和水轮机井。发电机井用于安装、检修时起吊灯泡头、发电机定子、转子等设备，人员也可以通过交通竖井进入灯泡头内发电机处。水轮机井用于安装、检修时起吊机组主轴和转轮等设备，也作为运行管理时厂房底部的交通通道。

在发电机井的上游和水轮机井的下游各布置一条通道，宽度1.5～2.0m。

在机组之间的墩顶部位布置敷设有油气水管道和电缆的管沟或廊道。

在上游侧布置调速器和油压装置。机旁盘可布置在下游侧排架柱之间。

3. 主机间运行层布置

有的电站在流道顶板层上再设一运行层，将调速器、油压装置和机旁盘布置在运行层。不设运行层的布置紧凑，工程量省，但工作环境稍差。

4. 厂内交通

厂内交通需满足防火安全疏散要求，自流道顶板通往水轮机井的楼梯，在任何情况下不少于两道。

5.11.3　厂房结构设计

5.11.3.1　厂房结构布置

1. 分缝

灯泡贯流式机组厂房的永久缝一般沿垂直水流方向设置，一台机组一道缝或两台或多机机组一道缝，主要根据机组尺寸、施工要求等因素确定。沿水流向不设永久缝，有些电站机组顺水流向长度较长，可设临时施工缝或混凝土后浇带。

2. 厂房结构布置

灯泡贯流式机组厂房顺水流向可分为进口段、流道段、出口段。

进口段、出口段以及流道段水上结构布置与一般河床式水电站基本相同。流道段水下部分根据过流要求和机组安装要求可分为进水口段、中段和尾水管段。进水口段通常为矩形截面，中段包括管形壳段，水轮发电机组安装在该段内，断面由矩形渐变为圆形，尾水管段由锥管段和渐变段组成，断面由圆形渐变为矩形，流道断面形状和尺寸主要由厂家提供。

5.11.3.2　机组支撑方式及其荷载

灯泡式水轮发电机组的支撑方式主要有以下两种：

（1）以管形壳为支撑的布置方式[13]（见图5.11-5）。

（2）以水轮机固定导叶（座环）为主要支撑的布置方式。

前者机组结构比较轻巧，受力明确；后者受力方式较为复杂，结构较笨重。目前的灯泡式机组的布置，以第一种支撑方式为主。整台机组以两支点的方式即水轮机端通过水导轴承，发电机端通过组合轴承将机组转动部分的荷载传递到管形壳，由管形壳传递到混凝土，最后至厂房基础。

灯泡贯流式机组的荷载通常根据五种工况确定，即流道放空、流道充水、额定运行工况、甩负荷工况和飞逸工况时各部位受力最大值，由厂家提供。

图5.11-6为某电站机组荷载图（顺水流向）。

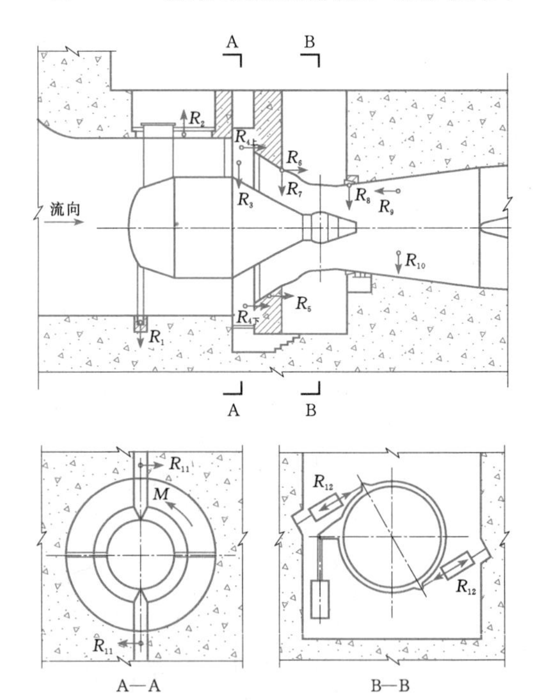

图5.11-6　某电站机组荷载图（顺水流向）

R_1—上游辅助支撑作用于混凝土的荷载；R_2—流道盖板基础荷载；R_3—管形壳支柱垂直荷载；$R_{4上}$—管形壳上支柱固定端水平荷载；$R_{4下}$—管形壳下支柱固定端水平荷载；R_5—外管形壳水平荷载；R_6—顶盖法兰水平荷载；R_7—顶盖法兰垂直荷载；R_8—基础环作用于混凝土的荷载；R_9—尾水管里衬水平荷载；R_{10}—尾水管里衬垂直荷载；M—座环基础轴向扭矩；R_{11}—扭矩引起的单个支柱固定端水平荷载；R_{12}—接力器支墩承受的荷载

因生产厂家不同，各厂家提供的荷载图及管形壳立柱结构方式也不完全相同。各种工况机组的作用力主要通过立柱传给混凝土结构。应根据厂家提供的荷载图选择最不利的工况进行计算。

混凝土施工工况和管形壳安装工况，以及初期运行工况的结构受力应予分析。

5.11.3.3 厂房结构设计

1. 进水口和尾水管段的结构设计

流道进水口段和尾水管段是过流部位，其结构布置、断面形状、所受的荷载及组合工况与竖轴机组的进水口段和尾水管扩散段基本相同，因此该部位的计算假定和计算方法也基本与竖轴机组相同。一般可切取单位宽度结构按弹性地基梁上的平面框架计算。

2. 流道中段（管形壳段）的结构设计

流道中段除了过流外还是机组的支承结构，承受灯泡机组传来的各种动荷载、静荷载。流道中段的荷载包括径向和轴向两个方向，因此流道中段的结构设计也应考虑两个方向。

(1) 作用在流道中段的荷载及其组合见表 5.11-3。

表 5.11-3　　流道中段荷载及组合

设计状况	极限状态	荷载组合	计算工况	荷载							
				自重	水重	内水压力	外水压力	扬压力	机组作用力	温度	地震力
持久状况	承载能力极限状态	基本组合	正常运行	√	√	√	√	√	√	√	—
短暂状况			检修工况	√	—	—	√	√	—	√	—
偶然状况		偶然组合	校核洪水	√	√	√	√	√	√	—	—
			地震	√	√	√	√	√	√	—	√
			飞逸	√	√	√	√	√	√	√	—
			短路	√	√	√	√	√	√	√	—
持久状况	正常使用极限状态	标准组合	正常运行	√	√	√	√	√	√	√	—

(2) 结构计算原则和方法。

1) 流道中段的结构计算不考虑管形壳的里衬作用，由钢筋混凝土承受全部荷载。

2) 在轴向荷载的作用下，由于流道的底板和两侧墩截面尺寸一般较大，且沿水流向是连续的，其刚度足以承受机组传来的轴向力，因此对底板和侧墩一般不做轴向（顺水流向）的结构计算，只是在配筋时适当加强。流道顶板因布置有发电机井和水轮机井而沿轴向不连续，且井之间的混凝土顶板内埋设管形壳上支柱，是主要传力机构，其所承受的顺水流向力较大，因此需单独计算其沿轴向的内力。

3) 用结构力学方法计算时，在径向荷载作用下，沿水流方向切取单位宽度，按弹性地基上的平面框架进行计算。

4) 用结构力学方法计算时，顶板为支承在流道两侧墩上的拱形结构，也可简化为两端为固端的矩形梁进行计算；由于顶板管形壳上支柱集中力较大，一般宜按照梁上集中荷载计算并配置吊筋。当梁的高跨比 $h/l>0.5$ 时（h 为梁高，l 为梁净宽），宜按深梁进行应力分析和配筋。

5) 按有限元法分析时，可取流道中段进行整体分析。管形壳立柱与混凝土结合部位应力集中，此处的配筋应相对加强。

6) 结构静力计算中动荷载应乘动力系数。

图 5.11-7 为某灯泡贯流式机组流道顶板管形壳段的钢筋图，可参考。

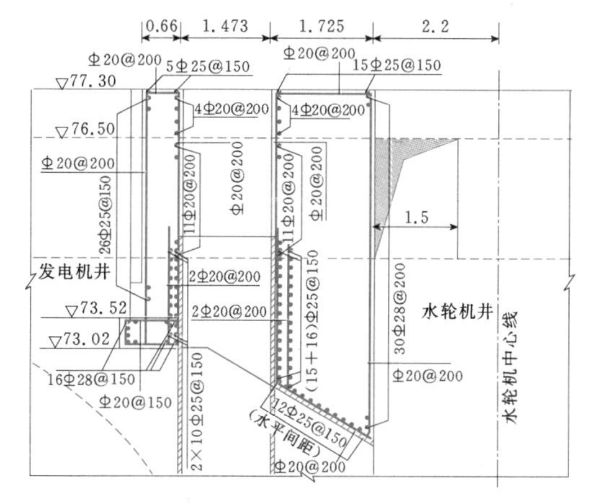

图 5.11-7　流道中段顶板管形壳上支柱周边配筋构造
（单位：m）

5.11.4 工程实例

飞来峡水利枢纽，位于广东省北江干流中游，是以防洪为主，兼有航运、发电等多目标开发的综合性利用工程。电站装机容量140MW，共安装四台灯泡贯流式机组，单机容量35MW。水轮机额定流量473.0m^3/s，转轮直径7.0m，额定水头8.53m，最大水头13.83m。

电站厂房左侧为船闸，右侧为泄水闸。采用一机一缝布置，主机段长度88.10m，安装间段长度42.4m。主变压器布置在尾水平台上。

进水渠首部布置有拦沙坎和拦污排，尾水渠右侧为厂坝间混凝土导墙，左侧为混凝土挡土墙，尾水渠底从电站尾水出口以1：5反坡至高程5.00m，后接52m水平段，水平段后以25°角向右侧扩散，底部以1：20反坡与下游河床相接。

电站厂区布置图见图5.11－8，厂房横剖面图见图5.11－9，厂房运行层平面图见图5.11－10。

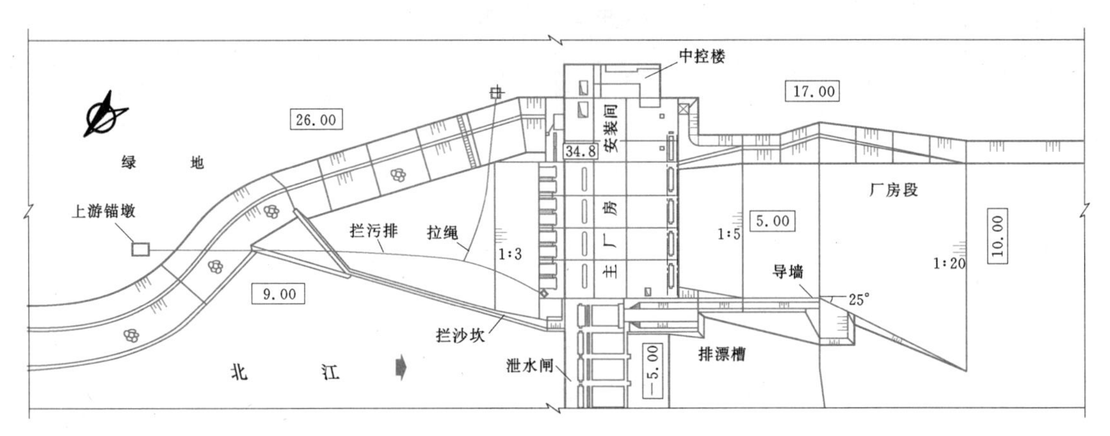

图5.11－8 飞来峡水利枢纽电站厂区布置图（单位：m）

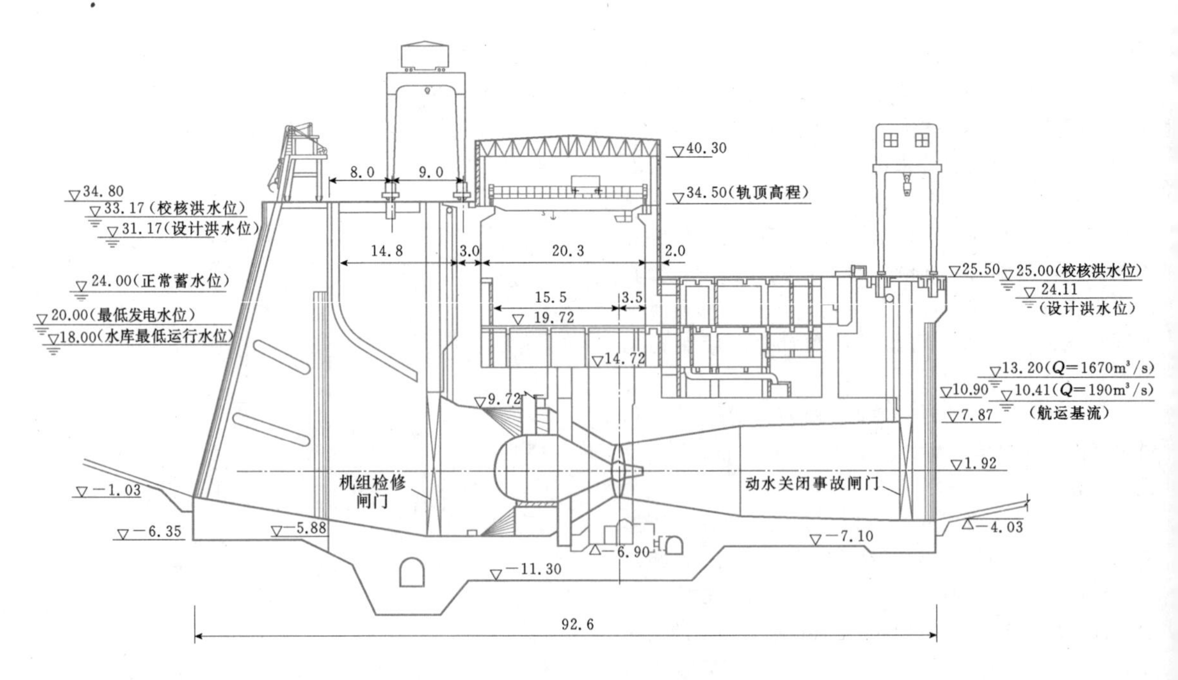

图5.11－9 飞来峡水利枢纽电站厂房横剖面图（单位：m）

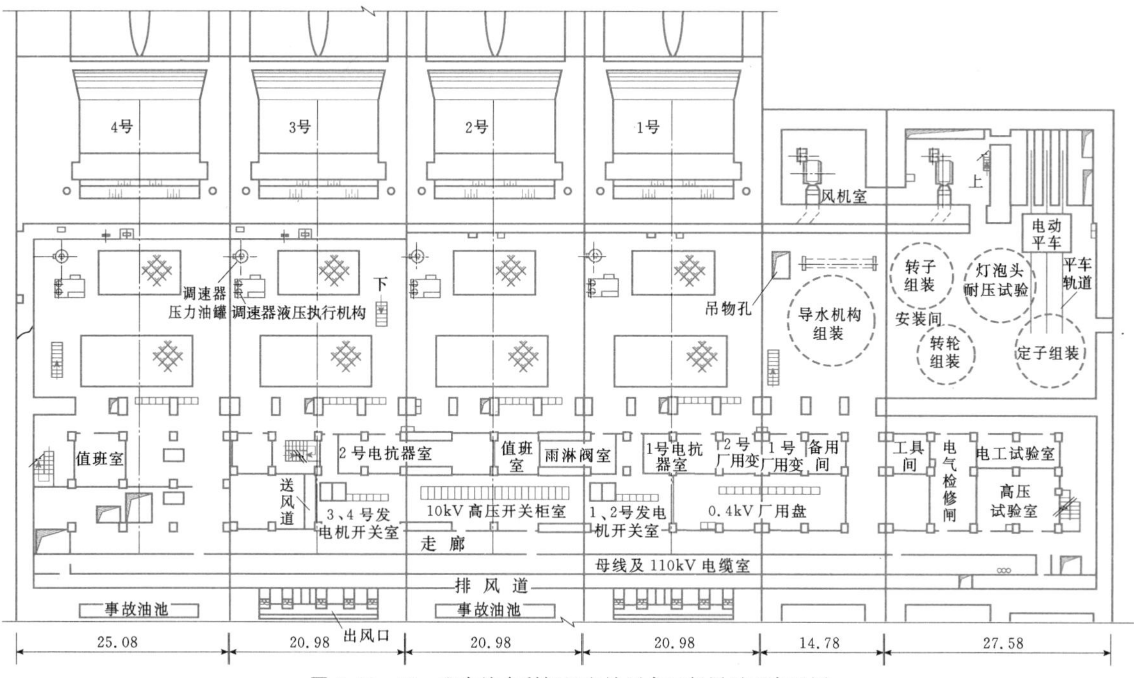

图 5.11-10 飞来峡水利枢纽电站厂房运行层平面布置图

5.12 水斗式机组厂房

5.12.1 概述

冲击式水轮机按射流冲击转轮的方式不同可分为水斗式、斜击式和双击式三种。斜击式和双击式效率较低，多用于小型水电站。水斗式水轮机效率高，工作稳定，是最常用的冲击式水轮机。

5.12.1.1 水斗式水轮机工作特点

水斗式水轮机由喷嘴出来的射流沿圆周切线方向冲击转轮上的水斗而做功。因此，与反击式水轮机比较，有以下特点：

(1) 转轮工作过程中，喷嘴射流冲击部分导叶，转轮部分接触水流。

(2) 整个做功过程在大气压下进行。

(3) 水轮机依靠喷嘴的射流冲击力使转轮转动，利用水的动能做功。

(4) 水轮机安装高程一般高于下游河道最高尾水位。

(5) 水轮机转轮尺寸小。

(6) 尾水流道较简单。

5.12.1.2 水斗式水轮机类型

水斗式水轮机有卧式和立式两种，适用水头一般为100～2000m。

5.12.2 厂房布置

5.12.2.1 厂房布置原则

水斗式机组厂房布置除应遵照反击式水轮机组厂房一般布置原则之外，尚应根据水斗式水轮机的工作特点，遵循以下布置原则。

(1) 喷嘴喷出的水束冲动水斗后落入尾水流道，使尾水流道水面剧烈波动，为保证振荡水面不影响转轮运行，水轮机安装高程要比尾水槽中水位高一个转轮直径以上，厂房的建基面较高。

(2) 水轮机安装高程一般高于下游河道最高尾水位，但对于水位变幅较大的河流，为充分利用水头，可适当降低安装高程，汛期采用避峰运行，如需要，可进行动能经济比较确定。

(3) 由于水头较高，水流通过压力钢管接进水阀后，进入配水环管，再通过喷嘴释压，因此进水阀体积较大，基础受力较大且较复杂，进水阀底板应有足够的厚度和强度，或采取专门的锚固措施，进水阀室一般设在主厂房内上游侧，亦可设在主厂房外。

(4) 正常情况下，尾水均为无压出流，流道较简单，若采用降低安装高程，汛期避峰运行的布置方式，尾水槽末端应设控制闸门。

5.12.2.2 卧式水斗式机组厂房布置

卧式水斗式机组一般适用装机较小的电站，其厂房布置应考虑以下几方面。

(1) 机组轴线一般沿厂房纵轴线方向布置。

(2) 机组安装高程 H_s（水轮机主轴中心线高程）可按下式确定：

$$H_s = Z + h_p + 0.5D_1 \quad (5.12-1)$$

$$h_p = (1.0 \sim 1.5)D_1 + h_r$$

式中 Z——设计尾水位，一般取下游最高尾水位，对于选取最高尾水位而水头损失较大者，宜进行动能经济比较，选取合适水位，m；

D_1——水轮机转轮直径，m；

h_p——排水高度，一般由机电专业提供；

h_r——通风高度，一般不小于 0.4m。

(3) 卧式水斗式机组厂房一般分两层布置，上层为运行层，其主要结构跟其他型式厂房上部结构一致，下层为流道层或管道层。卧式水斗式机组厂房典型布置见图 5.12-1 和图 5.12-2。

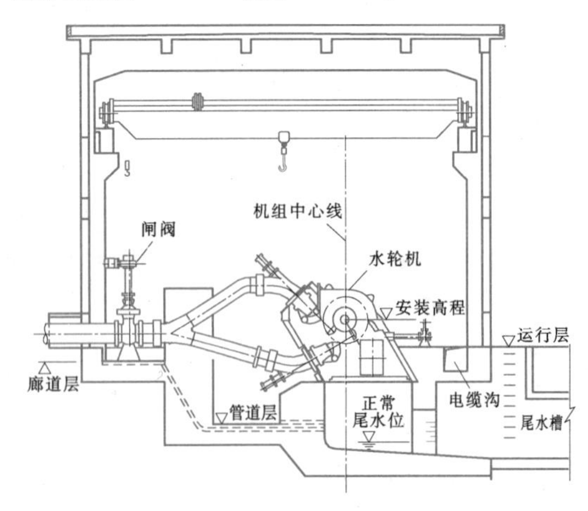

图 5.12-1 卧式水斗式机组厂房横剖面图

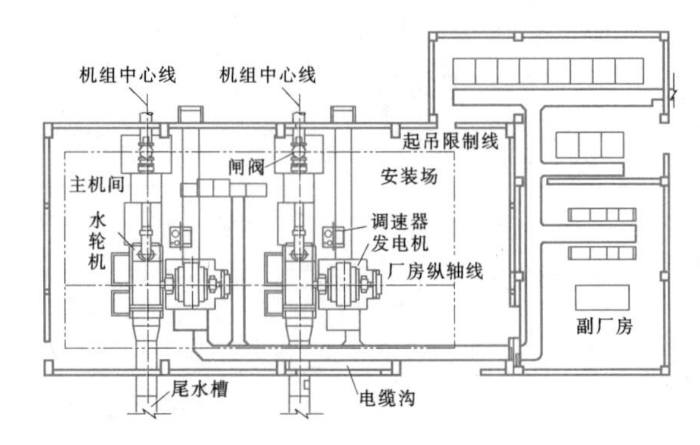

图 5.12-2 卧式水斗式机组厂房平面图

5.12.2.3 立式水斗式机组厂房布置

(1) 立式水斗式水轮机安装高程（喷嘴射流中心线高程）$H_s = Z + h_p$。其中 Z 为设计尾水位，一般取下游最高尾水位，对于选取最高尾水位而水头损失较大者，宜进行动能经济比较，选取合适水位；h_p 为排水高度，$h_p = (1.0 \sim 1.5)D_1 + h_r$，$D_1$ 为水轮机转轮直径，立式水斗式机组一般取大值，h_r 为通风高度，h_r 一般不小于 0.4m，h_p 一般由机电专业提供。

(2) 立式水斗式机组厂房一般分四层布置，第一层为发电机层，第二层为电气夹层，第三层为水轮机层，第四层为流道层，水轮机层以上结构与其他型式厂房上部结构基本一致。立式水斗式机组厂房典型布置见图 5.12-3 和图 5.12-4。

国内主要大型立式机组参数见表 5.12-1。

表 5.12-1 国内主要大型立式机组参数

工程名称	装机 (MW)	厂房型式	额定流量 (m^3/s)	最大静水头 (h)	额定水头 (h)	配水环管外围混凝土结构型式	配水环管保压值 (h)	工程状况
冶勒	2×120	地下厂房	47.04	644.80	580.0	充水保压	500	已发电
大发	2×120	地下厂房	57.00	514.00	482.0		385	已发电
金窝	2×140	地面厂房	54.00	619.10	595.0		465	已发电
仁宗海	2×120	地下厂房	49.14	610.00	560.0		457.5	在建
玛依纳	2×150	地面厂房	72.50	521.70	471.1		440	在建
吉牛	2×120	地面厂房	60.28	507.25	457.0		406	在建

5.12.3 尾水槽设计

尾水无压自由出流，尾水槽一般为尾水渠或无压尾水洞型式，若尾水较长，可在尾水槽中前段设置汇水室，其后单洞出流，与原河道相接。

尾水槽内最高水位要求在射流骤然偏转时，其涌浪水面不能超过转轮下沿，并且有足够的通气高度，一般不小于 0.4m。

尾水槽一般不设控制闸门，但设置有汇水室的尾水槽应单独设置检修闸门，对采用降低安装高程，汛期避峰运行布置方式的尾水槽，其末端应设控制闸门。

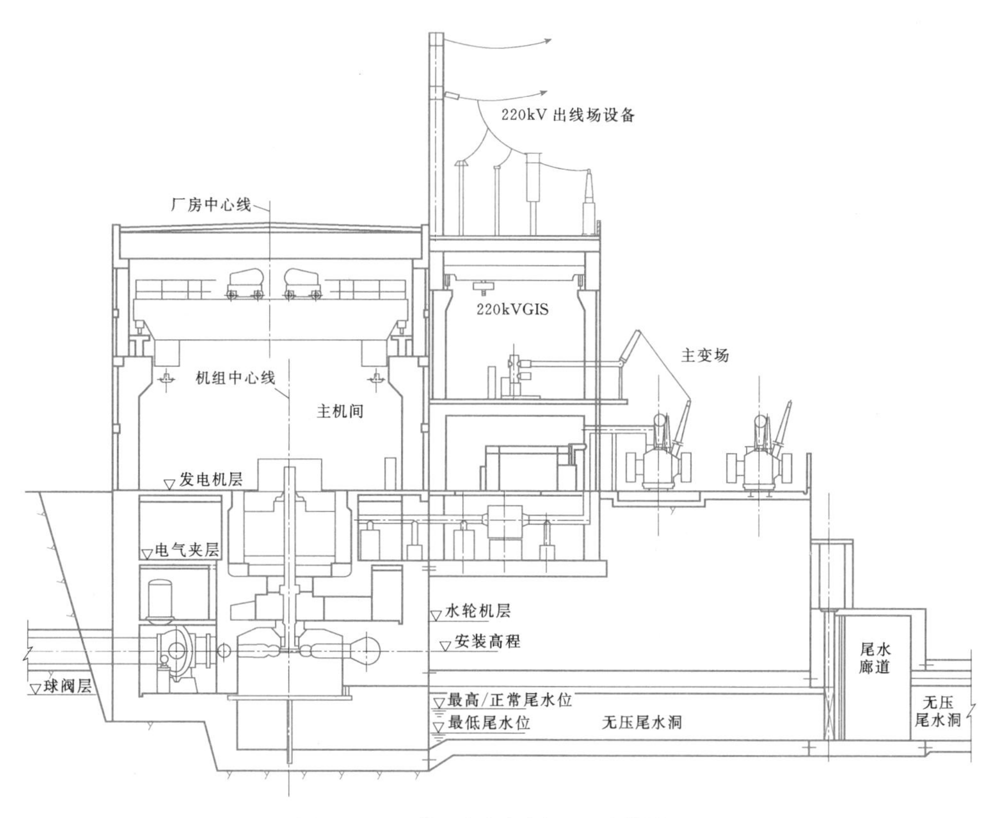

图 5.12-3 某立式水斗式机组厂房横剖面图

5.12.4 结构设计

5.12.4.1 配水环管设计

配水环管与反击式机组的金属蜗壳基本相同，由于流量较小，水头较高，配水环管尺寸较小，承受内水压力较大。

1. 配水环管外围混凝土结构型式

根据配水环管外部混凝土受力情况，可分为以下三种结构型式。

(1) 垫层式。垫层式配水环管是在配水环管外一定范围内铺设软垫层，后浇筑外围混凝土。这种结构型式由配水环管承担大部分的内水压力，配水环管外围混凝土结构可以承担较小的内水压力，主要承担水轮发电机荷载以及主厂房上部结构荷载。由于钢板与混凝土间软垫层的存在，使混凝土对配水环管的约束降低，影响机组运行稳定性。

(2) 充水保压式。充水保压式配水环管是在配水环管充水保压状态下浇筑外围混凝土。这种结构型式配水环管与外包混凝土内拉应力均匀，并且配水环管与外包混凝土之间的荷载分配比例可以根据需要选择，荷载分配明确可靠。在运行时，配水环管能紧贴外包混凝土，使座环、配水环管与外包混凝土能结合成整体，增加了机组的刚性，提高了其抗疲劳性能，可以依靠外包混凝土减少配水环管及座环的扭转变形，有利于减少机组的振动和稳定运行。

根据国内外已建工程，充水保压值一般为0.5～1.0倍最大静水头，规范建议采用0.5～0.8倍最大静水头。充水保压值越高，外围混凝土受力越小，但是保压值越高，配水环管与外包混凝土间的缝隙越大，对机组的运行不利。因此需对保压值进行充分论证，使钢筋混凝土配筋受力满足要求，同时也需满足机组特性、电站运行要求等。

(3) 直埋式。直埋式配水环管是在配水环管外直接浇筑混凝土，既不设垫层，也不充内压。外围钢筋混凝土结构和配水环管联合承受内水压力，配水环管和座环受力小，因而可以减薄钢板厚度，但混凝土受力较大以致开裂，对混凝土受力不利。

卧式机组常用无外包混凝土的配水环管型式。立式水斗式机组配水环管由于水头较高，流量较小，采用垫层式配水环管单独运行稳定较难保证。采用直埋式配水环管外围混凝土受力较大，混凝土结构较难满足要求，故立式水斗式机组一般采用充水保压式配水环管。

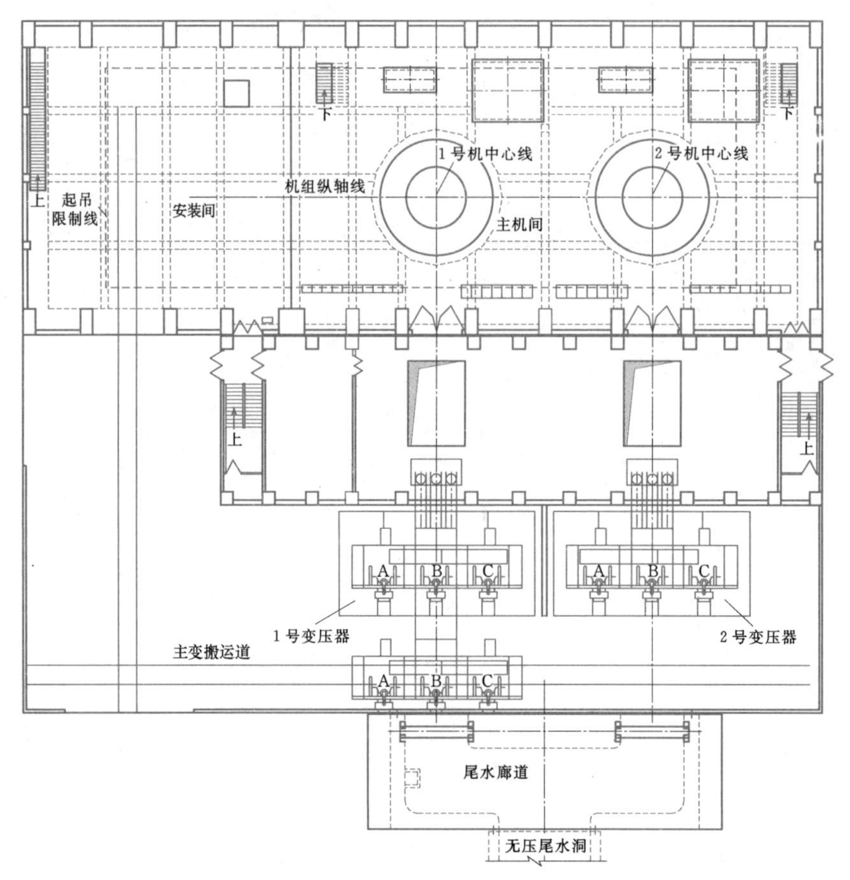

图 5.12-4 某立式水斗式机组厂房平面图

2. 配水环管外围混凝土结构设计

(1) 外围混凝土荷载。配水环管外围混凝土承受的主要荷载有：正常运行下各层楼面活载、机组运行时各种荷载、蜗壳内水压力（包括正常运行与甩负荷工况）等。

(2) 结构计算。配水环管外围混凝土结构计算与反击式机组蜗壳外围混凝土计算基本一致，主要宜采用三维有限元分析计算，或工程类比确定配筋。配水环管外围混凝土厚度受配水环管外围混凝土结构型式和水头影响，一般为1～1.5m。

5.12.4.2 其他部分设计

上部结构与反击式厂房结构相同，包括板梁柱系统、吊车梁，屋顶结构等。

下部结构包括配水环管、尾水流道、下部墙、厂房底板等。下部墙和底板作为整个厂房的基础，与反击式厂房结构一致。尾水流道较简单，立式水斗式机组水流一般通过喷嘴冲击转轮，通过稳水栅传到尾水流道底板。卧式水斗式机组水流一般通过喷嘴冲击转轮直接传到尾水流道底板。尾水流道结构可按平面框架计算内力和配筋。

5.13 开关站

5.13.1 开关站布置及型式

国内开关站常见的电压等级有110kV、220kV、330kV、500kV、800kV，最高可达1000kV。

开关站按电气设备的装置地点可分为户外与户内配电装置两大类。

5.13.1.1 户外式

将高压开关等电气设备布置在户外，称为户外式开关站。根据电气设备和导线的布置高度与重叠情况分为低型、中型、半高型和高型。

1. 低型布置

电气设备直接放在地面基础上，母线布置的高度也比较低，为了保证对人的安全距离，设备周围设有围栏。低型布置安装维修方便，但占地面积大，目前已很少采用。

2. 中型布置

电气设备放在支架上，使带电部分保持必要高度，母线布置水平面高于电气设备的水平面，设备的维修操作均在地面上进行。这种布置比较清晰明了，但占地面积大。中型布置在中国水电站中具有较成熟的运行经验，应用普遍。

3. 半高型布置

电气设备和母线分别装在几个不同高度的水平面上，并且重叠布置称为半高型。即将断路器和隔离开关分别布置在两层平面上，断路器在地面，隔离开关布置在构架的横梁上（操作机构在地面），构架的顶部则布置母线，其余电气设备布置在地面。这种布置由于设备重叠利用了空间，平面尺寸相应减小，适用于双母线接线。

4. 高型布置

电气设备和母线分别装在几个不同高度的水平面上，并且重叠布置，即将两组母线和母线隔离开关分别在构架上作上下两层布置，隔离开关的操作机构仍设在地面。高型布置适用于双母线接线方式。这种结构布置比较紧凑，占地面积小，一般约为中型布置的一半。缺点是钢材消耗大，操作和检修不便。高型布置适应于地形陡峻的地区，有时还可根据地形条件采用不同地面高程的阶梯形布置，以进一步减少占地和节省开挖工程量。

户外式开关站大多选择在近厂房处且又宽旷的地方，尽量利用山地、坡地，不占或少占农田。如遇陡峻狭窄的地形，可在山坡上半挖半填采用高型布置或将开关站布置在山顶平台上。靠近山坡的开关站，应注意避开断层、滑坡、危岩等不利地质区段，要有防止山洪和泥石流冲击的工程措施。开关站的位置要避开泄洪建筑物雾气的侵袭和水流的冲刷。此外，还要考虑输电的方向，合理选择开关站的出线架与高压输电塔的相对位置。

5.13.1.2 户内式（GIS 开关站）

将高压开关等电气设备布置在户内，称为户内式开关站。户内式开关站，各种间隔距离比户外布置小，故占地面积小，不受污秽环境和恶劣气候影响。有的电站将开关站布置在洞内或利用导流洞布置开关站，洞内开关站，也属于户内式。

近年来，封闭式六氟化硫（SF_6）组合电器已被广泛应用。SF_6 全封闭组合电器（简称 GIS）是以 SF_6 气体作为绝缘和灭弧介质，以优质环氧树脂绝缘子作支撑的新型成套高压电器。它的优点是占地面积和空间小，运行安全可靠，检修间隔周期长，噪声低，无电晕干扰，抗震性好，适用于大型水电站和地下及户内配电装置。缺点是设备费用较高。对于高山峡谷地区的电站因场地狭小和泄洪雾化影响，GIS 综合造价可能低于户外开关站。

GIS 开关站布置型式分为重叠型、分离型。

1. 重叠型

将主变压器、电缆层和 GIS 设备分层布置在同一建筑物内，重叠型布置紧凑，占地面积小，电缆和管道短。重叠型 GIS 一般布置在厂房的上、下游侧，底层布置主变压器，二层为 GIS 管道和电缆层，三层布置 GIS 设备，并设桥吊以便 GIS 设备安装、检修。图 5.1-5 所示 GIS 开关站布置在厂坝平台之间，为坝后式厂房重叠型 GIS 开关站典型布置型式。

2. 分离型

如场地宽敞，主变压器和 GIS 设备可以选择分离布置，如图 5.1-10 所示，为岸边式厂房分离型 GIS 开关站典型布置型式。

GIS 户内式开关站应注意通风，应设置火灾和 SF_6 气体报警探测装置。

5.13.2 开关站结构设计

本节主要论述户外式开关站构架的结构设计，户内式（GIS）开关站大多采用多层现浇钢筋混凝土框架，可参阅有关文献。

5.13.2.1 构架类型

开关站构架按其用途分类有进出线构架、母线架、中央门型架、转角架和变压器组合架等；按其形式和高度可分为 A 型、Π 型、H 型构架等；按其材料性能可分为钢筋混凝土构架、预应力混凝土构架、钢结构构架、钢管或钢管混凝土构架等。

5.13.2.2 荷载及其组合

1. 作用在构架上的荷载

（1）导线和避雷线的张力（包括在运行、安装及检修等情况下的张力）A_1。

（2）导线、避雷器、引下线、绝缘子串和金属器具、覆冰的重量等 A_2。

（3）构架结构自重 A_3。

（4）风载（包括构架风压及导线、避雷器、引下线、绝缘子串上的风压）A_4。

（5）安装检修时的人及工具重（一般为 1.5～2kN）A_5。

（6）地震荷载 A_6。

2. 荷载组合

构架应根据电气布置，气象资料及不同工况（运行、安装、检修、特殊）下，可能产生的最不利的受力情况，并考虑到远期发展可能产生的变化，分别按终端构架及中间构架进行设计。

（1）终端构架组合工况。

1）运行工况。取最大风速、覆冰或最低气温时，对构架及基础的最不利荷载，即 $A_1+A_2+A_3+A_4$。

2）安装工况。应考虑构架独立、导线紧线及紧线时作用在梁上的人及工具重，即 $A_1+A_2+A_3+A_4+A_5$。

3）检修工况。对高度≥10m的构架，应考虑单项带电检修作用在导线的人及工具重。三相同时停电检修时，作用在每相导线上的人和工具重不少于1kN。对未上人的哪一相导线，应按安装情况时的导线张力；导线中部无引下线时不考虑导线上人。对出线构架线路一侧只考虑单相带电检修时导线上人的荷载，即 $A_1+A_2+A_3+A_4+A_5$。

4）特殊工况。当考虑地震荷载时，取最大风速、覆冰或最低气温时荷载及地震力，对构架及基础的最不利荷载，即 $A_1+A_2+A_3+A_4+A_6$。

（2）中间构架组合工况。两侧均挂有导线的中间构架，应考虑在运行情况下或导线上人检修情况时所产生的不平衡力。此外，还应考虑在安装或更换导线一侧架线另一侧不架线的最不利荷载。

1）运行工况。取最大风速、覆冰或最低气温时，对构架及基础的最不利荷载，即 $A_1+A_2+A_3+A_4$。

2）安装工况。考虑一侧架线，另一侧不架线，即 $A_1+A_2+A_3+A_4+A_5$。

3）检修工况。$A_1+A_2+A_3+A_4+A_5$。

4）特殊工况。$A_1+A_2+A_3+A_4+A_6$。

（3）单侧打拉线的单干构架组合工况。

1）未架线前工况。导线、避雷器、引下线、绝缘子串和金属器具、覆冰的重量等（不考虑张力），即 A_2+A_4（最大风速）。

2）架线后（正常运行工况）。即 $A_1+A_2+A_3+A_4$。

荷载组合系数：运行工况取1.0，安装及检修工况取0.9，特殊工况取0.75（如地震）；验算构架安装起吊应力时，结构自重应乘动力系数1.5；当变电站构架被用来起吊主变压器钟罩时，起吊重量乘以1.2。

5.13.2.3 构架静力计算[16]

1. 等径人字柱

（1）人字柱柱头剪力系数 t_{ab}、$\overline{t_{ac}}$（环形截面等径杆）按下两式计算：

$$t_{ab}=\frac{\frac{1}{3}Hi+\frac{1}{4}b}{i\left(\frac{1}{3}Hi+\frac{1}{2}b+\frac{b^2}{4Hi}\right)} \tag{5.13-1}$$

$$\overline{t_{ac}}=\frac{\frac{1}{6}H_{AC}ib+H_{BC}i+\frac{1}{4}b}{i\left(\frac{1}{3}Hi+\frac{1}{2}b+\frac{b^2}{4Hi}\right)}\times\left(\frac{H_{AC}}{H}\right)^2 \tag{5.13-2}$$

（2）AΠ型中央门型架、母线架及转角架的人字柱的剪力、弯矩、轴力按式（5.13-3）～式（5.13-6）计算（见图5.13-1）。

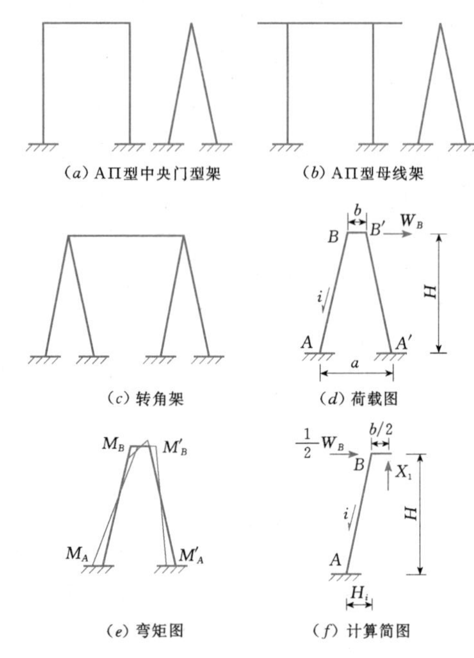

图5.13-1 中央门型架、母线架、转角架的荷载及计算简图

剪力

$$X_1=\frac{1}{2}W_Bt_{ab} \tag{5.13-3}$$

弯矩

$$M_A=-\frac{1}{2}W_B\left[H(1-t_{ab}i)-\frac{1}{2}bt_{ab}\right] \tag{5.13-4}$$

$$M_B=\frac{1}{4}W_Bbt_{ab} \tag{5.13-5}$$

轴力

$$N_{AB}=-N_{A'B'}=\frac{1}{2}W_Bt_{ab} \tag{5.13-6}$$

（3）带地线支柱的AΠ型进线架和出线架的人字柱剪力、弯矩、轴力计算（见图5.13-2）。

剪力

$$X_1=\left[\frac{1}{2}(W_C+W_B)-\frac{W_Chi}{b}\right]t_{ab} \tag{5.13-7}$$

弯矩

$$M_A=\left[-\frac{1}{2}(W_C+W_B)+\frac{W_Chi}{b}\right]\times\left[H(1-t_{ab}i)-\frac{b}{2}t_{ab}\right] \tag{5.13-8}$$

$$M_B=\frac{b}{2}\left[\frac{1}{2}(W_C+W_B)-\frac{W_Chi}{b}\right]t_{ab} \tag{5.13-9}$$

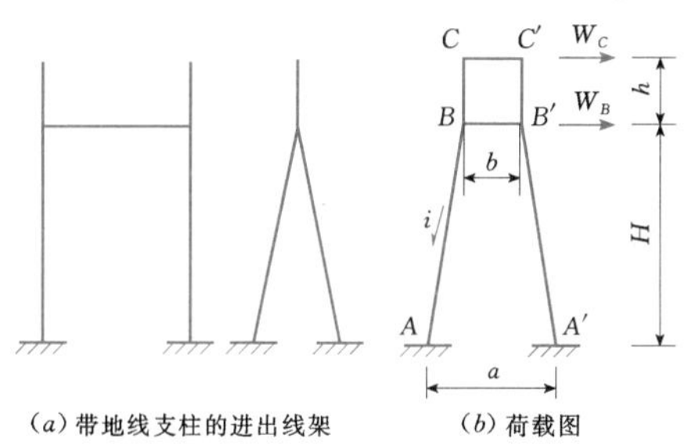

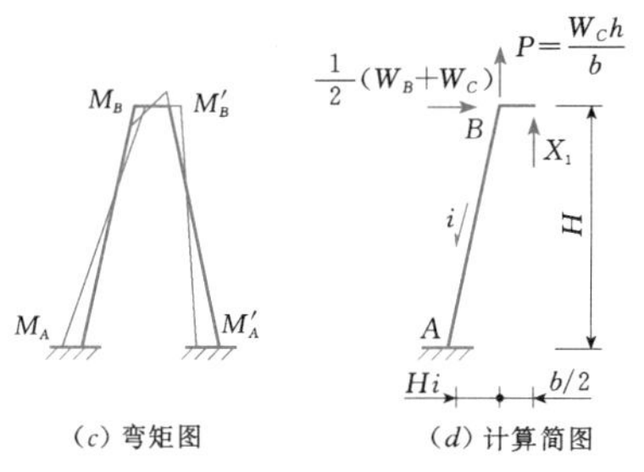

图 5.13-2 带地线支柱进出线架的荷载及计算简图

轴力

$$N_{AB}=-N_{A'B'}=\left[\frac{1}{2}(W_C+W_B)-\frac{W_C hi}{b}\right]t_{ab}+\frac{W_C h}{b} \tag{5.13-10}$$

（4）AH 型进出线架人字柱剪力、弯矩、轴力计算（见图 5.13-3）。

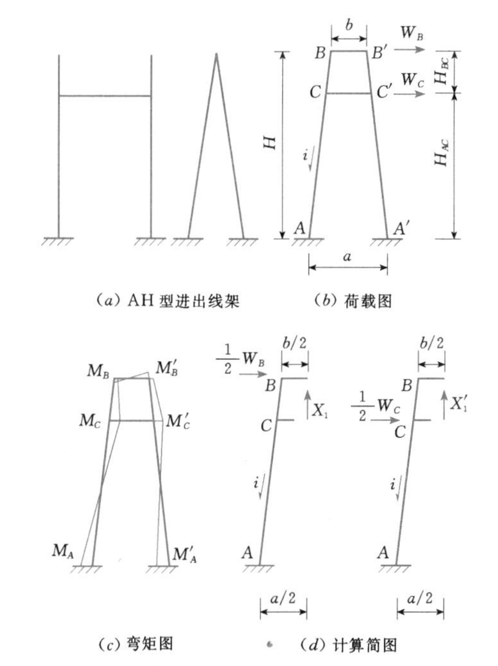

图 5.13-3 AH 型进出线架的荷载及计算简图

剪力

$$X_1=\frac{1}{2}W_B t_{ab} \tag{5.13-11}$$

$$X'_1=\frac{1}{2}W_C \bar{t}_{ac} \tag{5.13-12}$$

弯矩

$$M_A=\frac{1}{2}(W_B t_{ab}+W_C \bar{t}_{ac})\left(\frac{1}{2}b+Hi\right)-\frac{1}{2}(W_B H+W_C H_{AC}) \tag{5.13-13}$$

$$M_B=\frac{1}{4}b(W_B t_{ab}+W_C \bar{t}_{ac}) \tag{5.13-14}$$

$$M_C=\frac{1}{2}(W_B t_{ab}+W_C \bar{t}_{ac})\left(\frac{1}{2}b+H_{BC}i\right)-\frac{1}{2}(W_B H_{BC}) \tag{5.13-15}$$

轴力

$$N_{AB}=-N_{A'B'}=\frac{1}{2}(W_B t_{ab}+W_C \bar{t}_{ac}) \tag{5.13-16}$$

（5）母线配线组合架人字柱剪力、弯矩、轴力计算。

1）单边母线，见图 5.13-4。

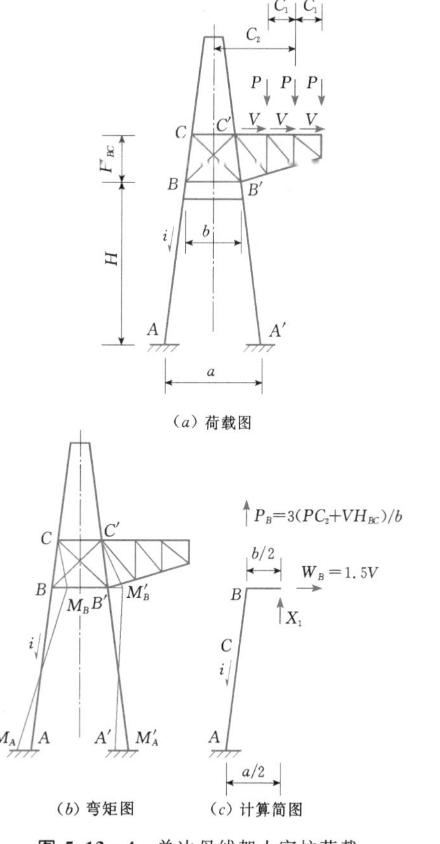

图 5.13-4 单边母线架人字柱荷载及计算简图

剪力

$$X_1=\left[1.5V-\frac{3(PL+VH_{BC})i}{b}\right]t_{ab} \tag{5.13-17}$$

弯矩

$$M_A=\left[-1.5V+\frac{3(PL+VH_{BC})i}{b}\right]\times\left[H(1-t_{ab}i)-\frac{1}{2}bt_{ab}\right] \tag{5.13-18}$$

$$M_B=\frac{1}{2}b\left[1.5V-\frac{3(PL+VH_{BC})i}{b}\right]t_{ab} \tag{5.13-19}$$

轴力

$$N_{AB}=\left[1.5V-\frac{3(PL+VH_{BC})i}{b}\right]t_{ab}+\frac{3(PL+VH_{BC})}{b}-1.5P \tag{5.13-20}$$

$$N_{A'B'}=-\left[1.5V-\frac{3(PL+VH_{BC})i}{b}\right]t_{ab}-\frac{3(PL+VH_{BC})}{b}-1.5P \tag{5.13-21}$$

2）双边母线，见图5.13-5。

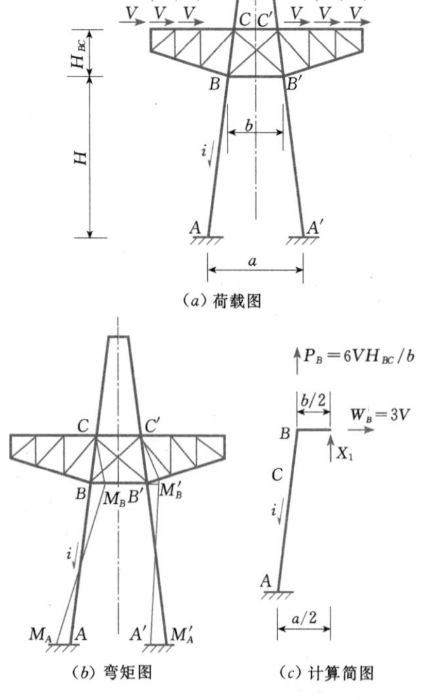

图5.13-5 双边母线架人字柱荷载及计算简图

剪力

$$X_1=\left[3V-\frac{6(PL+VH_{BC})i}{b}\right]t_{ab} \tag{5.13-22}$$

弯矩

$$M_A=\left(-3V+\frac{6VH_{BC}i}{b}\right)\left[H(1-t_{ab}i)-\frac{1}{2}bt_{ab}\right] \tag{5.13-23}$$

$$M_B=\frac{1}{2}b\left[3V-\frac{6(PL+VH_{BC})i}{b}\right]t_{ab} \tag{5.13-24}$$

轴力

$$N_{AB}=\left(3V-\frac{6VH_{BC}i}{b}\right)t_{ab}+\frac{6VH_{BC}}{b}-3P \tag{5.13-25}$$

$$N_{A'B'}=-\left(3V-\frac{6VH_{BC}i}{b}\right)t_{ab}-\frac{6VH_{BC}}{b}-3P \tag{5.13-26}$$

$$i=\frac{a-b}{2H}$$

式（5.13-1）～式（5.13-26）中

H——人字柱高，m；

i——柱的倾斜坡度；

a——人字柱脚两杆中心距，m；

b——人字柱顶两杆中心距离，m；

H_{AC}、H_{BC}——人字柱节间高，m；

h——支柱高，m；

W_B、W_C——柱顶水平荷载，kN；

P——垂直荷载，kN；

V——导线及金具风压，kN。

2. 等径杆单孔门架

（1）在弯矩及水平力作用下剪力、弯矩、轴力计算，如图5.13-6所示。

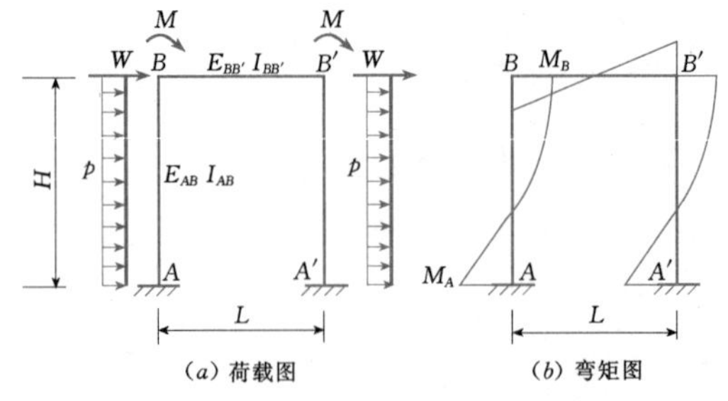

图5.13-6 等径杆单孔门架在弯矩及水平力作用下的计算简图

弯矩

$$M_A=\left(M+\frac{1}{2}WH+\frac{1}{6}pH^2\right)F_{1A}-\left(M+WH+\frac{1}{2}pH^2\right) \tag{5.13-27}$$

$$M_B=\left(M+\frac{1}{2}WH+\frac{1}{6}pH^2\right)F_{1A}-M \tag{5.13-28}$$

$$F_{1A}=\frac{1}{\frac{1}{6K}+1}$$

(2) 在垂直集中力作用下剪力、弯矩、轴力计算，见图 5.13-7。

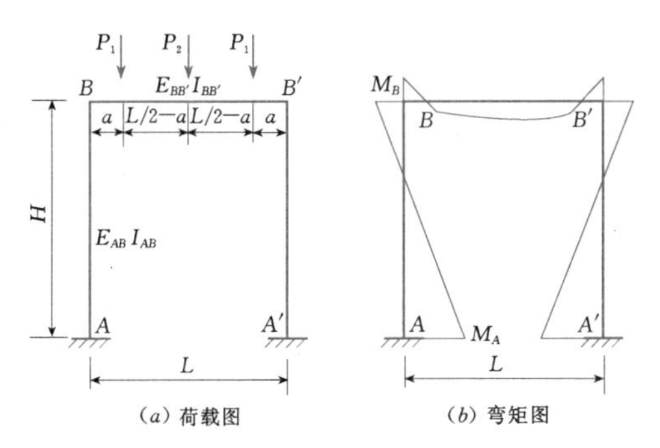

图 5.13-7 等径杆单孔门架在垂直荷载作用下的计算简图

弯矩

$$M_A=\frac{1}{2}\left[\frac{1}{4}P_2+2P_1\frac{a}{L}\left(1-\frac{a}{L}\right)\right]LF_{1B} \tag{5.13-29}$$

$$M_B=-\left[\frac{1}{4}P_2+2P_1\frac{a}{L}\left(1-\frac{a}{L}\right)\right]LF_{1B} \tag{5.13-30}$$

$$F_{1B}=\frac{1}{2+K}$$

式 (5.13-27) ～式 (5.13-30) 中

W——柱顶水平荷载，kN；

p——风荷载，kN/m；

P_1、P_2——垂直荷载，kN；

a——p_1 距立杆距离，m；

H——构架高度，m；

L——构架跨度，m；

K——梁柱线性刚度比，当柱采用环形截面等径杆时按式 (5.13-31) 计算。

$$K=\frac{EJ_0H}{E_hJ_{AB}L}\quad(\text{若为人字柱应乘 }1/2) \tag{5.13-31}$$

3. 门架桁架梁的计算惯性矩 J_0 及刚度修正系数 ξ 的计算

在变电构架中，钢桁架梁与环形截面的钢筋混凝土杆组成刚架，通常采用如图 5.13-8 (*a*) 这种构造型式，其安装方便，构造简单，只需在梁柱连接部分采取适当的构造措施加以电焊便可以使整个构架起刚性作用。但也有采用如图 5.13-8 (*b*) 的连接方式，这种连接方式受力性能好，但是构造复杂，需要在环形杆上打抱箍与梁连接。当人字柱采用钢管或钢管混凝土时，应优先采用这种结构。其桁架梁的计算惯性矩 J_0 与刚度修正系数 ξ 的计算按式 (5.13-32) ～式 (5.13-37) 计算。

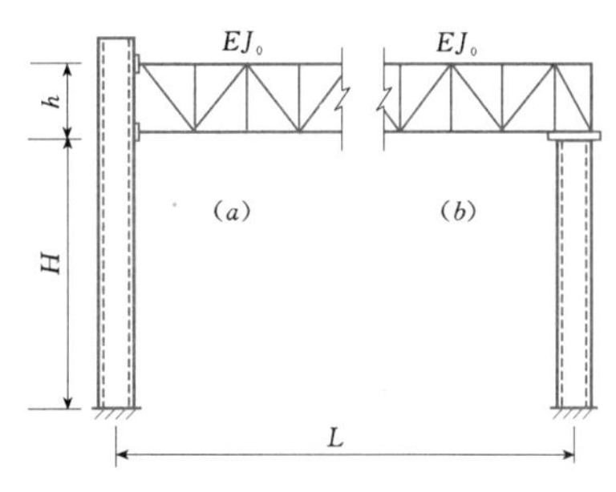

图 5.13-8 构架连接方式

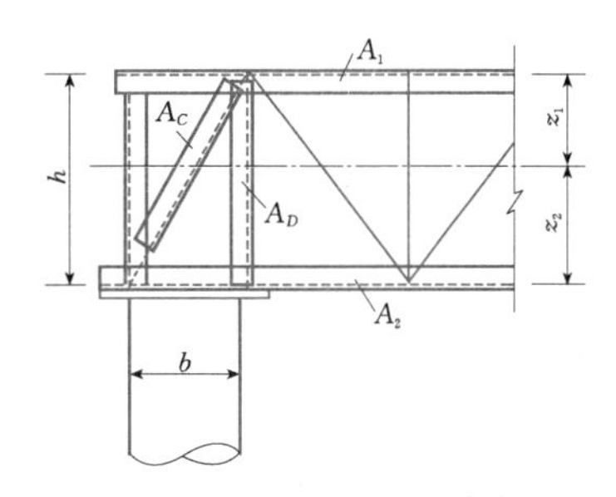

图 5.13-9 连接大样

$$J_0=\xi J \tag{5.13-32}$$

$$J=A_1Z_1^2+A_2Z_2^2 \tag{5.13-33}$$

式中 J——桁架梁的惯性矩；

A_1、A_2——梁的上、下弦杆截面积，m²；

ξ——桁架梁惯性矩修正系数，对图 5.13-8 (*a*) 的连接形式，焊接连接时取 0.9，对螺栓连接时取 0.8，对图 5.13-8 (*b*) 的连接形式按式 (5.13-34) 计算。

$$\xi=\frac{0.9L}{(L-b)\left(\frac{1+5.5\phi+4.5\phi^2}{1+1.5\phi}\right)} \tag{5.13-34}$$

式中 ϕ——与梁断面特性及形状有关的系数，当梁断面为矩形时按式 (5.13-35) 计算，当梁断面为 60°等边三角形时按式 (5.13-36) 计算。

$$\phi=\frac{0.9I}{b^2(L-b)}\left[\frac{(h^2-b^2)\sqrt{h^2+b^2}}{h^2A_C}+\frac{h}{A_D}\right] \tag{5.13-35}$$

$$\phi=\frac{0.9I}{1.154b^2h^2(L-b)}\left[\frac{\sqrt{(1.333h^2+b^2)^3}}{A_C}+\frac{1.54h^3}{A_D}\right]\tag{5.13-36}$$

式中　b——支座宽度，m；

h——梁的计算高度，m；

L——刚架梁的跨度，m；

A_D——支座处竖杆面积，m²；

A_C——支座处斜杆面积，m²。

式中符号见图5.13-9。

5.13.2.4　变电站构架基础

1. 一般规定

（1）基础形式。变电构架常用的基础形式见图5.13-10。

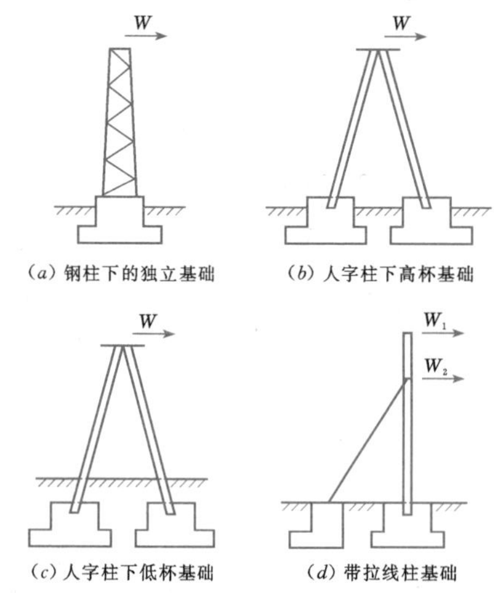

图5.13-10　变电站构架基础形式

一般情况下，人字柱基础采用高杯基础，便于安装；若遇岩基时，高杯基础也可以全部露出地面，如果采用定型杆段或组合杆段长度过长，需要用基础埋深调节构架高度时也可采用低杯基础。

（2）基础埋深。在回填基础上时，应对基础进行夯实，使其满足地基承载力要求。基础埋深不小于0.5m，并不小于当地的冻土深度。

（3）基础材料。构架基础一般为素混凝土刚性基础，配置少量的构造钢筋，基础台阶满足刚性角要求。若采用钢筋混凝土基础，其基础的强度及配筋按混凝土结构设计规范进行。

预制基础混凝土强度等级不宜低于C20，现浇基础混凝土强度等级不低于C15。

2. 地基承载力验算

（1）中心受压基础按下式验算：

$$p=\frac{N+G}{F}\leqslant R\tag{5.13-37}$$

式中　p——地基应力，kN/m²；

R——基础容许的承载力，kN/m²；

$N+G$——上部垂直荷重和基础自重，kN；

F——基础底面积，m²。

（2）单向偏心受压基础按式（5.13-38）～式（5.13-40）验算（见图5.13-11）。

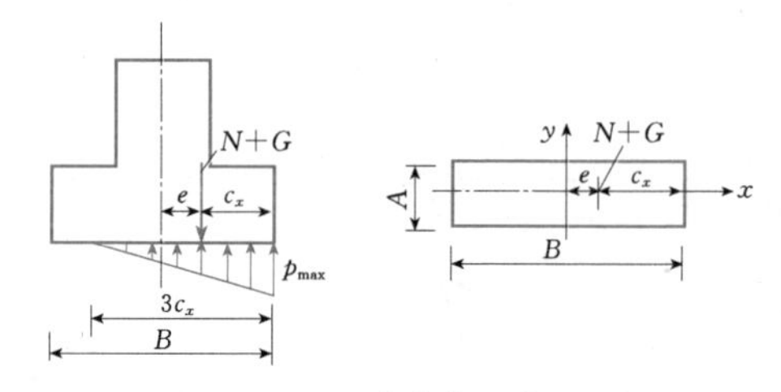

图5.13-11　单向偏心受压基础

$$p_{max}=\frac{N+G}{F}+\frac{M}{W}\leqslant 1.2R\quad\left(e\leqslant\frac{B}{6}\text{时}\right)\tag{5.13-38}$$

$$p_{min}=\frac{N+G}{F}-\frac{M}{W}\tag{5.13-39}$$

当p_{min}为负值时，即偏心距$e>\frac{B}{6}$，则p_{max}应按下式验算：

$$p_{max}=\frac{2(N+G)}{3AC_X}\leqslant 1.2R\tag{5.13-40}$$

式中　M——计算弯矩，kN·m；

C_X——合力作用点至基础底面最大压力边缘的距离，m；

W——基础底面抵抗矩，m³；

A、B——基础边长，m。

（3）双向偏心受压基础按式（5.13-41）和式（5.13-42）验算（见图5.13-12）：

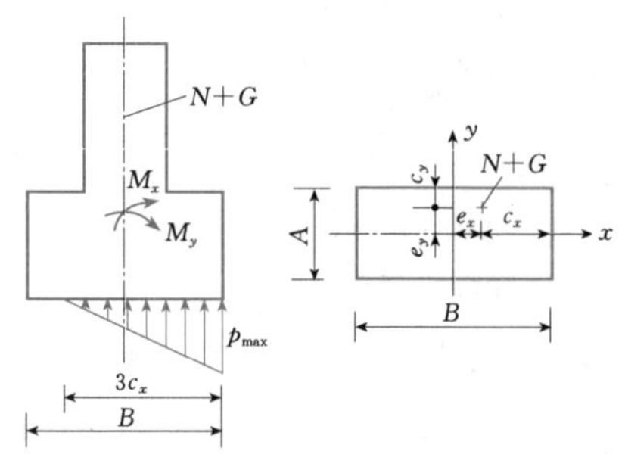

图5.13-12　双向偏心受压基础

当$e_x\leqslant\frac{B}{6}$、$e_y\leqslant\frac{A}{6}$时

$$p_{max}=\frac{N+G}{F}+\frac{M_x}{W_x}+\frac{M_y}{W_y}\leqslant 1.2R\tag{5.13-41}$$

当 $e_x > \frac{B}{6}$、$e_y > \frac{A}{6}$ 时

$$p_{\max} = 0.35\frac{N+G}{C_x C_Y} \leqslant 1.2R \qquad (5.13-42)$$

其中

$$e_x = \frac{M_y}{N+G};\ e_y = \frac{M_x}{N+G}$$

$$C_x = \frac{B}{2} - e_x;\ C_y = \frac{A}{2} - e_y$$

3. 基础抗拔验算

重力基础抗拔按下式验算：

$$\frac{G}{N_Y} \geqslant K \qquad (5.13-43)$$

式中 G——基础自重+基础台阶上的土重，kN；

N_Y——上拔力垂直分力，kN；

K——抗拔安全系数，中间构架 $K=1.3$，终端构架 $K=1.5$。

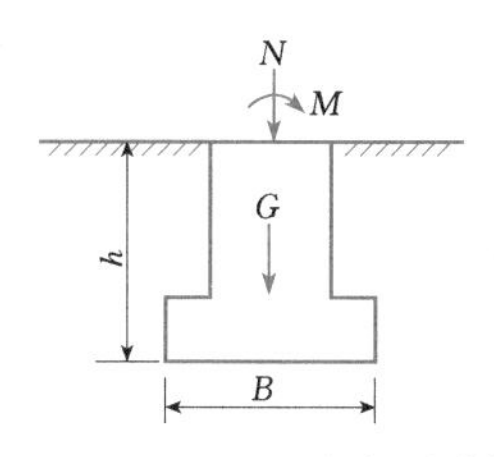

图 5.13-13 基础的抗倾覆计算图

4. 基础的抗倾覆验算

重力基础抗倾覆按下式验算（见图 5.13-13）。

$$\frac{(G+N)B}{2M} \geqslant K \qquad (5.13-44)$$

式中 G——基础自重+基础台阶上的土重，kN；

N——上部垂直荷载，kN；

M——弯矩，kN·m；

B——弯矩作用方向的基础底面边长，m；

K——抗倾覆安全系数，中间构架 $K=1.3$，终端构架 $K=1.5$。

5.13.2.5 构造要求

1. 长细比要求

钢筋混凝土及预应力混凝土环形截面杆，人字柱及带拉线的柱长细比 $\lambda=\frac{H}{d}\leqslant 180$；设备支架柱长细比 $\lambda=\frac{H}{d}\leqslant 20$，其中 H 为构架的高度；d 为构架的直径。

2. 人字柱的根开要求

一般人字柱的根开要求可取 $\frac{H}{4.5}\sim\frac{H}{7.5}$，当荷载很小时可取 $\frac{H}{10}$，顺人字柱方向一般不需要计算挠度。

3. 人字柱柱头、水平支撑连接方式

人字柱的柱头一般采用焊接。当人字柱的高度 $H\leqslant 10.0$m 时，人字柱中间可不加水平支撑，当人字柱的高度 $H>10.0$m 时，在人字柱平面内，杆段接头部位加设水平支撑，见图 5.13-14。

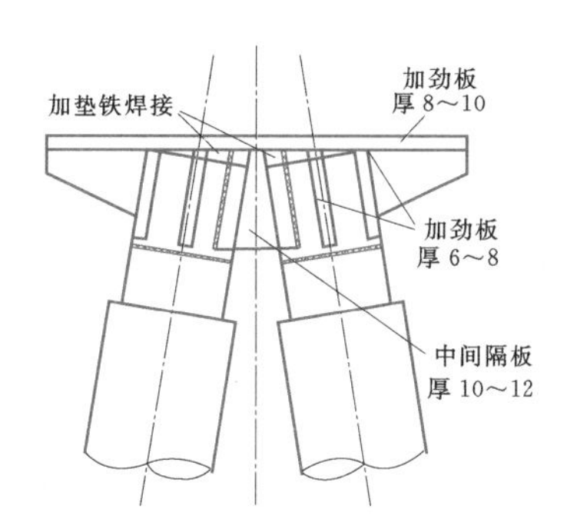

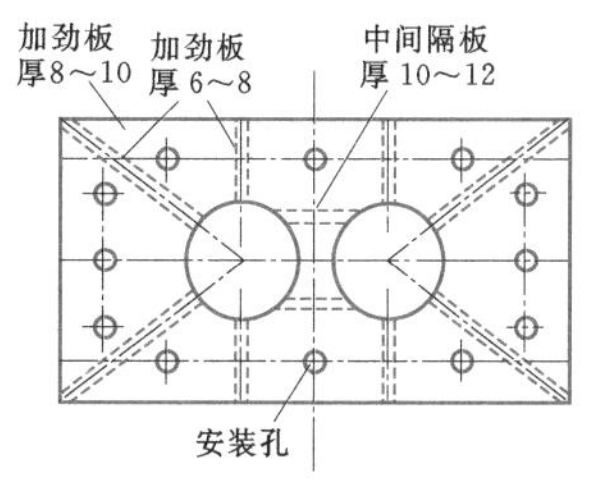

图 5.13-14 柱头连接方式（单位：mm）

4. 人字柱、单干悬臂柱插入杯形基础的深度

人字柱、单干悬臂柱插入的深度一般不小于 50cm，同时也不应小于 $1.25d$（d 为构架的直径）。设备支架插入深度一般不应小于 30cm，同时也不应小于 $1.0d$。

5.13.2.6 构架的强度计算

1. 钢筋混凝土及预应力钢筋混凝土构架

钢筋混凝土及预应力钢筋混凝土构架的强度及稳定按 GB 50010《混凝土结构设计规范》进行计算。

2. 钢结构构架

钢结构构架的强度及稳定按 GB 50017《钢结构设计规范》进行计算。

5.14 厂房建筑设计

5.14.1 设计内容和原则

5.14.1.1 设计内容

厂房建筑设计的主要内容是依据水电站厂房的功能特性，进行厂房的内外部环境设计，建筑消防设计，节能环保和装修构造设计，营造安全、实用、经济、美观的空间环境。

5.14.1.2 设计原则

(1) 应与枢纽工程中其他建筑物相互协调，保持完整统一。

(2) 应注意造型，力求使用功能、结构技术、建筑艺术三者协调一致。

(3) 应根据厂房类型、设备布置、使用要求、自然条件和建筑技术等因素进行平面布置和空间设计，妥善解决交通、防火防爆、防水防潮、采光照明、保温、通风、防振、防噪声和卫生等环境质量问题，并应符合国家和行业有关的规程规范的规定。

5.14.2 内部空间环境

5.14.2.1 基本要求

(1) 主厂房室内空间应以机电设备为主要表现对象，利用色彩装修和照明等手段加以突出，以表现水电站厂房的空间特点。

(2) 副厂房室内空间应满足功能要求，特别是中央控制室等直接生产副厂房，需运用建筑美学原理，创造舒适优美的室内环境。

(3) 厂内楼梯和电梯的位置应结合主副厂房、道路、出入口布置统一考虑，务必保证人流及设备运输通畅近便，其数量及布置应满足有关防火安全疏散的要求。

5.14.2.2 室内设计主要内容

(1) 在满足基本功能前提下，室内空间的组织和创造。

(2) 地面、墙面、顶棚等各界面线形和装饰设计。

(3) 确定室内主色调和色彩配置。

(4) 室内采光和照明设计。

(5) 选用各界面的装饰材料、确定构造做法。

(6) 协调室内空调、水、电等设备要求。

5.14.3 外部环境景观

水电站因其特殊的地理环境往往被辟为风景区，对外开放，供人游览。现代水电站厂房建筑设计要求在注重功能的同时，应注意视觉效果，与旅游景观相结合。

5.14.3.1 建筑造型

(1) 厂房的建筑造型必须考虑所处的自然环境，适应当地的山形水势，与环境相协调。

(2) 厂房的建筑造型还应与水利枢纽中大坝、升船机等其他建筑物相协调。在造型手法上，厂房可根据挡水坝的不同类型采用不同的建筑材料，与挡水坝形成适度的曲直、高低等方面的对比，形成总体上的协调效果。

(3) 主厂房立面设计要注意“粗中有细”，通过开窗方式、墙面与柱子关系的进退、色彩关系、材料质感等手法丰富其细部，避免单调。如果主副厂房采取毗邻布置，可一并考虑，以取得形体对比较丰富的组合效果。

(4) 建筑外立面在宏观上应简洁、明快，微观上又能有亲切近人的细部和尺度。在坝顶上能俯视厂区全貌的厂房，应注重厂房屋面的处理。

5.14.3.2 环境绿化

现代水电站厂房设计应进行全面的绿化规划，厂前区宜列为绿化的重点。

水电站绿化可以提供人们活动和休息的空间，使电厂显得活泼和富有生气；绿地还能分隔空间和组织交通，改善小气候，提高环境质量，维持生态平衡和降低噪声，减小灰尘。

5.14.3.3 景观照明

早期我国不少水电站只有工作照明，没有夜景照明。水电站通过夜景渲染照明的映衬，将建筑的力与灯光的美和谐地统一在一起，交相辉映，相得益彰，展现水利枢纽的雄伟壮观景色。

5.14.4 建筑消防设计

5.14.4.1 建筑物的耐火等级和燃烧性能

水电站厂房的火灾危险性分类，应依据现行的国家标准《建筑设计防火规范》(GB 50016—2006) 规定的原则划分。水电站厂房建筑物、构筑物生产的火灾危险性类别和耐火等级不应低于表 5.14-1 的规定，建筑物、构筑物构件的燃烧性能和耐火极限见表 5.14-2。

表 5.14-1　厂房各部位火灾危险性类别及耐火等级表

火灾危险性类别		丙		丁	戊
耐火等级		一级	二级	二级	三级
建筑物类别	主要建筑物	主变压器	中控室、继电保护盘室、电子计算机室、载波与程控机房、电缆廊道、电缆竖井、通风机房、空调机房等	主副厂房、干式厂用变压器、母线洞及母线竖井、空压机室、厂用配电盘室等	深井泵房、技术供水室等
	辅助生产建筑物		油库、油处理室等	继电保护室、实验室等	

注　本表参考《水利水电工程设计防火规范》SDJ 278—90。

表 5.14-2　水电站厂房建筑物、构筑物构件的燃料性能和耐火极限　单位：h

构件名称		耐火等级		
		一级	二级	三级
墙	防火墙	不燃烧体 3.00	不燃烧体 3.00	不燃烧体 3.00
	承重墙	不燃烧体 3.00	不燃烧体 2.50	不燃烧体 2.00
	楼梯间电梯井的墙	不燃烧体 2.00	不燃烧体 2.00	不燃烧体 1.50
	疏散走道两侧的隔墙	不燃烧体 1.00	不燃烧体 1.00	不燃烧体 0.50
	非承重外墙	不燃烧体 0.75	不燃烧体 0.50	难燃烧体 0.50
	房间隔墙	不燃烧体 0.75	不燃烧体 0.50	难燃烧体 0.50
柱		不燃烧体 3.00	不燃烧体 2.50	不燃烧体 2.00
梁		不燃烧体 2.00	不燃烧体 1.50	不燃烧体 1.00
楼板		不燃烧体 1.50	不燃烧体 1.00	不燃烧体 0.75
屋顶承重构件		不燃烧体 1.50	不燃烧体 1.00	难燃烧体 0.50
疏散楼梯		不燃烧体 1.50	不燃烧体 1.00	不燃烧体 0.75
吊顶（包括吊顶搁栅）		不燃烧体 0.25	难燃烧体 0.25	难燃烧体 0.15

注　本表摘自《建筑设计防火规范》(GB 50016—2006)。

5.14.4.2　消防车道

消防车道的净宽度和净空高度均不应小于 4.0m，确保消防车应能到达地面厂房入口处或地下厂房交通洞地面入口处。消防车道与厂房之间不应设置妨碍消防车作业的障碍物。消防车道路面、扑救作业场地及其下面的管道和暗沟等应能承受大型消防车的压力。供消防车停留的空地，其坡度不宜大于 3%。尽头式消防车道应设置回车道或回车场，回车场的面积不应小于 12.0m×12.0m；供大型消防车使用时，不宜小于 18.0m×18.0m。

5.14.4.3　防火间距

相邻厂房之间的防火间距按下列规定确定：

(1) 两座均为一、二级耐火等级的丙、丁、戊类厂房，当相邻较低一面外墙为防火墙，且该厂房屋盖的耐火极限不低于 1h 时，其防火间距不应小于4m。

(2) 两座相邻厂房当较高一面外墙为防火墙时，其防火间距不限。

屋外主变压器场与厂区建筑物、绝缘油和透平油露天油罐的防火间距见表 5.14-3。

表 5.14-3　屋外主变压器场与厂区建筑物、绝缘油和透平油露天油罐的防火间距　单位：m

建筑物储罐名称 \ 变压器总油量 (t)			5～10	>10～50	>50
丙、丁、戊类厂房及库房	耐火等级	一、二级	12	15	20
		三级	15	20	25
		四级	20	25	30
其他建筑		一、二级	15	20	25
		三级	20	25	30
		四级	25	30	35
绝缘油、透平油露天油罐	总储油量 (m^3)	5～200	20		
		201～600	25		

注　1. 防火间距应从距建筑物、绝缘油或透平油露天油罐最近的变压器外壁算起。

2. 屋外主变压器场是指电压为 35～500kV 的屋外主变压器场地。

3. 水力发电厂、水泵站内的主变压器，其油量可按单台确定。

4. 本表摘自《水利水电工程设计防火规范》(SDJ 278—90)。

露天油罐与建筑物等的防火间距见表5.14-4。

厂房外地面油罐室与建筑物等的防火间距见表5.14-5。

表5.14-4　露天油罐与建筑物等的防火间距　　单位：m

名称 \ 罐储量（m^3）	5～200	201～600
一、二级耐火等级建筑物	10	12
三级耐火等级建筑物	12	15
开关站	15	20
厂外铁路线（中心线）	30	
厂外公路（路边）	15	

注　1. 与电力牵引机车的厂外铁路线（中心线）防火间距不应小于20m。
2. 本表摘自《水利水电工程设计防火规范》（SDJ 278—90）。

表5.14-5　厂房外地面油罐室与建筑物等的防火间距　　单位：m

名　称 \ 油罐型式			厂房外地面油罐室
一、二级耐火等级建筑物			10
三级耐火等级建筑物			12
屋外主变压器场	变压器单台油量（t）	≤10	12
	变压器单台油量（t）	＞10～≤50	15
	变压器单台油量（t）	＞50	20
厂外铁路线（中心线）			20
厂外公路（路边）			10

注　1. 当设有固定式灭火装置时，一、二级和三级耐火等级建筑物的防火间距，可分别减少到8m和9m。当开关站电气设备单台油量小于5t时，其防火间距可减到10m。
2. 本表摘自《水利水电工程设计防火规范》（SDJ 278—90）。

5.14.4.4　防火分区

水电站主厂房和高度在24m以下的副厂房，一般划为一个防火分区，但为了确保防火安全，对易失火的重点场所及有特殊要求的部位，如厂内油罐、油处理室、电缆室、母线廊道及竖井等，设置防火隔墙或防火门窗、防火阀等进行分隔。对于大型厂房宜将主、副厂房单独划分为两个防火分区。

5.14.4.5　安全疏散

1. 安全出口的数目

厂房安全出口的数目不应少于两个，且必须有一个直通屋外地面。进厂交通的出口可作为直通屋外地面的安全出口。地下厂房出线或通风用的隧道及竖井出口可作为通至屋外地面的安全出口。

副厂房的安全疏散出口不应少于两个。当副厂房每层建筑面积不超过800m^2，且同时值班人数不超过15人时，可设一个。

2. 安全疏散出口的距离

发电机层以下各层，室内最远工作地点到该层最近的安全疏散出口的距离不应超过60m。

发电机层以上的高层副厂房内最远工作地点到安全疏散出口的距离不应超过50m，多层副厂房的安全疏散距离不限。

3. 安全疏散门、走道和楼梯

高层副厂房应设封闭楼梯间和一台消防电梯（可与客、货梯兼用），并应符合现行的国家标准GB 50016—2006《建筑设计防火规范》的有关规定。安全疏散楼梯应为防烟楼梯间，并设有不少于6m^2的前室，或不小于10.0m^2的合用前室。前室及楼梯间门均采用乙级防火门，并按疏散方向开启。前室及楼梯间设加压送风系统。

安全疏散用的门、走道和楼梯应符合以下要求：

（1）门净宽不应小于0.9m，并应向疏散方向开启。

（2）走道净宽不应小于1.2m。

（3）楼梯净宽不应小于1.1m，坡度不宜大于45°。主厂房机组段之间的楼梯净宽不宜小于0.8m。

地下厂房安全疏散楼梯可结合母线竖井、电缆竖井、通风竖井等统一设置。

当出线或通风用的廊（隧）道、竖井出口兼做安全出口时，应与出线、通风管道隔开，其宽度、高度应满足安全疏散要求。

5.14.5　建筑节能及环保

5.14.5.1　建筑节能

（1）外墙与屋面的热桥部位的内表面温度不应低于室内空气露点温度。

（2）每个朝向的窗（包括透明幕墙）墙面积比均不应大于0.70。

（3）热冬暖地区、夏热冬冷地区的建筑以及寒冷地区中制冷负荷大的建筑，外窗（包括透明幕墙）宜设置外部遮阳。

（4）屋顶透明部分的面积不应大于屋顶总面积的20%。

（5）严寒地区外门应设门斗，寒冷地区外门宜设门斗或应采取其他减少冷风渗透的措施。其他地区建筑外门也应采取保温隔热节能措施。

（6）外窗的气密性不应低于GB 7107《建筑外窗

气密性能分级及其检测方法》规定的4级，可开启面积不应小于窗面积的30%。

(7) 透明幕墙的气密性不应低于GB/T 15225《建筑幕墙物理性能分级》规定的3级，并应具有可开启部分或设有通风换气装置。

(8) 建筑总平面的布置和设计，宜利用冬季日照并避开冬季主导风向，利用夏季自然通风。

5.14.5.2　建筑环保

水电站厂房设计，特别是地下厂房、封闭式厂房，对通风防潮、防噪声和照度等问题应引起足够的重视。对厂房内污水、臭气及垃圾等，也应采取合理可靠的措施进行处理。

1. 噪声

设备选型及布置时，应注意其振动及声响性能，力求减少厂内噪声源，对强噪声源应采用消声和隔声等处理措施。

水轮发电机组是主要的振动及噪声源，水车室的噪声相当严重，宜采取隔声措施，如在适当处设隔声门。柴油发电机组、空压机、高压风机宜布置在单独房间内，并设减振、消声设施。励磁盘中冷却风机是励磁盘的主要噪声源，宜采用低噪声风机。

设在尾水平台上的中央控制室，应采取隔振、减振、阻尼措施。

有周期性机械振动的部位，宜选择与其他部位脱开的布置方式。当无法脱开时，宜采取适当的减振措施。

运行值班人员工作的场所，允许的连续噪声标准见表5.14-6。

表5.14-6　厂区内各类地点噪声标准

地点类别		噪声限制值（dB）
水轮机层以下（工人每天连续接触噪声8h）		90
水轮机层的值班室、观察室、休息室等（室内背景噪声级）	无电话通信要求时	75
	有电话通信要求时	70
发电机层的安装场等工作地点、配电室、控制保护盘室、计算机房等（正常工作状态）	70	
厂房所属办公室、实验室等（室内背景噪声级）	70	
厂房所属主控室、集中控制室、通信室、电话总机室、消防值班室（室内背景噪声级）	60	
厂区所属办公室、会议室、中心实验室等（包括试验、化验、计量室）（室内背景噪声级）	60	

注　1. 本表所列的噪声级，均应按现行的国家标准测量确定。
2. 对工人每天接触不足8h的场所，可根据实际接触噪声的时间，按接触时间减半噪声限制值增加3dB的原则，确定其噪声限制值。
3. 本表所列的室内背景噪声级，系在室内无声源发声的条件下，从室外经由墙、门、窗（门窗启闭状况为常规状况）传入室内的室内平均噪声级。

某些局部场所，运行人员巡视时间少，可按巡视时间长短，噪声可允许大于85dB。115dB（A）是卫生标准长时间噪声的最高限制值，一般不允许超过此值。

2. 防潮

温度和湿度控制是从防暑、防寒、防潮湿方面，保障工作人员的工作环境及身心健康。水利水电工程各类工作场所的室内空气参数详见SL 490—2010《水力发电厂厂房采暖通风和空气调节设计技术规定》。

水电站厂房水下部位，长期处于水下，一般比较潮湿，有的还有渗漏，需采取防渗、排水、排湿等措施。

5.14.6　建筑装修构造

5.14.6.1　屋面构造

主、副厂房屋面的防水、排水和保温隔热层的设计一般可参照工民建有关规范结合当地气候条件进行。当厂房屋顶兼有其他使用功能时，例如屋顶布置开关站等，则应结合其他要求统一考虑。

1. 屋面排水坡度

屋面排水坡度应根据屋顶结构型式，屋面基层类别，防水构造型式，材料性能及当地气候等条件确定，并应符合表5.14-7的规定。

表 5.14-7 屋面排水坡度表

屋面类别	屋面排水坡度（%）
卷材防水、刚性防水的平屋面	2～5
网架、悬索结构金属板	≥4
压型钢板	5～35
种植屋面	1～3

注 1. 平屋面采用结构找坡不应小于3%，采用材料找坡宜为2%。
2. 卷材防水屋面天沟、檐沟纵向坡度不应小于1%，沟底水落差不得超过200mm。
3. 天沟、檐沟排水不得流经变形缝和防火墙。
4. 本表摘自《民用建筑设计通则》GB 50352—2005。

2. 屋面构造要求

(1) 屋面排水宜优先采用外排水。屋面水落管的数量、管径应通过验（计）算确定。

(2) 天沟、檐沟、檐口、水落口、泛水、变形缝和伸出屋面管道等处应采取与工程特点相适应的防水加强构造措施，并应符合有关规范的规定。

(3) 设保温层的屋面应通过热工验算，并采取防结露、防蒸汽渗透及施工时防保温层受潮等措施。

(4) 采用钢丝网水泥或钢筋混凝土薄壁构件的屋面板应有抗风化、抗腐蚀的防护措施。刚性防水屋面应有抗裂措施。

(5) 当无楼梯通达屋面时，应设上屋面的检修人孔或低于10m时可设外墙爬梯，并应有安全防护和防止儿童攀爬的措施。

5.14.6.2 墙身构造

1. 技术要求

(1) 墙身材料应因地制宜，采用新型建筑墙体材料。

(2) 外墙应根据地区气候和建筑要求，采取保温、隔热和防潮等措施，并应防止变形裂缝，在洞口、窗户等处采取加固措施。

(3) 有洁净，防污染和检修需要的建筑部位应设墙裙。

(4) 有耐酸要求的室内墙面应严密无缝，并涂耐酸漆或铺设耐酸材料。

(5) 室内有防潮要求的墙体应选用不易吸潮不结露的材料，或采用防潮夹层。

(6) 内墙面应平整，明亮和不挂灰、不掉灰。

2. 内墙面构造

(1) 主厂房发电机层内墙面上部一般为内墙涂料，底部墙裙可采用大理石、花岗岩、铝板、铝塑板或油漆饰面等。发电机层以下内墙面一般可用水泥砂浆抹面喷浆。

(2) 副厂房一般房间内墙面可用水泥砂浆抹面喷浆，中控室及电子计算机室等墙面传统做法是墙面上抹灰，涂无光漆。

3. 防潮墙构造

(1) 地下厂房内墙面通常需设置防潮墙。

(2) 砖砌体防潮墙。砖砌体表面水泥砂浆抹灰，刷渗透结晶结膜防水涂料，面层刷内墙涂料。防潮墙较高时，应加强结构措施保证砖砌体的安全和稳定。

(3) 轻钢骨架压型钢板防潮墙。这种防潮墙轻质、整洁、美观、防潮性较好，但造价较高，应做好钢构件防腐、防锈处理。

(4) 轻钢骨架铝塑复合吸音板防潮墙。面板采用3mm厚穿孔铝塑板，背衬黑色聚酯无纺布，25mm厚吸音玻璃棉，里板采用1mm厚铝合金板。钢构件需防腐、防锈处理。

5.14.6.3 楼地面做法

1. 技术要求

(1) 主、副厂房各楼（地）面应根据荷载类别，磨损程度，特殊用途及美观要求等进行设计。

(2) 主厂房的楼（地）面应坚固耐久，满足平整、耐磨、不起尘、防滑、易于清洁等要求。

(3) 有防酸要求的房间，应采用耐酸材料地面，并应有良好的排水，防渗设施。

(4) 楼（地）面上各吊物孔，开盖后应有临时防护设施；竖向楼梯井口应有凸沿和栏杆防护。

(5) 地锚宜做暗式，卧入地面下，如有碍交通要加设盖板。

(6) 可能渗水，积水的部位均应有排水设施，保持地面沟槽整洁，排水畅通。

(7) 木板楼地面应根据使用要求，采取防火、防腐、防潮、防蛀、通风等相应措施。

2. 发电机层地面

(1) 彩色水磨石地面。分格条宜采用T形5mm宽成品水磨石地面分格铜条。水磨石地面整体性好，防滑、耐磨、耐撞击等性能好，造价低，但不耐油污，工期长。

(2) 彩色混凝土硬化地面。整体性好，防滑、耐磨、耐撞击、耐油污等性能好，工期短，造价较低，但施工工艺要求较高。

(3) 花岗岩地面。美观、防滑、耐磨等性能好，易清洗，且施工工艺较简单，工期短，但花岗岩地面整体性较水磨石地面差，防撞击能力较差，不耐油污，造价较高。

(4) 环氧彩砂自流平地面。整体性好，耐油污，防滑、耐磨、耐撞击等性能好，工期短，但施工工艺要求高，且造价高。

3. 其他楼层地面

(1) 水轮机层和配电装置室等可根据具体要求，选用水泥砂浆地面或水磨石、玻化砖等其他地面。

(2) 中控室、电子计算机和载波室等可选择架空抗静电活动地板。

(3) 厕浴间等受水浸湿的楼地面应采用防水、防滑类面层，且应低于相邻楼地面，并应设置防水隔离层和地漏。

5.14.6.4 吊顶构造

1. 技术要求

(1) 主厂房、中控室和其他重要的建筑部位可根据需要设置吊顶，吊顶结构应满足安全、耐久、防火等要求。

(2) 吊顶与主体结构吊挂应有安全构造措施。高大吊顶内，应留有检修空间，并根据需要设置检修走道和便于进入吊顶的人孔。

(3) 吊顶内敷设有上下水管时应采取防止产生冷凝水措施。

(4) 潮湿房间的吊顶，应采用防水材料和防结露、滴水的措施。钢筋混凝土顶板宜采用现浇板。

2. 地下厂房吊顶

地下厂房顶棚吊顶，主要有两个功能：一是防水，二是美观。

(1) 轻钢结构防水卷材和铝合金条形板复合吊顶。轻质、整洁、美观、吸音、防水较好，但造价高，应做好钢构件防腐、防锈处理。

(2) 薄壁压型钢板拱型吊顶。简洁、美观、施工方便、防水性好。为满足跨度和结构要求，拱顶矢高较高，上部风管的检修安装空间较小。

3. 地面厂房吊顶

地面厂房发电机层吊顶一般不做防水，宜采用轻钢龙骨铝合金条形板（或方形板）吊顶。

5.14.6.5 门窗工程

1. 技术要求

(1) 主、副厂房门窗构造应坚固耐久，不变形，容易开关，经济美观，妥善解决好防寒、防尘、防虫、隔音、清洗等问题。

(2) 主、副厂房的窗户宜用工业厂房的钢窗。主厂房启闭窗扇宜用摇窗机或用转动链。如主厂房窗扇较大，应做抗风计算。门窗的五金配件须用坚固耐久的防锈构件。有特殊要求的窗户应按相应要求设计。

(3) 门窗的材料、尺寸、功能和质量等应符合使用要求，并应符合建筑门窗产品标准的规定。

(4) 门窗的配件应与门窗主体相匹配，须用坚固耐久的防锈构件。

(5) 应推广应用具有节能、密封、隔声、防结露等优良性能的建筑门窗。

2. 窗的设置

(1) 窗扇的开启形式应方便使用，安全和易于维修、清洗。

(2) 当采用外开窗时应加强牢固窗扇的措施。

(3) 开向公共走道的窗扇，其底面高度不应低于 2m。

(4) 临空的窗台低于 0.80m 时，应采取防护措施，防护高度由楼地面起计算不应低于 0.80m。

(5) 防火墙上必须开设窗洞时，应按防火规范设置。

(6) 天窗应采用防破碎伤人的透光材料，应有防渗水和防冷凝水的措施。

(7) 中控室如设有面向主机间的观察窗，其窗扇玻璃宜用双层钢化玻璃。

3. 门的设置

(1) 外门构造应开启方便，坚固耐用。

(2) 手动开启的大门扇应有制动装置，推拉门应有防脱轨的措施。

(3) 双面弹簧门应在可视高度部分装透明安全玻璃。

(4) 旋转门、电动门、卷帘门和大型门的邻近应另设平开疏散门，或在门上设疏散门。

(5) 开向疏散走道及楼梯间的门扇开足时，不应影响走道及楼梯平台的疏散宽度。

(6) 全玻璃门应选用安全玻璃或采取防护措施，并应设防撞提示标志。

(7) 门的开启不应跨越变形缝。

4. 门窗与墙体连接

门窗与墙体应连接牢固，且满足抗风压、水密性、气密性的要求，对不同材料的门窗选择相应的密封材料。

5.14.6.6 楼梯

(1) 楼梯的数量、位置、宽度和楼梯间型式应满足使用方便和安全疏散的要求。

(2) 梯段改变方向时，扶手转向端处的平台最小宽度不应小于梯段宽度，并不得小于 1.20m，当有搬运大型物件需要时应适量加宽。

(3) 每个梯段的踏步不应超过 18 级，亦不应少于 3 级。

(4) 楼梯平台上部及下部过道处的净高不应小于 2m，梯段净高不宜小于 2.20m。

(5) 楼梯应至少于一侧设扶手，室内楼梯扶手高度自踏步前缘线量起不宜小于0.90m。靠楼梯井一侧水平扶手长度超过0.50m时，其高度不应小于1.05m。

（6）踏步应采取防滑措施。

（7）楼梯踏步的宽度不宜小于0.25m，高度不宜大于0.18m。

5.14.6.7 栏杆

（1）根据GB 3608—2008《高处作业分级》和GB 5083—1999《生产设备安全卫生设计总则》，坠落高度在2m以上的平台必须设防坠落的栏杆、安全圈及防护板。

（2）阳台、外廊、室内回廊、上人屋面及室外楼梯等临空处应设置防护栏杆。

（3）防护栏杆应能阻止人员无意超出防护区域。防护栏杆的高度应超出人体站立时的重心高度，一般应在1.05～1.20m。防护栏杆的立杆或横杆间距不宜大于0.25m。

（4）防护栏杆应有足够的强度，应以坚固、耐久的材料制作，并能承受荷载规范规定的水平荷载；防护栏杆的承载能力一般可按500N/m设计。

（5）临空高度在24m以下时，栏杆高度不应低于1.05m，临空高度在24m及24m以上时，栏杆高度不应低于1.10m；

（6）栏杆离楼面或屋面0.10m高度内不宜留空。

5.14.6.8 变形缝

（1）变形缝应按设缝的性质和条件设计，使其在产生位移或变形时不受阻，不被破坏，并不破坏建筑物。

（2）变形缝的构造和材料应根据其部位需要分别采取防排水、防火、保温、防老化、防腐蚀、防虫害和防脱落等措施。

5.14.6.9 卫生间

（1）卫生设备配置的数量应符合专用建筑设计规范的规定。

（2）卫生间宜有天然采光和不向邻室对流的自然通风，无直接自然通风和严寒及寒冷地区宜设自然通风道；当自然通风不能满足通风换气要求时，应采用机械通风。

（3）楼地面、管道穿楼板及楼板接墙面处应严密防水、防渗漏；楼地面、墙面或墙裙的面层应采用不吸水、不吸污、耐腐蚀、易清洗的材料；楼地面应防滑，楼地面标高宜略低于走道标高，并应有坡度坡向地漏或水沟。

（4）室内上下水管和浴室顶棚应防冷凝水下滴，浴室热水管应防止烫人。

（5）公用厕所宜分设前室，或有遮挡措施，设置独立的清洁间。

5.14.6.10 台阶和坡道

（1）厂房内外台阶踏步宽度不宜小于0.30m，踏步高度不宜大于0.15m，并不宜小于0.10m，踏步应防滑。室内台阶踏步数不应少于2级，当高差不足2级时，应按坡道设置。

（2）室内坡道坡度不宜大于1∶8，室外坡道坡度不宜大于1∶10；坡道应采取防滑措施。

5.14.6.11 管道井、烟道、通风道

管道井、烟道、通风道应分别独立设置，不得使用同一管道系统，并应用非燃烧体材料制作。

管道井的设置应符合下列规定：

（1）管道井的断面尺寸应满足管道安装、检修所需空间的要求。

（2）管道井宜在每层靠公共走道的一侧设检修门或可拆卸的壁板。

（3）在安全、防火互有影响的管道不应敷设在同一竖井内。

（4）管道井壁、检修门及管井开洞部分等应符合防火规范的有关规定。

5.14.6.12 抗震及构造

1. 建筑结构的规则性

（1）建筑设计应符合抗震概念设计的要求，不规则的建筑方案应按规定采取加强措施。

（2）建筑及其抗侧力结构的平面布置宜规则、对称，并应具有良好的整体性；避免抗侧力结构的侧向刚度和承载力突变。

（3）当设置伸缩缝和沉降缝时，其宽度应符合防震缝的要求。

2. 建筑非结构构件

（1）建筑非结构构件指建筑中除承重骨架体系以外的固定构件和部件，主要包括非承重墙体，附着于楼面和屋面结构的构件、装饰构件和部件、固定于楼面的大型储物架等。

（2）建筑非结构构件自身及其与结构主体的连接，应进行抗震设计。

（3）附着于楼、屋面结构上的非结构构件，以及楼梯间的非承重墙体，应采取与主体结构可靠连接或锚固等避免地震时倒塌伤人或砸坏重要设备的措施。

（4）框架结构的围护墙和隔墙，应考虑其设置对结构抗震的不利影响，避免不合理设置而导致主体结构的破坏。

（5）幕墙、装饰贴面与主体结构应有可靠连接，避免地震时脱落伤人。

参考文献

[1] DL 5180—2003 水电枢纽工程等级划分及设计安全标准［S］. 北京：中国电力出版社，2003.

[2] SL 266—2001 水电站厂房设计规范［S］. 北京：中国水利水电出版社，2001.

[3] GB/T 50265—97 泵站设计规范［S］. 北京：中国计划出版社，1997.

[4] GB 50040—1996 动力机器基础设计规范［S］. 北京：中国计划出版社，1996.

[5] DL 5057—2009 水工混凝土结构设计规范［S］. 北京：中国电力出版社，2009.

[6] SL 191—2008 水工混凝土结构设计规范［S］. 北京：中国水利水电出版社，2008.

[7] 华东水利学院. 水工设计手册：第七卷水电站建筑物［M］. 北京：水利电力出版社，1989.

[8] 湖南省水利电力设计院. 小型水电站（中册厂房部分）［M］. 北京：水利电力出版社，1980.

[9] 顾鹏飞，喻光远. 水电站厂房设计［M］. 北京：水利电力出版社，1987.

[10] GB 50086—2001 锚杆喷射混凝土支护技术规范［S］. 北京：中国计划出版社，2001.

[11] SL 337—2007 水利水电工程锚喷支护设计规范［S］. 北京：中国水利水电出版社，2007.

[12] DL/T 5176—2003 水电工程预应力锚固设计规范［S］. 北京：中国电力出版社，2003.

[13] 沙锡林，陈新方，游赞培，等. 贯流式水电站［M］. 北京：中国水利水电出版社，1999.

[14] 水利水电规划总院. 水利水电工程地下建筑物设计手册［M］. 成都：四川科学技术出版社，1993.

[15] Q/CHECC 003—2008 地下厂房岩壁吊车梁设计规范［S］. 北京：中国电力出版社，2008.

[16] 中南电力设计院. 变电站构架设计手册［M］. 武汉：湖北科学技术出版社，2006.

第 6 章

抽 水 蓄 能 电 站

本章为《水工设计手册》（第 2 版）第 8 卷新编章。针对抽水蓄能电站水工建筑物的设计特点、原则与要求，共分 6 节，分别介绍了抽水蓄能电站主要规划参数选择；抽水蓄能电站总体布置；上、下水库的工作特点，布置类型，防渗设计，初期蓄水等；抽水蓄能电站输水系统的布置特点，进出水口设计，压力水道设计，高压岔管设计，调压室设计，水力学过渡过程等；发电厂房系统的型式及其选择、布置与设计的特点等。

章主编　张春生　姜忠见

章主审　肖贡元　蒋效忠　何世海

本章各节编写及审稿人员

节次	编　写　人	审稿人
6.1	张春生　姜忠见	肖贡元　计金华 蒋　逵　张克钊
6.2	计金华　王　红	张春生　姜忠见　肖贡元
6.3	张春生　姜忠见	肖贡元　何世海　侯　靖 蒋　逵　张克钊
6.4	徐建军　姜忠见　李金荣　王樱畯	张春生　肖贡元　蒋　逵 蒋效忠　张克钊
6.5	彭六平　陈丽芬　姜长飞　黄东军 杨建东　张　健　张　伟	张春生　侯　靖　冯仕能 肖贡元　蒋　逵　蒋效忠
6.6	江亚丽　戚海峰　徐文仙 吴喜艳　鲍利发	张春生　肖贡元 郑芝芬　胡育林

第6章 抽水蓄能电站

6.1 概 述

6.1.1 抽水蓄能电站在电网中的作用

6.1.1.1 抽水蓄能电站的基本功能

抽水蓄能电站是一种特殊形式的电站，它由上水库、下水库、输水系统、厂房等组成。目前水头不超过800m的电站，大部分都采用单级水泵水轮机，这样可以降低机组制造难度和电站布置的复杂性，减少工程投资。抽水蓄能电站基本组成如图6.1-1所示。

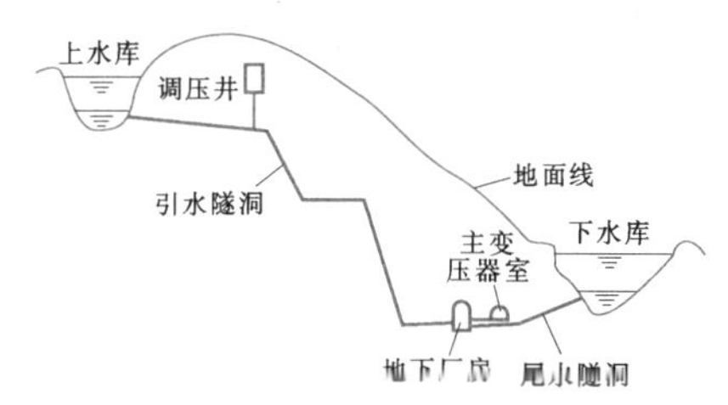

图6.1-1 抽水蓄能电站基本组成示意图

电力系统的用电需求是随时变化的，出现用电高峰时，一般情况下发电设备除检修、备用、受阻外，基本处于满载运行，而出现负荷低谷时，由于用电负荷减少，为保证电力系统功率平衡，各类电源必须降低出力运行。由于安全和经济的原因，以火电、核电为主的电力系统一般较难适应这样的要求。

抽水蓄能电站利用其兼有水轮机和水泵的功能，以水为能量转换的载体，在电力负荷低谷时做水泵运行，吸收电力系统多余电能将下水库的水抽到上水库储存起来。在电力负荷高峰时做水轮机运行，将水放至下水库，将水的位能转换成电能送回电网。这样既避免了电力系统中火电机组反复变出力运行所带来的弊端，又增加了电力系统高峰时段的供电能力，提高了电力系统运行的安全性和经济性。

一方面，抽水蓄能电站是一个能量转换装置，将电力系统发电能力在时间上重新分配，以协调电力系统发电出力和用电负荷之间的矛盾，从而使电力系统达到安全、经济运行的目的。现代抽水蓄能电站的综合效率一般可达75%～80%，虽然在转换过程中不可避免地要产生能量损失，但从整个电力系统考虑还是经济的。

另一方面，抽水蓄能机组借助于发电机和电动机两种运行工况，可以十分便利地进行调相运行，补偿系统无功不足或增加无功负荷，根据电网需要提供或吸收无功功率，维持电网电压稳定。其调相运行功能可减少电网无功补偿设备，从而节省电网投资及运行费用。

6.1.1.2 抽水蓄能电站的作用

抽水蓄能电站可在电网中承担调峰、填谷、调频、调相、紧急事故备用及黑启动等任务，在电力系统中具有静态效益、动态效益以及技术经济上的优越性。

1. 调峰、填谷

调峰、填谷是抽水蓄能电站特有的功能，蓄能电站这种双重作用是其他任何电源都无法比拟的。在负荷高峰时，承担系统高峰负荷，起到调峰作用，在系统负荷低谷时，利用系统富余电能抽水，发挥填谷作用。由于抽水蓄能电站的调峰填谷作用，可较大程度降低网内火电机组的调峰幅度，改善火电或核电机组的运行条件，提高电网运行的安全可靠性，并可使这些机组能保持在高效率区运行，从而降低单位燃料消耗，达到经济运行的目的。

2. 调频、调相及事故备用

为保证电网稳定运行，需要电网具备随时调整负荷的能力，以适应用户负荷的变化。整个电网的周波应保持稳定，不允许发生大的波动，按规定电网频率应控制在50±0.2Hz，为保证完成这一任务，电网所选择的调频机组必须快速、灵敏，以适应电网负荷瞬时变化。抽水蓄能电站运行灵活，跟踪负荷能力强，具有火电机组无法比拟的快速反应能力。

在静止工况下，遇系统突发性停机事故，能在2～3min内带满负荷，顶替事故机组运行，即使在抽水工况下，遇紧急事故情况蓄能机组也可自动停止抽水，或由抽水工况直接转换成发电工况，防止事故进一步的扩大，是理想的紧急事故备用电源。

电力系统无功功率不足或过剩，会造成电网电压下降或上升，影响供电质量。抽水蓄能机组具有发电机和电动机两种运行工况，调节系统无功负荷十分便利，加上运行工况切换迅速可靠，很适于进行调相运行，补偿系统无功不足或增加无功负荷，维持电网电压稳定。其调相运行功能可减少电网无功补偿设备，从而节省电网投资及运行费用。

3. 为电网做特殊负荷运行

由于抽水蓄能机组既可作电源，又可作负荷，因此对电网调度组织功率特别方便简易，由于其运行灵活，升降负荷速度快，因此可用于系统内一些特殊情况。如大功率核电、火电机组调试期间甩负荷试验、满负荷振动试验，有蓄能机组配合，这些试验很容易进行。

4. 黑启动

随着电力系统的发展，系统的稳定性与可靠性会因局部的问题波及邻近区域而引起重大系统事故，而黑启动已成为事故后系统恢复正常运行的重要措施之一。所谓黑启动是指整个系统因故障停运后，不依赖别的网络帮助，而是通过系统中具有黑启动能力的机组启动来带动无自启能力的机组，从而逐渐扩大系统的恢复范围，最终实现整个系统的恢复。提供黑启动服务的关键是启动电源，即具有黑启动能力的机组，抽水蓄能电站可在无外界帮助的情况下，迅速自启动，并通过输电线路输送启动功率带动其他机组，从而使电力系统在最短时间内恢复供电能力。

6.1.1.3 在电网中的合理容量

抽水蓄能电站在电网中配置多少容量需根据电网的特性来确定。在满足电力系统各年度用电水平的前提下，通过电力生产模拟，计算各拟定方案不同年份的电源投资、燃料消耗量及其运行费用，以计算期内总费用现值最小为优化目标。

$$P = \sum_{t=1}^{n}\Big[\sum_{k=1}^{K}(I_k + C'_k - S_{tk})\Big]_t (P/F,i,t) \tag{6.1-1}$$

式中　P——总费用现值；

I_k——各类电站投资（包括固定资产投资、更新投资），在计算抽水蓄能电站投资时考虑各区域抽水蓄能站点资源状况及其投资差别；

C'_k——各类电站年经营总成本（包括运行费和燃料费等）；

S_{tk}——计算期末回收固定资产余值；

$(P/F,i,t)$——折现系数$[(P/F,i,t)=1/(1+i)^t]$；

i——社会折现率；

n——计算期；

K——电站类型。

计算电网中需要的抽水蓄能电站容量，可通过逐年、逐月以及典型日电力负荷生产模拟，各类电站典型日电力生产模拟，年电力生产模拟，各类电站调峰模拟，各类电站发电量模拟，各类电站典型日、逐月、逐年燃料消耗模拟，进行各类电站逐年费用模拟计算，计算各方案费用，通过技术经济比较，结合电网建设现状及发展，推荐区域电网或省电网在将来某一时期抽水蓄能电站所需容量。

6.1.2 抽水蓄能电站的类型

6.1.2.1 按水量来源分

1. 纯抽水蓄能电站

纯抽水蓄能电站的特点是上水库没有或有很少量的天然径流汇入，蓄能电站的用水在上下水库间循环使用，发电用水量和抽水水量基本相等。目前国内外已建的蓄能电站大部分为纯抽水蓄能电站。

2. 混合式抽水蓄能电站

混合式抽水蓄能电站上水库有一定的天然径流入库，发电用水量大于抽水水量，一般由常规水电站在新建、改建或扩建时，根据电网发展需要加装抽水蓄能机组而成为混合式抽水蓄能电站。其上水库多为具有天然径流入库的大中型综合利用水库，如按常规水电方式发电运行受综合利用要求限制较大，改建成混合式抽水蓄能电站后既可以满足水库综合利用要求，也可充分发挥电站的调峰能力，满足电力系统需求。

6.1.2.2 按调节周期分

1. 日调节抽水蓄能电站

以一昼夜为调节周期，上、下水库水位变化循环周期为一昼夜，在每天电网负荷高峰时发电，负荷低谷时抽水。通过日调节抽水蓄能电站的发电、填谷运行或承担系统备用任务，可提高网内火电和核电机组的负荷率及利用小时数，改善电网运行条件、提高电网运行效益。

日调节抽水蓄能电站调节库容一般按其装机满发4～7h设计，其运行方式如图6.1-2所示。

2. 周调节抽水蓄能电站

以一周为运行周期，调节一周内电力系统负荷不均匀性，其运行特点为在周内负荷较大时增加电站高峰发电时间，在周末负荷低落时增加电站抽水时间，储藏更多电能。周调节抽水蓄能电站所需调节库容较大，一般周调节库容按装机满发时间为10～20h考虑。

周调节抽水需能点运行示意图见图6.1-3。

3. 年调节抽水蓄能电站

年调节抽水蓄能电站可以将汛期丰沛水量抽蓄到上库供枯水期发电用，承担调节年内丰、枯间不均匀

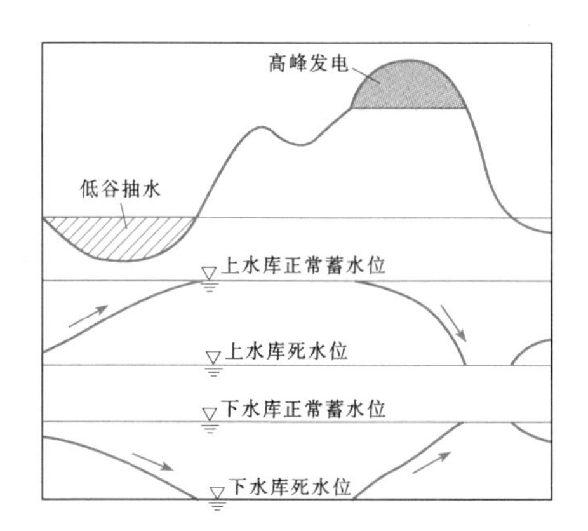

图 6.1-2　日调节抽水蓄能电站运行方式示意图

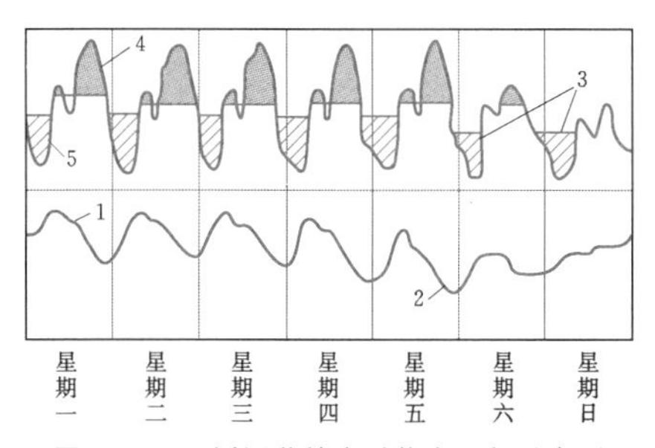

图 6.1-3　周调节抽水需能点运行示意图

1—上水库正常蓄水位；2—上水库死水位；3—周末集中抽水；4—高峰发电；5—低谷抽水

性与电力系统负荷之间的矛盾，也曾称季调节抽水蓄能电站。年调节抽水蓄能电站上、下水库水位变化周期为一年。年调节抽水蓄能电站一般要求上水库具有较大库容，通常不需要建设下水库，在汛期利用系统多余电力将河流水量抽至上水库，在枯水期向系统供电。根据年调节抽水蓄能电站的特点，一般认为在系统水电比重较大且调节能力差，季节性电能较多，枯水期供电紧张的地区建设较为有利。

6.2　抽水蓄能电站主要规划参数选择

6.2.1　装机容量

6.2.1.1　装机容量选择需要的基本资料

抽水蓄能电站装机容量选择关系到电站的建设规模、工程投资和经济效益，并且直接影响着电站在电力系统中作用的发挥，是最重要的基本工程参数之一，需要通过技术经济综合比较选定。装机容量选择所需的基本资料主要包括两方面：①电力系统资料；②抽水蓄能电站站址基本资料。

1. 电力系统资料

电力系统现状和发展规划资料，是抽水蓄能电站装机容量论证的基础，这方面的资料包括：

（1）现状和设计水平年电力系统负荷水平、负荷特性。

（2）电力系统电源和输电网架建设规划。

（3）电力系统运行方面资料（火电机组在不同调峰情况下的煤耗特性、各类电源投资、技术最小出力、运行费用等）。

2. 抽水蓄能电站站址基本资料

抽水蓄能电站装机容量选择除受电网影响外，主要与站址本身的基本条件有关，影响装机容量选择的站址基本条件有：

（1）站址地形、地质条件。

（2）水文气象特性、水库库容特性、站址水头特性。

（3）水库淹没和环境影响。

6.2.1.2　供电范围及设计水平年

1. 供电范围

抽水蓄能电站与电网的关系密切，一般根据设计电站在电力系统中的地理位置、负荷地区分布和电网发展需要，结合站址资源条件，分析确定供电范围。

对于省级电网之间联系紧密的区域电网，抽水蓄能电站建设需在区域电网范围内统筹考虑，对于与区域电网相对独立的省级电网，抽水蓄能电站建设则需在省级电网范围内统筹考虑。

2. 设计水平年

与常规水电站不同，抽水蓄能电站自身并不生产能源，运行方式为既要抽水又要发电，设计水平年考虑更多的是根据电力系统需要来选择。总体而言，随着设计水平年的推迟，设计电站供电范围内的用电水平随之提高，对抽水蓄能电站的需求也将相应增加。

由于抽水蓄能电站运行的特殊性，设计水平年不宜定得过远，否则投资积压，电站的作用得不到充分发挥。一般可根据设计电站后续勘测设计所需时间、项目立项过程以及施工进度等因素预计电站投产时期，然后按照第一台机组投产后3～5年或进行逐年电力电量平衡确定电站设计水平年。另外我国有制定五年发展计划的惯例，因此设计水平年选择时宜与此相适应。

6.2.1.3　电力系统特性及电站发电利用小时分析

电站库容大小直接决定抽水蓄能电站的规模，在水库蓄能量一定的情况下，抽水蓄能电站的装机规模与电力系统特性、电站在系统中的运行方式密切相关。电站日发电装机利用小时是抽水蓄能电站拟定装机容量时需考虑的一个重要指标。

1. 电力系统特性与抽水蓄能电站发电利用小时关系

根据设计水平年负荷、电源组成和各类电源运行特性，首先通过论证确定蓄能电站在电网中的经济合理规模，说明抽水蓄能电站建设的必要性。从与电网关系看抽水蓄能电站发电利用小时可从两方面进行初步分析。

(1) 从抽水方面考虑。按设计水平年新增蓄能电站规模，根据低谷负荷特性、抽水时间和负荷的限制，可以估算设计水平年可供新建蓄能电站的抽水电量，相应可分析蓄能电站日发电最大利用小时数 h_1。

(2) 从发电方面考虑。为分析电力系统对抽水蓄能电站发电需求，需进行电力电量平衡。对考虑了区外送电，常规水电、核电、热电、燃气电厂，已建蓄能电站及风电平衡后的电力系统残余电力电量需求进行分析，电力系统残余负荷曲线（煤电出力过程）如图 6.2-1 所示。

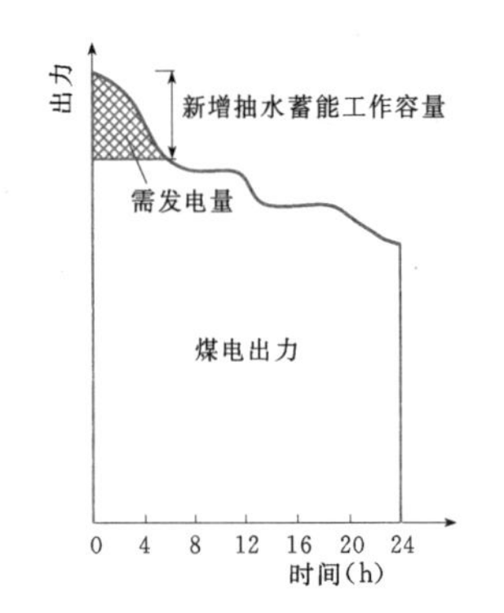

图 6.2-1 煤电出力过程线示意图

根据电网设计水平年煤电出力过程，可以得到新增抽水蓄能电站所需的蓄能量及相应的日工作时间为

$$h_2 = E/P_S \qquad (6.2-1)$$

式中 P_S——设计水平年新增抽水蓄能电站工作容量，P_S 应小于设计水平年电网抽水蓄能电站新增合理规模；

E——设计水平年新增抽水蓄能电站工作容量在煤电残余负荷图上相应的最小发电量；

h_2——新增抽水蓄能电站工作容量 P_S 相应的最小发电利用小时。

由此可见，蓄能电站的日最小利用小时数与蓄能电站在电网中的工作位置十分密切。在拟定抽水蓄能电站装机规模时必须充分考虑电力系统特性及电站在系统中的工作位置。

2. 抽水蓄能电站日发电利用小时

根据上述按抽水可提供的蓄能电站最大发电利用小时和煤电残余负荷曲线要求的蓄能电站最小工作小时并结合站址建设条件，即可得到新建蓄能电站所需要大致的调节库容（装机满发利用小时）。根据已建电站资料，日调节抽水蓄能电站装机满发利用小时一般为 4～7h，对于具有较好库容条件的周调节抽水蓄能电站一般为 10～20h。

设计时抽水蓄能电站日发电利用小时需根据电网特性、电源结构及站址条件综合比较确定。

6.2.1.4 装机容量方案拟定

影响电站装机容量选择的因素很多，主要由以下两个因素决定。

(1) 电站自身条件可能提供的装机容量规模。电站自身条件包括：地形地质、库容和水头特性、建筑物布置和施工条件、机组制造、水库淹没和环境保护等。

(2) 设计水平年电力系统需要的抽水蓄能建设规模。电力系统需要的抽水蓄能电站合理规模需根据设计水平年电力负荷特性、电源结构、电力系统运行特性等通过电源优化分析得到。

当电站自身条件可能提供的装机容量规模小于设计水平年电力系统需要的抽水蓄能规模时，电站装机容量方案应以自身条件可能提供的合理装机容量规模为基础进行拟定。

当电站自身条件可能提供的装机容量规模大于电力系统需要的抽水蓄能规模时，电站装机容量方案应以电力系统需要规模为基础进行拟定。

根据电站自身具备的地形地质条件和水工布置要求，初步拟定上、下水库的正常蓄水位和死水位，计算电站蓄能量，按照日发电小时数估算电站可能提供的装机容量。在此基础上拟定若干个装机容量方案。抽水蓄能电站装机容量的比较方案数一般可按拟定 3～4 个考虑。对每个装机比较方案进行能量转换计算，确定相应的上、下水库特征水位。

6.2.1.5 装机容量选择

对拟定的各装机容量方案应以同等深度开展工程规划设计，进行技术经济综合比较。主要工作包括：电力电量平衡、调峰容量平衡、工程技术条件比较、水源条件分析、经济比较和装机容量选择等。

1. 电力电量平衡

电力电量平衡是指在保证电力系统经济安全运行条件下达到电力电量的供需平衡，是装机容量比较的一项基础性工作。装机容量比较阶段电力电量平衡的目的是判别抽水蓄能电站各装机容量方案在不同水平年容量、电量的利用程度及电力系统的运行特性。当未达到设计效益时，还应开展逐年电力电量平衡分析工作，直至达到设计效益年份为止。

根据各类电站运行特性，通过日电力电量平衡安排工作容量、备用容量和检修容量，一般按已建、在建、待建电站的次序在日负荷图上安排工作位置，设计抽水蓄能电站最后参加平衡，以分析判别发挥已在建电站的作用的条件下，设计电站能否发挥效益。在日电力电量平衡的基础上进行年电力电力平衡。

通过对每个装机容量比较方案进行电力电量平衡，确定在同等程度满足设计水平年电力系统需求的条件下，各方案系统各类电源的装机容量、发电量及相应的燃料消耗，推求各方案补充电源装机容量。

2. 调峰容量平衡

调峰容量平衡是抽水蓄能电站装机容量比较重要的一项工作，是在电力电量平衡基础上研究各月典型日的调峰容量供需平衡，判断电力系统调峰容量盈亏。平衡时首先根据电力电量平衡成果确定所采用的典型日系统最大开机容量及相应的各类电源的最大开机容量；计算电力系统峰谷差、需要的旋转备用容量、系统需要的调峰容量；分别求算各类电源可以提供的调峰容量；进行调峰容量平衡。

3. 工程技术条件比较

装机容量比较阶段工程技术条件比较包括枢纽布置、机组选型制造难度、施工条件等方面，并应提出各比较方案工程布置、工程量和工程投资等指标。

对抽水蓄能电站而言，枢纽布置比较主要考虑上下水库的布置及挖填平衡，厂房及输水系统的布置；机组选择和制造难度主要考虑不同装机容量方案的机组台数、主接线、转轮直径、制造难度及大件运输等方面的差异；施工条件主要分析装机容量不同引起的施工难度、工期等方面的差异。

另外，一般情况下抽水蓄能电站装机容量选择时，不同装机容量匹配不同的上、下水库水位，因此需进行水库淹没和环境保护方面的比较。这方面主要考虑不同装机容量方案的淹没和环境影响，分析有无淹没控制点和环境影响敏感点影响电站装机容量的选择。

4. 水源条件分析

抽水蓄能电站所需水量是在上下水库中循环运行，初期蓄水完成后，只要补充蒸发渗漏水量即可维持正常运行，不像常规水电站那样依赖于河川径流。蓄能电站对水源要求不高，但保证运行期水量补给也是建设抽水蓄能电站的必要条件，一般上下水库坝址集水面积较小，特别是在北方降水较少的地区必须重视这个问题，部分抽水蓄能电站因水量不足需设置水量备用库容甚至需考虑补水措施，对工程的技术经济指标影响较大，因此装机容量选择时需考虑水源条件的影响。

5. 经济比较

装机容量比较阶段，经济比较一般包括经济指标、系统费用现值和财务指标计算等内容。

经济指标主要反映各装机容量方案的静态经济指标，包括单位千瓦投资、补充千瓦投资等。

系统费用现值比较是考虑在方案同等程度满足电力系统需求的条件下，计算各方案的系统费用现值，以总费用现值较低方案为优。

抽水蓄能电站装机容量比较属于国民经济评价范畴，但在目前市场环境下，从业主角度出发有时还按抽水蓄能电站现行财务评价有关规定，对各装机容量方案财务指标进行测算。

抽水蓄能电站经济比较主要采用费用现值比较法，比较的前提条件是各方案同等程度满足电力系统电力电量要求。根据各比较方案各类电源的投资流程及年运行费用流程，按照选定的社会折现率即可计算各方案的系统费用现值。

在进行经济比较时，要特别注意电站容量效益的体现，目前容量效益一般按容量价格或峰谷电价计算，对不同方案的动态效益尽可能给予定量或定性说明。

6. 装机容量选择

综合分析比较各方案在满足电力系统需求和所起的作用、站址建设条件及经济指标计算结果，选择设计电站装机容量。

6.2.2 水库特征水位

6.2.2.1 概述

抽水蓄能电站上、下水库的特征水位主要包括：上、下水库死水位；上、下水库正常蓄水位；设计洪水位；校核洪水位；防洪高水位。

（1）上、下水库死水位。正常运用允许水库消落的最低水位。

（2）上、下水库正常蓄水位。正常运用情况下，为满足发电及系统备用要求所应蓄到的最高水位。

（3）设计洪水位。遭遇设计标准洪水时的水库最高水位。

（4）校核洪水位。遭遇校核标准洪水时的水库最高水位。

（5）防洪高水位。对下游有防洪要求的水库，需设置防洪库容，与常规水电相同，防洪高水位为遭遇下游防洪标准相应洪水时的水库水位。根据洪水调节计算确定水库防洪高水位。

本节特征水位选择主要介绍正常蓄水位和死水位的选择，水库洪水位计算详见本卷本章 6.2.3 工程防洪。

6.2.2.2 特征水位选择应考虑的主要因素

抽水蓄能电站特征水位选择需考虑的主要因素包括：电力系统运行要求；水库库容条件；水库淹没和环境影响；水源条件及机组运行条件和枢纽布置等。

1. 电力系统运行要求

抽水蓄能电站在电力系统中可以承担调峰、填谷、调频、调相和旋转备用等任务，具体承担什么任务是由电站的自身条件和电力系统需要决定的。抽水蓄能电站在电力系统中承担不同的任务，对上、下水库的库容要求是不同的。一般在设计阶段都要考虑承担电力系统的调峰任务和紧急事故备用任务。在这种情况下，需要根据系统要求、抽水蓄能电站承担调峰容量的大小、顶峰时间的长短、系统内最大机组的单机容量以及顶事故运行时间等，来分析需要的调节库容大小，据此拟定上、下水库的特征水位。

2. 水库库容条件

水库库容条件是水库特征水位选择考虑的最基本因素，对于水库库容相对较小的项目，根据设计阶段的不同，抽水蓄能电站上、下水库库容曲线应根据工程布置情况考虑建筑物对库容的影响。

水库库容的获得受地形地质条件影响较大。地形条件主要包括库周山脊高低、起伏程度、垭口的高低、分水岭山体厚薄等关系蓄水位高低的地形因素。地质条件主要体现在库岸的基岩岩性、地质构造、风化程度以及覆盖层厚度等关系水库渗漏、边坡稳定的地质因素。往往由于地形地质条件的限制，水库的蓄水位不宜超过某一高程，否则不仅工程量大，而且工程难度增大。

3. 水库淹没和环境影响

当水库的蓄水位超过某一高程，将淹没大片农田、居民点或名胜古迹或重要设施，造成严重的生态环境问题，这个高程便成为水库蓄水位不宜逾越的高程。

4. 水源条件

当上、下水库的流域面积较小又无其他引水条件时，水库特征水位须考虑水源条件的影响。对枯水期自身补水不足的站址应设水量备用库容，相应地对水库正常蓄水位的选择也有影响。如浙江桐柏抽水蓄能电站由于枯水年枯水期补水不足，根据水量平衡设置了一定的水量备用库容。

5. 水泵水轮机水头变化幅度

水泵水轮机工作水头的变化幅度是有限度的，超过了允许范围机组运行将出现异常，如超限度的振动、噪声，转速不同步无法并网等。衡量水泵水轮机水头允许最大变化幅度的指标为水泵最大抽水扬程与水轮机最小发电水头的比值，水库特征水位选择时应考虑水泵水轮机工作水头变化幅度的要求。根据有关统计资料绘制的水泵水轮机水头变幅与净水头关系曲线如图6.2-2所示。

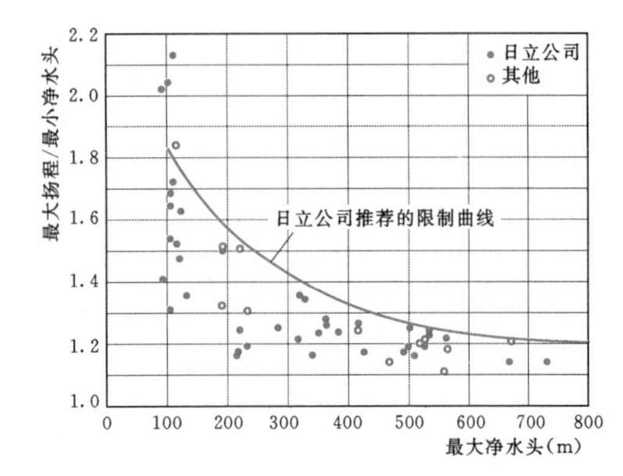

图6.2-2 水泵水轮机水头变幅与最大净水头关系曲线

6. 水库综合利用要求

当抽水蓄能电站的上水库或下水库具有综合利用要求时，需要考虑综合利用任务对水库蓄水位的要求。为减少矛盾，蓄能库容与综合利用库容宜分别设置。

如浙江仙居抽水蓄能电站下水库利用已建的下岸水库，下岸水库为一以防洪、灌溉（供水）为主，结合发电的综合利用水利枢纽。在进行下水库蓄能库容论证时，以不影响防洪为原则，将蓄能库容与防洪、发电、灌溉库容分别设置，并设置灌溉（供水）限制水位，以保证蓄能库容的专用性。

7. 水库蓄水排沙要求

在工程泥沙问题较突出的河流上修建抽水蓄能电站时，要充分考虑泥沙淤积的影响。

8. 寒冷地区冬季结冰影响

严重的结冰会占据一定的有效库容，影响运行效益。因此严寒地区抽水蓄能电站水库特征水位的确定需要考虑结冰的影响。

6.2.2.3 死水位选择

抽水蓄能电站上、下水库死水位的选择与进（出）水口布置、水库泥沙淤积、水库正常蓄水位及水库消落深度、机组水头及其变化幅度、水库初期蓄水等都有密切关系，进而影响到工程设计的各个方面，因此需通过技术经济综合比较确定。

上、下水库死水位比较工作一般在电站装机容量已经选定的前提下进行，各死水位方案可按水库蓄能量指标相同的原则进行参数拟定，死水位比较方案主要反映的是其自身建设条件、运行条件和投资的差异。

上、下水库死水位应分别进行比较选择，方法基本相同。上、下水库死水位选择方法和步骤如下。

(1) 根据水库地形条件、泥沙淤积及进（出）水口布置要求，拟定若干上水库或下水库的死水位方案，对应下水库或上水库的死水位暂以拟定值考虑（当对应下水库或上水库的死水位已经选定时则采用选定值）。进（出）水口通常在拟定死水位后进行布置。

(2) 根据发电出力过程及抽水入力过程，进行能量转换计算，按蓄能量指标相同原则确定各死水位方案相应的上、下水库正常蓄水位。根据设计洪水成果及泄洪设施布置，进行洪水调节计算，确定各方案上、下水库设计洪水位和校核洪水位。提出各死水位方案的主要水能参数指标。

(3) 各方案的工程枢纽布置设计、机电设备及金属结构选择、施工组织设计、水库淹没处理和环境保护设计和工程投资估算，从电站自身角度分析各方案的差别。

(4) 技术经济比较。由于各死水位方案的电站装机容量和水库蓄能量指标相同，故死水位各方案的工程效益是相同的，因此主要考察各死水位方案建设条件、运行条件和工程投资差异，主要包括水库泥沙淤积影响、水库水位消落深度、机组尺寸、水头及变化幅度、枢纽布置及工程量、进（出）水口布置条件、水库淹没及环境影响、水库初期蓄水工期、工程投资等，经综合比较选定上水库或下水库的死水位。当死水位变化引起机组投产进度差异时，工程初期发电效益将不相同，此时需补充经济财务比较方面内容。

(5) 完成了上水库或下水库的死水位选择工作后，再按上述步骤，开展下水库或上水库死水位的比较选择工作，经综合比较选定下水库或上水库的死水位。

6.2.2.4 正常蓄水位选择

上、下水库正常蓄水位是抽水蓄能电站最重要的基本工程参数之一，与装机容量选择一样，正常蓄水位选择不仅关系到电站的建设规模和投资，并且也直接关系到抽水蓄能电站在电力系统中的运行方式和作用，需要通过技术经济比较选定。

1. 站址特点及开发方式

抽水蓄能电站分为日调节、周调节和季调节等类型，目前我国已建和规划建设的大部分属于日调节抽水蓄能电站，也有部分周调节抽水蓄能电站，如在建的广东惠州和福建仙游、江西洪屏等站址可进行周调节。抽水蓄能电站究竟需要多大库容，主要取决于两个方面：①电力系统需求；②站址本身的建设条件。在装机容量基本确定的前提下，如何合理拟定调节库容大小或装机满发利用小时是水库特征水位选择需考虑的主要因素。

上、下水库库容条件是拟定调节库容的一个重要因素，根据站址地形地质条件、初步的工程布置可以估算上、下水库可以获得的调节库容。在电力系统需求方面，根据系统负荷特性、煤电残余负荷曲线可分析抽水蓄能电站最少发电时间。根据低谷负荷特性又可分析可抽水时间，根据电力系统的这些要求和约束条件可以初步确定规划建设抽水蓄能电站需要的调节库容。上述站址本身建设条件和电力系统需求基本上可确定规划设计站址是采用日调节开发或是周调节开发，可以初步确定水库特征水位的选择范围。

2. 正常蓄水位方案拟定

在已经选定电站装机容量和上、下水库死水位的前提下，根据抽水蓄能电站在电力系统中承担的任务和对电站蓄能小时数指标的要求，拟定电站蓄能小时数合理范围，据此拟定一组电站蓄能小时数方案或蓄能量相同而水库库盆布置型式不同的方案，然后根据水库水位和蓄能量关系，拟定一组上、下水库正常蓄水位方案。

对纯抽水蓄能电站，上、下水库正常蓄水位方案的发电调节库容应基本保持一致。对有综合利用要求的上、下水库，则应计入满足综合利用要求的调节库容。对枯水期水量补充不足的站址，应考虑设置水量备用库容。

3. 正常蓄水位选择

(1) 各正常蓄水位方案洪水调节。拟定各正常蓄水位方案的水能特征参数，结合电力电量平衡分析，计算各正常蓄水位方案的电站发电出力过程及抽水入力过程，结合设计洪水成果和泄洪设施布置方案计算各方案的上、下水库特征洪水位。洪水调节计算方法详见本卷本章 6.2.3 工程防洪。

(2) 电力电量平衡分析。当各正常蓄水位方案蓄能量不同时，需进行电力电量平衡分析各方案效益的差异。计算方法和内容同装机容量选择阶段电力电量平衡分析。

通过电力电量平衡分析，求出各正常蓄水位方案的必需容量、发电量、抽水电量、火电替代率、燃料（煤、油、气）消耗量、运行费用等指标，从电力系统角度分析各正常蓄水位方案的差异。

各正常蓄水位方案中，随着水库蓄能量的增加，在响应系统紧急事故备用等方面的能力也将提高，因此各正常蓄水位方案除计算前述静态作用方面的效益外，还应着重定性、定量分析其动态效益的差别。

（3）工程技术条件比较。开展各正常蓄水位方案的工程枢纽布置设计、机电设备及金属结构选择、施工组织设计、水库淹没处理和环境保护设计和工程投资估算，从电站自身角度分析各正常蓄水位方案的差别。水源条件也是影响正常蓄水位的主要因素，当天然来水不能满足电站正常运行要求时，应考虑水源条件对正常蓄水位选择的影响。

（4）经济比较。经济比较计算包括静态经济指标、系统费用现值、财务指标等内容。

经济指标主要反映各正常蓄水位方案的静态经济指标，包括单位千瓦投资、单位蓄能量所需投资、补充单位蓄能量投资等。

在同等程度满足电力系统需求的条件下，根据各比较方案各类电源的投资流程及年运行费流程，按照选定的社会折现率计算各方案的系统费用现值。

按抽水蓄能电站财务评价有关规定，对正常蓄水位方案财务指标进行测算。

（5）正常蓄水位选择。根据各方案在满足电力系统需求和所起的作用、站址建设条件、水库淹没影响及经济指标等方面的差异，经综合比较选择上、下库正常蓄水位。

4. 正常蓄水位选择的简化方法

在国内很多日调节抽水蓄能电站设计中，电站装机容量基本按以站址自身可能提供的最大装机容量规模选定，站址资源条件基本已经得到了最大限度的利用。在电站装机容量选定的同时，电站蓄能小时数其实已经确定或变动幅度已经很小，这时上、下水库正常蓄水位变动的余地其实也已经不大，正常蓄水位比较的主要目的是对工程设计方案（库盆布置型式）作进一步的优化，而其在电力系统中的作用效益是基本保持不变的。这种情况下水库正常蓄水位选择可适当简化，水库正常蓄水位一般可以和死水位同步选择。在保持各方案水库蓄能量指标相同的前提下，根据站址条件，拟定几组水库正常蓄水位和死水位组合方案，然后经技术经济比较同步选定水库正常蓄水位和死水位，其方法与步骤和死水位选择的方法与步骤基本相同。

6.2.2.5 其他

对有综合利用要求的上或下水库，还应设置综合利用任务水位，方法与常规水库相同，为避免蓄能电站与综合利用的矛盾，保证抽水蓄能电站的正常运行，应注意设置保证发电水位（死水位库容加蓄能发电调节库容之和的对应水位）的必要性，也即当水库水位低于保证发电水位时，应保证以蓄能发电为主。

6.2.3 工程防洪

6.2.3.1 抽水蓄能电站水库防洪设计特点

常规水电站水库在提供发电、供水等兴利功能的同时都具有一定的控制洪水的作用，水电站发电机组在满足设计标准的前提下，与水库泄洪设施共同参与泄洪。抽水蓄能电站与常规水电站不同，洪水期电站运行时发电或抽水流量不是泄向坝下，而是与天然洪水叠加组成入库洪水，因此抽水蓄能电站水库防洪设计，除了控制天然入库洪水，还需考虑发电、抽水流量对工程防洪的影响。各个蓄能电站上、下水库基本条件不同，其泄洪建筑物的选择和洪水调度的方法也会相差甚远。

抽水蓄能电站上水库大多是高山盆地，可以不设溢洪道，而是以正常蓄水位作为抽水工况运行上限，同时根据设计暴雨在上水库预留一定的蓄洪库容。而对于具有一定集水面积的上水库，则根据库周防洪、水工建筑物布置及洪水情况设置有闸门的控制的溢洪道。

下水库的防洪设计较为多样化，有的电站是利用已建水库，有的电站是利用天然湖泊，有的电站是利用山间支沟筑坝而成。由于蓄能电站发电流量是进入下水库，下水库防洪设计需要考虑发电流量与天然洪水组合的影响，如水库无有效的调蓄和泄放手段，洪水将侵占水库有效库容，水库蓄满后机组发电流量和入库天然洪水叠加成为下水库的过坝洪水，叠加后的洪水流量可能远大于天然洪水流量，对于利用山洞支沟筑坝形成的下库，集水面积较小，这一问题尤为突出，发电流量对防洪的影响不容忽视。对于利用大型水库或天然湖泊作为上水库或下水库的电站，由于电站发电（抽水）流量占入库洪水的比例较小，水库防洪设计可结合原水库和湖泊原有防洪任务进行统筹考虑。

6.2.3.2 防洪设计所需基本资料

1. 水文资料

（1）设计洪水。设计洪水包括：水库及水工建筑物防洪标准的设计洪水流量及过程线。

当下游有防洪对象时，需要相应于下游防洪标准的设计洪水流量及过程线。如水库与防洪控制点之间集水面积较大，则还需要地区洪水组成资料及相应的洪水过程线。

由于抽水蓄能电站发电（抽水）流量也要参与水库调洪，故设计洪水过程线的计算时段一般应与其相应。

（2）水文调查和测量资料。如需进行库区洪流演进计算和下游河道允许泄量推算，还需要库区和下游河道历史洪水调查资料和断面测量资料。

2. 水库库容

水库利用已建大中型水库和天然湖泊等较大水域的容积作为调节库容，可采用相关设计文件中的成果，或应用1/10000地形图量绘。对于利用小型水库或新建专用水库时，选点规划阶段应用不小于1/5000地形图量绘；预可行性、可行性阶段应用不小于1/2000地形图量绘。

3. 泄洪能力资料

泄洪建筑物基本上可分为两种类型，即溢洪道和泄洪孔（或泄洪隧洞），其型式应根据工程具体情况通过比较选定。开敞式溢洪道低水位泄量不大，但泄水能力随库水位上升增加很快，较适用于保证大坝安全；泄洪孔在较低库水位就有较大泄水能力，但随着库水位上升，泄水能力增加不快，可用于预泄入库洪水，有利于维持水库发电调节库容的正常状态。

对于抽水蓄能电站而言，尤其是水库建于小流域上时，电站抽水发电流量对下库入库洪水影响较大，为使洪水尽量少侵占发电调节库容，一般考虑设置泄洪孔（或泄洪隧洞）。当有洪水入库时，能及时通过位置较低的泄洪设施排放洪水；当水库下游有防洪控制对象时，则更需要设置位置较低的泄洪孔，以避免天然洪水与机组流量叠加集中排放。设计经验表明，为尽量减轻天然洪水与电站发电流量叠加的影响，下库泄洪建筑物采用溢洪道和泄洪孔的组合是一个有效手段。

4. 河道允许泄量

为确定水库满足下游防洪、发电要求所需的防洪库容和必要的泄洪规模，应确定下游河道的允许泄量。如果下游防洪保护对象有分级防洪标准，则应据此拟定相应的分级允许流量。

5. 电站出力过程

抽水蓄能电站发电流量是导致入库洪水形态变化的直接因素。在进行抽水蓄能电站防洪设计时，需拟定电站典型日出力过程。

6.2.3.3 防洪标准

在确定枢纽建筑物的正常运用洪水和非常运用洪水之外，还需确定保证电站正常发电的洪水标准。

电站正常发电的洪水标准目前尚无规范可循，目前国内已建和在建的抽水蓄能电站，均根据电站规模、上下游防洪标准、发电流量对电站防洪的影响以及在电网中的地位等因素，经技术经济综合比较后确定。

6.2.3.4 水库防洪、泄洪设施选择要求

为了解决抽水蓄能电站水源问题，在选择上、下水库时，一般考虑至少有一个水库能建在有径流量的天然河道和湖泊，故抽水蓄能电站的建筑物不可避免会受到洪水的影响。由于蓄能电站上下库洪水可能来自不同流域，经电站发电（抽水）运行，电站入库洪水与坝址天然洪水已截然不同，由此可能加重河道两岸防洪负担以及影响洪水期电站发电。

抽水蓄能电站水库防洪、泄洪设施选择主要取决于洪水特性、地质地形条件、库周和下游防护对象的防洪标准以及电网用电需求。合理安排蓄、泄、滞的措施，保证电站建筑物、下游河道行洪安全并尽可能满足电网用电要求，是抽水蓄能电站水库防洪设计的主要任务。在进行水库防洪、泄洪设施选择时，须遵循以下原则。

(1) 应考虑电站发电（抽水）流量与入库洪水流量叠加的影响。

(2) 为了不加重下游防洪负担，电站正常发电时水库下泄流量应不大于坝址同频率天然洪峰流量。当水库容积有限无力调蓄入库洪水而无法满足该要求时，为了提高电站正常发电的保证率，需采取整治河道，提高下游防洪标准等相应措施。

由于抽水蓄能电站拥有两个水库，作为电网运行的安全保障，在电网中有着比常规水电站更为重要的作用，故在进行防洪、泄洪设施选择时，需要考虑的因素更为复杂，一般需要进行多方案比较后选定。

6.2.3.5 洪水调节计算方法

水库调洪计算的任务，是根据设计洪水过程、泄洪建筑物的泄流能力及库容特性等资料，按照规定的防洪调度规则，进行调洪计算，求出水库水位过程及泄流过程。抽水蓄能电站因有上、下水库的调蓄，水库洪水调节计算需计入机组过流量的影响。

对于抽水蓄能电站一般需进行独立调洪和联合调洪计算，并对两组计算成果进行对比分析，结合电站自然条件、下游防洪要求、电站在电网中的地位，确定水库洪水位。

独立调洪与常规水库类似，以水库正常蓄水位或汛期限制水位作为起调水位，电站不发电（抽水），上、下水库不存在水体交换。

联合调洪计算是考虑水库水位随发电（抽水）过程变化而不同，以及机组发电（抽水）与天然洪水的共同影响时的水库调洪计算。

假定水库库容与库水位在Δt时段内成直线变化，考虑发电（抽水）流量与洪水流量不同组合，上、下水库调洪计算都需满足下式表达的水量平衡关系：

$$\frac{Q_1+Q_2}{2}+Q_j-\frac{q_1+q_2}{2}=\frac{V_2-V_1}{\Delta t} \qquad (6.2-2)$$

$$q=f(Z) \qquad (6.2-3)$$

式中 Q_1、Q_2——时段初、时段末入库洪水流量；

Q_j——机组发电（抽水）流量，对下水库而言发电工况为正值，抽水工况为负值，对上水库而言发电工况为负值，抽水工况为正值；

q_1、q_2——时段初、时段末出库流量；

V_2、V_1——时段初、时段末库容；

Δt——计算时段长；

Z——水库水位。

对于水库功能单一的纯抽水蓄能电站，在没有天然径流进入水库时，上、下水库水位应保持一个稳定的关系，如图 6.2-3 所示为某水库上、下水库水位对应关系图，这种关系也是判断洪水侵占水库库容的最直接的指标；当抽水蓄能电站水库系利用已建综合性水库或天然湖泊时，因要满足水库或湖泊综合利用要求，库水位因用水要求的不同会有多条类似的曲线，进行调洪计算时应考虑使用偏危险的曲线。

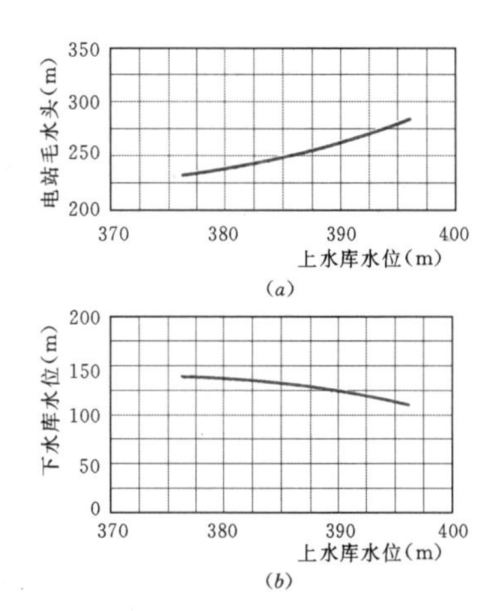

图 6.2-3 上、下水库水位及电站毛水头关系

对于主要泄洪设施在下水库的抽水蓄能电站，调洪计算时拟定机组运行工况需满足的边界条件：①上水库水位达到正常蓄水位，下水库降至死水位电站停止抽水；②上水库降至死水位，电站停止发电。

6.2.3.6 水库洪水位的确定

1. 上水库洪水位确定

蓄能电站上水库入库洪水由上水库天然洪水和水泵水轮机抽水流量组成，抽水只是电站储蓄电能的手段之一，洪水入库可以减少电站抽水电量，提高蓄能电站综合效益，故其通常采用的调度原则是：当上水库水位升至正常蓄水位时，电站停止抽水，起调水位为正常蓄水位，一般泄洪时不存在天然洪水和抽水流量的叠加，水库最危险的状况多为当水库水位达正常蓄水位时，电站仍处于停机待命工况，故上水库洪水位以采用独立调洪计算成果为宜。

2. 下水库洪水位确定

相对而言，影响蓄能电站下水库洪水位的因素比较多，水库蓄洪能力的大小、泄洪设施的布置型式及发电过程与天然洪水叠加都将直接影响水库洪水位的确定，而上水库洪水入库使电站抽水量减少，实际上将上水库洪水也转嫁到下水库。当电站完成发电过程，下水库达正常蓄水位待转入抽水运行期间内遭遇洪水，对此工况宜采用独立调洪方法计算洪水位。当电站在发电运行期间遭遇洪水，则需采用联合调洪方法计算水库洪水位。一般下水库调洪计算采用独立调洪和联合调洪两种方法，并取较高水位作为工程设计依据。

6.2.4 输水系统经济洞径

6.2.4.1 抽水蓄能电站输水系统洞径选择特点

抽水蓄能电站输水道包括从上水库进（出）水口到厂房前进水阀和从尾水管到下水库（出）进口的输水建筑物。

抽水蓄能电站特别是纯抽水蓄能电站的发电水量主要由水泵从下水库抽取，电站在完成一次循环所产生的损失是双向的，减少输水道水头损失，对提高蓄能电站综合效率至关重要，而输水道直径是决定水头损失大小的最直接的因素。

抽水蓄能电站输水道洞径选择与地质条件、水头、装机规模、输水道布置和水泵水轮机参数等密切相关，这些因素确定后，输水道引用流量基本确定。选择不同的管道直径，管内流速不同，产生的水头损失不同，由此造成的电力电量损失也不同。从工程造价来看，随着输水道洞径的加大，工程量和投资随之加大。因此输水道直径选择是一个技术经济比较问题。

6.2.4.2 洞径选择需要的基本资料

1. 上、下水库水位—库容关系

抽水蓄能电站水库水位变幅较大，水库形态直接影响电站水头变幅和蓄能量，库容曲线是计算电站动能指标最基本的资料。

2. 设计水平年电站典型日出力过程

电站工作容量不同，通过输水道的流量不同，为此需提出电站典型日出力过程，作为计算各比较方案电力电量指标的基础。

3. 输水道水头损失计算系数

输水道水头损失是造成电站电力电量损失的主要因素，需根据输水道布置分段计算抽水、发电双向水头损失系数，作为计算不同工况水头损失的基础。

4. 水泵水轮机技术参数

水泵水轮机过流能力、出力限制线、运行效率等技术参数是计算电站发电（抽水）流量的主要参数。

5. 替代电源相关技术参数

在经济比较时，如各方案的电力电量损失差额由替代电源进行补足，则需收集替代电源单位千瓦投资、年运行费、燃料单耗及价格等技术参数。

6.2.4.3　输水系统洞径方案拟定

输水道洞径比较包括引水隧洞和尾水隧洞两部分，比较方法相同。选择洞径实际上是选择管内流速。实际工作中一般根据经济流速按经验公式（6.2-4）估算输水道直径，然后在此基础上根据地质条件、水工布置及施工要求拟定比较方案。

$$D=\sqrt{\frac{4Q_{\max}}{\pi v}} \tag{6.2-4}$$

式中　$Q_{\max}$——输水道最大引用流量 m^3/s；

v——经济流速，高压隧洞一般取 4～7m/s。

输水系统根据地形地质条件可选择首部、中部或尾部开发方式。为减少投资，引水隧洞和尾水隧洞常采用一洞多机的布置方式，由于支洞是叉管和机组的连接段，如其长度较短，在引水系统中所占比重较小，引水道洞径可主要比较主洞洞径，支洞洞径可根据机组进口和岔管布置要求与主洞洞径方案配套提出。如支洞较长，在引水系统中所占比重较大，则也需对支洞洞径进行比选，支洞一般为压力钢管，管内经济流速一般取 5～11m/s。尾水隧洞压力较小，一般采用混凝土及钢筋混凝土衬砌，经济流速一般取 3～5m/s。

抽水蓄能电站输水系统流速，还与机组运行稳定要求有关，有时为了满足调节保证以及机组快速反应等要求，需增大洞径以降低流速。

6.2.4.4　输水系统洞径选择方法

1. 水头损失计算

抽水蓄能电站每条引水隧洞和尾水隧洞水头损失按下式计算：

$$\Delta h = C_1Q^2 + C_2Q_0^2 \tag{6.2-5}$$

式中　Δh——水头损失；

Q——输水总管流量；

Q_0——支管流量；

C_1、C_2——总管、支管的水头损失系数，按输水道布置形式分段计算。

电站总水头损失为

$$\Delta H=\sum_{i=1}^{n}\frac{\Delta h_{引i}+\Delta h_{尾i}}{n} \tag{6.2-6}$$

式中　$\Delta h_{引i}$、$\Delta h_{尾i}$——每条引水系统和尾水系统的水头损失；

n——电站输水系统总数；

ΔH——电站总水头损失。

在计算电站水头损失时，电站流量分配应遵循水头损失最小的原则。

2. 动能指标计算

动能指标计算主要是计算各比较方案的发电（抽水）电力电量，计算时应遵循上、下水库水量平衡的原则。循环一次抽水吸收的电量和发电所提供的电量分别按下式表达：

$$E_p=\sum_{i=1}^{n}\frac{9.81\Delta V_i(H_i+\Delta H_i)}{3600\eta_{pi}} \tag{6.2-7}$$

$$E_T=\sum_{i=1}^{n}\frac{9.81\Delta V_i(H_i-\Delta H_i)\eta_{Ti}}{3600} \tag{6.2-8}$$

$$H_i=f(Z_{上i},Z_{下i}) \tag{6.2-9}$$

$$\Delta H_i=f(\Delta V_i,T) \tag{6.2-10}$$

式中　E_p、E_T——循环一次所吸收的抽水电量和所提供的发电量；

ΔV_i、H_i、ΔH_i——计算时段所用的调节库容、平均毛水头、平均水头损失；

η_{pi}、η_{Ti}——水泵工况和水轮机工况运行效率；

$Z_{上i}$、$Z_{下i}$——上、下水库计算时段平均水位；

n——计算时段个数。

3. 比较方案工程设计

进行各比较方案工程设计并分析在水工布置、施工技术等方面的差异；对各方案投资进行估算，在进行输水道洞径比选时可仅考虑与输水道及有关部分。

4. 经济比较

输水道洞径经济比较一般采用费用法，费用法包括费用现值比较法和费用年值比较法，以费用现值或年费用最小的方案为优。

所谓费用包括各方案工程投资和电站运行费用，可采用仅与输水道尺寸有关部分的费用。

当采用费用法进行输水道洞径比较时，应使各比较方案同等程度满足电力系统的需要，通常可采用以下两种方法：①保持水工建筑物规模不变，输水道洞径不同方案所造成的电力电量差异通过电网增设其他电源进行电力电量补偿，采用这种方法，各比较方案的费用不仅需各方案工程投资和运行费用，还需要计入替代电源投资和运行费用；②通过调整水工建筑物规模，提供满足电网需求的调节库容（通常是改变水库正常蓄水位），采用这种方法，输水道洞径不同方案所造成的电力电量差异通过改变水库规模得以弥补，各比较方案的费用仅为各方案工程投资和运行费用。

5. 方案选择

抽水蓄能电站引水隧洞和尾水隧洞多为有压引水道，其洞径在整个长度内宜保持一致，如因结构布置限制需分段采用不同直径时，应进行各种直径组合方案的经济论证；对于高压支洞和尾水支洞，根据其长度在整个引水道中所占的比例，决定是否进行详细的经济洞径比选。

抽水蓄能电站输水道洞径选择的影响因素，主要反映在工程投资和电力电量损失两方面。在这两个因素中，因水工建筑物在指标量化方面可以统一标准，工程投资的可比性较好；而电力电量损失方面，往往因选择的替代方案不同可能产生不同的比较结果。在实际工作中，需要研究多种电力电量替代方法和各种电源技术指标对各比较方案费用的影响程度，并参考已建工程的经验，结合工程本身的技术条件，进行综合评价，优选方案。

抽水蓄能电站水头一般比常规电站高，经济流速比同等规模常规电站要大，且衬砌型式对经济流速的影响较大。统计表明，混凝土和钢筋混凝土衬砌的隧洞，低压引水、尾水隧洞经济流速为3～5m/s，高压隧洞经济流速为4～7m/s，钢管道经济流速更大，一般为5～11m/s。对同一工程，尾水隧洞流速一般小于等于引水隧洞流速。

抽水蓄能电站输水系统中，高压管道承受的内水压力较大，单位长度投资相应较大，低压引水、尾水隧洞承受的内水压力相对较小，单位长度投资也较小。因此，在满足过渡过程要求的情况下，在取得相同的水头时，可适当提高高压管道的流速，降低低压引水、尾水洞隧洞的流速，以降低工程造价，获得最经济的管径组合。美国土木工程学会《土木工程导则》第五卷指出，对引用水头为300m的抽水蓄能电站，水头损失达12～15m是可以接受的，即水头损失百分率可达4%～5%。国内已建抽水蓄能电站的水头损失百分率多在3%以下。

6.3 抽水蓄能电站总体布置

6.3.1 总体布置原则

抽水蓄能电站枢纽布置需明确各建筑物的功能要求及相互关系，根据工程区的水文气象条件、地形条件、工程地质和水文地质条件、施工条件、环境影响及运行要求等因素，综合各建筑物的功能要求和自然条件进行系统考虑，并经技术经济综合比较确定。

抽水蓄能电站的主要建筑物通常包括上水库、下水库、输水系统、厂房系统、开关站及出线场、补水工程（如果需要的话）、场内与对外交通工程等。为顺利地进行主要建筑物的施工，需要设置一些辅助或临时建筑物，包括施工导流设施、施工支洞、施工道路等。在枢纽布置上，要充分利用站址的自然地形和地质条件，从大方案上保证电站总体布置在技术和经济上的合理性。

枢纽布置主要选择上、下水库坝址，输水线路和厂房位置，根据装机规模和水头确定需要的库容；同时考虑到上、下库水位变幅与水头/扬程之间关系，满足机组运行稳定的需要，必要时改变坝址位置，加大水库面积，减少水库水位的变幅。上、下水库坝址选择要考虑上、下水库进出水口的位置，以尽可能短的原则确定输水厂房系统的线路；同时输水厂房系统的线路原则上应避开区域地质构造带，沿山脊布设，避开沟壑等山体深切部位，使输水管道及厂房洞室群布置于地质条件良好的山体内。

6.3.2 各功能建筑物的布置

6.3.2.1 上水库

抽水蓄能电站的上水库要有较高的高程和合适的库盆地形、地质条件，适合进行抽水蓄能电站上水库的布置。抽水蓄能电站站址选择首先要考虑是否有合适的上水库建库条件。

除地形条件外，上水库的地质条件则直接关系到工程造价。有些地形条件较好的站址，由于地质条件较差，需要采用全库盆防渗，投资较大，而不需要进行全库盆水平防渗的工程，通常地质条件较好，投资也较少。

1. 坝址坝型选择

坝址坝型选择要根据地形地质条件确定。

坝址选择：一要满足库容条件；二要考虑上水库进出水口有合适的位置；三要使得坝体及坝基处理工程量尽可能地少。

坝型选择通常情况下以当地材料坝为推荐坝型，主要原因为：上水库的位置通常较高，若采用混凝土坝骨料料场往往距离较远，造价较高。当地材料坝可就地取材，在保证库岸稳定的前提下，首先考虑从库盆内取料，同时可扩大有效库容，即使天然库盆库容足够，也可降低挡水建筑物的高度，降低造价。

上水库的坝型应根据库盆内开挖土石料的具体情况确定。如果开挖土石料以土料为主可以采用土坝，以石料为主可以采用堆石坝。石料与土料量相当可以采用土石混合坝，即坝体前部采用堆石料，后部采用土料。

通常抽水蓄能电站上水库的库容较小，运行时水位变幅较大，且动变频繁，是上水库运行的主要特点。坝体结构和防渗、排水系统的设计须考虑这一特点。

2. 防渗方案的选择

抽水蓄能电站上水库的防渗要求较高，从水量（电量）损失的角度，一般认为日渗漏水量不超过总库容的0.2‰～0.5‰。

渗漏量过大时，除了经济损失加大外，还可能引起山体、边坡等的稳定问题，特别是渗透稳定问题。上水库设计的重要原则之一，就是保证结构、山体和边坡的渗透稳定性。如果能确保渗透稳定，对水库结构和周边山体不产生渗透破坏，渗漏量即使大一些对工程的效率影响也不是很大，而要将渗漏量限制到一个很小的范围，通常需要付出较高的代价。

防渗方案的选择需根据工程地质和水文地质条件经技术经济比较确定。从大的来说有水平防渗和垂直防渗两类方案。

垂直防渗方案通常指沿库周和坝址设置的灌浆帷幕或垂直防渗墙，一般在工程地质和水文地质条件相对较好的工程中采用。水库周边山体雄厚、地质条件较好、地下水位或相对隔水层较高的情况下，在坝址和部分地下水位或相对隔水层较低的区域设置灌浆帷幕或垂直防渗墙就可以解决水库渗漏问题。

采用垂直防渗方案无法解决水库渗漏问题或无法采用灌浆帷幕进行防渗时，就需采用水平防渗来解决水库渗漏问题。

水平防渗可以选择方案较多，目前已经使用过的方案包括沥青混凝土防渗面板、钢筋混凝土防渗面板、黏土铺盖、防渗土工膜等。可以采用一种或几种方式的组合。

沥青混凝土防渗面板的防渗效果良好，修复也相对简单，完全能满足抽水蓄能电站水库的防渗要求，但相对造价较高。

坐落在碎石垫层上的钢筋混凝土防渗面板的防渗效果较好，相对造价较低，但容易出现裂缝，通常要求建于岩石地基上，在土基上采用钢筋混凝土防渗面板防渗需专门论证，主要考虑到钢筋混凝土防渗面板适应地基变形的能力较差。

黏土铺盖防渗效果相对较差，适应变形的能力也较差，相对造价较低，除非库内有黏土料场，由于环境保护的要求，在工程防渗中采用黏土铺盖将越来越少。

土工膜防渗的效果良好，相对造价较低，施工最为简单方便，适应地基变形的能力较强，主要问题是施工过程中需确保接缝焊接的可靠，并确保土工膜不破损，同时一旦运行过程中出现问题，修补较为困难。土工膜防渗作为新材料在水电水利工程中的应用，随着施工工艺和检修手段逐步完善，相信在以后的工程中将会得到推广。泰安抽水蓄能电站上水库库底部分采用土工膜防渗，从2005年蓄水以来运行稳定。

3. 土石方平衡

上水库的土石方尽可能达到挖填平衡是水库形体设计与坝型选择的原则之一，特别是石方的平衡与水库形体设计和坝型选择有很大关系，并与水位的选择有关。抽水蓄能电站上水库坝型通常选择土石坝，尽可能达到土石方平衡可以有效降低工程造价，同时避免另开料场，减少弃渣，对工程征地、环保、水保方面均可带来较大效益。坝体分区则结合库盆、坝基和进出水口的开挖料中石方与土方的性质和数量进行规划与设计。

弃渣场的选择同样应尽可能在工程区范围内，如库内死库容及主副坝坝后都是很好的位置，利用部分死库容作弃渣不但可以减少库外弃渣的占地，而且对流域面积较少的上水库可以减少上水库初期蓄水的难度，但腐殖土不能弃于库内。主副坝坝后作弃渣场的好处很多，一方面可以减少弃渣场占地面积，同时沿坝堆渣有利坝坡的稳定；另一方面在坝后形成的较大的弃渣平台，施工期作为施工场地，运行期可以开发利用，如设置为景观或旅游开发用地，也可作为生产用地，但需妥善布置坝基排水设施，确保排水稳定顺畅，并进行监测。

4. 泄洪设施

在水库流域面积较大，校核或设计洪水洪量较大时需设置泄洪设施。水库流域面积不大，校核或设计洪水洪量较少时可以适当增加坝高，在水库中预留滞洪库容来解决，就可以不设置泄洪设施。一般情况下可根据技术经济比较确定，即根据设置滞洪库容增加坝高的投资与设置泄洪设施的投资比较确定。

6.3.2.2　下水库的布置

下水库的布置原则基本上与上水库相同，如渗漏量控制原则、渗透稳定原则、土石方平衡原则、料场与弃渣场选择问题、坝型选择原则等。通常下水库需设置泄洪建筑物。

考虑到洪水与发电流量迭加工况，下水库宜设置低水位泄洪设施，方便对洪水及时调节，提高发电保证率。泄洪设施可以采用泄洪隧洞，通常泄洪洞在施工期导流，运行期改建为泄洪和水库放空设施。如果不设置低水位泄洪设施，天然洪水与发电流量叠加时，可能导致发电流量受阻而影响发电。

下水库如果流域面积很小，上水库也没有较大的流域面积，将导致水库初期蓄水困难和运行期水量不足，需要有补水设施。补水水源应可靠，因为抽水蓄能电站虽然在初期蓄水完成后本身不需消耗水量，但水库运行过程中，上、下水库的蒸发及渗漏、水道系统的渗漏均需消耗一定水量，为保证上、下水库循环水总量的要求，需要有可靠的水量补充。没有可靠补水水源的站址不能作为抽水蓄能电站站址。

6.3.2.3 输水系统的布置

本节主要介绍地下式输水系统的布置。

输水系统主要包括进/出水口、引水隧洞、高压管道、引水调压室、尾水调压室及尾水隧洞等。与常规水电站相比，抽水蓄能电站输水系统具有水头高、*HD* 值大、埋深大以及双向水流的特点。对输水系统布置影响较大的因素是进/出水口的位置选择、引水隧洞条数选择、厂房位置选择和高压管道的衬砌型式。

上、下水库进/出水口：抽水蓄能电站具有抽水和发电两种运行工况，水流的流向是不同的。目前纯抽水蓄能电站进/出水口多为独立布置，按水库水流方向与引水道的关系常用的有侧式进/出水口和井式进/出水口等。侧式进/出水口又可分为侧向竖井式、侧向岸坡式和侧向岸塔式。井式进/出水口又可分为开敞井式、半开敞井式和盖板井式。进/出水口应结合水道系统的位置、走线、地形、地质及施工条件等，布置在进出流平顺、均匀对称，岸边不易形成有害的回流或环流的地点。侧式进/出水口需同时考虑闸门井的布置与方案选择。

引水隧洞的条数选择主要在单管单机还是一管多机的选择上。引水隧洞的条数选择与上游引水系统的长度直接相关。单管单机通常在低水头首部开发的抽水蓄能电站中采用。高水头抽水蓄能电站多采用一管多机布置，目前一管二机、一管三机及一管四机均有采用。通常引水隧洞的条数越少越经济，但带来的问题是引水隧洞及机组闸阀一旦出现故障需要停机的数量也大。

输水系统在立面布置上，有竖井和斜井两种方式。二者的选择主要从地形地质条件、水力条件、水工布置要求、工程投资和施工条件等综合考虑。斜井布置方案水力条件较好，水道长度较短使水头损失也较小，但施工较为困难。竖井布置施工较为方便，但长度较大，水头损失相对较大。如果高差过大，往往在竖井或斜井中间部位设置中平段，将竖井或斜井分成上下两段，以方便施工。

输水系统的衬砌型式主要有钢筋混凝土衬砌、钢板衬砌两种，也有采用预应力钢筋混凝土衬砌和防渗薄膜复合混凝土衬砌的。但近厂房段，要求均按钢衬进行设计，钢衬长度一般不小于 0.15 倍净水头值。

钢筋混凝土衬砌管道的围岩是承载与防渗的主体，衬砌的作用主要是：保护围岩表面、避免水流长期冲刷发生掉块；减少过流糙率降低水头损失；为隧洞高压固结灌浆提供保护层。钢筋混凝土衬砌型式适用于地质条件良好，同时满足“最小覆盖厚度准则”、“最小地应力准则”、“渗透准则”的高压隧洞。

对于采用钢筋混凝土衬砌的隧洞，引水系统在平面布置时需要关注两洞间的最小净距，保持足够的水力梯度。应重视一洞有水、相邻引水隧洞放空时相邻两洞间岩体的水力渗透稳定。对于采用两个水力单元布置（可二洞四机、二洞六机等）的抽水蓄能电站，必要时可将地下厂房的安装场布置在主厂房的中部，拉开两条高压隧洞间的距离，降低两洞间岩壁的水力坡降。

钢板衬砌：钢板作为隧洞承受内水压的主要结构，对地下埋藏式钢管，与围岩之间要求回填混凝土，混凝土作为传力体，确保钢衬与围岩联合受力。钢板衬砌型式适用于高压管道所处地质条件较差，内水外渗将危及岩体稳定和附近建筑物安全，或山岩覆盖厚度较薄时，或靠近地下厂房的高压水道段。钢板衬砌高压管道对线路上部覆盖厚度的要求不高，选择余地较大。在地质条件相当时，可按线路长度最短的原则进行布置。

6.3.2.4 厂房位置选择与厂区布置

抽水蓄能电站厂房的型式，按照结构和位置的不同，可分为地面式厂房、半地下式厂房和地下式厂房。

(1) 地面式厂房。与常规水电站厂房布置相同，一般用在水头较低的电站中，或在常规水电站中结合布置抽水蓄能机组和常规水电站扩机安装抽水蓄能机组时采用。

(2) 半地下式厂房。抽水蓄能电站在水头相对较低且下水库水位变幅较小、地质条件较差或上覆岩体厚度不满足要求，不宜修建地下厂房时，可根据地形条件，考虑将主要设备布置在开挖于山体内的竖井之中，采用半地下式（竖井式）厂房。半地下式厂房通常布置在输水系统的尾部，靠近或位于下水库岸边。

(3) 地下式厂房。纯抽水蓄能电站通常水头较高，机组安装高程较低，且下水库通常水位变幅较大，死水位较低，宜选用地下式厂房布置。

抽水蓄能电站输水线路一般较长，地下式厂房布置时厂房位置选择比较灵活，按照地下厂房在输水系统中的位置，可以分为首部、中部和尾部三种布置方式。

抽水蓄能电站地下厂房位置选择需根据工程地质和水文地质条件，经技术经济比较确定。地下厂房的埋深较大，主变压器一般布置在地下洞室内。根据主副厂房洞、主变压器洞的相对位置关系，可分为二洞室布置方式和一洞室布置方式。二洞室布置为主厂房机组、主变压器分别布置在各自洞室内，主变洞位于厂房洞下游，机组与主变压器之间采用母线洞相接。当厂区地质条件较差时，可将主变压器与机组布置在一个洞室内，采用一洞式布置方式，常用的布置方式为主变压器布置在主厂房端部。

抽水蓄能电站通常设置尾水事故闸门。当尾水洞较短且尾水系统采用单机单洞布置时，可将事故闸门与尾水检修闸门合并布置在下库进出水口。当尾水洞较长且尾水系统采用多机一洞布置时，应在主变洞下游单独设置尾水事故闸门洞。

厂区布置围绕厂房位置进行，包括交通、通风排烟、电缆出线等洞室场地，主要有进厂交通洞、通风兼安全洞、高压电缆或母线出线洞、开关站及出线场的布置。

地面开关站（或出线场）位置的选择应综合考虑地形地质条件、枢纽建筑物布置、交通条件、出线洞的布置方式和防洪标准等因素。地面开关站应设置在稳定地基上，与地下厂房的距离尽可能近，以缩短高压电缆的长度。

6.4 上、下水库

6.4.1 上、下水库的工作特点

纯抽水蓄能电站的上水库只要满足抽水蓄能所需库容；混合式抽水蓄能电站具有较大的水库，部分库容为抽水蓄能电站所用，其余作为常规水电机组径流调节发电使用。

根据国内工程建设费用的统计，抽水蓄能电站上、下水库工程费用约占电站静态总投资的15%～24%，其下限为上、下水库地形地质条件优越，只需做一般防渗处理，上限是上、下水库均需做全面防渗处理。

抽水蓄能电站上、下水库与常规电站水库相比，具有以下几个特点。

（1）水库水位变幅大、变动频繁。与常规水电站相比，大部分抽水蓄能电站的库容要小得多，水库的水位变幅及单位时间内的水位变幅均很大，这种水位的变化每天都要重复进行，且日变幅超过30m甚至40m也不罕见。在机组满发或抽水时，水库水位最大变化速率可达8～10m/h。由于水位大幅度骤升骤降，水库库岸边坡和挡水坝应能适应水位变幅并保持稳定。

上、下水库水位变幅应控制在一定范围内，以保证水泵水轮机组的稳定运行，对水泵水轮机组的最大扬程与最小水头（均考虑水头损失）的比值有一定的限制。

（2）水库防渗要求高、渗漏对工程的影响大。抽水蓄能电站上水库防渗要求较高。由于纯抽水蓄能电站上水库的水一般是由下水库抽上去的，水量的损失即是电能的损失，防渗的重要性是显而易见的。如果上、下水库都基本无天然径流，而且补水困难，上、下水库的防渗就更为重要。对于采用首部厂房布置的抽水蓄能电站，如果上水库渗水过大，可能影响地下厂房的运行。

上水库渗流影响分析和防渗设计均十分重要，应进行认真研究，以保证工程正常、经济地运行。设计可控制上水库库盆渗漏量在总库容的0.2‰以下，通常认为库盆日渗漏量超过总库容的0.5‰是不能接受的。

（3）泄洪建筑物的设计需考虑天然洪水和发电流量遭遇的影响，上水库还应考虑超蓄问题。当发电流量与天然洪水流量相比所占的比重较大，在下水库泄水建筑物布置时，除应按常规水电站解决洪水对水工建筑物的安全问题以外，尚应分析天然洪水与电站发电流量遭遇的影响（洪水叠加问题）。

当水库集雨面积较大，暴雨形成洪水需要泄洪时，应布置具有及时排泄天然洪水能力的泄水建筑物。

以开挖和填筑相结合形成的上、下水库，集水面积小，暴雨产生的洪量不大时，可以不设专门的泄洪建筑物。对降雨形成的洪量，可以在坝顶和库岸的超高中加以解决，也可在库岸顶部设置排水沟渠排除其汇聚的洪水。

对于抽水运行工况可能造成上水库超蓄问题，主要出现在下水库库容远较上水库大的工程，应在机电控制设计中加以解决。也可结合泄水建筑物的布置，如采用不设闸门的溢洪道予以解决。

（4）水库初期运行时充排水问题突出。纯抽水蓄能电站的集雨面积通常较小，应根据水库水源条件，拟定水库初期蓄水方案，当水源不足时，须进行补水工程设计。

新建的抽水蓄能电站上、下水库，需要限制水位的升、降速率，并对水库的初期充排水水位作出必要的限制，分级逐渐提高至正常蓄水位，使坝体和岸坡能逐步适应水位急剧升降。

6.4.2 上、下水库布置类型

6.4.2.1 纯抽水蓄能电站上水库类型

为了充分利用地形获得落差，纯抽水蓄能电站上

水库常布置在山顶洼地或较为平坦的高地上，上水库主要有以下几种类型。

1. 利用天然湖泊作为上水库

高山上的天然湖泊作为抽水蓄能电站上水库，可以大幅度减少建设费用，是理想的选择，有条件时可优先选用。我国台湾省的明湖、明潭抽水蓄能电站，以及意大利的昂特拉克（Entracque）抽水蓄能电站属这种类型。

如果需要，可以通过湖边修筑堤坝来增加它的容积作为抽水蓄能电站的上水库，也可把邻近流域的径流引到水库内，产生附加的发电势能。如意大利的德里奥湖（Lago Delio）、英国的狄诺威克（Dinorwic）抽水蓄能电站的上、下水库都是筑坝壅高天然湖泊水位形成的。

2. 垭口筑坝形成上水库

最常见的是在山顶洼地或山坡沟谷筑一座或多座坝封闭沟口或垭口形成上水库。如广州、天荒坪、泰安、宝泉抽水蓄能电站等。

3. 台地筑环形坝、库盆开挖形成上水库

上水库也可布置在地势较高的台地上，采用筑环形坝、库盆开挖方式形成上水库，这种布置型式在国外较为多见。如美国的落基山（Rocky Mt）、拉丁顿（Ludington）抽水蓄能电站，德国的金谷（Goldisthal）抽水蓄能电站，卢森堡的菲安登（Vianden）抽水蓄能电站，中国的张河湾抽水蓄能电站等。

4. 利用原有水库改建为上水库

将水库改建为抽水蓄能电站上水库后，水库运行条件将发生变化，特别是库容较小的水库，电站运行会引起库水位大幅度的骤升骤降，应按照建筑物等级和水库运行要求进行复核，必要时加以改建或加固。如桐柏抽水蓄能上水库利用原桐柏电站水库，对主副坝、溢洪道加固改造而成。

6.4.2.2 纯抽水蓄能电站下水库类型

纯抽水蓄能电站上水库大多集水面积较小，没有足够的来水进行初期蓄水及补充库水损失，因此下水库一般选择在有可靠水源的河流或湖泊上，下水库有以下基本型式。

（1）利用天然的江河湖海作为下水库。利用天然湖泊作为下水库，是抽水蓄能电站选址时一个优先考虑的方案。如美国的拉丁顿抽水蓄能电站下水库是北美五大湖之一的密歇根湖，巴德溪（Bad Creek）抽水蓄能电站利用约卡西湖（Jocassee Lake）作为下水库。日本的冲绳海水蓄能电站则直接将大海作为下库。

（2）利用已建水库作为下水库。由于在高山峡谷地区已建有很多水库，因此利用已建水库作为下水库是一个经济的选择，很多抽水蓄能电站均利用了已建水库作为下水库。我国的十三陵、泰安、宝泉、白莲河抽水蓄能电站和泰国的拉姆它昆（Lam Takhong）抽水蓄能电站均利用原已建水库作为下水库。

利用已建水库作为下水库，要考虑原水库的综合利用要求，水库改建为抽水蓄能电站下水库后，应按照建筑物等级和水库运行要求进行必要的复核，必要时加以改建。

利用原有水库作为下水库时，还应考虑管理者主体的变化。在某些情况下，收购（或参股）并改造原有下水库，不一定比利用地下洞室开挖料另行筑坝建库费用少。

（3）在河流上新建下水库。在河流上新建下水库是最常见的。由于下水库所需的库容较小，库容可以重复利用，所需要的天然来水也并不多，因此与常规电站坝址选择不同的是，新建下水库的坝址并不需要很大的径流，其天然径流只要足够满足初期蓄水需要和补充上、下水库渗漏蒸发损失的需要即可。

如下水库水源也不能满足初期蓄水要求，则需进行补水。如宜兴抽水蓄能电站下水库，需利用补水泵站引取三氿水作为电站蓄水和补水水源。

（4）在岸边、洼地筑环形坝或半环形坝、开挖等形成库盆作为下水库。如西龙池抽水蓄能电站，滹沱河畔下水库布置在龙池沟沟脑部位，集水面积仅 $1.27km^2$，总库容为494.2万 m^3。其平面布置如图6.4-1所示。

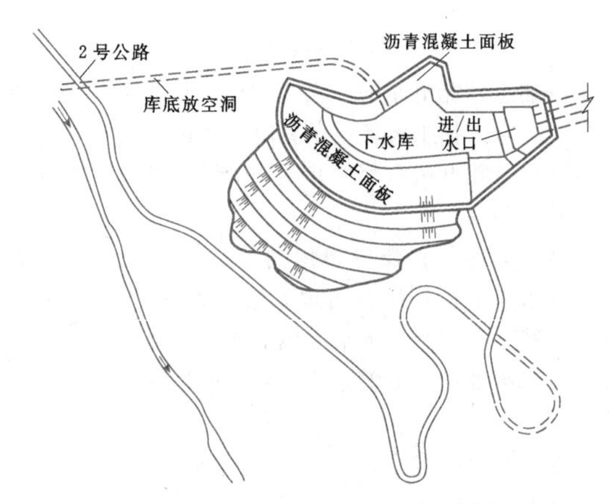

图6.4-1 西龙池抽水蓄能电站下水库布置图

意大利的普列森扎诺（Presenzana）抽水蓄能电站为在河边台地上开挖并修筑环形坝而成，有效库容600万 m^3，全库盆采用沥青混凝土面板防渗，设放空泄水渠排向附近河流。

呼和浩特抽水蓄能电站下水库布置较为特殊，下水库哈拉沁沟属多泥沙河流，下水库是由上、下设两道坝拦河包围形成的水库，左岸设泄洪排沙洞，将上游拦沙坝以上的洪水通过泄洪排沙洞下泄至下游拦河坝下游。

美国的霍普山抽水蓄能电站则是利用地下约 760m 深处已废弃的矿井形成，其有效库容为 620 万 m^3。

6.4.3 水库设计

6.4.3.1 影响水库设计的主要因素

影响水库设计的因素较多，包括水库库容、地形地质条件、土石方挖填平衡、泄水建筑物的布置、进出水口的布置、环境保护等。

(1) 水库库容。水库布置首先应满足库容要求。抽水蓄能电站上、下水库的形成和工程布置应结合自然条件，根据电站装机规模的需要，满足水库正常运行所需的库容要求。部分工程的水库地形条件较差，缺乏足够的有效库容，因此需进行一定的扩挖方可满足工程库容的需求。

(2) 地形地质条件。地形地质条件的优劣对坝型选择、库岸稳定、库盆防渗方案等有决定性的影响，在枢纽布置中应深入研究工程地质条件，并据此选择技术可行、经济合理的设计方案。

(3) 土石方挖填平衡。工程开挖的土石方与坝体填筑方尽量达到较好的平衡。抽水蓄能电站进/出水口、坝基、水库库岸等部位需进行一定的土石方开挖，这些开挖的土石方如不能用于填筑坝体（或利用较少），就只能作为弃料。因此，设计时应充分考虑利用工程开挖料，不但可有效降低工程造价，同时避免另开料场，对工程投资、征地、环保、水保等方面均可带来较大益处。

(4) 泄水建筑物的布置。上、下水库泄水建筑物的布置，除应按常规水电站解决洪水对水工建筑物的安全问题外，尚应分析天然洪峰流量和发电流量叠加的影响。

(5) 进出水口的布置。水库形体设计应满足进出水口的布置要求，保证水流顺畅，不对库岸产生冲刷，进出水口的位置选择与布置方式对水库形体影响较大。

(6) 环境保护。在满足工程功能要求的同时，应重视对环境的保护。设计中应尽量利用工程开挖料筑坝，减少弃渣场范围，同时注意降低开挖边坡，注重边坡和大坝下游坝坡的绿化等。许多抽水蓄能电站在工程竣工后，成为当地的旅游景点，为促进当地经济发展做出了贡献。因此，在水库布置、坝体设计中应充分贯彻环保、生态的设计理念。

6.4.3.2 坝轴线的选择

下水库多为在溪流上筑坝形成，其坝线选择与常规水电站基本相同。而大部分上水库（包括一些下水库）由筑环形坝或沟（垭）口筑坝、库盆开挖形成。

当水库位于山顶或台地时，为了减少水库的土石方开挖和填筑工程量，并做到土石方平衡，环形筑坝形成的上水库的坝线通常沿等高线布置，局部地段为获取足够的开挖料，也有拉成直线状的。如美国的塔姆索克（Taum Sauk）、法国的勒万（Revin）、卢森堡的菲安登（Vianden）抽水蓄能电站上水库（见图 6.4-2）等。

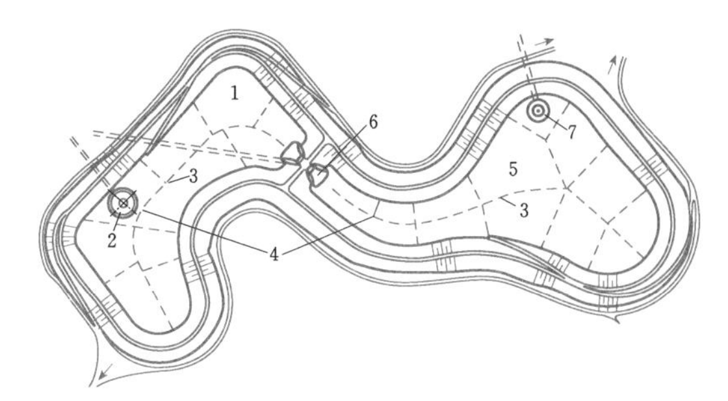

图 6.4-2 菲安登抽水蓄能电站上水库形体

1—1 号上水库；2—1 号压力竖井（出）水口；3—排水廊道；4—排水廊道出入口；5—2 号上水库；6—2 号压力竖井（出）水口；7—3 号压力竖井（出）水口

对于沟谷（垭口）筑坝形成的水库，由于抽水蓄能电站的水库一般库容较小，挡水坝坝轴线形状对库容有较大的影响。相对来说，直线坝轴线的坝体设计及施工较为方便，在库容容易满足时往往成为首选。弧线或折线之所以经常被选用，主要是因为上水库的库容一般较小，弧线或折线有利于增大库容以提高发电效益。

英国的迪诺威克（Dinorwic）抽水蓄能电站上水库和我国的西龙池抽水蓄能电站下水库，坝轴线长度占水库周边长度的比例较大，均采用了接近于半环形的坝轴线，如图 6.4-3 和图 6.4-1 所示。德国的格兰姆斯（Glems）上水库有半个库周是挖山而成，另半个库周为环形坝。

我国的天荒坪抽水蓄能电站上水库采用凸向库外的圆弧形坝轴线，使上水库有效库容增加了 74 万 m^3，相当于增大约 8.4%，其布置如图 6.4-4 所示。

琅琊山抽水蓄能电站上水库为洼地水库，为增加库容，坝轴线采用折线布置，其折角约为 23°，折点位于右岸坝高约 35m 处。其面板堆石坝的平面布置见图 6.4-5。

6.4.3.3 坝型选择

大部分抽水蓄能电站上水库由库盆开挖、沟（垭）口筑坝形成，坝型选择应与水库库盆开挖、土石方平衡统筹考虑，经技术经济比较确定，同时要考虑土地占用及环境影响等因素。

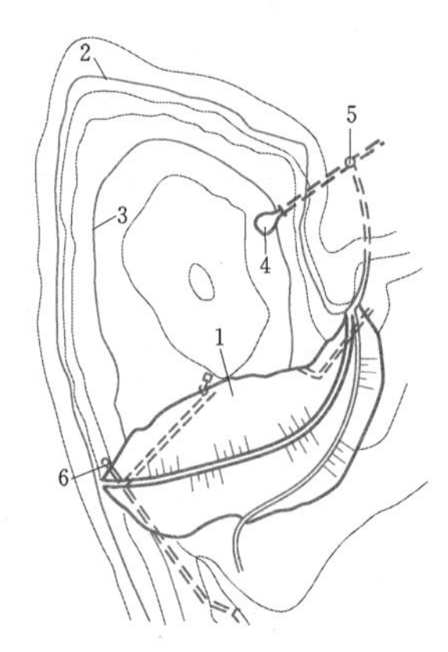

图 6.4-3　迪诺威克抽水蓄能电站上水库挡水坝布置

1—上水库大坝沥青混凝土面板；2—最高蓄水位；3—最低蓄水位（原来的湖面）；4—上水库进（出）水口；5—输水隧洞；6—溢洪竖井

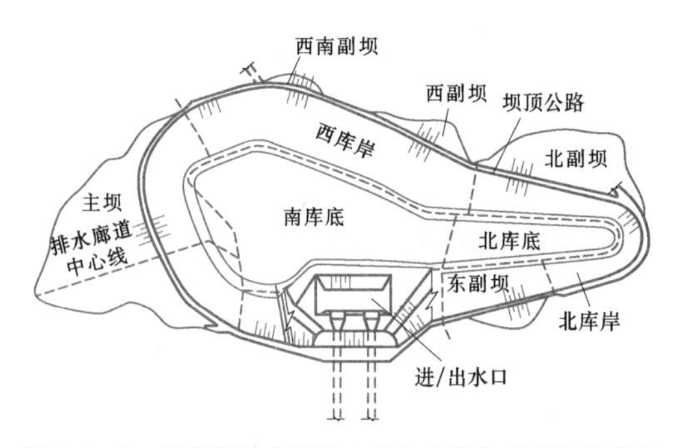

图 6.4-4　天荒坪抽水蓄能电站上水库主坝坝轴线布置

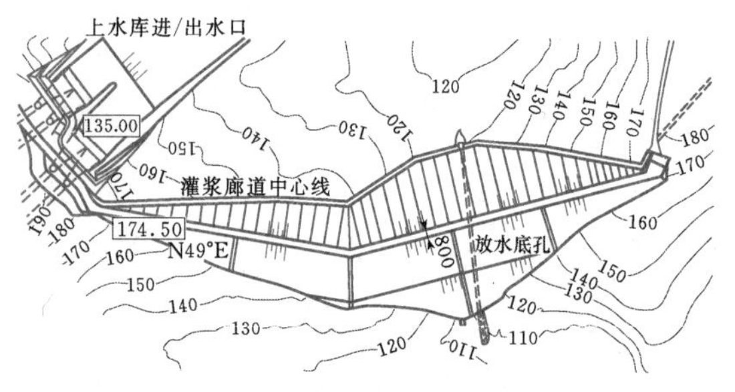

图 6.4-5　琅琊山抽水蓄能电站上水库面板堆石坝布置图（单位：m）

由于上水库多位于山顶洼地，地形一般较平缓，沟谷开阔，地质条件一般也较差。加之上、下水库之间的交通不便，外来材料的运输费用会比较高。为最大限度地利用库区开挖料和当地材料，上水库通常是根据开挖料的具体情况进行坝型设计，一般选择土石坝。如筑坝使用的土石料不足，也尽可能将料场布置在库内。如有弃料可堆放于水库死水位以下或坝后，尽可能做到挖填平衡，减少对环境的影响。

当上水库库盆内有足够的满足防渗要求的黏土料，而水库库盆本身防渗处理又比较简单时，黏土心墙土石坝是较为合适的选择。如美国的巴斯康蒂抽水蓄能电站上水库大坝，日本的葛野川、神流川、喜撰山及奥吉野上水库大坝等。

如果水库库岸需要表面防渗，由于心墙坝与库岸表面防渗的连接较困难，为使坝体防渗与库岸表面防渗体连成一体，宜选择斜墙坝。而斜墙坝中又以沥青混凝土面板堆石坝应用最为广泛，这种防渗形式可以适应抽水蓄能电站上水库较大的水位变幅，在日本和欧洲很流行，尤其是日本，大多数抽水蓄能电站的上水库都选用沥青混凝土面板堆石坝。

混凝土坝上游不侵占水库库容、易于布置泄水建筑物，地质条件较好时基础防渗处理简单。当地形地质条件合适、造价相差不大时，混凝土坝型也不失为一种可选择的坝型。如意大利的德里奥湖抽水蓄能电站，上水库修筑两座重力坝形成；昂特拉克抽水蓄能电站上水库大坝则为130m高的拱坝。我国宜兴抽水蓄能电站上水库副坝则采用碾压混凝土重力坝。

6.4.3.4　泄洪建筑物布置

流域面积较小的纯抽水蓄能电站上水库，洪水汇流时间短，洪量小，可在库岸顶部设置排泄系统排除环库公路以上汇集的洪水。对在库内降雨形成的洪量，可加大坝顶和库岸的超高予以解决，同时还可兼顾水泵工况超蓄问题。当水库集水面积较大、暴雨形成的洪峰流量较大时，无论上、下水库都应布置具有及时排泄天然洪水能力的泄洪建筑物，有的工程还考虑了放空设施。下水库天然洪峰流量和发电流量叠加将超过天然洪峰流量，加重下游河段的防洪负担，需在泄洪建筑物设计和洪水调度方式上考虑其影响。

6.4.4　库盆防渗设计

库盆防渗设计是抽水蓄能电站有别于常规水电站设计的主要内容。抽水蓄能电站水库主要防渗型式有：钢筋混凝土面板、沥青混凝土面板、土工膜、黏土铺盖、帷幕灌浆及防渗墙等。

6.4.4.1　钢筋混凝土面板防渗

1. 钢筋混凝土面板防渗特点

钢筋混凝土面板既可用于抽水蓄能水库大坝的防渗，也可用于岸坡和库底的防渗。

（1）钢筋混凝土面板防渗的主要优点为：

1）能适应较陡的边坡。钢筋混凝土面板或面板坝的坡度可以较陡，通常可到1∶1.3～1∶1.4，岩质边坡可以更陡。

2）施工技术成熟。碾压式土石坝施工技术成熟，钢筋混凝土面板置于经碾压密实的垫层、过渡层和堆石体上，施工及运行期发生的沉降变形较小。

3）抗冲、耐高温及防渗性能好。钢筋混凝土面板表面具有较强的抗冲击破坏能力、耐高温能力和可靠的防渗性能。

4）施工速度快。钢筋混凝土面板坝的堆石体填筑不受防渗结构施工的影响，不受下雨等天气的影响，可以连续施工，加之混凝土面板可以用滑模施工，施工速度快。

5）投资较省。抽水蓄能电站的钢筋混凝土防渗面板因水头较低通常采用30～40cm等厚度设计，投资较小。

（2）钢筋混凝土面板防渗主要局限性为：

1）接缝复杂。为适应地基条件和环境变化，需对面板进行合理的分缝分块，在缝中设置止水设施，并进行配筋。这样，就使得面板设计和施工复杂，容易产生缺陷导致漏水。

2）适应温度及地基变形能力差。钢筋混凝土面板为刚性薄板结构，适应温度变形及地基变形能力较差，易出现裂缝。钢筋混凝土面板不适用于变形较大的土质边坡。

3）钢筋混凝土面板裂缝修补麻烦。面板较多的接缝止水及可能发生的裂缝，运行检修的要求较高，对上水库来说，判别集中漏水地点以及放空水库进行裂缝的修补较为麻烦。

2. 面板结构设计

（1）结构组成。防渗结构由混凝土面板及下卧层组成。下卧层的主要作用是支承面板并传递其上的水荷载，同时满足面板下的排水等要求。

对于大坝而言，混凝土面板防渗结构通常由几部分组成，表面钢筋混凝土面板，以下依次为透水垫层、过渡层和堆石体。

库岸的混凝土面板结构包括钢筋混凝土面板、碎石垫层或无砂混凝土等。无砂混凝土排水垫层主要适用于建基面为岩基且坡度较陡、砂石垫层不能自稳或不便施工的库岸。

库岸混凝土防渗面板典型剖面如图6.4-6所示。

（2）面板厚度。混凝土面板厚度应满足以下要求：应能便于在其内布置钢筋和止水，其相应最小厚度为30cm；控制渗透水力梯度不超过200；在达到上述要求的前提下，应选用较薄的面板厚度，以提高面板柔性，降低造价。

（3）面板坡度。混凝土面板坡度与下卧层的稳定坡度、边坡开挖坡度等密切相关。目前，面板下多采用垫层料或无砂混凝土作为其下卧层。填筑的垫层料一般采用不陡于1∶1.3的坡比。无论是坝体还是库岸边坡，钢筋混凝土面板1∶1.3～1∶1.4的边坡坡

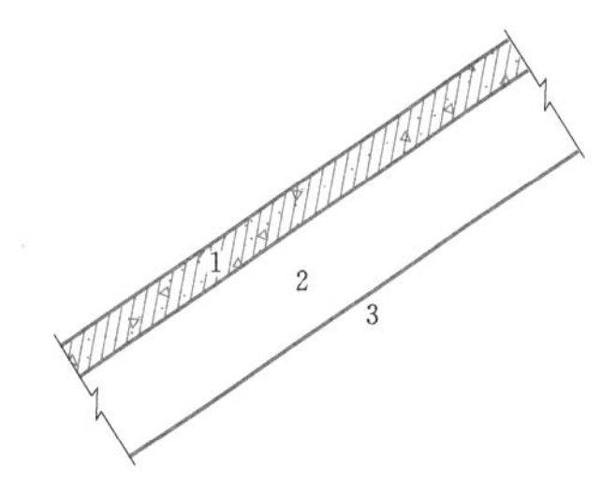

图6.4-6 库岸混凝土防渗面板典型剖面

1—钢筋混凝土面板；2—碎石垫层或无砂混凝土（排水层）；3—库岸

比是公认可以接受的。

（4）分缝止水。抽水蓄能电站水库的面板止水构造型式可参照常规水库混凝土面板坝止水构造进行设计，其止水构造型式与常规面板坝的型式略有区别，但仍可划分为周边缝、垂直缝等结构型式。

混凝土面板必须分缝并设止水，以适应面板一定程度的变形。混凝土面板的分缝尺寸应综合考虑施工条件、温度应力和地基条件等因素后确定。面板垂直缝仍可分为张性缝、压性缝两种。受压区的面板一般垂直缝间距为12～18m；张性缝布置在坝肩及库坡曲面段，垂直缝间距可适当减小，一般为受压区面板宽度的1/2～2/3。

由于采用混凝土面板全库盆防渗的抽水蓄能电站水库的作用水头一般不超过40～50m，可采用两道止水（底部铜止水＋顶部柔性填料表层止水）的构造型式，其表层止水柔性填料一般要求做成弧形凸体，凸体的截面积应不小于缝面拉开后缝面的横截面积。目前，我国的表面柔性填料主要为SR和GB系列。混凝土面板受拉缝止水典型图如图6.4-7所示。坝体中部、库岸开挖区及库底混凝土面板的接缝均为压性缝，一般可采用底部铜止水＋顶部柔性填料的表层止水的构造型式。

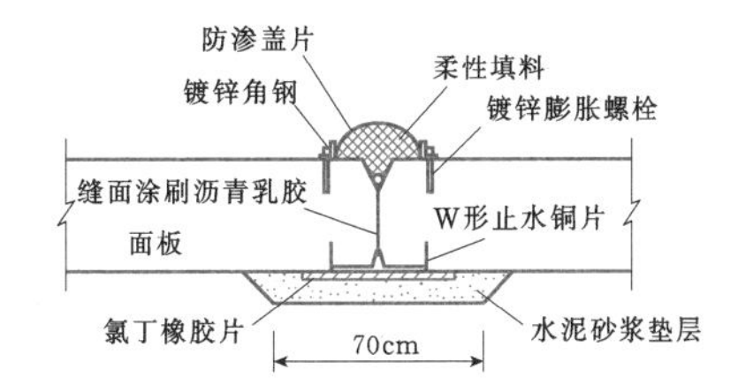

图6.4-7 库岸混凝土面板受拉缝止水典型剖面

面板与趾板之间需设置周边缝。周边缝一般设置两道止水，较高水头的周边缝中间可增加一道止水。库岸面板与库底连接板之间、库岸面板与库底观测廊道之间、面板与坝顶（或环库公路）防浪墙之间均应设结构缝，要求与周边缝相同，

均按张性缝设计。

(5) 面板配筋。面板配筋的主要作用为限制裂缝的宽度，将可能发生的条数较少而宽度较大的裂缝分散为条数较多而宽度较小的裂缝。与常规钢筋混凝土面板堆石坝的面板配筋要求相同。

3. 面板混凝土

面板混凝土应具有优良的和易性、抗裂性、抗渗性、抗冻性和耐久性。混凝土强度等级应不低于C25，以满足抗裂和耐久性方面的要求。抗渗等级应根据面板的作用水头大小确定，由于混凝土面板厚度较薄，承受的水力梯度大，一般抗渗等级应不低于W8。抗冻等级一般不低于F100，严寒地区抗冻等级可达F300。面板混凝土宜采用42.5硅酸盐水泥，同时掺用引气剂和高效减水剂。

4. 面板防裂措施及裂缝处理

混凝土面板裂缝可分为结构性裂缝和收缩裂缝两类。结构性裂缝是由于坝体（或地基）不均匀变形（沉降）而引起，一般裂缝宽度较大，且绝大多数为贯穿性裂缝；收缩裂缝是由于混凝土自身因素、施工因素而造成干燥收缩和降温冷缩，并受到底部垫层约束，当由此诱发的拉应力超过面板混凝土的抗拉强度或拉应变超过混凝土的极限拉伸值时，就产生收缩裂缝。

为尽量避免出现结构性裂缝，减少收缩裂缝，应选用合适的水泥和骨料。尽量使用高标号硅酸盐水泥或普通硅酸盐水泥，采用热膨胀系数小的母岩（如石灰岩）制备的骨料。混凝土配合比设计中，尽量减小用水量，降低水灰比，宜使用高效减水剂及引气剂，控制水灰比不小于0.5。

在混凝土中掺入适量的聚合物纤维，可起到一定的阻裂作用。

一旦面板出现温度裂缝，可采用适当方法进行处理。对宽度小于0.2mm的裂缝，可采用直接涂刷环氧增厚涂料、化学灌浆处理以及贴防渗盖片等措施。如出现贯穿性裂缝，则需凿槽回填环氧砂浆、塑性止水材料以及化学灌浆处理。

5. 与其他建筑物的连接

混凝土面板与其他建筑物的接缝工作条件较差，因此也是混凝土面板结构中的薄弱环节，是可能产生渗漏的主要部位。混凝土面板与基础、岸坡和刚性建筑物的连接结构，应根据连接部位的相对变形及水头大小等条件进行设计，以保证连接部位不发生开裂、漏水。

混凝土面板与趾板、坝顶结构的接缝设计与一般面板堆石坝相同。对于全库盆采用钢筋混凝土面板防渗的工程，坝面面板、岸坡面板与库底面板的良好衔接是设计中应考虑的重要问题。一般在坝面面板、岸坡面板与库底防渗面板之间需设置混凝土连接板，分别通过结构缝与两者进行连接，以吸收两者之间的不均匀变形。为了给库（坝）坡面板滑模施工提供一个起始工作面，连接板顺库（坝）坡面上翘一定距离，通常为80cm左右，形成折线断面。连接板宽度可与库（坝）坡面板一致，这样可减少面板止水的“丁”字接头数量，库底部分面板长度为10m左右。十三陵上水库面板与库底面板连接型式如图6.4-8所示，宜兴上水库面板与库底面板连接型式如图6.4-9所示。

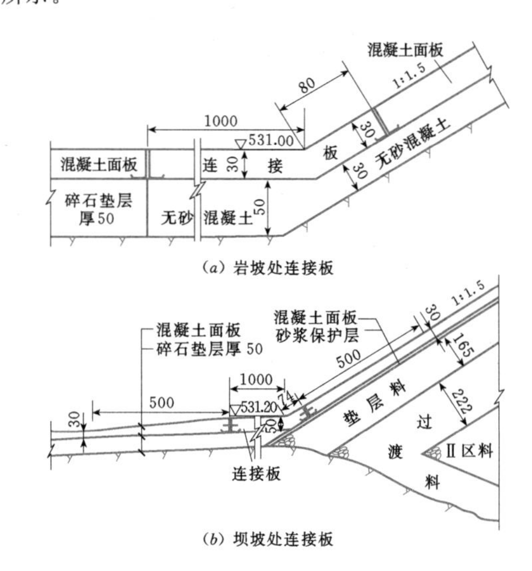

图6.4-8 十三陵上水库面板与库底面板连接型式
(尺寸单位：cm；高程单位：m)

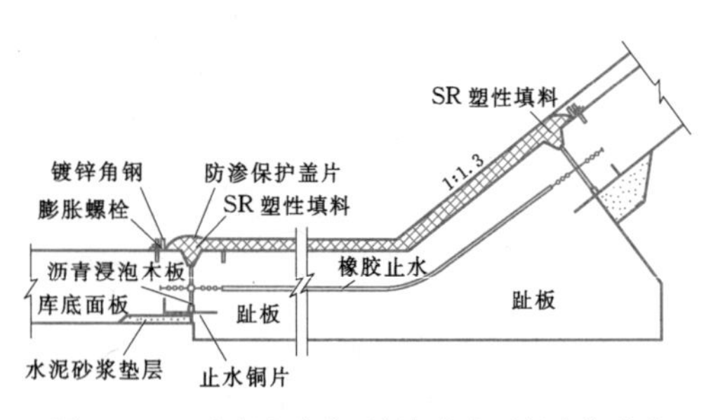

图6.4-9 宜兴上水库面板与库底面板连接型式

6. 基础排水

(1) 基础排水垫层。抽水蓄能电站运行期，库水位不断频繁变化，发电工况时，库水位由正常蓄水位骤降至死水位，降落速度较快。若面板后渗漏水的水面降落速度小于库水位降速，在反向水压力作用下面板将被顶托。为了使面板不受反向水压力作用，确保面板稳定安全，要求面板下的下卧层有足够的排水能力。

混凝土面板的基础垫层，大坝面板以下一般依次为透水垫层、过渡层和堆石体。库岸混凝土面板以下一般设碎石垫层或无砂混凝土等。库底混凝土面板以下一般采用碎石排水垫层。

基础排水垫层的厚度根据排水能力要求计算确定，并应满足施工最小厚度要求，一般可以参照相关的工程实践确定。一般大坝面板以下的碎石排水垫层水平宽度为2m，过渡层水平宽度为4m。库岸边坡面板下的无砂混凝土排水垫层厚度取30～50cm，库岸碎石排水垫层厚度为60～90cm，库底碎石排水垫层厚度为50～80cm。

常规混凝土面板堆石坝垫层一般取用半透水性级配的石料，渗透系数一般取$1\times10^{-3}\sim1\times10^{-4}$cm/s。抽水蓄能电站因水位变幅大而且频繁，要求渗漏水能尽快排除，排水垫层渗透系数一般取1×10^{-2}cm/s左右。库岸面板排水垫层以下一般为岩质坡，排水条件差，因此要求边坡面板后的碎石排水垫层或无砂混凝土排水垫层具有较强的排水能力，一般渗透系数不小于1×10^{-2}cm/s。

排水垫层应优先选用级配碎石填筑，级配设计时应充分考虑其渗透性，严格控制粒径小于0.075mm和小于5mm细颗粒含量，并具有渗透稳定性。为了减少库岸面板因承受水头的增加而导致较大的变形，在靠近库底接缝部位可采用小区料填筑。

对采用无砂混凝土作为库岸混凝土防渗面板下垫层的工程，应注意降低无砂混凝土对面板自由变形产生的约束，避免或减少面板混凝土产生裂缝。宜兴抽水蓄能电站上水库库岸排水层采用C10无砂混凝土，厚度30cm，要求渗透系数$k\geqslant1\times10^{-2}$cm/s。无砂混凝土上部依次铺设1～1.5kg/m^{2}乳化沥青、400g/m^{2}土工布，以减小面板与无砂混凝土之间的约束，效果较好。

(2) 排水观测系统。为监测上水库库盆和面板的渗漏情况，通常沿库底一周布置排水观测廊道，库底面积较大的，在库底中间布置排水廊道分支以充分收集渗水。库底排水垫层中布置排水花管收集渗水到排水廊道，库岸边坡渗水通过排水廊道边墙上设置的排水管进入排水廊道，所有渗水集中后通过坝基下的排水观测廊道排往坝体下游集水池，有条件的工程可以用泵回收到上水库。十三陵抽水蓄能电站上水库库底排水系统布置图如图6.4-10所示。

在结构受力状态复杂和地质条件差的岸坡面板下可以布置渗压计以观测面板的防渗效果；在库底排水廊道内设测压管，以观测库盆渗透压力情况；在排水廊道内分区布置数个量水堰，在排水观测廊道出口处设置一个量水堰，以监测库盆面板总的渗漏情况。

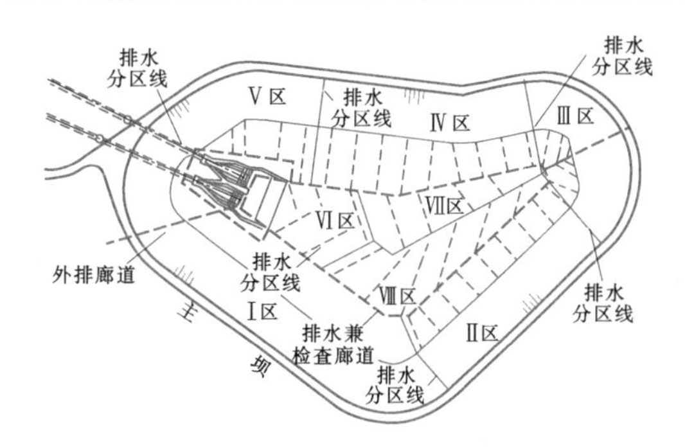

图6.4-10　十三陵抽水蓄能电站上水库库底排水系统布置图

6.4.4.2　沥青混凝土面板防渗

1. 沥青混凝土面板防渗特点

沥青混凝土面板因其防渗性能好、适应变形能力强、能抵抗酸碱等侵蚀及对水质无污染等特点已被许多抽水蓄能工程用作水库防渗，如美国的拉丁顿抽水蓄能电站，德国的格兰姆抽水蓄能电站，日本的沼原抽水蓄能电站，中国的天荒坪抽水蓄能电站、宝泉抽水蓄能电站、张河湾抽水蓄能电站、西龙池抽水蓄能电站等。

(1) 沥青混凝土防渗面板的主要优点为：

1) 具有良好的防渗性能，渗透系数小于1×10^{-8}cm/s，渗漏量很小。

2) 有较强的适应基础变形和温度变形的能力，能够适应较差的地基地质条件。

3) 外观见不到防渗面板有接缝，与周围环境协调，比较美观。

4) 施工速度快。

5) 能快速修补缺陷，修补完成后蓄水等待时间短。

(2) 沥青混凝土面板防渗的主要局限性为：

1) 对所用的材料要求比较高，特别是粗骨料宜采用碱性岩石的碎石，质地应坚硬、新鲜、不因加热引起性质变化。同时沥青混凝土对沥青的要求也较高，而沥青供应厂家往往较远，运输成本高。

2) 沥青混凝土面板与周边混凝土建筑物的连接处理较复杂。

3) 施工工序较多，生产及工艺较复杂，对天气等施工条件也较为敏感，对生产与施工设备、施工技术和施工管理的要求高。

4) 造价相对较高。

2. 沥青混凝土面板结构型式

(1) 结构组成。沥青混凝土面板有复式和简式两种结构型式。复式断面结构由表面封闭层、面层防渗层、中间排水层、底层防渗层和整平胶结层、下卧层（包括基础垫层、基础和坝体填筑体）组成。简式断面结构由表面封闭层、面层防渗层、底层整平胶结层、下卧层（包括基础垫层、基础和坝体填筑体）组成。典型的结构型式如图 6.4-11 所示。

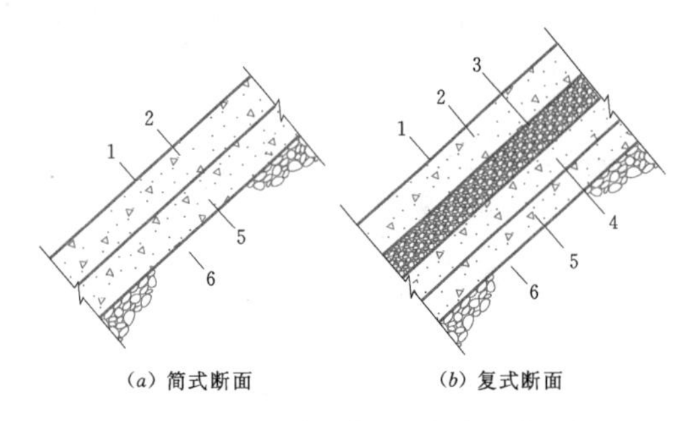

图 6.4-11 沥青混凝土面板断面的型式

1—封闭层；2—防渗面层；3—排水层；4—防渗底层；5—整平胶结层；6—垫层

复式结构及简式结构两种型式各有优缺点。复式断面在早期建成的工程中用得较多，而近期建成的工程采用简式断面的居多。复式断面形式结构层次多，施工复杂，造价高，用于有特殊要求的工程，特别是20世纪80年代以来复式结构已较少采用，沥青混凝土面板结构发展趋势是简式结构。现代化大生产对沥青混凝土面板结构形式的要求是简化结构层次而便于施工。国内工程中，采用复式结构断面型式的不多，且都为早期修建，几座已建和在建的抽水蓄能电站上水库的沥青混凝土防渗面板多采用简式结构（张河湾为复式结构，也进行简化，底部防渗层与整平胶结层合为一层）。

库盆防渗工程中，反弧部位、与混凝土建筑物连接部位、地基变形模量变化较大部位或地基条件复杂部位宜增设聚酯网、加厚层，以增强连接部位的抗变形能力。

（2）面板厚度。防渗面板各层厚度，目前主要是参考已建的工程经验来确定。

表面沥青玛瑞脂封闭层的厚度不宜大于 2mm。

防渗层是防渗面板的主体，厚度 6～10cm，宜单层施工。也可用下面的经验公式（6.4-1）初步确定防渗层的厚度，计算结果对较好的材料和工艺可视为最小值，对复杂情况应留有余地。

$$h = c + H/25 \qquad (6.4-1)$$

式中 h——防渗层厚度，cm；

c——与骨料质量与形状有关的常数，一般取 6～7cm；

H——面板承受水头，m。

整平胶结层是防渗层的基础层，要求平整、密实，且有一定的排水能力，能排走从防渗层渗漏下去的水，厚度 5～10cm，宜单层施工。

局部采用的加强层技术要求与防渗层相同，厚度一般为 5cm。

简式结构的面板一般多选择一层 6～10cm 厚的整平胶结层和一层 8～10cm 厚的防渗层。

复式结构的面板较厚，通常在 30～40cm。其中防渗面层厚 6～10cm，排水层厚 8～10cm 防渗底层厚 5～6cm，整平胶结层厚 6～8cm。

（3）面板坡度。面板坡度的确定需要考虑很多因素，首先需确保填筑体本身的稳定，这与填筑体材料及地基条件直接相关，也要考虑坝高及建筑物级别等因素综合确定。同时还要考虑沥青混凝土面板本身的斜坡热稳定性和施工安全性。

抽水蓄能电站大坝与库岸沥青混凝土面板的坡度一般不陡于 1∶1.7。

3. 面板技术要求

（1）封闭层。封闭层的作用是保护沥青混凝土防渗层，防止防渗层表面与紫外线、空气等外界不良环境接触，从而减缓沥青混凝土防渗层的老化过程，延长其使用寿命。

水工沥青混凝土的封闭层是沥青和填料的混合物，也称沥青玛瑞脂，有时为达到所需的性能要求改善沥青玛瑞脂的性能指标而加入一些添加剂。

封闭层应在当地温度条件下在斜坡上保持稳定。

（2）防渗层。防渗层沥青混凝土属密级配沥青混凝土，是防渗体的主体部分，要求有良好的防渗性、抗裂性、稳定性和耐久性。

DL/T 5411—2009《土石坝沥青混凝土面板和心墙设计规范》规定：碾压式沥青混凝土面板的防渗层孔隙率不大于 3%，渗透系数不大于 1×10^{-8} cm/s；水稳定系数不小于 0.9；马歇尔试样斜坡流淌值不大于 0.8mm。沥青含量一般为沥青混合料总重量的 7.0%～8.5%，填料占矿料总重量的 10%～16%，骨料的最大粒径不大于 16～19mm。沥青采用符合要求的 70 号或 90 号水工沥青、道路沥青，必要时采用改性沥青。

根据国内几个工程的实践经验，库底沥青混凝土的沥青含量可略高于岸坡，以增强适应地基变形的能力。

国内近 10 年内完成的几个工程面板防渗层沥青混凝土（碾压后）技术要求见表 6.4-1～表 6.4-4，可供类似工程设计时参考。其中加厚层材料要求同防渗层材料。

表 6.4－1　　天荒坪上水库防渗层技术要求表

序号	项　目	单位	技术指标	检测标准	备注
1	密度（表干法）	g/cm^3	＞2.3	DIN 1996	
2	孔隙率	%	≤3.0		
3	渗透系数	cm/s	≤1×10^{-8}	Van Asbeck	
4	斜坡流淌值	mm	≤5	Van Asbeck	1∶2，70℃
			≤1.5	Van Asbeck	1∶2，60℃
5	马歇尔稳定度	N	≥90	DIN 1996	40℃
6	马歇尔流值	1/100cm	30～80		
7	柔性	%	≥10	Van Asbeck 或小梁弯曲	25℃
			≥2.5		5℃
8	膨胀（单位体积）	%	≤1.0	DIN 1996	

表 6.4－2　　张河湾上水库防渗层的技术指标表

序号	项　目	单位	技术指标	检测标准	备　注
1	密度（表干法）	g/cm^3	＞2.30	JTJ T 0705—2000	
2	孔隙率	%	≤3.0		
3	渗透系数	cm/s	≤1×10^{-8}	Van Asbeck	
4	斜坡流淌值	mm	≤2.0	Van Asbeck	马歇尔试件，1∶1.75，70℃，48h
5	水稳定性	%	≥90	ASTM D 1075—2000	试样孔隙率约 3%
6	柔性（圆盘挠度试验）	%	≥10 不漏水	Van Asbeck	25℃
			≥2.5 不漏水		2℃
7	冻断温度	℃	≤－35		
8	拉伸应变	%	≥0.8		2℃，拉伸速率 0.34mm/min
9	弯曲应变	%	≥2.0	JTJ T 0715—2000	2℃，试验速率 0.5mm/min
10	膨胀（单位体积）	%	≤1.0	DIN 1996—9：1981	

表 6.4－3　　西龙池上水库防渗层技术要求表

序号	项　目		单位	技术指标		检测标准
				改性沥青混凝土	沥青混凝土	
1	毛体积密度（表干法）		g/cm^3	＞2.35	＞2.35	JTJ 052 T0705—2000
2	孔隙率		%	≤3	≤3	JTJ 052 T0705—2000
3	渗透系数		cm/s	≤1×10^{-8}	≤1×10^{-8}	—
4	斜坡流淌值	1∶2，70℃，48h	mm	≤0.8	≤0.8	—
		1∶2，70℃，48h		≤2.0	≤2.0	Van Asbeck
5	水稳定性		%	≥90	≥90	ASTM D 1075—2000
6	柔性试验（圆盘试验）	25℃	%	≥10（不漏水）	≥10（不漏水）	Van Asbeck
		2℃		≥2.5（不漏水）	≥2.2（不漏水）	
7	弯曲应变，2℃变形速率 0.5mm/min		%	≥3	≥2.25	JTJ 052 T0715—1993
8	拉伸应变，2℃变形速率 0.34mm/min		%	≥1.5	≥1.0	—
9	冻断温度		℃	＜－38	＜－35	—
10	膨胀		%	＜1.0	＜1.0	DIN 1996—9：1981

表 6.4-4　　宝泉上水库防渗层技术要求表

序号	项　目	单位	技术指标	检测标准	备　注
1	密度（表干法）	g/cm³	>2.35	JTJ T 0705—2000	
2	孔隙率	%	≤3.0		
3	渗透系数	cm/s	≤1×10^{-8}	Van Asbeck 或类似方法	
4	斜坡流淌值	mm	≤0.8	Van Asbeck 或类似方法	马歇尔试件，1∶1.7，70℃，48h
5	水稳定性	%	≥90	ASTM D 1075—2000	试样孔隙率约 3%
6	柔性	%	≥10 不漏水	Van Asbeck 或类似方法	25℃
			≥2.5 不漏水		2℃
7	冻断温度	℃	≤−30		
8	拉伸应变	%	≥0.8		2℃，拉伸速率 0.34mm/min
9	弯曲应变	%	≥2.0	JTJ T 0715—2000	2℃，试验速率 0.5mm/min
10	膨胀（单位体积）	%	≤1.0	DIN 1996—9：1981	

（3）整平胶结层。整平胶结层设置在防渗层和下部的填筑料之间，一方面，对下卧层（土石填筑料）起整平的作用；另一方面，可提供防渗层施工时需要的施工工作面，以保证防渗层的最小厚度和施工质量。整平胶结层为半开级配沥青混凝土，具有一定的透水能力，在防渗层和排水层之间起过渡作用。

碾压式沥青混凝土面板整平胶结层的沥青混凝土，要求孔隙率 10%～15%；渗透系数 1×10^{-3}～1×10^{-4}cm/s；热稳定系数不大于 4.5，在可能产生的高温下能在斜坡上保持稳定；沥青含量为沥青混合料总重量的 4.0%～6.0%；骨料最大粒径不大于 19mm。

整平胶结层作为沥青混凝土材料的一部分，也应有良好的抗裂性、稳定性和耐久性。

4. 原材料及配合比

组成水工沥青混凝土的沥青、骨料、填料、掺料等原材料，应按照 DL/T 5411《土石坝沥青混凝土面板和心墙设计规范》规定的要求进行选择。

沥青混凝土配合比应通过室内试验和现场铺设试验进行选择。所选配合比的各项技术指标应满足设计对沥青混凝土提出的要求，并应有良好的施工性能，且经济上合理。在无试验资料时，可参照 DL/T 5411《土石坝沥青混凝土面板和心墙设计规范》附录初步选择沥青混凝土配合比，用作估算成本和施工准备。

国内已建几个工程的沥青混凝土配合比资料可参见 DL/T 5411《土石坝沥青混凝土面板和心墙设计规范》。

表 6.4-5 和表 6.4-6 为国内外部分工程的沥青技术指标，可供设计时参考。

表 6.4-5　　国内部分工程的沥青技术指标

项　目	天荒坪	西龙池	宝泉	张河湾
沥青类型	DIN 1995 标准，沙特壳牌 B45、B80	欢喜岭 B—90 沥青和掺加 SBS 添合料的改性沥青	辽河油田	克拉玛依和盘锦沥青
加热前的特性				
针入度（25℃，1/10mm）	35～50	70～100	60～100	70～90
软化点（环球法，℃）	54～59	45～52	45～52	45～52
脆点（℃）	≤−6	≤−10	≤−10	≤−10
延度（25℃，cm）	≥150（7℃，>5cm）	≥150（15℃）	≥150（15℃）	≥150（15℃）

续表

项　　目	天荒坪	西龙池	宝泉	张河湾
含蜡量（蒸馏法，%）	≤2	≤2	≤2	≤2
密度（25℃，g/cm³）	1.0	实测	≥1.0	实测
溶解度（%）	>99	≥99	≥99	≥99
含灰量（%）	≤0.5	≤0.5	≤0.5	≤0.5
闪点（℃）	>230	≥230	>230	>230
加热后的特性（中国规范：薄膜烘箱试验，163℃，5h。德国承包商：圆底烧瓶，165℃，5h）				
重量损失（%）	≤1.0	≤0.6	≤1.0	≤1.0
软化点升高（℃）	≤5	≤5	≤5	≤5
针入度比（%）	≥70	≥68	≥65	≥65
脆点（℃）	≤−5	≤−7	≤−8	≤−8
延度（25℃，cm）	≥100	≥100（15℃）	≥100（15℃）	≥100（15℃）
低温延度（℃，cm）	7℃，≥2	4℃，≥7		4℃，≥7

表 6.4-6　　国外部分工程的沥青技术指标

项　目		日本新高野山坝、大津歧坝	西班牙阿波诺坝	美国蒙哥马坝	日本蛇尾川	日本大门水库	美国水工沥青标准
针入度（1/10mm）	25℃，10g，5s		60～70	50～60	60～80	70±5	70～100
	0℃，200g			最小 12			
软化点（℃）		50～60		>51.4	44～52	50±2	44～49
针入度指数（PI）		−0.5～0.5	−1～1			−0.5～0.5	
延伸度（25℃，cm）		>100		≥140	≥100（15℃）	≥100（15℃）	≥5（7℃）
闪点（℃）		280	200	236	>260	>260	
密度（25℃，g/cm³）		1.01～1.06	1～1.05		>1	>1	>1
溶解度（%）	溶于四氯化碳	>99.5	99		>99	>99	>99.5
	溶于二硫化碳		99.5				
脆点（弗拉斯，℃）		≤−12	≤−10			≤−12	≤−10
薄膜烘箱试验	残留针入度（25℃）（%）			>65	>55	>55	
	残留针入度（25℃）（%）			>70			
薄膜烘箱试验	延伸度（25℃）（%）			>80			>2（7℃）
	软化点增加（%）			≤10			65
	重量损失（%）			≤0.3	≤0.6	≤0.6	
蒸发后针入度比（%）		>80			>110	>110	
加热损失（5h）（%）			≤1			≤1	
加热后针入度比（25℃）（%）			>60			>60	

常规沥青混凝土面板温度敏感性很强，常温时的柔性比低温时要好得多，温度低到一定程度，沥青混凝土面板会被冻裂。影响沥青混凝土面板产生低温裂缝的因素很多，如当地的极端最低气温、降温的速度、低温的持续时间、沥青的品种、沥青混凝土的配合比、施工质量等。一些工程经验和某些试验研究表明，最低月平均气温在－10℃以下的地区，绝对最低气温可达到－30℃以下，这样的气温条件，一般沥青混凝土已难以抵抗温度变形而开裂。因此最低极端温度在－30℃以下地区的沥青混凝土面板应进行低温抗裂性的试验及计算分析研究，当一般沥青混凝土不能满足低温抗裂要求时，可选用聚合物改性沥青混凝土。

为提高沥青混凝土的低温抗裂性，可采用SBS或其他高分子改性沥青。SBS的改性沥青，冻断温度可达－35℃以下，优质材料可达－40℃。西龙池抽水蓄能电站上水库斜坡部位防渗层采用AH—90号沥青作为基质沥青的SBS改性沥青，其沥青混凝土冻断温度可低达－38℃。西龙池上水库（低温池区）采用的SBS改性沥青性能指标见表6.4－7。

表6.4－7　　西龙池上水库（低温地区）采用的SBS改性沥青性能指示

项　目	单位	性能测定值	试验方法
针入度（25℃，100g，5s）	1/10mm	84	GB/T 4509
针入度指数	PI	0.15	GB/T 4509
软化点（环球法）	℃	74.3	GB/T 4507
延度（5℃，5cm/min）	cm	59	GB/T 4508
黏度（135℃）	Pa·s	1.1	T 0620*
弹性恢复（25℃）	m%	94	T 0662*
溶解度（三氯乙烯）	%	99.5	GB/T 11148
闪点（开口）	℃	300	GB/T 267
离析试验（163℃，48h），软化点差	℃	0.6	T 0661*
薄膜烘箱试验（163℃，5h）后			
质量损失	%	0.25	GB/T 5304
针入度比（25℃）	%	97.4	GB/T 4509
延度（5℃，5cm/min）	cm	81	GB/T 4508

*　交通部行业标准JTJ 052—2000《公路工程沥青及沥青混合料试验规程》。

目前改善沥青混凝土斜坡热稳定性多在混合料中加入聚酯纤维、木质纤维、矿物纤维等掺料。西龙池上水库斜坡防渗层和封闭层就是在改性沥青中分别加木质纤维和矿物纤维提高抗裂性和热稳定性的。石棉对人身体有害，现已不再使用。

在寒冷地区，采用改性沥青玛琋脂作封闭层，可提高低温抗裂性能。

5. 与其他建筑物的连接

沥青混凝土面板与基础、岸坡和刚性建筑物的连接部位，是整个面板防渗系统中的薄弱环节，在工程设计与施工中都应予以高度重视。沥青混凝土与其他建筑的接缝类型主要有与普通混凝土结构的接缝设计及与坝顶结构的接缝设计等。沥青混凝土面板与基础、岸坡和刚性建筑物的连接结构，应根据连接部位的相对变形及水头大小等条件进行设计，以保证连接部位不发生开裂、漏水。

根据已建工程经验，与其他建筑物的连接可采取以下措施：①减少齿墙、基础防渗墙、岸墩、刚性建筑物对面板边界的约束，允许面板滑移而不破坏防渗性能；②将集中的不均匀沉陷在一定范围内分散开，使沥青混凝土防渗层的变形与其相适应而不开裂；③在这些部位加厚沥青混凝土，铺设聚酯网加筋材料，提高其抗裂能力等。由于连接部位变形复杂，其构造和材料性能也各不相同，对于重要工程的连接结构形式应进行模型试验论证。

与沥青混凝土相连接的刚性建筑物表面宜采用渐变的圆弧面，以避免沥青混凝土表面由于应力集中出现裂缝。

沥青混凝土与其他建筑物的连接结构可参照DL/T 5411—2009《土石坝沥青混凝土面板和心墙设计规范》附录进行初步选择。

6. 基础与排水

沥青混凝土面板多采用碎石或卵砾石排水垫层。碎石或卵砾石排水垫层可调整坝体不均匀沉陷，便于机械化施工，施工速度较快，我国近期修建的沥青混凝土面板工程均采用碎石排水垫层。

基础排水垫层的厚度可以参照相关的工程实践确定。一般库岸碎石排水垫层厚度为60～90cm，库底碎石排水垫层厚度为50～80cm，局部地基地质条件较差部位宜适当加厚或进行基础置换。

为防止面板在库水位急剧下降时，板后出现较大的反向水压力，要求面板后的排水垫层具有较强的排水能力，一般渗透系数不小于1×10^{-2}cm/s。

沥青混凝土护面本身对下卧层变形模量的要求并不高，随水头的高低而定，重要的是变形的均匀性。沥青混凝土面板的施工机械一般较大，因此施工集中荷载也较大，对低水头水库就成为对下卧层的变形模量要求的控制因素，施工机械对下卧层表面的变形模量要求不小于35MPa。对于承受较高水头的沥青混凝土面板基础垫层，其施工压实后的变形模量宜适当提高。

沥青混凝土面板防渗工程一般都布置有库底排水廊道，一方面可以收集库盆及库岸渗漏水，集中排向库外，有条件的还可回收抽回上水库；另一方面可以分区监测库盆渗漏情况，一旦发现渗水异常增大，可及时放空水库进行检修。

7. 面板裂缝处理

施工质量良好的致密的沥青混凝土面板几乎是不漏水的，最易出现面板裂缝和缺陷的时期是蓄水初期，过快的水位上升或下降极易引起过大的地基变形，从而导致面板出现裂缝。

沥青混凝土面板的裂缝处理是比较方便和快速的，对贯穿性裂缝，需把裂缝周边一定范围内的防渗层和整平胶结层挖除，检查垫层料受裂缝渗水影响的严重性，影响严重的垫层料也必须置换，然后按原标准重新回填垫层料和新拌的沥青混凝土。对于面板上的浅层细微裂缝，经过表面简单清理后，覆盖一层新拌的沥青混凝土加厚层即可。

为使沥青混凝土面板裂缝能够得到及时有效地处理，在面板施工完毕后必须储备一定数量的防渗层沥青混凝土拌和料、沥青和混凝土骨料，当运行期出现裂缝后就能及时处理。

6.4.4.3 其他防渗型式

1. 土工膜防渗

土工膜防渗的特点主要是：①当防渗结构基础坐落于土基、变形较大的堆石或填渣上时，其地基变形较大，与其他防渗结构（如混凝土面板、沥青混凝土面板等）相比，土工膜具有更好的拉伸性能，能很好地适应地基变形；②单位面积造价低，为混凝土防渗层的1/2.5～1/3，其经济性显著；③具有施工设备投入少、施工速度快的优点。

（1）土工膜的种类和性能。聚合物土工膜的原材料是高分子聚合物（polymer）。制造土工膜的聚合物主要有塑料类、合成橡胶类、塑料与合成橡胶混合类。在防渗工程中应用最广泛的为塑料类聚合物土工膜。土工膜的技术特性包括物理性能、力学性能、化学性能、热学性能和耐久性等。工程应用主要是注重其抗渗透性、抗变形的能力及耐久性。土工膜具有很好的不透水性、很好的弹性和适应变形的能力、良好的耐老化能力，处于水下或土中的土工膜的耐久性尤为突出。SL/T 231—90《聚乙烯（PE）土工膜防渗工程技术规范》和GB/T 17688—1999《土工合成材料 聚氯乙烯土工膜》对土工膜的物理力学指标提出了要求，见表6.4-8。

表6.4-8 土工膜的物理力学性能表

序号	项目	单位	聚乙烯（SL/T 231—98）	聚氯乙烯（GB/T 17688—1999）
1	密度	g/cm^3	>0.9	1.25～1.35
2	拉伸强度	MPa	≥12	≥15/13（纵/横）
3	断裂伸长率	%	≥300	≥220/200（纵/横）
4	直角撕裂强度	N/mm	≥40	≥40
5	5℃时的弹性模量	MPa	≥70	
6	抗渗强度	MPa	1.05	1.00（膜厚1mm）
7	渗透系数	cm/s	≤10^{-11}	≤10^{-11}

从PVC、PE、EPDM土工膜的使用多年后的物理性质变化试验资料中可以看出，只要采取适当的工程措施（覆盖或水下），如在制造过程中加炭黑或其他抗老化剂，可增强抵抗紫外线的能力，聚合物土工膜都具有较长的使用寿命。

（2）土工膜厚度的选择。在土工膜厚度计算中，一般仅考虑用耐水压力击破确定膜厚，通常理论计算的土工膜厚度均较小，一般为0.1～0.2mm即可满足要求。但这样算出的结果，没有考虑施工荷载和抗老化问题。而土工膜下部碎石垫层总是存在尖角，且各项试验成果表明，土工膜越厚则老化得越慢，所以膜厚的确定还应考虑这些因素，选用时需留有较大的安全系数。

美国、日本以及欧洲的土石坝工程防渗选用的土工膜一般在1mm以上，最厚可达5mm，2～4mm较为多见。SL/T 231—98规定，选用土工膜厚度不应小于0.5mm。

根据有关实践经验，铺在粗砂细砾土层上面的土工膜，其最小厚度按不同水头而定。低于25m水头，膜厚0.5mm；25～50m水头，膜厚0.8～1.0mm；50～75m水头，膜厚1.2～1.5mm；75～100m水头，膜厚1.8～2.0mm。采用较厚的土工膜，有利于提高防渗效果和耐久性。

(3) 土工膜防渗体结构设计。土工膜防渗层结构设计的任务是研究土工膜防渗层及其下支持层的结构型式和布置，确定每层结构的技术参数指标，包括材质、级配、厚度、渗透性能、压实参数等设计指标，提出详细的施工工艺和施工技术要求。

土工膜防渗结构一般包括下部支持层、土工膜防渗层、上部保护层。

土工膜防渗体下部支持层应满足以下功能：①具有一定的承载能力，以满足施工期及运行期传递荷载的要求；②有合适的粒径、形状和级配，限制其最大粒径，避免在高水压下土工膜被顶破；③保证土工膜下的排水通畅；④库底碾压石渣和土工膜之间的填筑料粒径应逐渐过渡，满足层间反滤关系，以保证渗透稳定。

土工膜下垫层中总是不可避免地存在一些碎石和异物，为减少垫层中碎石和异物刺破土工膜，通常可在土工膜下铺设一层土工织物。

一般抽水蓄能电站防渗要求较高，采用的土工膜厚度较大，若选用复合土工膜，在膜布热复合后，两侧未复合预留连接部位会有严重的折皱现象，从而影响土工膜的接缝焊接质量；另一方面复合土工膜中膜本身的质量也不如光膜，表面缺陷也多于光膜。因此，宜采用膜布分离式的方案。

为使土工膜表面避免紫外线照射、高温低温破坏、冰冻破坏、生物破坏和机械损伤等，一般需在土工膜上设置上部保护层，保护层可采用土石材料、土工合成材料、混凝土预制块、土工布沙袋等。

(4) 土工膜周边锚固。土工膜一般用于库底防渗，与周边结构连接形成完整的防渗体系。土工膜与周边结构锚固是土工膜防渗结构的重要部位，应根据周边建筑物和地基条件的不同，采用不同的锚固型式。一般分为与钢筋混凝土面板的连接和与混凝土截水墙（往往兼做库底观测廊道）连接两种类型。

土工膜与面板的连接一般采用设置混凝土连接板的方式。对岸坡面板连接板可布置于基岩上，即相当于常规面板堆石坝的趾板，不设横缝。对大坝面板其底部的连接板地基条件与面板相当（下部为垫层料、过渡料、主堆石），所承受的水荷载均匀，为简化土工膜与连接板的连接型式，混凝土连接板不设结构缝，仅设钢筋穿缝的施工缝，施工缝分缝长度一般不超过15m。土工膜和连接板之间的止水采用机械连接方式，典型连接方案如图6.4-12所示。

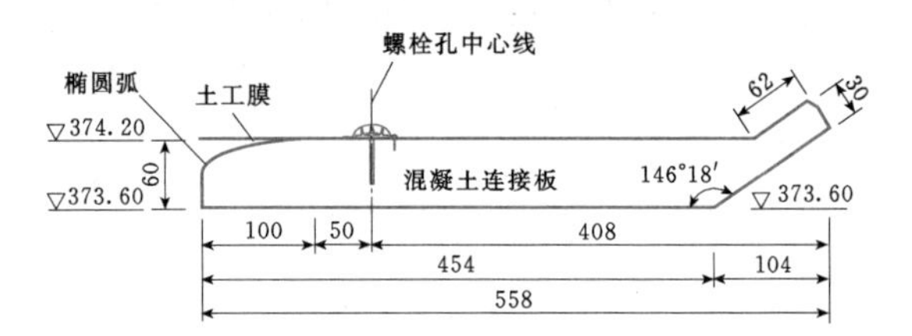

图6.4-12 泰安工程土工膜与混凝土连接板连接方案（尺寸单位：cm；高程单位：m）

土工膜与库底混凝土截水墙（观测廊道）的连接则不设连接板，将土工膜采用机械连接的方式直接锚固在廊道混凝土上，锚固后浇筑二期混凝土压覆形成封闭防渗体。

土工膜与混凝土通过机械锚固压紧进行止水。土工膜与连接板、混凝土截水墙（观测廊道）的机械连接，采用先浇筑混凝土，后期在混凝土中钻设锚固孔，在孔内放置锚固剂固定螺栓，使用一组包含不锈钢螺栓、弹簧垫片和不锈钢螺母的紧固组件，通过紧固螺栓、不锈钢角钢压覆，实现土工膜与混凝土连接板的机械连接。连接详图如图6.4-13所示。

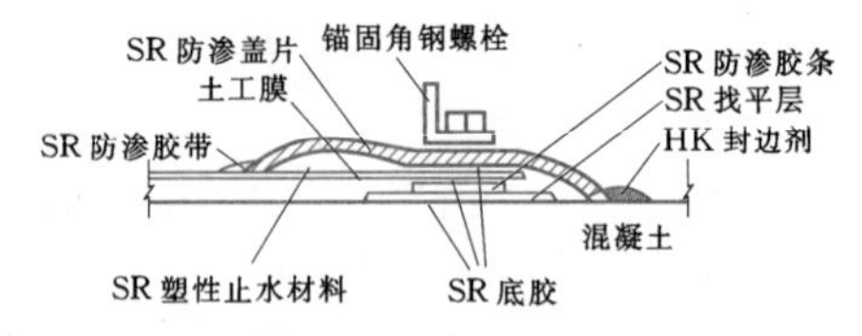

图6.4-13 泰安工程土工膜与混凝土的机械锚固连接方案

有的工程也采用混凝土锚固槽锚固土工膜的连接方式，例如日本今市工程PVC土工膜与混凝土的连接，将土工膜铺于预先浇筑好的锚固槽内浇筑混凝土进行锚固。为使锚固更加可靠，在土工膜锚固前50cm处在原土工膜上焊接一层土工膜，将其锚固于边坡混凝土面板上。今市工程土工膜周边锚固详图如图6.4-14所示。

(5) 基础排水。土工膜会产生渗漏，库底和库岸

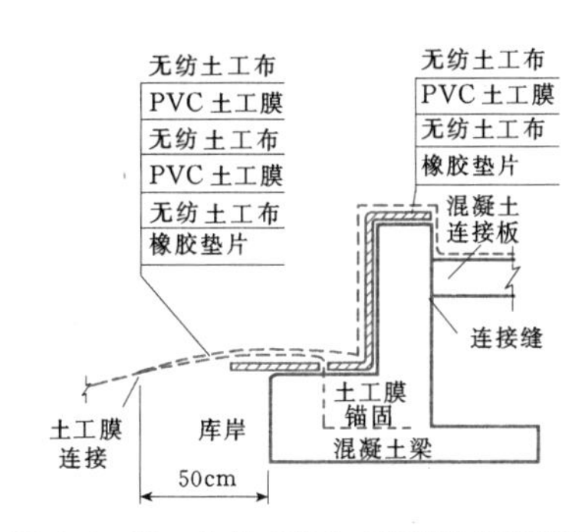

图 6.4-14 今市工程土工膜周边锚固详图

也会产生渗水，土层中的植物腐烂后也可能产生大量的气体，为防止土工膜受水、气顶托破坏，应该采取排水、排气措施，可用土工织物衬垫土工膜，当预计有大量水、气作用时，应根据情况设排水（气）盲沟等措施。

土工膜防渗层的渗漏量由两部分组成：由于土工膜的渗透性产生的渗漏量和土工膜缺陷产生的渗漏量。

1）土工膜的渗漏量。土工膜属于非孔隙介质，目前对土工膜在水力梯度作用下的渗透机理的认识还不完全清楚。为了便于与孔隙介质比较和计算，目前仍沿用达西定律来描述在水力梯度作用下液体通过土工膜的渗透规律，计算公式如下：

$$Q_g = k_g i A = k_g \frac{\Delta H}{T_g} A \qquad (6.4-2)$$

式中 Q_g——土工膜的渗漏量，m^3/s；

k_g——土工膜的渗透系数，m/s；

i——水力梯度；

ΔH——土工膜上、下的水头差，m；

A——土工膜的渗透面积，m^2；

T_g——土工膜的厚度，m。

2）缺陷渗漏量。施工中产生的土工膜的缺陷包括：①土工膜接缝焊接、黏结不实，成为具有一定长度的窄缝；②施工搬运过程的损坏；③施工机械和工具的刺破；④基础不均匀沉降使土工膜撕裂；⑤水压将土工膜局部刺穿。合理的设计可基本不出现后两项缺陷，合理施工可减少前三项的缺陷，人力施工一般较机械施工缺陷少。

施工缺陷出现的偶然性很大，且不易发现。Giroud根据国外六个工程渗漏量实测数据的统计分析得出，施工产生的缺陷，约 4000m^2 出现一个。接缝不实形成的缺陷，尺寸的等效孔径一般为 1～3mm；对于特殊部位（与附属建筑物的连接处）可达 5mm。其他一些偶然因素产生的土工膜缺陷的等效直径为 10mm。并提出缺陷的等效直径为 2mm 孔称为小孔，可代表接缝缺陷所引起的；直径为 10mm 孔称为大孔，可代表一些偶然因素引起的。可见，孔的大小与施工条件密切相关。

Brown 等的试验结果表明，如果土工膜下面土层的 $k_s > 1 \times 10^{-1}$cm/s，可以假设为无限透水，对通过土工膜上孔的渗漏量的影响不明显。

土工膜上、下介质为无限透水时，由于孔尺寸大于土工膜的厚度，把通过孔的渗漏看成孔口自由出流，应用 Bernoulli 式，可得

$$Q = \mu A \sqrt{2gH_w} \qquad (6.4-3)$$

式中 Q——土工膜缺陷引起的渗漏量，m^3/s；

A——土工膜缺陷孔的面积总和，m^2；

g——重力加速度，m/s^2；

H_w——土工膜上、下水头差，m；

μ——流量系数，一般取 0.60～0.70。

泰安工程土工膜下卧垫层、过渡层和填渣体（堆石体），设计要求具有良好的渗透性。但是由于实际施工过程中填筑料的渗透性不均一，以及考虑到本工程土工膜防渗层基本没有上覆压重的情况，为了更好地排出土工膜下渗漏水及气体，在土工膜下卧过渡层顶面高程 373.60m 处设置 30m×25m 外包土工布的 ϕ150mm 土工排水盲沟网，并与库底周边观测廊道、右岸排水观测洞的排水孔沟通，以快速排出渗水和气体，排水盲沟详图如图 6.4-15 所示。

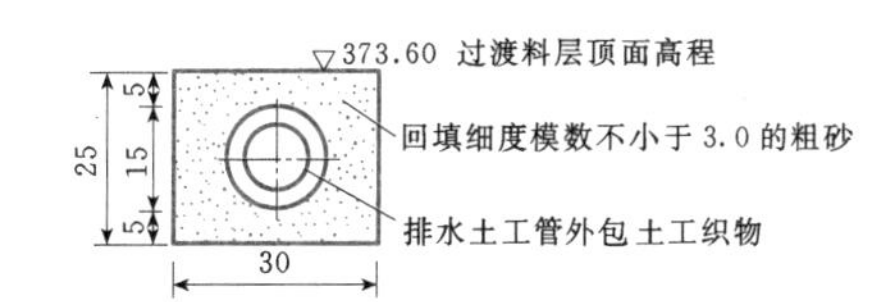

图 6.4-15 排水盲沟详图（尺寸单位：cm；高程单位：m）

日本的今市工程在土工膜下设置了排水系统，将排水管设在 50cm 厚的填土之下，使此处渗水与膜下排水系统中的水互不干涉。设置花管以汇集渗水并导入膜下的五个水箱中，然后再抽到水库中，花管埋在开挖渠道中，用碎石绕管回填。同时排水系统也要用填土遮盖。渠道中花管的埋设结构图如图 6.4-16 所示。

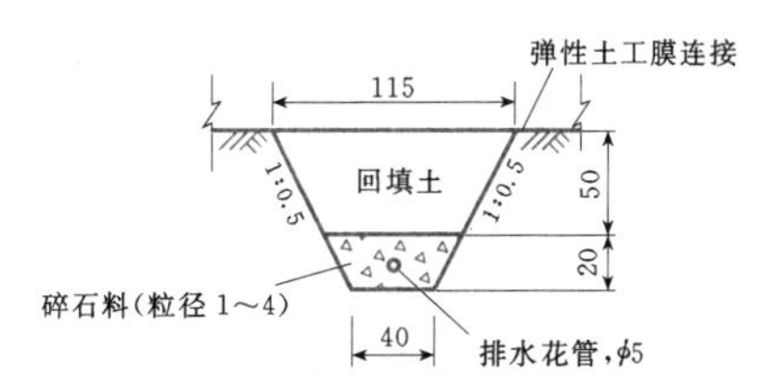

图 6.4-16 渠道中花管的埋设结构图（单位：cm）

冲绳工程土工膜下50cm厚的垫层采用透水性较强的砾石层，并在其中埋入塑料管，一方面可排放蓄水过程中防渗层下的气体，还可以避免土工膜背面受地下水的水压力；另一方面是在防渗层破损的情况下，渗漏海水可以通过管子快速进入检测廊道，不至于渗漏地下对周边环境造成影响。在检测廊道中设置一台抽水泵，将渗入检测廊道的地下水抽回上水库。排水系统布置如图6.4-17所示。

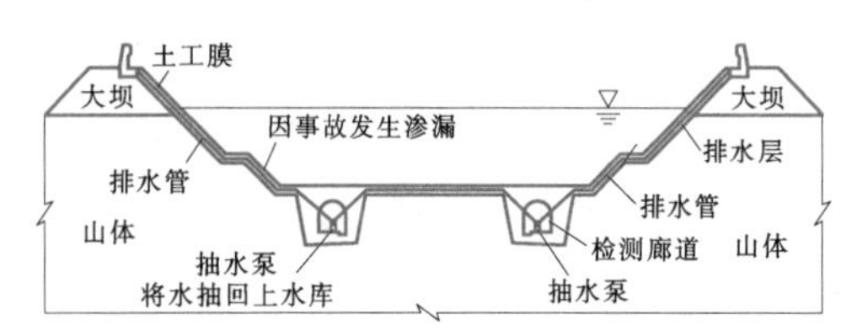

图6.4-17　冲绳工程上水库剖面示意图

2. 黏土铺盖防渗

由于能充分利用当地材料、较易适应各种不同的地形地质条件等原因，黏土料作为防渗体在自古以来就在土石坝修筑中得到了广泛采用。但由于黏土的强度指标较低，土体内的孔隙水压力不易消散，不能适应抽水蓄能电站水位大幅变动的工况，因此黏土防渗型式一般只在库底防渗中采用。对于水位变幅较小的抽水蓄能电站水库，在条件合适时，也可采用均质土坝或环形土堤。

黏土防渗具有以下特点：

(1) 具有一定的适应地基变形能力。

(2) 就地取材，很多工程区附近就有大量符合设计要求的黏土料，防渗材料容易取得。

(3) 渗漏量小，黏土经碾压后渗透系数可达$A\times10^{-6}$cm/s，在黏土质量及厚度得到保证的前提下，土质防渗体可满足对库盆渗漏量的要求。

(4) 造价较低，与沥青混凝土、钢筋混凝土面板相比，具有较明显的价格优势，节省工程投资。

(5) 施工简便，已经有了很成熟的施工经验和设备。

黏土铺盖设计与常规水电站软基铺盖基本相同。结合抽水蓄能电站水库骤降的特点，设计中应注意解决以下问题：①黏土防渗层应能满足防渗和渗透稳定要求；②防渗黏土层底部应设置自由排水反滤层，改善防渗层的反向压力，提高防渗土料的渗透稳定性；③在黏土防渗层表面设置防冲、防冻、防干裂保护层。

用于库底的黏土防渗结构主要有以下几部分组成：黏土保护层，防渗黏土层，反滤层，过渡层等。黏土铺盖防渗典型结构剖面如图6.4-18所示。

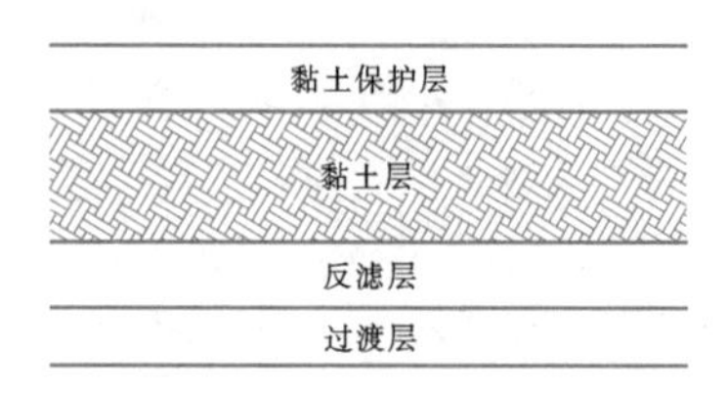

图6.4-18　黏土铺盖防渗典型结构剖面

黏土保护层用于黏土防渗层的上覆保护，起到防冲、防冻、防干裂、施工期防损坏等作用，在运行期可作为黏土铺盖的反滤及压重的作用，有利黏土铺盖适应库水位频繁升降。一般可用石渣料等，颗粒粒径不宜太大，厚度一般为0.3～1.0m。设置黏土保护层的缺点是一旦黏土层发生渗漏，需清除覆于其上的保护层才能进行检查维修。

防渗黏土层为防渗结构的主体。经碾压后的黏土料渗透系数一般应小于$A\times10^{-6}$cm/s，并要求有较好的塑性和渗透稳定性，厚度根据承受水头等因素确定。防渗黏土铺盖厚度与其承受水头、允许水力坡降、黏土下是否设置反滤层等因素有关。

库底黏土铺盖的反滤层是保证黏土铺盖不发生渗透破坏的重要措施，也是施工质量控制重点。要求反滤层应满足以下条件：①使被保护土不发生渗透变形；②渗透性大于被保护土，能通畅地排出渗透水流；③不致被细粒土淤塞失效；④在防渗体出现裂缝的情况下，土颗粒不应被带出反滤层，裂缝可自行愈合。

在库底填筑区和反滤层之间，需设置过渡层，有一定的级配要求，对反滤层起整平支持作用，与反滤层之间满足反滤准则关系。对于库底开挖区，一般不设置此层，只铺设反滤层。过渡层厚度一般为1.0～2.0m。宝泉工程上水库部分库底先回填石渣料，然后回填厚1.0m过渡层。

黏土铺盖多被采用为库底防渗措施，一些抽水蓄能电站的上水库防渗型式采用库岸沥青混凝土面板和库底黏土铺盖的组合防渗。因此，库底黏土铺盖需与库岸防渗面板进行连接。为防止库水沿混凝土面板、黏土两种材料的接触面产生渗漏，面板与黏土需要足够的搭接长度。最小搭接长度按下式计算：

$$L = H/[J] \tag{6.4-4}$$

式中　L——搭接长度，m；

H——黏土承受水头，m；

$[J]$——接触面允许渗透比降，黏土铺盖与沥青混凝土、混凝土接触面允许比降上限值按5～6考虑。

在国内外已完建的抽水蓄能工程中，美国的拉丁顿抽水蓄能电站和中国的河南宝泉抽水蓄能上水库库底的黏土铺盖在水库蓄水后均出现了一定范围的凹陷、局部坍塌及裂缝。初步分析其产生原因，主要有施工质量缺陷、地基不均匀沉降、初期蓄水速率过快以及黏土铺盖与沥青混凝土接触面连接结构不适应水位大幅变动等方面。为保证黏土铺盖正常发挥水库防渗功能，应从以下几方面考虑采取防裂措施：①做好结构设计和施工组织安排，以尽量消除黏土铺盖可能产生的不均匀沉降；②精心施工，保证黏土铺盖的填筑质量；③控制水库初期蓄水速率不宜过快。

黏土铺盖产生裂缝后一般采用回填灌浆（灌浆浆液一般为水泥、膨润土、砂和水拌制而成）、挖除破坏黏土置换或上铺土工膜保护等措施进行修补。

3. 垂直防渗

垂直防渗是一种最为经济和常用的库盆防渗型式，很多的抽水蓄能电站上水库库盆采用了垂直防渗。对于坝基及库岸防渗，垂直防渗型式有帷幕灌浆、截水墙和防渗墙等，在工程实践中，又以帷幕灌浆防渗居多。当库岸为岩质边坡时，帷幕灌浆的技术经济优势明显。防渗帷幕通常设置在地下水位低于正常蓄水位的部位。

帷幕灌浆的设计、施工及主要技术要求等与常规水电水利工程基本相同。

帷幕的防渗标准以透水率表示，主要与大坝等级、渗控目的、岩体地质条件及幕体自身耐久性有关。SL 274—2001《碾压式土石坝设计规范》中规定，灌浆帷幕的设计标准应按灌后基岩的透水率控制。1级、2级坝及高坝透水率宜为3～5Lu，3级及其以下的坝透水率宜为5～10Lu。重力坝、拱坝设计规范对坝基灌浆帷幕的设计标准也基本相同，SL 319—2005《混凝土重力坝设计规范》中规定帷幕的防渗标准和岩体相对隔水层的透水率见表6.4-9。

表6.4-9 帷幕防渗标准和岩体相对隔水层的透水率（SL 319—2005）

坝高 (m)	透水率 (Lu)	渗透系数 K (cm/s)
>100	1～3	$1\times10^{-5}\sim6\times10^{-5}$
50～100	3～5	$6\times10^{-5}\sim1\times10^{-4}$
<50	5	1×10^{-4}

确定防渗标准时还要考虑基岩的渗透稳定和库水的经济价值等。如果岩体的允许水力坡降低，或岩体具有较强的渗透性，或水库的渗漏将带来大的经济损失防渗标准宜适当提高。

根据以往的工程经验，抽水蓄能电站上水库帷幕灌浆防渗标准多为1Lu或3Lu。

6.4.5 上、下水库的泄洪、放空和排沙

6.4.5.1 上水库泄洪设施

对于流域面积较小的纯抽水蓄能电站上水库而言，洪水汇流时间短，洪水过程线显得瘦而尖，洪量不大。通常设计时将上水库的正常蓄水位加上抽水终止到发电工况开始时间段内的设计洪量所对应的水位取为上水库的特征洪水位，作为坝顶确定高程的依据，即正常蓄水位以上设有专门的蓄洪库容而不另设泄洪设施。我国已建的十三陵、天荒坪、泰安、宜兴、张河湾抽水蓄能电站上水库均未设泄洪建筑物，库顶的超高中考虑了储存24h降雨洪量。

对于集水面积较大、暴雨形成洪峰流量较大的上水库，应设置泄洪设施。对是否设置泄洪设施，可进行技术经济比较确定。

用于抽水蓄能电站上水库工程的泄洪建筑物主要有溢洪道、泄洪洞、泄水底孔、自溃溢洪道等。

当具备合适的地形、地质条件时，经技术经济比较论证，溢洪道可布置为正常溢洪道和非常溢洪道。正常溢洪道可分为设闸门溢洪道和无闸门溢洪道。无闸门溢洪道采用自由溢流方式，堰顶高程一般与正常蓄水位齐平，无闸门溢洪道运行管理较方便。由于设闸门溢洪道洪水调度灵活，一些工程根据自身工程特点，采用有闸门的溢洪道型式。

非常溢洪道的泄流能力一般为校核洪水流量和设计洪水流量之差的一部分，这部分洪量与流量是很稀遇的。非常溢洪道的位置宜远离大坝，泄洪时应不影响枢纽中的其他建筑物，一般建在垭口，地质条件较好、耐冲刷的地方。非常溢洪道有时允许在泄洪时溃决，在库水位降落后再行修复。非常溢洪道的泄洪槽和防冲消能设施可较为简易。

6.4.5.2 下水库泄洪设施

抽水蓄能电站下水库土石坝的泄洪建筑物一般采用岸边溢洪道。正堰溢洪道是最常用的河岸泄洪建筑物，其水流条件平顺，结构简单可靠。侧堰溢洪道溢流前缘长，不设闸门，运行可靠，特别适合防洪库容小而又处于暴雨中心的地区，常用于山高坡陡的河岸，天荒坪抽水蓄能电站下水库溢洪道即采用侧堰的布置型式。

有时为了满足泄洪和水库调度要求，需同时设置溢洪道和泄洪隧洞。在多沙河道上泄洪洞宜兼有冲沙功能，称之为泄洪冲沙建筑物。

混凝土坝枢纽中，泄洪建筑物尽可能布置在混凝土坝坝体上，成为溢流混凝土坝或坝身泄洪孔。

由于现代碾压式堆石坝坝体密实而变形较小，且变形量大部分在施工期完成，竣工后剩余变形量小且在投运后前几年即基本稳定，因此国内外已有一些面板堆石坝工程设置了无闸门的坝身溢洪道。如澳大利亚的克罗蒂坝，中国新疆榆树沟水库和桐柏抽水蓄能电站下水库。

桐柏抽水蓄能电站下水库混凝土面板堆石坝坝身溢洪道位于坝体河床部位，为一级建筑物，设计洪水标准为200年一遇，总下泄流量361m³/s；校核洪水标准为1000年一遇，总下泄流量496m³/s。泄洪建筑由导流泄放洞及坝身溢洪道组成。在发生200～1000年一遇洪水时，设计要求关闭泄放洞，洪水由坝身溢洪道通过。泄放洞的主要作用为预泄洪水，使天然洪水不侵占发电有效库容，保证电站正常发电，同时减少坝身溢洪道应用频次。

坝身溢洪道孔口净宽26m，设计最大单宽流量19.08m³/(s·m)。主要由溢流堰进口段、泄槽、挑流鼻坎、护坦、预挖冲坑及出水渠组成，全长约200多m。溢流堰采用驼峰堰，净宽26m，共设两孔，每孔净宽13m，中间设一宽为1m的中墩，布置交通桥。堰顶高程141.90m，堰上不设闸门。

溢洪道泄槽净宽27m，设在堆石坝下游坝坡上，坡比1∶1.5，布置了4道掺气槽兼横缝，泄槽底板混凝土厚60cm，泄槽下设碎石垫层和过渡层，水平宽分别为2m和4m。泄槽混凝土底板通过锚筋和钢筋混凝土锚固板与坝体堆石连成一体。泄槽与挑流鼻坎衔接，鼻坎建于基岩上，反弧半径8.0m，坎顶高程90.00m，挑射角25°。冲刷坑底部高程73.50m，其下游与出水渠衔接，流入原河床。坝身溢洪道剖面见图6.4-19。

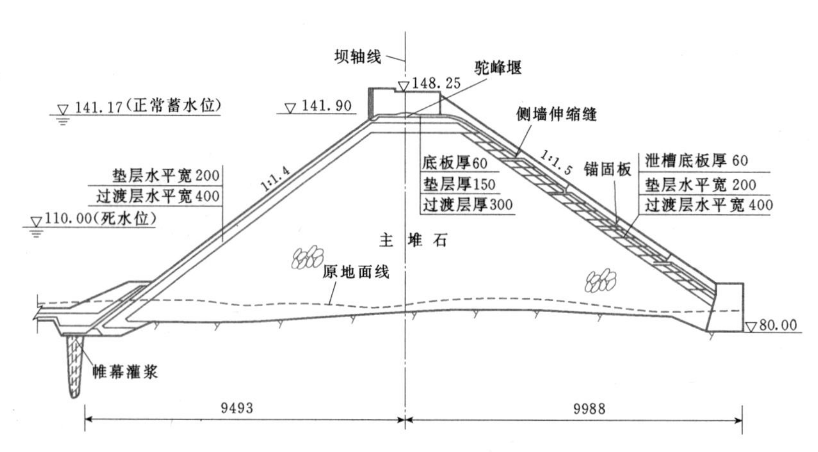

图6.4-19 桐柏工程下水库坝身溢洪道剖面图（尺寸单位：cm；高程单位：m）

6.4.5.3 水库放空设施

1. 上水库放空设施

对上水库进行放空修补一般是不可避免的。我国的天荒坪抽水蓄能电站、宝泉抽水蓄能电站、十三陵抽水蓄能电站，日本的沼原抽水蓄能电站，美国的塞尼卡抽水蓄能电站（沥青混凝土面板），法国的科施抽水蓄能电站（钢筋混凝土面板）等均因上水库防渗面板裂缝而放空水库修补。

一般来说，上水库进/出水口系上水库最低位置，可利用发电隧洞将水库放空检修。如浙江天荒坪抽水蓄能电站、山东泰安抽水蓄能电站均属此类。大部分抽水蓄能电站的上水库库容不大，日调节电站仅需几小时就可将上库放空。当上水库进出水口不在上水库最低位置时，需要设置专门的放空设施。有的电站在上水库设置了泄水底孔或泄洪洞等设施，也可在发生紧急情况时供水库放空使用。如伊朗锡亚比舍（Siah Bishe）抽水蓄能电站上水库将导流洞改建为泄水底孔。响水涧上水库主坝在坝下与施工导流设施结合，设置了泄水廊道。

2. 下水库放空设施

抽水蓄能电站下水库一般为水源的主要来源，集雨面积较大，较多工程设置了放空设施。

放空设施主要有以下功能：

(1) 放空水库，以对水工建筑物进行检查和维修。

(2) 根据水文预报预泄洪水，减小洪水对发电的影响。

(3) 必要时向下游供水。抽水蓄能电站在设计中均必须考虑下游环保生态流量及人民生产生活供水的要求。一般考虑结合放空设施进行布置，放空洞内设置供水管及阀门（或闸门）控制下泄流量。

(4) 排沙。多沙河流上，放空设施可考虑兼顾排沙要求。

常用的放空设施有新建泄洪洞、利用导流洞改建为泄洪放空洞等。天荒坪抽水蓄能电站下水库就布置了由导流洞改建的放空洞。对于混凝土坝，通常设置了坝身的深孔泄洪洞。

6.4.5.4 水库拦排沙设施

由于水泵水轮机的相对流速大于常规机组，水泵水轮机对磨损的影响更为敏感。在200～500m水头范围内水泵水轮机出口线速度为70～105m/s，为常规水轮机的1.7～2.4倍。如果泥沙对转轮的磨损量按与线速度的3次方来计算，相同材质的转轮在200～500m水头范围、在相同的过机含沙量情况下，水泵水轮机水泵工况的磨损量是常规水轮机的4～14倍。在含沙河川或溪流上修建上、下水库时，其工程布置应因地制宜采取拦沙、排沙处理措施，以控制进/出水口前淤积和过机含沙量。

抽水蓄能电站水库拦沙排沙设施主要有以下几种型式。

（1）库尾设拦沙坝。库尾设置拦沙坝是泄洪排沙的重要措施之一。在工程施工期，拦沙坝可兼做下水库施工蓄水池坝，运行期用以阻拦上游来的推移质泥沙。如天荒坪抽水蓄能电站拦沙坝建于下水库大坝上游约2km处，拦沙库容可供蓄沙50年以上。

（2）拦沙坝+泄洪排沙洞（明渠）。一般在库尾布置拦沙坝，利用拦沙坝上游地形开挖成过流明渠或泄洪排沙洞，汛期将含沙水流引向大坝下游，以减轻电站进/出水口的泥沙淤积和过机泥沙含量。

呼和浩特抽水蓄能电站为了减少入库沙量，下水库设置两道坝，即上游拦沙坝和下游拦河坝，以保证水质的清洁，减少机组的磨损。拦沙坝上游为拦沙蓄水库，两道坝之间包围的是下水库，下水库左岸设泄洪排沙洞，库底设放空洞，如图6.4-20所示。泄洪排沙洞断面尺寸7m×8m，洞长605m，校核洪水位时的泄量650m^3/s。

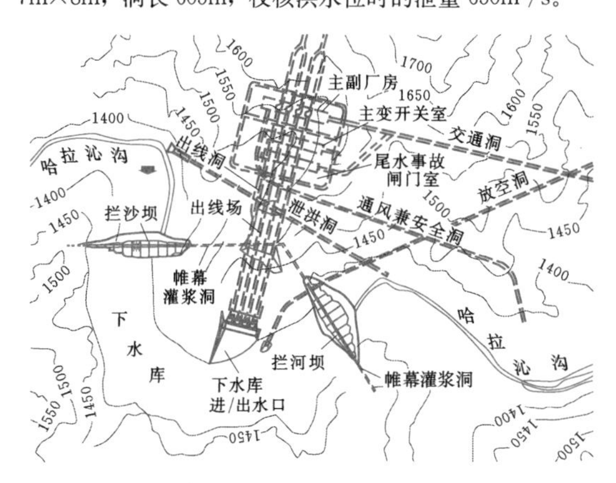

图6.4-20 呼和浩特抽水蓄能电站下水库泄洪排水设施布置图

（3）沉沙池。水流进入主厂房前，先将其抽入人工修建的沉沙池，将河水沉沙后再进入主厂房蓄能泵。羊卓雍湖抽水蓄能电站上水库为羊卓雍湖，下库为天然的雅鲁藏布江。枢纽发电时，直接从羊卓雍湖取水，经隧洞、调压井、压力钢管至厂房，尾水泄入雅鲁藏布江。由于雅鲁藏布江含沙量较高，抽水运行时，由江边低扬程泵房抽水入人工修建的沉沙池，将江水沉沙后再进入主厂房多级蓄能泵，经输水系统抽入羊卓雍湖。沉沙池总长130m，宽24m，高8m，库容约2.5万m^3。池内以低隔墙分为3厢，定期采用水力冲沙，经试验，拦截粒径≥0.1mm的沉降保证率大于80%。

6.4.6 水库初期蓄水

6.4.6.1 初期蓄水的目的及要求

1. 初期蓄水的目的

水库初期蓄水是电站建设过程中的一个必需的环节，一方面是对下水库和上水库库盆的土建工程、防渗工程、输水引水系统及金属结构的闸门启闭机系统进行检验，在初期蓄水过程中及早发现存在的问题和缺陷，并进行处理；另一方面，也是为上游输水系统充排水试验及机组水泵工况启动调试时所需用水做准备。

2. 初期蓄水的面貌要求

上、下水库进行初期蓄水的条件：水库库盆及防渗处理、输水系统、进/出水口的边坡支护结构、钢筋混凝土结构及相关的观测设施须完工并验收完毕；进/出水口的闸门及启闭机系统均须完工并验收完毕，处于可运行状态。

6.4.6.2 初期蓄水的方式

上水库的初期蓄水包含两个阶段：第一阶段是指初期蓄水的前期，蓄水量应满足上游输水系统充排水试验及机组水泵工况启动调试所需用水要求。如果上水库本身有一定的补给水源，那第一阶段的初期蓄水基本上可以靠补给水源来解决。多数电站上水库流域面积很小，天然降水量很少，基本上都利用施工泵站或场外专门设置的泵站向上水库充水，根据泵站充水流量的大小和上水库库容特性，通常要求在机组带水调试前4～6个月开始充水，也就是要求上水库应在机组调试前4～6个月建好，在制定施工计划时需予以考虑。第二阶段也即初期蓄水的后期，机组以水泵工况启动，通过输水道从下水库向上水库充水，直到蓄满上水库。

6.4.6.3 初期充排水的水位控制

对于地质条件较差的上水库，通常采用土石坝，应有足够的时间使坝体、库盆完成固结和沉降变形，故对水库初期的蓄水和排水的速率要求严格，以避免库底库岸或坝体防渗体开裂、边坡塌滑等。

上水库的初期蓄水的第一阶段，若用施工用水系统抽水向水库充水，则水位上升过程很缓慢，且水位较低，所以一般水位控制不存在问题，完全能够满足上水库首次充水时水工建筑物对水位上升速率等方面的要求。但如果天然来水量较大的话，也宜根据库盆的地质条件和防渗结构型式制定逐步蓄高水位的步骤。

第二阶段常常由机组由下水库抽水向上水库充水则需控制水位上升速率。蓄水上升速率通常不宜大于0.5m/d，蓄水过程宜划分成几个台阶，水位每到一个台阶，宜停顿一段时间，并且对水库进行监测，确认水库处于正常运行状态后，才可继续蓄高水位。

6.5　输水系统

抽水蓄能电站输水系统连接上、下水库及发电系统，对各种不同类型的抽水蓄能电站，输水系统也有较大差异。有些中小型抽水蓄能电站采用明管布置，但大部分抽水蓄能电站采用地下埋管式布置。明管布置在水力设计上与地下埋管相同，明管通常采用钢管，结构设计在第4章中已经介绍，因此本节仅介绍地下式布置的纯抽水蓄能电站输水系统。

6.5.1　抽水蓄能电站输水系统布置特点

6.5.1.1　抽水蓄能电站输水系统特点

输水系统是抽水蓄能电站的重要组成部分，其设计主要包括上、下水库进/出水口，引水及尾水隧洞，岔管，高压管道，调压室等项内容。

与常规水电站相比，抽水蓄能电站输水系统具有水头高、*HD*值大、埋深大以及双向水流的特点。

1. 输水系统水头高、*HD*值大

抽水蓄能电站输水系统的特点之一是高差大、承受内外水压力高、水道系统*HD*值大。

国内外部分抽水蓄能电站高压隧洞承受的静水头的统计表见表6.5-1。

国内外部分大型钢管承受水头统计表见表6.5-2。

表6.5-1　国内外部分抽水蓄能电站高压隧洞承受的静水头的统计表

工程名称	国家	装机规模(MW)	隧洞最大静水头(m)	隧洞最大*HD*值(m^2)	隧洞最小埋深(m)
天荒坪	中国	1800	680.2	4761	330
广蓄一期	中国	1200	612	4896	440
广蓄二期	中国	1200	613.3	4906.4	410
仙居	中国	1500	560	3920	460
仙游	中国	1200	540	3510	405
桐柏	中国	1200	344	3096	380
泰安	中国	1000	309.5	2476	270
宝泉	中国	1200	640.4	4163	580
蒙特齐克	法国	900	400	2120	400
迪诺威克	英国	1800	584	5548	400
赫尔姆斯	美国	1050	577	4749	350
巴斯康蒂	美国	2100	410	3567	315
金谷	德国	1060	540	3348	270

表6.5-2　国内外部分大型钢管承受水头统计表

电站名称	国家	设计水头(m)	*HD*值(m^2)	电站名称	国家	设计水头(m)	*HD*值(m^2)
十三陵	中国	686	2600	盐原	日本	584	3446
羊湖	中国	1000	2400	茶拉	保加利亚	1067	4005
宜兴	中国	650	3120	奥美浓	日本	747	4109
西龙池	中国	1015	3552.5	奥多多良木二期	日本	641	3397
张河湾	中国	515	2678	葛野川	日本	1180	4720
奥矢作第二	日本	604	3322	神流川	日本	1060	4238
玉原	日本	817	3431	小丸川	日本	878	3424
今市	日本	830	4565				

2. 输水系统存在双向水流的特点

抽水蓄能电站可逆机组存在发电和抽水两种基本工况，发电时水流从上水库到下水库，抽水时水流从下水库到上水库，为减少输水系统水头损失，防止结构产生空蚀破坏，输水系统建筑物体形设计要求高，特别是上、下库的进/出水口以及分岔管，须适应库水位变幅大、工况变动频繁的特点，保证进出水流平顺，水头损失尽可能地小。

3. 输水系统布置须考虑电站工况转换频繁的要求

抽水蓄能电站工况多，且转换频繁。电站对电网的快速响应，要求输水系统的布置在各种工况下满足水力过渡过程的要求，并在结构设计上留有余地，如在各种工况下输水系统沿线洞顶最小压力均须保证2m正压，压力钢管结构设计须考虑压力脉动的影响等。

6.5.1.2 输水系统布置型式

由于电站机组吸出高度较大，要求机组安装高程低，往往优先考虑采用地下工程。当然受地形地质条件的限制也有选择地面工程，如我国西藏已经建成的羊卓雍湖电站就是采用的局部地面明钢管和地面明厂房。

按照厂房在输水系统中的位置不同，抽水蓄能电站的布置方式可以分为首部、中部和尾部三种，相应地，输水系统的布置亦可分为首部、中部和尾部三种型式。

输水系统的布置型式或厂房位置的选择主要取决于工程的地形地质条件，同时也与引水系统的结构衬砌型式、调压室、电缆出线长度等因素直接相关，应经过综合技术经济比较分析论证后择优选取。

6.5.2 进/出水口设计

6.5.2.1 抽水蓄能电站进/出水口的特点

与常规水电站进水口相比，抽水蓄能电站进/出水口主要有以下特点。

1. 双向过流

在进水时，作为进水口，应使水流逐渐平顺地收缩；在出水时，作为出水口，又要使水流平顺扩散。水流在两个方向流动时均应力求全断面流速分布均匀，水头损失小，无脱流和回流现象，因此体形轮廓设计要求更为严格，进/出水口渐变段尺寸较长。

2. 淹没深度小

抽水蓄能电站的上水库与下水库有时是人工挖填而成，为了尽量减少工程量，要求尽可能地利用库容，导致水库工作深度大、水库水位变幅亦较大。当水库水位较低时，进/出水口淹没深度较小，容易产生入流立轴漩涡，需要采用消涡梁、栅、板等结构措施对其进行预防及消减。

3. 拦污栅易发生共振

抽水蓄能电站单站容量常较大，水道中流速分布也常不均，水流易在栅条尾部发生分离，形成漩涡脱落，不仅会导致水头损失增加，而且如果产生的绕流频率接近拦污栅自振频率，则可能诱发共振，造成拦污栅破坏的事故。

4. 易产生库底和库岸的冲刷

由于抽水蓄能电站库容一般较小，进入进/出水口建筑物流速较大，出流时水流如不能均匀扩散，将在水库中形成环流，导致库底和库岸冲刷，并引起进/出水口流量分配不均匀和产生漩涡等不良后果。

6.5.2.2 进/出水口主要型式和运用条件

1. 进/出水口的主要型式

一般布置成有压进/出水口。进/出水口的型式取决于电站总体布置和建筑物地区的地形、地质条件。按工程布置划分，分为整体式布置进/出水口和独立布置进/出水口，整体式布置与坝体相结合，即坝式进/出水口。与厂房相结合，即厂房尾水管出口或延长。独立布置进/出水口位于水库库岸。目前常见的抽水蓄能电站进/出水口多为独立布置，其按水库水流与引水道的关系分为侧式进/出水口和井式进/出水口，侧式进/出水口又可分为侧向岸坡竖井式、侧向岸坡式和侧向岸塔式。井式进/出水口又可分为开敞井式、半开敞井式和盖板井式。

进/出水口的布置及型式选择主要遵循以下原则：

(1) 能适应抽水和发电两种工况下的双向水流运动，以及水位升降变化频繁和由此而产生的边界条件的变化。

(2) 进/出水口的位置选择，应结合水道系统的位置、走向、地形、地质及施工条件等，布置在来流平顺、均匀对称、水面开阔、岸边不易形成有害的回流或环流的地点。

(3) 进/出水口型式的选择，应根据电站布置和水道系统布置特点，地形、地质条件及运行要求等因素，经不同布置方案的技术经济比较，因地制宜选择侧式、井式或其他型式。

2. 各种型式进/出水口的适用条件

(1) 侧向岸坡竖井式进/出水口。侧向岸坡竖井式进/出水口的特点是闸门布置在岸坡中开挖的竖井内，适用于引水道（尾水道）接近水平向进入水库，水库岸边地形、地质条件较好的进/出水口。采用此种型式有：我国的十三陵、天荒坪、宜兴、泰安和日本的奥清津二期等的上水库进/出水口，我国的西龙池、日本的神流川、泰国的拉姆它昆等的下水库进/

出水口，我国的桐柏、琅琊山、宝泉，日本的今市和葛野川的上、下水库进/出水口等。侧向岸坡竖井式进/出水口如图6.5-1和图6.5-2所示。

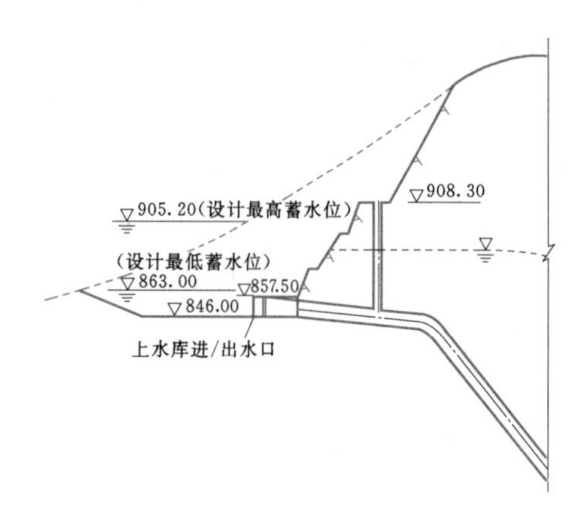

图6.5-1 天荒坪上水库进/出水口（单位：m）

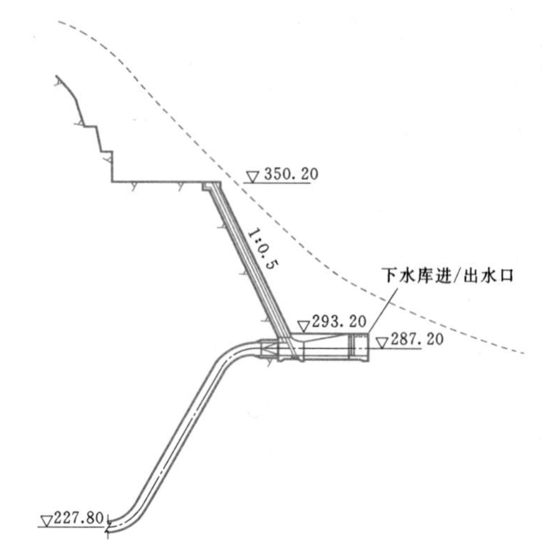

图6.5-3 天荒坪下水库进/出水口（单位：m）

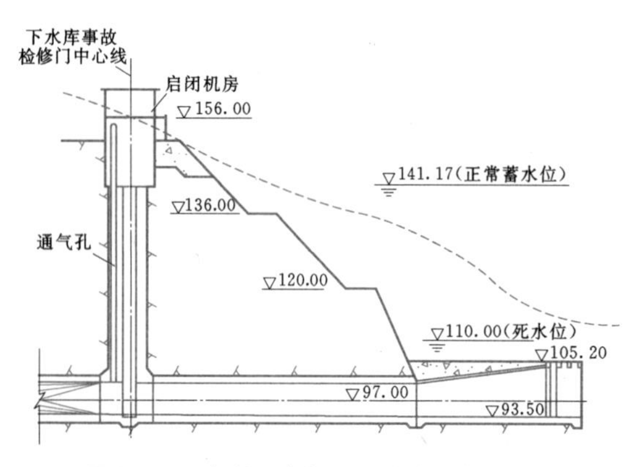

图6.5-2 桐柏下水库进/出水口（单位：m）

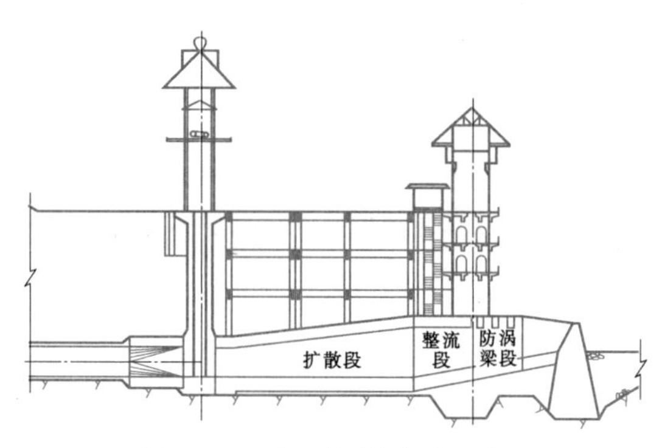

图6.5-4 十三陵下水库进/出水口

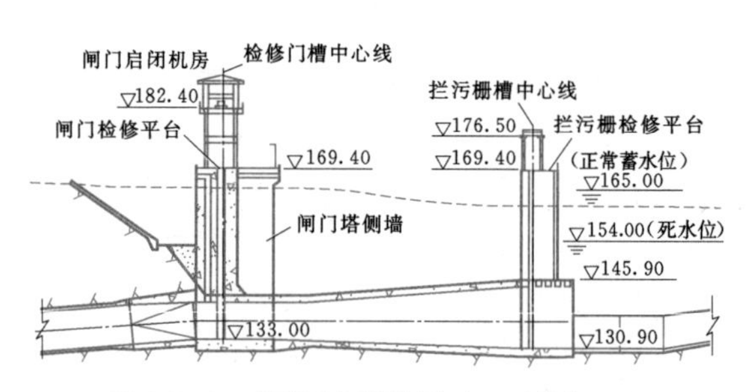

图6.5-5 泰安下水库进/出水口（单位：m）

(2) 侧向岸坡式进/出水口。适用于水道接近水平向进入水库，水库岸边地形、地质条件较好的进/出水口。进水口闸门门槽倾斜布置在岸坡上，闸门通过启闭机沿斜坡上的闸门槽上下滑动。由于进口宽度较大，拦污栅及进/出水口扩散段布置在山坡外。天荒坪下水库进/出水口即为岸坡式进水口，如图6.5-3所示。日本的奥吉野抽水蓄能电站下水库进/出水口也为该型式。

(3) 侧向岸塔式进/出水口。适用于水道接近水平向进入水库，水库岸边地形较缓、地质条件较好的进/出水口。进水口紧靠岸坡布置，进水口闸门布置于塔形的混凝土门井中，同时可作为岸坡挡护结构，扩散段和拦污栅段位于塔体以外，拦污栅的启闭检修设施可以根据水位变幅选定。广州抽水蓄能电站上、下水库进/出水口，十三陵、泰安和宜兴下水库进/出水口均属此类型式，如图6.5-4和图6.5-5所示。

(4) 开敞井式进/出水口。适用于引水道垂直向进入水库，水库岸边地形较缓、地质条件较差的进/出水口，进口不设置闸门。我国目前有关规范规定进水口需设置事故或检修闸门，因此未有此种型式。国外如美国的贝尔斯万普（Bear Swamp）、康瓦尔（Comwall）、托姆索克（Taum Sauk）等电站均采用此种型式。

(5) 半开敞井式进/出水口。适用于引水道垂直向进入水库，水库岸边地形较缓、地质条件较差的进/出水口。如进口设置圆筒形事故门，则需设置操作平台成为独立于水库中的塔形结构。塔顶操作平台与库岸需交通桥连接。抽水蓄能电站工况变化频繁，水流不断换向，对圆筒事故门停放在洞口不利，国内很少采用，但国外常有采用，如美国的腊孔山电站上水库进/出水口。德国的抽水蓄能电站这种布置用的较多，如科普柴韦尔克（Koepchenwerk）电站，荷尔别格电站（见图 6.5-6）；西班牙的瓦尔德卡那斯（Valdecanas）电站在进/出水口弯道后的引水道上设置闸门塔（见图 6.5-7）。法国的列文（Revin）、卢森堡的维昂登 I（Vianden I）、奥地利的库赫丹（Kuhtai）、比利时的柯图斯邦（Coo-Trois-Ponts）以及日本的矢木泽等电站均采用半开敞井式进/出水口。

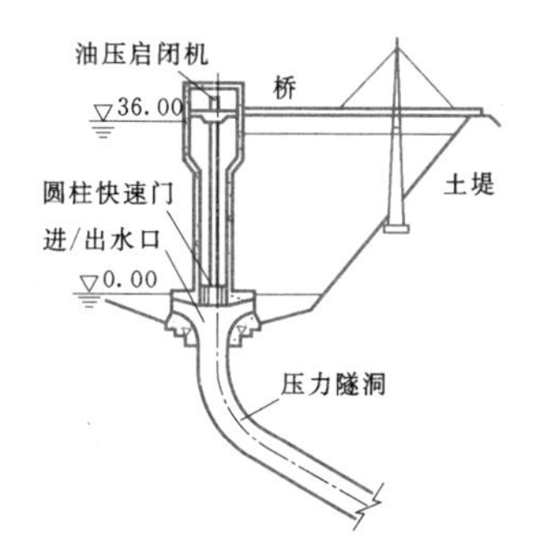

图 6.5-6 德国的荷尔别格上水库进/出水口（单位：m）

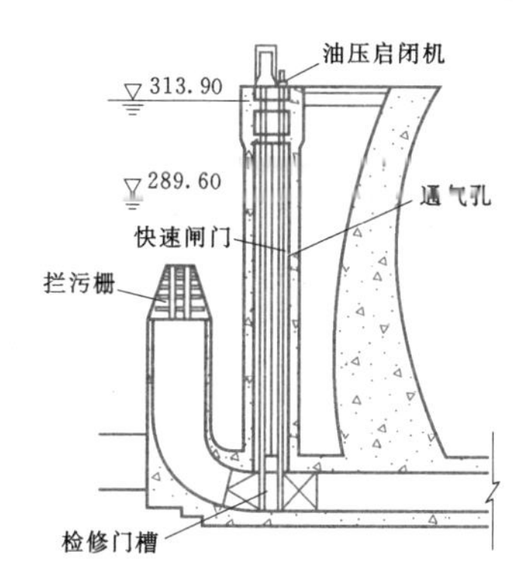

图 6.5-7 西班牙的瓦尔德卡那斯电站上水库进/出水口（单位：m）

（6）盖板井式进/出水口。适用于引水道垂直向进入水库，水库岸边地形较缓、地质条件较差的进/出水口。进水口闸门设置于水平引水道上，如西龙池抽水蓄能电站上水库进/出水口只设置拦污栅，事故闸门离进/出水口中心线水平距离约 210.0m，如图 6.5-8 所示。此外还有进水口闸门设置于盖板之前，防涡梁之后，上水库进/出水口不设拦污栅。如英国的卡姆洛，美国的巴德溪（Bad Creek）、卡宾溪（Cabin Creek）、马蒂朗（Muddy Run）、落基山（Rocky mountain），日本的京极等均为此种类型。

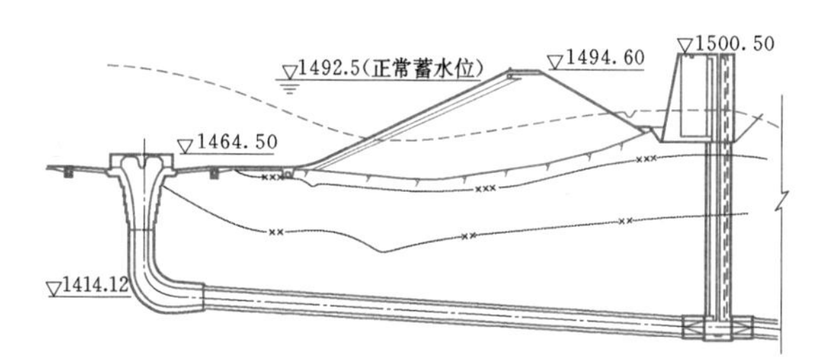

图 6.5-8 西龙池上水库进/出水口（单位：m）

（7）坝式进/出水口。适用于坝后式电站，挡水建筑物为混凝土坝，厂房位于坝后，进/出水口与坝结合布置，如我国的潘家口抽水蓄能电站。进/出水口布置和常规电站相同，由于抽水蓄能电站安装高程较低，因而要求下库的最低水位满足机组安装高程的要求。

（8）下库进/出水口与厂房结合布置。适用于地面或竖井式地下厂房。下库进/出口为厂房的一部分，和尾水管相结合或尾水管适当延长，如美国的巴斯康蒂电站，卢森堡的维昂登电站，日本的新成羽电站等。由于尾水管离机组较近，发电时尾水出流较为紊乱，过栅流速较大，分布不均匀，可能导致拦污栅的破坏。

6.5.2.3 进/出水口的组成

侧式进/出水口一般由拦污栅段（防涡梁段）、扩散段、闸门段、闸后渐变段、操作平台和交通桥组成，有时为调整水流流态，在扩散段和拦污栅段之间设置调整段，如图 6.5-9 和图 6.5-10 所示。

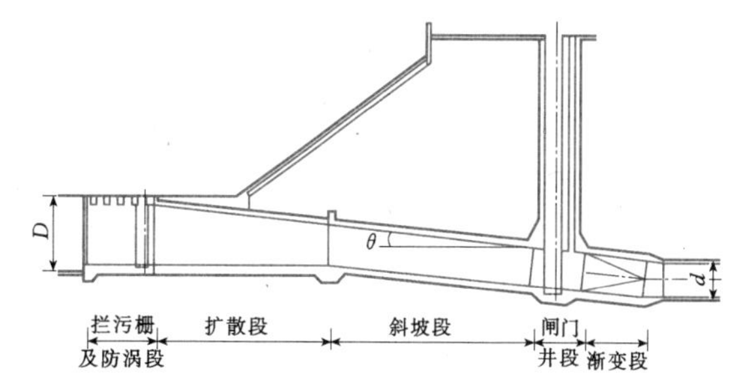

图 6.5-9 侧式进/出水口的各部分组成（立面图）

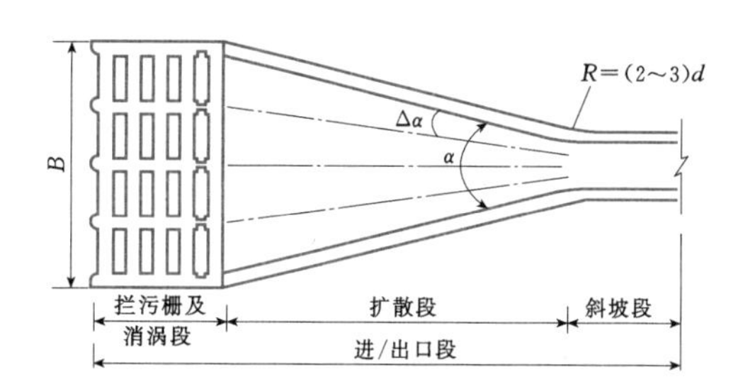

图 6.5-10 侧式进/出水口的进/出口段组成（平面图）

井式进/出水口主要包括进/出口段与竖井段；其中竖井段在立面上依次又可分为：喇叭口段、直管段、弯管段、连接扩散段，具体布置如图6.5-11所示。

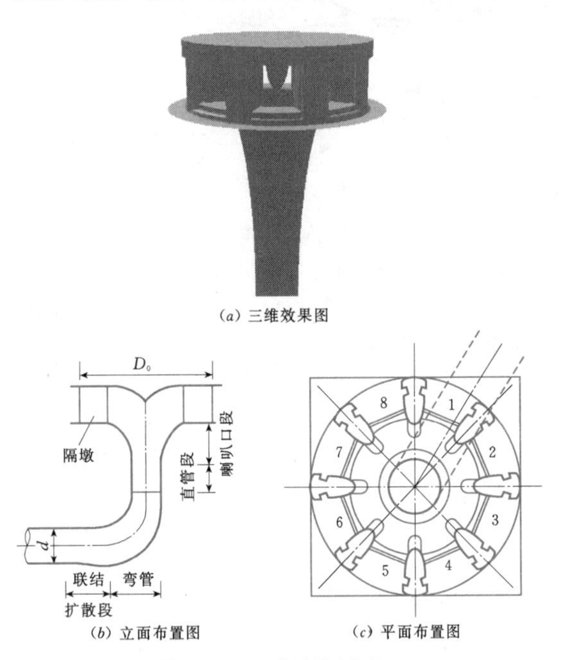

图6.5-11 井式进/出水口

6.5.2.4 进/出水口布置

1. 位置选择

进/出水口位置须根据枢纽布置、水流流态、地形地质条件、施工条件和工程造价、运行管理等方面比较确定。

侧式进/出水口位置选择时，最好能直接从水库取水，若通过引水渠取水，引水渠不宜过长，以减少水头损失和避免不稳定流影响。尽量选择来流平顺、地形均匀对称、岸边不易形成有害的回流和环流的位置；尽量选择地质条件较好的位置，避免高边坡开挖，节省投资。

井式进/出水口位置选择时，周围地形要开阔，以利均匀进流，保证良好的水流流态。应把进水口塔体置于具有足够承载力的岩基上，保证塔体的稳定。

2. 底板高程设置

抽水蓄能电站库水位在工作深度内频繁变化，一般都布置成有压进水口。进口高程按最低运行水位、体形布置确定的进水口高度，最小淹没水深要求和泥沙淤积等因素决定，与常规电站进水口要求基本相同。

3. 拦污栅设置

抽水蓄能电站一般在进/出水口布置拦污栅。拦污栅孔口面积取决于过栅流速，而过栅流速直接涉及到清污的难易和水头损失的大小，以及拦污栅的振动强弱。设计拦污栅时，需要有良好的扩散体形，使各分隔流道内断面流速分布均匀，不均匀系数（最大流速和平均流速之比）不宜大于1.5，并防止在扩散段扩散不充分、近乎向上的射流。国内抽水蓄能电站一般取平均过栅流速0.8～1.0m/s。日本的神流川电站上、下水库进/出水口最大平均过栅流速1.7m/s，但经模型试验验证水力条件也能满足相关要求。

抽水蓄能电站上水库集水面积较小、无径流补给、污物较少时，经论证后进/出水口也可不设拦污栅。

4. 闸门设置

抽水蓄能电站进/出水口的闸门与常规电站相比没有大的差别。但抽水蓄能电站的进/出水口要适应发电和抽水两种工况，而且工况变换频繁，因此在选用和闸门设计时要注意双向水流的影响。

同常规电站一样，抽水蓄能电站进/出水口的闸门按其工作性能分为三类：检修闸门、事故闸门和工作闸门。由于抽水蓄能电站一般在进厂前设置了控制阀门，故进/出水口一般只设置事故闸门，也可以只设检修闸门，或者将事故和检修两功能合为一体，设置事故检修闸门。国外有少数电站未设闸门。

6.5.2.5 进/出水口水力设计

1. 进/出水口水力设计要求

(1) 进流时，各级运行水位下进/出水口附近不产生有害的漩涡。

(2) 出流时，水流均匀扩散，避免对水库底的冲刷，水头损失小。

(3) 进/出水口附近水库内水流流态良好，无有害的回流或环流出现，水面波动小。

(4) 防止漂浮物、泥沙等进入进/出水口。

2. 侧式进/出水口的水力设计

水力设计应遵循下列原则：

(1) 当连接进/出水口的水道为隧洞，在发电时，洞内最大平均流速 v_0 宜小于5m/s。抽水时，v_0 宜小于4m/s。连接进/出水口的压力隧洞宜尽量避免弯道，应有不小于5～7倍洞径长度的直线段，或把弯道布置在离进/出水口较远处，以期减小弯道水流对进/出水口出流带来的不利影响。

(2) 扩散段的平面扩散角 α，应根据管道直径、布置条件、流量的大小、地形和地质条件、电站运行要求等，经技术经济比较确定。宜在 $25° \leqslant \alpha \leqslant 45°$ 范围选用。

(3) 为避免扩散段内水流在平面上产生分离，应采用分流墩将扩散段分成几孔流道，其末端与拦污栅断面相接。每孔流道的平面扩张角宜小于10°。分流墩的布置，应使各孔流道的过流量基本均匀，相邻边、中孔道的流量不均匀程度以不超过10%为宜。

(4) 平面上，在扩散段起始处，扩散段与上游直线段间应采用曲线连接，其半径可用 (2～3)d（管径）。

(5) 扩散段的纵断面，宜采用顶板单侧扩张式，顶板扩张角θ宜在3°～5°范围选用。当θ>5°时，宜在扩散段末接一段平顶的调整段，其长度约相当于0.4倍的扩散段长度，见图6.5-12。

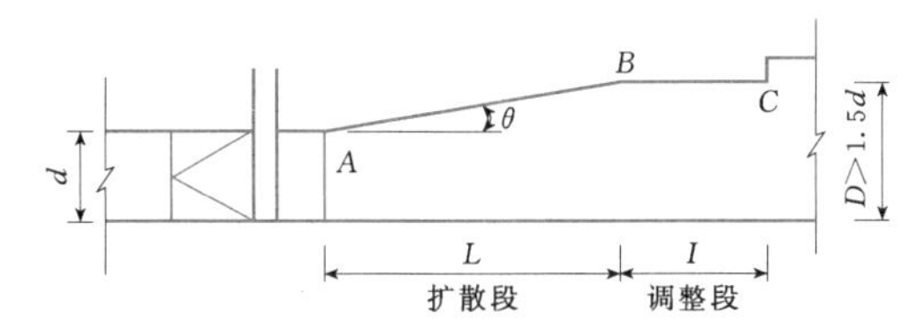

图6.5-12 具有调整段的侧式进/出水口

(6) 扩散段末端过水断面面积，应以满足过栅流速和布置要求确定。

(7) 水库最低水位应保证进口有足够的淹没水深，为防止发生吸气漩涡，应在扩散段末端外部上方设防涡设施。

对地面或竖井式厂房布置，当下水库进/出水口与尾水管结合布置时，应研究电站在不同运行工况下出流对拦污栅可能产生的影响。

侧式进/出水口的水流属于有压缓流的扩散（或收缩）阻力问题，是一个三维流动问题。国内荒沟、蒲石河等抽水蓄能电站工程的进/出水口试验建议采用顶底板双向扩张，每侧为2.5°。

十三陵抽水蓄能电站下水库进/出水口布置为扩散段长L=26.16m，调整段长l=10m，顶板扩张角θ=6.54°（对应于图6.5-12中的AB线）。加10m长调整段之后（对应于图6.5-12中的BC线），实际上有效的顶板扩张角相当于AC连线为4.74°，无负流速出现，其发电工况的水头损失系数为0.33～0.36，抽水工况时为0.22～0.20。

扩散段内流速分布的调整要从垂直和平面流速分布两方面进行，两者是相互关联的。顶板扩张角主要是调整垂直流速分布。在有分流隔墙的布置时，主要是调整平面流速分布，力求使各孔道过流量彼此接近，这是影响水头损失大小的主要因素。扩散段分流隔墙的数目，以每孔流道的平面分割扩张角（$\Delta\alpha$，见图6.5-10）小于10°为宜，可参照表6.5-3选用。

表6.5-3 分流隔墙数目

平面扩张角α（°）	<20	25～30	30～45
隔墙数目N	1～2	2～3	3～4

分流隔墙在扩散段首部的布置原则是，既要避免过分拥挤，又要有效地起到均匀分流的作用。因此，分流隔墙的头部形状以尖形或渐缩式小圆头为宜。经过模型试验后建议的迪诺威克抽水蓄能电站进/出水口分隔墙头部的形状，如图6.5-13所示。

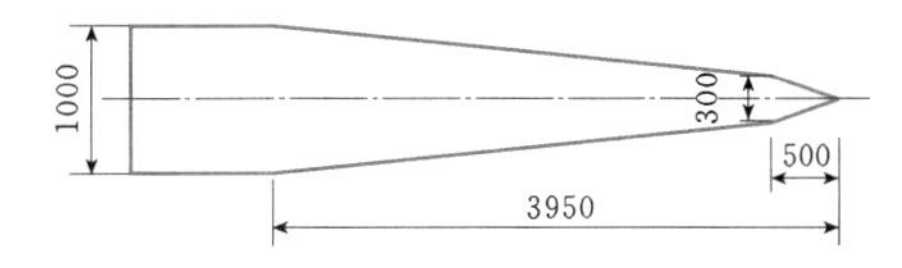

图6.5-13 迪诺威克电站分流墩形状（单位：mm）

分流隔墙间距，对于二隔墙三孔流道的布置，中间孔道宽占30%，两边孔道占70%为宜；对于常见的三隔墙四孔流道的布置，以采用中间两孔占总宽的44%，两边孔占56%为宜，或者说单一中间孔道宽与相邻边孔宽之比0.785，且中间隔墙在首部较两边隔墙宜适当后退形成凹形布置，其后退距离约相当于进口宽度的1/2左右，如图6.5-9和图6.5-10所示。由于扩散段内流速分布还受来流条件特别是流速分布的影响，而这与布置条件（如有无弯道、底坡、断面变化、门槽体形等）和边界层发展有关，难以做到流量在各孔流道均匀分配，故上述分流隔墙间的距离关系可作为设计的参考依据。对近年来国内的一些试验研究成果分析表明，当相邻孔道间的流量不均匀程度超过10%，水头损失明显增大，因此分流隔墙的布置，应使各孔道的过流量基本均匀，相邻边、中孔道的流量不均匀程度不超过10%为宜。

进/出水口出流时，希望在水库内尽快扩散，以减小对水库库底与岸边的冲刷和减少环流等其他不良影响。宜根据实际情况，根据模型试验加以调整验证。当进/出水口前有较长的明渠时，应对不同工况下有压—无压系统的明渠非恒定流进行分析计算，所计算出的最低、最高涌浪高程，可作为校验进/出水口最小淹没深度和明渠连接段的合理堤顶高程或砌护高度的依据。

3. 井式进/出水口的水力设计

水力设计应遵循下列原则：

(1) 进流时，水流由井孔四周均匀进入管道，应防止产生吸气漩涡，为此，宜在进口外部上方设防涡设施。

(2) 出流时孔口四周水流均匀扩散，出口处流速分布均匀，且不产生反向流速，弯管之上宜有适当长度的竖直管道，其上接渐扩式喇叭口，当竖直管道较短时，宜采用减缩式肘管型弯管。

(3) 当有防沙要求时，应使拦污栅底槛高于周边底板适当高度。

井式进/出水口在体形上与竖井溢流道相似，但水流特性有本质区别。这种区别不仅仅是双向流动问题，更重要的是前者属有压缓流系统的扩散（或收缩）流动，尤其要力求井盖下由隔墙相间的各孔出流均匀，减小水头损失。由于弯道水流产生离心力，主流向外侧偏离，将导致井的四周流速不均，故弯道段对孔口出流是否均匀起决定作用。为使出流时水流经过弯道后不致产生严重分离，并保持上部各出口出流均匀，宜在来流管道（d）与弯道起始断面（D_s）间采用双向扩散连接段，连接段长度大于或等于 D_s，该段的单侧扩散角 $3°<\alpha_t<7°$。弯管宜采用肘管型，其末端断面直径 $D_e \geqslant d$，且首末端断面比 $A_e/A_s=0.6\sim0.7$，$v_e \leqslant 5$m/s（或相应的弗劳德数 $Fr=v_e/\sqrt{gD_e}\leqslant 0.6$ 为宜）。弯管末向上宜有适当长度的直管段，用以调整水流，其上部的喇叭口段应与之呈渐扩式平顺连接。当无直管段或甚短时，则从弯管末端（或附近）开始的喇叭口，应以平缓（斜率渐变）的曲线（或直线）逐渐扩张成喇叭口段，直至所需高程。喇叭口可采用椭圆曲线或其他型式曲线，拦污栅槽可做成倾斜或直立布置。此外，具有顶板的井式进水口最大相对流速取决于顶板的直径、扩散开口的高度及线型，进/出水口的喇叭口建议采用弧形边缘连接。

4. 进/出水口的防涡设计

进/出水口的漩涡有两种，即立轴漩涡和横轴漩涡。立轴漩涡更容易造成进气，造成漩涡和进气的原因很多，主要有：进水口淹没深度、入流流速（或入流弗劳德数）、进水口环流、进水口体形和周边几何形状，其中淹没深度是主要因素。抽水蓄能电站水库死库容一般较小，水深较浅，进/出水口的高程主要受死水位的控制，进/出水口在死水位以下的淹没深度应保证在入流时不产生挟气漩涡。

根据试验产生的吸气漩涡 H/d 的范围是：对于垂直的漩涡 $H/d<3\sim5$，对于水平漩涡 $H/d<2$。因此在高水位时问题不大，在低水位时需要注意。d 为闸门处的孔口高度，H 的意义如图 6.5-14 所示。

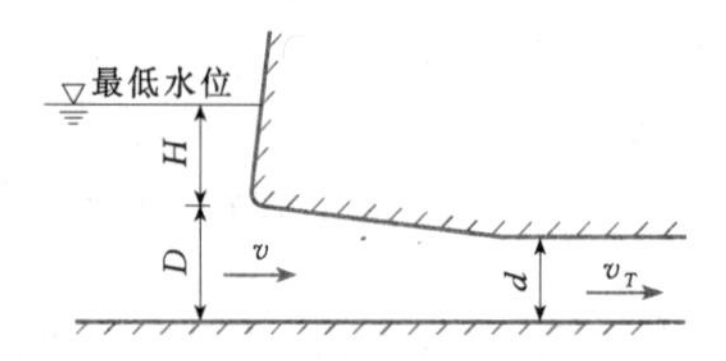

图 6.5-14 进/出水口控制参数示意图

国内的几个抽水蓄能电站的模型试验研究表明：虽然在加大进出水口淹没深度后，入流漩涡问题得到了明显的改善，但为了更好消除漩涡影响，设计上应使进/出水口布置的轴线方向尽量与来流方向一致，进/出水口两侧结构应尽量对称布置，改善进流条件，采取设置防涡梁、板等措施。

5. 进/出水口水头损失

进/出水口的水头损失取决于进出水流状况，主要有扩散冲击、局部分离和局部冲击，其影响参数包含顶板扩散角、扩散度、来流条件及下游淹没等因素。在有分流墩隔墙构成多通道的情况下，各通道流量分配的均匀程度是影响进/出水口水头损失更为重要的影响因素。一般情况下，进/出水口在进流时，水头损失较小，水头损失系数，一般在 0.2～0.3 之间变化；在出流情况下，水头损失系数为 0.4～0.8。分析部分国内外抽水蓄能电站进/出水口模型试验成果，侧式的进/出水口若设计得当，有较好的扩散段，其出流时的水头损失不太大。对于井式进/出水口，由于条件限制，扩散效果不如侧式，出流时的水头损失一般较大。从水头损失的绝对值来看，若出流时水道中平均流速为 4m/s，则出流时的水头损失为 0.32～0.65m。进流时，若水道中平均流速为 5m/s，则水头损失为 0.25～0.38m。

6.5.3 压力水道设计

6.5.3.1 压力水道衬砌类型、特点及适用条件

抽水蓄能电站的地下压力水道衬砌类型可分为：钢筋混凝土衬砌、钢板衬砌、预应力钢筋混凝土衬砌和防渗薄膜复合混凝土衬砌。各种衬砌类型的特点及适用条件如下。

(1) 钢筋混凝土衬砌。隧洞采用钢筋混凝土衬砌结构，从承载与防渗的角度出发，围岩是主体，混凝土衬砌的作用主要是保护围岩表面、避免水流长期冲刷使围岩表层应力状态发生恶化掉块。减少过流糙率、降低水头损失。为隧洞高压固结灌浆提供表面封闭层。钢筋混凝土衬砌型式适用于地质条件良好，围岩透水性较小，围岩以Ⅰ、Ⅱ类为主，同时满足相关设计准则要求的高压隧洞。

(2) 钢板衬砌。钢板作为隧洞主要的受力结构，对地下埋藏式钢管，钢管与围岩之间要求回填混凝土，混凝土作为传力体，确保钢衬与围岩联合受力。钢板衬砌型式适用于高压管道所处地质条件较差，内水外渗将危及岩体稳定和附近建筑物安全，或山岩覆盖厚度较薄时，或靠近地下厂房的高压水道段。

(3) 预应力混凝土衬砌。在隧洞混凝土衬砌结构中施加预应力，按衬砌中的预应力施加形式可分为两大类：一类是压浆式预应力；另一类是机械环锚式预

应力。预应力混凝土衬砌因施工复杂，且效果难以控制已较少应用。

(4) 防渗薄膜复合混凝土衬砌。这种衬砌把防渗薄膜，如薄钢衬或者聚氯乙烯（PVC）止水材料夹在两层混凝土之间，迎水侧内层混凝土一方面保护薄膜不被破坏；另一方面承担外水压力，使防渗薄膜不因外压而破坏。其设计原理是仍将全部或大部分内水压力传给外围的围岩承担，因此隧洞围岩仍需要满足“最小覆盖厚度准则”、“最小地应力准则”的要求。

6.5.3.2 隧洞围岩承载设计准则及结构设计

水工压力隧洞的周边围岩由于地应力场的存在，实际上是一个预应力结构体，要使其成为一个安全承载结构，就必须要有足够的岩层覆盖厚度以及相应足够的地应力量值，而且还应具有足够的抗渗性能和抗高压水侵蚀能力。钢筋混凝土衬砌隧洞围岩承载设计准则可以归纳如下。

1. 最小覆盖厚度准则

最小覆盖厚度准则是经验准则，要求隧洞最小上覆岩体重量不小于洞内静水压力，再考虑 1.3～1.5 的安全系数，保证围岩在最大静内水压力作用下，不发生上抬。最小覆盖厚度准则公式如下：

$$L \geqslant \frac{\gamma_w H}{\gamma_r \cos\beta} F \qquad (6.5-1)$$

式中 L——计算点到地面的最短距离，m；

β——山坡的平均坡角；

H——计算点的内水静水头，m；

γ_w、γ_r——水容重、岩石容重；

F——安全系数，一般取 1.3～1.5。

最小覆盖厚度准则参数图见图 6.5-15。

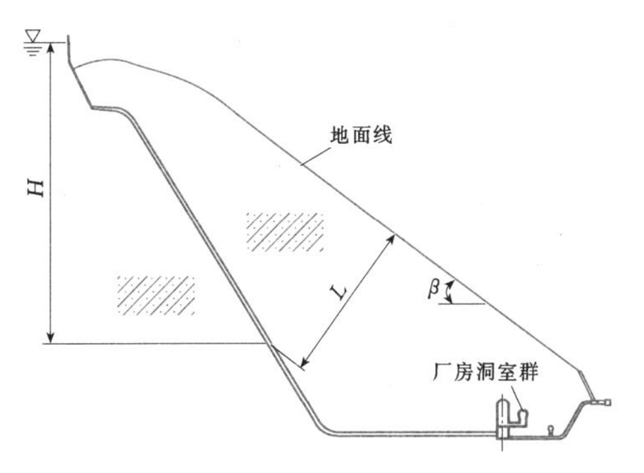

图 6.5-15 最小覆盖厚度准则参数图

在应用最小覆盖厚度准则时，对于两侧有深沟切割的山梁地形应进行修正，把等高线取直修去凸出地形，然后再按山梁削去后的地面线来计算覆盖厚度。

2. 雪山准则

对于比较陡峭的地形，特别是山坡坡角大于 60°，且隧洞高程的水平向存在临空面的地形，水平侧向覆盖厚度常常起着控制作用，这时需要采用雪山准则作为补充判断。雪山准则是按上抬理论，确定混凝土衬砌高压隧洞洞线铅直覆盖厚度 C_{RV}，水平向（侧向）岩体覆盖厚度要满足按铅直上覆岩体厚度的 2 倍以上，即

$$C_{RH} = 2C_{RV}, \quad C_{RV} = \frac{H\gamma_w}{\gamma_r}$$

式中 C_{RV}——铅直覆盖厚度，m；

C_{RH}——水平（侧向）覆盖厚度，m；

H——洞线上该处静水头，m；

γ_w、γ_r——水的容重、岩石的容重。

中间用直线连接起来，山坡的地面线应在此范围之外。

雪山准则参数图参见图 6.5-16。

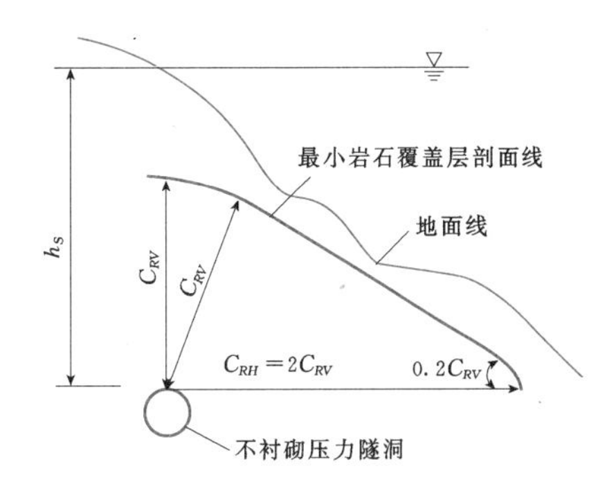

图 6.5-16 雪山准则示意图

3. 最小地应力准则

最小地应力准则要求高压隧洞沿线任一点的围岩最小初始主应力 σ_3 应大于该点洞内静水压力，并有 1.2～1.3 倍的安全系数，防止发生围岩水力劈裂破坏，具体见下式：

$$\sigma_3 \geqslant F\gamma_w H \qquad (6.5-2)$$

式中 σ_3——最小地应力，MPa；

γ_w——水容重，取 0.01MPa/m；

H——计算点的内水静水头，m；

F——安全系数，一般取 1.2～1.3。

4. 围岩渗透准则

渗透准则的原理是要求检验岩体及裂隙的渗透性能，是否满足渗透稳定要求，即内水外渗量不随时间持续增加或突然增加。渗透准则判别标准一般包括两个方面内容，一是根据水工隧洞规范以及法国常用准则规定，在设计内水压力作用下隧洞沿线围岩的平均透水率 $q \leqslant 2$Lu，经灌浆后的围岩透水率 $q \leqslant 1$Lu；二是根据以往工程经验，Ⅱ～Ⅲ类硬质围岩长期稳定渗透水力梯度一般控制不大于 10～15。

法国的围岩渗透性与采用工程措施准则见表 6.5-4。

表 6.5-4　法国的围岩渗透性与采用工程措施准则

围岩渗透性（Lu）	相关指数 n	渗透性随压力周期变化	工程处理要求
<0.5	1	渗透性不增加	不需要钢衬，仅做低压接触灌浆
	2～3	渗透性不增加	不需要钢衬，作固结灌浆
	>4		钢　　衬
	1～4	渗透性增加	不需要钢衬，高压灌浆，灌浆压力 $P>P_w$（该处所承水压力），查清渗漏通道，灌浆并作检查
0.5～2	2～4		高压防渗灌浆，灌浆压力 $P>P_w$，若灌浆后渗漏量仍不减少，采用钢衬
>2			钢　　衬

注　表中 n 为 $Q=AP^n$ 幂函数关系式中的 n（Q 为渗透流量，P 为渗透压力，A 为常数）。

6.5.3.3　高压灌浆设计

抽水蓄能电站钢筋混凝土衬砌隧洞承受较大的内水压力，围岩成为主要的承载结构。为了加固隧洞围岩、封闭隧洞周边岩体裂隙，提高隧洞围岩的整体性和抗变形能力，增强围岩抗渗能力，从而减小内水外渗，防止发生水力渗透破坏，使围岩成为承载和防渗的主体，对隧洞进行系统固结灌浆是非常必要的。

高压灌浆指灌浆压力大于或等于 3MPa 的水泥灌浆。对高水头、大洞径的高压管道的固结灌浆，一般分为两步，即浅孔低压固结灌浆和深孔高压固结灌浆。浅孔低压固灌浆的目的有三点：①处理混凝土与岩石之间的接触缝隙，使之接触紧密；②加固因爆破而产生的岩石松动圈；③为深孔高压固结灌浆提供较为坚固的塞位。

1. 灌浆压力的选择

最大灌浆压力宜等于或略大于高压管道静水头。通常根据高压管道承受的内水压力、围岩最小地应力和围岩类别等综合确定固结灌浆的最大压力。

2. 固结灌浆孔深、孔向和间距选择

隧洞固结灌浆孔深一般深入围岩 1.0～1.5 倍隧洞开挖半径。孔向一般布置为径向，但当围岩结构面产状明确时，应根据围岩结构面产状与分布确定有效孔向。固结灌浆间排距一般为 2～4m，高压隧洞一般为 2～3m。

3. 灌浆浆液性能要求

为了获得耐久的灌浆效果，一般要求浆液结石设计强度应大于 15MPa，浆液水灰比在（0.6～1.5）：1 之间选择，或通过现场灌浆试验确定。

4. 水泥细度的选择

经现场灌浆试验和技术经济比选后，可以考虑选择超细水泥浆，特别是在较完整围岩区域或经过前序普通水泥灌浆后的微细裂隙岩体进行的高压固结灌浆。

6.5.3.4　压力钢管设计

与常规引水式电站一样，抽水蓄能电站与厂房发电机组相接的压力管道也分为地下埋管和明管两种主要形式。大多数抽水蓄能电站水头高，安装高程低，常采用地下压力管道，本节主要介绍地下埋管设计。

1. 地下埋管布置原则

按抽水蓄能电站地下厂房位置来划分，在厂房上游侧，与蜗壳进水阀相接的钢管为引水压力钢管。厂房下游侧，与机组尾水管相接的钢管为尾水压力钢管。一般引水压力钢管承受高内水压力，尾水钢管承担的内水压力相对较小。

（1）引水压力钢管长度的确定。钢衬长度最终的选择取决于上覆岩体厚度、地应力大小、围岩渗透性、地质构造等多方面因素，归纳埋藏式引水压力钢管的布置基本原则如下。

1）按照充分利用围岩承载的设计思想，结合工程枢纽布置和地形地质条件，根据最小覆盖厚度准则、最小地应力准则和围岩渗透准则确定围岩能安全承载的极限位置，确定为钢筋混凝土衬砌隧洞段的末端，以此作为引水压力钢管的起始位置，从而确定引水压力钢管的长度。

2）根据围岩渗透允许水力梯度，并参考国内外抽水蓄能电站压力钢管长度选择的经验，引水压力钢管段长度一般不小于静水头的 0.15～0.3 倍。

结合地下厂房上游段围岩的结构面分布情况以及地下水开挖出露情况，取由上述两个原则确定钢管长度的最大值。

（2）尾水压力钢管长度的确定。由于与机组尾水管相接的尾水支管上方一般是由主厂房、母线道、主变压器洞等组成的地下洞室群，支管顶部上覆岩层厚度较小，常常不满足 3 倍支管洞径，为了防止尾水支管内水外渗影响地下厂房内机电设备的正常运行，保证发电厂房区成为一个干燥舒适的生产工作环境，一般在地下洞群区下方采用不透水钢衬，其长度根据地下洞室的外排水防渗系统布置来确定，要保证地下厂房区防渗排水系统的封闭。

2. 地下埋管结构计算原则

抽水蓄能电站压力钢管结构计算的一般原则如下。

(1) 根据压力钢管设计规范规定，厂内明管内水压力全部由钢管承担，钢板抗力限值按明管抗力限值再降低10%取值，以策安全。

(2) 厂房上游边墙上游3倍钢管直径范围段钢管按明管设计，其内水压力全部由钢管承担，钢板抗力限值取明管抗力限值。

(3) 厂房上游边墙上游3倍钢管直径处—厂房边墙上游约20m之间钢管段，不计围岩弹性抗力，即$K_0=0$，钢板抗力限值取地下埋管抗力限值。

(4) 厂房上游边墙上游20m以外段钢管考虑与围岩联合承载，按埋管设计，考虑施工缝隙与温降缝隙，合理选择围岩弹抗值K_0，钢板抗力限值取地下埋管抗力限值。

(5) 与施工支洞相交的压力钢管段，按埋管设计，但不计围岩弹性抗力，即$K_0=0$，钢板抗力限值取地下埋管抗力限值。

(6) 尾水钢管由于承担的内水压力相对较低，一般按明管设计，用明管抗力限值。

(7) 钢衬壁厚以运行期的内水压力作为控制条件，以检修期的外水压力作为复核条件。

3. 地下埋管设计荷载取值

(1) 设计内水压力。引水压力钢管的设计内水压力按钢管所承受的最大静水压力，再附加机组和输水道水力过渡过程产生的水锤压力升值。钢管设计内水压力取值在参考水力过渡过程计算成果的基础上，还要考虑机组甩负荷压力脉动影响以及模型试验机与原型机特性的差别，而附加一个压力安全裕度（5%～8%）。

(2) 设计外水压力。对于地下埋管而言，钢管外荷载主要是灌浆荷载以及检修期的外水压力。对于施工期灌浆荷载，因属临时荷载和点荷载，可以通过钢管内加内支撑以及合理布置灌浆塞、灌浆序列、控制灌浆压力等措施加以解决，不作为钢管外荷载设计值。

总结国内已建抽水蓄能电站钢管检修期外水压力取值方法，建议如下：

1) 假定钢管运行期地下水位线接近极限——地表。考虑到高压管道顶部排水廊道的排水作用，排水廊道底高程至高压管道取全水头，排水廊道底高程至地面高程段的外水压力根据围岩地质条件考虑合理的折减，钢管的外水压力值为上述两值相加，总值保证不小于管道顶部覆盖厚度的1/2，即以“即使地下水位抬升到地表，钢管的抗外压稳定安全系数仍大于1”为原则。

2) 根据实测或类比分析确定围岩渗流损失系数，考虑到内水外渗和外水内渗两次渗流损失，钢管的外水压力值为

最大静内水压力值×（1－围岩渗流损失系数）^{2}

综合上述两种方法最终确定合理的设计外水压力值。

6.5.3.5 地下埋管防渗和排水设计

1. 地下埋管外排水廊道设计

为了防止与高压混凝土衬砌隧洞邻近的地下埋管积累高外水压力，降低地下水位，较可靠的措施是在地下埋管上方开挖断面不大的排水廊道体系，在排水廊道内再布置垂直或水平的排水孔以及防渗帷幕。

地下埋管起始点顶部排水廊道的下游侧为排水保护区，应该重点排水保护，包括网状排水廊道系统本身以及系统排水孔，即在廊道上方设置“人”字形排水孔，排水孔间距一般为3～6m，孔径65～90mm。另外还可以通过设置山体地下水位长期观测孔，以监测高压水道穿过的区域在建前及建后的地下水位变化，为评估高压隧洞和覆盖山体的稳定安全提供判别依据。

2. 钢管贴壁外排水设计

钢管贴壁外排水设施，一种方法是在紧邻钢管外壁布置2根或4根纵向镀锌排水管，每隔一定距离设置排水孔；另一种方法是采用贴壁排水角钢＋工业肥皂临时封边的钢管外排水方案。具体参见图6.5－17。

6.5.3.6 压力水道系统充排水试验

抽水蓄能电站上下游压力水道系统均须进行充排水试验，目的是发现问题、消除隐患。

1. 上游水道充排水试验

当上水库有天然来水时（或上水库能提前蓄水时），上游水道可利用上水库进/出水口闸门充水阀充水。当上水库不具备充水条件时，则可利用在厂房内设置的专用多级水泵充水。

上游水道系统充水，尤其钢筋混凝土衬砌隧洞的初期充水，必须严格控制充水速率，并划分水头段分级进行。每级充水达到预定水位后，应稳定一定时间，待监测系统确认安全后，方可进行下一水头段的充水。钢筋混凝土衬砌水道充水速率一般可取5～10m/h，全钢衬压力管道充水速率一般为10～15m/h。钢筋混凝土衬砌

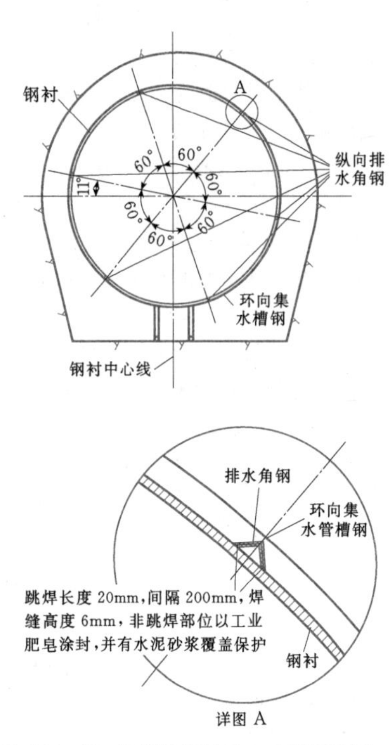

图 6.5-17　钢管贴壁外排水典型断面图

水道每级水头宜取 80～120m，全钢衬压力管道每级水头宜取 120～150m，每级稳压时间宜取 48～72h。

对钢筋混凝土衬砌水道系统的放空，应控制最大外水压力与水道内水压力之差，小于高压隧洞设计外水压力。放空时应分水头段进行，根据国内外经验，放空速率一般控制在 2～4m/h，根据外水位的变化情况选定。对于钢衬高压管道，其放空条件应控制在钢管设计外水压力范围之内。

2. 下游尾水道充排水试验

下游尾水道可利用下水库进/出水口闸门充水阀充水，充水速率一般为 3～5m/h，分两级进行，每级稳压时间宜取 48～72h。放空速率与上游水道相同原则控制。

6.5.4　高压岔管设计

6.5.4.1　岔管型式

1. 抽水蓄能电站岔管的特点

(1) 现代抽水蓄能电站水头高、流量大，输水系统洞径及岔管规模大，*HD* 值高。

(2) 抽水蓄能电站岔管需经受双向水流的作用，岔管设计需充分考虑岔管不同方向的分流、合流等特殊的水力学有关问题。

(3) 抽水蓄能电站发电用水系利用电网电能从下水库抽水到上水库的，为提高电站效率，输水系统的水头损失要尽量小，而岔管水头损失占总水头损失比例相对较大，设计中如何减少岔管的水头损失显得尤其重要。

2. 钢筋混凝土岔管

引水岔管水头高、*HD* 值较大，若选用钢岔管，则钢岔管需要的钢板较厚，存在卷板难度大、焊接工艺复杂、成本高、运输困难等问题。通常还需在钢岔管前较大程度减小引水主洞直径，从而将钢岔管规模降低到可经济制作、运输的水平，这样将导致岔管的水头损失进一步增加。同时，为了将工厂整体制作好的钢岔管运到厂房上游岔管安放处，还需较大程度上加大施工支洞的规模，增加投资。

在抽水蓄能电站建设中，只要地形、地质条件允许，宜优先采用钢筋混凝土岔管，利用围岩来承担内水压力，可以达到降低投资、施工方便的目的。

尾水岔管由于承担的内外水压力均较低，只要地形、地质条件许可一般采用钢筋混凝土衬砌。

3. 钢岔管

当抽水蓄能电站由于地形、地质条件限制，引水岔管区域围岩不能同时满足“三大准则”，即：最小覆盖厚度准则、最小地应力准则和围岩渗透准则时，应采用钢岔管。钢岔管按加强方式分为三梁岔管、月牙肋岔管、贴边岔管、球形岔管、无梁分岔管等多种结构型式，布置型式有：非对称 Y 形、对称 Y 形和三岔管。内加强月牙肋钢岔管具有受力明确合理、设计方便、水流流态好、水头损失小、结构可靠、制作安装容易等特点，在抽水蓄能电站中得到广泛的应用。

钢岔管的设计详见第 4 章 4.7 节相关内容。

6.5.4.2　钢筋混凝土岔管

1. 钢筋混凝土岔管位置选择

抽水蓄能电站钢筋混凝土引水岔管由于存在水头高、规模大的特点，对围岩具体要求如下：

(1) 岩质坚硬，为新鲜岩石，围岩类别应达到Ⅰ～Ⅱ类，其变形模量不小于衬砌混凝土的弹性模量，在高内水压力作用下，围岩径向变位较小，混凝土衬砌出现的裂缝将受到围岩的约束。

(2) 围岩的透水性微弱，钻孔压水试验的透水率宜小于 1Lu。

(3) 岔管及邻近区域内无规模较大的断层、岩脉或大裂隙穿过，断层内应无夹泥充填。

(4) 岔管区域围岩内裂隙不发育，无节理密集带。

(5) 具有足够的岩石覆盖厚度，围岩具有足够的地应力量值，以抵抗水力劈裂。

(6) 围岩裂隙、节理或岩脉中的充填物质承受的水力梯度小于允许值，在渗流水的作用下能够保证渗透稳定性。

钢筋混凝土尾水岔管内、外水压力均相对较小，位置选择相对容易。

引水岔管下游接压力支管，同一水力单元引水岔管下游多条压力支管的单位长度合计造价通常情况下高于引水岔管上游一条引水主管的单位长度造价。因此，在满足岔管设计、运行要求的前提下，岔管的位置越接近厂房，则引水主管越长、引水支管越短，越经济。但钢筋混凝土岔管距厂房越近，则意味着围岩的渗透比降越大，引水系统的内水外渗进入地下厂房的可能性越大。因此，钢筋混凝土岔管距地下厂房的距离，需结合地质条件进行综合分析和技术经济比较加以确定。

岔管位置选择与地下厂房位置选择密切相关，故引水岔管的位置选择应与地下厂房位置选择结合在一起进行综合比选。在拟定地下厂房比选各方案过程中，需仔细分析地形地质的特点，同时拟定出引水岔管形式，并优先考虑采用钢筋混凝土岔管。在可研设计阶段，应布置地质长探硐到达岔管位置（长探硐宜布置在岔管上方一定高度之上，将水力梯度控制在围岩允许的范围内，避免后期运行时发生水力劈裂现象），并测试岔管区域地应力，获得一定数量的地应力测量值，配合地应力场反演回归分析，分析岔管区域地应力分布。必要时还需进行高压渗透水压力试验，以验证岔管区域围岩抗高压水渗透性能。根据已揭露的岔管区域围岩地质条件，必要时输水线路还可进行小幅度调整。如果岔管调整后的位置超出了地质长探硐控制范围，还需适当补充勘探工作，加深探硐或开挖支探硐，复核围岩地应力和临界渗透压力等。

2. 钢筋混凝土岔管体形设计

（1）岔管体形平面布置。通常，岔管平面布置可分为“一管两机”正对称“Y”形分岔布置和“一管两机”或“一管多机”的不对称单侧“卜”形分岔布置两类。

当引水或尾水系统在岔管段平面布置对称、且岔管采用“一管两机”布置时，宜采用正对称“Y”形分岔布置，其优点为有利于水流分岔和合流、水头损失小，结构对称、受力均匀，施工也比较方便，“Y”形对称布置的泰安抽水蓄能电站引水岔管如图 6.5－18 所示。当引水或尾水系统在岔管段平面布置不对称，或引水系统采用“一管三机”布置时，无法布置为“Y”形岔管时，可将岔管布置为不对称单侧“卜”形，图 6.5－19 和图 6.5－24 分别为“卜”形布置的桐柏抽水蓄能电站引水岔管和天荒坪抽水蓄能电站引水岔管。美国的落基山（Rocky Mt）抽水蓄能电站引水岔管采用了“一管三机”不对称“Y”形的布置方式，如图 6.5－20 所示，具有自身特色。“一管四机”岔管常布置为不对称单侧“卜”形，图 6.5－21 和图 6.5－22 分别为广州抽水蓄能电站和惠州抽水蓄能电站“一管四机”岔管平面布置。

国内外部分抽水蓄能电站钢筋混凝土岔管一览表见表 6.5－5。

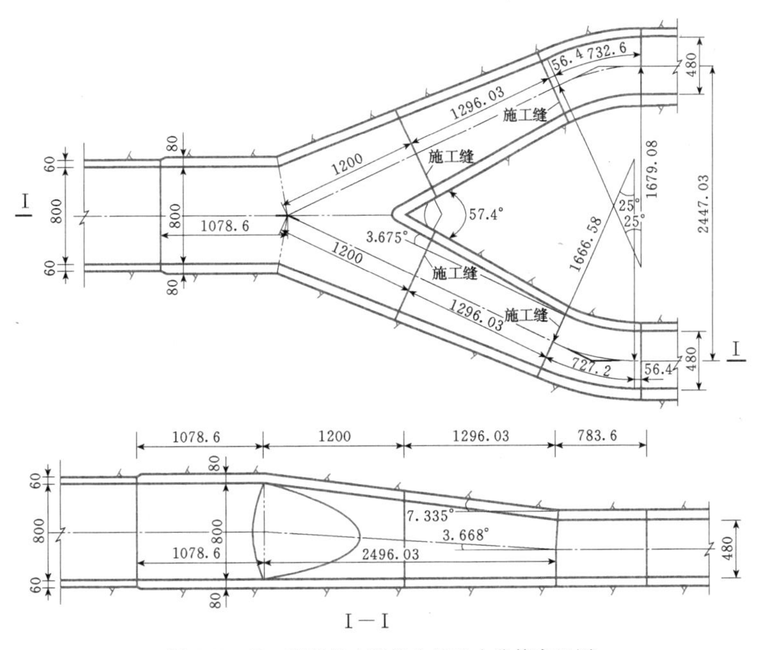

图 6.5－18　泰安抽水蓄能电站引水岔管布置图

（单位：cm）

表 6.5-5 国内外部分抽水蓄能电站钢筋混凝土岔管一览表

序号	工程名称	国家	装机容量(MW)	岔管静水头(m)	岔管设计水头(m)	分岔方式	分岔角(°)	主/支洞内径(m)	衬砌厚(m)	围岩特征			
										岩石	最小埋深(m)	变形模量(GPa)	最小地应力 σ_3(MPa)
1	迪诺维克(Dinorwic)	英国	6×300	542		1→6	46	9.5/3.8	1.0	板岩	400	50	9.0
2	蒙特齐克(Montezic)	法国	4×230	423		2×1→2	90	5.3/3.8	0.4/0.75	花岗岩	400	30	14～20
3	赫尔姆斯(Helms)	美国	3×351	531		1→3		8.2/3.5	0.69	花岗岩	350	42	5.5
4	巴斯康蒂(Bath County)	美国	6×380	390		3×1→2	40	8.6/5.5	0.6	砂页岩	315	27.6	3.4
5	落基山(Rocky Mt)	美国	3×282	213		1→3		10.7/5.8		灰岩			
6	腊孔山(Raccoon Mt)	美国	4×350	310		1→2→4		11/7.4		砂岩	270		
7	北田山(Northfield Mt)	美国	4×257	248		1→4		9.45		片麻岩	200		
8	广蓄	中国	8×300	610	790	2×1→4	60	8.0/3.5	0.6	花岗岩	410～440	25～40	6.8～7.5
9	惠州	中国	8×300	624	740	2×1→4	60	8.5/3.5	0.6	花岗岩	390～410	20	
10	天荒坪	中国	6×300	680	800	2×1→3	60	7.0/3.2	0.6	凝灰岩	500	59	9.5～11.1
11	泰安	中国	4×250	309	370	2×1→2	50	8.0/4.8	0.8	花岗岩	260	15	4.87～5
12	桐柏	中国	4×300	344	395	2×1→2	55	9.0/5.5	0.7	花岗岩	380	20.5	5.9
13	宝泉	中国	4×300	640	800	2×1→2	45	6.5/3.5	0.7	花岗 片麻岩	580	27	6.8
14	仙游	中国	4×300	541.4	644	2×1→2	55	6.5/3.8		花岗岩	410	13.5	7.2～7.8

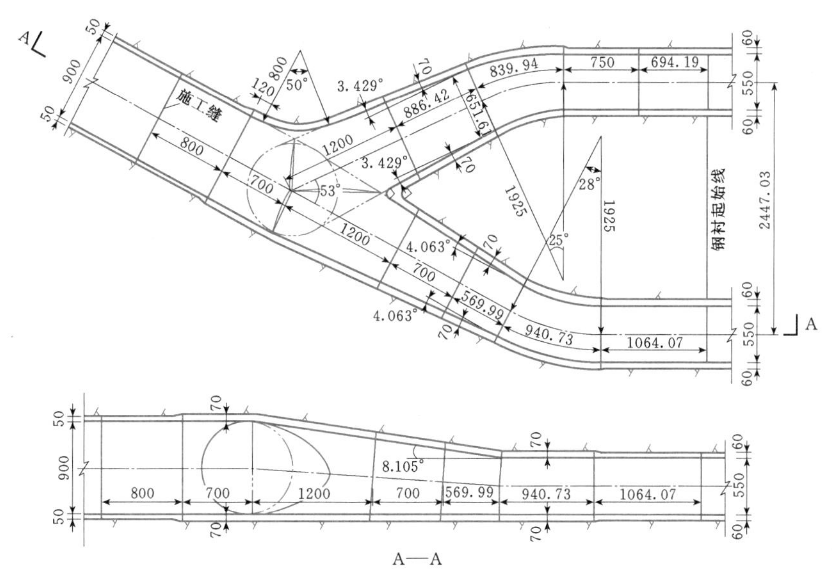

图 6.5-19 桐柏抽水蓄能电站引水岔管布置图
（单位：cm）

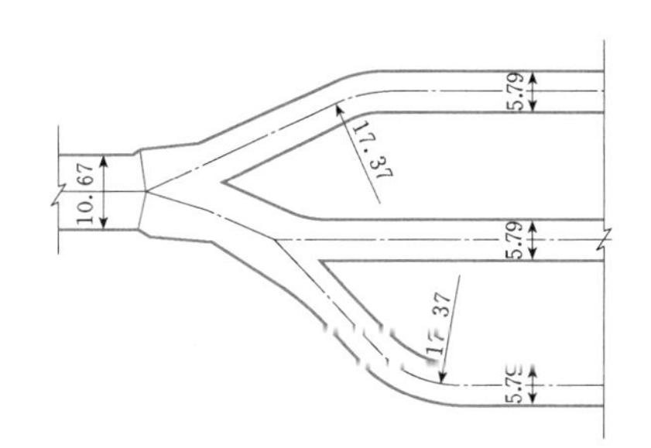

图 6.5-20 美国落基山抽水蓄能电站引水岔管平面布置图（单位：m）

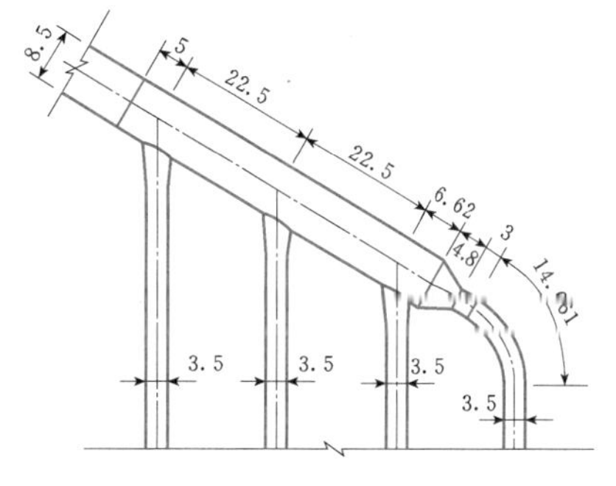

图 6.5-22 惠州抽水蓄能电站引水岔管平面布置图（单位：m）

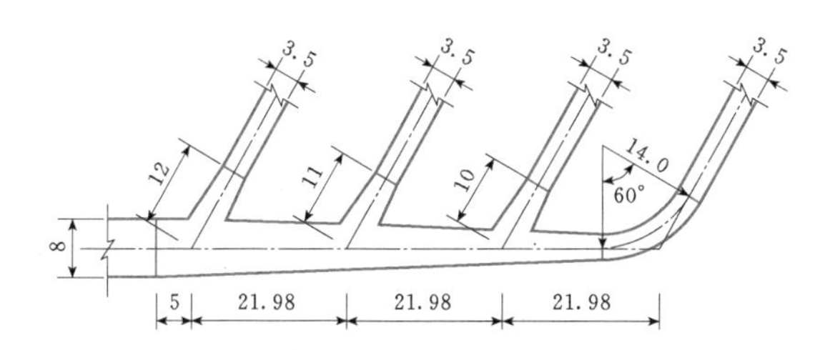

图 6.5-21 广州抽水蓄能电站引水岔管平面布置图（单位：m）

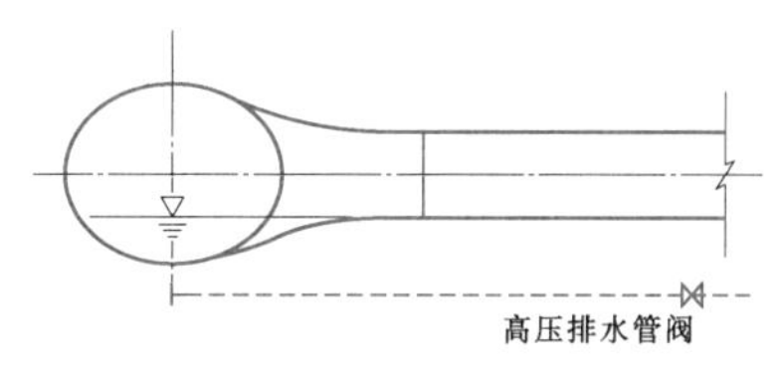

图 6.5-23 广州抽水蓄能电站一期工程引水岔管立面布置图

（2）岔管体形立面布置。在岔管立面体形布置上，一种是主、支管轴线同在一水平面的上、下对称布置方式，这种体形基本沿用了钢岔管的布置方式，如图 6.5-21 和图 6.5-23 所示。由于主管最低点低于支管底面，不利于施工和运行检修时洞内排水，需抽水或另布置一套布置于主管底部的专用排水管阀系统，用以排除支管底部高程以下的主管底部积水。在实际运行过程中，排水管易因泥沙淤积堵塞。另一种布置方式是将主支管底部拉平在同一高程上（主、支管轴线不同高程），形成立面体形不对称的平底岔管，如图 6.5-24（*b*）所示，这样可以自流排水，无需另设一套专用排水管阀系统。此种平底岔管体形相对复杂一些，施工模板和布筋也稍添困难，但省掉一套排水系统，又方便施工和运行检修排水。

（3）岔管体形几何构造。

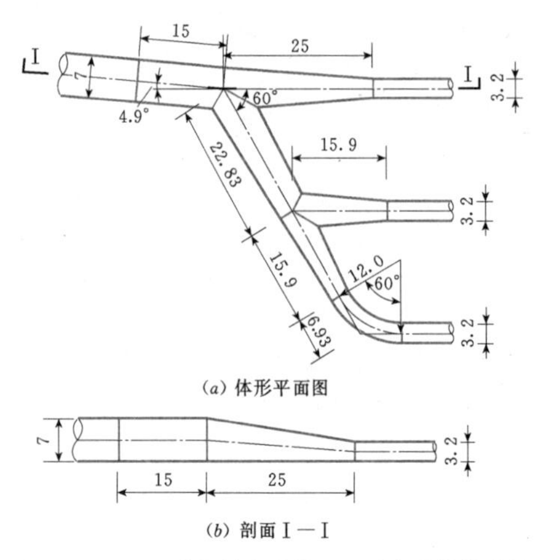

图 6.5-24 天荒坪抽水蓄能电站引水岔管体形图（单位：m）

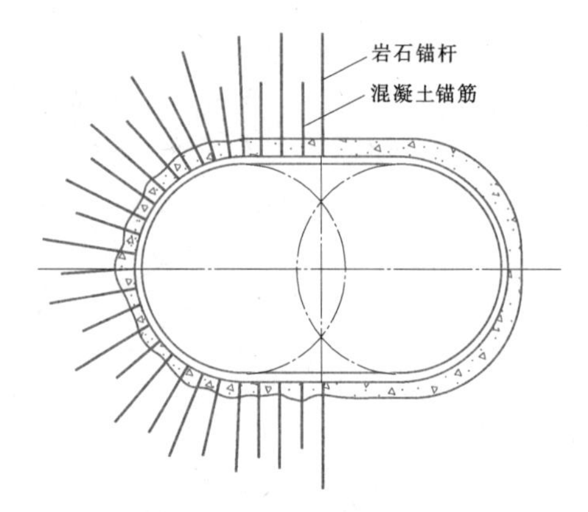

图 6.5-25 巴斯康蒂岔管剖面图

1）布置型式。为了满足相邻管节的拼接要求，对钢岔管体形有比较严格的要求，如“卜”形钢岔管做成底平就难以实现。而混凝土岔管在现场立模浇筑，可以现场调整局部体形。理论上，只要有利于水流平顺，混凝土岔管可以设计成任意体形。国内的抽水蓄能电站混凝土岔管，当采用一分二的方式时，基本采用类似月牙肋钢岔管的型式，即岔管采用一段圆柱管与主管相接、两段锥管与支管相接。由于这类岔管的主、支管之间，支管与支管之间存在一条相贯线，故称之为“相贯线”型岔管，见图 6.5-18 和图 6.5-19；当岔管采用一分三或一分四的方式时，采用了类似贴边钢岔管的形式，即主锥管沿主流方向布置，分岔管利用支锥管与主锥管相接，如图 6.5-21 和图 6.5-22 所示。此外，美国的巴斯康蒂（Bath County）岔管采用类似水电站尾水管的布置型式，即岔管的顶部和底部采用“平底”布置。岔管采用钢筋混凝土薄衬砌，并布置长锚杆将衬砌混凝土和围岩连成整体，以加强其抵御外水压力的能力（见图 6.5-25）。

惠州抽水蓄能电站岔管设计中，经技术经济多方面的比较，推荐方案采用在引水主管圆柱体直接分岔出支锥管的方式（见图 6.5-22），即将常规布置的圆锥主管型式改为等径圆柱主管型式，与英国 20 世纪 80 年代建成的迪诺威克（Dinorwic）电站引水岔管类似。由于新建的抽水蓄能电站都将混凝土岔管做成底平形式，实际体形与钢岔管体形已有了较大的区别，即使是“相贯线”型混凝土岔管，真正意义上的公切球并不存在。

2）分岔角。表 6.5-5 中，混凝土岔管的分岔角为 40°～90°。岔管水工模型试验表明，岔管水头损失随分岔角增大而增大，分岔角越小水头损失越小。但分岔角过小时会导致岔管锐角区过长，锐角区是岔管受力条件最差的区域，锐角区过长会导致开挖松动区过大，运行过程中易被破坏。建议分岔角取 45°～60°较合理。当引水主管与引水支管的交角不在这个范围之内时，可以在岔管前的引水主管或岔管后的引水支管上适当调节方向，从而将岔管的分岔角调整在合理的范围内。宜兴尾水主管和支管分岔如图 6.5-26 所示。

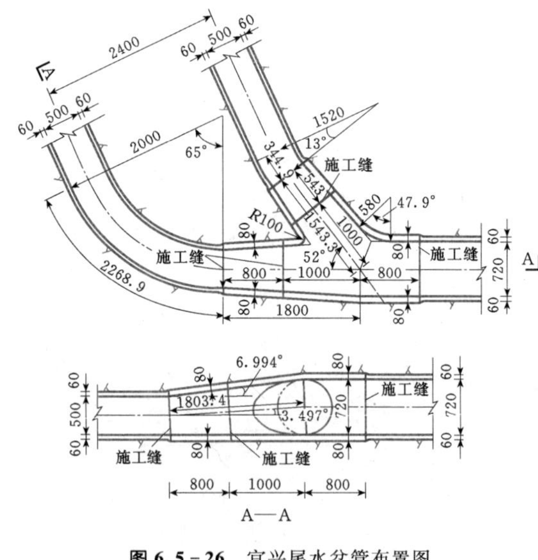

图 6.5-26 宜兴尾水岔管布置图（单位：cm）

3）锥顶角。锥顶角越大，岔管越短，锥顶角越小岔管越长。锥顶角的大小的合理性与通过岔管的水流方向和流速有关，锥顶角大小对水流从主管流向支管（即分流）的流速及水头损失的影响不敏感；反之，对从支管流向主管的水流（即合流）比较敏感。试验表明，当锥顶角大于 7°，水流从支管流向主管，且超过一定流速时，由于流速扩散易发生水流脱离边界的现象，同时主流与管壁之间会出现回流区，水头损失增大。因此，建议控制锥顶角在5°～7°内比较合适。

4）相贯线。正对称“Y”形混凝土岔管主管和支管中心线在同一平面时，主管和支管的相贯线是平面曲线。对称“Y”形混凝土岔管变化为底平后，两支锥管之间的相贯线（锐角处）仍可保持平面曲线，但主管与支锥管之间的相贯线（钝角处）变为空间曲线。底平的不对称单侧“卜”形岔管，无论两支锥管之间的相贯线还是主管与支锥管之间的相贯线均为空间曲线。这些相贯线的三维坐标均可以数值分析或三维作图方法求出，但从工程实际的应用的角度考虑，其必要性不是很大。实际现场立模时，只要将主、支锥管的起点、方向、锥顶角准确确定，相贯线可以在现场近似获得，即使采用平面曲线替代空间曲线，对结构和水力条件造成的影响甚微，几乎可以忽略不计。

5）修圆处理。锐角和钝角相贯线处如不修圆，会形成应力集中，长期水流冲刷，尖角处混凝土容易剥落。因此，实际工程中，常采用修圆的措施改善局部应力，见图6.5-18。因修圆半径随高程变化而变化，修圆后局部体形用准确的数值表示比较困难，需现场通过立模控制。天荒坪引水岔管水工模型试验中对岔管是否修圆进行了对比试验，测得单机在运行水头时的损失系数修圆前后相差不多。因此，修圆对水流条件改善意义不大，主要对结构有利，但修圆半径不宜过大，应避免导致扩大锥管扩散角。

（4）水工模型试验。岔管处承受发电、抽水双向水流作用，水流流态较为复杂，为寻求在双向水流时流态和结构受力均较佳的体形，在可研阶段可根据需要安排岔管局部水工模型试验，以验证设计所选体形的合理性。水工模型试验一般要求如下：

1）模型比尺为1∶20～1∶25。

2）岔管上下游段模拟长度不得小于10倍相应管径。

3）测定岔管各种工况组合的水头损失和流速，并提供双向的水头损失系数。

4）测定岔管各种工况下岔管主要断面的流速分布及相对压差，并描述流态。

5）观察岔管转角及岔档处的水流流态，有无水流分离现象。

6）根据岔管的流态及水头损失情况，判断设计提供的岔管分岔角、锥管的收缩角和锥管长度是否合适及如何改进提出意见，必要时需进行岔管体形优化的模型试验，供设计参考。

（5）三维数值模拟分析。国内一些大型抽水蓄能电站混凝土岔管的兴建，使得通过水工模型试验进行岔管分流与汇流水力学研究日趋成熟，随着计算机技术和数值流体力学的发展，数值计算模拟方法也已经成为研究流体力学各种物理现象的重要手段。近年来，国内对岔管的数值模拟进行了深入的研究，表明选用合适的数学模型和计算边界，数值计算反映的水流运动规律与物理模型吻合，数值计算水头损失的变化规律与物理模型试验成果相似，采用通用的大型流体计算软件如FLUENT等对岔管水力学问题进行数值模拟分析计算，可以与水工模型试验结果相互验证，甚至可以代替物理模型试验。

3. 钢筋混凝土岔管结构分析

抽水蓄能电站钢筋混凝土岔管的结构分析方式与常规电站隧洞分岔口的原理相同，具体可见本卷第4章相关内容。

4. 钢筋混凝土岔管配筋

岔管结构设计的主要任务是保证岔管混凝土衬砌与围岩紧密结合，防止内、外水压作用下结构破坏危及机组安全。为了达到这一目的，配置适量的钢筋是必要的。配筋的主要目的是限制混凝土裂缝宽度，裂缝宽度允许值可按0.2～0.3mm控制。通过结构计算在裂缝宽度满足要求的前提下，应尽量只配置单层钢筋，以利于钢筋绑扎、混凝土浇筑，特别是后期灌浆钻孔。岔管的配筋应与岔管区域内设置的锚筋（锚杆）相连接，以使衬砌和围岩能有机结合，共同抵抗外水压力。

6.5.5 抽水蓄能电站调压室设计

6.5.5.1 调压室的作用和设置条件

1. 抽水蓄能电站调压室的作用

抽水蓄能电站调压室的作用与常规水电站的相同，一方面防止水击压力传入引水隧洞和尾水隧洞；另一方面改善机组运行条件。前一种作用主要针对输水系统发生的大波动过渡过程；后一种针对负荷小幅变化时输水系统发生的小波动过渡过程。

2. 抽水蓄能电站调压室设置条件

在抽水蓄能电站规划初期，多以常规水电站调压室设置判别准则进行粗略估计，但是抽水蓄能电站的运行工况和机组过流特性均较常规水电站复杂，调压室的设置最终应在对整个输水系统过渡过程计算和机组运行条件分析的基础上，进行全面的技术经济比较后确定。

常规水电站调压室设置判别条件多基于电站发生首相水锤或极限水锤的假设，对于抽水蓄能电站，如按水头上划分，大部分均为高水头电站，而常规高水头电站多为冲击式机组，从常规水击理论出发，首相水锤往往应为该类型电站的主要特征，但抽水蓄能电站可逆机组的过流特性远较常规水电站机组复杂，机组的“截流效应”（转速变化产生的水锤）显著，过渡过程中发生的水击类型迥异于常规水电站机组，既非首相水锤，也非极限水锤，其数值较前者大很多。如果可逆机组关机时间延长，虽然平均压力可能会降低，但由于机组在高转速区域停留时间加长，运行工况点长时间滞留在不稳定的倒S区，有可能诱发较常规水电站更剧烈的压力脉动。我国某大型抽水蓄能电站在可研阶段的调保计算中建议采用慢关规律，没有设置调压室，但因机组实际调试过程中出现了较大的压力脉动，不得不采用较快的关闭规律，导致实测最大水锤压力与调保计算结果出现了较大差别，只有通过采用开启异步导叶、球阀联动等水锤防护措施来保障水道安全，从而增加了抽水蓄能电站运行调度的复杂性。

由于抽水蓄能电站水头较高、吸出高度值较大，如果按照常规水电站尾水调压室设置条件判断，国内外许多大型抽水蓄能电站均可不设尾水调压室，但是电站的运行实践及相关的水力过渡过程计算复核均表明，调压室仍不可或缺。近年来，日本针对高水头抽水蓄能电站尾水调压室的设置条件进行了大量研究，并结合其国内多座高水头抽水蓄能电站的建设与运行经验，提出了以下初步判断公式：

$$T_{ws}=\frac{Lv}{g(-H_s)} \qquad (6.5-3)$$

式中 T_{ws}——压力尾水道时间常数，s；

L——压力尾水道长度，m；

v——压力尾水道平均流速，m/s；

H_s——水轮机吸出高度，m。

$T_{ws}\leqslant 4s$，则可不设尾水调压室；$T_{ws}\geqslant 6s$，须设置尾水调压室；$4s<T_{ws}<6s$ 则应对尾水调压室的设置与否进行充分论证。

6.5.5.2 调压室的特点和布置形式

1. 抽水蓄能电站调压室的特点

抽水蓄能电站调压室与常规水电站的相比，其主要特点是：高水头，输水线路较长，厂房中部布置的抽水蓄能电站往往设有上下游双调压室。如广州抽水蓄能电站二期工程、惠州抽水蓄能电站等，甚至设置上下游混联式调压室，如广州抽水蓄能电站一期工程。

2. 抽水蓄能电站调压室布置型式与类型

抽水蓄能电站调压室布置型式与类型同常规水电站，具体参见本卷第3章调压设施。

6.5.5.3 调压室水位波动的稳定性

抽水蓄能电站与常规水电站一样，可按托马假定及托马公式计算临界稳定断面积。在设计稳定断面积安全系数的选取上需充分考虑水轮机、压力管道、调速器、发电机和电网等正反两方面的影响因素，对抽水蓄能电站水力—机械过渡过程进行详细的分析。

6.5.5.4 调压室水位波动计算

抽水蓄能电站调压室水位波动计算通常采用数值计算方法，与机组过渡过程联合计算。抽水蓄能电站工况复杂，调压室最高、最低波动水位不仅取决于水轮机甩负荷工况、增负荷工况，还有可能取决于水泵断电工况、导叶拒动工况等。另外，抽水蓄能电站的调压室较常规水电站更容易发生工况组合下的波动水位迭加，从而导致调压室最高、最低波动水位出现新的控制值。国内武汉大学基于大量工程算例，对最不利的调压室波动迭加时刻进行了推测，河海大学采用刚性水锤假设，基于调压室动力方程与连续方程，对调压室最不利波动叠加时刻进行了严格的理论分析与证明，二者得到了同样的结论：初始工况水力过渡过程引起的调压室水位与隧洞流量变化率与叠加工况后的调压室水位与隧洞流量变化率一致时，此时刻下进行工况组合得到的调压室波动水位最高（低）。

6.5.5.5 调压室基本尺寸确定

调压室尺寸确定的方法与常规电站基本相似，其中调压室阻抗孔尺寸选择的基本要求是能有效抑制调压室的波动幅度和加速波动的衰减，同时有效反射水击波。

常规电站输水系统中较适宜的阻抗孔口直径，应使调压井底部隧洞的最大水锤压力，基本等于调压室出现最高涌浪水位时所产生的压力，同时调压井底部隧洞的最小水锤压力也不低于最低涌浪水位的压力。对于抽水蓄能电站，因为机组关闭过程中的水锤压力较常规电站大许多，调压室阻抗孔口优化设计的目的首先是改善蜗壳（尾水管）进口的水锤压力，其次才为调压室涌浪大小与衰减幅度。由于抽水蓄能电站水头较高，上游多采用水室式调压室，同时调压室波动周期相对较短，涌浪衰减快，故应尽可能采用较大的孔口尺寸，只有当阻抗孔口直径变化对蜗壳（尾水管）进口水锤压力没有明显影响，水锤压力大小主要受调压室位置控制时，再进一步考虑阻抗孔口直径变化对涌浪的改善作用。

国内外绝大部分调压室阻抗孔和压力水道的面积比在0.25～0.55之间。阻抗孔直径的最终选择需要进行专门水力计算，一般可在面积比0.25～0.55之间选择3～4个阻抗孔直径进行分析计算比较后确定。

6.5.6 抽水蓄能电站水力学过渡过程

6.5.6.1 水泵水轮机全特性

1. 水泵水轮机全特性曲线

为了深入了解水泵水轮机在正常运行、工况转换和过渡过程中可能历经的范围以及水力特性，指导抽水蓄能电站的设计和运行，机组制造厂家通过专门的模型试验，以导叶开度 α 为参变量，以单位参数 $n_1'=\frac{nD_1}{\sqrt{H}}$、$Q_1'=\frac{Q}{D_1^2\sqrt{H}}$、$M_1'=\frac{M}{D_1^3 H}$（$n$ 为转速，单位为 r/min；Q 为流量，单位为 m^3/s；M 为力矩，单位为 N·m；H 为水头，单位为 m；D_1 为转轮进口直径，单位为 m）为坐标，将试验结果绘制成如图 6.5-27 所示的水泵水轮机全特性曲线。

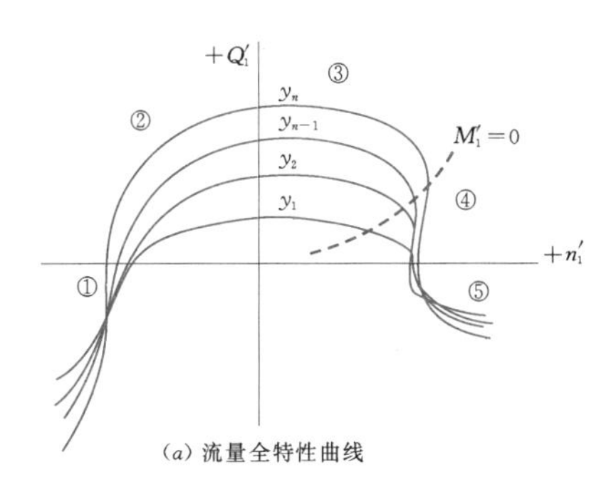

（a）流量全特性曲线

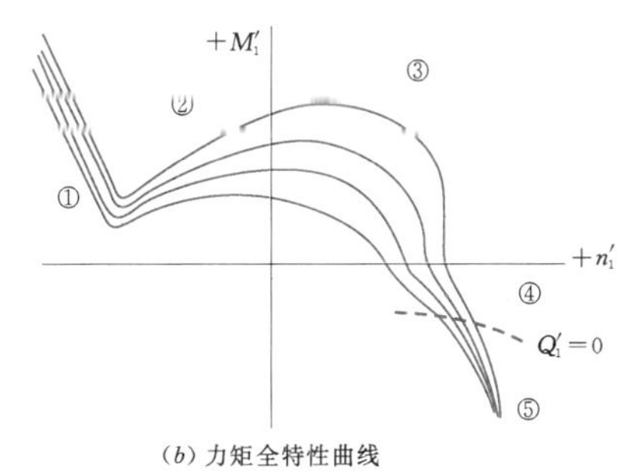

（b）力矩全特性曲线

图 6.5-27 水泵水轮机全特性曲线

①—水泵工况区；②—水泵制动区；③—水轮机工况区；④—水轮机制动区；⑤—反水泵工况区

从图 6.5-27 可以看出以下几点。

（1）全特性曲线中可分为五个工况区，即：水泵工况区、水泵制动区、水轮机工况区、水轮机制动区、反水泵工况区。其特点分别如下。

1）水泵工况区。Q_1' 和 n_1' 为负值，M_1' 为正值。

2）水泵制动区。Q_1' 和 M_1' 为正，n_1' 为负，水流为发电方向，转轮旋转为抽水方向，处于制动状态。

3）水轮机工况区。Q_1'、n_1' 和 M_1' 均为正值，在 $M_1'=0$ 线上，水轮机输出力矩为零，处于飞逸状态。

4）水轮机制动区。Q_1' 和 n_1' 为正值，M_1' 为负值，由于流量较小，无法维持原有转速，水轮机处于减速状态。

5）反水泵工况区。Q_1' 和 M_1' 为负值，n_1' 为正值，水流为抽水方向，转轮旋转为发电方向。

（2）水泵工况区和水泵制动区的交界线上流量为零，即 $Q_1'=0$，转矩也最小，形成马鞍形。

（3）水泵水轮机的最大转矩发生在正水泵区和反水泵区，前者是正常运行区，是有控的，后者是事故情况进入的区域，是无控的，所以设计和运行时应避免机组进入反水泵区太深。

（4）在两个制动区内，水流方向与转轮旋转方向相反而产生撞击，但产生的机械力矩并不过大。

（5）在低比转速水泵水轮机流量特性曲线中，位于较大开度的水轮机工况区至反水泵工况区存在明显的反"S"特征，即同一开度、同一单位转速下，存在三个不同单位流量的工况点，其中一个是负流量，所以该区域是不稳定工况区，过渡过程中应尽量避免机组进入。

2. 水泵水轮机全特性曲线处理

在抽水蓄能电站过渡过程计算中，需要利用全特性曲线求解可逆机组的瞬变参数。然而由图 6.5-27 所示的水泵水轮机全特性曲线在正水泵区、水轮机制动区和反水泵区均出现了开度线交叉、聚集现象。因此，直接利用 n_1' 或 Q_1' 值进行插值计算，将会带来较大的插值误差，并由于其多值性，甚至可能导致插值和迭代计算无法进行。目前多采用 Suter 转换对水泵水轮机全特性曲线进行处理，主要方法如下：

水泵水轮机全特性曲线的 Suter 转换关系式（$y\neq 0$）为

$$WH(x,y)=\frac{h}{a^2+q^2} \tag{6.5-4}$$

$$WM(x,y)=\frac{m}{a^2+q^2} \tag{6.5-5}$$

式中：$a=n/n_r$，$q=Q/Q_r$，$m=M/M_r$，$h=H/H_r$，$y=Y/Y_r$，下标 r 表示额定值。

其中 $x=\arctan(q/a)$，$a\geqslant 0$（水轮机工况）；

$x=\pi+\arctan(q/a)a<0$（水泵工况）

为了便于全特性曲线的转换计算，可将式（6.5-4）和式（6.5-5）改写成

$$WH(x,y)=\frac{1}{(n_1'/n_{1r}')^2+(Q_1'/Q_{1r}')^2} \tag{6.5-6}$$

$$WM(x,y)=\frac{M_1'/M_{1r}'}{(n_1'/n_{1r}')^2+(Q_1'/Q_{1r}')^2} \tag{6.5-7}$$

式中 Q_{1r}'、n_{1r}'、M_{1r}'——额定工况的单位流量、单位转速和单位力矩。

其中 $$x=\arctan\left(\frac{Q_1'/Q_{1r}'}{n_1'/n_{1r}'}\right),\ a\geqslant 0$$

$$x=\pi+\arctan\left(\frac{Q_1'/Q_{1r}'}{n_1'/n_{1r}'}\right),\ a<0$$

全特性曲线经式（6.5－6）和式（6.5－7）转换后变成为在 x 轴上的 $WM(x,y)$ 和 $WH(x,y)$ 两组曲线，如图 6.5－28 所示。

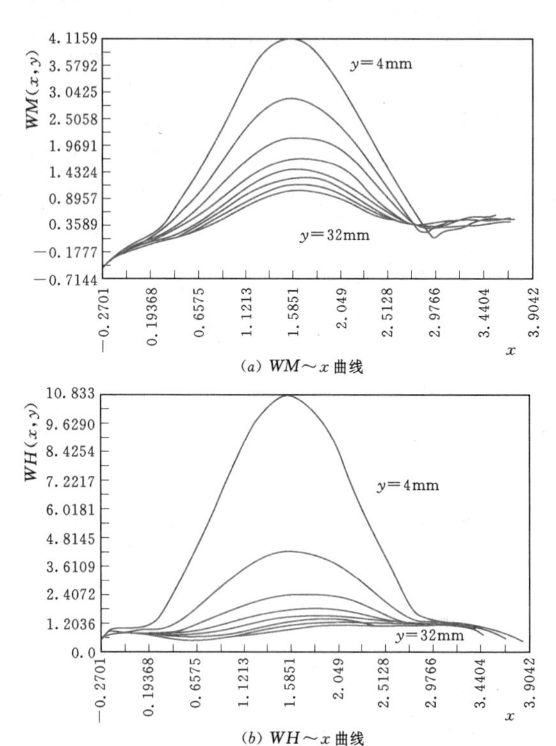

(a) $WM\sim x$ 曲线

(b) $WH\sim x$ 曲线

图 6.5－28 用 Suter 法转换后的 WM 和 WH 曲线

经 Suter 关系式转换后的全特性有效地消除了多值性给插值计算带来的困难，但它仍存在一些缺陷。例如：不同等开度线的分布极不均匀；在水泵工况区域和反水泵区域（即曲线的两头），曲线出现交叉、重叠现象；在反水泵工况区域（即曲线左侧头部），有一段曲线几乎与 x 轴垂直，以致可能出现插值计算的多值性问题。为此有关文献作了进一步的改进。

6.5.6.2 抽水蓄能电站过渡过程工况和轨迹线

当水泵水轮机起动或增减出力（功率）以及正常停机或事故停机时，可能出现 20 多种过渡过程工况。但对抽水蓄能电站水道设计、机电设计及安全运行起控制作用的工况主要有如下几种。

1. 水轮机甩负荷工况

由于机组自身的故障或输送线路的事故，导致机电保护、断路器跳闸，机组瞬间从电网解列，即水泵水轮机在发电状态下丢弃全负荷。为了避免机组转速上升过高，往往需要快速地关闭导叶。在导叶关闭过程中，由于水流的惯性作用，在蜗壳、压力管道产生正水击压力，在尾水管、尾水道产生负水击压力。如果引水管道系统布置了调压室，调压室水位也产生大幅度的上升或下降。随后在上下游水库、水泵水轮机、调压室、岔管等边界反射作用下，产生压力振荡和水位波动。由于水头损失不断耗散能量，波动随之衰减，直至静止。

该工况下水泵水轮机工况点的轨迹线如图 6.5－29 所示。机组甩负荷后导叶关闭，随导叶开度减小，流量减小，机组转速升高，工况点向右方移动，轨迹线将穿过飞逸线，进入水轮机制动工况区，甚至在过渡过程中短暂地进入反水泵工况区，如图 6.5－29 中虚线。若导叶终了开度为零，则轨迹线最终停在 $n_1'\sim Q_1'$ 平面坐标的原点。

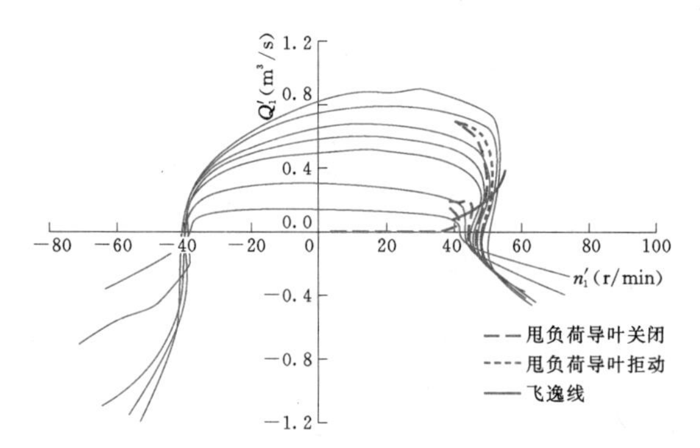

图 6.5－29 水轮机甩负荷工况的轨迹线

若机组甩负荷后导叶拒动，则工况点将沿 A 点的开度线移动，经过水轮机区、水轮机制动区，有可能进入反水泵区，如图 6.5－29 中实线。由于反“S”不稳定的特点，导致水击压力剧烈振荡，所以必须紧急关闭球阀，避免严重事故的发生。

2. 水泵断电工况

水泵水轮机抽水时可能遇到电源中断，需要关闭导叶，防止高水头水体大量倒流，浪费能量。在导叶关闭过程中，工况点的轨迹线穿过水泵工况区、水泵制动工况区、水轮机工况区和水轮机制动区，其开度逐渐减小，如图 6.5－30 中实线所示。

若快速关闭导叶，则可以完全避免水体倒流，但在机组上游侧压力管道中将产生过低的负水击压力。若缓慢关闭导叶，倒流的流量较大，也有可能在尾水管中产生过低的负水击压力。所以，对于该工况采用分段关闭、优化关闭规律是必要的。

若断电的同时，导叶拒动，工况点将从初始点开始沿某一开度线移动，经过水泵工况区、水泵制动工况区、水轮机工况区，最后终止在飞逸工况线上，如

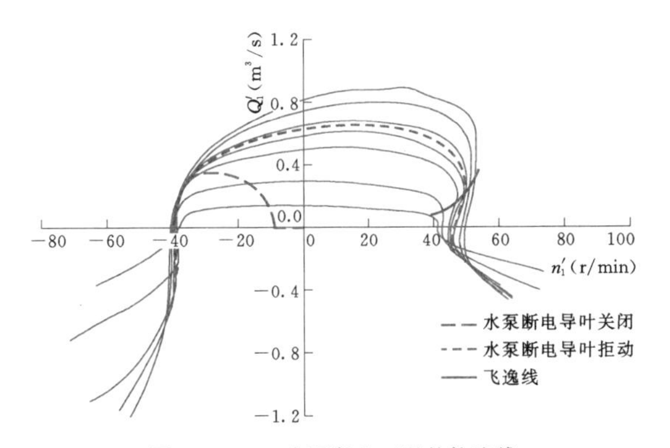

图 6.5-30 水泵断电工况的轨迹线

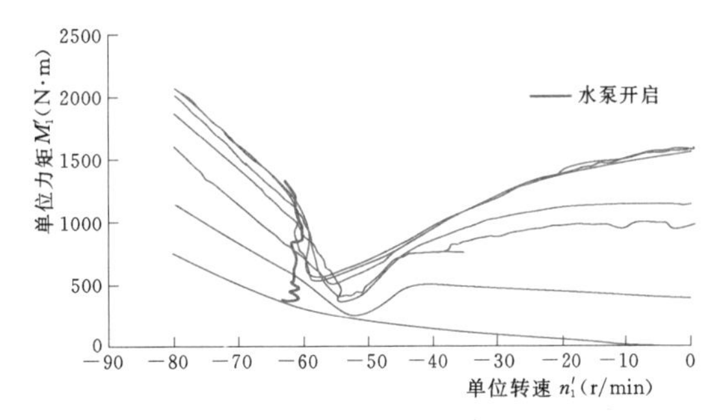

图 6.5-32 水泵启动工况的轨迹线

图 6.5-30 中虚线所示。

3. 水轮机增负荷工况

水泵水轮机从空载增加负荷时受反"S"特性影响较大，在某些情况下机组不能由空载直接带上负荷。其原因机组空载时工况点 A 位于飞逸线上，如图 6.5-31 所示。电站高水头时机组的单位转速 n'_1 较小，A 点偏向左方而离"S"区较远，启动后比较容易顺利带上负荷而达到 B 点。电站水头低时机组 n'_1 值较大，A 点靠近"S"区，并网后就容易先进入反水泵区，并且在 C 点停留。此时只能迅速开大导叶，使机组尽快离开飞逸状态，带上负荷达到 B 点。

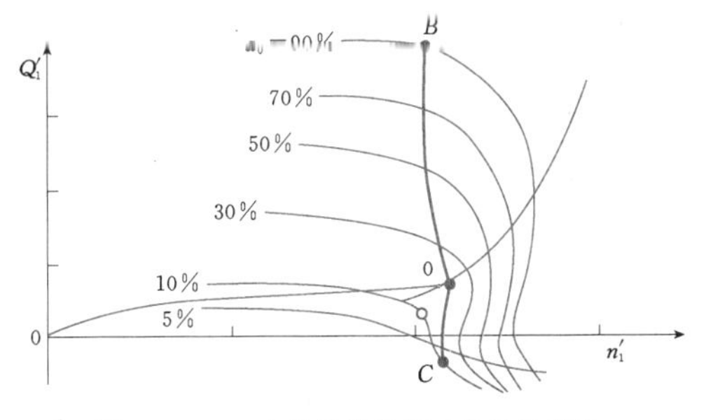

图 6.5-31 水轮机增负荷工况的轨迹线

4. 水泵启动工况

水泵在抽水之前，导叶关闭，在零流量扬程下以额定转速旋转，其单位力矩 M'_1 位于零开度线上马鞍形凹槽附近（见图 6.5-32）。当导叶开度较小时，工况点有可能在水泵工况区、水泵制动工况区来回蹿动，产生很大的噪声和振动。因此，需要迅速开启导叶，增加抽水流量，使工况点尽快左移，远离凹槽。

6.5.6.3 抽水蓄能电站过渡过程计算理论和计算方法

抽水蓄能电站过渡过程计算理论和计算方法与常规水电站是一致的。包括引水系统、机械系统、电力系统和调节控制系统的数值模拟和联合计算。

6.5.6.4 抽水蓄能电站大波动过渡过程计算分析

抽水蓄能电站大波动过渡过程是指水轮机工况突增负荷或突甩负荷、水泵断电或水泵启动等引起的过渡过程。主要计算内容是：优化导叶启闭规律，优化引水系统各部分的体形和尺寸，尤其是调压室阻抗孔口面积等；确定机组调保参数，确定调压室最高最低涌浪水位，确定作用在调压室阻抗板上的最大压差，确定沿管线最大、最小压力分布，为引水系统结构设计、水泵水轮机组招标设计及电站安全运行提供依据。

1. 计算工况

计算工况主要包括水轮机甩负荷工况（导叶关闭、导叶拒动）、水轮机空载增至满负荷工况、水泵断电工况（导叶关闭、导叶拒动）、水泵启动工况。

为了确定各种参数的极值，计算工况应与抽水蓄能电站上水库水位、下水库水位运行范围相匹配，应采用可能发生的、起控制作用的计算条件。

抽水蓄能电站通常采取多台机组共同一水力单元的布置方式，并常常设有调压室，在选取大波动过渡过程计算工况时，应充分地考虑各种组合的叠加工况。对于上游一洞多机、下游单洞单机不设置尾水调压室的布置方式，由于可逆机组安装高程较低，压力尾水道较常规电站长很多，应充分考虑机组发生相继甩负荷的事故工况，由于先甩负荷机组的流量会不同程度的流入后续的甩负荷机组的水道内，导致后甩机组尾水道内的流量变化梯度远大于先甩机组，从而恶化后甩机组的尾水道压力。

2. 导叶启闭规律的优化

混流式水泵水轮机的比转速较低，机组甩负荷后即使不关闭导叶，机组引用流量也会随转速升高而迅速减小，导致水击压力上升。由于可逆机组飞逸转速较低，转速最大升高值出现时间较早，不起控制作用，为降低水道内的水击压力，导叶关闭时间往往较常规水轮机更长。部分电站的导叶直线关闭规律的关闭时间达 30s 以上，如广州抽水蓄能电站。有的蓄能电站采用30s以上的直线关闭规律仍不满足要求，不得不采用延时的关闭规律，如惠州抽水蓄能电站、黑麋峰抽水蓄能电站。

由于水泵水轮机从空载增负荷时有可能深入到反“S”区，甚至停留在反水泵区，需要迅速开大导叶，使机组尽快离开飞逸状态；水泵启动时，需要迅速开大导叶，增加抽水流量，使工况点尽快左移远离凹槽。

3. 球阀关闭规律的优化

当导叶拒动时，需要关闭球阀使机组脱离飞逸，或远离反“S”区，避免水力振荡。当单独关闭导叶难以满足大波动过渡过程计算要求时，在对球阀过流特性进行充分论证的基础上，也可考虑采用与球阀联动的关闭规律，此时需要兼顾协调两者的关系，球阀通常采取先快后慢的关闭规律，为避免诱发水力共振，球阀的折点位置通常设置在15%以上，且关闭时间较导叶更长。

6.5.6.5 抽水蓄能电站小波动稳定计算分析

抽水蓄能电站在电力系统中承担着调峰、调频、调相、事故备用和吸收多余电能等多种任务。小波动过渡过程是电站在担任调峰、调频和事故备用时由电力系统的扰动引起的过渡过程。主要计算内容是：整定调速器主要参数，优化调压室断面积；分析水轮机运行特性、机组转动惯量、电网自调节能力、调压室断面积等对空载稳定、调节品质的影响；为调压室水力参数设计，机组、调速器招标设计及电站稳定运行提供依据。

1. 计算工况

计算工况主要包括空载稳定、负荷突增或突减(即阶跃变化)。

空载稳定可分为水轮机启动、电网频率扰动以及同一水力单元其他机组大波动过渡过程引起的空载扰动。

负荷突增或突减，应着重分析反“S”区域的稳定性及运行。

2. 调速器主要参数的整定

抽水蓄能电站通常采用PID调速器，在整定调速器主要参数时，应对水轮机传递系数、机组转动惯量等进行敏感性分析。

3. 调压室断面积的优化

调压室断面积及调压室水力特性对小波动过渡过程有着重要的影响，尤其采用上下游双调压室或上下游混联式调压室布置方案时，其水位波动稳定性及稳定断面积，应通过小波动过渡过程详细计算分析进行全面的论证。

6.5.6.6 抽水蓄能电站水力干扰过渡过程计算分析

与常规水电站相同，水力干扰过渡过程是指多台机组共水力单元条件下，部分机组突增或突减负荷引起的管道水击压力和调压室水位波动对其余运行机组产生干扰的过渡过程。主要计算内容是：确定水力干扰过程中运行机组的出力摆动，为机组设置最大出力或过载能力提供依据。

显然，在同单元所有机组额定出力条件下，部分机组甩负荷（根据主接线确定甩负荷机组台数）所产生的干扰最大，即运行机组的出力摆动。

应该指出的是：受干扰的运行机组在水力干扰过渡过程中，采取频率调节还是采取功率调节是由主接线及电力系统调度所决定的。当抽水蓄能电站孤立运行（黑启动）时，或同单元所有机组共同一条输电线路，则运行机组按频率调节计算；当甩负荷机组和受干扰的运行机组分别连在不同输电线路时，则运行机组按功率调节计算。

6.6 发电厂房系统

6.6.1 抽水蓄能电站厂房型式及其选择

6.6.1.1 抽水蓄能电站厂房的特点

抽水蓄能电站发电厂房内安装可逆式水轮发电机组，与常规水电站相比，抽水蓄能电站厂房主要特点如下。

(1) 机组安装高程低。可逆式水轮发电机组安装高程低，机组的吸出高度绝对值远大于常规的水轮发电机组，高水头、大容量的可逆式水轮发电机组，吸出高度常在－20～－70m之间甚至更低。国内外部分抽水蓄能电站的吸出高度H_S见表6.6-1。

(2) 抽水蓄能电站水头高，运行工况转换频繁，可能导致机组产生较大的振动，对厂房结构的刚度和振动控制有较高的要求。

6.6.1.2 抽水蓄能电站的厂房型式及其选择

抽水蓄能电站厂房的型式，按照结构和位置的不同，总体上可分为地下式、地面式和半地下式（竖井式）。

1. 地下式厂房

抽水蓄能电站机组安装高程低，地下厂房结构不直接承受下游水压力作用，可避免因厂房淹没深度较大所带来的整体稳定性差、挡水结构承受荷载大、进厂交通布置困难等一系列问题，优势较为明显。因此，在地形、地质条件许可的情况下，抽水蓄能电站优先考虑采用地下式厂房。尤其是近几年，随着地下工程设计和施工水平的提高，大型抽水蓄能电站基本

表 6.6-1　　国内外部分抽水蓄能电站吸出高度 H_S

序号	电站名称	国家	水头 H (m)		H_S (m)	H_S/H (额定)
			最大	额定		
1	沼原	日本	500.0	478.0	−46.0	0.096
2	玉原	日本	543.1	518.0	−65.0	0.125
3	奥美浓	日本	500.0	484.3	−74.0	0.153
4	神流川	日本	675.0	653.0	−104.0	0.159
5	巴斯康蒂	美国	384.0	329.0	−19.8	0.060
6	天荒坪	中国	607.0	526.0	−70.0	0.133
7	宜兴	中国	420.5	363.0	−60.0	0.165
8	广蓄一期	中国	550.0	496.0	−70.0	0.131
9	西龙池	中国	687.0	640.0	−75.0	0.117

上采用地下式厂房。目前我国已建和在建装机容量1000MW以上的纯抽水蓄能电站，均采用地下厂房。日本的大型抽水蓄能电站，除奥清津电站以外，也都采用地下式厂房。

抽水蓄能电站输水线路一般较长，按照地下厂房在输水系统中的位置，可以分为首部式、中部式和尾部式三种布置方式。

(1) 首部式布置。首部式布置的地下厂房位于输水系统上游段，在靠近上水库的山体内。

统计资料表明，集中方式开发的常规水电站，地下厂房大多采用首部式布置，而抽水蓄能电站采用首部式布置的较少。由于抽水蓄能电站运行水头较高，机组安装高程低，首部式布置厂房埋藏过深，从而增加交通、通风、防渗排水和出线等附属工程的投资以及施工、运行的难度。因此，首部式布置的厂房多用于中低水头的电站，一般情况下，水头不超过400m。国内已建的大中型抽水蓄能电站仅有泰安、琅琊山抽水蓄能电站采用首部式布置。泰安抽水蓄能电站装机容量1000MW，额定水头225m，输水线路长度约2000m，由于输水线路中、尾部山体覆盖厚度小，地质条件差，与公路、铁路有干扰，经比较采用了首部式布置，如图6.6-1所示。

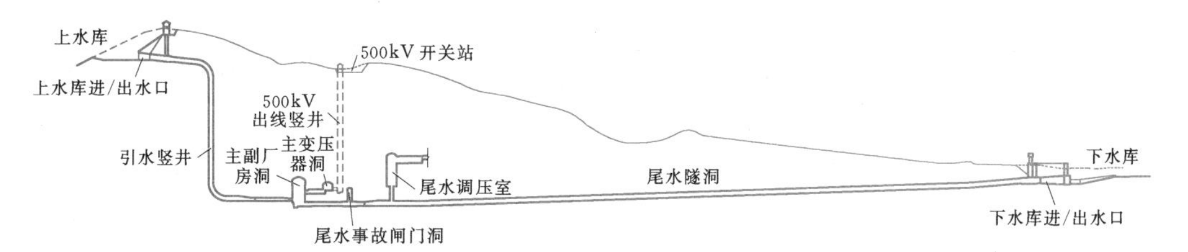

图 6.6-1　泰安抽水蓄能电站输水系统及厂房布置图

(2) 中部式布置。中部式布置的地下厂房位于输水系统中部，上下游水道长度相差不大。对于输水道较长的电站，往往需要同时设置引水和尾水调压室。当输水道较短时，厂房应选择合适的位置，尽量避免同时设置引水和尾水调压室，通常将调压室布置在尾水系统较经济。已建如中国的广蓄一期、广蓄二期，日本的葛野川、神流川抽水蓄能电站，输水道总长度均在4000m以上，采用中部式布置，同时设置引水和尾水调压室。日本的小丸川抽水蓄能电站，输水道总长2300m，厂房布置在输水道的中偏首部，调压室设置在尾水系统。中国的宝泉抽水蓄能电站，厂房采用中偏尾部布置，由于输水道较短，经过技术经济比较后，采用加大尾水隧洞的断面，取消调压室的方案。十三陵抽水蓄能电站采用中部式布置，如图6.6-2所示。

(3) 尾部式布置。尾部式布置的地下厂房靠近下水库一侧，厂区一般地势较低，厂房埋深较浅，进厂交通及出线方便，通风条件好，附属洞室及施工洞室短，施工、运行较方便。地下洞室群距上水库远，围岩渗水量少，厂房上游防渗、排水设施简单。尾部式布置的电站，当输水道较长时，通常需要设置上游调压室，且规模较大，如我国台湾省的明湖、明潭抽水蓄能电站和日本的新高濑川抽水蓄能电站，输水道总长均在3000m以上，厂房布置在输水道的尾部，距尾水出口200～300m，均设置了规模较大的上游调压室。对于输水道短的高水头电站，可不设置调压室。如天荒坪抽水蓄能电站输水道平均长约1400m，额定水头526m，厂房布置在距尾水出口250m处，未设置调压室，如图6.6-3所示。

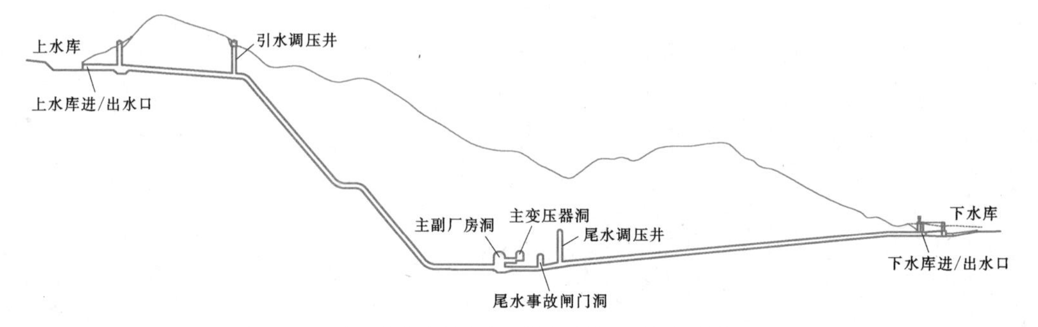

图6.6-2 十三陵抽水蓄能电站输水系统及厂房布置图

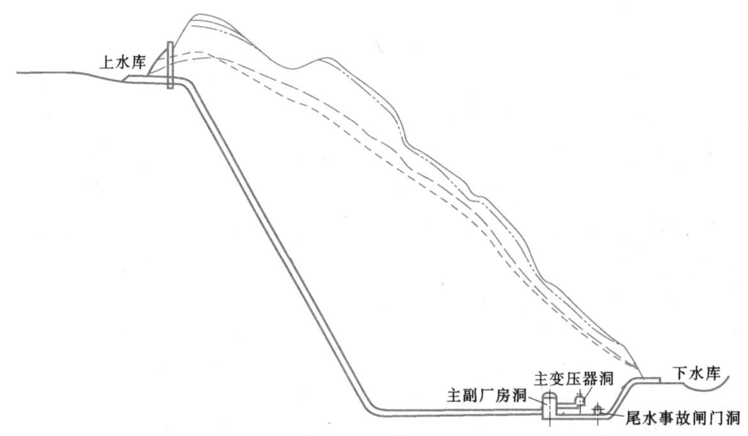

图6.6-3 天荒坪抽水蓄能电站输水系统及厂房纵剖面图

2. 地面式厂房

按照厂房位置和上水库大坝的关系，抽水蓄能电站地面厂房的型式可分为坝后式和引水式。地面厂房的位置和型式，需要按照因地制宜的原则，结合电站功能、机组特性等条件确定。

（1）坝后式厂房。对于采用混凝土坝集中水头开发的抽水蓄能电站，可采用坝后式厂房。抽水蓄能电站坝后式厂房布置与常规电站相似，厂房布置在大坝下游，采用单机单管供水，厂内不需设置进水阀，厂房跨度小，枢纽布置紧凑。我国的潘家口抽水蓄能电站，同时安装有抽水蓄能机组与常规机组，两种机组布置在同一厂房内，采用坝后式厂房。两种机组的水头均较低，抽水蓄能机组的安装高程与常规机组相差不大，布置与常规电站基本相同。一般的纯抽水蓄能电站安装高程较低，采用坝后式厂房布置时，厂房下游水位较高，需要采取合适的挡水措施。如图6.6-4所示为西班牙的瓦尔德干那斯（Valdecanas）抽水蓄能电站厂房剖面图，该厂房布置在上库双曲拱坝脚下。由于整个厂房结构都在下库最高尾水位之下，厂房下游侧修建了一个和主坝曲率相反的小弧型拱坝。

（2）引水式厂房。引水式电站由上、下水库高差和上水库大坝共同集中水头，可利用的水头较高。抽水蓄能电站引水式地面厂房一般布置在下库附近，按照厂房位置和下水库的关系，可分为库内和库外两种型式。

库内厂房布置在下库岸边，厂房下游直接承受下库水压力作用。适用于水头不高、水泵的吸出高度绝对值较小或下库水位变幅较小以及厂房埋置深不大的抽水蓄能电站。美国的巴斯康蒂抽水蓄能电站，机组吸出高度为－19.8m，采用该种布置型式，如图6.6-6所示。

库外厂房布置在下水库以外，不承受下库水压力作用，但要求下库外有合适的地形布置厂房。日本的奥清津抽水蓄能电站，下水库大坝下游地形开阔，地

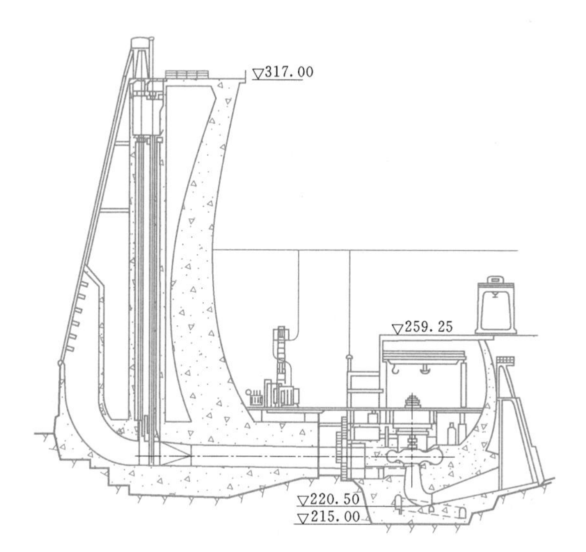

图 6.6－4 西班牙的瓦尔德干那斯（Valdecanas）抽水蓄能电站剖面图（单位：m）

势较低，具备布置地面厂房的条件，一期、二期电站地面厂房均布置在堆石坝下游左岸岸边。奥清津抽水电站枢纽总布置图如图 6.6－5 所示。

3. 半地下厂房

半地下式厂房通常用于较低水头的抽水蓄能电站，布置在输水系统的尾部，主要设备布置在竖井中，与地下厂房相比，可省去较长的尾水洞、交通洞及其他辅助洞室。当地下工程的地质条件不好，修建地下厂房的投资较大，经技术经济比较，可考虑采用半地下式（竖井式）厂房。20 世纪 90 年代之前，意大利、奥地利、法国等国家，有一部分抽水蓄能电站采用半地下式厂房。我国只有溪口（80MW）、沙河（100MW）两座中小型抽水蓄能电站采用半地下式厂房。

4. 国内外部分已建、在建抽水蓄能电站厂房型式

国内外部分已建、在建抽水蓄能电站厂房型式见表 6.6－2。

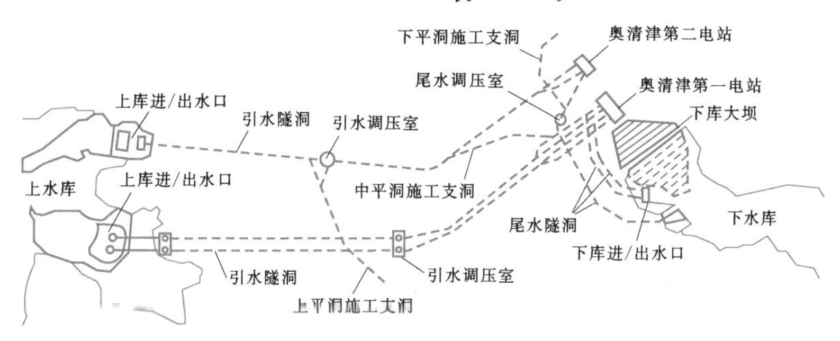

图 6.6－5 奥清津抽水蓄能电站枢纽总布置图

表 6.6－2 国内外部分已建、在建抽水蓄能电站厂房型式一览表

电站名称	国家	装机容量（MW）	额定水头/吸出高度（m）	厂房型式	厂房尺寸 长×宽×高（m×m×m）	投产（竣工）时间
天荒坪	中国	6×300	526/－70	地下尾部	198.7×21×47.73	1998 年 9 月
桐柏	中国	4×300	244/－58	地下尾部	182.7×24.5×52.9	2005 年 12 月
泰安	中国	4×250	225/－53	地下首部	180×24.5×55.675	2006 年
宜兴	中国	4×250	363/－60	地下中偏首部	155.3×22×52.4	2008 年
宝泉	中国	4×300	500/－70	地下中偏尾部	143×22.9×47.3	2008 年
白莲河	中国	4×300	196/－50	地下尾部	146.7×21.85×50.883	2009 年
十三陵	中国	4×200	430/－56	地下中部	145×23×49.6	1995 年 12 月
广蓄一期	中国	4×300	496/－70	地下中部	146.5×22×44.5	1993 年 6 月
广蓄二期	中国	4×300	512/－67	地下中部	152×21×48.5	1999 年 4 月
明湖	中国	4×250	309	地下尾部	127.2×21.2×45.5	1985 年
明潭	中国	6×275	380/－81	地下尾部	158.7×22.7×46.95	1992 年
张河湾	中国	4×250	305/－48	地下中部	151.55×23.8×50	2008 年

续表

电站名称	国家	装机容量（MW）	额定水头/吸出高度（m）	厂房型式	厂房尺寸 长×宽×高（m×m×m）	投产（竣工）时间
响洪甸	中国	2×40	45/－10	地下尾部	67×21.5×45.25	2001年6月
琅琊山	中国	4×150	126/－32	地下首部	156.7×21.5×41.2	2007年
蒲石河	中国	4×300	308/－64	地下中偏首部	165×23×55.4	在建
西龙池	中国	4×300	640/－75	地下尾部	149.3×22.25×49	2008年
响水涧	中国	4×250	190/－54	地下首部	175×25×55.7	在建
仙游	中国	4×300	430/－65	地下中部	164×24×53.3	在建
惠州	中国	8×300	501/－70	地下中偏尾部	152/154.5×21.5×48.25（两个厂房）	2008年
沙河	中国	2×50	97.7/－27	竖井半地下式	内径29；高40.5	2001年
溪口	中国	2×40	240/－23	竖井半地下式	内径25.2；高31.5	1997年12月
羊卓雍湖	中国	4×22.5（可逆）＋1×22.5（常规）	816	地面库内式	87.48×15.4×31.7	1997年6月
潘家口（混合式电站）	中国	3×90（可逆）＋1×150（常规）	71.685/－9.4（可逆）	坝后式	128.5×26.2×57.1	1991年7月
神流川Ⅰ	日本	4×470	653/－104	地下中部	215.9×33×52	2005年7月
神流川Ⅱ	日本	2×470	653/104	地下中部	139×34×55.3	
京极	日本	3×200	369	地下首部	142×24×46.3	在建
小丸川	日本	4×300	646.2/－75	地下中部	188×24×48.1	2007年
玉原	日本	4×300	518	地下尾部	116.3×26.6×49.5	1982年7月
今市	日本	3×350	524/－70	地下尾部	160×33.5×51	1988年9月
奥清津Ⅱ	日本	2×300	470	库外地面	93×31.5×49.5	1996年6月
冲绳海水抽蓄	日本	1×30		地下中部	41×17×32	
葛野川	日本	4×400	714	地下中部	210×34×54	在建
巴斯康蒂	美国	6×350	329/－19.8	地面库内	152×52×61	1985年
落基山	美国	3×253.3	186.7	地面库内	106.1×47.5(74.4)×53.3	1995年
普列生扎诺	意大利	4×250	495/－39	半地下竖井	4个ϕ21×71竖井	1990年
柯达依	奥地利	2×231	440/－48	半地下竖井	30×82	1981年
大屋（混合式电站）	法国	4×150（常规机组）	920	地面	125×16.5×27.6	1985年
		8×150（抽蓄机组）	949	地下	160×16×40	

6.6.2 抽水蓄能电站地面厂房的布置与设计

坝后式地面厂房和引水式库外地面厂房在大型抽水蓄能电站中较少采用，其布置也与常规电站的坝后式或岸边式地面厂房基本相同。本节仅介绍引水式库内地面厂房的布置与设计。

6.6.2.1 厂区和厂房布置

抽水蓄能电站地面厂房厂区建筑物与常规电站相同，由主副厂房、变电站、开关站、中控楼和附属建筑物组成。

由于抽水蓄能电站机组安装高程低，厂房几乎全部处于水下，厂房屋顶一般与下水库坝顶同高。下水库边的地势一般较开阔，厂房屋顶和厂房上游与山体间的平台可布置主变压器、开关站。巴斯康蒂抽水蓄能电站主厂房横剖面图如图 6.6-6 所示，其主变压器、开关站均布置在厂房屋顶平台上。

由于厂房基本上全部位于水下，厂区和厂房布置设计时，需注意妥善解决进厂交通、厂房防渗、排水和通风、防潮等问题。

（1）进厂交通。库内地面厂房的下库水位远高于发电机层，进厂交通一般采用以下两种方式：

1）利用装卸场垂直进厂。在安装间上空布置装卸场，装卸场地面高程高于下水库最高水位，进厂公路直接进入装卸场。装卸场内布置起重机械，机电设备经装卸场，通过安装间顶板开设的吊物孔垂直吊运至安装间。巴斯康蒂抽水蓄能电站，采用该种进厂方式，如图 6.6-7 所示。其安装间布置在 1 号机组段右端，安装间地面高程 627.00m，低于下水库水位。在安装间和 1 号机组段屋顶设置装卸间，装卸间地面与屋顶同高，在下水库水位之上，设备可以通过进厂公路直接进入装卸间。装卸间内布置一台桥机，底板上设有吊物孔，机电设备经装卸间吊运至安装间地面。

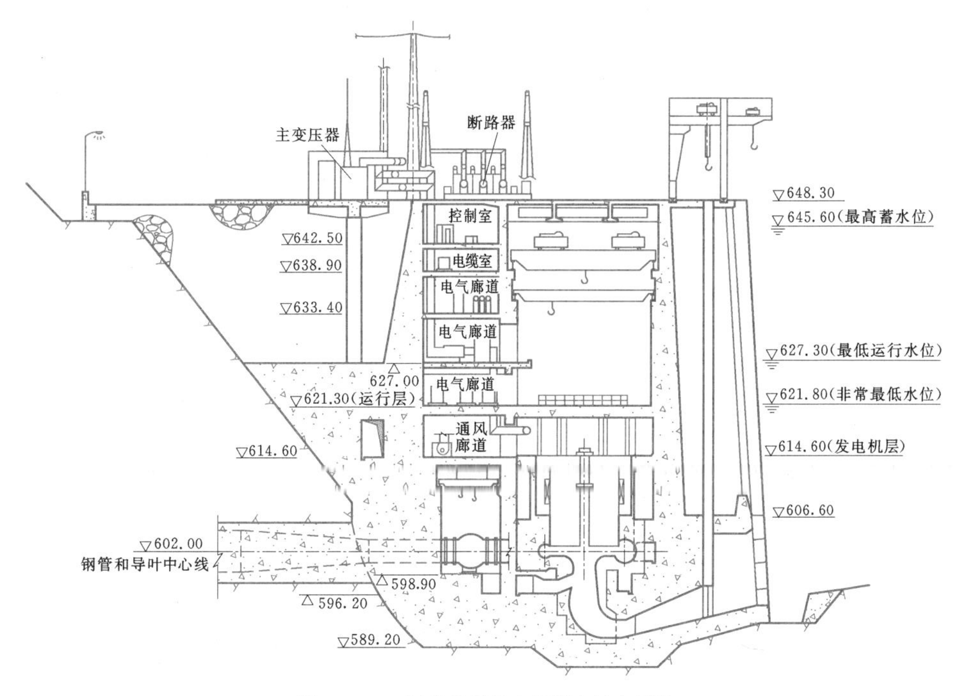

图 6.6-6 巴斯康蒂抽水蓄能电站主厂房横剖面图（单位：m）

2）利用廊道或隧洞水平进厂。在安装间一侧布置进厂廊道或隧洞，机电设备由进厂交通廊道（隧洞）直接运入安装间。进厂廊道（隧洞）有一定的长度，坡向厂房，其最大纵坡不宜大于 8%，厂前应设有平直段。由于进厂廊道大部分位于水下，需要注意防水、抗渗处理。

（2）厂房防渗、排水和通风、防潮设计。防水、排水设施直接关系到电站的运行安全，通风、防潮效果直接影响厂房的运行环境，设计应予以充分重视。结构缝应采取可靠的止水措施，一般情况下，需设置两道止水片。厂房四周挡水墙混凝土应进行抗渗、防潮处理，重要部位可在挡水墙后设置防潮隔墙。混凝土迎水面的施工缝亦需布置止水片。渗漏集水井的容积应留有足够的余度。厂房内应设置可靠的通风设施，有条件的电站可以在厂房上部开设通风、采光孔。

6.6.2.2 厂房整体稳定分析

抽水蓄能电站地面厂房整体稳定及地基应力分析的方法、计算工况、荷载及荷载组合及其控制标准与常规地面厂房相同。

由于抽水蓄能电站机组安装高程低，下游水位较高，承受的水压、土压力较大，整体稳定和地基应力通常难以满足设计要求，可采取下列工程措施，提高厂房的整体稳定性：

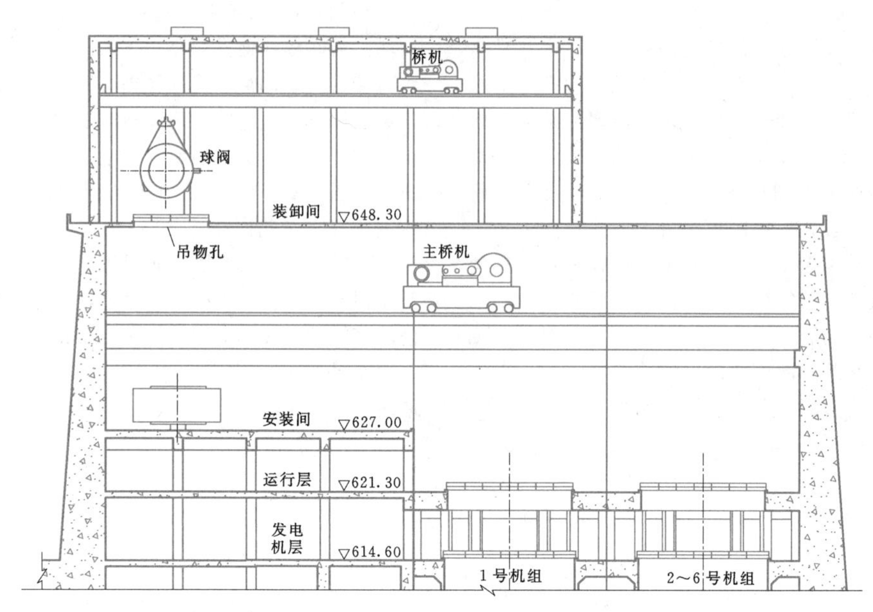

图 6.6-7 巴斯康蒂抽水蓄能电站装卸间剖面图（单位：m）

（1）加大厂房尺寸，增加厂房自重，或加大基础板尺寸，利用基础板上部回填石渣的重量，可提高厂房抗浮、抗滑力，改善地基应力。

（2）厂房基础布置防渗帷幕和抽排水系统，降低基础扬压力。

（3）当边机组段或安装间地基出现较大拉应力时，可提高结构缝水平止水片的布置高程，利用缝内水压抵消部分水压力，或经论证可将两个或多个机组段下部混凝土结构连为整体，改善建筑物的受力条件。

6.6.2.3 结构设计

抽水蓄能电站地面厂房的结构组成与常规电站基本相同，有上部结构、下部结构和二期混凝土结构。其中蜗壳、机墩、风罩等厂房内部的二期混凝土结构设计和结构动力分析参见地下厂房相关章节。

抽水蓄能电站地面厂房结构设计原则与常规电站基本相同，根据使用要求对受力结构应进行承载力、变形、抗裂或裂缝宽度验算。

（1）上部结构。抽水蓄能库内地面厂房周边承受较大的水压力和土压力，四周一般采用实体混凝土墙，屋面结构一般采用刚度较大的板梁或厚板，将厂房上、下游结构连为整体箱形结构。有的电站为了进一步加强上、下游结构的连接刚度，在主厂房发电机层以上增设一层厚板。如巴斯康蒂抽水蓄能电站主厂房上、下游均采用较厚的实体墙结构，主厂房屋面采用混凝土结构，发电机层以上增设运行层，厂房上、下游墙、屋面及各层楼板连为整体结构。

对于复杂的空间结构，宜采用三维有限元法进行整体结构分析。

（2）下部结构。抽水蓄能电站地面厂房下游水位较高，运行工况尾水管承受较大的内水压力，顶、底板的拉应力值较大。可将机组段之间结构缝的止水布置在尾水管上部，使下游河水进入结构缝，内外水压平衡，可有效地改善结构的应力状态。

6.6.3 抽水蓄能电站地下厂房的布置与设计

6.6.3.1 厂区布置

1. 厂区主要建筑物

抽水蓄能电站地下厂房的主要洞室和厂区建筑物一般包括主副厂房洞、主变压器洞、尾水事故闸门洞（简称尾闸洞）、开关站以及出线洞、交通洞、通风洞、排水洞等。宜兴抽水蓄能电站地下厂房主要洞室布置图如图 6.6-8 所示。

抽水蓄能电站地下厂房位置和轴线选择的原则与常规电站基本相同。地下厂房的位置轴线选定后，厂区布置的主要内容是选择主变压器的位置、确定主要洞室的布置方式及洞室之间的间距以及开关站、出线场地、出线洞、进厂交通洞、通风洞等附属建筑物和洞室的布置。

2. 主变压器的位置和布置方式

抽水蓄能电站主变压器一般布置在地下洞室内，以避免低压母线过长造成较大的电能损失。

根据主副厂房洞、主变压器洞的相对位置关系，可分为二洞式布置方式和一洞式布置方式。

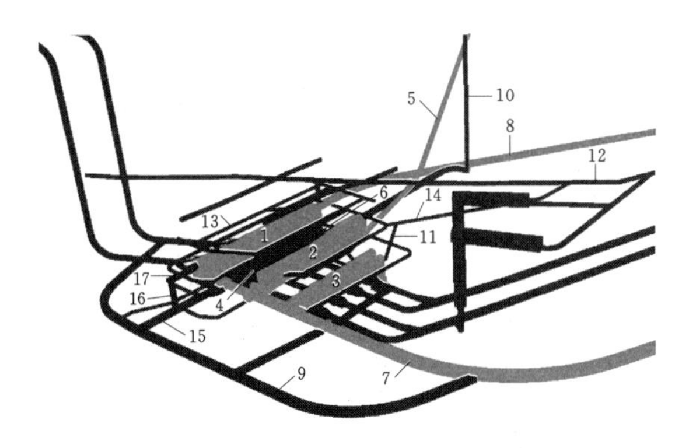

图 6.6-8 宜兴抽水蓄能电站地下厂房主要洞室布置图
1—主副厂房洞；2—主变压器洞；3—尾闸洞；4—母线洞（共四条）；5—500kV出线洞；6—电缆交通洞；7—进厂交通洞；8—通风兼安全洞；9—主厂房进风洞（9号施工支洞）；10—排风竖井；11—排水管道斜井；12—通气兼自流排水洞；13—排水廊道（共四层）；14—上层排水廊道施工斜井；15—3号施工支洞；16—进风竖井；17—主厂房进风平洞

（1）二洞式布置方式。主厂房水泵水轮机组、主变压器分别布置在独立洞室内。多数电站将主变压器洞布置在主副厂房洞的下游侧，二大洞室平行布置。该布置方式的优点是布置紧凑，每台机组的母线都较短，电能损失小，出线方便。在地质条件较好的条件下，这种布置是合理的。国内外大中型电站，一般采用该种布置方式。

主变压器洞与主副厂房洞平行布置，两洞室之间布置有母线洞，洞室数量多，且纵横交错，对围岩稳定不利。当厂区地质条件较差，电站机组台数较少时，将主变压器洞与主厂房洞室垂直布置，可提高洞室围岩的稳定性。日本的奥多多良木、奥吉野抽水蓄能电站采用二洞垂直布置。

（2）一洞式布置方式。为了减少洞室数量，一些电站将水泵水轮机组与主变压器布置在一个洞室内。主变压器布置在主厂房端部。这种布置方式厂房洞室跨度小，边墙上不开设母线洞，有利于洞室围岩稳定。但当机组台数较多时，变压器离机组较远，导致母线较长，因此适用于机组台数较少的电站。目前国外的工程实例中见到三台机以下（包括三台机）电站采取一端布置方式，如：日本的沼原、今市、京极抽水蓄能电站，德国的瓦尔德克—Ⅱ抽水蓄能电站，意大利的达洛罗抽水蓄能电站。四台机电站一般采取两端布置方式。日本的葛野川抽水蓄能电站装机容量为4×400MW，采用二机一变主接线设计。地下厂房埋深约500m，围岩为砂岩、泥岩混合层，地质条件较差。将安装场布置在主厂房中间，主变压器室布置在主副厂房洞的两端。葛野川抽水蓄能电站厂房纵剖面如图6.6-9所示。中国的琅琊山抽水蓄能电站装机容量为4×150MW，主变压器布置方式同葛野川相似，主接线也采用二机一变方案，二台主变压器放置在机组段两端。

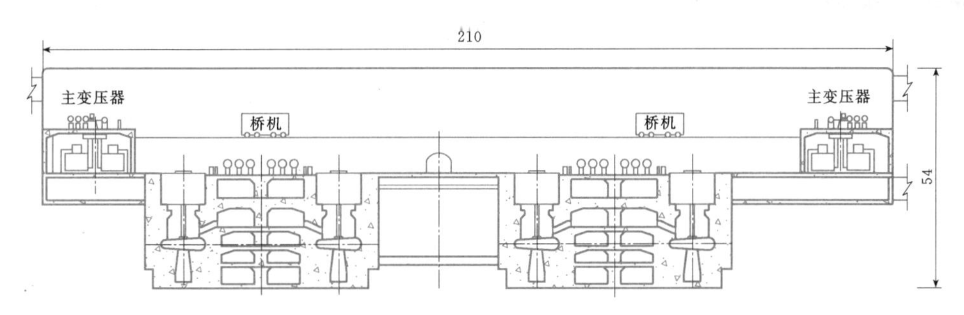

图 6.6-9 葛野川抽水蓄能电站厂房纵剖面图（单位：m）

3. 尾水事故闸门洞的布置

抽水蓄能电站需要设置尾水事故闸门。当尾水系统采用单机单洞布置且尾水洞较短时，一般将事故闸门与尾水检修闸门一并布置在下水库进出水口处，如桐柏、响水涧、西龙池、张河湾等抽水蓄能电站。当尾水洞较长时，需要在尾水洞的适当位置布置尾水事故闸门（多机一洞布置时，尾水事故闸门应布置在岔管前的尾水支洞上），尾水事故闸门可以布置在单独设置的尾水事故闸门洞内，也可以结合尾水调压室、主变压器洞等建筑物合并布置，我国的大部分长尾水抽水蓄能电站，是在主变压器洞下游布置专门的尾水事故闸门洞。

尾水事故闸门洞的尺寸主要根据洞内设备的布置及其运行、检修、维护所需的空间确定。宝泉抽水蓄能电站尾水事故闸门洞布置剖面如图6.6-10所示。

4. 主洞室间距

主副厂房洞和主变压器洞采用两个独立洞室平行布置时，两洞间距的确定原则和方法与常规电站地下厂房基本相同，以工程经验及工程类比为主，辅以数值分析补充论证。

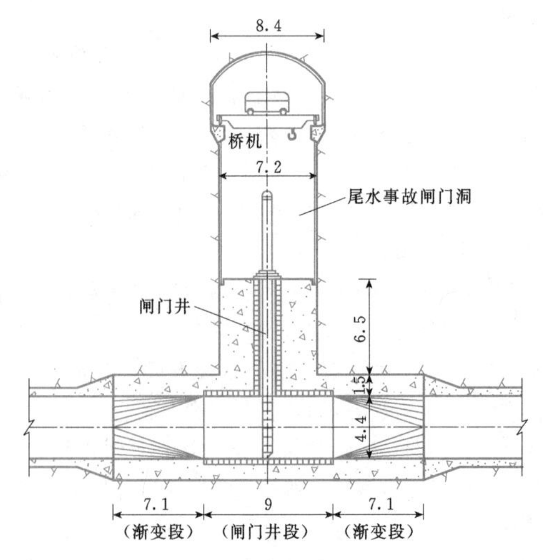

图 6.6-10 宝泉抽水蓄能电站尾水事故闸门洞布置剖面（单位：m）

主副厂房洞与主变压器洞之间间距的主要控制因素是母线洞内电气设备布置和围岩稳定要求，大中型抽水蓄能电站的两洞室净距与相邻两洞室平均跨度之比大部分在 1.5～2.0 之间，净距一般取 30～40m，见表 6.6-3。

5. 开关站及出线洞的布置

(1) 开关设备的类型及位置选择。抽水蓄能电站的开关设备型式有敞开式和 GIS 组合式两大类。敞开式开关站一般布置在地面，设备投资较少，但占地面积大，可靠性差，近几年建造的大中型抽水蓄能电站很少采用。GIS 配电装置所占的空间远小于敞开式配电装置，运行可靠。GIS 开关设备可以布置在地面，也可以布置在地下。地面开关站运行条件较好，可以减少洞挖量，厂区地形较平缓时，一般采用地面户内 GIS 开关站。我国的大中型抽水蓄能电站，采用该种型式布置的较多，如天荒坪、桐柏、泰安、广蓄二期、宜兴、宝泉、响水涧、仙游、黑糜峰、白莲河、惠州、蒲石河、西龙池等。当地面边坡较陡或无合适的场地布置地面 GIS 时，可以将 GIS 布置在地下主变压器洞主变室的上层，地面仅布置出线场。国内采用这种布置的抽水蓄能电站有广蓄一期、十三陵、张河湾等。

表 6.6-3 **部分抽水蓄能电站主副厂房洞和主变压器洞室间距统计**

电站名称	国家	围岩	主副厂房洞开挖跨度 (m)	主变压器洞开挖跨度 (m)	间距 (m)	间距/平均开挖跨度倍数
天荒坪	中国	凝灰岩	21	18	33.5	1.7
广蓄一期	中国	花岗岩	21	17.24	35	1.8
桐柏	中国	花岗岩	24	18	38	1.8
泰安	中国	花岗岩	24.5	17.5	35	1.7
宝泉	中国	花岗片麻岩	21.5	18	35	1.8
新高濑川	日本	花岗岩	27	20	28.5	1.6
宜兴	中国	砂岩	22	17.5	40	2.0
仙游	中国	凝灰熔岩	24	19.5	39.25	1.8

开关站的布置方案，需要结合电气主接线方案综合比较。不同方案高压电缆的回路数和电缆截面积不同，会影响方案的比选。

(2) 出线洞的布置。抽水蓄能电站主变压器一般布置在地下主变压器洞内，通过出线洞（井）连接主变压器洞和地面开关站（或出线场）。出线洞（井）内布置高压电缆，其断面尺寸应满足电缆布置、交通、通风等要求。

根据地下主变压器洞和地面开关站（或出线场）的相对位置关系，可采用平洞、竖井、斜井或其组合的方式出线。

当地下主变压器洞与地面开关站（或出线场）高差较小时，可以优先考虑采用平洞出线。采用平洞（一般坡度不大于 12%）布置时，交通、施工、运行均较方便。

当地下主变压器洞与开关站（或出线场）的高差较大时，一般采用竖井、竖井加平洞或陡坡斜井加平洞出线。当竖井高度超过 250m 时，宜分为二级布置。

当地面开关站（或出线场）与主变压器洞之间有较长水平距离时，可采用单一斜井出线。为便于电缆敷设和日常巡视，斜井坡度不宜太大，据已建工程统计，斜井的坡度一般为 24%～32%。上述坡度无法满足施工溜渣要求，需采用卷扬机出渣，施工工期相对较长。有些电站采用陡坡斜井加平洞出线，施工期平洞段采用汽车出渣，斜井段可溜渣，该种布置方式与一坡到底的缓坡度斜井相比，可以加快施工进度。

6. 进厂交通及通风洞布置

(1) 进厂交通洞 。抽水蓄能电站由于厂房埋深大，进厂交通洞的布置受下游水位、运输坡度等条件的限制，一般都较长。洞口高程须满足厂房防洪要求，为便于交通运输，进厂交通洞最大纵坡不宜大于8%，厂前应有平直段。进厂交通洞断面一般由大件运输尺寸控制，如主变压器、蜗壳、桥机大梁、转子、钢岔管均有可能成为控制尺寸。

我国部分抽水蓄能电站交通洞主要参数见表6.6-4。

表6.6-4　　我国部分抽水蓄能电站交通洞主要参数表

项目	开挖尺寸(m)	净尺寸(m)	洞长(m)	平均坡度(%)	最大坡度(%)	转弯处的最大坡度(%)	岔洞处的最大坡度(%)	最小转弯半径(m)
天荒坪	8.2×8.45	8.0×8.00	695.7	5.13	7.0	0.0	2.20	35
桐柏	8.8×8.65	8.5×8.15	570.5	3.40	6.0	2.0	1.98	80
泰安	8.2×8.20	8.0×7.75	1019.0	7.26	8.0	8.0	5.00	80
宜兴	8.6×8.75	7.8×8.00	1628.0	4.50	6.5	3.5	0.20	180
宝泉	8.0×7.90	7.8×7.45	2150.0	0.44	0.5		0.50	
响水涧	8.4×8.45	8.2×8.00	1032.6	5.00	6.7	4.0	3.00	60
仙游	8.8×8.75	8.0×8.00	1186.2	4.95	6.7	3.0	3.00	180

(2) 通风洞布置。大型抽水蓄能电站一般布置两条进风洞一条排风洞。

进厂交通洞通常兼做进风通道，还需另设一条进风和排风道。另设的进风和排风道可布置在同一个通风洞内，二者之间设有隔断，通风洞从副厂房端部进入厂房。为了满足厂房安全疏散要求，通风洞可兼做安全疏散通道。

通风洞的断面尺寸需综合考虑施工、通风、交通等要求确定，多由施工要求控制。通风洞洞口高程应满足厂房防洪要求。

7. 地下厂房防渗排水设计

抽水蓄能电站地下厂房的渗水来源主要包括原有山体地下水及其补给源、上下库渗漏水、输水系统及调压室渗漏水等。针对具体工程，需要根据不同的水文地质条件和厂区枢纽建筑物布置，合理设计地下厂房防渗排水系统。

地下厂房防渗设计宜遵循“先堵后排，以排为主，堵排结合，高水自流、低水抽排”的原则。

(1) 防渗帷幕的布置。地下厂房周围防渗帷幕的布置应根据地质情况、厂房开发方式、引水隧洞衬砌方式等因素综合考虑，重点封堵及延长渗漏源与厂房洞室之间的渗漏通道。

1) 首部开发方式，一般须在厂房上游设置防渗帷幕，防渗帷幕设置在引水高压管道钢衬与混凝土衬砌交界处。厂房下游距下库及尾水调压室较远，仅需对可能存在的集中渗水通道进行灌浆封堵。

2) 中部开发方式，一般厂房离上下库均较远，可不设防渗帷幕，当地下水丰富岩石较破碎时，对高压引水隧洞、尾水洞、尾水调压室等渗水通道需要适当进行灌浆封堵；尾部开发方式，一般在尾闸洞下游或主变压器洞下游（无尾闸洞时）设置防渗帷幕，主厂房上游侧可根据引水隧洞衬砌形式和地质情况考虑是否需要设置防渗帷幕。

(2) 厂区排水系统。抽水蓄能电站厂房外围一般视厂区洞室规模及地下水情况，围绕主厂房、主变压器洞布置3～4层排水廊道。当布置有防渗帷幕时，排水孔幕应设置在帷幕后，先堵后排。

泰安工程排水系统布置横剖面图，如图6.6-11所示。

根据地形及水文地质条件，厂区集中排水可采用下列三种方式：

1) 将厂区渗漏水汇集至厂内集水井，抽排至厂外。由于厂区渗水量难以精确估算，集水井的容量应留有足够的裕度。

2) 厂区渗漏水由排水洞自流排至厂外。自流排水方式设施简单，运行费用低，安全可靠，如果在下库下游具有较低的地势，能够使地下厂房的渗水自流排出，电站应优先考虑采用自流排水洞。近几年设计的抽水蓄能电站，如天荒坪、宝泉、西龙池、惠州抽水蓄能电站均设置了自流排水洞，其中宝泉电站的自流排水洞长2.5km，惠州电站的自流排水洞长达4km以上。

3)“高水自流、低水抽排”布置方式，即高程较

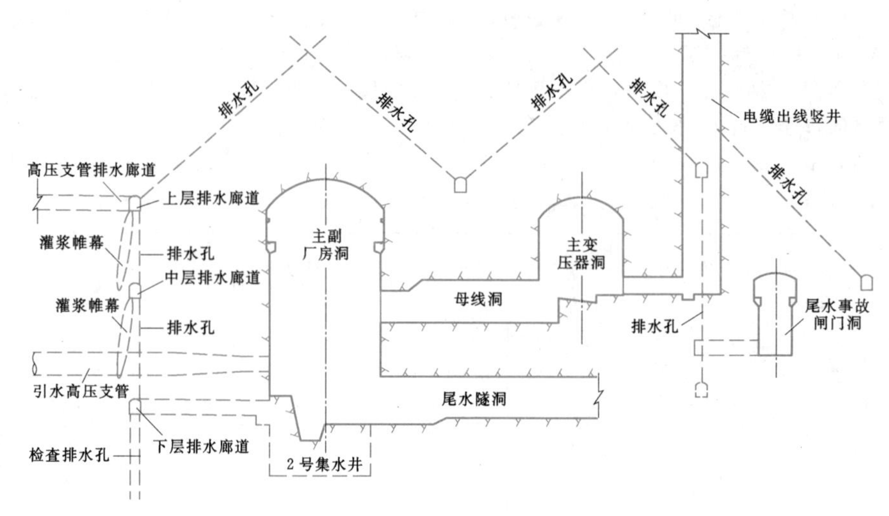

图 6.6-11　泰安工程排水系统布置横剖面图

高的渗水自流排放，低高程的渗水汇集到厂内集水井后抽排至厂外。宜兴抽水蓄能电站采用这种排水方式。

规范没有明确规定自流排水洞出口高程，根据已建几个电站排水洞洞口高程统计分析，自流排水洞洞口高程可低于厂房防洪标准，但与厂房连接处高程应满足厂房防洪要求。自流排水洞纵坡不宜小于0.3%。

6.6.3.2　厂房内部布置

1. 主厂房布置

厂房的控制尺寸主要由机组型式、部件起吊高度、设备布置、运行空间要求和机组拆卸方式确定。

(1) 机组拆卸方式对厂房布置的影响。抽水蓄能电站一般采用单级混流可逆式机组。水泵水轮机的转轮检修拆卸方式有上拆、中拆和下拆三种。国内大型抽水蓄能电站机组拆卸方式统计见表6.6-5。

表 6.6-5　国内大型抽水蓄能电站机组拆卸方式统计表

电站名称	装机台数×单机容量(MW)	额定水头(m)	额定转速(r/min)	拆卸方式	备　注
广蓄一期	4×300	496	500	下拆	
广蓄二期	4×300	512	500	中拆	
十三陵	4×200	430	500	上拆	
天荒坪	6×300	526	500	中拆+不完全下拆	尾水锥管可下拆
桐柏	4×300	244	300	上拆	
泰安	4×250	225	300	上拆	
宜兴	4×250	363	375	上拆+不完全下拆	尾水锥管可下拆
琅琊山	4×150	126	230.8	上拆	整体顶盖
西龙池	4×300	640	500	上拆	
惠州	8×300	501	500	中拆	
宝泉	4×300	500	500	中拆	
白莲河	4×300	196	250	上拆	
呼和浩特	4×300	521	500	上拆	
张河湾	4×250	305	333	上拆	
黑麋峰	4×300	295	300	上拆	
响水涧	4×250	190	250	上拆	
仙游	4×300	430	428.6	上拆	

1）上拆方式。水泵水轮机转轮在拆除发电机的机架和转子后从上部吊出，机墩、尾水管外包混凝土无需开设搬运通道，结构完整。由于转轮检修时需要先拆卸发电机和顶盖，检修周期较长。高水头、高转速的抽水蓄能电站机组，发电机尺寸较小，顶盖一般需要分瓣安装，影响机组的整体性。这种拆卸方式多用于水头300m以下的可逆式机组。日本抽水蓄能电站以及我国的十三陵、泰安、桐柏等多座抽水蓄能电站采用上拆方式。

2）中拆方式。顶盖和转轮拆卸后由机墩搬运道运至水轮机层，机组检修时发电机转子可不拆除。我国已建的天荒坪、广蓄二期、宝泉、惠州等高水头高转速抽水蓄能电站采用中拆方式。中拆方式水泵水轮机部分和发电电动机部分部件相对独立，安装或检修时相互干扰较小，但机墩中要开较大通道，削弱了结构刚度。水轮机层需留出转轮搬运通道，楼板对应转轮搬运位置需开设吊物孔。天荒坪抽水蓄能电站水轮层布置图如图6.6-12所示，其拆卸通道布置在水轮机层上游侧，为增加结构刚度，蜗壳机墩结构紧靠下游岩壁布置。

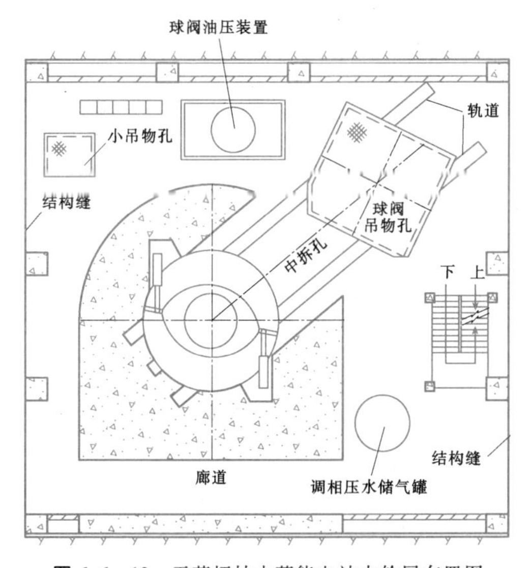

图6.6-12 天荒坪抽水蓄能电站水轮层布置图

3）下拆方式。转轮拆卸后由尾水管运出，机组检修时水轮机顶盖和发电机转子可不拆除，尾水管锥管段需开设一个搬运道。广蓄一期采用“下拆”方式，其底环和尾水管锥管为明管，如图6.6-13所示。

（2）主厂房内部布置。抽水蓄能电站主厂房控制尺寸的确定原则与常规电站相同，布置也与常规地下厂房相近，设有发电机层、水轮机层、蜗壳和尾水管层。抽水蓄能电站发电机层与水轮机层之间层高较

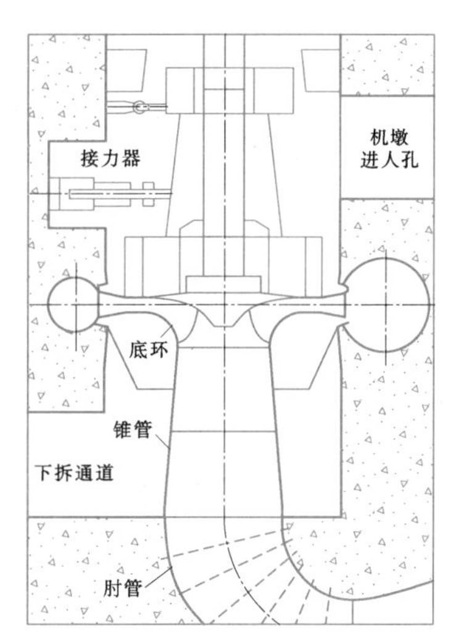

图6.6-13 广蓄一期下拆方式尾水管锥管布置

大，可在其间设置中间层，以利于设备布置并提高厂房结构的抗振性能。某抽水蓄能电站横剖面布置图如图6.6-14所示。

抽水蓄能电站蜗壳进口前需布置进水阀。由于水头高，国内已建的工程均采用球阀。一些电站的引水

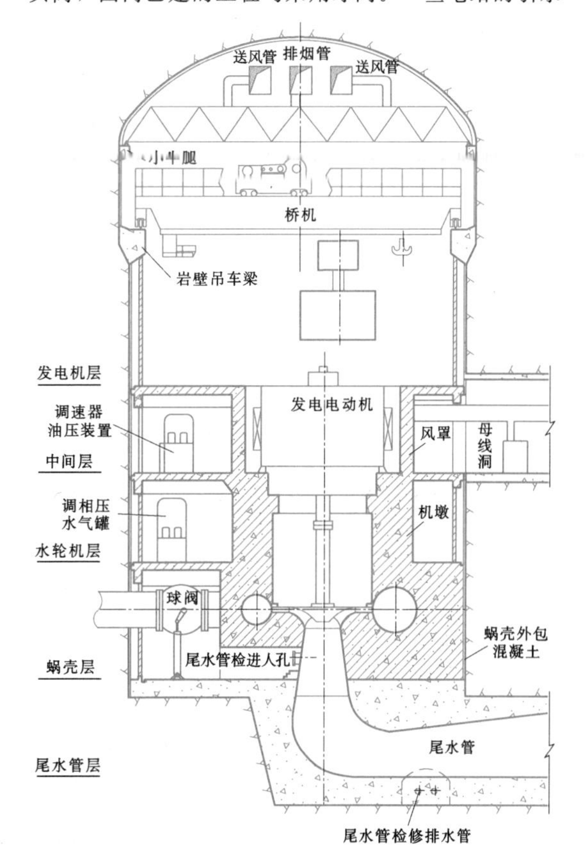

图6.6-14 某抽水蓄能电站横剖面布置图

管道斜向进厂，可减小厂房的开挖跨度。

抽水蓄能电站厂房内部布置总体相近。但是，由于各个电站的规模、工程布置、设备型式、运行方式有所不同，厂房内部布置亦存在一定差别。下面以某工程为例，分层简述厂房内部布置设计。

1）发电机层布置。发电机层布置有球阀吊物孔、小吊物孔、发电机外露部分、机旁盘等主要设备，上部布置桥式起重机。

2）中间层布置。中间层主要布置有风罩、球阀吊物孔、中性点设备、主母线、配电盘等，风罩外形根据机组要求确定，一般为圆形或多边形。主母线引出线一般向下游母线洞方向，引出角度一般与厂房轴线成30°～55°；中性点设备一般与主母线对称布置在风罩边；中间层上下游均留有检修巡视通道，主要搬运通道布置于下游侧。

3）水轮机层布置。水轮机层主要布置有机墩、球阀吊物孔、球阀油压装置、压水气罐、推力轴承外循环冷却装置、动力及控制柜等。抽水蓄能电站水轮机层上下游均留有通道。机墩外形一般为圆形，也有多边形机墩，机墩上需布置进人门。除球阀吊物孔外，水轮机层还布置一个小吊物孔，起吊一些水泵及检修设备等较小物件。

4）蜗壳层布置。抽水蓄能电站蜗壳层均布置有球阀，蜗壳层布置的主要设备一般有技术供水起动控制柜、主轴密封水泵、滤水器、漏油装置等。全厂公用供水管一般布置在上游墙，技术供水泵也靠上游墙布置。

当上水库没有径流补给时，抽水蓄能电站厂房内还需设置专门的上水库充水泵，用于初期上库充水及上库、引水系统放空检修后充水，一般一个引水水力系统单元设置一套，布置在蜗壳层。

某抽水蓄能电站厂房各层典型布置如图6.6-15和图6.6-16所示。

2. 安装场布置

安装场一般有两种布置型式：一是中部安装场布置；二是端部安装场布置。

大中型抽水蓄能电站一般安装4～6台机组，安装场布置在厂房中部可以减少厂房高边墙的连续长度，约束主厂房边墙变形，利于围岩稳定，适用于围岩条件较差的工程。另外，对于高水头的抽水蓄能电站，当水道系统采用两个水力单元布置（两洞四机或两洞六机布置方式），安装场布置在厂房中部可以加大两个水力单元引水管道之间的距离，降低水力坡度。日本采用该方式布置的电站比较多，如新高濑川、奥吉野、奥多多良木等抽水蓄能电站。我国的十三陵、琅琊山、西龙池抽水蓄能电站地下厂房也采用这种布置方式。

端部安装场布置方式管线、通风布置相对简单，交通洞与其他洞室干扰较小。

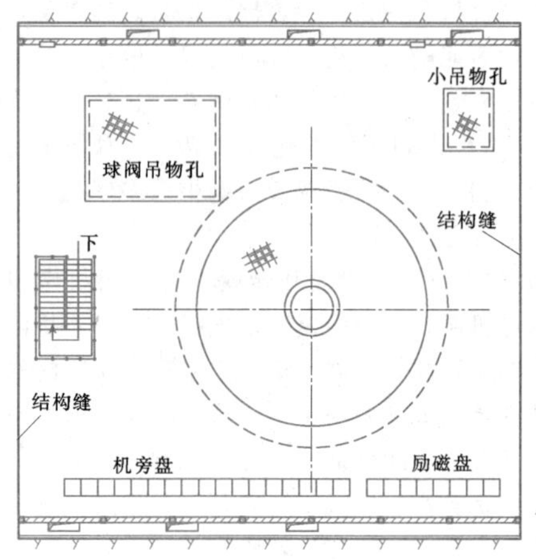

(a) 发电机层

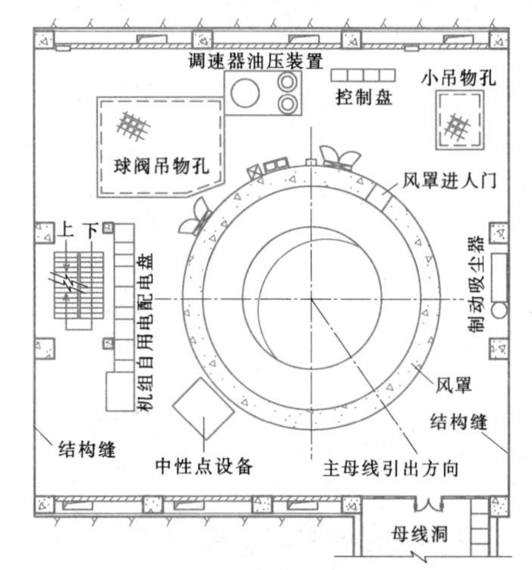

(b) 中间层

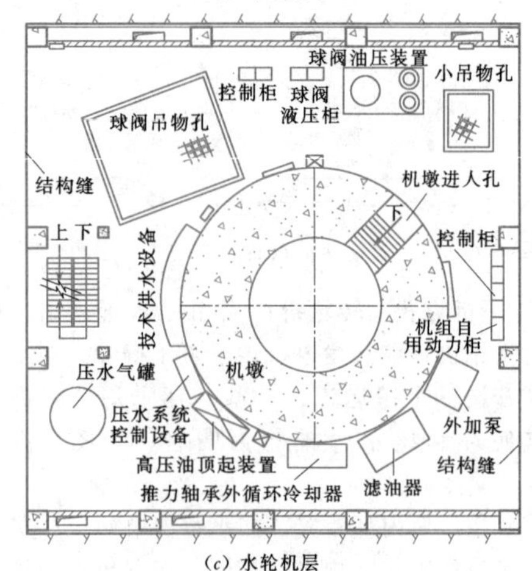

(c) 水轮机层

图6.6-15 某抽水蓄能电站厂房发电机层、中间层、水轮机层典型布置

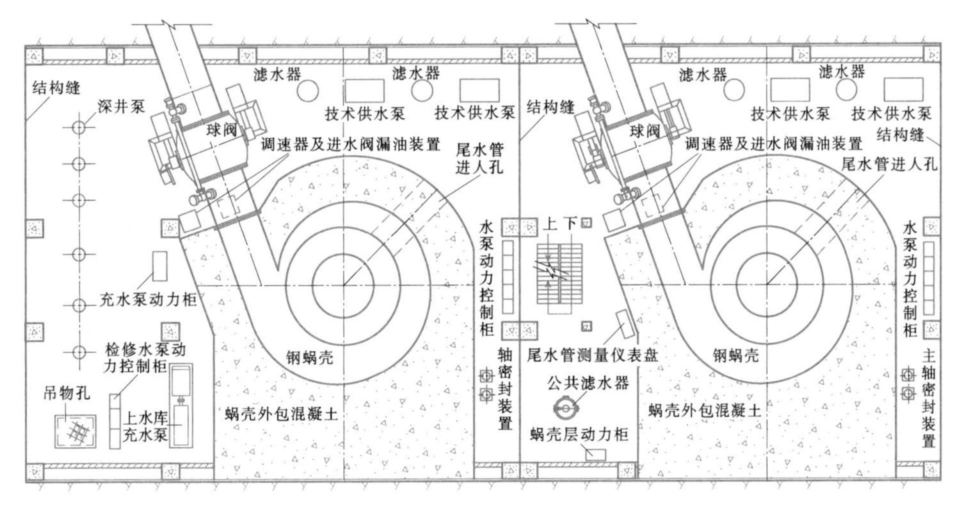

图 6.6-16　某抽水蓄能电站厂房蜗壳层典型布置

抽水蓄能电站安装场轮廓尺寸确定原则同常规电站，因机组检修时所需安装场的面积小于机组安装期，安装场端部可设置规模较小的端副厂房，初期可作为安装场的一部分，后期改建为副厂房。安装期安装场长度与机组间距比值在 1.5～2.0 之间，见表 6.6-6。

表 6.6-6　部分抽水蓄能电站安装场尺寸

控制尺寸 \ 工程名称	天荒坪	桐柏	泰安	宜兴	宝泉
机组台数	6	4	4	4	4
厂房跨度（m）	21.0	24.5	24.5	22.0	21.5
机组间距（m）	22.0	27.0	27.0	24.0	22.0
安装期安装场长度（m）	44.0	52.4	47.0	38.1	38.0
永久期安装场长度（m）	34.0	40.0	37.0	37.1	30.0
安装期安装场长度/机组间距	2.00	1.94	1.74	1.59	1.73
永久期安装场长度/机组间距	1.55	1.48	1.37	1.55	1.36
改建副厂房尺寸（m）	10.0	12.4	10.0	/	8.0

3. 副厂房布置

与常规电站类似，抽水蓄能电站的副厂房一般布置在主厂房端部。

抽水蓄能电站多采用“无人值班，少人值守”的运行方式，中控楼一般布置在地面，地下副厂房内仅设简易控制室。

副厂房的宽度和高度与主厂房一致，已建大型抽水蓄能电站副厂房的长度通常为 18～20m，单层面积通常在 350～500m^2。

为满足机组工况转换和控制的需要，抽水蓄能电站的电气辅助设备较多。副厂房通常分 8～10 层布置。副厂房底层一般与蜗壳层同高程，主要布置污水处理设备；第二层一般与水轮机层同高程，主要布置中低压压气机。由于中压压气机为活塞往复式，存在不平衡力，宜布置在实体基础上避免振动；第三层一般与中间层同高程，主要布置冷冻机、冷却水泵等设备；第四层一般与发电机层同高程，通常主要布置控制柜、LCU 及直流配电盘等；第五层一般为电缆层；第六层通常为公用及保安配电设备层；第七层通常主要布置蓄电池室，并与通风洞出口相接；副厂房顶层通常主要布置空调、风机、电梯机房。

4. 母线洞布置

为了满足抽水蓄能电站调相功能和水泵工况启动要求，母线洞除布置低压母线、发电机断路器、电压互感器（PT）柜等与常规电站相同的设备外，还布置有换相隔离开关和启动母线以及启动母线隔离开关等电气设备。由于电气设备较多，大型抽水蓄能电站母线洞长度一般为 35～45m。某抽水蓄能电站母线洞布置如图 6.6-17 所示。

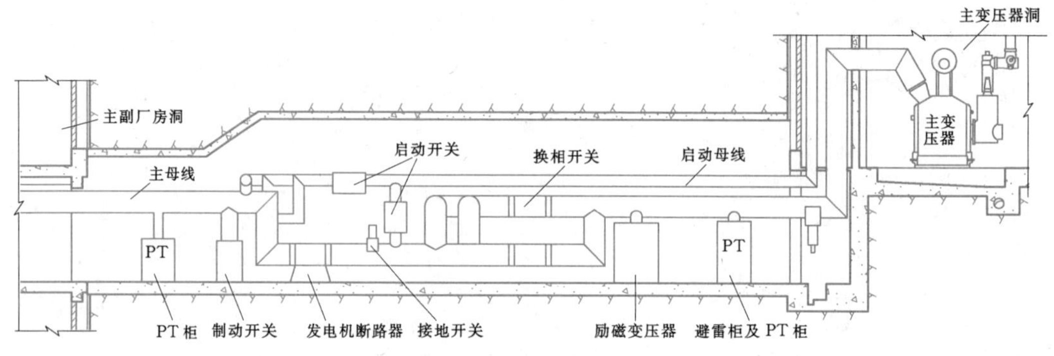

图6.6-17 某电站母线洞布置图

5. 主变压器洞布置

抽水蓄能电站主变压器洞除布置有与常规电站相同的主变压器、主变运输道、厂用变、地下GIS等设备外，为了满足机组水泵工况电动机启动要求，尚需布置启动母线及静态变频启动装置（简称SFC系统）。

启动母线与SFC系统相连，一般布置在主变压器洞上游专门设置的启动母线廊道内，如图6.6-18所示。

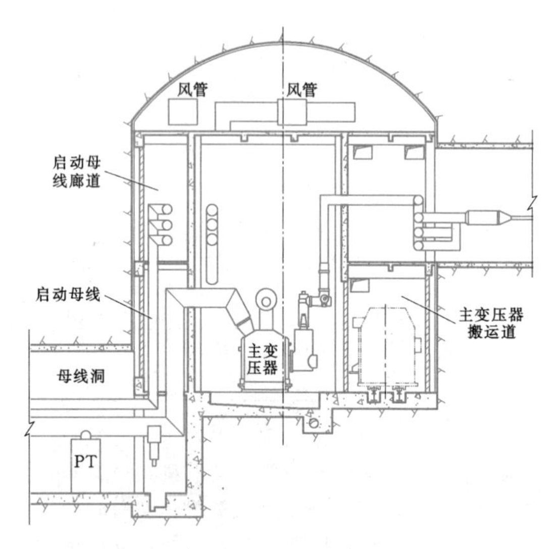

图6.6-18 某电站主变压器洞剖面布置图

SFC系统通常布置在主变压器洞的一端。SFC系统主要包括SFC输入和输出变压器、输入输出断路器、电抗器和整流器等设备。通常SFC系统设备分三层布置，底层高度由SFC输入输出变压器高度决定；输入输出断路器和整流器等设备布置在上层；中间层布置电缆。某电站主变压器洞SFC系统布置如图6.6-19所示。

6.6.3.3 结构设计

抽水蓄能电站地下厂房的主要结构有支护结构、吊顶、岩壁吊车梁、楼板、风罩、机墩、蜗壳外围混凝土、尾水管，其中地下洞室围岩稳定分析及支护设计、吊顶结构、岩壁吊车梁设计、各层楼板与常规电站地下厂房相同。本节仅介绍与常规电站有所不同的相关结构设计内容。

1. 尾水管结构

（1）结构特点与结构型式。抽水蓄能电站的尾水管结构与常规电站相比，具有三个显著的特点：①水头一般较高，尾水管尺寸相对较小；②由于双向运行的要求，尾水管在水泵工况兼有进水管道功能；③吸出高度绝对值大，机组安装高程低，尾水管的内水压力远大于常规电站。

抽水蓄能电站尾水管内侧均设置钢衬，钢衬由机组制造厂提供，可单独承受全部内水压力。钢衬与外围混凝土之间设锚筋连接，以免机组检修时，钢衬在外水压力作用下失稳。

地下厂房的尾水管往往兼做地下厂房下层开挖施工通道，尾水管钢衬外包混凝土的厚度一般由厂房施工及钢衬安装需要确定。

为了保证钢衬与外围混凝土紧密结合，尾水管钢衬底板应预留接触灌浆孔。

（2）尾水管外围混凝土结构静力分析计算。抽水蓄能电站尾水管结构体形复杂，内水压力较大，钢衬、外围混凝土以及围岩共同受力，难以采用结构力学方法求得结构内力，一般采用有限元法进行外围混凝土结构分析。

尾水管在运行期受力情况由内水压力控制，在检修期（尾水管放空）由外水压力控制。一般取以下几个工况进行分析。

工况1：正常运行，尾水管结构承担正常设计尾水位时的内水压力。

工况2：校核工况，尾水管结构承担水击压力时的内水压力。

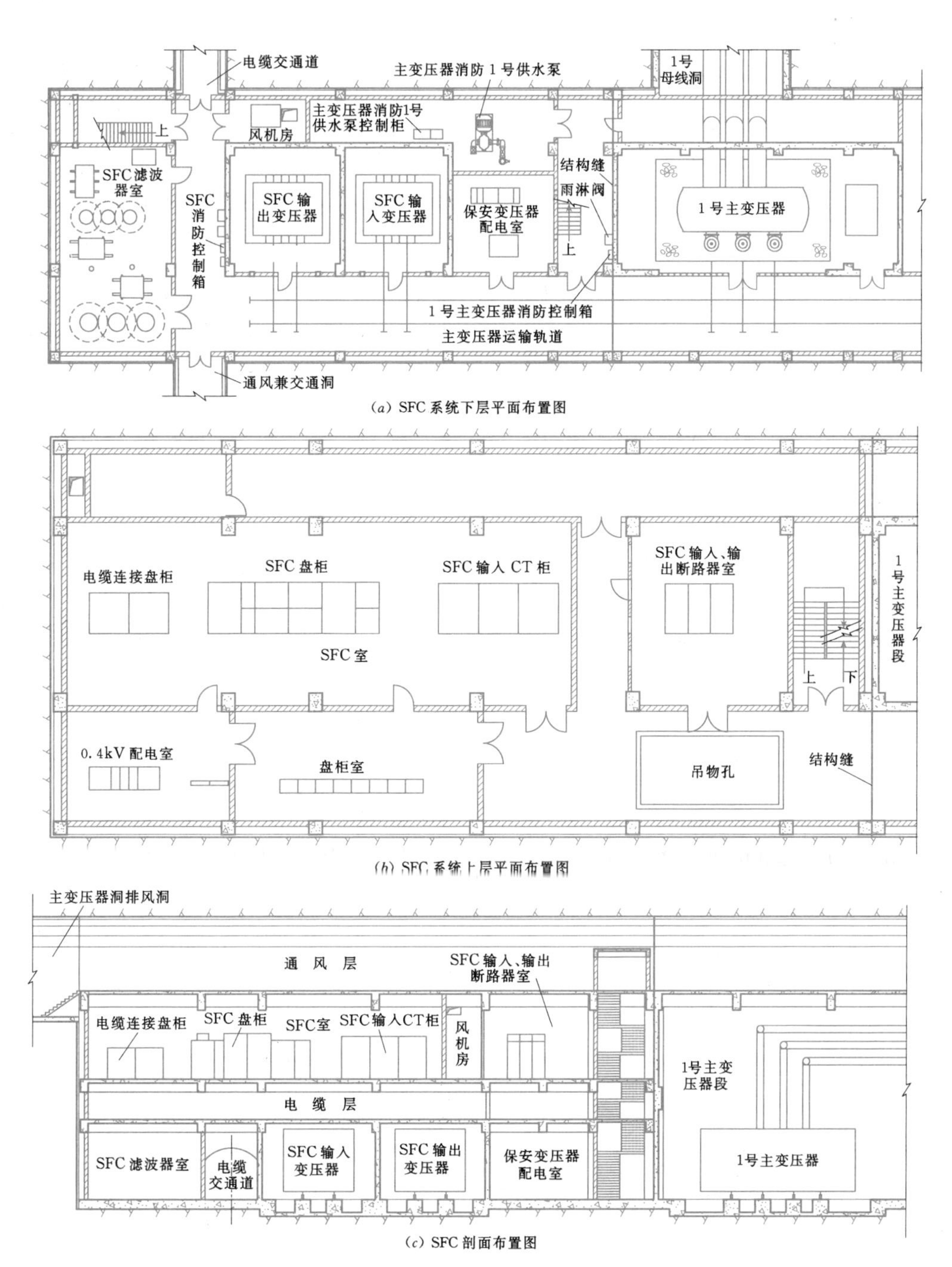

(a) SFC系统下层平面布置图

(b) SFC系统上层平面布置图

(c) SFC剖面布置图

图 6.6-19 某电站SFC系统布置图

工况3：检修工况，放空条件下，尾水管结构承担外水压力。

钢衬与外围混凝土结构有一定宽度的缝隙，缝隙的宽度一般是不均匀的，有限元计算时，难以精确模拟。几个实际工程计算成果对比表明，计入与不计钢衬作用混凝土结构环向拉应力值的差别一般不超过20%。因此，结构计算时，可不考虑钢衬作用，尾水管外围混凝土结构单独受力，计算结果偏于安全。

2. 蜗壳外围混凝土结构

（1）蜗壳结构布置及蜗壳保压值。抽水蓄能电站水头高、蜗壳承受的内水压力大，均采用金属蜗壳。蜗壳外围混凝土作为上部结构的基础，其尺寸应满足结构受力和机组运行稳定的要求。根据已建电站的工程经验，厚度一般不小于1.5m，局部最小厚度不应小于0.5倍蜗壳直径。外围混凝土结构一侧宜紧靠围岩布置，以提高其结构刚度，已建的天荒坪、泰安、桐柏、宜兴、宝泉抽水蓄能电站均采用该种布置型式，天荒坪电站蜗壳结构布置如图6.6-20所示。

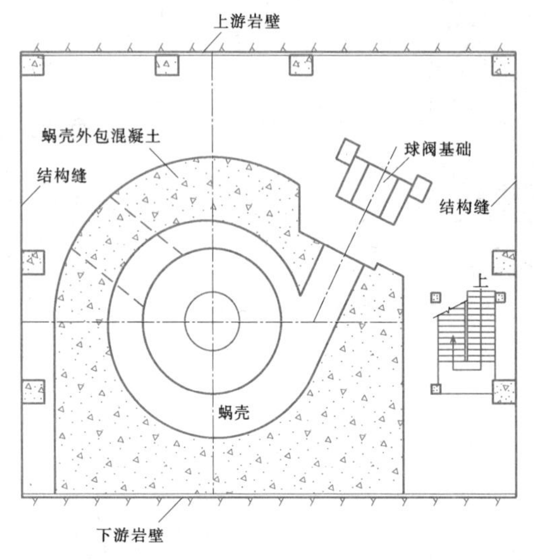

图6.6-20 天荒坪电站蜗壳层平面布置图

抽水蓄能电站机组转速高，运行工况转换频繁，可能致使机组产生较大振动。为了有效控制机组振动，提高机组运行的稳定性，抽水蓄能电站蜗壳外围混凝土与金属蜗壳一般采用联合受力的方式。在蜗壳充水保持一定压力的情况下，浇筑外围混凝土。通过调整蜗壳保压值控制运行期外围混凝土与蜗壳分担内水压力的比例，在保证外围混凝土结构安全的条件下，使其与蜗壳联合承担内水压力，提高蜗壳结构的整体刚度。抽水蓄能电站与常规电站相比，蜗壳尺寸较小，同时在厂房内布置有进水阀，具有设置保压闷头的空间。

SL 266—2001《水电站厂房设计规范》建议蜗壳充水加压的压力控制在机组最大静水头的0.5～0.8倍。研究认为，为保证在最小水头运行时外围混凝土对金属蜗壳仍有嵌固作用，充水加压的压力与最小水头的比值不宜超过85%。同时为防止混凝土配筋量过大、裂缝过多，影响结构的刚度和耐久性，外围混凝土承担的水头也不宜过高，建议充水压力与最大内水压力（含水锤压力）的比值宜控制在50%左右。国内部分抽水蓄能电站蜗壳保压值见表6.6-7。

表6.6-7　国内部分抽水蓄能电站蜗壳保压值统计表

电站	装机容量（MW）	蜗壳最大内水压力（MPa，水锤压力）	蜗壳静水压力（MPa，未计入水击压力）		蜗壳保压值（MPa）				保压时间（天）
			最大	最小	保压值	与最大内水压力比值（%）	与最大静水压力比值（%）	与最小静水压力比值（%）	
广蓄一期	300	7.75	6.11	5.92	2.70	35	44	46	—
天荒坪	300	8.7	6.80	6.38	5.40	62	79	85	14
广蓄二期	300	7.75	6.11	5.92	4.50	58	74	76	—
桐柏	300	4.2	3.45	3.24	2.10	50	61	65	35
泰安	250	3.9	3.10	2.85	1.95	50	63	68.42	28
琅琊山	150	2.35	1.82	1.60	0.85	36	47	53	22
宜兴	250	6.3	4.75	4.316	3.325	53	70	77	20
宝泉	300	8.35	6.41	6.08	4.00	48	62	66	35

注　蜗壳水压力指上水库水位与蜗壳中心线之差。

一般情况下，蜗壳保压周期为28天，在此期间完成外围混凝土浇筑和底部接触灌浆处理，待混凝土达到预期强度后卸压。为了加快施工进度，经论证可适当缩短蜗壳的保压周期，但不得少于14天，即混凝土浇筑后不少于一周方可进行接触灌浆，灌浆处理完一周后才可卸压。

（2）蜗壳外围混凝土结构静力分析。采用金属蜗壳保压浇筑外围混凝土，蜗壳与外围混凝土结构之间存在初始间隙，内水压力小于保压值时，金属蜗壳单独受力，内水压力超过保压值时，二者联合受力。由于结构受力复杂，一般采用三维有限元方法进行结构计算。计算范围通常取标准机组段发电机层以下整体结构进行分析。

计算工况一般取蜗壳承受最大静水压力和最大内水压力（含水锤压力）工况，计算荷载除内水压力以外，还应计入结构自重、机架和定子机座荷载、座环垂直力。计算时一般不考虑混凝土的干缩作用，认为在承压状态下外围混凝土与金属蜗壳之间没有间隙。

抽水蓄能电站水头高，蜗壳尺寸较小，内水压力是蜗壳结构的主要荷载，蜗壳放空检修工况混凝土结构的应力一般较小，不是控制工况。

由于金属蜗壳可承担全部内水压力，按照规范蜗壳外围混凝土结构可按限裂设计。

3. 机墩及风罩结构

(1) 机墩及风罩结构布置。抽水蓄能电站水头高、机组转速大，机墩结构需要有足够的强度和刚度，结构尺寸较大，机墩厚度一般在3m左右。转轮采用上拆方式的机组，在上下游均可布置通道，机墩的形状一般选用圆筒形或多边形。采用圆筒形机墩的电站水轮机层典型结构布置图如图6.6-21所示。采用中拆方式的机组，在机墩结构上需开设一个较大的搬运道，对机墩结构的刚度削弱较大，需要采取工程措施，提高结构刚度和抗振性能。天荒坪蓄能电站主机由KVAERNER—GE公司制造，采用中拆方式，需在机墩上开一个5.9m×2.44m的转轮顶盖搬运道。为了提高机墩的整体刚度，将机墩紧贴下游岩壁布置，内部开设一个廊道，用以布置电缆、水管、风管等，运行通道布置在机墩的上游，如图6.6-22所示。

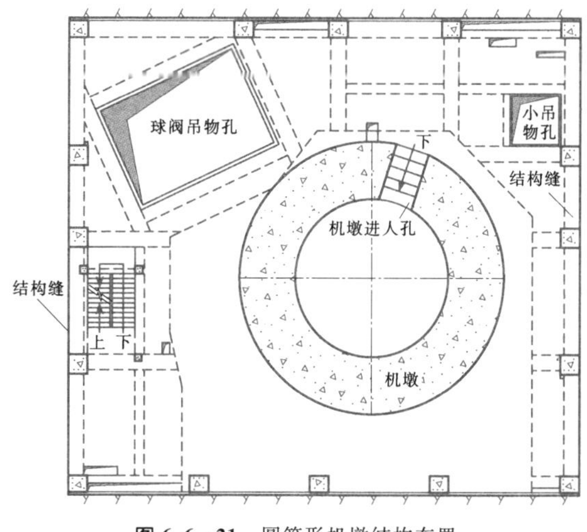

图6.6-21 圆筒形机墩结构布置

抽水蓄能电站厂房风罩墙一般采用圆筒形或多边形。墙厚度多为0.8～1m。风罩墙主要开有两个孔洞，一个为进人孔，另一个为主母线引出孔，有些工程还开有中性点设备引出孔，其余开孔尺寸均较小。为满足风罩的整体刚度要求，抽水蓄能电站的风罩下部固定在机墩上，顶部同发电机层楼板整体浇筑。

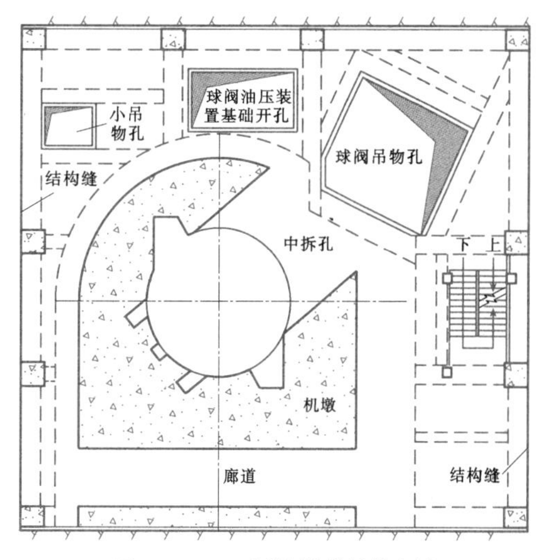

图6.6-22 天荒坪机墩结构布置

天荒坪电站厂房风罩结构平面布置图，如图6.6-23所示。国内部分抽水蓄能电站机墩风罩的外形、尺寸见表6.6-8。

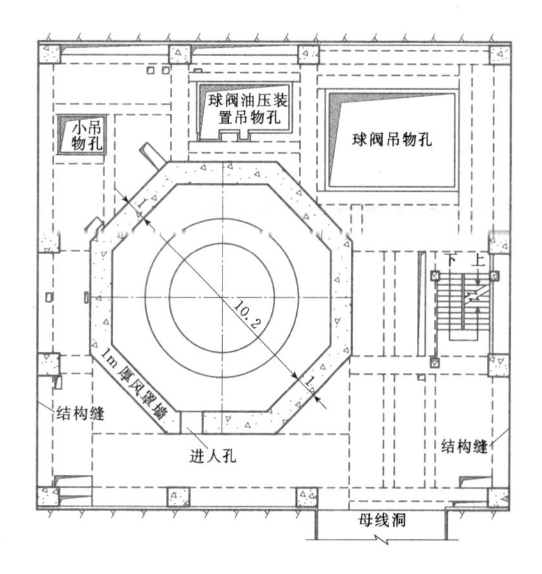

图6.6-23 天荒坪工程风罩结构布置平面图（单位：m）

(2) 机墩、风罩结构静力分析及配筋。机墩和风罩底部为固端，上部和发电机层板梁结构整体连接。静力分析方法、计算工况、计算简图及荷载与常规电站相同。

6.6.3.4 厂房结构动力分析

1. 抽水蓄能厂房动力特点

抽水蓄能电站水头高、机组转速高，运行工况转换频繁，往往产生较强烈的振动，需对厂房结构的抗振性能进行深入分析。

表 6.6-8 国内部分抽水蓄能电站机墩风罩的外形、尺寸

电站名称	机墩形状	机墩内径（m）	机墩最小厚度（m）	风罩形状	风罩内边距、内径（m）	风罩厚度（m）
天荒坪	圆形，下游贴墙布置	6.2	2.9	内外均为八角形	10.2	1.0
桐柏	圆形	6.96	3.0	圆形	12.0	0.8
泰安	圆形	8.11	2.945	圆形	12.0	1.0
宜兴	内部为圆，外部为八角形	6.5	2.75	内外均为八角形	10.0	1.0
宝泉	圆形，下游贴墙布置	6.3	3.05	圆形	9.4	1.0
琅琊山	内部为圆，外部为八角形	7.0	2.5	内圆，外为八角形	11.5	最薄处 0.5
十三陵	圆形	5.525	2.84	圆形	9.2	1.0
西龙池	圆形，下游贴墙布置	6.8	2.9	圆形	10.6	1.0

2. 动力分析所需的基本资料

厂房结构动力分析所需的基本资料如下。

(1) 厂房主要结构型式、尺寸及各层楼面荷载。

(2) 水泵、水轮发电机组的主要参数，包括：导叶叶片数、转轮叶片数、额定转速、飞逸转速、发电机容量、功率因数、暂态电抗等。

(3) 机组各部件的重量，包括：发电机定子、转子、上机架、下机架、转轮、主轴重量。

(4) 机组运行工况设备基础荷载。正常运行、飞逸、短路及其他瞬态工况下，定子、上机架、下机架等基础荷载，轴向水推力；机组转动部分质量中心与机组中心的偏心距 e，缺少资料时偏心距可参照表 6.6-9。

表 6.6-9 机组转动部分质量中心与机组中心的偏心距 e

机组转速 n（r/min）	<100	100～200	200～300	300～500
偏心距（mm）	0.5	0.4	0.3	0.15

注 本表摘自 GB/T 8564—2003《水轮发电机组安装技术规范》。

3. 振源和频率分析

抽水蓄能电站厂房振动主要由机组转动和水力冲击引起的，频率分量较多，从低频到高频分布很广，机组的主要振源和频率特性可以归纳如下。

(1) 机械振动。机械不平衡现象是普遍存在的，机械振动是机组的主要振源之一，主要由机组制造缺陷和安装误差引起的，其振动频率多为转频或为转频的倍数。机组转速有正常转速 n (r/min) 和飞逸转速 n_p (r/min)，相对应的频率为 $f=kn$（或 n_p），$k=1, 2, \cdots$。

(2) 电磁振动。电磁振动可分转频振动和极频振动，转频振动主要由转子磁极形状变异或定子、转子不同心等导致磁场引力不均匀引起，其频率为转动频率或者其倍数；极频振动主要由定子铁芯松动等引起，其频率为电源频率的倍数，如 50Hz、100Hz 等。

(3) 水力振动。

1) 尾水管内低、中频涡带。低频涡带水压脉动是混流式和轴流式水轮机普遍存在的振源之一，多发生在30%～60%导叶开度范围，因为在部分负荷时，水轮机叶片出口产生较大的切向分速度，再加之存在其他一些不利条件，在尾水管锥管段形成螺旋状涡带，产生较大的脉动压力，造成机组水力振动、结构振动或功率摆动，其频率为机械振动主频率 f_n 的 1/3～1/4。

中频涡带水压脉动的频率接近机组的转动频率，其在导水叶任何开度下均可能存在，在一定的单位转速下频率基本不变。中频涡带的脉动频率在转频附近波动，根据国内外几座电站的实测结果，为（0.8～1.2）f_n。

2) 水力冲击引起的振动。水力冲击引起的振动频率主要由导叶、转轮叶片和转轮转频率迭加组成，可按下式计算：

$$n_2 = \frac{n x_1 x_2}{a} \tag{6.6-1}$$

式中 n——发电机正常转速，r/min；

x_1、x_2——导叶叶片数和转轮叶片数；

a——x_1 与 x_2 两数的最大公约数。

抽水蓄能电站主要振源和频率特性可归纳为上述三类，其中机械振动和水力冲击引起的振动是厂房主要振源，发生的概率高，是厂房结构动力分析复核的重点。电磁振动主要由设备缺陷和安装精度不足引起，可通过检修，消除机组缺陷，降低振动影响。尾水管内涡带可采用补气或改变尾水管形体参数等工程措施，降低其影响。

4. 厂房结构振动控制标准

SL 266—2001《水电站厂房设计规范》中，对水电站厂房机墩结构提出了共振复核和振幅的控制标准，常规电站一般依据该规范提出的标准对机墩结构进行复核。但该标准只提出了对机墩结构的要求，对于水电站厂房结构的总体振动控制标准，目前尚无统

一明确的规定。2001～2004年，华东勘测设计研究院结合国家电力公司科研项目对抽水蓄能电站厂房振动控制标准和结构减振措施进行了专题研究，研究报告将人体保健要求引入了厂房结构的抗振评估指标中。由于厂房结构既是设备的基础，又是运行人员的工作场所，目前多数抽水蓄能电站对厂房结构的振动主要从结构安全要求、设备基础要求及人体保健要求三方面加以评估。

(1) 结构安全控制标准 。按照SL 266—2001《水电站厂房设计规范》，水电站厂房机墩设计应满足以下条件：

1）结构自振频率与激振频率之差和自振频率之比，或激振频率与结构自振频率之差和激振频率之比，应大于20％～30％，以防共振。

2）振幅值应限制在垂直振幅长期组合不大于0.1mm，短期组合不大于0.15mm，水平横向与扭转振幅之和长期组合不大于0.15mm，短期组合不大于0.2mm。当机组转速大于500r/min时，建议振幅控制值相应减小。

3）当不考虑阻尼影响时，动力系数的计算按SL 266—2001《水电站厂房设计规范》附录C中的计算公式，即

$$\eta=\frac{1}{1-\left(\frac{f_i}{f_{0i}}\right)^2} \qquad (6.6-2)$$

式中 f_i——强迫振动频率，Hz；

f_{0i}——自振频率，Hz。

根据《水电站厂房设计》一书及以往设计经验，动力系数η取值不大于1.5。

(2) 设备基础要求。厂房结构是水轮发电机设备的基础，目前水电行业对水轮发电机组设备基础振动控制标准尚未具体规定，可参照GB 50040—96《动力机器基础设计规范》的相关规定，评估厂房结构的抗振性。该规范关于低转速（机器工作转速1000r/min及以下）动力计算的规定见表6.6-10。

表6.6-10 扰力、允许振动线位移及当量荷载表

机器工作转速（r/min）		<500	500～750	750～1000
计算横向振动线位移的扰力（kN）		$0.10w_g$	$0.15w_g$	$0.20w_g$
允许振动线位移（mm）		0.16	0.12	0.08
当量荷载（kN）	竖向	$4w_{gi}$	$8w_{gi}$	
	横向	$2w_{gi}$	$2w_{gi}$	

注 1. 表中当量荷载包括材料的疲劳影响系数2.0。
2. w_g为机器转子重（单位为kN）。

水轮发电机组型式、结构、运行参数不同，机组对厂房结构的抗振性要求亦不同。为了保证机组正常运行的稳定，抽水蓄能机组制造厂家往往对设备基础的刚度（即设备基础发生单位位移时所施加的力）提出控制要求。不同机型、厂家的要求不同，国内部分抽水蓄能电站设备基础的刚度要求见表6.6-11。

表6.6-11 国内部分抽水蓄能电站设备基础的刚度要求表

电站名称	刚度要求（10^6N/mm）	电站名称	刚度要求（10^6N/mm）
天荒坪	12	琅琊山	20
广蓄二期	上机架17.5，下机架20	宜兴	5
桐柏	6	宝泉	10
泰安	7		

根据厂家要求，需分别对上机架、定子基础、下机架的径向和切性进行刚度计算，此时材料的弹性模量应取动弹模。

(3) 人体保健要求。人体保健要求对振动的控制标准，分为听觉和触觉两个方面。关于听觉，DL 5061—1996《水利水电工程劳动安全与工业卫生设计规范》中，提出了水电站工作场所的噪声限制值，规定发电机层、水轮机层、蜗壳层等设备房间的噪声限制值为85dB，中央控制室及主要办公场所的噪声限制值为60～70dB。关于触觉，目前水电行业尚未制定人体保健要求的控制标准。国家电力公司在《抽水蓄能电站厂房振动控制标准和结构减振措施研究》专题报告中，提出了参照GB/T 13442—1992《人体全身振动暴露的舒适性降低界限和评价准则》及ISO 2631—1国际标准，建立厂房结构抗振的评估指标。GB/T 13442—1992已经被GB/T 13441—2007《机械振动与冲击 人体暴露于全身振动的评价》替代，基于标准GB/T 13441—2007的水电站厂房结构抗振评估体系尚在研究中。

1）振动参数界限。GB/T 13442—92及国际标准ISO 2631—1，给出人体全身振动暴露时，保持人体舒适的振动参数界限和评价准则。舒适度降低界限（以加速度均方根值表示）与振动频率（或1/3倍频程的中心频率）、暴露时间和振动作用方向有关，垂直和水平向振动加速度的舒适性降低界限数值与振动频率、暴露时间的关系如图6.6-24和图6.6-25所示。

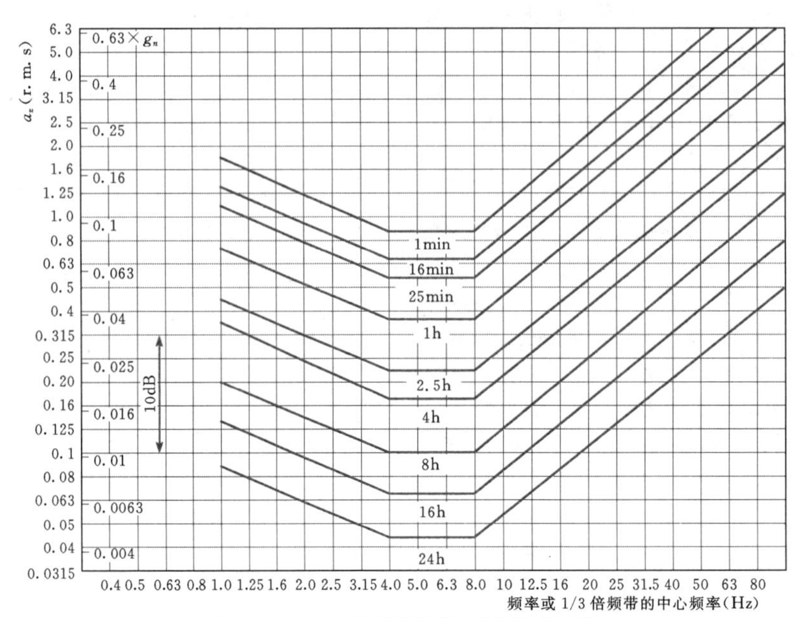

图 6.6-24 z 向加速度界限—舒适性降低限

注 1. a_z (r. m. s) 表示取用 z 向加速度 a_z 的均方根值。

2. 横坐标为频率，以暴露时间为参数。

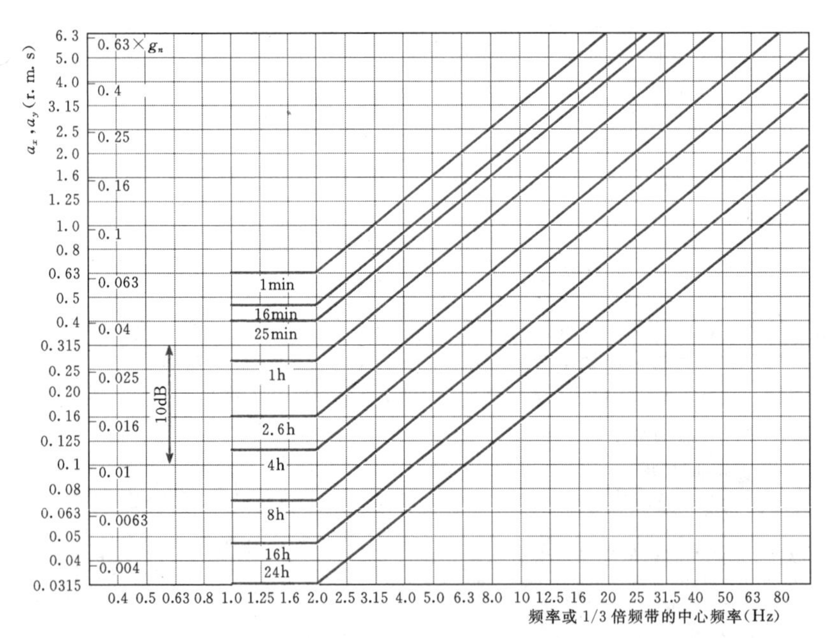

图 6.6-25 x、y 向加速度界限—舒适性降低限

注 1. a_x、a_y (r. m. s) 表示取用 x 向、y 向加速度 a_x、a_y 的均方根值。

2. 横坐标为频率，以暴露时间为参数。

从图 6.6-23 和图 6.6-24 中可以看出：在人体最敏感频率范围，界限最低，对于 z 向振动，其范围为 4～8Hz，对于 x、y 向振动为 1～2Hz。加速度的限值与暴露时间的长短有关，暴露时间越长，加速度的限值越低。

2）厂房结构的评估指标。根据抽水蓄能电站的运行特点，目前多数抽水蓄能电站按正常运行和飞逸工况分别确定人体保健要求的评估指标。一般情况下，运行人员连续工作时间不超过 8h，因此，正常运行工况，发电机层楼板等部位可采用正常转速频率对应的暴露时间为8h的舒适感降低界限值。飞逸工况采用飞逸转速频率对应的舒适感降低界限值，由于飞逸工况持续时间较短，暴露时间可根据电站的情况选用16min或25min。

多数抽水蓄能电站的正常转速在4～8Hz之间，发电机层楼板等部位可采用正常转速频率对应的暴露时间为8h的舒适感降低界限值 a_z 为 $0.1m/s^2$。飞逸和其他工况宜根据具体情况确定评估指标。

5. 结构动力分析

（1）计算方法。SL 266—2001《水电站厂房设计规范》在附录中，对水电站厂房机墩结构共振复核和振幅计算推荐了单自由度振动体系的计算方法，计算简图是单独取机墩、风罩和蜗壳外围混凝土结构，切取单宽按拟静力法进行结构计算，具体计算方法参见常规水电站厂房振动分析一节。由于该计算方法比较粗略，抽水蓄能电站厂房结构多采用有限元计算方法进行动力分析。

（2）计算模型。有限元计算模型的范围和边界的约束选取对动力分析成果有一定的影响。一般电站左右方向取一个机组段，两机一缝时取两个机组段，左右侧的伸缩缝一般按自由界面考虑。上下游方向取至洞室围岩边界，结构与岩壁接触面可视工程的处理措施按自由、设水平弹性支撑或固定约束几种情况考虑，约束越强，结构的自振频率越高。高度方向一般取发电机层到尾水管底板，也有的电站下部取至蜗壳底部或机墩底部，高度越小计算出的结构自振频率越高，取发电机层到尾水管底板的计算结果与实际测试结果比较相符。

（3）计算工况。计算工况主要包括正常运行工况和飞逸工况，根据电站的规模和机组运行工况，必要时需进行三相短路、半数磁极断路等工况的动力响应分析。

6. 厂房结构减振措施

厂房结构的抗振性能与机组转轮的拆卸方式和厂房结构布置等因素有关。在结构设计时，常用的减振措施如下。

（1）机墩结构。机墩结构是厂房支承结构的关键部位，机墩刚度的大小直接影响到厂房的抗振性能。转轮采用中拆方式时，需要在机墩部位开设较大的孔洞，对结构刚度削弱较大，有条件时应尽量避免中拆方式。另外，将机墩结构一侧紧靠围岩布置，如天荒坪电站，可以提高机墩结构的抗振性能。

（2）蜗壳外包混凝土结构。蜗壳外包混凝土结构既是机墩的基础，又是嵌固金属蜗壳的结构，蜗壳外包混凝土结构的设计对厂房结构的抗振性能有一定的影响。外围混凝土结构一侧紧靠围岩布置，可提高其结构刚度，已建的天荒坪、泰安、桐柏、宜兴、宝泉抽水蓄能电站均采用这种布置型式，取得较好的效果。另外，采用保压浇筑外围混凝土，金属蜗壳与外围混凝土联合受力，可提高蜗壳结构的整体刚度。

（3）楼板结构。由于楼板与梁柱结构的刚度远小于风罩、机墩和蜗壳外包混凝土等主体结构的刚度，所以其动力响应较为明显。一些电站的结构振动模态分析计算和现场测试均表明：孔洞周围是楼板抗振能力的薄弱部位，厂房楼板的竖向振动和柱子的弯曲振动对结构较为不利，因此结构设计时在主要孔洞周围宜增设较大断面的梁系结构，尽量减少框架柱的长细比。桐柏电站厂房动力计算结果表明前十五阶振型都表现为楼板与梁柱结构的振型位移，由于该电站水轮机层至蜗壳层高差10m，立柱的长细比较大，为此在水轮机层和蜗壳层之间增设了夹层，计算结果表明，增设夹层可有效改善厂房结构的抗振性能，夹层板梁和立柱断面的尺寸较大时，效果更为明显。

关于楼板的结构型式，分析计算表明：同等混凝土质量的情况下，板梁结构的刚度和抗振性能好于厚板结构。如桐柏电站发电机层楼板采用板梁型式布置，楼板厚500～700mm，主梁断面800mm×1500mm，按混凝土质量等效与厚度为891mm的厚板相当，但其抗振性能相当于厚度为1130mm的厚板。

楼板结构的边界约束条件对结构的抗振性能影响较大，约束越强，结构的抗振性能越好。一般工程采取的措施是在与围岩接触的板梁以及支撑柱、墙范围内增设锚筋。如天荒坪工程采取上下游柱与围岩用锚筋连接，并增加楼板上下游梁的断面尺寸，采取以上措施后，1阶振型的自振频率由10.02提高到34.14，厂房结构的动力特性得到了优化。

参考文献

[1] 陆佑楣，潘家铮．抽水蓄能电站[M]．北京：水利电力出版社，1992.

[2] 邱彬如，刘连希．抽水蓄能电站工程技术[M]．北京：中国电力出版社，2008.

[3] 张克诚．抽水蓄能电站水能设计[M]．北京：中国水利水电出版社，2007.

[4] 王柏乐．中国当代土石坝工程[M]．北京：中国水利水电出版社，2004.

[5] 张春生，姜忠见．天荒坪抽水蓄能电站技术总结[M]．北京：中国电力出版社，2007.

[6] 张春生，张克钊．天荒坪抽水蓄能电站上水库沥青混凝土护面设计及裂缝处理[J]．水力发电，2007，(1).

[7] 彭涛. 十三陵抽水蓄能电站上水库的设计特点及运行监测 [J]. 水力发电，2002，(9).

[8] 肖贡元，傅方明，赵智华，等. 宜兴抽水蓄能电站上水库工程设计 [J]. 华东水电技术，2008，(4).

[9] 肖贡元. 建在倾斜基础面上的混凝土面板堆石坝筑坝材料研究 [J]. 水力发电国际研讨会论文集，2004.

[10] Electricite de France，Amenagement de la coche，EDF，1977.

[11] 徐跃明，姜忠见，李富春. 宝泉抽水蓄能电站工程特点和设计优化 [J]. 水力发电，2008，(10).

[12] 谢遵党，邵颖，杨顺群. 宝泉抽水蓄能电站上水库防渗体系设计 [J]. 水力发电，2008，(10).

[13] 李岳军，周建平，何世海，侯靖. 抽水蓄能电站水库土工膜防渗技术的研究和应用 [J]. 水力发电，2006，(3).

[14] 徐建军，吴春鸣. 泰安抽水蓄能电站上水库土工膜防渗结构设计 [J]. 土石坝技术，2006.

[15] 王樱畯. 桐柏抽水蓄能电站上水库主坝加固设计 [J]. 土石坝技术，2006.

[16] 宫海灵，高立东，张贺龙. 琅琊山抽水蓄能电站上水库喀斯特渗漏特征及帷幕灌浆效果分析 [J]. 长江科学院院报，2008，(10).

[17] 北京国电水利电力工程有限公司. 河北张河湾抽水蓄能电站上水库蓄水安全鉴定，设计单位自检报告 [R]. 2007.

[18] 邱彬如. 世界抽水蓄能电站新发展 [M]. 北京：中国电力出版社，2006 .

[19] 杨欣先，李彦硕. 水电站进水口设计 [M]. 大连：大连理工大学出版社，1990.

[20] 邱彬如. 世界抽水蓄能电站新发展 [M]. 北京：中国电力出版社，2005.

[21] 高学平，张亚，刘健，等. 抽水蓄能电站竖井式出水口三维数据模拟 [J]，水力发电学报. 2004，23 (2)：35-37.

[22] 高学平，张效先，李昌良. 西龙池抽水蓄能电站竖井式进出水口水力学试验研究 [J]. 水力发电学报，2002，(1)：52-60.

[23] 杨小亭，张强，邓朝晖. 抽水蓄能电站进出水口模型试验 [J]. 武汉大学学报，2007，40 (1)：66-68.

[24] 章军军，毛根海，程伟平，胡云进. 抽水蓄能电站侧式短进出水口水力优化研究 [J]. 浙江大学学报，2008，42 (1)：188-192.

[25] 蔡付林，胡明，张志明. 双向水流侧式进出水口分流墩研究 [J]. 河海大学学报，2000，28 (2)：74-77.

[26] 张从联，朱红华，钟伟强，黄智敏. 抽水蓄能电站进出水口水力学试验研究 [J]. 水力发电学报，2005，24 (2)：60-63.

[27] 张伯纳. 天荒坪抽水蓄能电站水力学模型试验研究 [J]. 华东水电技术，2002，(3)：90-99.

[28] 潘家铮，何璟. 中国抽水蓄能电站建设 [M]. 北京：水利电力出版社，1980.

[29] 李志武. 溪口抽水蓄能电站及其技术创新 [J]. 中国农村水电及电气化，2005，12.

[30] 陈依考. 横跨淘石河的明潭引水隧洞 Rock Mechanicsland Power Plants，1988.

[31] DL/T 5208—2005 抽水蓄能电站设计导则 [S]. 北京：中国电力出版社，2005.

[32] 肖贡元. 高水头抽水蓄能电站地下高压管道设计中的几个问题 [J]. 华东水电技术，1987，(2).

[33] 张有天. 岩石水力学与工程 [M]. 北京：中国水利水电出版社，2005.

[34] 张有天. 论有压水工隧洞最小覆盖厚度 [J]. 水利学报，2002，(9).

[35] 张秀丽. 高水头、埋藏式钢管钢衬长度确定初探 [J]. 华东水电技术，1996，(4).

[36] 叶冀升. 广蓄电站钢筋混凝土衬砌岔管建设的几点经验 [J]. 水力发电学报，2001，(2).

[37] 陈骏，张伟，孟江波. Auto CAD 三维制图在泰安工程岔管设计中的应用 [J]. 华东水电技术，2006，(4).

[38] 徐江涛. 桐柏抽水蓄能电站钢筋混凝土岔管设计 [J]. 华东水电技术，2006 (1).

[39] 黄立财. 惠州抽水蓄能电站压力岔管体型优化研究 [J]. 中国农村水利水电，2006，(9).

[40] DL/T 5141—2001 水电站压力钢管设计规范 [S]. 北京：中国电力出版社，2002.

[41] 姜长飞，钟秉章. 江苏宜兴抽水蓄能电站埋藏式钢岔管设计. 中国水电站压力管道第6届全国水电压力管学术论文集 [C]. 北京：中国水利水电出版社，2006.

[42] 王志国. 埋藏式内加强月牙肋岔管技术研究与应用. 中国水电站压力管道第6届全国水电压力管学术论文集 [C]. 北京：中国水利水电出版社，2006.

[43] 陆强，钟秉章. 埋藏式钢岔管按联合受力设计的若干问题. 中国水电站压力管道第6届全国水电压力管学术论文集 [C]. 北京：中国水利水电出版社，2006.

[44] 张健，索丽生. 抽水蓄能电站尾调设置与过渡过程研究. 水电能源科学 [J]. 2008，26 (3)：83-87.

[45] 张健，张伟，姜忠见，徐跃明. 抽水蓄能电站输水系统取消尾水调压室研究 [J]. 水利水电技术，2004，35 (8)：115-118.

[46] Zhang Jian，Hu Jianyong，Hu Ming，Fang Jie，Chen Ning. Study on the Reversible Pump-turbine Closing Law and Field Test. 2006 ASME Joint U. S. -European Fluids Engineering Summer Meeting，July 17-20，2006，Miami，FL. USA.

[47] Zhang Jian，Lu Weihua，Hu Jianyong，Fan Boqin，Study on the Hydraulic Transients of Pump-tur-

bines Load Successive Rejection in Pumped Storage Plant. Proceedings of FEDSM2007 2007 Joint ASME/JSME Fluids Engineering Conference, July 30 - August 2, 2007 San Diego, California USA.

[48] 梅祖彦. 抽水蓄能发电技术 [M]. 北京：机械工业出版社，2000.

[49] Suter P., Representation of Pump Characteristics for Calculation of Water Hammer [J]. Sulzer Technical Review, Research Number, 1966.

[50] 克里夫琴科. 水电站动力装置中的过渡过程 [M]. 北京：水利出版社，1981.

[51] DL/T 5058—1996. 水电站调压室设计规范 [S]. 北京：中国电力出版社，1997.

[52] 格连科. 可逆式水力机械 [M]. 刘宝第，译. 北京：水利电力出版社，1987.

[53] 沈祖诒. 水轮机调节 [M]. 北京：中国水利水电出版社，1998.

[54] 张健，房玉厅，刘徽，周杰. 抽水蓄能电站可逆机组关闭规律研究 流体机械 [J]. 2004, 32 (12): 14 - 18.

[55] 张健，卢伟华，范波芹. 输水系统布置对抽水蓄能电站甩负荷水力过渡过程影响 [J]. 水力发电学报，2008, 27 (5): 158 - 162.

[56] 文洪，张春生，朱以文，罗银淼，等. 抽水蓄能电站厂房振动控制标准和减振措施研究 [R]. 华东勘测设计研究院，2004.

第7章

潮　汐　电　站

本章为《水工设计手册》（第2版）第8卷新编章。本章主要对潮汐水文条件，潮汐电站开发方式、规划、水库调节、规模选择等作了详细阐述，其中水工建筑物（包括堤坝、厂房、水闸、船闸）设计与常规河床式水电站基本相同，可参见本手册的有关章节，本章只对不同点或有特殊要求的结构进行说明。

目前国内外已建成并运行的潮汐电站比较少，国内仍在运行的潮汐电站有三座：浙江温岭江厦潮汐试验电站（装机3900kW）；山东乳山白沙口潮汐电站（装机640kW）；浙江玉环海山潮汐电站（装机250kW）。国外在运行的潮汐电站有：法国的朗斯潮汐电站（装机240MW），加拿大的安纳波利斯潮汐电站（装机20MW），俄罗斯的基斯洛湾潮汐电站（装机400kW）以及韩国的始华湖潮汐电站（装机254MW）。在本章编写过程中充分收集国内外已建及规划的潮汐电站的设计和建设运行资料，进行消化吸收纳入手册范围，增加手册的实用性、适用性，反映潮汐电站目前的设计水平、技术特点和发展趋势。

本章共分5节。7.1节介绍了潮汐电站的定义及特点、潮汐的物理现象、潮汐能估算及潮汐能的动态特点等。7.2节介绍了潮汐发电开发方式。7.3节介绍了潮汐电站的规划等。7.4节介绍了潮汐电站水工建筑物及枢纽布置。7.5节介绍了潮汐电站水工建筑物设计特点。

章主编　张春生　陈国海

章主审　肖贡元　蒋效忠　何世海

本章各节编写及审稿人员

节次	编　写　人	审稿人
7.1	陈国海	肖贡元　蒋效忠
7.2		张春生　肖贡元　张克钊
7.3	周鹏飞	张春生　计金华 陈国海　蒋　逵
7.4	陈国海	肖贡元　何世海
7.5	陈国海　郑永明　毛影秋　刘汉中	张春生　何世海

第7章 潮 汐 电 站

7.1 概　　述

7.1.1 潮汐电站的定义及特点

在海湾入口或有潮汐的河口建筑堤坝、厂房和水闸，与外海隔开形成水库，利用涨落潮时库内水位与外海潮位之间形成的水位差进行发电的电站，称为潮汐电站。

潮汐发电是水力发电的一种形式，也需筑坝形成水头，利用水轮发电机组把潮汐能转变成电能，产生的电能通过输电线路输送到负荷中心。潮汐发电和常规水力发电相比有许多特殊之处，如：潮汐电站利用潮水位和库水位的落差发电，以海水作为工作介质，设备的防腐蚀和防海生物附着问题是常规水电站所没有的；潮汐电站没有水电站的丰、枯水期出力变化较大问题，月及年平均电量稳定而且可以做到精确预报，但每日、每月内的出力不均匀；建设潮汐电站一般不需移民，无淹没损失，可结合围垦土地，具有综合利用效益。

7.1.2 潮汐的物理现象

地球、月亮、太阳的相互引力作用所产生的引潮力是造成全世界海洋潮汐运动（潮位及潮流变化）的原因。

潮汐是一种周期现象。在潮位升降的一个周期中，海面升到最高位置时称为高潮（或满潮），海面降到最低位置时称为低潮（或干潮）。当潮位达到高潮和低潮时，有短时间海面不涨也不落，此段时间分别称为平潮和停潮。平潮的中间时刻称为高潮期，停潮的中间时刻称为低潮期。从低潮到高潮的过程中，海面不断升涨的过程称为涨潮；自高潮到低潮的过程中，海面逐渐下落的过程称为落潮。两相邻高低潮水位之差称为潮差，潮差每天不等，其平均值称为平均潮差。高潮水位或低潮水位与平均潮位之差称为潮幅。

潮汐的周期往往是一个太阴日，即 24h 48min，或半个太阴日，即 12h 24min，前者称为全日潮，后者称为半日潮。在大多数地方，呈现的是上述两种潮型的组合，其名称按明显占优势的那种潮型而定。如果两种潮型分量相当，则称为混合潮。

潮汐的性质，通常用比值 λ 表示，即

$$\lambda = \frac{H_{k1} + H_{O1}}{H_{m2}} \tag{7.1-1}$$

式中　H_{k1}——全日型太阴—太阳合成分潮潮幅；

H_{O1}——全日型主要太阴分潮潮幅；

H_{m2}——半日型主要太阴分潮潮幅。

一般认为：$\lambda<0.5$ 时，为正规半日潮，每天两次高低潮比较规则；$0.5\leqslant\lambda<2.0$ 时，为非正规半日潮，每天有两次不规则高低潮；$2.0\leqslant\lambda<4.0$ 时，为非正规全日潮，部分日期为每天一次不规则高低潮；$\lambda\geqslant4.0$ 时，为正规全日潮，大部分日期为每天一次高低潮。

潮汐除了半日或全日的变化外，还有较长周期的变化，其中最明显的周期为半个太阴月，即 14.7d。在此期间潮差在最大值和最小值之间变化的时间为一周。对半日潮，在新月和满月时出现最大潮差，称为朔望潮或大潮；在上、下弦月时出现最小潮差，称为弦潮或小潮。对全日潮，大潮发生在南北月赤纬最大时，又称回归潮；小潮发生在月亮位于赤道附近时，又称为赤道潮。对混合潮，在朔望潮与回归潮重合时，易出现最大潮差。

此外潮汐还有年周期的变化，以及 8.85a 和 18.66a 的长周期的变化。

7.1.3 潮汐能估算

对河川径流来说，理论蕴藏量等于多年算术平均流量和整条河流落差（毛水头）的乘积，并乘以某一系数。对潮汐来说，能量体现在一年中每个潮汐周期内水面的升高和降低，所以确定潮汐电站功率的主要参数不是流量和水头，而是海域面积 F（单位为 km^2）和潮差 H（单位为 m）。

假设在涨、落潮时海域内没有水面坡度，即整个海域水面是同时升降的，潮汐在涨、落潮周期内完成的功 E 是提升和下降的海水重量和重心的提升高度的乘积。海水重量可表示为 $HF\rho\times10^6$kN，提升高度为潮差 H 的一半。故有

$$E = \frac{H}{2} HF\rho \times 10^6 \quad (7.1-2)$$

式中　E——功，kJ；

H——平均潮差，m；

F——平均潮位时的海湾面积，km^2；

ρ——海水容重，$10.05kN/m^3$。

对于正规半日潮，因为一天内有3.87个半周期，故一天内潮汐所做的功为$3.87E$，将其除以一天的秒数，即得潮汐日平均理论出力为

$$P = 225H^2F \text{ (kW)} \quad (7.1-3)$$

由此可以算出该海域的潮汐能年蕴藏量为

$$E_a = 1.97 \times 10^6 H^2 F \text{ (kW·h)} \quad (7.1-4)$$

式中H应取平均值。

显然，单位面积（$1km^2$）海域的潮汐能蕴藏量与潮差的平方成正比。

式（7.1-4）可用于估算具有正规半日潮的海域的潮汐能蕴藏量，在大多数可以建潮汐电站的海湾，潮汐具有正规半日潮性质。虽然有些地方，潮汐过程含有明显的日周期分量，甚至日周期分量超过半日周期分量，但这些混合潮也是可以被调节和利用的。

混合潮的能量及其潮汐能蕴藏量的估算较复杂，因为相互交替的周期内幅值是不一样的。随着比值$\lambda = \frac{H_{K1} + H_{O1}}{H_{M2}}$的增加，一天内有一个周期振荡幅值逐步减少，到$\lambda$超过4时，就几乎完全消失，潮汐成为全日潮。显然，在这种正规全日潮的极端情况下，一日内的周期数只有正规半日潮的一半，故在式（7.1-4）中应乘以系数0.5。潮汐性质介于正规半日潮和正规全日潮之间时，λ在0与4之间变化，因此需在公式中引进一个与λ有关的线性系数来考虑潮汐性质的变化，故有

$$E_a = 1.97 \times 0.5 \times 10^6 H^2 F\left(1 + \frac{4-\lambda}{4}\right) \quad (7.1-5)$$

应该指出，从式（7.1-3）～式（7.1-5）得出的是潮汐资源的理论蕴藏量，实际开发是不可能获得这么多能量的，技术可开发的潮汐能量和装机容量按下列经验公式估算。

（1）单向发电潮汐电站：

正规半日潮

$$N = 200H^2F \quad (7.1-6)$$

$$E = 0.4 \times 10^6 H^2 F \quad (7.1-7)$$

正规全日潮

$$N = 100H^2F \quad (7.1-8)$$

$$E = 0.2 \times 10^6 H^2 F \quad (7.1-9)$$

（2）双向发电潮汐电站：

正规半日潮

$$N = 200H^2F \quad (7.1-10)$$

$$E = 0.55 \times 10^6 H^2 F \quad (7.1-11)$$

正规全日潮

$$N = 100H^2F \quad (7.1-12)$$

$$E = 0.275 \times 10^6 H^2 F \quad (7.1-13)$$

式中　N——装机容量，kW；

E——年发电量，kW·h；

F——港湾纳潮库面积，km^2；

H——平均潮差，m。

（3）混合潮型的潮汐电站。有些海域的潮汐属混合潮（包括不正规半日潮和不正规全日潮），因此，上述按正规半日潮或正规全日潮推导的潮汐能技术可开发量计算方法不适用于混合潮型的潮汐能技术可开发量计算，而应按代表年内典型潮位过程线进行调节计算。

7.1.4　潮汐能的动态特点

7.1.4.1　日不均匀性

一般说，有利用价值的近岸海域中潮汐常常是半日潮性质，潮位的日变化过程近似为正弦波。势能随潮位偏离平均潮位的大小而变化，故其最大值、最小值出现在高潮位和低潮位。在潮波为驻波时，动能正好有相反的特性，驻波中潮速变化与潮位随时间的一阶导数成正比，所以在高潮位、低潮位时，流速为零，动能亦为零。

如图7.1-1所示为苏联基斯洛湾典型潮位与流量变化过程。从图中可见，流量Q在涨潮（落潮）的中间达到最大值，而在高潮位和低潮位时接近于零。流量为零或接近于零的情况可能持续几分钟到半小时，这决定于潮差大小。图中潮位变化和流量变化的相角差相当于驻波的情况。这种日不均匀性使潮汐能开发的出力也不均匀。

7.1.4.2　月内不均匀性

潮汐变化周期为一个朔望太阴月，变化周期中天体引潮力经历了朔望（满月、新月）、上下弦月及北、南赤纬等所有的特征相位，引起相应的潮位涨落变化。从上下弦潮期到朔望潮期一般历时7～8天，潮位潮差逐步上升至极大值，以后逐渐下降，在下一个上下弦潮期减至极小值，然后在下一个朔望潮期又重新增大，如此循环。同一个朔望太阴月内，后一个朔望潮潮差通常要小于前一个朔望潮潮差。

图7.1-1所示为潮汐过程随日期的变化，图中3月6日为大潮，3月15日为小潮。大潮时流量达$340m^3/s$，而在小潮时流量只有$120m^3/s$，这种月内不均匀性的周期为14.7d。基斯洛湾的观测资料分析

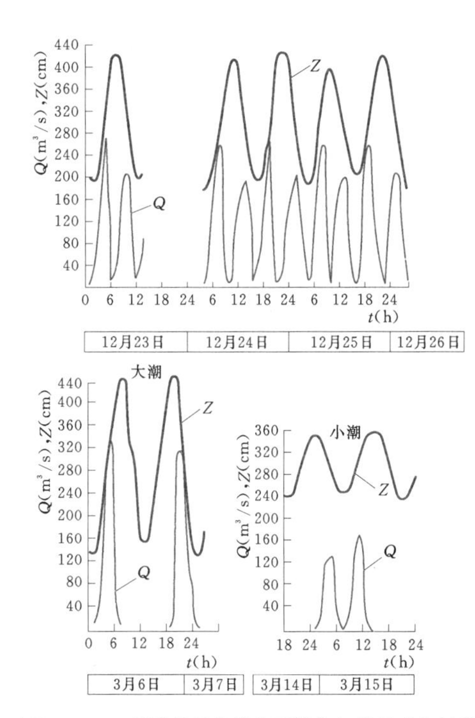

图 7.1-1 苏联基斯洛湾典型潮位与流量变化过程

表明，在正规半日潮情况下，对研究潮汐能源开发利用来说，调节周期可以采用 29.5d 的太阴月。在法国朗斯潮汐电站设计计算时，也是采用这样的周期。但在一个太阴月周期内，平均大潮潮差与平均小潮潮差之比为 3.23/1.61≈2，潮汐能之比则为 4。这种潮汐能在一个月内的显著变化是潮汐能源利用的一个缺点。

7.1.4.3 月平均潮差的不变性

从朔望到弦月间潮汐不均匀性的周期为朔望太阴月，在这一个月中，主要的引潮力经历了所有的特征相位。这一规律是由天体运动规律确定的，是基本不变的，这也保证了一年内不同太阴月潮汐规律的一致性，也即一年内不同太阴月的月平均潮差是基本不变的。潮汐能是潮差的函数，对于任何月和任何年，月平均潮差是一样的，则潮汐能量的月平均值是基本不变的，由此可以保证潮汐电站的出力、电量在年内和年际之间变化不大，这是潮汐电站的优点。

从潮汐能的动态特点可见，潮汐电站和河川电站各有优缺点。潮汐电站的优点是月平均能量固定，不受当年整个雨量或来水量影响，但在一个月和一日内能量有很大变化。而河川电站通常有日调节或不完全年调节水库，它可以按需要调节一日或几个月内的发电量，但它通常难以解决多年调节问题。如果让潮汐电站与具有月调节以上水库的河川电站联合工作，那么就可以充分利用潮汐能量，提高效益。

7.1.5 潮汐电站对周围环境的影响

从生态方面说，潮汐电站是非常清洁的能源。

潮汐电站的主要生态优点在于不排放各种有害废物，其中包括 CO_2。潮汐电站对自然的影响只局限于潮汐电站水库范围内及紧靠坝外侧的不大的水域，这是潮汐能很大的优点，所以可认为它是生态上最被接受的能源。

在评价潮汐电站对周围环境的影响时，应考虑到潮汐电站的坝在围截河口或海湾形成水库的同时，还可防护这些河口和海湾免受风暴潮、涌潮退潮对水库两岸的破坏及水流的紊动掺混，而这些在电站修建前时有发生。这就使自然条件得到改善，如：水的含沙量减小，有利于浮游生物的生长；对生态系统总效应产生有利影响，其中包括水库中的海产养殖。

潮汐电站水库区排除了风暴作用，为娱乐、休养、旅游等创造了良好的有利环境，通航条件也得到改善。潮汐电站大坝也常作为缩短海湾绕行的陆上通道。

应该指出，潮汐电站在生态上的这些决定性的优点不应使我们看不到它的不利影响，虽然这些不利影响是有限的。

建设潮汐电站虽然不会有淹没问题，但水轮机发电会使潮差有所减少，在单向运行的情况下，潮汐变化节奏可由半日潮变为全日潮，这就不能不影响泥沙淤积、泥沙输移、生物产量、生物群落、渔业及毗连水库的沿岸坑田及沼泽地的生存条件。

在水库与海洋部分隔离以后，水库的动态调节性能降低，增加了生态系统及已建立的平衡对人类活动影响的敏感性，而且首先是对潮汐电站运行工况影响的敏感性。

因此，潮汐电站生态部分设计的任务在于仔细研究潮汐电站的兴建和运行带来的后果，并在经济上和生态上将不利因素缩减到最小程度。

7.2 潮汐发电开发方式

7.2.1 开发方式的分类

人类在开发利用潮汐资源的过程中共提出过 13 种开发方式，常用的主要有：单库双向开发方式、单库单向开发方式和双库单向开发方式。

7.2.1.1 单库双向开发方式

单库双向开发方式如图 7.2-1 所示。图 7.2-1

（a）是枢纽布置简图，图中1为潮汐电站，2为拦海坝及水闸，它将海湾分成两部分，坝内海域称为水库，坝外称为外海。图7.2-1（b）为单库双向潮汐电站的工作过程，实线Ⅰ表示水库水位变化过程，实线Ⅱ表示外海潮水位变化过程，黑色图形表示电站出力变化过程。

（a）枢纽布置

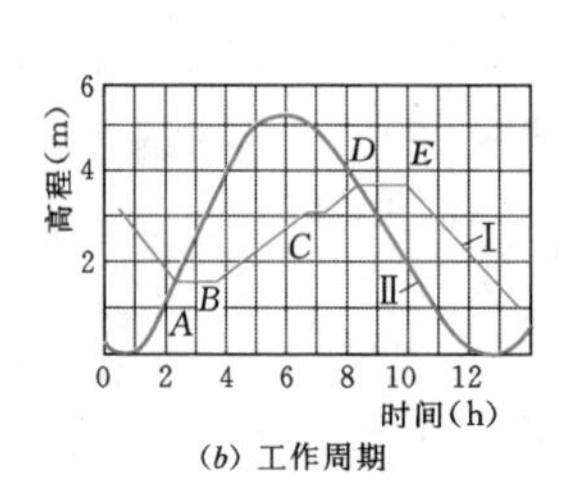

（b）工作周期

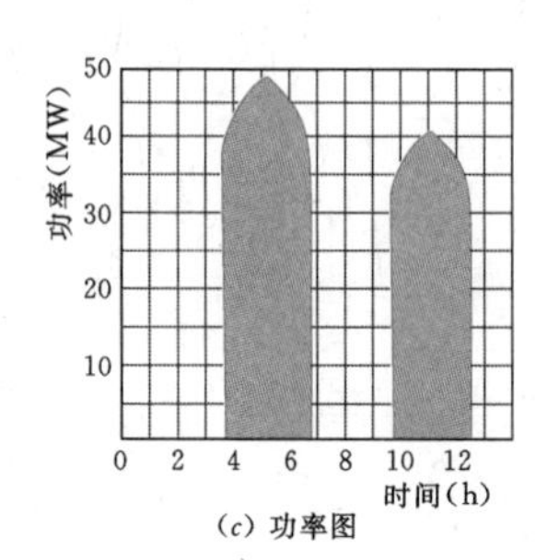

（c）功率图

图7.2-1 单库双向开发方式

1—潮汐电站；2—拦海坝及水闸

这种开发方式最适应天然潮汐过程，调节程度最小。电站厂房位于将外海与水库隔开的坝轴线上，也是挡水坝的一部分。工作周期如下。

在涨潮开始后，外海潮水位与库水位接近相等时（A点）关闭水闸。随着潮水位上升，形成外高内低的落差，当水头超过水轮机允许最低工作水头时（B点），水轮机组投入运行，开始发电，此时水流由外海流向水库，使库水位上升。由于潮水位上升较快，故工作水头也不断增加，直至高潮时刻。高潮后，潮位下降，而库水位上升，很快水头落至水轮机允许的最小工作水头，水轮机停止发电（C点），此时，开启水闸，水流继续从外海进入水库，使库水位继续上升。至某一时刻，外海潮水位与库水位接近相等，关闭水闸（D点）。以后潮水位继续下落，至E点，水轮机又开始工作，不过这时水位是内高外低，水流由水库流向外海，库水位下降。在低潮后不久，因水头低于最小工作水头，水轮机停止工作，水闸打开，继续放空水库，很快潮水位与库水位接近，水闸关闭。这样不断重复工作。因为这种开发方式最适应潮汐的自然过程，故潮汐能的利用率最高。缺点是发电过程的间断性和发电量的不均匀。

这种开发方式的投资比较高，但因为发电量比较大，因此单位电能的投资接近最低值。

为了进一步加大过水量，可以在开放水闸的同时，利用潮汐机组抽水。这样，虽然增加了运行工况的复杂性，提高了对机组的要求，但可以使水库多蓄水和多放空，从而增加水库的利用率，提高潮汐电站的效益。

7.2.1.2 单库单向开发方式

单库单向开发方式如图7.2-2所示。

单库单向开发方式的枢纽布置与单库双向开发方式是一样的。差别在于，单库双向开发方式为涨潮、落潮均发电，而单库单向开发方式在涨潮时发电，或者在落潮时发电，称为单向涨潮发电或单向落潮发电。

在英国的塞文、法国的朗斯、苏联的美晋、中国的八尺门和健跳港等潮汐电站设计方案中均考虑或考虑过单库单向开发方式。

在单向落潮开发方式时，库水位变化较小，库水位一般维持在较高水位，这一点对有些情况是重要

（a）枢纽布置

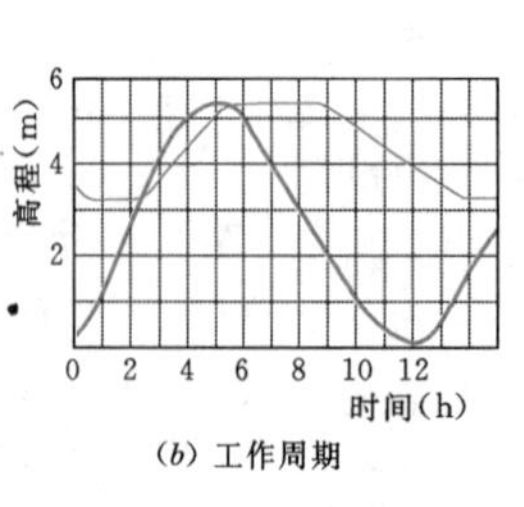

（b）工作周期

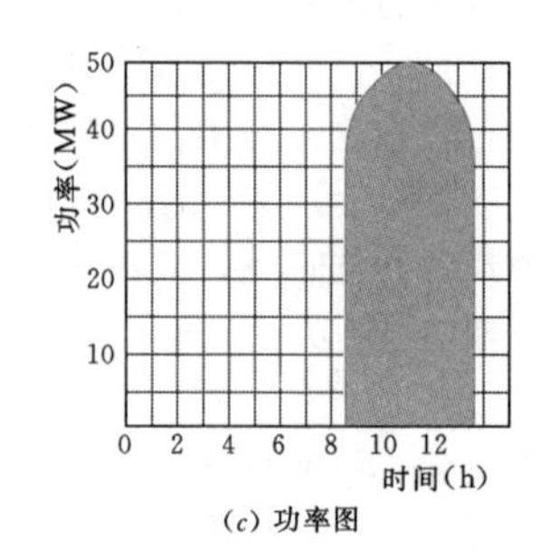

（c）功率图

图7.2-2 单库单向开发方式

1—潮汐电站；2—拦海坝及水闸

的和有利的。例如库内有码头，需要维持一定的水位；或者海湾深度较小，水位不能太低。对建在河口的潮汐电站，如河口上游有抽水站，同时又不可能或不希望过多开挖，那么也需要保持一定的水位。与双向工作方式比较，水轮机工作水头较高，水头变化相对较小。单向开发方式的厂房与机组也较双向开发方式的简单，因而投资较低。但单向工作方式的潮汐能利用率小于双向工作方式，所以单位电能的投资相差不多。

如采用单向涨潮发电，那么潮汐能的利用率还要低，根据法国朗斯电站的计算，单向涨潮发电获得的电能只有单向落潮发电的2/3。这是因为，单向涨潮发电时，水库总在低水位工作，因此在岸坡平缓，或有滩地的情况下，水库的水面积较小，水头下降快。而水库在高水位时，水库的水面积较大，水头下降慢。

7.2.1.3 双库单向电站设在两库之间的开发方式

双库单向电站在两库之间的开发方式如图7.2-3所示。这种开发方式是1890年由特考尔提出的，并曾用于一系列潮汐电站的设计方案中，如英国塞文、法国朗斯等潮汐电站。这个开发方式之所以被广泛采用，是因为它能给出电站的连续工作方式，且枢纽布置简单，造价相对不高。在本开发方式中，电站位于上水库与下水库之间，利用上、下水库间的落差工作。如图7.2-3所示为其工作方式和枢纽布置。从图7.2-3（*b*）可见，在*a*点，上水库水位与外海潮水位相同，落潮已开始，关闭1号坝上的水闸，水轮机利用上库水发电，尾水流到下水库，此时下水库亦与外海隔断，所以随尾水流入，下水库水位上升；到*b*点，外海潮水位下降至与下水库水位相同，此时，打开2号坝上的水闸，使下水库与外海沟通，于是尽管尾水不断进入下水库，但下水库水位仍然随潮水位下降；至*c*点，潮水位已达低潮位后开始涨潮，关闭2号坝上的水闸，下水库水位随尾水进入而升高；到*d*点，潮水位涨至与上水库水位相同，打开1号坝上的水闸，之后上水库水位随潮水位上升，仍在发电。这个过程一直持续到*a*点，如此循环。由此可见，只要适当选择水库库容和电站装机，那么电站是可以连续发电的，这就是本开发方式的最大优点。但潮汐能量的利用率是最低的。

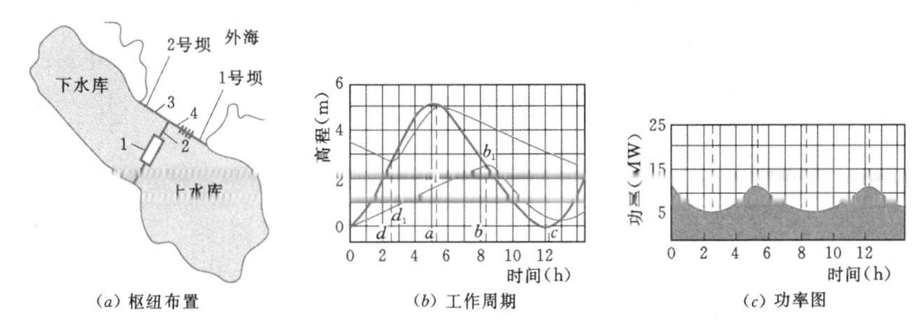

图7.2-3 双库单向电站在两库之间的开发方式

1—潮汐电站；2—分隔坝；3—2号坝上的水闸；4—1号坝上的水闸

当然半太阴月内的日平均出力的变化仍然是存在的。从系统电力和电量平衡来说，本方案的潮汐能利用率最低，因而需要的补偿出力亦为最大。

上述情况应特别引起注意，因为设计者往往只看到本开发方式能给出连续发电的优点，而忽略了月不均匀性影响的严重性。例如对同一海湾若单库方案装机可达48MW，在本方案中装机只有11MW，而在弦月时，这个功率将降至1.5MW。若进一步降低装机容量，虽能减少不均匀性，但却会使潮汐能利用率更低，单位电能的造价也就升高。

其余10种开发方式分别为：①双库单向工作，电站位于外海与水库之间；②双库，两个电站一个抽水站方式；③双库单向工作，有水泵的开发方式；④双库单向工作，用可逆式水泵水轮机的开发方式；⑤双库双向工作开发方式；⑥双库，主水库双向，辅助水库单向的开发方式；⑦三库开发方式；⑧联合水库，有相位覆盖的开发方式；⑨联合水库，有相位覆盖及抽水的开发方式；⑩联合水库双向工作，有可逆式机组的开发方式。由于这10种开发方式很少用到，这里不作详细介绍，可参见有关文献。

7.2.2 开发方式比较

为了比较各种开发方式的动能及经济指标，有学者对同一个海湾条件下不同开发方式做了计算，其结果见表7.2-1。从表中可以看出，开发方式不同，其装机规模、发电量、经济指标等都不相同。

表 7.2-1 开发方式比较表

开发方式	潮汐能利用率(%)	装机容量(MW)	最大出力/最小出力(MW)	年平均电能(10^7kW·h)	利用小时数(h)	单位千瓦投资(%)	单位电能投资(%)
1. 单库双向	34	48	48/0	13.7	2500	100	100
2. 单库单向	22.4	49	49/0	9.4	1780	90	130
3. 双库单向，电站位于两库间	13	11	11/1.5	4.8	4200	275	170
4. 双库单向，电站位于外海与水库间	22.4	24.5	24.5/0	9.3	3350	190	160
5. 双库单向，两个电站一个抽水站	16	32	14/2.5	6.7	1850	135	190
6. 双库单向，有水泵	23.4	23.8	15.5/4.5	10.0	3500	525	250
7. 双库单向，有可逆式机组	27.7	32.3	32.3/0	11.6	3150	142	120
8. 双库双向	21	15	15/4	10.8	6200	670	300
9. 双库，主库双向，辅库单向	19.8	10.5	10.5/1.2	8.3	6900	420	150
10. 三库	23.7	13.2	13.2/1.5	10.5	6640	525	210
11. 联合水库	13.3	39.0	13.5/1.5	5.5	1200	450	350
12. 联合水库，有抽水站	13.7	51.0	14.0/2	5.7	980	550	420

实际已投运的潮汐电站中，法国的朗斯潮汐电站、苏联的基斯洛湾潮汐电站及中国的江厦潮汐电站均采用单库双向发电，而加拿大的安拿波利斯潮汐电站采用单库单向发电，中国的海山潮汐电站采用双库单向发电。

7.2.2.1 单库单向与单库双向开发方式比较

单向开发方式水头变化范围较小，平均工作水头较高，这可使水轮机的数量和转轮直径减少，从而减少潮汐电站的投资。单向工作水轮机的造价亦比双向工作水轮机造价低一些。基于这点，近年来有一种意见，认为朗斯潮汐电站采用的方案比较复杂，因而也比较昂贵，在技术上是完善的，但不一定是最优的。芬迪湾潮汐电站设计者中也有人认为，双向工作提高保证出力的好处并不能抵消较复杂设备引起的投资增加。有计算表明，双向工作方案发电量较单向工作发电量增加得不多，有的只有5.9%～2.7%。但是另一些电站的计算表明，双向工作的发电量增加较多，如苏联的美晋潮汐电站增加18%，英国的塞文潮汐电站增加25%等。

因此，对于某个特定的潮汐电站来讲，采用单库单向发电还是单库双向发电，需依据潮差、水库地形等自然条件，经技术经济比较才能确定。一般来讲，对平均潮差较小的站址，如采用双向发电，涨潮和落潮发电时，由于受水轮发电机的出力限制，在最小水头下是发不出电的，从而导致电站的有效发电水头范围缩小，发电量降低，比单向发电增加不多甚至没有增加。

7.2.2.2 单库与多库开发方式比较

多库方式可以通过调节达到使潮汐电站连续发电，甚至按日负荷图需要发电，但最终多库方式也无法解决月内不均匀性。而多库方式的主要缺点是潮汐能的利用率低。由于将海湾分为2～3个库，利用率就成为原来的1/2～1/3，同时，水库的有效面积也会减少，另外由于需建造附加建筑物，如分隔坝等，使多库方式的投资增大。

虽然目前投运的电站（除浙江海山潮汐电站，装机250kW）很少采用多库开发方式，但多库方案使电站能连续发电的优点仍然具吸引力，因此总还有人在研究和考虑多库方案。

英国的塞文潮汐电站（方案设计）的双库开发方式中，将辅助水库开挖很深（比平均海平面低18m），并用抽水办法增加潮汐电站发电量，这样可以实现白天12h顶峰工作和晚上10h抽水工作，从而使该潮汐电站成为电力系统中的重要组成部分。该电力系统主要是核电，没有水电，所以潮汐电站实际成了抽水蓄能电站。但是潮汐电站的水头均很低，作为抽水蓄能电站通常是不经济的。

目前通常认为，单库方案优于多库方案。

7.3 潮汐电站的规划

潮汐电站规划主要包括：站址选择，开发方式、电站规模及工程布置方案的确定，电站在电网中的作用以及效益分析等项内容，并要求与当地的海岸带开发规划、水利规划、交通规划及电力系统规划等协调一致，而且要符合海洋功能区划要求。

7.3.1 潮汐电站站址选择

潮汐电站站址是在对建站地区自然条件和社会经济条件进行系统调查以后，经综合分析比较确定的。当电力的供需条件确认以后，潮汐水文条件、地形与地质条件、综合利用条件等应列为调查（勘测）的主要内容。

7.3.1.1 潮汐水文条件

1. 潮汐资料的收集和观测要求

潮汐资料的搜集，有三种途径：

(1) 在电站选址地区已建有潮位站，并有较长的观测历史，可直接从观测记录中摘抄，或从年、月报表等刊布成果中抄录。如若附近港口有刊布的潮汐表，则也可以从中查得逐日的高、低潮位特征值。

(2) 在电站坝址的上、下游或沿海岸的两侧设有潮位站，则利用这些观测成果，按距离内插得出坝址处的潮位特征值。但若附近只设有一处潮位站，且与坝址有一定距离，为取得较准确的潮位资料，可在坝址处设临时潮位站作短期（至少有一个月）观测，所得成果与附近已有潮位站的长期观测成果作相关分析，建立相关公式，据以推算坝址处的潮位特征值。

(3) 新建潮位站，作系统观测。潮位站位置一般不应设在电站水库之内，而宜在电站坝址下游隔一段距离处，以免潮位观测记录精度受到电站建设的影响，也不宜设在船只往来频繁的港口、码头附近。

完整的潮位观测需日夜进行，最好是每隔 6min 观测一次，如做不到，也要相隔 30min 或 1h 观测一次，在观测潮位的同时，须记下当时的风力、风向和流向，以备资料整编时查考。

对观测成果，应逐日、逐月和逐年进行统计。统计的特征值主要有：每日的高潮位与低潮位及其出现时分、涨潮潮差与落潮潮差、涨潮历时与落潮历时，每月（年）的最高潮位与最低潮位及其出现日期和时分，月（年）最大潮差与最小潮差及其出现日期，月（年）平均高潮位、低潮位、平均潮差、平均海平面及平均涨、落潮历时等。

2. 潮差

在众多的潮汐特征值中，潮差对潮汐电站有特别重要的意义。潮汐能估算公式已表明潮汐电站的年发电量与年平均潮差的平方成正比。潮差大小对发电量的影响有双重作用：①体现在发电水头的大小上，因一般情况下潮汐电站所利用的水头是取潮差的部分值；②体现在发电流量上，因潮汐电站水库消落深度一般是取潮差的部分值，水库在一个潮周期内的蓄、放量决定了发电流量的大小。

潮汐电站的选址一般总是优先考虑潮差较大的地区，世界上潮差大的地点多成为潮汐电站的研究对象。如加拿大和美国交界的芬迪湾，最大潮差达 19.6m，1919 年起美国和加拿大就开始研究兴建该潮汐电站。英国塞文河口的潮差仅次于芬迪湾，最大潮差达 15.6m。在第二次世界大战后，英国着手研究开发并提出过多种规划设计方案。法国朗斯河口，最大潮差为 13.5m，于 1967 年建成了世界上第一座大型潮汐电站。我国规模最大的江厦潮汐试验电站，位置选在潮差较大的乐清湾内支港——江厦港，其最大潮差达 8.39m。

大洋中的潮汐是很弱的，潮差多在 1m 以下。潮波传向海岸、海湾或河口，由于地形和潮波的相互作用产生反射或共振等，潮汐才大为增强。如芬迪湾，其湾口的潮差也只不过 3～4m，到湾底附近，因共振作用，才有特大的潮差。

一旦修建潮汐电站大坝，自然环境就发生了变化，潮差也会产生或大或小的变化，因此需对潮差的增减进行预测，这直接关系到电站出力和发电量大小。对于大型潮汐电站，宜在建设前期通过数学模型或物理模型进行研究，并作出预测。

在有关潮差的诸特征值中，多年平均潮差是电站规划中反映潮汐条件的代表性量，它是潮汐能利用平均效果的体现者，应高度关注。一般来说，只有多年平均潮差大于 2m 的港湾才有开发利用价值。

3. 含沙量

站址的选择应避开泥沙含量大又容易淤积的地方，从某种程度上讲，泥沙淤积问题是潮汐电站建设成败的关键所在。我国 20 世纪六七十年代所建的 40 余座中小型潮汐电站，到目前还在运行的只剩三座，其余的全部报废停运，其中绝大部分原因是泥沙淤积所致。另外，含沙量多的水体对潮汐电站管道、阀门及水轮机叶片的磨蚀作用，会影响其使用寿命。因此，泥沙的淤积问题必须引起高度重视。

在规划阶段，对所选站址附近水域应选取若干条垂线进行准同步水文测量（包括潮位、潮流速、潮流向、含沙量、盐度、泥沙与沉积物粒度等），并对所获得的资料进行分析研究，了解站址地区的泥沙特性、来源及其分布特征，定性分析港湾的泥沙冲淤特性。在此基础上，根据水文测量资料和地形资料，建立港湾的流场模型。对港湾流场现状进行数值模拟，在验证正确合理的基础上，建立港湾泥沙冲淤模型，并根据工程情况，对潮汐电站建成后的流场进行预测。在泥沙冲淤现状验证合理的基础上，根据预测的流场对潮汐电站建成后的泥沙冲淤特性及其冲淤分布作出判断，并分析其变化趋势，作出潮汐电站建设对港湾泥沙冲淤的影响评价。

7.3.1.2 地形与地质条件

潮汐电站站址对地形、地质的一般要求是避风浪、口小肚大、坝址水深较小、基岩埋藏浅、地质条件良好、库区没有含沙量大的河流汇入及入库海水含沙量小等。

1. 地形条件

由于潮汐电站所利用的水头较低，因而其单位电能建设投资较一般水电站要高。有开发价值的潮汐电站除选在潮差较大的地区以外，具有海湾、河口、湾中湾、泻湖和围塘（滩涂）等地形优势的地点，可能是潮汐电站的合适站址。其中以湾中湾作为潮汐电站水库最为理想，因其不直接受外海波浪的作用，厂房、大坝和水闸等建筑物不需设防浪设施，同时波浪掀沙较弱，使库区淤积缓慢。在我国潮汐能资源普查中选定的站址均在河口或港湾，具备库区大、坝线短的地形优势，从而土建费用降低，进而减少电站单位电能造价。

1967年建成的法国朗斯潮汐电站，装机容量为240MW，至今仍是全球规模最大的潮汐电站，其坝址选在朗斯河口较窄部位，坝长只有750m，而水库最大面积为22km^2，蓄水量可达1.84亿m^3。有利的地形是促进该电站得以及早建设的一个重要条件。

2. 地质条件

大、中型潮汐电站在规划选点阶段，如有条件应对工程基础进行地质勘探，获得工程地质剖面图及各种土壤的物理力学指标。

潮汐电站站址尽量避开断层、滑坡和岩石破碎带等地质不良地段。

潮汐电站基础尽可能选择软黏土层较薄而下面为不易压缩层或岩基为好。

浙江江厦潮汐电站，堤坝坝基为软黏土，一般厚度20余m，最大厚度46m，组成物质为淤泥质黏土，含水量38.5%～84%，淤泥层之下为含黏土或砂土的砾石层。筑坝时虽已对软黏土作了压实处理，但堤坝建成以后一直在沉降，堤坝上的防浪墙因不均匀沉降而出现多处裂缝。根据1975～1985年建设期观测资料统计，堤坝平均下沉79cm，年均下沉7.5cm。在电站建成15年后堤坝沉降尚未稳定，每年还下沉2～3cm，直到最近几年，堤坝沉降才逐年减少，坝基趋于稳定。电站每年都需投入一定的人力、物力、财力对堤坝进行加固、加高处理，增加了电站的运行、维护费用。

7.3.1.3 综合利用条件

潮汐电站建设，由于投资大，上网电价高，效益差，需因地制宜地开展多种经营，提高收益，才能使潮汐电站获得发展后劲。

潮汐电站可以水库、大坝及滩涂为依托，进行综合开发。除发电以外的综合利用条件主要有水产养殖、围涂造田、改善交通及发展旅游业等。在电站的规划选点过程中，应对不同坝址的综合利用条件和电站的发电效益加以综合比较。

1. 水产养殖

电站水库提供了可控制的养殖场所，避开了外海的大风大浪，有利于水产养殖。

2. 围涂造田

沿海地区经济一般较为发达，人多地少的矛盾较为突出。根据海湾地形、滩涂标高等因素，在确定潮汐电站开发规模时，适当缩小库区或降低发电水位，将库内近岸滩涂进行圈围或直接利用，以发展农业生产，也可作为工业、交通等建设用地。

3. 改善交通

电站大坝一般建在港湾入口处，可以兼做道路，便利交通。在确定电站坝址时应尽可能与附近地区交通发展规划协调，以节省建桥费用，分摊大坝建设投资。

4. 发展旅游

滨海地区自然景观和潮汐电站建设形成的人文景观为发展旅游提供了广阔前景。在库区周围可开辟野外旅游和休息场所。入海小溪、山丘、林木均可改造成为景点，以吸引旅游者的兴趣。故在厂区布置及水库调度等方面均宜兼顾发展旅游的效益。

7.3.1.4 其他

潮汐电站选址时，还必须考虑当地的海洋自然保护区、湿地保护区、海洋珍稀物种、自然旅游资源以及港口等因素。潮汐电站建设必然改变自然生态环境，将对海洋自然保护区、湿地保护区、海洋珍稀物种、自然资源产生一定的影响，并对库区内的港口运行产生较大影响。因此，应会同海洋、环保、交通等部门进行调查、评估，明确潮汐电站选址的制约性因素。

7.3.2 潮汐电站规模选择

7.3.2.1 装机容量选择

潮汐电站的出力和发电量主要随着太阳、月球和地球三者运行过程中相对位置的不同而变化，具有间歇性、不均匀性、周期性及可预见性等特点。在电力系统负荷高峰时可能处在停机工况，亦即潮汐电站的容量不能时时都可分担电力系统的最大工作容量，只能作为电力系统的重复容量。潮汐电站在电力系统中的作用主要是提供电量。

潮汐电站装机容量是规划设计中的最重要参数，它主要由自然条件、经济合理性及电力系统的吸收能力等因素决定。自然条件主要指潮汐能资源蕴藏量，这确定了电站装机规模的大小。从经济合理的角度，要求装机容量适当，使付出的建设投资能获得相应较多的电量作为回报。而电力系统的吸收能力须从电力系统容量大小、负荷特性及其他电站的并网条件、解列速度等方面加以考虑。

潮汐电站装机容量粗略地可按近似公式估算，精确的确定须经技术经济比较。

1. 近似估算法

对于小型潮汐电站或规划阶段的大中型潮汐电站，往往由于资料不足等原因，不具备作水能计算分析的条件，通常可利用近似公式来估算潮汐电站装机容量。

潮汐电站利用潮汐的势能，潮汐能资源蕴藏量近似地与平均库区面积、平均潮差的平方两者乘积成正比例。电站规模必然要和资源量多少相称，即

$$N = KH^2F \qquad (7.3-1)$$

式中 N——装机容量，kW；

H——平均潮差，m；

F——平均库区面积，km^2；

K——经验系数。

严格地讲，式（7.3-1）中的 K 不能用一个常数表示，而是一个函数，其自变量有水库地形特征、潮汐特征、机组形式、运行方式、电站效率和电站补充单位千瓦造价等。然而对一些潮汐电站经详细的水能调节计算所定出的合理装机容量与式（7.3-1）对照，可知 K 值有一个不大的变化范围。中国沿海潮汐类型可分为正规半日潮、正规全日潮和混合潮，可开发潮汐能资源的装机容量估算公式如下。

（1）正规半日潮

$$N = 200FH^2 \qquad (7.3-2)$$

（2）正规全日潮

$$N = 100FH^2 \qquad (7.3-3)$$

（3）我国部分沿海海域属混合潮（包括不正规半日潮和不正规全日潮），因此，上述按正规半日潮或正规全日潮型的装机容量估算公式不适用于混合潮型的装机容量估算。混合潮型的装机容量估算需按代表年内潮型曲线进行调节计算。

在实际应用时，式中的平均潮差最好取多年平均值，在资料缺乏情况下，至少应取半月平均值。而平均库区面积系平均高潮位与平均低潮位之间分级高程下库面积的平均值，应从大比例尺地形图上量算，当沿用早期的测图时，则须实地调查复核后方可应用，如无大比例尺地形图，可用海图代替，量算该图上标出的岸线所围成的库区面积和沙滩边线围成的库区面积，将两者的平均值近似替代平均库区面积。

2. 技术经济比较法

技术经济比较法是对不同的装机容量所获得的有效年发电量，与付出不同的投资、成本这两方面进行动能经济分析比较，比选出经济、合理的装机容量。

具备水能计算分析的基本资料为：逐时潮位过程线、库区地形图及水轮机运转特性曲线等。此外，还须事先明确一些约束条件，如：库区最高、最低水位的限制，最大泄流量的限制（如交通安全方面的要求）等。

计算工作可分三步，即工作曲线绘制、流量调节计算、发电量计算。选用一系列装机容量，可得出相应的年发电量，选出与较大年发电量相对应的几种装机容量，再结合经济性和电力系统要求等因素，最终确定出潮汐电站的装机容量。

（1）工作曲线准备。潮汐电站水能计算中用到的工作曲线主要有：典型潮位过程线、水轮机运转特性曲线、水泵运转特性曲线（后两者均指水头—流量关系曲线和水头—出力关系曲线）、库容曲线和水闸泄流曲线等。为引用方便，水轮机运转特性曲线按单机绘制，而水闸泄流曲线按单窗绘制。

典型潮位过程线确定办法一般有两类。一类是将潮汐特征看做像河川径流一样的随机变量，因此可以利用频率统计的方法。在数个完整年（至少一年）资料中各次高潮位、低潮位、涨潮潮差、落潮潮差等按大小次序排列，从而得到上述诸值的保证率曲线，再选取若干保证率的特征值（如保证率为5%、30%、70%、95%等），按此在所选用各年逐时潮位过程线中挑出和这些特征相等或相接近的半日潮或全日潮过程线，即为典型潮位过程线。另一类方法是根据潮汐半月周期的特点，在历年潮位资料中选出半个月的连续潮位过程，要求其平均潮差和多年平均潮差相等或很接近。

有时为节省水能计算工作量，可用单一典型潮代替。其确定步骤是先在长系列的潮位资料中分别选取若干个有代表性的涨潮过程线和落潮过程线，将它们按潮差的尺度和历时的尺度计算出相对值，权且称为“标准”潮型，其算式如下：

“标准”涨潮潮位=(实际潮位−涨潮低潮位)/涨潮潮差

“标准”涨潮时间=(实际时间−低潮位时间)/涨潮历时

"标准"落潮潮位=(实际潮位−落潮低潮位)/落潮潮差

"标准"落潮时间=1+(实际时间−高潮位时间)/落潮历时

所得点绘于同一图中，这里以平潮时刻起算的时间为横坐标，尺度0～1.0和1～2.0，从低潮位起算的高度为纵坐标，尺度0～1.0，再从图中标出的点据中间勾出一条平均曲线，即为"标准"潮型线，其实例如图7.3-1所示。然后，据多年平均高潮位、多年平均低潮位、多年平均涨潮历时和多年平均落潮历时，将"标准"潮型线取若干点加以放大，即得平均潮的实际潮型线，其潮位和潮时的算式为：

涨潮潮位=多年平均低潮位+涨潮"标准"潮位×多年平均潮差

涨潮时间="标准"潮对应时间×涨潮历时

落潮潮位=多年平均低潮位+落潮"标准"潮位×多年平均潮差

落潮时间=多年平均涨潮历时+("标准"潮对应时间−1)×多年平均落潮历时

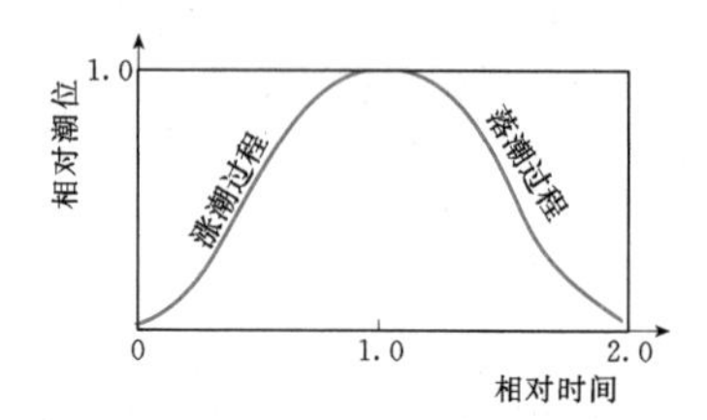

图7.3-1 "标准"潮型线实例图

(2) 水量调节计算。水量调节计算的目的是根据选定的典型潮位过程线，逐时段计算在不同工况下通过电站、水闸的流量及库内水位，并据以推算电站出力。图7.3-2为双向开发潮汐电站各工况库内外落差示意图，图中标出了八种运行工况，现按图示顺序对各工况的水量调节计算说明如下。

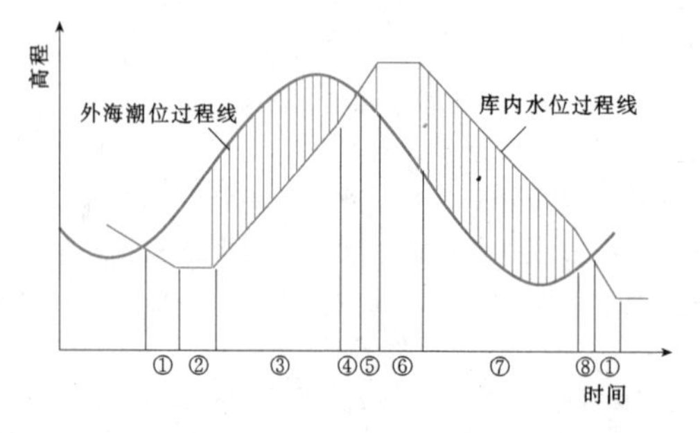

图7.3-2 双向开发潮汐电站各工况库内外落差示意图

①、⑤—水泵抽水；②、⑥—等候；③—涨潮发电；④—开闸充水；⑦—落潮发电；⑧—开闸泄水

1) 正向抽水工况。库外潮位开始上涨，库内处在较低水位。电网向电站供电，水轮机处作水泵工况运行，由库内向外海排水，以降低库水位。随着外海潮位上涨，库内外落差增大，水泵耗电增多或抽水量减少，到抽水蓄能不足以获利时，停止抽水。抽水工况结束时水库蓄水量为

$$W_{n1} = W_0 - \sum (Q_P)_k \Delta t \qquad (7.3-4)$$

式中 n_1——水泵工况计算时段数；

W_0——水泵开始工作时水库蓄水量，m^3；

$(Q_P)_k$——第k时段，水轮机作正向水泵运行的流量，它按库内外落差从水泵运转特性曲线查得，m^3/s；

Δt——时段长，s。

计算系逐时段进行。由本工况末库蓄水量W_{n1}从库容曲线图查得库水位$(Z_R)_{n1}$，此时库外潮位已上涨至Z_{n1}。

2) 低潮等候工况。水轮机停止工作，水闸关闭，库内水位保持不变。等候外海潮涨，直至库内外落差超过起始发电水头时，库外潮位已上涨到Z_{n2}，此时有

$$\left.\begin{aligned} W_{n2} &= W_{n1} \\ (Z_R)_{n2} &= (Z_R)_{n1} \end{aligned}\right\} \qquad (7.3-5)$$

式中 $n2$——等候工况结束时累计时段数；

W_{n2}——等候工况结束时水库蓄水量，m^3；

$(Z_R)_{n2}$——等候工况结束时库水位，m。

3) 涨潮发电工况。海水经水轮机进入库内，开始发电，水库水位逐渐升高，当库内外落差接近最小发电水头时停止发电，此时水库蓄水量为

$$W_{n3} = W_{n2} + \sum_{k=n2+1}^{n3} (Q'_T)_k \Delta t \qquad (7.3-6)$$

式中 $n3$——涨潮发电结束时累计时段数；

$(Q'_T)_k$——第k时段水轮机反向发电流量，由逐时段库内外落差从水轮机运转特性曲线查得，为多获电能，在大潮和中潮期按出力限制线运行，因此过流量似宜在出力限制线上取值，而在小潮期则取高效率点运行。

由W_{n3}从库容曲线图中查得涨潮发电工况结束时的库水位$(Z_R)_{n3}$，此时库外潮位上涨到Z_{n3}。

4) 充水工况。开闸引水入库，同时亦利用水轮机流道过水，库水位逐渐升高，为落潮发电准备水量，当库内外水位接近时，结束充水，此时水库蓄水量为

$$W_{n4} = W_{n3} + \sum_{k=n3+1}^{n4} (Q'_G + Q'_{T0})_k \Delta t \qquad (7.3-7)$$

式中 $n4$——充水工况结束时累积时段数；

$(Q'_G)_k$ ——第 k 时段泄水闸反向过流量，由逐时库内外落差从水闸泄流曲线查得；

$(Q'_{T0})_k$ ——第 k 时段水轮机反向泄水流量，按库内外落差从相应特征曲线上查得。

由 W_{n4} 可从库容曲线图上查得充水工况结束时的库水位 $(Z_R)_{n4}$，此时外海潮位下落到 Z_{n4}。

5）反向抽水工况。此时库内外水位接近，水轮机处在反向水泵工况，抽水入库以提高库水位，随着库内外落差的增大，抽水蓄能无利时停止抽水，这时水库蓄水量为

$$W_{n5} = W_{n4} + \sum_{k=n4+1}^{n5} (Q'_P)_k \Delta t \qquad (7.3-8)$$

式中 $n5$——反向抽水工况结束时累积时段数；

$(Q'_P)_k$——第 k 时段水轮机作反向工况水泵运行的流量，亦由水泵运转特性曲线查得。

由 W_{n5} 从库容曲线图查得库水位 $(Z_R)_{n5}$，外海潮位在此时已下落到 Z_{n5}。

6）高潮等候工况。水轮机和水闸均不运行，库水位保持不变，等候外海落潮，当库内外落差超过起始发电水头时，等候工况结束，外海潮位已下落到 Z_{n6}。此时有

$$\left.\begin{aligned} W_{n6} &= W_{n5} \\ (Z_R)_{n6} &= (Z_R)_{n5} \end{aligned}\right\} \qquad (7.3-9)$$

式中 $n6$——等候工况结束时累积时段数；

$(Z_R)_{n6}$ ——高潮等候工况结束时的库水位。

7）落潮发电工况。水轮机正向发电，水库水位逐渐下降，当库内外落差接近最小发电水头时终止发电，此时水库蓄水量为

$$W_{n7} = W_{n6} - \sum_{k=n6+1}^{n7} (Q_T)_k \Delta t \qquad (7.3-10)$$

式中 $n7$——落潮发电结束时累积时段数；

$(Q_T)_k$ ——第 k 时段水轮机正向发电流量，由逐时库内外落差从水轮机运转特性曲线查得。

由 W_{n7} 从库容曲线图查得落潮发电结束时的库水位，此时外海潮位退至低潮位后仅涨到 Z_{n7}。

8）泄水工况。水库开闸放水，水轮机亦处在正向泄水工况。库水位逐渐降低，为下次涨潮发电做准备，当库内外水位接近时，终止放水，此时水库蓄水量为

$$W_{n8} = W_{n7} - \sum_{k=n7+1}^{n8} (Q_G + Q_{T0})_k \Delta t \qquad (7.3-11)$$

式中 $n8$——泄水工况结束时累计时段数；

$(Q_G)_k$ ——第 k 时段水闸正向泄流量，由逐时库内外落差从水闸泄流曲线查得；

$(Q_{T0})_k$ ——第 k 时段水轮机正向泄流量，由逐时库内外落差从水轮机运转特性曲线查得。

由 W_{n8} 从库容曲线图查得泄水工况结束时的库水位 $(Z_R)_{n8}$，此时外海潮位已上涨到 Z_{n8}。

以上列举了各种工况俱全的潮汐电站水量调节过程，其他开发形式的潮汐电站只是省略其中一些工况。例如单向开发的潮汐电站，省去以上列举的①、②、③及⑧诸工况，提早实施④工况；而有的双向开发潮汐电站没有①和⑤两水泵抽水工况。

（3）发电量估算。

1）一个潮汐周期的发电量估算。发电量估算是水量调节计算的衍生成果。电站的发电量系水轮机发出的电量扣除水泵损耗电量后的净发电量。按水量调节计算列举其第①、②、③、⑦四种工况中逐时段的库水位、流量及潮位，从水轮机、水泵运转特性曲线图上查出各时段水轮机发出的电力和驱动水泵的功率。则在一个潮汐周期净发电量为

$$E_1 = -\sum_{k=1}^{n1} (N_P)_k \Delta t + \sum_{k=n2+1}^{n3} (N'_T)_k \Delta t - \sum_{k=n4+1}^{n5} (N'_P)_k \Delta t + \sum_{k=n6+1}^{n7} (N_T)_k \Delta t \quad (\text{kW} \cdot \text{h}) \qquad (7.3-12)$$

式中 $(N_P)_k$ ——第 k 时段水轮机做反向水泵运行的功率，kW；

$(N'_T)_k$ ——第 k 时段水轮机反向发电时的出力，kW；

$(N'_P)_k$ ——第 k 时段水轮机做正向水泵运行的功率，kW；

$(N_T)_k$ ——第 k 时段水轮机正向发电时的出力，kW。

2）年发电量的估算。按水量调节计算时选用库外典型潮位过程线方法的不同，有相应的年发电量估算法。

a. 按多年平均潮差选用潮型。因一年有 705 个潮周期，故年发电量为

$$E = 705E_1 \quad (\text{kW} \cdot \text{h}) \qquad (7.3-13)$$

如选用潮型的潮差 H_1 与多年平均潮差 H 有少量出入，可按下式予以修正：

$$E = 705E_1(H/H_1)^2 \quad (\text{kW} \cdot \text{h}) \qquad (7.3-14)$$

b. 选用半月连续潮型。半月之中有 29 个潮周期，故需重复单一潮周期电能计算方法，算出连续 29 个潮的总发电量 E_{29}，则年发电量为

$$E = 705(E_{29}/29) \quad (\text{kW} \cdot \text{h}) \qquad (7.3-15)$$

若半月平均潮差 H_{29} 与多年平均潮差有少量出入时，可按下式修正：

$$E = 705(E_{29}/29)(H/H_{29})^2 \quad (\text{kW} \cdot \text{h}) \tag{7.3-16}$$

c. 按频率组合选用潮型。按一个潮周期电能计算方法，对潮差取频率为5%、30%、50%、70%及95%的各潮型，分别算出一个潮周期电量 $E_{5\%}$、$E_{30\%}$、$E_{50\%}$、$E_{70\%}$及$E_{95\%}$，则年发电量为

$$E = 705 \times (0.05E_{5\%} + 0.25E_{30\%} + 0.20E_{50\%} + 0.20E_{70\%} + 0.30E_{95\%}) \quad (\text{kW} \cdot \text{h}) \tag{7.3-17}$$

(4) 装机容量选择。电站装机容量选择的步骤是先要明确电力系统可以吸收的潮电容量限额。对选定站点，以潮差为表征的潮能密度基本已定，据此可初步框定容量。电站在装机容量较少时，年发电量随装机容量的增多而显著增大。但装机容量达到一定数量以后，再增加装机，相应增加的电量不多，可能经济上不合算，故需从动能经济计算加以判定。对一系列有等额差距的装机容量作水量调节计算和发电量估算，得到相应的一系列年发电量，挑选其中电量较多的几种装机容量，经动能经济比较，作出最后选择。

如果获得最大年发电量 E 的装机容量为 N，则减少装机容量 ΔN（单机容量的倍数）时，相应减少的年发电量为 ΔE。因潮汐电站所在沿海地区电力系统中多以火电站为主，故以节省燃料费 $\alpha \Delta E f$ 作为年增发电量 ΔE 的衡量价值，而增加潮汐电站装机 ΔN 的年费用为

$$NF = \Delta N k_t \left[\frac{i(1+i)^n}{(1+i)^n - 1} + P_t \right] \tag{7.3-18}$$

则设置 ΔN 的有利条件为

$$\alpha \Delta E f \geqslant \Delta N k_t \left[\frac{i(1+i)^n}{(1+i)^n - 1} + P_t \right] \tag{7.3-19}$$

即

$$\frac{\alpha \Delta E f}{\Delta N k_t \left[\dfrac{i(1+i)^n}{(1+i)^n - 1} + P_t \right]} \geqslant 1 \tag{7.3-20}$$

式中 α——等效系数，因潮汐电站厂用电较少，发电1kW·h可代替火电约1.05kW·h，故 $\alpha \approx 1.05$；

$\dfrac{i(1+i)^n}{(1+i)^n - 1}$——资金回收系数；

i——额定投资效益系数；

n——发电设备的经济寿命，可取25年；

f——每千瓦小时火电电能的到厂燃料费，元/(kW·h)；

k_t——潮汐电站发电设备增设单位千瓦的造价，元/kW；

P_t——潮汐电站增设容量的年运行费用率，可采用2%～3%。

式（7.3-20）即经济分析中的益本比大于1的条件。如此条件成立，说明装机容量取 N 是经济合理的；如不成立，说明装机容量减为 $N - \Delta N$ 更为经济合理。进一步减少装机容量，再做动能经济计算，直到式（7.3-20）成立，则以此次计算未减少的容量作为最终选定的装机容量。

7.3.2.2 水库特征水位确定

1. 影响因素和控制条件

水库水位的高低决定着电站提供年电量的多少。确定水库特征水位是水利水电工程规划、设计的主要任务之一。由于潮汐电站的运行特性，使得水库特征水位概念上与一般水电站特征水位既有共性又有某些差别。正常情况下，潮汐电站水库的库内最高、最低水位由坝外的潮汐特征值所限定。具有抽水蓄能工况的潮汐电站虽有可能使库内高、低水位超出这种限值，但幅度极其有限。一旦坝址选定以后，兴利库容只能在某一限值以下选取。由于坝高并不由最高发电水位确定，一般主要是由坝外的潮汐和风浪等要素决定；但在上游有较大来水的海湾或河口，则主要是由坝外的潮汐、海湾或河口的洪水与潮汐组合和风浪等要素决定，因此坝高必须超过某一定值。坝高进一步抬升并不能加大兴利库容，亦即不能增加年发电量。

潮汐电站水库特征水位主要包括最高发电水位、死水位（最低消落水位）及设计、校核洪（潮）水位。

对于有综合利用效益的潮汐电站，一般库区水产养殖和航运对水库死水位（最低消落水位）有要求，即水库死水位不得低于水产养殖和航运所需要的最低水位。库区围垦海涂则对水库最高发电水位有要求，即水库水位不得高于围垦海涂的防洪（潮）高程。

2. 特征水位确定

(1) 死水位（最低消落水位）。潮汐电站水库死水位选择主要由能否获得较多电能、满足库区航深和渔业要求及对水工建筑物投资大小等因素确定。潮汐电站水库死水位选取对年发电量影响远低于一般水电站，死库容水量几乎没有发电利用价值。

对于单向发电潮汐电站，其死水位的下限应是坝外的平均大潮低潮位加最小发电水头。单向潮汐电站一般均系落潮时发电，在蓄水接近死水位时，坝内外落差甚小，可获电量不多。若库水位退得较低，虽增加了发电时间，但影响下一潮期充水结束时应有的水位，可能导致平均发电水头减小。死水位取得较低，大坝、水闸承受的水压力增加，会相应增加工程费

用。通过对不同死水位做水能调节计算，方能定出相应电能较多的死水位。

对于双向潮汐电站，因涨潮时也发电，死水位取得较低，有助于增加涨潮发电的水头，其下限应是坝外平均大潮低潮位。如不影响库区航运和渔业，对大坝、水闸投资影响也不多时，死水位可以取得低一些。

(2) 最高发电水位。正常蓄水位是水库的一个重要参数，对一般水电站，它包含两重意义：水库在供水期开始应蓄到的高水位；供水期可长期维持的最高水位。但对潮汐电站水库来说，正常蓄水位仅有前一种意义，即为库内起始发电的高水位，而后一种意义不存在，因一个潮汐周期中高水位变幅几乎和水库的消落深度相当。

因潮汐电站建库常和围涂相结合，为了围垦库边高程较高的海涂，势必控制水库最高蓄水位（库内另筑围堤的除外）。另一种情况是建库前在库区已有围涂垦种，建库后蓄水时间延长，影响排涝，也应适当降低最高发电水位，水位降低的合理幅度应通过经济比较来确定。若提高最高发电水位经济价值较大，则可采用修筑内堤解决淹没及采用机电排灌解决内涝等措施。

因此，对潮汐电站水库以最高发电水位替代正常水位，作为水库特征值，它的上限是坝外平均大潮高潮位。

(3) 设计、校核洪（潮）水位。水库设计、校核洪（潮）水位依据工程等别、建筑物级别、洪（潮）水设计、校核标准计算确定。潮汐电站一般按平原区、潮汐河口段和滨海区永久性水工建筑物的洪（潮）水设计、校核标准考虑。

对于受潮汐单一控制的水库，其水库设计、校核洪（潮）水位计算较简单，根据选定的设计、校核典型潮位过程线，逐时段计算在不同工况下通过电站、水闸的流量及库内水位，求得水库设计、校核洪（潮）水位。

如水库受洪水和潮汐双重控制，则首先需分析水库设计、校核洪水与潮位的频率组合，在洪水与潮位的频率一定的情况下，最高库水位由洪水与潮位在时间上的不利组合形成。最不利组合是在落潮发电终了后发生大洪水，由于此时海水位高于库水位，且正值开闸充水，洪水无法外排，以及由于退潮之初水闸排水能力小于入库洪水流量，因而形成设计、校核库水位。

7.3.2.3 水闸规模确定

水闸是潮汐电站不可缺少的组成部分，泄水闸的型式一般采用带胸墙的平底堰闸或文德里管型。前者结构型式简单，便于施工，但其流量系数较低，相应地需要较大尺寸和工程量；后者流量系数较大，尺寸和工程量较小。

对于平底堰闸，水闸泄流能力不仅与宽度有关，闸底高程与胸墙高度对泄流量也有较大影响。但对一个确定的站址而言，由于地质条件和单位造价等因素，后两者可变动的幅度是不大的，故水闸规模和泄流能力可用单位净宽这一特征量来反映。

对于文德里管型泄水闸，要求各工况下均处于孔口淹没出流状态，在单孔孔口尺寸及底板高程确定后，泄水闸规模和泄流能力取决于泄水闸孔数。

若水闸宽度或孔数不够，会使库内水量既不能排空，也不能充满。若水闸宽度或孔数过大，则平均单宽泄流量减少，利用率降低，造成投资浪费。水闸的合理宽度或孔数主要通过水能计算来定。实际选择时可参照现有潮汐电站水闸净宽、孔数和平均库面积比值，估算出规划中潮汐电站应有的水闸宽度或孔数，再列几种加大和缩小宽度或孔数的方案，以同等装机容量做水能计算，从中选出各方案中年发电量增幅最大的水闸尺寸作为初选宽度或孔数。然后就一些较小水闸宽度或孔数进行年发电量减少的经济损失和相应减少建闸投资作比较，最后定出较经济合理的水闸净宽或孔数。

7.4 潮汐电站水工建筑物及枢纽布置

7.4.1 水工建筑物及其作用

潮汐电站的水工建筑物主要由堤坝、水闸、厂房、船闸等组成。

(1) 堤坝（指非溢流坝）。用于拦截河口及港湾或圈围滩涂水域形成水库，承受水压，形成水头。

(2) 水闸。通过挡潮、纳潮、挡水、泄水等运行工况的组合，调节和控制库内水位，河口型潮汐电站的水闸兼有排涝作用。

(3) 厂房（含主、副厂房及升压、开关站）。用于将潮汐能转换为电能，完成发电和配电过程。

(4) 船闸。用于满足潮汐电站库、海之间或上、下游江河港汊间的通航要求，或进一步改善通航条件。

上述建筑物中的水闸、厂房、船闸等除了有自身的特点和功用外，也同坝一样作为挡水建筑物的一部分承受水压。这些建筑物有时还可兼用，如厂房可与泄水闸合而为一，上部为泄水闸，下部为发电厂房，成为泄水式厂房；水闸的某些闸孔可兼作船闸。

潮汐电站设专用鱼道者较为少见，已建电站中仅有我国江苏浏河（该电站已废弃）及加拿大安纳波利斯潮汐电站设有鱼道。因电站水头低，鱼道结构较简单（安纳波利斯潮汐电站的鱼道仅为无闸门控制的3m宽、7m高的闸孔）。没有专门设置鱼道的法国朗斯潮汐电站1967年投产以来的运行经验表明，潮汐电站的水闸每天开启数小时，提供了很大的回游通道，何况幼鱼和成鱼都能顺利通过大直径、低转速的水轮机流道。因此，应对站址水域的鱼类特性和枢纽布置的具体情况进行分析，论证设置鱼道的必要性。

7.4.2 枢纽布置

拟定潮汐电站的枢纽布置时，需统筹考虑下列因素。

（1）地形和水深条件。在满足各建筑物布置要求的条件下，坝轴线应尽可能短，所在位置的水深不能太深，也不能太浅。水太深，堤坝的工程量会加大，施工难度也增加。由于潮汐电站的设计水头比较小，一般采用大直径、大流量的转轮，以尽量提高单机容量，因此，厂房的埋深比较大，如水太浅，则厂房底部埋入海底以下太深，其进出水口流道容易被泥沙堵塞，因此，一般在平均潮位以下10m左右最好。为了能在极其有限的水头差下迅速纳潮或泄水，水闸的过水断面面积往往很大，若长度受限，则也要求较大的水深，但闸孔的高度可随水下地形在一定范围内变化。船闸及上、下游航道所需的深度取决于低潮位下的通航要求，若水深受限时，可考虑局部开挖并疏浚航道。堤坝常布置在两岸及浅水部位，以便于填筑和截流。

（2）地质条件。潮汐电站的建筑物可坐落于岩基或软基上，但地基必须有足够的承载能力，以保证建筑物的稳定和安全，地基的沉降量与沉降差应尽可能小。若地基承载力不足，应通过地基处理提高其承载力。

潮汐电站的软基往往是海相沉积，其上部多为淤泥或淤泥质黏土，强度极低，给建筑物布置与设计带来巨大困难，同时也增加了施工难度与工程投资。在选址与选线过程中应查明地层分布及其物理力学性状，并对地基处理方案作认真的分析研究，使工程布置与设计方案建立在可靠的基础上。

（3）潮流和泥沙运行条件。坝轴线和建筑物布置要尽量避免改变江河港湾中的天然潮流和泥沙运行状态，防止对环境造成不利影响及泥沙冲刷和淤积。

（4）建筑物间相互位置。各建筑物的位置应能保证有效地发挥各自功能，且相互协调、避免干扰。如确定厂房位置时，为了减少开挖量及进厂交通方便，一般布置在深槽位置并尽量靠近岸边；船闸与厂房或水闸间宜用非溢流堤坝隔开，以免发电或水闸进出水影响船舶航行；因水闸在纳潮或泄水时机组不发电，厂房、水闸的运行互不干扰，两者的相互位置比较灵活。

当潮汐电站的坝轴线不太长时，主变压器及开关站常布置在靠近厂房的库岸上，母线较短，交通方便。如基斯洛湾潮汐电站的35kV开关站，布置在距坝轴线不远的库岸外侧，江厦潮汐试验电站的主变压器及开关站则布置在紧邻厂房的岸坡上。大型潮汐电站的坝轴线很长，厂房距库岸较远，此时可将主变压器布置在下游副厂房内，开关站设在库岸上，必要时还可在坝轴线中部靠近厂房的坝段上增设中间开关站。

法国的朗斯潮汐电站装机24台，每8台机组共用一台设在厂房内部的3.5/225kV主变压器，再通过电缆将电力输送到岸边开关站。

鉴于海洋环境下大气盐雾严重，易使电气设备受潮结露、绝缘失灵，造成事故或影响使用寿命，潮汐电站的主变压器及开关站一般采用户内式布置。如江厦潮汐试验电站的升压开关站即为户内双层建筑，下层布置主变压器，上层布置厂用变压器及开关设备。

（5）施工条件。各建筑物的布置应与所采用的施工方法相协调，以保证地基处理、建筑物的填筑或浮运结构的拖运沉放、截流封堵、交通运输等具有良好的施工条件。如加拿大安纳波利斯潮汐电站的厂房（见图7.4-1）布置在湾中小岛上，因而可以不筑围堰，直接在开挖的30m深的干燥基坑中施工。我国江厦潮汐试验电站（见图7.4-4）是在原有的围垦工程坝址处兴建的，为了充分利用已有建筑物，厂房布置在左岸岩基上，从而可在开挖的干燥基坑中施工，厂房施工完毕后，挖通引水、尾水渠道，与库海相接。

总之，在枢纽布置时，应拟定若干个比较方案，经全面的技术经济论证，选择能充分利用潮汐能、造价低、施工比较容易、运行方便、对环境影响小的布置方案。

7.4.3 不同开发方式潮汐电站典型布置实例

潮汐电站的枢纽布置受开发方式（或枢纽中水库的个数及电站运行方式）、站址位置及枢纽的综合利用目标等因素的影响。

按水库个数及电站的运行方式不同，潮汐电站主要可以分为单库单向型、单库双向型、高低库单向型。在地形条件合适并经技术经济论证后，也可考虑其他特殊类型，如多库或跨海湾的布置型式。

7.4.3.1 单库单向型

这类电站只有一个水库，坝、水闸和厂房等建筑物一字排开，一般采用落潮发电，涨潮时电站开闸纳潮蓄水、落潮时关闸发电，整个枢纽与低水头河床式水电站相似。图 7.4-1 和图 7.4-2 给出几个这类潮汐电站的实例，其中图 7.4-1 所示为加拿大芬迪湾安纳波利斯潮汐试验电站。该电站安装了一台容量 20MW、直径 7.6m 的全贯流式机组，厂房在湾内小岛中开挖浇筑而成。图 7.4-2 所示则为我国山东乳山县白沙口海湾的白沙口潮汐电站。电站装有四台单机容量 160kW 的竖井贯流式机组。

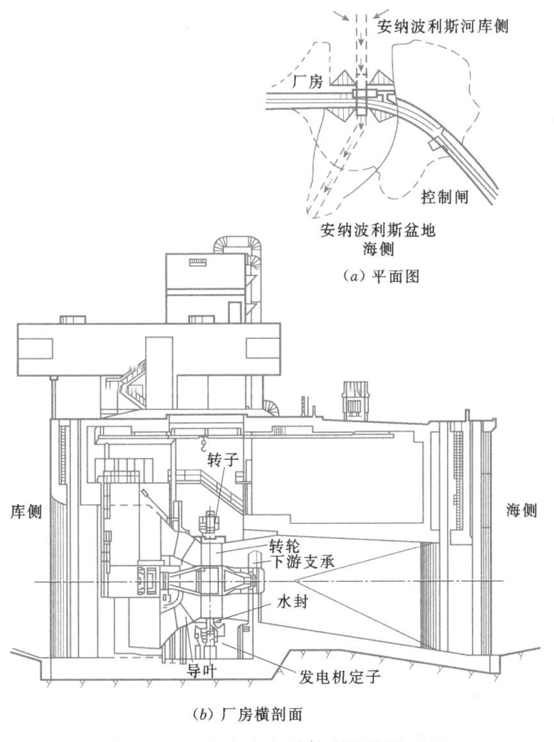

图 7.4-1 加拿大安纳波利斯潮汐电站

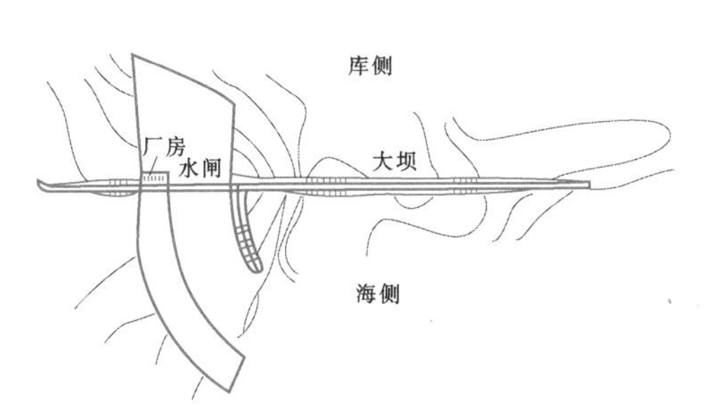

图 7.4-2 山东白沙口潮汐电站

单库单向型潮汐电站具有水工结构、机组型式、运行操作等都比较简单，发电水头大，机组效率比较高等优点。但有发电时间短，停机时间长，潮汐能利用率比较小等缺点。

7.4.3.2 单库双向型

这类电站的枢纽组成与单库单向型相同，但厂房内安装双向发电机组，因此电站在涨潮和落潮时都发电。法国朗斯河河口的朗斯潮汐电站（见图 7.4-3），中国浙江省温岭市的江厦潮汐试验电站（见图 7.4-4）及苏联的基斯洛湾潮汐电站（见图 7.4-5）即为这种类型。朗斯潮汐电站装有 24 台单机容量 10MW、直径 5.35m 的可双向发电、双向抽水及双向泄水的灯泡式机组；江厦潮汐试验电站安装 6 台灯泡式机组，总容量为 3.9MW。

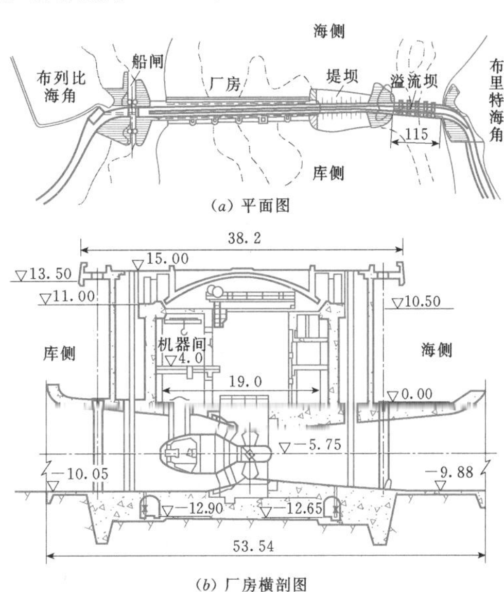

图 7.4-3 法国的朗斯潮汐电站（单位：m）

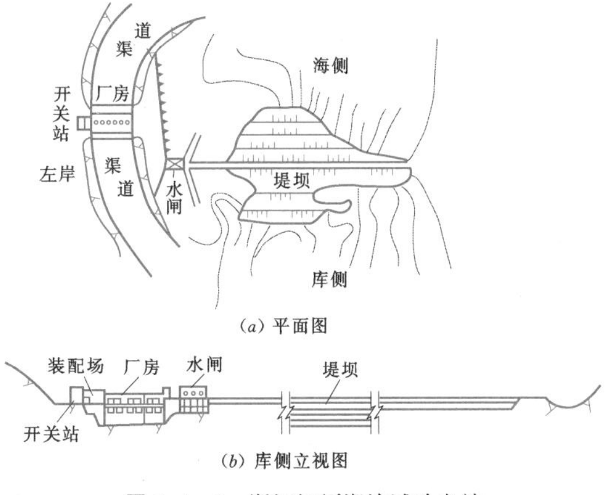

图 7.4-4 浙江江厦潮汐试验电站

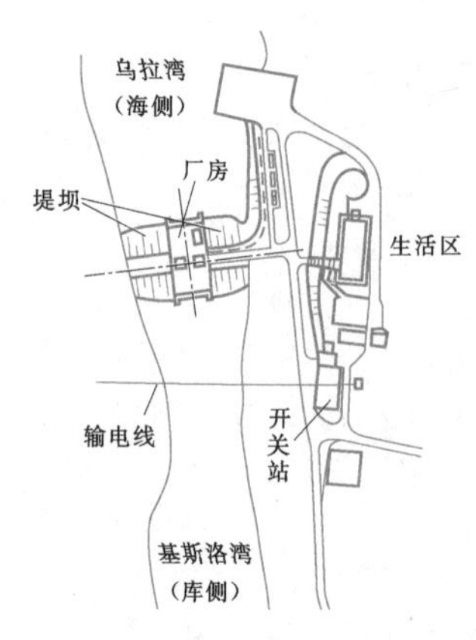

图 7.4-5 苏联基斯洛湾潮汐电站

基斯洛湾潮汐电站厂房为浮运块体结构，原设计安装两台 400kW 灯泡式机组，后改为只装一台，另一机组的输水道改做泄水孔。

这类电站的水工建筑物与第一种型式相同，但机组结构型式比较复杂，水轮机和发电机都要满足正反向发电要求，致使机组造价增加，电站的运行管理和维护都比较麻烦。机组支承结构受双向水压，受力条件大为复杂。为了满足机组正反向发电及电站工况切换较为频繁的要求，闸门运行操作必须快速灵活。但双向发电开发方式能充分利用潮汐能源，延长发电时间、增加电能。

7.4.3.3 高低库单向型

这类电站是为了解决前两种单库潮汐电站发电不连续的问题而提出的，其典型布置方式如图 7.4-6 所示。枢纽中包含高、低水库各一个，高库与海之间设进水闸，低库与海之间设排水闸，电站厂房则建于高低库之间。涨潮时打开高库进水闸纳潮，与此同时电站发电，尾水存入低库；落潮时，关闭高库进水闸，打开低库排水闸，电站利用高库内的蓄水连续发电，发电尾水及低库存水泄入大海，在低平潮时利用控制闸把低库水放空后关闭排水闸，待涨潮时又开启上库的进水闸，进入下一个循环开始。这样可以利用单向运行机组昼夜连续发电，但发电水头较小，且出力仍不断变化。

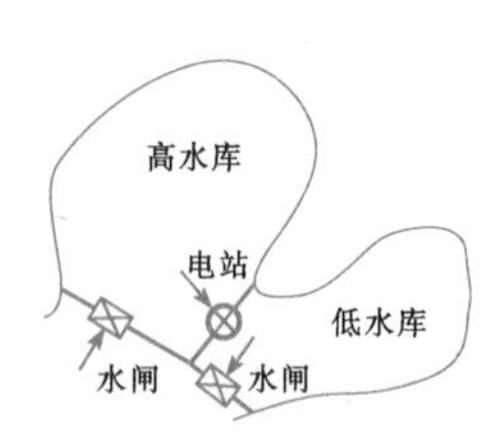

图 7.4-6 高低库单向连续发电的潮汐电站示意图

这类电站的枢纽布置较为复杂，水工建筑物前沿较长，因而投资增大。高低库之间及库海之间的水工建筑物承受的水压力方向不变，但各不相同。水闸操作频繁，运行管理和维护较为困难；潮汐能利用率小（约 13%）。

中国浙江玉环县海山潮汐电站如图 7.4-7 所示，虽设有中库，但其面积极小，只起控制发电尾水直接泄入外海或部分排入下库作用，从电站的运行方式来看，仍属高低库单向型。

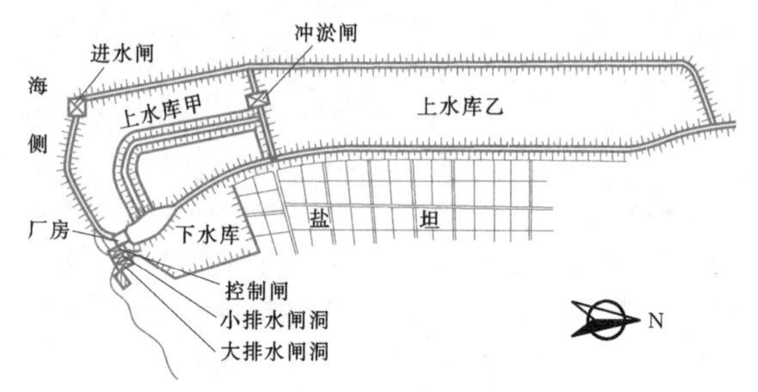

图 7.4-7 浙江海山潮汐电站

按站址位置不同，潮汐电站主要可以分为海湾型、江河型和滩涂型三类。

（1）海湾型。这类潮汐电站可按站址位于濒临外海的海湾处还是海湾内的小港湾处，分为两种。白沙口潮汐电站（见图 7.4-2）则以沙坝分割海湾形成的泻湖为库，属于靠近外海的海湾型潮汐电站。该电站具有湾大口小、纳潮量大而工程量小等优点，但外海的波浪作用强烈，泥沙运动活跃。江厦潮汐试验电站（见图 7.4-4）则拦截乐清湾顶部的江厦港汊为库，属于第二种海湾型潮汐电站。湾内港汊的波浪作用较弱，海水含沙量少，且颗粒细，易动难沉，泥沙问题不突出。加拿大安纳波利斯潮汐电站（见图 7.4-1）和苏联的基斯洛湾潮汐电站（见图 7.4-5）也属于第二种海湾型电站。

（2）江河型。这类潮汐电站有位于河口与河段之分。如法国朗斯潮汐电站（图 7.4-3）位于流入英吉利海峡的朗斯河河口。江河型潮汐电站中通常包含有船闸，在枢纽布置中，必须十分注意正确处理发电、航运、排洪、冲沙、过鱼等的相互关系。

（3）滩涂型。这类电站通过填筑堤坝围涂成库，从而利用潮汐能发电。鉴于形成该类型水库的堤坝工程量和库内开挖量巨大，经济指标很差，通常只见于小型潮汐电站，如中国的浙江海山潮汐电站（见图 7.4-7）。

7.5 潮汐电站水工建筑物设计特点

潮汐电站的水工建筑物设计与常规河床式水电站基本相似，可参见本手册的其他相关章节，在本节只介绍其不同点及特点。

7.5.1 堤坝

潮汐电站堤坝的功能主要是拦截海湾、河口或圈围滩涂水域形成水库，并承受水压形成水头。潮汐电站的堤坝一般都是低坝。堤坝的坝型主要为土石坝，也可以采用浮运坝块，以及填筑土石与浮运结构相结合的混合式结构。堤坝结构设计基本上可参照海堤的结构设计，参见本手册第6卷第6章。

与常规水电站的非溢流坝相比，潮汐电站的堤坝结构设计具有以下特点。

(1) 潮汐电站的堤坝在强烈的波浪反复作用下很容易造成破坏损毁，特别是风暴潮，浪高波急，冲击力强，破坏力大，因此对堤坝护坡和防浪墙的稳定提出了特殊要求，其块石或混凝土块体护坡的单体重量常在数吨以上甚至达数十吨。

(2) 潮汐电站的水头一般较小，且随潮汐的涨落改变大小和方向，加之进出潮流量极大，因此对坝体防渗漏的要求较低，甚至还有可能采用部分透水坝。但由于坝体两面临水，库海两侧的水位涨落迅速、水头变化快，这些作用易导致坝基细颗粒砂土松动、管涌和坝坡塌陷，因此必须设置级配合理的反滤层和有效的护坡。

(3) 潮汐电站所处位置的地质条件一般是淤泥或淤泥质黏土，其天然强度低、压缩性大、透水性差，对地基的稳定不利，沉降量也大。因此堤坝施工前需采取清淤加固等软基处理措施，施工过程中应控制填筑速率，逐级加荷，使每级加荷后地基有一定的排水固结时间，以增加地基强度，减少竣工后沉降量。

(4) 潮汐电站的堤坝堤线长，堤脚或堤前滩地容易在波浪、潮流和洪水的双重作用下发生冲刷破坏，致使堤坝失稳，因此需采取可靠的堤前保滩护底措施。

(5) 潮汐电站堤坝施工一般不需围堰，可以利用潮涨潮落交替时的憩流时间直接在水中施工或趁低潮进行抢潮作业。但施工期间受潮汐与风浪影响大，施工有效时间短，施工交通不便，施工条件恶劣。

(6) 潮汐电站堤坝堵口合龙施工与一般河流筑坝截流不同，没有较长时间的枯水季节用于安排截流施工，一般选择小潮期，时段长8～10天。由于潮汐水流系双向水流，口门束窄过程中流速加大，且水力条件恶劣，增大了合龙施工的难度。

7.5.2 厂房

7.5.2.1 厂房的型式特点

潮汐电站厂房的型式主要取决于所采用的机组型式。在早期的潮汐电站设计方案或小型潮汐电站中，一般采用竖轴轴流式水轮机。这种类型的厂房开挖较深、流道弯曲、水头损失较大，只能单向运行。现代潮汐电站，一般都采用适合于潮汐电站特点（水头低，流量大）的贯流式水轮发电机组。与轴流式水轮机的厂房相比，它具有流道平直、水头损失小、厂房结构简单、开挖深度小、节省投资等一系列优点。根据机组结构型式的不同，厂房的型式可分为以下几种。

1. 轴伸贯流式机组厂房

如图7.5-1所示，厂房下部的流道接近于上下游向的水平通道，机组的轴倾斜布置，发电机安装在流道以上的主厂房内，便于运行、维修。但是水轮机尾水管仍需转弯，引起能量损失，水轮机与发电机间的连接轴太长，加工制造困难。因此，这种型式的厂房仅用于单机容量较小的情况。

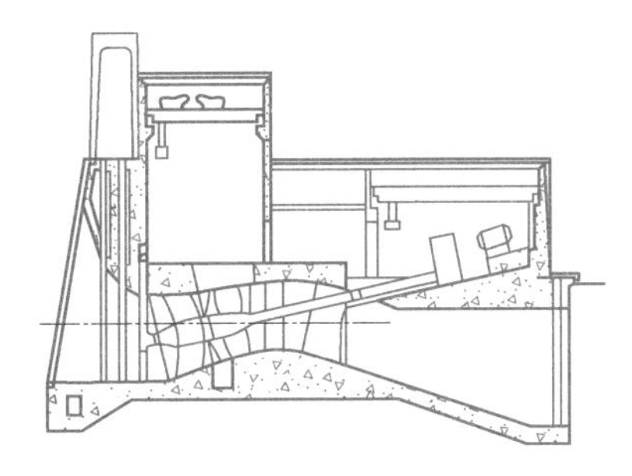

图7.5-1 轴伸贯流式机组厂房

2. 竖井贯流式机组厂房

如图7.5-2所示，水轮机转轮在水平流道中，机组的传动部分及发电机等布置在从流道中分隔出来的竖井中。竖井通常是钢筋混凝土结构，可以上下穿过整个流道，水流从其两侧通过，如图7.5-2(*a*)所示。也可不伸到流道底部，水流从竖井两侧及底部通过，如图7.5-2(*b*)所示。由于发电机和增速装置布置在较为开敞的竖井中，通风防潮良好，运行维护方便，机组结构简单，造价低廉。其缺点是，竖井的存在增大了输水道的水头损失，机组效率较低，反向运行时水力条件更差，故常用于小型潮汐电站。我国福建平潭幸福洋与广东甘竹滩潮汐电站厂房即分属图7.5-2(*a*)与(*b*)所示的型式。

3. 灯泡贯流式机组厂房

如图7.5-3所示，厂房下部平直的输水道中布置水轮机及灯泡体，灯泡体通常为金属壳体，其中布置发电机、增速器及轴承、飞轮等。厂房上部安装机组检修设备、机电控制与保护设备等。因进出水流道均能满足轴对称水流运动的条件，水力效率较高，适应双向水流条件，目前最为常用。中国的江厦、法国的朗斯、苏联的基斯洛湾等潮汐电站厂房均属这种型式。其缺点是发电机安装在水下灯泡体内，密封、通风散热条件较差，运行、维护有所不便。

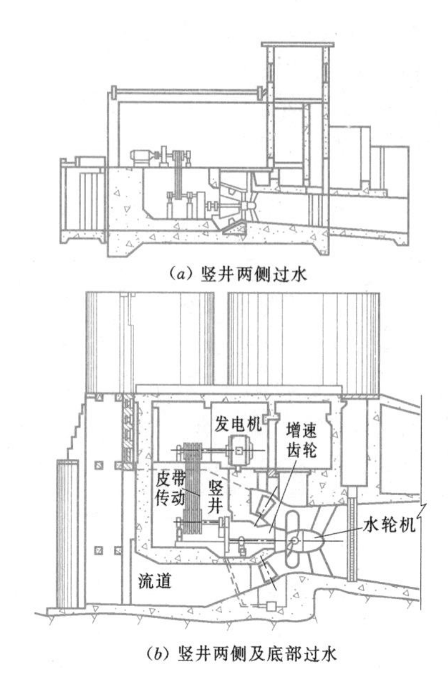

(a) 竖井两侧过水

(b) 竖井两侧及底部过水

图 7.5-2 竖井贯流式机组厂房

4. 全贯流式机组厂房

机组卧式布置在流道中，与灯泡贯流式机组相似，但发电机的磁极安装在水轮机转轮的外缘上，定子安装在流道壁上，从而取消了水轮机与发电机间的传动轴，结构紧凑，可缩短流道长度，减小厂房宽度。由于全贯流式机组只能单向运行，故这种厂房只用于单向发电的潮汐电站。

7.5.2.2 厂房位置的确定

确定潮汐电站厂房在整个枢纽中的位置时，主要考虑下列因素。

1. 水深

潮汐电站的输水道与机组必须在最低潮位以下有足够的淹没深度，以防进水口产生吸气旋涡或尾水管外露，降低机组效率。因此潮汐电站厂房底板位置较低，为了减少地基开挖量，通常将厂房布置在水深较深的部位。

2. 地质条件

与潮汐电站枢纽的其他建筑物相比，厂房的高度大，荷载大，发电、抽水、泄水时输水道的库、海侧均有较大流速的水流冲刷基床，为此厂房应尽可能坐落在地基岩土特性好、承载能力高的位置，如基岩出露处或密实的土层上。

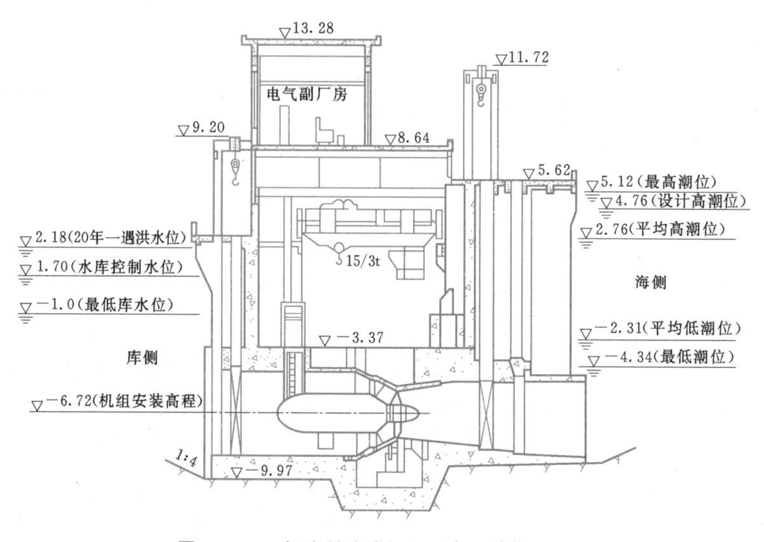

图 7.5-3 灯泡贯流式机组厂房（单位：m）

3. 与其他建筑物的相互关系

厂房发电时的泄水有可能影响船只航行，故要合理安排电站厂房与船闸两者的位置。潮汐电站厂房与泄水闸的运行虽互不干扰，它们之间的位置互不制约，但仍需注意使厂房与泄水闸全部泄水时，应尽可能维持原河湾中的天然潮流运动状态，以免对泥沙运动等造成不利影响。

4. 施工条件

就地浇筑厂房尽量布置在库岸或湾内小岛处，以减小围堰工程量。采用浮运法施工时要注意拖运航线、吃水深度、潮流分布等条件，以便于水下地基处理及浮运结构的拖运、定位、沉放及截流封堵。

7.5.2.3 厂房布置

潮汐电站厂房布置与装有低水头卧轴灯泡式机组的河床式水电站厂房相似，但也有某些区别。一般来讲，潮汐电站厂房的地基大部分为软基，因此库海侧的河（海）床应予以加固，防止河（海）床冲刷后影响厂房稳定。加固结构的型式及范围与电站的运行方式、单宽流量、水深及地基的特性有关。单向运行（含泄水）的厂房一般只需对下游侧进行加固，双向运行的则库、海侧均需加固。加固结构包括护坦、海漫及尾部结构（防冲槽），其构造及设计方法与一般泄水建筑物下游加固结构相同，可参见有关章节。采用浮运法施工时，也可采用抛石护坦，以避免水下混凝土施工。

潮汐电站厂房承受的水头较小，且方向变换频繁，故对厂房地基的防渗要求不高，一般仅通过增加沿水流方向的渗径，设反滤垫层等方法防止管涌、流土等渗透变形的发生。

7.5.3　水闸

水闸是潮汐电站的重要组成部分，在利用潮汐能发电的电站枢纽中，水闸的作用是尽快地调整和控制库内水位，以保证水轮机的最佳运行条件，这与河川枢纽的水闸不同。潮汐电站水闸的运行情况对发电量影响很大，例如法国朗斯潮汐电站的六孔水闸中，只要有一孔发生故障，就会使发电量减少2%。若不设水闸（机组仍有充水、泄水工况），发电量将减少1/3。

对于天然径流量较大的江河型潮汐电站和兼有其他综合利用目标的潮汐电站枢纽，水闸也可起到挡潮、排涝、泄洪等作用。在航运要求不高的潮汐电站枢纽中，有时还将水闸中的某一孔设为通航孔，利用平潮时开闸过船，沟通库海间的通航条件。水闸每天开启几小时，也可兼做鱼类的回游通道。在潮汐电站的施工截流中，它还起着分流作用，以减小龙口流速，利于堵口合龙。

水闸布置与设计的一般原则可参见本手册有关章节，以下仅叙述潮汐电站水闸的特点及布置设计中需注意的问题。

7.5.3.1　型式与特点

潮汐电站中水闸可以分为就地浇筑闸和浮运闸两大类。就地浇筑闸在围堰所圈围或在岸滩上开挖的干燥基坑中建造，常为开敞式的平底堰闸，并常设胸墙以减小闸门高度和启闭力。图7.5-4所示为两个潮汐电站中采用就地浇筑闸的实例，它们分别为法国朗斯潮汐电站和中国江厦潮汐试验电站的水闸横剖面，前者还将胸墙的一侧加长，使海侧成为喇叭口状，以便减小纳潮进水时的水头损失。浮运闸一般为箱格式薄壁钢筋混凝土结构，先在预制场内预制，再浮运至闸址沉放安装，并在箱格中充填砂石或块石混凝土以保持稳定，然后完成其上部结构。与就地浇筑闸相比，浮运闸具有施工不需围堰、工期短、投资省等优点。浮运闸也有开敞式的，但因大多建在水深较大的区域，常为涵洞式。为了减小闸门尺寸及减小水头损失（或者说是增大过水能力），库海侧进口呈喇叭状，闸门处断面较小，整个流道常近似为文德里（Venturi）管型式。

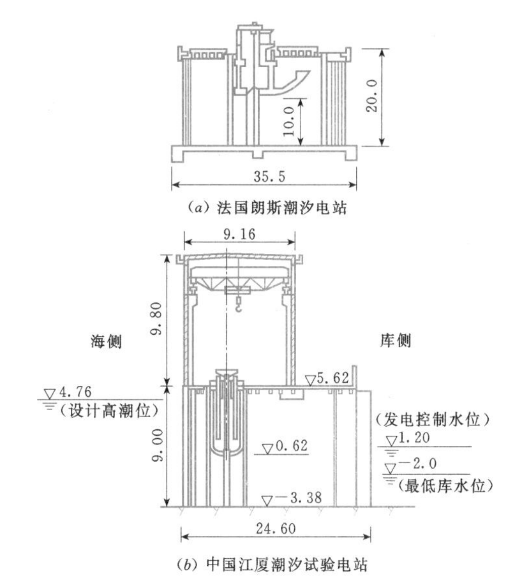

图7.5-4　潮汐电站中的就地浇筑闸（单位：m）

潮汐电站中也不乏将水闸与厂房合并布置的例子，尤其是当水闸和厂房均采用浮运结构时更为常见。此时浮运结构的一孔呈现为H型结构，下部为机组的流道，上部为闸孔，中间的横隔板（即闸孔底板）上设有活动盖板，以便吊装机组。这种布置方式结构紧凑，可缩短厂房和水闸等建筑物的总前缘长度，从而有可能增加装机台数。

潮汐电站的水闸具有下列特点。

1. 泄水前缘较长

为了保证水轮机的最佳运行状态，最大限度地利用潮汐能，潮汐电站的水闸应能在很小的水头差下尽可能通过很大的潮流量，尽快地调节和控制库内水位，这就要求水闸的泄水前缘较长，水闸的孔数常与机组台数相当，甚至更多。如英国的塞文潮汐电站1989年设计方案中，除双向运行的216台机组及4座船闸都兼有泄水和调节库水位的作用外，还设有3座水闸，计166孔。

2. 承受双向水头

由于潮汐作用和库海侧水位的变化，潮汐电站的水闸必须能双向挡水。双向发电潮汐电站中的水闸还必须能双向泄水。这些对潮汐电站水闸的布置设计提出了一些特殊要求，如选用能承受双向水头的工作闸门，并需有双向止水设施，库海两侧均需设置检修闸门（槽）及消能防冲设施等。

3. 闸门操作频繁

潮汐电站的运行特点决定了水闸闸门操作频繁。位于半日潮地区双向发电的潮汐电站（如我国江厦潮汐试验电站）的水闸每昼夜需启闭8次，这就需要闸门操作灵活、启闭速度较快、运行（尤其是关闭）安全可靠。由于潮汐电站的水闸只起调节水位作用，并无调节流量之要求，充、泄水时闸门全开，发电时闸门全关，闸门无需在半开状态运行。

7.5.3.2 尺寸拟定和水力计算

潮汐电站水闸的尺寸拟定包括闸顶高程、胸墙尺寸、底板高程及闸孔净宽等。闸顶高程可按下式计算：

$$H = h_1 + h_2 + h_3 + h_4 \tag{7.5-1}$$

式中 h_1——与建筑物等级相应的海侧设计高潮位，m；

h_2——建闸后的潮位壅高，m；若 h_1 中已包含该影响，则本项不再计入；

h_3——浪高，m；

h_4——安全超高，m。

水闸的底板高程与电站的开发方式有关。对单库双向发电的电站而言，需要在落潮发电之末开闸泄水，以便将库水位迅速降至与海侧齐平，等待涨潮发电。因此底板高程应定得低些，如取在海侧设计低潮位附近，但定得过低则会增加工程量及施工困难，还容易导致淤积。对单库单向（落潮）发电的电站而言，开闸纳潮时水位在海侧平均潮位附近，落潮发电之末不必泄水，故闸底板高程可定得较高，如此平均潮位低一定数值即可。

为了减小闸门尺寸及闸门启闭力，水闸常设胸墙或直接做成涵洞式。扣除胸墙挡水面积后的闸孔净尺寸直接关系到闸孔的过水能力，应与闸孔总宽统筹考虑，通过水力计算确定。

拟定了闸孔高度以后，闸孔总净宽可根据保证电站运行方式所需的过水能力，通过水力学计算确定，即要求所定闸孔总净宽在选定的设计潮型下，能满足在电站运行方式所规定的充水或泄水时间内使库水位上升或下降到预定的高程。因此，它与水库库容—水位关系曲线，设计潮型及充、泄水时间有关。设计潮型要选择可能导致最大充水或泄水能力的潮型，并考虑机组延误发电从而要求加大充水或泄水能力的因素。充水、泄水过程可按水量平衡原理计算。以充水过程为例，当闸孔尺寸、库容—水位关系曲线、设计潮型给定，且已知开始充水时刻库水位、潮位时，则可逐时段计算库海侧水位差、过闸流量、入库水量，从而得到库水位变化过程线。若在运行方式所规定的时间内库水位尚未达到预定水位，说明闸孔净宽不足，应予拓宽（或适当减小胸墙或降低底板高程等）。每一时段计算中，可先假设该时段末的库水位，算出过闸流量、入库水量后再从库容—水位关系曲线上查得该时段末的计算库水位。若计算值与假设值不符，可将计算值作为假设值重复试算，直至满足指定的精度要求。平底堰闸的孔流或堰流的过流能力计算式可在各种水力学手册或有关文献中查到，这里不再赘述。

选取水闸的总宽度及其位置时，还应与其他泄水建筑物（含厂房、船闸）相协调，尽可能保护河口、港湾内的天然潮流流态，水闸的单宽流量还要兼顾过流能力与消能防冲的矛盾。

江河型，尤其是建在感潮河段上的潮汐电站的水闸同时具有挡潮闸的某些特性，在进行充、泄水过程计算中还应考虑江河中设计洪水与海侧设计潮位的不利组合，可参见挡潮闸设计的有关章节。

7.5.4 船闸

潮汐电站的堤坝及其他挡水建筑物拦截江河海湾，阻碍了库海之间的航运通道，对通航产生不利影响。然而筑坝建库后，可提高库内最低水位、减弱潮流及风浪作用，从而改善航运条件。潮汐电站枢纽中的船闸就是为了满足库、海之间或上下游江河与港湾之间的通航要求，或为进一步改善航运条件而设置的。在潮汐电站施工期，它还可临时过水，以利封堵截流。

对于通航要求不高的潮汐电站，有时可在水闸中设一通航孔，利用涨落潮的间隙开闸过船，不再设置专门的船闸。

潮汐电站的船闸与常规河川电站枢纽中的船闸设计原则基本相同，这里只介绍潮汐电站船闸布置设计中的某些特点。

7.5.4.1 特点和典型布置

随着潮汐或河口水位的变化及潮汐电站运行工况的转换，潮汐电站库海侧的水位及水头方向不时改变，因此潮汐电站船闸无上、下闸首之分，而仅以内外闸首作区别。内外闸门的底槛高程相差不大或相同，内外闸门都要承受正反两向的水压力作用。鉴于潮汐电站库海间的水位差一般不大（相对常规水电站而言），其船闸都是单级的。由于海侧风浪作用强烈，防波堤、系泊及导航等设施必须齐全。

法国的朗斯潮汐电站枢纽中的船闸及引航道，直接在岸边开挖的基坑中现场浇筑，并在厂房围堰合龙前完工，以保证在施工期不断航，截流时也用以通过部分流量。该船闸采用三角闸门，闸室尺寸为65m×13m。

7.5.4.2　闸门

潮汐电站枢纽中船闸的闸门必须能承受双向水头，最常采用的闸门型式为三角闸门、横拉平板闸门及下降式弧形闸门。河川枢纽船闸中应用最广的人字门一般只适用于单向水头，因此在潮汐电站船闸中很少见。

三角闸门（或称扇形闸门）由两扇绕垂直轴转动的扇形闸门组成，如图7.5-5（*a*）所示，门扇的面板可以是直线形的（当尺寸比较小时）或圆弧形的。闸门挡水时，门扇上水压力的合力通过转轴中心，或者偏心甚小，因此闸门可以动水启闭，且可以承受双向水头。当库海侧或上下游水位相差不大或在接近平潮时，可将内外闸首处的闸门全部敞开过船，成为所谓“开通闸”，以增大通航能力。在水头较低时，可利用闸门慢速开启时所出现的闸门中缝和边缝输水，如图7.5-5（*b*）所示。中缝水流直冲闸室，流速较快，两侧边缝水流绕门库扩散后入闸室，水流较慢，这三股水流互相对冲，从而取得既输水又消能的效果，门缝输水的水力条件好坏主要取决于门扇和门库的轮廓尺寸以及中缝与边缝的分流比。常取门扇中心角为60°～80°，边缝出水量为中缝出水量的2倍。边缝输水过大时，会增大闸门的启闭力，边缝后的回流也易引起闸门振动，恶化闸门受力条件，磨损闸门底止水。三角闸门的主要缺点是耗用材料较多，门库所占的空间较大，增加了闸首的工程量。

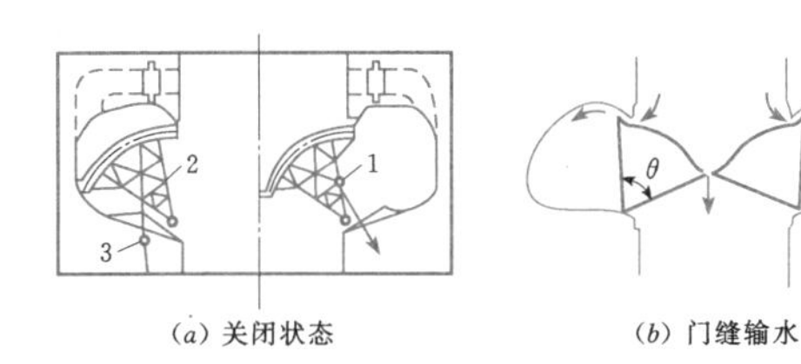

（*a*）关闭状态　　（*b*）门缝输水

图7.5-5　三角闸门

1—关门位置；2—开门位置；3—油压启闭机支座中心

横拉平面闸门由面板和构架组成，构架一般为纵横梁结构或桁架结构。门顶或门底设置滚轮，作为支承行走装置，门叶两侧端架上设置竖向条形支座。闸门关闭时，门上所受的水压力由闸首两侧的边墩支承，因而能用于双向水头。这种闸门只能静水启闭，开启时，沿着安装在门槛上和门库上的水平轨道横向退入门库内，如图7.5-6所示，启闭力较小，速度较快。闸门大修时，可从门库中取出，并用叠梁进行临时挡水。采用横拉平面闸门可缩短闸首长度，但必须在闸首的一侧设置门库，因而增加了闸首工程量；门下滑轮和轨道均在水下，较易损坏，检修也较困难。

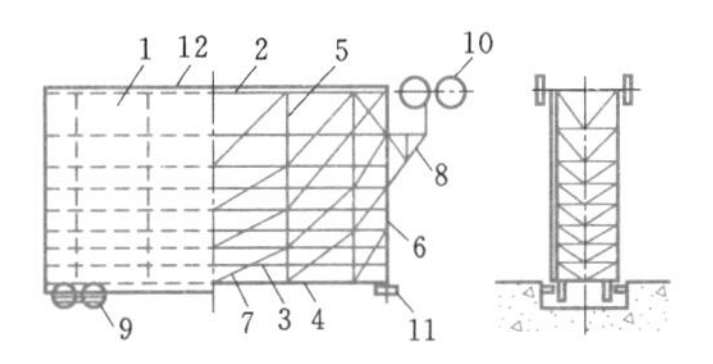

图7.5-6　横拉平面闸门

1—面板；2—顶横梁；3—中横梁；4—底横梁；5—竖向联结系；6—端架；7—门背联结系；8—吊架；9—底部主轮；10—顶部主轮；11—侧轮；12—工作桥

下降式弧形闸门与水闸中常用的弧形闸门基本相同，只是开启状态时，闸门下降至门龛中，如图7.5-7所示。当闸首无帷墙或帷墙较矮时，闸门的支座设在闸首边墩上；帷墙较高时，布置在门槛上。这种闸门能承受双向水压，能在动水中启闭，运转方便，启闭时间较短，特别适用于门宽大于门高的情况。当水头较小时，启门前可将闸门稍向上提，进行门下输水，待输水结束后，再下降并打开闸门。这种闸门的主要缺点是要求闸首较长，门龛开挖较深。

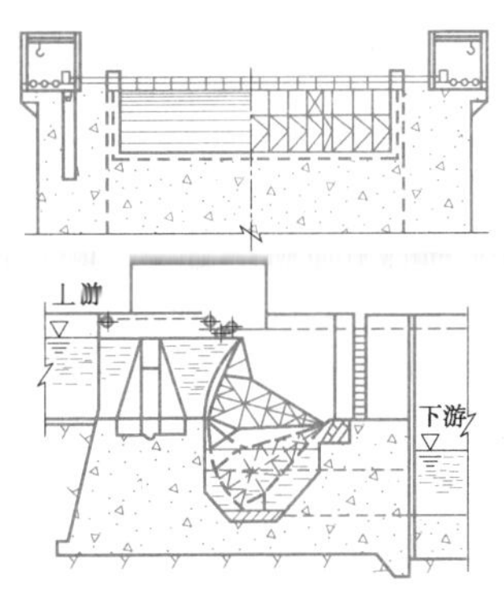

图7.5-7　下降式弧形闸门

7.5.5　浮运式结构设计

7.5.5.1　概述

为了降低潮汐电站造价，目前国内外一般趋向于采用预制沉箱结构、用浮运法进行施工（又称无围堰施工）的方法来实现。

所谓浮运法施工，就是把潮汐电站的水工建筑物设计成预制沉箱结构，在类似施工船坞的预制场中进行预制，甚至安装好部分设备，再由水路拖运至坝址定位并沉放到经水下处理的建筑物地基上，然后继续浇筑其上部结构和安装机电设备。与常规的就地浇筑法施工相比，具有不需修筑围堰、工期短、投资少等优点。

近数十年来，浮运法施工开始广泛应用于深7～

30m的遭受风暴、潮汐影响的海湾或其他水域的建筑物施工，这些建筑物包括海湾中的取水口、灯塔、港口建筑、水下隧道、堤坝、水闸或其他水（海）工建筑物。例如美国旧金山地铁中40m深的水下隧道，由57段（每段长100m、重14000t）预制管道组成；荷兰的维舍格特坝，建于水深10m的三角洲地区，由117个允许临时过水的贯穿块体组成；苏联列宁格勒防洪堤中的五跨泄水闸，其浮运块体尺寸达135m×51m×11m，是在安装了闸门后浮运的；我国珠江口地区20世纪60年代初亦试验成功国内第一批浮运闸，目前在围垦工程中普遍采用。苏联的基斯洛湾潮汐电站是第一个成功地采用浮运法施工的潮汐电站，它使电站的造价降低了25%～38%。

采用浮运法施工建造潮汐电站具有以下优点。

1. 免建围堰

采用浮运法施工后，不必在遭受风暴、潮汐影响的深水坝址处修建结构复杂、造价昂贵的施工围堰。如法国朗斯潮汐电站建设中，为了修建围堰多耗了25%的费用，而且围堰施工仍是电站建设中最复杂的任务，这些困难曾险些断送了朗斯潮汐电站的设计方案。

2. 缩短工期

浮运法施工中坝址处水下地基处理和预制场内预制沉箱的建造可同时进行，从而缩短工期。以朗斯潮汐电站为例，若地基处理与厂房浮运结构的建造同时进行，则可缩短的工期即相当于修建围堰所需的时间，该时间长达两年，占电站施工总工期的25%。

3. 便于截流封堵

截流是潮汐电站施工中的一大难题，即使在小潮低潮位时，潮流量仍然是河川流量所无法比拟的。涨、落潮间虽有10～30min平潮时间，但对长龙口合龙而言，只是杯水车薪，无济于事。采用贯穿式的浮运块体或浮运闸，一旦沉放就位即可过水，且对过水断面缩窄有限，可有效降低龙口流速，保证截流成功。

4. 尽早投产收益

采用贯穿式结构和浮运法施工可提前截流，使电站分期投入运行，尽早产生效益，避免巨额投资长期积压。

5. 改善施工条件

当潮汐电站的站址处因气候恶劣、交通困难、人烟稀少等因素使施工条件不良时，采用浮运法可使潮汐电站主要工程的施工从坝址处转移到条件良好的沿海工业发达地区，从而便于施工、保证质量、降低造价。苏联严寒地区的品仁湾潮汐电站和图古尔潮汐电站设计方案中，厂房和非溢流坝的浮运块体结构都计划在沿海工业中心海参崴预制，距站址分别为3500km和1200km。

6. 节省混凝土用量

采用浮运法施工的浮运结构，一般为箱格式薄壁结构，在沉放就位后充填砂、石或块石混凝土以保持稳定，为此，可显著地减少混凝土用量。如英国塞文潮汐电站设计方案中，混凝土用量为$0.375m^3/kW$，而已建法国朗斯潮汐电站的混凝土用量达$1.41m^3/kW$。

浮运法施工虽有许多优点，苏联在基斯洛湾潮汐电站建设中也成功地采用浮运法进行施工，然而，该电站毕竟规模小，只有400kW，而且只有一台机组，实施相对容易，对于大中型具有多台机组的潮汐电站而言，浮运法施工目前还存在许多技术难点：如在潮汐水流往复流动情况下的水下地基处理、基础找平，沉箱结构与基础之间的接缝处理，各沉箱之间伸缩缝的止水处理，水闸及厂房与上下游护坦及铺盖的连接，预制沉箱的制作、拖运、定位、沉放等，这些均比旱地施工难度大。虽然这些并不是不可克服的难点，但需进行科技攻关，付出一定的代价。

7.5.5.2 浮运结构的计算

潮汐电站的浮运结构常为钢筋混凝土薄壁结构，除了对浮运结构按一般水（海）工建筑物进行结构分析外，尚需进行拖运时的强度复核以及各浮运阶段（包括上浮、拖运及沉放）的浮力与稳定计算。

1. 浮运块体的安全吃水深度

为保证预制浮运块体顺利上浮及拖运，需事先估算浮运块体的安全吃水深度。鉴于浮运块体的外形近似为长方体，故安全吃水深度可按下式计算：

$$H = K\frac{G}{A} \tag{7.5-2}$$

式中 A——排水面积，即浮运块体底面积，m^2；

G——浮运块体的重量，kN；

K——安全系数，一般取$K=1.05$。

浮运过程中，应估计风造成横向或纵向倾斜产生的吃水深度的增加。

2. 浮运块体的稳定性

平面布置对称的浮运结构的浮运静力稳定性可按下式判断：

$$r = \frac{J}{V} > e \tag{7.5-3}$$

式中 r——定倾半径，m；

J——浮面面积对浮面对称轴的惯性矩，m^4；

V——排开水的体积，m^3；

e——浮运结构的重心和浮心位置间的距离（偏心距），m。

浮运块体在风力作用下倾斜度不超过某给定允许值（如4°）时，认为块体是动力稳定的。块体在风力作用下的倾斜度 θ 按下式确定：

$$\theta = \frac{0.001 p_w A_a Z}{M_0} \qquad (7.5-4)$$

其中

$$p_w = C_h C_w \rho_a \frac{v^2}{2} \qquad (7.5-5)$$

$$M_0 = \frac{W(r_y - e)}{57.3} \qquad (7.5-6)$$

式中 p_w——单位风压力，N/m^2；

ρ_a——空气密度，$1.268kg/m^3$；

v——计算风速，m/s；

C_w——风压力系数，1.2～1.4；

C_h——风压力随承风面积中心在海面以上高度而变化的修正系数，见表7.5-1；

A_a——块体在吃水线以上的承风面积，m^2；

Z——从吃水线算起的风力力臂，m；

M_0——倾斜度为1°时所需的力矩，kN·m；

W——块体的排水重量，kN；

r_y——块体的横向定倾半径，m；

$(r_y - e)$——横向定倾中心高度，m。

表7.5-1　风压力修正系数 C_h

承风面积中心在海平面以上的高度(m)	1	2	3	4	5	6	7	8	9	10	12	15	20
C_h	0.6	0.74	0.83	0.89	0.95	1.0	1.04	1.08	1.11	1.14	1.19	1.25	1.33

块体上浮和沉放过程中，块体（压载）重、吃水深度、排开水体的体积和重量、重心、浮心、定倾半径以及承风面积、风压力等均在变化，应验算全过程中块体的稳定性。

3. 浮运块体的平衡压载

块体浮运中应保持纵横向吃水深度均匀，这是通过调整压载舱内充水量来实现的。设图7.5-8所示浮运块体设有10个压载舱，块体、设备及已有压载的重量为 G，其重心坐标为 x_g、y_g 和 z_g，拟在第 i 个压载舱内充水调整纵向（x 向）倾斜度，所需充水重量 W_i 为

$$W_i = -\frac{G x_g}{x_i} \qquad (7.5-7)$$

式中 x_i——第 i 个压载舱重心的 x 坐标，m。

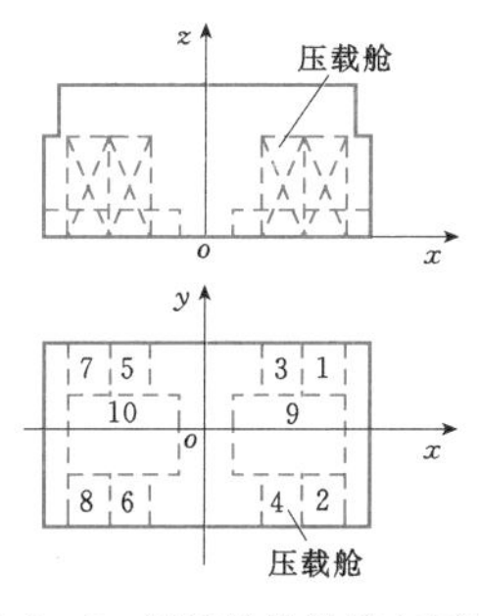

图7.5-8　浮运块体轴线与压载舱

若向第 j 个压载舱充水调整横向倾斜度，所需充水重量 W_j 为

$$W_j = -\frac{G y_g}{y_i} \qquad (7.5-8)$$

式中 y_j——第 j 个压载舱重心的 y 坐标，m。

4. 浮运结构拖运时的强度计算

应用结构力学方法分析时，可把拖运的块体简化为等效的变截面梁来进行强度验算。作用在该梁上的荷载 $Q(x)$ 由重力 $W(x)$ 和浮力 $F(x)$ 两部分组成，如图7.5-9所示，即

$$Q(x) = W(x) - F(x) \qquad (7.5-9)$$

将浮运块体沿长度方向分割成若干小段，如10～20段，按精度要求而定，计算每段的结构自重及已安装的设备重，便可得出 $W(x)$ 曲线。浮力 $F(x)$ 则为水的容重与块体结构横剖面的水下部分面积（包含空腔面积）之乘积。当采用起重船浮运块体结构时，块体上悬吊部位还作用有向上的集中力。

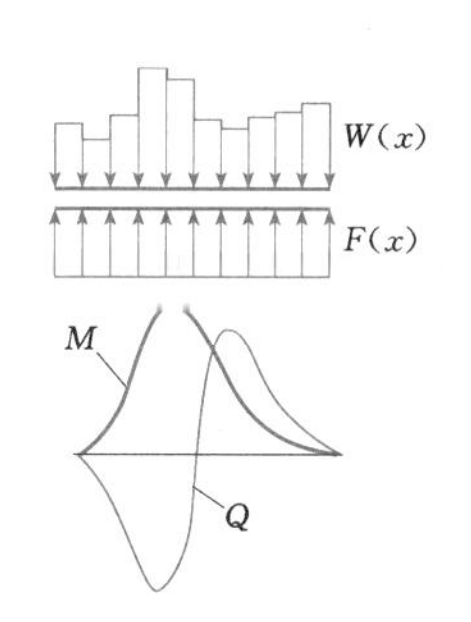

图7.5-9　静水中浮运块体的荷载与内力分布

荷载确定以后，便可计算，并给出弯矩 M 和剪力 Q 沿轴向的分布图。

结构强度的计算弯矩 M_p 和计算剪力 Q_p 分别为上面求得的静水中的弯矩 M 和剪力 Q 与相应的附加波浪弯矩 M_w 和附加波浪剪力 Q_w 之代数和。M_w 和 Q_w 可按下式计算：

$$M_w = \pm K_0 K_1 K_2 \gamma B L^2 h 10^{-3} \quad (kN \cdot m) \qquad (7.5-10)$$

$$Q_w = \frac{4M_w}{L} \quad (kN) \qquad (7.5-11)$$

$$K_0 = (1.24 \sim 1.7)\frac{B}{L} \text{ 且不大于1}$$

$$K_2 = (2 \sim 20)\frac{H}{L} \text{ 且不小于1}$$

式中 B、L——浮运块体的宽度和长度，m；

h——计算浪高（这种浪高是根据不规则波浪条件下可以进行拖运时计算的，在同一海域中，对于拖运时的计算浪高采用3m），m；

γ——海水容重，kN/m^3；

K_1——块体在海中拖运时采用的系数，当$L=60m$时，$K_1=0.00172$，当$L=100m$时，$K_1=0.00136$，当$L=140m$时，$K_1=0.00116$；

H——块体吃水深度，m。

上述结构力学方法只是一种简化方法，当浮运结构三维尺寸在同一数量级上时，更为切合实际和精确的方法是：对空间整体结构进行有限元分析，并考虑上浮、拖运、压载下沉及运行期荷载的实际分布。空间结构的有限元分析方法可参见有关文献。

5. 块体拖运时的阻力和所需功率

浮运块体在静止深水中拖运时的阻力R_s（单位为kN），可按以下近似公式计算：

$$R_s=(R_f+R_0)\times10^{-3}=\left(\xi_f\frac{\rho}{2}Sv^2+\xi_0\frac{\rho}{2}\Omega v^2\right)\times10^{-3} \tag{7.5-12}$$

式中 R_f——摩擦阻力，kN；

R_0——剩余阻力，kN；

ξ_f——摩阻系数，块体表面为混凝土时可采用0.0068；

ρ——水的密度，kg/m^3；

S——块体的浸湿表面面积，m^2，$S=(2H+B)L+2HB$；

v——拖运速度，m/s；

ξ_0——剩余阻力的阻力系数，弗劳德数（$Fr=v/\sqrt{gL}$）为0.05～0.1时，可采用0.6～0.8；

Ω——船体中心断面吃水部分的面积，m^2，$\Omega=BH$。

迎风拖运时，若风速为v_w，计算风速$v_p=v+v_w$，块体所受风阻力R_w为

$$R_w=0.001p_wA_a \tag{7.5-13}$$

式中 p_w——单位风压力，按式（7.5-5）确定，kN/m^2；

A_a——块体在水面以上的承风面积，m^2。

因此，块体的总阻力R（kN）为

$$R=R_s+R_w \tag{7.5-14}$$

所需的有效拖运效率P_e（kW）为

$$P_e=Rv \tag{7.5-15}$$

要求的设备功率P（kW）为

$$P=\frac{P_e}{0.236} \tag{7.5-16}$$

7.5.6 防腐及防生物附着设计

7.5.6.1 腐蚀与生物附着

由于海洋盐雾与海水介质的作用以及水位、流速、温度的不断变化，潮汐电站钢筋混凝土建筑物及金属结构易因腐蚀而降低构件强度，缩短建筑物的使用寿命。建筑物在海水中还常发生生物附着，特别是在流道表面与海水接触部位会被海生物所附着、生长，从而导致机组流道过流断面减小、管道堵塞，影响机组的正常工作，海生物分泌物还将加快机组腐蚀。

钢筋混凝土结构遭受破坏的主要机理包括：寒冷地区水位变动区域的冻融作用造成混凝土开裂；冰浪的撞击作用使建筑物表面磨损剥落；水泥在海水中生成硫酸钙晶体时发生严重体积膨胀，导致开裂或松弛破坏；钢筋锈蚀膨胀造成混凝土开裂等。

金属结构在海水中的腐蚀属电化学腐蚀，其速度与金属结构的材质（化学成分）及表面不均匀性、海水盐度、含氧量、温度、流速等因素有关。

海洋中的附着生物约有2000多种，其中植物性的600多种，动物性的1300多种，这些海生物的生长速度与海生物种类、季节等密切相关。

中国的江厦潮汐试验电站附近海域的海工钢筋混凝土结构实际使用年限一般为数十年，有些不足十年即已破烂不堪、渗漏严重。该海域的海水含氯量为1.97%～2.1%，正处于腐蚀曲线的峰值位置。当流速为2.5～7m/s时，金属结构的腐蚀速度约0.5mm/a。江厦港的自然条件适宜海生物的繁殖生长。污损生物主要是藤壶、牡蛎及藻类、硅泥等，一年中除冬季（1～3月）外均可生长，旺季（7～9月）时24h即可在空白钢板上长满藤壶和牡蛎，约三个月后海生物附着的厚度即达3cm，它们附着牢固，难以清除。

苏联基斯洛湾潮汐电站的运行经验表明，未经防腐处理的金属结构腐蚀速度为0.3mm/a，当水流流速为12m/s时，腐蚀速度可达1mm/a。58种寄生动物（如藤壶、淡菜、水螅）和39种藻类在建筑物表面形成了3～7cm厚的生物硬壳，平均可达15～20kg/m^2。

处于不同工作环境的金属结构腐蚀的速度不同。如与常年位于静水下的金属结构相比，处于高流速区的水闸构件、尾水管等的腐蚀速度可为前者的6倍，泥沙磨损加剧了这一过程。海工金属结构不同高程的各部位腐蚀速度也有显著的差别。根据英国钢铁公司

所获得的数以万计的实际资料，英国海域内无防腐措施的钢材平均腐蚀速度如下：处于大气和浪溅区的0.09mm/a，处于潮浸区的0.04mm/a，常年处于水下的0.05mm/a，埋入海底的0.02mm/a。因此各部位应采用不同的防腐措施。

7.5.6.2 钢筋混凝土结构防腐

为了提高潮汐电站钢筋混凝土结构（尤其是薄壁型浮运结构）抵抗海水介质的腐蚀作用的能力，延长使用寿命，应提高混凝土的密实性与不透水性，采用高强度、高抗渗性的混凝土。处于严寒地区时，还应有足够的抗冻性。要根据海水介质的成分，选择适当水泥品种（如抗硫酸盐水泥），掺加适量优质活性混合材料，还可在混凝土表面设置防护层，所用的钢筋宜除锈并涂防腐涂层（如采用环氧树脂涂敷钢筋），对钢筋也可使用阴极保护。

基斯洛湾潮汐电站采用了特高抗冻性能的混凝土，根据海水介质的含盐成分，选用抗硫酸盐水泥（用量达500kg/m^3）、火成岩碎石和石英砂。拌制混凝土时，水灰比限在0.4∶1之内，严格定量掺加塑化剂和掺气剂。20年的试验研究成果表明，该种混凝土的抗压强度达90MPa（设计强度为40MPa），因而潮汐电站厂房各部位无一损坏。该厂房的水上、水下部位温差很大，外墙上会产生很大的拉应力。为了减小这种拉应力，水上部位混凝土表面设置了厚5cm的泡沫环氧树脂隔热防水层，排除了冻融交替作用的影响，水下部位混凝土表面设置了含焦油的环氧树脂防水层。运行15年后，防水层均无破损。

朗斯潮汐电站所处地域气候温和，抗冻要求不高，采用了矿渣硅酸盐水泥（70%矿渣，30%水泥熟料，用量400kg/m^3）、级配砂和砾石拌制成的混凝土，不掺外加剂。混凝土强度等级为R400，运行15年后状况良好，但浪溅区发现少量损坏。

江厦潮汐试验电站所处地域气候温湿，冻融问题不严重，钢筋混凝土结构的防腐主要是提高混凝土的密实性，并注意表面防水，以免钢筋锈蚀。为此设计中提出了选用抗硫酸盐水泥、控制混凝土水灰比，掺加松香热聚物为加气剂、纸浆废液为塑化剂，钢筋涂水泥沥青（由煤沥青、水泥、重质苯组成）或亚硝酸钠防锈，混凝土表面施以H—36厚浆型环氧沥青漆为底漆、A—16氯化橡胶漆为中间层、05高接触型氧化亚铜防污漆为面漆组成的防腐防污配套漆等一系列防腐措施。经20多年的运行，状况良好。

7.5.6.3 金属结构的防腐

为了保护潮汐电站的金属结构免受海水介质的腐蚀作用，常用的工程措施是在金属结构表面喷镀不锈金属或施以防腐涂层，设置阴极保护系统，或选用具有较高防腐性能的低合金钢材。

喷镀防锈层的金属可采用锌、铝等材料，喷镀层一般厚0.3mm左右。喷镀前，金属构件表面采用喷砂处理，除净旧漆、锈蚀物等，露出金属光泽，保证表面毛糙，以利喷镀层附着，喷镀后常涂以沥青或其他封闭层。从2003年开始，江厦潮汐试验电站曾对1号、2号、3号机组进行喷镀金属防腐试验，喷镀金属锌，镀层厚0.3mm，表面再用涂料保护。经过几个月后，检查发现涂料剥落，涂层锈蚀。因此，在潮汐电站这种恶劣环境下使用热喷镀金属涂层无法获得可靠的防腐效果，不宜使用。

防腐涂料的品种很多，它们常成组使用、多层涂刷。根据水位变动区、水中区等不同部位，按照设计使用年限要求，选择不同的配套涂层。具体可参见DL/T 5358—2006《水电水利工程金属结构设备防腐蚀技术规程》中的附录F。

用于保护水下金属结构的阴极保护系统，工作可靠，造价不高（约为结构造价的2%～5%），运行费用低，易于监测其作用。阴极保护的原理是给金属补充大量的电子，使被保护金属整体处于电子过剩的状态，使金属表面各点达到同一负电位，金属原子不容易失去电子而变成离子溶入溶液，它常与防腐涂料联合使用。阴极保护分为外加电流阴极保护和牺牲阳极阴极保护。前者通过外加直流电源以及辅助阳极，迫使电流流向被保护金属，维持被保护金属表面的负电位，实现金属表面的阴极极化，从而保护金属结构免受腐蚀。一般情况下，常采用石墨棒、钢块或其他材料作为（牺牲）阳极；后者是将电位更负的金属与被保护金属连接，并处于同一电解质中，使该金属上的电子转移到被保护金属上去，使整个被保护金属处于一个较负的相同的电位下，该方式简便易行，不需要外加电源。

适用于海上工作环境的低合金钢可分为两类。一类含铬、铜、镍、磷，用于浪溅区以上，它们的防腐蚀性能为普通钢的2倍；另一类含铬、铝，用于水下区，其防腐蚀性能提高2～4倍。金属结构的某些关键部位，如尾水管与闸孔，可考虑使用抗腐蚀性能很好的低合金钢，如铬镍铁合金。

处于不同工作环境的金属结构应采用不同的保护方法，或几种方法的联合使用。

法国朗斯潮汐电站的（普通钢及合金钢）金属结构采用防腐涂层与阴极保护相结合的方法进行保护。经喷砂除锈后的金属表面涂一层蚀洗用涂料、三层铬酸锌涂料及两层氧化铜涂料。常年或断断续续暴露于大气中的所有金属结构，如船闸闸门与检修闸门的顶部、各种上部结构等，定期重做上述六层涂层。其余金属结构（包括大坝上的闸门及船闸闸门）均加设电流阴极保护。该保护系统的牺牲阳极由含钛的厚50μm的白金覆盖片组成，电流密度约为0.17A/m^2，测试电位为－0.91～－1.18V，系统的电流强度达44A，阴极站功率为10kW。运行经验表明，与水接触的普通钢结构表面的防腐涂层几个月后即逐渐失效，必须加设阴极保护；铝青铜件的抗腐蚀能力很强，是否加设阴极保护并无关系，不需也不用涂漆。多年的运行记录表明，该电站的防腐处理是非常成功的。

苏联基斯洛湾潮汐电站的经验表明，一般的防腐蚀油漆涂层在海洋大气中只有1～2年作用，在水下可达5年。水下部分的防腐涂层与阴极保护系统结合使用可收到较好的效果。电站厂房的钢筋及埋设件、大坝板桩隔水墙均受阴极保护，该电流阴极保护系统与朗斯电站的相似，电位值为－0.85～－1.15V，电流强度为20～80A，阴极站总功率为3kW，管式阳极设计工作年限为10～12年，定期更换。

我国江厦潮汐试验电站对机组、水闸闸槽等金属件防腐除采用与混凝土流道表面一样的防腐防污配套漆外，对机组还进行外加电流阴极保护的防腐措施，其阴极保护系统主要由恒电位仪、铅—银/微铂阳极、阴极（被保护体）和银—氯化银参比电极组成。恒电位仪为该装置的直流电源，它能根据外界条件变化而自动调整输出电流，使被保护体的电位始终控制在保护电位范围内；参比电极用来测量被保护电位，同时向恒电位仪提供信号，以便调节保护电流大小，使被保护体始终处在保护电位范围内。被保护体（机组设备）接到电源的负极，一定数量的阳极接到电源的正极，以海水为导体，组成一个回路，通入电流，使阴极体（机组壳体结构件）的极化电位达到－0.8V。保护需要的总电流根据机组钢构件与海水接触的总面积、流道中海水流速、保护所需最小电位、保护电流密度以及被涂装表面性质等因素确定，根据对1号机的计算，保护所需要的总电流约27A，保护装置的电源最小输出电压不得低于20.06V，考虑到防腐涂料经一段时间后可能会有较大面积的脱落，这时所需的保护电流会更大一些，因此，最终选用的恒电位仪的最大输出电压为24V，最大输出电流为75A。对泄水闸闸门槽采用锌基牺牲阳极保护，效果明显，维护也很简单，只要定期更换阳极就可以了。

海山潮汐电站采用AC—15铝粉防锈漆；岳浦潮汐电站则采用不锈钢制水轮机转轮，以提高防腐性能。

7.5.6.4 防生物附着

目前防止海生物附着（防污）的方法有以下几种：在结构表面喷刷含毒（如氧化亚铜）的防污涂料；在混凝土成分中直接加入杀伤生物的化合剂；电解海水，产生氯气和次氯酸钠，并送至防护目标处，杀死海生物。电流阴极保护对防止海生物附着也有明显作用。

江厦潮汐试验电站采用氧化亚铜为主毒料的防污漆，对防除牡蛎、藤壶等海生物效果明显，也较经济，可使结构表面三年内不长海生物。1981年11月停机检查时发现，在海侧流道离闸门门槽1～2m处的底部因积水未能涂漆，该处又得不到电解海水保护，以致在不足6m^2的结构表面竟附着了约100kg海生物，这也反映出涂料的作用。但涂料的防污效果随着时间的增长，其效果明显下降。如运行五年，50%以上的涂料表面会附着海生物，直接影响机组的出力。因此，防污涂料的使用年限不能超过三年，三年后必须重新涂装一次。由于涂料的有效期与机组大修周期基本相吻合，故在机组大修时必须涂装一次防腐防污涂料。电站1号机组还同时采用了电解海水防污技术，效果明显，海生物附着量减少，生长速度受到抑制，所有通海水管道均未发生堵塞现象。

中国的海山潮汐电站则采用836号沥青涂料，防止海生物附着。

基斯洛湾潮汐电站主要采用有机锡基的油漆防止海生物衍生，但有效期仅为2～4年，在运行条件下修复涂层是很难保证质量的。混凝土中掺入可杀伤生物的化合剂，如烷基脱甲基苄基氯化物、各种医用有机杀虫剂配制液等，现场试验表明，掺有这类化合剂的混凝土结构表面可保持10年以上无生物附着。在机组的灯泡体上设置了电解海水系统，该系统仅在机组停机、水位定平期及海生物幼虫脱出生长季节（5～9月）工作，即能完全防止水轮机流道内海生物附着。

朗斯潮汐电站的运行经验表明，罩在乙烯树脂防护层外的防污涂层性能良好，可使用三年左右；设置在铬（17%）镍（4%）合金钢结构上的电流阴极保护系统对防止静水中海藻及贝类造成的局部腐蚀也有作用。

7.5.6.5 防腐防污方案选择

选择潮汐电站防腐防污方案的原则是：长期有效，至少能保证机组在一次大修期限内得到可靠的保护；便于施工、维护简单、并易于测定；不会污染自然环境、不会影响生态规律；经济上合理。

由于不同海域中海水的 Cl^-、SO_4^{2-} 等的含量不同，所生长的海生物的种类也不尽相同，因此对金属结构及混凝土的腐蚀和附着作用也不一样，对某个潮汐电站非常有效的防腐防污方案用到别的电站可能效果很差。因此，对于某个特定的潮汐电站，其防腐防污方案需作深入的研究，对防腐防污涂料进行大量的前期试验，以选择合适的防腐防污方案和涂料。

总结国内外已建成运行的潮汐电站的防腐防污方案，一般为：①对于机组和流道混凝土表面，采用防腐防污漆为主要保护措施；②流道中机组金属表面，特别是防腐防污涂料难于涂装的水轮机转轮室、桨叶等处，辅以电解海水和外加电流保护阴极；③在防腐防污涂料和外加电流阴极保护都保护不到的地方，如水轮机密封和水管路等处，采用不锈钢零部件和聚丙乙烯或聚氯乙烯管路，并通入电解海水防污；④在闸门门槽处采用牺牲阳极阴极保护。

参 考 文 献

[1] 沈祖诒．潮汐电站［M］．北京：中国电力出版社，1997.

[2] 〔俄〕尔·勃·伯恩斯坦．电力工业部华东勘测设计研究院译．潮汐电站［M］．杭州：浙江大学出版社，1996.

[3] 陆德超，陈亚飞．潮汐电站［M］．水力发电技术知识丛书（第25分册）［M］．北京：水利电力出版社，1985.

[4] 江厦潮汐试验电站志编纂委员会．江厦潮汐试验电站志（1969～2005年）［M］．北京：中国电力出版社，2008.

[5] 李允武．海洋能源开发［M］．北京：海洋出版社，2008.

[6] 沙锡林．贯流式水电站［M］．北京：中国水利水电出版社，1999.

[7] 徐锡华，阮世锐．潮汐电站设计导则［J］．国外水电技术，1991（1）.

[8] 国家电力公司华东勘测设计研究院．浙江省三门县健跳港潮汐电站预可行性研究报告［R］．1999.

[9] 华东水利学院．水工设计手册：第七卷 水电站建筑物［M］．北京：水利电力出版社，1987.

[10] 水利电力部水利水电规划设计院．中国沿海潮汐能资源普查［R］．1982.

[11] 能源部水利部华东勘测设计研究院．浙闽沿海潮汐电站规划选点报告［R］．1991.

[12] 范波芹，索丽生．潮汐电站厂房浮运结构的结构分析［J］．水利水电科技进展，2002（1）.

[13] 范波芹，索丽生．潮汐电站厂房浮运结构的优化设计［J］．河海大学学报．自然科学版，2002（1）.

[14] 赵雪华．我国开展潮汐能源开发研究的意义和设想［J］．东海海洋，1986，4（1）.

[15] 赵雪华，等．我国潮汐能资源开发利用现状和前景预测［J］．能源工程，1987（1）.

《水工设计手册》（第2版）编辑出版人员名单

总 责 任 编 辑　王国仪

副总责任编辑　穆励生　王春学　黄会明　孙春亮

　　　　　　　阳　森　王志媛　王照瑜

第8卷　《水电站建筑物》

责任编辑　王春学　单　芳

文字编辑　单　芳

封面设计　王　鹏　芦　博

版式设计　王　鹏　王国华

描图设计　王　鹏　樊啟玲

责任校对　张　莉　黄淑娜　陈春嫚

出版印刷　焦　岩　孙长福　刘　萍

排　　版　中国水利水电出版社微机排版中心